共立女子中学高等学校

2025年度入試

日程	12 / 1 帰国生	2 / 1	2 / 2	2 / 3 午後	
試験科目	国語+算数	4科型	4科型	英語＋算数	合科型＋算数

〒101-8433 東京都千代田区一ツ橋 2-2-1　TEL：03-3237-2744　FAX：03-3237-2782

栄冠 2025 年度受験用

中学入学試験問題集

理科編

みくに出版

栄冠獲得を目指す皆さんへ

来春の栄冠獲得を目指して、日々努力をしている皆さん。

100％の学習効果を上げるには、他力本願ではなく自力で解決しようとする勇気を持つことが大切です。そして、自分自身を信じることです。多くの先輩がファイトを燃やして突破した入試の壁。皆さんも必ず乗り越えられるに違いありません。

本書は、本年度入試で実際に出題された入試問題を集めたものです。したがって、実践問題集としてこれほど確かなものはありません。また、入試問題には受験生の思考力や応用力を引き出す良問が数多くあるので、勉強を進める上での確かな指針にもなります。

ただ、やみくもに問題を解くだけでなく、志望校の出題傾向を知る、出題傾向の似ている学校の問題を数多くやってみる、一度だけでなく、二度、三度と問題に向かい、より正確に、速く解答できるようにするという気持ちで本書を手にとることこそが、合格への第一歩になるのです。

以上のことをふまえて、本書を効果的に利用して下さい。努力が実を結び、皆さん全員が志望校に合格されることをかたく信じています。

なお、編集にあたり多くの国立、私立の中学校から多大なるご援助をいただきましたことを厚くお礼申し上げます。

みくに出版編集部

本書の特色

最多、充実の収録校数

首都圏の国・私立中学校の入試問題を、
共学校、男子校、女子校にまとめました。

問題は省略なしの完全版

出題されたすべての問題を掲載してあるので、出題傾向や難度を知る上で万全です。
（複数回入試実施校は原則として１回目試験を掲載。
一部の実技・放送問題を除く。）

実際の試験時間を明記

学校ごとの実際の試験時間を掲載してあるので、
問題を解いていくときのめやすとなります。
模擬テストや実力テストとしても最適です。

もくじ

（五十音順・◆印学校広告掲載校）

共学校

男子校

女子校

注：カラーで出題された問題の一部は、小社ＨＰ（http://www.mikuni-webshop.com）に掲載しています。

青山学院中等部

—25分—

1　次の問いに答えなさい。

(1)　インフルエンザやCOVID－19(新型コロナウイルス感染症)は、ウイルスによってもたらされる病気です。ウイルスの特徴(ちょう)としてあてはまるものを選びなさい。

ア　呼吸をする　　イ　分れつでふえる　　ウ　栄養を吸収する

エ　遺伝子をもつ　　オ　自ら移動する

(2)　台風が東京の東側を、南から北に通過する場合、東京の風向はどのように変化しますか。

ア　西→北→東　　イ　西→南→東　　ウ　東→北→西　　エ　東→南→西

(3)　水酸化カルシウム(消石灰)の特徴としてあてはまるものを２つ選びなさい。

ア　塩酸と反応して食塩を生じる

イ　土のグラウンドの白線用の粉として現在も広く利用されている

ウ　水に溶(と)かした水溶(よう)液を石灰水と呼ぶ

エ　貝がらと混ぜてチョークの原料として使用されている

オ　土に撒(ま)くことで土壌(じょう)の酸性化を防ぐ

(4)　花火が上空で光ってから2.5秒後にドーンと大きな音が聞こえました。打ち上がった花火が空中で音を出したのは地面から何mの高さですか。花火が見えた位置は地面から30°の角度、音が空気中を伝わる速さは秒速340mです。

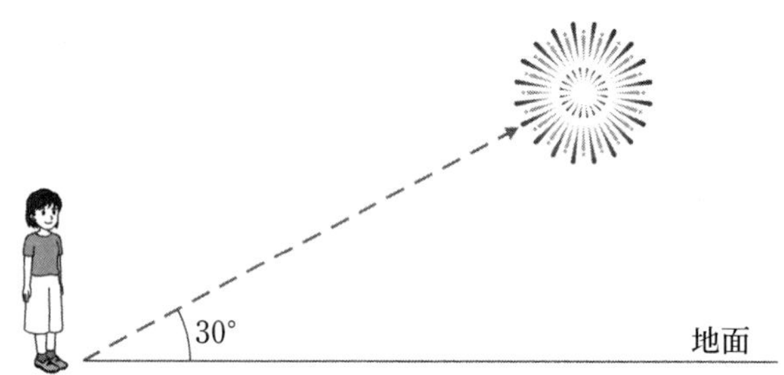

(5)　毎年12月に授賞式が行われるノーベル賞は［　X　］の発明により多くの財産を築いたアルフレッド・ノーベルの遺言によって創設された賞です。現在、自然科学部門の３つの賞と文学賞、平和賞、経済学賞があります。

①　文中のXにあてはまる言葉を答えなさい。

②　下線部の「自然科学部門の３つの賞」にはないものを選びなさい。

ア　生理学・医学　　イ　物理学　　ウ　化学　　エ　数学

2　昆虫(こん)はからだのつくりや生態によってなかま分けすることができます。ア～ケの昆虫を、図の条件１～４で分類すると、A～Fの６種類のグループになります。

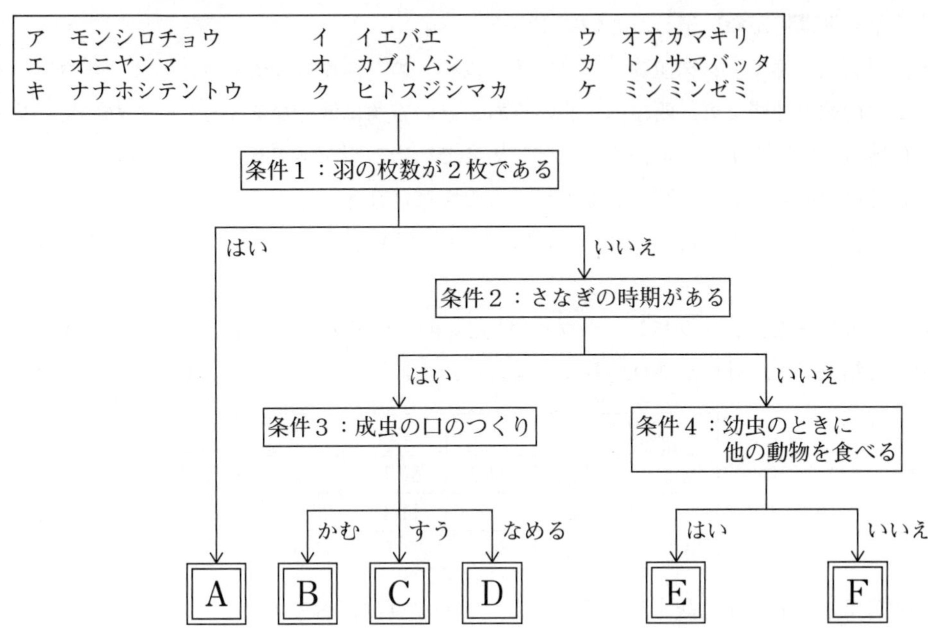

⑴　次の①、②が昆虫の特徴として正しい記述となるように［　］のあ～うからそれぞれ選びなさい。

①　羽は［　あ　頭部　　い　胸部　　う　腹部　］から生えている。

②　口からは［　あ　酸素　　い　栄養　　う　酸素と栄養　］を取り入れる。

⑵　条件２について、さなぎの時期がなく、成虫となる成長のしかたを何といいますか。

⑶　次の①、②の昆虫が属するグループをＡ～Ｆからそれぞれ選びなさい。

①　ナナホシテントウ　　②　ミンミンゼミ

⑷　ア～ケの昆虫が２つ以上属するグループをＡ～Ｆからすべて選びなさい。

⑸　条件１だけを「土の中、もしくは木の中に産卵する」に変更したとき、Ｃに属する昆虫をア～ケからすべて選びなさい。

③　図１のような標高と東西南北の位置関係にあるＡ～Ｄの４地点でボーリング調査を行いました。図２はその結果の一部です。なお、この地域の地層は東西南北のいずれかの方角にかたむいていますが、地層の厚さは一定で、曲がったり切れたりしていません。

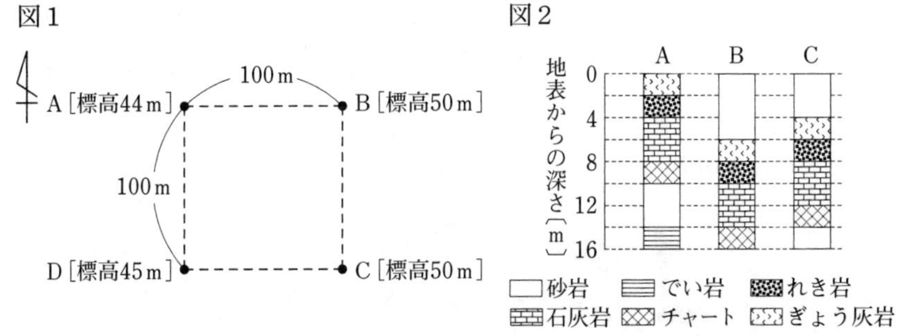

⑴　岩石を構成する粒の大きさによって岩石の種類がわかるものをすべて選びなさい。

ア　砂岩　　イ　でい岩　　ウ　れき岩　　エ　石灰岩　　オ　チャート　　カ　ぎょう灰岩

⑵　チャートは何がたい積したものですか。

ア　火山灰　　イ　シダ植物　　ウ　サンゴ　　エ　ユウコウチュウ　　オ　ホウサンチュウ

⑶　この地域の地層は東、西、南、北のうち、どの方角に低くなるようにかたむいていますか。

⑷　C地点では地表から何m掘ると、はじめてでい岩の層が出てきますか。

⑸　D地点の地表にある岩石として正しいものを選びなさい。

ア　砂岩　　イ　でい岩　　ウ　れき岩　　エ　石灰岩　　オ　チャート　　カ　ぎょう灰岩

4　表は、塩化水素、ミョウバン、ホウ酸が100gの水にどのくらい溶(と)けるかをさまざまな温度で実験した結果です。計算が割り切れない場合は、小数第2位を四捨五入して答えなさい。

温度(℃)	0	20	40	60
塩化水素　(g)	84.2	67.1	54.9	45.3
ミョウバン(g)	5.7	11.4	23.8	57.4
ホウ酸　(g)	5.0	9.0	15.0	23.5

⑴　60℃で水70gにホウ酸を10g溶かしたときの濃度は何%ですか。

⑵　この実験で水に溶かした3つの物質について表からわかることを選びなさい。

ア　温度が高くなるほど、固体も気体も溶ける量が増える

イ　温度が高くなるほど、固体は溶ける量が増えるが、気体は溶ける量が減る

ウ　温度が低くなるほど、固体も気体も溶ける量が増える

エ　温度が低くなるほど、固体は溶ける量が増えるが、気体は溶ける量が減る

オ　温度に関係なく、固体も気体も溶ける量は変わらない

⑶　この実験で作った3種類の水溶(よう)液にマグネシウムを入れると気体が発生するものが1つありました。その水溶液に溶けている物質に丸をつけ、発生する気体の名称を答えなさい。

⑷　60℃で水150gにホウ酸を20g溶かし、20℃まで温度を下げると何gの結晶が出てきますか。

⑸　60℃で水100gにホウ酸を限界まで溶かした後、水溶液の温度を上げて水を蒸発させました。その後、40℃まで冷やすと結晶が11.5g出てきました。水は何g蒸発しましたか。

5　手回し発電機を使ってさまざまな実験をしました。この手回し発電機は、ハンドルを回すと回転音が聞こえます。

⑴　プロペラモーター、豆電球、LEDを並列につないだ回路に、手回し発電機の＋と－の端(たん)子を図1のようにつなぎ、ハンドルを回しました。プロペラは右に回り、豆電球とLEDは光りました。手回し発電機のハンドルを逆回転させるとどのようになりますか。それぞれ選びなさい。

図1

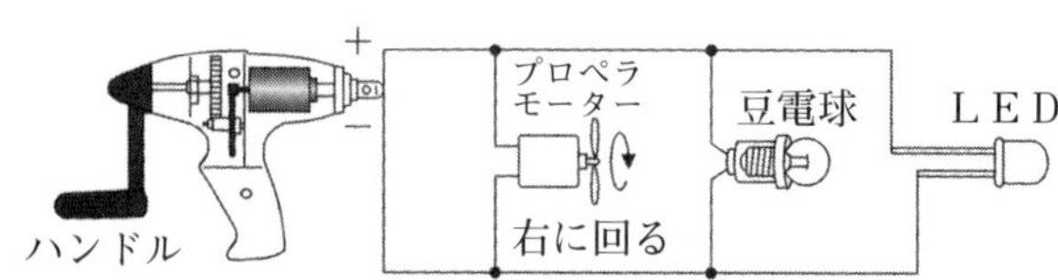

①　プロペラ

ア　右に回る　　イ　左に回る　　ウ　回らない

②　豆電球とＬＥＤ

エ　豆電球、ＬＥＤともに光る　　オ　豆電球、ＬＥＤともに光らない

カ　豆電球は光るが、ＬＥＤは光らない　　キ　豆電球は光らないが、ＬＥＤは光る

(2)　図２のように手回し発電機に乾電池と電流計をつないだところ、電流計の針が振れ、ハンドルが回転しました。ハンドルが回転したのは、手回し発電機に電流が流れ、モーターの役割をしたためです。

図２　　図３

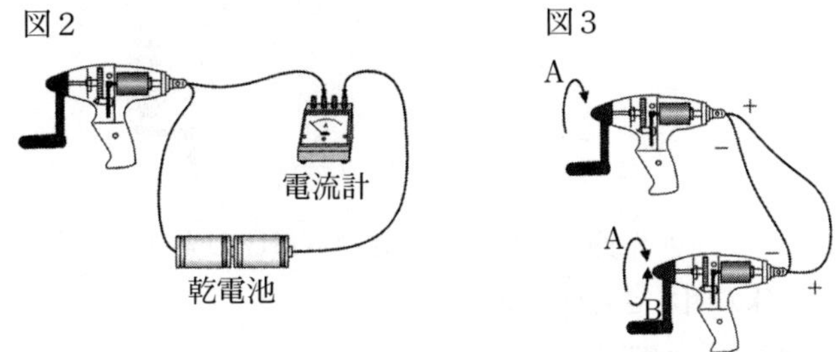

同じ手回し発電機２台を図３のように接続し、上の手回し発電機のハンドルをＡの向きに回したところ、下の手回し発電機のハンドルも回転しました。下のハンドルの回転の向きと、回転の速さを選びなさい。

①　回転の向き

ア　Ａの向き　　イ　Ｂの向き

②　回転の速さ

ウ　上のハンドルと同じ　　エ　上のハンドルより遅い　　オ　上のハンドルより速い

(3)　図２で回転しているハンドルを手で回転を止めると、電流計の針の振れが大きくなりました。次に、ハンドルから手をはなし、電流計の代わりに図４のように豆電球をつないだところ手回し発電機のハンドルは回転し、豆電球は光っていました。

図４

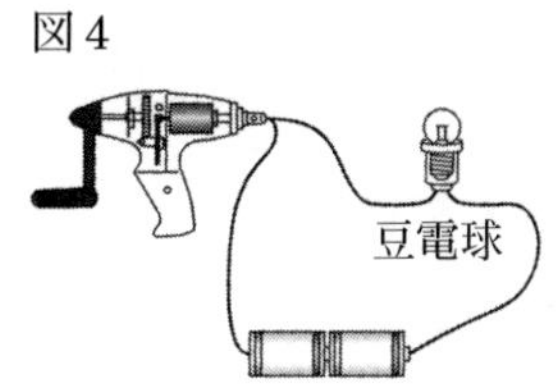

①　図４で回転しているハンドルを手で止めました。止める前と後の豆電球の光り方を選びなさい。

ア　ハンドルを止めた後の方が明るい　　イ　ハンドルを止めた後の方が暗い

ウ　変わらない　　エ　消える

②　①で止めたハンドルを手でゆっくり逆回転させました。①と比べたときの豆電球の光り方を選びなさい。

ア　逆回転させた方が明るい　　イ　逆回転させた方が暗い

ウ　光っているが明るさは変わらない　　エ　消える

(4)　図５のように豆電球に乾電池をつないで光らせました。次に、図６のように手回し発電機をつないだところ、手回し発電機のハンドルが回転しました。

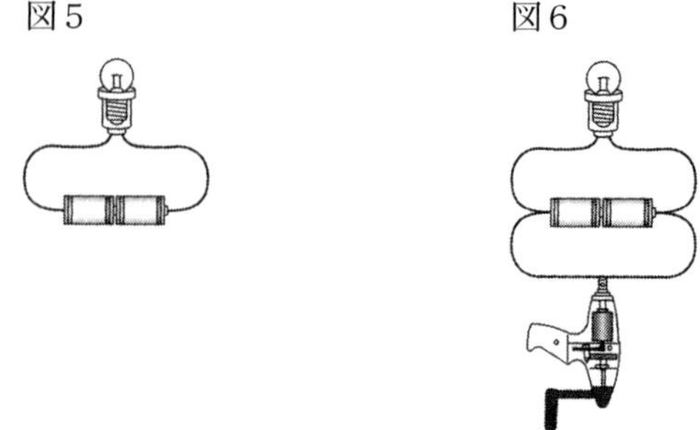

①　図６の回路でハンドルが回転しているときの豆電球の光り方を選びなさい。

ア　図５の豆電球の明るさとほぼ同じ

イ　図５の豆電球の方が明るい

ウ　図５の豆電球の方が暗い

②　図６の回路で手回し発電機のハンドルを手で止めたときの豆電球の光り方を選びなさい。

エ　ハンドルを止める前とほぼ同じ

オ　ハンドルを止める前の方が明るい

カ　ハンドルを止めた後の方が明るい

青山学院横浜英和中学校(A)

—30分—

(編集部注：実際の入試問題では、写真や図版の一部はカラー印刷で出題されました。)

1　水溶液(すいようえき)の性質には、酸性やアルカリ性、中性があります。図1のように、塩酸に緑色のBTB溶液を入れると黄色に変化し、鉄片(てっぺん)を入れると(あ)が発生します。図2のように、水酸化ナトリウム水溶液を少しずつ加えていくと、しだいにBTB溶液の色が黄色から緑色、緑色から青色に変化します。また、(あ)の発生もしだいに弱まり、発生しなくなります。これは、酸性の水溶液とアルカリ性の水溶液を混ぜ合わせると、おたがいの性質を打ち消し合う反応である中和がおこるからです。

塩酸と水酸化ナトリウム水溶液を混合したとき、中和がおこり、食塩(塩化ナトリウム)と(い)ができます。また、塩酸とアンモニア水を混合したときも、中和がおこり、塩化アンモニウムと(い)ができます。(い)は中和がおこるときには必ずできる物質で、中和によってできる食塩や塩化アンモニウムのことをまとめて(う)といいます。

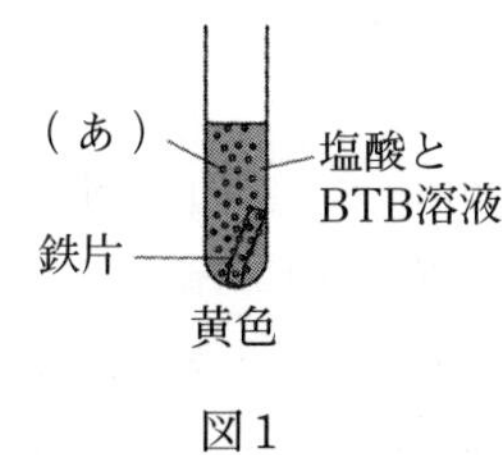

図1

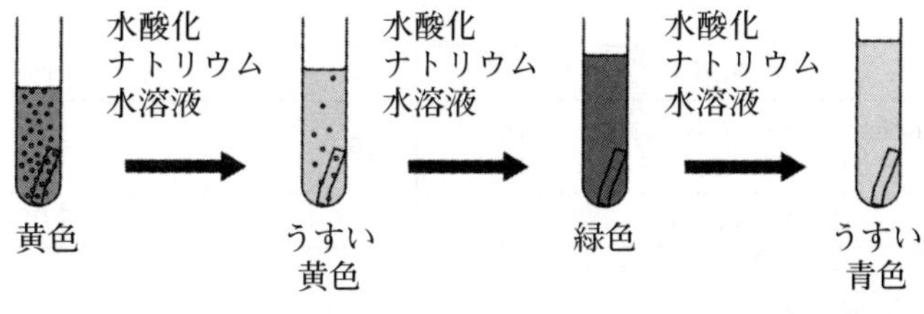

図2

(1)　(あ)、(い)に当てはまる物質の名称(めいしょう)を答えなさい。

(2)　(う)に当てはまる語句を答えなさい。

(3)　水酸化ナトリウム水溶液に緑色のBTB溶液を加え、そこにアルミニウム片を入れました。この水溶液に塩酸を少しずつ加え、溶液の色の変化と気体の発生を調べました。その結果として、最も適当なものを次のア～エから1つ選び、記号で答えなさい。

ア　水溶液の色が青色のとき気体は発生した。青色がうすくなるにつれて気体の発生する量は減っていき、緑色のときも気体は少し発生していた。うすい黄色に変化すると気体は発生しなくなった。

イ　水溶液の色が青色のとき気体は発生した。青色がうすくなるにつれて気体の発生する量は減っていき、緑色のとき気体は発生しなくなった。うすい黄色に変化しても気体は発生しなかった。

ウ　水溶液の色が青色のとき気体は発生した。青色がうすくなるにつれて気体の発生する量は減っていき、緑色のとき気体は発生しなくなった。うすい黄色に変化すると再び気体が発生し、黄色が濃くなるにつれて気体の発生する量も増えていった。

エ　水溶液の色が青色から緑色までは気体は発生しなかったが、うすい黄色に変化すると気体が発生した。黄色が濃くなるにつれて気体の発生する量も増えていった。

(4)　ある濃度の水酸化ナトリウム水溶液があります。この水酸化ナトリウム水溶液200㎤は、５％の塩酸120㎤とちょうど中和しました。次に、この水酸化ナトリウム水溶液200㎤をビーカーに入れ、ガスバーナーで加熱し、水を少し蒸発させたところ、水溶液が10㎤減りました。このとき、水酸化ナトリウムの固体は出ませんでした。これに５％の塩酸を加えてちょうど中和させます。必要な塩酸の体積はどのようになりますか。次のア～ウから１つ選び、記号で答えなさい。

ア　120㎤より少ない　　イ　120㎤　　ウ　120㎤より多い

(5)　６つのビーカーにある濃度の塩酸Ｘを150㎤ずつ入れ、そこにさまざまな量のある濃度の水酸化ナトリウム水溶液Ｙを加え、水溶液Ａ～Ｆを作りました。その後、水溶液Ａ～Ｆの水をすべて蒸発させて、残った固体の量をはかりました。表１はその結果についてまとめたものです。あとの問いに答えなさい。

表１

水溶液	A	B	C	D	E	F
水酸化ナトリウム水溶液Ｙを加えた量〔㎤〕	0	40	80	120	180	210
残った固体の量〔ｇ〕	0	1.17	2.34	3.51	5.08	5.68

①　塩酸Ｘが150㎤のとき、ちょうど中和する水酸化ナトリウム水溶液Ｙは何㎤ですか、求めなさい。ただし、必要があれば次の方眼紙を使いなさい。

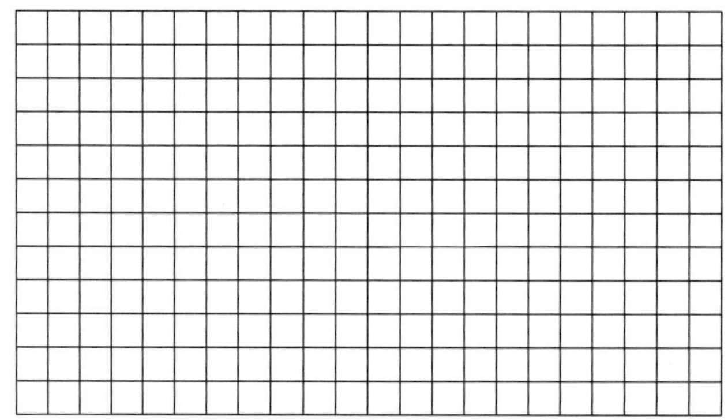

②　ビーカーに塩酸Ｘを150㎤入れ、①で求めた量の水酸化ナトリウム水溶液Ｙを加え、水をすべて蒸発させました。残った固体の量は何ｇですか、求めなさい。

③　①で求めた量の水酸化ナトリウム水溶液Yに対してさまざまな量の塩酸Xを加え、水をすべて蒸発させて、残った固体の量をはかった結果のグラフの形として、最も適当なものを次のア～キから１つ選び、記号で答えなさい。

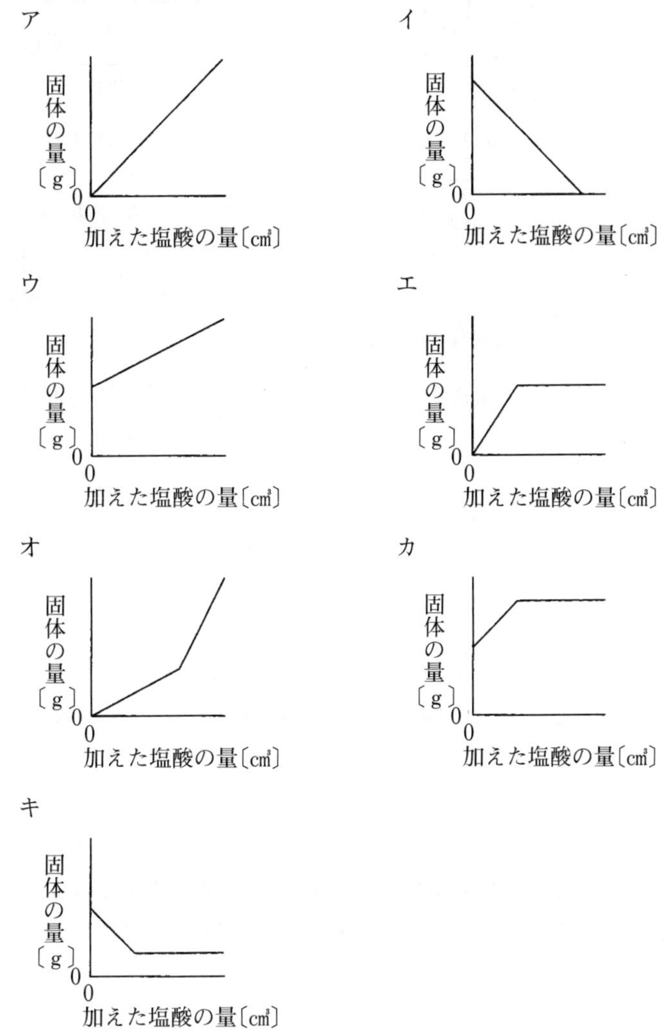

2　花畑などのえさ場を見つけたミツバチは、巣箱にもどると巣板（すばん）で図１のような特徴（とくちょう）的な動きをします。この動きによってえさ場の方向を仲間に伝えることができ、効率よくみつを集めています。この動きは、太陽と巣箱とえさ場のなす角度を、地面に対して垂直な巣板の上で表現しています。巣板の上の方向を太陽の方向として、図１の②に進む方向にえさ場があることになります。図２は、巣箱の中の地面に垂直な巣板のようす、図３は太陽、巣箱、えさ場の方向の関係を、図４は図３のえさ場A、Bからもどったミツバチの巣板でのそれぞれの動きを表しています。

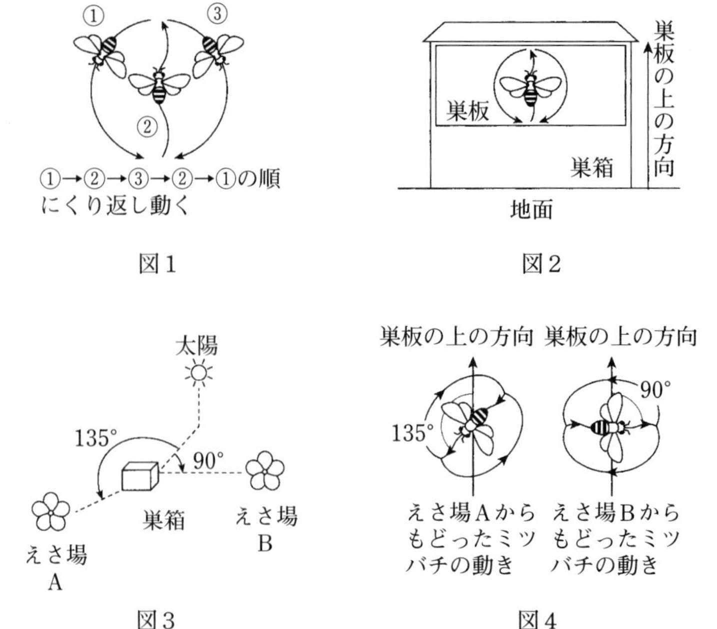

図1　　図2

図3　　図4

(1)　次のア～カから、ミツバチの特徴にあてはまるものをすべて選び、記号で答えなさい。

ア　口で呼吸をしている。　　イ　あしを6本持っている。

ウ　卵の状態で冬を越（こ）す。　　エ　しょっ角でにおいなどを感じる。

オ　からだが3つの部分に分かれている。　　カ　赤い血液が流れている。

(2)　次のア～クの昆虫（こんちゅう）の中で、卵から成虫になるのにミツバチと同じように成長する昆虫をすべて選び、記号で答えなさい。

ア　ハエ　　イ　トンボ　　ウ　カブトムシ　　エ　セミ

オ　バッタ　　カ　チョウ　　キ　アリ　　ク　カマキリ

(3)　えさ場と太陽のなす角度が180°のときのミツバチの動きはどのようになりますか。図3、図4を参考にして、次のア～クから1つ選び、記号で答えなさい。

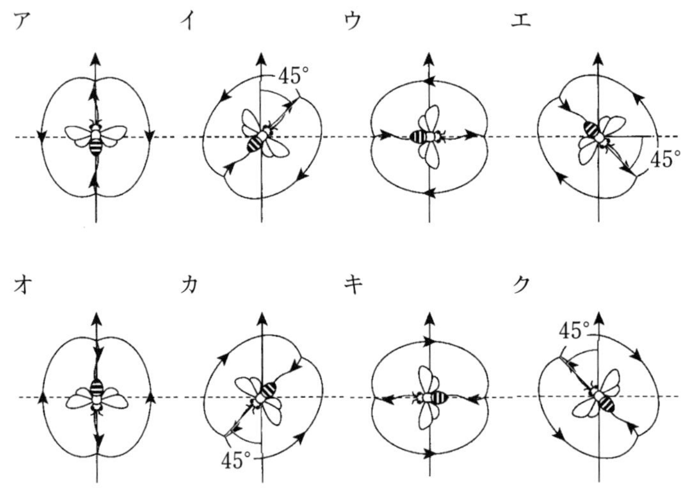

⑷　えさ場C、えさ場D、巣箱、太陽の方向が図5のような関係だった場合、えさ場C、Dから巣箱にもどったミツバチはそれぞれどのような動きをしますか。⑶のア～クからそれぞれ1つ選び、記号で答えなさい。ただし、図5の点線と点線の間の角度は45°とします。

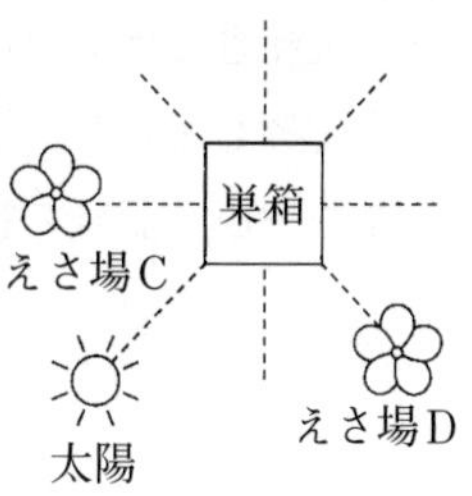

巣箱を真上から見た図

図5

⑸　図3の巣箱を3時間後にもう一度観察すると、ミツバチの動きは2種類のものがみられましたが、どちらも図4に示した動きとは異なる向きでした。ミツバチの動きの向きはなぜ変わったのかを答えなさい。ただし、えさ場の位置は変わらないものとします。

3　横浜市に住んでいる英和さんは外で友達と運動して遊ぶのが大好きです。しかし、気温が高くなると熱中症警戒（ねっちゅうしょうけいかい）アラートが発令されて外で遊べなくなってしまうため、とても残念に思っています。英和さんはお母さんから「季節によって気温が変わるのは太陽の動きが関係している」と聞き、1日に太陽がどのように動くのかを調べてみました。

英和さんは、白い画用紙の真ん中に棒を垂直に立てて固定したものをつくりました。よく晴れたある日、ベランダにその画用紙を置いて8時ごろから16時ごろの間、1時間ごとに棒のかげの先を点で記録し、点を滑（なめ）らかな線でつなぎました。その結果が図1です。

また熱中症警戒アラートについて調べたところ、熱中症警戒アラートには「暑さ指数（WBGT）」が関わっていると知りました。WBGTは人の身体と外気との熱のやりとりに大きな影響（えいきょう）を与（あた）える「気温」、「湿度（しつど）」、「輻射熱（ふくしゃねつ）（日差しを浴びたときに受ける熱や、人の身体や地面などから出ている熱）」の3つを取り入れて決められた基準です。屋外でのWBGTは図2のような乾球（かんきゅう）・湿球・黒球の3つの役割を持つ温度計で温度を測定し、計算して求められます。運動に関するWBGTの目安は表1、計算式は式①のとおりです。

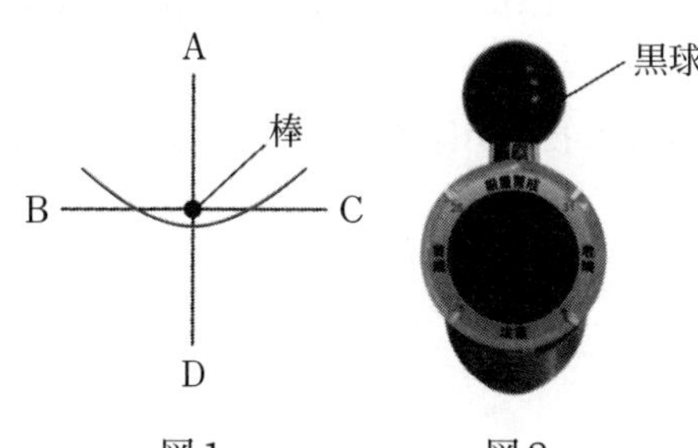

図1　　図2

表1

WBGT	運動に関する目安
31以上	運動は原則中止
28以上31未満	厳重警戒
25以上28未満	警戒
21以上25未満	注意
21未満	ほぼ安全

屋外でのWBGTの計算式

WBGT＝0.7×湿球温度＋0.2×黒球温度＋0.1×乾球温度…式①

⑴　図1のA～Dのうち、東はどれですか。適当なものを1つ選び、記号で答えなさい。

(2)　英和さんは別の日の太陽の動きも知りたいと思い、春分の日に図１と同じようにかげの様子を記録しました。このとき、どのような結果になりますか。最も適当なものを次のア～クから１つ選び、記号で答えなさい。ただし、A～Dの方角は図１と同じものとします。

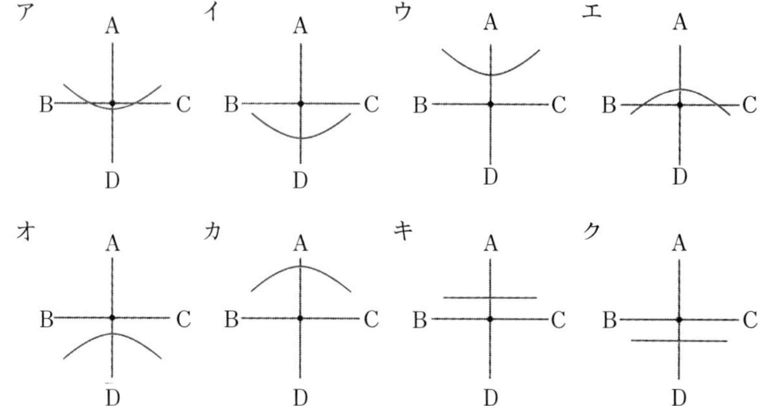

(3)　横浜は北緯約35°です。南半球にあるオーストラリアのシドニーは南緯約34°です。シドニーで、図１と同じ日に同じようにかげの様子を記録した場合、どのような結果になりますか。最も適当なものを(2)のア～クから１つ選び、記号で答えなさい。ただし、A～Dの方角は図１と同じものとします。

(4)　日本の気象に関わる文章について、正しいものを次のア～オからすべて選び、記号で答えなさい。

ア　図１の実験では、太陽高度の変化で棒のかげの長さが変わる。太陽高度が45°のとき、棒の長さと棒のかげの長さが同じになる。

イ　図１の実験の棒のかげの動きは主に地球の自転が原因で起こるため、１日のかげの記録の線を１時間ごとに区切った線の長さは、すべて同じになる。

ウ　気温が高くなるほどたくさんの水が蒸発して水蒸気になるため、１日快晴だった日の湿度は気温が高くなるほど高くなりやすい。

エ　空気より地面の方が温まりやすいため、南中時刻は地温と気温が最も高くなる時刻の中間になる傾向がある。

オ　快晴の日とくもりの日を比べると、日中から夜にかけての気温の下がり具合は、くもりの日の方が小さい傾向にある。

(5)　ある日、英和さんが家にあった乾湿計（図３）と湿度表（表２）を使って屋外の気温と湿度を調べたところ、乾球温度は30℃、湿度は65％でした。このとき、あとの問いに答えなさい。

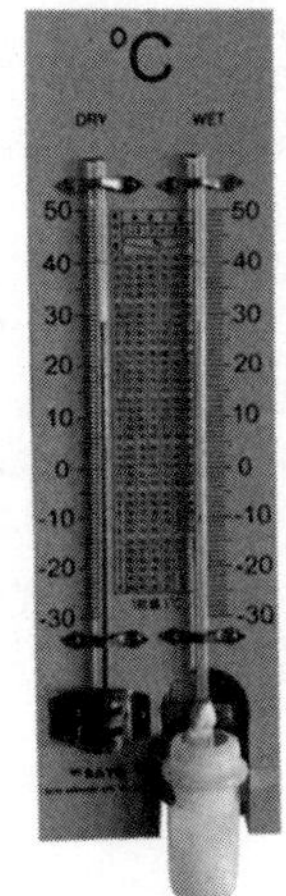

図３

表２

乾球	乾球と湿球の差〔℃〕														
	0.5	1.0	1.5	2.0	2.5	3.0	3.5	4.0	4.5	5.0	5.5	6.0	6.5	7.0	7.5
℃	%	%	%	%	%	%	%	%	%	%	%	%	%	%	%
35	97	93	90	87	84	80	77	74	71	68	65	63	60	57	55
34	97	93	90	86	84	80	77	74	71	68	65	62	59	56	54
33	96	93	90	86	84	80	76	73	70	67	64	61	58	56	53
32	96	93	90	86	83	79	76	73	70	66	63	61	58	55	52
31	96	93	89	86	83	79	75	72	69	66	63	60	57	54	51
30	96	92	89	85	83	78	75	72	68	65	62	59	56	53	50
29	96	92	89	85	82	78	74	71	68	64	61	58	55	52	49
28	96	92	89	85	82	77	74	70	67	64	60	57	54	51	48
27	96	92	89	84	82	77	73	70	66	63	59	56	53	50	47
26	96	92	88	84	81	76	73	69	65	62	58	55	52	48	45
25	96	92	88	84	81	76	72	68	65	61	57	54	51	47	44

①　湿球の温度は何℃ですか。

②　黒球温度は33℃でした。WBGTの運動に関する目安はどれですか。次のア～オから１つ選び、記号で答えなさい。

ア　運動は原則中止　　イ　厳重警戒　　ウ　警戒

エ　注意　　　　　　　オ　ほぼ安全

(6)　各地域の気象状況（じょうきょう）を時間ごとに細かく知るために、「アメダス」と呼ばれる地域気象観測システムが日本各地に設置されています。アメダスで観測できるものは何でしょうか。４つ答えなさい。

4　豆電球やコイルなどを使って、さまざまな実験をしました。次の問いに答えなさい。

(1)　①～④の回路で、スイッチ１を入れたあと、スイッチ２を入れると、豆電球１、豆電球２はどうなりますか。豆電球１、豆電球２について、あとのア～カからそれぞれ１つ選び、記号で答えなさい。なお、図中の豆電球はすべて同じもので、電池もすべて同じものを使っています。また、電池の電圧は十分に大きく、豆電球は実験中に切れることはありません。

①
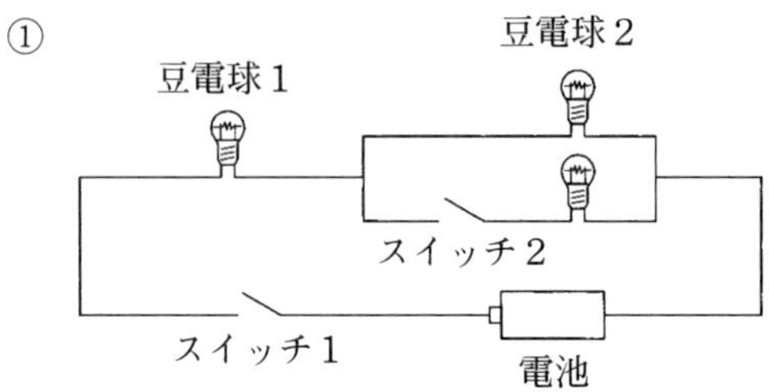

②
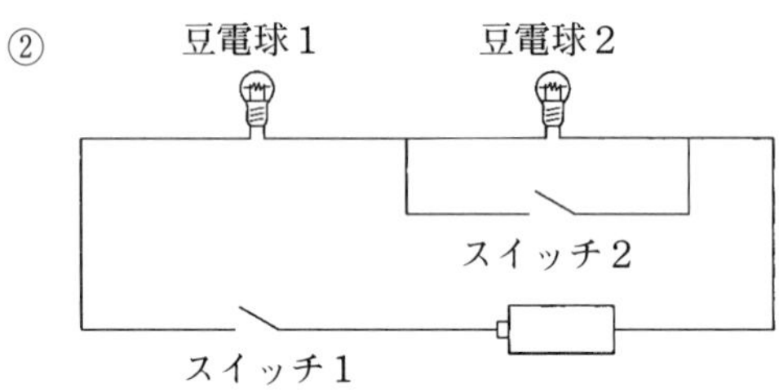

③
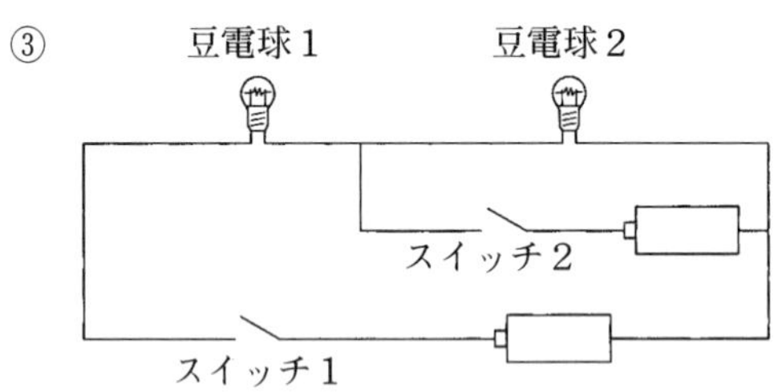

④
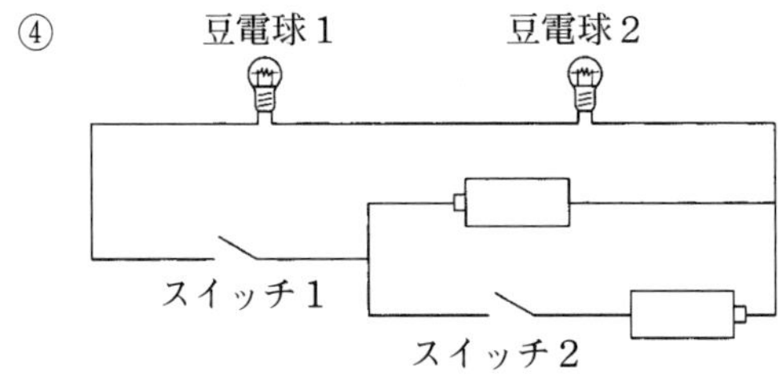

ア　スイッチ２を入れると、光っていた豆電球が明るくなった。

イ　スイッチ２を入れると、光っていた豆電球が暗くなった。

ウ　スイッチ２を入れても、光っていた豆電球が、同じ明るさのままだった。

エ　スイッチ２を入れると、光っていた豆電球が消えた。

オ　スイッチ２を入れると、消えていた豆電球が光った。

カ　スイッチ２を入れても、消えていた豆電球が、消えたままだった。

(2)　次の①〜③について、それぞれの図中の方位磁針が示す向きとして、最も適当なものをあとのア〜クからそれぞれ1つ選び、記号で答えなさい。ただし、コイルに電流が流れたとき、コイルのつくる磁界の強さは、地球や方位磁針のつくる磁界の強さに比べて、とても大きいとします。また、方位磁針はコイルに十分近いところに置いたとします。

①　スイッチを切った状態で、図1のように方位磁針を置きました。

②　図1の状態から、図2のように鉄しんの入ったコイルをつなぎました。

③　図2の状態から、図3のようにスイッチを入れました。

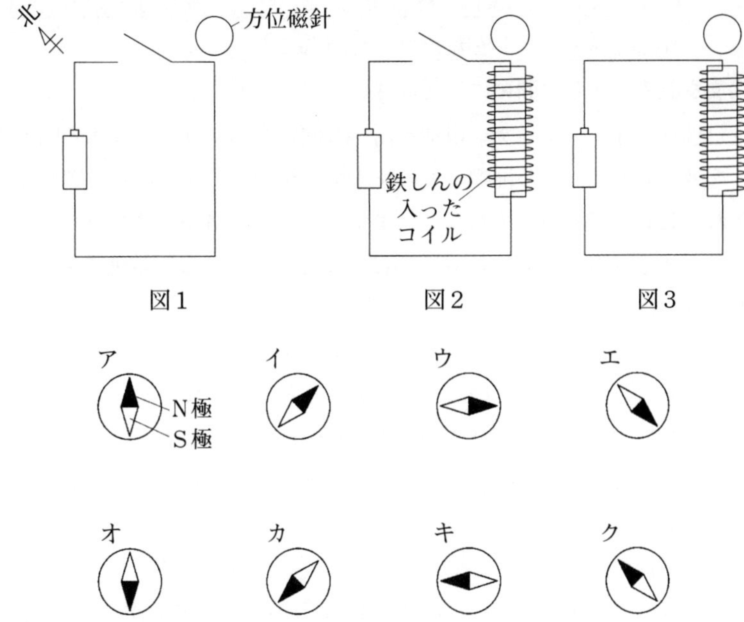

図1　図2　図3

(3)　鉄しんにコイルがまかれたものを電磁石といいます。次の①、②について、それぞれ答えなさい。

①　電磁石の方が永久磁石（棒磁石）よりも便利である点は何ですか。

②　永久磁石（棒磁石）の方が電磁石よりも便利である点は何ですか。

市川中学校(第１回)

—40分—

【注意事項】 1　解答の際には、句読点や記号は１字と数えること。

2　コンパス・定規は使用しないこと。

3　円周率は3.14とする。

4　計算問題の答えは、整数または小数で答え、割り切れない場合は小数第２位を四捨五入して、小数第１位まで答えること。

1　次の会話文を読み、あとの問いに答えなさい。

［先生］　今日は豆電球、スイッチ、電池を用いて回路をつくり、豆電球の明るさを比較してみよう。必要なものは、同じ種類のものを十分に用意してあるから遠慮なく使っていいよ。

［生徒］　それは楽しみですね。それでは、まずは単純な回路(図１)をつくってみます。

［先生］　スイッチを入れると確かに豆電球はつくね。それでは、電池をもう１つ増やした①このような回路はどうかな。

［生徒］　豆電球の明るさは変わりませんね。電池を２つに増やしたのに残念です。

［先生］　確かに明るさは変化していないが、何も変わっていないわけではないよ。［　あ　］。

［生徒］　リモコンに電池を２本入れる場合もそれが理由なのですね。

［先生］　いいや、リモコンに入っている電池は違うつなぎ方をしているよ。［　い　］ことからすぐに確かめられるね。

次に、電池の数を１つにして、豆電球の数を２つにしてみよう。

［生徒］　２つの回路ができました。豆電球を並列に接続した回路(図２)は豆電球の明るさが変化していないのに対して、豆電球を直列に接続した回路(図３)では、豆電球の明るさは２つとも暗くなりました。

［先生］　そうですね。豆電球のつなぎ方で明るさが変わる場合もあるのですね。それでは、複雑な回路(図４)をつくってみよう。

［生徒］　できました。

［先生］　正しくつなげることができたね。それでは、スイッチ１だけを入れてみよう。

［生徒］　②つかない豆電球もありますね。

［先生］　それでは、スイッチ２も入れてみよう。

［生徒］　豆電球は全部つきましたが、③明るさは等しくありませんね。

［先生］　④スイッチ３も入れるとどうなるかな。

［生徒］　明るさに変化がある電球と変化がない電球がありました。

［先生］　ところで、豆電球を手に取ってよく観察してごらん。ガラス球の中も回路のように金属線がつながっているのがわかるかな。

［生徒］　はい。フィラメントはばねのような形になっていますね。

［先生］　よく観察できたね。フィラメントは2000℃から3000℃まで高温になって光を放っているんだよ。だから、⑤ばねのような形にしておくと都合がいいんだ。

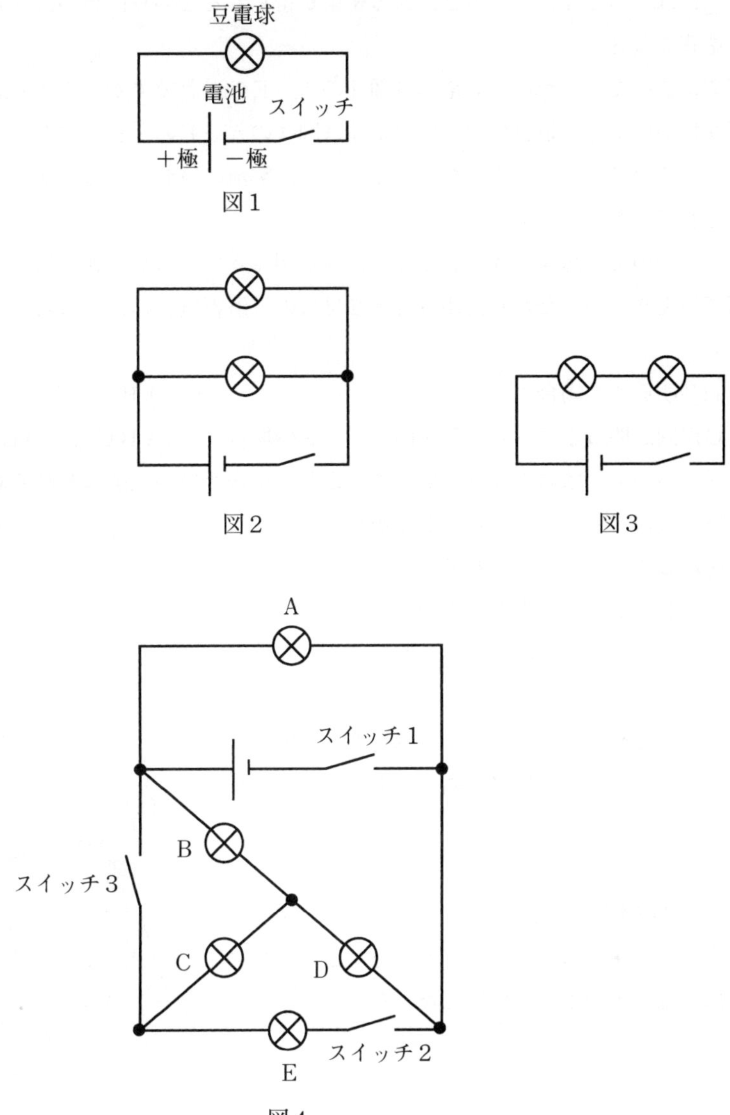

図１

図２

図３

図４

⑴　下線部①の「このような回路」はどれですか。

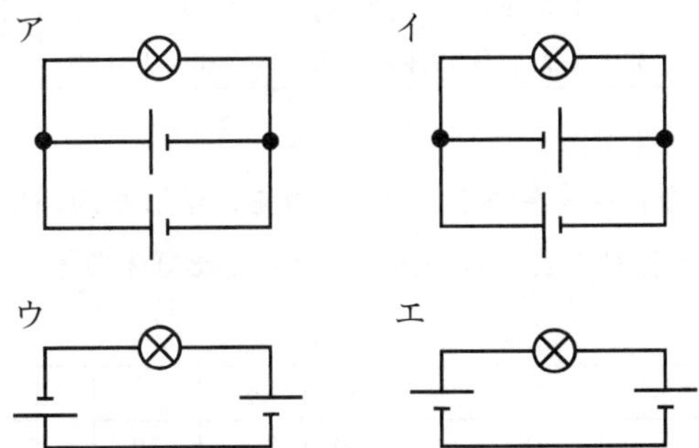

⑵　[あ]に入れることができる文はどれですか。**すべて選びなさい。**

ア　電池が長持ちするよ　　　イ　電池が長持ちしなくなるよ

ウ　豆電球の点灯時間が長くなるよ　　　エ　豆電球の点灯時間が短くなるよ

オ　豆電球に流れる電流が大きくなるよ　　　カ　豆電球に流れる電流が小さくなるよ

(3)　[　い　]には、ある操作をすると、ある結果が得られるという内容が入ります。[　い　]に入る内容を答えなさい。

(4)　下線部②について、つかない豆電球は図４のＡ～Ｅのどれですか。**すべて**選びなさい。

(5)　下線部③について、２番目に明るい豆電球は図４のＡ～Ｅのどれですか。

(6)　下線部④について、スイッチ３を入れることで、電流の流れる向きが変わる豆電球は図４のＡ～Ｅのどれですか。

(7)　下線部④について、図４のＡ～Ｅのうち、同じ明るさになる豆電球の組み合わせはどれですか。**すべて**答えなさい。ただし、組み合わせは次の［解答例］のように表しなさい。

［解答例］

Ａ・Ｂが同じ明るさの場合　→(ＡＢ)

Ａ・Ｂ・Ｃが同じ明るさで、Ｄ・Ｅが同じ明るさの場合　→(ＡＢＣ)、(ＤＥ)

(8)　下線部⑤について、ばねのような形にすることで都合がいい理由はどれですか。

ア　電流を流しにくくすることができるから。

イ　電流を流しやすくすることができるから。

ウ　フィラメントからでる光がいろいろな方向に向かうから。

エ　熱によるフィラメントの変形をやわらげるから。

2　ある濃(こ)さの塩酸Ａや水酸化ナトリウム水溶液(すいようえき)Ｂをアルミニウムと反応させ、気体の発生量を調べる実験を行いました。

【実験１】

図１のような装置を用いて、ＡまたはＢそれぞれ100㎤と、いろいろな重さのアルミニウムを反応させたところ、発生した気体の体積は表１のような結果になった。

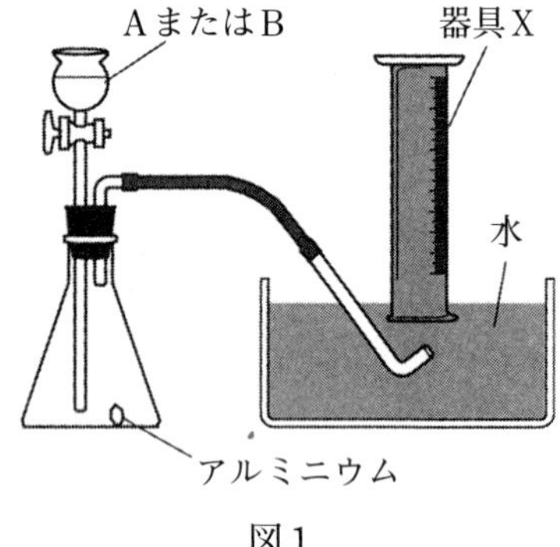

図１

表１

アルミニウムの重さ(ｇ)	0.05	0.1	0.2	0.3	0.4
Ａ100㎤から発生した気体の体積(㎤)	60	120	120	120	120
Ｂ100㎤から発生した気体の体積(㎤)	60	120	240	360	360

【実験２】

ＡとＢを混ぜて、溶液(ようえき)ａ～ｅをつくった。それらの溶液を用いて、図１の装置で0.2ｇのアルミニウムと反応させた。混ぜたＡ、Ｂの体積と発生した気体の体積を表２にまとめた。

表２

	a	b	c	d	e
Ａ(㎤)	0	25	50	75	100
Ｂ(㎤)	100	75	50	25	0
気体の体積(㎤)	240	①	0	②	120

(1)　【実験１】、【実験２】で発生した気体はすべて同じ気体でした。その気体は何ですか。

(2)　発生した気体を集めた器具Ｘの名称(めいしょう)は何ですか。

⑶　図１の装置では、発生した気体だけでなく三角フラスコ内の空気も一緒(いっしょ)に集めてしまいますが、気体の発生量を調べる上で問題ありません。その理由は何ですか。

⑷　気体の発生が止まって、気体の体積を測定するときには、図２のように水面をそろえました。図３や図４のように測定すると、気体の体積は図２のときと比べてどうなりますか。組み合わせとして正しいものを選びなさい。ただし、図３や図４の体積が正しく表示されているとはかぎりません。

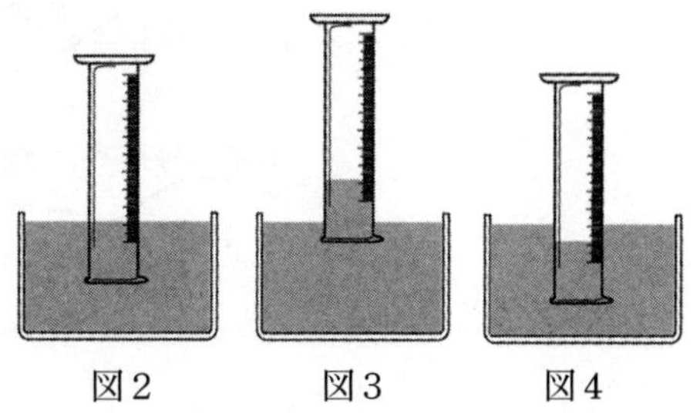
図２　　図３　　図４

	図３	図４
ア	小さくなる	小さくなる
イ	小さくなる	大きくなる
ウ	変わらない	変わらない
エ	大きくなる	小さくなる
オ	大きくなる	大きくなる

⑸　【実験１】で0.3ｇのアルミニウムを入れたとき、気体が発生し終わった後の状態はどうなっていますか。

ア　Ａ、Ｂともにアルミニウムが残っている。

イ　Ａ、Ｂともにアルミニウムが残っていない。

ウ　Ａにはアルミニウムが残っているが、Ｂには残っていない。

エ　Ｂにはアルミニウムが残っているが、Ａには残っていない。

⑹　表２の①、②に入る数値として、最も近いものはどれですか。

ア　0　　イ　30　　ウ　60　　エ　120　　オ　180　　カ　240　　キ　300　　ク　360

⑺　【実験２】で、アルミニウムを入れる前に水を蒸発させたとき、２種類の結晶(けっしょう)が出てくる溶液は表２のａ～ｅのどれですか。

3　ある地域を流れるＡ川とＢ川で、れきの種類と大きさを調べ、結果を表１にまとめました。図１はＡ川とＢ川の位置と、調査をした地点Ｏから地点Ｔの位置を示しています。図１の１マスは100ｍです。Ａ川やＢ川の調査で見られたれきのうち、石灰岩とチャートは主に生物の遺骸(いがい)が固まってできた岩石です。玄武岩(げんぶがん)や花崗岩(かこうがん)は火山の近くでマグマが冷え固まってできた岩石です。調査の結果、チャートに対する泥岩(でいがん)の割合はＢ川の方が大きいことがわかりました。

図２は図１の地形をＸ、Ｙで切った模式断面図です。表２は地点Ｏから地点Ｔの各地点の標高です。地点Ｓと地点Ｔでは、10万年前に川によって運ばれたと考えられる、れきの地層が地表から10ｍ下に見つかりました。なお、海水面の高さは10万年前と現在とで変わらないものとします。

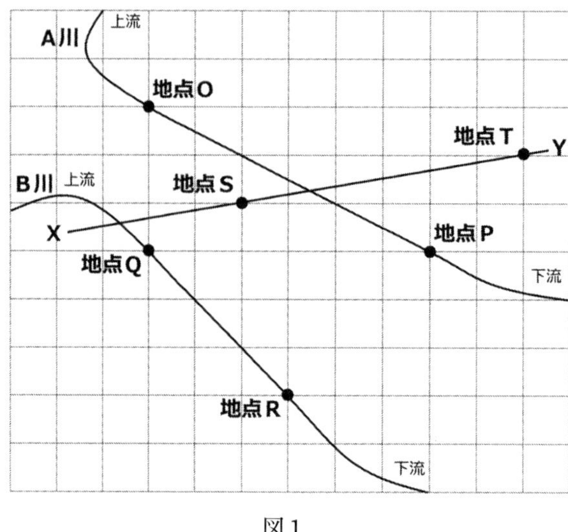

図１

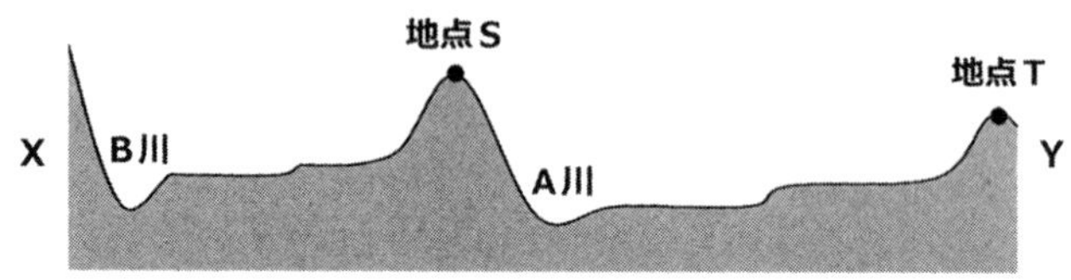

図２

表１

れきの割合(%)	①	②	③	④	地点S	地点T
砂岩	78	68	75	83	87	87
泥岩	10	12	9	8		
石灰岩	7			5		
チャート	5	4	3	4		
玄武岩		11	8		13	13
花崗岩		5	5			
れきの平均の大きさ(cm)	5	5	10	15	10	2

表２

地点	O	P	Q	R	S	T
標高(m)	35.0	31.7	52.2	48.0	183.4	146.8

(1)　川が運んできた石や砂を積もらせるはたらきは何といいますか。

(2)　川の流れがどのような状態になると運ばれた石や砂は積もりはじめますか。

(3)　図１の地点Ｏから地点Ｒと、表１の①から④との組み合わせを示したものはどれですか。

	地点Ｏ	地点Ｐ	地点Ｑ	地点Ｒ
ア	①	③	②	④
イ	①	④	②	③
ウ	②	③	①	④
エ	②	④	①	③
オ	③	①	④	②
カ	③	②	④	①
キ	④	①	③	②
ク	④	②	③	①

(4)　Ａ川の地点ＯとＢ川の地点Ｑからそれぞれ下流に向かって進んだとき、標高が１ｍ変わるのはどちらが先で、川沿いに何ｍ進んだときですか。図３を参考に答えなさい。

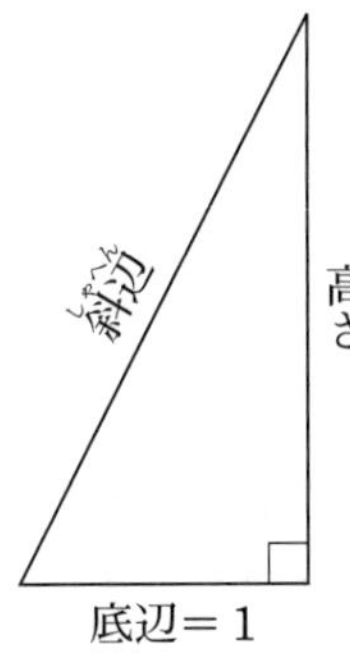

		底辺の長さを１としたときの斜辺の長さ
高さ	1	1.4
	2	2.2
	3	3.2
	4	4.1
	5	5.1
	6	6.1

図３

(5)　地点Ｓで見られる地層のれきが10万年前は海水面から50ｍの高さにあったとすると、地点Ｓの土地が隆起(りゅうき)する速度は、10年あたり何㎝ですか。ただし、このれきの地層の厚さは考えないものとします。

(6)　地点Ｓや地点Ｔの地層中に玄武岩が見られるのはなぜですか。20字以内で説明しなさい。

4　新型コロナウイルス感染症(かんせんしょう)(COVID－19)は、①新型コロナウイルス(SARS－CoV－２)による感染症です。ウイルスによる感染症はウイルスが体内で増殖(ぞうしょく)することで発症(はっしょう)します。ウイルスは、ヒトなどの細胞(さいぼう)や細菌(さいきん)に侵入(しんにゅう)して、侵入した細胞や細菌に複製(コピー)を「作らせて」増殖します。

新型コロナウイルスが感染しているかどうかは、抗原(こうげん)※検査や②ＰＣＲ検査という方法を使って、新型コロナウイルスが体内に「いるか、いないか」で判断します。

新型コロナウイルスの主な感染経路は、飛沫(ひまつ)感染、接触(せっしょく)感染、空気感染です。これらへの対策として「マスクをつける」、「アルコールで手指やドアノブなどを消毒する」、「換気(かんき)をする」などが行われてきました。

※抗原：ウイルスがもつ特有のタンパク質

(1)　下線部①について、図１は５種類の生物および細胞を大きさ順に並べたものです。新型コロナウイルスは、図１のア～カのどの範囲(はんい)に入りますか。

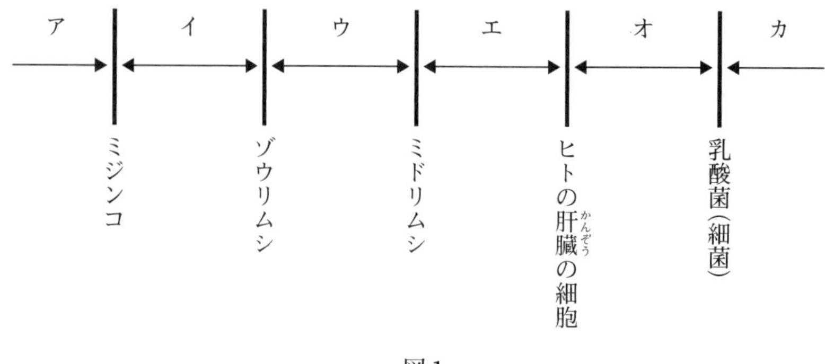

図１

(2)　下線部②について、ＰＣＲ検査で用いられるポリメラーゼ連鎖反応法(ＰＣＲ法)は、目的とする核酸※を多量に増幅する方法です。ＰＣＲ法１回の反応で、目的の核酸を２倍に増幅することができます。この反応を10回繰り返すと、目的の核酸は理論上何倍に増幅されますか。最も近い数値を選びなさい。

※核酸：形や性質を決定するための情報を含む物質

ア　10　　イ　20　　ウ　100　　エ　500　　オ　1000

図２のように、ウイルスには「エンベロープウイルス」と「ノンエンベロープウイルス」という構造の異なる２種類が存在します。一般に、③アルコール消毒は、「エンベロープウイルス」の不活化(感染力がなくなること)には有効であるが、「ノンエンベロープウイルス」には効果が薄いといわれています。

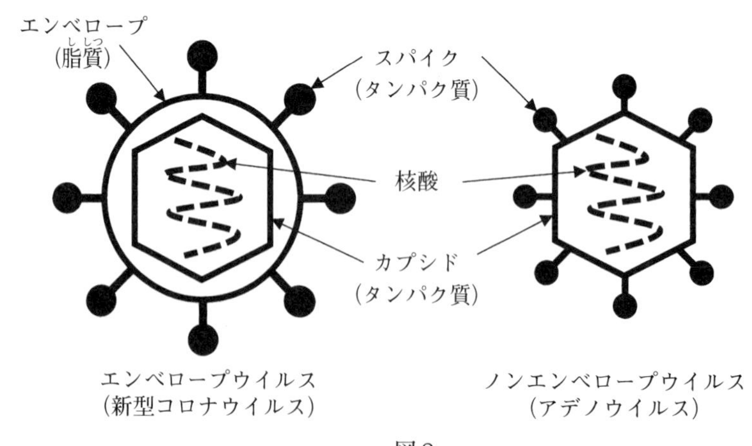

図２

(3)　下線部③について、アルコールはウイルスに対してどのように作用しますか。ただし、スパイクとは、ウイルスが細胞に感染する際に必要な構造です。

ア　スパイクを壊す　　イ　エンベロープを壊す　　ウ　核酸を壊す

エ　カプシドを壊す　　オ　ウイルス全体を包む

抗原検査は、抗体というタンパク質を用いて、検体(唾液等)に含まれる抗原の有無を確認します。図３のように、抗体は可変部と定常部の２つの部位からなり、定常部はすべての抗体で同じ構造をしています。抗体内の２か所の可変部は同一の構造をもっていますが、抗体ごとに構造が異なり、可変部の構造によって特定のタンパク質とのみ結合することができます。

抗原検査の結果は図４のように、コントロールライン(C)とテストライン(T)の２か所の判定線のパターンによって判断しています。コントロールラインは検査が有効かどうかを判定し、テストラインは陽性か陰性(いんせい)かを判定します。

図５は抗原検査の様子を示しています。まず、検体内のほとんどの抗原は標識抗体と結合します。標識抗体には着色粒子(りゅうし)がついています。次に、抗原と結合した標識抗体は図の左側から右側に移動し、テストラインにたどり着きます。テストライン上には捕捉(ほそく)抗体Ｔが存在していて、標識抗体と結合している抗原に結合します。そして、テストラインで結合しなかった標識抗体はコントロールライン上の捕捉抗体Ｃと結合します。ライン上で結合した標識抗体の量が多くなると着色粒子も多くなり、判定線が見えるようになります。

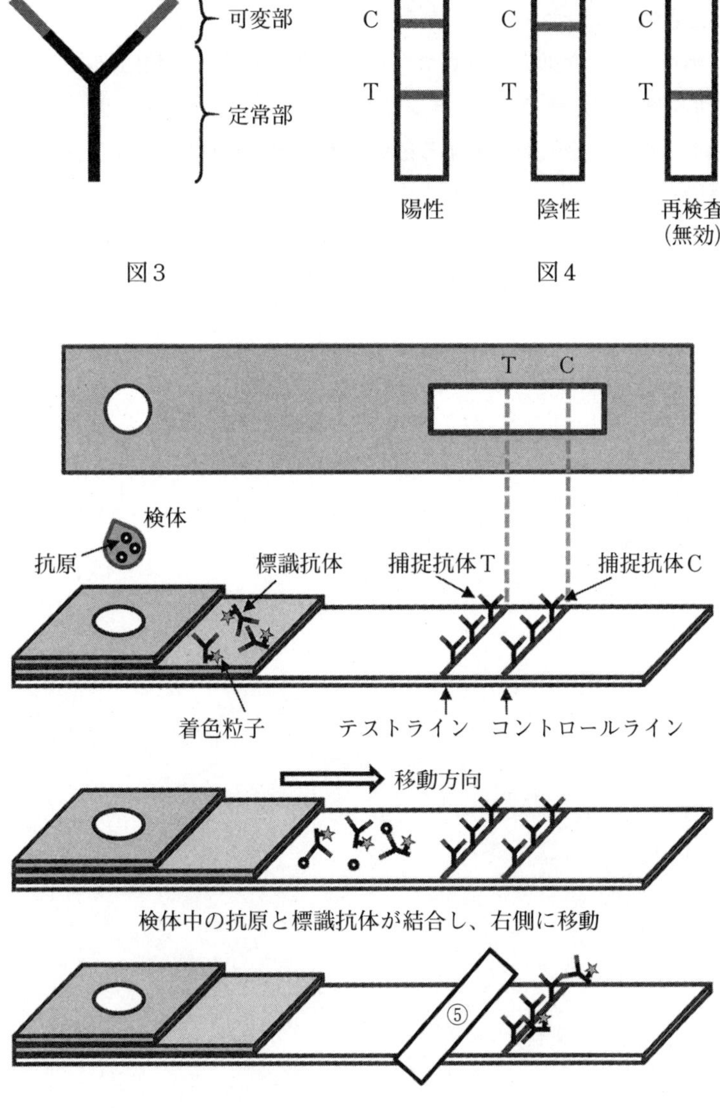

図３

図４

図５

⑷　抗原検査で陽性の場合、図５のテストライン［　⑤　］では標識抗体・着色粒子および抗原はどのような状態で捕捉抗体Ｔと結合していますか。

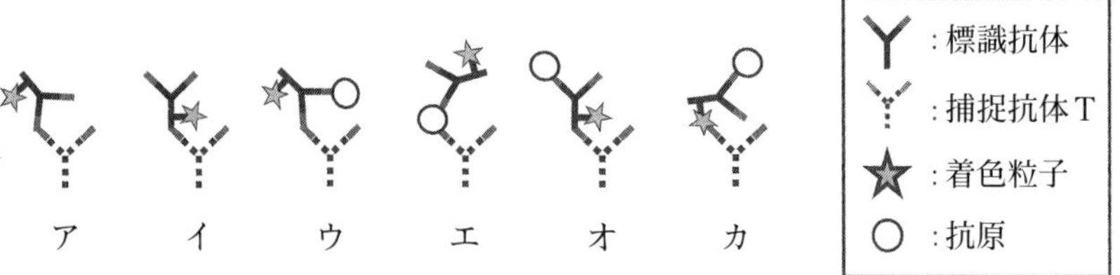

⑸　抗原検査では、新型コロナウイルスが感染しているにもかかわらず、陰性と判断される「偽陰性（ぎいんせい）」という結果が出ることがあります。この原因は何ですか。ただし、検体の取り方には問題がなかったものとします。

⑹　新型コロナウイルス感染症の位置づけが2023年５月に「５類感染症」になって以降、新型コロナウイルス感染症だけでなく、インフルエンザ、ヘルパンギーナ、ＲＳウイルス感染症といった、例年夏や冬に感染が増加する感染症が、同年６月に同時に増加しました。2023年６月以降の感染者の多くは、これらの感染症にこれまで感染したことがなかったり、抵抗力（ていこうりょく）が低かったりする乳幼児や小学生でした。これらの感染症に対して、新たに抵抗力をつけることや、抵抗力を高めるために、どのようなことが対策として考えられますか。

浦和実業学園中学校(第１回午前)

―30分―

【受験上の注意】 1　字数制限のある問題の場合は、句読点や符号(ふごう)なども１字分として字数にふくめて記入してください。

2　定規は使用してもかまいませんが、分度器、コンパス、電卓は使用できません。

1　図は、地球のまわりを回る月のようすと、太陽からの光の方向を表したものです。図の①～⑧は、北極上空から見た月のようすを表しています。月の軌道(きどう)上の矢印は、月の動く方向を表しています。以下の問いに答えなさい。また、①の位置にある月は上弦(じょうげん)の月を表しています。

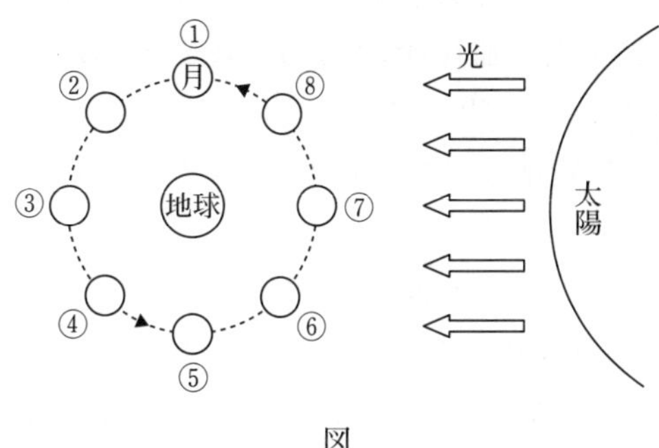

図

問１　月は地球のまわりを約何日かけて公転していますか。最も適当な日数を次の(ア)～(エ)から１つ選び、記号で答えなさい。

(ア)　25日　　(イ)　27日　　(ウ)　29日　　(エ)　31日

問２　上弦の月が西の空にしずむように見えるとき、その地点の時間帯はいつですか。次の(ア)～(エ)から１つ選び、記号で答えなさい。

(ア)　明け方　　(イ)　正午　　(ウ)　夕方　　(エ)　真夜中

問３　地球から月を観察したら、満月でした。その時、月の位置はどこにありますか。図の①～⑧から１つ選び、番号で答えなさい。

問４　月の表面の地形はいろいろな名前が付けられています。その中で、平らな地形につけられている名前は何ですか。次の(ア)～(オ)から１つ選び、記号で答えなさい。

(ア)　海　　(イ)　野　　(ウ)　山　　(エ)　谷　　(オ)　クレーター

問５　地球から月を観測すると、いつも月の同じ面しか見えません。その理由を、次の(ア)～(エ)から１つ選び、記号で答えなさい。

(ア)　月は公転しているが、自転はしていないから。

(イ)　月の公転と、地球の自転にかかる時間が等しいから。

(ウ)　月は１回公転する間に、公転と同じ向きに１回自転するから。

(エ)　月は１回公転する間に、公転と反対向きに１回自転するから。

問６　太陽と地球の間に月が入って太陽がすべて見えなくなる現象をかいき日食といいます。次の(ア)〜(オ)は、埼玉県のある地点で日食のようすを観測したものです。かいき日食となった(イ)を**３番目**とし、日食を観測した順に並びかえ、記号で答えなさい。

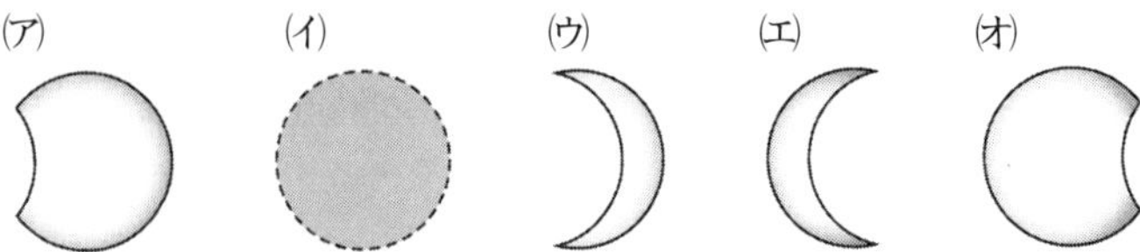

2　わたしたちのからだではさまざまな臓器がはたらいています。例として、肺は空気中の酸素を取りこみます。その酸素は血液中に取りこまれ、心臓によって全身に運ばれます。これらの臓器は、一つひとつ別にはたらいているようで実際はかかわりを持っています。図１はヒトのからだの臓器と血管のつながりを表したものです。ヒトのからだに関して以下の問いに答えなさい。

身体上部
肺
血管A
①
血管B
②
③
身体下部

図１

問１　図１の①・②の臓器の名前を次の(ア)〜(エ)からそれぞれ１つずつ選び、記号で答えなさい。

(ア)　小腸　　(イ)　かん臓　　(ウ)　心臓　　(エ)　じん臓

問２　図１の①には２本の血管AとBがつながっています。血管AとBを通る血液に多く含まれる成分をふまえ、特徴（とくちょう）を答えなさい。ただし、<u>血管A</u>、<u>血管B</u>という語句を必ず用いること。

問３　からだでは常に<u>老廃物</u>（ろうはいぶつ）が生成されています。図１の③は老廃物を体外に出すための臓器です。図２は図１の③をより細かく表したものです。心臓からきた血液が流れる血管は、図２の血管CとDのどちらか記号で答えなさい。また、図２のEは何という名前か答えなさい。

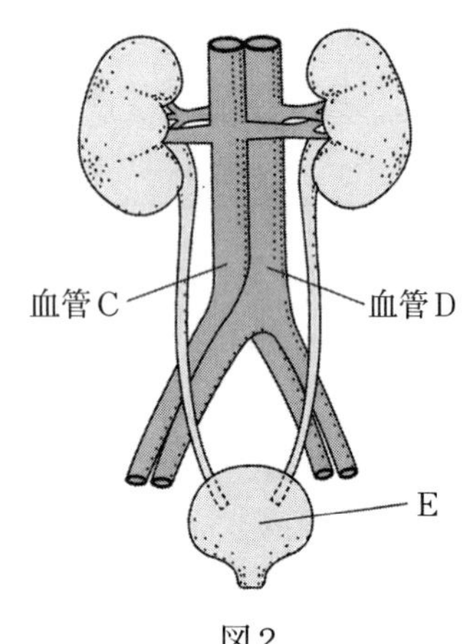

図２

問４　ヒトは呼吸をするとき、１分間で平均約８Lの空気を交換（こうかん）しています。１回の呼吸では500mL交換しています。ある人の呼吸を調べたところ、はく息500mLには酸素が90mL含（ふく）まれていました。空気中の酸素の体積の割合を21％として、１時間で血液に取りこむ酸素の体積は何mLになるか答えなさい。

③　次の表は、100 g の水に溶けるだけ溶かした食塩とホウ酸の量を、各温度別に表したものです。以下の問いに答えなさい。

表

水の温度〔℃〕	0	20	40	60	80	100
食塩〔g〕	35.7	35.8	36.3	37.1	38.0	39.3
ホウ酸〔g〕	2.8	4.9	8.9	14.9	23.6	38.0

問１　みのるは、水の温度を下げていくと、食塩やホウ酸の溶ける量がどのように変化するかを調べました。80℃の水100 g に食塩とホウ酸を溶けるだけ溶かしたものを、それぞれ用意し、20℃まで温度を下げました。より多く結晶が出てくるのはどちらでしょうか。また、その結晶は何 g 出てきましたか。表を参考に答えなさい。

問２　みのるは、食塩の結晶が出てくる様子を観察しました。食塩水をスライドガラスに１滴とり、ドライヤーで乾かしながら双眼実体顕微鏡で結晶が出てくるようすを観察し、スケッチしました。このとき、見えた結晶を次の㋐～㋓から１つ選び、記号で答えなさい。

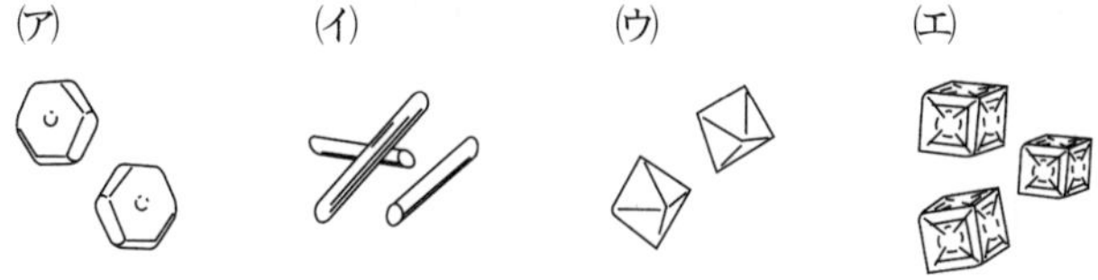

問３　食塩水について書かれた次の㋐～㋓の文のうち適当なものを１つ選び、記号で答えなさい。

㋐　溶かす水の量を２倍にすると、溶ける食塩の量は２倍になる。

㋑　ゆっくりかき混ぜると、溶ける食塩の量は増える。

㋒　水に食塩を溶けるだけ溶かすと、食塩水の体積は大きくなる。

㋓　水に食塩を溶かすと、全体の重さは溶かす前の水の重さと変わらない。

問４　80℃の水100 g に食塩を溶けるだけ溶かしました。この食塩水の濃さは何％ですか。ただし、割り切れない場合は小数第一位を四捨五入して整数で答えなさい。

問５　60℃の水200 g にホウ酸を10 g だけ溶かしたあと、温度を０℃に下げたとき、何 g のホウ酸が出てくるか答えなさい。

4　同じ種類のかん電池と豆電球を用いて実験１と２を行いました。

［かん電池　豆電球］

【実験１】

実験１では、図１のように(ア)～(キ)の電気回路を組みました。この電気回路について以下の問いに答えなさい。

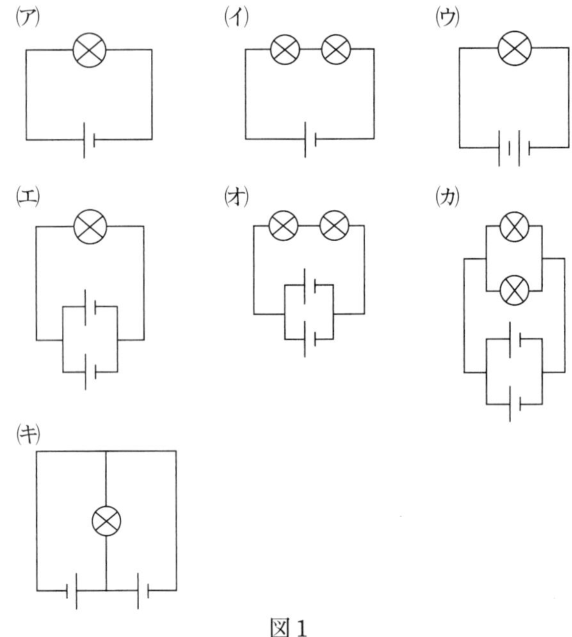

図１

問１　図１の中で、豆電球が一番明るく光るのはどれですか。(ア)～(キ)の中から１つ選び、記号で答えなさい。

問２　図１の中で、豆電球が一番長くついているのはどれですか。(ア)～(キ)の中から１つ選び、記号で答えなさい。

問３　図１の中で、豆電球が一番早く消えるのはどれですか。(ア)～(キ)の中から１つ選び、記号で答えなさい。

【実験２】

実験１のかん電池と豆電球を用いて図２のような電気回路を組みました。以下の問いに答えなさい。

問４　図２の電気回路の豆電球Ａ～Ｆのうちで、一番明るく光る豆電球はどれですか。１つ選び、記号で答えなさい。

問５　図２の電気回路の豆電球Ａ～Ｆのうちで、明かりがつかない豆電球はどれですか。１つ選び、記号で答えなさい。

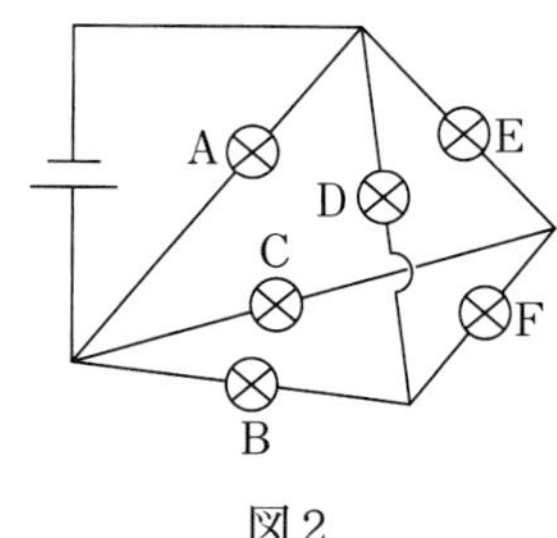

図２

穎明館中学校(第１回)

―30分―

[1]　次の各問いに答えなさい。

問１　次の生物の名前を解答欄(らん)の□に**カタカナ**で１字ずつ入れて答えなさい。

問２　日本は南北に長細いので地域によって気候が異なっています。気候が異なると林や森の様子が違(ちが)います。図１を見ると、北海道の知床半島は針葉樹が森を占めています。それに対し東京は広葉樹が森を占めています。

図１

(1)　針葉樹の木全体の形として最も近いものを次のア～ウから１つ選び、記号で答えなさい。

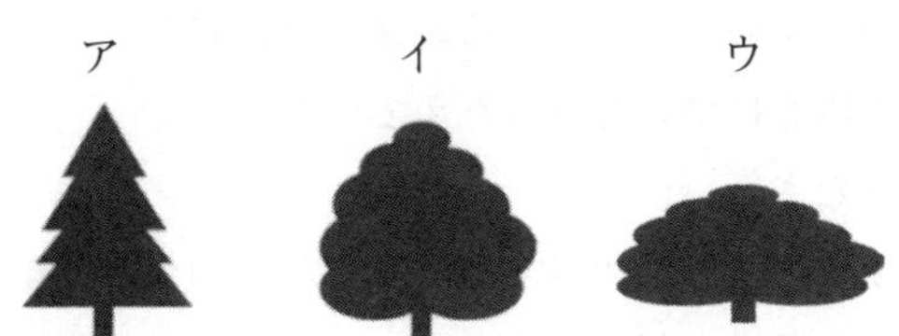

(2)　東京は落葉広葉樹と常緑広葉樹が生育しています。落葉する樹木と常緑の樹木の違いにはいくつかあります。常緑の樹木に当てはまるものとして適当なものを次のア～エから2つ選び、記号で答えなさい。

ア　葉がうすく、つやがない　　イ　葉が厚く、ろうのようなつやがある

ウ　秋になると落葉する　　　　エ　春になると落葉する

(3)　図1を見て、樹木の種類の変化はどんな気候条件が重要ですか。適当なものを次のア～オから1つ選び、記号で答えなさい。

ア　降水量　　　　イ　日照量(昼間の時間)　　ウ　気温

エ　酸素の濃度　　オ　二酸化炭素の濃度

(4)　群馬県にある赤城山は図1の位置にあり、落葉広葉樹と常緑広葉樹のほぼ境界にある山です。山の斜面の林や森は、落葉広葉樹と常緑広葉樹が混ざって生えていますが、斜面の向き(方角)によって2種類の割合が違うのではないかと予想を立てました。次の文中の①～④について、適切な語句をア、イおよびウからそれぞれ1つ選び、説明文を完成させなさい。

山頂からみて北側の斜面は、南側の斜面より①(ア：日当たりがよい　イ：日当たりが悪い)ので、年間の平均気温は②(ア：北側の方が高く　イ：南側の方が高く)、年間降水量は③(ア：北側で多い　イ：南側で多い　ウ：ほぼ等しい)。従って北側の斜面には④(ア：落葉広葉樹　イ：常緑広葉樹)が多くなっていると予想できる。

問3　次の実験器具の名称を答えなさい。

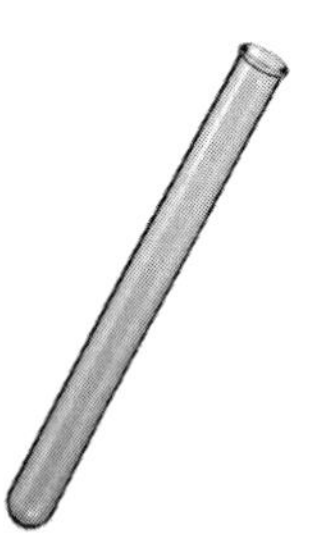

2　次の各問いに答えなさい。

問1　右の図1の写真は国連の世界会議の際に南太平洋の島国の政治家が海の中で演説をしているもので、世界に衝撃(しょうげき)を与えました。現代の人間生活が引き起こした深刻な問題についての演説です。この演説は世界の人々にどのような内容についてうったえているものですか。簡潔に答えなさい。

図1

問2　問1のような現象はある気体が空気に含まれる割合が近年増えていることが原因の1つと考えられています。化石燃料の燃焼によって増え続けているこの気体の名前を漢字で答えなさい。

問３　次の図２は、日本の気象庁が発表したもので、問１の演説と関係があるグラフです。グラフの横軸は西暦1993年から西暦2011年までの年代を表しています。縦軸は「□変化」の単位がミリメートルで表されていますが、何の変化を表したものですか。□の空欄に入る適当な語句を答えなさい。ただし、グラフ中の波状の折れ線は月ごとの値を、ゆるやかに上昇する斜線は折れ線を平均して表しています。

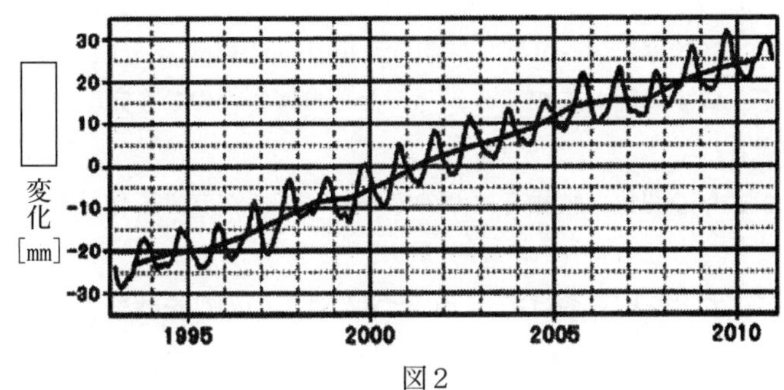

図２

問４　グラフは横軸の2001年の値を０として前後15年間の変化を表しています。５年後の2006年には2001年に比べると何mm変化していますか。

問５　問４のペースでこの状況が進むと、2001年より15cm上昇するのは西暦何年になりますか。

問６　問１の影響で、近年は日本でも毎年のように大雨による水害が発生しています。昨年も九州・中国・東北地方で河川の氾濫(はんらん)による水害が報告されました。次のア～ウの３枚の写真は日本上空の雲の様子を撮影したものです。ア～ウの中から、昨年６月に山口県を中心に大雨をもたらした時のものを選びなさい。

ア　　　　イ　　　　ウ

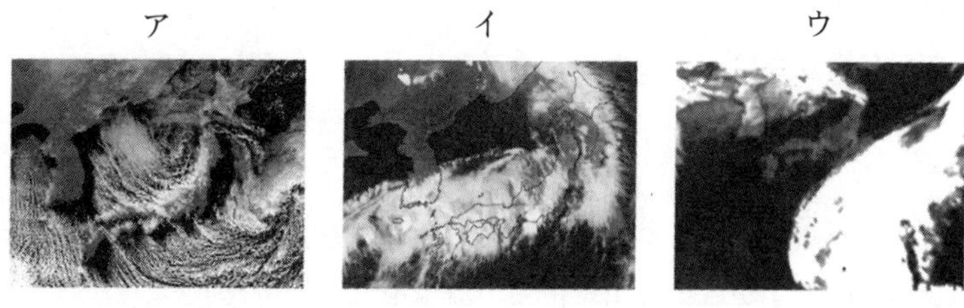

問７　昨年６月に山口県で発生した水害は、川の上流で降った大雨により、川が氾濫して起こったと考えられます。上流の山地で雨がたくさん降ると、下流ではどのようなことが起こると考えられますか。次の文中の（　１　）～（　４　）に入る最も適当な語句を、次のア～ケからそれぞれ１つ選び、記号で答えなさい。

> 上流の山地で大雨が降ると、普段、水が流れていない谷にも水が流れ、（　１　）が起こり下流で災害が起こることがある。大雨が降ると、川を流れる水の量は（　２　）、川の流れの速さは（　３　）なる。川の水と一緒に上流から流れてくる泥やレキが、下流で川の底に堆積(たいせき)して水面が上昇し、橋げたに（　４　）が流れつくとさらに川面が上昇して周囲に水があふれて川が氾濫する。

ア　土砂くずれ　　イ　なだれ　　ウ　増え　　エ　減り　　オ　速く
カ　遅く　　キ　砂　　ク　草　　ケ　流木

3　ばねにおもりをつるしたときの、ばねののびとおもりの重さを調べる実験を行いました。次の実験の内容を読み、続く問いに答えなさい。なお、それぞれのばねは十分軽いものとします。

実験　ばねののびと重さの関係

用意するもの　ばね(２種類Ａ、Ｂ)、おもり(25ｇ、６個)、スタンド、定規(じょうぎ)

実験方法

1．図１のような装置を組み立て、ばねＡを取り付ける。

2．おもりを１つずつ静かにつるし、そのときのばねののびを定規で測定する。

3．横軸をおもりの個数、縦軸をばねののびとして、グラフを作成する。

4．ばねＡにばねＢを取りつけて、そのときのばねののびを観察する。

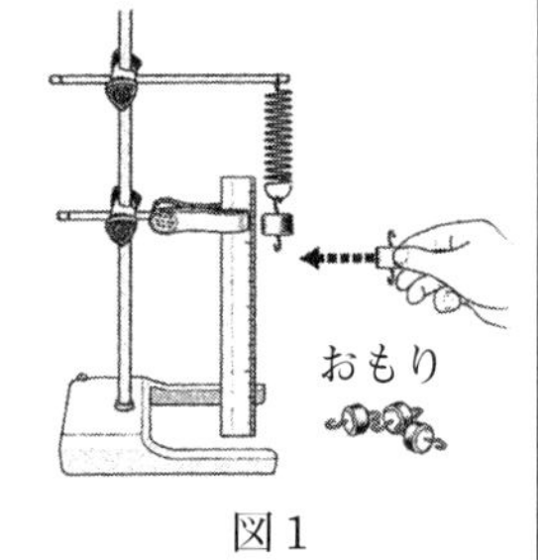

図１

問１　おもりを６個すべてぶら下げると何ｇになりますか。

問２　実験方法２．の静かにつるしとはどのような意味ですか。最も適切なものを次のア～エから１つ選び、記号で答えなさい。

ア　実験中はうるさくしてはいけないので、だまっておもりをつるす。

イ　きんちょうすると、ばねにおもりのフックが引っかからないので、心を落ち着けてつるす。

ウ　おもりをつるしたときに、ばねがゆれると正確な位置が測れないので、ゆれないようにそっとつるす。

エ　ばねにおもりをつるすときに、カチャッと音がすると、ばねのエネルギーが音の振動(しんどう)エネルギーとして空気中に放出され、正確な値が測れなくなるため、音を鳴らさないようにつるす。

問３　ばねＡに適当なキーホルダーを一つぶら下げたとき、図２のような長さになりました。ばねののびは何㎝ですか。小数第一位まで読み取って答えなさい。

問４　ばねＡの測定結果をグラフにまとめると、図３のようになりました。ばねののびはおもりの重さに正比例することをふまえて、以下の問いに答えなさい。

①　実は１か所だけ、のびの数値を読みまちがえてしまいました。読みまちがえているのはおもりの個数が何個の部分と考えることができますか。

②　グラフ上の点をもとに、適切な直線を書き込み、このグラフを完成させなさい。

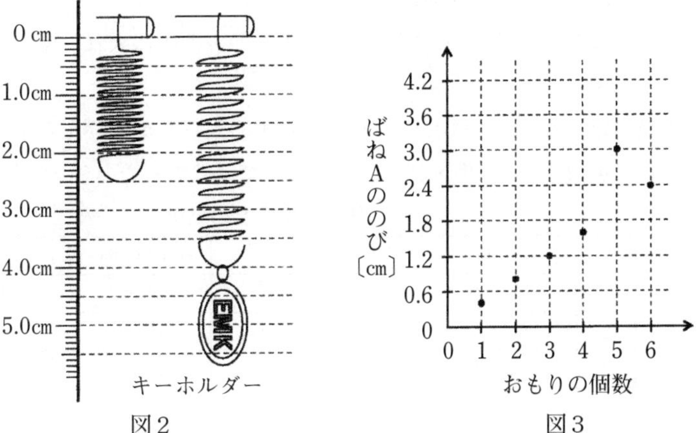

図２　図３

問５　図３の結果より、ばねＡにおもりを１個つるしたときののびは何cmと分かりますか。

問６　ばねＡとばねＢを図４のようにつなげてつるし、25ｇのおもりを４個つるすと5.2cmのびました。ばねＢののびは何cmですか。

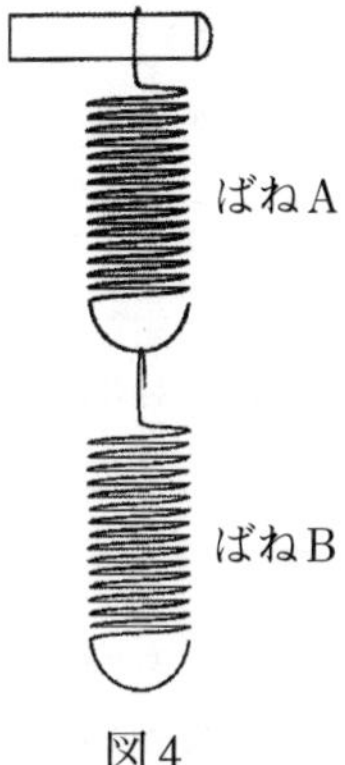

図４

問７　図４のようにつないだ状態で、10.0cmのばしたいとき、何ｇのおもりをぶら下げる必要がありますか。小数第一位を四捨五入して整数で答えなさい。

4　えいた君は、スーパーにみそを買いに行きました。スーパーにはたくさんの種類のみそが売られており、中には「塩分ひかえめ」と書かれたものもありました。一般的なみその中に塩分がどれくらい入っているのか気になったので、調べてみることにしました。

【実験１】

みそを大さじで１杯とり、その重さをはかったところ17.5ｇであった。この大さじ１杯のみそをビーカーに入れ、水を20㎤加えてよくかき混ぜた。しばらくしてから、溶(と)け残りを①ろ過により取り除いた。得られたろ液を蒸発皿に入れ、ガスバーナーで加熱した。観察していると、②水分がなくなっていくとともに、何かが焦(こ)げ始め、黒いかたまりになった。

この黒いかたまりでは白い粒(つぶ)を見ることができなかったので、黒いかたまりの正体を考えるために、そのほかに含まれると予想した成分を加熱してみることにした。

【実験２】

砂糖、食塩、うま味調味料、小麦粉の４種類の白い粉末について、(1)～(4)のようにして物質の性質を調べ、表１にまとめた。

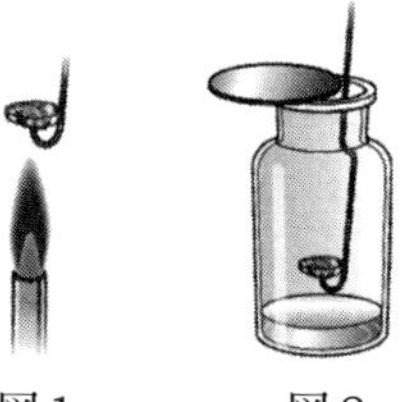

図１　　図２

(1)　ビーカーを４つ用意し、同じ量の水を入れ、その中にそれぞれの粉末を薬さじ１杯分入れ、よくかき混ぜた。

(2)　(1)でできた溶液(ようえき)を少量蒸発皿にとり、加熱した。

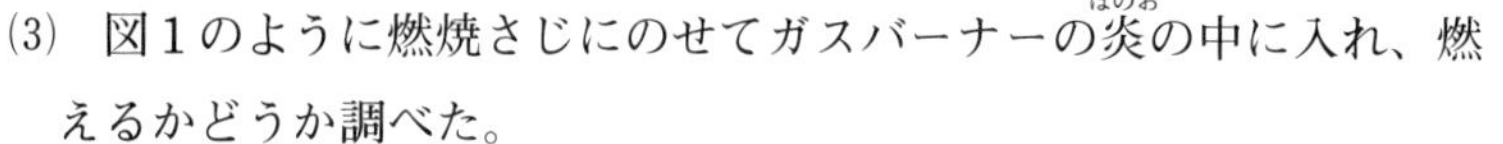

(3)　図１のように燃焼さじにのせてガスバーナーの炎(ほのお)の中に入れ、燃えるかどうか調べた。

(4)　(3)で火がついたものは、図２のように石灰水の入った集気びんの中で燃やした。火が消えたら燃焼さじを取り出し、集気びんにふたをしてよく振ったところ、③石灰水が白くにごった。

表１　実験２の結果

	砂糖	食塩	うま味調味料	小麦粉
(1)	溶けた	溶けた	溶けた	溶けなかった
(2)	焦げた	白い固体が残った	焦げた	
(3)	燃えた	燃えなかった	燃えた	燃えた
(4)	白くにごった		白くにごった	白くにごった

この結果より、先に食塩以外の成分を燃やしてしまえば、みそから食塩を取り出すことができるのではないかと予想した。

【実験３】

みそを大さじ１杯はかり取り、フライパンの上にうすく広げ、火にかけた。みそが焦げ始め、すべて黒く焦げ、煙(けむり)が出なくなるまで加熱した。その後、冷えてから、水を20㎤加え、よくかき混ぜた。しばらくしてから、ろ過をした。得られたろ液を蒸発皿に入れ、ガスバーナーで加熱した。しばらくするとふっとうが始まり、水分がなくなっていくとともに、白っぽい固体が見え始めた。この固体を顕微鏡(けんびきょう)で観察したところ、④食塩の結晶(けっしょう)を見ることができた。

問１　みそはある植物に麹(こうじ)と塩を加えて発酵(はっこう)させたものです。みそと同じ植物から作られていないものをア～オから、発酵食品でないものを次のカ～コからそれぞれ１つ選び、記号で答えなさい。

みそと同じ植物から作られていないもの

ア　しょう油　　イ　豆腐(とうふ)　　ウ　油あげ　　エ　のり　　オ　豆乳

発酵食品でないもの

カ　牛乳　　キ　ヨーグルト　　ク　チーズ　　ケ　納豆　　コ　甘酒

問２　このみその容器に、みそ100ｇあたりの食塩は8.3ｇと書かれていました。大さじ１杯のみそに含まれている食塩は何ｇですか。小数第１位まで求めなさい。

問３　【実験１】の下線部①について、「ろ過」の正しいやり方を次のア～オから１つ選び、記号で答えなさい。

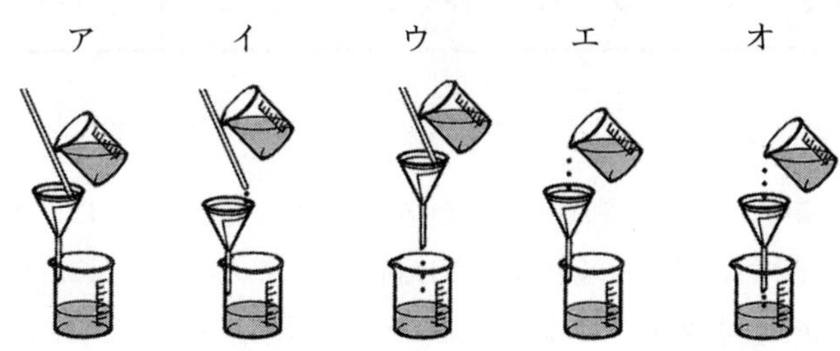

問４　【実験１】の下線部②について、「水分がなくなっていく」のとは違う変化を表しているものを次のア～エから１つ選び、記号で答えなさい。

ア　猛暑(もうしょ)で貯水池の水が減った　　イ　池の水を抜いて生物調査を行った

ウ　洗濯物が乾いた　　エ　ドライヤーで髪の毛を乾かした

問５　【実験２】の下線部③について、このことから、砂糖が燃えているときに発生する気体は何ですか。

問６　【実験２】の結果から、みその中に含まれていると考えられる食塩以外のものを、次のア～ウからすべて選び記号で答えなさい。

ア　砂糖　　イ　うま味調味料　　ウ　小麦粉

問７　【実験２】からわかる食塩の性質について、次の空欄に言葉を入れて、説明文を完成させなさい。

㋐　食塩は水に［　　　　　　］。

㋑　加熱すると［　　　　　　］。

問８　【実験３】の下線部④について、食塩の結晶を解答欄に描(か)きなさい。

(解答欄)

江戸川学園取手中学校(第１回)

—社会と合わせて60分—

1　次の各問いに答えなさい。

問１　太さが一様ではない長さ70㎝の棒があります。次図のように、棒の左はし(太い方)にばねばかりを取り付けてゆっくり少しだけ持ち上げたところ、ばねばかりの目盛りが900ｇを示したところで棒がゆかからはなれました。次に、棒の右はし(細い方)にばねばかりを取り付けてゆっくり少しだけ持ち上げたところ、ばねばかりの目盛りが500ｇを示したところで棒がゆかからはなれました。

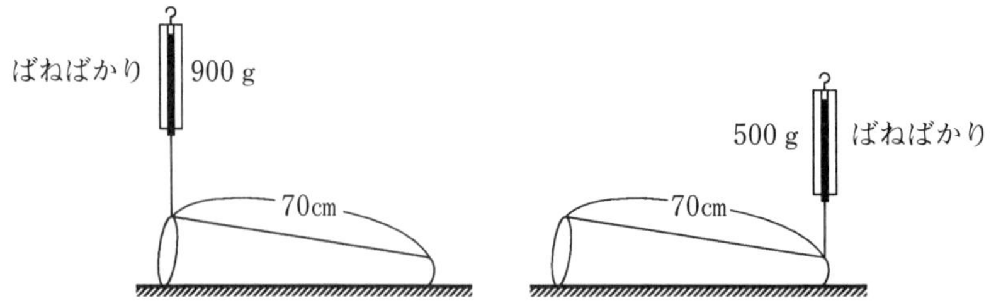

(1)　この棒の重さは何ｇになりますか。

(2)　この棒を次図のようにひもを使って支えたい場合、棒の左はしから水平きょりで何㎝の所にひもを巻き付けて支えればよいでしょうか。

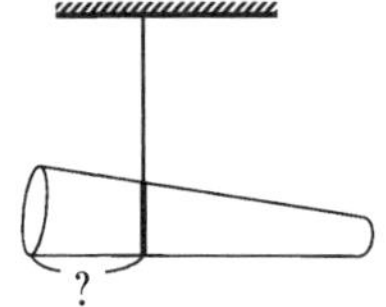

(3)　この棒を、Ｏを中心とするなめらかな半球形の容器内に静かに置いたとき、棒が動き出さずに置いたままの状態になる図として最も適当なものを①～⑤の中から一つ選び、番号で答えなさい。

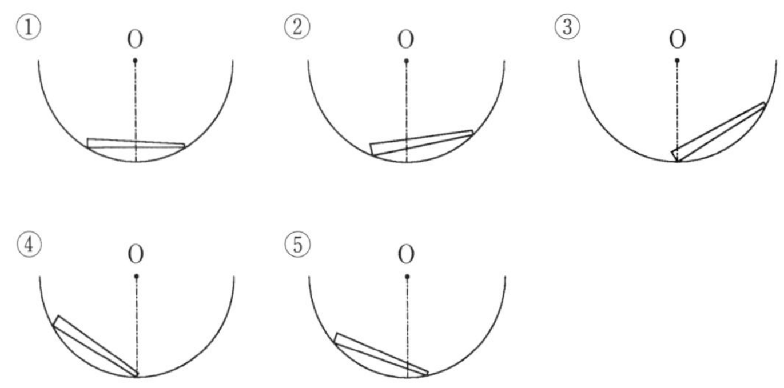

問２　とても軽く重さを考えなくてもよい棒に、図１のように100 gのおもりと300 gのおもりを２つつるしたところ、棒は水平となりつり合いました。図１でつり合っている状態から、ゆっくりと図２のように棒の中心付近を持ってかたむけて静かにはなすと、どのように運動するでしょうか。簡潔に述べなさい。

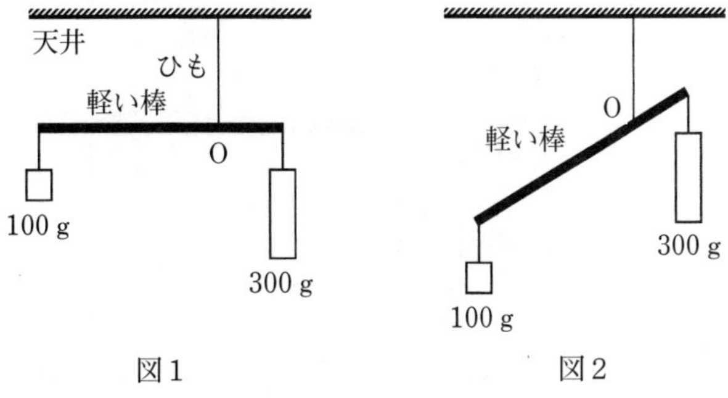

図１　　図２

問３　とても軽く重さを考えなくてもよい棒４本に、次図のようにA～Eのおもりをつるしました。棒をつるしたひもは、棒の左はしから全て３：２の場所となっています。全ての棒は、次図のように水平の状態でつり合いました。Cのおもりが18 gの重さだった場合、Aのおもりの重さは何gになりますか。

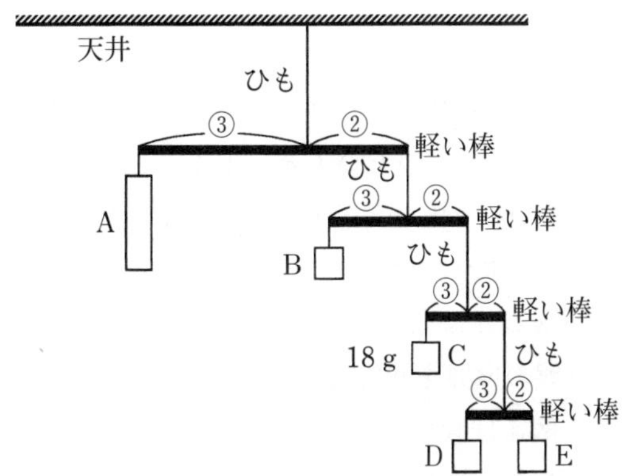

問４　次図のように、400 gのおもりHをつるしたばねばかりを水の入った容器に向けてゆっくりと下げていき、下がったきょりとばねばかりの目盛りから読み取った重さの値を調べた結果、グラフが得られました。

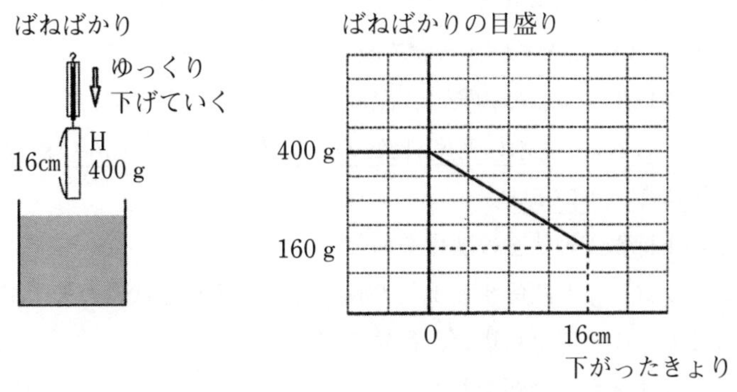

おもりHは高さ16㎝の直方体です。底面積は等しく、同じ材料でできているFとGを、とても軽く重さを考えなくてもよい棒を使って次図のように天井からつるしました。Fの高さ

は４cm、Ｇの高さは８cm、Ｆは全て、Ｈは一部水にしずみ、ひもが棒の左はしから３：２の場所で水平につり合いました。Ｈのしずんでいる部分の体積は、Ｈの元の体積の何倍になりますか。割り切れない場合は、分数のままで答えなさい。

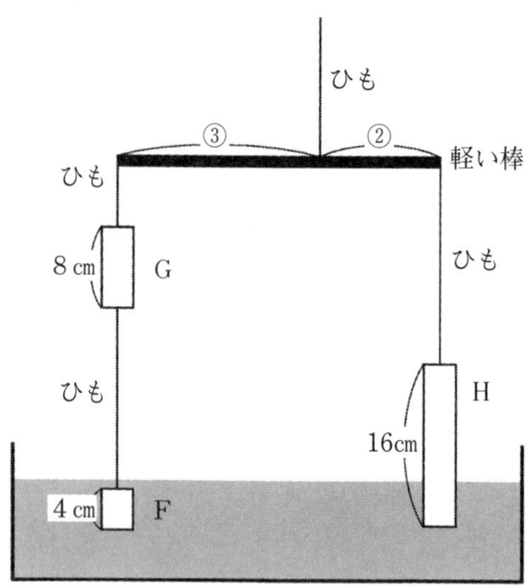

2　文章を読んで、次の各問いに答えなさい。

身の回りの純すいな物質は「固体」・「液体」・「気体」のいずれかの状態で存在します。これらの状態は温度を変えることによって変化させることができます。

温度の他にも、物質にかかる気圧などの力(圧力)によっても状態は変化します。さまざまな温度と圧力(気圧)においてどのような状態にあるかを表したグラフを状態図といいます。図は水の状態図を表しています。横じくは温度を表し、縦じくは圧力(気圧)を表します。図の状態では、固体、液体、気体の各状態の境界を曲線ＡＢ、曲線ＢＣ、曲線ＢＤで表しています。例えば図において、①圧力を１気圧にしたままで温度を高くしていくと、温度が低いうちは固体で存在しますが、やがて液体になり、最後は気体になると読みとることができます。

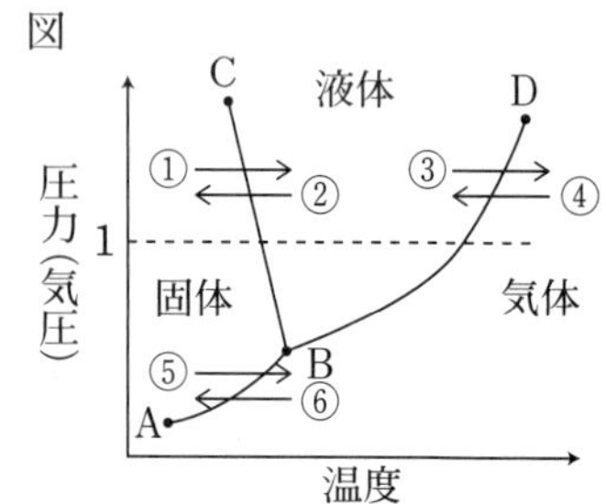

ここで、液体と固体の状態の変化において、温度を一定にしたまま圧力のみを上げる変化を考えます。水の場合、固体から液体に変化していくことを図から読み取ることができます。しかしながら、水以外の多くの物質は、温度を一定にしたまま圧力のみを上げると、液体から固体に変化します。これは、②水の密度(物質の一定体積あたりの重さ)が他の物質に比べて特別であることが原因になっています。

問１　文章中の下線部①の状態の変化を何といいますか。

問２　次のア～ウは、水が関係する現象の説明です。それぞれ図の矢印①～⑥のどの変化に当てはまりますか。①～⑥から選び、番号で答えなさい。

ア　日かげでも洗たく物がかわく。

イ　やかんでお湯をわかすと、やかんの口から少しはなれたところでゆげが見られる。

ウ　冷とう庫の氷が小さくなった。

問3　下線部②の水の密度について、固体(氷)と液体(水)の密度はどちらの方が大きいと考えられますか。正しい方を○で囲みなさい。

問4　水以外の多くの物質の状態図はどうなりますか。次の図に曲線ＢＣを書きなさい。

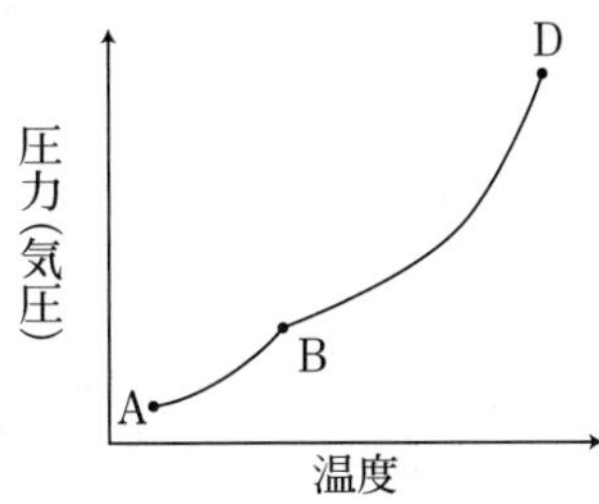

3　文章を読んで、次の各問いに答えなさい。

わたしたちヒトをふくめて、生物のからだは①<u>多数の小さな部屋のような構造体</u>が集まってできています。その中には②<u>染色液でよく染まる構造体</u>があり、生物の遺伝情報であるＤＮＡが含まれています。ＤＮＡは２本の鎖からなる二重らせん構造をしており、それぞれの鎖はリン酸・糖・塩基が結びついたヌクレオチドという単位からできています。ＤＮＡの塩基にはアデニン(A)・チミン(T)・グアニン(G)・シトシン(C)の４種類があり、ＡとＴ、ＧとＣでのみ結合する性質があります。

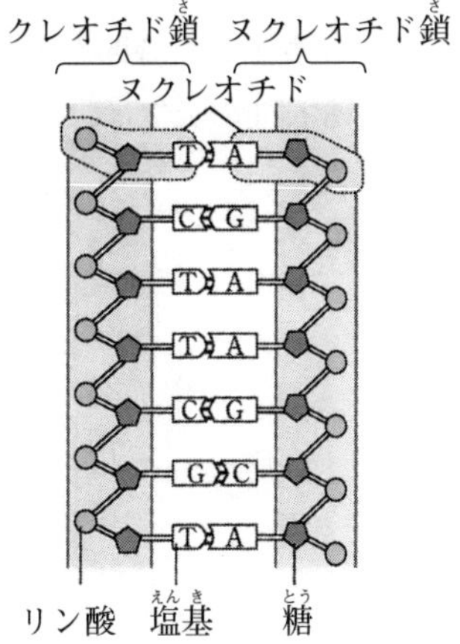

問1　文章中の下線部①と②の構造体の名称をそれぞれ答えなさい。

問2　ＤＮＡの一方の鎖の塩基配列がＴＡＣＴＧＧＧのとき、対になる鎖の塩基配列を記号で答えなさい。

問3　あるＤＮＡに含まれるそれぞれの塩基の割合を調べたところ、Ａの割合が15％であった。このとき、Ｔ、Ｇ、Ｃの割合はそれぞれ何％になりますか。数字で答えなさい。

問4　ＤＮＡが遺伝情報であることを調べるために、過去には多くの研究がなされてきました。その中には、肺炎球菌とマウスを用いて研究を行ったグリフィスがいます。肺炎球菌には、感染すると肺炎を発症する病原性のＳ型菌と、感染しても発病しない非病原性のＲ型菌と呼ばれる２種類があります。

グリフィスの行った実験では、肺炎球菌のうち、病原性のＳ型菌をマウスに注射すると発病し、非病原性のＲ型菌をマウスに注射すると発病しませんでした。また、加熱して殺菌したＳ型菌をマウスに注射するとマウスは発病せず、非病原性のＲ型菌と、病原性のＳ型菌を加熱して殺菌したものを混ぜてマウスに注射するとマウスが発病するという結果になりました。この結果から、Ｒ型菌にどのようなことが起きたと考えられますか。

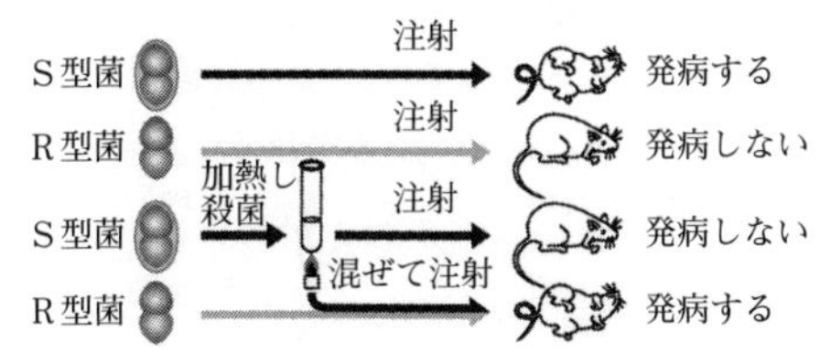

4　文章を読んで、次の各問いに答えなさい。

太郎くんは４月の天気予報を毎日見ていくうちに、天気と朝の気温について、関連性があることに気付きました。前日の夜から天気が晴れの日は、早朝の気温がくもりや雨の日に比べて［　あ　］ことが多く、前日の夜からくもりや雨の日は、早朝の気温が晴れの日に比べ［　い　］ことが多いとわかりました。このような気温の変化が起こる原因の一つには、上空に［　う　］があるかどうかが関係しています。地表は太陽から放射されるエネルギーを受け取っており、地表も宇宙空間へエネルギーを放射しています。

問１　文章中の［　あ　］～［　う　］に適切な言葉を書き入れなさい。ただし、［　あ　］と［　い　］は「高い」か「低い」かを○で囲み、［　う　］は漢字一文字で答えなさい。

問２　１日の気温の変化が少ないのは、「晴れの日」と「雨の日」のどちらになりますか。○で囲みなさい。

問３　次図は４月のある３日間の気温、湿度(しつど)、気圧をグラフにしたものです。横じくは24時間で表記した時間を表し、縦(たて)じくは気温(℃)、湿度(％)、気圧(hPa)のいずれかを表します。３日間の天気は、「晴れ」「雨」「晴れのちくもり」のいずれかでした。以下の(1)～(2)に答えなさい。

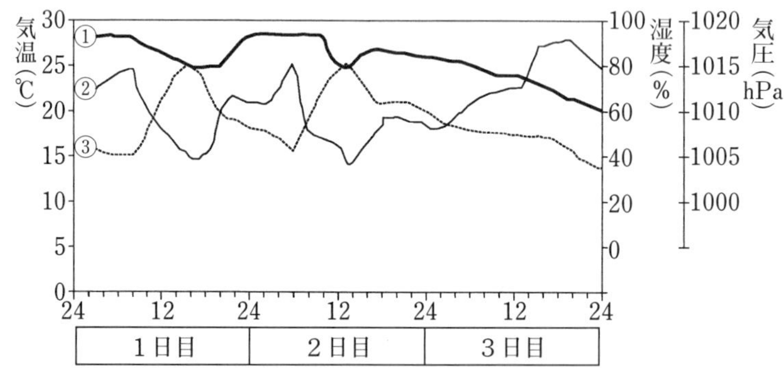

(1)　①～③のグラフのうち、気圧を表すグラフを①～③で答えなさい。

(2)　晴れのちくもりだった日は、何日目ですか。「１日目」か「２日目」か「３日目」かを○で囲みなさい。

問４　［　う　］があるときとないときで翌日の朝の気温に差が出る理由を、「上空に［　う　］があるときには～」に続く文章で、気温が高くなるか低くなるかを明記して書きなさい。

問５　空気はあたためられると上昇(しょう)します。あたためられること以外で空気が上昇(しょう)する場合を簡潔に説明しなさい。

桜美林中学校（２月１日午前）

―40分―

※　漢字で書くべきところは漢字で書いてください。

1　次の文章は地球環境について述べたもので、図は日本の発電電力量の推移を示したものです。あとの問いに答えなさい。

近年、私たちの生活が便利で豊かなものになっている反面、私たちを取り巻く環境には地球規模の様ざまな問題が起こっています。例えば次図の［　C　］発電に使用される資源である［　D　］は、このまま使用していると約50年後には採れなくなるとも言われています。また、二酸化炭素など温室効果ガスの排出量が増えており、気候変動の原因になっていると言われています。

このような環境問題に対して2020年10月、政府は〔 X 〕年までに温室効果ガスの排出を全体としてゼロにする〔 Y 〕ニュートラルを目指すことを宣言しました。地球規模の気候変動問題の解決に向けて、2015年にパリ協定が採択され、世界共通の長期目標として、世界的な平均気温上昇を工業化以前に比べて

『2℃より十分低く保つとともに、1.5℃に抑える努力を追求すること』

『今世紀後半に温室効果ガスの人為的な発生源による排出量と吸収源による除去量との間の均衡を達成すること』

などが合意されました。

環境省では、脱炭素につながる新しい豊かな暮らしをつくる国民運動を実現するための愛称を募集し、2023年7月に『〔 Z 〕活』と決まりました。この愛称は、脱炭素と環境に良いエコの意味を含む〔 Z 〕と活動・生活を組み合わせてできています。

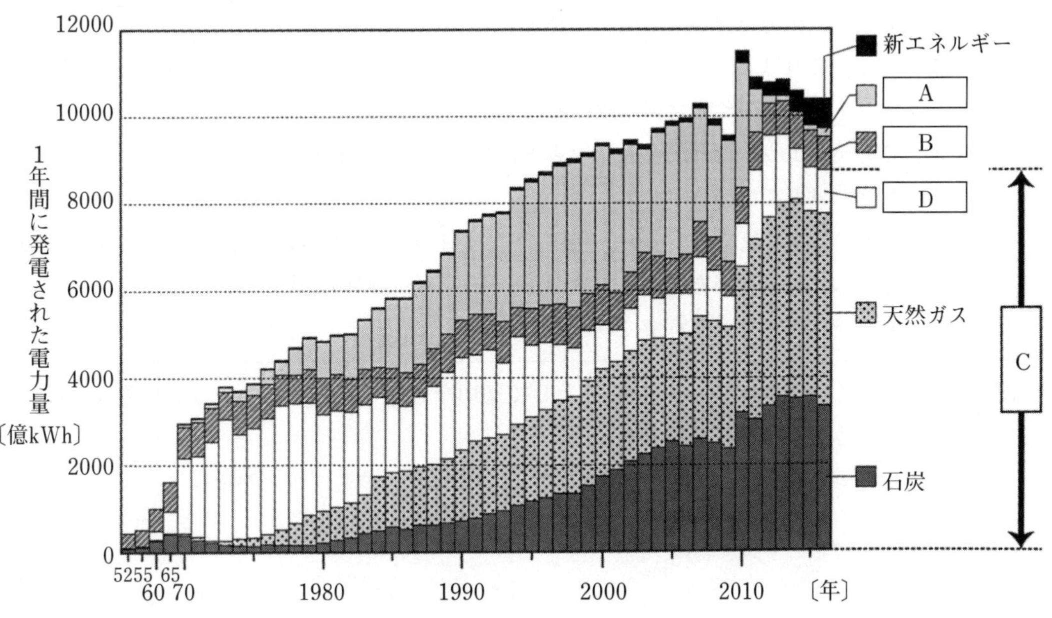

問１　文章中の〔 X 〕にあてはまる数字を次のア～オから選び、記号で答えなさい。

ア　2030　　イ　2035　　ウ　2040　　エ　2045　　オ　2050

問2　文章中の〔 Y 〕、〔 Z 〕にあてはまる適切な語句をそれぞれカタカナで答えなさい。

問3　図の[A]～[C]は火力、水力、原子力のいずれかの発電方法を示しています。次の問いに答えなさい。

①　水力として正しいものをA～Cから選び、記号で答えなさい。

②　[D]や天然ガス、石炭などは大昔の生物の死がいが変化したもので、化石燃料ともよばれています。[D]にあてはまる適切な語句を答えなさい。

③　2011年に起こったある出来事により、それ以降（いこう）[A]発電による電力量は大きく変化しました。何という出来事によりどのような変化が見られたか説明しなさい。

④　政府が定める新エネルギーにおける発電方法はいくつかありますが、その中の１つを答えなさい。

問4　地球の環境問題に対して、各国が協力して取り組むための国際条約がいくつかあります。①、②にあてはまる国際条約として最も適切な説明を次のア～オからそれぞれ選び、記号で答えなさい。

①　ワシントン条約　　②　ストックホルム条約

ア　有害廃棄物（はいきぶつ）の適切な処理と廃棄物の生成を削減（さくげん）することを目的とした条約

イ　持続性のある有機汚染（おせん）物質（POPs）に関する国際的な規制を確立し、その生産と使用を制限する条約

ウ　水鳥の生息地である湿地（しっち）を保全して、持続可能な利用を促進（そくしん）する条約

エ　生物多様性の保全と持続可能な利用に関する条約

オ　野生生物の国際取引を監視（かんし）し、絶滅（ぜつめつ）の危機にひんする動植物種の保護を促進する条約

2　さくらさんと先生の〔会話文１〕～〔会話文３〕を読み、あとの問いに答えなさい。

〔会話文１〕

さくら：先生！　校庭で何かの幼虫をつかまえました。
先　生：おや、これはテントウムシの幼虫ですね。おそらくナナホシテントウだと思います。
さくら：テントウムシの幼虫は何を食べるのですか？
先　生：このテントウムシは成虫も幼虫も主に（ A ）を食べます。
さくら：（ A ）はどこにいますか？
先　生：いろいろな草花にいますが、（ A ）が出す甘（あま）い液が（ B ）の大好物なので、（ B ）が集まっている草があれば（ A ）がたくさんいると思いますよ。
さくら：私、テントウムシを育ててみます。

問1　（ A ）と（ B ）にあてはまる昆虫（こんちゅう）として適切なものを次のア～オからそれぞれ選び、記号で答えなさい。

ア　アブラムシ　　イ　アリ　　ウ　セミ　　エ　チョウ　　オ　ハチ

問2　次の図のように（　A　）の昆虫は植物を食べますが、テントウムシに食べられます。さらにテントウムシは、鳥などの別の生物に食べられます。このように『食べる－食べられる』という関係が続いていることを何というか答えなさい。

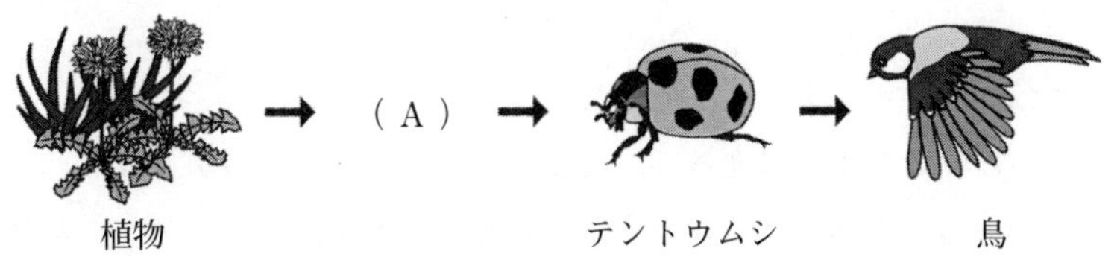

〔会話文2〕

さくらさんがテントウムシを育て始めてから1週間がたちました。

さくら：先生、テントウムシの幼虫、脱皮（だっぴ）をして大きくなった後、今度は動かなくなったんです。これを見てください。

先　生：ほう、これはさなぎになったんだね。

さくら：さなぎってカブトムシみたいに昆虫が成虫の前になるやつですか？

先　生：すべての昆虫がさなぎになるわけではないのですよ。例えばセミは幼虫から直接成虫になりますよ。

さくら：さなぎの間はどうすればいいのですか？

先　生：ほとんどエサも食べないし、温度にさえ気を付けていれば特に何もしなくて大丈夫（だいじょうぶ）です。それよりもさなぎから成虫になるようすをしっかりと観察するといいですよ。

問3　テントウムシのように成虫になる前にさなぎになる昆虫の成長の仕方を『完全変態』といいます。このことをふまえて、次の問いに答えなさい。

①　セミのように幼虫から直接成虫になる昆虫の成長の仕方を何変態というか、漢字5文字（変態も文字数に含む）で答えなさい。

②　上の①のように幼虫から直接成虫になる昆虫をセミ以外に1つ答えなさい。

〔会話文3〕

テントウムシがさなぎになってから1週間がたちました。

さくら：先生、テントウムシが成虫になりました。（ X ）いはねに（ Y ）い点が7つあります。

先　生：やはりナナホシテントウですね。

さくら：原っぱでこんなに目立って、鳥とかに見つからないのかしら？

先　生：見つかって食べられてしまうこともありますが、実はテントウムシを食べる生物は意外と少ないんですよ。

さくら：どうしてですか？

先　生：テントウムシをつかんでごらん。何か（ Z ）い液が出てくるでしょう。この液には毒素が入っていて、食べるととてもまずいそうなんです。テントウムシは、「私を食べてもまずいよ」ってアピールしているんじゃないですかね。

さくら：そうなんですか。

先　生：人間がテントウムシを食べることはまずありませんが、将来の食料不足に備えてコオロギなどの昆虫を食材にする研究をしていることを知っていますか？

さくら：聞いたことがあります。たしかユーグレナっていうのですよね。

先　生：残念ながら食用のユーグレナと昆虫食は違（ちが）います。ユーグレナは昆虫ではなく微生物（びせいぶつ）です。ユーグレナは（ C ）のことで、食品だけでなく化粧（けしょう）品などにも使われています。

問4　（ X ）～（ Z ）にあてはまる色を次のア～オからそれぞれ選び、記号で答えなさい。

ア　青　　イ　赤　　ウ　黄色　　エ　黒　　オ　白

問5　（ C ）に当てはまる微生物をカタカナ5文字で答えなさい。

さくらさんと先生は細い木の棒を使って図1のようなシーソーを作りました。あとの問いに答えなさい。

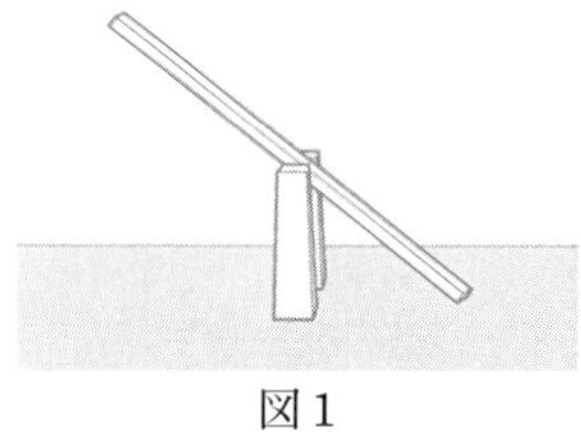

図1

問6　シーソーにテントウムシを乗せると図2～図7のように左右を行ったり来たりしました。なぜこのようなことが起きたのかを『テントウムシは』で始まり、『性質があるから。』で終わる文で答えなさい。

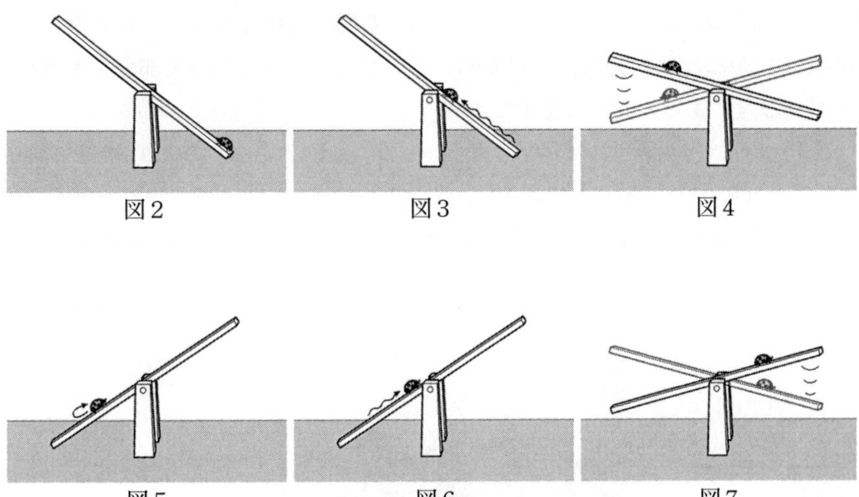

さくらさんと先生はテントウムシ型のロボットを作り、テンちゃんと名付けました。テンちゃんの重さは10ｇで、毎秒1.5㎝の速さで歩くことができます。このテンちゃんを使っていろいろな実験をしました。あとの問いに答えなさい。

問７　実際のテントウムシの重さを50㎎として、テンちゃんはテントウムシ何匹（ひき）分の重さか答えなさい。

問８　図８のようなシーソーの中心から右に60㎝の場所に重さ５ｇのおもりをのせて固定し、テンちゃんを中心から左に向かって歩かせました。シーソーがつり合うのは、テンちゃんが歩き始めてから何秒後か答えなさい。

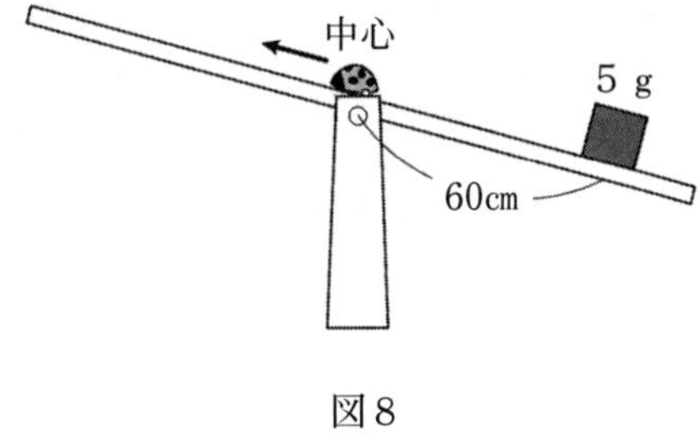

図８

3　次の写真は中東にある死海という湖の水面で新聞を広げて読んでいる人物を写したものです。死海の水の塩分[注1]濃度[注2]は約30％と高いため、この写真のように体の大部分を水面から出しておくことができます。あとの問いに答えなさい。

注１　塩分…海水や死海の水には食塩（塩化ナトリウム）以外にも多くの物質が溶(と)けており、ここではこれらの物質を総称して塩分と表現している。

注２　濃度…水溶液(すいようえき)全体の重さを100としたとき、溶けている物質の重さが占(し)めている割合を表した値のこと。％（パーセント）をつけて示す。

問１　液体中にある物体に液体から上向きにはたらく力を何というか答えなさい。

問２　濃度が30％である溶液を次のア～エから選び、記号で答えなさい。

ア　水100ｇに塩分30ｇが溶けている溶液　　イ　水130ｇに塩分30ｇが溶けている溶液

ウ　水105ｇに塩分45ｇが溶けている溶液　　エ　水150ｇに塩分45ｇが溶けている溶液

問３　死海の水は、１㎤あたり1.33ｇの重さがあります。死海の水の塩分濃度を30％として、あとの問いに答えなさい。

①　死海の水１Ｌの重さを答えなさい。

②　死海の水１Ｌに含まれる塩分の重さを答えなさい。

次の会話文を読み、あとの問いに答えなさい。

〔会話文〕

やすお：普通の海水の濃度は死海の水よりもっと低いですよね。
さくら：たしか３％くらいだと授業で勉強しました。
やすお：海水はどこでも同じ濃度なのかな？
先　生：いいえ、この図を見てください。地球上の場所によってわずかに違いがあるのですよ。
さくら：海はつながっているからどこでも全く同じ濃度なのかと思っていました。
やすお：どうして濃度の違いができるのかな。陸地から塩分が多く入ってくるところとそうでないところがあるのかな？
先　生：場所による濃度の違いの特徴(とくちょう)を考えると、塩分よりも水の影響(えいきょう)が大きそうですね。
さくら：水が多いところと少ないところ、ということかしら。
やすお：乾燥(かんそう)帯で雨が少なくて、砂漠(さばく)が多いところがあるよね。
さくら：気温が高くて水が蒸発しやすいところもありそうね。降水量と蒸発量について調べてみましょう。

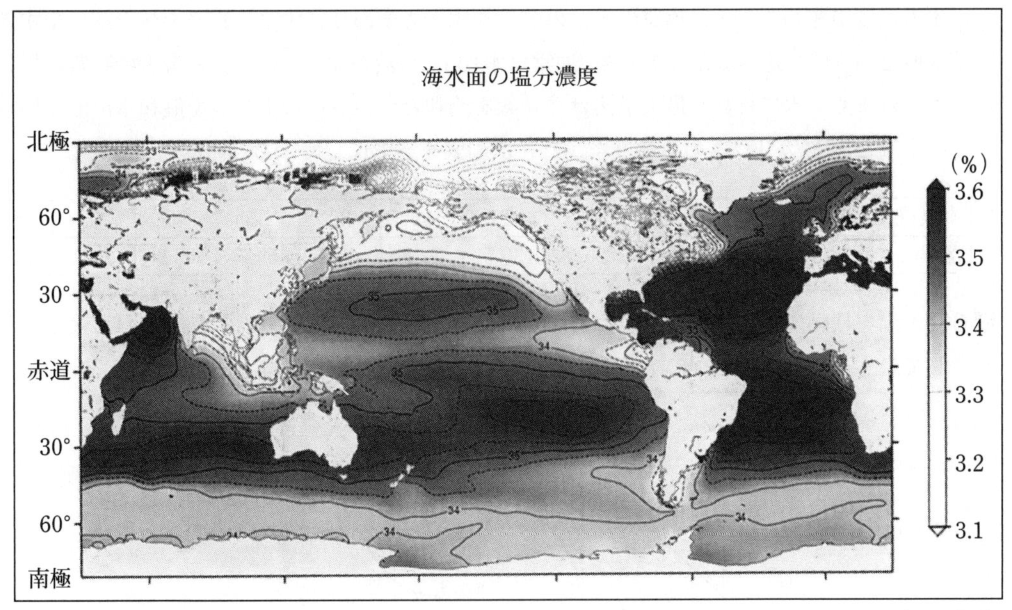

「ワールドオーシャンアトラス　2018」より作成

問４　次の文章は海水の塩分濃度の緯度（いど）による違いについてまとめたものです。（ ① ）～（ ④ ）にあてはまる適切な数字や語句をそれぞれ答えなさい。

> 地球上の海水濃度を地域別にみると、大西洋の海水は他の大洋よりも塩分濃度が（ ① ）くなっている。北極や南極の海水はその周囲よりも塩分濃度が（ ② ）くなっている。
> 緯度にそってみると北緯南緯ともに（ ③ ）度くらいの場所で塩分濃度が（　④　）くなっている。

問５　次の図は蒸発する水の量の緯度による違いを示したものです。降水量の緯度による違いを示したグラフとして最も適切なものを次のア～エから選び、記号で答えなさい。

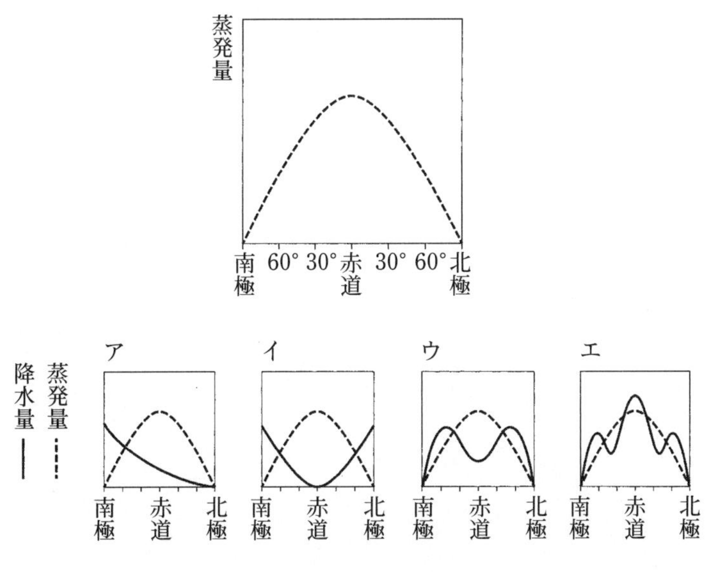

水の温度が変わるとき、物質の水への溶けやすさも変わります。物質の水への溶けやすさは溶解度という値で比べることができ、通常は水100 gに溶かすことのできる最大の物質の量（g）で表されます。水に物質が最大量溶けた状態を飽和（ほうわ）といい、その水溶液を飽和水溶液といいます。水温と硝酸（しょうさん）カリウムの溶解度を示した次の表を参考にして、あとの問いに答えなさい。

水温（℃）	0	5	10	15	20	25	30	35	40	45	50
溶解度	13.3	16.5	20.4	25.0	30.5	37.3	45.8	54.7	63.9	74.0	85.3

問6　水温を横軸（じく）にとり、硝酸カリウムの溶解度を縦軸にとって描（えが）いたグラフのおおよその形として最も適切なものを次のア～エから選び、記号で答えなさい。

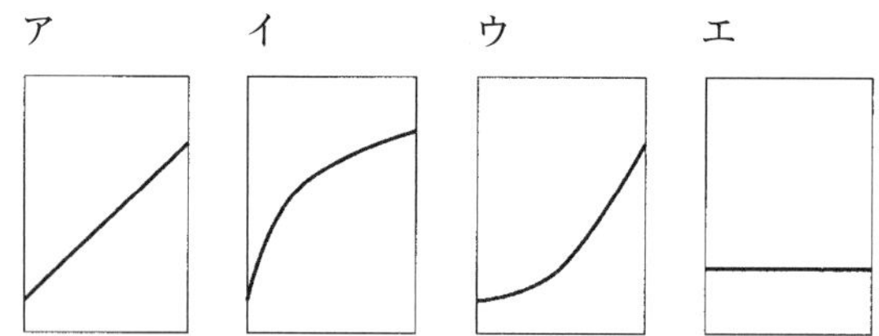

問7　25℃の水50 gに硝酸カリウムを溶かした飽和水溶液の温度を50℃まで上げたとき、さらに何 gの硝酸カリウムを溶かすことができるか答えなさい。

問8　濃度のわからない硝酸カリウム水溶液100 gの温度を15℃まで下げると、25 gの結晶が溶けきれなくなって水溶液の底に沈（しず）みました。あとの問いに答えなさい。

①　底に沈んだ結晶を取り除いたあとの飽和水溶液の重さを答えなさい。

②　①の飽和水溶液に溶けている硝酸カリウムの重さを答えなさい。

③　元の硝酸カリウム水溶液の濃度を答えなさい。

大宮開成中学校(第１回)

—30分—

1　生物は、他の生物やまわりの環境と関わりあいながら生きています。生物とそれらを取りまく環境を合わせて「生態系」と呼びます。

図１は、生態系内の身近な生物を、グループ(あ)〜(き)に分けてまとめたものです。また、表の分類１〜７は、図１のグループ(あ)〜(き)のいずれかについて説明したものです。

図２は、生態系における生物どうしの関係性と、物質のじゅん環を模式的に示したものです。ただし、図２の生物Ａ〜Ｃは草食動物、肉食動物、植物のいずれかであり、生物Ｄは、生物の死がいや動物のはい出物を取りこみ分解するはたらきをもつ生物を示しています。また、矢印①〜⑲は、生態系における物質の流れを示しています。これについて、あとの問１〜問８に答えなさい。

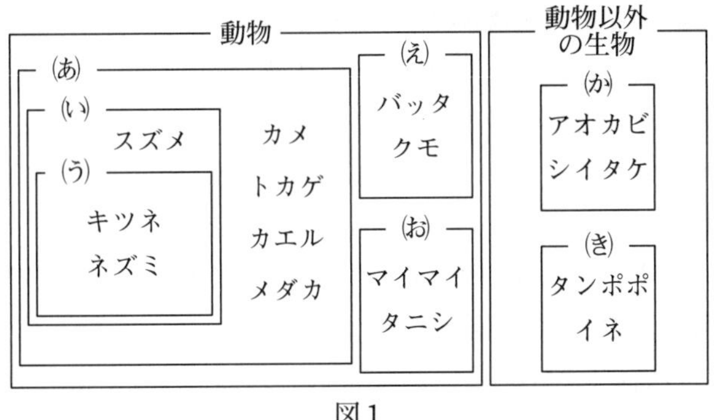

図１

分類	説明
1	種子でふえる。
2	ほう子でふえる。
3	背骨がある。
4	外とう膜という膜で内臓を包んでいる。
5	子のうまれ方がたい生である。
6	からだが外骨格でおおわれていて、からだと足に節がある。
7	体温をほぼ一定に保つしくみをもつ。

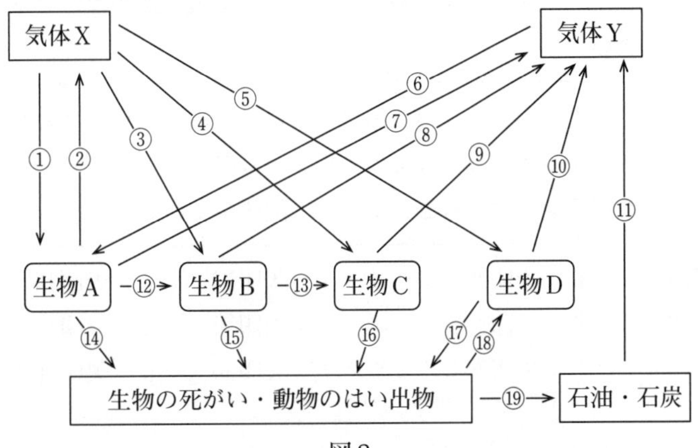

図２

問１　図１のグループ(あ)の動物の分類を何といいますか。名称を答えなさい。

問２　表の分類１～７のうち、グループ(い)の説明として最も適当なものはどれですか。１つ選び番号で答えなさい。

問３　次のア～カのうち、図２の気体Ｘと気体Ｙの組み合わせとして最も適当なものはどれですか。１つ選び記号で答えなさい。

ア　Ｘ：酸素　　Ｙ：ちっ素　　イ　Ｘ：酸素　　Ｙ：二酸化炭素
ウ　Ｘ：ちっ素　　Ｙ：酸素　　エ　Ｘ：ちっ素　　Ｙ：二酸化炭素
オ　Ｘ：二酸化炭素　　Ｙ：酸素　　カ　Ｘ：二酸化炭素　　Ｙ：ちっ素

問４　図２の生物Ａ～Ｄのうち、ウサギがあてはまるものとして最も適当なものはどれですか。１つ選び記号で答えなさい。

問５　次のア～カのうち、図１、２について説明したものとして適当なものはどれですか。すべて選び記号で答えなさい。

ア　グループ(う)の生物は、生物Ｃのみに存在する。
イ　グループ(え)の生物は、生物Ｂのみに存在する。
ウ　グループ(き)の生物は、生物Ａのみに存在する。
エ　生物Ａは呼吸、光合成ともにおこなう。
オ　生物Ｂは呼吸をおこなうが、光合成はおこなわない。
カ　生物Ｃは呼吸をおこなわないが、光合成はおこなう。

問６　次のア～カのうち、図２の矢印で示される物質の流れについて説明したものとして適当なものはどれですか。すべて選び記号で答えなさい。

ア　矢印①は、光合成により吸収される気体の移動を示している。
イ　矢印②は、呼吸により放出される気体の移動を示している。
ウ　矢印⑥は、呼吸により吸収される気体の移動を示している。
エ　矢印⑦は、呼吸により放出される気体の移動を示している。
オ　矢印⑫は、えさや栄養分として使われる物質の移動を示している。
カ　矢印⑲は、えさや栄養分として使われる物質の移動を示している。

問７　グループ(あ)～(き)のうち、生物Ｄにあてはまるものとして最も適当なものはどれですか。１つ選び記号で答えなさい。

問８　次の文は、地球温暖化とその原因となる物質の移動について説明したものです。次のア～カのうち、文の(　　)に入る語句の組み合わせとして最も適当なものはどれですか。１つ選び記号で答えなさい。

> 近年、地球温暖化が問題となっており、これは、温室効果ガスと呼ばれる気体が原因となっている。地球温暖化は、図２の矢印①～⑪のうち、(　ⅰ　)の物質の移動量が減り、(　ⅱ　)の物質の移動量が増えることが大きく関係している。

ア　ⅰ：矢印①　　ⅱ：矢印⑨　　イ　ⅰ：矢印①　　ⅱ：矢印⑪
ウ　ⅰ：矢印②　　ⅱ：矢印⑨　　エ　ⅰ：矢印②　　ⅱ：矢印⑪
オ　ⅰ：矢印⑥　　ⅱ：矢印⑨　　カ　ⅰ：矢印⑥　　ⅱ：矢印⑪

2　重さの無視できるばねＡ～Ｅと重さの無視できる棒を用いて、次のような実験をおこないました。表は、ばねＡ～Ｅにさまざまな重さのおもりをつるしたときのばねの長さをまとめたものです。これについて、あとの問１～問８に答えなさい。

	おもり10ｇ	おもり30ｇ	おもり50ｇ	おもり70ｇ
ばねＡの長さ[cm]	9	11	13	15
ばねＢの長さ[cm]	10	14	18	22
ばねＣの長さ[cm]	9.5	10.5	11.5	12.5
ばねＤの長さ[cm]	10	10.5	11	11.5
ばねＥの長さ[cm]	10	12	14	16

問１　ばねＡのもとの長さ(おもりをつるしていないときの長さ)は何cmですか。

問２　図１のように、２本のばねＡと棒を用いて、40ｇのおもりをつるしたとき、ばねＡの伸びは何cmですか。ただし、おもりは２本のばねの中心にくるようにつるしたとします。

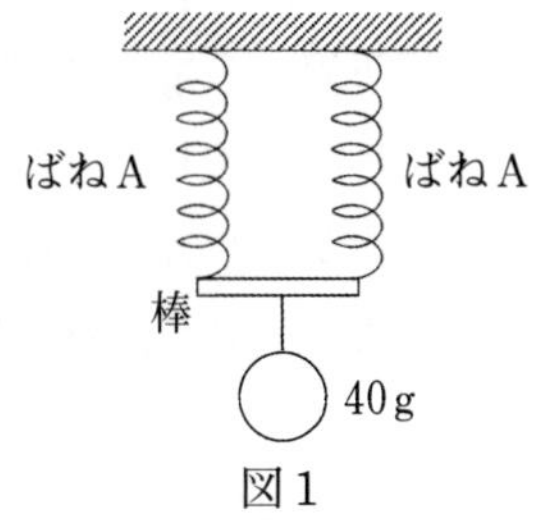

図１

問３　ばねＢ～Ｅのうち、１本のばねを用いて40ｇのおもりをつるしたときに、問２でばねＡが伸びた長さと同じ伸びの長さになるものとして正しいものはどれですか。１つ選び記号で答えなさい。

問４　図２のように、２本のばねＡを縦につなぎ、40ｇのおもりをつるしたとき、２本のばねＡの全体の長さは何cmですか。

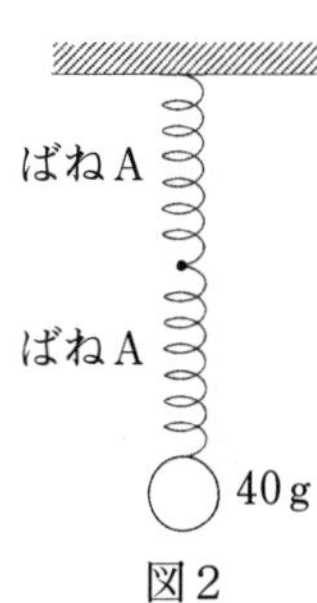

図２

問５　ばねＣとばねＥを縦につなぎ、おもりをつるしたところ、２本のばねの全体の長さは問４の２本のばねＡの全体の長さと同じになりました。このときつるしたおもりの重さは何ｇですか。

ばねＡ、Ｂ、Ｃを切って長さを半分にし、それぞればねａ、ｂ、ｃとしました。

問６　ばねａに20ｇのおもりをつるしたとき、ばねａの長さは何cmですか。

問７　図３のように、ばねａ～ｃを縦につなぎ、60ｇのおもりをつるしたとき、ばねａ～ｃの全体の長さは何cmですか。

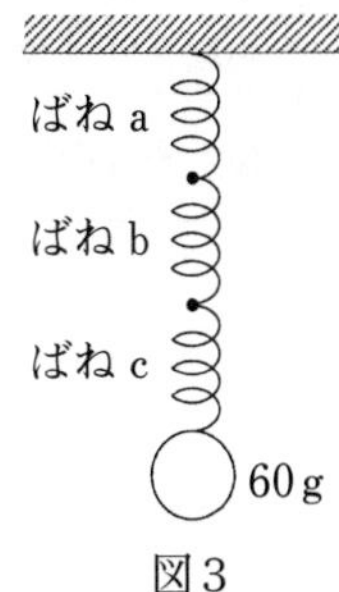

図３

問８　図４のように、ばねａ、ｂを、長さ30㎝の棒の両端につけ、天井につるし、点Ｏにおもりをつるしたとき、ばねａ、ｂの長さはともに６㎝となりました。このときつるしたおもりの重さは何ｇですか。また、棒の右端から点Ｏまでの距離Ｘは何㎝ですか。

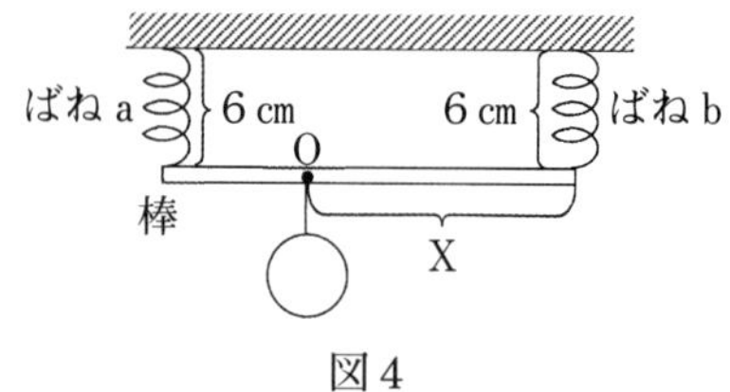

図４

③　熱中症(ねっちゅうしょう)のリスクを表すための指標として、暑さ指数(ＷＢＧＴ)というものがあります。現在では世界中の事業者、学校、スポーツ活動等で利用されています。暑さ指数(ＷＢＧＴ)は人体と外気の熱のやりとりに注目した指標で、「気温」、「しつ度」、「日射などの周囲からの熱」の３つの要素が取り入れられています。

屋外での暑さ指数(ＷＢＧＴ)は、次の式によって求められます。

暑さ指数(ＷＢＧＴ)＝かん球温度×0.1＋しつ球温度×0.7＋黒球温度×0.2

かん球温度：特に加工していない温度計で観測した温度。気温と同じ。

しつ球温度：水でしめらせた布で温度計の計測部を包み観測した温度。しつ度と関係があり、この値と気温の差が小さいとしつ度が高い。

黒球温度　：黒色にと装された直径15㎝のうすい銅製の球の中心に温度計を入れて観測した温度。この温度が高いほど、日射などの周囲からの熱は大きい。

この式からわかるように、「気温」「しつ度」「日射などの周囲からの熱」の３つの要素が暑さ指数(ＷＢＧＴ)におよぼす割合は、

気温：しつ度：日射などの周囲からの熱＝１：７：２

となっています。

表１は、日本生気象学会による日常生活における熱中症予防指針を環(かん)境省がわかりやすく編集したものです。また、表２は、日にちＡ～Ｄにおける12時のさいたま市の天気をまとめたものです。これについて、あとの問１～問７に答えなさい。

暑さ指数(ＷＢＧＴ)	注意事項
31以上(危険)	外出はなるべくさけ、すずしい屋内に移動する。
28以上31未満(厳重警かい)	外出時はえん天下をさけ、屋内では室温の上昇に注意する。
25以上28未満(警かい)	運動や激しい作業をする際は定期的にじゅう分に休息を取り入れる。
25未満(注意)	危険は少ないが、激しい運動や重労働時には熱中症が発生する危険性がある。

表１

日にち	A	B	C	D
気温[℃]	35	28	34	30
しつ度[%]	44	92	87	50
しつ球温度[℃]	25	27	32	22
黒球温度[℃]	52	42	41	46
暑さ指数(WBGT)	X	30.1	Y	Z

表2

問1　熱の伝わり方は放射の他に伝導があります。次のア～エのうち、熱が伝導により伝わりやすい順に並べたものとして正しいものはどれですか。1つ選び記号で答えなさい。

ア　銀、銅、アルミニウム、鉄　　イ　アルミニウム、銀、銅、鉄

ウ　銀、鉄、銅、アルミニウム　　エ　銅、銀、アルミニウム、鉄

問2　次のア～エのうち、しつ球温度を観測するときに、水でしめらせた布で計測部を包む理由を説明したものとして最も適当なものはどれですか。1つ選び記号で答えなさい。

ア　温度計に直接空気がふれるのを防ぐため。

イ　水が蒸発するときに周りの熱をうばう効果をみるため。

ウ　水によって直接温度計を冷やすため。

エ　周囲のしつ度を上げるため。

問3　表2の日にちAでは、日中の最高気温が35℃以上でした。次のア～エのうち、最高気温が35℃以上の日を示すものとして正しいものはどれですか。1つ選び記号で答えなさい。

ア　夏日　　イ　真夏日　　ウ　もう暑日　　エ　こく暑日

問4　表2の日にちDの12時において、空気1㎥に含まれる水蒸気の重さは何gですか。ただし、30℃におけるほう和水蒸気量は30.6g/㎥であるとします。

問5　表2のX～Zのうち、暑さ指数(WBGT)が最も大きいものはどれですか。1つ選び記号で答えなさい。また、その記号に入る数値を答えなさい。

問6　次のア～エのうち、表2の日にちA～Dの12時における熱中症の危険性について説明したものとして最も適当なものはどれですか。1つ選び記号で答えなさい。

ア　日にちAは、日にちA～Dの中では熱中症の危険性が最も高い。

イ　日にちBは、気温が30℃を超えていないので、熱中症の危険性は低い。

ウ　日にちCは、日かげなどで過ごしていれば、外出をしても熱中症の危険性は低い。

エ　日にちDの暑さ指数(WBGT)は、警かいを示しており、熱中症の危険性がある。

問7　次のア～エのうち、文の(　　)に入る語句の組み合わせとして最も適当なものはどれですか。1つ選び記号で答えなさい。

> 暑さ指数(WBGT)は(①)がおよぼす影響(えいきょう)が大きく、(②)が低くても(①)が高いことによって熱中症事故が起きた、というケースは少なくない。これは(①)が高いと、(③)からである。

ア　①:気温　　②:しつ度　　③:汗が蒸発しづらく、体温が下がらない

イ　①:気温　　②:しつ度　　③:汗の蒸発により、だっ水症状になる

ウ　①:しつ度　　②:気温　　③:汗が蒸発しづらく、体温が下がらない

エ　①:しつ度　　②:気温　　③:汗の蒸発により、だっ水症状になる

4　マグネシウム、銅およびドライアイスを用いて、次のような実験をおこないました。これについて、あとの問１～問７に答えなさい。

【実験１】

① さまざまな重さのマグネシウムと銅の粉末を用意し、反応しなくなるまでそれぞれ加熱した。

② 加熱後、残った酸化マグネシウムと酸化銅の粉末の重さをそれぞれはかった。

③ 結果を表１、２にまとめた。

マグネシウム[g]	0.6	1.2	1.8
酸化マグネシウム[g]	1	2	3

表１

銅[g]	0.4	0.8	1.2
酸化銅[g]	0.5	1	1.5

表２

問１　次のア～カのうち、銅と酸化マグネシウムの色として最も適当なものはどれですか。それぞれ１つずつ選び記号で答えなさい。

ア　黒色　　イ　白色　　ウ　黄色　　エ　緑色　　オ　青色　　カ　赤色

問２　実験１より、マグネシウムも銅も加熱すると重さが増えました。次のア～エのうち、マグネシウムや銅を加熱したときに、重さが増えた理由として最も適当なものはどれですか。１つ選び記号で答えなさい。

ア　金属がふくらんだから。　　イ　金属が熱を吸収したから。

ウ　金属が二酸化炭素を出したから。　　エ　金属が酸素と結びついたから。

問３　7.2ｇのマグネシウムの粉末を反応しなくなるまで加熱したとき、残った酸化マグネシウムの重さは何ｇですか。

問４　３ｇの銅の粉末を加熱したところ、銅と酸化銅の混ざった粉末が3.2ｇ残りました。反応せずに残った銅の重さは何ｇですか。

【実験２】

①　図１のように、ドライアイスをくりぬいた中にマグネシウムの粉末を入れて火を付け、すばやくドライアイスでふたをした。

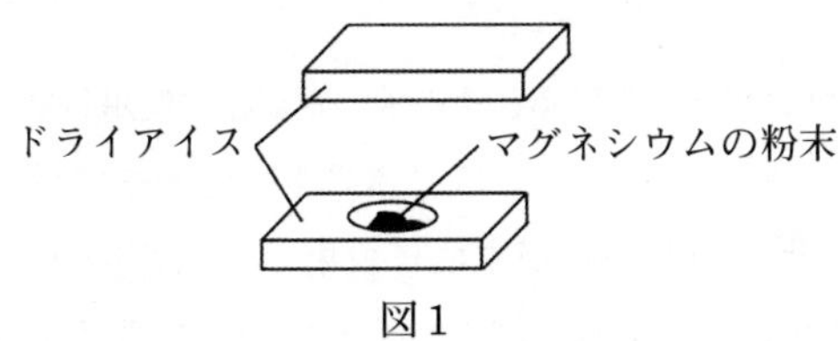

図１

②　①のマグネシウムの粉末が完全に反応したあと、中に残った粉末の重さをはかったところ、5.75 g であった。

③　図２のように、②で残った粉末をすべて試験管に集め、加熱すると気体が発生した。発生した気体を石灰水に通じると、白くにごった。

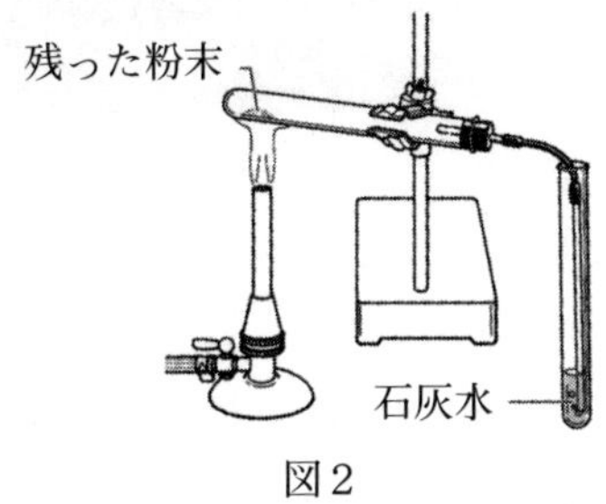

図２

④　気体が発生しなくなるまで加熱したあと、試験管内に残った粉末の重さをはかったところ、５ g であった。

問５　ドライアイスはある気体を固体にしたものです。その気体の名称を答えなさい。

問６　実験２の②で残った粉末は酸化マグネシウムと黒色の粉末が混ざったものでした。次のア～エのうち、この黒色の粉末として最も適当なものはどれですか。１つ選び記号で答えなさい。

ア　炭素　　イ　酸化銅　　ウ　マグネシウム　　エ　ドライアイス

問７　実験２の①で用意したマグネシウムの重さは何 g ですか。

開智中学校(第１回)

―社会と合わせて60分―

注意　コンパス、分度器、その他の**定規類は使用しない**でください。

1　図１はフローティングキャンドルという、水の上に浮(う)かべて使うろうそくです。水の入った容器に浮かべると、ろうそくの明かりが水面に反射した幻想的な雰囲気を楽しむことができます。このフローティングキャンドルが水に浮くしくみについて考えてみましょう。

図１

水中にある物体は、その物体が押(お)しのけた水の重さと同じだけ上向きの力を受けます。これを浮力(ふりょく)といいます。浮力の大きさは次の式１により何ｇ分に相当するか計算することができます。

式１：[水の密度(ｇ/cm³)] × [物体が押しのけた水の体積(cm³)]

浮力は物体が水から受ける圧力によって生じます。物体が水に沈(しず)んでいるとき、水面からの深さが深いほど圧力は大きくなります。

問１　次のア～エは、水に浮いている物体が水から受ける圧力を矢印で表した図です。矢印の方向は圧力の向きを、矢印の長さは圧力の大きさを表しています。下線部の状態を正しく表した図をア～エから１つ選び、記号で答えなさい。

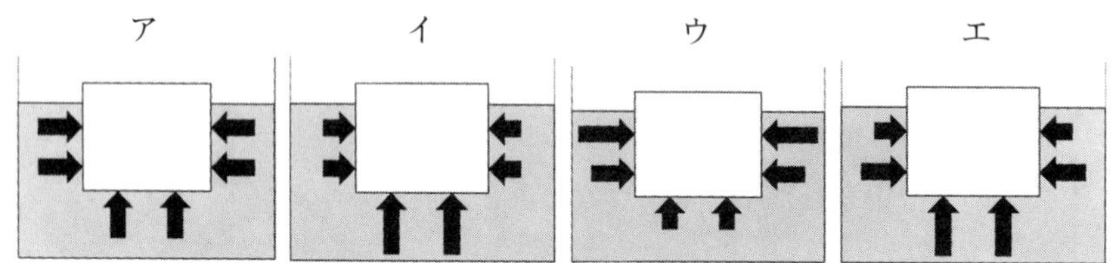

底面積が120cm²、高さ2.4cmの円柱状のろうそくを、図２のように水にそっと沈めたところ、水面から0.4cm浮いて静止しました。ただし、水の密度は１ｇ/cm³とします。

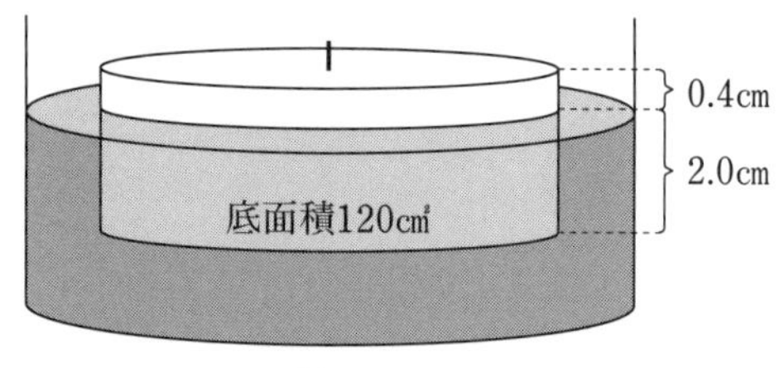

図２

問２　図２のろうそくが押しのけた水の体積は何cm³ですか。

問３　図２のろうそくの重さは何ｇですか。

問４　図２のろうそくと水の密度の比は、何対何ですか。次の中から１つ選び、記号で答えなさい。ただし、ろうそくの芯(しん)の部分は考えないものとします。

ア　ろうそく：水＝６：１　　イ　ろうそく：水＝１：６

ウ　ろうそく：水＝５：６　　エ　ろうそく：水＝６：５

問５　図２のろうそくに火をつけたとき、火はどうなりますか。もっとも適切なものを次の中から１つ選び、記号で答えなさい。

ア　水面の上に出ている部分(上の0.4cmの部分)だけが燃え、ろうそくの芯が水に浸(つ)かって火が消える。

イ　ろうそくが残り0.4cmの長さになったところでろうそくの芯が水に浸かって火が消える。

ウ　ろうそくが燃えるにつれ、少しずつろうそくの底面が浮かび上がり、ほぼすべて燃えつきたところで火が消える。

エ　ろうそくが燃えるにつれ、ろうそくにはたらく浮力が小さくなるので、ろうそくが水に沈んで火が消える。

[2]　石灰岩は、炭酸カルシウムの純度が50％以上の堆積岩(たいせきがん)です。石灰岩は、堆積する際に混入した岩石の量によって、炭酸カルシウムの純度が異なることが知られています。日本は資源のない国とよくいわれますが、日本の石灰岩は炭酸カルシウムの純度が高く、世界的に見ても質の高い石灰岩を採取することができます。

石灰岩に含(ふく)まれる炭酸カルシウムは塩酸と反応して気体を発生させる性質がありますが、炭酸カルシウム以外は塩酸と反応しません。様々な産地から採取した純度の異なる石灰岩を用い、石灰岩の重さと発生する気体の体積の関係を調べる実験を行いました。なお、使用する塩酸の濃(こ)さはすべて同じものとします。

【実験】　石灰岩Ａ～Ｅにそれぞれ気体が発生しなくなるまで塩酸を少しずつ加え、発生した気体の体積を調べました。その結果を表１に示します。石灰岩から気体が発生しなくなった後、残った不純物の重さを調べました。その結果を表２に示します。

表１

	石灰岩Ａ	石灰岩Ｂ	石灰岩Ｃ	石灰岩Ｄ	石灰岩Ｅ
石灰岩の重さ(g)	9.0	2.7	5.6	5.0	9.8
発生した気体の体積(mL)	150	50	125	75	200

表２

	石灰岩Ａ	石灰岩Ｂ	石灰岩Ｃ	石灰岩Ｄ	石灰岩Ｅ
残った不純物の重さ(g)	3.0	0.7	0.6	2.0	1.8

問１　炭酸カルシウムに塩酸を加えたときに発生する気体は何ですか。

問２　石灰岩を原料として作られるコンクリートが、窒素(ちっそ)酸化物(NOx)や硫黄(いおう)酸化物(SOx)を含んだ雨によって溶かされる被害(ひがい)が知られています。このような雨を何といいますか。漢字で答えなさい。

問３　石灰岩が関係する地形はどれですか。次の中から２つ選び、記号で答えなさい。

ア　若狭湾(わかさわん)などのリアス海岸　　イ　秋吉台(あきよしだい)などのカルスト地形

ウ　阿蘇山(あそ)などのカルデラ地形　　エ　山梨県勝沼(かつぬま)などの扇(せん)状地

オ　龍泉洞(りゅうせんどう)などの鍾乳洞(しょうにゅうどう)

問４　石灰岩に含まれる炭酸カルシウムの純度(％)は、[石灰岩に含まれる炭酸カルシウムの重さ]を［石灰岩の重さ］で割って100をかけることで求めることができます。表１、２の石灰岩A～Eのうち最も純度の高いものはどれですか。１つ選び、記号で答えなさい。

問５　表１、２を使って、炭酸カルシウムの重さと発生する気体の体積の関係を表すグラフを次の図に線で書きなさい。

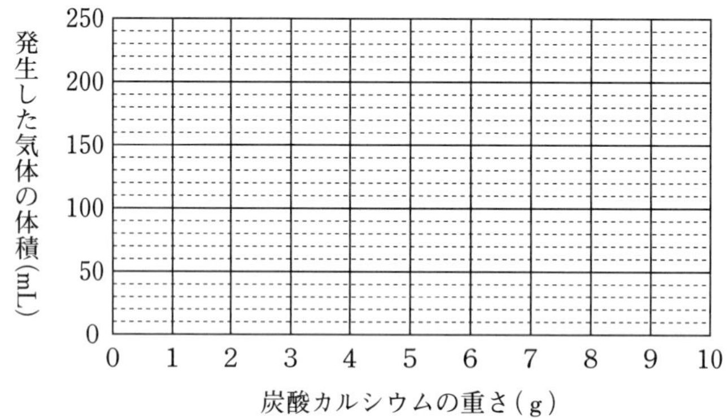

問６　石灰岩A 9.0 g から気体が発生しなくなるまでに必要な塩酸の体積は120mLでした。石灰岩B 2.7 g で気体が発生しなくなるまでに必要な塩酸の体積は何mLですか。

問７　次の石灰岩と塩酸の組み合わせのうち、発生する気体の体積が最も多いものはどれですか。次のア～カから１つ選び、記号で答えなさい。ただし、この石灰岩の純度はいずれも石灰岩Dと同じとします。

	ア	イ	ウ	エ	オ	カ
石灰岩の重さ[ｇ]	2.0	4.0	6.0	8.0	10.0	12.0
塩酸の体積[mL]	200	180	160	140	120	100

③　ある日の夕暮れの校庭で、開智君は小さな動物が飛び回っているのを見つけました。

開智君「あれは何ていう鳥だろう。」

先　生「あれは鳥ではなくコウモリですね。えさとなる昆虫(こんちゅう)を探しているのですよ。」

開智君「こんなに暗いのによく見えますね。」

先　生「目で見る代わりに、超(ちょう)音波の声を出して、反射した音を耳で聞いて、昆虫がいる方向と距離(きょり)を感じ取っているんですよ。」

開智君「そうなんですか。音が返ってくるまでの時間で距離がわかるのは想像がつくんですけど、方向はどうやってわかるんですか？」

先　生「おなじ音が左右の耳にどれだけ時間がずれて聞こえてきたかで、どの方向から音がやってきたかわかるんです。それを説明したのが図１です。」

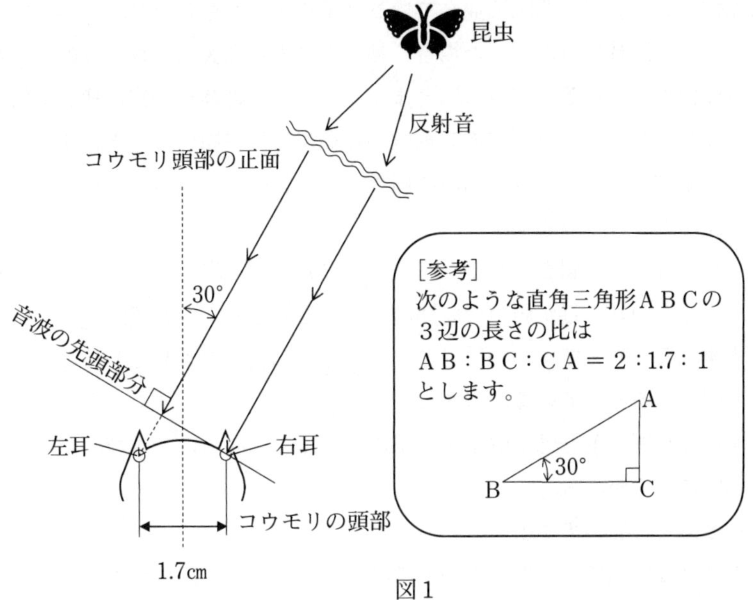

図１

【図１の説明】

・コウモリの前方の30°右の方向から、昆虫から反射した音がやってきたとします。

・コウモリの左右の耳の間の距離は1.7㎝とします。ただし、コウモリの耳介(じかい)(耳たぶ)に音が反射する影響(えいきょう)は考えないものとします。

・昆虫はコウモリから十分に離(はな)れたところにいるため、左右の耳に届く音はほぼ平行に進んでくるものとします。

・音の速さは秒速340ｍとします。１ミリ秒(1000分の１秒)あたりでは34㎝になります。

先　生「この図１をもとに考えると、左の耳は右の耳より昆虫から［　あ　］㎝はなれていることになります。そのため、音はまず右の耳に届きますが、そこから［　い　］ミリ秒遅(おく)れて左の耳に届くことになります。」

開智君「そんなに短い時間差を感じ取れるなんてすごいですね。ストップウォッチもないのにどうやって測っているのかな。」

先　生「それについては、コウモリと同じように音で獲(え)物の位置を探知するフクロウに関して、脳の中の特別な細胞(さいぼう)がどのようにして左右の音の時間差を感じるのか調べた研究があります。その研究で明らかになったしくみを説明する図２を見てください。」

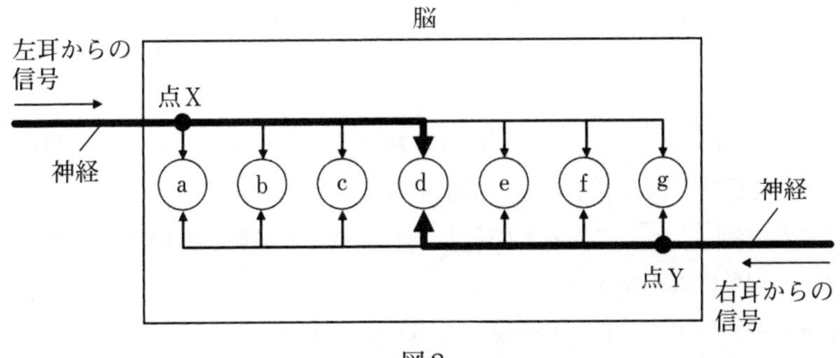

図２

先　生「図２は、左右の耳から神経が脳に向かってのびていて、神経の先には、音の信号を受け取る細胞ａ～ｇが等間隔で並んでいる様子を示したものです。

左右の耳に同時に音が届いた場合、神経上にある点Ｘに左耳からの信号が、点Ｙに右耳からの信号がそれぞれ同時に届きます。その後、神経を一定の速さで信号が伝わり、点Ｘ、点Ｙそれぞれの近くにある細胞から順に信号が届いていきます。そして最終的には中央の細胞ｄにだけ信号が同時に届き、他の細胞には左右の耳からの信号が少しずつずれて届くことになります。

先に左の耳に音が届き、あとから右の耳に音が届く場合、同時に音の信号を受け取る細胞は、左右の耳に音が届いた時間の差が大きくなるにつれて［　う　］の順で変わっていきます。こうやって、音の信号が同時に届く細胞の位置が変わることで、音が耳に届いた時間の差を測っているんですよ。」

開智君「音が届く時間の差を感じ取る細胞があるなんて、面白いですね。僕らの頭の中にもそんな細胞あるのかなぁ。」

先　生「きっとあると思いますよ。」

問１　コウモリはほ乳類です。次の中からほ乳類を１つ選び、記号で答えなさい。

ア　カエル　　イ　クジラ　　ウ　マグロ　　エ　ワニ　　オ　ダチョウ

問２　問１のア～オの動物に共通する体の特徴は何ですか。次の中から１つ選び、記号で答えなさい。

ア　一定の高い体温を保つことができる　　イ　背骨をもつ

ウ　合計４本の手足(翼もふくめる)をもつ　　エ　一生を肺で呼吸して過ごす

問３　コウモリは昆虫をえさとしています。次の中から**昆虫でない**ものを１つ選び、記号で答えなさい。

ア　モンシロチョウ　　イ　ショウリョウバッタ　　ウ　ダンゴムシ

エ　アシナガバチ　　オ　ナナフシ

問４　図３は、コウモリの翼の中の骨格を表したものです。この中から、うでの骨にあたる部分を黒くぬりつぶしなさい。ただし、うでの骨とはヒトの場合、図４に示す骨を指します。

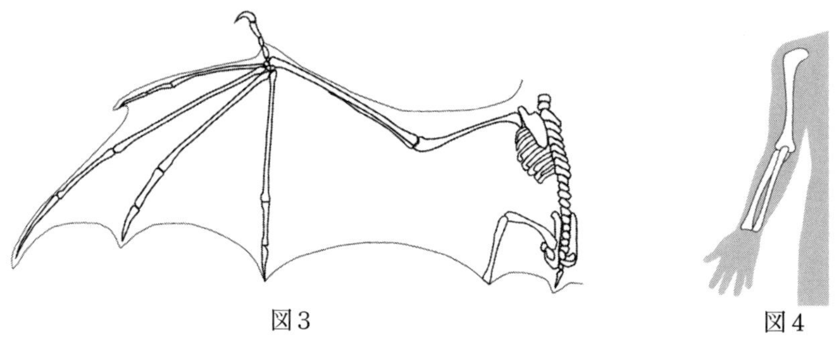

図３　　　　図４

問５　会話文の中の［　あ　］、［　い　］に入る数値を答えなさい。ただし、割り切れない場合は小数第四位を四捨五入して小数第三位まで答えなさい。

問６　会話文の中の［　う　］に入るものとして、もっとも適切なものはどれですか。次の中から１つ選び、記号で答えなさい。

ア　a→b→c　　イ　c→b→a　　ウ　e→f→g　　エ　g→f→e

4　地震が発生すると、伝わるのが速いP波と、P波に比べると伝わるのが遅いS波が同時に発生します。P波が伝わると①小さなゆれが起こり、S波が伝わると大きなゆれが起こります。地震計は、ある観測点でのゆれの大きさとゆれが発生した時刻を記録します。しかし、記録した時点ではその地震が発生した時刻と震源の位置はわかりません。

図1は、ある地震が発生したときにA、B、C地点の地震計で記録されたゆれを表したものです。なお、図1のゆれの形は小さなゆれと大きなゆれの違いがわかりやすいように表したもので、実際に記録された形ではありません。図2は、A、B、C地点を地図上に示したものです。

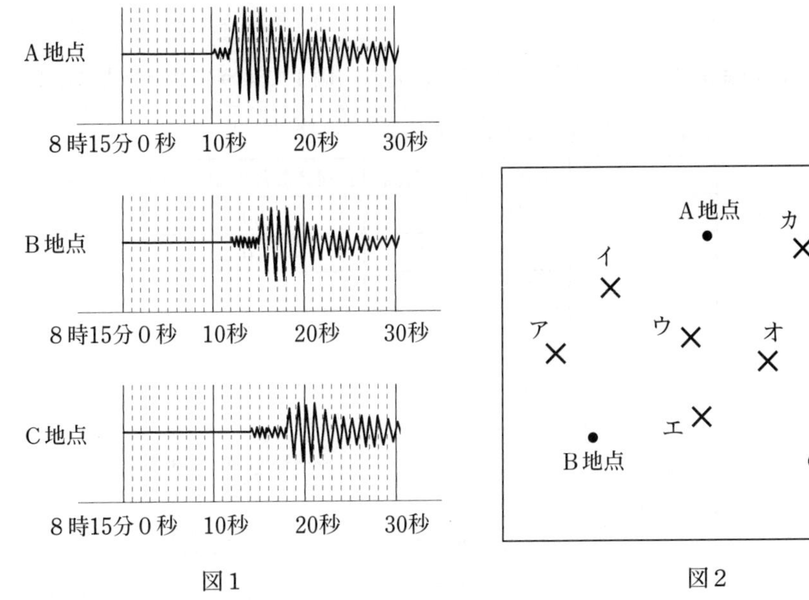

図1　図2

この地震の震源の深さは浅く、震源の深さは考えないものとします。また、P波とS波の伝わる速さは場所によって変わらないものとします。答えが割り切れない場合は、小数第一位を四捨五入して整数で答えなさい。

問1　下線部①の小さなゆれのことを、その後の大きなゆれに対して何といいますか。

問2　図1から、この地震が発生した時刻は8時何分何秒になりますか。

問3　図1、図2から震源の位置を考えます。

(1)　[震源からA地点までの距離]:[震源からB地点までの距離]:[震源からC地点までの距離]の比はどうなりますか。もっとも簡単な整数で答えなさい。

(2)　図2のどこが震源と考えられますか。図のア～キの中から1つ選び、記号で答えなさい。

震源の位置を特定して地図上で計測すると、A地点は震源から24kmの距離であることがわかりました。

問4　この地震におけるP波とS波の速さは毎秒何kmになりますか。それぞれ答えなさい。

問5　各地でP波のゆれを観測すると、その情報が気象庁に送られます。そして、すばやく震源の位置と地震の規模が計算され、緊急地震速報が出されます。この地震では、B地点にP波が届いてから2秒後に緊急地震速報が出されました。このとき、震源から60km離れたD地点にS波による大きなゆれが届くのは、緊急地震速報が出されてから何秒後になりますか。

開智日本橋学園中学校(第１回)

—25分—

1　金属に関する実験についてあとの問いに答えなさい。

【実験１】

金、銀、銅、鉄、アルミニウムの５種類の金属を準備し、それぞれ重さと体積を測定し１㎤あたりの重さを求めたところ表１のようになった。

【実験２】

正体の分からない金属ア～エを実験１と同様に測定し、図１のようにグラフ上に示した。

表１　金属の１㎤あたりの重さ(g)

	重さ(g)	体積(㎤)	1 ㎤あたりの重さ(g)
金	100	5	20
銀	100	10	10
銅	200	(X)	9
鉄	118.5	15	7.9
アルミニウム	54	20	2.7

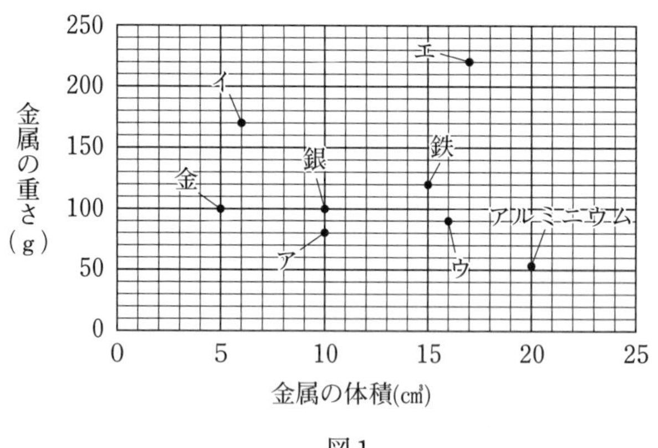

図１

問１　表１の(X)に当てはまる数値を求めなさい。ただし、割り切れない場合は小数第２位を四捨五入して求めなさい。

問２　【実験１】で使用した５種類と同じ種類の金属を使って、体積が同じ５つの金属球を作りました。最も軽いのはどの金属球ですか。金属の名しょうで答えなさい。

問３　金属ア～エのうち１つは５種類の金属のどれかである。金属の正体がわかるものの記号とその金属名を答えなさい。

問４　重さ500ｇ、体積25㎤の純金と、金と銀を混ぜた重さ500ｇの王冠(かん)をつり下げたところ、図２のようにつりあいました。次に、純金と王冠を全て水にしずめたところ、図３のようにかたむきましたが、図４のように10ｇのおもりを王冠につけると再びつりあいました。

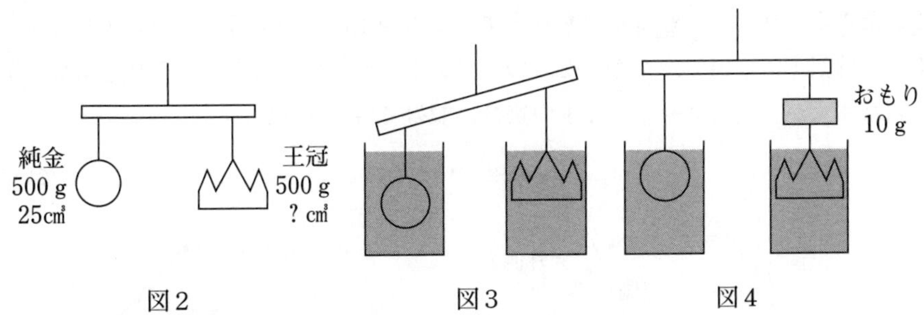

図２　図３　図４

(1)　王冠の体積は何㎤ですか。「物体を液体中に入れたとき、その物体がおしのけた液体の重さに等しい大きさの浮(ふ)力がはたらく」というアルキメデスの原理を用いなさい。ただし、水１㎤あたりの重さを１ｇとします。

(2)　王冠に使われた金と銀はそれぞれ何㎤ですか。ただし、割り切れない場合は小数第１位を四捨五入し整数で求めなさい。

問５　オリンピック憲章の規則70　表しょう式・メダルと賞状の授よには「メダルは、少なくとも直径60ミリ、厚さ３ミリでなければならない。１位および２位のメダルは銀製で、少なくとも純度1000分の925であるものでなければならない。」と示されています。この規定通り直径６㎝、厚さ0.3㎝、純度1000分の925の銀メダルを作るとき、何ｇの銀が必要ですか。割り切れない場合は小数第２位を四捨五入して求めなさい。ただし、ここでいう純度とは、1000㎤中、925㎤は純すいな銀を使用しなければならないということを示しています。また、円周率を3.14とします。

2　特定の季節では、ガラスがくもる現象が起こります。例えば①冬の時期に車のフロントガラスがくもることがあります。そんな時にはフロントガラスに暖かい風をふき付けることでくもりをとることができます。他にも、②夏でも暑い日にゲリラごう雨が降ったすぐあと、クーラーをつけていた車のガラスがくもる時があります。この現象について考えていきましょう。

問１　下線部①について、くもった時のフロントガラスは、どのような状態になっていると考えられますか。次のア～ウから１つ選び、記号で答えなさい。

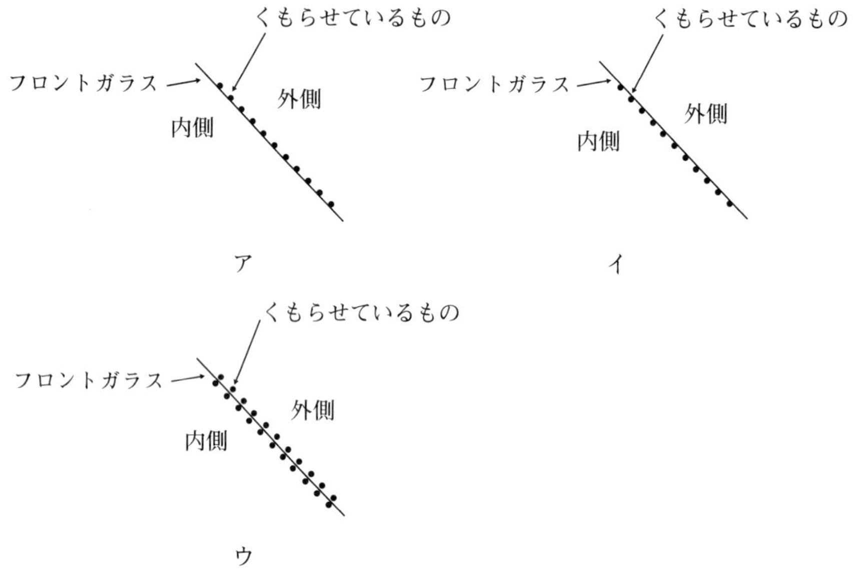

問２　下線部②について、下線部①のくもりかたとは異なります。このときのフロントガラスは、どのような状態になっていると考えられますか。問１のア～ウから１つ選び、記号で答えなさい。また、その理由を次の語句を使って説明しなさい。

語句：雨、クーラー

水の入った湯わかしポットにスイッチを入れて、しばらくするとポットの口から湯気が出てきます。この出ている湯気はポットの口から少しはなれたところから白くなり、しばらくすると消えてしまいます。

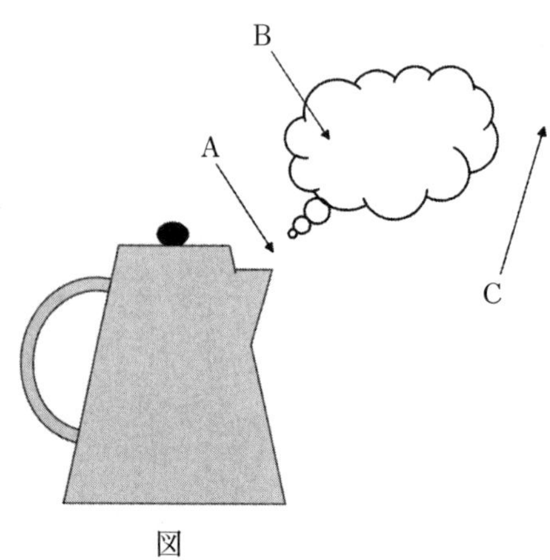

図

問３　ポットの口から湯気までのＡの部分には主に何がありますか。また、Ｂの湯気の正体は何ですか。最も適切なものを次のア～カから１つ選び、記号で答えなさい。ただし、同じ記号を２回選んでも良いものとします。

ア　空気　　イ　酸素　　ウ　二酸化炭素　　エ　水蒸気　　オ　液体の水　　カ　氷

問４　Ｃの部分では湯気が消えてしまいます。この理由はどのようなことが考えられますか。次のア～オから１つ選び、記号で答えなさい。

ア　湯気が冷やされて消えた。

イ　湯気が温められて消えた。

ウ　湯気が空気中にひろがっていき、消えた。

エ　湯気が空気中であつまっていき、消えた。

オ　湯気が液体の水となって落ちて、消えたように見えた。

問５　ポットから出た湯気が最も消えにくいと考えられる部屋にはどのような条件が必要ですか。適切なものを次のア～エから１つ選び、記号で答えなさい。

ア　室温が高く、しつ度の高い部屋　　イ　室温が高く、しつ度の低い部屋

ウ　室温が低く、しつ度の高い部屋　　エ　室温が低く、しつ度の低い部屋

３　サクラが水を吸う様子を観察し、水を吸う速度を求めるため、図１のようにインクで色をつけた水を試験管に入れ、葉をつけた枝をその試験管に入れました。この時、水面に少量の油をうかべました。

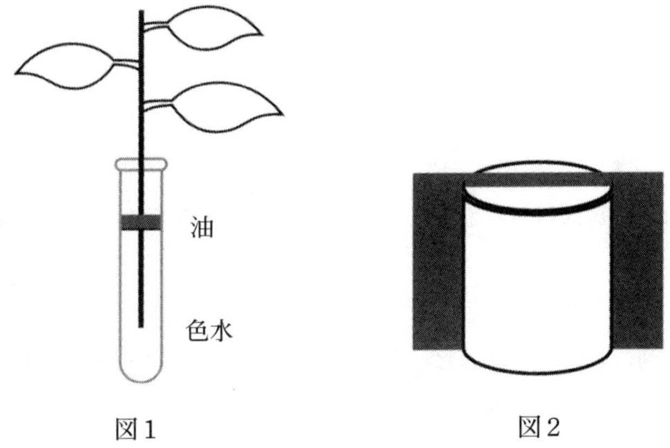

図１　　　　図２

問１　植物が水を吸い上げるときの水の通り道について、正しいものを次のア～エから１つ選び、記号で答えなさい。

ア　道管の中を一方向に通る　　イ　道管の中を自由に通る

ウ　師管の中を一方向に通る　　エ　師管の中を自由に通る

問２　水面に油を入れた理由を答えなさい。

問３　水を吸ったくきの一部を図２のように縦に切り、その断面を観察しました。断面がどのようになっているかは、その切り方によっていくつかパターンが考えられます。色水による断面の染まり方について、次のア～オから考えられるものをすべて選び、記号で答えなさい。

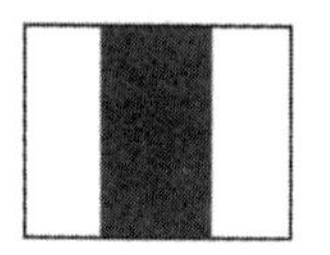
ア

イ
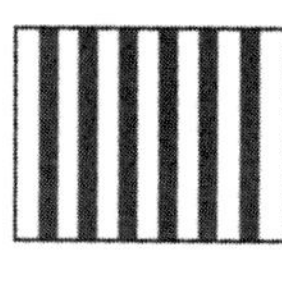
ウ

エ
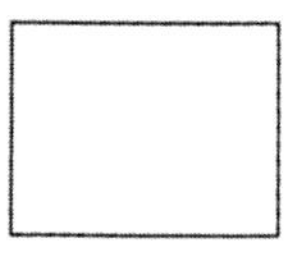
オ

問４　同じ枝に対して次のような操作を行いました。水を吸う速度がどのように変化するか記号で答えなさい。速くなるものは「A」、おそくなるものは「B」、変わらないものは「C」と答えること。

⑴　葉の表側にワセリンをぬる

⑵　葉のうら側にワセリンをぬる

⑶　試験管をビーカーに変え、最初の水の量をふやす

⑷　植物にせん風機の風をあてる

⑸　実験している部屋の温度をあげる

4　東京で、朝６時ごろに南を見たら月が見えました。

問１　このような月を何と呼びますか。四字で名前を答えなさい。また、月の形がわかるように右に記入しなさい。ただし、見えている部分を実線で書くこと。

問２　この月は約何日後に新月になりますか。次のア～オから１つ選び、記号で答えなさい。

ア　５日後　　イ　７日後　　ウ　10日後

エ　15日後　　オ　18日後

問３　毎日同じ時刻に月を観察すると、月の見える位置はどのように変化しますか。次のア～エから１つ選び、記号で答えなさい。

ア　少しずつ東にずれて見える。

イ　少しずつ西にずれて見える。

ウ　方角は変わらず、少しずつ高い位置にずれて見える。

エ　方角は変わらず、少しずつ低い位置にずれて見える。

問４　満月が地平線近くにあるとき、月は赤く見えます。これと同じ理由で赤く見えるものを次のア～エから１つ選び、記号で答えなさい。

ア　さそり座のアンタレス　　イ　りんご　　ウ　夕日　　エ　火星

かえつ有明中学校（２月１日午後　特待入試）

―25分―

1　わたしたちは、エネルギーという言葉をよく目にしたり、耳にしたりします。エネルギーとは、ものを動かしたり、熱や光、音を出したりする能力のことをいいます。そのエネルギーにはいろいろな種類があります。エネルギーは目に見えるものではありませんが、その量を数字で表すことはできます。次の問いに答えなさい。

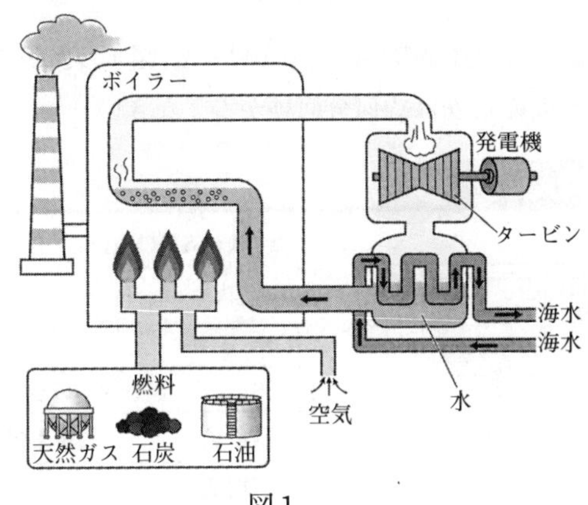

図１

(1)　図１は火力発電所のようすを表しています。図を見て、火力発電所がどのようにして電気を作るのか、その仕組みを説明しなさい。

(2)　日本の電気の大部分を火力発電にたよっていますが、そのことが問題になっています。問題点はいくつかありますが、問題点の一つをあげなさい。

(3)　ワットWは電力の単位で、１秒あたりに消費されるエネルギーの量を表します。また、同じ電圧であれば、たくさん電流が流れたほうが、電力は高くなります。①～③の文中の空らん（ア）～（カ）にあてはまる語句・数字を答えなさい。

①　図２のような並列回路に60Wと100Wの電球をつないだとき、（ア）Wの電球のほうが、（イ）が小さいので、電流がたくさん流れるため明るい。

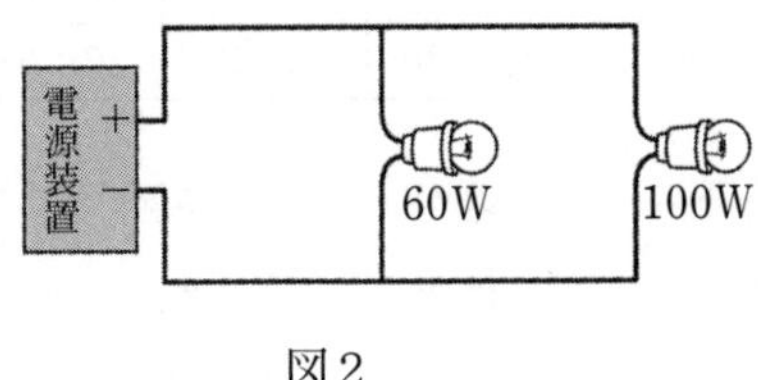

図２

② 図３のような直列回路に60Wと100Wの電球をつないだとき、（ ウ ）が同じなので、抵抗の大きい（ エ ）Wの電球のほうが、そこにかかる（ オ ）が大きいので明るい。

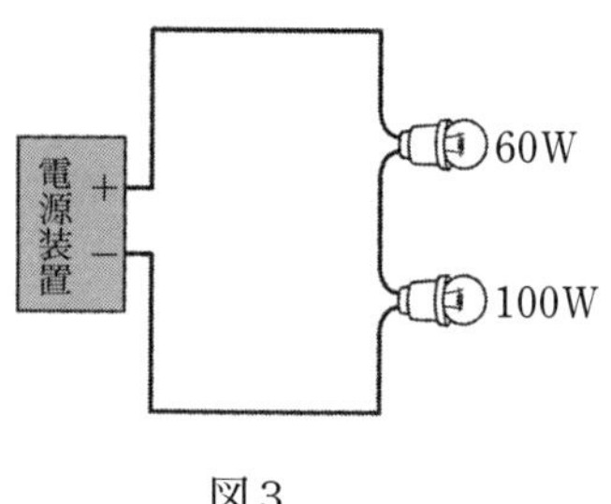

図３

③ 電子レンジ調理可能な冷凍食品の裏の表示を見ると、図４のように書いてありました。（ カ ）に入る600Wの調理時間の目安は約何分何秒か答えなさい。

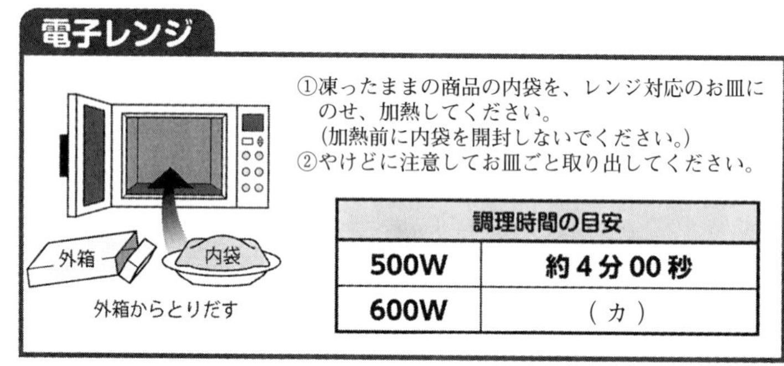

調理時間の目安	
500W	約４分00秒
600W	（ カ ）

図４

2 太陽に関する次の問いに答えなさい。

(1) 経度が１度ちがうと南中時刻はおよそ何分ずれますか。

(2) 次の表は、かえつ有明中学校での観測データです。１年のうち「春分の日」、「秋分の日」、「夏至」、「冬至」という日があります。次の表の①～④がそれぞれどの日なのか、組み合わせとして正しいものを、あとのア～オから１つ選び、記号で答えなさい。

	①	②	③	④
日の出	4：25	6：46	5：30	5：44
日の入	19：00	16：31	17：38	17：53

ア ① 春分 ② 秋分 ③ 夏至 ④ 冬至
イ ① 春分 ② 夏至 ③ 秋分 ④ 冬至
ウ ① 夏至 ② 秋分 ③ 冬至 ④ 春分
エ ① 夏至 ② 冬至 ③ 秋分 ④ 春分
オ ① 冬至 ② 夏至 ③ 春分 ④ 秋分

かえつ有明中学校の校庭で、図１のように、水平な紙面の中央に棒を立てて影の動きを調べました。日の出から日の入りまでの棒の影の先端の動きを次の図２のア～オの矢印であらわしました。

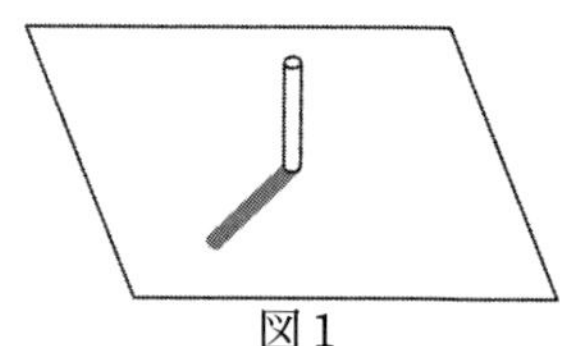

図１

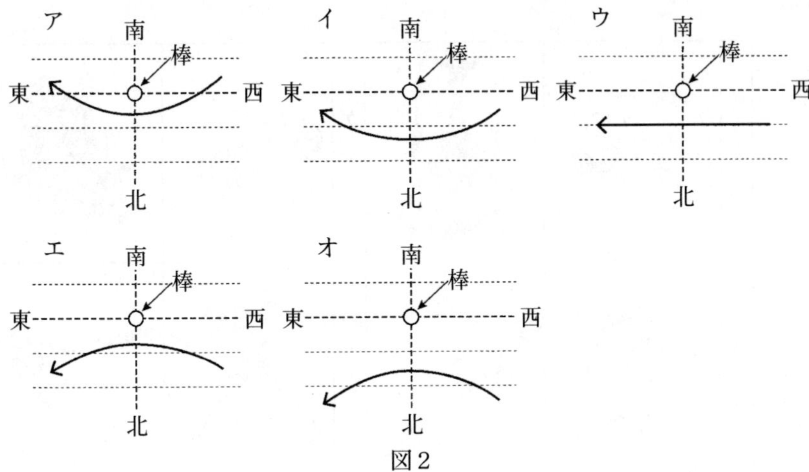

図２

(3)　夏至の日の影の動きはどれか、図２のア～オから１つ選び、記号で答えなさい。

(4)　冬至の日の影の動きはどれか、図２のア～オから１つ選び、記号で答えなさい。

(5)　秋分の日の影の動きはどれか、図２のア～オから１つ選び、記号で答えなさい。

(6)　赤道上で透明（とうめい）半球を使って夏至の日と冬至の日の太陽の動きを観測したとき、図として正しいものを、次の図３のア～カからそれぞれ１つずつ選び、記号で答えなさい。

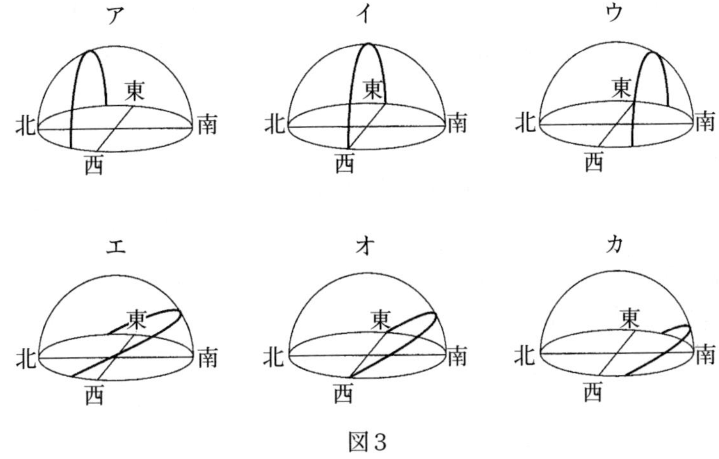

図３

3　あきらさんは、夏休みの自由研究で、飼育しているカブトムシやメダカ、庭や近くの田んぼで見つけたアゲハチョウ、アキアカネを扱（あつか）うことにしました。次記は、そのときに探究したものをまとめた自由研究ノートです。次の問いに答えなさい。

〈自由研究ノート〉

Ⅰ　自由研究のテーマ

カブトムシ、メダカ、アゲハチョウ、アキアカネの成長のちがいを調べる。

Ⅱ　観察方法

メダカはこの時期に産卵があったため、卵から観察した。カブトムシは飼育していた幼虫を、アゲハチョウは庭にある幼虫を、アキアカネは近くの田んぼでヤゴを見つけ採取し、観察した。夏休み終わりにはすべて成虫・成魚に成長していた。

Ⅲ　観察したようす

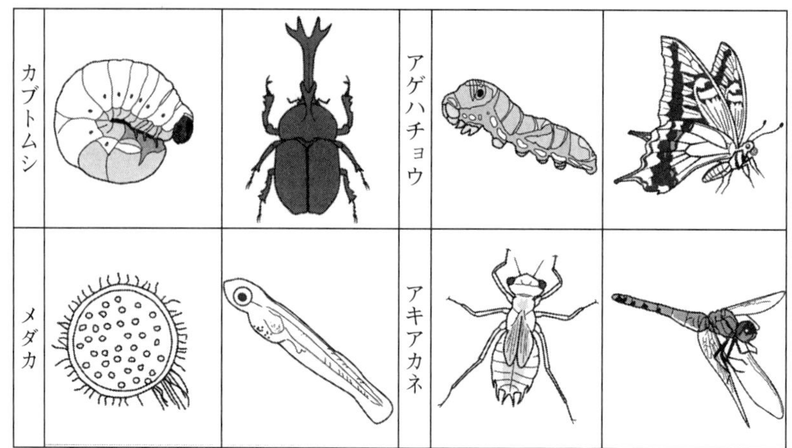

Ⅳ　観察した結果から、調べてわかったこと

①同じ昆虫（こんちゅう）でも成虫になる過程（かてい）が違う。

②卵の大きさはアキアカネは約0.6㎜、アゲハチョウ約１㎜、メダカ約１㎜、カブトムシ約１～３㎜であった。調べるとヒトの卵（らん）が約0.14㎜であったため、これら４つの卵の大きさはヒトより大きいことがわかった。

⑴　メダカの卵の成長を観察するために、図１のそう眼実体けんび鏡を使いました。その操作方法が①～④で示されてます。操作手順として適切なものを、あとのア～エから１つ選び、記号で答えなさい。

〈操作方法〉

①接眼レンズのはばを目のはばに合わせる。

②両目で見て見えにくい場合、左目でのぞきながら、視度調節リングを調節する。

③見るものをステージにのせる。

④右目でのぞきながら調節ねじを回して、ピントを合わせる。

ア　①→②→④→③　　イ　③→①→②→④

ウ　③→①→④→②　　エ　①→③→②→④

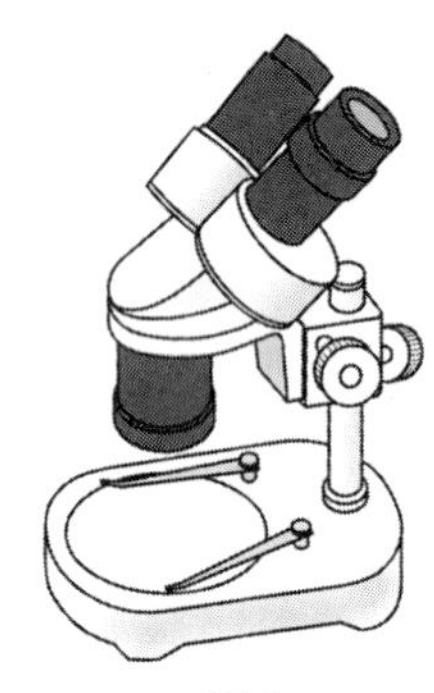

図１

⑵　メダカの卵は、メスが産んだ卵にオスが出す精子が結びつくと育ち始めます。このとき、卵に精子が結びつくことを何といいますか。

⑶　メダカの観察したスケッチを図２に示しました。このとき、卵が育つ順番として適切なものを、あとのア～エから１つ選び、記号で答えなさい。

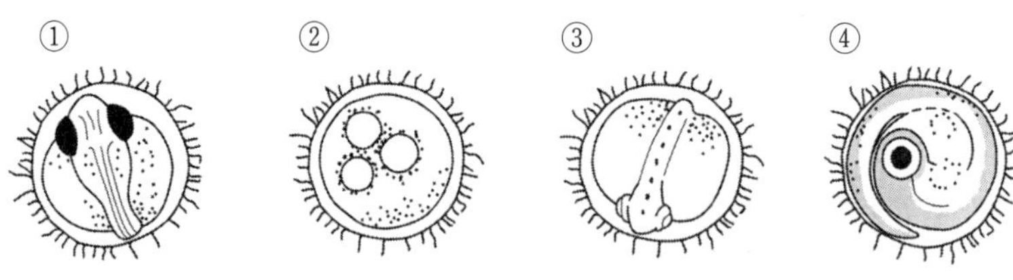

図２

ア　②→③→④→①　　イ　③→②→④→①　　ウ　③→④→①→②　　エ　②→③→①→④

⑷　カブトムシ、アゲハチョウ、アキアカネについて説明している文章として誤っているものを、次のア～エから１つ選び、記号で答えなさい。

ア　成虫になると、カブトムシ、アゲハチョウ、アキアカネ、いずれも頭、むね、はらのつくりでできている

イ　成虫のカブトムシ、アゲハチョウ、アキアカネのむねに、６本の脚(あし)がついている

ウ　カブトムシ、アゲハチョウ、アキアカネは、卵、幼虫、さなぎ、成虫とからだの形を変えて成長する

エ　成虫のカブトムシ、アゲハチョウ、アキアカネの足にはふしが見られる

⑸　**〈自由研究ノート〉**のⅣの②にありますが、ヒトの卵よりメダカの卵の方が大きい理由を答えなさい。

4　あたたかい紅茶に砂糖を入れるとすぐに水にとけるのに対し、冷たい紅茶に砂糖を入れると、すぐにはとけませんでした。なみさんは、この現象を不思議に思い、物質のとけ方に関して科学的に探究することにしました。

〈探究ノート〉

【中心的な問い】

・砂糖やそれ以外の物質で水へのとけ方にちがいはあるのか。

・水にとける物質の質量は温度によって変化するのか。

・とけた物質は、どのように取り出せるのか。

【探究方法】

Ⅰ：常温(20℃)の水が100ｇ入ったビーカーに、砂糖、ミョウバン、片栗粉(かたくりこ)、食塩、硝酸(しょうさん)カリウムの５種類の物質を用意し、それぞれ５ｇ入れ、ガラス棒でよくかき混ぜた。その後、しばらく時間を置いた。

Ⅱ：Ⅰの実験でとけた４種類の物質を70ｇずつ用意し、40℃、60℃、80℃の水100ｇに入れ、温度によるとけ方のちがいを調べた。本で調べたところ、図１のような100ｇの水にとける物質の質量と温度との関係を表すグラフを見つけた。

Ⅲ：Ⅱで用いたビーカーをすべて、図２のように氷水を使って、もとの温度よりそれぞれ20℃低くなるように、40℃は20℃まで、60℃は40℃まで、80℃は60℃まで冷やした。ただし、この実験で、冷やす前に沈(ちん)でんが生じていた場合、すべて取り除いてから、冷やすものとする。

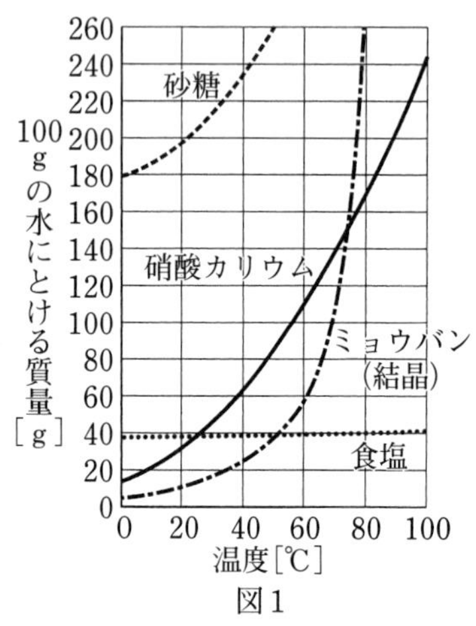

図１

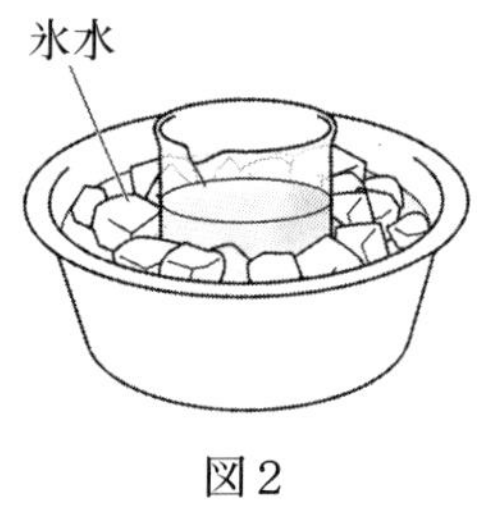

図２

【結果】

実験Ⅰの結果では、１種類だけ水にとけない物質があり、ビーカーの底に沈殿していた。実験Ⅱ・Ⅲの結果では、物質がビーカーにとけ残っている場合は×、すべてとけている場合は○としてまとめた表を次記に示した。ただし、冷やすことによって物質が出てきた場合もとけ残っている場合と同様に×とする。また、とけた４種類の物質が何の物質をとかしたか、わからなくなってしまったため、a～dで示すことにした。

	実験Ⅱ			実験Ⅲ		
	40℃	60℃	80℃	40℃⇒20℃	60℃⇒40℃	80℃⇒60℃
a	×	○	○	×	×	○
b	○	○	○	○	○	○
c	×	×	○	×	×	×
d	×	×	×	×	×	×

【考察】

①砂糖は、非常に水にとけやすい物質であることがわかり、温度が高くなるとさらにとけやすくなることがわかった。

②実験Ⅲより、水にとけた物質を冷やすことによって物質がまた出てくることがわかった。

(1)　実験Ⅰで、砂糖、片栗粉における水にとかしたときのようす(模式図)として適したものを、次のア～エからそれぞれ１つずつ選びなさい。●はそれぞれの粒を表しています。ただし、粒の大きさは問わないものとします。

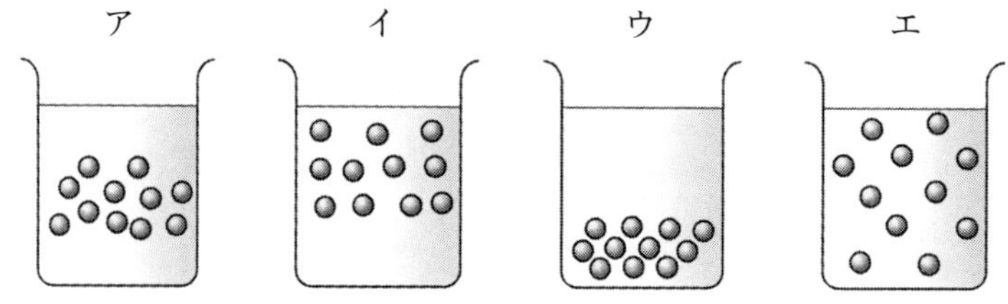

(2)　物質cの実験Ⅲにおいて、80℃から60℃に冷やしたときに出てきた物質は何gになりますか。適するものを次のア～エから１つ選び、記号で答えなさい。

ア　約２g　　イ　約10g　　ウ　約20g　　エ　約30g

⑶　物質ａ～ｄは、実験結果と図１のグラフから何であると考えられますか。その組合せとして適するものを、次のア～エから１つ選び、記号で答えなさい。

ア　ａ：硝酸カリウム　ｂ：砂糖　ｃ：ミョウバン　ｄ：食塩

イ　ａ：ミョウバン　ｂ：砂糖　ｃ：硝酸カリウム　ｄ：食塩

ウ　ａ：ミョウバン　ｂ：食塩　ｃ：硝酸カリウム　ｄ：砂糖

エ　ａ：硝酸カリウム　ｂ：食塩　ｃ：ミョウバン　ｄ：砂糖

⑷　物質ｂのように、水にとけた物質を冷やしても取り出せない場合は、どのように取り出すか、その方法を答えなさい。

春日部共栄中学校(第１回午前)

—30分—

1　以下の会話文を読み、次の各問いに答えなさい。

栄太　　：お父さん、今年の夏も暑い日が多かったね。

お父さん：そうだね、①一日の最高気温が35℃をこえる日が何日もあったよね。

栄太　　：うん、夜になっても気温が下がらないから、花火大会は、汗(あせ)をかきながら見たね。

お父さん：その時食べていたかき氷の容器も汗をかいていたね。

栄太　　：あれは汗じゃなくて、かき氷の②まわりの空気が冷えて空気にふくまれている水蒸気が水になったものだよね？

お父さん：その通り、よく知ってるね。

栄太　　：学校の授業でやったからね！空気が冷えるって言えば、テレビの天気予報で夜の間に、空気中の熱が地球の外に逃(に)げて朝の気温は下がるって言ってたんだけど、夏の朝は暑かったよ、どうしてだろう？昼間が暑すぎるから⁇

お父さん：それはどうだろう、同じ夏の日本でも、③都市部では気温が下がりにくいけど、都市部以外では気温が下がりやすいみたいだよ。④日中40℃をこえるような夏の砂漠(さばく)でも、朝は日本より気温が低いところもあるんだよ。

栄太　　：そうなんだね。来年の夏は涼しいところに旅行しようよ。

お父さん：絶対に行こうね。

問１　下線部①は気象庁では何と決められていますか。次のア～エから１つ選び、記号で答えなさい。

ア　夏日　　イ　真夏日　　ウ　猛暑日(もうしょび)　　エ　酷暑日(こくしょび)

問２　下線部②の現象の名前を何といいますか。

問３　下線部③について都市部の気温が下がりにくい理由として考えられる現象は何ですか。次のア～エから１つ選び、記号で答えなさい。

ア　ヒートアイランド現象　　イ　地球温暖化

ウ　エルニーニョ現象　　エ　フェーン現象

問４　下線部④について、砂漠などに比べて、朝の日本の気温が高いのはなぜだと考えられますか。次のア～ウから１つ選び、記号で答えなさい。

ア　日本の方が、夜、天気の良い日が多いから。

イ　日本の方が、夜、空気が湿っている日が多いから。

ウ　日本の方が、昼の時間が短いから。

2　太郎さんにはもうすぐ妹が産まれます。そこで、太郎さんは生命の誕生やヒトのからだの仕組みについて調べてみることにしました。太郎さんの＜ノート１＞と＜ノート２＞を読み、以下の各問いに答えなさい。

ただし、同じ番号には同じ言葉が入ります。

＜ノート１＞

> 生命の誕生は母親の体内でできた(　①　)と父親の体内でできた(　②　)とが結びつくことで始まる。
>
> これにより(　①　)は(　③　)となる。(　③　)は母親の子宮でたい児となり育ち、子宮の中を満たす羊水によって衝撃などから守られている。また、子宮のかべにあるたいばんと、たい児はへその緒でつながっており、母親はこれを通してたい児へ必要なものをあたえ、いらなくなったものを回収する。
>
> やがて、子宮内の羊水が減っていき、多くの場合は頭を下に向けた状態で出産に備える。
>
> そして、受精から約(　④　)週ほどで誕生する。

＜ノート２＞

> ヒトの血液が肺へ運ばれると、血液中に(　⑤　)が取りこまれ、同時に血液中に含まれていた(　⑥　)がはき出される。このとき、血液中に存在するヘモグロビンが(　⑤　)を受け取る。母親の肺の血液では(　⑤　)の濃さは最も高く、(　⑥　)の濃さは最も低くなっている。母親の血液の一部はたいばんへ届き、ここでたい児の血液中のヘモグロビンへ(　⑤　)が受け渡され、同時にたい児の血液から(　⑥　)が回収される。

問１　上記の①～⑥に当てはまる言葉を書きなさい。

ただし、④については以下の中から選び、⑤・⑥は気体の名前を答えなさい。

④(　29　・　38　・　47　・　51　)

問２　ヒトは母親の体内で、ある程度成長してから産まれてきます。

次のア～カのうち、ヒトと同じ産まれ方をする生物を**すべて**選び、記号で答えなさい。

ア　カエル　　イ　ペンギン　　ウ　ネコ　　エ　コイ　　オ　イモリ　　カ　コウモリ

問３　太郎さんは＜ノート２＞で学習したことをもとに正面からみたヒトの心臓のスケッチをしました。(図)

酸素を最も多く含む血液が心臓から出ていく血管として最もふさわしいものをア～エの中から選び、記号で答えなさい。また、その血管の名前を**漢字３文字**で答えなさい。

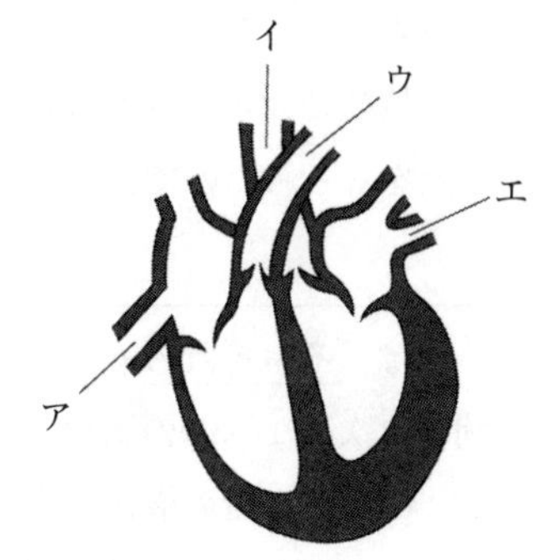

図　心臓のつくり

3　図のＡ～ＣのビーカーにはⅠ～Ⅲのいずれかが入っています。

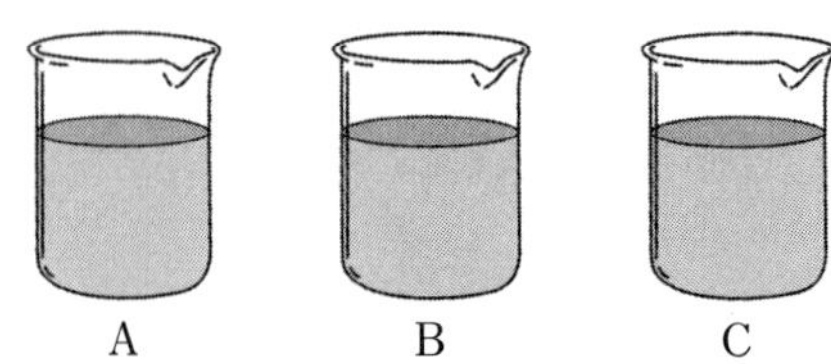

図　無色とう明な液体が入ったビーカー

Ⅰ　水100ｇ

Ⅱ　水90ｇにさとう10ｇをとかした水よう液

Ⅲ　水80ｇに食塩20ｇをとかした水よう液

キョウコさんはＡ～Ｃに入っている液体を明らかにするために＜実験＞を行い、考えをまとめました。後の各問いに答えなさい。なお、この問題では、水よう液の濃さを＜式＞のように表します。

＜式＞

$$\text{濃さ〔\%〕}=\frac{\text{(とけているものの重さ〔g〕)}}{\text{(水の重さ〔g〕)}+\text{(とけているものの重さ〔g〕)}}\times 100$$

＜実験＞

理科の授業でならった「もののうきしずみ」を使って、３つの液体が何であるか確かめようと考えました。

体積が10㎠の同じ木へんを３つ用意し、それぞれをＡ～Ｃにうかべると次の結果のようになりました。

＜結果＞

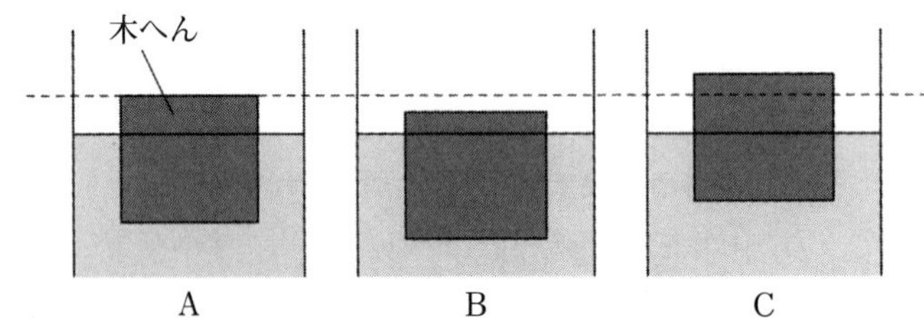

＜考えたこと＞

授業で、水よう液の濃さが(　ア　)ほど、ものをうかせる「力の大きさ」が(　イ　)ということをならったので、Ａ～Ｃは次のようになると思いました。

Ａ…Ⅱ　　Ｂ…Ⅰ　　Ｃ…Ⅲ

次は、それぞれの液体を加熱して、変化をくらべたいと思いました。

問１　次の(1)、(2)の問題に答えなさい。

(1)　Ⅰ～Ⅲの液体の中で、最も濃さが大きい水よう液はどれですか。記号で答えなさい。

(2)　Ⅱの水よう液の濃さ〔%〕を答えなさい。

問２　キョウコさんが＜考えたこと＞の内容が科学的に正しいとき、（ ア ）と（ イ ）に当てはまる言葉の組み合わせとして最も適当なものを次の①～③から１つ選び、記号で答えなさい。

	（ ア ）	（ イ ）
①	大きい	大きい
②	小さい	大きい
③	大きい	小さい

問３　キョウコさんが＜考えたこと＞の内容が科学的に正しいとき、下線のように、A～Cの水よう液をそれぞれ少量ずつとり、加熱した結果として正しいものを次の①～⑥から１つ選び、記号で答えなさい。

	A	B	C
①	何も残らない	白っぽいものが残る	黒いものが残る
②	何も残らない	黒いものが残る	白っぽいものが残る
③	白っぽいものが残る	何も残らない	黒いものが残る
④	白っぽいものが残る	黒いものが残る	何も残らない
⑤	黒いものが残る	何も残らない	白っぽいものが残る
⑥	黒いものが残る	白っぽいものが残る	何も残らない

④　以下の文章を読み、次の各問いに答えなさい。

AとBの材質でできたおもりがあります。それぞれ十分に燃焼させて酸素(さんそ)と反応したときの結果を表にまとめました。AとBは一秒あたり一定の割合の酸素と反応するものとします。また、天秤(てんびん)は加熱しても反応せず、重さは変わらないものとします。

表　おもりを十分に燃焼させたときの結果

材質	反応前の重さ〔g〕	反応後の重さ〔g〕	十分に燃焼させてすべてが反応するまでにかかった時間〔秒〕
A	70	100	60
	140	200	120
	210	300	180
B	70	0（気体になった）	30
	140		60
	210		90

問１　図１のような天秤に、Aでできた100ｇのおもりとBでできた135ｇのおもりをのせました。Bを何秒燃焼させるとつり合いますか。整数で答えなさい。

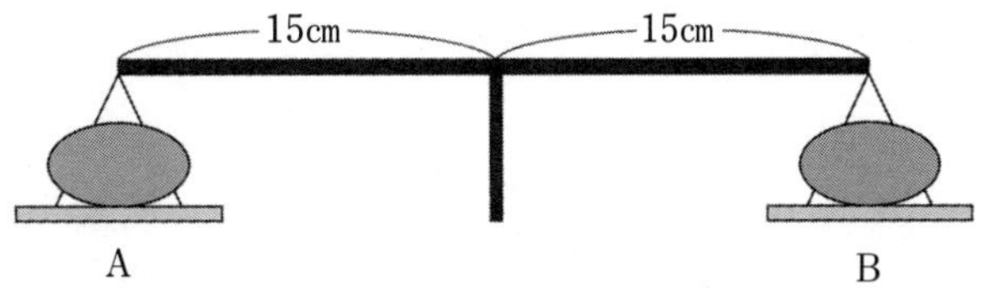

図１

問２　図２のような天秤に、Aでできた350ｇのおもりとBでできた400ｇのおもりをのせました。Aを何秒燃焼させるとつり合いますか。整数で答えなさい。

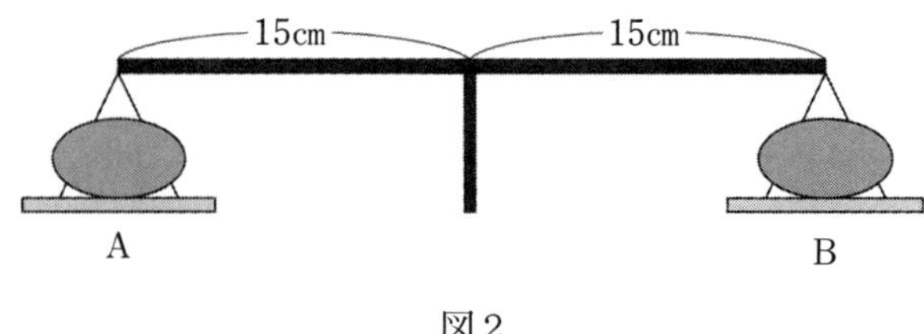

図２

問３　図３のような天秤に、Bでできた500ｇのおもりと十分に燃焼させたAのおもりをのせるとつりあいました。この時、燃焼前のAの重さは何ｇですか。整数で答えなさい。

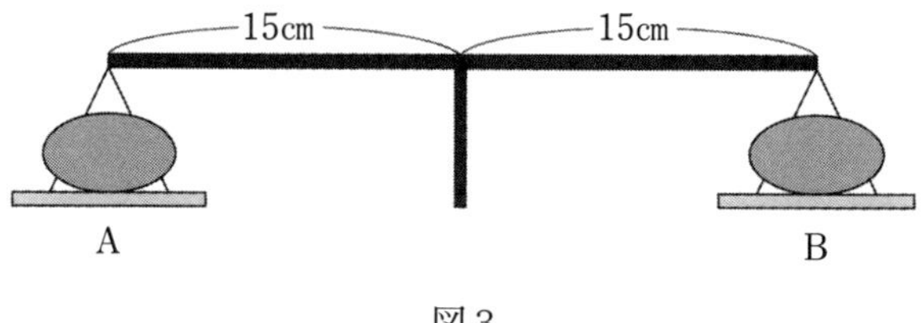

図３

問４　図４のような天秤に、Aでできた50ｇのおもりとBでできた135ｇのおもりをのせました。Bを何秒燃焼させるとつり合いますか。整数で答えなさい。

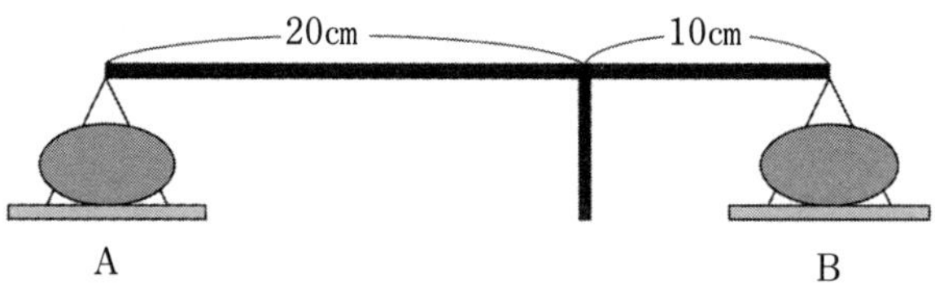

図４

問５　図５のような天秤で、AとBを同時に燃焼させると90秒後につりあいました。燃焼前のAの重さが330ｇだったとすると、燃焼前のBの重さは何ｇですか。整数で答えなさい。

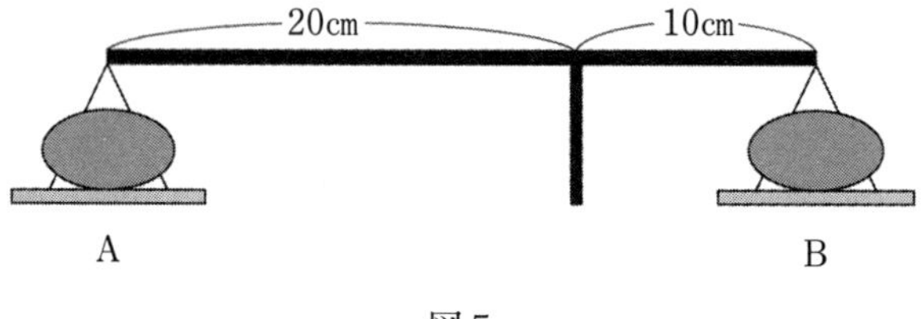

図５

神奈川大学附属中学校（第２回）

—40分—

1　以下の問いに答えなさい。

［1］　地球表面はプレートとよばれるいくつかの動く岩石の板でおおわれていて、火山の噴火(ふんか)や地震(じしん)はプレートの境界でよく起こります。日本列島周辺の４つのプレートを、図１に模式的に示しました。太平洋プレートとフィリピン海プレートは海洋プレート、ユーラシアプレートと北米プレートは大陸プレートに分類されます。日本は、これら４つのプレートの境界付近に位置するため、地震大国として知られています。

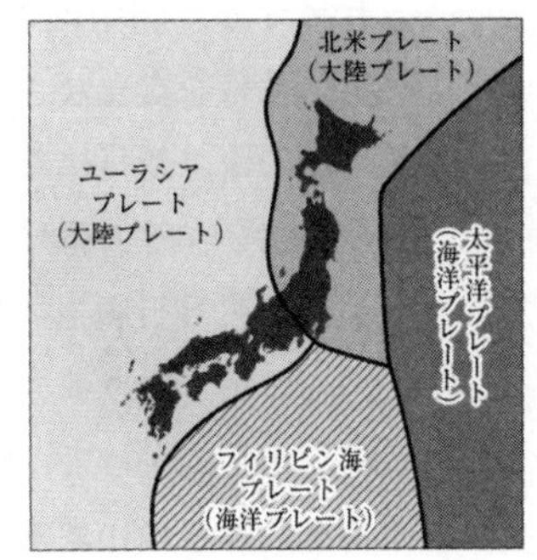

図１

⑴　日本列島付近の大陸プレートと海洋プレートの境界では、次のように地震が起こると考えられています。（ ア ）～（ ウ ）にあてはまる語句の組み合わせとして正しいものはどれですか。あとの１～４から最も適当なものを一つ選び、その番号を書きなさい。

（ ア ）プレートが（ イ ）プレートの下に沈(しず)み込(こ)み、（ イ ）プレートが引きずり込まれて、ひずみが生じる。ひずみが限界に達すると、（ ウ ）プレートがはね上がり、地震が起こる。

１　ア　大陸　　イ　海洋　　ウ　大陸　　　２　ア　大陸　　イ　海洋　　ウ　海洋
３　ア　海洋　　イ　大陸　　ウ　大陸　　　４　ア　海洋　　イ　大陸　　ウ　海洋

⑵　火山灰には、どのような特徴(とくちょう)がありますか。次の中から二つ選び、その番号を書きなさい。

１　角ばっている粒(つぶ)が多い。　　２　丸みをもっている粒が多い。
３　透明(とうめい)なガラスのような粒が含(ふく)まれる。　　４　表面がごつごつしていて、小さい穴が多い。
５　表面がすべすべしていて、化石を含むことが多い。

⑶　火山に関して、誤って説明した記述はどれですか。次の中から一つ選び、その番号を書きなさい。

１　地層には、火山灰などが降り積もってできたものもある。
２　噴火でできたくぼ地に水が溜まった地形をフィヨルドという。
３　火山の熱を活用した地熱発電所がある。
４　水はけがよいなどの火山灰の特徴を生かして栽培されたダイコンやメロンなどがある。

⑷　地下で大きな力がはたらくと地震が起こり、大地がずれて断層ができることがあります。図２に示した断層ができたとき、Ａ側とＢ側からそれぞれどの向きの力が加わり、どちら側の地層が上がりましたか。次の中から一つ選び、その番号を書きなさい。ただし、Ｘは同じ時代にできた地層です。

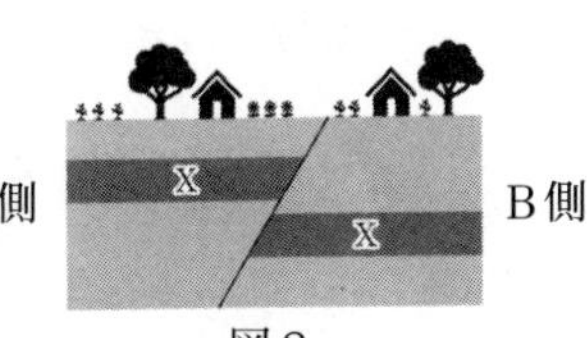

図２

１　Ａ側から右向きの力（➡）が、Ｂ側から左向きの力（⬅）が加わり、Ａ側の地層が上がった。
２　Ａ側から右向きの力（➡）が、Ｂ側から左向きの力（⬅）が加わり、Ｂ側の地層が上がった。
３　Ａ側から左向きの力（⬅）が、Ｂ側から右向きの力（➡）が加わり、Ａ側の地層が上がった。
４　Ａ側から左向きの力（⬅）が、Ｂ側から右向きの力（➡）が加わり、Ｂ側の地層が上がった。

［２］ 日食や月食は、太陽、地球、月の位置関係が大きく関わっています。

(5) 図３は、北極点側から見た地球と月に、どのように太陽の光が当たるのかを模式的に示しています。2023年９月29日は満月を確認することができました。

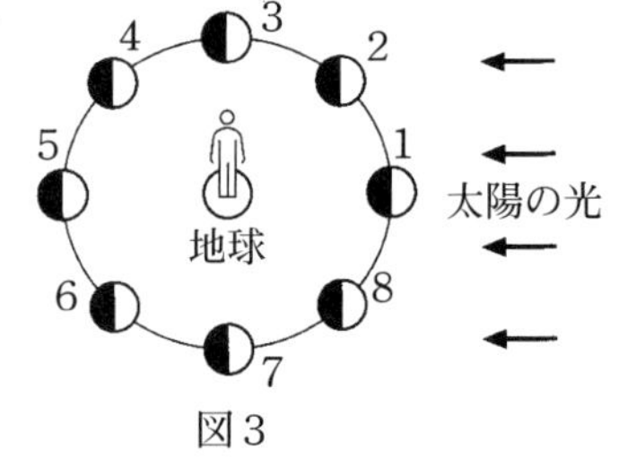

図３

① 満月と三日月は、月がどの位置にあるときに観察されますか。図中の１～８からそれぞれ一つずつ選び、その番号を書きなさい。

② この次に新月になるのはいつ頃(ごろ)ですか。次の中から一つ選び、その番号を書きなさい。

１ 10月６日頃　　２ 10月15日頃　　３ 10月22日頃　　４ 10月29日頃

(6) 図４に示すように、地球は、太陽を中心として、１年間かけて一回転しています。この運動を公転といいます。また、図５のように、地球の赤道は、地球の公転によって描(えが)かれる面に対して、23.4°傾(かたむ)いています。地球は、地軸(ちじく)とよばれる回転軸を中心として、１日で一回転しています。この運動を自転といいます。ただし、図４および図５において、太陽と地球の大きさや距離(きょり)などは、正しく描かれていません。

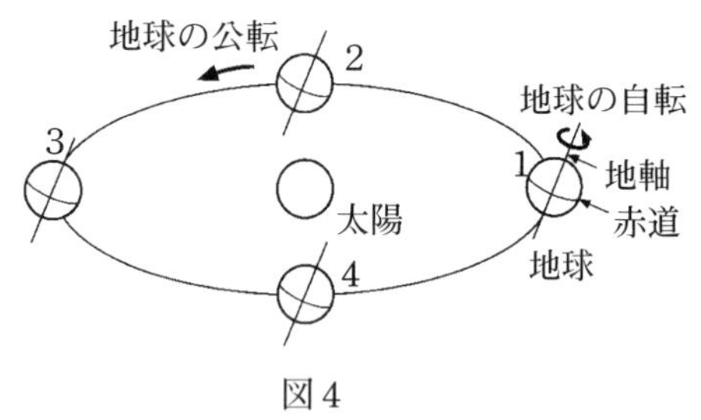

図４

① 日本で四季が移り変わるのは何が関連していますか。次の中から二つ選び、その番号を書きなさい。

１ 地球の公転　　２ 地球の地軸の傾き
３ 月の自転　　４ 月の公転

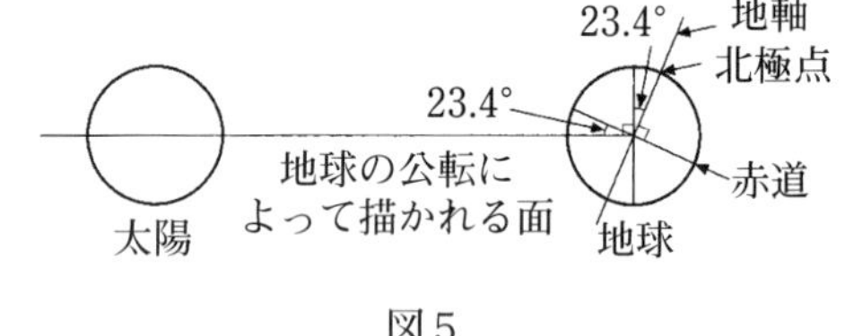

図５

② 日本が夏至を迎(むか)える頃は、地球がどの位置にあるときですか。図４の中の１～４から一つ選び、その番号を書きなさい。

(7) 2023年４月20日、金環皆既(きんかんかいき)日食が起こり、日本でも地域によっては、部分日食として観察できました。

① 太陽を○、月を●で表したとき、金環日食と部分日食では、地球から見た太陽と月の位置関係はそれぞれどのようになりますか。次の中から最も適当なものを一つずつ選び、その番号を書きなさい。

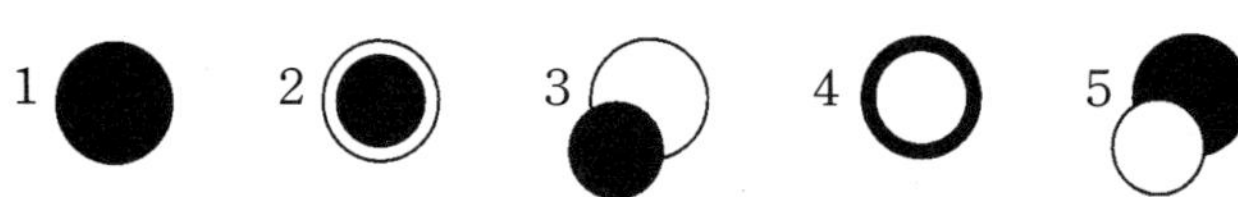

② 日食は、太陽、地球、月がどのように並んでいるときに観察されますか。次の中から一つ選び、その番号を書きなさい。

１ 太陽、地球、月の順に一直線上に並んでいるとき。
２ 地球、月、太陽の順に一直線上に並んでいるとき。
３ 月、太陽、地球の順に一直線上に並んでいるとき。

2　以下の問いに答えなさい。

［1］　塩酸にアルミニウムを加えると気体を発生しながらアルミニウムが溶けます。ある濃さの塩酸Aを使って、この反応について調べる実験をしました。

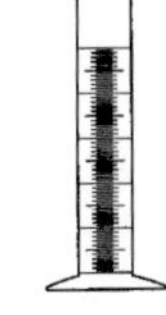

器具X

操作1：右図に記す器具Xを使って、塩酸Aをビーカーに200mLずつはかり取り、いろいろな重さのアルミニウムを加えた。

操作2：気体が発生し終わったあとの水溶液をろ過して、得られた液体(ろ液)が入ったビーカーを加熱し、水をすべて蒸発させた。

操作3：ビーカーに残った固体の重さをはかったところ、次の表の通りであった。

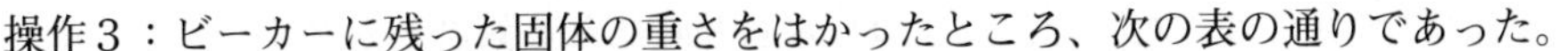

アルミニウムの重さ〔g〕	0	1.0	2.0	3.0	4.0
ビーカーに残った固体の重さ〔g〕	0	5.0	10.0	12.5	12.5

(1)　器具Xの名称をカタカナで記しなさい。

(2)　アルミニウムと操作2でビーカーに残った固体の性質を比べます。①アルミニウムおよび②ビーカーに残った固体の性質の組み合わせとして正しいものはどれですか。次の中からそれぞれ一つずつ選び、その番号を書きなさい。

ア　水に溶ける　　イ　電気を通す　　ウ　磁石につく　　エ　つや(金属光たく)がある

1　アのみ　　2　イのみ　　3　ウのみ　　4　エのみ

5　アとイ　　6　アとウ　　7　イとウ　　8　イとエ　　9　イとウとエ

(3)　200mLの塩酸Aに1.3gのアルミニウムを加えた水溶液に対して操作2を行うと、ビーカーに残った固体の重さは何gですか。

(4)　200mLの塩酸Aと過不足なく反応するアルミニウムは何gですか。なお、「過不足なく反応する」とは、塩酸Aとアルミニウムのどちらも余ることなく、ちょうど反応するという意味です。

(5)　1.8gのアルミニウムと過不足なく反応する塩酸Aは何mLですか。

(6)　480mLの塩酸Aにアルミニウムを2.4g加えると、アルミニウムはすべて溶けました。これを水溶液Bとします。水溶液B 200mLと過不足なく反応するアルミニウムは何gですか。

［2］　石灰水に二酸化炭素を吹き込むと、水に溶けにくい炭酸カルシウムができて白くにごります。さらに二酸化炭素を吹き込むと、炭酸カルシウムが水と二酸化炭素と反応して、炭酸水素カルシウムと呼ばれる物質に変わり、水に溶けて透明な水溶液になります。また、この炭酸水素カルシウムが溶けた水溶液から二酸化炭素や水が気体として出ていくと、逆向きに反応が進んで炭酸カルシウムに戻ります。

炭酸カルシウム(水に溶けにくい)　＋　水＋　二酸化炭素　⇄　炭酸水素カルシウム(水に溶ける)

炭酸カルシウムを多く含む石灰石でできた地形に、二酸化炭素が多く溶け込んだ地下水が流れると、この反応が進み、石灰石が炭酸水素カルシウムに変わっていきます。鍾乳洞は、長い年月をかけて石灰石が侵食されて形成されたものです。

(7)　石灰水の性質として正しいものはどれですか。次の中から二つ選び、その番号を書きなさい。

1　BTB溶液を黄色にする　　2　BTB溶液を緑色にする

3　BTB溶液を青色にする　　4　気体が溶けている

5　液体が溶けている　　6　固体が溶けている

(8)　二酸化炭素に関する記述として正しいものはどれですか。次の中から二つ選び、その番号を書きなさい。

1　雨水には空気中の二酸化炭素が溶けており、弱いアルカリ性を示す。

2　電熱線に流す電流を大きくすると、電熱線から発生する二酸化炭素の量が増える。

3　現在の空気中の二酸化炭素の体積の割合は、100年前と比べると増加している。

4　石灰石にうすい過酸化水素水を加えると、二酸化炭素を作ることができる。

5　ろうそく・木綿(もめん)・紙をそれぞれ空気中で燃やすと、すべて二酸化炭素が発生する。

(9)　鍾乳洞内の天井(てんじょう)には、右図のようなつらら石と呼ばれる鍾乳石が多く見られます。次のつらら石ができる過程を表した文章中の［ Ⅰ ］～［ Ⅲ ］には、異なる語句が入ります。あてはまる語句はどれですか。本文を参考にして、あとの１～８からそれぞれ一つずつ選び、その番号を書きなさい。

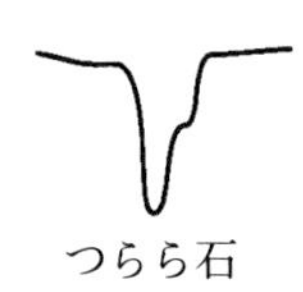
つらら石

鍾乳洞の天井から、二酸化炭素が多く溶けた地下水と［ Ⅰ ］とが反応してできた水溶液がゆっくりとしみ出て、天井に垂れている間に［ Ⅱ ］が［ Ⅲ ］いくことで［ Ⅰ ］に変化し、長い年月をかけて成長していった。

1　炭酸水素カルシウム　　2　石灰水　　3　水や二酸化炭素

4　炭酸カルシウム　　5　水酸化カルシウム　　6　侵食されて

7　気体として出て　　8　水に溶けて

(10)　鍾乳洞で、天井と地面が平行である所につらら石が成長していくと、その真下の地面はどのような形になっていくことが多いでしょうか。模式図として最も近いものを次の中から一つ選び、その番号を書きなさい。

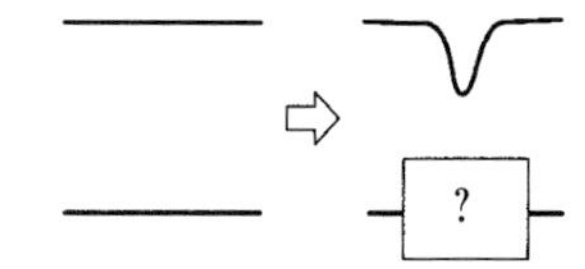

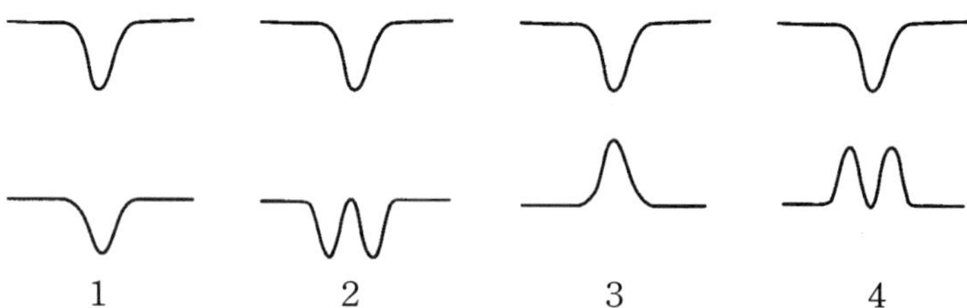

③　以下の問いに答えなさい。

軽くて丈夫(じょうぶ)な糸の一方におもり、他方を支点として、図１のようなふりこをつくりました。ふりこがふれていないときのおもりの位置をｂ、支点からおもりの中心までをふりこの長さとします。図２のａの位置からおもりをはなし、ａ→ｂ→ｃ→ｂ→ａとおもりが１往復する時間を周期とします。ふれはばは、図２に示してある角度であり、おもりがｂの位置にあるときを最下点とします。ふりこの長さ、おもりの重さ、ふれはばを変えて周期を調べたところ、以下の表のようになりました。

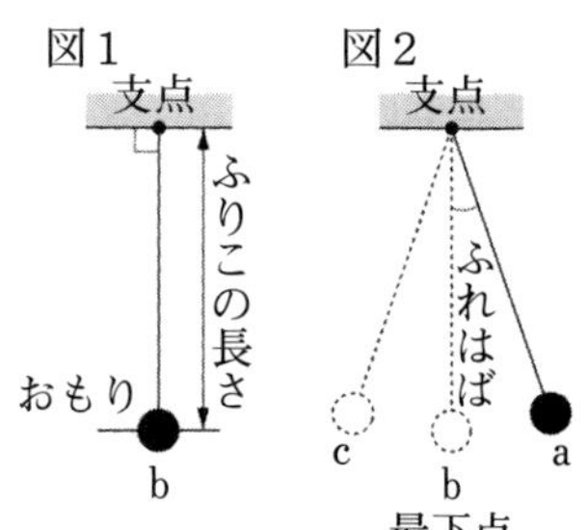

	A	B	C	D	E	F	G	H	I	J
ふりこの長さ〔cm〕	10	20	20	20	25	40	40	40	①	90
おもりの重さ〔g〕	10	10	20	30	10	20	20	20	10	10
ふれはば〔°〕	10	10	10	10	10	10	20	30	10	10
周期〔秒〕	0.63	0.90	0.90	0.90	1.00	1.26	1.26	1.26	1.80	1.89

(1)　周期を調べる方法として、最も適当なものはどれですか。次の中から一つ選び、その番号を書きなさい。

1　１往復する時間を１回測定する。

2　１往復する時間を３回測定し、一番短い時間を周期とする。

3　10往復する時間を１回測定し、10で割る。

4　10往復する時間を３回測定し、測定した時間の合計を３で割る。

(2)　周期と関係があるのはどれですか。次の中から一つ選び、その番号を書きなさい。

1　ふりこの長さ　　2　ふりこの重さ　　3　ふれはば

4　ふりこの長さと重さ　　5　ふりこの重さとふれはば　　6　ふりこの長さとふれはば

(3)　表のＩのふりこの長さ①の数値はいくらですか。次の中から最も近い値を一つ選び、その番号を書きなさい。

1　70　　2　75　　3　80　　4　85　　5　90

(4)　横軸(よこじく)をふりこの長さ、縦軸(たてじく)を周期としてグラフに表したとき、グラフの形として最も適当なものはどれですか。次の中から一つ選び、その番号を書きなさい。

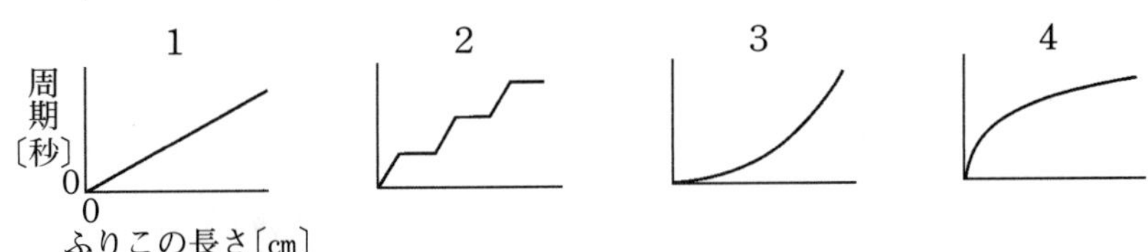

(5)　Ｊのふりこが図２に示してあるａ→ｂ→ｃと動くとき、一定の時間間隔(かんかく)でおもりの位置を記録しました。記録のようすとして正しいのはどれですか。次の中から一つ選び、その番号を書きなさい。

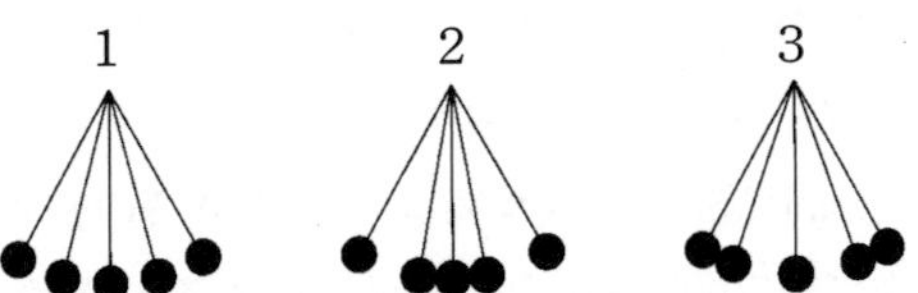

(6)　図３のように丈夫な棒を水平に固定し、Ａ、Ｆ、Ｊのふりこをつくり、棒に対してふりこの糸が垂直になるようにして同時にふり始めました。

図４は、図３の矢印の方向からふり始めのときのふりこを見たようすを表しており、支点と最下点を結んだ線を点線で表しています。ふり始めてから１秒後、Ａ、Ｆ、Ｊのふりこのおもりは、図４のどの位置にありますか。次の中からそれぞれ一つずつ選び、その番号を書きなさい。

1　点線より左　　2　点線上　　3　点線より右

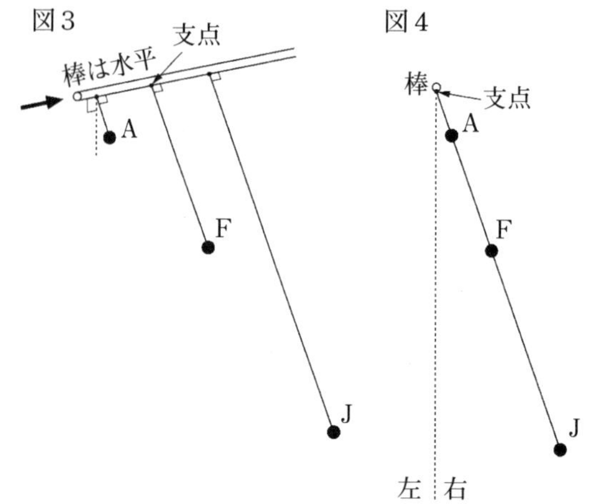

⑺　⑹のようにＡ、Ｆ、Ｊのふりこを同時にふり始めた後、３つのおもりが図４のように、ふり始めの位置に初めてそろうのは、ふり始めてから何秒後ですか。

⑻　図５のように、一辺が15㎝の立方体の木片を下面が水平になるように固定し、Ｆのふりこの支点を辺ｄｆの中央である点ｅにつくりました。辺ｄｆとふりこの糸が垂直になるようにして、図５のようにふり始めました。ふり始めの位置に初めて戻（もど）ってくるのは、ふり始めから何秒後ですか。

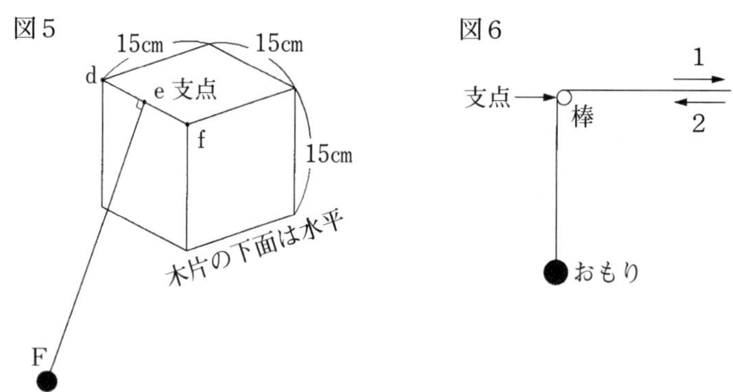

⑼　図６のように、細くて丈夫な棒に糸をかけてふりこの長さを調整できるようにしました。１分間におもりが往復する回数がより多くなるためには、糸をどちらの方向に動かせばよいですか。図６の１、２から選び、その番号を書きなさい。

⑽　図６で、おもりが１分間に60回往復するようにふりこの長さを調整し、支点の位置の糸に印をつけました。同様に、70回、80回、90回往復するときの支点の位置に印をつけたとき、印の間隔はどのようになりますか。次の中から一つ選び、その番号を書きなさい。

１　大きくなっていく　　２　小さくなっていく　　３　同じ間隔である　　４　不規則に変わる

4　次の文章を読み、以下の問いに答えなさい。

ハチ、アリなどの i 昆虫（こんちゅう）は、母子や姉妹など、血縁（けつえん）（血がつながっている）関係のある個体が集団で暮らしている。これらの集団をコロニーという。生物が自分と同じ種の子をつくることを生殖（せいしょく）といい、コロニー内には生殖能力をもつ個体もいれば ii 生殖を行わず、他の個体がつくった子の世話をする個体も存在する。一般（いっぱん）に iii １つのコロニー内で生殖を行う個体は限られていて、多くの個体が生殖を行わずに一生を終える。

　例えば、セイヨウミツバチのコロニーは、生殖を行う１個体の女王バチと少数のオスバチ、多数の働きバチで構成される。働きバチは、生殖能力をもたないワーカーと呼ばれるメスで、女王バチが体内から出す物質により、子をつくるための臓器の発達がおさえられる。ワーカーは、卵や幼虫の世話、蜜の収集などを行う。また、ワーカーは、巣へ侵入する外敵を攻撃する。このときワーカーは命を落とすこともあるが、この攻撃は女王バチを守ることになる。iv<u>ワーカーの行動は、血縁者である女王バチの子を増やすことになり、結果的に自分と同じ遺伝子(親のもっている形や性質が子に引き継がれる遺伝の現象を引き起こす物質)を広めることになる</u>。

　図１を使って具体的に説明しよう。例えばヒトの場合、１個体あたり２つの遺伝子をもつとする。自分がもつ遺伝子は、父親がもつ遺伝子(父由来)１つと、母親がもつ遺伝子(母由来)１つを合わせた２つとなる。２つのうち、自分のある遺伝子(黒くぬられた遺伝子)１つを、子がもつ確率は２分の１である。次に自分のある遺伝子を、姉妹がもつ確率を考える。自分がもつ２つの遺伝子のうちの１つが父由来である確率は２分の１である。さらに、自分がもつ父由来の遺伝子と同じ遺伝子が、父から姉妹に受けつがれる確率は、父がもつ２つあるうちの１つが受けつがれるので２分の１である。つまり４分の１が、自分のある遺伝子が父由来で、かつ同じ遺伝子を姉妹ももつ確率となる。母由来も同様に考えると４分の１となり、父由来と母由来を合わせると２分の１の確率で自分のある遺伝子を姉妹がもつことになる。

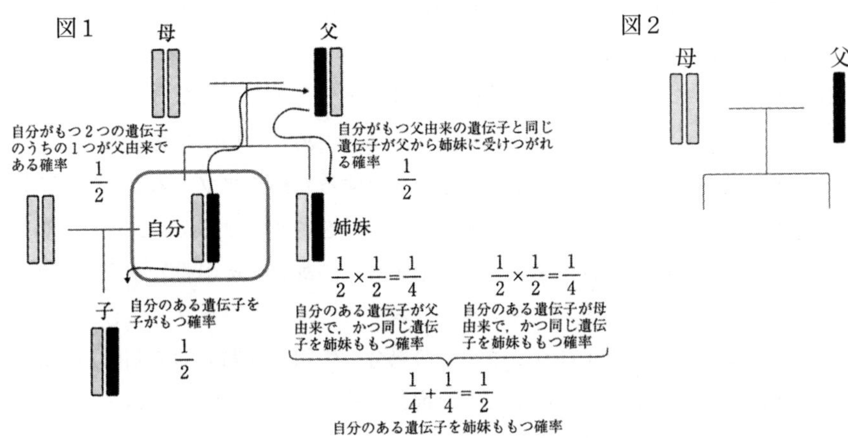

　図２のように、セイヨウミツバチのメスは遺伝子を２つもっているが、オスは１つしかもっていない。その場合、自分(メス)のある遺伝子が、父由来である確率は(　ア　)となる。さらに、自分がもつ父由来の遺伝子と同じ遺伝子が父から姉妹に受けつがれる確率は(　イ　)である。つまり(　ウ　)が、自分がもつある遺伝子が父由来で、かつ同じ遺伝子を姉妹ももつ確率となる。母由来も同様に考えると(　エ　)となり、父由来と母由来を合わせると(　オ　)の確率で自分のある遺伝子を姉妹がもつことになる。

(1)　下線部ⅰについて、以下は昆虫に関する問題です。

①　ハチの体のつくりを表しているものはどれですか。次の中から一つ選び、その番号を書きなさい。

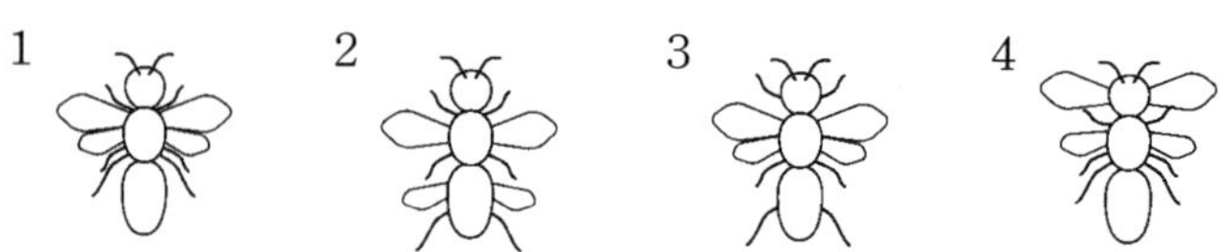

②　図３は、アリの頭部を模式的に表しています。図３の矢印が示している部分の働きは何ですか。次の中から一つ選び、その番号を書きなさい。

1　エサを運ぶ　　2　音を出す　　3　捕食(ほしょくしゃ)者を追いはらう

4　においを感じる　　5　明るさを感じる

図３

③　アリはアブラムシが排出(はいしゅつ)した蜜を食べ、アブラムシは植物の茎(くき)から汁(しる)を吸います。テントウムシがアブラムシを食べはじめると、アリはテントウムシを追いはらいます。アリとアブラムシとテントウムシの関係を正しく表しているものはどれですか。次の中から一つ選び、その番号を書きなさい。

1　アリとテントウムシは、どちらもアブラムシが排出した蜜をめぐって争いを行う。

2　アリは、アブラムシからエサをもらうかわりに、アブラムシの敵であるテントウムシを追いはらい、互(たが)いに助け合っている。

3　アリは、アブラムシとちがう種類の汁をエサとするため争うことはないが、テントウムシはアブラムシと同じ種類の汁をエサとするため、争いが起きる。

4　テントウムシは、植物の茎の汁をエサとするため、アブラムシにエサを取られないようにアブラムシを食べる。アリも植物の茎の汁をエサとするため、その争いに参加する。

④　昆虫でないものはどれですか。次の中から一つ選び、その番号を書きなさい。

1　バッタ　　2　セミ　　3　ダンゴムシ　　4　クワガタ　　5　チョウ

(2)　下線部ⅱについて、セイヨウミツバチの場合、生殖を行わず他の個体がつくった子の世話をする個体はどれですか。次の中から一つ選び、その番号を書きなさい。

1　女王バチ　　2　オスバチ　　3　ワーカー

(3)　ワーカー内では、巣の中の掃除(そうじ)や子育ての役割を担うものと、巣の外でエサをとる役割を担うものに分かれます。また、若いワーカーが巣の外でエサをとる役割を担わないように、年老いたワーカーにおさえられていることがわかっています。これらの現象を調べるために、いくらかの子がいる巣の中で様々なワーカー集団を飼育して、実験を行いました。結果を導き出すための、最も簡単な実験はどれですか。次の中から一つ選び、その番号を書きなさい。

1　若いワーカーのみを飼育し、その後の役割を観察する。

2　年老いたワーカーのみを飼育し、その後の役割を観察する。

3　若いワーカーと年老いたワーカーを一緒(いっしょ)に飼育し、その後の役割を観察する。

4　若いワーカーのみ飼育したものと、若いワーカーと年老いたワーカーを一緒に飼育したものについて、どちらもその後の役割を観察する。

5　若いワーカーのみを飼育したものと、年老いたワーカーのみを飼育したものと、若いワーカーと年老いたワーカーを一緒に飼育したもの全てにおいて、その後の役割を観察する。

(4)　下線部ⅲについて、セイヨウミツバチでは、基本的に子をうむのは女王バチです。その理由として正しいものはどれですか。次の中から一つ選び、その番号を書きなさい。

1　女王バチのようなある程度体が大きなハチでしか、子をうむ能力がないため。

2　ワーカーには生まれつき子をうむための臓器が備わっていないため。

3　女王バチから出される物質は、ワーカーが子をうむために必要な臓器の発達をさまたげているため。

4　女王バチ以外が子をうむと、普段(ふだん)栄養を十分に摂取(せっしゅ)しておらず、体力が持たずに育てることができないため。

(5)　文中の(　ア　)～(　オ　)にあてはまる数値として正しいものはどれですか。次の中から一つ選び、その番号を書きなさい。

1　ア　$\frac{1}{2}$　　イ　$\frac{1}{2}$　　ウ　$\frac{1}{4}$　　エ　$\frac{1}{4}$　　オ　$\frac{1}{2}$

2　ア　$\frac{1}{2}$　　イ　$\frac{1}{2}$　　ウ　$\frac{1}{2}$　　エ　$\frac{1}{2}$　　オ　$\frac{1}{2}$

3　ア　$\frac{1}{2}$　　イ　1　　ウ　$\frac{1}{2}$　　エ　$\frac{1}{4}$　　オ　$\frac{3}{4}$

4　ア　1　　イ　$\frac{1}{2}$　　ウ　$\frac{1}{2}$　　エ　$\frac{1}{2}$　　オ　$\frac{1}{2}$

5　ア　1　　イ　1　　ウ　1　　エ　$\frac{1}{4}$　　オ　$\frac{3}{4}$

(6)　下線部ⅳの内容として正しいものはどれですか。次の中から一つ選び、その番号を書きなさい。

1　姉妹の個体数を増やした場合と、ワーカー自らが繁殖(はんしょく)して子を増やす場合とでは、自分と同じ遺伝子を残すことのできる確率は変わらない。

2　姉妹の個体数を増やすことは、ワーカー自らが繁殖して子を増やすより、自分と同じ遺伝子を増やすことになる。

3　ワーカーが女王バチの世話を行うことで、女王バチから子をうむ権利をあたえられ、自ら繁殖して自分と同じ遺伝子を増やすことになる。

4　ワーカーが女王バチの世話を行うことで、女王バチからうまれた子の遺伝子は次第にワーカーのものとなり、自分と同じ遺伝子を増やすことになる。

関東学院中学校(一期A)

—30分—

1　食塩、砂糖、でんぷん、重曹(じゅうそう)、炭酸カルシウムの5種類のいずれかである白い粉末A～Eがあります。これらを以下の表1の特ちょうを参考に、特定することにしました。次の問いに答えなさい。ただし、粉末の見た目やにおい、味から種類の特定はできないものとします。

表1　5種類の物質の特ちょう

	水への溶け方※	水溶液の性質	うすい塩酸を加えたときの反応	水溶液に銀が溶けた薬品を加えたときの反応	火で加熱したときの様子
食塩	よく溶ける。	(あ)性	変化しない。	白い沈殿(ちんでん)が生じる。	変化しない。
砂糖	よく溶ける。	(あ)性	変化しない。	変化しない。	(う)
でんぷん	わずかに溶ける(溶け残る)。	中性	変化しない。	変化しない。	(う)
重曹	わずかに溶ける(溶け残る)。	弱いアルカリ性	(い)が発生する。	変化しない。	水と(い)を発生して、別の物質へ変化する。 焦(こ)げることはない。 加熱後の物質は水によく溶ける。
石灰石(炭酸カルシウム)	わずかに溶ける(溶け残る)。	弱いアルカリ性	(い)が発生する。	変化しない。	(い)を発生して、別の物質へ変化する。焦げることはない。加熱後の物質は発熱しながら水に溶ける。

※室温で100 gの水に20 gの粉末を加えて、溶けるかどうかを判断した。

(1)　表1の空らん(あ)～(う)に当てはまる語句や文章を答えなさい。

(2)　重曹を加熱する際には右の図1のような実験器具を使用します。次の①、②に答えなさい。

①　重曹から発生した気体(い)を確かめるために試験管Bに入れる液体名とその変化を答えなさい。

②　加熱を止めるとき、ガラス管を試験管中の液体から抜いた後に、ガスバーナーの火を止めます。その理由を簡単に説明しなさい。

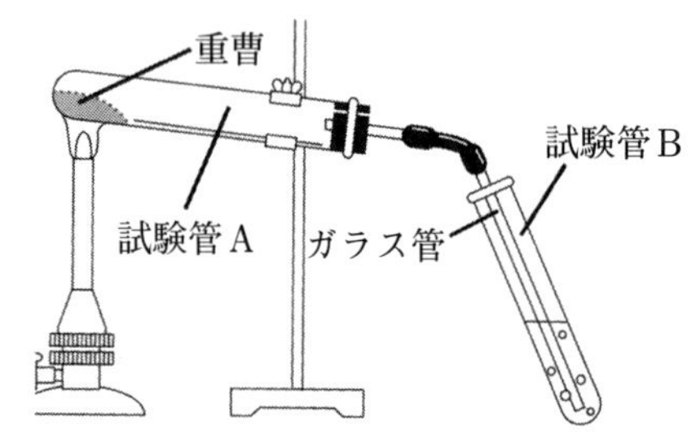

図1　重曹の加熱の様子

次に表1を参考にA～Eの種類を特定する手順(図2)を考えました。

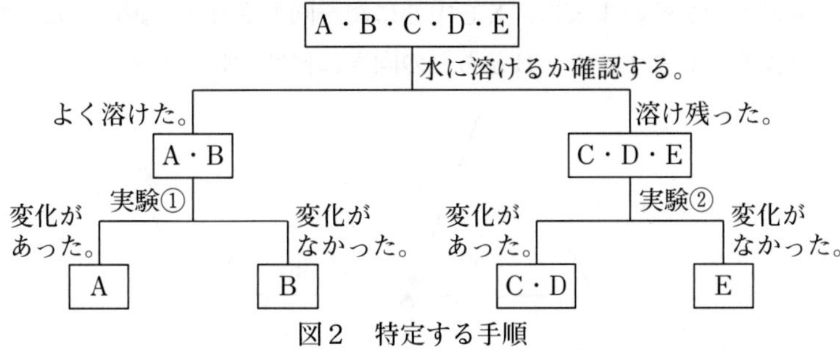

図2　特定する手順

(3)　実験①、②に当てはまる操作の組み合わせとして、正しいものを次のア～エから1つ選び、記号で答えなさい。

	実験①	実験②
ア	白い粉末にうすい塩酸を加える。	白い粉末にうすい塩酸を加える。
イ	白い粉末を火で加熱する。	白い粉末にうすい塩酸を加える。
ウ	白い粉末にうすい塩酸を加える。	白い粉末が溶けた水溶液に、銀を含む薬品を加える。
エ	白い粉末を火で加熱する。	白い粉末が溶けた水溶液に、銀を含む薬品を加える。

(4)　A、B、Eとして当てはまる物質の組み合わせとして、正しいものを次のア～エから1つ選び、記号で答えなさい。

	A	B	E
ア	食塩	砂糖	でんぷん
イ	食塩	砂糖	重曹
ウ	砂糖	食塩	でんぷん
エ	砂糖	食塩	重曹

(5)　CとDを区別するためにはどのような実験をする必要がありますか。その実験の結果とともに説明しなさい(CとDを特定する必要はありません)。

2　図1のように平らな鏡に光を当てます。鏡に当たった光は、道すじが変化します。

(1)　この現象を何といいますか。漢字2文字で答えなさい。

(2)　鏡に当たったあとの光の道すじとして正しいものをア～エの中から1つ選び、記号で答えなさい。

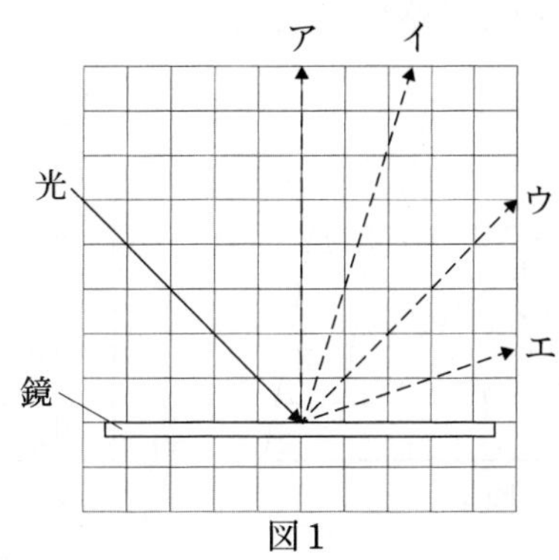

図1

(3)　図2のように、鏡と球をおき、鏡に光を当てたところ、鏡に当たった光は球には当たりませんでした。光の方向をそのままに、Xを中心に鏡を回転させて、鏡に当たった光が点線のように球に当たるようにします。A、Bどちらの向きに何度回転させますか。

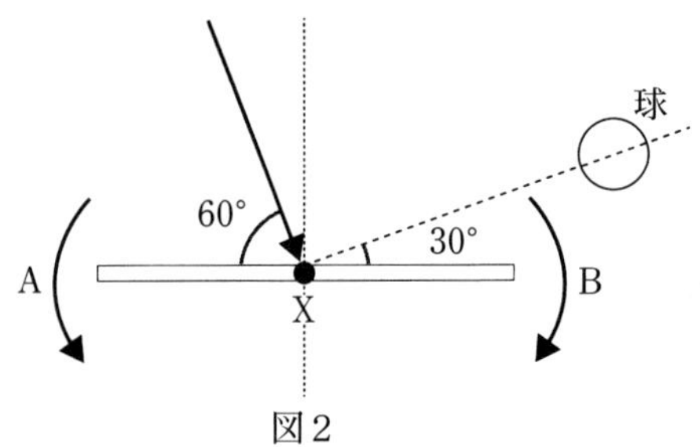

図2

(4)　図3のように机の上に円柱、円すい、球をおきます。図3の(あ)と(い)の位置に平らな鏡をおいたとき、それぞれの鏡に映る様子として、正しいものを次のア～クの中から、それぞれ1つずつ選び、記号で答えなさい。

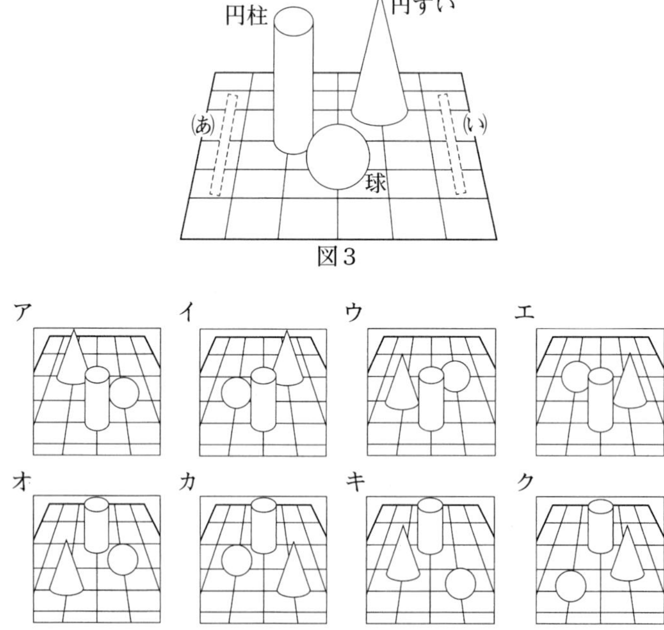

(5)　図4のように3つの物体をおき、平らな鏡を図5のように置きます。鏡に映る3つの物体の様子としてもっとも正しいものを次のア～シの中から1つ選び、記号で答えなさい。図5は真上からみた図で、3つの物体は省略しています。

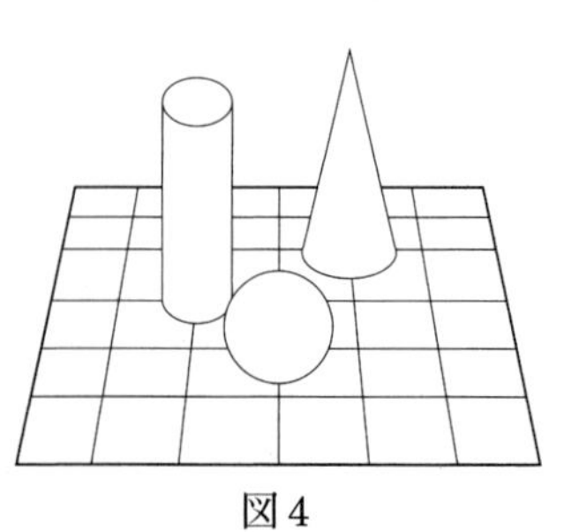
図4

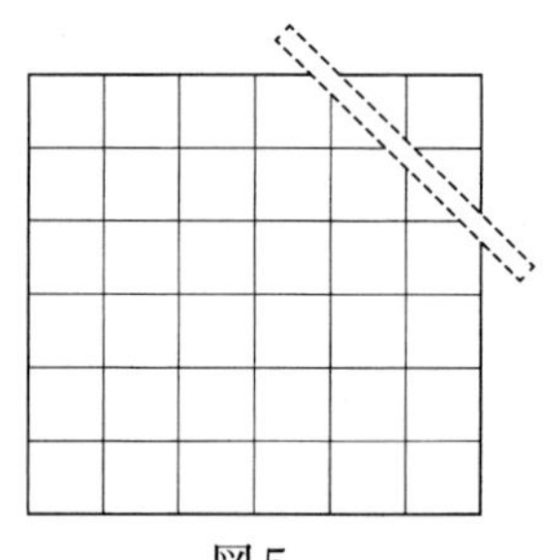
図5

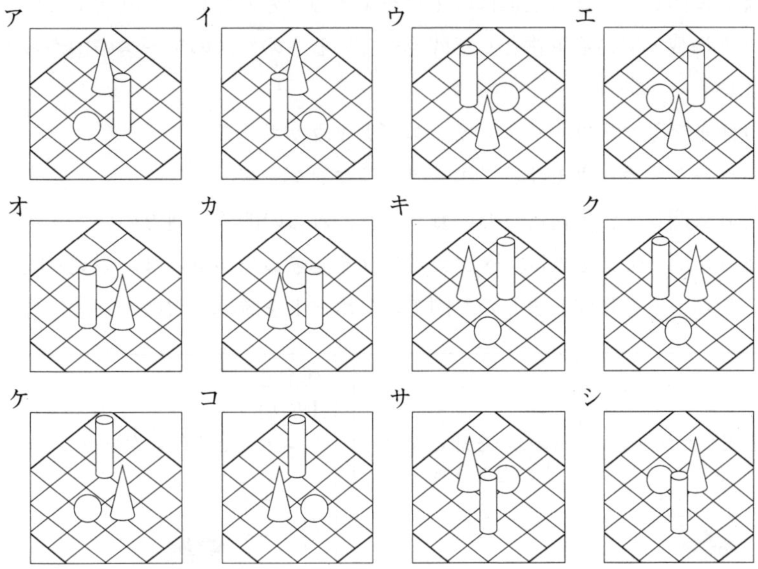

③　メダカの飼育に関する学さんと関さんの会話を読み、次の問いに答えなさい。

学「先週、メダカをもらったから部屋に水そうを置いて飼い始めたんだ。」

関「メダカは４年生の時にも育てたよね。なつかしいなぁ。aオスとメスで体の特ちょうが違っていたよね。」

学「b育て方の注意点もばっちり覚えていたし、メダカは元気に育っているよ。そういえば、野生のニホンメダカはc絶滅危惧種（ぜつめつきぐしゅ）に指定されているんだね。知らなかったよ。」

関「そうみたいだね。外来生物のアメリカザリガニに捕食されてしまったりして数を減らしているそうだよ。d生き物は、食う－食われるの関係で結ばれていたよね。」

学「そうだったね。今は市販のエサでメダカを育てているんだけど、水面にエサが浮いているとメダカが寄ってくるんだ。どうやってエサを認識しているんだろう？」

関「e視覚なのかな、それとも嗅覚（きゅうかく）なのかな…。実験してみようか！」

(1)　下線部ａに関して、メダカのオスとメスを比べたとき、オスの特ちょうとして正しいものを次のア～エの中から１つ選び、記号で答えなさい。

ア　背びれに切れ込みがない。

イ　胸びれに切れ込みがある。

ウ　しりびれが平行四辺形に近い形をしている。

エ　尾びれが赤い色をしている。

(2)　下線部ｂに関して、メダカの飼育方法として間違っているものを次のア～エの中から１つ選び、記号で答えなさい。

ア　水道水をそのまま、25℃くらいに温めて使う。

イ　光合成で水中の酸素を増やすために、水草を入れる。

ウ　卵が産まれたら、水草ごと別の水そうにうつす。

エ　水がにごってきたら、全部の水を取り替えずに、一部のみ水を取りかえる。

(3)　下線部cに関して、絶滅危惧種の生物をまとめたものをレッドリストといいます。日本のレッドリストに載っている生物として間違っているものを次のア～エの中から1つ選び、記号で答えなさい。

ア　イリオモテヤマネコ　　　　イ　エゾナキウサギ

ウ　オガサワラオオコウモリ　　エ　フイリマングース

(4)　下線部dに関して、生物どうしの食う－食われるの関係を何といいますか。

(5)　下線部eに関して、2人は「メダカがエサを認識しているのは、視覚と嗅覚のどちらか」について、レポートを作成しました。図1のレポートを読み、次の①、②に答えなさい。

実験1
【方法】
エサを包んだラップ　※においを通さないものとします。

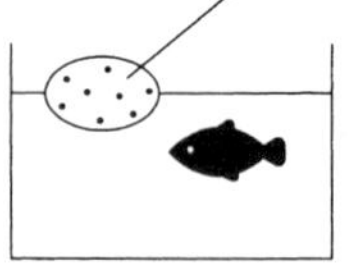

エサをラップに包んで水面に落とした。

【結果】
メダカはラップに近づいてきた。

実験2
【方法】
エサを包んでいないラップ

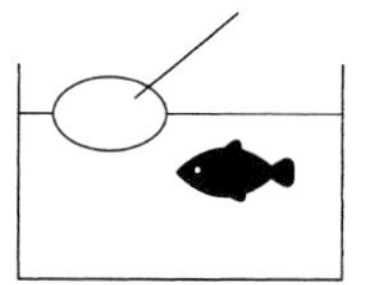

エサを包んでいないラップを水面に落とした。

【結果】
メダカはラップに近づいてこなかった。

実験3
【方法】　エサを溶かした液体

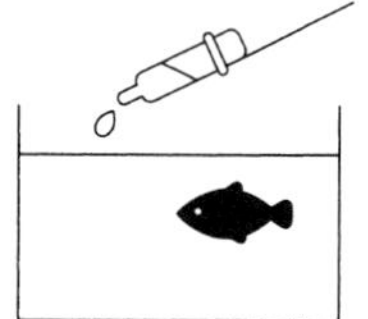

エサのにおい成分のみを含む無色透明な液体をスポイトで水面に落とした。

【結果】
メダカは液体を落としたあたりに近づいてきた。

【考察と結論】

実験1、2より、メダカはエサを見て近づくことが分かった。
実験3より、メダカはエサのにおいを感じて近づくことが分かった。

したがって、メダカは、エサを視覚でも嗅覚でも認識すると考えられる。

図1　2人が作成したレポート

①　このレポートの内容が正しいとすると、実験1～実験3の中で、暗室で行っても結果が変わらないものはどれですか。実験1～実験3の中からすべて選び、実験番号を数字で答えなさい。

②　【考察と結論】について、実験3だけでは、メダカは嗅覚以外の原因で、水面に近づいた可能性も考えられます。メダカは嗅覚でエサを認識したと結論付けるためには、実験3に対してどのような実験を追加で行い、どのような結果になればよいですか。実験方法と結果をそれぞれ簡単に説明しなさい。

4　太陽と地球と月の位置による、月の見え方について、次の問いに答えなさい。

図1は太陽に対する地球の位置を北極上空(真上)から見たもの、図2は図1中のAの位置に地球があるときを真横から見たもの、図3は、図1のA～Dの地球に対する月の位置を真上から見たものです。

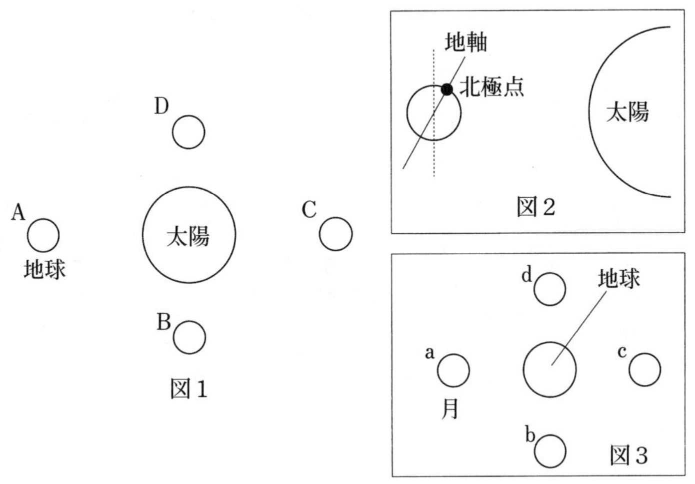

(1)　図1において、地球がA～Dの位置を通過するのは何月ですか。次のア～エの中から1つ選び、記号で答えなさい。

ア　A：3月　B：6月　C：9月　D：12月

イ　A：6月　B：9月　C：12月　D：3月

ウ　A：9月　B：12月　C：3月　D：6月

エ　A：12月　B：3月　C：6月　D：9月

(2)　月と地球と太陽の並びを考えます。次の①、②の条件を満たす地球の位置は、図1中のどこになりますか。次のア～エの中から1つずつ選び、記号で答えなさい。

①　月が、図3中のaからbに移動している間に満月が観察できる地球の位置。

②　月が、図3中のcからdに移動している間に上弦の月が観察できる地球の位置。

ア　AからBの間　　イ　BからCの間　　ウ　CからDの間　　エ　DからAの間

(3)　次の文章中の空らんに適切な数値を入れなさい。小数点以下の数値になるときは、小数第1位を四捨五入し、整数で答えなさい。

月の地球に対する公転周期は27.3日です。そのため、月は1日に地球の周りを反時計回りに(あ)°回転します。一方、地球の太陽に対する公転周期は(い)日であるため、月が地球の周りを(あ)°回転している間に、地球は太陽の周りを反時計回りに(う)°回転します。したがって、地球から月を同じ時刻に観察すると、1日で(え)°ずれていることになります。

⑷　ある日の18時に月を観察をしたところ、図４のような月が南中していました。４日前と３日後の18時の月を図４の適切な位置に作図しなさい。作図した月の近くに、「４日前」「３日後」と記入すること。作図に分度器や定規は使用しません。

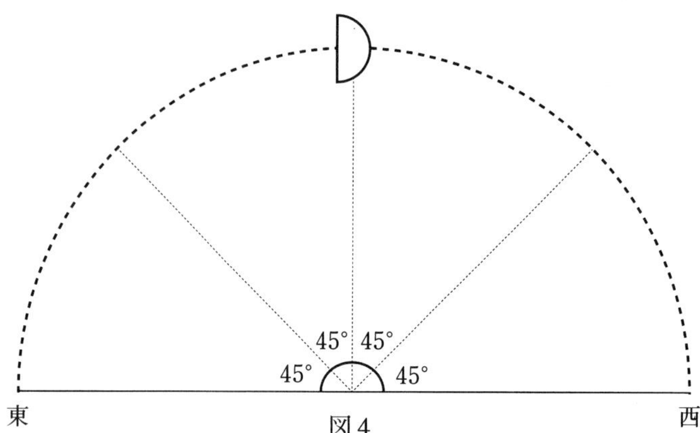

図４

公文国際学園中等部（B）

―40分―

1　次の文章を読み、以下の問いに答えなさい。

中学１年生のアオイさんは水族館でボトルアクアリウムを作りました。ボトルアクアリウムというのは、次図のようにボトル（瓶(びん)）の中に石や砂、水草を配置し、熱帯魚などの小さな魚を飼育するものです。手入れが簡単であり、見た目も綺麗(きれい)で、近年人気の魚の飼育方法です。

アオイさんは以下の手順でボトルアクアリウムを作りました。

<作り方>
① ボトルを綺麗に洗い、砂や石を配置した
② 水草（オオカナダモ）を３本植えた
③ 熱帯魚（アカヒレ）を１匹(ぴき)入れた
④ 小さな巻貝（モノアラガイの一種）を１匹入れた

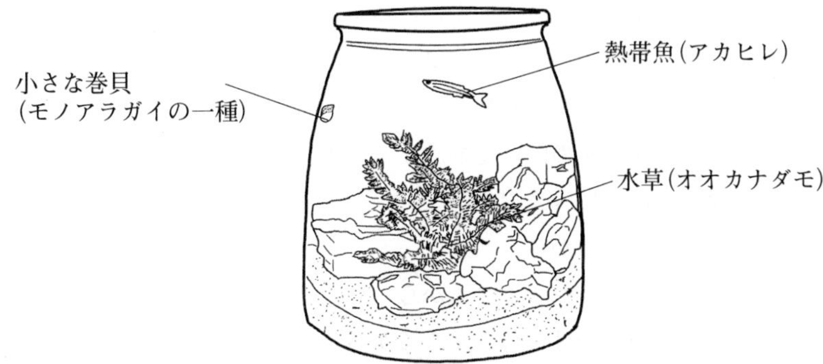

購入(こうにゅう)したお店の人から、ボトルアクアリウムにおける魚の育て方を聞き、アオイさんは以下のようにメモをとりました。これらを守り、アオイさんはこの魚をなるべく長生きさせようと決意しました。

<育て方>
① 今回のボトルアクアリウムの場合、魚は１匹だけ入れる
② 暑すぎたり寒すぎたりしないように、ボトルの置き場所や室温を調節する
③ １日10時間、ライトでボトル全体を照らす
④ １週間に１回、水替(か)え（汲(く)み置きの水道水）をする
⑤ 水替えのときにボトルの内側の壁(かべ)を掃除(そうじ)する
⑥ エサは２日に１回、決まった量を与(あた)える
⑦ 小さな巻貝が増えた場合は取り除く

問１　<作り方>②より、ボトルアクアリウムに水草（オオカナダモ）を植える理由は何ですか。最もふさわしいものを次のア～エから１つ選び、記号で答えなさい。

ア　ボトル内の水が増えすぎないようにするため

イ　小さな巻貝の隠れ場所とするため

ウ　ボトル内の水に含まれている酸素を増やすため

エ　ボトル内の水に含まれている二酸化炭素を増やすため

問２　問１の理由と関係の深い文を＜育て方＞から１つ選び、①～⑦の番号で答えなさい。また、このとき水草が行っていることを漢字３文字で答えなさい。

問３　＜作り方＞④より、ボトルアクアリウムに小さな巻貝を入れる理由は何ですか。最もふさわしいものを次のア～エから１つ選び、記号で答えなさい。

ア　エサの食べ残しや熱帯魚の排泄物、内壁の藻などを食べてくれるため

イ　ボトルに入れた熱帯魚のエサとするため

ウ　ボトル内の水に含まれている酸素を増やしてくれるため

エ　ボトル内の水に含まれている二酸化炭素を減らしてくれるため

問４　＜育て方＞①より、熱帯魚を１匹だけ入れる理由として**誤っているもの**を次のア～エから１つ選び、記号で答えなさい。

ア　熱帯魚同士のエサの取り合いを避けるため

イ　熱帯魚同士の生活空間の取り合いを避けるため

ウ　熱帯魚が繁殖し、増えすぎてしまうのを防ぐため

エ　水に含まれる栄養素を増やすため

問５　＜育て方＞⑤より、ボトルの内壁を掃除する理由は何ですか。最もふさわしいものを次のア～エから１つ選び、記号で答えなさい。

ア　水草が生えすぎてしまうから

イ　熱帯魚がエサを見つけられなくなるから

ウ　小さな巻貝がエサを見つけられなくなるから

エ　ボトル内にライトの光が十分に当たらないから

問６　もし、アオイさんが＜育て方＞⑥を守らず、毎日エサを決まった量より多くあたえてしまったら、どのようなことが起こると予想されますか。最もふさわしいものを次のア～エから１つ選び、記号で答えなさい。

ア　熱帯魚が大きく成長しすぎてしまい、子どもが生まれてしまう

イ　エサの食べ残しや排泄物が増えていき、ボトル内の衛生環境が悪化する

ウ　食べ残したエサの栄養分を水草が吸収して、水草がかれてしまう

エ　ボトル内の水の量が減ってしまう

ボトルアクアリウムを作ってから３か月がたちました。アオイさんは＜育て方＞をよく守り、熱帯魚は元気に生活し、水草もだいぶ成長しました。ある日、何となくボトルを眺めていたアオイさんは、あることに気づきました。「小さな巻貝が３匹に増えている!!」。もともと、小さな巻貝は１匹しか入れていないのをアオイさんは覚えています。不思議に思ったアオイさんは３匹の巻貝の体長を測り、大きさに応じて以下のように名前をつけました。

体長約2.1㎝の個体→「巻貝大」

体長約1.8㎝の個体→「巻貝中」

体長約0.7㎝の個体→「巻貝小」

さらに、アオイさんはインターネットで小さな巻貝(モノアラガイの一種)について調べ、以下のようにまとめました。

<小さな巻貝の情報>
① 成熟した個体の体長は２㎝前後である
② 雌雄(しゆう)同体で他個体と交尾(こうび)して子孫を残す
③ 数個から数十個の卵を水草や石などに産み付ける
④ 卵は２～３週間で孵化(ふか)する
⑤ 生まれた子どもは２～３か月程で成熟する

問７　これまでの情報をもとに、「小さな巻貝がなぜ１匹から３匹に増えたのか」を予想し、その過程を書きなさい。ただし、小さな巻貝の名前は前記の通りそれぞれ「巻貝大」「巻貝中」「巻貝小」とします。なお、ボトルアクアリウムをつくったときに確認できた巻貝(貝殻(かいがら)がわかるもの)は１匹であり、見落としはなかったものとします。また、飼育していた３か月間、水は汲み置きの水道水を使い、エサは市販の熱帯魚のエサのみをあたえています。水草も足したりはしていません。

アオイさんは<育て方>⑦を思い出しました。小さな巻貝が増えた場合は取り除かなければなりません。アオイさんは、きっと巻貝が増えすぎるとボトル内の生物たちのバランスが崩(くず)れるからだと思いました。納得はしていたものの、これまで育ててきた小さな巻貝を取り除いて捨ててしまう(殺してしまう)のはかわいそうだと感じました。

そこでアオイさんは同じくらいのボトルを用意し、ボトルアクアリウムをもう１つ作ることにしました。<作り方>は①と②のみ同じにし、熱帯魚は入れず、「巻貝中」と「巻貝小」のみ入れました。

<育て方>の②③④⑤は守り、エサの量をこれまでのものよりも少し多くしました。

小さな巻貝用のボトルアクアリウムをつくってから６か月がたつと、巻貝は爆発(ばくはつ)的に増えていました。アオイさんは毎月巻貝の数を記録しました(表１)。そこで(A)<u>あることに疑問を持ちました</u>。

表１　小さな巻貝の個体数の変化

期間	最初	１か月後	２か月後	３か月後	４か月後	５か月後	６か月後
個体数	２匹	４匹	９匹	20匹	29匹	30匹	30匹

問８　表１の変化を以下のルールに従って、グラフに表しなさい。

巻貝の数は１か月ごとにグラフ上に大きな点●で描くこと。その後、点●同士を滑らかな曲線でつなぐこと。

（例）

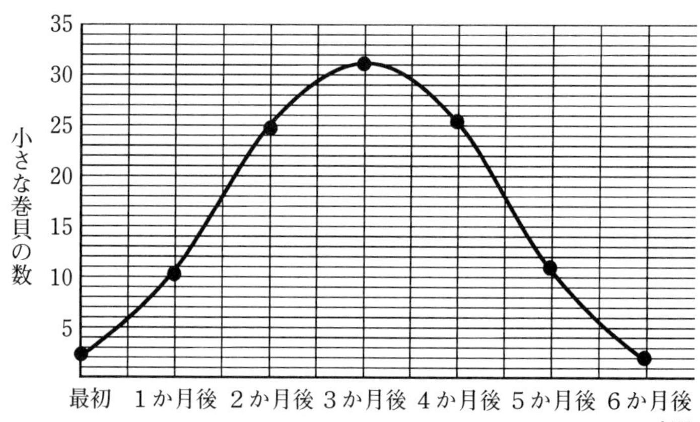

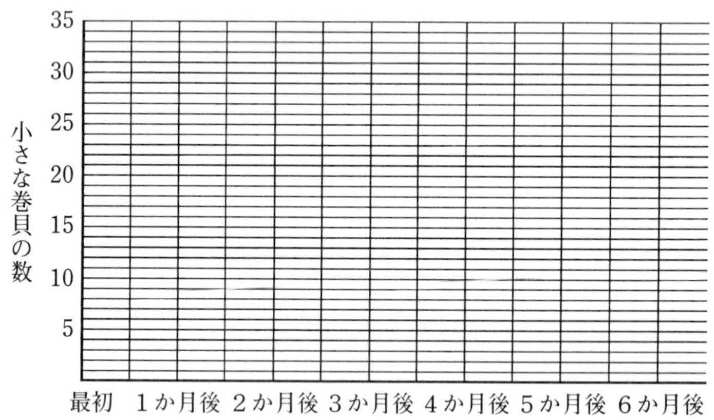

問９　下線部(A)について、アオイさんの疑問とはどのようなものだったのか予想して書きなさい。また、その疑問に対する答えも書きなさい。

2　次の文章を読み、以下の問いに答えなさい。

ある日の朝、アカリさんは鏡で自分の姿を見ていると、(A)光が反射するとき、一方向だけに反射することに気がつきました。登校後、クロダ先生にこのことを話しました。

クロダ先生：光は「反射の法則」によって決まった方向にだけ反射します。

アカリさん：それはおかしいです。私たちはいろいろな場所からクロダ先生を見ることができます。もし「反射の法則」が本当なら、図１のようにクロダ先生は誰か一人にしか見えないはずです。

クロダ先生：それは、［　①　］

アカリさん：そうだったんですね！ところで、太陽の光って何色ですか？

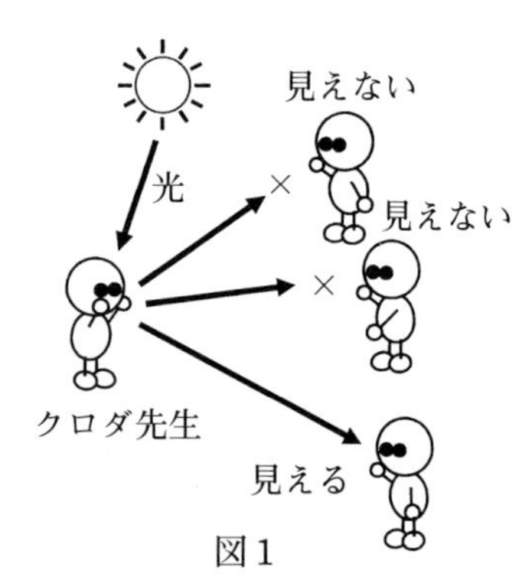

図１

クロダ先生：太陽の光は虹のすべての色が含まれています。ここに赤い光だけが通り抜けるフィルム、緑の光だけが通り抜けるフィルム、青い光だけが通り抜けるフィルムがあります。この３色は「光の三原色」と言います。この３色の光を重ねるとどうなるでしょうか。

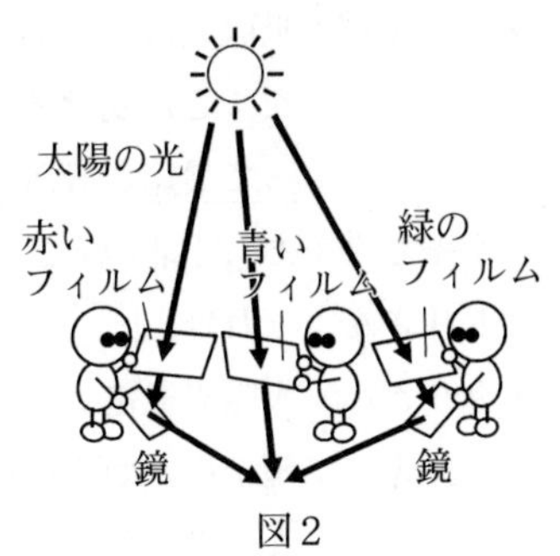

図２

フィルムをもらったアカリさんは、友人のアオキさん、ミドリさんと一緒に、(B)図２の実験を行いました。アカリさん達が光について色々と調べていると、シラキ先生が通りがかりました。

シラキ先生：みんなは「色の三原色」を習っていますよね。小学校では赤・青・黄の３色を習ったかもしれませんが、本当はマゼンタ（赤紫色）、シアン（緑がかった水色）、黄色の３色です。この「色の三原色」を混ぜると黒になります。「光の三原色」と「色の三原色」は補色の関係にあります。補色とは２色の光だけでも「光の三原色」を重ねた色を作り出すことができる関係です。

アカリさん：じゃあ「光の三原色」と「色の三原色」の補色の組み合わせは［　②　］ですね。

シラキ先生：さすが美術部ですね。では、数学部のアオキさん。光が進む速さは分かりますか？

アオキさん：もちろんっ‼
光は１秒間で地球を約７周半進みます。赤道から北極までの長さを10000分の１にした長さが１kmだから、毎秒約［　③　］万kmです。

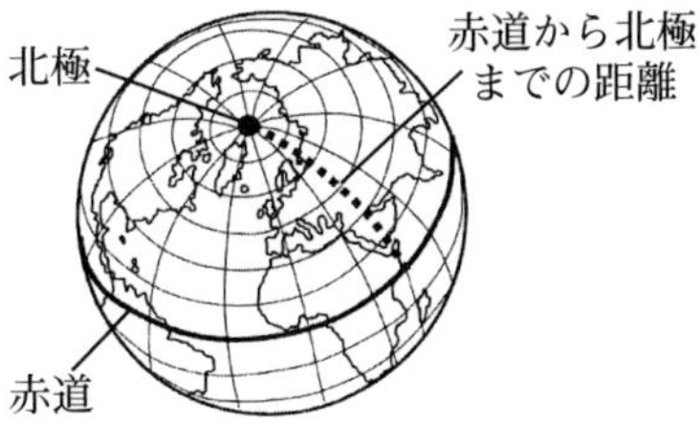

北極
赤道から北極までの距離
赤道
図３

シラキ先生：アオキさんは古い定義を知っていますね。現在、１kmの定義は別なものですが、kmという単位ができたときは地球を基準としていましたね。
では、生物部のミドリさん。目でどうやって景色が見えるのか分かりますか？

ミドリさん：眼球の水晶体が(C)凸レンズになって、網膜に景色が映り、その刺激が視神経を通って脳に届くことで、脳が見えたと判断します。だから、網膜に映る景色の向きは(D)こうなるんです。

アオキさん：凸レンズかぁ。そういえば、夏の暑い日に、自動車の中に置いてあったものが(E)凸レンズのはたらきをして、火事になったというニュースを見たよ。

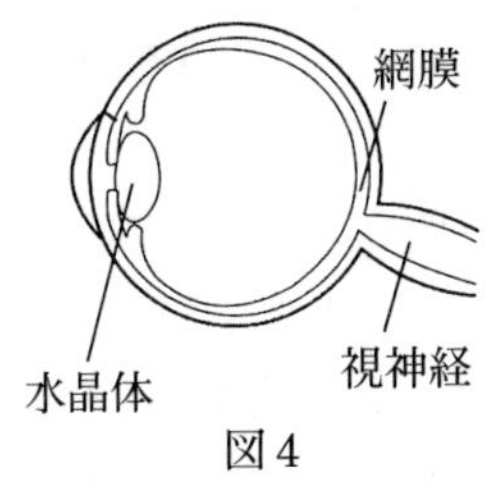

図４

クロダ先生が話し合いに参加してくれました。

クロダ先生：光が集まったときに、なんで熱くなったか分かるかな。光は鏡などで反射する光（反射光）と、レンズなどで曲がりながら通り抜ける光（透過光）に分かれますが、それだけでなく、吸収されていく光（吸収光）もあります。

アカリさん：だから、(F)夏に白い服を着ると涼しく、冬に黒い服を着ていると暖かいんですね。

クロダ先生：吸収光は、太陽電池など発電に用いることができます。太陽光パネルは、太陽光をたくさん受けるために、南向きにするだけでなく、表１のように地域や(G)季節によって最適な設置角度が異なっています。

アオキさん：あっ！北の方ほど最適な設置角度が大きいよ！

ミドリさん：それは、［　④　］だからだよね。

アカリさん：太陽光発電は本当に地球に優しいんですか？

クロダ先生：確かに(H)太陽光発電も問題が有ります。それらをどうやって解決していくか、みんなも考えていかないといけないですね。

表１　各地域の太陽光パネル設置の最適な設置角度
（新エネルギー・産業技術総合開発機構HPより）

北海道（札幌(さっぽろ)）	34.8度	大阪府（大阪）	29.2度
宮城県（仙台(せんだい)）	34.5度	愛媛県（松山）	28.5度
東京都（八王子）	33.0度	福岡県（福岡）	28.2度
愛知県（名古屋）	32.5度	鹿児島県（鹿児島）	27.7度

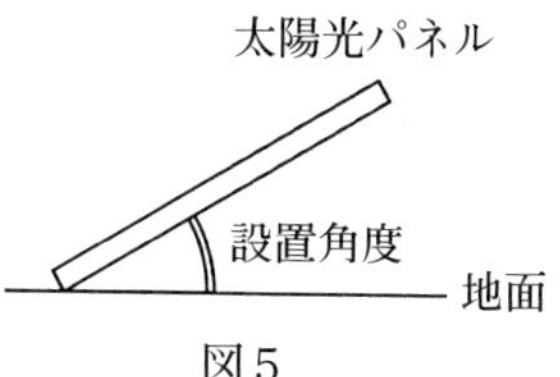

図５

問１　図６の方向で鏡に光が当たったとき、下線部(A)の反射の方向をア～ウから１つ選び、記号で答えなさい。

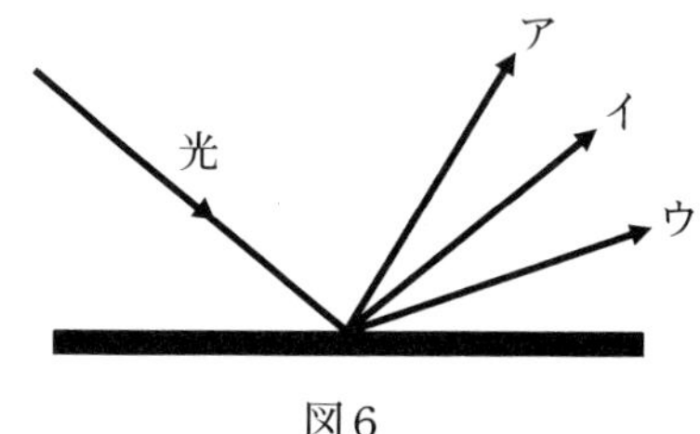

図６

問２　［　①　］に入る返答として正しいものを、次のア～エから１つ選び、記号で答えなさい。

ア　鏡の表面がガラスでできていて、一方向以外の光を吸収してしまうからです。でも、人間はガラスじゃないですよね。そのため、いろいろな方向に光が反射してみんなに見えるのです。

イ　鏡と違(ちが)い人間の体は柔(やわ)らかくて、「反射の法則」が成り立たないからです。そのため、いろいろな方向に光が反射してみんなに見えるのです。

ウ　光の大きさで考えると人間の体は全身デコボコだからです。そのため「反射の法則」に従って、いろいろな方向に光が反射してみんなに見えるのです。

エ　人間を見るとき、実は光を見ていないからです。そのため「反射の法則」は関係ないのです。

問３　下線部(B)の実験で、重なった光は何色になりますか。次のア～カから１つ選び、記号で答えなさい。

ア　白　　イ　赤　　ウ　黄　　エ　緑　　オ　青　　カ　黒

問４　［　②　］に入る組み合わせを次のア～エから１つ選び、記号で答えなさい。

ア　赤とシアン　　緑と黄　　青とマゼンタ
イ　赤とマゼンタ　　緑とシアン　　青と黄
ウ　赤とシアン　　緑とマゼンタ　　青と黄
エ　赤とマゼンタ　　緑と黄　　青とシアン

問5　［　③　］に入る数字を答えなさい。

問6　下線部(C)の凸レンズに垂直な光を当てたとき光が集まる位置を何といいますか。漢字で答えなさい。

問7　下線部(D)で、ミドリさんは図を描きながら説明しました。次の「犬の散歩」の景色が網膜にどう映るか、次のア〜エから1つ選び、記号で答えなさい。

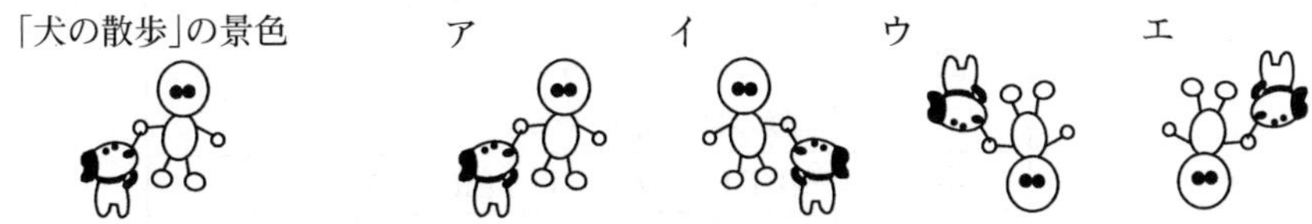

問8　下線部(E)の凸レンズのはたらきをするものを虫メガネ以外に1つ答えなさい。

問9　下線部(F)の理由を説明しなさい。

問10　［　④　］には、地域によって違いが生じる理由が入ります。その理由を答えなさい。

問11　下線部(G)について、東京都八王子市での季節による最適な設置角度の変化として正しいグラフを次のア〜エから1つ選び、記号で答えなさい。

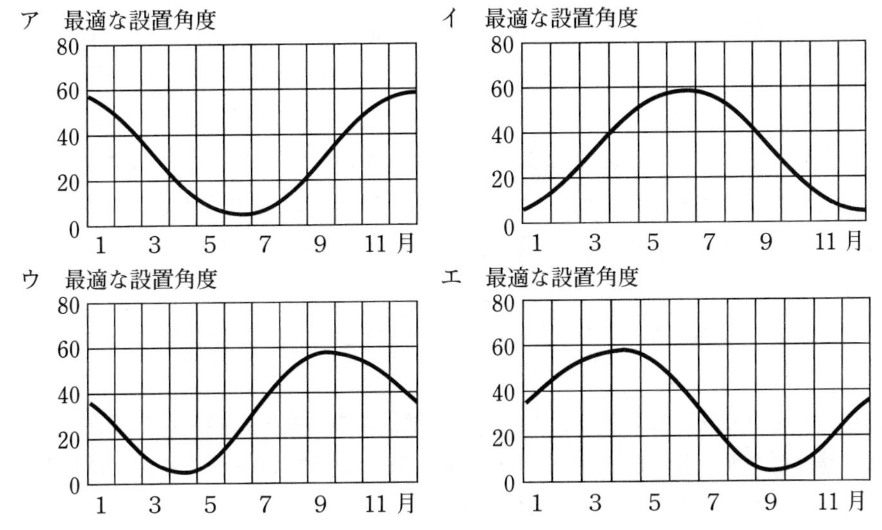

問12　下線部(H)の問題点を1つ挙げ、あなたが考える解決策を説明しなさい。ただし、解決策は実現が難しいものでもかまいません。あなたの考えを述べてください。

③　次の文章を読み、以下の問いに答えなさい。

モモイさんは大そうじをしています。テーブルを水拭きしているとき、汚れにはすぐにとれるものととれないものがあることに気づきました。水分を多く含む汚れはすぐにとれ、時間がたって乾いた汚れはすぐにとれませんでした。また、すぐにとれる汚れは水に溶けやすいものが多く、すぐにとれない汚れは水に溶けにくいものが多いようでした。

問1　汚れが乾いた原因を表す言葉として最も適切なものを次のア〜エから1つ選び、記号で答えなさい。

ア　融解　　イ　蒸発　　ウ　凝縮　　エ　凝固

問2　次のア〜エの内、水に最もよく溶けるものを1つ選び、記号で答えなさい。

ア　小麦粉　　イ　食塩　　ウ　油　　エ　泥

水に溶けにくい汚れをとるために洗剤(せんざい)について調べると、酸性洗剤、中性洗剤、アルカリ性洗剤の３種類があることがわかりました。酸性、中性、アルカリ性という言葉を学校で習ったことを思い出したモモイさんは教科書を見直して表１を見つけました。

表１　酸性、中性、アルカリ性の性質

種類	特徴(とくちょう)
酸性	・ＢＴＢ溶液を（ a ）色にする ・多くの金属を溶かす ・酸っぱい味がする
中性	・ＢＴＢ溶液を（ b ）色にする
アルカリ性	・ＢＴＢ溶液を（ c ）色にする ・動物の体を溶かす ・油汚れをよく溶かす ・苦い味がする

問３　表１の（ a ）～（ c ）に当てはまる色の組み合わせとして正しいものを次のア～エから１つ選び、記号で答えなさい。

ア　a－黄　b－緑　c－青　　イ　a－赤　b－緑　c－青
ウ　a－黄　b－赤　c－緑　　エ　a－緑　b－青　c－黄

表１を見たモモイさんはお風呂(ふろ)場の汚れに洗剤を使ってみました。「クエン酸水溶液(すいようえき)」と書かれた洗剤を汚れに吹きかけて雑巾で拭いたところ、汚れはすぐにとれました。

問４　クエン酸水溶液を用いるのが効果的な汚れとして最も適切なものを次のア～エから１つ選び、記号で答えなさい。

ア　ヒトの古い皮膚(ひふ)　イ　カビ　ウ　髪(かみ)の毛　エ　水道水に含まれる金属

お風呂場そうじをしていると、クエン酸水溶液がなくなったので自分で作ることにしました。クエン酸の粉を水に溶かして濃度(のうど)20％のクエン酸水溶液を150ｇつくることにします。

問５　必要なクエン酸は何ｇか答えなさい。

問６　誤ってクエン酸を多くとってしまい、60％クエン酸水溶液を作ってしまいました。これを水でうすめて20％クエン酸水溶液150ｇを作ります。必要な60％クエン酸水溶液は何ｇか答えなさい。

お風呂場そうじを終え、モモイさんは洗濯(せんたく)をすることにしました。洗濯物が少しだけだったので、洗濯機を使わずに手洗いで洗濯をすることにしました。

問７　洗濯物の汚れをよりきれいに落とす行動として誤っているものを次のア～エから１つ選び、記号で答えなさい。

ア　洗濯物が入った水をかきまぜる
イ　洗剤入りの水で洗った後、洗剤が入っていない水で何度も洗う
ウ　水ではなくお湯を使う
エ　洗剤をなるべくたくさん入れる

次に食器洗いをすることにしました。食器洗いに使う洗剤を取ろうとしたところ、２種類あることに気づきました。一方の洗剤は中性洗剤で、もう一方の洗剤はアルカリ性洗剤で「食器洗い機専用」と書かれていました。

問8　このアルカリ性洗剤が「食器洗い機専用」である理由を説明しなさい。

モモイさんは中性洗剤に「界面活性剤(かいめんかっせいざい)」と書かれていることに気づきました。インターネットで界面活性剤を調べると、図１のように水にくっつく部分と油にくっつく部分を持つ物質で、この両方の部分を持つために油汚れを水に溶かすことができると書かれていました。

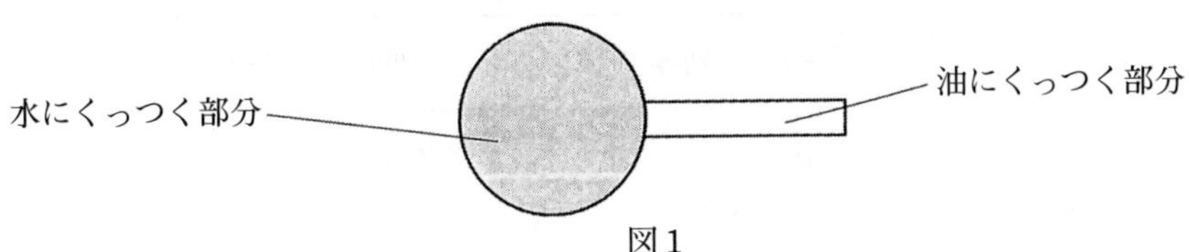

図１

問9　図２は食器についた油汚れがとれる様子を表しています。図２の左側のように、食器についている油汚れは界面活性剤によって図２の右側のように球状になって水に溶けこみます。油汚れが水に溶けこんだとき、界面活性剤はどのように水や油汚れとくっついているか、次のア～エから最もふさわしいものを１つ選び、記号で答えなさい。

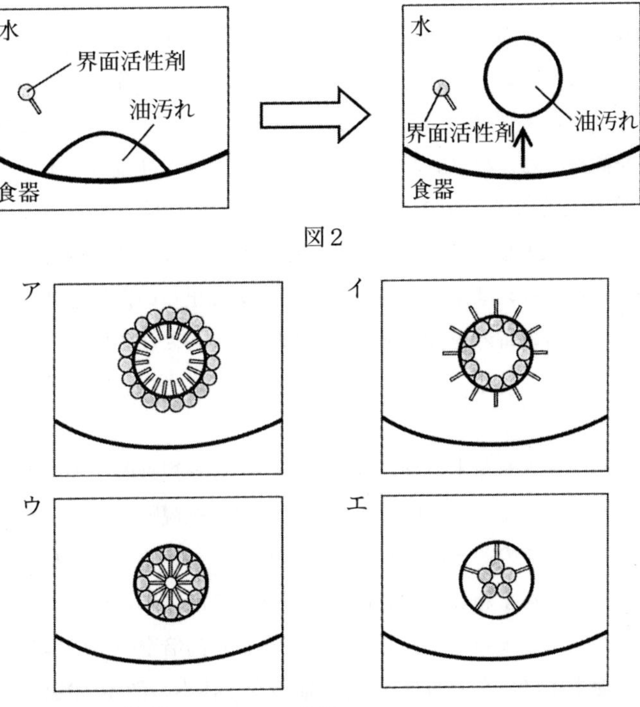

図２

問10　洗剤は便利な反面、生活排水(はいすい)として水質汚染(おせん)の原因になっています。洗剤の量を減らしても汚れがとれる方法を説明しなさい。

慶應義塾湘南藤沢中等部

―25分―

1　海にすむ生物について、以下の問いに答えなさい。

（問1）　次の［　　　］は、海にすむ生物同士の食べる・食べられるの関係を表しています。［　　　］の中の生物A、B、Cにあてはまる組み合わせとして最も適切なものをあとの中から1つ選び、番号で答えなさい。

A→アミ(動物プランクトンの仲間)→B→C

1	A：クラゲ	B：アジ	C：マグロ
2	A：ケイソウ	B：イワシ	C：マグロ
3	A：クラゲ	B：ケイソウ	C：マグロ
4	A：ケイソウ	B：アジ	C：イワシ
5	A：クラゲ	B：イワシ	C：アジ

（問2）　自然界の生物同士の食べる・食べられるの関係は、問1のように、「○○が△△を食べる」といった一対一の関係だけではありません。例えば、ジンベエザメが食べるものとして最も適切なものを次の中から1つ選び、番号で答えなさい。

1　クラゲとイワシ　　2　ケイソウとクラゲ　　3　アミとマグロ
4　ケイソウとマグロ　　5　アミとイワシ　　6　アジとマグロ

（問3）　アミを観察するためプレパラートを作製し、けんび鏡のステージにのせたところ、図1で示した位置にアミが見えました。アミの様子を拡大してさらにくわしく観察するには、この後どのような操作を行えばよいですか。次の中から正しい操作を3つ選び、それらの番号を操作する順番に並べて答えなさい。

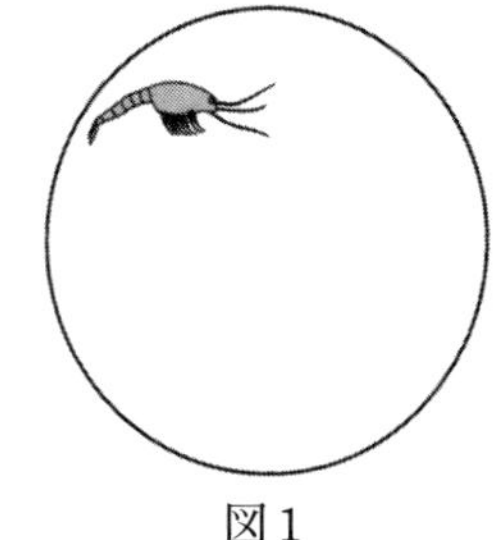

図1

1　プレパラートを左上方向に動かして、アミを視野の中央に移動させる。
2　プレパラートを右下方向に動かして、アミを視野の中央に移動させる。
3　接眼レンズをのぞきながら、調節ねじをまわしてピントをあわせる。
4　レボルバーをまわして、対物レンズをより低倍率のものに替(か)える。
5　レボルバーをまわして、対物レンズをより高倍率のものに替える。

（問4）　アジは海水中にすんでおり、体液(血液など体内の液体)の塩分の濃さは海水に比べて低くなっています。次の文は、アジが体液の塩分の濃さを一定に保つためのしくみを説明しています。文中の空らん（ X ）～（ Z ）にあてはまる語句の組み合わせとして、最も適切なものを次の中から1つ選び、番号で答えなさい。

アジは海水を飲むことで水と塩分を体内に取り込(こ)んでおり、川にすむ魚にくらべて尿(にょう)の量は（ X ）、その塩分の濃さは体液と同じ程度である。しかし、それだけでは体内の塩分の量が（ Y ）なってしまうので、えらを通じて余分な（ Z ）を体外に出している。

1　X：多く　Y：多く　Z：塩分
2　X：多く　Y：多く　Z：水
3　X：多く　Y：少なく　Z：塩分
4　X：多く　Y：少なく　Z：水
5　X：少なく　Y：多く　Z：塩分
6　X：少なく　Y：多く　Z：水
7　X：少なく　Y：少なく　Z：塩分
8　X：少なく　Y：少なく　Z：水

(問5)　海にすむ生物の一部は、人間による乱獲(かく)や海洋汚染、気候変動などによって、絶滅(めつ)の危機にさらされています。近年では、スーパーマーケットなどで購(こう)入できる魚介(かい)類の一部に、「海のエコラベル」という表示が見られるものがあります。このラベルを説明した次の文中の[　　　]にあてはまる語句を、漢字4字で答えなさい。

> この表示は[　　　]な漁業で獲(と)られた水産物であることを示し、消費者がこのラベルのついた海産物を選ぶことによって、世界の海洋保全を間接的に応援(えん)することができる。

(問6)　以下の生物は、日本近海で獲られている水産物です。これらのうち、自然界での数を近年大きく減らしており、国際自然保護連合(ＩＵＣＮ)のレッドリストでも絶滅の危険性が高いとされている水産物を次の中から2つ選び、番号で答えなさい。

1　スルメイカ　2　ニホンウナギ　3　サンマ　4　マダイ　5　クロマグロ

[2]　人類は1969年に月の有人探査を成功させました。その後、月の有人探査は行われませんでしたが、2022年の無人の月周回ミッションなど、将来の月の利用につながる、新たな月探査計画「アルテミス計画」が始まっています。以下の問いに答えなさい。

(問1)　月面から右図のような地球が見えるとき、地球から見た月はどれになりますか。次の中から最も近いものを1つ選び、番号で答えなさい。

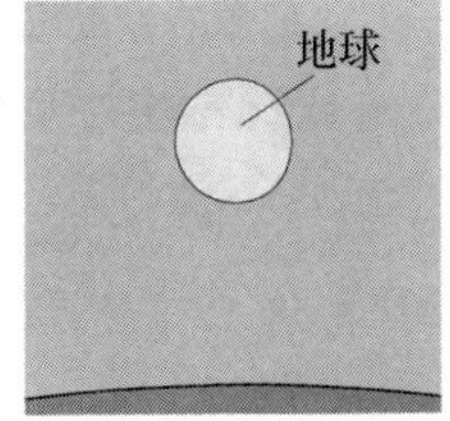

1　満月　2　三日月　3　上弦(げん)の月
4　下弦(げん)の月　5　新月

(問2)　次の文の空らんの(　ア　)～(　エ　)にあてはまる語句をあとの中からそれぞれ選び、番号で答えなさい。

> 月に基地をつくり、人が滞(たい)在する場合、月にある水(氷)を使うことを考えています。水は(　ア　)と(　イ　)からできており、電気を用いると水からこれらを取り出すことができます。(　ア　)は、人が呼吸に使うことができ、人が呼吸で出した(　ウ　)は水などとあわせて植物を育てることもできます。また、水から取り出した(　イ　)は(　ア　)があるときに火をつけると爆(ばく)発し、(　エ　)が急激に増加するのでロケットの燃料に使用できます。

1　水素　2　窒(ちっ)素　3　酸素　4　二酸化炭素
5　水蒸気　6　重さ　7　体積　8　濃さ

（問３）　月に人が滞在するための基地は、月の赤道付近よりも月の南極付近に建設するのがよいと考えられています。その理由として正しいものを次の中から１つ選び、番号で答えなさい。

1　月の赤道付近は、月の南極付近よりも物を持ち上げる時に必要な力が大きくなるから。

2　月の赤道付近は、月の南極付近よりも地球から離れているから。

3　月の南極付近には、地面の凹凸（おうとつ）により日光が長時間あたる場所があるから。

4　月の南極付近の太陽高度は、月の赤道付近よりも高いから。

5　月の南極付近の方が、月の赤道付近よりも火星に近いから。

（問４）　月の南極付近に基地を作り、太陽光パネルを設置し発電する計画があります。太陽光パネルの設置について、次の中から正しいものを１つ選び、番号で答えなさい。

1　月の南極付近は太陽高度が高いので、太陽光パネルを月面に対して90度の角度で設置する。

2　月の南極付近は太陽高度が高いので、太陽光パネルを月面に対して０度の角度で設置する。

3　月の南極付近は太陽高度が低いので、太陽光パネルを月面に対して90度の角度で設置する。

4　月の南極付近は太陽高度が低いので、太陽光パネルを月面に対して０度の角度で設置する。

（問５）　天体が物体を地面の方に引く力（重力）の大きさは、その天体が重いほど大きくなります。月は地球よりも軽いので、月の重力の大きさは地球の重力の大きさよりも小さくなります。将来、月の基地から火星探査に向かう計画がありますが、地球からロケットを打ち上げるよりも、月からロケットを打ち上げた方がよい点を15字以内で答えなさい。

③　２種類の豆電球A、Bを使っていろいろな回路をつくりました。豆電球Aは豆電球Bよりも電流が２倍流れやすく、豆電球Aと豆電球Bをそれぞれ同じかん電池につないだ場合、豆電球Aに流れる電流の大きさは豆電球Bに流れる電流の大きさの２倍になります。以下の問いに答えなさい。ただし、図に用いられている記号は次に示されたものを表しています。

かん電池（２個）　豆電球　電流計

（＋と－はプラス端子（たんし）、マイナス端子を表す）

（問１）　図１のような豆電球のつなぎ方は、何つなぎといいますか。

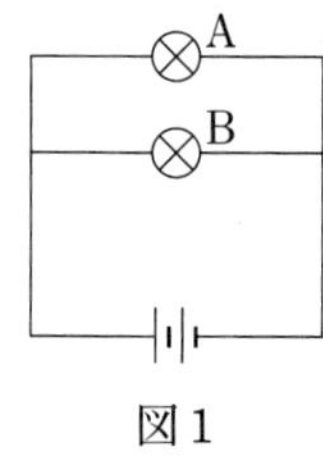

図１

(問２)　図１の回路のとき、豆電球Aに流れる電流の大きさを測定する電流計のつなぎ方として正しいものを次の中から１つ選び、番号で答えなさい。

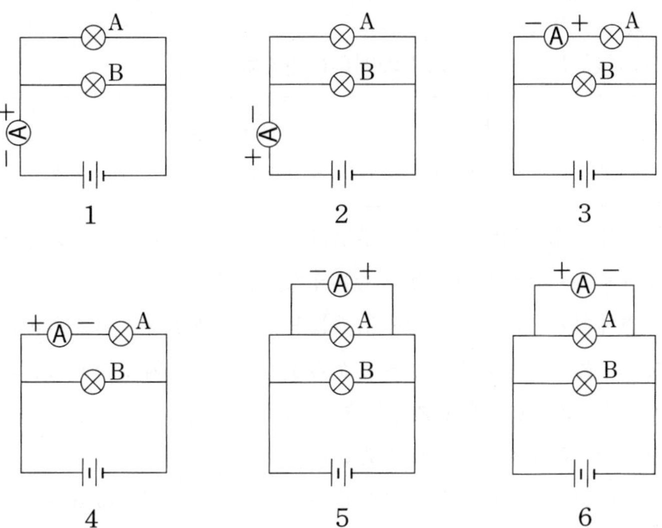

(問３)　回路に流れている電流の大きさが予想できないとき、電流計のマイナス端子のつなぎ方として、正しいものを次の中から１つ選び、番号で答えなさい。

１　まず、はかれる電流が一番大きい端子につなぎ、針のふれが小さいときは、となりのより小さい電流がはかれる端子につなぎ替(か)える。

２　まず、はかれる電流が一番小さい端子につなぎ、針のふれが大きいときは、となりのより大きい電流がはかれる端子につなぎ替える。

３　まず、はかれる電流が一番大きい端子につなぎ、針のふれが大きいときは、となりのより小さい電流がはかれる端子につなぎ替える。

４　まず、はかれる電流が一番小さい端子につなぎ、針のふれが小さいときは、となりのより大きい電流がはかれる端子につなぎ替える。

(問４)　図１の豆電球A、Bを図２のようにつなぎ替えました。図２の豆電球Aに流れる電流の大きさを、図１の豆電球Aに流れる電流の大きさと同じにするためには、図２の回路にかん電池が何個必要ですか。ただし、かん電池の種類とつなぎ方は図１と同じであるとします。

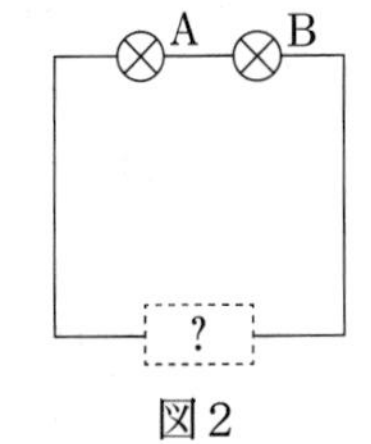

図２

(問５)　図３の回路で、(ア)の豆電球Aに流れる電流の大きさは、(イ)の豆電球Aに流れる電流の大きさの何倍ですか。答えが割り切れない場合は、小数第２位を四捨五入して、小数第１位まで答えなさい。

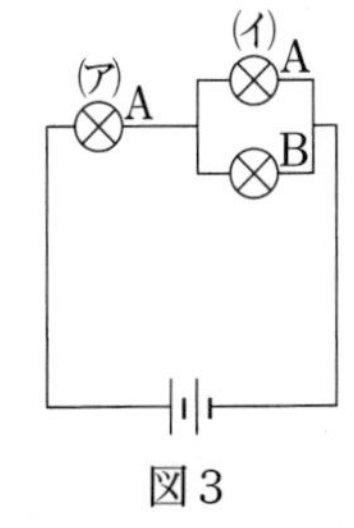

図３

(問６)　家庭用の電球には、昔は白熱電球と呼ばれるものが使われていました。その後、電球型の蛍(けい)光灯が使われるようになり、最近では別の発光体が使われることが多くなりました。家庭用の電球に最近使われている発光体の名前を、アルファベット３字で答えなさい。

（問７）　全国の信号機では、いままで使われていた電球が問６の発光体に置きかわりつつあります。その理由を１つ、15字以内で答えなさい。

④　次の１～９の気体について、以下の問いに答えなさい。

1	窒素	2	水素	3	塩化水素	4	酸素	5	二酸化炭素
6	アンモニア	7	二酸化硫黄	8	アルゴン	9	メタン		

（問１）　この気体は水に溶け、その水溶液は酸性になりました。この気体としてあてはまるものを、１～９から３つ選び、番号で答えなさい。

（問２）　この気体は水に溶け、その水溶液にＢＴＢ溶液を加えると青色になりました。この気体としてあてはまるものを、１～９から１つ選び、番号で答えなさい。

（問３）　この気体は無色で刺激臭がしました。この気体としてあてはまるものを、１～９からすべて選び、数字を○で囲みなさい。

（問４）　１～９の気体の中で空気中に２番目に多く含まれている気体、および３番目に多く含まれている気体を、それぞれ番号で答えなさい。

（問５）　１～９の気体の中で地球温暖化に大きな影響を与えている気体を２つ選び、番号で答えなさい。

ある気体を水上置換法でペットボトルに集めました。ペットボトルの体積の80％くらいまで集めた後、水中でペットボトルにキャップを付けて取り出しました。その後、このペットボトルをよく振ってしばらく置いておくと、ペットボトルがつぶれました。

（問６）　この気体を発生させるために使用したものを次の中から２つ選び、番号で答えなさい。

1	過酸化水素水	2	炭酸カルシウム	3	亜鉛	4	水酸化ナトリウム
5	塩化アンモニウム	6	二酸化マンガン	7	塩酸	8	石灰水

（問７）　この実験でペットボトルがつぶれてしまったのは、ペットボトルの中にある気体による力とペットボトルの周りにある空気による力のバランスがくずれてしまったことによるものだと考えられます。このバランスがくずれてしまったのはなぜですか。その理由を25字以内で答えなさい。

慶應義塾中等部

—25分—

1　次の①、②の文章は、それぞれある季節に東京から見える星座を説明したものです。文章を読んであとの問いに答えなさい。

①　まずは東の空の高いところにある大三角が明るく見やすいので、はくちょう座の（ A ）・こと座の（ B ）・わし座の（ C ）を見つけましょう。（ A ）は「しっぽ」を意味していて、（ B ）と（ C ）の中間に、はくちょうの「くちばし」にあたる二重星アルビレオがあります。途中で左右に羽が伸(の)びて、全体としては十字を描(えが)くので、はくちょう座は北十字とも言われています。

南の低い空には、さそり座の明るくて赤い星（ D ）が見えます。さそりの心臓です。（ D ）の名前の由来は近くを通る火星（アレス）に対抗(こう)するという意味です。

さそり座の隣(となり)には、いて座があります。いて座を見つけるときは、北斗(と)七星のようなひしゃくの形をした6つの星、南斗六星が目印になります。

②　まずは南の空のオリオン座と大三角を見つけましょう。オリオン座の目印は三ツ星です。この三ツ星を囲むオリオン座の4つの星のうち、左上の赤い星が（ E ）、右下の青い星が（ F ）です。さらに三ツ星を左下にのばしたところにある白い星は（ G ）座のシリウスです。

大三角はシリウスと（ E ）を結んで、左の方に正三角形を作るようにすると、（ H ）座の明るい星（ I ）が見つかります。

（ E ）と（ F ）を結んで右上に三角を作ると、おうし座の明るい星アルデバランが見つかります。アルデバランの右上には5、6個の星がかたまって見える星団（ J ）が見えます。

（ E ）と（ I ）を結んだ線の左上には仲良く並ぶ2つの明るい星が見えます。（ K ）座のカストルとポルックスです。

オリオン座を中心とした多くの星座が見られるのがこの季節の特徴(ちょう)ですね。

(1)　夏の星座を表しているのは①②のどちらですか。数字で答えなさい。

(2)　それぞれの季節の大三角を表すA・B・C・E・Iにあてはまる星を次の中から選び、番号で答えなさい。

1　アルタイル　　2　スピカ　　3　デネブ

4　プロキオン　　5　ベガ　　6　ベテルギウス

(3)　Dにあてはまる星を次の中から選び、番号で答えなさい。

1　アキレス　　2　アークトゥルス　　3　アンタレス　　4　デネボラ　　5　レグルス

(4)　F・Jにあてはまる星または星団の名前を次の中から選び、番号で答えなさい。

1　カペラ　　2　すばる　　3　リゲル

(5)　G・H・Kにあてはまる星座の名前を次の中から選び、番号で答えなさい。

1　うお　　2　かに　　3　こいぬ　　4　こぐま

5　おおいぬ　　6　おおぐま　　7　ふたご

(6)　神話では、オリオンはある動物に殺されてしまうために、星座となってもその動物を恐(おそ)れて同じ夜空には現われないと言われています。この、星座になっている動物を①、②の文章の中から抜(ぬ)き出して答えなさい。

2　プラスチックは私たちの生活に関わるいろいろなところに使われています。ひと口にプラスチックと言っても、さまざまな種類があり、性質も少しずつ異なります。次の表1を参考にして、あとの問いに答えなさい。

表1　主なプラスチックの略号と性質、使いみち

番号	プラスチックの名称(しょう)	略号	比重	耐(たい)熱温度 燃えやすさ	薬品に対する強さ	使いみち
1	アクリル樹脂(し)	ＰＭＭＡ	1.17～1.20	60～80℃ 燃えにくい	強いアルカリ性に弱い	定規、水槽(そう)、眼鏡のレンズ
2	ポリエチレン	ＰＥ	0.91～0.97	70～110℃ 燃えやすい	酸性にやや弱い	レジ袋(ぶくろ)、ラップ、バケツ
3	ポリエチレンテレフタレート	ＰＥＴ	1.38～1.40	85～200℃ 燃えやすい	とても強い	ペットボトル、卵の容器
4	ポリ塩化ビニル	ＰＶＣ	1.16～1.45	60～80℃ 燃えにくい	強い	消しゴム、水道管、ホース
5	ポリスチレン	ＰＳ	1.04～1.07	70～90℃ 燃えやすい	強い	ＤＶＤケース、食品トレイ
6	ポリプロピレン	ＰＰ	0.90～0.91	100～140℃ 燃えやすい	強い	ペットボトルのふた、ストロー

※「比重」とは、同じ体積の水の重さを1としたときの重さです。
※耐熱温度とは、その形を保っていられる限界の温度です。
※薬品とは、強い酸性、または強いアルカリ性の水溶液を指しています。

(1)　プラスチックは金属の仲間と性質が異なることが多く、それぞれその性質が適することに使われています。次にあげる性質が、一般的に表1にあるプラスチックにあてはまるものであれば「１」を、金属にあてはまるものであれば「２」を書きなさい。

(ア)　比重が小さい　(イ)　電気を通さない　(ウ)　熱をよく伝える

(エ)　不透(とう)明で、独特のつやがある　(オ)　たたくとのびたり広がったりする

(2)　表1の6種類のプラスチックの中から水にしずむものをすべて選び、その番号をかけ合わせた数と足し合わせた数の合計を次の例を参考に答えなさい。

例)　1番と2番と5番を選んだとすると、(1×2×5)＋(1＋2＋5)＝18となるので、その場合は「０１８」と書きます。

(3)　プラスチックが海洋生物に悪影響(きょう)をあたえる原因として考えられているものを次の中から1つ選び、番号で答えなさい。

1　海水に溶ける。　2　微(び)生物のえさになる。

3　水に溶けている酸素を吸収する。　4　紫(し)外線によってボロボロになる。

5　酸性雨に反応して、有毒ガスを出す。

(4)　ＰＥＴが飲料など液体の容器に採用されている理由として、どのようなことが考えられますか。表1を参考にして10字以内で書きなさい。

3　皆さんは鉄の棒に巻いたエナメル線(コイル)に電流を流すと、磁石のはたらきをすることを知っていますね。Kくんは、スイッチを切りかえるとコイルの近くに置いた方位磁石の針が反対向きになる装置を作ろうと考えました。このことについて次の問いに答えなさい。各問題の図のコイルの上にある○は方位磁石を表しています。

(1)　鉄の棒にエナメル線を1本だけ巻いたコイルと電池をつないで電流を流すと、方位磁石の針が図1の(ア)(イ)のようになりました。図1の(ア)のとき、コイルの端(はし)Aは磁石の何極になっていますか。次の中から選び、番号で答えなさい。なお、電流が流れていないときの方位磁石は図2のようになっています。

1　プラス極　　2　マイナス極　　3　N極　　4　S極

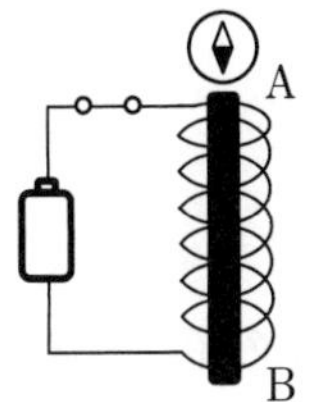

(ア)　エナメル線はAから見て時計回りに巻いてある。

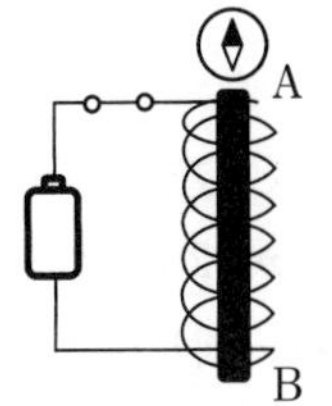

(イ)　エナメル線はAから見て時計と反対回りに巻いてある。

図1

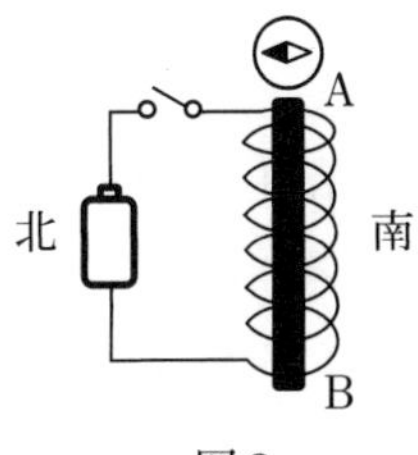

図2

(2)　Kくんは、鉄の棒にエナメル線を2本重ねて巻くという方法を思いつきました。次の①〜④のつなぎ方で、スイッチを切りかえると方位磁石の針の向きが変わる場合は**1**を、変わらない場合は**2**を書きなさい。なお、鉄の棒に巻いてある2本のエナメル線はスイッチの部分以外ではつながっていません。

①・②　→　アからイのエナメル線はAから見て時計回りに、ウからエのエナメル線は時計と反対回りに巻いてある。

③・④　→　アからイのエナメル線もウからエのエナメル線もAから見て時計回りに巻いてある。

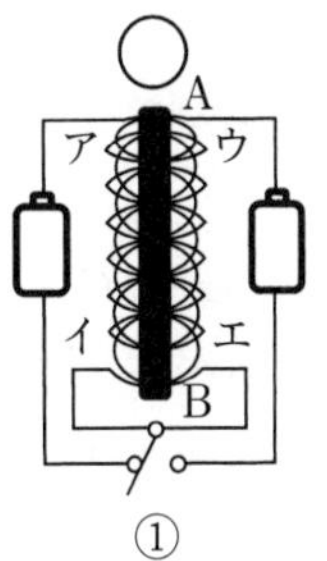

①

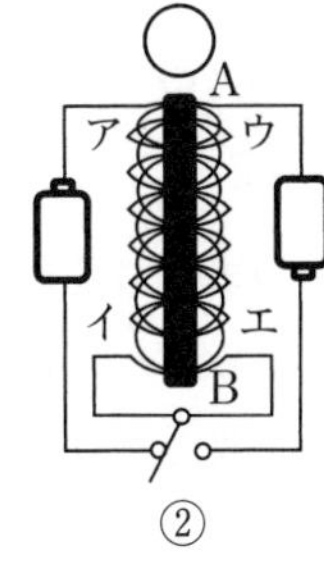

②

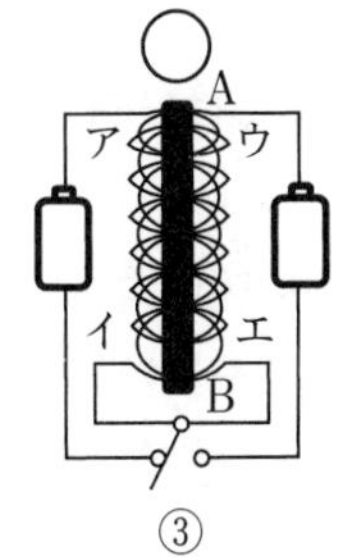

③

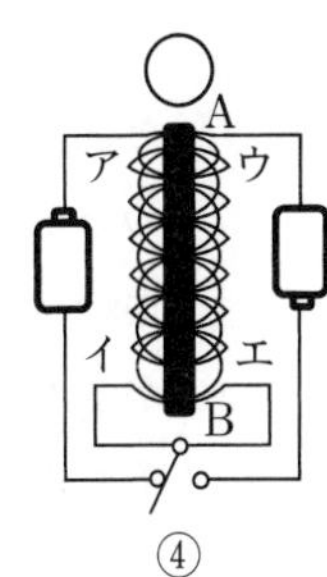

④

(3) 鉄の棒に巻くエナメル線が1本でも目的に合うしくみができました。そのしくみを次の1〜3の中から1つ選び、番号で答えなさい。

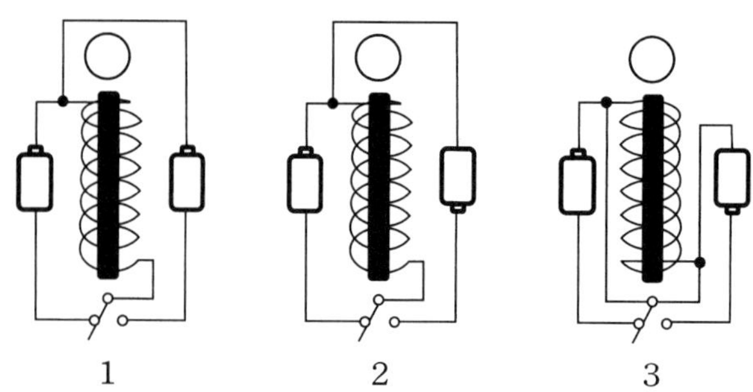

4 次の中等部生3人の会話を読んであとの問いに答えなさい。

カズナリくん：僕(ぼく)はこの1年間で身長が12cmも伸びたよ。

ユキコさん　：私たち成長期だからね。同じ生きものでも、昆(こん)虫の中には成長して大きくなるだけでなく、形が変わるものもいるよね。幼虫からさなぎ、成虫と変化する$_{ア}$チョウみたいにさ。

タカシくん　：生きものは成長することで変化するけど、生きものの歴史にも変化の話はあったよね。たしか、環(かん)境の変化に適応できる生きものは繁(はん)栄して、環境の変化に適応できなかった生きものは絶滅(めつ)した…というような。

ユキコさん　：進化の歴史の話だね。でも、悲しいことだけれど$_{イ}$人間が関わることで絶滅してしまった動物もいるんだよね。しかも、そのせいで生態系のバランスまで崩(くず)れてしまうこともあるとか…。

カズナリくん：そういえばこの前、日本でシカが増えすぎて被(ひ)害が出ているってニュースで見たよ。

ユキコさん　：人間も環境を守るために変わっていかないといけないよね。

タカシくん　：ところで生きもの以外のことだけど、時間や季節で変化するものもあるね。

カズナリくん：何だろう？

タカシくん　：たとえば、人の影は昼間より夕方の方が（ A ）し、同じ時刻でも（ B ）より（ C ）の方が長いよね。

ユキコさん　：地球はその軸(じく)が傾(かたむ)いた状態で太陽のまわりを回っているからだったよね。大きさが変わるわけじゃないけど、考えてみれば季節がめぐるのだって変化だよね。

カズナリくん：それなら$_{ウ}$虹(にじ)なんかも突(とつ)然現れたり消えたりするよね。考え出したら身のまわりにあるものでも変化するものってたくさんあるなあ。

ユキコさん　：$_{エ}$水だってペットボトルに入れて冷凍(とう)庫で冷やすとカチカチに凍(こお)るもんね。

タカシくん　：しかも氷は水に入れると浮(う)くというのも面白いよね。

カズナリくん：色々なものが変化していく世界。でも、どれだけ世界が変わってしまっても僕たち3人の友情だけはいつまでも変わらないぜ！

ユキコさん　：相変わらずカズナリくんは調子いいこと言うんだから。

タカシくん　：でも、いつまでも仲良しでいたいね。

⑴　下線部アのチョウのように、さなぎの時期を経て成虫になる昆虫を次の中から３つ選び、小さい番号から順に答えなさい。

1　アリ　　2　カ　　3　カマキリ　　4　テントウムシ　　5　トンボ　　6　バッタ

⑵　下線部イにあるように、歴史上多くの動物が絶滅してきました。次の中から絶滅した動物を１つ選び、番号で答えなさい。

1　ニホンオオカミ　　2　ニホンカナヘビ　　3　ニホンカモシカ

4　ホンドキツネ　　5　ホンドタヌキ

⑶　（ A ）に入る適切な言葉は次のどちらか。番号で答えなさい。

1　長い　　2　短い

⑷　（ B ）（ C ）に入る適切な言葉の組み合わせを次の中から選び、番号で答えなさい。

1　B　春　　C　秋　　2　B　秋　　C　春

3　B　夏　　C　冬　　4　B　冬　　C　夏

⑸　下線部ウについて、虹を観察している人に対して太陽はどの方向にありますか。次の中から選び、番号で答えなさい。

1　正面　　2　背後　　3　真横

⑹　下線部エでペットボトルに水をいっぱいに入れて、ふたを閉めてから凍らせると、ペットボトルはどうなりますか。次の中から選び、番号で答えなさい。

1　ふくらむ　　2　へこむ　　3　変わらない

国学院大学久我山中学校(第１回)

—40分—

1　音の高さに関するあとの各問いに答えなさい。

図１のモノコードを使って、弦(げん)の中央をはじいたときに出る音の高さを調べる実験をしました。モノコードは図２のように、こまを動かして弦の長さを変えたり、おもりの数を変えたりすることができます。実験で使うおもり１個の重さはすべて同じです。

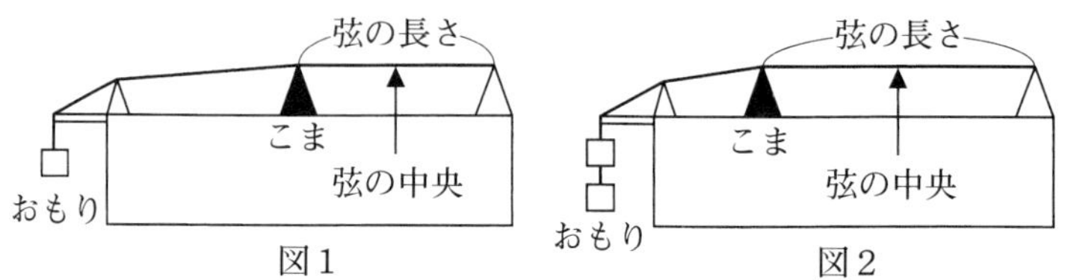

図１　　図２

〔実験１〕　太さの異なる３本の弦を用意し、それぞれの弦をはじいたときに出る音の高さを調べました。

弦の中央を同じしんぷくではじき、はじいたときに出る音の高さが同じになるように、弦の太さごとに弦の長さやおもりの数を調節しました。その組み合わせが表１のA～Kです。

表１

	A	B	C	D	E	F	G	H	I	J	K
弦の太さ(mm)	0.2	0.2	0.2	0.4	0.4	0.4	0.4	0.4	0.8	0.8	0.8
弦の長さ(cm)	24	48	72	12	☆	36	48	72	6	12	18
おもりの数	1	4	9	1	4	9	16	★	1	4	9

(1)　モノコードと同じように弦をはじいて音を出す楽器を次の①～④の中から１つ選び、番号で答えなさい。

①　カスタネット　　②　ギター　　③　リコーダー　　④　トライアングル

(2)　表１の☆に入る数値を答えなさい。

(3)　表１の★に入る数値を答えなさい。

１秒間で弦のしん動する回数をしん動数といいます。弦の太さと弦の長さ、おもりの数の組み合わせと、しん動数には次のア～ウの関係があることが分かっています。

ア　弦の長さとおもりの数が同じとき、弦の太さを２倍、３倍、４倍…にすると、しん動数は$\frac{1}{2}$倍、$\frac{1}{3}$倍、$\frac{1}{4}$倍…になる。

イ　弦の太さとおもりの数が同じとき、弦の長さを２倍、３倍、４倍…にすると、しん動数は$\frac{1}{2}$倍、$\frac{1}{3}$倍、$\frac{1}{4}$倍…になる。

ウ　弦の太さと弦の長さが同じとき、おもりの数を４倍、９倍、16倍…にすると、しん動数は２倍、３倍、４倍…になる。

次に、弦の太さと弦の長さ、おもりの数の組み合わせを表２のL～Sのように変えて、実験１

と同じしんぷくで弦をはじいたときに出る音の高さを考えます。

表２

	L	M	N	O	P	Q	R	S
弦の太さ(㎜)	0.4	0.8	0.8	0.8	1.2	1.2	1.2	1.2
弦の長さ(㎝)	24	36	36	36	18	24	48	72
おもりの数	1	1	4	16	4	1	4	4

⑷　表２のM、N、Oの中で弦が出す音の高さが最も高い組み合わせを表２のM、N、Oの中から１つ選び、記号で答えなさい。

⑸　表２のNのしん動数はLのしん動数の何倍になりますか。最もふさわしいものを次の①～⑥の中から１つ選び、番号で答えなさい。

①　0.34　②　0.45　③　0.56　④　0.67　⑤　0.78　⑥　0.89

⑹　表２のMと同じ音の高さになる組み合わせを表２のL、N、O、P、Q、R、Sの中からすべて選び、記号で答えなさい。

⑺　表２のL～Sの組み合わせの中で音の高さが最も高い弦のしん動数は、最も低い弦のしん動数の何倍になるか答えなさい。ただし、答えが割り切れない場合は小数第一位を四捨五入して整数で答えること。

[2]　図１の地形図に示した山について地下の地層のようすを調べるためにボーリング調査をしました。この山の山頂は標高(海面からの高さ)が105ｍほどです。図１のA～Dの４地点で調査をした結果を示したものが図２です。調査の結果より、A地点の地下、地表からの深さ10ｍのところに火山灰の層があることがわかります。なお、この地域の地層は曲がっていません(しゅう曲していない)。

あとの各問いに答えなさい。

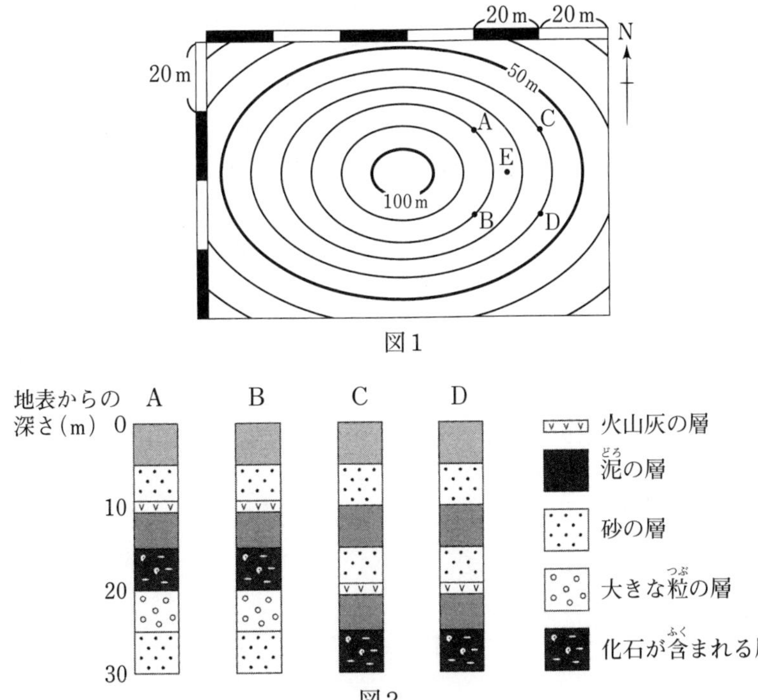

図１

図２

(1)　図２の大きな粒の層は２㎜以上の大きさの粒が多く含まれている層でした。このような粒の名前を答えなさい。

(2)　図２の化石が含まれる層からは右図のような化石が見つかりました。この化石の名前を答えなさい。

(3)　Ａ地点の真下にある火山灰の層は標高何ｍにあるか、答えなさい。

(4)　Ｄ地点の真下にある火山灰の層は標高何ｍにあるか、答えなさい。

(5)　図１のＥ地点でボーリング調査をしました。その結果を示したものとして最もふさわしいものを次の①～④の中から１つ選び、番号で答えなさい。

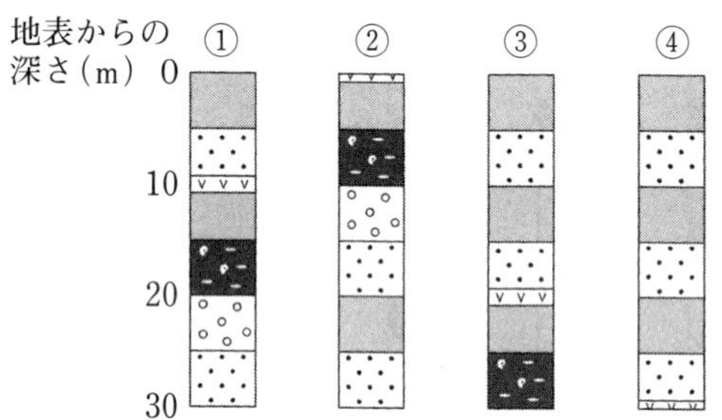

(6)　火山灰の層が地表で見られる場所としてふさわしい地点を、図１の一部を大きくした次図のア～カの中からすべて選び、記号で答えなさい。ただし、Ａ～Ｅ地点は黒点のみ示しています。また、火山灰の層は地表で観察できるように露出しているものとします。

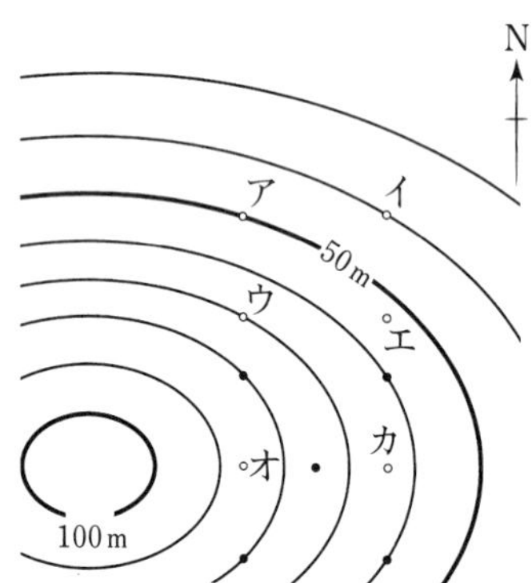

次に、図１とは別の山である図３の地形図に示した山で同じような調査をしました。このふたつの山はほとんど同じ形をしており、図３のＦ～Ｉ地点でボーリング調査をしました。その調査をした結果を示したものが図４です。また、この地域ではしゅう曲はありませんが、地層がずれる断層は見つかりました。

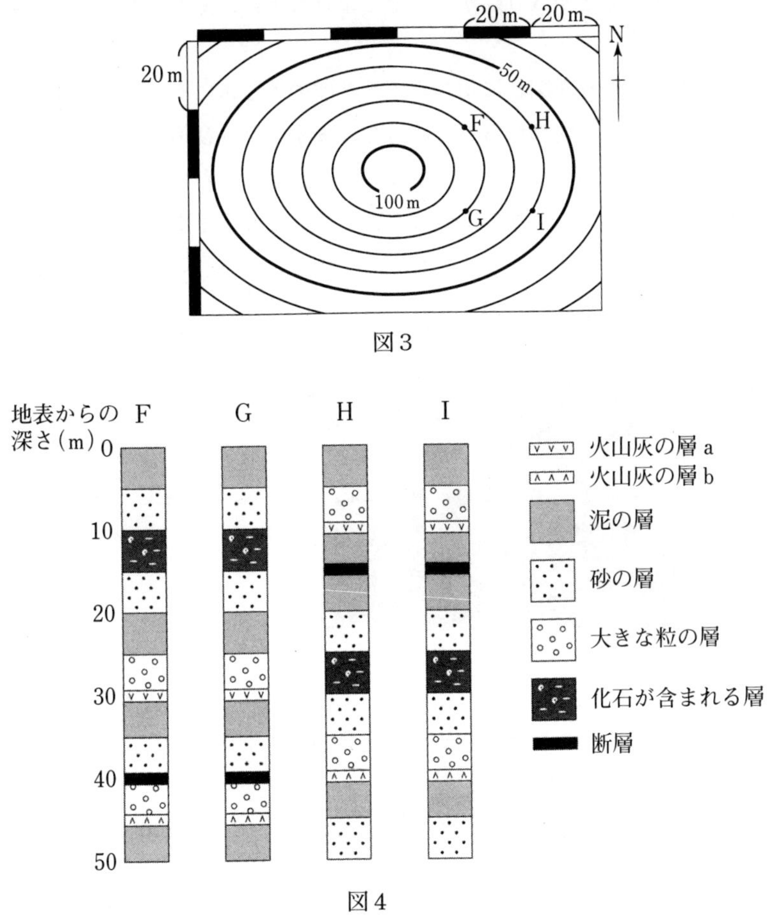

図３

図４

(7)　この山の地質(地層や断層のようす)を東西方向で切り、南側から見た断面図のようすを示したものとして最もふさわしいものを、次の①～⑧の中から１つ選び、番号で答えなさい。ただし、この断面図には火山灰の層と断層しか示していません。

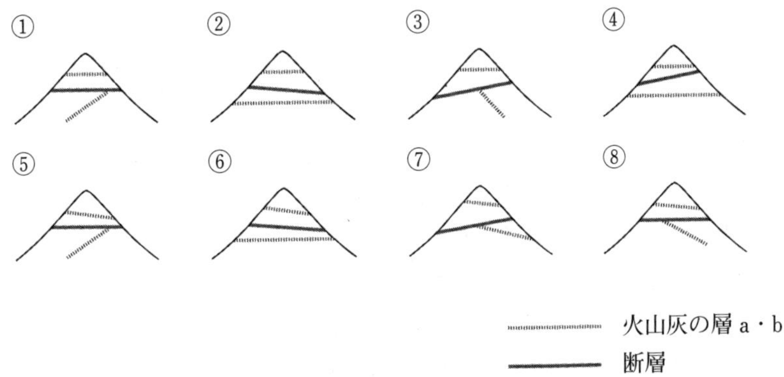

3　わさびは香辛料の一つで、アブラナのなかまであるワサビという名前の日本原産の植物が原料です。天然のワサビは、山間の渓流など、光があまり当たらない涼しい場所に生えています。

食用のワサビは静岡県の中伊豆、長野県の安曇野など、低温の地下水が豊富にわき出ている場所にわさび田をつくって栽培します。中伊豆では、図１のように大きさの異なる石や砂を層状につみ重ね、その上を水が流れ続けるようにわさび田をつくっています。わさび田の水は底の石や砂の層を通って不純物などが取り除かれ、そこよりも下にある次のわさび田にもきれいな水が流れていきます。

ワサビのからだのつくりを図2に示します。そばやさしみにそえられる薬味（やくみ）としてのわさびは、根茎（こんけい）とよばれる茎（くき）の部分をすりおろして使っています。わさび田では、ワサビは水底に根を張り、根茎は水面下で成長していきます。このようにして育てられたワサビを沢（さわ）わさびといいます。

一方で、わさび田ではなく陸地でワサビを育てることもできます。陸地で育てられたワサビは畑わさびといいます。

あとの各問いに答えなさい。

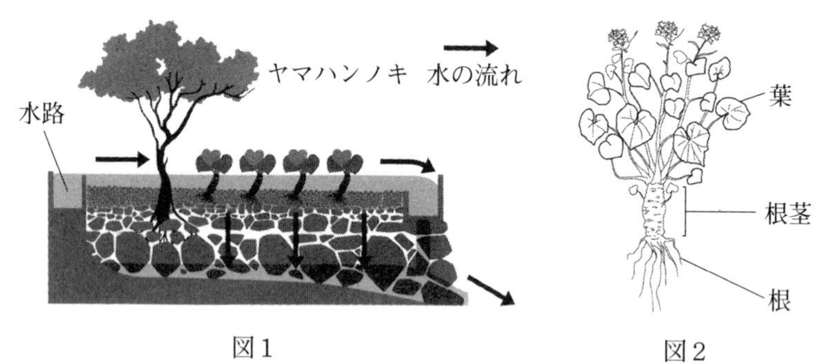

図1　　図2

(1)　ワサビと同じアブラナのなかまを次の①～⑤の中から1つ選び、番号で答えなさい。

①　タンポポ　　②　ダイコン　　③　サクラ　　④　ヘチマ　　⑤　アサガオ

(2)　ワサビのように、日本ではおもに水を張った場所に苗（なえ）を植えて栽培する植物としてふさわしいものを次の①～⑤の中から1つ選び、番号で答えなさい。

①　ニンジン　　②　レタス　　③　トウモロコシ　　④　イネ　　⑤　エンドウ

(3)　図1に示したわさび田と、(2)で答えた植物を栽培するようすについて、最もふさわしいものを次の①～⑤の中から1つ選び、番号で答えなさい。

①　わさび田ではため池の水を流し入れているが、(2)で答えた植物を栽培するところではため池からの水を流し入れることはない。

②　わさび田では水の流れがあるが、(2)で答えた植物を栽培するところでは水の流れがほとんどないかあっても遅（おそ）いことが多い。

③　わさび田では根だけが水中にあるように浅く水を張るが、(2)で答えた植物を栽培するところでは葉のすべてが水に浸（つ）かるように深く水を張る。

④　わさび田ではわさび田を通った水は別のわさび田に利用しないが、(2)で答えた植物を栽培するところでは水を別の場所でふたたび利用している。

⑤　わさび田では地下水の水量により水が流れなくなることがあるが、(2)で答えた植物を栽培するところでは用水路を利用しているので水が無くなることはない。

(4)　図2に示された根茎と同じ植物のからだの部分をおもに食用としているものとして、最もふさわしいものを次の①～⑤の中から1つ選び、番号で答えなさい。

①　ジャガイモ　　②　サツマイモ　　③　ダイズ　　④　イチゴ　　⑤　リンゴ

(5)　図１のわさび田のヤマハンノキは、河原や湿地(しっち)など、木が生えにくい場所で大きく育つことができます。わさび田のヤマハンノキについて説明した次の文章の（ ア ）～（ ウ ）に当てはまる語句の組み合わせとしてふさわしいものをあとの①～⑧の中から１つ選び、番号で答えなさい。

> ヤマハンノキは、他の木のなかまが大きく育つために必要な（ ア ）があまりなくても大きく育つのでわさび田に植えることができます。そして、ヤマハンノキの葉が（ イ ）をつくることで、わさび田の温度が（ ウ ）ならないようにしています。

	（ア）	（イ）	（ウ）		（ア）	（イ）	（ウ）
①	土	日かげ	低く	⑤	水	日かげ	低く
②	土	日かげ	高く	⑥	水	日かげ	高く
③	土	日なた	低く	⑦	水	日なた	低く
④	土	日なた	高く	⑧	水	日なた	高く

ワサビの根茎が水の中にあると、そこから出る芽が成長しづらいため、根茎は芽の成長に必要な養分をたくわえることで太くなります。しかし、わさび田をつくるためには、豊富な地下水があることや土地の水はけがよいことなどの条件があり、そのような場所は限られます。

栽培に水を使わず、大きな根茎の収かくを目的としない畑わさびは、日のあまり当たらない涼しい場所であれば、沢わさびよりも簡単に栽培することができます。畑わさびはおもに茎や葉を加工してつくるわさびの原料にします。

(6)　畑わさびの畑のようすとして最も適しいものを次の①～⑤の中から１つ選び、番号で答えなさい。

わさびと似た香辛料としてからしがあります。からしの原料はカラシナというアブラナのなかまで、私たちに辛(から)いと感じさせる成分は、わさびに含(ふく)まれている物質と同じです。また、大根おろしを辛いと感じるのも同じ物質です。

ヒトや多くの動物は、「あまさ」、「しょっぱさ」、「すっぱさ」など、いくつかの味がわかります。これらを味覚といい、それぞれの味覚を生じさせる決まった物質によって、その味を感じています。一方で、わさびやからしを口に入れたときに感じる「辛さ」は、これらの味覚とは異なり、「痛さ」に近いものです。また、ワサビやダイコンはすりおろしたとき、カラシナはその種(たね)をすりつぶしたときに辛さが強くなります。

(7) ワサビやカラシナなどの植物が、からだの中に辛いと感じさせる物質をたくわえる目的を説明した次の文の(ア)、(イ)に当てはまる語句の組み合わせとして最もふさわしいものを次の①～⑥の中から1つ選び、番号で答えなさい。

ワサビやカラシナは、動物に(ア)物質によって(イ)と感じさせることで、その動物から食べられないようにする。

	(ア)	(イ)
①	かみくだかれることで出てくる	しょっぱい
②	かみくだかれることで出てくる	痛い
③	飲みこまれたものに入っている	しょっぱい
④	飲みこまれたものに入っている	すっぱい
⑤	ふみつけられたときに動物のからだにつく	痛い
⑥	ふみつけられたときに動物のからだにつく	すっぱい

4 十分な量の塩酸に炭酸カルシウムの粉末を加えたとき、炭酸カルシウムの重さと発生する気体の重さには、以下の表1の関係があることが分かっています。

表1

炭酸カルシウムの重さ(g)	1.0	2.0	3.0	4.0	5.0
発生する気体の重さ(g)	0.44	0.88	1.32	1.76	2.20

ハマグリとホタテとカキの貝殻(かいがら)のおもな成分は炭酸カルシウムであり、貝の種類によってその貝に含(ふく)まれる炭酸カルシウムの割合が異なります。これらの貝殻に含まれる炭酸カルシウムの割合を調べるために、以下の実験を行いました。

あとの各問いに答えなさい。ただし、以下の実験では塩酸は炭酸カルシウムのみと反応するものとします。

〔実験1〕

1 ある濃(こ)さの塩酸を、重さの異なるビーカーA～Dに入れた。

2 それぞれのビーカーについて、ビーカーと塩酸を合わせた重さをはかった。

3 ハマグリ、ホタテ、カキの貝殻を細かく砕(くだ)いて粉末にした。

4 図1のようにビーカーA～Cにそれぞれの貝殻の粉末を10.0gずつ、ビーカーDに炭酸カルシウムの粉末を10.0g入れて反応させ、気体の発生が止まるまで放置した。

5 ビーカーを含めた全体の重さをそれぞれはかったところ、結果は表2のようになった。

6 反応後のビーカーA～Dの溶液を青色リトマス紙につけたところ、いずれも赤くなった。

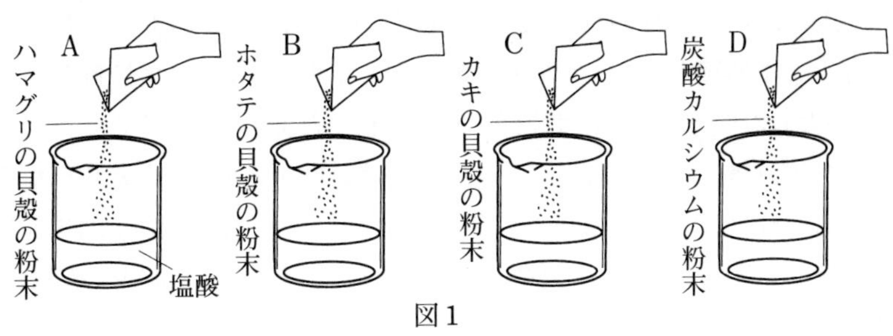

図１

表２

		A	B	C	D
反応前	ビーカーと塩酸の重さ(g)	97.2	97.9	97.4	98.5
	加えた粉末の重さ(g)	10.0	10.0	10.0	10.0
反応後	ビーカーを含めた全体の重さ(g)	103.2	103.7	103.5	104.1

(1)　実験１の６より、反応後のビーカーＡ～Ｄの溶液は何性であることが分かりますか。ふさわしいものを次の①～③の中から１つ選び、番号で答えなさい。

①　酸性　　②　中性　　③　アルカリ性

(2)　炭酸カルシウムの割合が最も多い岩石としてふさわしいものを次の①～⑤の中から１つ選び、番号で答えなさい。

①　凝灰岩(ぎょうかいがん)　　②　石灰岩　　③　玄武岩(げんぶがん)　　④　チャート　　⑤　花崗岩(かこうがん)

(3)　実験１の４で発生した気体の名前を答えなさい。

(4)　実験１の結果から分かることとして、次の文章の(　ア　)に当てはまる数値を答えなさい。

いずれのビーカーにおいても、反応後の全体の重さは、反応前の全体の重さに比べて軽くなっていることが分かる。これは、反応によって発生した気体が空気中に出ていったためであり、発生した気体の重さは、反応の前後における全体の重さの差に等しい。

したがって、それぞれのビーカーで発生した気体の重さは、ビーカーＡで(　ア　)g、ビーカーＢで4.2g、ビーカーＣで3.9g、ビーカーＤで4.4gであることが分かる。

(5)　ハマグリ、ホタテ、カキの貝殻のうち、貝殻に含まれる炭酸カルシウムの割合が最も大きいものを答えなさい。

(6)　カキの貝殻に含まれる炭酸カルシウムの割合(%)を答えなさい。ただし、答えは小数第一位を四捨五入して整数で答えること。

ホタテの貝殻はチョークの原料としても使用されており、このようなホタテの貝殻の使用は産業廃棄物(さんぎょうはいきぶつ)として処理されるホタテの貝殻の有効な活用方法として注目されています。ホタテの貝殻を原料としたチョークは、ホタテの貝殻の粉末と炭酸カルシウムの粉末を混ぜてつくられており、ホタテの貝殻の割合によってチョークの書き味が変わることが知られています。

ホタテの貝殻を原料としたチョークに含まれるホタテの貝殻の割合を調べるために、このチョーク50.0ｇを砕いて粉末にし、十分な量の塩酸を加えたところ、21.9ｇの気体が発生しました。反応後の溶液を青色リトマス紙につけたところ、赤くなりました。

(7)　このチョーク50.0ｇをつくるために使用されたホタテの貝殻の重さ(ｇ)を答えなさい。ただし、このチョークの原料はホタテの貝殻と炭酸カルシウムのみであったものとします。

栄 東 中 学 校(A)

—社会と合わせて50分—

1 あとの問いに答えなさい。

図1のように、滑車を天井に固定して重さ50gのおもりと、重さ100gのおもりを重さの無視できる丈夫な糸でつるしました。このままでは100gのおもりが下に落ちてしまうため、50gのおもりの下に重さの無視できる丈夫な糸を取り付けて、手で下に引いて2つのおもりを静止させました。

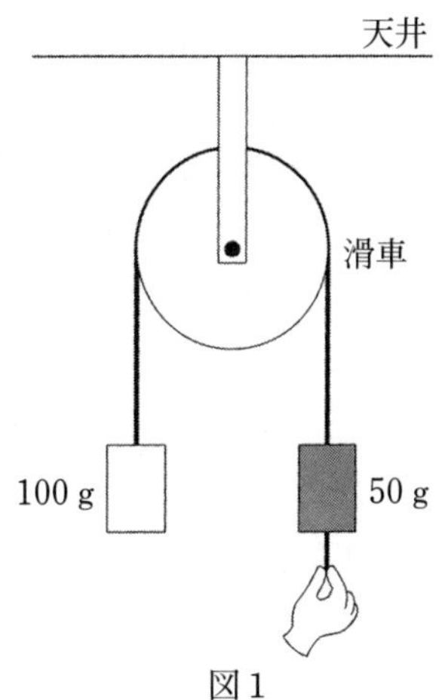

図1

問1 図1において、手で糸を下に引く力の大きさは何gですか。次のア～カから1つ選び、記号で答えなさい。

ア 25g　イ 50g　ウ 75g
エ 100g　オ 125g　カ 150g

図2のような、直径20cmと10cmの輪軸Aを用意しました。これを天井に固定して、重さの無視できる丈夫な糸、重さ50gのおもり、重さのわからないおもりXを用いて図3のような装置を作りました。この装置は図3のような状態で静止しました。

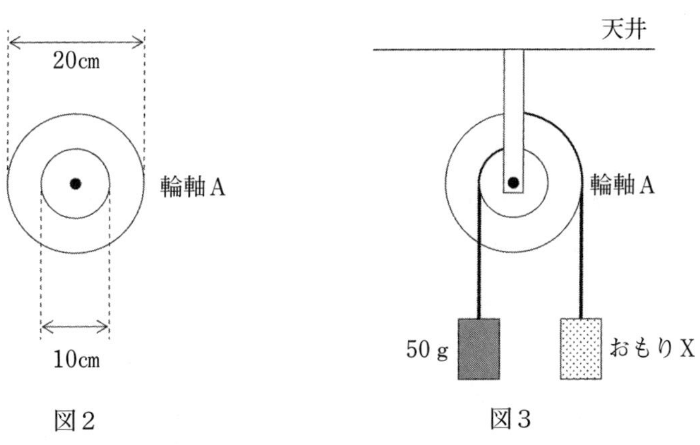

図2　図3

問2 おもりXの重さは何gですか。次のア～カから1つ選び、記号で答えなさい。

ア 25g　イ 50g　ウ 75g　エ 100g　オ 125g　カ 150g

図４のように、重さ50gのおもりと重さ200gのおもりＹを輪軸Ａに取り付けたところ、輪軸が回転しました。そこで、重さ50gのおもりに重さの無視できる丈夫な糸を取り付けて、手で糸を下に引いて装置全体を静止させました。

問３　図４において、手で糸を引く力の大きさは何gですか。次のア～カから１つ選び、記号で答えなさい。

ア　50g　　イ　100g　　ウ　150g

エ　350g　　オ　400g　　カ　450g

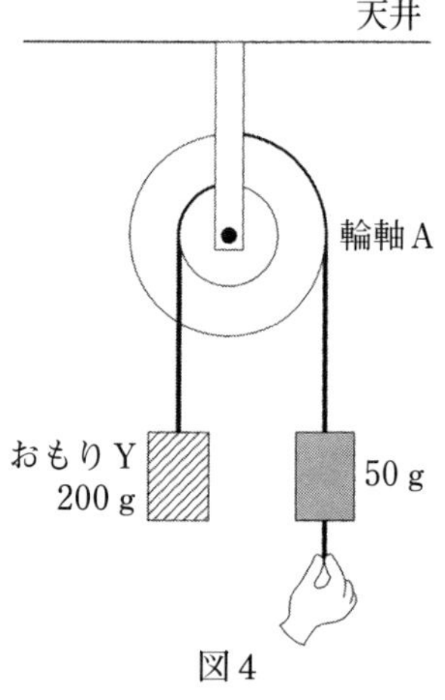

図４

次に、図４のおもりＹをおもりＺに取りかえたところ、手で糸を引くことなく50gのおもりが下に動き出しました。

問４　おもりＺの重さについて、最も適切な文を次のア～エから１つ選び、記号で答えなさい。

ア　おもりＺの重さは100gよりも軽い。

イ　おもりＺの重さは100gである。

ウ　おもりＺの重さは100gよりも重く、200gよりも軽い。

エ　おもりＺの重さは200gよりも重い。

図５のような直径20cmの滑車と土台でできた巻（ま）き取り機、輪軸Ａ、重さの無視できる丈夫な糸、重さ1000gのかご、重さを調整できるおもり「ウエイト」を使って、図６のような装置を作りました。この装置は巻き取り機を回すことによって、かごを上下に動かすことができます。なお、糸を巻き取ることで、ウエイトが巻き取り機にぶつかることはないものとします。

この装置を使って、ウエイトの重さを500gに調整し、600gの荷物をのせたかごを200cm持ち上げる場合を考えます。なお、かごを上下させるときは、かごにはたらく力がつりあうようにゆっくりと持ち上げるものとします。

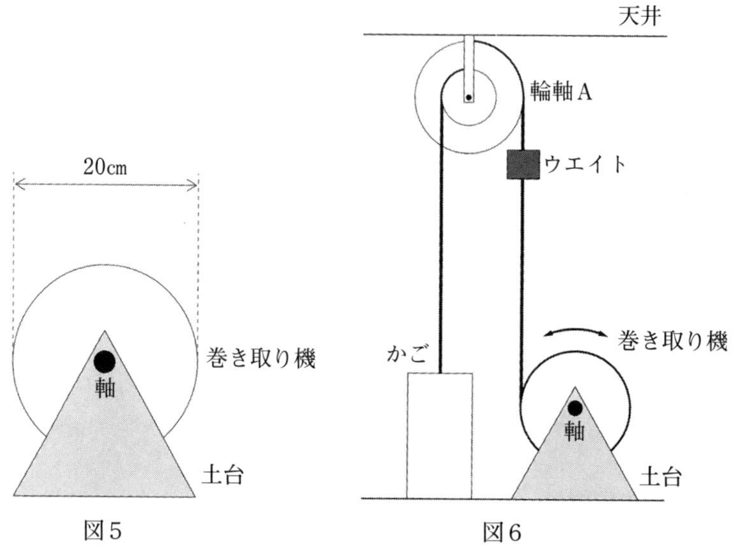

図５　　図６

問５　かごと荷物を持ち上げているとき、巻き取り機が糸を引く力の大きさは何ｇですか。次のア～エから１つ選び、記号で答えなさい。

ア　300ｇ　　イ　800ｇ　　ウ　1100ｇ　　エ　2700ｇ

問６　かごと荷物を200㎝持ち上げるまでの間に、巻き取り機が巻き取る糸の長さは何㎝ですか。次のア～エから１つ選び、記号で答えなさい。

ア　100㎝　　イ　200㎝　　ウ　300㎝　　エ　400㎝

図７のように、図６の装置を使って簡単（かんたん）なエレベーターを作り、1階から２階に人を１人だけ運び、２階で人が降（お）りた後に、別の人を１人だけ２階から１階に運ぶ場合を考えます。人の体重はいずれも60kg、かごの重さは360kgです。また、かごの移動中は、常にかごにはたらく力がつりあうようにゆっくりと移動させるものとし、人が乗り降りする場合には一時的にかごを２階で静止させるため、巻き取り機が糸を引く力を調整します。しかし、２階で人が降りたとき、ウエイトの重さがある値（あたい）を超（こ）えていると、巻き取り機が糸を引く力をどのように調整してもかごを静止させることができなくなります。

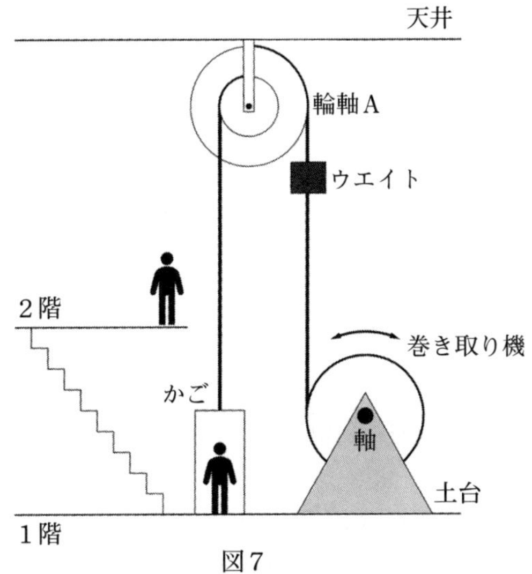

図７

問７　下線部のような動きをするとき、巻き取り機が糸を引く力をできるだけ小さくするためには、ウエイトの重さを何kgにするのが適切ですか。最も近いものを次のア～オから１つ選び、記号で答えなさい。

ア　59kg　　イ　179kg　　ウ　209kg　　エ　359kg　　オ　419kg

2　あとの問いに答えなさい。

私たちの身のまわりのものは、目に見えない小さな粒が集まってできています。この粒の集まり方で、固体、液体、気体の状態が決まります。この３つの状態を「三態」といい、どのようなものにも３つの状態が存在します。図１は、状態変化の関係を表したものです。

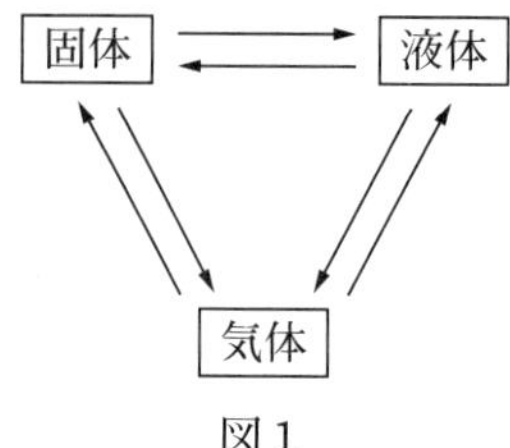

図１

問１　液体が気体になることを何といいますか。次のア～オから１つ選び、記号で答えなさい。

ア　蒸発　　イ　凝縮　　ウ　融解　　エ　凝固　　オ　昇華

問２　液体が気体になるときの重さと体積の変化について、正しい組み合わせを右のア～ケから１つ選び、記号で答えなさい。

	重さ	体積
ア	重くなる	大きくなる
イ	重くなる	変わらない
ウ	重くなる	小さくなる
エ	変わらない	大きくなる
オ	変わらない	変わらない
カ	変わらない	小さくなる
キ	軽くなる	大きくなる
ク	軽くなる	変わらない
ケ	軽くなる	小さくなる

問３　物質の三態について**まちがっているもの**を次のア～エから１つ選び、記号で答えなさい。

ア　水より氷の方が同じ体積あたりの重さが軽いため、氷は水に浮く。

イ　ドライアイスを密閉した容器の中に入れて常温で置くと、容器が破裂する恐れがあり危険である。

ウ　液体は温度が沸点に達しない限り、気体に変化することはない。

エ　固体のロウは液体のロウより同じ重さあたりの体積が小さいため、ロウが液体から固体に変わるときに体積が小さくなる。

問４　実験室で－80℃のドライアイスを液体窒素の中に入れたところ、

①液体の中から大きな泡

②液面付近に白い煙

が発生しました。このとき発生した①、②はそれぞれ主に何ですか。正しい組み合わせを次のア～カから１つ選び、記号で答えなさい。ただし、液体窒素の沸点は－196℃とします。

	①	②
ア	二酸化炭素	二酸化炭素
イ	二酸化炭素	水
ウ	二酸化炭素	窒素
エ	窒素	二酸化炭素
オ	窒素	水
カ	窒素	窒素

ものが状態変化するためには、温度だけでなく、圧力も重要な要素になります。例えば、水は通常100℃で沸騰しますが、圧力鍋を用いて鍋の内部の圧力を高くすると、100℃でも沸騰せず、120℃近くの高温の水で調理することができます。このように、<u>圧力を変化させると沸点や融点も変化します</u>。

問５　下線部について、圧力によって沸点や融点が変化したことで起きる現象を次のア～オから**すべて**選び、記号で答えなさい。

ア　標高の高い所で土鍋を使って米を炊こうとしても、十分に加熱できず、米に芯が残ってしまう。

イ　標高の高い所に未開封のスナック菓子の袋を持って行くと、袋が膨らむ。

ウ　アイススケート用の靴を履いて氷の上に立つと、靴の刃の下にある氷がとけやすくなる。

エ　紙でできた鍋に水を入れて下から熱すると、紙は燃えずに水が沸騰する。

オ　水の入った容器の水面全体をおおうように食用油をたらすと、水面の水が水蒸気になることを防ぐことができる。

水溶液は、溶けているものと水の沸点のちがいを利用することで、溶けているものと水に分けることができます。このような操作を蒸留といいます。

問６　アルコール水（水にエタノールを加えたもの）を図２のような装置で加熱しました。このときの温度変化のグラフとして正しいものをあとのア～エから１つ選び、記号で答えなさい。ただし、エタノールの沸点は78℃とします。

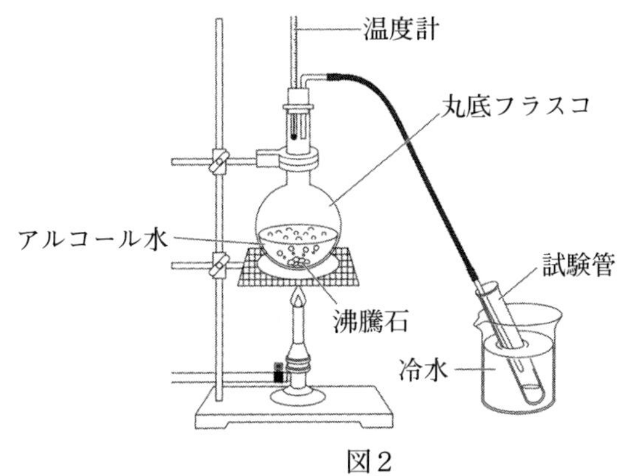

図２

ア
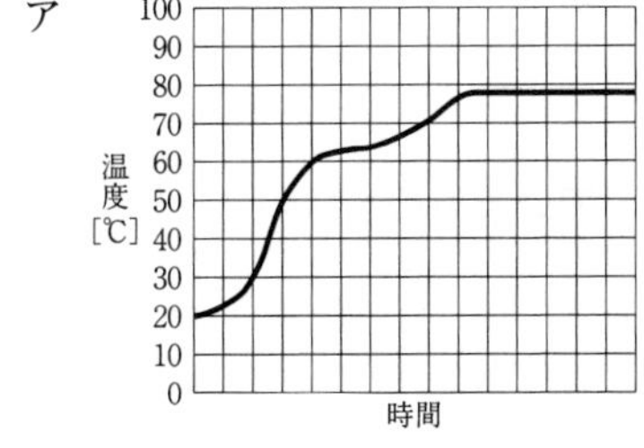

イ
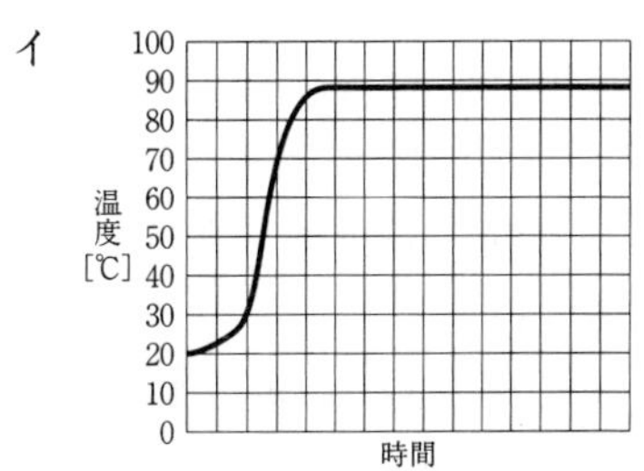

ウ
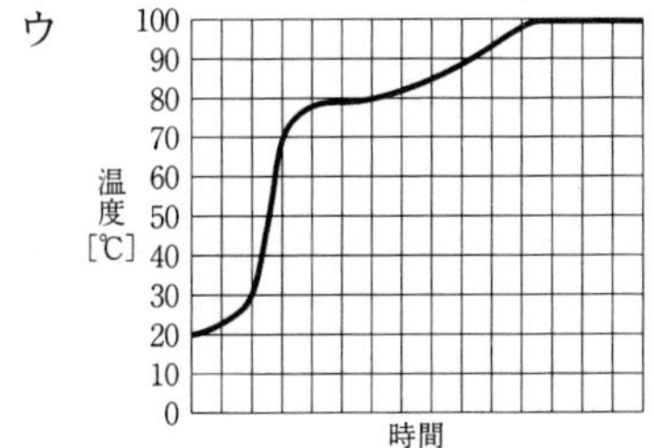

エ
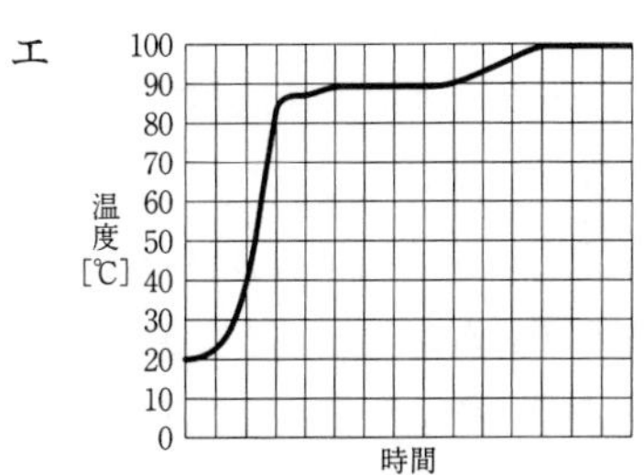

沸点や融点は圧力による変化だけでなく、水にものが溶けて水溶液になることによっても変化します。例えば水に食塩などの固体を溶かしてつくった水溶液の沸点は、水の沸点の100℃より高くなります。このような沸点や融点の変化は水溶液が濃いほど大きくなります。

問7　ある濃さの食塩水と水を用意し、温度を測定しながら冷やし続けました。水は温度が０℃のときに凍り始め、食塩水は－0.5℃のときに凍り始めました。その後も冷やし続けると、水は０℃のまま氷になっていくのに対して、食塩水は凍り始めたときからさらに温度が下がりながら凍っていきました。図３は両方の液体が凍り始めたところから、完全に固体になるまでの温度の様子の一部をグラフにまとめたものです。この実験の結果と関連した現象として**まちがっているもの**をあとのア～エから**すべて**選び、記号で答えなさい。

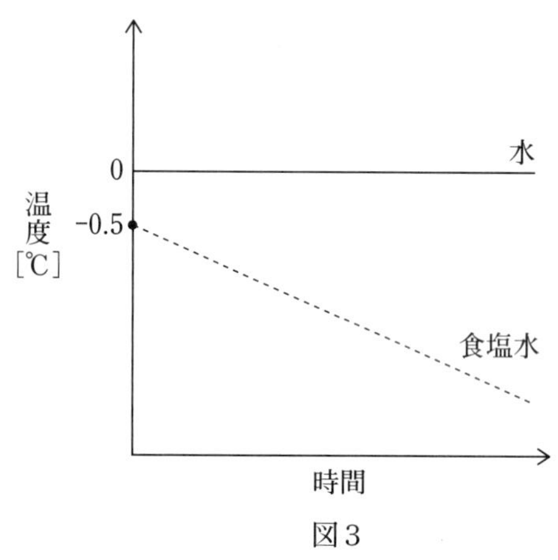

図３

ア　海水は水より凍りにくい。

イ　湖の水は、底からではなく表面から凍り始める。

ウ　冷凍庫で凍らせたスポーツドリンクのとけ始めの液体は、凍らせる前の液体よりも味が濃くなる。

エ　液体窒素を作る際は、空気を冷やして酸素や窒素を液体にした後、状態変化する温度の差を利用して窒素を取り出す。

③　昆虫について、あとの問いに答えなさい。

問１　昆虫について説明した文のうち、**まちがっているもの**を次のア～エから１つ選び、記号で答えなさい。

ア　からだのつくりが頭・胸・腹の３つからできている。

イ　３対６本の脚が胸から生えている。

ウ　多くの場合、３対６枚の翅が胸から生えている。

エ　バッタ・カマキリは卵で冬越しをするが、ハチ・アリ・テントウムシは成虫で冬越しをする。

問２　幼虫と成虫の時期で食べるものが同じ生物を次のア～オから１つ選び、記号で答えなさい。

ア　カブトムシ　　イ　テントウムシ　　ウ　カ

エ　アゲハチョウ　　オ　モンシロチョウ

問３　セミの口の形について正しいものを次のア～エから１つ選び、記号で答えなさい。

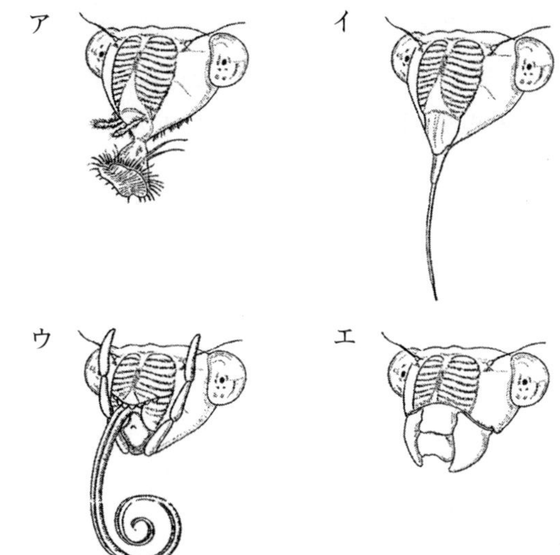

問４　次の図はアゲハチョウの幼虫のスケッチです。胸の部分をぬりつぶした図として正しいものをア～エから１つ選び、記号で答えなさい。

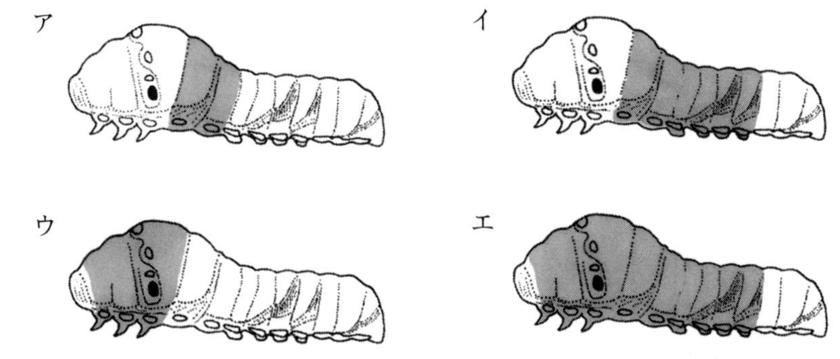

「擬態」とは、ある生物が何かに似せて他の生物をだますことであり、捕食者である天敵に食べられないようにするなどの効果があります。例えば、天敵が嫌うハチに似た黒と黄色のしま模様のガや、枯れ枝にそっくりなシャクトリムシも擬態していると考えられています。このように、擬態は自然界でありふれた現象です。

シロオビアゲハは東南アジア一帯から沖縄諸島にかけて分布するアゲハチョウの一種です。一方、ベニモンアゲハも同じくアゲハチョウの一種で、マレー半島やインドネシア、フィリピンに分布し、後翅には赤色の模様が見られます。ベニモンアゲハは毒をもつチョウであるのに対して、シロオビアゲハは毒をもっていません。

毒をもっているベニモンアゲハは他のアゲハチョウと比べて鳥に捕食されにくいという特ちょうがあります。シロオビアゲハのメスは大きく２種類あり、ベニモンアゲハに似た赤色の模様をもつ擬態型と、赤色の模様をもたない非擬態型に分かれます。擬態型のメスからは同じ擬態型の子が生まれ、非擬態型のメスからは同じ非擬態型の子が生まれます。

【実験１】

シロオビアゲハの擬態型または非擬態型の個体を見た天敵の鳥について、それぞれ７個体ずつその後の行動を観察し、以下の①～④を行った個体数を記録した。

①シロオビアゲハにある程度の距離(きょり)(５㎝以上)まで近づいた

②シロオビアゲハにさらに近づいた(５㎝以内)

③シロオビアゲハをついばもうとした

④シロオビアゲハを食べた

擬態型は図１、非擬態型は図２のような結果になった。

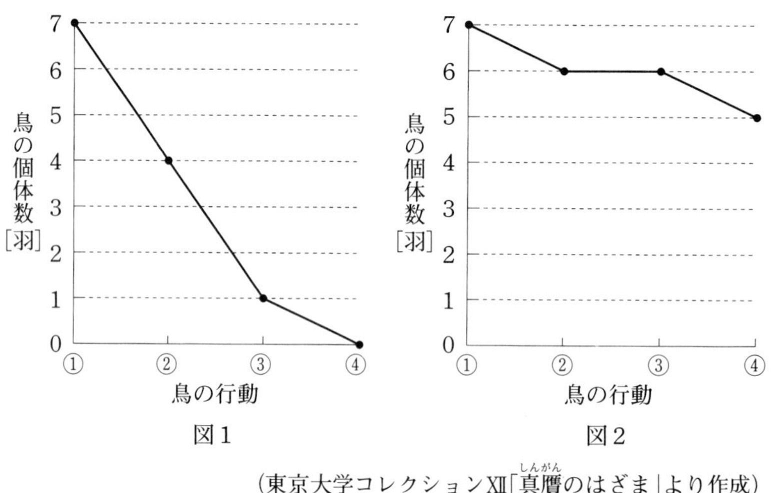

図１　　図２

(東京大学コレクションXII「真贋(しんがん)のはざま」より作成)

【実験２】

シロオビアゲハのメスのうち、擬態型14匹と非擬態型24匹について、オスから求愛された回数や交尾(こうび)した個体数を観察し、表に結果をまとめた。

表

	観察個体数	オスから求愛された回数	交尾した個体数
擬態型	14匹	12回	１匹
非擬態型	24匹	82回	10匹

問5　次の文は【実験1】、【実験2】から考察したものです。この文の(あ)～(う)にあてはまる言葉の組み合わせを、次のア～シから1つ選び、記号で答えなさい。

シロオビアゲハのメスは、(あ)の方がオスと交尾しやすく、(い)の方が鳥からねらわれやすい。そのため、将来(しょうらい)的に(う)と考えられる。

	(あ)	(い)	(う)
ア	擬態型	擬態型	擬態型のみの集団に変化していく
イ	擬態型	非擬態型	擬態型のみの集団に変化していく
ウ	非擬態型	擬態型	擬態型のみの集団に変化していく
エ	非擬態型	非擬態型	擬態型のみの集団に変化していく
オ	擬態型	擬態型	非擬態型のみの集団に変化していく
カ	擬態型	非擬態型	非擬態型のみの集団に変化していく
キ	非擬態型	擬態型	非擬態型のみの集団に変化していく
ク	非擬態型	非擬態型	非擬態型のみの集団に変化していく
ケ	擬態型	擬態型	擬態型も非擬態型も生き残る
コ	擬態型	非擬態型	擬態型も非擬態型も生き残る
サ	非擬態型	擬態型	擬態型も非擬態型も生き残る
シ	非擬態型	非擬態型	擬態型も非擬態型も生き残る

もともとベニモンアゲハのいなかった沖縄諸島に、ある年からベニモンアゲハが分布するようになると、図3のように、擬態型のシロオビアゲハのメスが多く観察されるようになりました。このような擬態されるモデルとなる生物が増えると擬態する割合(わりあい)も増える現象は、他の昆虫でもよく見られます。

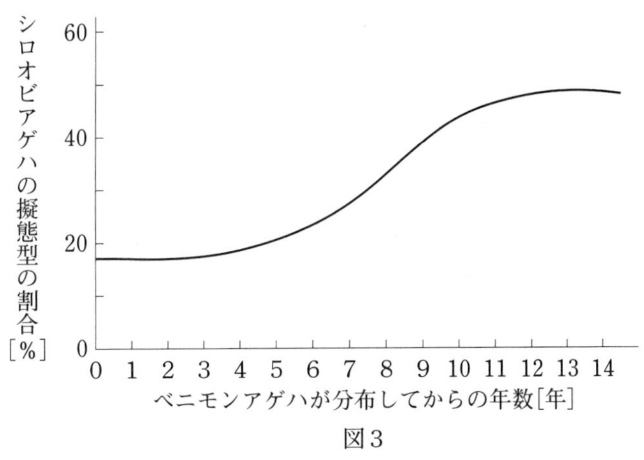

図3

(東京大学コレクションⅫ「真贋のはざま」より作成)

問6　擬態型のシロオビアゲハが増えた理由として考えられるものを次のア～エから1つ選び、記号で答えなさい。

ア　擬態する生物1個体あたりのエサの量が増えるため。

イ　擬態する生物の縄張りが広がるため。

ウ　擬態する生物1個体あたりが産む卵の数が増えるため。

エ　擬態する生物が天敵から襲(おそ)われにくくなるため。

エイコアブラハバチ(以後「ハチ」とします)、カワラトビイロケアリ(以後「アリ」とします)、ナシマルアブラムシ(以後「アブラムシ」とします)の３種の生物の間には次のような関係があります。まず、アリはアブラムシの天敵を追い払い、アブラムシはおしりから出る甘いみつをアリに与えるという、共生関係が成り立っています。一方、ハチはアブラムシの体内に卵を産みつけ、寄生しようとします。

アリはアブラムシをハチの攻撃から守っています。ハチはアリに何度も追い払われますが、すきをみつけてアリに馬乗りになります。その後、ハチが後ろ脚でアリの腹をさすると、アリは動かなくなります。アリが動かなくなると、ハチはさかんに触角でアリの頭部に触れ、自分の触角をなめ、それからさらに自分の体をなめ始めます。この行動を30分ほど繰り返したあと、ハチはアリからはなれ、その後自分の翅をかみ切って落とします。このときハチは飛べなくなるためアリに攻撃されても素早く逃げることはできなくなります。しかし、このハチをアリはまったく攻撃せず、自分のエサをハチに与えるようになるのです。こうしてハチは、しばらくアリの世話になって暮らしたあと、卵巣の発達をまってアブラムシの体内に卵を産みつけます。

問７　下線部について、アリがハチを攻撃しないのはなぜですか。考えられる理由を次のア～エから１つ選び、記号で答えなさい。

ア　逃げることのできないハチであればいつでも攻撃できると認識したため。
イ　ハチをアブラムシと認識したため。
ウ　ハチを同じ仲間のアリと認識したため。
エ　アブラムシを守るリスクの方が大きくなったと認識したため。

4　火山について、あとの問いに答えなさい。

熊本県の阿蘇市は、町が山で囲まれています。サカエ君が、地元の人に聞いてみたところ、これは阿蘇カルデラとよばれるものであり、東西に18㎞、南北に25㎞と世界でも有数の規模だということがわかりました。

問１　カルデラとはどのようなものですか。最も適切なものを次のア～キから１つ選び、記号で答えなさい。

ア　火山灰などの火山噴出物が周囲に堆積してできたくぼ地
イ　土砂が堆積してできた三角形の低地
ウ　噴火によって流れ出た溶岩が固まってできた平坦な台地
エ　粘性のかなり大きな溶岩からなる急傾斜の斜面をもつ丘
オ　れきや土砂が堆積してできた扇形のくぼ地
カ　火山の噴火後に中央部が落ち込んでできたくぼ地
キ　崖のある海岸沿いに見られる階段状の地形

サカエ君はさらに熊本県について調べていると、「火の国」とよばれていることがわかりました。その理由の一つとして、阿蘇山という火山があることがあげられるそうです。火山は大きく分けて図１のA～Cの形に分類され、阿蘇山はCの形であることがわかりました。

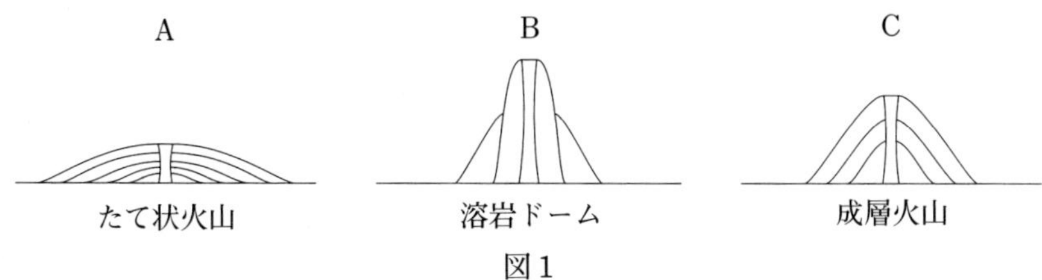

図１

問２　阿蘇山と同じ形に分類される火山の組み合わせはどれですか。最も適切なものを次のア～クから１つ選び、記号で答えなさい。

ア　有珠山（うすざん）・雲仙普賢岳（うんぜんふげんだけ）・昭和新山　　イ　浅間山・昭和新山・マウナロア
ウ　浅間山・桜島・富士山　　エ　有珠山・桜島・富士山
オ　浅間山・雲仙普賢岳・三原山　　カ　有珠山・昭和新山・三原山
キ　キラウエア・マウナロア・三原山　　ク　雲仙普賢岳・桜島・マウナロア

サカエ君が火山についてさらに詳（くわ）しく調べていると、「ホットスポット」という言葉が出てきました。ホットスポットは、マグマのふき出し口であり、海底で大きな噴火が起こると島ができます。ホットスポットは移動しませんが、プレートの動きにより前にできた島は移動してしまうので、次の噴火のときにホットスポットの上に新しい島ができます。例えばハワイ諸島（しょとう）はホットスポットによって形成された代表的な火山島で、形成された時代は北西の島ほど古く、火山活動は南東のハワイ島で活発であるという特ちょうがあります。

問３　図２はあるホットスポットの周辺を表しています。○はホットスポットによりできた火山の痕跡（こんせき）を、◉は火山島を表しています。また、一部には形成された時期が含（ふく）まれています。5500万年前、プレートはどの方角へ移動していたと考えられますか。最も適切なものをあとのア～クから１つ選び、記号で答えなさい。ただし、ホットスポットはマントル内で動かないものとします。

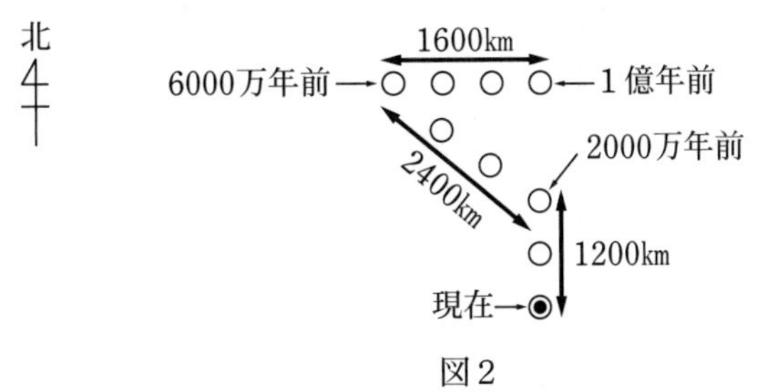

図２

ア　北　　イ　北東　　ウ　東　　エ　南東
オ　南　　カ　南西　　キ　西　　ク　北西

問４　図２において、2000万年前から現在まで、プレートは１年あたり平均何cm移動していますか。

自修館中等教育学校（A 1）

—30分—

1　以下の各問いに答えなさい。

問1　次の文の空欄Aに適する植物を①～④の中から1つ選び、番号で答えなさい。
また、空欄Bに適する語句を答えなさい。

【 A 】のように種子をつくる植物のなかまを、種子植物といいます。一方、種子をつくらない植物のなかまは2つに分類され、シダ植物と（ B ）植物があります。

①　ワカメ　　②　エリンギ　　③　スギナ　　④　スギ

問2　次の文の空欄Aに適する生物を①～④の中から1つ選び、番号で答えなさい。また、空欄Bに適する語句を答えなさい。

キンギョやニシキゴイ、【 A 】のように、本来自然にいるものと体色や形などが大きく異なるものが観賞用としてペットとして売られているものがあります。これは（ B ）という現象によって、偶然（ぐうぜん）、色などが変わったものを人間が選び、品種改良をして様々な色や形などをつくり出しているのです。

①　コガネムシ　　②　モルフォチョウ　　③　メダカ　　④　クジャク

問3　次の①～④の文の中から、その植物の特ちょうとして正しいものを1つ選び、番号で答えなさい。

①　キノコは木のかげで、弱い光で光合成をしている。
②　ソメイヨシノは、品種改良をしたため、同一の個体からは種子ができない。
③　水草のなかまは、水の中にいるため花を咲（さ）かせない。
④　タケノコとはタケの花である。

問4　次の①～④の中から、卵からふ化せずに生まれる動物を1つ選び、番号で答えなさい。

①　マナティー　　②　ミジンコ　　③　ヤドカリ　　④　ウミヘビ

2　氷を加熱して、温度を上げていく実験を行いました。以下の各問いに答えなさい。

<実験1>

右図のように、三角フラスコに0℃の氷100gを入れて、加熱しました。加熱をはじめて6分後、10分後、20分後付近の温度変化を表すグラフは、以下のようになりました。

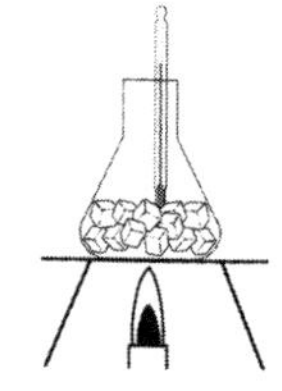

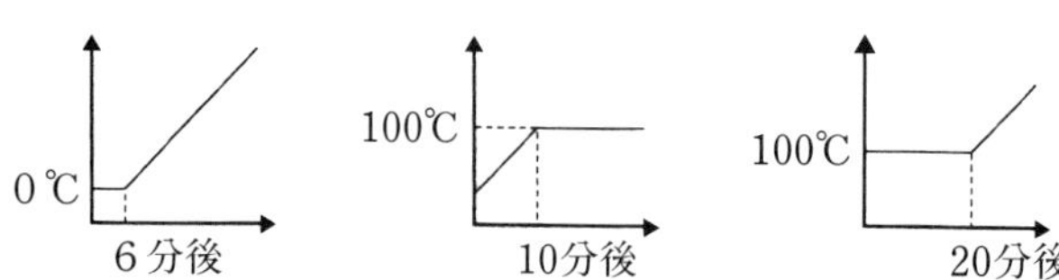

問1　加熱をはじめて8分後と、12分後のフラスコ内の氷の状態を、①～⑤の中からそれぞれ1つ選び、番号で答えなさい。

①　液体　　②　固体　　③　気体　　④　液体と気体　　⑤　固体と液体

問2　実験1において、液体の水の温度が10℃上がるためにかかった時間は何秒かを答えなさい。

＜実験２＞

実験１と同じように氷を加熱して、水が100℃になったところで加熱をやめて、フラスコにゴム栓をしました。

その後、右図のように逆さまにした三角フラスコを袋に入れた氷で冷やすと、フラスコ内の水からブクブクと泡が出てきました。

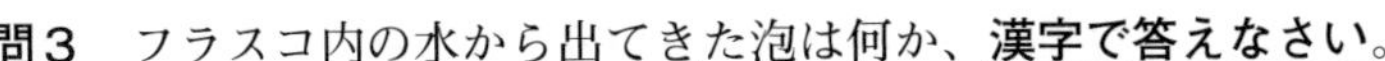

問３　フラスコ内の水から出てきた泡は何か、**漢字で答えなさい**。

問４　この現象を何というか答えなさい。

問５　加熱をしていないのに、このような現象が起きたのはなぜですか。その理由を説明しなさい。

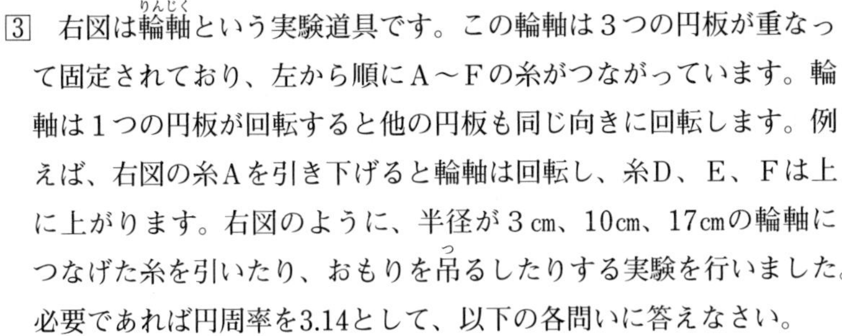

3　右図は輪軸という実験道具です。この輪軸は３つの円板が重なって固定されており、左から順にA～Fの糸がつながっています。輪軸は１つの円板が回転すると他の円板も同じ向きに回転します。例えば、右図の糸Aを引き下げると輪軸は回転し、糸D、E、Fは上に上がります。右図のように、半径が３㎝、10㎝、17㎝の輪軸につなげた糸を引いたり、おもりを吊るしたりする実験を行いました。必要であれば円周率を3.14として、以下の各問いに答えなさい。

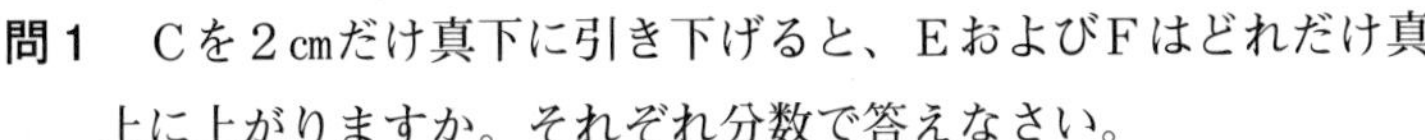

問１　Cを２㎝だけ真下に引き下げると、EおよびFはどれだけ真上に上がりますか。それぞれ分数で答えなさい。

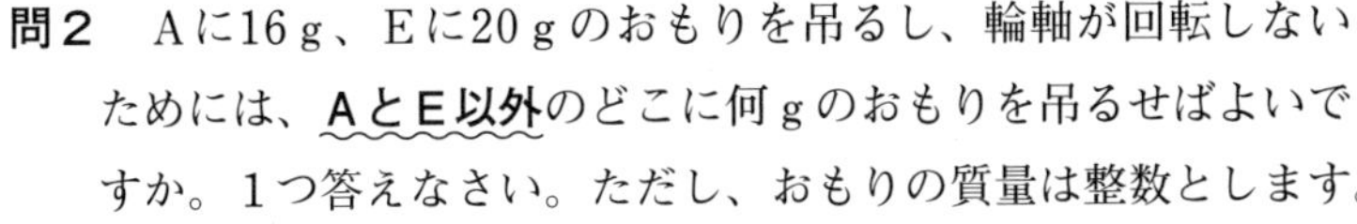

問２　Aに16ｇ、Eに20ｇのおもりを吊るし、輪軸が回転しないためには、**AとE以外**のどこに何ｇのおもりを吊るせばよいですか。１つ答えなさい。ただし、おもりの質量は整数とします。

問３　Bに85ｇのおもりを吊るし、輪軸が回転しないためには、**BとE以外のうち、どこか異なる２か所**にそれぞれ何ｇのおもりを吊るせばよいですか。ただし、おもりの質量は整数とします。

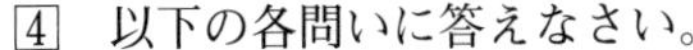

4　以下の各問いに答えなさい。

問１　気象庁が定義している気象用語の中に「猛暑日」とよばれる日があります。これはどの条件の日を示すでしょうか。次の①～④の中から１つ選び、番号で答えなさい。

①　平均気温が30℃以上　　②　最低気温が30℃以上

③　最高気温が35℃以上　　④　平均気温が35℃以上

問２　低気圧や高気圧で示される気圧の単位を答えなさい。

問３　日本では梅雨や秋雨とよばれる長雨の時期があります。その長雨の原因となっているものとしてもっとも適当なものを、次の①～④の中から１つ選び、番号で答えなさい。

①　熱帯低気圧　　②　偏西風　　③　閉そく前線　　④　停たい前線

問４　日本では地震が起きたとき、短時間でテレビ等に速報が出ます。このとき、アルファベットのMであらわされる、地震そのものの大きさ（規模）を示すものを何といいますか。**カタカナで答えなさい**。

問５　火山が噴火(ふんか)すると様々なものが噴出(ふんしゅつ)されます。次の①～⑤の語句の中で、火山噴出物に**分類されないもの**を１つ選び、番号で答えなさい。

①　火山灰　　②　軽石　　③　長石　　④　火山ガス　　⑤　火山弾

5　次の文章を読んで、以下の問いに答えなさい。

環境問題を少しでも解決するために、世界各地で様々な取り組みが行われています。以前から日本でも、リデュース（少ない資源で物を作ったり、ひとつのものを長く使ったりすること）・リユース（ひとつの物やその部品を繰り返し使うこと）・リサイクル（ひとつの物を原材料に戻し、新たなものを作ること）といった、いわゆる３Ｒ運動や、近年ではアップサイクルとよばれる活動も活発になってきています。例えば、使用済みになった高速道路の横断幕(おうだんまく)やトラックの幌(ほろ)（荷台を覆(おお)う丈夫な布）は雨や風に強い特性を持っています。この特性を生かし、裁断(さいだん)した生地で、私たちが日常使えるバッグにするといったように、不要になった物を工夫し、新たな価値を付け加えるのがアップサイクルです。リサイクルとの大きな違いは、不要になった物を原材料に戻すかどうかです。

問　以下のア～キに日常生活で利用するものをいくつか挙げました。これらが不要になった物と仮定し、これをリサイクルするかアップサイクルするかを選び、どのようにリサイクルもしくはアップサイクルするのかを、次の解答例を参考に答えなさい。ただし、解答例と似た解答は採点しません。同じような解答はひとつだけ採点し、他は採点しません。また、例えば「衣類をリサイクル（もしくはアップサイクル）し、新たな衣類を作る」といった、同じようなものを作るという解答は採点しません。この中にないものを解答する場合は、具体的な物の名称を答え、リサイクルもしくはアップサイクルについて解答しても構いません。

【不要になった物】

ア　衣類　　イ　家具　　ウ　食器　　エ　飲み物のビンや缶

オ　自転車　　カ　ＴＶ等の電化製品　　キ　文房具

【解答例】

不要になった物	リサイクル アップサイクル （どちらかを○で囲む）	どのような物にするか
高速道路の横断幕	リサイクル （アップサイクル）（○で囲まれている）	雨や風に強いバッグ

不要になった物	どちらかを○で囲む	どのような物にするか
	リサイクル アップサイクル	
	リサイクル アップサイクル	
	リサイクル アップサイクル	
	リサイクル アップサイクル	
	リサイクル アップサイクル	
	リサイクル アップサイクル	
	リサイクル アップサイクル	
	リサイクル アップサイクル	
	リサイクル アップサイクル	
	リサイクル アップサイクル	

芝浦工業大学柏中学校(第１回)

—40分—

1　図１は、動物をなかま分けした図です。A～Cはなかま分けをするための説明が入りますが、問題の都合上省略してあります。

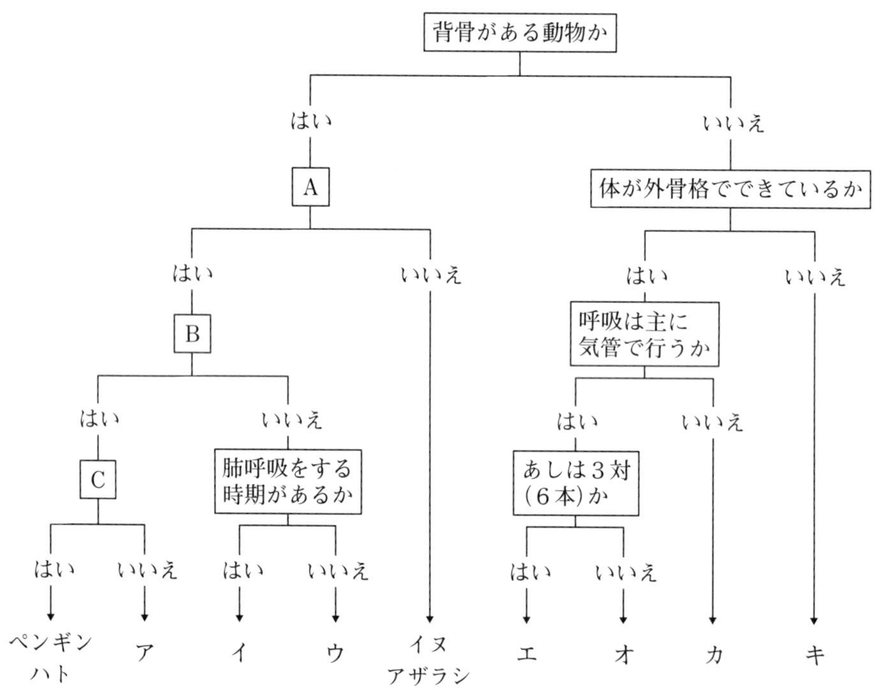

図１　動物のなかま分け

(1)　図１のA、Cに当てはまるなかま分けの基準を、以下の①～⑦の中から１つずつ選び、番号で答えなさい。

①　卵生であるか　　②　胎生であるか　　③　水中に卵を産むか
④　水中で生活をするか　　⑤　陸上に卵を産むか　　⑥　羽毛はあるか
⑦　全身がうろこでおおわれているか

2023年６月より、アカミミガメとアメリカザリガニを飼育したり、捕獲したり、無償で譲渡することができるようになりました。日本で特定（ X ）に指定されている生物は、飼育、栽培、保管、運搬、輸入が禁止されており、飼育するためには国に書類を届ける必要があります。しかし、アカミミガメとアメリカザリガニは、元々飼育者がとても多い生物なので、届け出をする必要がなくなるよう法律改定されました。しかし飼育できなくなったからといって、野外に放したり、逃したりすることは法律で禁止されています。

(2)　アカミミガメとアメリカザリガニをなかま分けすると、図１のア～キのどこに属しますか。ア～キからそれぞれ１つずつ選び、記号で答えなさい。

(3)　アメリカザリガニと同じなかまを以下から１つ選びなさい。

クワガタ　　アサリ　　ミジンコ　　バッタ　　クモ

(4)　アカミミガメやアメリカザリガニのような生物は(　X　)と呼ばれています。これらの生物は、本来生息していなかった土地に海外から人間が持ち込み定着した生物のことです。空らん(　X　)に当てはまる用語を、漢字４字で答えなさい。

(5)　(4)の生物の影響(えいきょう)で元からいた生物の数が減少することがありますが、それはどのような理由からですか。「元からいた生物」という語を使って、この語も含めて20字以内で答えなさい。

アメリカザリガニを使って水のよごれの程度を調べることができます。他にも26種類程度そのような生物がいて、このような生物を指標生物と言います。調査した川や湖、沼に多く見られた生物の種類とその数によって、よごれの程度は決まり、４段階に分けられます。指標生物にはそれぞれ点数が決められていて、1.0～10.0で評価されます。採集された生物の点数を調査した地点ごとに合計し、採集された生物数で割った値を平均点数とします。その平均の点数によって水のよごれの程度が決まります。表１は平均点数の範囲(はん)と水のよごれの程度を表しています。

表１　平均点数別の水のよごれ度合い

平均点数の範囲	水のよごれの程度
7.5以上	とてもきれいな水
6.0以上7.5未満	きれいな水
5.0以上6.0未満	きたない水
5.0未満	とてもきたない水

ある川での地点Ａ～Ｅで、生息している生物を調査して以下の表２にまとめました。

表２　調査地点別の出現生物とその点数

出現生物	点数	調査した川の地点				
		A	B	C	D	E
カワゲラ	9.0				○	
ヒラタカゲロウ	9.0				○	
ヘビトンボ	9.0	○		○		
サワガニ	8.0					○
ヨコエビ	8.0	○				
オオシマトビケラ	7.0					
イシマキガイ	7.0	○	○			○
ゲンジボタル	6.0	○				
カワニナ	6.0	○			○	
タニシ	5.0			○	○	○
ゲンゴロウ	5.0					○
ヒル	5.0		○			
ミズムシ	2.0			○		○
ユスリカ	2.0		○			
エラミミズ	1.0					○
サカマキガイ	1.0					○
アメリカザリガニ	1.0		○			

※表中の○はその地点で出現した生物を表します。
※この表は、平成29年環境省の水生生物の水質評価表マニュアルを参考にして作成しました。

(6)　出現生物がどれも１個体としたとき、以下の問いに答えなさい。

①　地点Ｃの平均点数を求めなさい。ただし小数第２位を四捨五入して、小数第１位で答えること。また、水のよごれの程度を表１にならって、以下のア～エから１つ選び、記号で答えなさい。

ア　とてもきれいな水　　イ　きれいな水　　ウ　きたない水　　エ　とてもきたない水

②　地点Ａ～Ｅをきれいな順に並べた時、４番目の地点はＡ～Ｅのうちのどの地点か。記号で答えなさい。

(7)　生物どうしは食べる・食べられる関係で結びついています。例えば、ある沼(ぬま)Ｆで見られる生物の食べる・食べられる関係を見てみると、ザリガニはコイを食べ、コイはタニシを食べ、タニシはミカヅキモを食べて生活しています。一方でザリガニは、コサギなどの鳥類に食べられます。文中に登場する生物５種類を並びかえて、食べる・食べられる関係を矢印で示しなさい。ただし解答の一番はじめはミカヅキモとします。

(例)　ワシはウサギを食べ、ウサギは植物を食べることを矢印で表すと、
植物→ウサギ→ワシ　となります。

２　1923年９月１日に発生した関東大震(しん)災から100年が経過しました。この機会に日本の地震災害について調べてみることにしました。次の表１は、気象庁のＨＰを参考にし、日本に大きな被(ひ)害を与(あた)えた３つの地震についてのまとめです。

これを読んで、以下の問いに答えなさい。

表１

地震名	大正関東地震	兵庫県南部地震	東北地方 太平洋沖地震
発生日	1923年９月１日	1995年１月17日	2011年３月11日
発生場所	神奈川県西部	淡路(あわじ)島北部	三陸沖
（Ａ）の深さ	23km	16km	24km
最大震度	7	7	7
地震の規模	M7.9	M7.3	M9.0

(1)　表１の空らん（Ａ）は、最初に岩石が破壊された場所を表しています。この場所を何といいますか。

(2)　３つの地震の最大震度は、いずれも最大の震度７を記録しました。それでは日本の震度の最小はいくつでしょうか。

(3)　大正関東地震での死者・行方不明者は合わせて10万人を超(こ)えました。この多くは地震により発生した火災によるものです。火災による被害が大きくなった原因について説明した次の文章中の空らんに当てはまる文を、台風の風の特徴(ちょう)をふまえて15字以内で答えなさい。

『地震が発生した時間が昼食の時間と重なり、火の使用が多かったこと、木造住宅が密集していたこと、地震発生直後には日本海沿岸を北上する台風の影響(えいきょう)で、関東地方には（　　）こと、などが挙げられる。』

次の図１は、気象庁のＨＰに載っている日本付近のプレートの模式図です。図１の通り、日本は４つのプレートの境界にあり、プレートがぶつかることで多くの地震が発生しています。図２は日本のプレート境界で発生する地震の分布を模式的に表したものです。

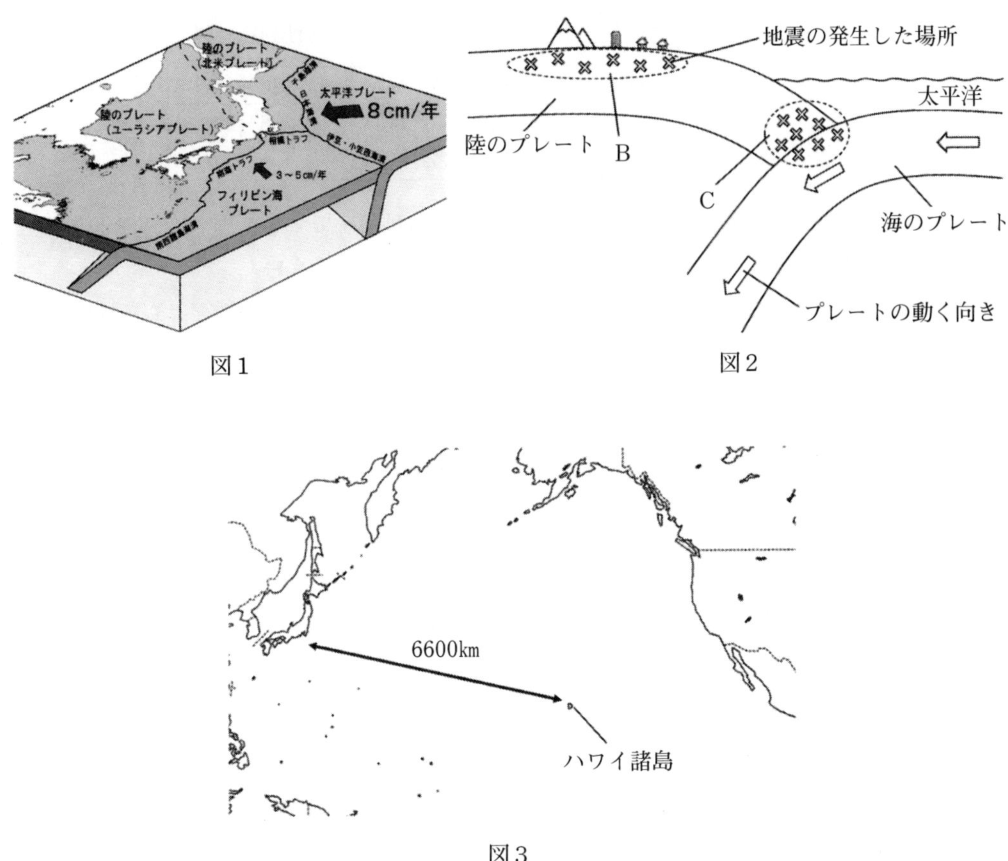

図１

図２

図３

⑷　太平洋プレート上にはハワイ諸島があり、図１のように、太平洋プレートは１年間に８㎝ずつ動いているため、ハワイ諸島は現在日本に近づいてきています。図３のような地図上で日本とハワイ諸島の直線距離を調べてみると、およそ6600㎞とわかりました。このまま太平洋プレートの進む向きと速さが変わらないとすると、およそ何万年後に日本とハワイ諸島はくっつくことになるでしょうか。

答えは万年後の単位で答えなさい。

⑸　図２で、日本付近で発生する地震は、Ｂのように直下で発生する『内陸型地震』とＣのように陸のプレートと海のプレートの境界付近で発生する『海溝型地震』の２つがあります。この２つの地震の特徴の違いについて説明した次の文章の空らんに当てはまる文を、地震の規模と気を付ける災害にふれて25字以内で答えなさい。

『Ｃの地震は、Ｂの地震と比べて（　　）。』

地表近くで発生した地震について、①、②、③の３地点で観測すると、地震発生場所からの距離、Ｐ波到達時刻、Ｓ波到達時刻は表２のようになりました。

表２

地点	地震発生場所からの距離	Ｐ波到達時刻	Ｓ波到達時刻
①	63km	11時26分04秒	11時26分13秒
②	D	11時26分11秒	11時26分27秒
③	189km	11時26分22秒	E

(6)　この地震の初期微動を起こす波の伝わる速さは、毎秒何kmですか。

(7)　表の空らんD、Eに当てはまる距離、時刻をそれぞれ答えなさい。

(8)　次の図は、地点①で観測した２つの地震Ｘ、Ｙの記録です。２つの地震ともに地点①での揺れの大きさはほぼ同じでした。このとき、地点①における震度とマグニチュードについて正しく述べているものを、ア～ケの中から１つ選んで、記号で答えなさい。

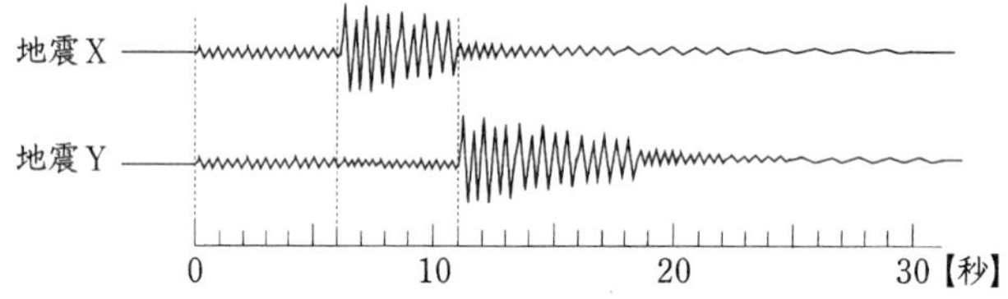

	震度	マグニチュード		震度	マグニチュード
ア	Ｘの方が大きい	Ｘの方が大きい	カ	Ｘの方が小さい	ＸＹともに同じ
イ	Ｘの方が大きい	Ｘの方が小さい	キ	ＸＹともに同じ	Ｘの方が大きい
ウ	Ｘの方が大きい	ＸＹともに同じ	ク	ＸＹともに同じ	Ｘの方が小さい
エ	Ｘの方が小さい	Ｘの方が大きい	ケ	ＸＹともに同じ	ＸＹともに同じ
オ	Ｘの方が小さい	Ｘの方が小さい			

３　環境問題と化学物質の関係は切っても切れない関係にあり、現在多くの問題にさまざまな物質が関係しています。環境問題を考える先駆けとなったのが、1962年アメリカで出版されたレイチェル・カーソンという生物学者が書いた「沈黙の春」という一冊の本で、(i)農薬にふくまれる化学物質が環境や生き物に影響を与え、人間の体内で濃縮が起こり、次世代にまで影響がおよぶことを警告したものでした。当時、魔法の薬としてもてはやされた農薬に含まれる化学物質の多くは炭素や水素を含む有機物でできていました。

(1)　下線部(i)の農薬に含まれる化学物質は農業において作物を育てるときに、うまく使えば病害虫が作物について成長のさまたげになるのを防ぐなどの効果を期待できますが、使い過ぎたり使用方法を間違えると問題が生じる場合があります。人への健康被害以外にはどのようなことが考えられますか。具体的に考えられる問題を10字以上15字以内で答えなさい。

(2)　農薬に限らず、身のまわりで便利に使われている様々な化学物質にはその効果を期待するために適量で使用することが望ましいものがあります。以下の文章のうち、適量に関係した説明として適切でないものを次のア～エより２つ選んで、記号で答えなさい。

ア　市販薬などの分量は、１日何回どのくらいの量を飲めばよいかなどの表記を必ず守って服用する。

イ　栄養素を補うサプリメントは、栄養素をたくさん摂取できるので商品の表記以上に摂取しても問題はない。

ウ　消毒用のアルコール水溶液の濃度は、適切な濃度で使用しないと殺菌や除菌の効果が十分に得られない。

エ　衣類を洗たくしたり、食器をきれいにする洗剤は、たくさん使うほうがよごれが落ちるので、特にきれいにしたいときは使用量の目安以上に使うとよい。

(3)　環境問題と化学物質の観点で考えると、かつては分からなかった問題も現在では多くのものが対策されるようになってきました。例えば、オゾン層の破壊にはある化学物質が関係しており、この物質はエアコンや冷蔵庫が冷却するのにかつて身近に使われた物質で、強力な温室効果ガスでもあることが知られています。現在では生産を禁止されるなど規制が進んでいるこの物質は何ですか。物質の総称を答えなさい。

有機物は炭素や水素をふくんでおり、火をつけると光や熱を出しながら酸素と結びつき燃焼します。燃えることで二酸化炭素や水蒸気ができ、燃やすものによっては灰が残りますが、このとき燃焼するためには酸素のはたらきが重要になります。例えば、木材を試験管の中に入れその試験管を加熱したところ、木材が酸素とふれられないので蒸し焼きの状態になり、最終的に木炭が得られます。

(4)　木材を試験管の中で蒸し焼きにする際に、試験管の向きは以下の図のように下方に傾けて設置します。この理由を25字以内で答えなさい。

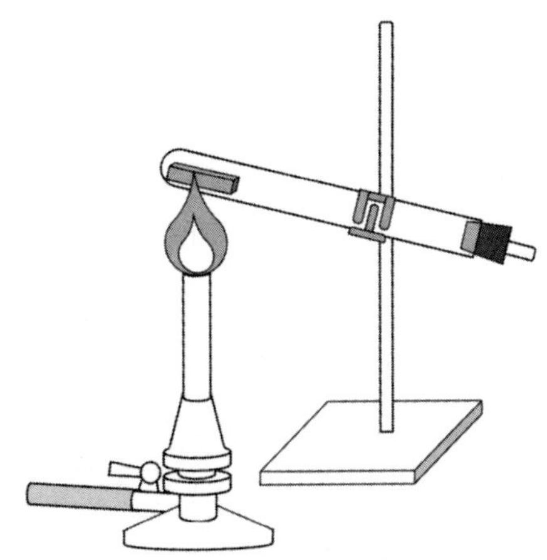

(5)　加熱を進めると、はじめに木ガスと言われる気体がガラス管から出ていきます。この気体の特徴として当てはまらないものを次のア～エより１つ選んで、記号で答えなさい。

ア　試験管から白い煙となって出ていく。　　イ　水に溶けて黄色くなる。

ウ　火を近づけると引火する。　　エ　ＢＴＢ溶液を青くする。

(6)　酸素の少ない状態で、得られた木炭を燃やすと燃焼の仕方が不完全燃焼になります。このとき発生する有毒な気体の物質名を答えなさい。

先ほどの実験で得られた木炭を粉状にしたものを、(ii)酸化銅の黒色の粉と混ぜて試験管内で蒸し焼きと同じ方法で加熱しました。木炭の粉が反応したものはすべて二酸化炭素に変化すると考えて、以下の問いに答えなさい。

(7)　下線部(ii)の酸化銅の黒色の粉は、銅を空気中で加熱して酸素と結びつくことで得られます。0.32 g の銅から、0.40 g の酸化銅が得られたとすると、重さはもとの何倍に変化していますか。小数第２位で答えなさい。

(8)　木炭も酸化銅も、もとは黒色の粉状の物質でしたが、加熱後の粉を確認すると、赤茶色の粉が混ざった状態が見られました。これは、木炭が酸化銅に対してどのようなはたらきをしたからですか。15字以内で答えなさい。

(9)　この実験を、酸化銅がちょうど反応しきる量の木炭を用意して、酸化銅1.60 g 、木炭0.12 g を混ぜて反応させようとこころみました。酸化銅が木炭と反応した割合で以下の表のように重さが変化すると考えられます。

表　反応前後の酸化銅と木炭の粉末の重さの関係

反応した割合	25%	50%	75%	100%
反応前(酸化銅＋木炭)の重さ〔g〕	1.72	1.72	1.72	1.72
反応後の重さ〔g〕	1.61	1.50	1.39	1.28
反応による重さの減少量〔g〕	0.11	0.22	0.33	0.44

いま、同じ方法で木炭が反応に必要な量より多くなるように、酸化銅1.60 g と木炭0.20 g で混ぜて加熱し、酸化銅の50％が反応しました。

①　反応後の全体の重さは何 g になりますか。小数第２位で答えなさい。

②　反応後に残った木炭の重さは何 g になりますか。小数第２位で答えなさい。

4　以下の問いに答えなさい。ただし、用いるばねやひもの重さはすべて無視できるものとします。

もとの長さが異なるばねA、Bに、図１のように、いろいろな重さのおもりをつるし、そのときのおもりの重さとばねの長さの関係をまとめると表１のようになりました。

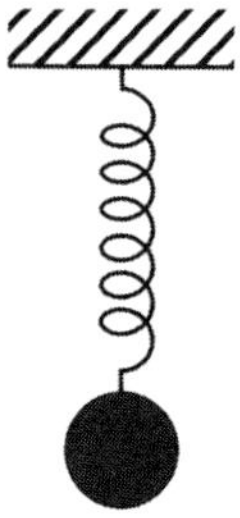

図１

表１

おもりの重さ〔g〕	10	20	30	40	50
ばねAの長さ〔cm〕	5.5	8	(X)	13	15.5
ばねBの長さ〔cm〕	7	9	11	13	15

(1)　表１の(X)にあてはまる数字を答えなさい。

(2)　何もつるしていないときのばねBの長さは何cmですか。

(3)　ばねAに100 g のおもりをつるすとばねののびは何cmですか。

(4)　表1の結果をふまえて、つるしたおもりの重さとばねA、Bののびの関係をそれぞれグラフに表しなさい。ただし、どちらのグラフがどちらのばねの関係を表しているかを次の図に示しなさい。

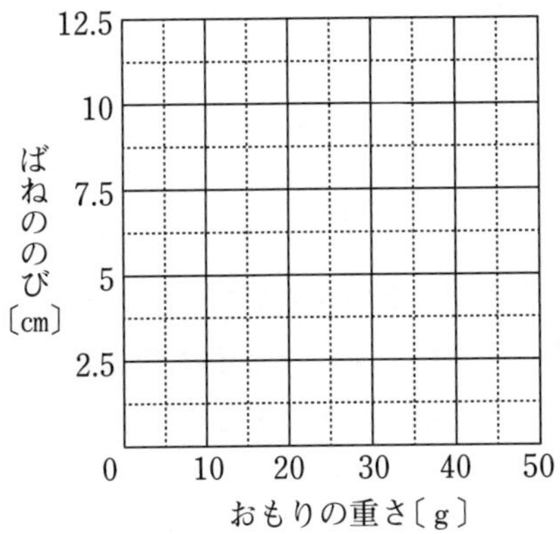

ばねA、Bと一様な棒を用いて、図2～4のような実験を行いました。ただし、かっ車とひもの摩擦(まさつ)は無視できるものとします。

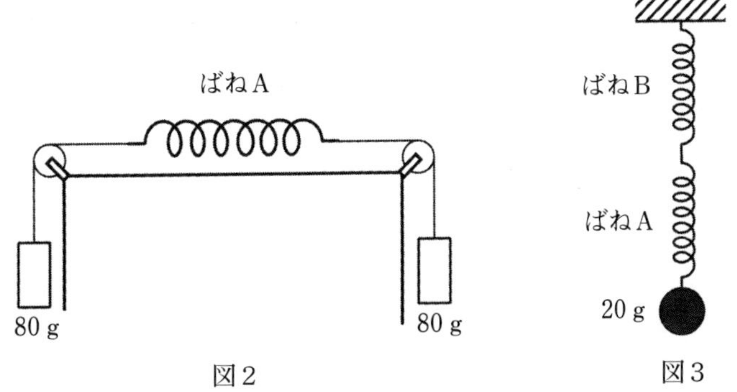

図2　図3

(5)　図2のばねAの長さは何cmですか。

(6)　図3のばねA、Bの長さの合計は何cmですか。

(7)　図4のように、ばねA、Bを一様な太さの棒の両端に取り付けて、棒の中心に10gのおもりをつるしたところ、A、Bは同じ長さになりました。棒の重さは何gですか。

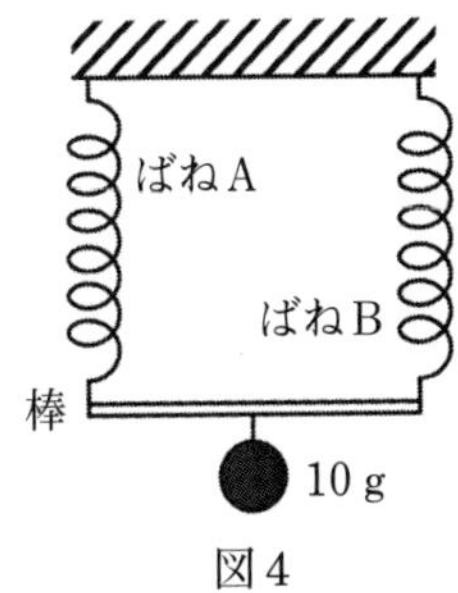

図4

(8)　ばねＢに重さ75ｇのおもりをつるし、図５のように、水の入ったビーカーに完全にしずめた結果、ばねＢの長さは18.5cmになりました。このおもりの体積は何cm³ですか。ただし、おもりにはたらく浮(ふ)力の大きさは、おもりがおしのけた液体の重さに等しいものとし、水１cm³の重さは１ｇであるものとします。

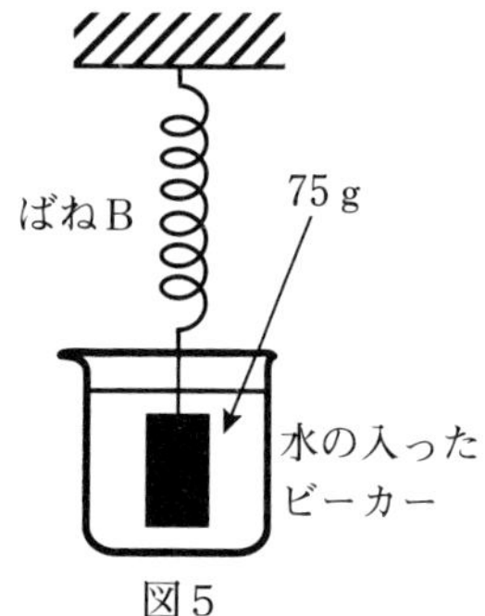

図５

(9)　水よりも１cm³あたりの重さが大きい食塩水をビーカーに入れて、(8)と同じ実験を行うことにします。おもりを食塩水に完全にしずめたときのばねＢの長さは水のときの結果の18.5cmに比べてどうなりますか。ア～ウの中から１つ選んで、記号で答えなさい。

ア　18.5cmより長い　　イ　ちょうど18.5cmである　　ウ　18.5cmより短い

(10)　鉄の船をイメージしたモデルを水にうかべる実験に関しても、その船にはたらく浮力を計算することでその結果を考察することができます。図６の3000ｇの箱型の鉄を水にうかべるとどうなりますか。水にうかぶか、しずむかについて「箱型の鉄は水に～」の形に合うように答えなさい。また、そのように考えた理由を35字以内で答えなさい。

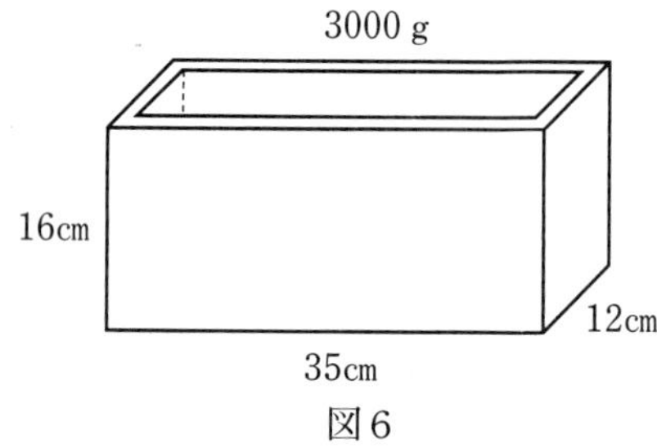

図６

芝浦工業大学附属中学校(第１回)

—50分—

1　この問題は聞いて解く問題です。

聞いて解く問題は全部で３題です。問題文の放送は１回のみです。メモをとっても構いません。ひとつの問題文が放送されたあと、解答用紙に記入する時間は15秒です。聞いて解く問題の解答は答えのみを書いてください。

(1)

(2)

(3)

ア　９時間　　イ　12時間　　ウ　16時間　　エ　19時間

※以下のQRコード、URLよりHPにアクセスすると音声を聞くことができます。

https://sites.google.com/shibaurafzk.com/sitjuniorhigh

2　次の文を読み、あとの問いに答えなさい。

もとの長さが20cmで、20ｇのおもりをつけると３cmのびるばねＡと、もとの長さが30cmで、20ｇのおもりをつけると２cmのびるばねＢ、長さ60cmの一様な変形しない棒を用いて、〔実験１〕～〔実験３〕を行いました。ただし、棒はすべて同じものを使用し、おもり以外の重さは考えないものとします。

〔実験１〕

(図１)のように、かべにとりつけたばねＡ、ばねＢと棒を一直線にとりつけたところ、全体の長さが120cmになったところで静止した。

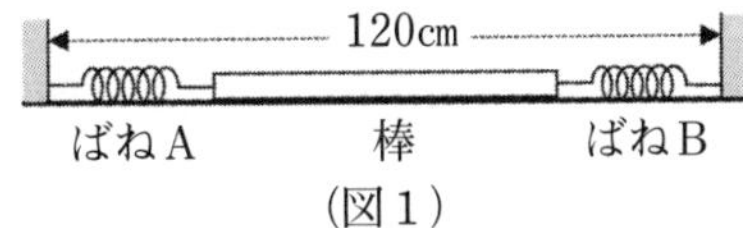

(図１)

〔実験２〕

ばねＡ、ばねＢ、２本の棒、150ｇのおもり、重さの分からないおもりＸを(図２)のように組み合わせたところ、ばねＡとばねＢの長さは等しくなり、２本の棒は水平につり合った。なお下側の棒において、おもりＸを取り付けた位置から糸までの距離(きょり)は45cmである。

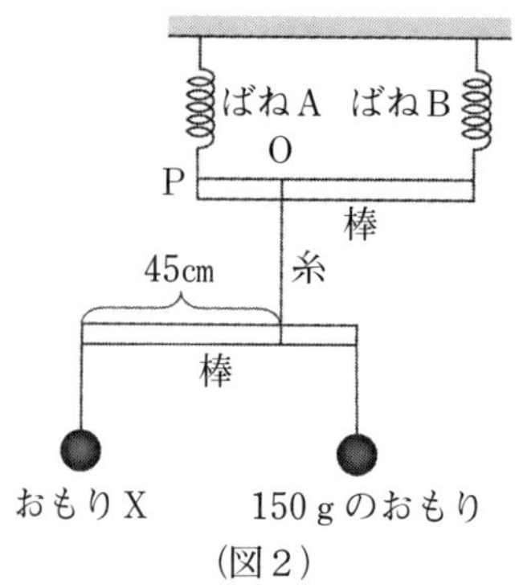

(図２)

〔実験３〕

３本のばねA、棒、100ｇのおもり、重さの分からないおもりY、おもりZ、２つのかっ車、半径の比が２：３の輪じくを(図３)のように組み合わせたところ、３本のばねはすべて同じ長さになり、棒は水平につり合った。

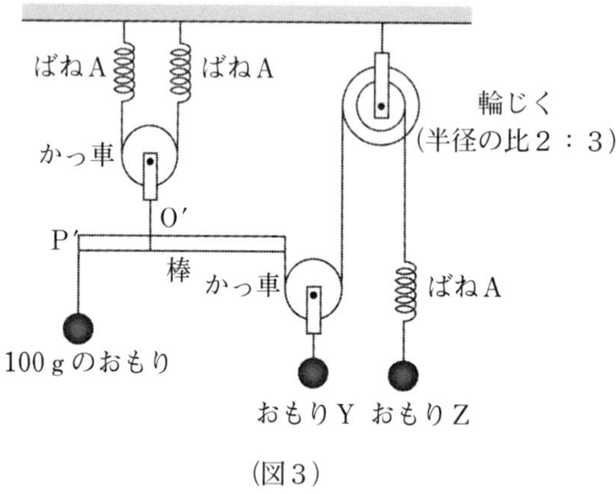

(図３)

(1) 〔実験１〕において、ばねAの長さは何㎝ですか。

(2) 〔実験２〕において、おもりXの重さは何ｇですか。

(3) 〔実験２〕において、ばねA、Bの長さは何㎝ですか。

(4) 〔実験２〕において、糸をとりつけた支点Oの位置は、棒の左はし(点P)から何㎝のところにありますか。

(5) 〔実験３〕において、おもりY、Zの重さはそれぞれ何ｇですか。

(6) 〔実験３〕において、かっ車をとりつけた支点O′の位置は、棒の左はし(点P′)から何㎝のところにありますか。

３ 次の文は芝雄(しばお)さんと先生の会話文です。あとの問いに答えなさい。ただし、数値を答えるときは小数第１位を四捨五入して、整数で答えなさい。

芝雄さん：先生は先日胃が痛いと言って、胃腸薬を飲まれていましたよね。主成分は何ですか。

先生　：炭酸水素ナトリウムですね。

芝雄さん：炭酸水素ナトリウムって、私たちが普段(ふだん)料理のときなどに(　a　)とよんでいるものですよね。胃腸薬にも使われているのですね。

先生　：そうですね。ただし、(　a　)を料理でベーキングパウダーとして使うときと胃腸薬として使うときに起こっている変化は実は少しちがいます。

芝雄さん：ベーキングパウダーの場合は加熱する変化ですものね。

先生　：一方で、胃腸薬の場合は(　b　)と反応することが目的とされています。このときに起こる反応は中和とよばれますね。

芝雄さん：医薬品って面白いですね。でも、医薬品を量産するのは大変だと聞いたことがあります。

先生　：環境(かんきょう)負荷が大きいことも問題になっています。少ない原料で多くの製品を作れることが理想です。ここで、**原料と製品の「重さの比率」**のことをアトムエコノミーと言います。

(図１)は原料Ａ、Ｂ、Ｃから製品Ｄを作る経路を示したものです。40ｇの物質Ａと60ｇの物質Ｂが反応すると50ｇの物質Ａ′と50ｇの物質Ｂ′が生じます。さらに、50ｇの物質Ａ′と30ｇの物質Ｃが反応すると52ｇの物質Ｄと28ｇの物質Ｃ′が生じます。

Ａ	＋	Ｂ	→	Ａ′	＋	Ｂ′		Ａ′	＋	Ｃ	→	Ｄ	＋	Ｃ′
原料		原料								原料		製品		

(図１)

物質Ａ′を作るとき、アトムエコノミーは50÷(40＋60)×100＝50％だと求めることができます。製品Ｄを作るとき、アトムエコノミーは52÷(40＋60＋30)×100＝40％だと求めることができます。

芝雄さん：例えば原料240ｇから４段階の変化を経て180ｇ得られるなら、この場合はアトムエコノミーは(　c　)％ですね。

先生　：中和の変化では変化がほぼ100％進むのでその考え方でいいのですが、多くの医薬品は有機物で、100％変化が進むことは少ないです。もし各段階の変化がすべて90％進むとしたら、アトムエコノミーはもっと小さくなります。現代ではほしい化学物質があっても、環境への負担を考えるようになりました。このような考え方をグリーンケミストリーと言います。蒸留や物質の変化のために加熱に使う燃料や、ろ過で廃棄(はいき)する物質など、すべての物質をむだなく使うことがこれからの時代では求められます。

(1)　(　a　)に適する語句は何ですか。ア～エから選び記号で答えなさい。

ア　うま味調味料　　イ　重そう　　ウ　砂糖　　エ　片栗(くり)粉

(2)　(　b　)に適する言葉は何ですか。ア～エから選び記号で答えなさい。

ア　水酸化ナトリウム　　イ　水　　ウ　二酸化炭素　　エ　塩酸

(3)　(　c　)に入る数値を答えなさい。

(4)　ベンゼンをもとに、フェノールを作るときのアトムエコノミーを求めます。〈条件１〉～〈条件３〉を満たすように変化するとき、あとの①、②について答えなさい。

78 g のベンゼンと42 g のプロペンを反応させクメンを得て、さらに酸素と反応させ物質Eを作る。この物質Eを分解して製品であるフェノールができる。

〈条件1〉　ベンゼンとプロペンは13：7の重さの比で反応し、90％だけ反応が進行し、クメンができる。このときにほかの物質は生じない。

〈条件2〉　クメンと酸素は10：3の重さの比で反応し、100％反応が進行し、物質Eができる。このときにほかの物質は生じない。

〈条件3〉　物質Eの分解は100％進行し、フェノールと物質Fが3：2の重さの比で生じる。

①　78 g のベンゼンと42 g のプロペンを反応させてクメンを得て、さらに酸素と反応させ物質Eを作るとき、反応する酸素の重さはいくらですか。

②　アトムエコノミーは最大何％ですか。

(5)　芝雄さんは物質を変化させる順番がアトムエコノミーに関係あるのか気になり、次のようなモデルを考えました。

(図2)の100 g の物質Xは●の部分を50 g、△の部分を50 g もつ。●、△、■、☆の重さの比は1：1：1：1である。

〈操作1〉　(図2)の△の部分は加熱すると☆になり、この変化は80％進行する。

〈操作2〉　(図2)の●の部分は物質Yと反応して■になり、物質Yは50 g 分の●に対して100 g 必要であるが、この変化は50％しか進行しない。

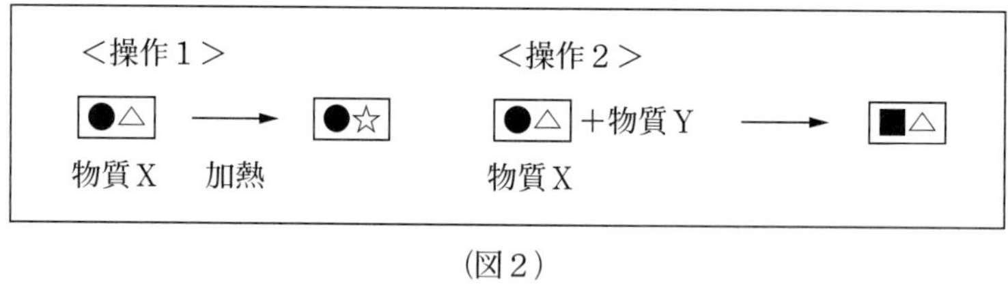

(図2)

物質X ●△ をもとに、物質Z ■☆ を作る場合、(図2)の〈操作1〉、〈操作2〉の順番に反応するとアトムエコノミーは22％と求まります。〈操作2〉、〈操作1〉の順番に反応すると、アトムエコノミーは何％ですか。

4　次の文を読み、あとの問いに答えなさい。

①　私たちがよく知る石灰水には、多くのカルシウムがふくまれる。石灰水は、物質Aの飽(ほう)和水溶液(わすいようえき)である。いま、石灰水に気体Gを通したところ、物質Bが生じ、溶液が白くにごった。

②　スーパーなどで売られている水や水道水は、純すいな水ではなく、マグネシウムやカルシウムなどがわずかにとけている。これらがふくまれている量によって、私たちが感じる味や、セッケンの泡(あわ)立ちなどがことなる。これは、水の硬度(こうど)がことなるためである。硬度は、日本では、水1Lにとけているマグネシウムの重さX［mg］とカルシウムの重さY［mg］をもとに、次の式で計算される。

(硬度)＝4.1×X＋2.5×Y

⑴　気体Ｇとして正しいものはどれですか。ア～エから選び記号で答えなさい。

ア　酸素　　イ　ちっ素　　ウ　二酸化炭素　　エ　ヘリウム

⑵　物質Ａ、物質Ｂの組み合わせとして正しいものはどれですか。ア～エから選び記号で答えなさい。

	物質Ａ	物質Ｂ
ア	水酸化カルシウム	酸化カルシウム
イ	水酸化カルシウム	炭酸カルシウム
ウ	塩化カルシウム	酸化カルシウム
エ	塩化カルシウム	炭酸カルシウム

⑶　物質Ａ、気体Ｇをそれぞれ水にとかした水溶液は、何性になりますか。ア～ウから選び記号で答えなさい。

ア　酸性　　イ　中性　　ウ　アルカリ性

⑷　(グラフ)は、物質Ａが100ｇの水にどれだけとけるかを示したものです。25℃の水400ｇには物質Ａは何ｇとかすことができますか。ただし計算は、割り切れない場合は小数第３位を四捨五入して、小数第２位まで答えなさい。

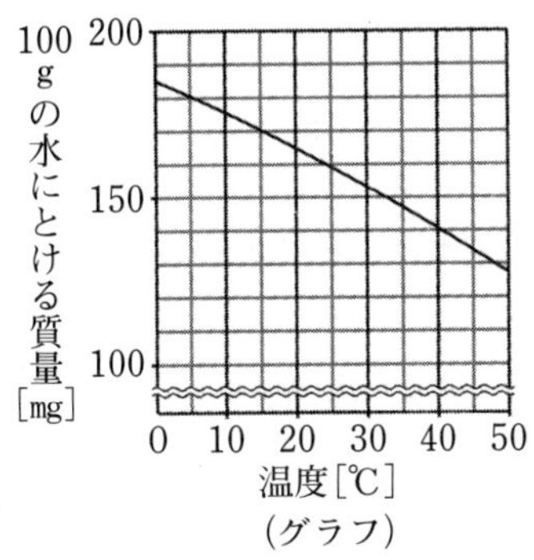

(グラフ)

⑸　硬度に関する次の問いに答えなさい。ただし、石灰水は純すいな水と物質Ａのみからなるものとし、物質Ａがとける前後での液体の体積変化はないものとします。また、物質Ａのうちカルシウムが占(し)める重さは54％です。なお、水１mLの重さを１ｇとします。

①　いま、水道水を200mLコップにとって硬度を調べたところ、その硬度の値は60でした。この水道水200mLに3.98mgのカルシウムがふくまれているとき、１Ｌの水道水に含まれるマグネシウムの重さは何mgですか。ただし計算は、割り切れない場合、小数第２位を四捨五入して、小数第１位まで答えなさい。

②　25℃の石灰水の硬度の値はいくらですか。十の位を四捨五入して答えなさい。

5　芝太郎君は夏休みに青木ヶ原樹海のガイドツアーに参加し、そこで学んだことをレポートにまとめました。次の文を読み、あとの問いに答えなさい。

青木ヶ原樹海の不思議

1　富士山の噴(ふん)火について

現在、富士山がきれいな円すい形を形作っているのは、過去に何度も噴火し、溶(よう)岩などの火山噴出物が重なったためです。そのうち、西れき864年に起こった貞観(じょうがん)噴火によって、流れ出した溶岩の上に発達したのが青木ヶ原樹海です。

２　青木ヶ原樹海のようす

(図１)は、標高約1000ｍ付近の青木ヶ原樹海の遊歩道から撮(と)ったものです。一年を通じて、まるで海原のように木々の葉が生いしげっていることから「樹海」とよばれているそうです。

(図１)

３　青木ヶ原樹海の特ちょう

① 地面には、びっしりと様々なコケが生えている。

② 溶岩の上に発達しているため、植物の根が地面からうき上がっていて、地中に根がかくれていない。

③ 溶岩の上に発達しているため、水はけがとてもよく、川や池などの水場がほとんどない。

４　まとめ

青木ヶ原樹海には遊歩道が整備されていて、ガイドウォークの前に、遊歩道を外れないようにしてくださいと注意を受けました。通常、土は長い年月をかけて岩石が風化し、生き物の死がいが分解されるなどして作られていきますが、青木ヶ原樹海はまだ若い森林のため、土が十分発達していません。そのかわりに、(あ)地面に生えているコケが土のかわりの役割を果たしているため、むやみに踏(ふ)んではいけないのだそうです。

樹海に入ってみると、日が差しているところと比べてすずしく、他の森林と比べこん虫が少なかったです。また、同じ標高の場所なのに、(い)急に植物の生えている様子が変わるところがあり、不思議だなと感じました。

(1)　芝太郎君が、青木ヶ原樹海ですずしく感じた理由のひとつは、木が直射日光をさえぎっていることです。これ以外の理由として、もっともふさわしいのはどれですか。ア～エから選び記号で答えなさい。

ア　植物が光合成をしているため。　　イ　植物が落葉するため。

ウ　植物が呼吸をしているため。　　エ　植物が蒸散をしているため。

(2)　青木ヶ原樹海でみられるこん虫として、もっともふさわしいものはどれですか。ア～エから選び記号で答えなさい。

ア　カ　　イ　バッタ　　ウ　ゲンゴロウ　　エ　カワゲラ

⑶　青木ヶ原樹海でもっとも多く生育している植物はどのような植物ですか。ア～エから選び記号で答えなさい。

ア　夏に緑葉をしげらせ、冬に落葉させる落葉広葉樹

イ　夏に緑葉をしげらせ、冬に落葉させる落葉針葉樹

ウ　季節に関係なく落葉させる常緑広葉樹

エ　季節に関係なく落葉させる常緑針葉樹

⑷　下線部㋐の役割として、もっともふさわしいのはどれですか。ア～エから選び記号で答えなさい。

ア　雨水をためこむ。　　イ　太陽からの紫(し)外線を吸収する。

ウ　土じょう動物のエサになる。　　エ　植物の根を支える。

⑸　（図２）は、下線部㋑の写真です。写真の左側と右側では、どちらの方が新しい火山噴火によって溶岩が流れたと考えられますか。また、その根拠(きょ)をレポートの「４　まとめ」から読み取れることを参考に、30字程度で説明しなさい。ただし、次の語句を入れて答えること。

【根　・　土】

（図２）

6　同じ豆電球、同じ乾(かん)電池を用いて（図１）～（図４）のような回路を作りました。これらの回路について、あとの問いに答えなさい。

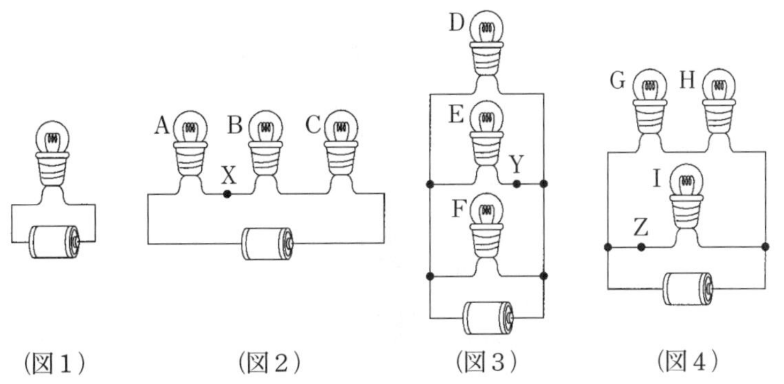

（図１）　（図２）　（図３）　（図４）

⑴　（図１）の豆電球と同じ明るさで光る豆電球はどれですか。A～Iからすべて選び記号で答えなさい。

(2)　(図２)～(図４)のＸ点、Ｙ点、Ｚ点には、それぞれ0.1アンペア、0.3アンペア、0.3アンペアの電流が流れています。(図２)～(図４)の乾電池にはそれぞれ何アンペアの電流が流れていますか。

(3)　(図１)の乾電池のかわりに手回し発電機を取りつけました。豆電球をソケットから外す前と後で手回し発電機のハンドルを回したとき、その手ごたえはどうなりますか。ア～ウから選び記号で答えなさい。

ア　豆電球を外す前の方が、手ごたえがある。

イ　豆電球を外した後の方が、手ごたえがある。

ウ　豆電球を外す前と後で、手ごたえに変化はない。

(4)　(図１)～(図４)の乾電池のかわりに手回し発電機を取りつけ、１秒間に２回転の速さでハンドルを回転させました。手回し発電機のハンドルの手ごたえがもっとも軽いのはどの回路ですか。(図１)～(図４)から選びなさい。またその理由を20字以内で答えなさい。

7　次の文を読み、あとの問いに答えなさい。

(図１)は、日本のある地域の地形図で、Ａ～Ｆ地点は東西の一直線上に並んでいます。このＡ～Ｆ地点の地下がどのような岩石でできているかを調べるために、<u>筒(つつ)状の深い穴をほって調べる作業</u>をおこなったところ、ＡとＣの２地点については、(図２)のような柱状図を得ることができました。

さらに調査を進めると、この地域の地層は全体を通して平行に重なっていて、その断面を見ると、東西方向には水平で、南北方向には45°の角度で北側が低くなっていることが分かりました。

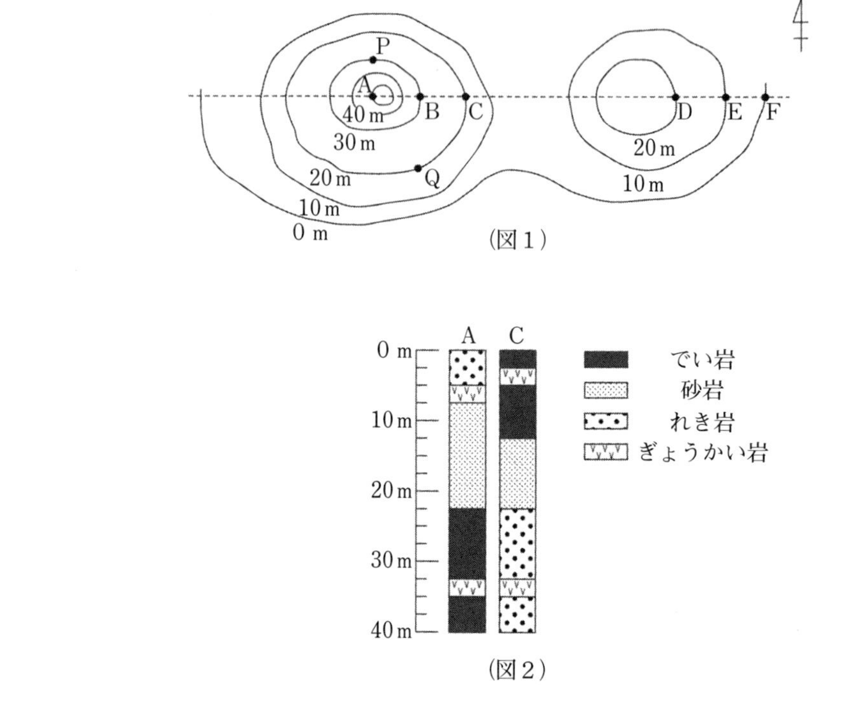

(図１)

(図２)

(1)　文中の下線部のような調査を何といいますか。カタカナで答えなさい。

(2)　Ａ地点のでい岩からビカリアの化石が見つかりました。このことから、でい岩のできた地質時代はいつですか。ア～エから選び記号で答えなさい。

ア　先カンブリア時代　　イ　古生代　　ウ　中生代　　エ　新生代

(3)　れき岩と砂岩のちがいは、それぞれを作っている粒子(りゅうし)の大きさのちがいです。れき岩の粒子の大きさは何㎜以上ですか。

(4)　(図１)のＥ地点、Ｐ地点の柱状図はそれぞれどれですか。右のア～エから選び記号で答えなさい。ただし、Ｐ地点はＡ地点から北に10ｍです。

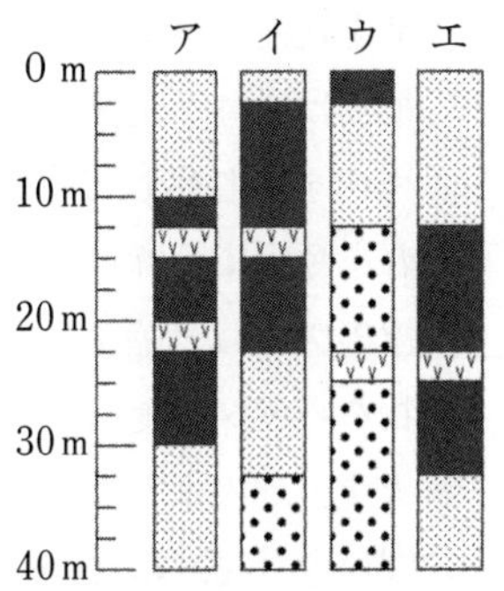

(5)　調査の結果、(図１)のＱ地点と同じ柱状図が得られる地点はどこですか。(図１)のＡ～Ｆから選び記号で答えなさい。ただし、Ｑ地点はＢ地点から南に20ｍです。

(6)　(図２)の結果から、この地域では、過去に少なくとも何回の火山噴火(ふんか)がありましたか。

渋谷教育学園渋谷中学校(第１回)

—30分—

1　次の文を読み、問いに答えなさい。

自然界では、同じ生物種の個体どうしや、異なる生物種どうしがお互(たが)いに関わり合いをもって生活を送っています。その中でも、「食べる、食べられる」の関係について、考えていきましょう。

植物は自身が光合成によって栄養分を作り出し、それを呼吸という過程で分解することでエネルギーを取り出して生活を送る一方、動物は植物や自分以外の動物を食べて栄養分を取りこみ、それを呼吸で分解してエネルギーを取り出しています。

次の図１は、陸上における「食べる、食べられる」の関係を示したものです。図１の中では、植物をバッタが食べ、バッタをモズが食べ、さらにはオオタカがモズを食べるという関係が見られます。このように、「食べる、食べられる」という鎖(くさり)のようにつながった、生物どうしの一連の関係を食物連鎖(さ)といいます。また、図１が示すように、陸上では、複数の食物連鎖の関係が見られ、生物どうしの関係は網(あみ)の目のようにからみ合っており、これを食物網(もう)といいます。

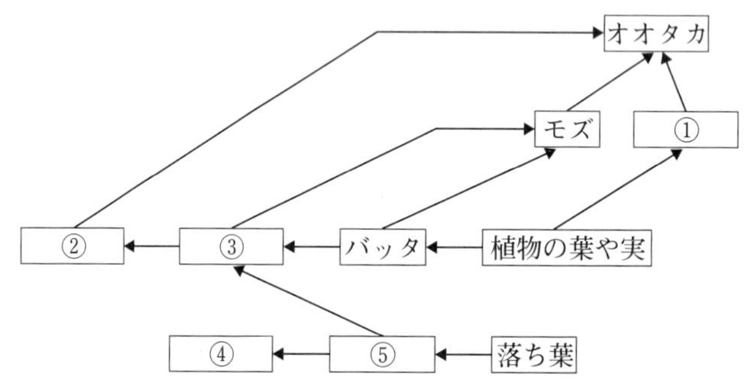

図１　陸上の生物の食物網の例

ある地域に生息・生育するすべての生物と、それらをとりまく環境(かん)をひとつのまとまりでとらえたものを生態系といいます。生物は、水や気温など、環境からの影響(えいきょう)を受ける一方、光合成や呼吸などによって大気組成に影響を与えたり、動物の排(はい)せつ物や落ち葉が分解されて土の成分(肥料)が変わったり、環境に対して影響を与えています。そして、土の肥料を植物が吸い上げることで、植物のからだの働きを調節したり、成長させたりしているのです。

ペルーでは、「グアノ」とよばれる、海鳥の排せつ物が堆(たい)積したものが、農作物の生育に大きく影響を与えています。しかし、ペルー沖で海水の表層の水温が上昇するエルニーニョ現象が発生すると、<u>ペルー沖の生物の食物連鎖に影響を与え、それがグアノを作り出す海鳥の個体数を減少させることがわかっています。</u>

問１　図１の①～⑤に入る生物の名称(しょう)を次の(あ)～(お)から、それぞれ１つずつ選びなさい。

(あ)　モグラ　　(い)　ウサギ　　(う)　ヘビ　　(え)　ミミズ　　(お)　カエル

問２　いま、ある生態系において「食べる、食べられる」の関係にある種Aと種Bの時間の経過にともなうそれぞれの個体数の変化について調べると、以下の図２のようになりました。図２より、「種Aと種Bがともに増加する期間」、「種Aが増加するが種Bが減少する期間」、「種Aと種Bがともに減少する期間」、そして「種Aが減少するが種Bが増加する期間」があることがわかりました。

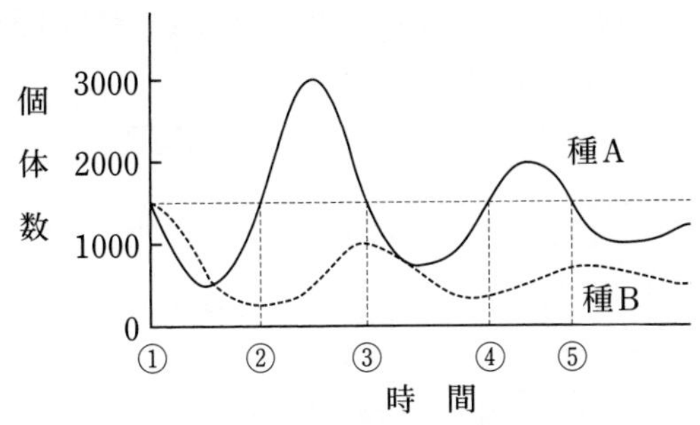

図２　時間の経過と種Aと種Bの個体数の変化

また、図２の時間①～⑤における種Aと種Bの個体数を読み取り、図３に表しました。

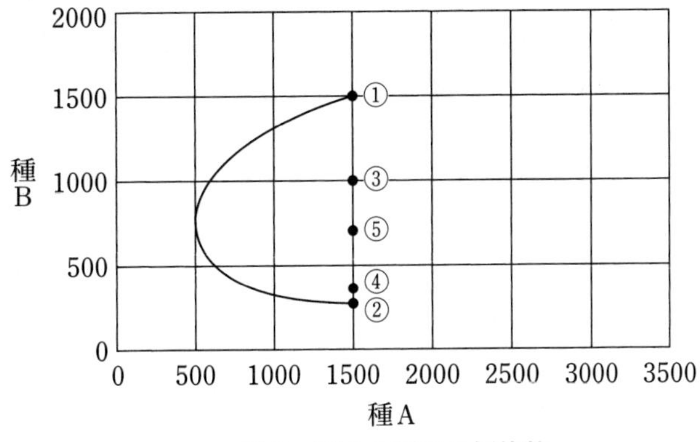

図３　種Aと種Bの個体数

(1)　一般に、種Aと種Bのどちらが食べる側になりますか。書きなさい。

(2)　図３の②～⑤を線で結び、それぞれの種の個体数がどのように変化をしていくか、示しなさい。(解答らんでは、①～⑤の番号は外してあります。)

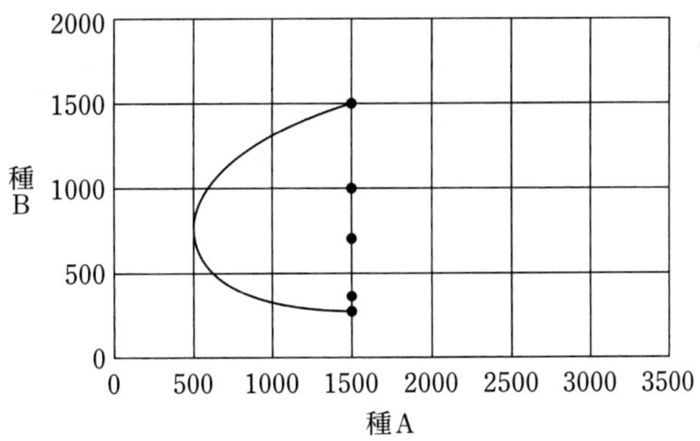

問３　かつて、アラスカから南カリフォルニアまでにかけて、その沿岸にはケルプという海藻(そう)が広がり、ラッコが生息していました。しかし、18世紀に入るとヨーロッパの人々や入植者によって、ラッコの乱獲(かく)が始まり、絶滅(めつ)の危機を迎(むか)えるだけでなく、ケルプが広がっていた海底では、ケルプも激減してしまうことになりました。その原因にはラッコのエサであり、かつケルプを食べる「ウニ」の存在があげられます。ケルプが激減してしまった理由を１行で説明しなさい。

以下の図４は食物連鎖を通じて、植物が作り出した栄養分が草食動物に、また草食動物から肉食動物へと栄養分が移動していく様子を表したものです。

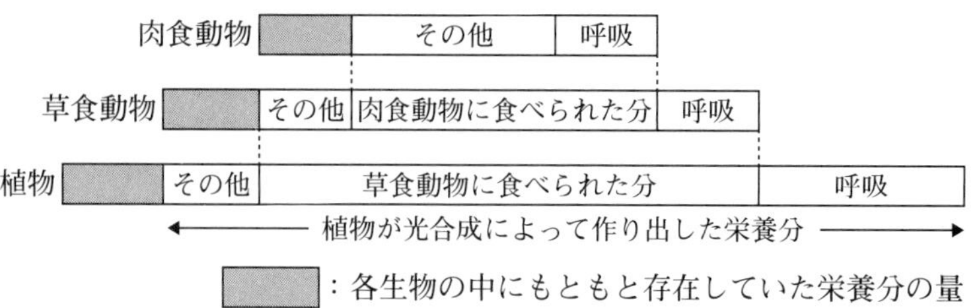

図４　食物連鎖を通じて栄養分が移動していく様子

問４　文中の下線部について、エルニーニョが発生すると、通常の時期よりも植物プランクトンのサイズが小さくなることがわかっています。以下の表に、ペルー沖に生息している生物のサイズ(平均値)を示しました。条件１と条件２および図４をふまえて、海鳥の個体数が減少する理由を２行以内で説明しなさい。

表　ペルー沖に生息する生物とそのサイズの平均値

生物	サイズの平均値
エルニーニョ期の植物プランクトン	0.005㎜
小型の動物プランクトン	0.02㎜
通常期の植物プランクトン	0.2㎜
大型の動物プランクトン	1㎜
小型の魚類	1㎝
大型の魚類	1ｍ
海鳥	1.5ｍ

条件１　食べる側は食べられる側よりもサイズが大きい。よって、自分よりサイズの大きい種を食べないものとする。

条件２　エルニーニョ期の植物プランクトン全体と通常期の植物プランクトン全体が、光合成によって作り出す栄養分の量はほぼ同じであるものとする。

問５　問４で、海鳥の個体数が減少することが、どのような形で農作物の収穫(かく)量に影響(えいきょう)を与えていると考えられますか。１行で説明しなさい。

２　次の会話文を読み、問いに答えなさい。

Ａ君：このはさみ、よく切れるなあ。さすが、裁縫(さいほう)用だけのことはあるよね。

Ｂ君：やっちまったな！！布用の裁(た)ちばさみで紙を切るなんて、君はなんて常識がないんだ！！！

Ａ君：だって、紙だって布だって、似たようなもんじゃん。

Ｂ君：やわらかい布が切れるように、裁ちばさみは刃(は)の先端(せんたん)がナイフのように薄(うす)く鋭(するど)くなっているんだ。

Ａ君：じゃあ、普通は紙の方が布より薄いから、紙を切っても大丈夫(だいじょうぶ)じゃないの？

Ｂ君：一般的な紙は、文字などが裏面から透(す)けて見えないように、白土(はくど)などの鉱物を混ぜ込(こ)んでいるんだよ。填料(てんりょう)というんだ。これが硬(かた)いので、裁ちばさみの薄い刃では刃こぼれしてしまうんだ。１回でも紙を切った裁ちばさみは切れ味が落ちるからすぐにわかるよ。

Ａ君：そういえば、昔の和紙の本って、紙を袋(ふくろ)折りにして両面にしているよね。あれは、墨(すみ)のにじみやすさだけでなく、和紙のせいでもあるんだね。

Ｂ君：そう。昔の和紙はふつう填料なんて加えていないからね。新聞の紙にも填料が使われているよ。新聞が片面印刷だったら、無駄(むだ)が多くて大変でしょ。

Ａ君：そういえば新聞の紙って茶色いよね。白い紙の新聞の方が読みやすいのに。

Ｂ君：紙の原料をパルプと言うんだけれど、これは木の繊維(せんい)をばらばらにしたもので、紙はこの繊維を互(たが)いに絡(から)ませながらシート状にして作るのだ。
新聞紙を作る紙の原料は主に、木を砥石(といし)などで細かく粉砕(ふんさい)して作る機械パルプと、古新聞などを再利用した古紙パルプだね。(1)機械パルプは、繊維が短く切断されているので、丈夫(じょうぶ)ではないけれど、印刷に適した紙を作ることができる。

問１　下線部(1)で、短い繊維のパルプで作った紙が印刷に適している点は何だと考えられますか。１つ答えなさい。

Ａ君：そういえば、昔の和紙は長い繊維を使っていると聞いたことがあるよ。

Ｂ君：そうだね。木の長い繊維が一定方向にそろって絡み合うので、薄くて丈夫な紙を作ることができる。和紙の原料の木はコウゾやミツマタなどだ。表皮の下にある繊維が長い部分を使う。和紙の場合、機械パルプのように木を粉砕したりはしない。木はそのままだと繊維どうしがリグニンという物質で互いにくっついているので、木をアルカリ性の灰汁(あく)で煮込(にこ)んでリグニンを溶(と)かし、繊維を化学的にばらばらにするんだ。このようにしてつくったパルプを、化学パルプというんだ。

Ａ君：コウゾやミツマタは、リグニンがもともと少ないんだってね。

Ｂ君：そう。しかも長い繊維が多くて、流し漉(ず)きには適しているのさ。

Ａ君：流し漉きって？

Ｂ君：順番に説明しよう。和紙は、細い竹を並べた「簀の子(すのこ)」の上に、水に溶いたパルプを乗せてゆすり、パルプの繊維を互いに絡ませてつくるんだ。テレビなどで見たことがあるでしょ。これが紙漉(かみす)きね。

Ａ君：ああ。水にトロロアオイの根からつくった「ねり」という糊(のり)を混ぜておいて、絡んだ繊維どうしをくっつけるんでしょ。聞いたことがあるよ。

Ｂ君：いや、「ねり」を入れると水に粘(ねば)り気(け)は出るけど、「ねり」は糊や接着剤(せっちゃくざい)の役目で使うのではないんだ。事実、水に溶いたパルプを簀の子の上に溜(た)めてゆするだけでも和紙は作れるし(溜め漉(ず)き)、その場合は「ねり」は要らない。

Ａ君：え？「ねり」なしだと、パルプの繊維はくっつかないんじゃないの？

Ｂ君：水素結合って、聞いたことがあるかい？たとえば水ね。図１を見てごらん。水の分子(粒(つぶ))は１個の酸素と２個の水素でできているんだけど、酸素とくっついた水素は、近くにある他の分子の酸素ともゆるやかに引き合っているんだ。これが水素結合ね。主に水素と酸素の間で起きる、特有の結合だ。
次に図２を見てみよう。これはパルプの繊維の成分であるセルロースの分子構造だ。

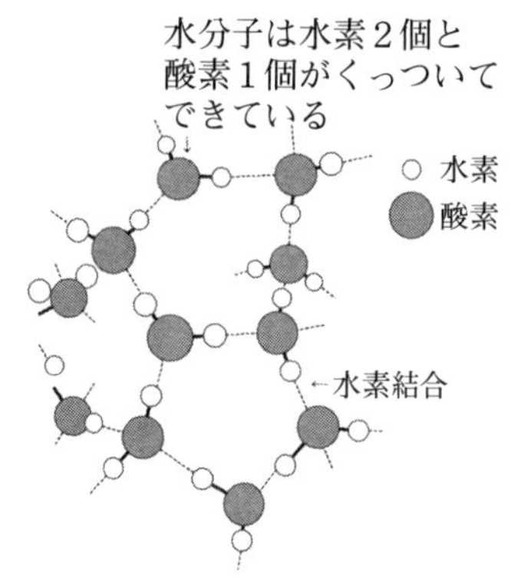

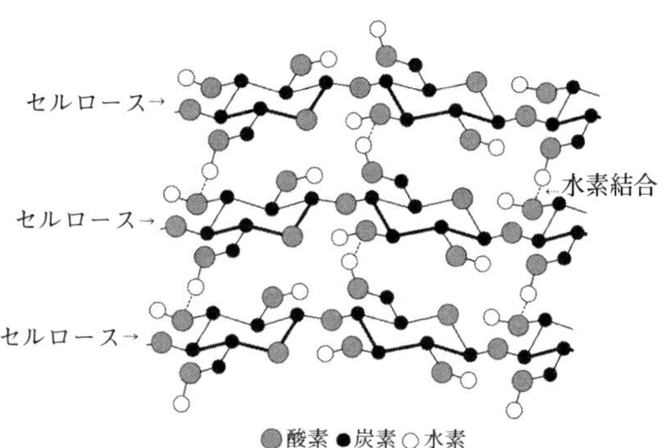

図１　水分子と水素結合　　　　　図２　セルロースと水素結合(一部省略)

B君：この図２ではセルロースの３個の分子の一部分だけを描(か)いた。本物のセルロース分子は図の左右方向にもっともっと長く続いている。

A君：セルロースの分子(粒)は細長いかたちをしているんだね。あ、ところどころに水と似たような部分があるよ。ここが水素結合するのか。

B君：そう。セルロース分子どうしは、じゅうぶん近づくと、この水素結合で互いに引き合う。つまりパルプの繊維は、じゅうぶん近づいただけで互いにくっついてしまうんだ。(2)流し漉(ず)きでは「ねり」の粘(ねば)り気(け)の効果で、溜め漉きに比べて長い(重い)繊維(せんい)を原料に使うことができる。簀(す)の子(こ)の上で繊維を絡(から)ませてくっつけた後、余分な水を流して捨てるから、流し漉きね。水を捨てる向きに繊維がそろって互(たが)いにしっかりくっつくので、薄(うす)くても丈夫(じょうぶ)な紙ができあがる。

A君：紙は薄くて丈夫な方がいいもんね。トロロアオイの使い方を発見した人は、すごいねえ。

B君：一方、溜め漉きは厚い和紙が作れるので、これはこれで使われているよ。和紙でつくった卒業証書はこれだね。「ねり」を使わないので、繊維が水中ですぐに沈(しず)まないように、繊維を砕(くだ)いて短くしてから漉(す)くのがコツだ。

問２　下線部(2)で、流し漉きにおける「ねり」の役目は何ですか。次のア～エから適切なものを１つ選び、記号で答えなさい。

ア　水中の繊維を沈みにくくして均等に分散させ、繊維どうしが均一にくっつき合うようにする。

イ　繊維が重さで沈む前に、繊維どうしを「ねり」の粘り気で均一にくっつけ、紙の上と下で密度に差ができないようにする。

ウ　繊維の向きを簀の子の竹の方向にそろえる。

エ　紙の裏面に墨(すみ)が染み出すのを防ぐ。

問３　次のア、イは、両面テープの接着の強さを測定している図です。丈夫な紙２枚を両面テープで貼り合わせ、紙の端をア、イのように天井とおもりに糸でつなぎ、おもりをぶら下げます。おもりを増やしていき、紙２枚がはがれたときのおもりの重さが、両面テープの接着の強さです。

接着の強さが大きいのは、アとイのどちらですか。

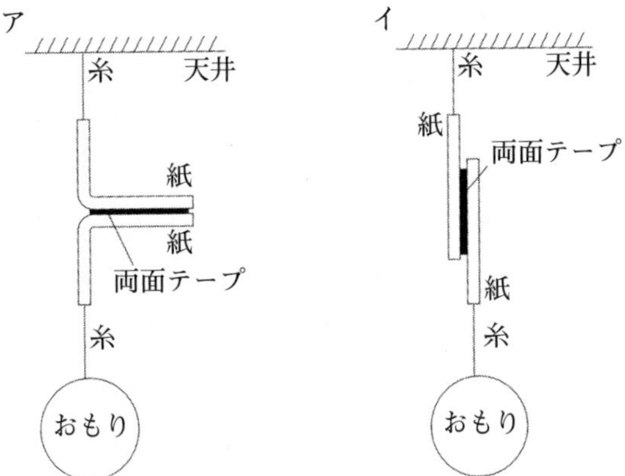

問４　紙の強度も問３と同じような方法で測定します。紙の上下をクリップでつかみ、引っ張ります。おもりを増やしていき、紙が破れたときのおもりの重さが、紙の強度です。次のウ、エは同じ材質の紙ですが、紙をクリップにとりつける向きが異なります。ウは紙の繊維が縦方向に、エは横方向に並んでいます。紙の強度が大きいのは、ウ、エのどちらですか。

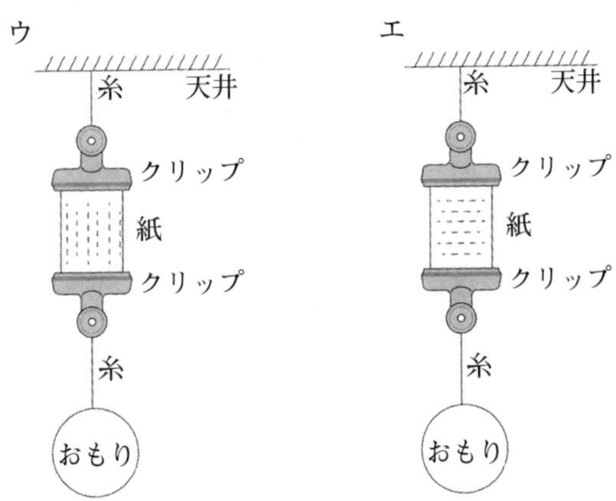

Ａ君：和紙は繊維が長いから、千年持つ丈夫な紙が作れるんだね。

Ｂ君：紙の寿命(じゅみょう)については、繊維の丈夫さだけでなく、紙の添加物(てんかぶつ)に酸性の薬品を使わないなど、いくつかのポイントがあるんだけど、リグニンをしっかり除去するのも重要だね。リグニンはもともと茶色なうえに、紫外線(しがいせん)に当たると茶色が濃(こ)くなっていくからね。

Ａ君：そういえば、化学パルプはリグニンを溶かして除去しているね。

問５　化学パルプは現在でも、ノートのようなきれいな白紙の原料として使われています。現在の化学パルプの製法では、灰汁(あく)の代わりに、別の薬品が使われています。それは何ですか。ア〜エから１つ選び、記号で答えなさい。

ア　水酸化ナトリウム　　イ　塩酸　　ウ　塩化ナトリウム　　エ　水素

問６　新聞紙が茶色いのはなぜですか。新聞紙の原料の製法から考えて答えなさい。

Ｂ君：ただ、リグニンを除去するときに、繊維の多くも一緒に除去されて減ってしまうんだ。これを防ぐために、問５の薬品の他に、硫化ナトリウムという物質も加えて煮込むことで、失う繊維が50％程度で済むようになった。ただ、この方法だと、メチルメルカプタンや硫化水素などが発生してしまう。

Ａ君：悪臭の原因としてよく聞く名前だね。公害が起きてしまったのか。

問７　多くの製紙工場では、煙突をなるべく高くして、悪臭などの公害をひきおこす物質を上空の高い位置に逃がしています。ふつう大気は地上からの高さが高いほど気温が低いので、煙突から出た空気は公害物質とともに上昇し、公害物質は上昇しながら拡散して薄まっていきます。

　ところが、ある気象条件のときは、煙突から出た物質が煙突の高さよりも上昇できず、地上にひろがって悪臭などの公害をひきおこすことがあります。「ある気象条件」とは何ですか。次のア～エから最も適切なものを１つ選び、記号で答えなさい。

ア　春の雨上がりの明け方　　イ　夏の湿気の多い熱帯夜

ウ　秋晴れの日の夕方　　エ　冬のよく晴れて風の弱い早朝

問８　問７の公害はなぜ生じるのでしょうか。以下の文の(　あ　)には適切な漢字１文字を、(　い　)には適切な漢字２文字を入れなさい。

　問７の気象条件のときは、地上に近い方が上空よりも気温が(　あ　)くなり、空気の(　い　)がおきにくくなるから。

Ｂ君：もし紙がなかったら、今のような入試も行われなかっただろうね。

Ａ君：そうだね。口頭試験のテストだったりしてね。だいいち勉強が大変だ。タブレットが普及するまでは、石の上に文字を書いてたかもしれないね。本も作れないから、勉強は石が並んだ博物館へ行かなきゃならなかったり。あ、そうだ。オニバスで本を作れるかも。

Ｂ君：沼という沼はすべてオニバス生産でフル稼働だね。そんなだと、タブレットが作れるレベルまで科学が進歩するのに、あと何千年かかることやら。

Ａ君：ペーパーレスがもてはやされる今の時代だけど、今の文明があるのは紙のおかげだよね。

渋谷教育学園幕張中学校(第１回)

—45分—

注意　・必要に応じてコンパスや定規を使用しなさい。

・円周率は3.14とします。

・小数第１位まで答えるときは、小数第２位を四捨五入しなさい。整数で答えるときは、小数第１位を四捨五入しなさい。指示のない場合は、適切に判断して答えなさい。

（編集部注：実際の入試問題では、写真や図版の一部はカラー印刷で出題されました。）

1　てつお君が日食時に公園の地面を見ると(図１)、木の葉のすき間を通った日光(木もれ日)が照らしているところのいくつかで、太陽の一部が欠けている様子が見られました。木もれ日で日食の様子が観測できる条件を考えるために、次の実験を行いました。

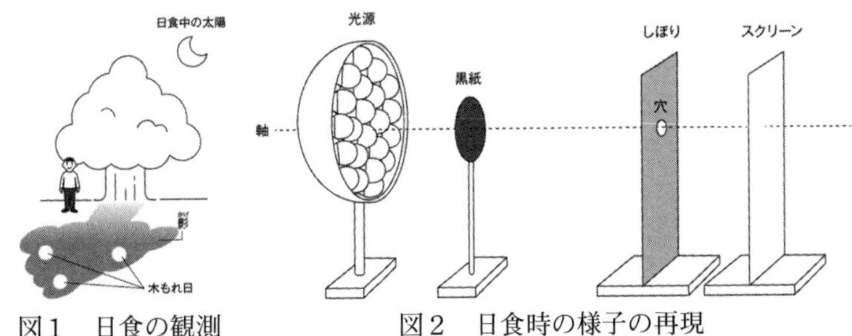

図１　日食の観測　　　図２　日食時の様子の再現

てつお君は、観測した日食時の様子を再現するために、以下の道具を用意して実験を行いました(図２)。

光源　　　：直径24cmの円形。
　　　　　　ＬＥＤをすきまなくしきつめており、各ＬＥＤからは放射状に光が出る。

黒紙　　　：円形の黒い紙。光を通さない。

しぼり　　：円形の穴の開いた黒い紙で穴の大きさを変えることができる。紙の部分は光を通さない。

スクリーン：光源から光が届く部分が明るくなる。光源以外の光は考えなくてよいように、暗い部屋で実験を行う。

実験道具を並べるとき、軸(じく)となる直線を決めて、その軸にそれぞれ垂直になるように並べました。また光源の中心、黒紙の中心、しぼりの中心が軸に重なるようにしました。穴の大きさを変えたり、スクリーンを動かしたりするときにスクリーン上の変化の様子を調べました。

(1)　図２の黒紙としぼりの穴は、てつお君が見た日食の現象のうち何を表しているか、それぞれ答えなさい。

以下の条件で現象を考えます。

・光は全て直進するものとします。

・光源、黒紙、しぼり、スクリーンの厚さは全て無視できるほど小さいとします。

・光源とスクリーンの２つだけ並べてスクリーンの様子を見ると、スクリーンの全面が同じ明るさになり、光源の一部を黒紙でおおうとスクリーンは少し暗くなりました。スクリーン中央とスクリーン端では、光源からのきょりが異なるにもかかわらず同じ明るさに見えたことから、ここでは、スクリーン上のある一点の明るさは、光源からのきょりにはよらず、光源からの光の一部がさえぎられるときに暗くなるものとします。

【実験１】　はじめに光源、黒紙、スクリーンを使って実験を行いました。図３はその軸を通る断面を表しています。光源とスクリーンの間を50㎝、黒紙とスクリーンの間を20㎝、黒紙の直径を６㎝とします。

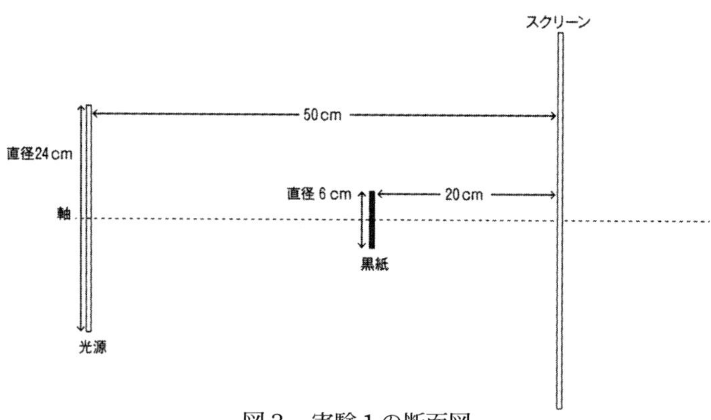

図３　実験１の断面図

⑵　図３のとき、スクリーン上には図４のように明るさの異なる円の形が現れました。下線部に注意して各問いに答えなさい。

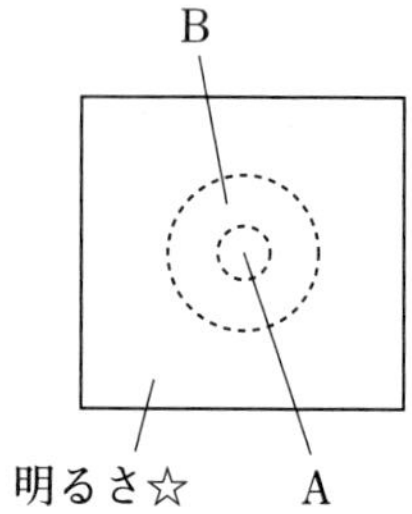

B

明るさ☆　A

図４　スクリーンの様子

①　Ａの領域とＢの領域の明るさの説明として最も適切なものをそれぞれ次の中から選び、記号で答えなさい。ただし、光源の全てのＬＥＤからの光が当たっている領域の明るさを☆とします。

(ア)　光は当たっているが、☆より暗く、内側ほど暗くなっている。

(イ)　光は当たっているが、☆より暗く、外側ほど暗くなっている。

(ウ)　光は当たっているが、☆より暗く、一定の明るさになっている。

(エ)　光が全く当たらず影になっている。

②　Ａ、Ｂそれぞれの直径を整数で答えなさい。

【実験２】　次に、光源、しぼり、スクリーンを図５のように並べ、実験を行いました。光源からしぼりのきょりをＸ、穴の直径をＤ、しぼりからスクリーンのきょりをＬとします。Ｘ、Ｄ、Ｌの値を変えたときの、スクリーン上の模様について調べました。図５ではＸ＝50㎝、Ｄ＝４㎝、Ｌ＝５㎝にしており、このときスクリーン上には円形の模様が映りました。

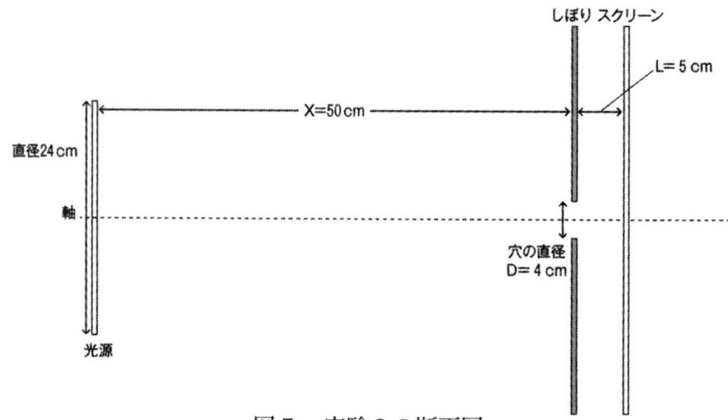

図５　実験２の断面図

(3)　次の文は実験結果とその考察を説明したものです。空らんをうめなさい。①②はあとの選択(せんたく)肢(し)から１つ選び記号で答えなさい。③⑤は小数第一位までの数値で答えなさい。ただし、整数で求まる場合は整数で、そうでない場合は小数第１位まで答えなさい。④⑥は適切なものに○をつけて答えなさい。下線部に注意して答えなさい。

【結果１】　X＝50㎝、D＝４㎝にしてLを変えるとき、スクリーンの中央(軸上)の明るさの様子を調べた。L＝０での明るさを☆とする。Lを０から大きくしていくと(①)、その後(②)。

【結果２】　X＝50㎝、L＝５㎝にして、Dを非常に小さくすると、スクリーン上の円の直径は(③)㎝に近づいた。この円の形は④[光源の形・穴の形] に関係すると考えられる。

【結果３】　D＝４㎝、L＝５㎝にして、Xを非常に大きくすると、スクリーン上の円の直径は(⑤)㎝に近づいた。この円の形は⑥[光源の形・穴の形] に関係すると考えられる。

(①)の選択肢

(ア)　☆よりもだんだん暗くなり

(イ)　はじめは☆の明るさのままで、あるところからだんだん暗くなり

(②)の選択肢

(ア)　あるところからだんだん明るくなり、その後また暗くなっていった。

(イ)　さらに暗くなり、あるところで完全に光が届かなくなった。

(ウ)　さらに暗くなったが、完全に光が届かなくなることはなかった。

【実験３】　次に、光源、黒紙、しぼり、スクリーンを図６のように並べて実験を行いました。光源からしぼりのきょりは50㎝、黒紙の直径は６㎝、黒紙としぼりのきょりは20㎝です。穴の直径をD、しぼりからスクリーンのきょりをLとします。D、Lの値を変えたときの、スクリーン上の模様について調べました。図６ではD＝２㎝、L＝15㎝にしています。

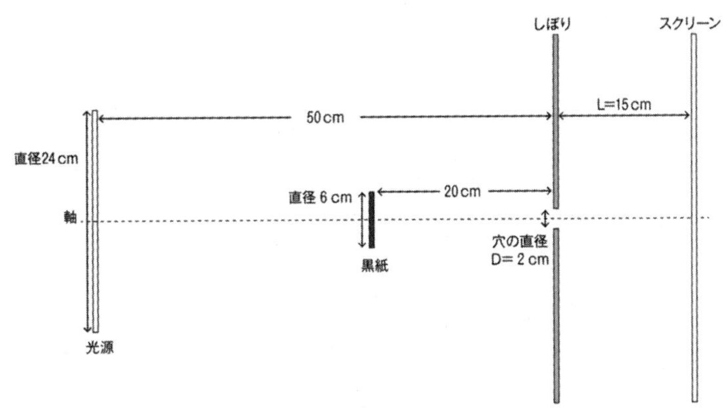

図６　実験３の断面図

(4)　①　D＝２㎝、L＝15㎝のとき、スクリーン上に光源からの光が全く届かない部分が円形に映ります。D＝２㎝のままにして、スクリーンを動かしてLをいろいろと変えてみると、Lがある値より小さいとき、スクリーン上の光が全く届かない部分が無くなりました。このときのLをL'とします。L'の値を整数で答えなさい。

② Dを小さくするとき、L'の値がどのように変化するか調べました。その結果として最も適切なグラフを右から選び記号で答えなさい。

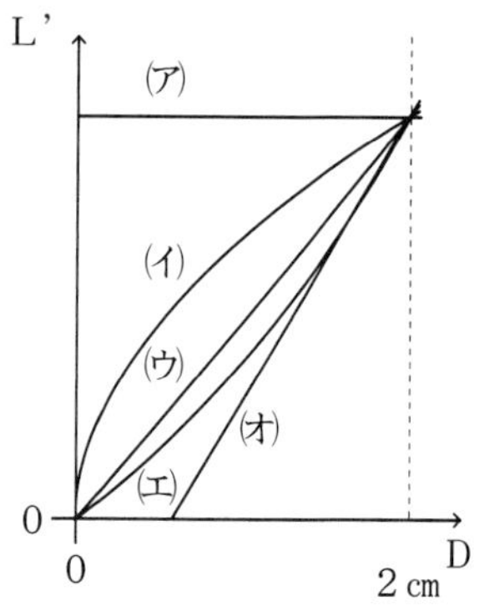

(5) 次の文の空らんについて、[　　] は、正しいものを選び○をつけなさい。また、(　　)はあとの選択肢から正しいものを選び記号で答えなさい。

実験結果より、木もれ日で日食の太陽が欠けて見える様子を観測できる木の特ちょうは、葉のすき間が①[大きく・小さく]、木の背が②[高い・低い] と考えられます。

日本の千葉で太陽が南にあるときに日食が起こり、このとき地上から直接太陽の方を向いて日食を観測すると図7のようになるとします。そのとき、木もれ日で地面に現れる日食の形は、(③)になります。

図7　地上から見た日食中の太陽の様子

(③)の選択肢

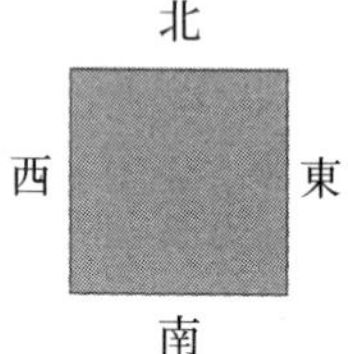

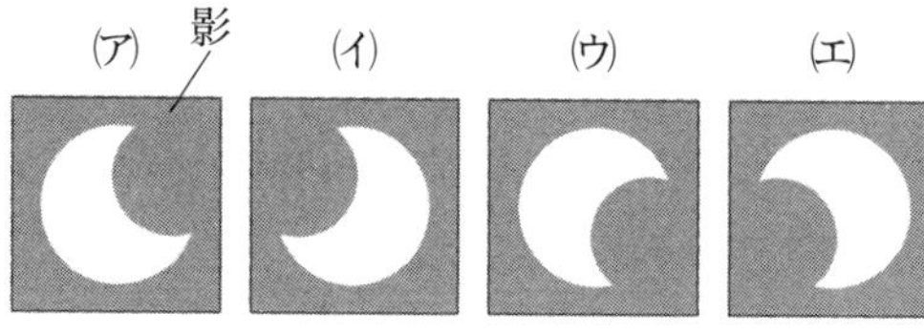

2 昔は各家庭にかまどがあり、燃え残った灰を買い集めて売る「灰屋(はいや)」という商売がありました(図1)。灰には様々な使い方があり、例えば、農業では(X)として、また衣類を洗うための洗剤として、そして草木染めのときに使う試薬としても使われていました。灰を水に浸して上ずみをすくった液のことを「灰汁(あく)」といいます。灰汁は植物が土から吸収した金属成分が豊富に溶けている、アルカリ性の水溶液です。

図1

植物の色素を用いて布を染めることを草木染めといいます。染め物は、色素を布にしっかり吸着させて水で洗っても落ちないようにすることが大切です。そのような方法は主に二つあります。

一つは、水に溶かした色素をいったん布にしみこませた後、①化学変化を起こして水に溶けにくい形に変えてしまう方法です。もう一つは、金属成分を仲立ちさせて布と色素の結びつく力を強くする方法です。

赤系統の天然染料として代表的なのがベニバナ(写真１)とアカネ(写真２)ですが、それぞれの赤色色素の性質は異なるので、染める方法も異なります。ふつうは染色液に布を浸して煮ると色素が布にしみこんでよく染まるのですが、高温にすると壊れて色あせてしまう色素もあるので、色素の性質に適した温度管理が大切です。また、木綿(もめん)のような植物せんいを染めやすい色素もあれば、絹のような動物せんいを染めやすい色素もあるので、布の種類と色素の相性も重要です。

草木染めは古くから人間の生活とともにあり、人間の心情を染め物の色に例えた和歌がたくさん詠(よ)まれてきました。例えば、次の歌に出てくる「くれない」はベニバナを指します。

②「くれないに　染めし心も　たのまれず　人をあくには　うつるてふなり」 訳：真っ赤に染めたと言ったあなたの心も、今では頼(たよ)りにはできません。 　　私への想いが消えてしまって、他人に心が移るでしょう。

ベニバナは咲き始めのときは黄色ですが、次第に赤色に変わっていきます(写真３)。この変化は、最初にサフラワーイエローという黄色色素が生成されて、次にカルタミンという赤色色素が増えるために起こります。赤くなったベニバナの花弁には、サフラワーイエローとカルタミンの両方が含まれています。カルタミンは水に不溶性ですが、アルカリ性の水溶液のみに溶ける性質を持ちます。

Ａ君はベニバナを使った染め物をやってみることにしました。ベニバナの花弁を冷水の中でよくもむと水が黄色に染まりました。ベニバナの花弁を取り出して、黄色く染まった水だけを鍋に移して沸とうさせて、あらかじめ灰汁をしみこませておいた白い木綿と絹の布を浸してしばらく加熱すると、木綿は全く染まらず、絹はこい黄色に染まりました。取り出したベニバナの花弁を、今度は灰汁の中に移してよくもむと、灰汁が茶色に染まりました。この中に、先程とは別の白い木綿と絹の布を浸して、食酢を加えて灰汁を中和すると、木綿と絹はどちらも赤色に染まりました。Ａ君はもっとこい赤色にしたいと思い、灰汁を沸とうさせながら布を染め続けたところ、かえって赤色がうすくなってしまいました。

次にＡ君はアカネ染めにも挑戦しました。アカネの赤色はプルプリンという色素の色です。アカネで染料になるのは花弁ではなく根です(写真４)。アカネの名称は、その根が赤いことに由来します。アカネの根を鍋に入れて熱水で煮出し、これを染色液としました。染色液を鍋に移して沸とうさせ、白い木綿と絹を染色液の中で加熱すると、どちらもうすい赤色に染まりました。それらを灰汁に浸してから再び染めると、木綿と絹はともに朱赤色に染まりました。

Ａ君が本を読んで調べたところ、アカネ染めではアカネらしい朱赤色を強く出すために昔からツバキの灰が使われてきたことや、ツバキの葉は他の植物と比べてアルミニウムを多く含むことを知りました。Ａ君は、灰汁がアカネ色素の色合いに与える影響を調べたいと思い、アジサイの葉の灰、マツの葉の灰、ツバキの葉の灰から作った灰汁をアカネ色素水溶液に加えて、水溶液の色の変化を【観察記録①】にまとめました。また、Ａ君は灰汁の代わりに③アルミニウム、銅、鉄が溶けている水溶液を使って、同様の実験を行い、【観察記録②】にまとめました。

【観察記録①】

植物灰の種類	アジサイの葉の灰	マツの葉の灰	ツバキの葉の灰
アカネ色素水溶液の色	橙赤色	橙赤色	朱赤色

【観察記録②】

水溶液に溶けている金属	アルミニウム	銅	鉄
アカネ色素水溶液の色	朱赤色	赤茶色	赤褐色

Ａ君は、灰に含まれる金属成分の種類が染め物の色に影響するのだと考えました。

写真１

写真２

写真３

写真４

(1)　空らん(　Ｘ　)に入る適切な用語を答えなさい。

(2)　文章から、サフラワーイエロー、カルタミン、プルプリンの性質として推測できることを、以下の選択肢(せんたくし)から３つずつ選んで記号で答えなさい。ただし同じ記号を２回以上選んでもよいものとします。

(ア)　植物せんいを染めやすく、動物せんいを染めにくい。
(イ)　動物せんいを染めやすく、植物せんいを染めにくい。
(ウ)　植物せんいと動物せんいのどちらも染めやすい。
(エ)　高温で壊れやすい。
(オ)　高温でも壊れにくい。
(カ)　酸性または中性の水溶液に溶けにくい。
(キ)　中性の水にもよく溶ける。

(3)　下線部①に関する以下の問いに答えなさい。

(i)　下線部①に相当する操作を、本文から抜き出して答えなさい。
(ii)　水に溶けていたものが水に溶けにくいものになる変化として、染め物の他にどのような具体例がありますか。自分で考えて例を一つ挙げなさい。

下線部②の和歌について、「あく」は「飽く」と「灰汁」の両方の意味を含んでいると解釈できます。つまり、赤く染めた衣服を灰汁で洗たくしたときの変化を、人の心情の例えとして詠んだ歌であると推測できます。

(4)　ベニバナで赤く染めた衣服を灰汁で洗たくすると、どうなると予想できますか。科学的な理由と合わせて説明しなさい。

(5)　アカネ染めではどのような目的で灰汁を使うのですか。以下の選択肢から2つ選びなさい。

(ア)　黄色の色素を完全に除くため。

(イ)　布についていた汚れを落とすため。

(ウ)　赤色の色素をあざやかに発色させるため。

(エ)　金属成分を介して布と色素を強く結びつけるため。

(オ)　より多くの植物の色素を加えるため。

(6)　次の文章の空らんに当てはまる組み合わせを以下の選択肢から選び、記号で答えなさい。

下線部③について、金属はそのままでは水に溶けませんが、ある水溶液と反応して別のものに変わることで水に溶けるようになります。アルミニウム・銅・鉄を塩酸と水酸化ナトリウム水溶液に入れると、(A)は塩酸だけに溶けて、(B)はどちらにも溶けます。(C)はどちらにも溶けませんが、他の強い酸を使って溶かすことができます。

灰汁に溶けている金属成分も、もとの金属とは別のものになって溶けています。

〔選択肢〕

	A	B	C
(ア)	アルミニウム	銅	鉄
(イ)	アルミニウム	鉄	銅
(ウ)	銅	アルミニウム	鉄
(エ)	銅	鉄	アルミニウム
(オ)	鉄	アルミニウム	銅
(カ)	鉄	銅	アルミニウム

(7)　実験の観察記録は、自分以外の人が読んでも分かるように残さなければいけませんが、A君が行った実験の【観察記録①】、【観察記録②】の表には、実験の目的を達成するために必要なある記録が共通して不足しています。何についての記録が不足していますか。答えなさい。

(8)　草木染めでは、水に溶けやすい植物色素を水に溶かし出すことで、他の水に溶けにくい成分と分けています。このように、ある特定の成分を水や油に溶かして分離する操作のことを一般に「抽出(ちゅうしゅつ)」といいます。以下の選択肢から、抽出に当てはまらない操作を2つ選んで記号で答えなさい。

(ア)　すりおろしたじゃがいもをガーゼで包んで水中でもむと、デンプンが沈んだ。

(イ)　茶葉を入れたポットに湯を注いで、しばらく蒸らすと温かいお茶ができた。

(ウ)　みそ汁を作る下ごしらえとして、煮干しから出汁(だし)をとった。

(エ)　油にニンニクを加えて加熱すると、ニンニク風味の油になった。

(オ)　塩水を加熱すると、食塩の結晶が出てきた。

(引用文献)

・図1　「江戸あきない図譜」(高橋幹夫)青蛙房

・写真1～4　「有職植物図鑑」(八條忠基)平凡社

3　太陽の位置の観察を、兵庫県明石市で秋分の日に行いました。図１は太陽の動きと時計の関係を表したものです。観察する人から見て、太陽は空に円を描くように動くとします。時計の針は、長針と短針がありますが、ここでは短針のみに注目します。太陽は12時頃の位置を示しています。時計の文字盤(ばん)は水平にして、12時は南の方向に向けてあります。

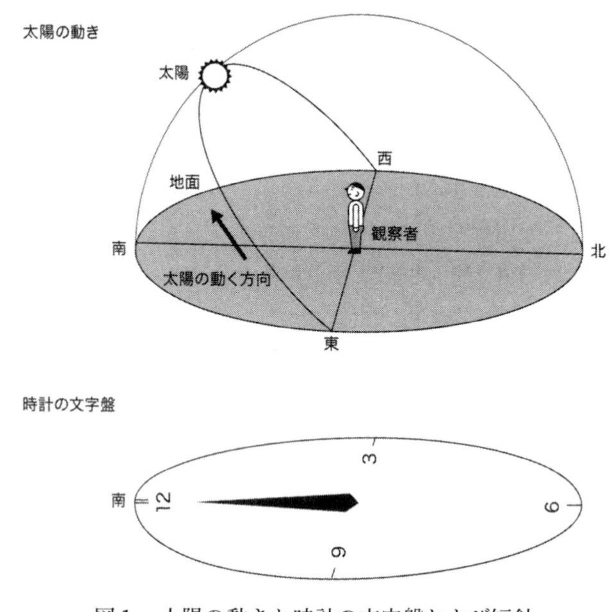

図１　太陽の動きと時計の文字盤および短針

(1)　次の文の［　　］に適するものを○で囲みなさい。

秋分の日の太陽は、空に約12時間見えている。太陽のみかけの動きは地球の①［自転・公転］によるものだから、その速さが一定だとすると、１時間におよそ②［10°・15°・20°・30°］動いている。時計の短針は、③［6・12・24］時間で一回転をするため、１時間に④［10°・15°・20°・30°・60°］動いている。

図２は、同じ秋分の日15時の太陽の位置と時計の文字盤および短針の関係を表したものです。また、その時の文字盤を正面から見たものです。

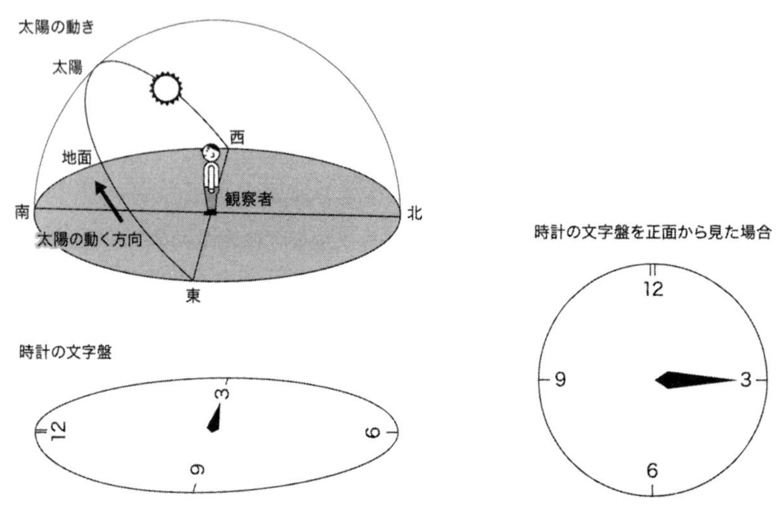

図２　15時の太陽の位置と時計の文字盤および短針

⑵　次の文の［　　］に適するものを○で囲みなさい。

図２の太陽は12時から15時までに、およそ①［15°・30°・45°・60°・90°］動くが、時計の短針は②［15°・30°・45°・60°・90°・180°］動く。時計の文字盤を水平にしたまま、この角度の差の分だけ、時計の針が動く向きと逆に時計の文字盤を回転させると、短針は太陽の方向を向く。すると、文字盤の12時と短針の真ん中の方向が③［東・南・西・北］の方角となる。このようにして、時計の文字盤を使って方角を求められる。

⑶　図３は、秋分の日に明石市で、時計の文字盤を水平にして、短針を太陽の方向に向けたようすを示しています。この時の、時計の文字盤の12時はどの方角をさしていますか。次より記号で答えなさい。

㋐　北　㋑　北東　㋒　東　㋓　南東

㋔　南　㋕　南西　㋖　西　㋗　北西

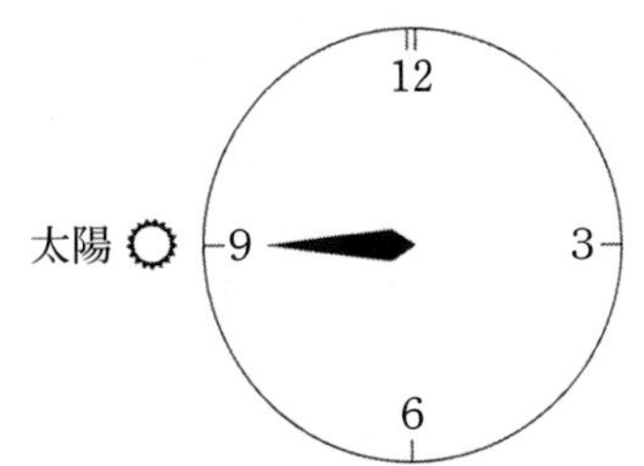

図３　太陽の方向と時計の文字盤および短針

⑷　図４には、秋分の日に明石市で観察した太陽の動きを示す破線に加えて、同じ明石市で観察した夏至の日の太陽の動きを示す線が実線で示されています。次より正しいものを選び記号で答えなさい。

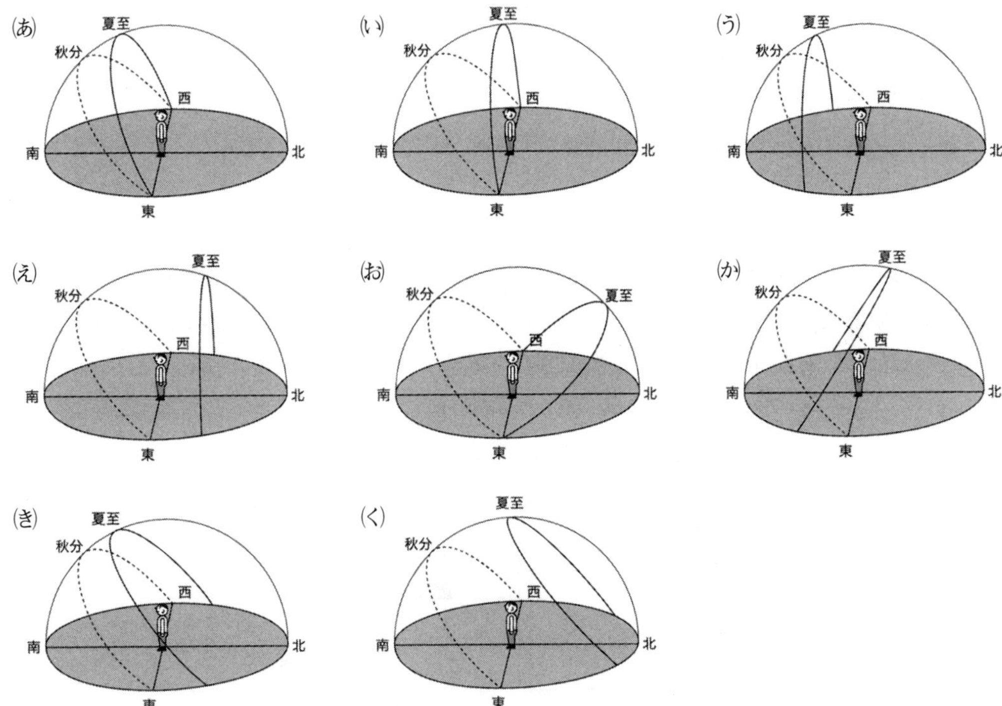

図４　夏至の日の太陽の動き

⑸　時計の文字盤を使って方角を求める方法を夏至の日の午前９時に明石市で適用すると、どのようなずれ方をすると考えられますか。次の文の［　　］にふさわしいものを選び○で囲み、(　　)に方角を入れて完成させなさい。

午前９時における夏至の日の太陽の位置は、同じ時刻における秋分の日の太陽よりも方角が①［東・西］にある。そのため、時計の文字盤を使って求めた(②)は、実際の(②)より(③)にずれる。

④　次の文章を読み、あとの問いに答えなさい。

物体の見た目の大きさは、見方によって変化します。例えば、物体の位置が観察者から近づいたり離れたりすると、物体は大きくなったり小さくなったりして見えます。

テッポウウオという魚は水中のエサを食べて生活しているだけでなく、水上の葉にいる昆虫(こん)に、勢いのある水を口から発射し(以下、水鉄砲(てっぽう))、当たって落ちてきた昆虫を食べます。テッポウウオの名前はこの行動に由来しています。テッポウウオが狙(ねら)う対象をどのように判断し決めているのかを調べるために、以下の装置を用いて実験１、２を行いました。

【装置】

全長約150㎜のテッポウウオが１匹(ぴき)飼われている水槽(そう)に、それぞれ異なる大きさの黒い円(直径２、６、10、14、18、22㎜)が描かれた実験板Ａを図１のように配置した。実験板Ａの高さは水面から200、400、600、800㎜の位置にそれぞれ変更できる。

テッポウウオが水鉄砲を実験板Ａの円のいずれかに当てると、当てた円の大きさに関わらず決まった大きさの昆虫がエサとして水槽に落ち、テッポウウオはエサを食べることができる。また、実験板Ａの円と円は十分離れたきょりにあり、テッポウウオの狙いが外れて水鉄砲が別の円に当たることはないものとする。

実験は以下の①～③に注意して行いました。

①　実験で用いたテッポウウオは実験前までは水鉄砲の経験がなく、水中のエサばかりを食べていた。

②　実験１と２では別々の個体のテッポウウオを用いた。

③　実験板Ａの円の配置を毎回規則性なく決めて実験を行った(図２)。

【実験１】

装置に実験板Ａを置き、テッポウウオがどの円に水鉄砲を当てるかを観察した。実験板Ａの高さを毎回規則性なく決めてくり返し行い、水鉄砲がそれぞれの高さにおいて、いずれかの円に当たった総数に対する各円に当たった数の割合を求め、グラフにまとめた(図３)。

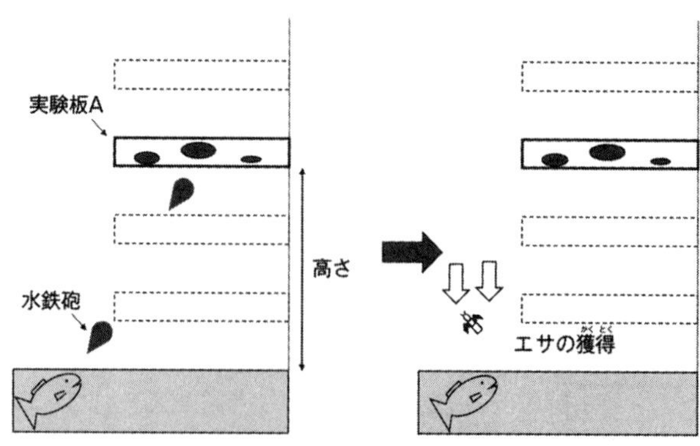

図１　装置と実験１の様子

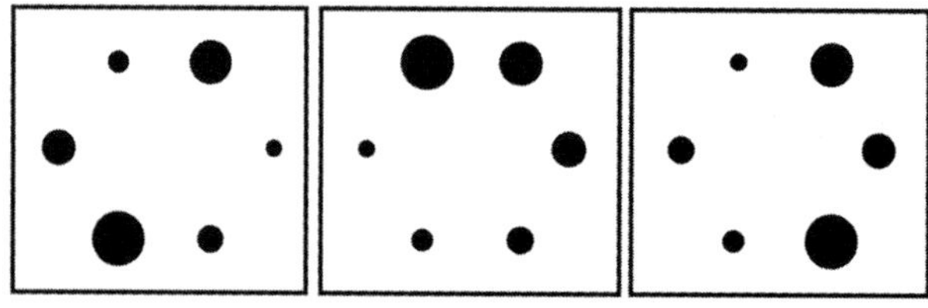
図２　真下から見た実験板Ａの例

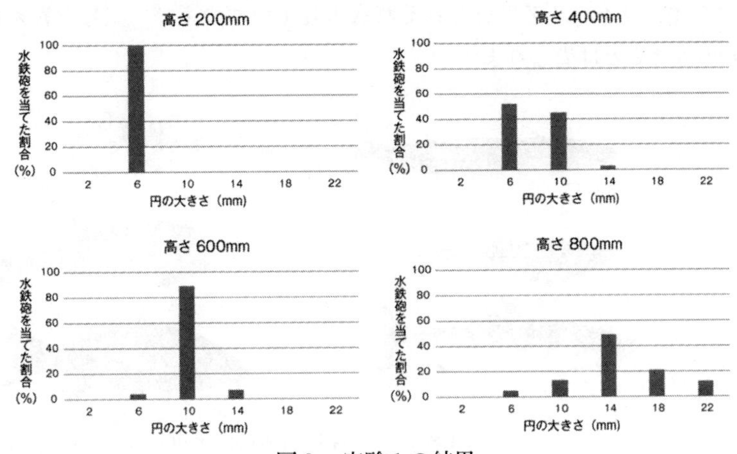

図３　実験１の結果

【実験２】

直径６㎜の円のみが描いてある実験板Ｂ(図４)を用意し、テッポウウオが水鉄砲を円に当てるとエサの昆虫が水槽に落ち、それを食べるというトレーニングを１ヶ月行った。トレーニングでは、実験板Ｂは実験１と同様に、高さを毎回規則性なく決めてくり返し行った。

トレーニングの後、実験１と同様の実験を行い、グラフを作成した(図５、６)。

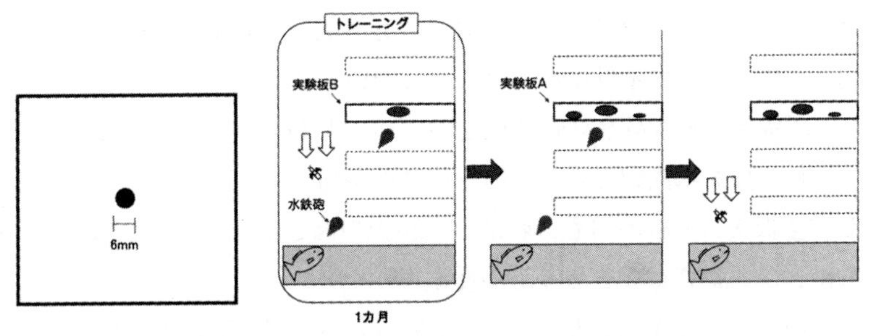

図４　真下から見た実験板Ｂ　　　図５　実験２の様子

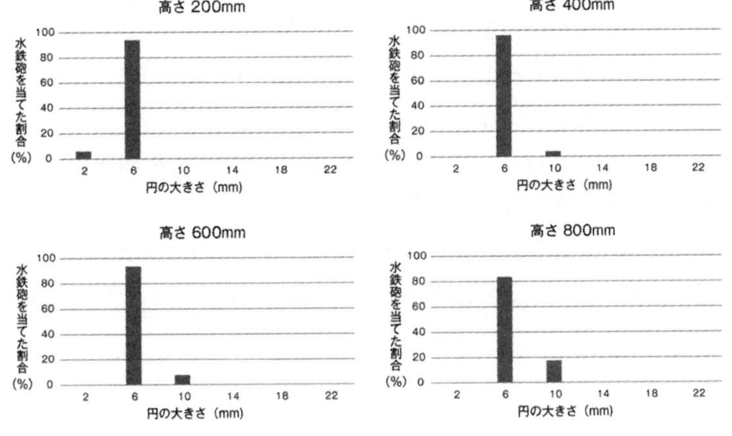

図６　実験２の結果

(1)　テッポウウオ、コイ、メダカをそれぞれ次より１つずつ選び、記号で答えなさい。ただし、写真は実際の大きさとは異なります。

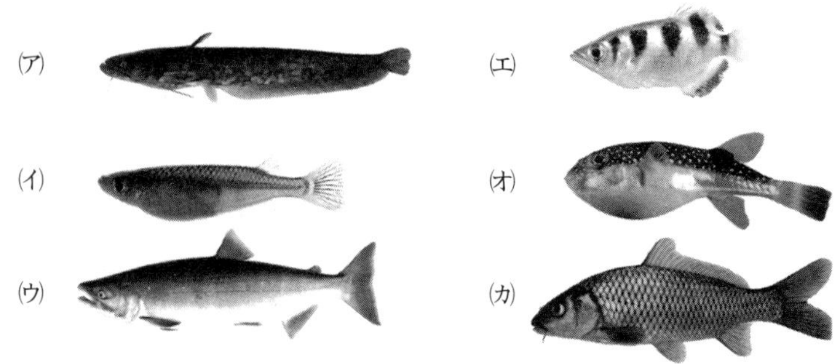

(『山渓カラー名鑑 日本の淡水魚』山と溪谷社より)

(2)　実験１の方法および結果から考えられることとして、適切なものを２つ選び、記号で答えなさい。

(ア)　円が水面から離れると、このテッポウウオが狙った円とは異なる円に水鉄砲が当たるようになる。

(イ)　このテッポウウオは実際の大きさではなく、見た目の大きさで狙う円を判断している。

(ウ)　水面から高いところほど大きい虫がいる。

(エ)　それぞれの高さにおけるグラフの割合を足すと、100％になることから、このテッポウウオは狙った円に対して水鉄砲を外すことはない。

(オ)　200㎜の高さのときが水鉄砲の精度が高いことから、実験前にこのテッポウウオは200㎜の高さにいる虫を水鉄砲で打っていた可能性が高い。

(カ)　もし実験板Aに８㎜の円もあれば、実験板の高さが400㎜のときは、８㎜の円に水鉄砲が当たる割合が一番高くなると考えられる。

(キ)　大きな円に当てたほうが大きなエサがもらえるので、この実験をさらにくり返すと大きな円を狙うようになる。

(3)　実験２では、テッポウウオは実際の大きさが６㎜の円を狙う割合が、実験１と比べて増えました。そこで、以下の２つの仮説を立てました。

仮説X：トレーニングで行われた、４通りの高さと円の見え方の組み合わせであれば、６㎜の円を特定できるようになった。

仮説Y：トレーニングによって、円までの高さと円の見え方との関係をもとに、高さに応じて実際の円の大きさが６㎜であることを特定できるようになった。

２つの仮説のどちらがより適切かを調べるためには、どのような実験を行うとよいですか。また、仮説Yの方が正しいとすれば、どのような結果になると予想されますか。それぞれ説明しなさい。

湘南学園中学校（B）

—40分—

1　次の各問いに答えなさい。

問1　実験を行うときの注意として正しいものを選び、記号で答えなさい。

ア　試験管に水よう液をとるときには、量が多い方が見やすいので、試験管いっぱいに水よう液を入れる

イ　薬品や水よう液をあつかうときには、暑い日でも保護めがねを必ずつける

ウ　実験に使った水よう液は、すべて流し場に捨てる

エ　ガラス器具が割れたときには、誰にも知らせずにすぐに自分でかたづける

問2　ろうそくが燃えるときに起きることとして正しいものを選び、記号で答えなさい。

ア　空気中のちっ素の一部が使われて、二酸化炭素ができる

イ　空気中のちっ素の一部が使われて、酸素ができる

ウ　空気中の酸素の一部が使われて、ちっ素ができる

エ　空気中の酸素の一部が使われて、二酸化炭素ができる

オ　空気中の二酸化炭素の一部が使われて、ちっ素ができる

問3　細長く、表面に平行なすじがある葉を持つ植物として正しいものを選び、記号で答えなさい。

ア　ヒマワリ　　イ　エノコログサ　　ウ　オクラ　　エ　ダイズ

問4　主に風によって花粉が運ばれる植物として正しいものを選び、記号で答えなさい。

ア　サザンカ　　イ　コスモス　　ウ　ススキ　　エ　ツバキ

問5　ヘチマの花粉のスケッチとして正しいものを選び、記号で答えなさい。

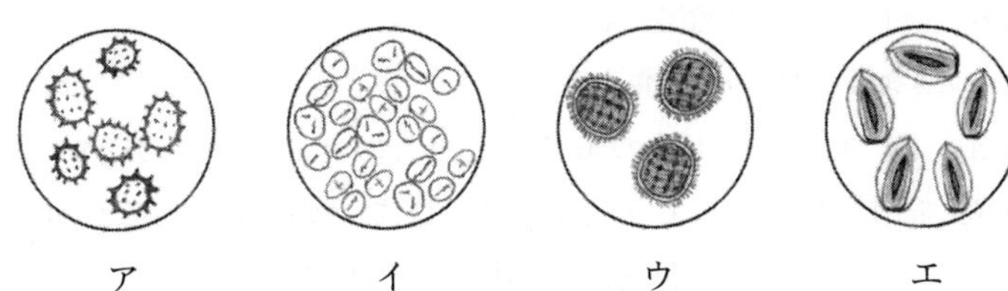

ア　　イ　　ウ　　エ

問6　コンデンサーを手回し発電機につないで電気をためたあと、豆電球をつなぎました。同じように電気をためたコンデンサーを発光ダイオードにつなぎました。その結果、発光ダイオードの方が明かりが長くついていました。この理由として、正しいものを選び、記号で答えなさい。

ア　発光ダイオードの方が時間あたりに発生する熱の量が多いから

イ　発光ダイオードの方が時間あたりに使う電気の量が少ないから

ウ　豆電球の方がこわれやすいから

エ　豆電球の方が明るくつくまでの時間が短いから

問7　糸の長さを同じにして、次のア～エのようなおもりをつけたふりこを作りました。10往復にかかる時間の平均が最も長いものを選び、記号で答えなさい。

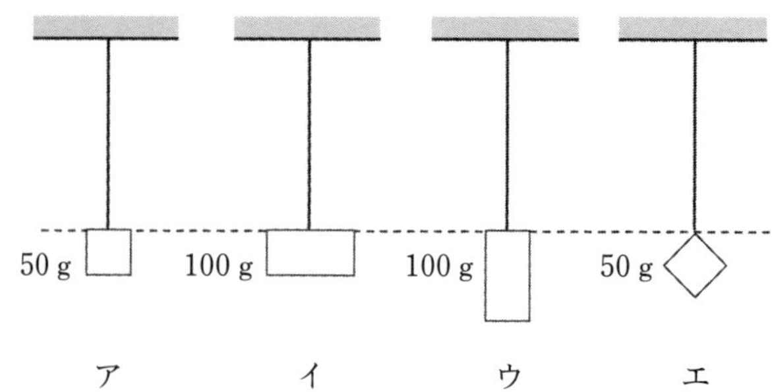

問8　正しい電流計のつなぎ方を選び、記号で答えなさい。

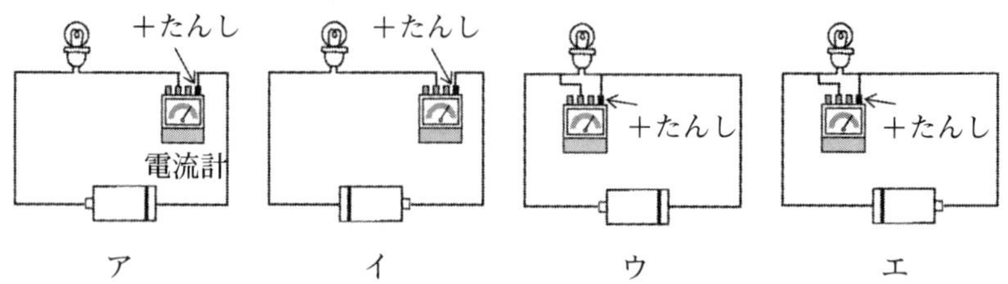

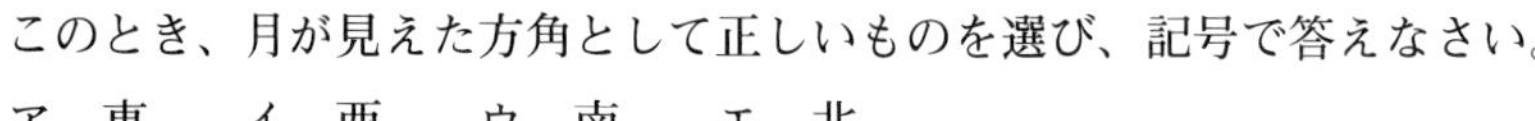

問9　ある日の夕方、湘南(しょうなん)学園から空を見上げると右の図のような月が見えました。このとき、月が見えた方角として正しいものを選び、記号で答えなさい。

ア　東　　イ　西　　ウ　南　　エ　北

問10　山の中を流れる川により、長い年月をかけて川底がしん食されてできる地形として正しいものを選び、記号で答えなさい。

ア　扇状地(せんじょうち)　　イ　三角州　　ウ　断層　　エ　V字谷

2　次の文を読み、各問いに答えなさい。

〔実験１〕こさの異なる３種類の水酸化ナトリウム水よう液をそれぞれ水よう液A、B、Cとする。この水よう液A、B、CにＢＴＢよう液を加えたものとあるこさの塩酸(塩化水素が水にとけてできた水よう液)を用意した。水よう液A、B、Cに、塩酸をそれぞれ加え、ちょうど中性になるときの水酸化ナトリウム水よう液と塩酸の体積の関係を調べたところ、表１のようになった。

	水酸化ナトリウム水よう液[㎤]	中性になるときの塩酸[㎤]
A	4	8
	8	16
B	5	20
	10	40
C	3	18
	12	(①)

表１

〔実験２〕水よう液Bが20㎤入ったビーカーを５個用意し、それぞれのビーカーにさまざまな体積の塩酸を加えた。その後、ビーカーを加熱して水をすべて蒸発させ、残った固体の重さをはかったところ、表２のようになった。

加えた塩酸[㎤]	20	40	60	80	100
固体の重さ[g]	1.75	1.90	2.05	2.2	(②)

表2

問1　水よう液Aは500gの水に20gの水酸化ナトリウムをとかしてつくりました。この水よう液のこさは何％ですか。小数第2位を四捨五入し、小数第1位までの値で答えなさい。

問2　実験1でBTBよう液を加えた水酸化ナトリウム水よう液に、ちょうど中性になるまで塩酸を加えていったときの色の変化として正しいものを選び、記号で答えなさい。

ア　赤色→青色　　イ　赤色→緑色　　ウ　黄色→青色

エ　黄色→緑色　　オ　青色→赤色　　カ　青色→緑色

問3　表1の(①)にあてはまる値を答えなさい。

問4　5㎤の水よう液Aに塩酸を7㎤混ぜ合わせ、BTBよう液を加えました。このときの水よう液の色として正しいものを選び、記号で答えなさい。

ア　赤色　　イ　黄色　　ウ　緑色　　エ　青色

問5　実験1で誤って塩酸を加えすぎて、水よう液が酸性になってしまったとき、水よう液の中にとけているものとして正しいものを選び、記号で答えなさい。

ア　塩化水素のみ　　イ　塩化水素と食塩　　ウ　食塩のみ

エ　水酸化ナトリウムと食塩　　オ　水酸化ナトリウムのみ

問6　表2の(②)にあてはまる値を答えなさい。

問7　実験2で加えた塩酸の体積［㎤］と残った固体の重さ［g］との関係をグラフにしたものとして、正しいものを選び、記号で答えなさい。

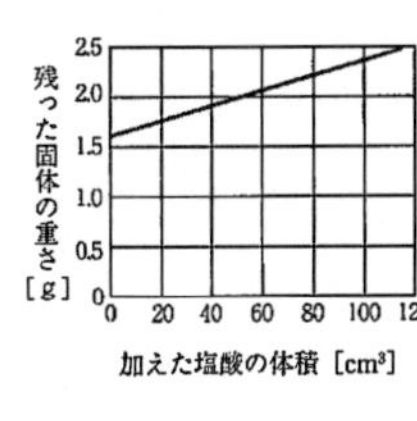

ア

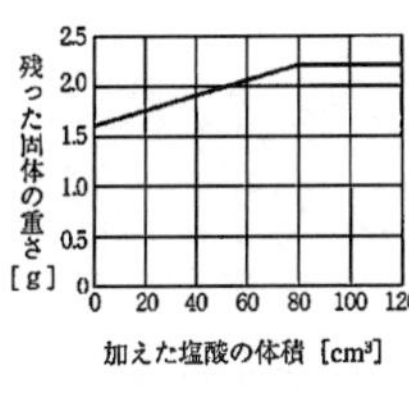

イ

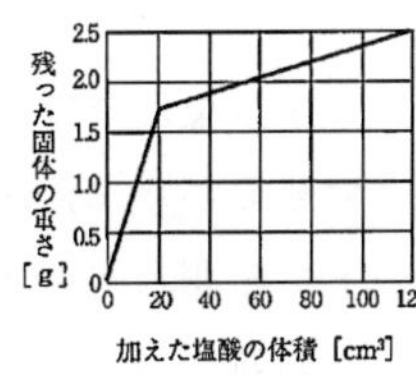

ウ

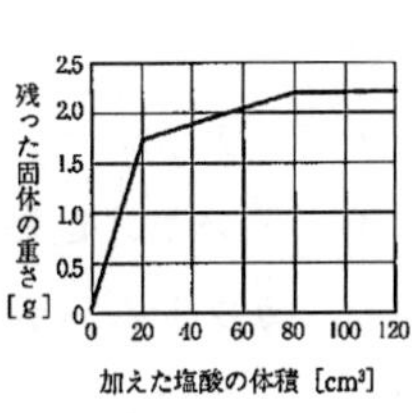

エ

問8　次の水よう液を加熱し、水をすべて蒸発させ、残った固体の重さを比べました。このうち、残った固体の重さが等しいものを2つ選び、記号で答えなさい。

ア　7㎤の水よう液Aと塩酸18㎤を混ぜ合わせた水よう液

イ　7㎤の水よう液Aと塩酸9㎤を混ぜ合わせた水よう液

ウ　8㎤の水よう液Bと塩酸48㎤を混ぜ合わせた水よう液

エ　8㎤の水よう液Bと塩酸35㎤を混ぜ合わせた水よう液

オ　4㎤の水よう液Cと塩酸25㎤を混ぜ合わせた水よう液

カ　4㎤の水よう液Cと塩酸17㎤を混ぜ合わせた水よう液

3　次の文を読み、各問いに答えなさい。

次のA～Eは、神奈川県内でいろいろな季節に見られる生物たちの観察記録の一部です。

A　サクラのつぼみがふくらみ、池にたくさん集まったヒキガエルは卵を産んでいた

B　川にいたオナガガモは、オスとメスで羽の色がちがっていた

C　平地の水辺でアキアカネが卵を産んでいた

D　オオカマキリの卵のうから多数の幼虫が出てくるようすが見られた

E　育てていたツルレイシの花がさき、ツバメのひなは巣の近くの電線に並んでとまっていた

問1　観察記録A～Eを日付順に並べかえたとき、正しい順番になっているものを選び、記号で答えなさい。ただし、A(3月はじめ)から始まるものとします。

ア　ABCDE　　イ　ACBED　　ウ　ACDEB

エ　ADECB　　オ　ADBEC　　カ　AEDCB

問2　Aについて、池で観察されるヒキガエルの卵として正しいものを選び、記号で答えなさい。

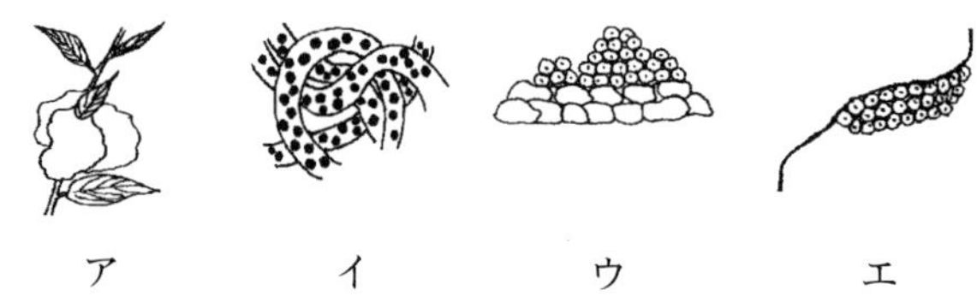

ア　　イ　　ウ　　エ

問3　Bについて、オナガガモはわたり鳥です。同じ時期に日本にわたってくる鳥として正しいものを選び、記号で答えなさい。

ア　ホトトギス　　イ　カッコウ　　ウ　ハクチョウ　　エ　ウグイス

問4　Cについて、アキアカネと同じように、さなぎにはならずに成虫になるこん虫として正しいものを選び、記号で答えなさい。

ア　ナミテントウ　　イ　カイコガ　　ウ　トノサマバッタ

エ　クロアゲハ　　オ　カブトムシ

問5　B・C・Dと同じ季節に見られる観察記録として正しいものをそれぞれ選び、記号で答えなさい。

ア　ナナホシテントウが落ち葉の下でじっとしていた

イ　ミンミンゼミやクマゼミが盛んに鳴いていた

ウ　カブトムシが土の上に産卵していた

エ　アゲハがサンショウの新しい葉の裏に卵を産みつけていた

オ　キリギリスやコオロギの成虫が夕方になると盛んに鳴いていた

問6　Eについて、ツバメの巣の下にあるふんを調べた結果として正しいものを選び、記号で答えなさい。

ア　植物の種子が多数ふくまれていた

イ　こん虫のはねやあしがふくまれていた

ウ　魚のうろこや骨がふくまれていた

エ　小さな骨や毛がふくまれていた

問7　広いキャベツ畑に飛んでいるモンシロチョウの数を知るために、傷つけないように気をつけながら、40匹(ぴき)つかまえて、印をつけて放しました。翌日、50匹のモンシロチョウをつかまえたところ、そのうちの20匹に印がついていました。

キャベツ畑にいるすべてのモンシロチョウの中で印がついているものの割合と、つかまえたモンシロチョウの中で印がついているものの割合が同じだとすると、この畑には全部で何匹のモンシロチョウがいると考えられますか。

4　次の各問いに答えなさい。

問１　図１のように、発泡（はっぽう）スチロールの板の上に棒磁石を置き、それを水の上にうかべました。しばらくたったときの棒磁石のようすとして正しいものを選び、記号で答えなさい。

ア　ゆっくりと回転し続ける

イ　磁石のＮ極が北、Ｓ極が南を向く

ウ　磁石のＮ極が南、Ｓ極が北を向く

エ　水を入れた容器のかべに向かって進んだりもどったりする

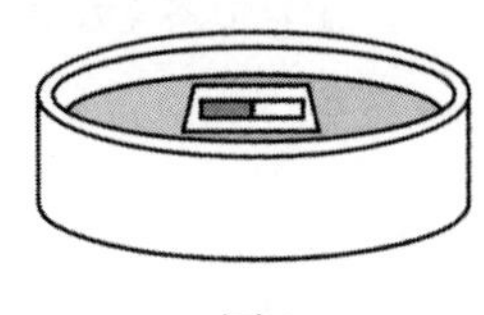

図１

問２　問１のようになる理由として正しいものを選び、記号で答えなさい。

ア　地球全体が大きな磁石になっていて、地球の中心がＳ極、赤道付近がＮ極になっているから

イ　地球全体が大きな磁石になっていて、地球の中心がＮ極、赤道付近がＳ極になっているから

ウ　地球全体が大きな磁石になっていて、北極付近がＮ極、南極付近がＳ極になっているから

エ　地球全体が大きな磁石になっていて、北極付近がＳ極、南極付近がＮ極になっているから

オ　月が地球の周りを回っているから

カ　地球が太陽の周りを回っているから

問３　図２のように、棒磁石のＮ極に２本のくぎをつけました。その後①のくぎをそっと磁石からはなすと、下のくぎは①のくぎについたままでした。①のくぎを図３のように置いたとき、方位磁針の針の向きとして正しいものを選び、記号で答えなさい。

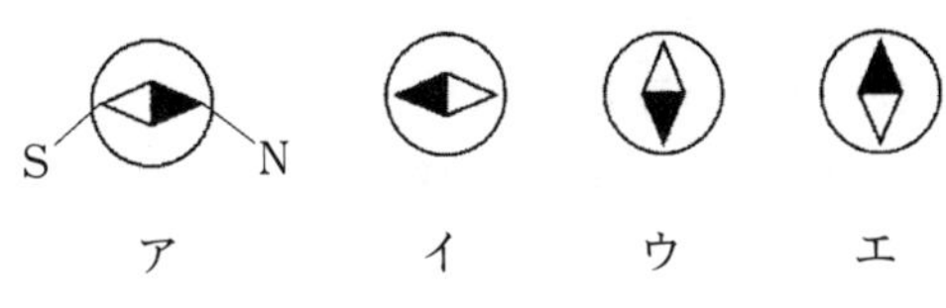

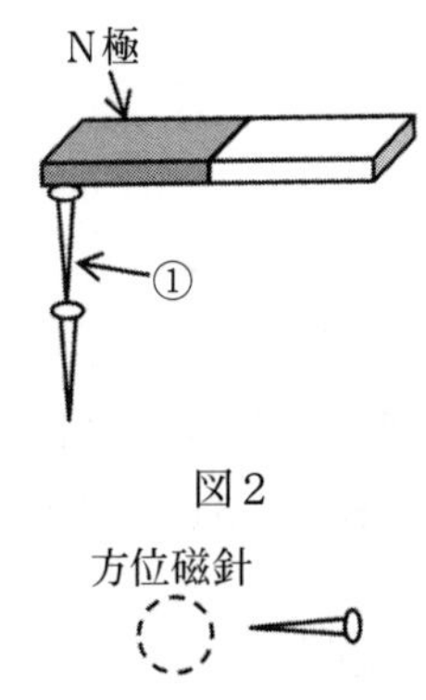

図２

方位磁針

図３

図４のように、エナメル線を太いストローのまわりに100回巻いてコイルを作りました。その中に鉄のくぎを入れ、電池をつないで電磁石を作りました。このときコイルの左側においた方位磁針のＳ極は右側を指しました。

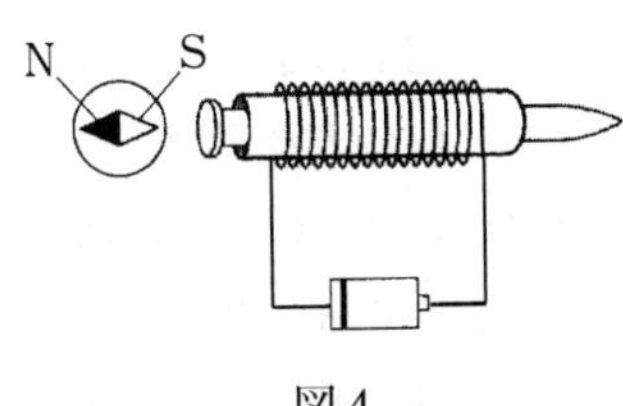

図４

問4　同じコイルを使って、図5のように電池をつなぎました。コイルの近くのA、Bに方位磁針をおいたとき、方位磁針の針の向きとして正しいものを問3のア～エからそれぞれ選び、記号で答えなさい。

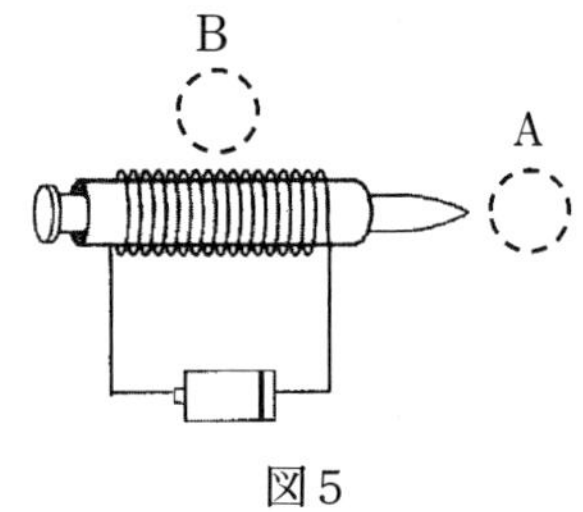

図5

次に図6のように、長さが1.5mのエナメル線を使って同じコイルを作り、同じ電池とつないだア～クの電磁石があります。これらの電磁石の強さを調べました。ただし、図6の＊の部分には余ったエナメル線が巻かれています。

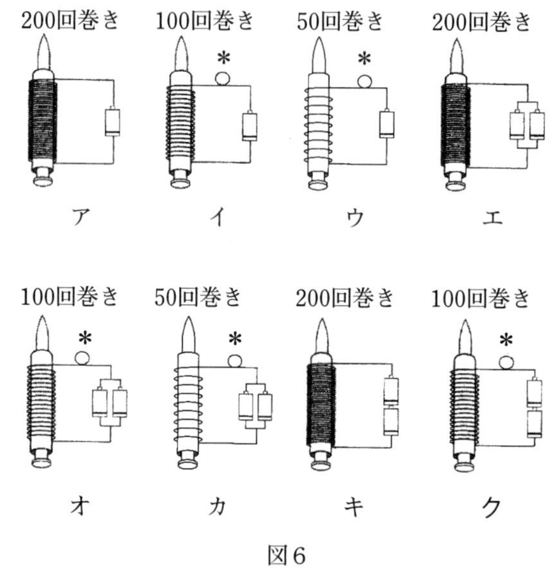

図6

問5　図6の中で最も強い電磁石を選び、記号で答えなさい。

問6　図6の中でオの電磁石より弱いものをすべて選び、記号で答えなさい。

図7のように、天井（てんじょう）から磁石をつるしてふりこを作りました。その下に図4と同じ電磁石と電池2個を組み合わせて置きました。このふりこを、図のA点から静かにはなし、ふりこ運動をさせました。図7に示したそれぞれの区間で電磁石のスイッチをア側またはイ側に入れる操作をしました。

問7　ふりこのふれはばをできるだけ大きくさせたいと思います。AからBに進むとき、BからCに進むときに電磁石のスイッチをア側、イ側どちらに入れたらよいですか。それぞれ記号で答えなさい。

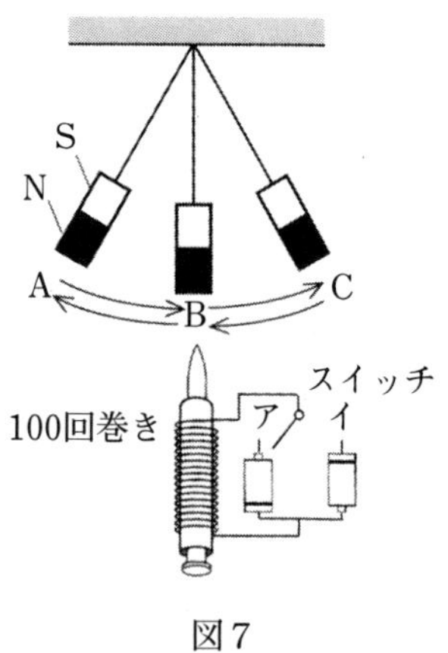

図7

5　次の文を読み、各問いに答えなさい。

日本は地しんや火山のふん火が多い国です。これらの災害は私達のくらしに大きな影響(えいきょう)をおよぼします。生命を守るためには災害について正しく理解し、行動できるようにする必要があります。また、災害だけではなく、自然からは多くのめぐみを受け取っていることも理解することが重要です。

問１　火山のふん火でふき出し、遠くはなれた場所まで飛ばされる、つぶの大きさが２㎜以下のものを選び、記号で答えなさい。

ア　火山灰　　イ　砂岩　　ウ　れき岩　　エ　よう岩

問２　火山のはたらきによって生じたものを2つ選び、記号で答えなさい。

ア　西之島(にしのしま)　　イ　江ノ島(えのしま)　　ウ　カルデラ　　エ　リアス式海岸

問３　地しんのはたらきによって生じたものを2つ選び、記号で答えなさい。

ア　芦ノ湖(あしのこ)　　イ　富士山　　ウ　地割れ　　エ　液状化現象

問４　火山のめぐみに関する次の文章について、文中の空らん（①）～（②）にあてはまる語句をそれぞれ選び、記号で答えなさい。

> ふん火の影響で生まれた水はけのよい土地では、その特ちょうを活かした作物をさいばいすることができます。代表的な作物には、鹿児島県の（①）ダイコンがあります。また、大分県の九重町(ここのえまち)にある火山の熱を利用した（②）発電所も、火山のめぐみを利用していると言えるのです。

①の選択肢(せんたくし)

ア　三浦(みうら)　　イ　桜島　　ウ　有珠(うす)　　エ　阿蘇(あそ)

②の選択肢

ア　地熱　　イ　火力　　ウ　風力　　エ　太陽光

問５　右の図の設備の目的として正しいものを選び、記号で答えなさい。

ア　火山のふん火に備えてひなんするための設備

イ　地しんの強いゆれにたえられるようにする設備

ウ　津波によるひ害を防ぐ設備

エ　土石流によるひ害を防ぐ設備

問６　地球の表面は厚さ数10㎞から100㎞の岩石の板におおわれています。この板の名前を選び、記号で答えなさい。

ア　スレート　　イ　プレート　　ウ　マントル　　エ　チャート

問７　次の図(1)～(3)は災害が起きたときのひなん場所を示す標識で使われるピクトグラムです。それぞれが示す意味の組み合わせとして正しいものを選び、記号で答えなさい。

(1)　(2)　(3)

	(1)	(2)	(3)
ア	こう水	ひなん所	地しん
イ	こう水	ひなん所	土砂災害
ウ	こう水	ふん火	地しん
エ	こう水	ふん火	土砂災害
オ	津波	ひなん所	地しん
カ	津波	ひなん所	土砂災害
キ	津波	ふん火	地しん
ク	津波	ふん火	土砂災害

問８　次の４つの図から読みとれることとして正しいものをア～カからすべて選び、記号で答えなさい。

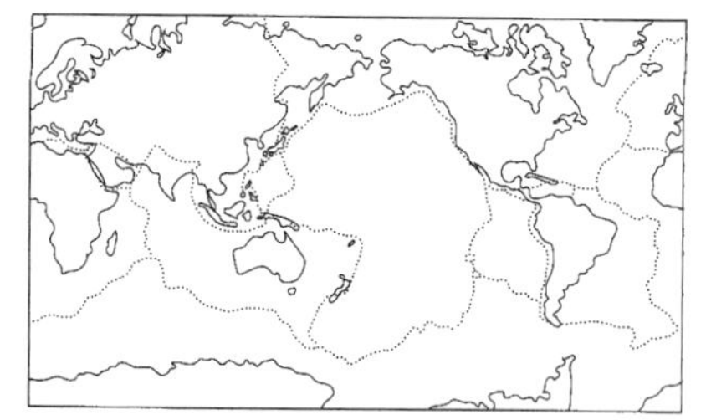

地球の表面をおおう岩石の板のさかい目（………）

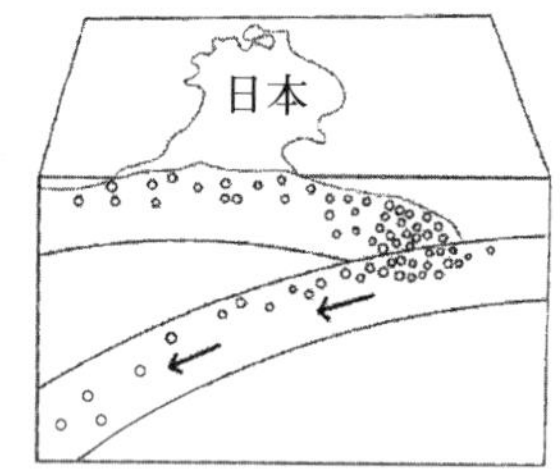

日本付近の地しんが起こるところ（○）

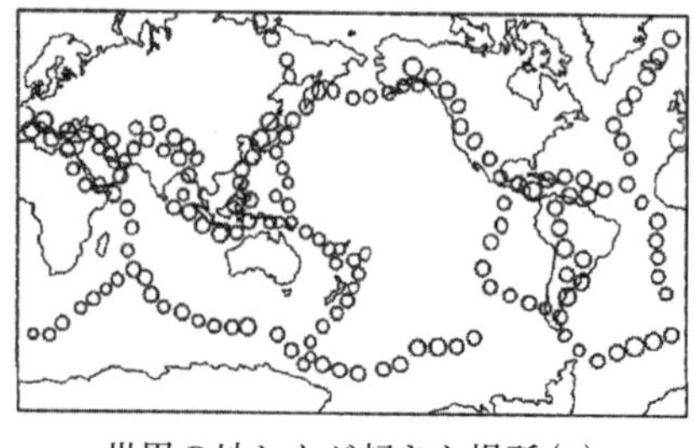

世界の地しんが起きた場所（○）

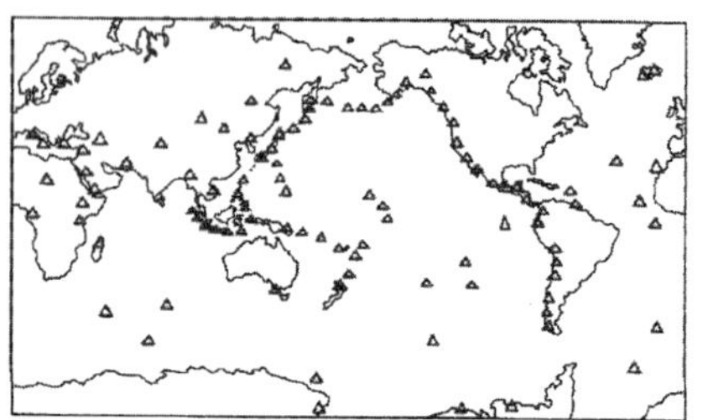

世界のおもな火山（△）

ア　地球の表面をおおう岩石の板と世界の火山の分布および地しんが起きた場所には関連がない

イ　地球の表面をおおう岩石の板と世界の火山の分布および地しんが起きた場所には関連がある

ウ　火山は大陸にしか存在しない

エ　日本付近では、太平洋側よりも日本海側の方がより深いところで地しんが起きている

オ　日本付近では、日本海側よりも太平洋側の方がより深いところで地しんが起きている

カ　地しんが起きる場所が深いほど、地しんの大きさは大きくなる

昭和学院秀英中学校（第１回）

―40分―

1　各文章を読み、続く問いに答えなさい。

重さ30ｇ、長さ60cmの棒の左端をＡ、右端をＢ、中央をＭとします。ＡＢの長さは60cm、ＭはＡから30cmの位置になっています。Ｍの位置でたこ糸につるすと棒は図１のように水平につりあいました。このことから、棒全体の重さ30ｇは棒の中央に集まっていると考えられます。また、棒は変形せず、その太さを考える必要はありません。

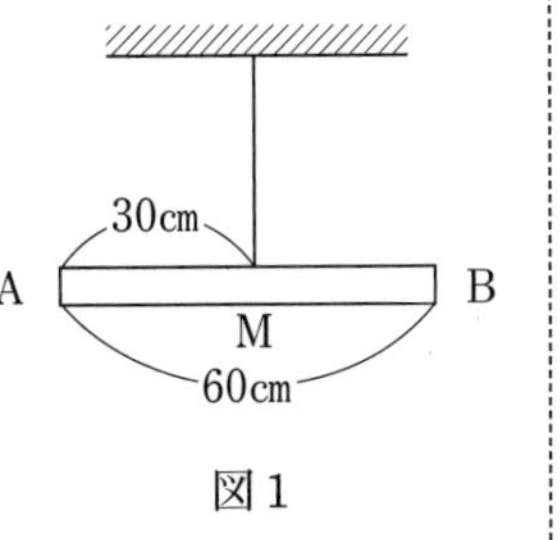

図１

問１　図２のように、棒のＡから右に15cmの位置Ｃに40ｇのおもり①をつるし、さらにＢにおもり②をつるすと棒は水平につりあいました。おもり②の重さは何ｇですか。

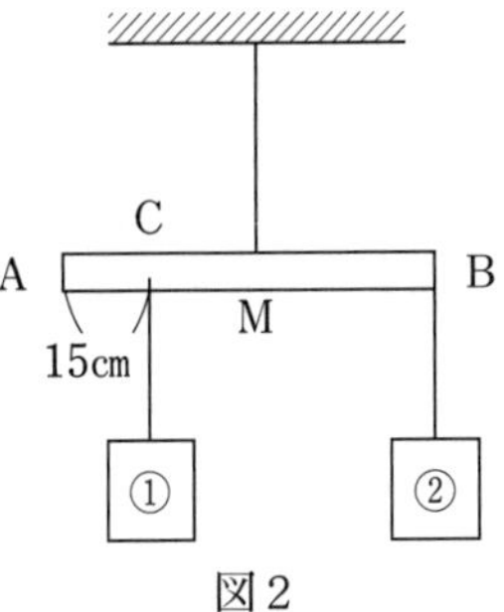

図２

問２　図３のように、棒の右端Ｂのおもり②を10ｇのおもり③に変えると、棒は左に傾（かたむ）いたので、位置Ｄに25ｇのおもり④をつるしたところ、棒は水平につりあいました。ＭＤの長さは何cmですか。

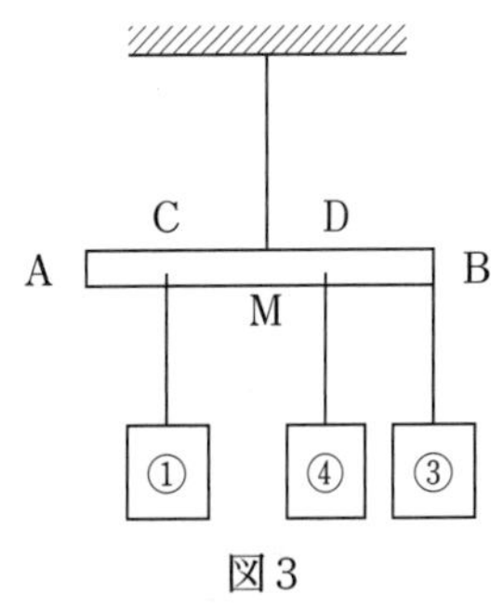

図３

問３　図４のように、たこ糸をつける位置を棒の左端Ａから右に35cmの位置Ｎに変えて、左端Ａに20ｇのおもり⑤をつるし、右端Ｂにおもり⑥をつるしたところ、棒は水平につりあいました。おもり⑥は何ｇですか。

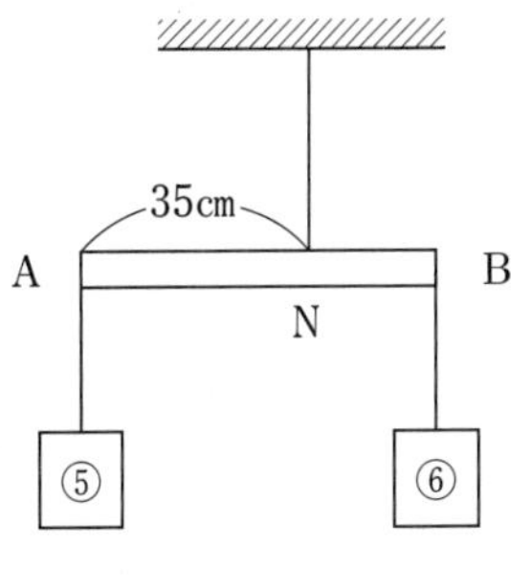

図４

図５は、「さおばかり」を表しています。さおの左端をＡ、右端をＢ、支点をＥとします。ＡＢの長さは80cmであり、さおは重さが250ｇの均一な棒と考えます。Ａには重さをはかる

ものを載せるための、重さ500ｇの皿をつり下げます。皿に載せたものの重さは、重さ１kgの分銅をつり下げた位置から求めることができます。

さおばかりの目盛り０の位置は、何も載せていない皿と分銅がつりあうときの分銅の位置です。ＡＥの長さは16㎝であり、Ｂから左へ２㎝の間は分銅をつり下げることができません。また、皿をつるす紐の重さを考える必要はありません。

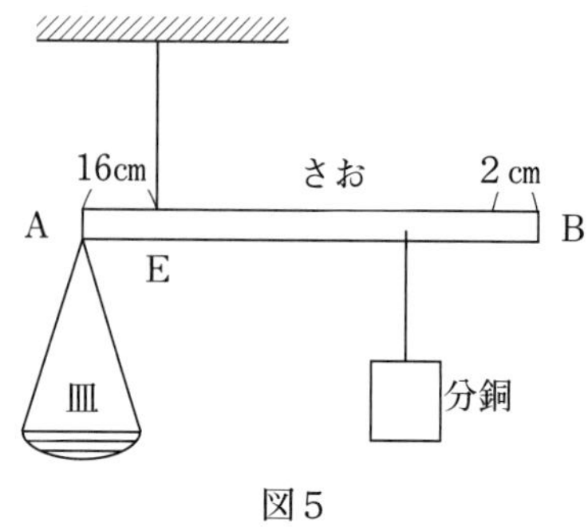

図５

問４　このさおばかりの目盛り０の位置はＥから何㎝の位置ですか。

問５　このさおばかりは最大で何kgまではかることができますか。小数第二位まで求めなさい。

図６のように長さ50㎝の棒の左端をＡ、右端をＢとします。点Ｐに50ｇのおもり⑦、点Ｑに20ｇのおもり⑧をつるし、棒上の点Ｒで棒を支えると棒が水平につりあったので、Ｒは支点であると分かります。ＡＰの長さは10㎝、ＢＱは５㎝です。また、棒は変形せず、その重さを考える必要はありません。

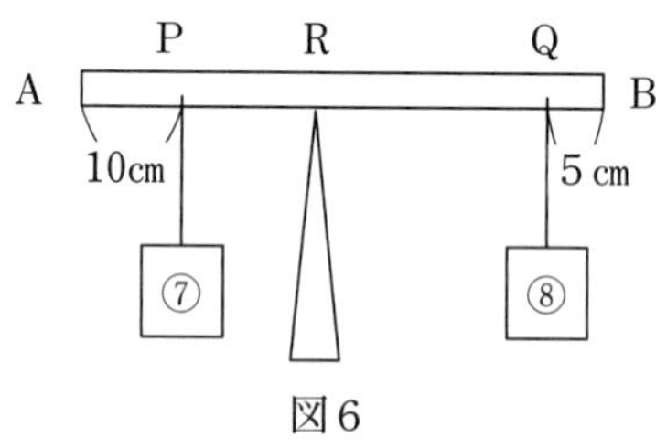

図６

問６　Ａから支点Ｒまでの長さは何㎝ですか。

図６の棒のおもりの位置はそのままにして、図７のように棒の両端Ａ、Ｂにばねばかり１と２をつけて棒を水平につりあわせました。

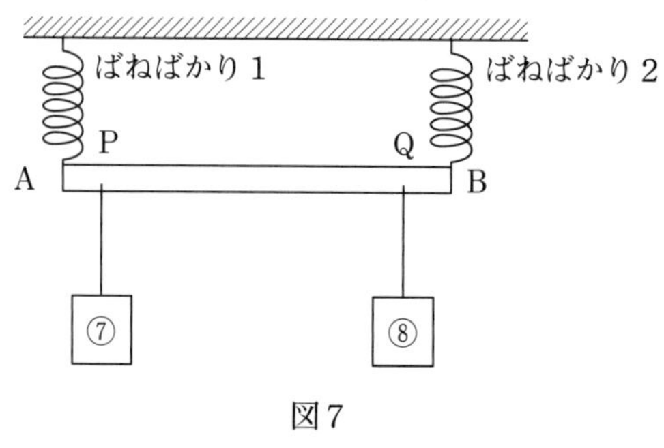

図７

問７　ばねばかり１と２の表示の合計は何ｇですか。

問８　ばねばかり１と２の表示は、それぞれ何ｇですか。

2　次の各問いに答えなさい。

問１　ろうそくについて、誤りを含むものをア～オより２つ選び、記号で答えなさい。

ア　外炎は空気に多く触れているため、内炎に比べて温度が低い。

イ　ろうそくを燃やすと二酸化炭素のみが発生する。

ウ　液体のろうがろうそくの芯(しん)を伝い、気体のろうになってから燃える。

エ　水でしめらせた割り箸(ばし)をろうそくの外炎と内炎の中に横から入れると、外炎の部分のみが黒くなる。

オ　ろうそくの芯の近くの炎にガラス管を入れると、白いけむりが出てくる。そのけむりに火をつけると燃える。

問２　直径１㎝、長さ10㎝のろうそくが燃えつきるまでの時間は１時間であるとします。直径３㎝、長さ15㎝のろうそくが燃えつきるまでに何時間かかりますか。必要であれば、小数第二位を四捨五入して、小数第一位まで求めなさい。ただし、ろうそくが燃えつきる時間はろうそくの体積にのみ比例するものとします。

問３　ろうそくの炎は、地上の空気中では図１ではなくて図２のような形になります。この理由を、２つの図に続く文中の空欄に、10文字以内の適切な語句を答えて完成させなさい。

図１　　　図２

温められた外炎の周りの空気は、(　　)ため。

ものが燃えるためには、「燃える物質がある」、「酸素がある」、「温度が発火点[(注)]以上である」の３つの条件が必要になります。これらの条件を取り除くことで火を消すことができます。

(注)物質の温度を上げたときに燃え始める温度のこと

問４　次の(1)～(4)の４種類の方法でろうそくの火を消したとします。これはものが燃える条件のうち、以下のア～ウのうちのどの条件を主に取り除くことで火を消していますか。ア～ウより適切なものを、それぞれ１つずつ選び、記号で答えなさい。ただし、同じ記号はくりかえし用いてもよいものとします。

(1)　ろうそくにコップをかぶせる

(2)　ろうそくの炎に水をかける

(3)　ろうそくの炎に息を吹きかける

(4)　ろうそくの芯をピンセットでつまむ

ア　燃える物質がある　　イ　酸素がある　　ウ　温度が発火点以上である

問５　図３のように水の入ったビニール袋をろうそくで温めたところ、ビニール袋が破れることなく加熱を続けることができました。この理由を、図に続く文中の空欄に、10文字以内の適切な語句を入れて完成させなさい。

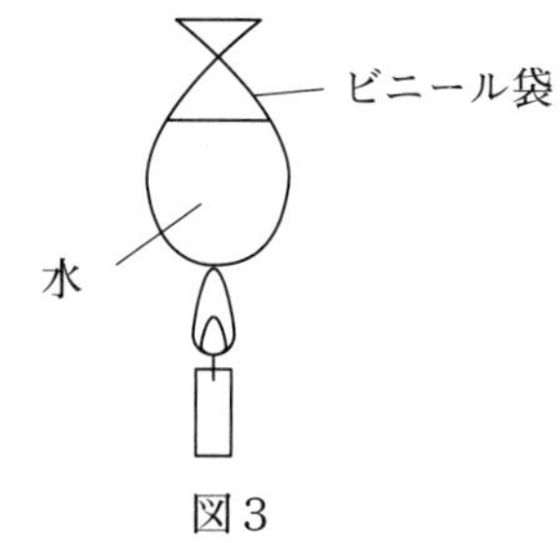

図３

水が入っていることで、炎が当たっている部分の(　　)ため。

問６　火のついた高温の油に水を注ぐと、水は瞬時(しゅんじ)に熱せられて水蒸気となり、油が周囲に飛び散るため危険です。ある温度の水500ｇを十分な量の高温の油に注ぎ、すべての水が水蒸気に変化した場合に発生する水蒸気の体積は何Lになりますか。必要であれば、小数第一位を四捨五入して、整数で求めなさい。ただし、油に注ぐ前の水は１㎤あたり0.98ｇであり、液体の水は水蒸気に変化すると体積が1700倍になるものとします。

③　各文章を読み、続く問いに答えなさい。

星の運動には日周運動と①年周運動の２種類があります。日周運動とは星が地球のまわりを１日で１回転する見かけの運動で、１時間で約(②)度進みます。年周運動とは星が地球のまわりを１年で１回転する見かけの運動で、１ヶ月で約(③)度進みます。

問１　文章中の下線部①の運動は地球のどのような動きが原因ですか。

問２　文章中の空欄(②)に入る数値を、その計算式を含めて答えなさい。

問３　文章中の空欄(③)に入る数値を、その計算式を含めて答えなさい。

問４　ある日の午後10時に千葉で真南に見えた星は、２か月後の午後８時に同じ場所で観察したとき、どの位置に見えますか。次の文の空欄(④)には数値を、空欄(⑤)にはあてはまるものを、ア～エより１つ選び、文を完成させなさい。

元の位置より(④)度(⑤)の位置に見える。

ア　東　　イ　西　　ウ　北　　エ　南

次図は、太陽を中心とした地球と黄道12星座の位置関係を、北極側から表したものです。６月20日の午前０時頃に千葉のある地点で南の空を観測すると、いて座を見ることができ、そのときに西の空ではおとめ座が地平線に沈みつつありました。このことから、４月20日の午後10時頃に南の空に見える星座は、(⑥)であると分かります。

(⑥)を毎月20日に観測したとすると、(⑦)月20日の午後10時頃には、この星座は西の空の地平線に沈みつつあると考えられます。

また、地球がAの地点にあるときの日没後間もない時刻には、東の空の地平線近くに(⑧)を見ることができるでしょう。

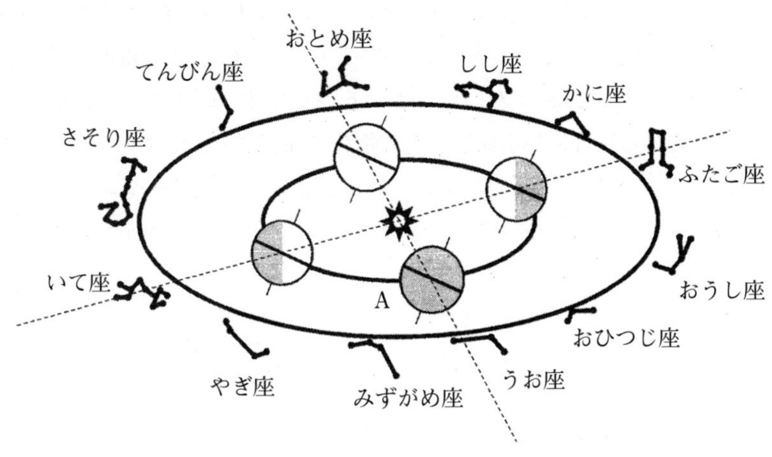

問５　文章中の空欄(⑥)に当てはまる星座を、黄道12星座から１つ答えなさい。

問６　文章中の空欄(⑦)は何月にあたりますか。数字で答えなさい。

問７　文章中の空欄(⑧)に当てはまる星座を、黄道12星座から１つ答えなさい。

4　次の文章を読み、続く問いに答えなさい。

世界の平均気温は2020年時点で、工業化以前(注)と比べて約1.1℃上昇したことが示されています。このままの状況が続けば、更なる気温上昇が予測されます。

気象災害と気候変動問題との関係を明らかにすることは容易ではありませんが、気候変動に伴(ともな)って今後はさらに豪雨や猛暑のリスクが高まり、農林水産業、自然生態系、自然災害、経済活動等への影響が出ることが指摘されています。

気候変動の原因となっている温室効果ガスを削減するため、2020年10月、日本政府は(　①　)年までに②温室効果ガスの排出を全体としてゼロにすることを目指すと宣言しました。

日本の熱中症による救急搬送者数や死亡者数は高い水準で推移しており、熱中症対策はただちに行うべき課題となっています。その対策の一つとして、2023年４月に「改正気候変動適応法」が成立され、2024年春に施行される方針です。改正法では、重大な健康被害が発生するおそれのある場合に熱中症特別警戒情報を発表するとしています。また、暑さを避けるため、図書館などの公共施設のほか、ショッピングセンターやコンビニエンスストア、薬局などの冷房の効いた民間施設を「(　③　)シェルター」として開放する取り組みも広まっています。

このことからも、将来の世代も安心して暮らせる、持続可能な経済社会をつくるために今から脱炭素社会の実現に向けて取り組む必要があると考えられます。

(注)1850～1900年頃

問１　文章中の空欄(　①　)に適する数字として正しいものを、ア～オより１つ選び、記号で答えなさい。

ア　2025　　イ　2030　　ウ　2050　　エ　2065　　オ　2080

問２　文章中の下線部②についてそれぞれ答えなさい。

(1)　下線部②の取り組みを何といいますか。カタカナ10文字で答えなさい。

(2)　下線部②はどういう意味ですか。簡潔に説明しなさい。

問３　温室効果ガスの排出量の削減に関係する取り組みを、ア～オよりすべて選び、記号で答えなさい。

ア　森林の保全と再生　　イ　住宅・建築物の省エネ性能等の向上

ウ　再生可能エネルギーの利用　　エ　公共交通機関の利用

オ　地元で採れたものを食べる「地産地消」

問４　文章中の空欄(　③　)に適する語句をカタカナで答えなさい。

成蹊中学校(第1回)

―30分―

1　トキに関する次の文章を読んで、後の各問いに答えなさい。

成蹊中学・高等学校の生物フロアには生物標本コーナーがあり、多くの生物の標本や剥製(はくせい)が展示されています。その中でもひときわ有名な剥製があります。それは日本を代表する鳥、「トキ」の剥製(図1)です。

図1　成蹊中学・高等学校の生物標本コーナーにあるトキの剥製

トキは、コウノトリ目トキ科に属する鳥です。昔からa日本の里山に生息している一般(ぱん)的な鳥でしたが、明治時代に美しい朱鷺(とき)色の羽をねらって狩猟(しゅりょう)が行われ、乱獲(かく)されました。その後、日本の工業化が進み、b水田の減少やc自然破壊(かい)、農薬の使用などの環境(かん)汚(お)染もあり、急激に個体数が減少しました。最後までトキが生息していた場所は、石川県能登半島と新潟県佐渡島(さどがしま)で、トキを絶滅(めつ)から救うため、1981年に佐渡にいた最後の5羽を捕獲(ほかく)し、保護しました。その5羽のトキは、佐渡トキ保護センターで繁殖(はんしょく)のために飼育されましたがうまくいかず、2003年に最後のトキが死亡し、日本にはトキがいなくなりました。d絶滅のおそれのある野生生物の種のリストでは野生絶滅とされています。

1981年に中国で見つかったトキは、日本のトキとほぼ同一の遺伝子を保有し、遺伝子一致(いっち)率が99.935%で、eほぼ同一種と考えられました。佐渡トキ保護センターでは中国からゆずり受けたトキの繁殖に成功し、個体数が少しずつ増えていきました。1999年から、環境省が中心となり、新潟県や佐渡の人たちといっしょに、「野生復帰ビジョン」というトキを野生に返すための計画を実行しました。佐渡の小学校では、ビオトープなどでトキのエサ場をつくり、農家では水田で使用する農薬の量を減らす工夫をし、大学の研究者は森を守る研究をするなど様々な対策を行いました。そしてついに2008年トキが佐渡の自然に放たれたのです。1981年に佐渡で野生のトキがいなくなってから、実に27年ぶりのことでした。佐渡では自然に放たれたトキと人が共生するために、「fトキとの共生のルール」をつくり、地域が一体となってトキを守る工夫をしています。このルールを守ることで身近なところでも野生のトキを見かけるようになってきました(図2)。しかし、トキと人との距離(きょり)が近くなりすぎ、交通事故にあうトキも出てきてしまいました。gトキと人との上手なつき合い方があってこそ、トキのいる環境が保たれるのです。

図２　佐渡で野生復帰をとげたトキ

(1)　下線部ａについて、日本の里山について述べた文として最もふさわしいものを、次のア～エの中から１つ選び、記号で答えなさい。

ア　里山は人の手を全く加えない自然そのままの環境である。

イ　現在、里山を維持・管理する人が多くなり、里山は増加している。

ウ　人の生活圏から自然を完全に排除するためにつくりだした環境が里山である。

エ　里山にある森は雑木林と呼ばれ、昔はその林の木から薪や炭をつくっていた。

(2)　下線部ｂについて、水田の減少について述べた文としてふさわしくないものを、次のア～エの中から１つ選び、記号で答えなさい。

ア　政府が行う米の収穫量を調整する政策によって、水田が減少した。

イ　食生活の変化により、米の消費が少なくなり、水田が減少した。

ウ　水害の原因になるため、積極的に埋め立てられ、水田が減少した。

エ　稲作農家の減少により、水田が減少した。

(3)　下線部ｃに自然破壊とありますが、自然破壊について述べた文としてふさわしくないものを、次のア～エの中から１つ選び、記号で答えなさい。

ア　オゾン層の破壊によって、大気中の二酸化炭素濃度が増し、地球温暖化が進行する。

イ　化石燃料の大量消費によって排出された窒素酸化物や硫黄酸化物が酸性雨の主な原因物質である。

ウ　窒素化合物などを含む生活排水が大量に湖などに流れこむと富栄養化が進行し、植物プランクトンが大量発生する。

エ　生活排水に含まれる有機物の量が多くなると水中の細菌類が増殖し、酸素が不足するので川の浄化能力が失われる。

(4)　下線部ｄのリストは一般的には何と呼ばれていますか。その名前を答えなさい。

(5)　下線部ｄのリストで「絶滅」となっている生物種を、次のア～エの中から１つ選び、記号で答えなさい。

ア　イヌワシ　　イ　ニホンカワウソ　　ウ　タンチョウ　　エ　ニホンカモシカ

(6)　下線部ｅについて、なぜ中国のトキが日本のトキと同一種と言えるのでしょうか。その理由として最もふさわしいものを、次のア～エの中から１つ選び、記号で答えなさい。

ア　遺伝子は親から子へ必ず伝わるものだから。

イ　遺伝子は環境によって変化しやすいから。

ウ　遺伝子は生物の種類ごとに共通だから。

エ　遺伝子は突然変異を起こしやすいから。

(7)　下線部ｆの「トキとの共生ルール」で、トキを保護していくため地域住民にお願いしているルールがあります。そのルールに含まれない文を、次のア～エの中から１つ選び、記号で答えなさい。

ア　優しく静かに見守る。

イ　積極的に餌付けを行って、個体数を増やす。

ウ　繁殖期には巣に近づかないようにする。

エ　大きな音や強い光を出さないようにする。

(8)　図３はトキを頂点とした生態系の生物の数量の関係性を示したものです。それぞれの生物の数量は、増減しながらもバランスの取れた関係性を保っています。もし、トキの数量が減った場合、その後、生物の数量はどのように変化すると考えられますか。次のア～ウを変化の順番に左から並べ、記号で答えなさい。

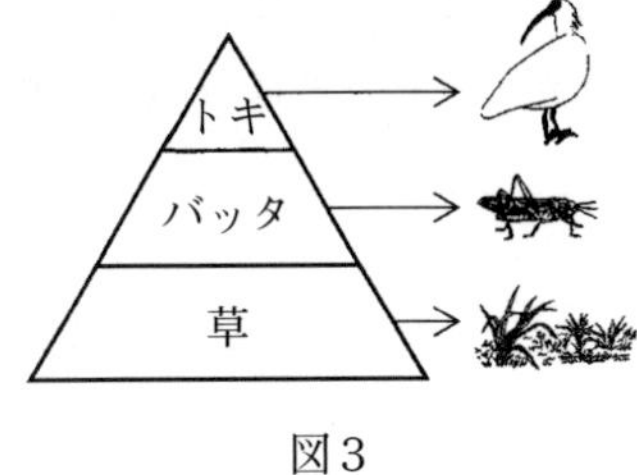

図３

ア　トキの数量が増え、バッタの数量が減る。

イ　草の数量が増え、トキの数量が減る。

ウ　バッタの数量が増え、草の数量が減る。

(9)　図４は、自動車がトキに接近し、トキが逃げて飛び立つ際の自動車とトキの距離(逃避距離)の年変化です。下線部ｇの「トキと人との上手なつき合い方」を築く上でトキと人との距離をどのように保つことが大切か、説明しなさい。

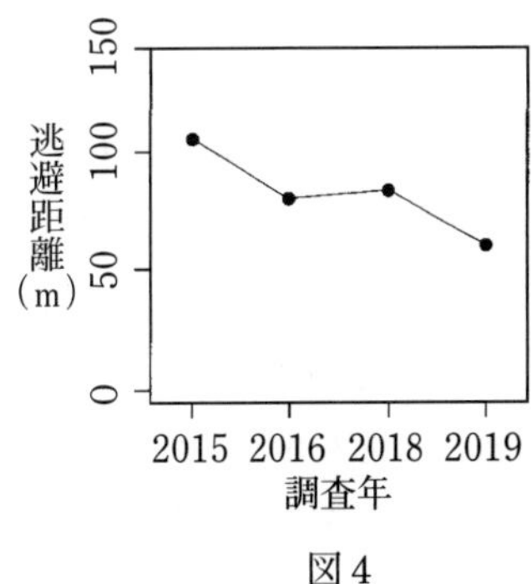

図４

(10)　日本には明治時代までニホンオオカミが生息していましたが、絶滅してしまいました。トキのように、中国に生息するタイリクオオカミを日本につれてきて、ニホンオオカミのかわりとして日本の自然に放つ考え方があります。この考え方について賛成か反対かを述べて、その理由を説明しなさい。

2　豆電球と電池とスイッチを用いて、回路をつくる実験をしました。次の文章を読んで、後の各問いに答えなさい。

図５のような電池と豆電球とスイッチを導線でつないだ回路を、図６のように回路図で表します。図７はスイッチがオンになっているところを表していて豆電球は点灯していますが、図６はスイッチがオフなので豆電球は点灯していません。

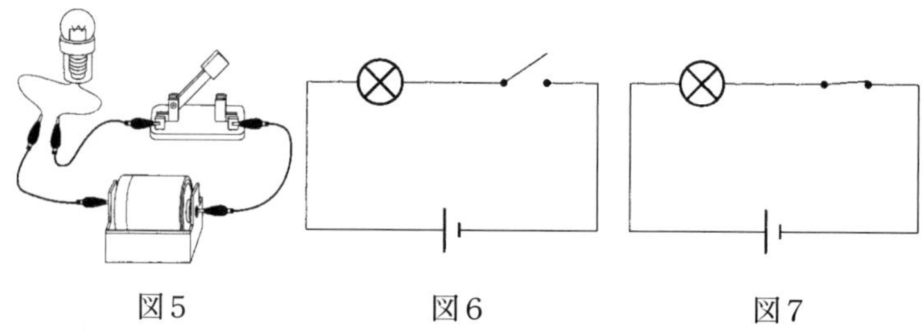

図５　　図６　　図７

次の図は、ＡとＢの２つのスイッチと豆電球と電池でつくった回路です。図８ではＡとＢの両方のスイッチがオンにならないと豆電球は点灯しませんが、図９ではＡとＢのどちらかのスイッチがオンになれば豆電球は点灯します。もちろん両方のスイッチがオンでも豆電球は点灯します。

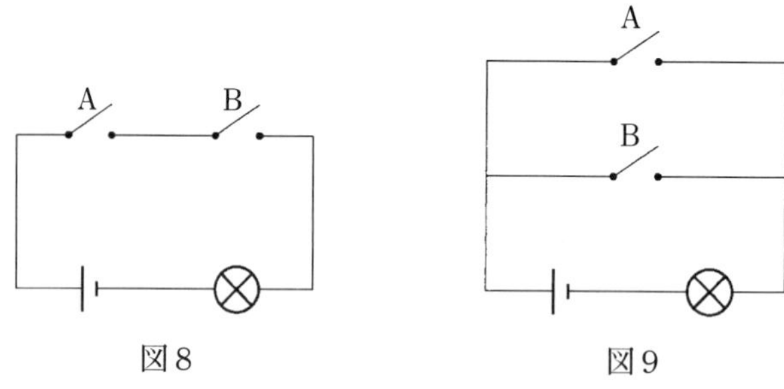

図８　　図９

(1)　図10はＡとＢの２つのスイッチと３つの豆電球と電池でつくった回路です。３つの豆電球のうち２つだけを点灯させるには、スイッチをどのようにすればよいでしょうか。次のア～エの中からすべて選び、記号で答えなさい。

ア　ＡもＢもオンにする。

イ　ＡもＢもオフにする。

ウ　Ａをオン、Ｂをオフにする。

エ　Ａをオフ、Ｂをオンにする。

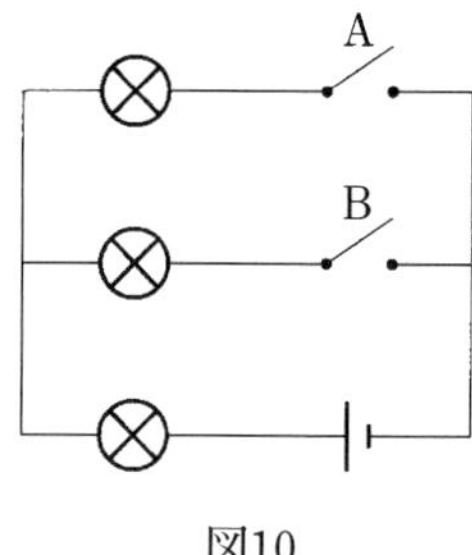

図10

(2)　図11はＡ～Ｄの４つのスイッチと５つの豆電球と電池でつくった回路です。５つの豆電球のうち４つだけを点灯させる方法は何通りかあります。そのうちの１通りについて、オンにするスイッチをＡ～Ｄの記号で答えなさい。

(3)　図11の回路で、５つの豆電球のうち３つだけを点灯させる方法は何通りあるかを答えなさい。

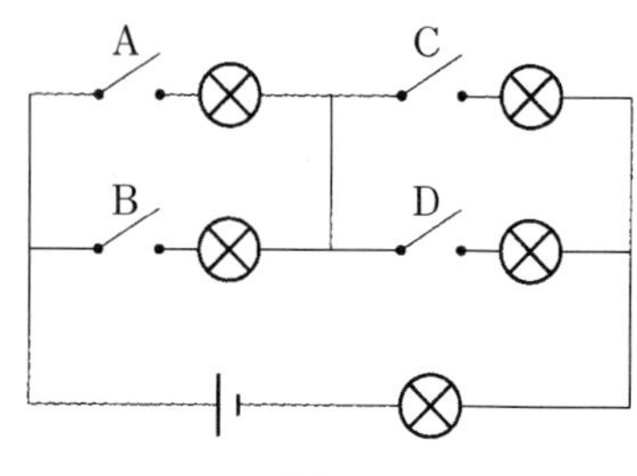

図11

(4)　図12はＡとＢの２つのスイッチと２つの豆電球と電池でつくった回路です。ＡとＢのスイッチをオンやオフにすることではできないことを、次のア～エの中からすべて選び、記号で答えなさい。

ア　左の豆電球だけ点灯させる。

イ　右の豆電球だけ点灯させる。

ウ　左右両方の豆電球を同時に点灯させる。

エ　豆電球を１つも点灯させない。

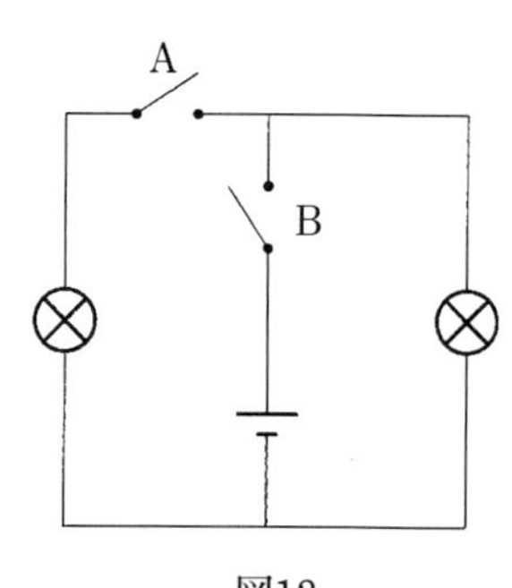

図12

(5)　図12の回路図に豆電球をもう1つ加えて、AとBのスイッチをオンやオフにすることで、3つの豆電球のうち1つだけ点灯させたり、2つだけ点灯させたり、3つとも点灯させたりすることができる回路にしたいと思います。図12の回路図に豆電球1つと導線をかき加えて、上で述べたような回路図を完成させなさい。ただし、電池やスイッチを増やしてはいけません。

3　アルコールに関する次の文章を読んで、後の各問いに答えなさい。

新型コロナウイルス(COVID－19)の流行で、ここ数年はウイルス感染防止のために多くの活動が制限されてきました。新型コロナウイルスは飛まつや接触(しょく)などにより感染をする可能性が高く、そこで大活躍(やく)した化学物質の1つが${}_a$アルコールでした。

アルコールにはさまざまな種類があり、身近なところに多く使われています。理科の実験では、${}_b$アルコール温度計や${}_c$アルコールランプとして使われています。アルコールランプに火をつけると、木や紙を燃やしたときと同じように、(あ)と水蒸気が発生します。

(1)　文中の(あ)にあてはまる物質の名前を答えなさい。

(2)　下線部aについて、アルコールについて述べた文としてふさわしくないものを、次のア～エの中から1つ選び、記号で答えなさい。

ア　お酒に含(ふく)まれるアルコールは体内で無害な物質に分解される。

イ　消毒液はアルコールを水にとかしている。

ウ　葉の緑色の成分をとかしだすときに用いられる。

エ　消毒用アルコールは水よりも蒸発しにくい。

(3)　下線部bについて、現在では温度計内の液体はアルコールの代わりに灯油などが使われていることが多くなっています。このような温度計は、アルコールや灯油の温度が上がるとどのようになる性質を利用しているか、「温度が上がると、～」の形に合うように説明しなさい。

(4)　下線部cについて、アルコールランプの使い方としてふさわしくないものを、次のア～オの中から1つ選び、記号で答えなさい。

ア　アルコールを容器の8分目あたりまで入れておく。

イ　火をつけるときは、火を横から近づけて芯(しん)に火をともす。

ウ　芯の長さはなるべく短い方がよい。

エ　ふたをして火を消したら、一度ふたをとって冷ましてから、再度ふたをする。

オ　安定した、燃えやすいものがない実験台の上で使用する。

(5)　一般(ぱん)にアルコールランプにはさまざまな種類のアルコールが用いられています。いま、2種類のアルコールAとアルコールBが、重さの割合7：3で混ざったアルコールを用いたアルコールランプがあります。このアルコールランプに火をつけて、アルコールが10g減少したとき、水蒸気は何g発生しますか。最もふさわしいものを、後のア～カの中から1つ選び、記号で答えなさい。ただし、アルコールA、アルコールBのみにそれぞれ火をつけたとき、アルコール減少量と発生した水蒸気の重さは表1の通りであったとします。また、2種類のアルコールを混ぜて火をつけても、アルコールは元の含まれている割合を保ったまま減少するものとします。

表1

	アルコール減少量	発生した水蒸気
アルコールA	4.0g	4.4g
アルコールB	6.0g	7.2g

ア　11.0 g　　イ　11.3 g　　ウ　11.6 g　　エ　11.9 g　　オ　12.2 g　　カ　12.5 g

4　次の文章を読んで、後の各問いに答えなさい。

成蹊中学・高等学校には、今年で設立99年目となる成蹊気象観測所があります。中学１年生は全員、昼休みに３名ずつ気象観測を行います。まず気象観測露場(ろじょう)に向かい、雲量や天気、気温や相対湿(しつ)度の観測を行います(図13)。次に、気象観測室で気圧や風の向き、風の強さの観測を行い、最後に気象観測の結果を方眼紙に記録します。

図13　気象観測露場で雲を観測しているようす

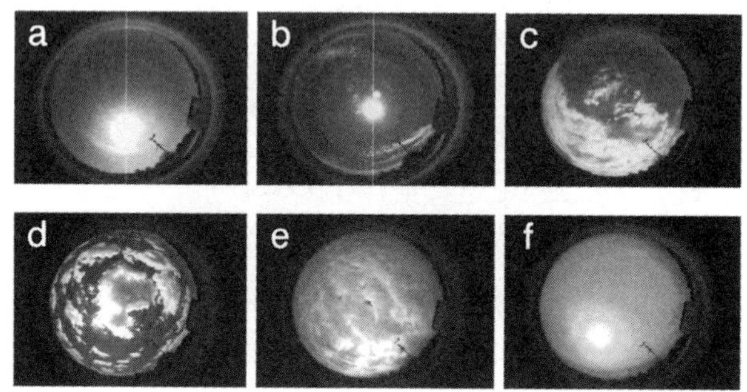

図14　理科棟屋上にある全天カメラで撮影した全天の雲のようす

(1)　図14は、成蹊中学・高等学校の理科棟屋上にある全天カメラで撮影(さつえい)した雲のようすです。雲量とは、地平線より上の空にしめる雲の割合のことで、０～10の整数で表現します。図14のａは雲量０、ｆは雲量10です。図14のｃの雲量を１つの整数で答えなさい。

(2)　図14の全天カメラの雲画像の撮影時には、雨や雪は降っていませんでした。天気が「くもり」のときの写真としてふさわしいものを、図14のａ～ｆの中からすべて選び、記号で答えなさい。

(3)　図15に、成蹊中学・高等学校で撮影した雲の写真を２枚示しました。それぞれの写真の中央に大きく写る雲の名前の組み合わせとして最もふさわしいものを、後のア～エの中から１つ選び、記号で答えなさい。

図15　成蹊中学・高等学校で撮影した雲の写真

ア　左：層雲　　　右：巻雲

イ　左：層雲　　　右：積乱雲

ウ　左：積乱雲　　右：巻雲

エ　左：巻雲　　　右：積乱雲

※雲の名前の別名　層雲：きり雲　　巻雲：すじ雲　　積乱雲：にゅうどう雲

(4)　昼休みの気象観測では、図16左上の百葉箱の中の温度計で気温を測定します。百葉箱の中に温度計は２本あり、図16下の乾球(かんきゅう)温度計で気温を読み取ります。温度計に記された30と40の数値は、それぞれ30℃と40℃のことを指します。また、図16下の湿球(しっきゅう)温度計の温度を測る部分には、ガーゼが巻いてあります。ガーゼは、図16右上のＡに示す水つぼから水を吸い上げて、温度を測る部分が常に湿(しめ)るようにしています。そのため多くの場合、左側の湿球温度計の温度は、右側の乾球温度計の温度より低くなっています。

図16下の乾球温度計の温度は何℃ですか。また、乾球温度計と湿球温度計の温度の差は何℃ですか。それぞれ小数第１位まで答えなさい。

図16　百葉箱とその中にある温度計のようす

(5)　前問(4)で求めた２つの温度と、図16下の写真に写る「湿度表」から、空気がどの程度湿っているかを示す指標「相対湿度」を求めることができます。湿度表のＢの部分に記された乾球温度計の温度と、同じくＣの部分に記された乾球温度計と湿球温度計の温度の差を利用して、湿度表のＤの部分に記された数値を読み取ると、相対湿度の値(単位：％)を調べることができます。

図16下の写真から読み取れる相対湿度の値として最もふさわしいものを、次のア～カの中から１つ選び、記号で答えなさい。

ア　100％　　イ　97％　　ウ　93％　　エ　90％　　オ　87％　　カ　84％

成城学園中学校(第１回)

―25分―

(編集部注：実際の入試問題では、写真や図版の一部はカラー印刷で出題されました。)

1　川を流れる水のはたらきについて、次の問いに答えなさい。

(1)　次の図は、川の上流、中流、下流のいずれかで観察される石の形です。上流で多く見られる石の形としてふさわしいものを、次のア～ウから選び、記号で答えなさい。

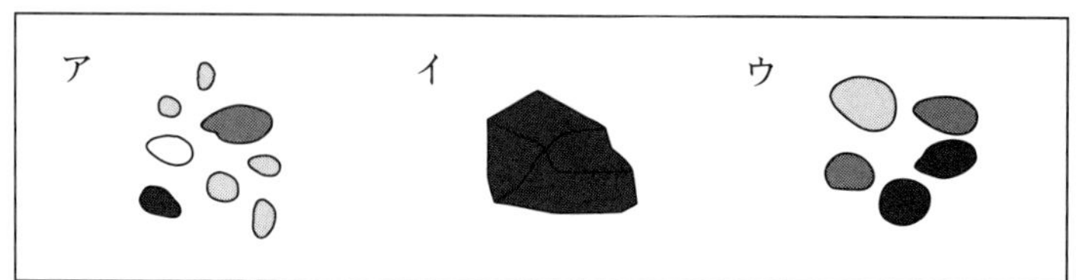

(2)　川を流れる水のはたらきにより河口まで運ばれてきた「れき・砂・泥(どろ)」は、河口付近ではどのような順番で堆(たい)積しますか。正しい組み合わせを、次のア～カから選び、記号で答えなさい。

	下の層	中間の層	上の層
ア	砂	れき	泥
イ	砂	泥	れき
ウ	れき	砂	泥
エ	れき	泥	砂
オ	泥	れき	砂
カ	泥	砂	れき

(3)　川の水が大量に増えるのは、どのようなときですか。**誤っているもの**を、次のア～エから選び、記号で答えなさい。

ア)　台風が通過したとき。　　イ)　線状降水帯が発生したとき。
ウ)　猛暑(もうしょ)が続いたとき。　　エ)　春になり大雪がとけたとき。

2　液体と、液体にとけていない固体に分ける方法をろ過といいます。
次の図は、ろ過で使う実験器具です。あとの問いに答えなさい。

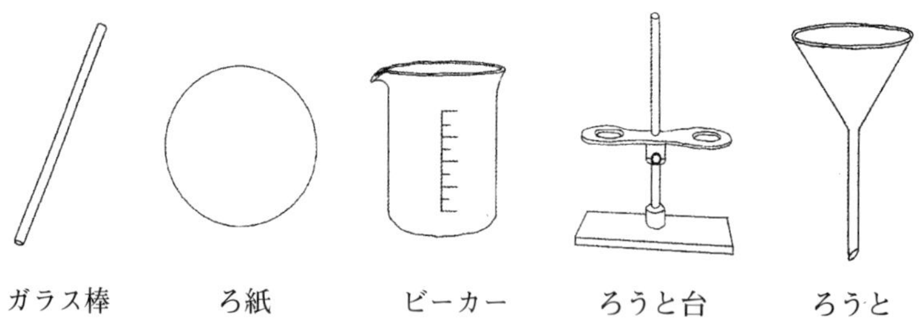

(1)　ろ過の操作として正しいものを、次のア～オからすべて選び、記号で答えなさい。

ア）　ろ紙は２つ折りにして使用する。
イ）　ろ紙は水にしめらせてから、ろうとにつける。
ウ）　ろうとの先は、ビーカーの内側につける。
エ）　ろ過するときは、すばやく液体を注ぐ。
オ）　ろうとの中に液体を注ぎ、ガラス棒でろうとの中をかき混ぜる。

(2)　砂が混ざった砂糖に水を加え、よくかき混ぜてろ過しました。すると、砂はろ紙の上に残り、砂糖はろ過したあとの液体にすべてふくまれていました。このときの「砂糖の粒（つぶ）、砂の粒、ろ紙の目」の大きさの関係として正しいものを、次のア〜エから選び、記号で答えなさい。なお、ろ紙の目とは、ろ紙にあいている小さな穴のことです。また、A＞Bは、AがBよりも大きいことを表しています。

ア）	ろ紙の目	＞	砂の粒	＞	砂糖の粒
イ）	砂の粒	＞	砂糖の粒	＞	ろ紙の目
ウ）	砂の粒	＞	ろ紙の目	＞	砂糖の粒
エ）	砂糖の粒	＞	ろ紙の目	＞	砂の粒

(3)　ろ過の原理を用いた身近な例として正しいものを、次のア〜オからすべて選び、記号で答えなさい。

ア）　ペーパーフィルターを使って、ひいた豆からコーヒーをいれる。
イ）　サングラスで、太陽の光をさえぎる。
ウ）　油こし器で、使い終わった油から油かすを取り除く。
エ）　食塩水を加熱して、食塩を取り出す。
オ）　ざるで、ゆでたそばを湯切りする。

3　晴れた日に虫めがねを使って実験をしました。次の問いに答えなさい。

(1)　次の図は、虫めがねを通して太陽の光を地面に当てたものです。虫めがねを地面から遠ざけると、地面に当たる光の大きさが少しずつ大きくなりました。このとき、地面に当たる光の明るさは、どのようになりますか。あとのア〜ウから選び、記号で答えなさい。

虫めがねを通して地面に当てた太陽の光

ア）　だんだん明るくなる。	イ）　だんだん暗くなる。	ウ）　変わらない。

(2)　虫めがねのレンズを横から見たときの形として正しいものを、次のア～ウから選び、記号で答えなさい。

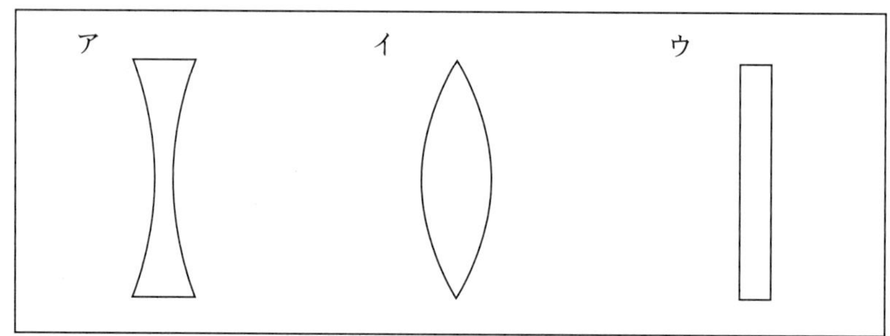

(3)　地面に折り紙を置き、虫めがねを通した太陽の光で、折り紙を燃やす実験をしました。より早く燃え始める組み合わせはどれですか。次のア～クから選び、記号で答えなさい。

	折り紙の色	虫めがねの レンズの直径	折り紙に当てる 光の大きさ
ア	白	大きい	大きくする
イ	白	大きい	小さくする
ウ	白	小さい	大きくする
エ	白	小さい	小さくする
オ	黒	大きい	大きくする
カ	黒	大きい	小さくする
キ	黒	小さい	大きくする
ク	黒	小さい	小さくする

4　植物の養分のでき方について、次の方法で実験をしました。
あとの問いに答えなさい。

[方法]

①　あとの写真のような斑(ふ)入りの葉Ａ～Ｃをもつ鉢(はち)植えを用意しました。ある日の夕方、葉Ａ～Ｃにアルミニウムはくをかぶせ、次の日の朝まで放置しました。

②　次の日の朝、葉Ａのアルミニウムはくを外し、デンプンがあるかどうかを薬品【Ｘ】を使って調べました。また、葉Ｂはアルミニウムはくを外し、葉Ｃはアルミウムはくをかぶせたまま、両方とも日光に当てて放置しました。

③　６時間後、葉Ｂ、Ｃにデンプンがあるかどうかを、薬品【Ｘ】を使って調べました。

※左の写真の白い部分が斑です。

葉A

葉B

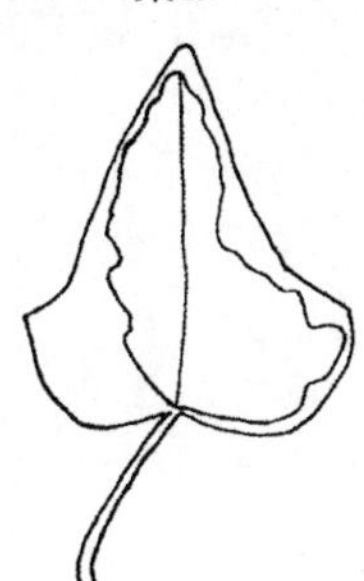

葉C

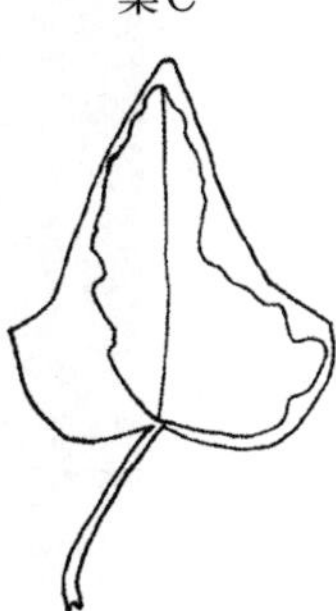

(1)　文章中の薬品【X】は、デンプンがあると青紫色になります。
薬品【X】の名前を答えなさい。

(2)　葉Aを用意した理由として最もふさわしいものを、次のア～ウから選び、記号で答えなさい。

ア）　日光に当たらないと、葉A、B、Cにデンプンができないことを確かめるため。
イ）　朝の時点では、葉A、B、Cにデンプンがないことを確かめるため。
ウ）　葉B、Cが枯れていたときに、葉Aを使うため。

(3)　薬品【X】を使う前に、あたためたエタノールに葉を入れます。葉をエタノールに入れる理由として正しいものを、次のア～ウから選び、記号で答えなさい。

ア）　葉の形を整えるため。
イ）　葉の繊維をやわらかくするため。
ウ）　葉の色をとかし出すため。

(4)　［方法］③の結果、デンプンがあった葉はBとCのどちらですか。記号で答えなさい。また、デンプンがあった部分を、右の図に黒くぬりつぶしなさい。

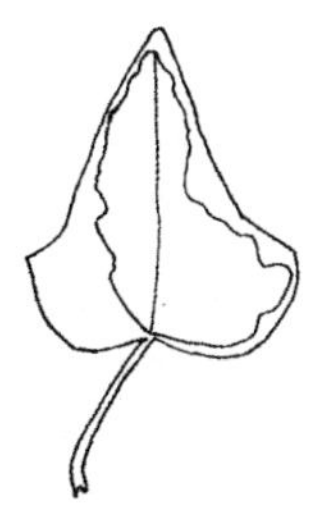

5　次の文を読み、あとの問いに答えなさい。

図１、２は、ある日の(　ア　)低気圧の影響(えいきょう)による「雲の衛星画像」と「降水量の分布を示す画像」です。(　ア　)低気圧は、日本の太平洋沿岸を発達しながら東や北東に向けて移動します。また、秋から春先にかけて見られる日本特有の低気圧であり、関東平野など日本列島の太平洋側の沿岸地域に(　イ　)をもたらすことでも有名です。

図１「雲の衛星画像」

図２「降水量の分布を示す画像」

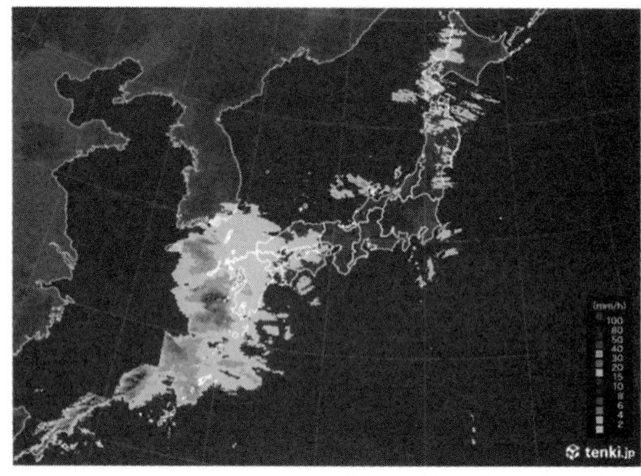

(図１、図２ともにtenki.jpより引用)

(編集部注：実際の入試問題では、この図版はカラー印刷で出題されました。)

(1)　文章中の(　ア　)に当てはまる語句を、次の①～④から選び、番号で答えなさい。

①　北岸　　②　東岸　　③　西岸　　④　南岸

(2)　文章中の(　イ　)に当てはまる語句として、最もふさわしいものを、次の①～④から選び、番号で答えなさい。

①　満潮　　②　大雪　　③　日照り　　④　からっ風

6　植物について、次の問いに答えなさい。

(1)　タンポポとヒヤシンスは、どのように冬を過ごしますか。次のア～エから１つずつ選び、記号で答えなさい。

ア)　花は枯(か)れ、葉を地表に広げ、根を地中に残して冬を過ごす。
イ)　花は枯れ、葉をそのまま残し、茎(くき)に芽をつけて冬を過ごす。
ウ)　花、葉、茎は枯れ、地中に球根を残して冬を過ごす。
エ)　花、葉、茎、根は枯れ、つくった種子で冬を過ごす。

(2)　ヒトは様々な植物を食べています。ゴボウ、アボカド、レンコン、ミョウガについて、ヒトが主に食べている部分を、次のア～カから１つずつ選び、記号で答えなさい。

ア)　根　　イ)　茎　　ウ)　葉　　エ)　果実　　オ)　種子　　カ)　つぼみ

7　図のようなストーブとエアコンのある部屋があります。次の問いに答えなさい。

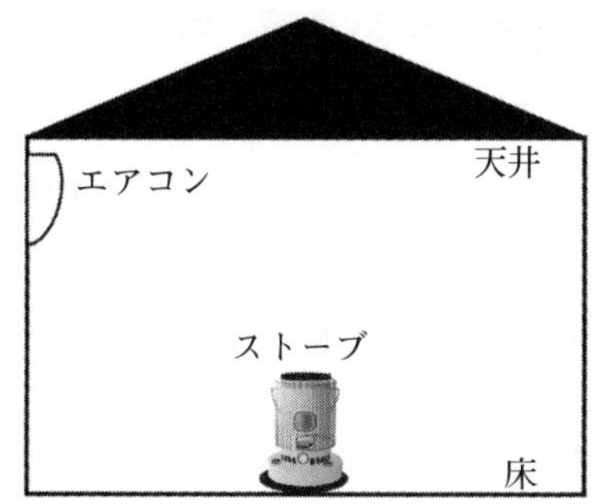

(1)　ストーブだけを使って部屋を暖めるとき、暖められた空気はどのように動きますか。最もふさわしいものを、次のア～エから選び、記号で答えなさい。ただし、矢印は暖められた空気の動きを表しています。

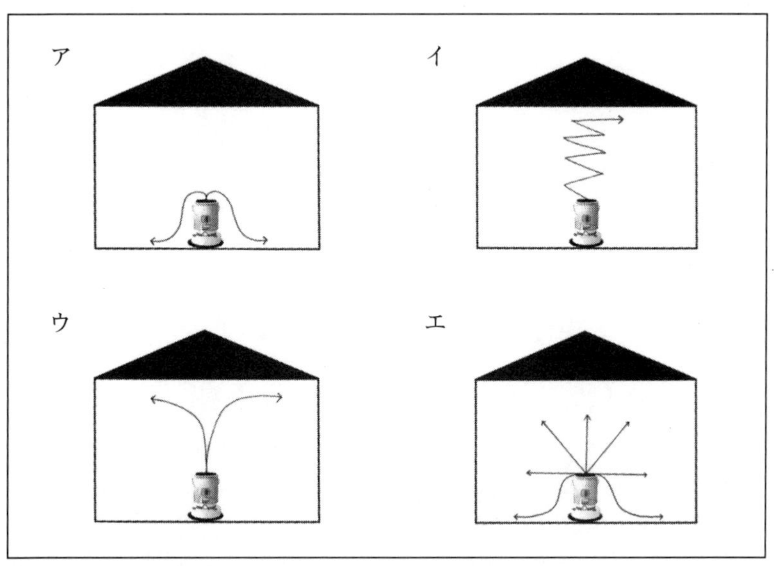

(2)　エアコンを使って、部屋全体を効率よく冷やすためには、風をどの向きに設定するのが良いですか。理由とともに答えなさい。

8　図１のように、鉄くぎに導線を巻いて作った電磁石と乾(かん)電池、スイッチ、電流計をつなぎ、回路を作りました。スイッチを入れて回路に電流を流したところ、方位磁針の針が動いて、図のような向きで止まりました。次の問いに答えなさい。

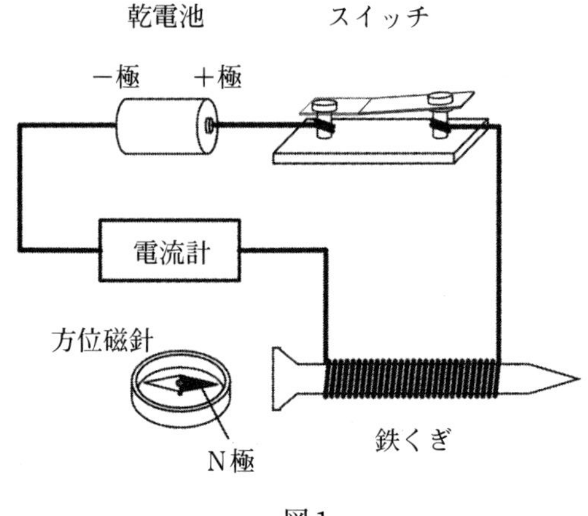

図１

(1)　回路に流れる電流の大きさがわからないとき、始めに行う電流計の正しいつなぎ方はどれですか。次のア～エから選び、記号で答えなさい。

ア）　乾電池の＋極側に電流計の＋端子(たんし)をつなぎ、乾電池の－極側に電流計の５Aの－端子をつなぐ。

イ）　乾電池の＋極側に電流計の＋端子をつなぎ、乾電池の－極側に電流計の50mAの－端子をつなぐ。

ウ）　乾電池の－極側に電流計の＋端子をつなぎ、乾電池の＋極側に電流計の５Aの－端子をつなぐ。

エ）　乾電池の－極側に電流計の＋端子をつなぎ、乾電池の＋極側に電流計の50mAの－端子をつなぐ。

⑵　図２のように、図１の乾電池の＋極と－極を逆にし、電流計も正しくつなぎ直した回路を作りました。図の位置に方位磁針を置き、スイッチを入れると針はどの向きで止まりますか。最もふさわしいものを、あとのア～エから選び、記号で答えなさい。

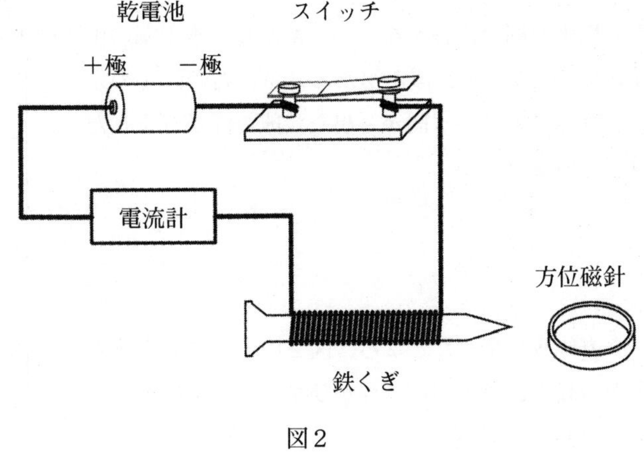

図２

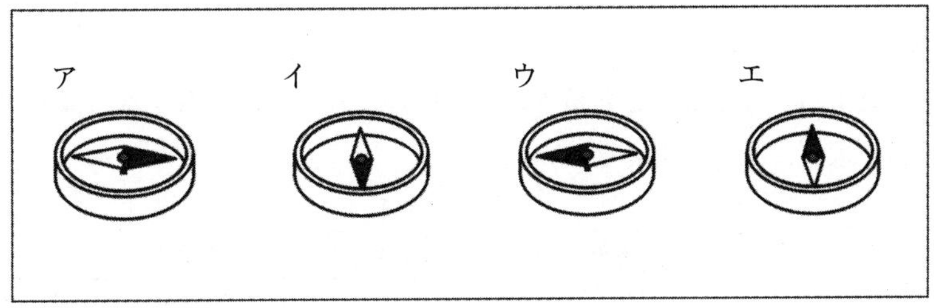

⑶　電磁石の導線の太さのみを太くし、それ以外の条件は変えないとき、電磁石の強さはどうなりますか。理由とともに答えなさい。

西武学園文理中学校（第１回）

―社会と合わせて60分―

1　次の文章を読み、以下の問いに答えなさい。ただし、水１㎤の重さは１ｇとします。

問１　体積200㎤の直方体Ａを水に浮かべたところ、右の図１のように、ちょうど物体の半分が水面から出た状態で浮かびました。直方体Ａの重さは何ｇですか。

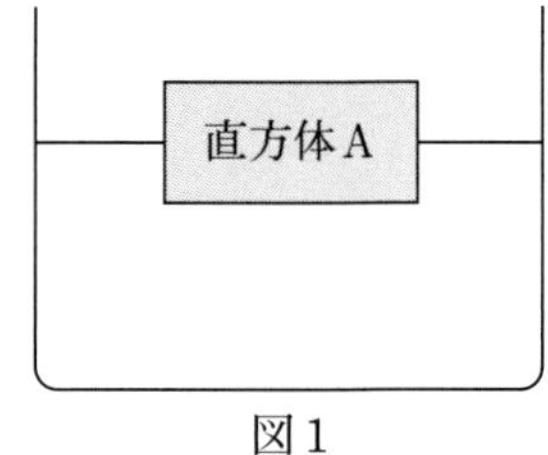

図１

問２　この上に、直方体Ｂを乗せたところ、図２のように直方体Ａがちょうど水面の高さまで下がって浮かびました。上に乗せた直方体Ｂの重さは何ｇですか。

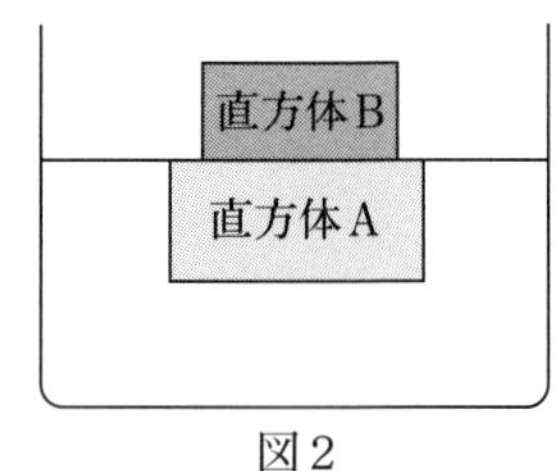

図２

問３　以下の表１のような大きさと重さの立方体Ｃ、Ｄ、Ｅのうち、水に浮かぶことができる物体をすべて選び、記号で答えなさい。

表１

立方体	一辺の大きさ(㎝)	重さ(ｇ)
Ｃ	5	150
Ｄ	10	500
Ｅ	20	7500

問４　体積が100㎤、重さが150ｇの物体Ｆを、図３のように水中に糸でつるして糸を手で支えました。

手で支えている力は何ｇ分ですか。

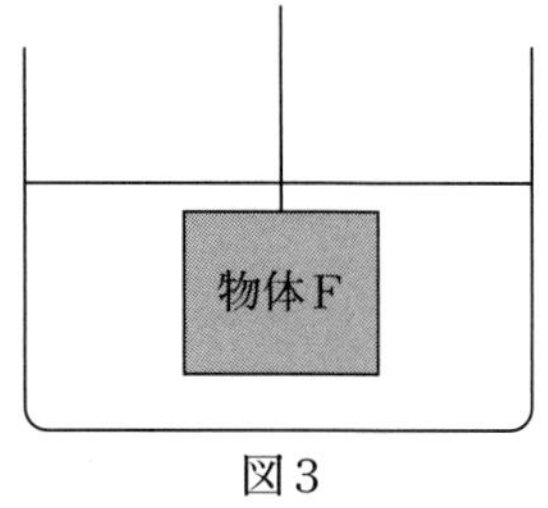

図３

問５　問４と同じ実験を、食塩水中で行ったところ、手で支える力は40ｇ分となりました。

食塩水の重さは１㎤あたり何ｇですか。

2　文太さんはクッキーを作るためにお母さんに材料(卵、バター、小麦粉、砂糖、塩)を用意してもらいました。見た目で卵、バターは区別ができたのですが、小麦粉と砂糖と塩の区別ができませんでした。そこで、３種類の白い粉をそれぞれＡ、Ｂ、Ｃとし、実験を行うことで区別することにしました。

〔実験〕

①　白い粉Ａ～Ｃをそれぞれ少しずつ水に入れてかき混ぜた。

②　コーヒーフィルターを使って①をろ過した。

③　ろ過した液体を自然乾燥させて何が残るか確認した。

〔結果〕

A：何も残らなかった

B：ベトベトしたものが残った

C：白くて（ あ ）の形をした固体が残った

Aはコーヒーフィルターに白い粉が残ったが、BとCは何も残っていなかった

問１　白い粉A～Cはそれぞれ何だと考えられますか。

問２　文中の空欄（ あ ）に入る言葉として正しいものはどれですか。次のア～エの中から選び、記号で答えなさい。

ア　直方体　　イ　三角形　　ウ　立方体　　エ　球

問３　白い粉Aだけがコーヒーフィルターに白い粉が残ったが、このことから白い粉Aについてわかることを次の文に当てはまるよう５文字以内で答えなさい。

〔文〕

白い粉Aは水に（　　）ということがわかる。

問４　下線部のように、規則正しい形をした固体のことを何といいますか。

問５　問３で答えた白い粉Aと同じような特徴を持つ粉は次のうちどれですか。次のア～エの中から２つ選び、記号で答えなさい。

ア　ベーキングパウダー（重そう）　　イ　片栗粉　　ウ　粉糖　　エ　コーンスターチ

③　次記は進化の道すじを示したものです。以下の問いに答えなさい。

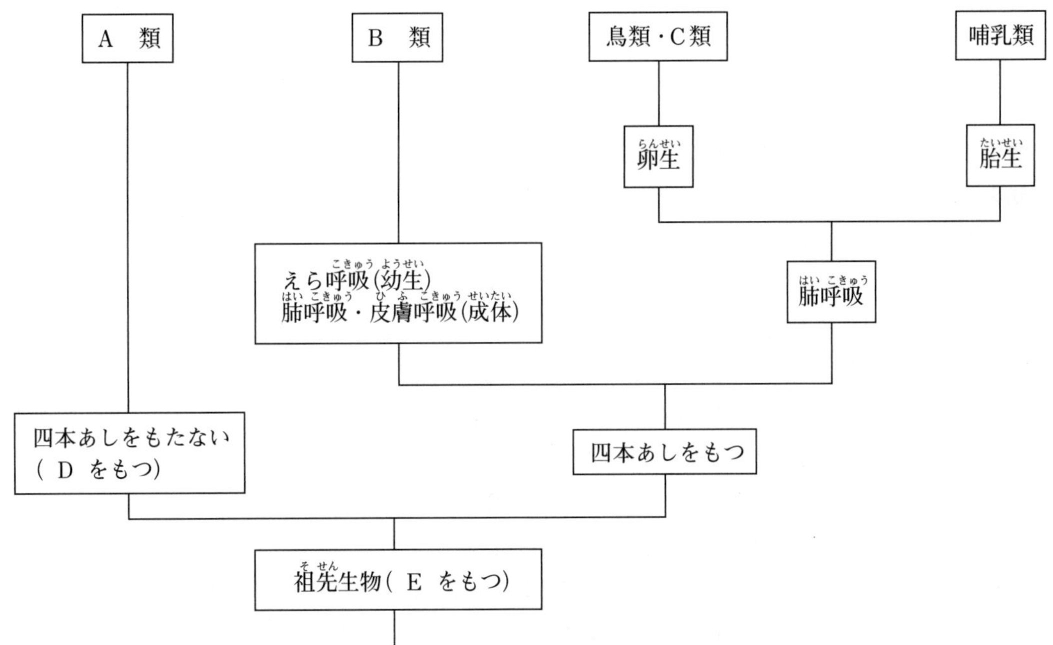

問１　A・B・Cに入る用語をそれぞれ答えなさい。

問２　A類は四本あしをもたないかわりに（ D ）をもっています。それは何か答えなさい。

問３　祖先生物が共通にもっている（ E ）は何ですか。次のア～エの中から１つ選び、記号で答えなさい。

ア　脊椎　　イ　神経　　ウ　うろこ　　エ　はね

問４　卵生や胎生に進化したのは、ある環境から子供を守るためです。それは何からですか。次のア〜エの中から１つ選び、記号で答えなさい。

ア　毒　　イ　乾燥（かんそう）　　ウ　二酸化炭素　　エ　海水

問５　すべての生物に見られる共通性にはふくまれないものを、次のア〜エの中から１つ選び、記号で答えなさい。

ア　エネルギーが必要である　　イ　遺伝（いでん）情報をもっている

ウ　細胞でできている　　エ　血液がある

④　次の図１は埼玉県で、2023年４月20日午後９時ごろに観察した北の空のようすです。図１は北斗七星（ほくとしちせい）の動きを簡単に示しています。星Ａを中心とする円は星Ｂの通り道になっており、①〜⑫はこの円を12等分しています。これについて以下の問いに答えなさい。

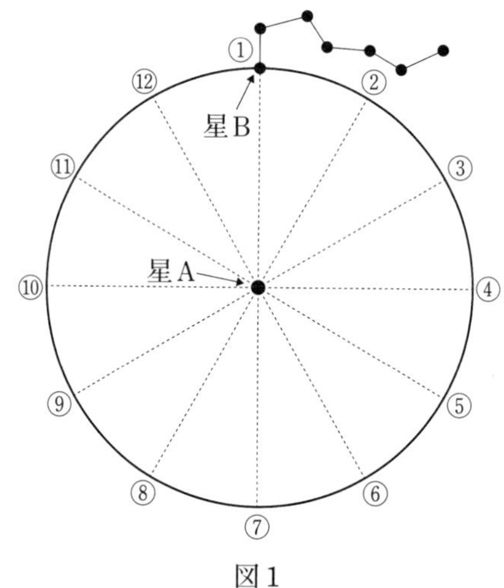

図１

問１　星Ａはこのまま観察を続けてもほとんど動きませんでした。この星Ａを何といいますか。

問２　図１の星Ａを中心に見たとき、①と③の間の角度は何度ですか。次のア〜エの中から１つ選び、記号で答えなさい。

ア　15度　　イ　30度　　ウ　45度　　エ　60度

問３　５月20日午後９時ごろに、星Ｂはおよそどこにありますか。最も近いものを図１の①〜⑫の中から選び、番号で答えなさい。

問４　星Ｂが図１の④の位置にあるのは、同じ年のおよそいつごろですか。次のア〜エの中から１つ選び、記号で答えなさい。

ア　３月20日午後７時　　イ　６月20日午後９時

ウ　９月20日午前１時　　エ　12月20日午後11時

問５　図１とほぼ同じ位置に北斗七星を見るためには、同じ年のいつごろ観察するとよいですか。次のア〜エの中から１つ選び、記号で答えなさい。

ア　３月20日午後10時　　イ　３月20日午後11時

ウ　５月20日午後10時　　エ　５月20日午後11時

青稜中学校(第1回B)

—社会と合わせて60分—

1　音について、以下の問いに答えなさい。

Ｓ君は家族で山登りに出かけた。そこで頂上に着いたとき、大きな声で「ヤッホー」と叫(さけ)んだが、やまびこは起こらなかった。それを見ていたお父さんが「こちら向きにやってごらん」と言ったので、その向きに同じように叫んだら、自分の声が遠くから遅れて聞こえてくるのが分かった。

また別の日、都心にある学校の校庭で運動会の練習をしているとき、先生がしゃべった声がやまびこと同じように、遅れて聞こえてくるのが分かった。Ｓ君は学校の周りには山が無いのにやまびこが起こった原因を考え、やまびこの仕組みについて自分なりに考えた。

その考えを先生に話したら、音は１秒間に340ｍ進む速さで伝わってくることを教えてくれた。だから、花火が光ってから、音が聞こえるまでの時間を計測すれば、花火から自分までの距離が測れることを教えてくれた。また、人の耳には聞こえない音を超音波といい、超音波のやまびこが、様々なことに利用されていることも知った。

問１　やまびこが起こる原因は何ですか。

問２　自分の声を出してからやまびこが返って来るまでの時間をＡ、自分から山までの距離をＢ、音が伝わる速さをＣとすると、どんな関係式が成り立ちますか。

問３　波線部について、超音波が利用されているものを具体的に答えなさい。

図１のように、同じ材料でできたＡ、Ｂ、Ｃの弦を、片側は固定し、もう一方におもりをつるして張りました。図１のように弦の右側を軽くはじいたとき、弦が１秒間で何回振動するかを、弦の種類(太さ)や長さ、おもりの重さを変えて調べました。表１のように、弦の種類、弦の長さ、おもりの重さを調節すると、どの場合も振動する回数は同じになりました。弦は同じ材質でできており、弦Ａ、Ｂの直径の比は１：２で、弦の長さは木片を動かして変えるものとします。

弦の種類	弦の長さ	おもりの重さ	直径の比
A	30cm	0.25kg	1
A	60cm	1 kg	1
B	60cm	4 kg	2

表１

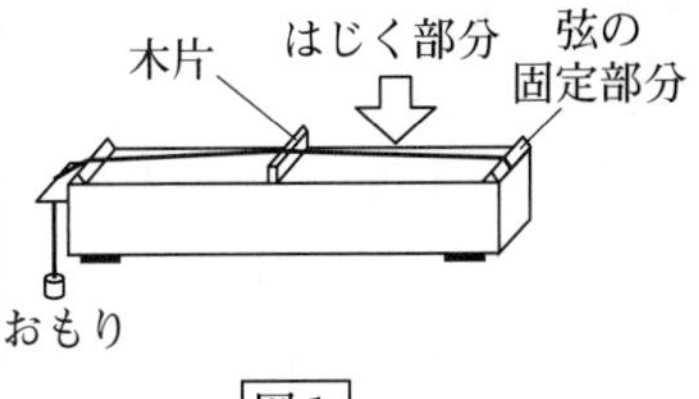

木片
はじく部分
弦の固定部分
おもり

図１

問４　弦Ｂの長さを30cmにして、表１の実験と同じ振動の回数にするには、おもりの重さを何kgにすればよいですか。

問５　弦Ａに４kgのおもりをつるして、表１の実験と同じ振動の回数にするには、弦Ａの長さを何cmにすればよいですか。

問６　弦Ｂの長さを60cmにして、１kgのおもりをつるします。弦Ａに１kgのおもりをつるし、１秒間の弦の振動回数を同じにするには、弦の長さを何cmにすればよいですか。

問７　太さの分からない弦Ｃの長さを15cmにして、４kgのおもりをつるすと、表１の実験と同じ振動の回数になりました。弦Ｃの直径は弦Ａの何倍ですか。

2　19世紀初めまで、生物体が作りだした物質を有機化合物、生物体とは無関係につくられた岩石や食塩のような物質を無機化合物と区別していました。その後、1828年にウェラーという人が無機物から有機物の尿素を合成したことから無機物と有機物の差異はなくなり、現在では、炭素を含む化合物を有機化合物とよんでいます。有機化合物は炭素と水素を中心とした化合物と定義されますが、他にも酸素や窒素(ちっそ)、硫黄(いおう)や塩素(えんそ)などが元素として含まれています。食品の栄養成分表示として示されるタンパク質も有機化合物であり、炭素、水素、酸素、窒素、硫黄などが元素として含まれています。

元素分析では、有機化合物を完全燃焼させ、(　あ　)は水として、(　い　)は二酸化炭素として取り出して、その質量から含まれている各元素の質量組成を調べます。

窒素はこの方法では調べられないので、別の方法を利用します。ある食品に含まれるタンパク質中の窒素がどれだけ含まれているかを以下のように調べました。タンパク質中の窒素はすべてアンモニアの窒素に変わるものとします。また、(　　)の中に書いてある量が今回この実験で使用した量と結果です。

「mg」ミリグラム(千分の一グラム)

手順１　タンパク質(17.5mgを使用します)を濃硫酸と触媒で分解しておきます。このとき、まだタンパク質中の窒素は分解している物質中にすべて含まれています。

手順２　手順１で分解させておいた混合物の中に、水酸化ナトリウム水溶液を加えます。このとき窒素はアンモニアとして発生します。

手順３　発生したアンモニアをある濃度の硫酸(15㎤とします)に吸収させます。

手順４　手順３でアンモニアと反応しなかった硫酸をある濃度の水酸化ナトリウム水溶液で中和させて、必要量(13㎤とします)の水酸化ナトリウム水溶液から逆算して発生したアンモニアの量(1.7mgでした)が決まります。

(条件)この実験においてある濃度の硫酸(手順３)とある濃度の水酸化ナトリウム水溶液(手順４)は1㎤：1㎤の比で反応する。

問１　文中の(あ)、(い)にあてはまる元素を次のア～オから１つ選び、記号で答えなさい。

ア　水素　　イ　硫黄　　ウ　炭素　　エ　酸素　　オ　窒素

問２　手順２で発生したアンモニアの性質について正しいものを次のア～キからすべて選び、記号で答えなさい。

ア　空気よりも重く、発生すると下に沈む

イ　白色の気体で、臭いがある

ウ　湿ったリトマス紙を近づけると青くなる

エ　鼻をつく臭いがする、軽い気体である

オ　卵の腐敗で出てくる、毒がある気体である

カ　この気体の中に火のついた線香を入れると激しく燃える

キ　水に溶けやすく、その水溶液は酸性を示す

問３　手順３の段階で、わかることは次のどれですか。正しいものを次のア～オからすべて選び、記号で答えなさい。

ア　用意された硫酸はすべてアンモニアと反応したので中性の水溶液になった

イ　用意された硫酸は一部がアンモニアと反応したので酸性である

ウ　用意された硫酸はすべて反応しており、アンモニアが多くこの水溶液はアルカリ性である

エ　吸収されたアンモニアはアンモニア水になった

オ　吸収されたアンモニアは中和された

問４　アンモニアは水素と窒素からできている気体ですが、その約82.4％が窒素です。アンモニアの窒素：水素の重さの比は何対何になりますか。最も近い比を次のア～エから１つ選び、記号で答えなさい。

ア　8：1　　イ　7：2　　ウ　10：3　　エ　14：3

問５　問４の結果からこのタンパク質の中に含まれていた窒素分は何％ですか。答えは割り切れなければ、小数点以下を四捨五入して整数で答えなさい。

問６　手順３で使用した硫酸が10㎤であった場合、手順４で必要になった水酸化ナトリウム水溶液は何㎤ですか。

問７　手順３で使用した硫酸の濃度を２倍として同じ15㎤を使用した場合、手順４で中和させるために必要な水酸化ナトリウム水溶液(同じ濃度とします)は何㎤になりますか。

③　こん虫のからだのつくりと生活について、以下の問いに答えなさい。

こん虫は種類も多く、生活のしかたも多様です。水中で生活するこん虫もいれば、地中に巣を作るこん虫もいます。草むらで生活をするこん虫もいます。あしの形も多様です。はねることに適したあし、あるくことに適したあし、およぐことに適したあし、えものをとらえることに適したあしなどがあります。

問１　図１のあしを持つこん虫の名前と、何をすることに適しているかの組み合わせとして、正しいものを次のア～カから１つ選び、記号で答えなさい。

	こん虫名	適していること
ア	タガメ	土をほること
イ	ケラ	土をほること
ウ	タガメ	およぐこと
エ	ゲンゴロウ	およぐこと
オ	カマキリ	えものをとらえること
カ	ゲンゴロウ	えものをとらえること

図１

問２　こん虫の成虫のからだには共通した特徴(とくちょう)があります。こん虫の成虫のからだは背骨(せぼね)がありませんが、かたいからでおおわれているので、からだをささえることができます。これを外骨格(がいこっかく)といいます。他にもこん虫の成虫には、共通した特徴があります。こん虫の成虫に共通するからだの特徴を次のア～カからすべて選び、記号で答えなさい。

ア　体が３つの部分に分かれていて、３つの部分がそれぞれ１対の羽をもつ

イ　体が３つの部分に分かれていて、はらに１対の羽をもつ

ウ　体が３つの部分に分かれていて、あしはすべて同じ部分から生えている

エ　体が３つの部分に分かれていて、あしはそれぞれ別々の部分から生えている

オ　体の前方に大きな目を２つもつ

カ　体の前方に小さな目が集まっている

問３　こん虫の中には、ハチやアリのように集団で社会生活を行うものがいます。ミツバチはダンスを行い、みつのある花の場所をなかまに伝えることができます。ミツバチは花のみつを見つけると、図２のような巣箱の巣板の上でダンスを行い、なかまにみつのあるところの

方向と距離(きょり)をつたえます。巣箱からみつのあるところまでの距離が100ｍより近い場合は、図３のような「円形ダンス」をくり返し、ダンスの後ろについてきたなかまに自分のからだについた花のにおいを教えます。巣箱からみつのあるところまでの距離が100ｍより遠い場合は、図４のように「しりをふりながら直進後、右回りして元の位置へもどり、またしりをふりながら直進後、左回りして元の位置にもどる。」をくり返します。このとき、しりをふりながら直進する角度が太陽のある方角とみつのあるところの方角との間の角度になります。図４のように巣箱の巣板の上で上側に向かって８の字をえがいたときは、太陽と同じ方向にみつがあることをなかまに伝えており、図５のように巣箱の巣板の上で右手水平方向に向かって８の字をえがいたときは、図６のように太陽に対して右に90度の方向にみつがあることをなかまに伝えていることになります。

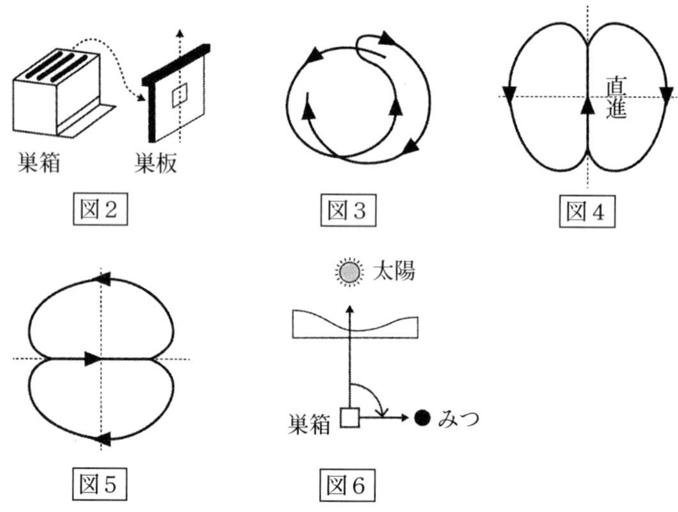

図２　図３　図４
図５　図６

また、ダンスの回転数と巣箱からみつのあるところまでの距離の関係は、図７のグラフのようになります。正午に東京都内にある巣箱で観察を行うと、「太陽に対して時計回りに270度の方向にみつがある」ことを示す８の字ダンスが観察されました。次の(1)～(3)の各問いに答えなさい。

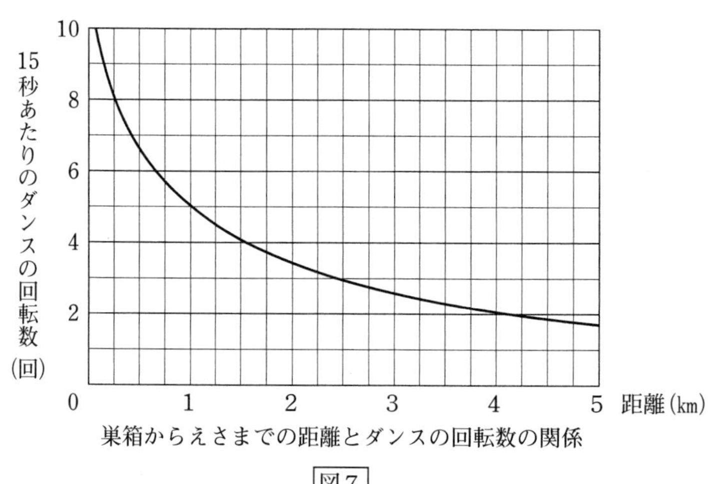

図７

(1)　この巣箱で観察されたと考えられる８の字を書きなさい。

(2)　(1)におけるダンスの回転数が１分間で32回の速さだったとき、巣箱からみつのあるところまでの方位と距離を答えなさい。

(3)　同じ巣箱で、午後３時に観察できると考えられる８の字ダンスを書きなさい。

問４　ふたばさんの家の近くには用水路があり、水面を観察するとアメンボが浮いていました。アメンボは、用水路の水流に流されないように足で水をかいて同じ場所にとどまろうとしていました。ふたばさんは、アメンボが水流によって流されない理由を知るため、アメンボを円形のとう明な水そうに入れて実験することにしました。図８のように、たてにしまのついた紙(たてじまの紙)を用意して、図９のように円形の水そうに巻きつけてからアメンボの動きが落ち着くまで少し待ちました。その後、一定の速度で時計回りにたてじまの紙を動かしたときに、アメンボがどのように行動するかを観察しました。

図８

図９

(1)　下線部について、アメンボが自分のいる位置を視覚(目から得られる情報)で判断しており、常に同じ場所にい続けようとしている場合、アメンボはどのような行動をとったと考えられますか。次のア～オから１つ選び、記号で答えなさい。

ア　たてじまの紙よりも速い速度で、時計回りに回った

イ　たてじまの紙と同じ速度で、時計回りに回った

ウ　たてじまの紙の動きとは関係なく同じところにい続けた

エ　たてじまの紙よりも速い速度で、反時計回りに回った

オ　たてじまの紙と同じ速度で、反時計回りに回った

⑵　ふたばさんは、アメンボが水流自体を感じ取ることで同じ位置にとどまっているという可能性を考えました。人工的に水流を起こす器具を水そうに入れて、円形のとう明な水そうを時計回りに回転するような水流を起こしました。ここにアメンボを入れたとき、アメンボは同じ場所にとどまりましたが、この実験だけではアメンボが水流自体を感じ取っているとは言い切れません。水流自体を感じ取っているかどうかを示すためには、どのような工夫をすればよいでしょうか。次の空らん【Ａ】にあてはまる語句を漢字２字で答えるとともに、空らん【Ｂ】にあてはまるものをあとのア～オから１つ選び、記号で答えなさい。

ふたばさんの行った実験では、【Ａ】による影響を受けている可能性があるので、人工的に水流を起こしながら、【Ｂ】という工夫をすればよい。

ア　水そうの外側をたてじまの紙でおおい、固定しておく
イ　人の視線がないところで実験を行う
ウ　水そうの外側を白い紙でおおい、固定しておく
エ　水そう自体を元の生息場所に浮かべて実験する
オ　水そうの外側をたてじまの紙でおおい、反時計回りに回転させる

4　流速が変えられる実験用水路で、粒子の大きさを変えながら粒子の動きを観察しました。次のグラフはその実験結果を示しています。次の問いに答えなさい。
ただし、実験に用いた粒子は同じ物質・同じ形状とします。

【図１のグラフの説明】
曲線Ａは、徐々に流速を大きくしていった時に静止している粒子が動き出す流速と粒子の大きさの関係を示します。
曲線Ｂは、徐々に流速を小さくしていった時に、動いている粒子が停止する流速を示します。

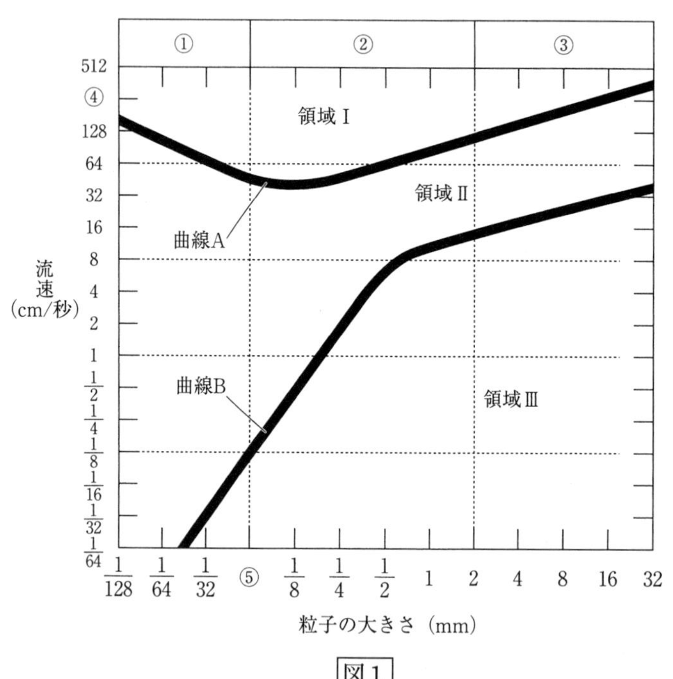

図１

問１　図１のグラフ上部の空欄①〜③には次のア〜ウのどれかが入ります。空欄③に入る適語を次のア〜ウから１つ選び、記号で答えなさい。

ア　れき　　イ　泥　　ウ　砂

問２　図１のグラフは１目盛りの値が異なる特別なグラフで、非常に大きな数値と小さな数値が混ざっているときに便利です。

たて軸の目盛④と横軸の目盛⑤にあてはまる数字をそれぞれ書きなさい。

問３　粒子の大きさが$\frac{1}{32}$㎜の粒子X、$\frac{1}{8}$㎜の粒子Y、８㎜の粒子Zを水路に並べておき、流速を０から徐々に大きくしていきました。粒子が動き出す順にX〜Zを並べなさい。

問４　図１のグラフの領域Ⅲは、どの作用が最も強くはたらいていますか。次のア〜ウから１つ選び、記号で答えなさい。

ア　侵食(しんしょく)　　イ　運搬(うんぱん)　　ウ　堆積(たいせき)

問５　次のア〜オは、いろいろな地形の画像です。次の①、②に答えなさい。

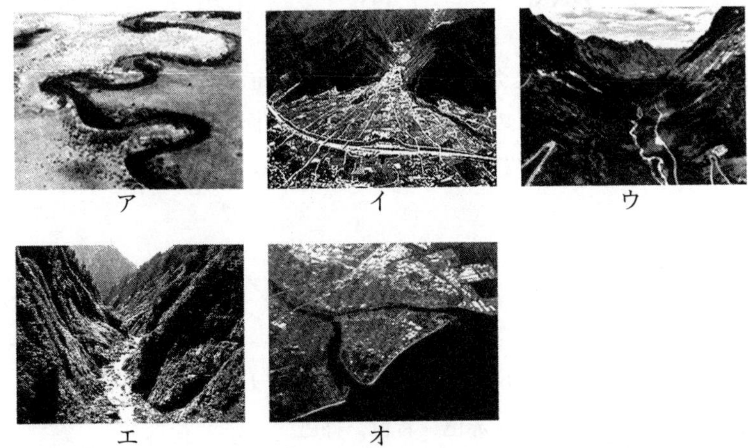

①　次の文の空欄(　１　)〜(　３　)と関係が深い画像をア〜オから１つ選び、記号で答えなさい。

流れる水には侵食・運搬・堆積という３つの作用があります。どの作用が強くはたらくかは、川の流速や粒子の大きさによって決まります。山間部では、川の流速が速いので、(　１　)がつくられます。山から平野に入るところでは、川の流速が遅くなるので(　２　)がつくられます。河口では川の流速がさらに遅くなるので(　３　)がつくられます。

②　図１のグラフの領域Ⅰと関係が深い画像をア〜オから１つ選びなさい。またその地形の名称を答えなさい。

専修大学松戸中学校(第１回)

—30分—

1　次の問いに答えなさい。答えは、それぞれのア～エから最も適切なものを１つずつ選び、記号で答えなさい。

(1)　台風による被害として考えられるのはどれですか。

ア　液状化　　イ　津波　　ウ　高潮　　エ　サンゴの白化

(2)　次のうち、アブラナの芽生えのようすを表しているのはどれですか。

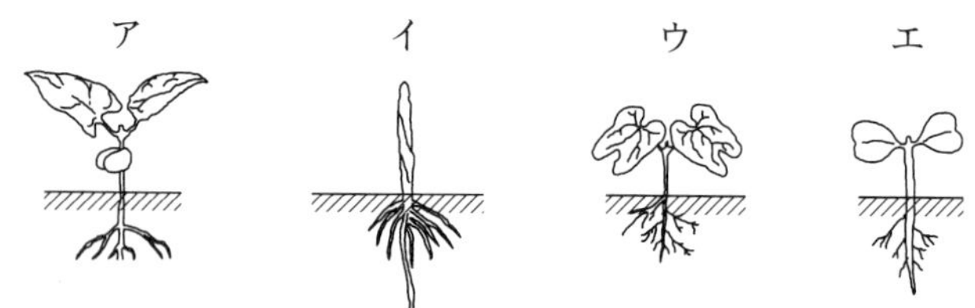

(3)　ある体積の塩酸に、水酸化ナトリウム水溶液を一定量ずつ加えていき、水を蒸発させて残る固体の重さをはかります。この結果を、横軸に水酸化ナトリウム水溶液の体積、たて軸に残った固体の重さをとってグラフに表すと、どのようになりますか。

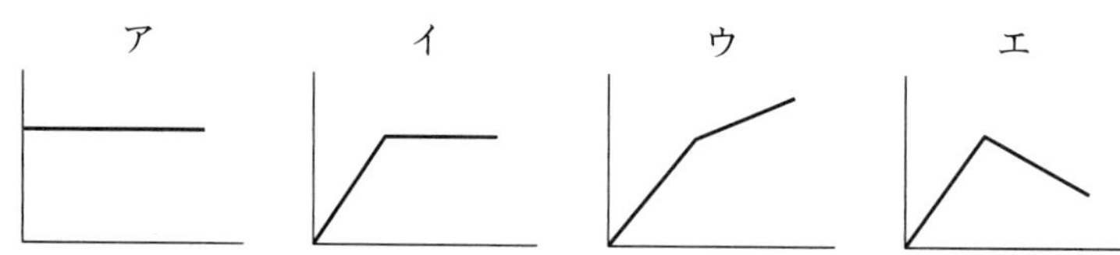

(4)「光の三原色」の組み合わせとして、正しいのはどれですか。

ア　青色、緑色、黄色　　イ　赤色、青色、緑色

ウ　赤色、青色、黄色　　エ　赤色、白色、黄色

(5)　2023年６月１日から、ある２種の動物が「条件付特定外来生物」に指定され、野外への放出や売買が禁止されました。その動物の１つはアカミミガメ(ミドリガメ)ですが、もう１つは何ですか。

ア　アメリカザリガニ　　イ　ブラックバス　　ウ　ヒアリ　　エ　セアカゴケグモ

2　右の図のような星座早見を使い、千葉県のある場所である日に、夜空に見える星や星座を観察しました。これについて、次の問いに答えなさい。

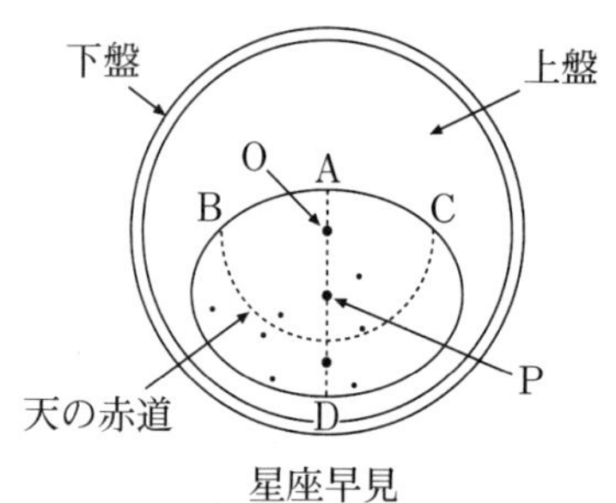

星座早見

(1)　点Oは、星座早見の上盤、下盤の回転の中心で、ある星の位置を表します。この星の名前は何といいますか。

(2)　A～Dには方位が書かれています。このうち北と東を表しているのはどれですか。A～Dからそれぞれ選び、記号で答えなさい。

(3)　上盤と下盤のふちには、円周に沿って目もりが書かれています。それぞれの目もりについて正しく説明しているのはどれですか。次のア～エから最も適切なものを１つ選び、記号で答えなさい。

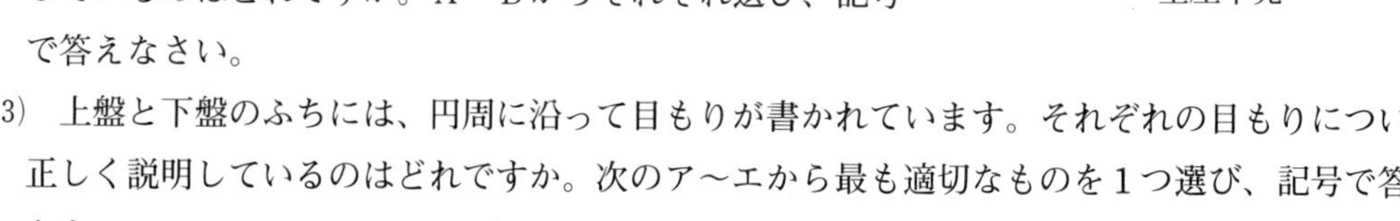

ア　上盤の目もりは「月と日付け」で、時計回りの向きに書かれている。

イ　下盤の目もりは「月と日付け」で、反時計回りの向きに書かれている。

ウ　下盤の目もりは「時刻」で、時計回りの向きに書かれている。

エ　上盤の目もりは「時刻」で、反時計回りの向きに書かれている。

(4)　南の空の星や星座を観察するとき、星座早見をどのような向きに持って星空にかざしますか。次のア～エから最も適切なものを１つ選び、記号で答えなさい。

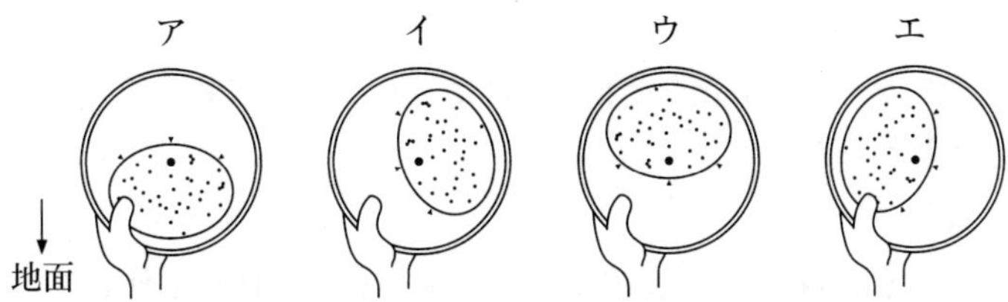

(5)　星座早見の点Ｐは、窓の中の中央の位置を示しています。点Ｐは何を表していますか。次のア～エから最も適切なものを１つ選び、記号で答えなさい。

ア　真東からのぼる星が南中する位置　　イ　天の北極

ウ　春分の日に太陽が南中する位置　　エ　天頂(頭の真上)

3　右の図１のＡ～Ｄは、正面から見たヒトの心臓の４つの部屋を表しています。また、右下の図２のＸとＹは、正面から見たヒトの器官、ａ～ｈは器官につながる血管を表しています。これについて、次の問いに答えなさい。

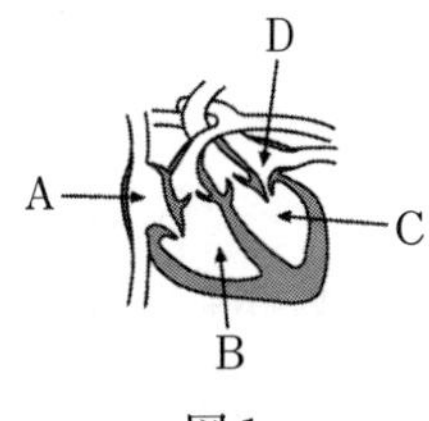

図１

(1)　図１で、全身からもどってきた血液が最初に入る部屋はどれですか。Ａ～Ｄから最も適切なものを１つ選び、記号で答えなさい。

(2)　図１で、部屋の壁(かべ)の筋肉がほかの部屋よりも厚くなっているのはどこですか。Ａ～Ｄから最も適切なものを１つ選び、記号で答えなさい。また、その部屋の筋肉がほかより厚くなっているのはなぜですか。その理由を簡単に説明しなさい。

(3)　図２で、Ｘ、Ｙの器官の名前の正しい組み合わせはどれですか。次のア～エから最も適切なものを１つ選び、記号で答えなさい。

ア　Ｘ…脳　Ｙ…胃　　イ　Ｘ…脳　Ｙ…かん臓

ウ　Ｘ…肺　Ｙ…胃　　エ　Ｘ…肺　Ｙ…かん臓

(4)　図２で、酸素を最も多く含(ふく)む血液が流れている血管はどれですか。ａ～ｈから最も適切なものを１つ選び、記号で答えなさい。

(5)　図２で、各血管を流れる血液について、正しく述べているのはどれですか。次のア～エから最も適切なものを１つ選び、記号で答えなさい。

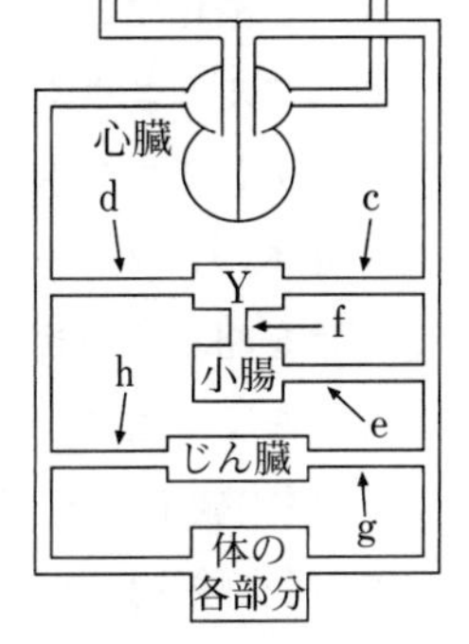

図２

ア　ａを流れる血液は、ｂを流れる血液よりも栄養分を多く含む。

イ　ｃを流れる血液は、ｄを流れる血液よりも栄養分を多く含む。

ウ　ｅを流れる血液は、ｆを流れる血液よりも二酸化炭素以外の不要物を多く含む。

エ　ｇを流れる血液は、ｈを流れる血液よりも二酸化炭素以外の不要物を多く含む。

４　それぞれ別々の気体が１種類ずつ入った、同じ大きさの４本のスプレー缶(かん)A、B、C、Dがあります。それぞれのスプレー缶に入っている気体が何であるかを調べるために、次のような【実験１】～【実験４】を行いました。これについて、あとの問いに答えなさい。ただし、４種類の気体は、水素、酸素、ちっ素、アンモニア、二酸化炭素のいずれかであることがわかっています。また、A～Dのスプレー缶は、気体を除いた部分の重さがすべて同じで、はじめは同じ温度・圧力で同じ体積の気体が入っているものとします。

【実験１】

気体の入ったスプレー缶の重さをそれぞれはかった。その結果、スプレー缶Aが最も重く、スプレー缶Cが最も軽かった。

【実験２】

右の図のように、水を満たした試験管に、スプレー缶の気体をそれぞれ導いて同じ時間集めた。その結果、スプレー缶Dに入っている気体はほとんど集まらなかった。

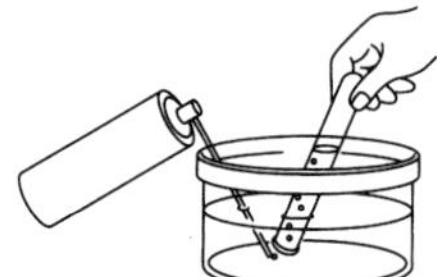

【実験３】

石灰水の中に、スプレー缶の気体をそれぞれ導いた。その結果、スプレー缶Aに入っている気体の場合だけ石灰水が白くにごった。

【実験４】

スプレー缶A～Dに入っている気体を、重さを無視できる風船につめて飛ばした。その結果、スプレー缶Aに入っている気体の風船はすぐに下に落ちた。スプレー缶CとDに入っている気体の風船はすぐに上昇(じょうしょう)した。スプレー缶Bに入っている気体の風船は、ゆっくりと下に落ちた。

(1)　スプレー缶A、Cに入っている気体は何ですか。それぞれ名前を答えなさい。

(2)　【実験２】でスプレー缶Dに入っている気体が試験管にほとんど集まらなかったのはなぜですか。簡単に説明しなさい。

(3)　スプレー缶Cに入っている気体と同じ気体が発生するのはどれですか。次のア～エから最も適切なものを１つ選び、記号で答えなさい。

ア　石灰石に塩酸を加える。

イ　二酸化マンガンに過酸化水素水を加える。

ウ　アルミニウムに水酸化ナトリウム水溶液を加えて加熱する。

エ　アンモニア水を加熱する。

(4)　４本のスプレー缶に入っている気体が何であるかは、【実験１】から【実験４】のうち２つだけを組み合わせてもわかります。その組み合わせはどれですか。次のア～エから最も適切なものを１つ選び、記号で答えなさい。

ア　【実験１】と【実験２】　　イ　【実験１】と【実験３】

ウ　【実験２】と【実験４】　　エ　【実験３】と【実験４】

5　ばねＰおよびばねＱにいろいろな重さのおもりをつるし、ばねの長さをはかる実験を行いました。次の表は、その結果の一部をそれぞれ表したものです。これについて、あとの問いに答えなさい。ただし、ばねはのびきることなく、いつも同じ性質を保つものとします。

表

おもりの重さ(ｇ)	20	60	100	140
ばねＰの長さ(cm)	25	35	45	55
ばねＱの長さ(cm)	32.5	37.5	42.5	47.5

⑴　横軸におもりの重さ、たて軸にばねの長さをとった次のグラフに、表からばねＰの値を読み取って、黒丸印(●)を４個かきなさい。なお、次のグラフには、ばねＱについてのグラフがかかれています。

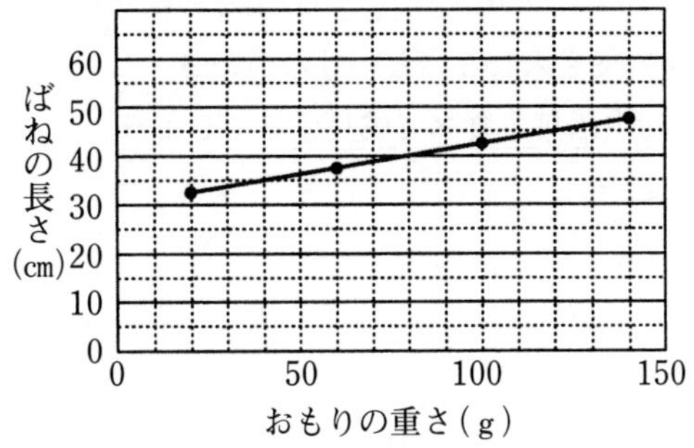

⑵　ばねＰに160ｇのおもりをつるしたとき、のびは何cmですか。

⑶　ばねＱの自然の長さ(おもりをつるさないときの長さ)は、何cmですか。

⑷　あとの図１のように、重さを考えなくてよい棒の両はしをばねＰ、ばねＱでつるし、棒の中央におもりＸをつるしたところ、棒が水平になってつりあいました。おもりＸの重さは何ｇですか。

⑸　あとの図２のように、ばねＰとばねＱをつなぎ、かっ車を通して両はしに同じ重さのおもりＹをつるして、ばねを水平につりあわせたところ、ＰとＱを合わせた長さが65cmになりました。おもりＹの重さは何ｇですか。

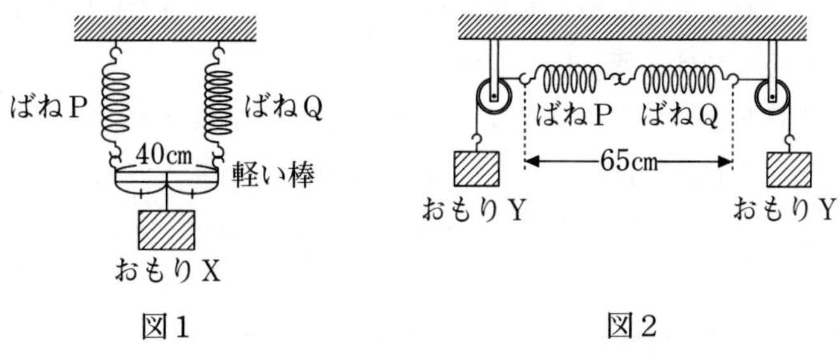

図１　　　　図２

千葉日本大学第一中学校(第１期)

—40分—

1　次の文章は、小学生のちひろさんとしゅういちくんとお父さんの会話です。文章を読み、以下の各問いに答えなさい。

5月24日　公園にて

しゅういち　ほら見て、[　①　]の葉に鳥のフンがついているよ、きったなーい。(図１)

ち ひ ろ　本当だ…ってこれは$_A$鳥のフンじゃなくて幼虫だよ。何の幼虫だろう。

お父さん　チョウのようだけど種類はわからないな。大きさは10㎜くらいか。家に持ち帰って育ててみようか。[　①　]の葉も何枚か虫かごに入れておいてね。

しゅういち　えー！何で葉も入れないといけないのさ。

ち ひ ろ　だって$_B$幼虫は葉を食べて成長するでしょう。

お父さん　そういうこと。

5月31日　自宅にて

しゅういち　うわっ、久しぶりに見たらすごく大きくなってる。50㎜もあるよ。(図２)

ち ひ ろ　目玉のような模様(もよう)もできているわ、どうやってこんなに変わるのかしら。

お父さん　幼虫の間は[　②　]をくり返して成長するんだ。$_C$ほかの生き物でも同じように成長するものはたくさんいるね。

しゅういち　何でそんなことするの？僕はそんなことしなくても成長してるよ。

ち ひ ろ　たぶん昆虫は[　　③　　]からじゃないかしら。

お父さん　その通り。

しゅういち　そういえば葉が全然なくなってる。

ち ひ ろ　それに幼虫のフンが下にたまっているわ。

お父さん　では葉の採取と虫かごの掃除をよろしく！

6月22日　自宅にて

しゅういち　あれからさらにかたちが変わって、$_D$かべにはりついて動かなくなってからしばらくたつけど死んじゃったのかなぁ…。

ち ひ ろ　昨日と比べると色が黒っぽくなったわね。大丈夫かしら。

お父さん　お、これは今日中に[　④　]して成虫になりそうだね。

しゅういち　ホント！？学校から帰ってくるまで待っていてくれないかなぁ…。

帰宅後

ち ひ ろ　あー、もう成虫になってる。きれいー！(図３)

お父さん　どうやらナガサキアゲハのメスだったようだね。

しゅういち　$_E$えっ？ここ千葉だけど…。

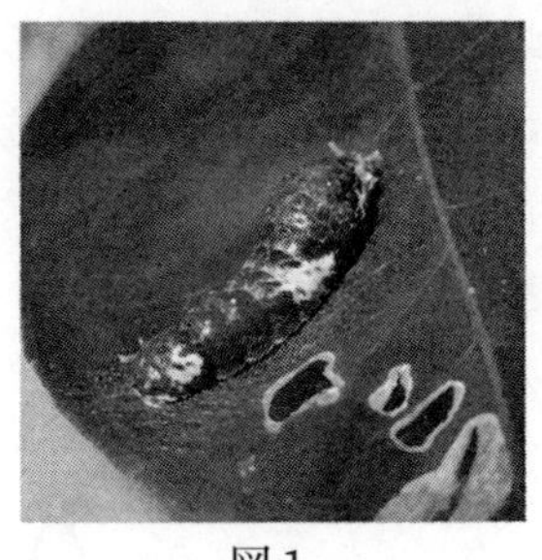
図１

図２

図３

問１　昆虫について次の(1)〜(3)に答えなさい。

(1)　昆虫の目は小さな目がたくさん集まってできています。このような目を何といいますか。

(2)　昆虫がにおいや空気のふるえなどを感じ取るつくりは何ですか。

(3)　昆虫のあしの数とあしが生えている部分として正しい組み合わせをそれぞれア〜ウから選び、記号で答えなさい。

【あ　し　の　数】　ア　４本　　イ　６本　　ウ　８本

【生えている部分】　ア　あたま　　イ　むね　　ウ　おなか

問２　文中の①に入る植物を次のア〜オから１つ選び、記号で答えなさい。

ア　ツツジ　　イ　ツバキ　　ウ　サクラ　　エ　イチョウ　　オ　ミカン

問３　文中の②、④に入る語句を次のア〜オから１つずつ選び、それぞれ記号で答えなさい。

ア　よう化　　イ　ふ化　　ウ　脱皮(だっぴ)　　エ　う化　　オ　変態(へんたい)

問４　文中に③に入る文として正しいものを次のア〜エから選び、記号で答えなさい。

ア　からだ全体がやわらかい　　イ　からだの内部に固い骨をもつ

ウ　からだが固い殻(から)でおおわれている　　エ　からだがやわらかい皮でおおわれている

問５　下線部Aについて、幼虫が鳥のフンに似ていることはどのような意味があると考えられますか。次のア〜エから選び、記号で答えなさい。

ア　他の幼虫にアピールする　　イ　天敵から身を守る

ウ　他の幼虫をいかくする　　エ　食べ物を得る

問６　下線部Bについて、幼虫の重さは図１が420mg、図２が6.3ｇ、１日のフンの量は平均60mg、１枚の葉の重さは平均318mgとします。

(1)　図２の幼虫の体重は図１の頃の何倍になっていますか。

(2)　図１の幼虫が図２の状態になるまでに合計で何枚の葉を食べたか計算しなさい。なお、幼虫の体重変化は、葉を食べることによる増加とフンをすることによる減少のみを考えるものとし、期間は５月24日から５月31日までの８日間とします。

問７　下線部Cについて、同じように成長する他の生き物として正しいものを以下のア〜エから１つ選び、記号で答えなさい。

ア　イソガニ　　イ　ハマグリ　　ウ　ホタルイカ　　エ　ミミズ

問８　下線部Dについて、このような状態を何といいますか。

問９　問８の状態にならずに成虫になる生き物を次のア〜エから選び、記号で答えなさい。

ア　カブトムシ　　イ　テントウムシ　　ウ　ガ　　エ　セミ

問10　下線部Ｅについて、ナガサキアゲハは江戸時代には九州から南にのみ生息していたと考えられていますが、近年では生息域を関東にまで拡大させています。その理由を説明しなさい。

問11　クモは昆虫とちがうなかまに分けられます。昆虫とのちがいがわかるようにクモの体のつくりを右の図に描き入れなさい。

２　鉄をさびさせたものには、「赤さび」と「黒さび」の２種類があります。「赤さび」はさびが進むとボロボロになってしまいますが、「黒さび」は鉄の表面を「赤さび」から守る効果があります。この「黒さび」を利用した岩手県の伝統工芸品に、南部鉄器があります。

図　南部鉄器でできた急須(きゅうす)

問１　鉄の性質として正しくないものを、ア～エの中から選び記号で答えなさい。

ア　電気を通す　　　　　　イ　磁石がくっつく

ウ　たたくとうすくのびる　　エ　強く加熱しても液体にならない

問２　赤さびとは関係のない文章を、ア～エの中から選び記号で答えなさい。

ア　鉄棒をさわったら、手に赤茶色の粉がついた。

イ　10円玉は他の硬貨に比べて赤い。

ウ　使わなくなった自転車をしばらく外に置いておくと、ボロボロにさびてしまった。

エ　関東平野に堆(たい)積する関東ローム層は赤っぽい色をした土である。

問３　さびは、鉄と空気中のあるものが結びついてできています。あるものとは何ですか。漢字で書きなさい。

問４　南部鉄器は鉄をわざと黒くさびさせています。これによってどのような利点がありますか。ア～エの中から選び記号で答えなさい。

ア　「赤さび」ができにくく、長持ちさせることができる。

イ　鉄をさびさせることで、軽い鉄器をつくることができる。

ウ　鉄に比べて熱を伝えやすく、すぐにお湯を沸かすことができる。

エ　黒色にすることで光を吸収しやすくなり、殺菌効果がうまれる。

たかひろ君は南部鉄器に興味を持ち、自分で黒さびを作ろうと調べ、実験しました。すると、以下のようなことがわかりました。

～わかったこと～
A　鉄の粉2.1 g を完全にさびさせると、2.9 g の黒さびができる。
B　実際に実験してみると一部の鉄しか黒さびにならない。

問5　Aについて、7 g の鉄の粉を完全にさびさせると、何 g の黒さびができますか。小数第2位を四捨五入して小数第1位まで答えなさい。

問6　Bについて、たかひろ君は10 g の鉄の粉を十分に加熱しさびさせたが、一部の鉄しか反応せず、実験後の重さは11.6 g でした。このとき反応した鉄は何 g ですか。

問7　たかひろ君は初めの鉄の粉の重さを量ることを忘れて実験してしまいました(実験 a)。そこで、一部の鉄がさびた粉にうすい塩酸を反応させ、発生する気体を集めました(実験 b)。この実験 a および b について、以下の問いに答えなさい。ただし、実験 a の後、粉に含まれるものは鉄と黒さびのみであり、黒さびは塩酸と反応しないものとします。

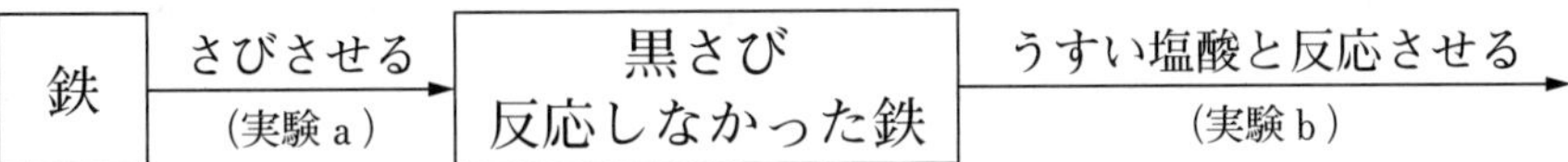

(1)　実験 b の実験装置を表したものとして正しいものを、以下のア～エの中から選び記号で答えなさい。

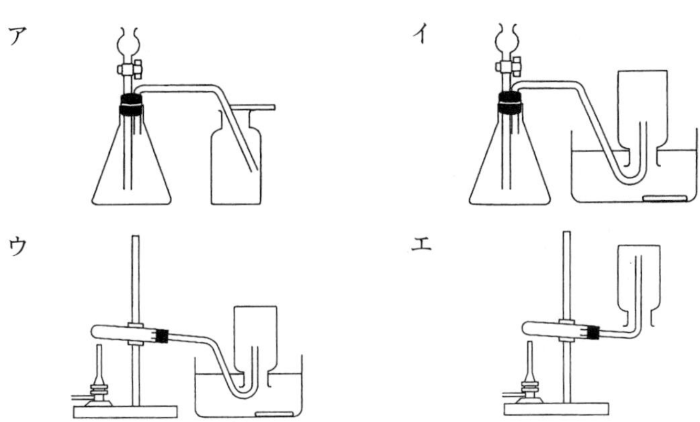

(2)　実験 b において発生した気体の説明として正しいものを、ア～エの中から選び記号で答えなさい。

ア　物が燃えるのを助ける性質がある。

イ　アルミニウムにうすい塩酸を加えてもこの気体が発生する。

ウ　石灰石にうすい塩酸を加えてもこの気体が発生する。

エ　空気中に21％ほど含まれている。

⑶　鉄の粉１ｇにうすい塩酸を少しずつ加えてゆくと、以下のグラフのように気体が発生することがわかりました。

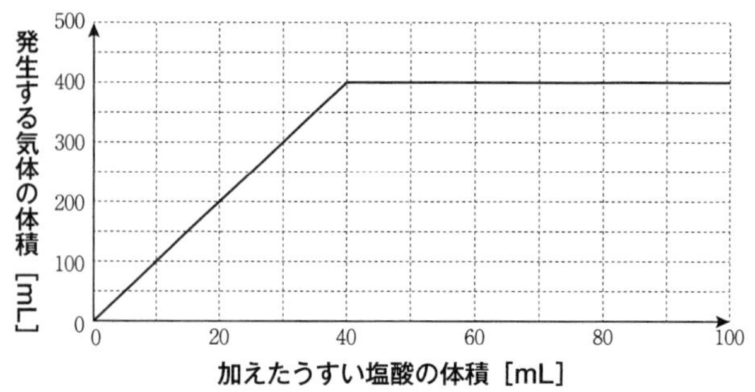

①　実験ｂにおいて、2240mLの気体が発生した。実験ｂにおいて反応した鉄は何ｇか求めなさい。

②　①より、実験ａでは鉄の粉のうち何％がさびたか求めなさい。ただし、実験ａの後の粉の重さは8.5ｇであった。答えは小数第１位を四捨五入して整数で求めること。

③　実験ｂにおいて、うすい塩酸を２倍にうすめて鉄の粉１ｇと反応させた場合、どのようなグラフになるか。上のグラフと比べ、ア～エの中から選び記号で答えなさい。

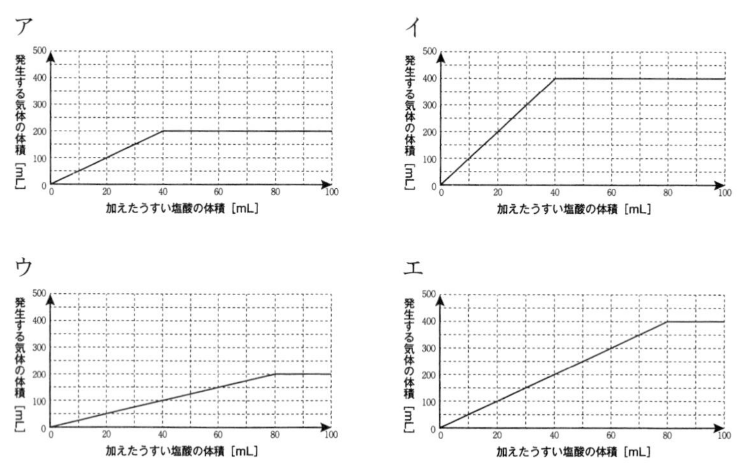

3　図１のように、ある高さからボールを地面と水平な方向に投げ出す実験を行いました。ボールは図１に示した軌道(きどう)をえがいて、地面に落ちました。以下の実験に関する文章や表を読み各問いに答えなさい。

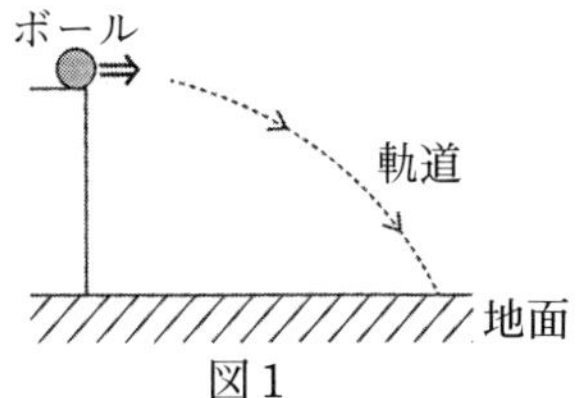

図１

ボールを投げだす高さを19.6ｍ、ボールの速さを秒速10ｍにして、ボールの重さを変えて同じ実験を繰り返し行い、水平方向に飛んだ距離と地面に着くまでにかかった時間をはかりました(図２)。すると表１の結果が得られました。

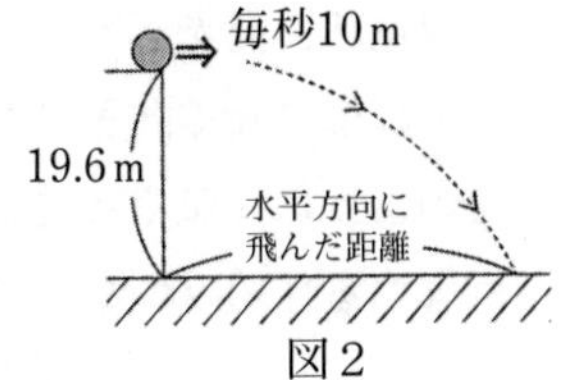

図２

表１

ボールの重さ［ｇ］	100	200	300	400	500
水平方向に飛んだ距離［ｍ］	20	20	20	20	20
落下までにかかった時間［秒］	2	2	2	2	2

次にボールの重さを100ｇ、投げだす高さを19.6ｍにして、ボールを投げだす速さを変えて同じ実験を繰り返し行い、水平方向に飛んだ距離をはかりました(図３)。すると表２の結果が得られました。

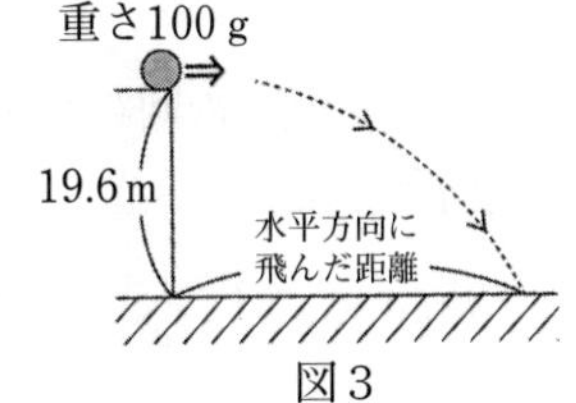

図３

表２

ボールを投げだす速さ［秒速］	10ｍ	20ｍ	30ｍ	40ｍ	50ｍ
水平方向に飛んだ距離［ｍ］	20	**あ**	60	80	100
落下までにかかった時間［秒］	2	2	2	**い**	2

問１　表２の**あ**、**い**にあてはまる数を答えなさい。

問２　表１、表２の値から考えてこの実験についての説明として、正しいことを次のア～キからすべて選び記号で答えなさい。

ア　ボールが重いほど、早く地面に着く。

イ　ボールが軽いほど、早く地面に着く

ウ　ボールの重さと地面に着くまでの時間は関係ない。

エ　ボールを投げだす速さが大きいほど早く地面に着く。

オ　ボールを投げだす速さが大きいほど遠くまで飛ぶ。

カ　ボールの速さとボールが飛んだ距離は関係ない。

キ　ボールが軽いほど、遠くまで飛ぶ。

次にボールの速さを秒速10ｍにして、ボールを投げだす高さを変えて同じ実験を繰り返し行い、地面に着くまでの時間をはかりました(図４)。すると表３の結果が得られました。

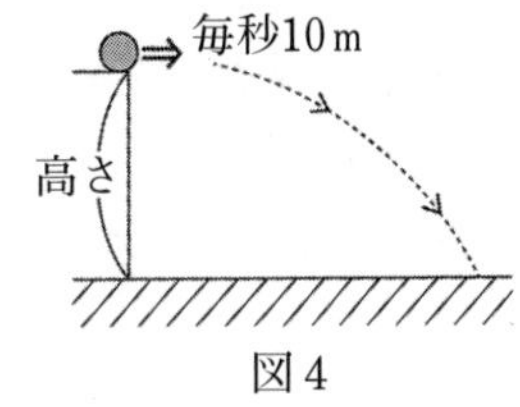

図４

表３

ボールを投げだす高さ［ｍ］	0.1	0.9	1.6	**う**	4.9
落下までにかかる時間［秒］	$\frac{1}{7}$	$\frac{3}{7}$	$\frac{4}{7}$	$\frac{5}{7}$	**え**

問３　表３の**う**、**え**にあてはまる数を答えなさい。

4　豆電球、発光ダイオード、プロペラ付きのモーターを使って回路を作成しました。発光ダイオードにはつなぐ向きがあり、以下の図１のようにつなぐと、電流が流れ豆電球が光りますが、図２のようにつなぐと電流は流れません。プロペラ付きモーターは電流がながれると、プロペラが回転する仕組みになっています。

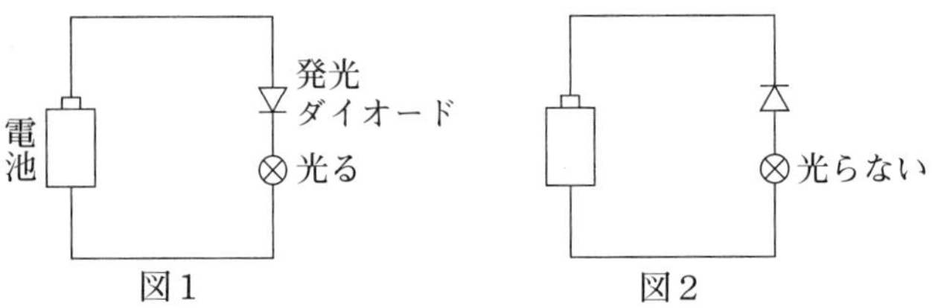

図１　図２

以下の図３の回路を問１～問３のような回路にするにはどのように導線をつなげばよいですか。以下の文章の①～⑧にＡ～Ｆのいずれかの記号をそれぞれあてはめなさい。

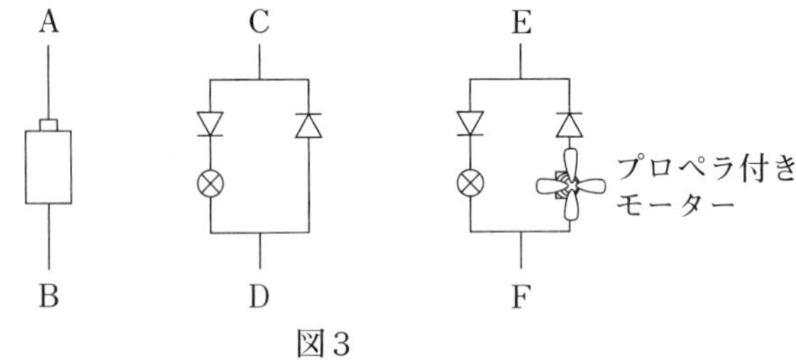

図３

問１　豆電球が２つとも光り、プロペラが回転しない回路にするためには、最初にＡとＣを導線でつなぎます。次にＤと（ ① ）を導線でつなぎます。最後に（ ② ）とＢを導線でつなぎます。

問２　豆電球が１つだけ光り、プロペラも回転する回路にするためには、最初にＡと（ ③ ）を導線でつなぎます。次にＤと（ ④ ）を導線でつなぎます。最後に（ ⑤ ）とＢを導線でつなぎます。

問３　豆電球が１つも光らず、プロペラが回転する回路にするためには、最初にＡと（ ⑥ ）を導線でつなぎます。次に（ ⑦ ）とＦを導線でつなぎます。最後に（ ⑧ ）とＢを導線でつなぎます。

5　以下の問いに答えなさい。

問１　「晴れ」をあらわす天気の記号はどれですか。次のア～エから選びなさい。

ア ○　　イ ⦶　　ウ ◎　　エ ●

問２　次図は、５月17日から３日間継続(けいぞく)的に気象観測したデータです。

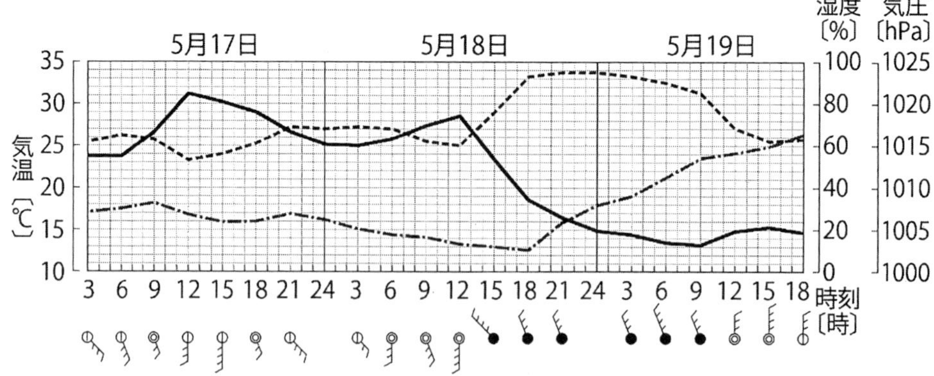

３日間のうち、もっとも空気が乾燥(かんそう)していたのは、５月何日の何時ごろですか、次のア〜エから選びなさい。

ア　17日の12時　　イ　18日の18時　　ウ　18日の23時　　エ　19日の９時

問３　１気圧は何ヘクトパスカルですか。次のア〜エから選びなさい。

ア　10.13　　イ　101.3　　ウ　1013　　エ　10130

問４　雲ができる仕組みについて、正しい文はどれですか。次のア〜エから選びなさい。

ア　下降気流のあるところで空気が上に持ち上げられます。上空に持ち上げられた空気は冷やされ、空気中の水蒸気が水や氷のつぶになって雲ができます。

イ　下降気流のあるところで空気が下ろされます。地面に下ろされた空気は冷やされ、空気中の水蒸気が水や氷のつぶになって雲ができます。

ウ　上昇(じょうしょう)気流のあるところで空気が下ろされます。地面に下ろされた空気は冷やされ、空気中の水蒸気が水や氷のつぶになって雲ができます。

エ　上昇(じょうしょう)気流のあるところで空気が上に持ち上げられます。上空に持ち上げられた空気は冷やされ、空気中の水蒸気が水や氷のつぶになって雲ができます。

問５　暖気と寒気がぶつかり合って、ほとんど前線の位置が変わらない前線を何といいますか。次のア〜エから選びなさい。

ア　温暖前線　　イ　寒冷前線　　ウ　閉そく前線　　エ　停滞前線

問６　日本列島付近の夏の気圧配置と空気の動きについて、正しい文はどれですか。次のア〜エから選びなさい。

ア　太平洋に比べてユーラシア大陸があたたまるため、ユーラシア大陸に低気圧ができ、太平洋に大規模な高気圧ができます。そのため、夏は太平洋からユーラシア大陸に向かって南寄りの風がふきます。

イ　太平洋に比べてユーラシア大陸が冷えるため、ユーラシア大陸に低気圧ができ、太平洋に大規模な高気圧ができます。そのため、夏は太平洋からユーラシア大陸に向かって南寄りの風がふきます。

ウ　太平洋に比べてユーラシア大陸があたたまるため、太平洋に大規模な低気圧ができ、ユーラシア大陸に高気圧ができます。そのため、夏は太平洋からユーラシア大陸に向かって南寄りの風がふきます。

エ　太平洋に比べてユーラシア大陸が冷えるため、太平洋に大規模な低気圧ができ、ユーラシア大陸に高気圧ができます。そのため、夏は太平洋からユーラシア大陸に向かって南寄りの風がふきます。

問７　次は日本列島付近の春・夏・秋・冬の天気図です。冬の天気図はどれですか。次のア～エから選びなさい。なお、図中のＨは高気圧を、Ｌは低気圧をそれぞれあらわしています。

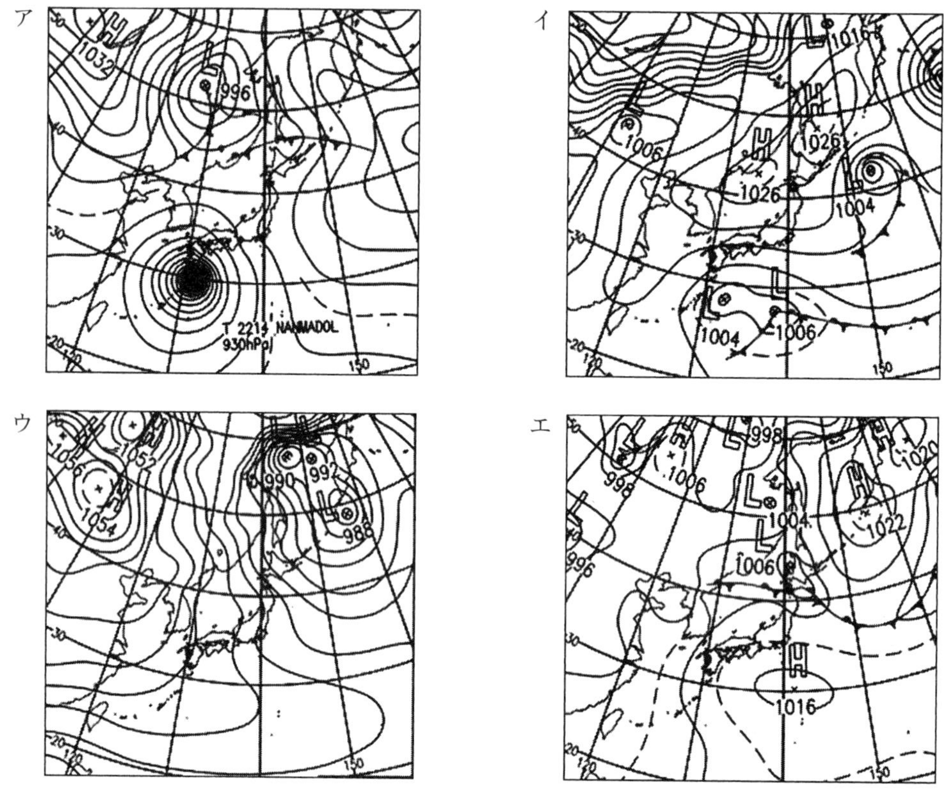

（気象庁HPより引用）

問８　春と秋の日本の天気の特徴(とくちょう)について、正しい文はどれですか。次のア～エから選びなさい。

ア　雨やくもりの日が長く続きます。

イ　晴れたりくもったりして、同じ天気が長く続きません。

ウ　高温多湿(こうおんたしつ)で、晴れの日が続きます。

エ　太平洋側は乾燥(かんそう)した晴れの日が続きます。

問9　次はある年の10月28日から10月31日までの天気図です。10月30日の天気図はどれですか。次のア～エから選びなさい。なお、図中の**H**は高気圧を、**L**は低気圧をそれぞれあらわしています。

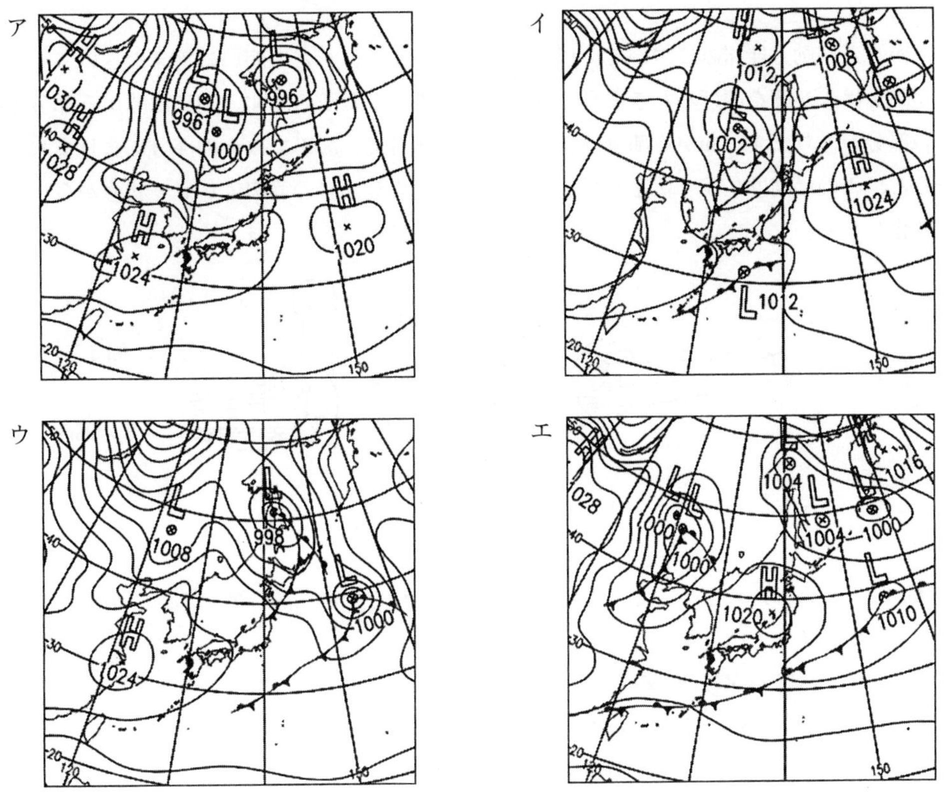

(気象庁HPより引用)

問10　気象現象による被害(ひがい)を少なくするために自治体が発行する、災害が発生すると予想される範囲(はんい)と避難(ひなん)経路などをまとめたものを何といいますか。次のア～エから選びなさい。

ア　ウエザーマップ　　イ　ハザードマップ

ウ　ハザードランプ　　エ　バイオハザード

中央大学附属中学校(第１回)

―30分―

1　からだが動く仕組みについて、以下の文章を読んで、あとの問いに答えなさい。

図１は人が腕(うで)を曲げるときの骨と筋肉の様子を示したものです。腕には曲がる部分と曲がらない部分があります。曲がる部分は骨と骨のつなぎ目で、図１では★の部分になります。腕を曲げると、Aの筋肉は（ａ）状態から（ｂ）状態に変化し、Bの筋肉は（ｃ）状態から（ｄ）状態に変化します。

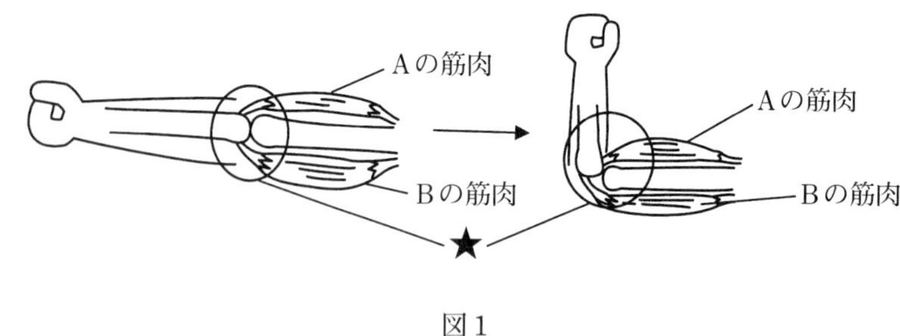

図１

〔問１〕　骨のはたらきとしてふさわしいものはどれですか。次の(ア)～(オ)の中から２つ選び、記号で答えなさい。

(ア)　内臓を守るはたらき

(イ)　痛みを感じるはたらき

(ウ)　ウイルスがからだの中に入るのを防ぐはたらき

(エ)　からだを支えるはたらき

(オ)　食べ物を分解するはたらき

〔問２〕　からだの各部分にある、図１の★のような骨と骨のつなぎ目で曲がる部分のことを何と言いますか。漢字で答えなさい。

〔問３〕　文章中の空らん（ａ）～（ｄ）に当てはまる語句として正しい組み合わせはどれですか。次の(ア)～(エ)の中から１つ選び、記号で答えなさい。

	（ａ）	（ｂ）	（ｃ）	（ｄ）
(ア)	縮んだ	ゆるんだ	ゆるんだ	縮んだ
(イ)	縮んだ	ゆるんだ	縮んだ	ゆるんだ
(ウ)	ゆるんだ	縮んだ	縮んだ	ゆるんだ
(エ)	ゆるんだ	縮んだ	ゆるんだ	縮んだ

人は手をにぎるとき、脳から手の筋肉に「手をにぎる」という電気信号を出します。その電気信号は神経という部分を通って手の筋肉まで伝わり、その後、手の筋肉が動いて手をにぎります。図2は、この様子を示したものです。電気信号は神経を素早く伝わっていき、その速さはおよそ毎秒120mと言われています。

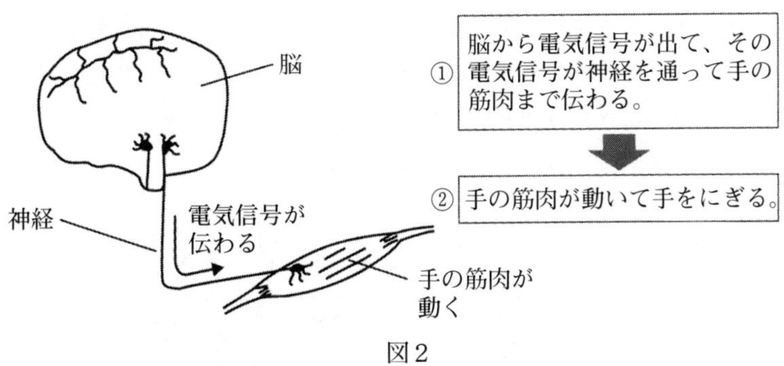

図2

脳から「手をにぎる」という電気信号が出されてから手をにぎるまでにかかる時間は、図2の①と②にかかる時間の合計となります。

〔問4〕 図2の①と②にかかる時間の合計は何秒ですか。割り切れない場合は、小数第5位を四捨五入して、小数第4位まで答えなさい。ただし、電気信号が神経を伝わる速さは毎秒120m、脳から手の筋肉までの神経の長さは0.9m、図2の②の時間は0.06秒とします。

次に、ある人が他の人から手首をにぎられた時、脳が「にぎられた」と感じるまでの様子を考えてみましょう。図3は、図2に手首の皮ふと神経と脳のつながりを加えた図です。手首をにぎられたとき、図3のように、手首の皮ふから神経を通って電気信号が脳に伝わります。このとき、手首をにぎられてから脳が「にぎられた」と感じるまでの時間は、図3の③にかかる時間となります。

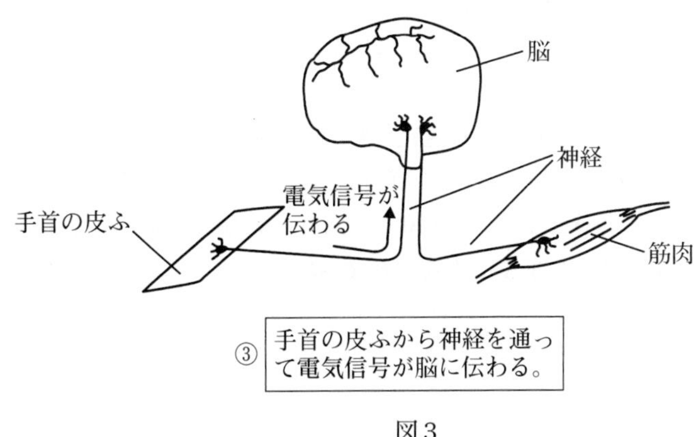

図3

手首をにぎられてから手の筋肉を動かすまでの反応の速さを調べるために、次のような実験を行いました。

<実験>

図４のように、10人が目を閉じて円形に並びます。１人目は片手にストップウォッチを持ち、反対の手で２人目の手首を持ちます。２人目以降はとなりの人に持たれていない反対の手で、次の人の手首を持ちます。10人目は１人目のストップウォッチを持っている手の手首を持ちます。１人目はストップウォッチをスタートするのと同時に、２人目の手首を軽くにぎります。２人目は自分の手首がにぎられたと感じたら、次の人の手首をにぎります。これを繰り返していき、10人目の人は自分の手首がにぎられたと感じたら１人目の手首をにぎり、１人目は自分の手首がにぎられたと感じたら、ストップウォッチをストップします。

図４

<結果>

１人目がストップウォッチをスタートしてからストップするまでの時間は３秒でした。

〔問５〕 この実験において、自分の手首がにぎられてから次の人の手首をにぎるまでにかかる平均の時間は何秒ですか。ただし、ストップウォッチをストップする動きと手首をにぎる動きは、同じ時間がかかるとします。

問５で求めた時間を「時間Ａ」とします。また、図２の①と②、図３の③の合計時間を「時間Ｂ」とします。このとき、「時間Ａ」は(e)「脳が考えている時間」の分だけ「時間Ｂ」より長くなります。

〔問６〕 上の文の下線部(e)「脳が考えている時間」は何秒になりますか。ただし、図２の①と図３の③は同じ時間であるものとします。また、実験に参加した10人全員において、電気信号が神経を伝わる速さは毎秒120ｍ、脳から手の筋肉までの神経の長さは0.9ｍ、図２の②の時間は0.06秒とします。割り切れない場合は、小数第４位を四捨五入して小数第３位まで答えなさい。

② 金属について、あとの問いに答えなさい。

金属の棒や板を、図１のようにガスバーナーの弱い火で熱しました。

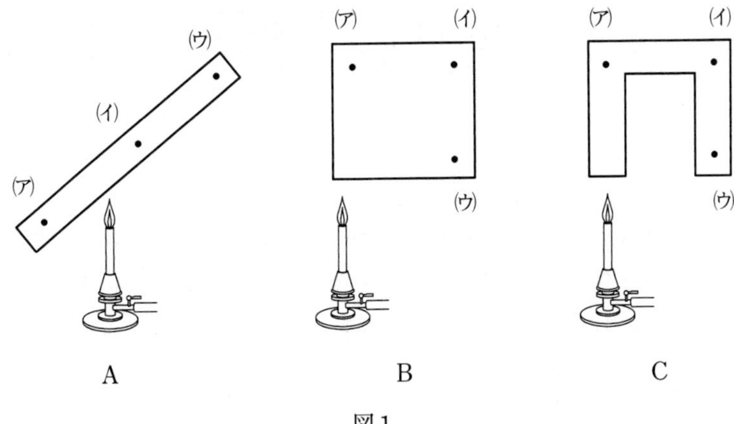

図１

〔問１〕 図１のＡ～Ｃについて、それぞれ最後にあたたまる所はどこですか。(ア)～(ウ)の中からそれぞれ１つずつ選び、記号で答えなさい。

金属は、温度によって体積がわずかに変化します。鉄道のレールも金属でできているため、あたためると伸(の)びます。

〔問２〕 25ｍのレールが０℃から30℃にあたたまりました。このとき、０℃のときに比べたら何㎝伸びていますか。ただし、レール１ｍは１℃の温度変化で0.0114㎜伸び縮みするものとします。

金属の種類によって、あたためたときに体積がどれだけ変化するかは異なります。図２のように、同じ大きさの鉄とアルミニウムをはり合わせた金属の板を用意します。この板をガスバーナーであたためると、図３のように変形しました。なお、鉄とアルミニウムは常に同じ温度になっているものとします。

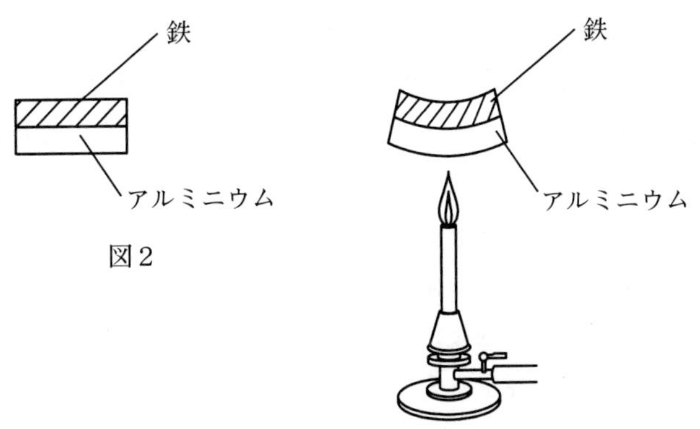

図２　　図３

〔問３〕 同じ大きさの鉄とアルミニウムをあたためたときの体積変化について、この実験からわかることを次の(ア)～(ウ)から１つ選び、記号で答えなさい。

(ア) アルミニウムより鉄の方が、体積が大きくなる。

(イ) 鉄よりアルミニウムの方が、体積が大きくなる。

(ウ) この実験からでは、鉄とアルミニウムのどちらの体積が大きくなるかわからない。

同じ温度で同じ体積でも、金属の種類により重さは異なります。次の表は、20℃における１㎤の金属の重さを示したものです。

金属の種類	１㎤の重さ(ｇ)
アルミニウム	2.7
鉄	7.9
銅	9.0
金	19.3

〔問４〕　アルミニウム、鉄、銅、金のいずれかの金属でできた球があります。これを、20℃で50㎤の水が入ったメスシリンダーに入れると、図４のようになりました。また、この球の重さをはかると39.5ｇでした。この球は、どの金属からできていますか。次の㋐～㋓から１つ選び、記号で答えなさい。

㋐　アルミニウム　　㋑　鉄　　㋒　銅　　㋓　金

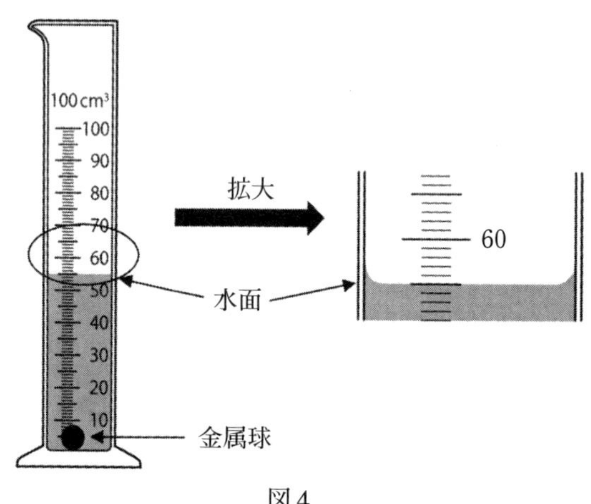

図４

銅板を用いて次の実験１～３を行いました。

【実験１】銅板をガスバーナーで強く加熱すると、銅板の色が変わった。

【実験２】実験１で加熱して色が変わった銅板の部分が電気を通すか調べた。

【実験３】新たに小さな銅板を用意し、この銅板を試験管に入れたあと、うすい塩酸を加えた。

〔問５〕　この実験に関する㋐～㋓の文について、正しければ○を、まちがっていれば×を記入しなさい。

㋐　実験１で、加熱するときは素手で銅板を持つ。

㋑　実験１で、ガスバーナーで強く加熱した銅板は黒くなる。

㋒　実験２では、電気を通さない。

㋓　実験３では、水素が発生する。

図１

3　ある日の夜に、相澤（あいざわ）さんは家の近くの丘（おか）の上で、大きなりんごの木の上に満月がある素敵な景色を写真におさめました。図１は、その写真を表しています。以下の文章を読んで、あとの問いに答えなさい。ただし、相澤さんは日本に住んでいるものとします。

また、この問題では30日かけて月は地球の周りを１周するものとします。

満月、半月、三日月、新月など、月には様々な見え方があります。太陽からの光は、いつも月の半面だけを明るく照らしていますが、月が地球の周りのどの位置にあるかによって月の見え方が異なります。

図２は、地球の周りをまわる月の位置を表しています。この図において、⑤の位置に月があるときは満月に見えます。また、⑦の位置にあるときは半月に見えます。30日かけて月は地球の周りを１周するので、月の満ち欠けも同じ30日でくり返されます。例えば、ある日の０時に満月が真南に見えると、その日から30日後の０時に再び満月が真南に見えることになります。また、北極側から地球と月を見ると、図２のように地球の自転の向きも月が地球の周りをまわる向きも反時計回りになっています。

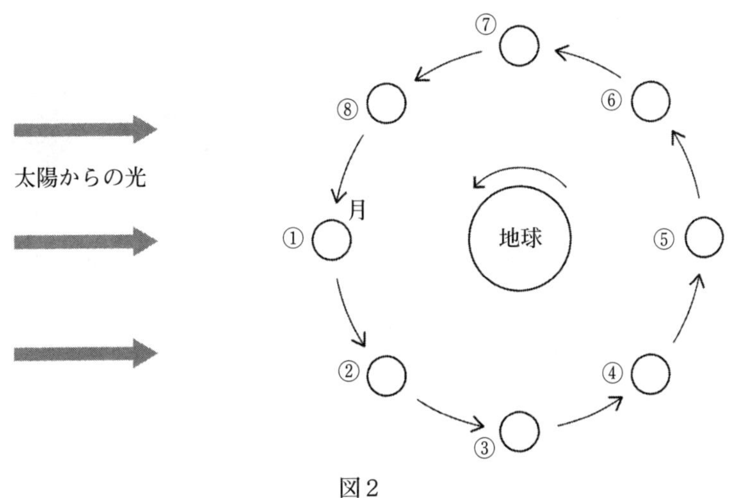

図２

〔問１〕　日食が起こることがあるのは、月がどのような見え方のときですか。最もふさわしいものを次の(ア)～(エ)の中から１つ選び、記号で答えなさい。

(ア)　新月　　(イ)　三日月　　(ウ)　半月　　(エ)　満月

相澤さんが図１の写真を撮（と）ったのは、８月１日の日没（にちぼつ）直後の19時でした。

〔問２〕　相澤さんが図１の写真を撮った方角はどちらですか。次の(ア)～(エ)の中から最もふさわしいものを１つ選び、記号で答えなさい。

(ア)　東　　(イ)　西　　(ウ)　南　　(エ)　北

〔問３〕 ８月１日に比べて、８月２日の同じ時刻の月の位置は、どちらの向きに何度ずれていますか。向きについては、次の図の(ア)～(エ)の中から最もふさわしいものを１つ選び、記号で答えなさい。角度は整数で答えなさい。

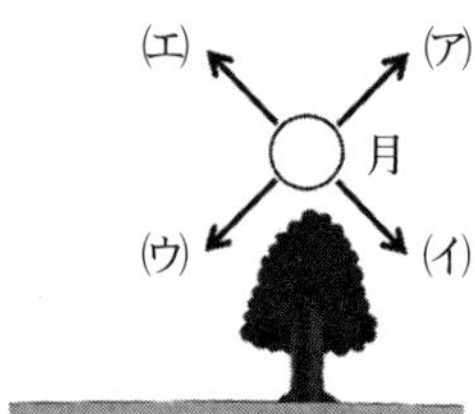

〔問４〕 相澤さんが８月１日に見た月とほぼ同じ位置に月を見るためには、８月２日の何時に写真を撮った場所にいればいいですか。次の(ア)～(カ)の中から最もふさわしいものを１つ選び、記号で答えなさい。

(ア)　18時12分　　(イ)　18時24分　　(ウ)　18時36分
(エ)　19時24分　　(オ)　19時36分　　(カ)　19時48分

〔問５〕 図２の⑥の位置に月があるとき、月から地球を見るとどのように見えますか。次の(ア)～(オ)の中から最もふさわしいものを１つ選び、記号で答えなさい。

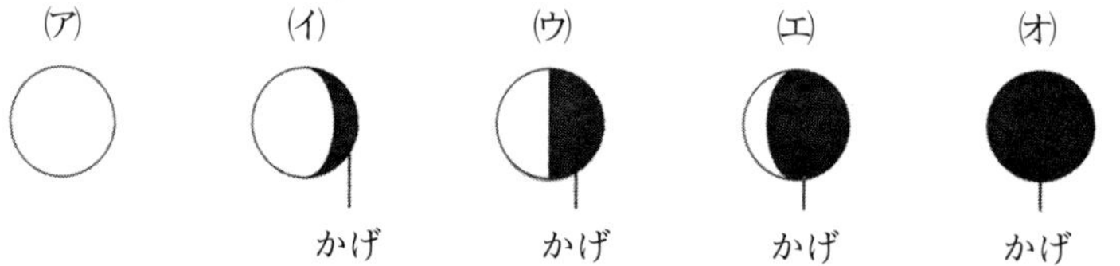

（学校注：受験生の誤解を招く余地があることが判明したため、〔問５〕を問題不成立とし、受験生全員を正解とした。）

中央大学附属横浜中学校(第１回)

—35分—

注意事項　計算機、定規、分度器、コンパス等は一切使用してはいけません。

1　次の会話文は、一郎さんと花子さんが、先生と一緒に、てこやかっ車について考えているものです。次の会話文を読み、あとの各問いに答えなさい。ただし、てこやかっ車は軽くてなめらかに回転するため、つり合っているときは、支点に対して右に回そうとするはたらきと左に回そうとするはたらきは同じであるものとします。また、糸の重さやてこの重さは考えません。なお、花子さんも一郎さんも、この紙面の奥行の方向には力をかけていません。力の大きさはｇで表されているばねはかりで測定するものとします。答えが小数になる場合は小数第１位を四捨五入して整数で答えなさい。

花子：てこの原理を用いると、小さな力でもものを持ち上げることができます。今日は、てこの原理を確認する実験をしたいと思います。

一郎：丈夫な支えに支点Ｏをつけて、てこを作りました(図１)。てこはとても軽くて丈夫な素材で作りました。早速実験してみましょう。

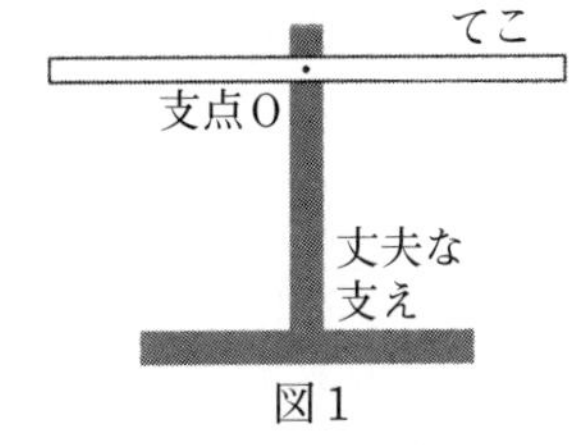

図１

花子：図２のように、600ｇのおもりを支点Ｏから左に20㎝はなれた作用点Ａにとりつけます。次に、支点の右側に力点を置きます。このときの力点の位置と力の大きさの関係を調べたいと思います。

一郎：実験する前に、力点の位置を支点から10㎝、20㎝、…などとずらしていったときに、どのような力の大きさで引くとつり合うかを予測しましょう。力の大きさは力点にとりつけるおもりの重さで表すこととすると、この関係は［　(X)　］のようなグラフになることが予想されます。実際に実験しましょう。

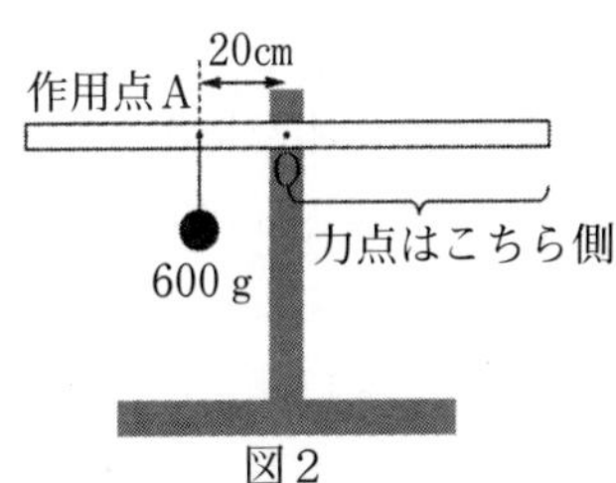

図２

花子：まず、支点から力点の側に20㎝のところに600ｇのおもりをつけたら、つり合いました。他の場所でも、いくつかの力点に計算した通りのおもりをつけて実験をしたところ、ほぼ予想通りの結果が得られました。一郎さんもやってみてください。

一郎：わかりました。私はおもりをつけるのではなく、実際に力をかけてみたいと思います。力は手で引っぱるだけだと何ｇの大きさで引っぱっているかわかりませんから、ばねはかりで引っぱって力の大きさを確認してみたいと思います。

花子：例えば、右から20㎝のところをばねはかりで引いてみてください。先ほどと同様に、ばねはかりが600ｇを示すはずです。

一郎：あれっ？　600ｇになりません。ばねはかりは636ｇを示しています。花子さん、この様子を正面から力点にはたらく力の角度が正しくわかるようにカメラ位置を調整して、写真に撮ってください(この写真の様子が図３)。

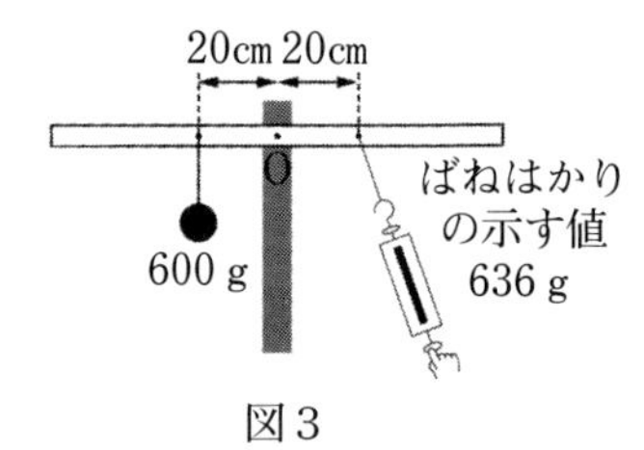

図３

花子：写真を撮りました。一郎さん、もう一度やってみてください。

一郎：今度は、690 g になりました。図３と違う値です。花子さん、この様子も写真に撮ってもらえますか(この写真の様子が図４)。

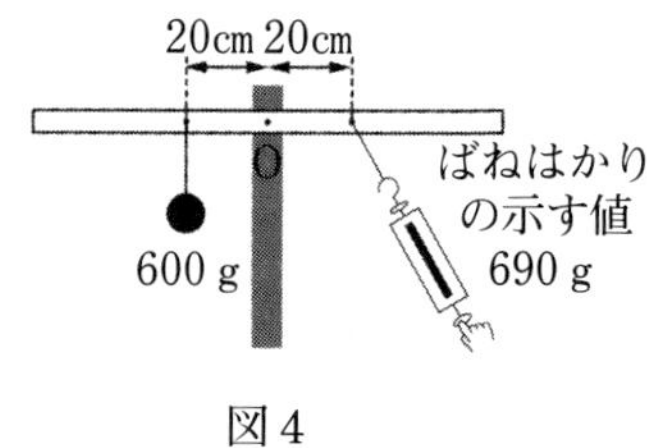

図４

花子：先ほどと同じように撮りました。不思議ですね。どうして、このようになるのでしょうか。今度は私がやってみます。

一郎：それではやってみてください。

花子：私は612 g になりました。一郎さん、この様子を私と同じように写真に撮ってください(この写真の様子が図５)。不思議な結果ですので、先生に聞いてみましょう。

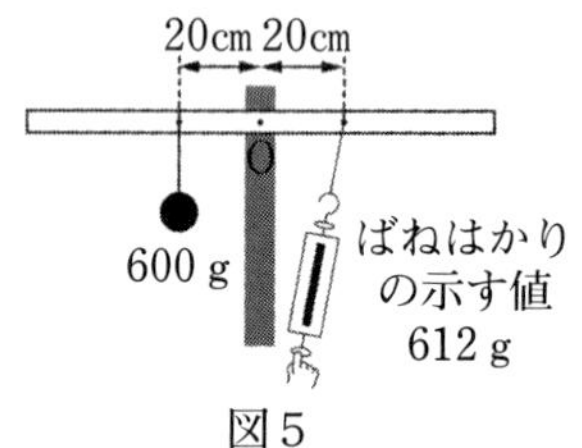

図５

一郎：先生、てこの原理を確認するために、ばねはかりを使って実験をしたのですが、予想と異なってしまいました。どうしてこのようなことになるのでしょうか。

先生：予想はあっているはずですね。図３～図５で何か気付くことはありますか？

一郎：よく見ると、ばねはかりで引いている方向が異なります。

先生：それでは、図３～図５の力の大きさと引いている方向の角度を測定して、力の大きさと向きの関係をまとめましょう。力を矢印で表すこととして、力点を矢印の根元、力の大きさを矢印の長さ、力の向きを矢印の向きとして書き直すと、図６のようになりますね。矢印の長さは100 g の大きさを１cmの長さとして書いています。さらに、図６の３つの矢印の根元をまとめて、一か所にまとめて書いてみましょう。矢印の先端を点線で結んでみてください。

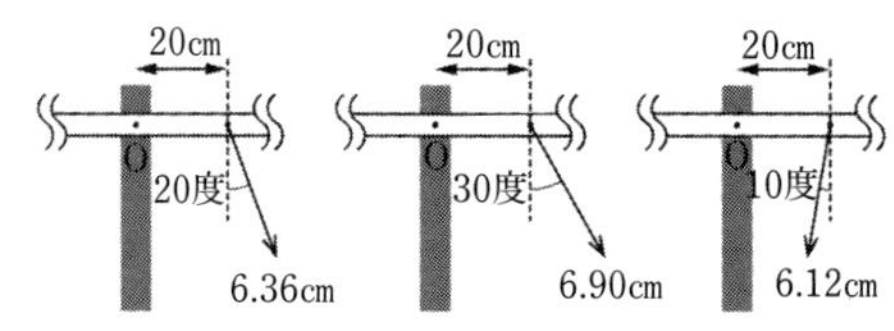

図６
(ただし、力の方向は縦方向からの角度を測っている)

花子：図７のようになりました。

あっ。図７を見てみると、点線が一直線で真横を向いています。矢印の長さは違うのに、[(Y)]なっていますね。

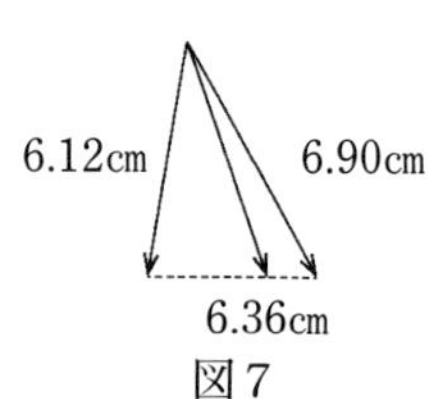

図７

一郎：おもりは下向きに引っぱっていると考えることができるので、予想した通りの600 g で引くためには角度が０度になるように、真下方向に引けばよいのですね。

先生：そうですね。今回の実験から、引く方向によって必要な力の大きさが変化することがわかります。

一郎：それでは、45度の方向に引いたらどうなるのでしょうか？　計算できるような気がします。

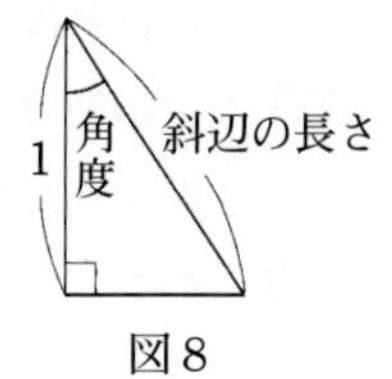

図8

先生：図8のように縦の長さを1とした三角形を書いたときに、斜辺(しゃへん)と角度の関係を調べると、次の表のようにまとめることができました。この値を使えば計算することができますね。ここでは60度までの値を載(の)せました。

表　三角形の高さと斜辺の長さの比

角度	5度	10度	15度	20度	25度	30度	35度	40度	45度	50度	55度	60度
斜辺	1.004	1.02	1.04	1.06	1.1	1.15	1.22	1.31	1.41	1.56	1.74	2

一郎：45度方向に引っぱって、つり合わせるための力の大きさを計算したところ［　(1)　］gになりました。花子さん、実際にやってみてください。

花子：予想の通りになりました。やはり、引く方向はとても大切なのですね。
ところで、今までてこの勉強をしていても、引く方向を考えたことはありませんでした。なぜ、図2のような図の力点にもおもりをつけるときでは、このようなことを考えなくてもうまくいっていたのでしょうか。

先生：それは、［　(Z)　］、です。

花子：そうですね。それなら向きを考えなくてもよいですね。

一郎：てこの原理では、力のはたらく方向が大切ということでしたが、かっ車や輪軸(りんじく)はどうなるのでしょうか。かっ車や輪軸も力を伝える原理はてこと同じですが、定かっ車や輪軸は力の向きを変える役割があります。
図9のように定かっ車を使って600gのおもりをつり合わせるのに必要な力の大きさは［　(2)　］gですし、図10のように半径の大きさが1：2の輪軸を用いて600gのおもりをつり合わせるのに必要な力の大きさは［　(3)　］gです。

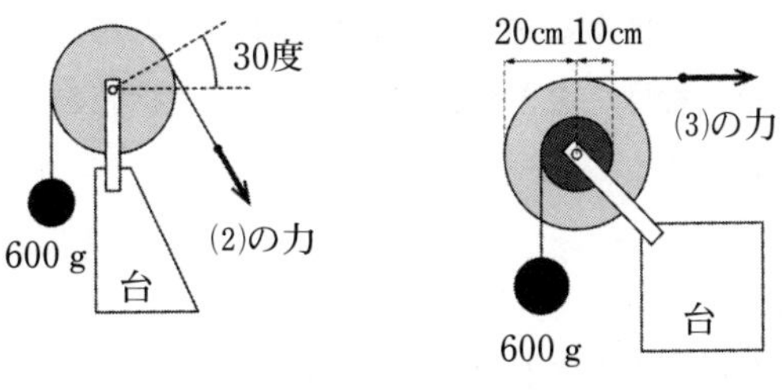

図9　図10

先生：たとえば、図9の定かっ車にはたらく力のうち、糸がかっ車から離(はな)れる場所にはたらく力を作図するとどのようになるでしょうか。

花子：支点から作用点や、支点から力点へ点線を結び、力を矢印で作図すると、図11のようになりました。かっ車は糸が接する部分が常に円の形をしていますね。だから、図11の2か所の角度は両方とも垂直になりますね。

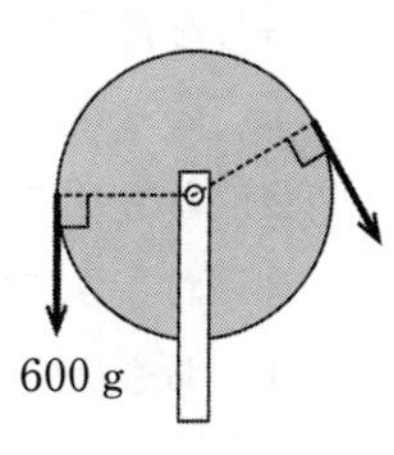

図11

一郎：ということは、支点から見た力点や作用点の方向と力の方向が垂直であれば、今まで通りのてこの原理が使え、支点から見た力点の方向と力の方向が垂直でなければ、表を参考に角度によるずれを考えなければいけない、ということですね。

先生：その通りです。てこの原理における、力の向きと力がかかっている点の関係に気付くことができて良かったですね。今日の学びをまとめましょう。

一郎：わかりました。このあと、花子さんとまとめたいと思います。先生、ありがとうございました。

花子：先生、ありがとうございました。一郎さん、それでは、まとめましょう。

先生：どういたしまして。

(ア)　文中のグラフ［ (X) ］にあてはまるグラフを、横軸を支点から力点までの距離(きょり)、縦軸を力の大きさ(力点にとりつけるおもりの重さ)で表すとき、支点から力点までの距離が10cmから60cmまでの範囲(はんい)で書いたときのグラフはどのようになりますか。グラフを書きなさい。ただし、グラフを書く際は、**10cm、30cm、40cm、60cmの４点**については黒丸「・」を記すこと。また、グラフは直線なのか曲線なのか区別できるように書くこと。

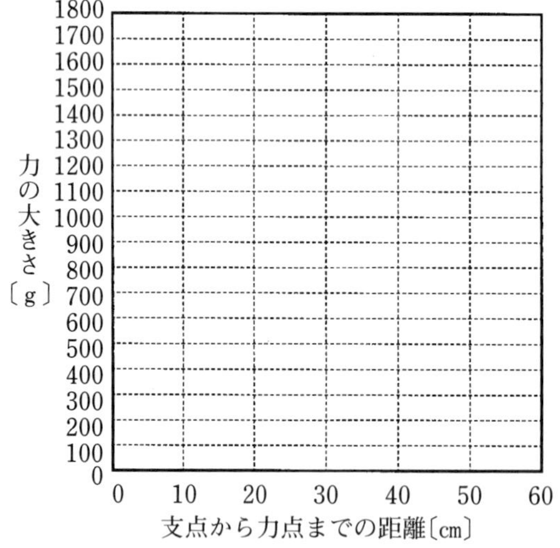

(イ)　文中の［ (Y) ］にあてはまる文として最も適するものを、あとの１～４の中から１つ選び、番号を書きなさい。ただし、選択肢の言葉については、図12を参考にしなさい。

１　横の長さが等しく

２　縦の長さが等しく

３　矢印の長さと角度の大きさが比例の関係に

４　矢印の長さと角度の大きさが反比例の関係に

横の長さ
縦の長さ
角度

図12

(ウ)　文中の［ (1) ］にあてはまる数値を計算しなさい。

(エ)　文中の［ (Z) ］にあてはまる理由として最も適するものを、次の１～４の中から１つ選び、番号を書きなさい。

１　おもりにはたらく力は常に十分に大きいから

２　おもりにはたらく力は小さいため、てこの回転には影響(えいきょう)がないから

３　おもりにはたらく力は重力で、いつも下向きにかかっているから

４　おもりにはたらく力は、糸の引く力とつり合っているから

(オ)　文中の［ (2) ］と［ (3) ］にあてはまる数値として適するものを、次の１～８の中から１つ選び、番号を書きなさい。

	(2)	(3)
1	600	300
2	600	600
3	600	1200
4	600	0
5	690	300
6	690	600
7	690	1200
8	690	0

(カ)　図13のように、支点Ｏから左に20㎝と40㎝のところにそれぞれ600ｇのおもりをつけ、支点Ｏから右に30㎝の点に25度の角度で大きさ220ｇの力で引きながら、さらに力点Ｄに50度の角度で力をかけて、てこをつり合わせることを考えます。力点Ｄを引くのに必要な力の大きさを答えなさい。

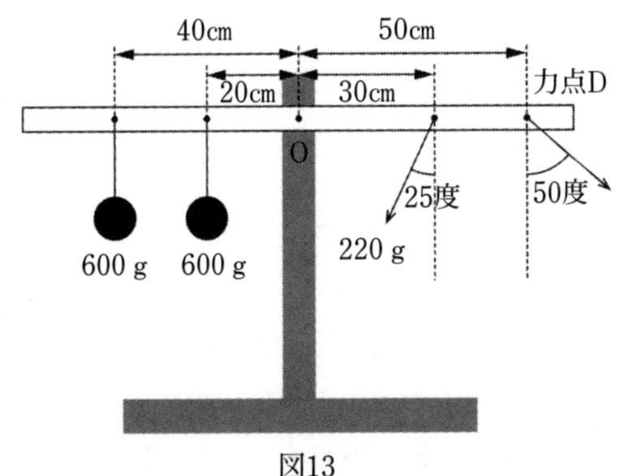

図13

表　三角形の高さと斜辺の長さの比

角度	5度	10度	15度	20度	25度	30度	35度	40度	45度	50度	55度	60度
斜辺	1.004	1.02	1.04	1.06	1.1	1.15	1.22	1.31	1.41	1.56	1.74	2

２　次の文を読み、あとの各問いに答えなさい。特に指示のない限り、答えが小数になる場合は小数第１位を四捨五入して整数で答えなさい。

次に示す気体Ａ～気体Ｅは「①窒(ちっ)素　②酸素　③アンモニア　④塩化水素　⑤塩素　⑥水素」のどれかです。

気体Ａ：スチールウールにうすい塩酸(えんさん)を加えると発生する。

気体Ｂ：二酸化(にさんか)マンガンをうすい過酸化水素水(かさんかすいそすい)に加えると発生する。

気体Ｃ：うすい塩酸の中にとけている気体である。

気体Ｄ：黄緑色の気体で、鼻をさすにおいがある。水道水の殺(さっ)きんざいに用いられている。

気体Ｅ：塩化(えんか)アンモニウムと水酸化(すいさんか)カルシウムを混ぜて加熱すると発生する。

(ア)　①～⑥の気体の中で、気体Ａ～気体Ｅのいずれにもあてはまらないものを１つ選び、①～⑥の番号を書きなさい。

すべての物質は、原子とよばれる小さな粒が結びついてできています。原子について次のようにまとめることができます。

（その１）　原子には、水素原子、酸素原子などさまざまな種類があります。また、原子は、種類によって、それぞれ重さが異なっています。原子は、こわれたり、新たに生じたり、種類が変わったりすることはありません。

（その２）　どの種類の原子でも、原子１個の重さはとても小さく、日常的に使える数字ではありません。そのため、「私たちが日常的に使える数字で表すにはどうしたらよいか。」ということが研究されていった結果、次のようなことが明らかになりました。「私たちが日常的に使う数字で原子の重さを表すには、原子を6000垓[注)]個集めればよい。」

注：数字の大きさの表し方として、万の次は億、億の次は兆になります。これを万→億→兆と表すことにすると、万→億→兆→京→垓　となります。

（その３）　原子を6000垓個集めた重さのことを原子量といいます。原子の種類・原子の表し方・原子量をまとめると、次の表１のようになります。

表１

原子の種類	原子の表し方	原子6000垓個の重さ（原子量）〔ｇ〕
水素原子	(す)	1
窒素原子	(ち)	14
酸素原子	(さ)	16
塩素原子	(え)	35.5

(イ)　ある袋の中に集められている窒素原子は4.2ｇでした。窒素原子は何垓個ありますか。次の１～６の中から、最も適するものを１つ選び、番号を書きなさい。

１　600垓　　２　1200垓　　３　1800垓　　４　2400垓　　５　3000垓　　６　3600垓

①～⑥の気体は、実際には原子がいくつか結びついた分子という状態で存在しています。どの種類の原子が何個結びついているかによって、それぞれ分子の種類は決まっています。たとえば、１個の窒素分子は、必ず窒素原子が２個結びついてできています。窒素原子が３個結びついている窒素分子や、窒素原子１個だけの状態の窒素分子は存在しません。そして、気体の窒素とは、非常にたくさんの窒素分子が空間に広がっている状態をいいます。

次に、原子と分子の数え方について考えてみましょう。たとえば、窒素分子が５個集まっている状態は、次の図１のようになります。

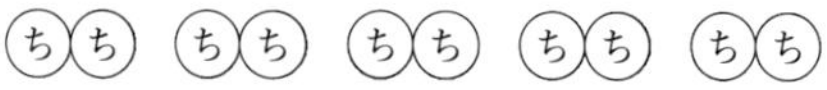

(ち)(ち)　(ち)(ち)　(ち)(ち)　(ち)(ち)　(ち)(ち)

図１

図１には(ち)が10個あります。１個の窒素分子には、２個の窒素原子が結びついていますから、窒素分子が５個の場合、窒素原子は５×２＝10個あることになります。同様に、窒素分子が6000垓個ある場合、窒素原子の数は6000垓×２個ですが、この問題では、この6000垓×２個を12000垓個と表すことにします。6000垓個の窒素原子は14〔ｇ〕ですから、6000垓個の窒素分子の重さは14×２＝28〔ｇ〕になります。6000垓個の分子の重さのことを分子量といいます。

これらの内容をまとめると表２になります。

表２

気体の名前	分子の構造（原子の結びつき方）	表し方	分子6000垓個の重さ（分子量）〔g〕
①窒素	２個の窒素原子が結びついて１個の窒素分子になる。	ⓒⓒ（ちち）	28
②酸素	２個の酸素原子が結びついて１個の酸素分子になる。	（さ）（さ）	（Ａ）
③アンモニア	１個の窒素原子と３個の水素原子が結びついて、１個のアンモニア分子になる。	（す）（ち）（す）（す）	17
④塩化水素	１個の水素原子と１個の塩素原子が結びついて、１個の塩化水素分子になる。	（す）（え）	36.5
⑤塩素	２個の塩素原子が結びついて１個の塩素分子になる。	（え）（え）	71
⑥水素	２個の水素原子が結びついて１個の水素分子になる。	（す）（す）	2

(ウ)　表２の（　Ａ　）にあてはまる数値を整数で答えなさい。

(エ)　水上置換法（すいじょうちかん）で集めるのに適している表２の気体を、①～⑥の中から**すべて**選び、番号を書きなさい。

空気は、およそ80％の窒素分子と20％の酸素分子が混ざり合っています。二酸化炭素や水蒸気（すいじょうき）など、そのほかの種類の気体も存在しますが、窒素や酸素に比べると、分子の数がとても少ないので、空気の重さ〔g〕を考えるときは、空気は、80％の窒素分子と20％の酸素分子が混ざり合っているものとして、次のように考えてみることができます。

> 空気中の分子を6000垓個集めたとき、80％にあたる4800垓個は窒素分子、20％にあたる1200垓個は酸素分子である。空気中の分子6000垓個の重さを、空気の重さ〔g〕とみなすことができる。

したがって、空気の重さ〔g〕は、次の式で求めることができます。

$$\frac{(\text{窒素の分子量〔g〕})\times 80+(\text{酸素の分子量〔g〕})\times 20}{100}$$

(オ)　空気の重さ〔g〕を小数第１位まで答えなさい。ただし、答えが割り切れない場合は、小数第２位を四捨五入して答えなさい。

(カ)　ある気体の重さが空気より軽いか、重いかは、その気体の分子量が、(オ)で求めた空気の重さ〔g〕よりも小さいか、大きいかで知ることができます。気体の分子量が空気の重さ〔g〕より大きい場合、その気体は空気より重い気体です。空気より重い気体で、なおかつ水にとけやすい気体は下方置換法で集めます。①～⑥の気体の中で、下方置換法で集める気体を**すべて**選び、番号を書きなさい。

水素が集まっている試験管に炎を近づけると、“ポン”と音を立てます。これは、水素が空気中の酸素と反応して水になったもので、２個の水素分子と１個の酸素分子が反応して、２個の水分子に変化したことを表しています。これを図で示したものが図２です。

すす　　　　　　　すさす
　　　＋　ささ　→
すす　　　　　　　すさす

２個の水素分子　１個の酸素分子　２個の水分子

図２

１個の水分子は、２個の水素原子と１個の酸素原子が結びついてできています。そのため、6000垓個の水分子の中には、水素原子が12000垓個、酸素原子が6000垓個含まれることになります。したがって、6000垓個の水分子の重さは(　２　)ｇになります。

(キ)　(　２　)にあてはまる数値を整数で答えなさい。

(ク)　3.6〔ｇ〕の水分子ができたとき、反応に使われた気体の酸素分子は何ｇですか。小数第１位まで答えなさい。ただし、答えが割り切れない場合は、小数第２位を四捨五入して答えなさい。

③　植物のたねと発芽について、あとの各問いに答えなさい。

図１はインゲンマメ、図２はイネのたねの断面を表しています。ｅは、ａ～ｄを合わせたものです。

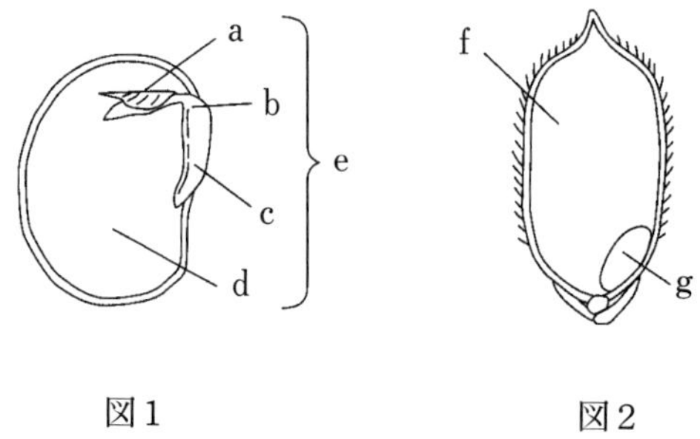

図１　　　　図２

(ア)　図１のａとｅの名前の組み合わせとして最も適するものを、次の１～４の中から１つ選び、番号を書きなさい。

	a	e
1	幼芽	はい
2	幼芽	はいにゅう
3	子葉	はい
4	子葉	はいにゅう

(イ)　それぞれのたねについて、発芽の過程において、最初にたねの皮をやぶってのびてくる部分の組み合わせとして最も適するものを次の１～８の中から１つ選び、番号を書きなさい。

１　ａ・ｆ　　２　ｂ・ｆ　　３　ｃ・ｆ　　４　ｄ・ｆ

５　ａ・ｇ　　６　ｂ・ｇ　　７　ｃ・ｇ　　８　ｄ・ｇ

(ウ)　たねの発芽に必要な条件として最も適するものを、次の１～６の中から１つ選び、番号を書きなさい。

１　水・空気・光　　２　水・空気・適度な温度　　３　空気・肥料・光

４　空気・適度な温度・肥料　　５　温度・光・肥料　　６　適度な温度・空気・光

インゲンマメのたねを用いて＜実験１＞を行いました。その結果を＜結果１＞にまとめました。

〈実験１〉

①インゲンマメのたねを２個(X・Y)準備した。

②一方のたねXは、図３のように発芽する前の状態で、たねを半分に切り図１のｄの部分にヨウ素液をつけ、数分後に観察した。もう一方のたねYは、図４のように発芽させた後の状態で、ｄの部分にヨウ素液をつけ、数分後に観察した。

〈結果１〉

図３のたねXは青紫色になったが、図４のたねYはほとんど青紫色にならなかった。

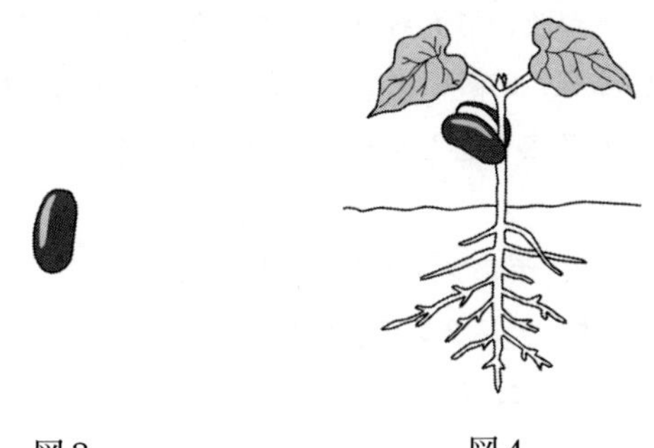

図３　　　　図４

(エ) 〈結果１〉から考えられることとして最も適するものを次の１～４の中から１つ選び、番号を書きなさい。

1　発芽前のｄの部分にはデンプンが含まれているが、発芽の過程で、ｄの部分のデンプンが成長のために消費された。

2　発芽前のｄの部分にはデンプンが含まれているが、発芽の過程で、ｄの部分のデンプンが光合成によって分解された。

3　発芽前のｄの部分にはデンプンが含まれていないが、発芽の過程で、光合成でつくられたデンプンがｄの部分にためられた。

4　発芽前のｄの部分にはデンプンが含まれていないが、発芽の過程で、根から吸い上げられたデンプンがｄの部分にためられた。

イネのなかまであるマカラスムギのたねを用いて〈実験２〉を行いました。その結果を〈結果２〉にまとめました。

〈実験２〉

①マカラスムギのたねを用意し、「たねのはいを含む部分」と「たねのはいを含まない部分」に二等分する。

②図５に示すように、ペトリ皿内のデンプンを含む寒天上に、たねの切断面が下になるようにして、「たねのはいを含む部分」と「たねのはいを含まない部分」を乗せ、ふたをかぶせて室温で３日間静置する。

③３日後、たねを取り除き、「たねのはいを含む部分」が置いてあったところと「たねのはいを含まない部分」が置いてあったところの寒天に、霧吹きでヨウ素液を吹きかける。

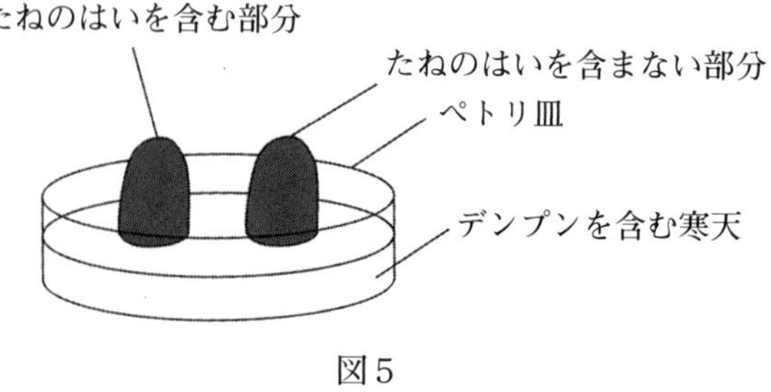

図５

〈結果２〉

「たねのはいを含む部分」が置いてあったところの寒天は青紫色にならなかった。

「たねのはいを含まない部分」が置いてあったところの寒天は青紫色になった。

(オ)　〈結果２〉から考えられることとして最も適するものを、次の１～４の中から１つ選び、番号を書きなさい。

1　はいに含まれる物質は、デンプンの分解に関係する。

2　はいに含まれる物質は、デンプンの合成に関係する。

3　デンプンを分解する物質は、はいにゅう中でつくられる。

4　デンプンを合成する物質は、はいにゅう中でつくられる。

ある植物のたねを用いて〈実験３〉を行いました。〈実験３〉で用いた「発芽したたね」は呼吸を行っていますが、光合成は行っていません。結果を〈結果３〉にまとめました。

〈実験３〉

①図６のように、三角フラスコ内の小さい容器に10％水酸化カリウム水溶(よう)液を入れ、そのまわりに「発芽したたね」を入れる。なお、二酸化炭素には、水酸化カリウム水溶液に溶(と)けやすい性質がある。

②図７のように、三角フラスコ内の小さい容器に水を入れ、そのまわりに図６の場合と同数の「発芽したたね」を入れる。なお、二酸化炭素は、水に溶けにくいものとする。

③三角フラスコ内に外から空気が入らないように栓(せん)をしめておく。

④直射日光の当たらない部屋で、室温を25℃に保ち、ガラス管内の着色液が何目盛り移動したかを記録する。

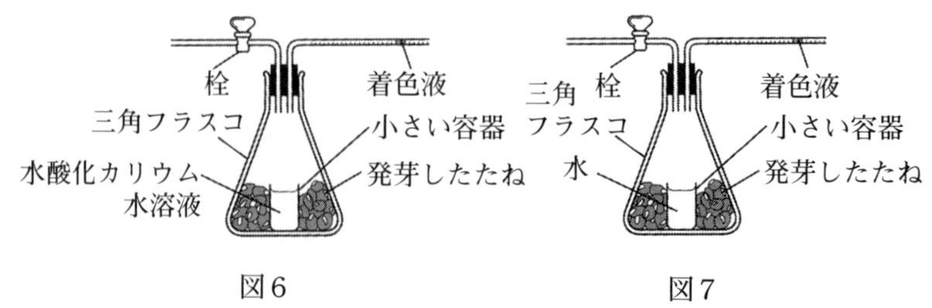

図６　　図７

〈結果３〉

図６の装置では、ガラス管内の着色液が左に５目盛り移動した。

図７の装置では、ガラス管内の着色液が左に0.1目盛り移動した。

(カ)　図６・図７の装置において、ガラス管内の着色液の移動量(目盛りの値)は何を表しますか。組み合わせとして最も適するものを、次の１～８の中から１つ選び、番号を書きなさい。ただし、気体の体積としての量について考えることとします。

	図6	図7
1	二酸化炭素の放出量	二酸化炭素の吸収量と酸素の放出量の差
2	二酸化炭素の放出量	酸素の吸収量と二酸化炭素の放出量の差
3	二酸化炭素の吸収量	二酸化炭素の吸収量と酸素の放出量の差
4	二酸化炭素の吸収量	酸素の吸収量と二酸化炭素の放出量の差
5	酸素の吸収量	二酸化炭素の吸収量と酸素の放出量の差
6	酸素の吸収量	酸素の吸収量と二酸化炭素の放出量の差
7	酸素の放出量	二酸化炭素の吸収量と酸素の放出量の差
8	酸素の放出量	酸素の吸収量と二酸化炭素の放出量の差

(キ) 図６の装置と図７の装置において、「発芽したたね」の呼吸によってしょうじた二酸化炭素の体積の量は同じです。図６の装置においてしょうじた二酸化炭素の体積の量を、ガラス管の目盛りの値として答えなさい。

4 川のはたらきに関する次の文を読んで、あとの各問いに答えなさい。

川の上流にあたる山地の頂上あたりでは、普段(ふだん)水は流れておらず、雨が降ったときには低い谷間に沿(そ)ってたくさんの水が流れます。山頂より少し低いところでは、雨が降らないときでも岩石や地層(ちそう)のすき間から、少しずつ水が流れ出ます。このようなわずかな水の流れが合流して小さな川になります。他にも、山地の森林の土は、落葉や落枝(らくし)、地中の小動物、根の働きによってすき間が多くなっており、水がしみこみやすくなっています。そのため、土にしみこみ貯(たくわ)えられた水が、時間をかけてゆっくりと地下水となり、地表に流れ出た地下水が集まって小さな川になります。このようにできた小さな川が合わさり、水量が増え、それまでの速い流れの上流から、おだやかな流れの中流から下流になります。上流では {a ① 大きい ② 小さい} 石が多く、それらの石は {b ① 角ばっている ② 丸みをおびている} ものが多く見られます。川の水は、大雨が降ると増水し、濁流(だくりゅう)となりますが、ふだんは水量がほぼ同じで、濁(にご)りのないきれいな水が流れています。

(ア) 雨が降らないときでも、上流から川の水がいつも流れているのはなぜですか。その理由として適するものを次の１～４の中から**２つ**選び、番号を書きなさい。

1　地下で貯えられた水がわき出ているから。

2　植物の根から貯えられた水が少しずつ出ているから。

3　岩石や地層の間にしみこんだ水が流れ出ているから。

4　植物の葉が吸収した水分を地下の根から出しているから。

(イ) 大雨が降ったとき、どこの川の水も濁流となるのはなぜですか。最も適するものを次の１～４の中から１つ選び、番号を書きなさい。ただし、「濁る」というのは、水にとけない小さな粒(つぶ)が水に混ざっている状態のことです。

1　大雨が空気中のチリやホコリ、車や工場からの排気(はい)ガスをとかしているから。

2　大雨により水量が増えて、河原に捨てられていたゴミが流れこむから。

3　大雨により水量が増えて流れが速くなり、大量の砂や泥(どろ)を運んでいるから。

4　大雨により上流の岩をけずりとり、岩が水といっしょに川へ流れこむから。

(ウ) 本文中の {a}、{b} に当てはまるものとして、最も適するものをそれぞれ１つずつ選び、①、②の番号を書きなさい。

図１は、上流から下流に向かって流れる川の水が、大きく曲がって流れている様子です。①～③の場所で最も流れが速いのは、(あ)です。また、川底は川の(い)ほど深くなっており、深いところには(う)石が多くころがっています。

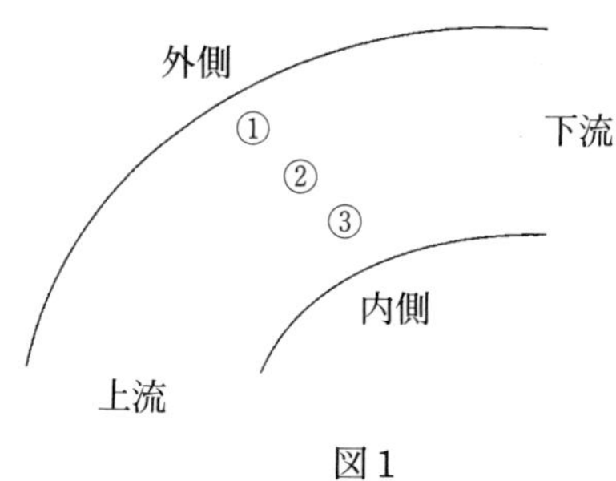

図１

(エ)　(あ)、(い)、(う)にあてはまる言葉の組み合わせとして、最も適するものを次の１～12の中から１つ選び、番号を書きなさい。

	(あ)	(い)	(う)
1	①	内側	大きい
2	②	内側	大きい
3	③	内側	大きい
4	①	外側	大きい
5	②	外側	大きい
6	③	外側	大きい
7	①	内側	小さい
8	②	内側	小さい
9	③	内側	小さい
10	①	外側	小さい
11	②	外側	小さい
12	③	外側	小さい

Ａ・Ｂ・Ｃの記号をつけた３つの同じ船を用意し、川の中流で次のような実験をしました。

〈実験〉

図２のように、まっすぐな川に３つの船を浮(う)かべて、スタートの位置から同時に手を放した。すると、３つの船は図２の水の流れる方向と同じ方向に進み、３つの船がすべてゴールした。また、図３はＸ－Ｙの断面を表しており、Ａ・Ｂ・Ｃが流れる場所を横からみた図である。

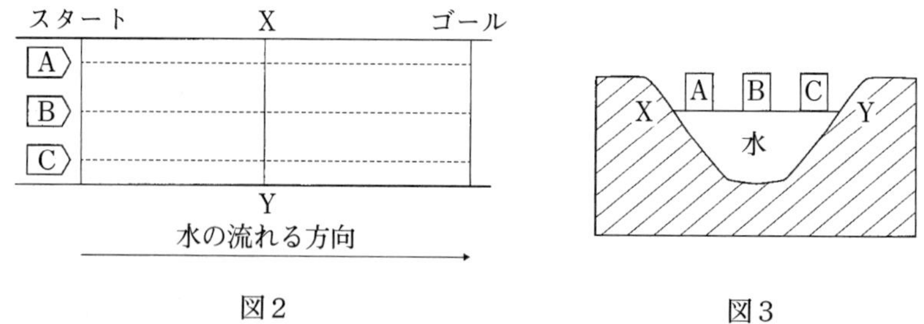

図２　　図３

(オ)　３つの船がゴールした結果として、最も適するものを次の１～４の中から１つ選び、番号を書きなさい。

1　AとCの船が最初にほぼ同時にゴールし、次にBの船がゴールした。

2　Bの船が最初にゴールし、次にAとCの船がほぼ同時にゴールした。

3　AとBとCの船がほぼ同時にゴールした。

4　Cの船が最初にゴールし、次にBの船がゴールし、最後にAの船がゴールした。

川の底には、粘土(ねんど)、砂、小石のように、異なる直径の粒が存在します。粒がしん食や運ぱんをされるか、またはたい積するかは、粒の直径と水の流れの速さによって決まります。図４は、しん食や運ぱん、たい積するときの水の流れの速さと粒の大きさの関係をグラフに表したものです。縦軸(じく)の水の流れの速さは、水が１秒間に進む距離〔cm〕を示しており、横軸は粒の大きさを示しています。曲線①は、水の流れの速さが少しずつ速くなったときに、たい積している粒が動き出す水の流れの速さを表しています。曲線②は、水の流れの速さが少しずつ遅くなったときに、動いている粒がたい積する水の流れの速さを表しています。

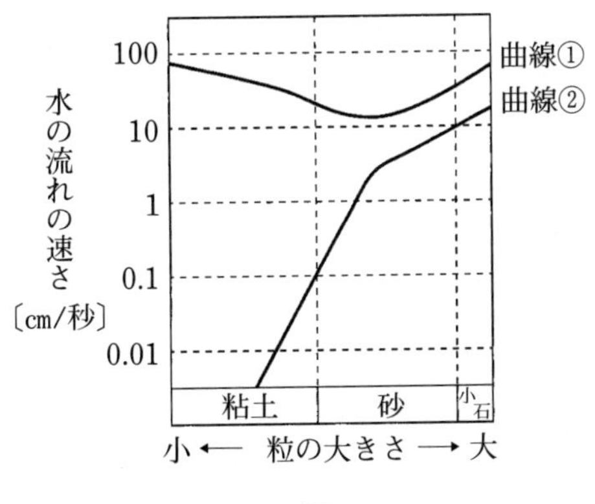

図４

(カ)　水の流れの速さが少しずつ速くなったとき、川の底に静止している粒で、最小の水の流れの速さで動かされる粒は何ですか。最も適するものを次の１～６の中から１つ選び、番号を書きなさい。

1　粘土　　2　砂　　3　小石　　4　粘土と砂　　5　粘土と小石　　6　砂と小石

(キ)　水の流れの速さが100〔cm/秒〕のとき、運ぱんされる粒は何ですか。最も適するものを次の１～７の中から１つ選び、番号を書きなさい。

1　粘土　　2　砂　　3　小石　　4　粘土と砂

5　粘土と小石　　6　砂と小石　　7　粘土と砂と小石すべて

(ク)　水の流れの速さが100〔cm/秒〕から10〔cm/秒〕にゆるやかに遅くなりました。水の流れの速さが10〔cm/秒〕のとき、運ぱんされずにたい積する粒は何ですか。最も適するものを次の１～７の中から１つ選び、番号を書きなさい。

1　粘土　　2　砂　　3　小石　　4　粘土と砂

5　粘土と小石　　6　砂と小石　　7　粘土と砂と小石すべて

(ケ)　水の流れの速さが100〔cm/秒〕から0.1〔cm/秒〕にゆるやかに遅くなりました。水の流れの速さが0.1〔cm/秒〕のとき、運ぱんされ続ける粒は何ですか。最も適するものを次の１～７の中から１つ選び、番号を書きなさい。

1　粘土　　2　砂　　3　小石　　4　粘土と砂

5　粘土と小石　　6　砂と小石　　7　粘土と砂と小石すべて

筑波大学附属中学校

—社会と合わせて40分—

1　7月のある日、校舎のまわりの気温やかげのようすについて、次の実験1、実験2を行いました。この校舎のまわりには建物や樹木はなく、校舎の高さはどこも同じです。これについて、後の問いに答えなさい。

実験1　校舎のまわりの1日の気温の変化

方法　校舎のまわりで気温をはかり、気温の変化を調べる。

結果

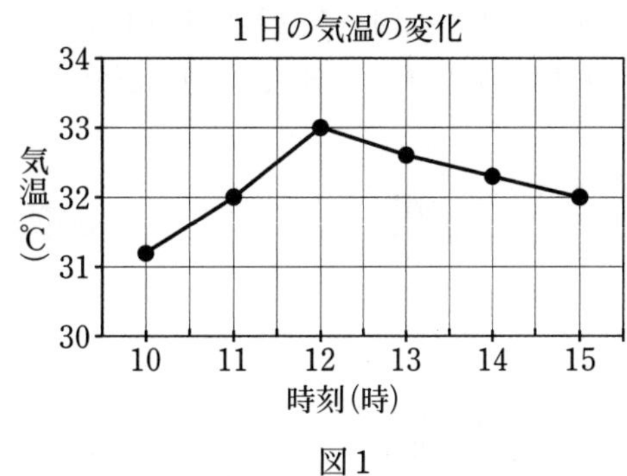

図1

実験2　校舎の中庭のかげのようす

方法　校舎の中庭にできるかげの部分を調べる。

結果　午前6時に校舎のかげが、図2のようになっていた。図3はこのとき、校舎の上側から見たかげのようすを表している。

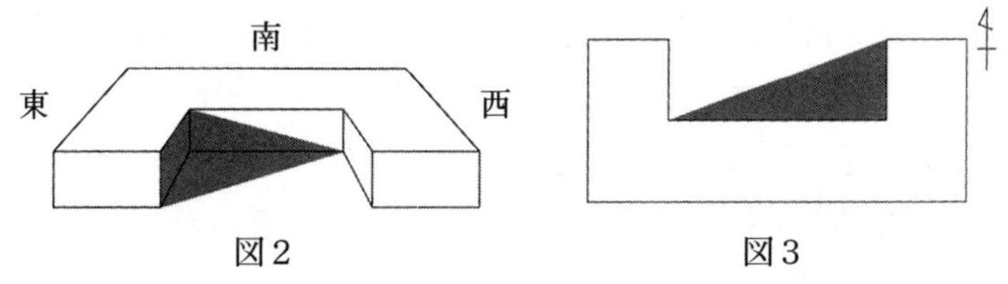

図2　　図3

(1)　気温を正しくはかるときには、地面から1.2～1.5mの高さで、図4のように温度計に白い紙でおおいをしてはかります。晴れた日の正午の校庭で、はかり方を次の①、②のように変えた場合、正しくはかったときと比べて、温度はどうなると考えられますか。それぞれ、**高くなる・低くなる・変わらない**のいずれかで答えなさい。

図4

①　白い紙でおおうが、温度計を地面につけてはかる。

②　地面から1.2～1.5mの高さで、温度計を白い紙でおおわずにはかる。

(2)　実験１は、どのような天気の日に図５のＡ～Ｄのどこではかったものと考えられますか。あてはまるものとして適当なものを、後のア～エの中から**２つ**選びなさい。

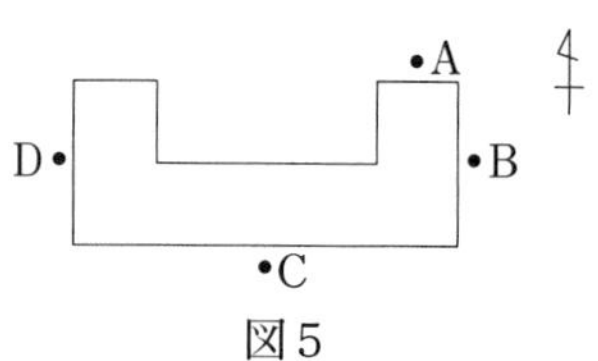

図５

ア　一日中晴れている日にＢではかった。
イ　一日中晴れている日にＤではかった。
ウ　午前中は晴れていたが、午後からくもった日にＡではかった。
エ　午前中は晴れていたが、午後からくもった日にＣではかった。

(3)　実験２で、午前７時ごろの校舎の上側から見たかげのようすを表したものとして、最も適当な図を次のア～エの中から選びなさい。ただし、灰色の部分はかげができる部分を表しています。

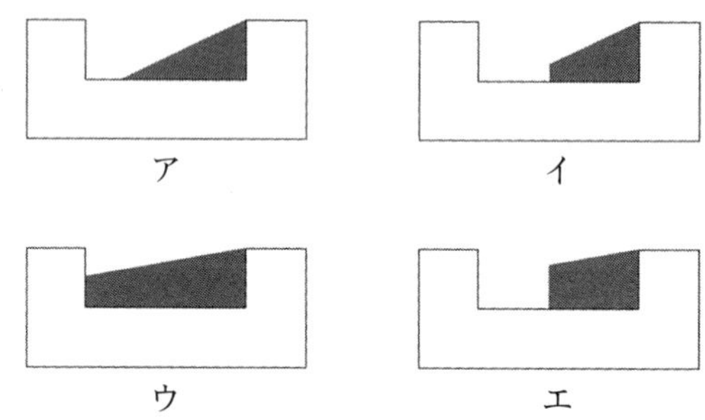

2　次の会話は豆苗(とうみょう)について話しているものです。この会話とひろさんが行った実験について、後の問いに答えなさい。

写真１

写真２

ひろ：夕食は豆苗のいため物だったね。お父さん、豆苗ってどんな植物なの？
父　：豆苗は、エンドウが発芽して少し育ったものだよ。水だけで育てたものを売っているんだ(写真１)。根の上についている丸いものが種子だよ。
ひろ：本当だ。ここから茎(くき)や根がのびているね。茎を切って残ったところ(写真２)は捨てないの？
父　：そうだよ。このまま根が水にひたるようにしておくと、再び茎がのびて、葉や茎が食べられるようになるよ。

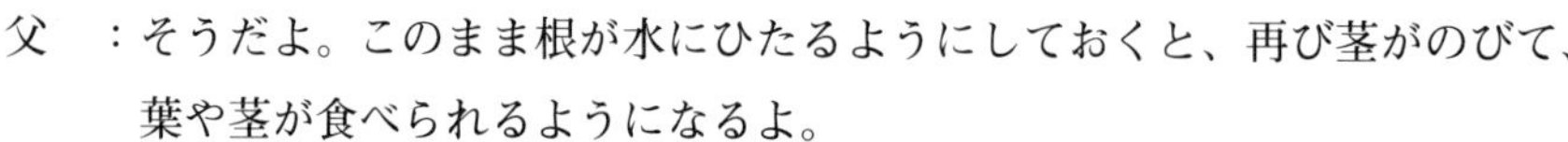

ひろ：どうして水だけで再び茎がのびるのだろう。確かめたいことがあるから、実験のために新しく豆苗を用意してもいい？
父　：もちろんだよ。

ひろさんが行った実験

実験１
　方法　新しく用意した豆苗から種子を10個採取し、半分に切ってヨウ素液をかける。
　結果　すべての種子は断面全体が青むらさき色になった。

実験２

方法　新しく用意した豆苗の苗(なえ)を40本取り、種子から約５㎝のところで茎を切る。それらを20本ずつ次のＡ、Ｂのようにし、根が水にひたるようにしておく。４日ごとに茎の長さと成長のようすを記録する。

Ａ：茎、種子、根がついたままにする。

Ｂ：種子だけを取り除く。

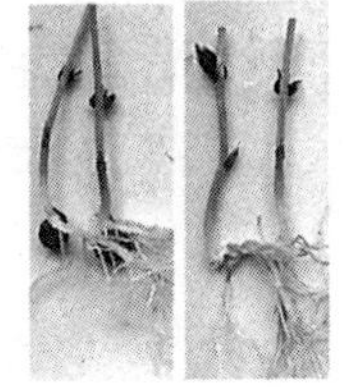

結果　茎の長さと豆苗のようす

	日数	０日目	４日目	８日目	12日目
Ａ	茎の長さ(平均)	５㎝	６㎝	10㎝	18㎝
	豆苗のようす		元の茎の横から新しい茎がのび始めた。	新しい茎に葉が出てきた。	元の豆苗の大きさになったが、少し細い。
Ｂ	茎の長さ(平均)	５㎝	５㎝	５㎝	５㎝
	豆苗のようす		０日目と変わらない。	０日目と変わらない。	０日目と変わらない。

実験３

方法　実験２のＡの種子を４日ごとに採取し、半分に切ってヨウ素液をかける。

結果　ヨウ素液をかけたときの種子の色の変化

０日目	４日目	８日目	12日目
断面全体が青むらさき色になった。	断面全体が青むらさき色になった。	断面の半分くらいが青むらさき色になった。	断面の一部は青むらさき色だが、ほとんどの部分は変化しなかった。

(1)　実験１～実験３は、それぞれ何を調べるために行ったものですか。一連の実験の流れをふまえて、最も適当なものを次のア～カの中からそれぞれ選びなさい。

ア　豆苗の成長には水が必要かを調べる。

イ　豆苗の成長には種子が必要かを調べる。

ウ　豆苗の成長には種子の養分(デンプン)が使われているかを調べる。

エ　豆苗の主な成分はデンプンであるかを調べる。

オ　豆苗が光合成をしてつくった養分(デンプン)が種子にたくわえられているかを調べる。

カ　買ったばかりの豆苗の種子に養分(デンプン)が残っているかを調べる。

(2)　16日目も豆苗は成長し続けていましたが、実験３と同じ方法で種子にヨウ素液をかけても断面の色は全く変化しませんでした。ひろさんは、これまでの実験の結果から、豆苗が成長するしくみを次の文のようにまとめました。文中の空らん①～④にあてはまるものとして最も適当なものを、後のア～キからそれぞれ選びなさい。

植物の種子が発芽するときには(　①　)を使うが、売られている豆苗は(　②　)。そのため、一度茎を切っても水だけで再び茎をのばして成長する。12日目以降の豆苗には(　③　)ので、主に(　④　)を使って成長していると考えられる。

ア　光合成でつくられた養分　　イ　種子にたくわえられた養分
ウ　根から吸収した養分　　エ　光合成をさかんに行っている
オ　光合成をすることができない　　カ　種子に養分が残っている
キ　種子に養分がほとんどない

3　かんなさんは、ものの燃え方と空気の関係について、次の実験１～実験３を行いました。これについて、後の問いに答えなさい。

実験１　ろうそくは、どのようなときに燃え続けるのだろうか。
方法　図１のように、ねん土にろうそくを立てて火をつけ、A～Cの穴をあけたとう明なびんをかぶせる。

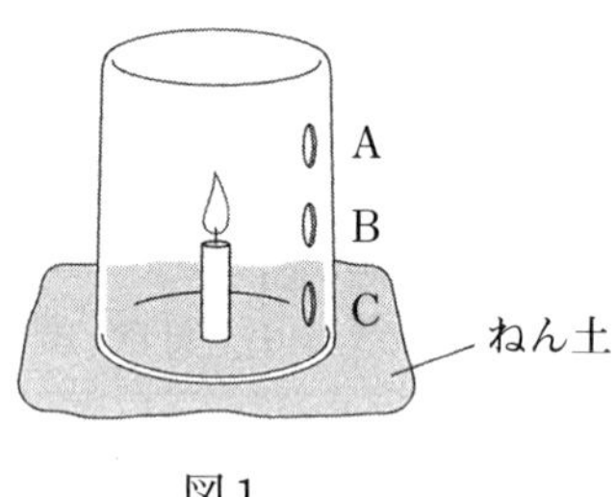

図１

結果　ろうそくは燃え続けた。

(1)　図２のように、ゴムせんを用いてAかCのどちらか一方を閉じて、Bに火のついた線こうを近づけます。このときの線こうのけむりの動きを説明したものとして、最も適当なものを次のア～エの中から選びなさい。

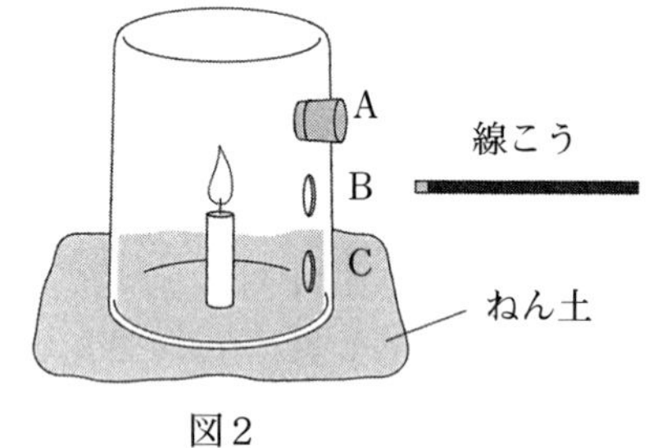

図２

ア　Aを閉じるとびんの中に流れこみ、Cを閉じるとびんの中に流れこまない。
イ　Aを閉じるとびんの中に流れこまず、Cを閉じるとびんの中に流れこむ。
ウ　Aを閉じてもCを閉じても、びんの中に流れこむ。
エ　Aを閉じてもCを閉じても、びんの中に流れこまない。

実験２　ろうそくが燃える前と後では、空気の成分にどのようなちがいがあるのだろうか。
方法　１　ろうそくが燃える前のびんの中の空気の成分を、気体検知管で調べる。
　　　２　びんの中に火のついたろうそくを入れ、ふたをして火が消えるまで待つ。
　　　３　ろうそくが燃えた後のびんの中の空気の成分を、気体検知管で調べる。
結果

	酸素	二酸化炭素
ろうそくが燃える前の空気	21%	0.04%
ろうそくが燃えた後の空気	17%	3%

かんなさんは、実験２の結果からろうそくの火が消えた原因を考え、予想を２つ立てて、実験３を行いました。

> 実験３　ろうそくの火が消えた原因は何だろうか。
> 　予想１　ろうそくの火が消えたのは酸素が減ったから。
> 　予想２　ろうそくの火が消えたのは二酸化炭素が増えたから。
>
> 　方法　空気の代わりにびんの中の<u>気体の成分の割合</u>を変えて、実験２と同様の方法で調べる。

(2)　実験３の予想１、２を確かめるための<u>気体の成分の割合</u>として、最も適当なものを次のア～キの中からそれぞれ選びなさい。

ア　酸素：０％　　二酸化炭素：３％　　ちっ素：97％
イ　酸素：０％　　二酸化炭素：100％　　ちっ素：０％
ウ　酸素：17％　　二酸化炭素：０％　　ちっ素：83％
エ　酸素：17％　　二酸化炭素：３％　　ちっ素：80％
オ　酸素：21％　　二酸化炭素：０％　　ちっ素：79％
カ　酸素：21％　　二酸化炭素：３％　　ちっ素：76％
キ　酸素：100％　　二酸化炭素：０％　　ちっ素：０％

④　風力発電は風の力を利用してモーターを回し、発電しています。みのるさんはプロペラの羽根と発電した電気の量(発電量)の関係について実験を行いました。これについて、後の問いに答えなさい。

実験１　プロペラの羽根の数と発電量の関係

方法
1. 図１のように、羽根が２枚のプロペラに送風機の風を一定時間当てる。
2. 図２のように、方法１のコンデンサーを発光ダイオードにつなぎ、光っていた時間をはかる。
3. プロペラを、羽根が４枚のものに変えて、同様に実験する。
4. 方法１～３を５回行い、平均をとる。

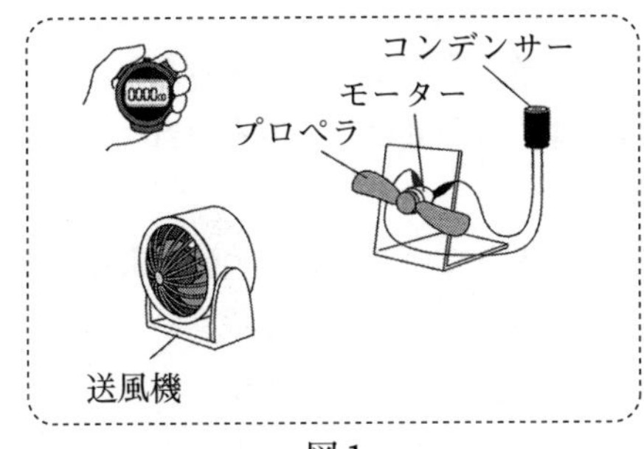

図１

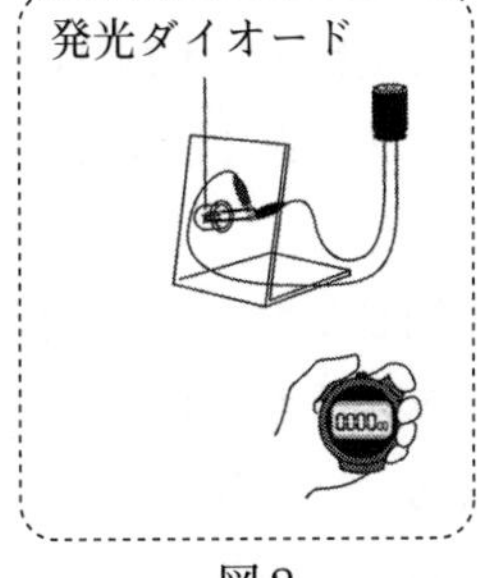

図２

結果

羽根の数	２枚	４枚
発光ダイオードが光っていた時間	２分12秒	３分22秒

(1)　実験１について説明したものとして適当なものを、次のア～カの中から**すべて**選びなさい。

ア　方法１では、コンデンサーに電気をたくわえている。

イ　方法１では、コンデンサーにたくわえられた電気の量を調べている。

ウ　方法１では、コンデンサーの発電量のちがいを調べている。

エ　方法２では、コンデンサーの発電量のちがいを調べている。

オ　方法２では、モーターの発電量のちがいを調べている。

カ　方法２では、発光ダイオードの代わりに電子オルゴールを使うことができる。

実験１の結果から、みのるさんは風を受けるプロペラの面積が大きいほど、多く発電するのではないかと考えました。

そこで面積を変える実験として、プロペラの代わりに、ほのついた車を使って図３のように実験２を行いました。

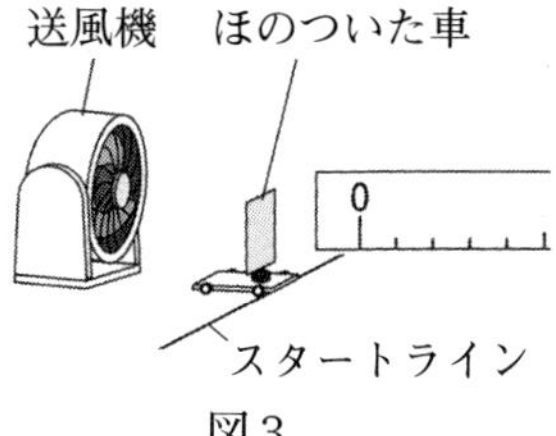

図３

(2)　次の①、②について、適当なものを後のア～オの中から選びなさい。

①　実験２において、変える条件と変えない条件をそれぞれ**すべて**選びなさい。

②　実験２において、実験１の発電量のちがいにあたるものを選びなさい。

ア　発光ダイオードが光っていた時間　　　イ　車の移動距離（きょり）

ウ　ほの大きさ　　エ　送風機の風の強さ　　オ　風を当てる時間

みのるさんは、実験１と実験２で風を受ける面積を変えるとプロペラやほの重さも変わってしまうことに気がつきました。そこで、次の実験３を行いました。

実験３　重いプロペラを使ったときのプロペラの羽根の数と発電量の関係

方法　実験１のプロペラと面積が同じで、重さが重いプロペラを使い、実験１と同じ方法で発電量のちがいを調べる。

結果

羽根の数	２枚	４枚
発光ダイオードが光っていた時間	１分51秒	２分53秒

(3)　みのるさんは実験１と実験３の結果から考えられることを次の文のようにまとめました。文中の空らん①、②にあてはまることばの組み合わせとして最も適当なものを、後のア～エの中から選びなさい。

羽根の数が同じとき、発光ダイオードの光っていた時間は実験１よりも実験３の方が（ ① ）ため、プロペラの重さが重くなるほど発電量が（ ② ）といえる。

ア　①長くなる　　②多くなる　　　イ　①長くなる　　②少なくなる

ウ　①短くなる　　②多くなる　　　エ　①短くなる　　②少なくなる

帝京大学中学校(第１回)

―30分―

[1]　帝京大学中学校に入学したコシノさんとトキオさんは、夏休み中の林間学校で、富山県の黒部ダム周辺を訪れました。２人の次の会話文を読んで、各問いに答えなさい。

コシノさん：林間学校で見た黒部ダムの放水の迫力(はくりょく)はすごかったね！

トキオさん：そうだね！　黒部川は、日本有数の急流河川ということもあって、ダム建設には相当な労力がかかったと事前学習でも学んだよね。ダム近くの①<u>黒部渓谷(けいこく)</u>も壮大(そうだい)な景色だったな。

コシノさん：黒部ダムからケーブルカーとロープウェイを乗りついで、山を登っていったときの景色も壮観(そうかん)だったね。標高2400ｍ近い場所まで行ってハイキングをしたときには、斜面(しゃめん)から②<u>湯気が出ている場所</u>もあったよね。

トキオさん：そうそう。ハイキングの途中(とちゅう)には、③<u>温泉</u>や綺麗(きれい)な湖、それに④<u>変わった色の池</u>もあったね。⑤<u>灰色の石や岩</u>も沢山(たくさん)見たよ。

コシノさん：そういえば、今度は黒部川の⑥<u>中流域、下流域</u>にも行ってみたいね。

トキオさん：そうだね。特に渓谷を抜(ぬ)けた先の平地は、黒部川によってつくられた［　ａ　］で、綺麗な湧(わ)き水が多く出ていると聞いたことがあるよ。いつか行ってみたいね。

問１　文中の［　ａ　］に入る地形の名称(めいしょう)を答えなさい。

問２　下線部①は、川の上流部の山地でよく見られる地形です。このような地形の名称を答えなさい。

問３　下線部①のような地形ができる原因となる川のはたらきを、次の中から選び、記号で答えなさい。

ア　運搬(うんぱん)作用　　イ　堆積(たいせき)作用　　ウ　侵食(しんしょく)作用

問４　下線部②、③について、この山は今も火山活動を続けていると考えられます。湯気や温泉の熱源となっていると考えられるものは何か、答えなさい。

問５　下線部④について、このあたりの湖や池は火山の火口に水がたまってできたもので、酸化鉄が多く含(ふく)まれています。このことから、この池は何色に見えると考えられますか。最も近い色を次の中から選び、記号で答えなさい。

ア　白色　　イ　緑色　　ウ　黄色　　エ　赤茶色

問６　下線部⑤の岩石は、火成岩であると考えられます。火成岩として適切でないものを、次の中から選び、記号で答えなさい。

ア　石灰岩(せっかいがん)　　イ　花崗岩(かこうがん)　　ウ　安山岩　　エ　玄武岩(げんぶがん)

問７　下線部⑥について、川の上流域から下流域になるにしたがって、川底の石の形はどのように変化していきますか。簡単に説明しなさい。

[2]　次のミツバチに関する文を読んで、各問いに答えなさい。

ミツバチやアリは巣をつくり、おたがいに役割分担(子どもを産む、巣を守る、えさを集めるなど)をし、協力して集団生活をしています。そのようなこん虫を社会性こん虫といいます。集団生活の中で、効率よくえさの収集をするため、ミツバチは生活をともにしている仲間に特有のダンスによってえさの場所を伝えています。そのミツバチの特有のダンスは巣箱中の地面に垂直に並んだ巣板の表面で行われます。

ミツバチの働きバチはえさ場を発見し、巣箱にもどると発見したえさ場の向きや距離などを特有のダンスによって仲間に伝えます。えさ場までの距離が近い場合(80ｍ以内)は円形ダンスを行い、えさ場までの距離が遠い場合は８の字ダンスを行います。８の字ダンスの動きはまず、図１のミツバチのイラストのように尻を振りながら直進した後(図１の①)、右まわりしてスタート位置に戻ります(図１の②)。続いて、再び尻を振りながら直進をした後(図１の①)、左まわりをしてスタート位置に戻ります(図１の③)。上記のように直進後、右まわりと左まわりを交互に繰り返し(①→②→①→③→①→②→①…)、仲間にえさ場の向きや距離を伝えています。巣箱からみた太陽のある方角を巣板の重力と反対の向きにおきかえ、えさ場がある方角に向かって尻を振りながら直進向きへ移動する(図１の①)ことによって仲間にえさ場の向きを伝えます。たとえば図２のように巣箱から見て太陽から反時計まわり45°の位置にえさ場がある場合、図１のように重力と反対向きを太陽と見立てて反時計まわり45°で尻を振りながら直進走行をします。なお、えさ場の距離は踊るダンスの速度で仲間に知らせます。

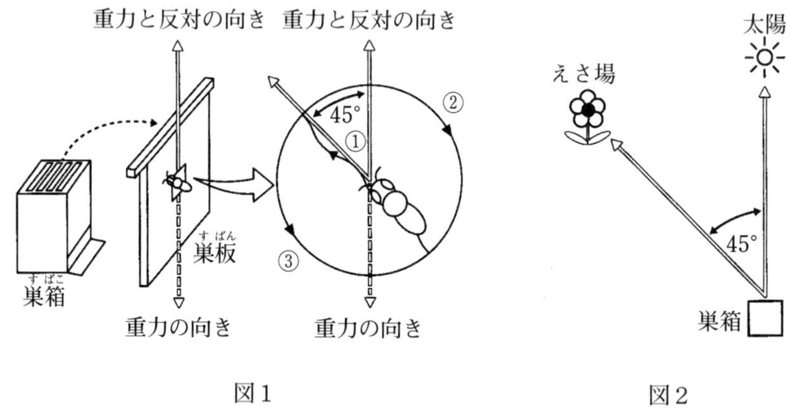

図１　　　　図２

問１　腹部のふしごとに１対ずつある、空気の出し入れのための小さな穴を何といいますか。

問２　右の未完成なミツバチを背側から見た図に、羽とあしを書き加えて完成させなさい。なお、あしの節や羽のすじなどは省略して書きなさい。

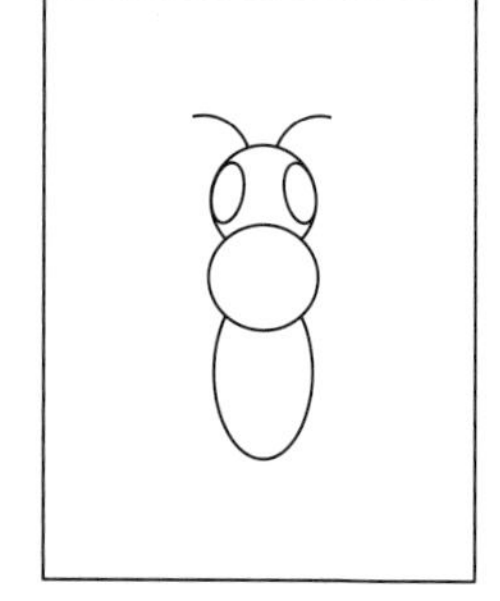

問３　ミツバチはどの姿で冬越しをしますか。次の中から選び、記号で答えなさい。

ア　卵　　イ　幼虫　　ウ　さなぎ　　エ　成虫

問４　図３は、ある日の13時にえさ場から巣箱に戻った垂直な巣板でのミツバチの８の字ダンスのようすを示しています。図４は巣箱を上から見た図で、左上に方角を示しています。図３のミツバチはどの向きのえさ場を仲間に伝えていますか。図４のア～クの中から選び、記号で答えなさい。なお、太陽は巣箱から見て南の方角にあるとします。

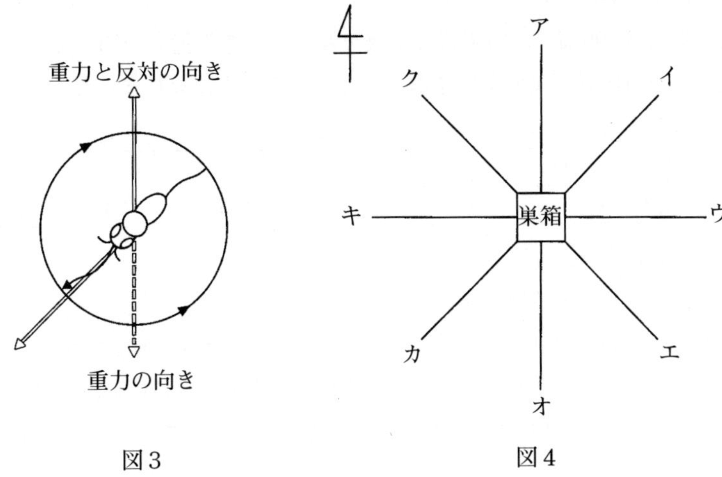

図３　　　図４

問５　図５は問４と同日の数時間後に、同じえさ場から同じ巣箱にもどったミツバチの８の字ダンスのようすを示しています。何時間後か答えなさい。

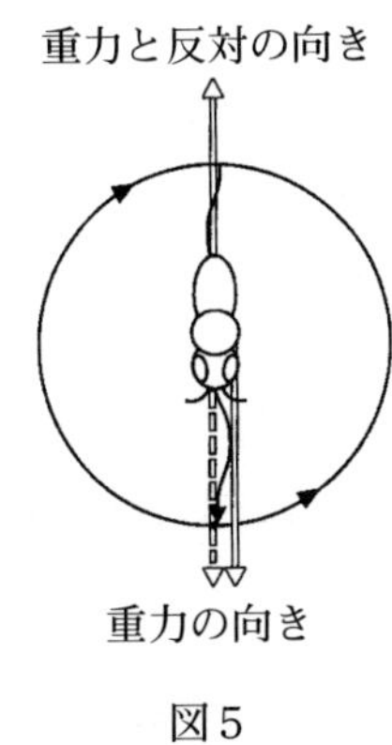

図５

問６　巣箱のなかは通常、まったく光がない状態ですが、懐中電灯(かいちゅうでんとう)等で巣箱の中を照らすとミツバチは懐中電灯などの光源の向きを太陽の向きと見立てて８の字ダンスを踊ります。問４と同日同時刻、同じえさ場から同じ巣箱に戻ってきたミツバチに右上45°(真上から時計回りに45°)の向きから懐中電灯の光をあてたとします(図６)。そのとき、どのように８の字ダンスを行いますか。図５の例のように解答欄に書きなさい。なお、図６に書かれているミツバチの向きは正しく書かれていません。

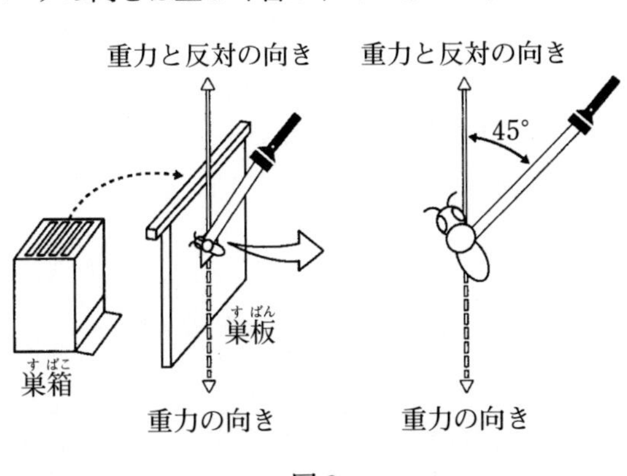

図６

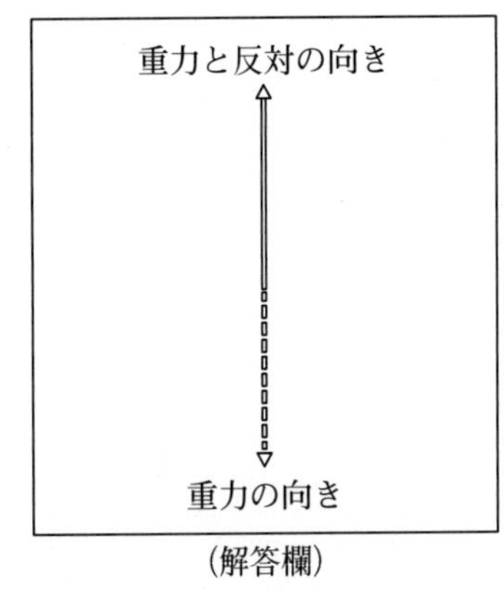

(解答欄)

③　次の文を読んで、各問いに答えなさい。

ある濃度の塩酸Ａ100㎤に、粉末状の炭酸カルシウムを少量ずつ加えていき、加えた炭酸カルシウムと発生した気体Ｂの量の関係を調べると、表のようになりました。

表

炭酸カルシウム［ｇ］	1	2	3	4	5
気体Ｂ［㎤］	224	（ あ ）	672	784	784

問１　気体Ｂの名称を答えなさい。

問２　表の空欄(くうらん)(あ)に入る数値を答えなさい。

問３　784㎤の気体Ｂが発生した時、反応した炭酸カルシウムは何ｇですか。

問４　8.75ｇの炭酸カルシウムをすべて溶かすには、塩酸Ａは最低何㎤必要ですか。

問５　使用する塩酸Ａの体積を200㎤にして、炭酸カルシウム5.0ｇを加えた時、気体Ｂは何㎤生じますか。

問６　次の変化の中から気体Ｂを生じる変化をすべて選び、記号で答えなさい。

ア　アルミニウムに濃い水酸化ナトリウム水溶液を加える。

イ　重曹(じゅうそう)を加熱する。

ウ　過酸化水素水(かさんかすいそすい)に二酸化マンガンを加える。

エ　塩化アンモニウムに水酸化カルシウムを加えて加熱する。

オ　貝殻(かいがら)にうすい塩酸を加える。

④　次の浮力(ふりょく)に関する次の文を読んで、各問いに答えなさい。

水中に物体を入れると、物体には浮力がはたらきます。物体にはたらく浮力の大きさについては、次のことがわかっています。

液体中の物体にはたらく浮力の大きさは、物体が沈(しず)んでいる部分と同じ体積の液体の重さに等しい。

これを(Ｘ)の原理といいます。よって、物体を液体中に入れたとき、物体が浮くか沈むかは、液体と物体の１㎤あたりの重さ(これを密度といいます)の大小関係で決まります。なお、水の重さは１㎤あたり１ｇであるものとします。

問１　文章中の(Ｘ)に入る語句を次の中から選び、記号で答えなさい。

ア　ピタゴラス　　イ　アルキメデス　　ウ　パスカル　　エ　三平方

体積が等しく、重さの異なる５種類の物体ＡからＥがあります。各物体の重さは、Ａが最も小さく、重さの大小関係はＡ＜Ｂ＜Ｃ＜Ｄ＜Ｅです。物体ＢとＥを水の中に入れたところ、図１のようになりました。

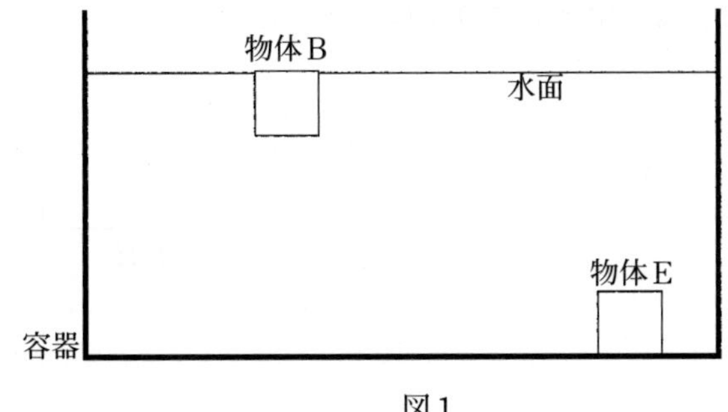

図１

問２　物体ＡおよびＣ、Ｄを水の中に入れたときのようすを図示しなさい。

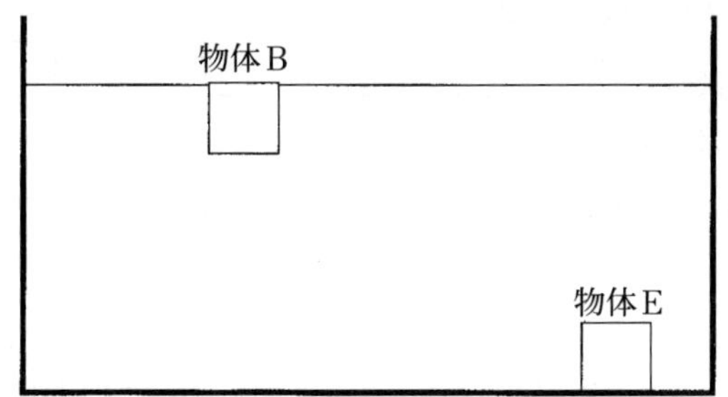

図２のように、重さ150ｇの物体Ｆをばねばかりでつるし、水中にすべて入れたところ、ばねばかりの値は100ｇを示しました。

問３　物体Ｆにはたらく浮力の大きさは何ｇですか。

問４　物体Ｆの体積として適切なものを次の中から選び、記号で答えなさい。

ア　50㎤

イ　100㎤

ウ　150㎤

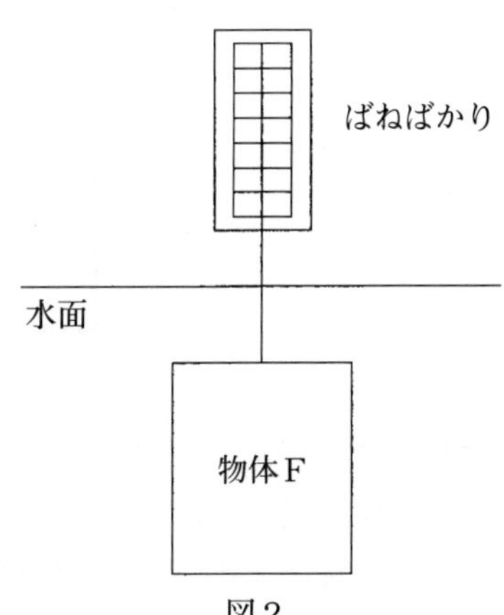

図２

図３のように、ばねばかりでつるした重さ600ｇ、底面積10㎠の円柱Ｇを液体Ｚの中へ沈めていき、液面から円柱の底までの距離(きょり)とばねばかりの示す値の関係を調べたところ、次の表のようになりました。

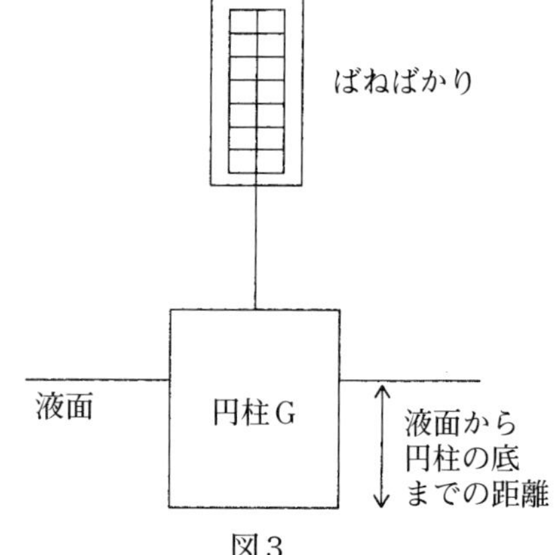

図３

表

液面から円柱の底までの距離[cm]	1	2	3	4	5
ばねばかりの示す値　[ｇ]	580	560	540	520	520

問５　円柱Ｇの高さは何cmですか。

問６　円柱Ｇがすべて液体中に沈んでいるとき、円柱Ｇにはたらく浮力の大きさは何ｇですか。

問７　液体Ｚの１㎠あたりの重さは何ｇですか。

図４のように、氷を水の中に入れたところ、氷の一部は水面より上に出ました。

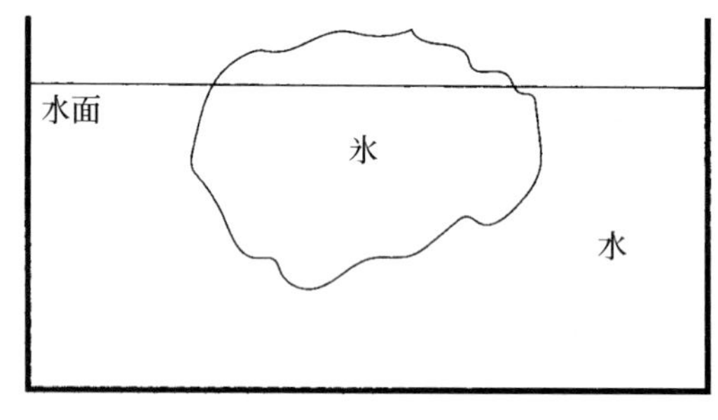

図４

問８　水(液体)と氷(固体)１㎠あたりの重さ(密度)について、正しく述べた文を次の中から選び、記号で答えなさい。

ア　水も氷も同じ物質なので、水と氷の密度は等しい。

イ　水の方が氷よりも密度は大きい。

ウ　氷の方が水よりも密度は大きい。

問９　十分に時間が経過して氷がすべてとけたとき、水面の高さは氷がとける前と比較(ひかく)してどのようになっていますか。次の中から選び、記号で答えなさい。

ア　水面は低くなる。　　イ　水面は高くなる。　　ウ　水面の高さは変わらない。

桐蔭学園中等教育学校(第１回午前)

―40分―

注意事項　1　記述問題において、小学校で習わない漢字はひらがなで書いてもかまいません。

2　問題中の図は必ずしも正確ではありません。

(編集部注：実際の入試問題では、写真や図版の一部はカラー印刷で出題されました。)

1　次の文章を読んで、あとの問いに答えなさい。

アゲハチョウは、卵から幼虫が生まれた後、葉を食べて成長し、やがて蛹(さなぎ)、成虫へと(A)する昆虫です。横浜付近では、3月下旬ごろに「春型」の成虫が羽化し、その後「夏型」の成虫が何回か羽化した後、「休眠蛹(きゅうみんさなぎ)」となって冬を越します。

休眠蛹は、翌年の春になると休眠から目覚め、羽化して春型の成虫になります〔図１〕。

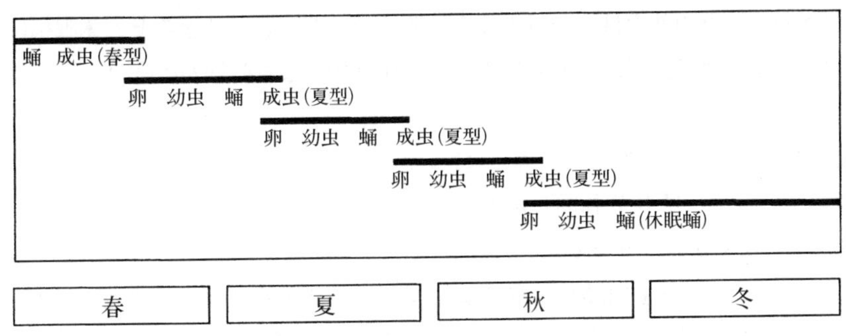

〔図１〕

なぜ秋になると休眠蛹になるのかを調べるために、次のような実験をしました。

【実験】アゲハチョウの幼虫を、一日のうちの明るい時間を10時間から16時間まで、１時間ごとに一定にして何日間か飼育し、休眠蛹になった割合を調べました。この実験を、温度を24℃と20℃で行ったところ、結果は〔表１〕のようになりました。

温度24℃

一日のうちの明るい時間(時間)	10	11	12	13	14	15	16
休眠蛹になった割合(%)	100	100	100	30	0	0	0

温度20℃

一日のうちの明るい時間(時間)	10	11	12	13	14	15	16
休眠蛹になった割合(%)	100	100	100	100	100	20	0

〔表１〕

問１　文中の下線部について、アゲハチョウの幼虫が好んで食べる葉として適するものを、次のア～キの中から３つ選び、その記号を答えなさい。

ア　ミカン　　イ　サクラ　　ウ　サンショウ　　エ　クワ

オ　キャベツ　　カ　アブラナ　　キ　レモン

問２　文中の(A)に最も適する語句を答えなさい。ひらがなでもかまいません。

問３　休眠蛹は、ある条件がないと羽化しません。それはアゲハチョウの蛹が、冬がすぎて春のおとずれを感じるしくみだとも考えられます。ある条件とは何でしょうか。次のア～ウの中から最も適するものを１つ選び、その記号を答えなさい。

ア　蛹の時期が一定期間以上になる。

イ　ある温度以下の日が一定期間続く。

ウ　一日のうちの明るい時間が一定時間以下になる。

問４　20℃で一日のうちの明るい時間が15時間の場合、休眠蛹にならなかった個体はその後どのようになったと考えられますか。次のア～ウの中から最も適するものを１つ選び、その記号を答えなさい。

ア　幼虫の形のままで、蛹にならなかった。

イ　蛹になったが、いつまでたっても羽化しなかった。

ウ　しばらくした後、羽化してチョウになった。

問５　〔表１〕の結果から、どのようなことがわかりますか。次の文章の（ ① ）、（ ② ）に当てはまる言葉をそれぞれ答えなさい。ひらがなでもかまいません。

「アゲハチョウの幼虫は、一日のうち、明るい時間が（ ① ）なると、休眠蛹になる。」

「アゲハチョウは、気温の低い地方では、休眠蛹になる時期が（ ② ）。」

② 次の文章を読んで、あとの問いに答えなさい。

A～Dのビーカーにそれぞれ同じ水酸化ナトリウム水よう液を90㎤ずつとり、いろいろな量の塩酸を加えてよくかき混ぜました。

次にこれらのビーカーを加熱し、水分など蒸発（じょうはつ）する成分をすべて蒸発させ、ビーカーに残った固体の重さをはかりました。次の〔表１〕と〔図１〕はその結果を表したものです。ただし〔図１〕にはDの結果を書いていません。

〔表１〕

ビーカー	水酸化ナトリウム水溶液	塩酸	残った固体の重さ
A	90㎤	20㎤	19 g
B	90㎤	40㎤	21.5 g
C	90㎤	60㎤	24 g
D	90㎤	80㎤	（ ① ）g

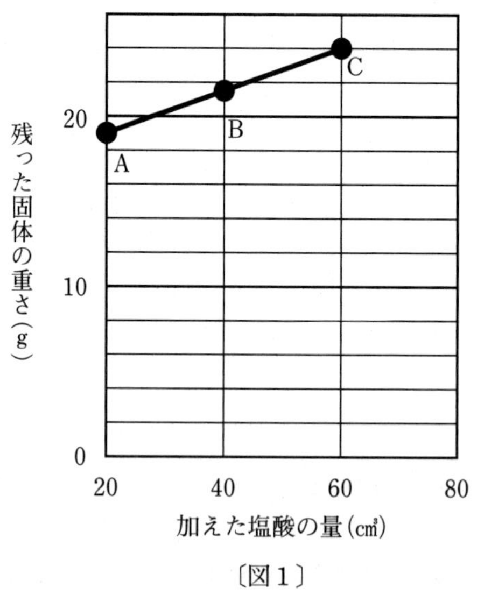

〔図１〕

問１　Ｃで残った固体を水にとかしてＢＴＢ液を加えると緑色になりました。A、B、Dについても同じようにＢＴＢ液を加えると何色になりますか。正しい組み合わせを次のア～カの中から１つ選び、その記号を答えなさい。

	ア	イ	ウ	エ	オ	カ
A	青色	青色	青色	緑色	緑色	黄色
B	青色	青色	緑色	緑色	緑色	緑色
D	黄色	緑色	緑色	緑色	黄色	緑色

問２　２種類の固体が混ざっているのはA～Dのうちどれですか。次のア～カの中から最も正しいものを１つ選び、その記号を答えなさい。

ア　A　　イ　B　　ウ　AとB　　エ　CとD　　オ　BとC　　カ　BとCとD

問３　Dで残った固体の重さ、〔表１〕の（ ① ）にあてはまる数はいくらですか。整数または小数第一位まで答えなさい。

問４　Aで残った固体のうち、食塩は何ｇですか。整数または小数第一位まで答えなさい。

問５　A～Dで残った固体のうち、水酸化ナトリウムの重さの変化を〔図１〕にならって、A～Dそれぞれの値の４点（●）とそれらを結ぶ線（—）を使って右の図に書きこみなさい。直線は定規なしで書いて下さい。

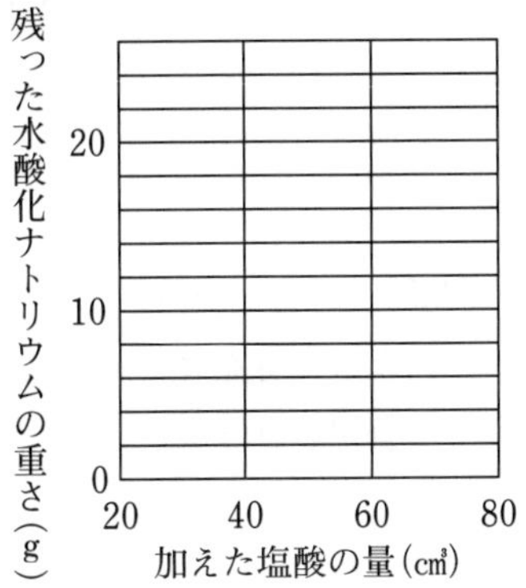

③　次の文章を読んで、あとの問いに答えなさい。

月は太陽の光をはね返してかがやいています。〔図１〕は月の位置が変化することで、地球からみた月の形が変化してゆく様子を表しています。ただし〔図１〕の地球と月の間の距離や、地球と月の大きさは正確ではありません。

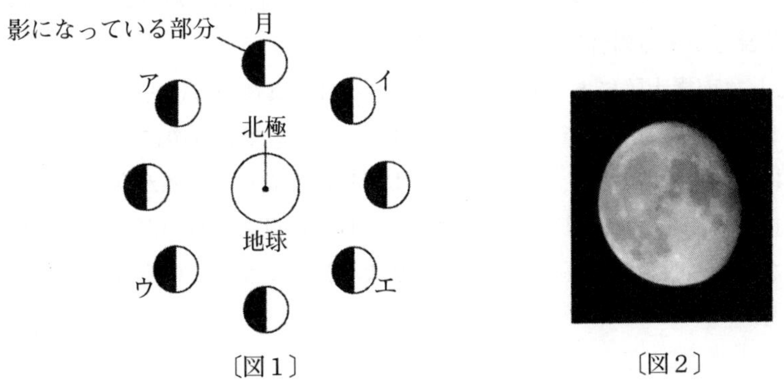

〔図１〕　〔図２〕

問１　〔図１〕で、太陽はどの方向にあると考えられますか。次のア～エの中から最も適するものを１つ選び、その記号を答えなさい。

ア　図の左側　　イ　図の右側　　ウ　図の上側　　エ　図の下側

問２　月が〔図２〕のように見えるとき、月と地球の位置関係として最も適当なものを〔図１〕のア～エの中から１つ選び、その記号を答えなさい。

問３　〔図３〕は、日の入りのとき、横浜で見えた月の形をスケッチしたものです。このとき月が見えた空の方位として最も適当なものを、次のア～キの中から１つ選び、その記号を答えなさい。

ア　北東　　イ　東　　ウ　南東　　エ　南
オ　南西　　カ　北西　　キ　北

〔図３〕

問４　〔図３〕のスケッチをした日から一週間後の日の入りのとき、横浜で月が見える空の位置として最も適当なものを、〔図４〕のア～オの中から１つ選び、その記号を答えなさい。

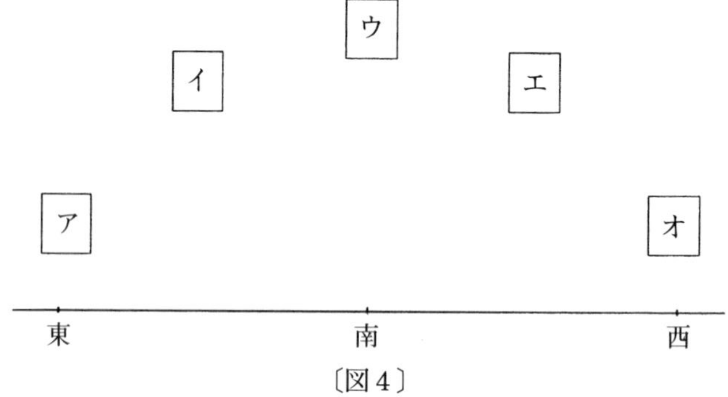

〔図４〕

問５　〔図３〕のスケッチをしてから１週間後の日の入りのとき、横浜で見える月の形を解答らんの点線をなぞって描(えが)きなさい。影(かげ)になっている部分がある場合は、〔解答の例〕のように斜(しゃ)線を付けること。

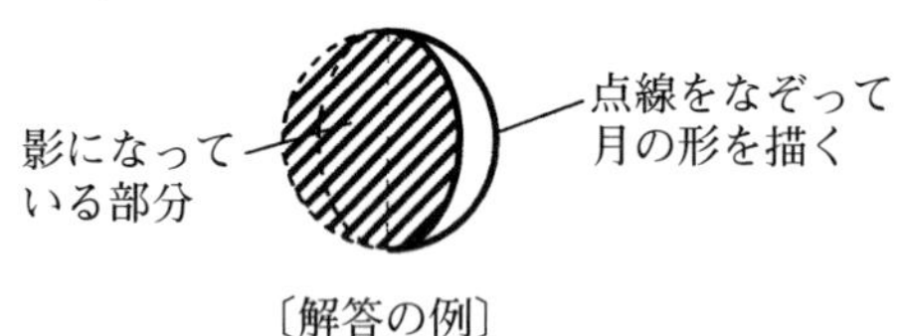

〔解答の例〕

問６　〔図３〕のスケッチをしてから１週間後の月から地球を見たとき、北極が上になるように地球の形を解答らんの点線をなぞって描きなさい。問５の〔解答の例〕と同じように影になっている部分がある場合は斜線を付けること。

問７　〔図５〕は南極大陸にある昭和基地で、ある日の真夜中に撮(と)った満月の写真です。〔図６〕は〔図５〕の月を拡大したものです。〔図７〕は日本で真夜中に見える満月の写真です。このように、昭和基地で見える満月は、日本で見える満月と模様が逆さまになって見えてしまいます。昭和基地で、満月が見えた日から３日後に見える月の形を解答らんの点線をなぞって描きなさい。問５の〔解答の例〕と同じように影になっている部分がある場合は斜線を付けること。

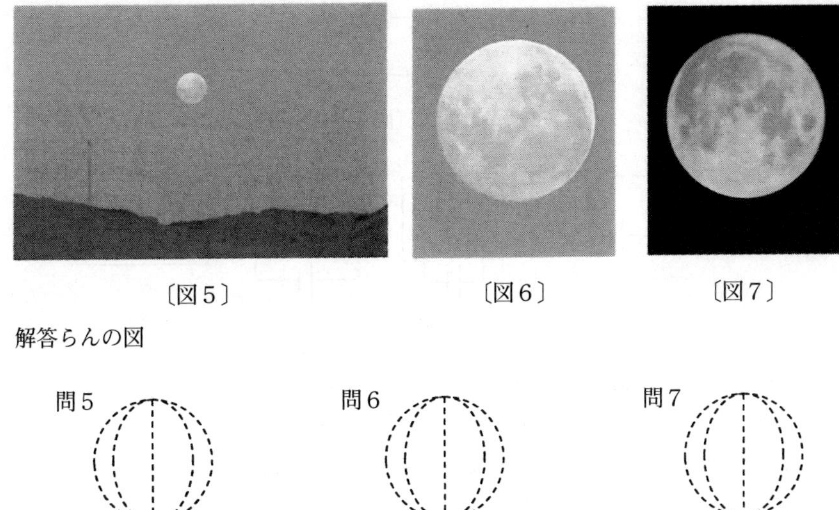

④　電気について次の問いに答えなさい。

問１　手回し発電機とコンデンサーを２組用意し、手回し発電機のハンドルを同じ速さで同じ回数だけ回し、コンデンサーに電気をためました。その後、それぞれのコンデンサーに豆電球と発光ダイオードを同時につないだところ、両方とも同じくらいの明るさで光りました。それぞれが光る時間について正しく述べているものを次のア～ウの中から１つ選び、その記号を答えなさい。

ア　豆電球の方が長い時間光った。
イ　発光ダイオードの方が長い時間光った。
ウ　両方とも同じ時間光った。

手回し発電機

コンデンサー

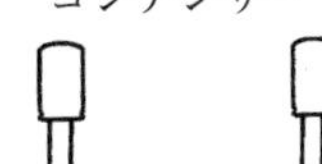

豆電球　　発光ダイオード

問２　問１の実験をしばらく続けていると、先に光らなくなった方は、手でふれると、あたたかくなっていることが確認できました。この理由について述べた文章は次の通りです。

これは電気が光だけでなく(　　)に変わったためである。

空らんにあてはまる語句として最もあてはまるものを次のア～ウの中から１つ選び、その記号を答えなさい。

ア　動き　　イ　音　　ウ　熱

問３　同じ種類の豆電球と新しい乾電池を使って、図のような回路をつなぎ、それぞれの回路における豆電球の明るさを調べました。①～④の中で〔図１〕の明るさと同じものをすべて選んでいるものを次のア～カの中から１つ選び、その記号を答えなさい。

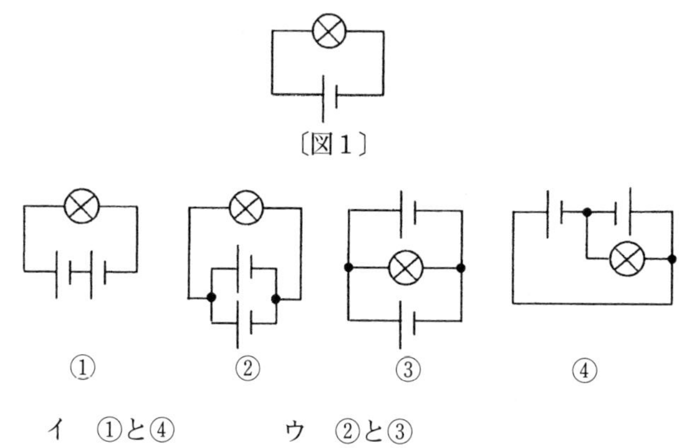

ア　①と②　　　イ　①と④　　　ウ　②と③

エ　①と②と③　オ　②と③と④　カ　①と③と④

問４　ろう下や階段の照明のスイッチはよく２か所にあります。どちらのスイッチでも照明をつけることも消すこともできるようにするには、スイッチ１の図ａ、ｂとスイッチ２のｃ、ｄをどのようにつなげばよいですか。そのつなぎ方のうち、１つを解答らんの図に線を引き、完成させなさい。

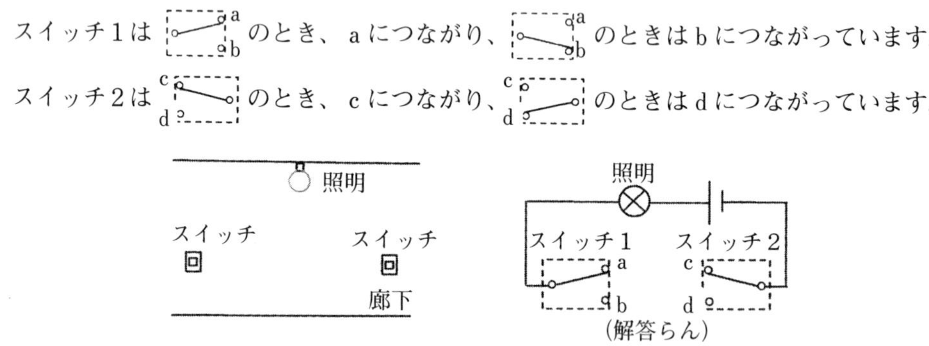

次に、電熱線と新しいかん電池、発ぽうスチロールの容器、水、温度計を用意して、図Ａ～Ｄのように導線でつなぎ、水の温度変化を調べました。電流を流した時間と水の温度変化の関係はグラフのようになりました。使われた電熱線はすべて同じもので、電熱線で発生した熱はすべて水の温度を上げるために使われました。ＡとＤの容器には同じ量の水を入れ、Ｂの容器にはＡの２倍、Ｃの容器にはＡの半分の水を入れました。

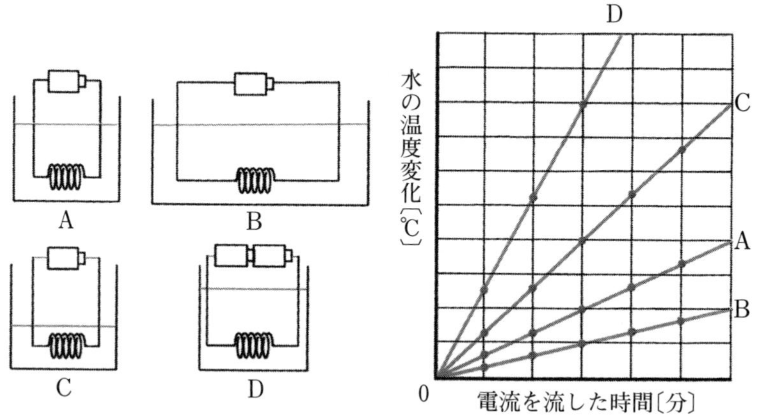

問５　同じ時間電流を流したとき、Dの温度変化はAの温度変化の何倍ですか。最も適当なものを次のア～オの中から１つ選び、その記号を答えなさい。

ア　0.25倍　　イ　0.5倍　　ウ　２倍　　エ　４倍　　オ　８倍

問６　Dの水の量を変えて、温度変化がCの温度変化と同じになるようにするには、Dの水の量を何倍にすればよいですか。

東京学芸大学附属世田谷中学校

—40分—

（編集部注：実際の入試問題では、写真や図版の一部はカラー印刷で出題されました。）

1　あとの問い(1)〜(3)に答えなさい。

(1)　互いに重さの異なる４つのおもりA、B、C、Dがあり、次の図のように、実験用てこにつるすと、すべてつりあいました。おもりA、B、C、Dを重いほうから順番に並べなさい。

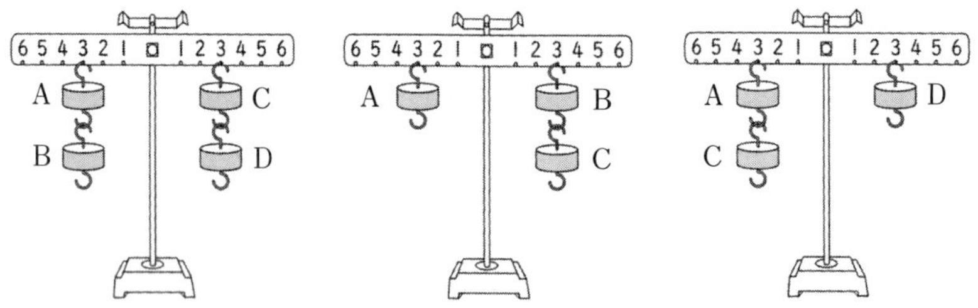

(2)　10ｇ、20ｇ、30ｇ、70ｇ、80ｇ、120ｇ、140ｇ、200ｇのおもりが１つずつあります。このうち６つを選んで重さの合計をはかると、530ｇでした。ここで選ばれなかった２つのおもりを実験用てこの左右のうでにつるしてつりあわせたいと思います。軽い方のおもりを左うでの６の位置につるすとき、重い方のおもりは右うでのどの位置につるせばよいですか。番号で答えなさい。ただし、どの番号の位置につるしてもつりあわせられない場合は、「×」と答えなさい。

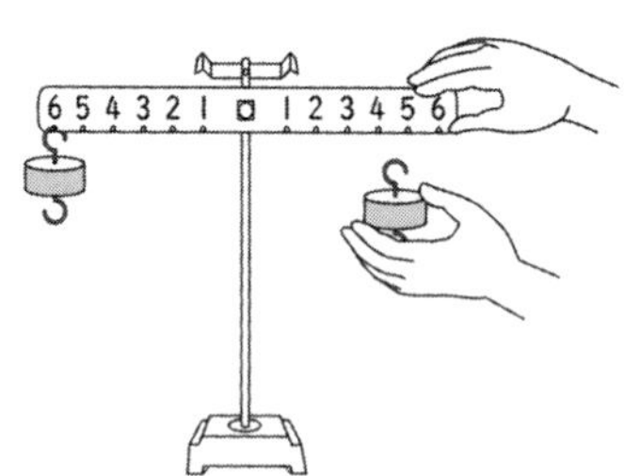

(3)　互いに重さの異なる３つの袋があり、そのうち２つを選んで重さの合計をはかると、それぞれ51ｇ、53ｇ、56ｇ、である、ということがわかっています。

①　図のように、３つの袋を実験用てこの左うでの３の位置にぶら下げ、右うでの適当な位置におもりをぶら下げてつりあわせるためには、何ｇのおもりを何番の位置にぶら下げればよいですか。ただし、ぶら下げるおもりは、10ｇ、20ｇ、30ｇ、40ｇ、50ｇ、100ｇのうちの１つだけとします。なお、どのおもりをどの番号の位置にぶら下げてもつりあわない場合は、「×」と書きなさい。

②　３つの袋の重さを求め、重いほうから順番に並べなさい。

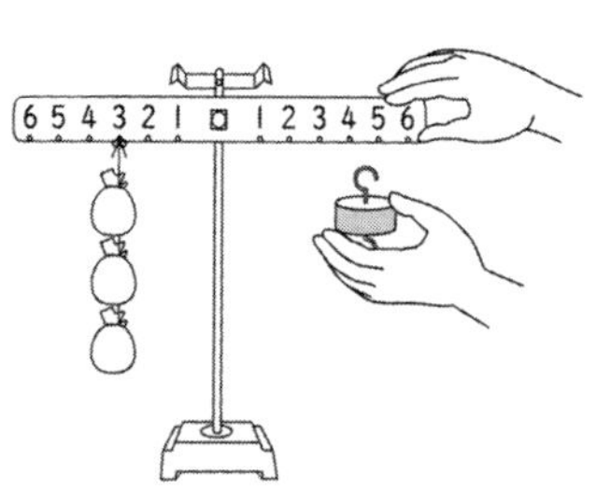

2　図のようなスイッチがあります。スイッチをＯＮ(オン)にすると、ａ点とｂ点、ｃ点とｄ点がそれぞれ同時につながります。ａ点とｃ点、ｂ点とｄ点はスイッチのＯＮ、ＯＦＦ(オフ)にかかわらず、つながることはありません。

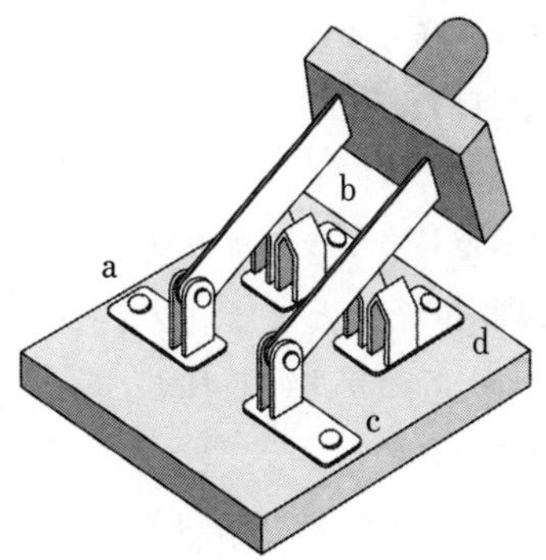

このスイッチ２つと赤、緑、青の電球を用いて次の条件を満たす回路をつくろうと思います。解答用の図に必要な導線をかき入れ、回路を完成させなさい。ただし、導線をつないでよいのは、図中の◆印の場所のみとします。また、電球の明るさは同じでなくてもかまいません。

・スイッチ１、スイッチ２ともにＯＮにしたときには赤の電球だけがつく ・スイッチ１だけをＯＮにしたときには赤と青の電球だけがつく ・スイッチ２だけをＯＮにしたときには赤と緑の電球だけがつく ・スイッチ１、スイッチ２ともにＯＦＦのときにはどの電球もつかない

解答用の図

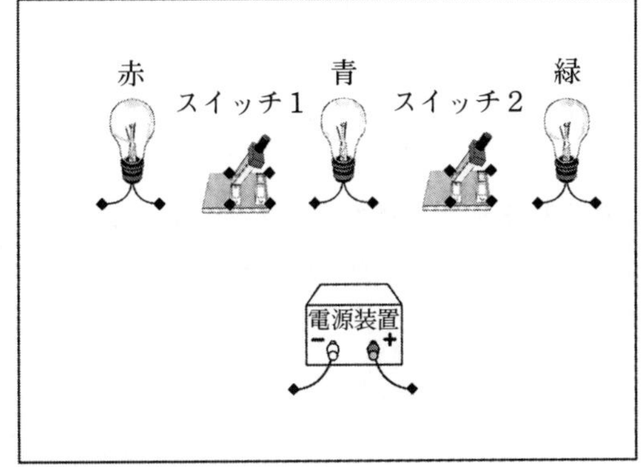

※必要ならば、次の事実を参考にしなさい。

図のように点灯している電球の両端を導線でつなぐと、電流のほとんどがその導線の方を通るようになるため、電球が消えてしまう。

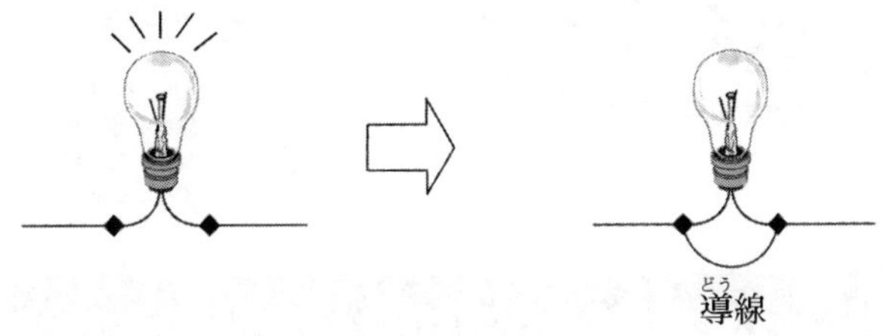

3　図１は、高さや大きさがほぼ同じに見えるガラスビンとプラスチックボトルに入った炭酸飲料の重さをはかった結果を示しています。

⑴　世田さんは、図１から「プラスチックボトルはガラスビンよりも軽い」と結論付けた。その理由を説明しなさい。

⑵　この数十年で、飲み物の容器としてプラスチックがガラスよりも普及してきた理由の一つとして、「プラスチックがガラスよりも軽い」ことがあげられます。これ以外の理由を一つ答えなさい。

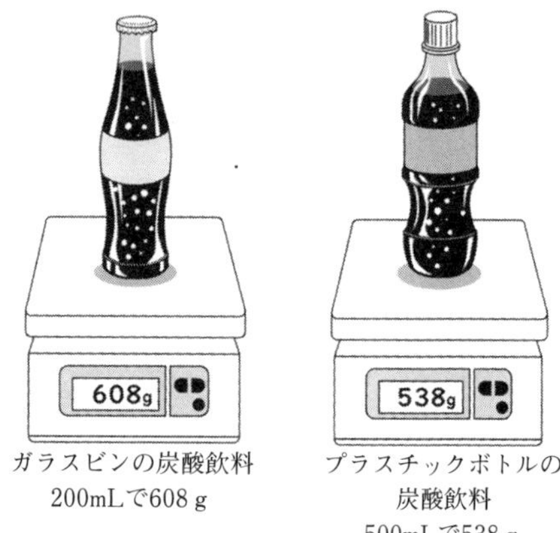

ガラスビンの炭酸飲料
200mLで608 g

プラスチックボトルの
炭酸飲料
500mLで538 g

図１

⑶　図１の右の絵(フタがしてあるプラスチックボトル)の状態から、フタをゆるめた。すると電子天秤の値が537 gに下がった。中身の量をはかったら、500mLで変化はなかった。重さが減った理由を答えなさい。

⑷　プラスチックが普及(ふきゅう)してきた理由がわかってきた世田さんは、「なぜ窓ガラスは、いまだにガラスを用いていることが多いのだろう？」と疑問をもちました。家の外に長時間置いてあるプラスチック(図２)が劣化(れっか)してボロボロになっているのを見たことがある世田さんは、以下のような１つの仮説を立てました。

仮説：「家の外にあるプラスチックとガラスとでは、プラスチックの方が劣化しやすいのではないか」

図２

この仮説を証明するためには、どのような実験を行なえばよいだろうか。実験方法を具体的に説明しなさい。

⑸　図３は、レジ袋有料化を知らせるポスターです。「海洋プラスチックゴミ問題解決のために、なぜレジ袋削減が必要なのか」を説明しなさい。

図３　経済産業省ホームページ

4　世田さんは食パンを食べる時、かんでいるうちに味が変化していくことに気がつきました。この時、どのような変化が起きているかを調べようと、学校の深沢先生に相談して以下のような実験を行いました。

＜実験１＞食パンに含まれる成分が何かを調べるため、少しちぎった食パンにある液体をたらした。

＜結果１＞ある液体の色が、茶色から青紫色に変化した。

＜実験２＞食パンをほんの少しちぎり、ポリ袋に入れた。そうしたポリ袋を２つ用意し、片方には、だ液を５mL入れ、もう片方には水を５mL入れた。どちらのポリ袋も、その後10分ほど、お湯につけて温めた。その後、両方のポリ袋に、＜実験１＞と同じある液体を入れた。

＜結果２＞だ液を入れたポリ袋ではある液体の色の変化が見られず、水を入れたポリ袋ではある液体の色が青紫色を示した(右図)。

(編集部注：実際の入試問題では、この図版はカラー印刷で出題されており、各図下部の食パン部分が左図では茶色、右図では青紫色で示されていました。)

(1)　この実験で用いた「ある液体」とは何ですか。

(2)　＜実験２＞で、だ液を入れたものと水を入れたもの、２つを実験した理由は何ですか。次のア～エの中から最も適切なものを１つ選び、記号で答えなさい。

ア　何かしらの液体がないと実験ができないから

イ　１つの袋だけでは反応が進まないから

ウ　だ液ではなく、水のはたらきでパンが変化したことをはっきりさせるため

エ　水ではなく、だ液のはたらきでパンが変化したことをはっきりさせるため

(3)　動物の中には、食べるものの違いにより、右図アやイのように頭の骨のつくりのちがいが見られる場合がある。よくペットとして飼われているネコは、右図ア、イでいうとどちらに近いと考えられますか。アかイの記号で答えなさい。

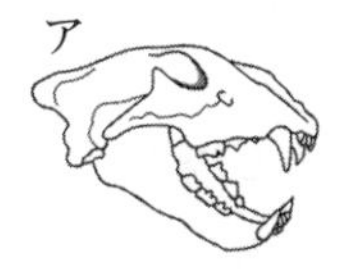

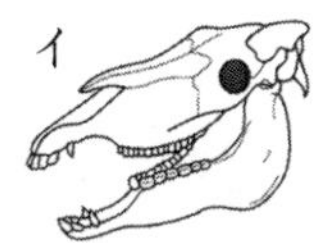

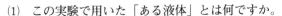

(4)　(3)の答えの理由を、歯の特徴に触れながら、食べるものと関連づけて説明しなさい。

(5)　多くのカエルの子ども(オタマジャクシ)は水草などを食べる草食性ですが、カエルになるとハエなどを食べる肉食性になります。この時、体の大きさ(体長)に対する消化管の長さの割合を、オタマジャクシとカエルで比べるとどちらが大きいですか。次のア～ウの中から最も適切なものを１つ選び、記号で答えなさい。

ア　カエルの方が大きい　　イ　オタマジャクシの方が大きい　　ウ　どちらも同じ

(6)　昨年の夏、世田谷中学校の校庭(右写真)のすみの落ち葉のところにカブトムシの幼虫が見つかりました。少なくともこの十数年は見かけられませんでした。またその間、樹木の植え替えや目立った手入れもしていません。なぜ昨年の夏に見られたのか、その理由も含め、140文字程度であなたの考えを書きなさい。

5　図１は、北極側から見た地球と、その周りを回っている月の位置を模式的に表したものです。以下の問いに答えなさい。

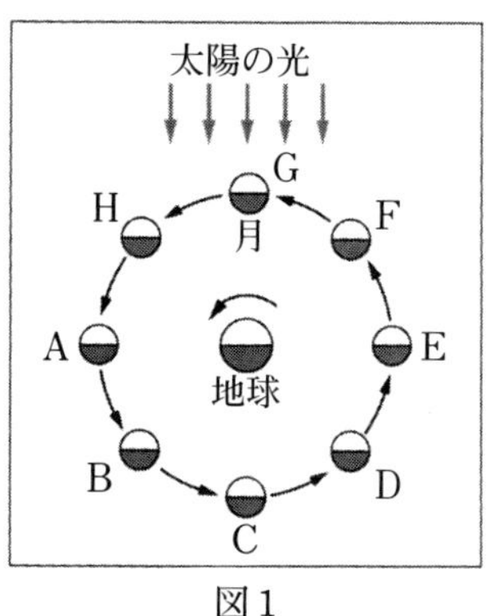

図１

(1)　月がＡの位置からＥの位置になるまで、最短でおよそ何日かかりますか。

(2)　満月が見えてから次の満月が見えるまで、およそ何日かかりますか。

(3)　地球から見て半月となっている月の位置はＡ～Ｈのどれですか。全て選び記号で答えなさい。

(4)　今日2024年２月３日の月の位置は、Ｅの位置です。東京学芸大学附属世田谷中学校の屋上(図２)で、今日の朝５時に南の空に見える月の形として正しいものを次のア～オから１つ選び、記号で答えなさい。

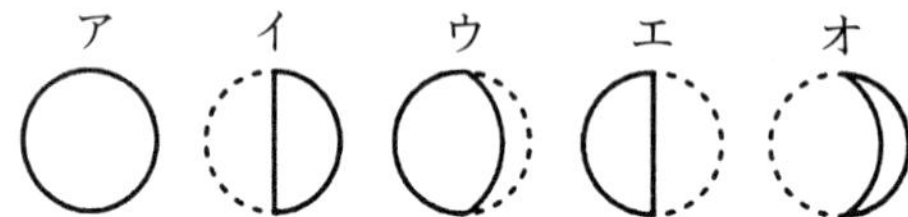

図２

(5)　今日2024年２月３日正午に、(4)と同じ場所から見た月の位置として、正しいものを次のア～オから１つ選び、記号で答えなさい。ただし、この日、月が地平線より上にある時間は10時間だとします。

ア　朝５時と同じ場所

イ　朝５時の場所よりも少し東よりの場所

ウ　朝５時の場所よりも少し西よりの場所

エ　東の地平線よりも少し下の場所(つまり見えない)

オ　西の地平線よりも少し下の場所(つまり見えない)

⑹　図３は、月岡芳年の浮世絵です。この絵は、何時ごろの風景を描いたと考えられますか。描かれた月の満ち欠けを根拠(こんきょ)として、あなたの考えを書きなさい。

図３
月岡芳年「月百姿　卒塔婆の月」
明治19年（1886）

東京都市大学等々力中学校(第１回Ｓ特)

―社会と合わせて60分―

注意　答えに単位が必要なものは、単位をつけて答えること。

1　夏の暑い日に、誠也くんは、弟の海斗くんと一緒に家の庭で、水鉄砲(みずでっぽう)(ウォーターガン)を使って遊ぶことにしました。家には、水をポンプに入れて引き金を引いて飛ばすタイプのものと、水をタンクに入れたあとに空気を圧縮(あっしゅく)しながら加えて水を飛ばすタイプの２種類があることがわかりました。

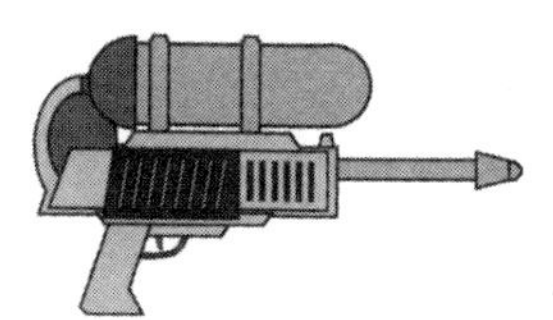

海斗くん：お兄ちゃん、水鉄砲で遊ぼうよ！

誠也くん：いいよ。海斗はどっちの水鉄砲がいい？

海斗くん：こっちのタンクがある方がいいなー。こっちの方が遠くまで飛ぶし、いきおいよく水が飛び出すんだよ！実は今日の理科の授業で習ったんだ。

誠也くん：へー、他にどんなこと習ったの？教えてよ～。

海斗くん：いいよー。今日はいろいろ実験やったんだ！これが実験結果をまとめたものだよ。

今日の学校の授業でやった実験

実験１　ビーチボールのはずみ方

ビーチボールを教室の床ではずませたとき、空気があまり入っていないボールよりも空気がたくさん入っているボールの方がよくはずんだ。

実験２　注射器(ちゅうしゃき)のピストンを手で押す

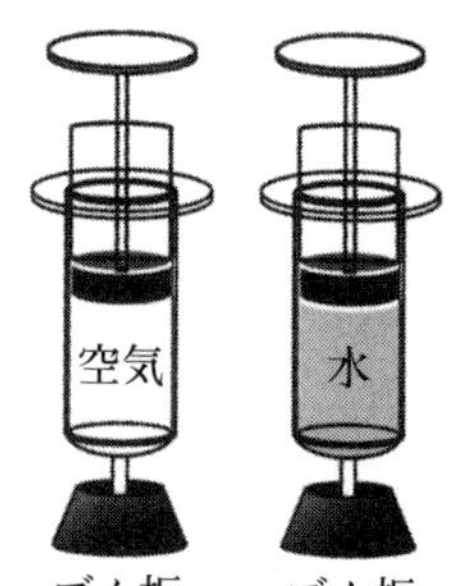

<注射器の中に空気を閉じこめた場合>

・手でピストンに力を加えて押すとピストンが下がっていった。
・ピストンを押せば押すほど手ごたえが大きくなった。
・ピストンを一番下まで押し下げようとしたが、押し下げることはできなかった。
・ピストンが下がった分だけ注射器の中の空気の体積が小さくなった。
・ピストンに力を加えるとピストンが下がり、手をはなすと、ピストンは上がり、押す前と同じところまで戻って止まった。

<注射器の中に水を閉じこめた場合>

・手でピストンに力を加えて押したが、ピストンはまったく下がらなかった。

実験３　空気鉄砲

筒と２個の玉(前玉と後玉)を用いて空気鉄砲を組み立て、後玉の位置を変えて、前玉の飛び方のちがいを調べた。

前玉　後玉　棒

①後玉を棒でいきおいよく押すと、前玉がいきおいよく飛び出した。

②後玉の位置が後ろにあると前玉の飛び方は強く、前の方にあると飛び方は弱かった。

③筒の中を全部水で満たして①と同じように押したとき、前玉の飛び方は［　A　］。

海斗くん：そうだ、明日の理科の授業ではペットボトルロケットを飛ばすんだってさ。だから家に炭酸飲料のペットボトルがある人は持って来てって言われたよ。

誠也くん：そういえば、去年ペットボトルロケット作ったよ！あの時は、たしかロケットの中に水を３分の１くらい入れて、自転車の空気入れを使って中に空気を入れて飛ばしたよ。ロケットが飛び出したときに、すごいいきおいで水を後ろにはき出しながら飛んで行ったのをよく覚えてるなぁ。

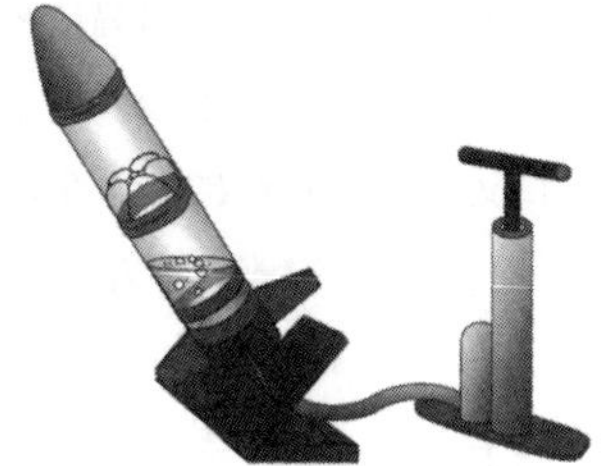

海斗くん：そうなんだー、じゃあ、お兄ちゃんよりも遠くに飛ばしたいから、お兄ちゃんよりもペットボトルの中に水を多く入れて、半分くらい入れてやってみようかな…。

誠也くん：やめた方がいいよ！それじゃあ、たぶん水が多すぎて遠くに飛ばないと思うよ…。

海斗くん：そうなんだ…。身の周りには「空気や水の性質」を利用したものって他にもあるの？

誠也くん：自転車のタイヤとか、霧吹きとか、お湯をわかす電気ポットもそうだよ！ほら、この豆腐もそうだよ！

問１　実験１のような結果になったのはなぜですか。他の実験結果などを参考にしながら説明しなさい。

問２　文中の空欄［　A　］に当てはまる文として正しいものを、次のア～エのうちから１つ選び、記号で答えなさい。

ア　①のときより、さらによく飛んだ。

イ　①のときとほとんど変わらなかった。

ウ　①のときより、飛ぶ距離が少しだけ短くなった。

エ　①と比べると、ほとんど飛ばなかった。

問３　誠也くんが下線部のように答えたのはなぜだと考えられますか。その理由を説明しなさい。

問４　豆腐をそのまま何個も重ねると、下の豆腐はつぶれてしまいます。しかし、スーパーマーケットなどで売られているとき、豆腐の容器が何個も重なって置かれているのを見かけます。なぜ容器を何個も重ねても、中のやわらかい豆腐はつぶれないのでしょうか。どのような工夫がされているのか、なぜそのような工夫をすることでつぶれにくくなるのかを、学校の実験を参考にして説明しなさい。

2　次の会話文を読み、あとの問いに答えなさい。

翔子さん：牛乳を温めた時に、表面に浮き出てくる膜(まく)、好きじゃないんだよね。

お父さん：それは(　ア　)の熱変性が原因だね。三大栄養素の一つである(　ア　)は熱を加えると固まったり形を変えたりするんだよ。これを熱変性と言うんだ。(　ア　)はいろいろな種類があるのだけど、熱変性する温度もそれぞれなんだよ。
さて、(　ア　)の熱変性の身近な例は、Aゆで卵だね。ゆで卵はどうやって作るか知っているね。

翔子さん：もちろん卵を殻(から)のままゆでるのでしょう？

お父さん：そうだね。じゃあ牛乳の膜に話を戻すと、牛乳を電子レンジ等で温めるとき、牛乳の温度が40℃以上になってくると、表面に目にはよく見えないうすい膜ができ始めるんだよ。もっと温度が上がると、明らかに肉眼で確認できるくらいの膜になる。

翔子さん：(　ア　)は温められると熱変性するのに、なんで表面だけにできるの？全体的に固まるんじゃないの？

お父さん：確かにね。牛乳は水分が多く、(　ア　)が全体に広がっているんだ。だけど、牛乳の温度が高くなってくると、その水分が牛乳の表面から(　イ　)するんだ。そうすると、(　ア　)の濃度が濃くなって、固まってくるんだよ。

翔子さん：じゃあ、あの膜は(　ア　)が主な成分なのね？

お父さん：そうでもないらしいんだ。この膜の主な栄養成分を見てみると、B(　ウ　)が70％以上、(　ア　)が20～25％となってるそうだよ。

翔子さん：(　ア　)が一番多いんじゃないの？

お父さん：そうなんだ。父さんもなんでかなと思って、いろいろ調べたり聞いたりしたんだよ。お店で一般的に販売されている牛乳は、ホモジナイズといって、(　ウ　)の粒を小さくしているんだ。高速でかき混ぜたり超音波を当てたりする方法があるそうだよ。こうすることで、(　ウ　)が表面に浮き出ることを抑えている。でも、ホモジナイズしてもやはり比重の関係から(　ウ　)は牛乳の上部の方に多いそうだよ。
ノンホモ牛乳といって、(　ウ　)を細かくしていない牛乳もあるけれど、静置しておくと、(　ウ　)が浮いてきてしまうからよく振ってから飲むと良いらしいんだ。

翔子さん：(　ウ　)が細かくないと、コクがあっておいしいから好きなんだけど。ホモジナイズしなくてもいいんじゃない？

お父さん：そうだね。ホモジナイズしていない牛乳だとバターが作りやすいね。だけどもホモジナイズしないと、口あたりが悪くなったり、牛乳に砂糖や塩を混ぜるときに、均一に混ざらないんだ。

翔子さん：結局のところ、ホモジナイズされた牛乳を温めるときに、牛乳の表面に膜ができないようにするにはどうすればいいの？

お父さん：そうだね。牛乳を温めるときは、表面だけが高温になったり、(　ア　)の濃度が部分的に濃くないようにすると膜ができにくいのだろうね。

翔子さん：Cさっそくやってみよう。動かないままなら始まらないから。

牛乳の主な成分(200mLあたり)	
(ア)	6.8 g
(ウ)	7.9 g
主に乳糖	9.9 g
カルシウム	227mg

最初にできた膜の主な成分	
(ア)	20 ～ 25%　(主にラクトブリン)
(ウ)	70%以上
乳糖	少々
カルシウムなど	２%程度

問１　(ア)～(ウ)に当てはまる語句を答えなさい。ただし、(ア)と(ウ)には三大栄養素がそれぞれ入ります。

問２　下線部Aの種類の１つである温泉卵は、約70℃のお湯に30分以上つけておき、白身が黄身よりとろっと柔(やわ)らかくなったものです。もちろん白身も黄身も(ア)が主成分ですが、種類の違う(ア)でできています。なぜ温泉卵ができるのかを答えなさい。ただし、「約70℃では～」に続くかたちで答えること。

問３　牛乳の膜の成分が下線部Bのようになっている理由を答えなさい。

問４　下線部Cにあるように、お父さんと翔子さんは牛乳を温めるとき膜をできにくくするには、どのように温めればよいか考えてまとめました。<１><２>の文章の≪ⅰ≫～≪ⅲ≫に適語を入れなさい。

<１>電子レンジでコップに入れた牛乳を温めるときは、コップに≪　ⅰ　≫などをして牛乳表面から水分の(イ)をできるだけ防ぐと膜ができにくい。

<２>ガスコンロ等で温めるときは、できるだけ火は≪　ⅱ　≫にして、お玉などで≪　ⅲ　≫温めると膜ができにくい。

3　次の文章を読み、あとの問いに答えなさい。

生物のからだは、「細胞」とよばれる構造が集まったり、細胞１つでできていたりします。

わたしたちは、たくさんの細胞が集まってできている生き物を多細胞生物、細胞１つでできている生物を単細胞生物と呼び分けています。多細胞生物は、成長したり、けがをして新しい部品をつくったりするときに、細胞を増やします。単細胞生物は、自分と同じ生き物を増やすとき、細胞が２つにわかれます。

どちらの場合も、１つの細胞から２つの細胞がつくられます。こうしたはたらきは「体細胞分裂」と呼ばれています。

体細胞分裂や生物の成長は、どのような過程で起こるのでしょうか。観察で確かめてみましょう。

いま、タマネギの種子を湿らせた脱脂綿の上で発芽させました。種子からは、まず根が一本だけ出てきます。【図１】

この芽生えたタマネギの種子を、酢酸カーミンという染色液につけます。酢酸カーミンは、タマネギの細胞の中の「核(かく)」と呼ばれる構造を赤く染める染色液で、核には、その生物の遺伝情報が入っています。酢酸カーミンにつけておいたところ、根の先端(たん)付近(Z)が強く赤く着色されました。

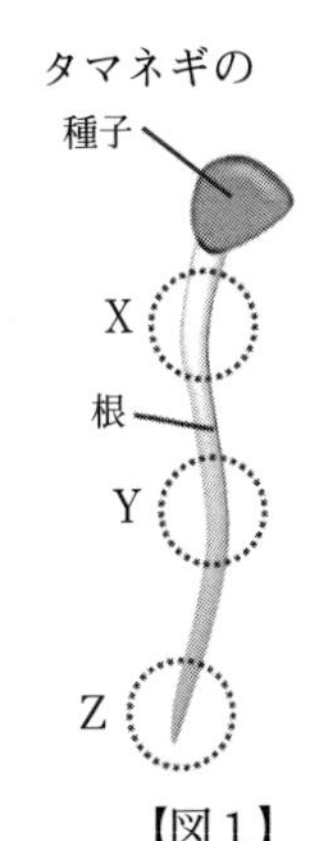

【図１】

観察結果から考察してみましょう。

まず、肉眼で観察した時に、「先端付近(Z)が強く赤く染色された」という観察事実から、次の３つの仮説が考えられます。

・Ｚの部分の細胞ひとつの(　ア　)のではないか。
・Ｚの部分の細胞ひとつに(　イ　)のではないか。
・Ｚの部分の細胞ひとつが(　ウ　)のではないか。

そこで、このタマネギの根を、先端から10㎜付近の場所(Ｘ)、５㎜付近の場所(Ｙ)、１㎜付近の場所(Ｚ)でそれぞれ切り取り、この部分の細胞を顕微鏡で観察したところ、次の【図２】～【図４】のいずれかの観察結果が得られました。さらに、A核の大きさはＸ～Ｚのいずれの細胞でも同じであり、またB細胞１つに含まれる核の数もＸ～Ｚで変わらないことがわかりました。

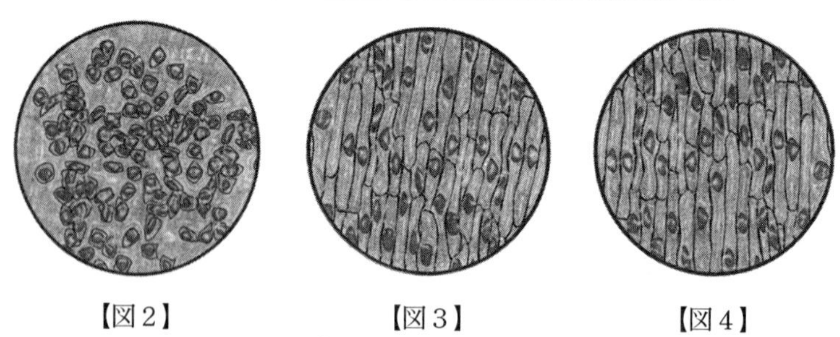

【図２】　　【図３】　　【図４】

これによって、下線部Ａより、Ｚの部分の細胞のひとつの(　ア　)のではないかという仮説は否定できます。また、下線部Ｂより、Ｚの部分の細胞ひとつに(　イ　)のではないかという仮説も否定できます。細胞の大きさは、Ｚの部分だけが異なっていたので、先端付近が強く赤く染色されるのは、Ｚの部分の細胞ひとつが(　ウ　)からという結論を出すことができました。

問１　【図１】のＺを顕微鏡で観察した図として適当なものは、【図２】～【図４】のうちからひとつ選び、番号で答えなさい。

問２　文中(　ア　)～(　ウ　)にあてはまる仮説を考え、答えなさい。

問３　タマネギの根が伸びる時、細胞はどのようにして分裂、成長すると考えられるでしょうか。成長の方法をあらわした模式図として正しいものを、次の１～４のうちから１つ選び、番号で答えなさい。

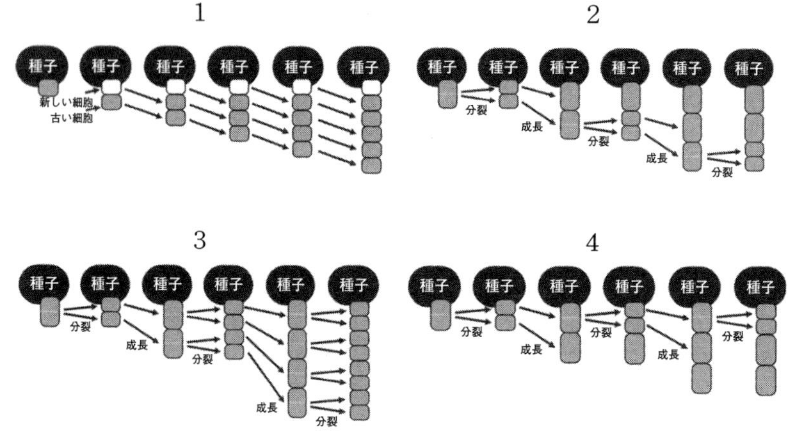

問４　ソラマメの根も、タマネギと同じような成長のしかたをします。いま、ソラマメの種子を水につけて発根させ、根の長さが５㎝になったところでペンを用い、種子側から１㎝ごとに印Ａ～Ｅをつけました【図５】。ソラマメの根をこのまま成長させると、この印はどのように変化するでしょうか。次の１～４のうちから１つ選び、番号で答えなさい。

１　ＡＢ間、ＢＣ間、ＣＤ間、ＤＥ間の距離は変化しない。
２　ＡＢ間、ＢＣ間、ＣＤ間、ＤＥ間の距離は等しく長くなる。
３　ＡＢ間の距離はＤＥ間の距離よりも長くなる。
４　ＤＥ間の距離はＡＢ間の距離よりも長くなる。

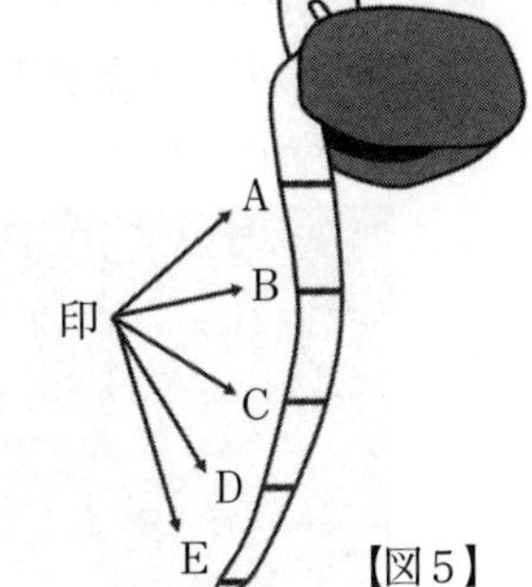

【図５】

4　次の文章を読み、あとの問いに答えなさい。

2025年の国際博覧会(万博)は大阪で開催(さい)されます。大阪万博は1970年にも開かれており、その時には、アメリカ館で「月の石」が展示されました。月に関する以下の文章を読んで問題に答えなさい。

月の表面は、明るく輝(かがや)いて見える部分と暗く見える部分の２種類に分けられます。明るい部分は斜長岩と呼ばれる白っぽい岩石でできており、円形にへこんだ地形が多く見られます。暗い部分は(１)と呼ばれる黒っぽい岩石でできており、表面は比較(かく)的滑(なめ)らかで、円形にへこんだ地形はほとんど見られません。この(１)は、日本でも多く見られる岩石で、火山から噴(ふん)出したマグマが固まってできることが知られています。(１)ほど黒くない(２)も日本でよく見られますが、その名前はアンデス山脈が由来という説もあります。これらの岩石は、昔、月で火山活動があったことを示しており、<u>斜長岩よりも(１)の方が後から形成されたことがわかっています</u>。

1970年の大阪万博で展示された「月の石」はアポロ計画によって採取されたサンプルですが、地球上には現在、これ以外にも「月の石」が存在しています。旧ソビエト連邦(ぼう)や中華人民共和国による月面探査によるサンプルです。また、このような月の調査で採取されたサンプル以外にも地球には「月の石」が存在しています。それは(３)が形成された際の破片が(４)として地球に届いたものであると考えられています。

問１　文章中の空らん(１)～(４)に当てはまる適当な言葉を答えなさい。ただし、同じ数字には同じ言葉が入ります。

問２　月を地球から見ると、いつも同じ模様を観察することができますが、それはなぜですか。「転」という漢字を２回以上用いて説明しなさい。

問３　文章中の下線部について、なぜこのように推測することができるのか説明しなさい。次に示す、月の表と裏の写真を参考にしても構いません。

月の表面の写真

月の裏面の写真

東京農業大学第一高等学校中等部(第３回)

—40分—

1　音の速さと気温の関係について、後の問いに答えなさい。

問１　気温14℃の屋外で、Ａ君とＢ君が102ｍ離(はな)れた位置に立っています。Ａ君が太鼓(たいこ)を短くたたくと、Ｂ君はＡ君が太鼓をたたいてから0.3秒後にその太鼓の音を聞きました。このとき、音が空気中を伝わる速さ(以下、音速とする)は毎秒何ｍですか。このとき風は吹(ふ)いていないものとします。

問２　問１と同様の測定を気温24℃、二人が173ｍ離れた位置に立って行いました。Ｂ君が0.5秒後に太鼓の音を聞いたとき、音速は毎秒何ｍですか。このとき風は吹いていないものとします。

問３　さまざまな気温で音速の測定をくり返すと、音速は気温が上がるごとに一定の割合で増加していることがわかりました。問１と問２の結果から気温が１℃上昇(じょうしょう)すると音速は毎秒何ｍ増加すると考えられますか。

気温34℃の屋外で、Ａ君とＢ君が432ｍ離れた位置に立っています。Ａ君からＢ君に向かって毎秒８ｍの風が吹いているときにＡ君が太鼓を短くたたくと、Ｂ君はＡ君が太鼓をたたいてから1.2秒後にその太鼓の音を聞きました。

問４　同様の測定を気温24℃、二人が420ｍ離れた位置に立ち、Ａ君からＢ君に向かって一定の速さの風が吹いているときに行いました。Ｂ君はＡ君が太鼓をたたいてから1.2秒後にその太鼓の音を聞きました。このとき、風の速さは毎秒何ｍですか。

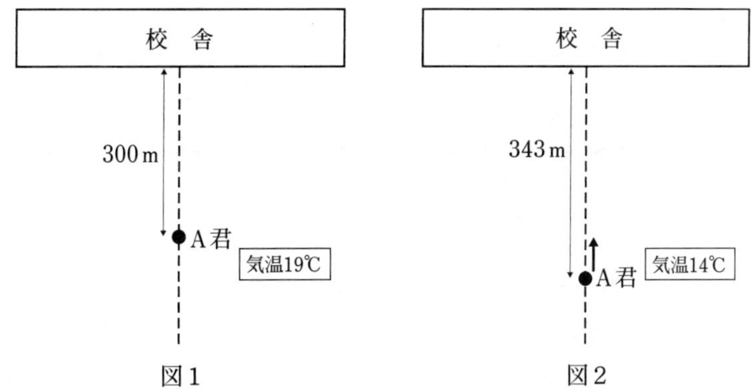

図１　　図２

問５　図１のように、気温19℃の屋外でＡ君は校舎から300ｍ離れた位置に、Ｂ君はＡ君と同じ点線上に立っていました。Ａ君が太鼓を短くたたくと、Ｂ君はＡ君から直接届く音と校舎で反射されて届く音をそれぞれ聞き、反射した音はＡ君が太鼓をたたいてから1.6秒後に聞こえました。このとき風は吹いていないものとします。

(1)　音は1.6秒で最大何ｍ先まで進むことができますか。

(2)　校舎からＢ君までの距離(きょり)は何ｍですか。

問６　図２のように、気温14℃の屋外でＡ君が343ｍ離れて立って、校舎に向かって一定の速さで進み始めました。進み始めた瞬間(しゅんかん)に１回目の太鼓を鳴らし、その後は１秒ごとに太鼓を短くたたきました。１回目にたたいて校舎で反射されて届く音が３回目に太鼓をたたく瞬間に聞こえました。Ａ君が校舎に近づく速さは毎秒何ｍですか。このとき風は吹いていないものとします。

音速と気温の間には次のような公式が成り立ちます。この公式によって気温が14℃より低くても音速を求めることができます。

音速　＝　毎秒331.5ｍ　＋　問３の答え　×　気温〔℃〕

問７　気温が５℃のとき、音速は毎秒何ｍですか。上の公式を用いて求めなさい。

問８　光が空気中から水やガラスに進むときに境界面で曲がることを屈折(くっせつ)といいます。これは光の進む速さが空気中に比べて水やガラスの中で遅(おそ)くなることによって起こる現象です。音に関しても気温によって音速が変化することで屈折が起こります。次の文章は、冬の晴れた日の昼間と夜の音の進み方について説明したものです。(1)～(3)に当てはまる言葉を次のア・イからそれぞれ選び、記号で答えなさい。図中の点線は空気の温度が一様の場合の音の進み方を表しています。

冬の晴れた日の昼間は、太陽光によって地面があたためられ上空に行くほど気温が(1)【ア　高　　イ　低】くなっています。これにより上空にいくほど音速が(2)【ア　遅く　　イ　速く】なり、音は(3)【ア　図３　　イ　図４】の矢印のように屈折して進みます。夜は、地面に近いほど気温が(1)くなっているので、音の進む向きは昼間の場合と逆になります。このように、冬の夜に踏切(ふみきり)が鳴っている音や電車が走っている音がいつもより離れた場所から聞こえてくるのは、音が屈折して進んでいるからです。

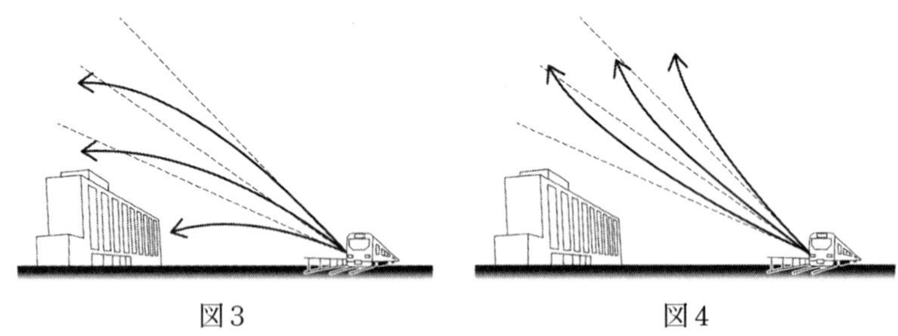
図３　　　　　図４

② 花のつくりや、花が咲く条件について後の問いに答えなさい。

【観察】アブラナとタンポポの花のつくりを観察しました。以下の図１は、それぞれの花のつくりを模式的に示したものです。

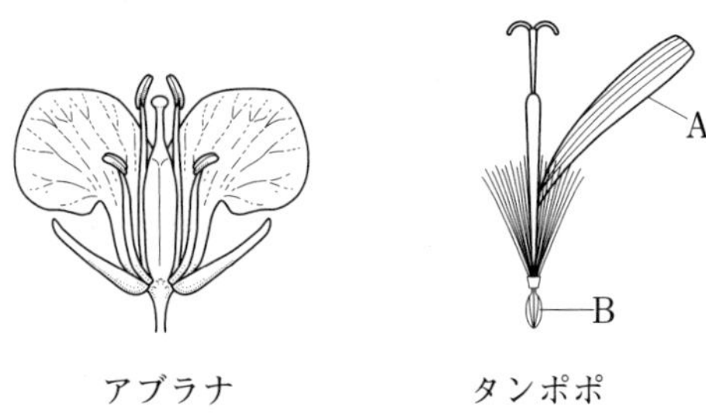

アブラナ　　　タンポポ
図１

【実験】アブラナとアサガオをそれぞれ図２のア～クのような明期(光を当てる)と暗期(光を当てない)の周期で育て、花が咲くか咲かないかを調べました。それぞれの結果は○×で示しています。なお、明期は白色で、暗期は灰色で、短時間光を当てたことは白色の太線で表しています。

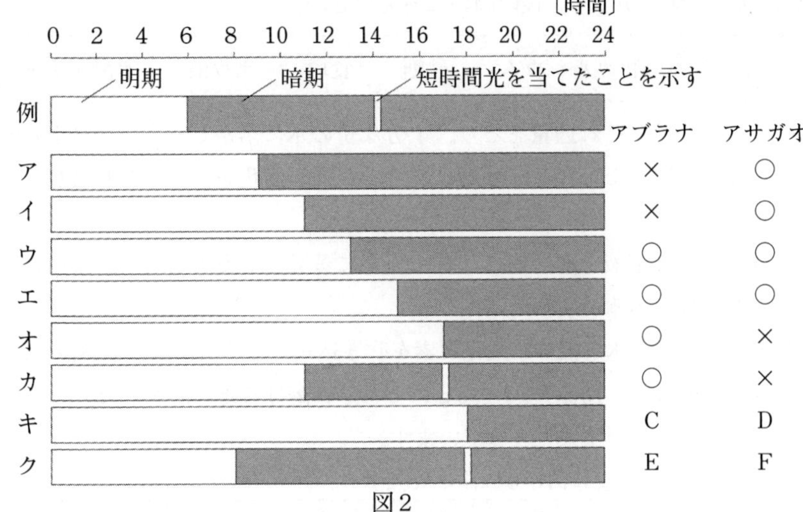

図２

問１　図１のタンポポのＡとＢの名まえをそれぞれ答えなさい。

問２　花のつくりがタンポポと同じものを次のア～オからすべて選び、記号で答えなさい。

ア　エンドウ　　イ　ヒメジョオン　　ウ　サクラ　　エ　ダイコン　　オ　キク

問３　アブラナやタンポポは種子をつくって子孫を残しますが、種子をつくらない植物を次のア～オから選び、記号で答えなさい。

ア　ケヤキ　　イ　ラン　　ウ　クリ　　エ　チューリップ　　オ　スギナ

問４　タンポポはどのような形で冬を越(こ)しますか。正しいものを次のア～エから選び、記号で答えなさい。

ア　地上部は枯(か)れて、根だけの状態　　イ　地上部は枯れて、地下の茎(くき)だけの状態

ウ　地面に葉を広げた状態　　エ　種子

問５　私たちの身近にみられるタンポポには帰化植物(外国から持ち込まれたり、外国から種子がまぎれ込(こ)んだりして日本で野生化した植物)であるセイヨウタンポポも多く含まれます。次のア～エから帰化植物をすべて選び、記号で答えなさい。

ア　スミレ　　イ　ハルジオン　　ウ　カタクリ　　エ　シロツメクサ

問６　**【実験】**の結果から、アブラナとアサガオの花の咲く条件を説明した次の(1)、(2)の文中の空欄(くうらん)に入る適当な語句を、後のア～クからそれぞれ選び、記号で答えなさい。ただし、同じ記号を２回以上選んでもよいこととします。

(1)　アブラナの花が咲く条件は(　①　)が(　②　)のときである。

(2)　アサガオの花が咲く条件は(　③　)が(　④　)のときである。

ア　連続した明期　　イ　明期の合計　　ウ　連続した暗期　　エ　暗期の合計

オ　８時間以上　　カ　10時間以下　　キ　12時間以下　　ク　14時間以上

問７　図２のキ、クのような明期と暗期の周期の条件で実験した場合、アブラナとアサガオの花はそれぞれ咲きますか。図中のＣ～Ｆに入る結果を、咲くときは○、咲かないときは×でそれぞれ答えなさい。

③　６種類の白い粉や粒(つぶ)Ａ～Ｆを用意して、以下の実験を行いました。
Ａ～Ｆは次のいずれかです。後の問いに答えなさい。

重そう　　水酸化カルシウム　　砂糖　　食塩　　ホウ酸　　水酸化ナトリウム

【実験１】Ａ～Ｆをそれぞれ適量をとり、十分な量の水に溶(と)かしたあと、ＢＴＢ液を用いて色の変化を観察したところ、ＡとＣの２つが同じ変化をし、ＢとＥとＦの３つが同じ変化をした。

【実験２】ＡとＣの水溶液を蒸発皿に入れて完全に蒸発させたところ、Ａは白い固体が残り、Ｃは黒っぽい固体が残った。

【実験３】ＢとＥとＦの水溶液に二酸化炭素を吹き込んだところ、Ｂの水溶液は白くにごった。

【実験４】Ａ～Ｄを０℃～100℃の水100ｇにそれぞれ溶けるだけ溶かした。
表はこのときの結果を表しています。

表　水100ｇに溶ける固体の量〔ｇ〕

温度〔℃〕	0	20	40	60	80	100
Ⅰ	35.6	35.8	36.3	37.1	38.0	39.3
Ⅱ	0.14	0.13	0.11	0.09	0.07	0.05
Ⅲ	179	204	238	287	362	485
Ⅳ	2.8	5.0	8.9	14.9	23.5	38.0

問１　水の入ったビーカーに固体を入れて、かき混ぜずに十分長い時間放置したところ、固体はすべて溶けました。このときの水溶液の濃(こ)さについての記述として正しいものを次のア～オから選び、記号で答えなさい。

ア　上の方が濃い。
イ　下の方が濃い。
ウ　どの部分も同じ濃さである。
エ　はじめはどの部分も同じ濃さであるが、しばらくすると上の方が濃くなる。
オ　はじめはどの部分も同じ濃さであるが、しばらくすると下の方が濃くなる。

問２　実験１で、ＢＴＢ液の代わりに使うことができるものを答えなさい。

問３　ＥとＦを区別する方法を答えなさい。

問４　Ａ～Ｄは①～⑥のどれですか。それぞれ番号で答えなさい。

①　重そう　　②　水酸化カルシウム　　③　砂糖
④　食塩　　⑤　ホウ酸　　⑥　水酸化ナトリウム

問５　実験４の結果の、［Ⅰ］～［Ⅳ］はＡ～Ｄを水に溶かしたときの結果です。［Ⅰ］にあてはまるものをＡ～Ｄから選び、記号で答えなさい。

問６　２つのビーカーに80℃の水を50ｇずつ入れ、それぞれに表の［Ⅰ］と［Ⅳ］を溶けるだけ溶かしました。その後、温度を20℃まで下げたところ、溶けていた物質が出てきました。［Ⅰ］と［Ⅳ］のどちらが何ｇ多く出てきましたか。

問７　表の［Ⅳ］を100℃の水に溶けるだけ溶かして溶液100ｇをつくりました。この溶液を20℃に冷やすと何ｇの結晶(けっしょう)が出てきますか。小数第２位を四捨五入し、小数第１位まで答えなさい。

問８　80℃において、濃さが37.5％の水溶液80ｇを０℃に冷却したところ、23ｇの結晶が出てきました。この水溶液に溶けていると考えられるものを次のグラフのＧ～Ｊから選び、記号で答えなさい。ただし、グラフは温度の違いによる物質Ｇ～Ｊの溶解度(100ｇの水に溶ける量〔ｇ〕)を示したものです。

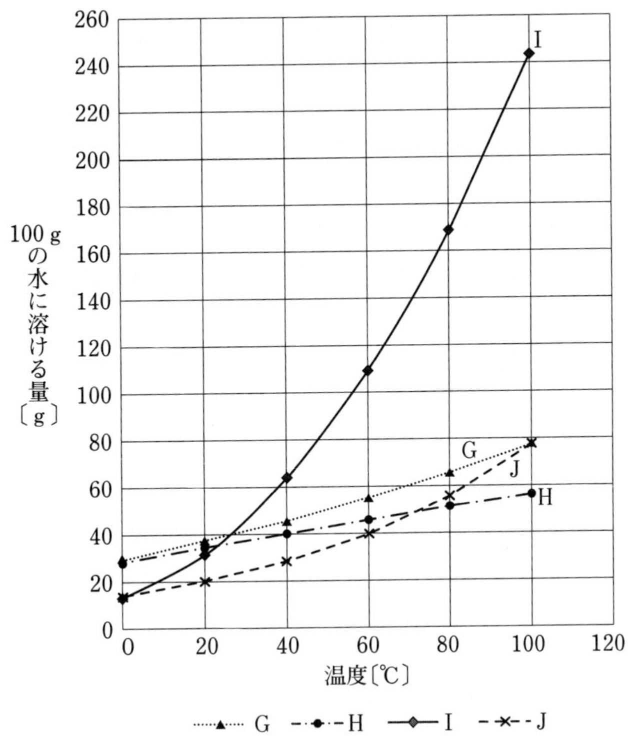

4　夏休み前のある日、農太くんは次のようなニュースを耳にしました。

「2023年７月２日から３日にかけて、強力な太陽フレアが観測された。」と米航空宇宙局(ＮＡＳＡ)が発表した。宇宙天気情報サイトによると、この太陽フレアによって太平洋と米国西部で30分間にわたり電波障害が発生した。

「太陽フレアって何だろう」と思った農太くんは、インターネットを利用して検索(けんさく)してみたところ、国立天文台のホームページで次のような内容をみつけました。

太陽は恒星(こうせい)の一つです。太陽の表面には黒点と呼ばれる斑点(はんてん)が現れますが、この黒点は時々刻々と数や形を変えていきます。その正体は太陽内部で作られた磁場です。磁場には磁石と同じくＮ極とＳ極があり、この２つの極をつなぐように磁力線があります。この黒点を構成する磁場の形状が複雑に絡(から)み合い磁力線同士が接近し、ある限界点を超えた時に、黒点の上空(太陽表面の外側)にある彩層(さいそう)やコロナという層で大爆発(だいばくはつ)が起こります。これが「太陽フレア」と呼ばれる現象です。太陽フレアのエネルギーはすさまじく、一度の大規模なフレアで全人類が使う電力の数十万年分に相当するほどです。この時、太陽はいつも以上に光と熱を出すだけでなく太陽のガスや高エネルギーの粒子を宇宙空間にばらまきます。

問１　太陽は巨大(きょだい)なガスの球です。太陽の直径は、およそ何万㎞ですか。

問２　恒星とはどのような星かを説明しなさい。

黒点やコロナに興味を持った農太くんは、さらに調べてみると、次のようなことが書いてありました。

> 太陽の表面温度は約(　①　)℃であり、黒点の温度はそれより(　②　)ため黒く見える。また、コロナの温度は(　③　)℃以上であり、ふだんは見ることはできないが、(　④　)のときには見られる。

問３　上の文中の(　①　)～(　④　)に適する数字や語を次のア～シからそれぞれ選び、記号で答えなさい。

ア　2000　　イ　4000　　ウ　6000　　エ　1万　　オ　10万　　カ　100万

キ　1000万　　ク　満月　　ケ　皆既(かいき)月食　　コ　皆既日食　　サ　低い　　シ　高い

さらに、農太くんは学校の先生に相談して、黒点を観察してみることにしました。次の文章は、農太くんと先生の会話です。

農太：先生、太陽の黒点の観察をしたいのですが、どうしたらいいですか。

先生：太陽光は非常に強いため、図１のように、望遠鏡に投影板を取り付け、記録用紙を固定して、同時刻に数日間観察してみましょう。

農太：先生、数日間観察を続けたところ、㋐<u>黒点が記録用紙のはしに近づくほど、その形が細長くなりました</u>。

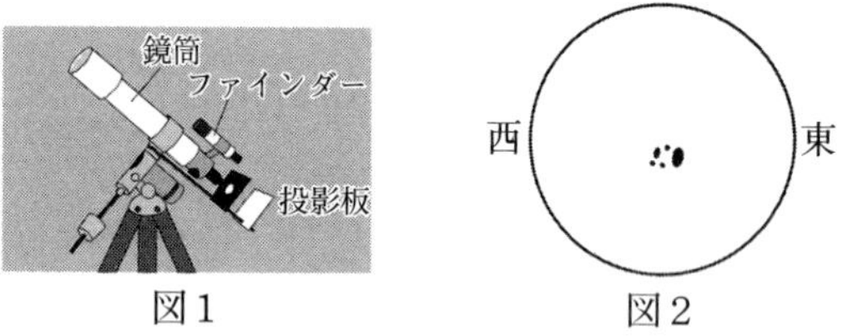

図１　　図２

問４　図２はある日の記録用紙です。この２日前の黒点の位置(点線部分)として正しいものを次のア～エから選び、記号で答えなさい。

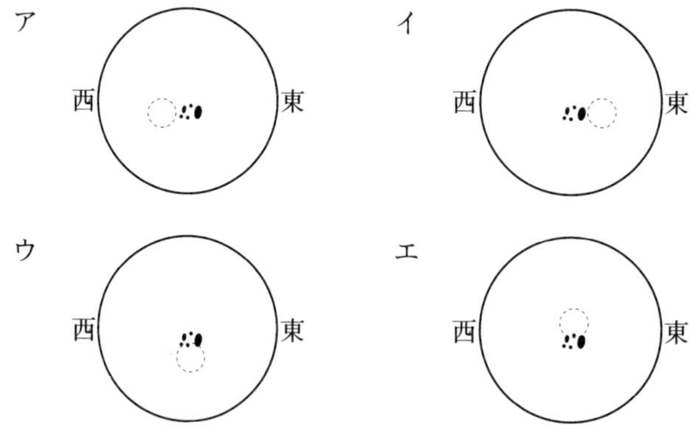

問５　問４の答えを選んだ理由を答えなさい。

問６　下線部㋐からわかることは何ですか。「太陽は～」の書き出しに続けるように答えなさい。

図３は、太陽の黒点の数を相対数(観測方法、観測装置性能、および観測者の個人差を補正するための数を用いて求められたものである)で統計をとり記したものです。㋑<u>黒点の相対数の値</u>

は周期的に増減を繰り返していることがわかります。

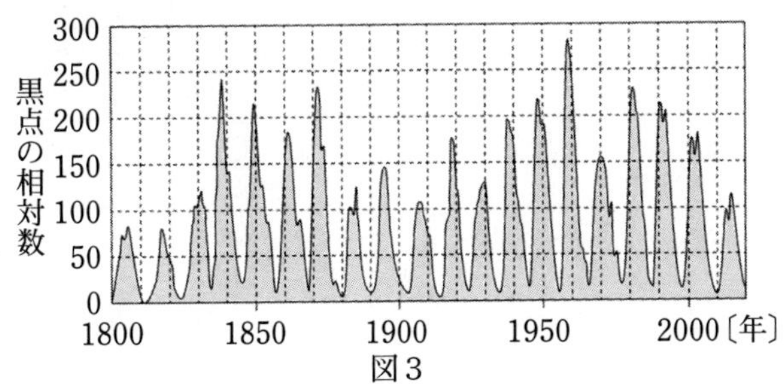

図３

問７　下線部㋑に記されている周期の年数として適するものを次のア～エから選び、記号で答えなさい。

ア　3　　イ　11　　ウ　20　　エ　29

次に、農太くんは太陽の動きについて調べるため、日本のある場所で、図４のような測定板を用いて、図５のように太陽のかげの先端の位置にしるしをつけました。そして、その長さを測って太陽の高さを調べました。表１は１時間ごとの太陽の高度(地平線から太陽までの角度)を記したものです。

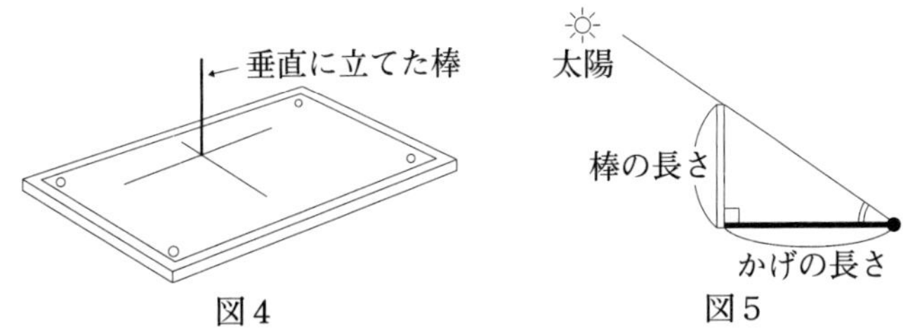

図４　　図５

表１

時刻〔時〕	7	8	9	10	11	12	13	14	15	16
太陽高度〔度〕	8	19	28	35	39	39	35	28	18	8

問８　図６の実線は、測定板につけたしるしを時刻の順になめらかに結んだ線を表しています。

⑴　東と南を表している記号をア～エからそれぞれ選び、記号で答えなさい。

⑵　かげの進んだ向きとして正しいものは、A、Bのどちらですか。記号で答えなさい。

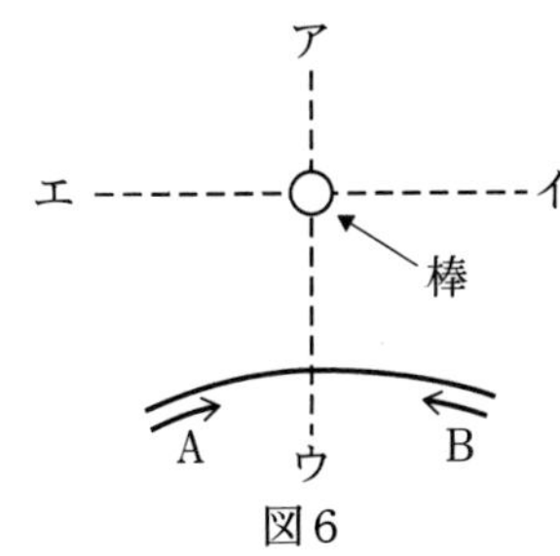

図６

問９　表１をグラフで表しなさい。

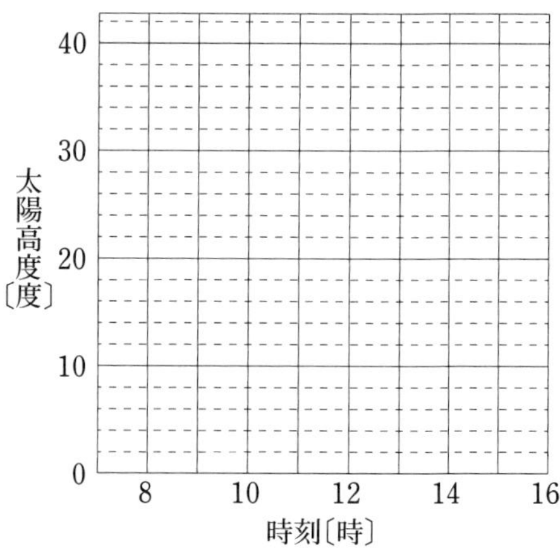

問10　農太くんは、この観察を何月におこなったと考えられますか。次のア～ウから選び、記号で答えなさい。

ア　6月　　イ　9月　　ウ　12月

桐光学園中学校(第１回)

—40分—

注意　数値を答える場合は、整数または小数で答えなさい。
割りきれない場合は、問いの指示に従って四捨五入しなさい。
問いに別の指示がある場合は、その指示に従って答えなさい。

1　問いに答えなさい。

【1】　太陽の高さが一番高くなるのは、太陽がどの方角にきたときですか。

【2】　月の形の変化(新月から次の新月まで)は、約何日でくり返されますか。次のア～カから１つ選び、記号で答えなさい。

ア　15日　　イ　20日　　ウ　25日　　エ　30日　　オ　35日　　カ　40日

【3】　大きな力がはたらくことで、地層がずれたところを何といいますか。

【4】　くもりの天気図記号をかきなさい。

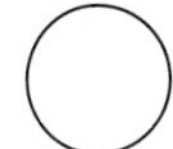

2　６つのビーカーにうすい塩酸を20㎤ずつ入れました。それぞれのビーカーには、あとの表１のように、うすい水酸化ナトリウム水溶液の量を変えて加えました。これらの水溶液をＡ～Ｆとします。

〔実験１〕

ガラス棒をつかって、Ａ～Ｆを赤と青のリトマス紙に少量付けて色の変化を調べました。

〔実験２〕

Ａ～Ｆに十分な量のアルミニウムを加えて、発生する気体の体積を調べました。

実験結果は次の表１に示すとおりになりました。

〔表１〕実験１と実験２の結果のまとめ

	A	B	C	D	E	F
加えたうすい水酸化ナトリウム水溶液の体積(㎤)	0	4	8	12	16	20
青色リトマス紙の色	赤	赤	赤	赤	①	青
赤色リトマス紙の色	赤	赤	赤	赤	②	青
アルミニウムを加えて発生した気体の体積(㎤)	24	18	12	6	0	6

【1】　塩酸にＢＴＢ溶液を加えると、何色になりますか。次のア～オから１つ選び、記号で答えなさい。

ア　赤色　　イ　黄色　　ウ　緑色　　エ　青色　　オ　無色

【2】　表の①と②にあてはまるリトマス紙の色は何色ですか。次のア～オからそれぞれ１つずつ選び、記号で答えなさい。

ア　赤色　　イ　黄色　　ウ　緑色　　エ　青色　　オ　無色

【3】　実験に使った塩酸15㎤に水酸化ナトリウム水溶液を何㎤加えると中性になりますか。

【4】　Ａ～Ｆのうち、どれとどれを混ぜると中性になりますか。ただし、それぞれのビーカーの中の水溶液はすべて使うものとします。

【5】　中性になったとき、水分を蒸発させると、白い固体が残りました。この固体は何ですか。

【6】 アルミニウムを加える前のＡ～Ｆのうち、水分を蒸発させたときに、２種類の固体が残るものを１つ選びなさい。

【7】 塩酸とアルミニウムが反応したとき、発生する気体は何ですか。次のア～オから１つ選び、記号で答えなさい。

ア　二酸化炭素　　イ　酸素　　ウ　水素　　エ　塩素　　オ　ちっ素

【8】 Ａ～Ｆを一度沸騰(ふっとう)させてから冷まします。ここにアルミニウムを加えたとき、発生する気体の体積が減ってしまう水溶液はいくつありますか。

【9】 ＤとＦにアルミニウムを加えると、どちらも６㎤の気体が発生しています。次のア～エの文のうち正しいものを１つ選び、記号で答えなさい。

ア　発生する気体もアルミニウムと反応する物質もＤとＦで変わらない。

イ　発生する気体はＤとＦで変わらないが、アルミニウムと反応する物質はＤとＦで異なる。

ウ　発生する気体はＤとＦで異なるが、アルミニウムと反応する物質はＤとＦで変わらない。

エ　発生する気体もアルミニウムと反応する物質もＤとＦで異なる。

【10】 実験につかった水酸化ナトリウム水溶液15㎤に塩酸10㎤を加えました。この混合水溶液に十分な量のアルミニウムを加えたとき、発生する気体は何㎤ですか。

3　桐光学園の周辺には、人の手入れによって守られている里山が多くあります。そこにはさまざまな動物が生息しています。

【1】 桐光学園周辺でみられるさまざまな動物を、共通の特徴(とくちょう)をもつグループにわけると、次のＡ～Ｆになりました。

A	B	C	D	E	F
チョウ	カナヘビ	タヌキ	カラス	ザリガニ	メダカ
トンボ	トカゲ	ハクビシン	ウグイス	ヌマエビ	ドジョウ
バッタ	ミドリガメ	イタチ	ツバメ	ダンゴムシ	ブルーギル
カブトムシ					

(1) グループＡについて、次の①～③に答えなさい。

① グループＡのなかまを何といいますか。

② チョウのあしと触角(しょっかく)は体のどこに何本ついていますか。右の図に、「あし」は実線で、「触角」は点線で書きくわえなさい。

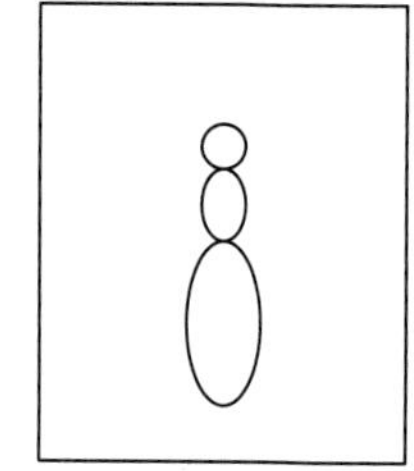

③ グループＡの４種類の動物のうち、さなぎから成虫になるものをすべて選びなさい。

(2) 次の①～④の特徴(ちょう)は、どのグループについての説明ですか。Ａ～Ｆからあてはまるものをすべて選び、記号で答えなさい。

① 背骨がない。

② 一生を水の中で生活する。

③ 受精卵が母親の体内の子宮の中で育つ。

④ 外界の温度と体温の関係が、右図の動物(あ)が示すようになっている。

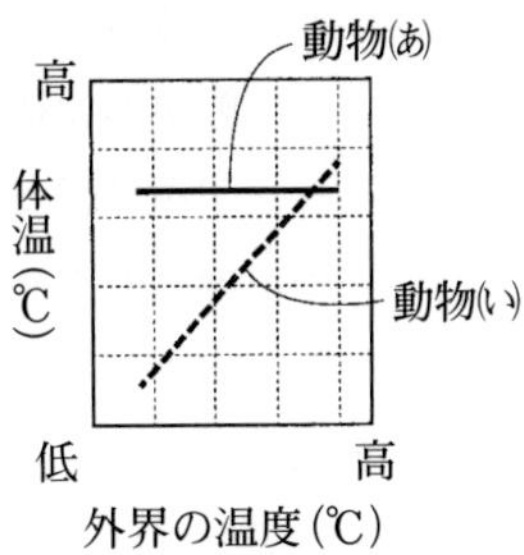

(3) 桐光学園の周辺にはたくさんのニホンヤモリが生息しています。ヤモリは建物のすき間や天井裏に卵を産み、一生をその周辺で過ごしながら害虫を食べてくれることから、「家守」や「屋守」と言われる縁起の良い動物とされています。ヤモリはA～Fのどのグループにあてはまりますか。

【２】 桐光学園の裏山では、春にはたくさんのカブトムシの幼虫を見つけることができます。カブトムシの幼虫を飼育ケースで飼うときの方法として最も適するものを、次のア～エ、オ～ク、ケ～シからそれぞれ１つずつ選び、記号で答えなさい。

〔えさ〕

ア バナナやリンゴ　　イ 腐葉土　　ウ 市販のゼリー　　エ 何もたべない

〔土〕

オ うすくしきつめる。

カ 飼育ケースの上の方まで厚めに入れる。

キ うすく入れ、産卵用の木を入れる。

ク うすく入れ、落ち葉を入れる。

〔水分など〕

ケ 直射日光のあたらない場所に置き、水を入れた容器を入れる。

コ 真っ暗であたたかい場所に置いておけば、乾燥していても問題はない。

サ 温度変化の少ない場所に置き、乾燥しないよう霧吹きで水分を与える。

シ 雨が降り込む場所に置いて木や落ち葉を入れるなど、自然に近い状態に近づける。

【３】 桐光学園のビオトープでは、絶滅危惧種であるホトケドジョウを繁殖させています。ホトケドジョウの生息数を数えるため、次のような方法で調査を行い、結果を得ることができました。(1)、(2)に答えなさい。

〔方法〕

右図のようにa匹をつかまえ、印をつけ放す。時間をおいてb匹つかまえ、その中の印がついたものの割合から生息数を求める。

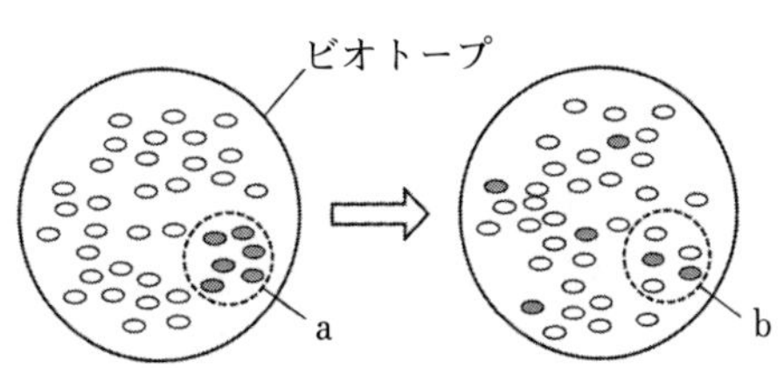

〔調査結果〕

ビオトープからホトケドジョウを56匹つかまえて、からだに印をつけてからビオトープに放した。１週間後に再び60匹をつかまえ、この中で印のついたホトケドジョウを４匹確認した。

(1) この調査をなるべく正確に行うために必要な条件を、次のア～オから２つ選び、記号で答えなさい。

ア　なるべく大きいメスに印をつけること。

イ　卵がかえる時期に調査をすること。

ウ　印をつけることで死にやすくなったり、つかまえにくくならないこと。

エ　近くの川とこのビオトープの間で、それぞれのホトケドジョウが自由に行き来すること。

オ　印をつけられたホトケドジョウが、印をつける前と同じように自由に泳ぎまわれること。

(2)　このビオトープのホトケドジョウは何匹と考えられますか。ただし、答えが割り切れない場合には、小数第１位を四捨五入し、整数で答えなさい。

【４】 ハクビシンやブルーギルは外国から持ち込まれた外来生物です。近年、外来生物が在来生物に影響(えいきょう)を及ぼすことがわかってきたため、日本の在来生物を守っていく必要性について考えられています。日本固有の在来生物を、次のア～エから１つ選び、記号で答えなさい。

ア　オオクチバス　　イ　マングース　　ウ　アズマモグラ　　エ　アライグマ

【５】 野生の動物は、産まれた子の一部しか親になるまで生き残ることができません。次の表は、ある野生動物について、同時に産まれた卵1000個が時間経過とともに相対年齢(そうたいねんれい)※ごとに生き残っていた数(生存数)を調査した結果です。次の(1)～(3)に答えなさい。

※相対年齢：その動物が寿命(じゅみょう)まで生きたら10、半分まで生きたら５とした場合の年齢。

相対年齢	0 (卵)	1	2	3	4	5	6	7	8	9	10
生存数(匹)	1000	50	25	16	11	8	7	6	5	4	1
死亡率(%)	95.0	50.0	36.0	X	27.3	12.5	14.3	16.7	20.0	75.0	−

(1)　表の死亡率(%)は、その年齢での死亡数の割合を示します。空欄(らん)［　X　］にあてはまる数字を小数第２位を四捨五入して小数第１位まで答えなさい。

(2)　右のグラフはいろいろな動物について、相対年齢とともに、生存数がどのように減少していくかを示したものです。表の動物はグラフ(あ)～(う)のどの型に近いですか。

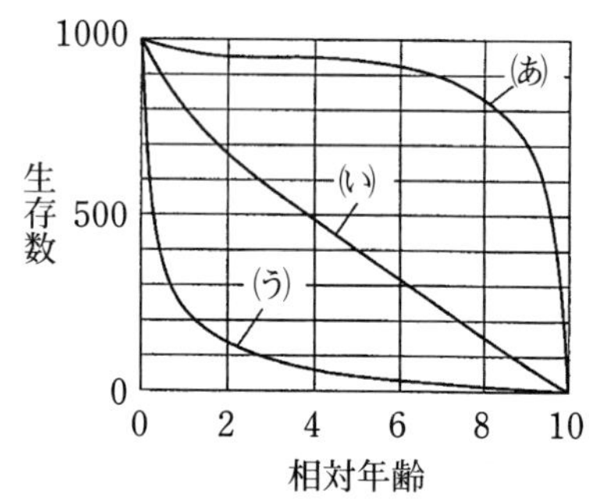

(3)　ヒトは(あ)～(う)のどの型に近いですか、またその理由を説明している次の文の空欄に適する語を５文字以上10文字以内で答えなさい。

［　　　　　　　　　　］の保護(ほご)が強いため。

④　同じ豆電球と電池と導線を使って回路をつくり、実験しました。

〔実験１〕 図１のように回路をつくり、豆電球に流れる電流を調べました。Aの豆電球に流れる電流を１とすると、それぞれの回路において、１個の豆電球に流れる電流は表のようになります。

豆電球に流れる電流は、A・Bの結果のように直列の電池の数に比例し、A・Cの結果のように直列の豆電球の数に反比例するものとします。

〔図1〕

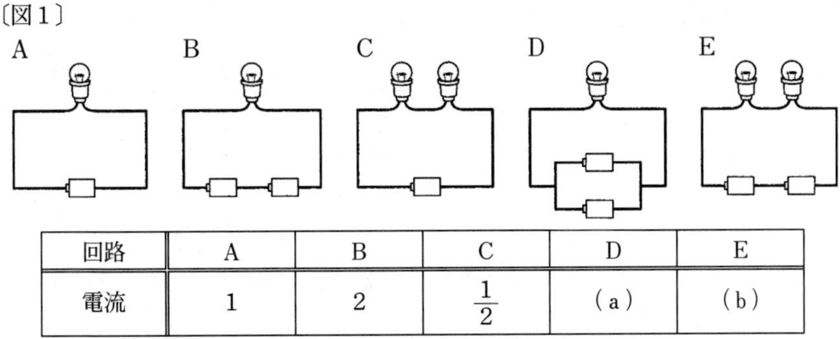

回路	A	B	C	D	E
電流	1	2	$\frac{1}{2}$	(a)	(b)

【1】 図2はAの回路図の一部です。
点線内の電気図記号のうち、必要なものを用いて回路図を完成させなさい。

〔図2〕

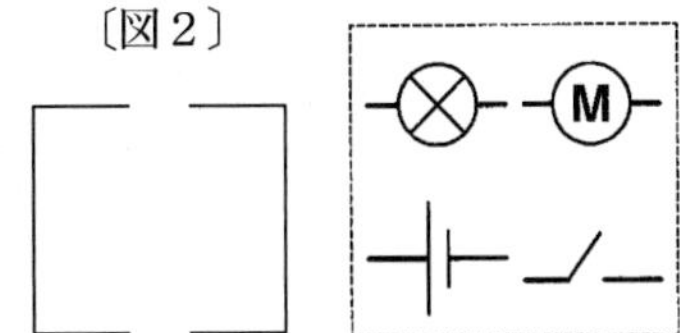

【2】 (a)(b)に入る整数または分数を答えなさい。

【3】 2個の豆電球を並列につないで、並列につないだ2個の電池につなぎました。このとき豆電球1個に流れる電流はBの何倍ですか。整数または分数で答えなさい。

【4】 3個の豆電球を直列につないで、直列につないだ2個の電池につなぎました。このとき豆電球1個に流れる電流はCの何倍ですか。整数または分数で答えなさい。

【5】 3個の豆電球を並列につないで、直列につないだ2個の電池につなぎました。このとき豆電球1個に流れる電流はAの何倍ですか。整数または分数で答えなさい。

【6】 A、B、Dのうち、最も電池が長持ちするものを1つ選び、記号で答えなさい。

〔実験2〕 図3のように、豆電球と電池をつなぎ、導線でⓐ・ⓘをつなぐと豆電球は光りました。この㋐・ⓘを内部の見えない箱(図4)の1～4につなぎ、図1のAに流れる電流を1として、図3の豆電球に流れる電流を表にまとめました。

〔図3〕　〔図4〕

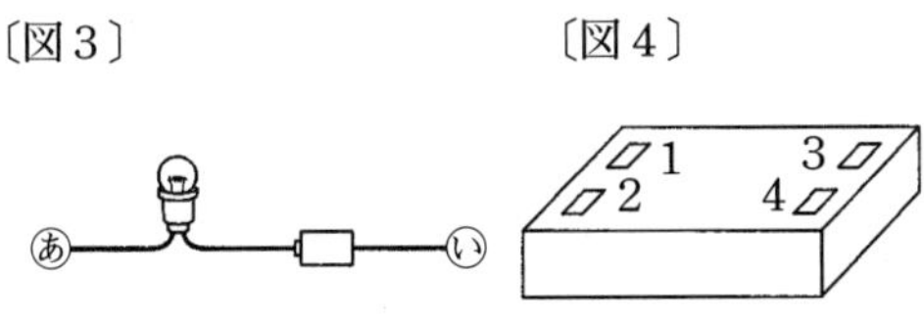

接続方法	電流
あと1　いと4	$\frac{1}{2}$
あと2　いと3	流れない
あと3　いと2	2

【7】 箱の中はどのようになっていると考えられますか。次のア～エから1つ選び、記号で答えなさい。ただし、交差している導線はつながっていないものとします。

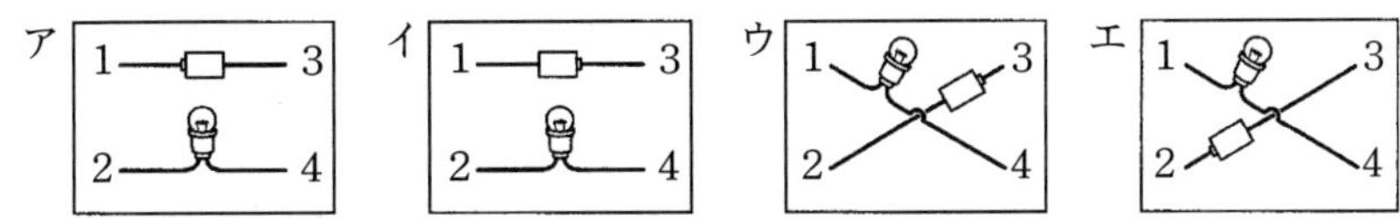

〔実験３〕 図４の箱を図５の箱に変えて実験したところ、表のようになりました。

〔図５〕

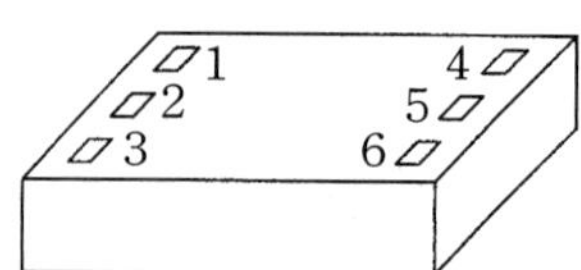

接続方法	電流
㋐と１　㋑と５	$\frac{1}{2}$
㋐と２　㋑と６	2
㋐と３　㋑と４	1

【8】 箱の中はどのようになっていると考えられますか。次のア～エから１つ選び、記号で答えなさい。ただし、交差している導線はつながっていないものとします。

ア
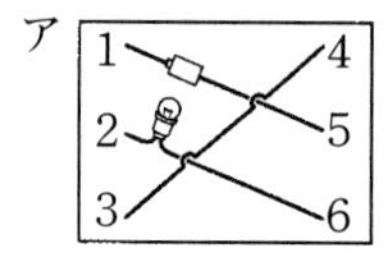

イ
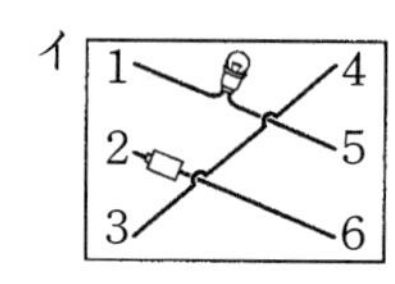

ウ
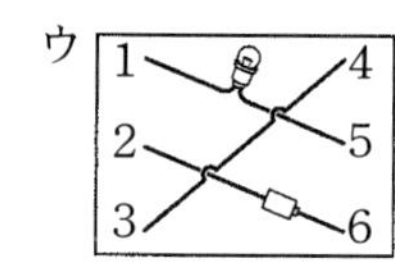

エ
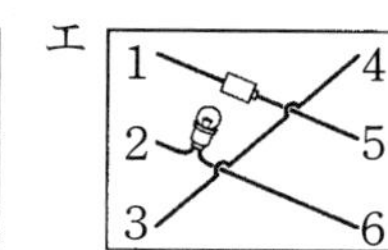

東邦大学付属東邦中学校（前期）

—45分—

1　次の文章を読み、あとの(1)～(3)の問いに答えなさい。

毎年、日本の各地で$_{A}$集中豪雨（しゅうちゅうごうう）による様々な被害（ひがい）が出ています。この集中豪雨をもたらす要因のひとつに、［ア］降水帯があります。この降水帯は、一般（いっぱん）に、次の①～④の過程を経て発生することが知られています。

① ［イ］風がふく。

② 地形や、性質が異なる空気の影響（えいきょう）で、［イ］空気が上昇する。

③ ［ウ］雲が次々に発生する。

④ 上空の風に流されて列をなすように［ウ］雲が［ア］にのびる。

［ア］降水帯による大雨の可能性がある程度高いことが予想された場合には、「顕著（けんちょ）な大雨に関する気象情報」が様々な情報媒体（じょうほうばいたい）（テレビやインターネットのニュースなど）で発表されています。この情報は、事前の避難（ひなん）などにも役立っています。被害を完全に防ぐことはできませんが、ふだんから$_{B}$より正確な情報を入手するように心がけることで、命を守る行動をとることが今まで以上に素早くできるようになっていくでしょう。

(1) 文中の下線部Aについて、集中豪雨により起こりうる被害として**適切でないもの**を、次の1～8から一つ選び、番号で答えなさい。

1 家屋の倒壊（とうかい）　2 盛土の崩壊（ほうかい）　3 道路の陥没（かんぼつ）　4 土砂崩れ（どしゃくずれ）
5 河川の氾濫（はんらん）　6 土地の液状化　7 停電　8 断水

(2) 文中の［ア］～［ウ］にあてはまる語句の組み合わせとしてもっとも適切なものを、次の1～12から一つ選び、番号で答えなさい。

	ア	イ	ウ		ア	イ	ウ
1	環状（かんじょう）	冷たくかわいた	積乱	2	環状	冷たくかわいた	乱層
3	線状	暖かくしめった	積乱	4	線状	暖かくしめった	乱層
5	列状	冷たくかわいた	積乱	6	列状	冷たくかわいた	乱層
7	環状	暖かくしめった	積乱	8	環状	暖かくしめった	乱層
9	線状	冷たくかわいた	積乱	10	線状	冷たくかわいた	乱層
11	列状	暖かくしめった	積乱	12	列状	暖かくしめった	乱層

(3) 文中の下線部Bについて、災害時により正確な情報を入手し、自分の命を守る行動としてもっとも適切なものを、次の1～4から一つ選び、番号で答えなさい。

1 テレビでドラマを見ていたら、地震（じしん）と津波（つなみ）の発生情報が緊急速報（きんきゅうそくほう）で出た。テレビ画面に表示される情報はそのまま見ていたが、同時にインターネットで住んでいる地域のハザードマップを確認し、テレビの津波情報とあわせて、避難するかどうかの判断材料にした。

2 スマートフォンで動画を見ていたら、緊急速報メールが届いた。すぐに内容を確認した上で、本当に災害が起こっているのか、どのような災害なのか、SNSに投稿（とうこう）されている多くの情報も確認した。その中でも最も注目されていた個人の投稿を参考に、避難するかどうかを判断した。

3　駅で電車を待っていたとき、竜巻発生注意報が出たらしく、その情報を伝えるアナウンスが流れた。駅員さんが避難の誘導をしていたが、その誘導とは別の方向に周囲の人たちが動いていた。多くの人が動いていく先が安全だろうと判断し、自分もその流れについていった。

4　学校で授業を受けている最中、降っていた雨がだんだん強くなってきた。先生たちは会議を開き、学校のある自治体の指示も受けて、しばらくは学校から帰らず、とどまる方が安全だと判断した。しかし、親から自分の携帯電話に「今すぐ帰って来て」と連絡があったので、急いで帰宅することにした。

2　次の文章を読み、あとの(1)～(3)の問いに答えなさい。

図は、硝酸カリウムという固体を100ｇの水にとけるだけとかしたときの、硝酸カリウムの重さと水の温度との関係を示したものです。東子さんと邦夫さんはこれに関する［実験］を次のように行いました。

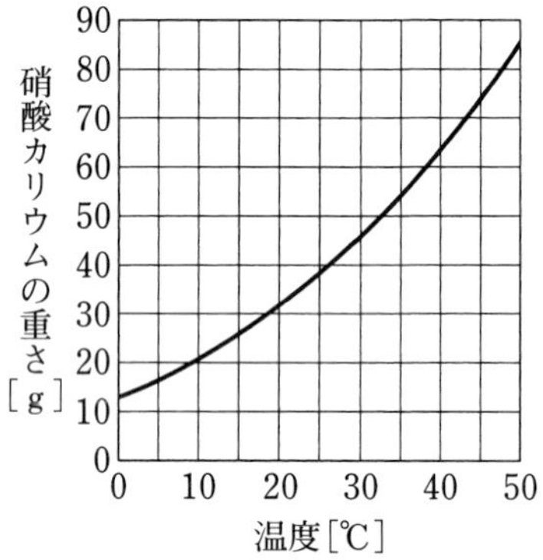

［実験］

①　硝酸カリウム12ｇをビーカーに入れ、水20ｇを加え、ガスバーナーで加熱しながらガラス棒でかき混ぜ、すべてとけるようにする。すべてとけたら、そのときの温度を測定する。

②　室温でゆっくり冷まし、その間の様子を観察し、とけきれなくなった硝酸カリウムの結晶が生じたら、そのときの温度を測定する。

硝酸カリウムの重さ[g]
90
80
70
60
50
40
30
20
10
0
0　10　20　30　40　50
温度[℃]

図

(1)　［実験］で硝酸カリウムの結晶は何℃で生じますか。図を参考に、次の１～６からもっとも適切なものを一つ選び、番号で答えなさい。

１　0℃　　２　10℃　　３　18℃　　４　20℃　　５　38℃　　６　結晶は生じない

(2)　次の会話文中の［　ア　］、［　イ　］にあてはまるものの組み合わせとしてもっとも適切なものを、あとの１～５から一つ選び、番号で答えなさい。

東子さん「12ｇの硝酸カリウムのとける温度が、予習で求めた温度とちがったね。」
邦夫さん「硝酸カリウムの固体が全部とけたのは45℃だったよね。なんでだろう。」
東子さん「［　ア　］からかな？」
邦夫さん「そうか！その可能性はありそうだね！」
東子さん「硝酸カリウムの結晶が生じる温度も予習とちがって、32℃だったよ。」
邦夫さん「う～ん…［　イ　］ということはあるかな？これはおかしいかな？」
東子さん「それはありえないんじゃない？」
邦夫さん「やっぱり変だよね。もう一度考え直してみようっと。」

	ア	イ
1	最初に用意した水が20ｇより多かった	生じた結晶の粒が小さくて見のがしてしまった
2	最初に用意した水が20ｇより少なかった	生じた結晶の粒が小さくて見のがしてしまった
3	加えた硝酸カリウムが12ｇより少なかった	生じた結晶の粒が小さくて見のがしてしまった
4	加えた硝酸カリウムが12ｇより少なかった	最初に用意した水が20ｇより少なかった
5	かき混ぜなかった	最初に用意した水が20ｇより少なかった

(3)　固体を水にとけるだけとかした水溶液を飽和水溶液といいます。硝酸カリウムの60℃での飽和水溶液200ｇをつくり、これを18℃まで冷やすと、生じる結晶は何ｇですか。小数第１位を四捨五入して整数で答えなさい。ただし、硝酸カリウムは水100ｇに60℃で110ｇ、18℃で30ｇとけるものとして計算しなさい。

3　次の文章を読み、あとの(1)～(3)の問いに答えなさい。

2023年４月～９月に放送されていたＮＨＫの連続テレビ小説「らんまん」の主人公は、日本の植物分類学の父と呼ばれる牧野富太郎をモデルとしていました。植物の分類とは、植物の体のつくりやふえ方(子孫の残し方)など、植物同士の共通点に基づいて仲間分けをすることです。牧野は生涯を通じて日本の様々な植物をつぶさに観察し、精密なスケッチを数多く残しています。これらの功績により、明治後期から昭和初期にかけて、日本の植物分類学は大きく発展しました。

現代においては、植物をはじめ多くの生物の分類は、生物のもつＤＮＡやその中の遺伝子に基づいて行われることがほとんどです。しかし、牧野の残した多くの記録は現代の植物図鑑においても利用され、今も変わらず日本の植物分類学を支えています。

(1)　種子を食用として利用している植物として**適切でないもの**を、次の１～５から一つ選び、番号で答えなさい。

１　ダイズ　　２　アブラナ　　３　イネ　　４　ゴマ　　５　オリーブ

(2)　ヒマワリと同じ仲間の植物としてもっとも適切なものを、次の１～５から一つ選び、番号で答えなさい。

１　タンポポ　　２　ツツジ　　３　ホウセンカ　　４　チューリップ　　５　ジャガイモ

(3)　花は一般に図のようなつくりになっており、外側から、がく片、花弁、おしべ、めしべの４つの構造でできています。これらの構造が全てつくられるには、Ａクラス、Ｂクラス、Ｃクラスとよばれる３つの遺伝子のまとまりが、全て正常にはたらく必要があります。この３つのクラスの遺伝子がどのようにはたらいて花の４つの構造ができるのかを確認するために、特定のクラスの遺伝子に異常がある植物を育て、咲いた花の様子を観察し、記録しました。表は、その結果を示しています。この結果から考えられることは、次のア～カのうちのどれとどれですか。その組み合わせとしてもっとも適切なものを、あとの１～９から一つ選び、番号で答えなさい。なお、育てた植物は３つのクラスの遺伝子全てに異常がなければ、花の４つの構造全てが正常にできる種類のものとします。

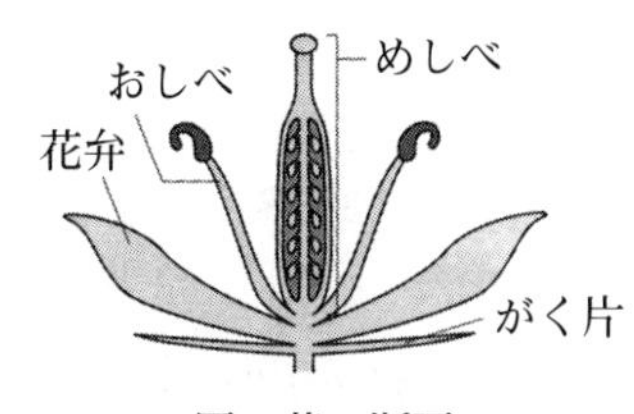

図　花の断面

表

異常がある(はたらかない)遺伝子	咲いた花の様子
Aクラス	がく片・花弁ができなかった
Bクラス	花弁・おしべができなかった
Cクラス	おしべ・めしべができなかった
AクラスとBクラス	がく片・花弁・おしべができなかった
AクラスとCクラス	どの構造もできなかった
BクラスとCクラス	花弁・おしべ・めしべができなかった

ア　Aクラスの遺伝子がはたらくだけで、花弁ができる。
イ　Bクラスの遺伝子がはたらくだけで、おしべができる。
ウ　Cクラスの遺伝子がはたらくだけで、めしべができる。
エ　AクラスとBクラスの遺伝子だけが、めしべができることに関わる。
オ　AクラスとCクラスの遺伝子だけが、花弁ができることに関わる。
カ　BクラスとCクラスの遺伝子だけが、おしべができることに関わる。

1	ア	エ	2	ア	オ	3	ア	カ
4	イ	エ	5	イ	オ	6	イ	カ
7	ウ	エ	8	ウ	オ	9	ウ	カ

4　次の文章を読み、あとの(1)、(2)の問いに答えなさい。

図1のように、高さ20cmの直方体の容器を水平な台の上に置きました。容器に水を入れて、容器の側面にばねを取り付けました。側面に対して垂直にばねを引っ張り、容器が動き出したときのばねののびを調べる実験を行いました。

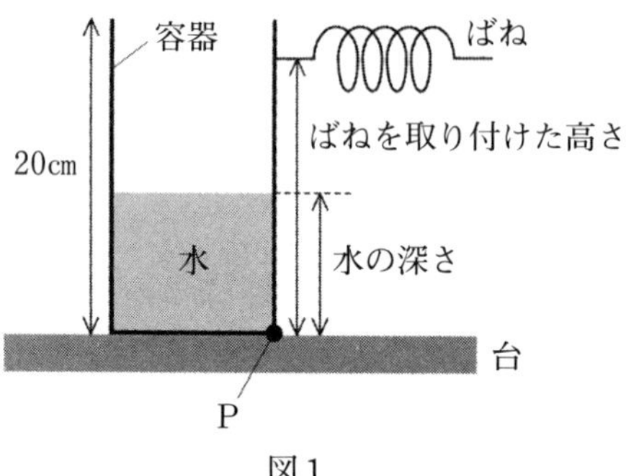

図1

［実験1］

容器に深さ8cmになるように水を入れ、容器が横に移動しないように、ばねを取り付ける側面と台が接触(せっしょく)するところ(図1の点P)をおさえました。ばねを取り付ける高さをいろいろと変えてばねを引っ張ったところ、ばねを取り付けた高さと容器が傾(かたむ)き始めた時のばねののびの関係は、図2のようになりました。

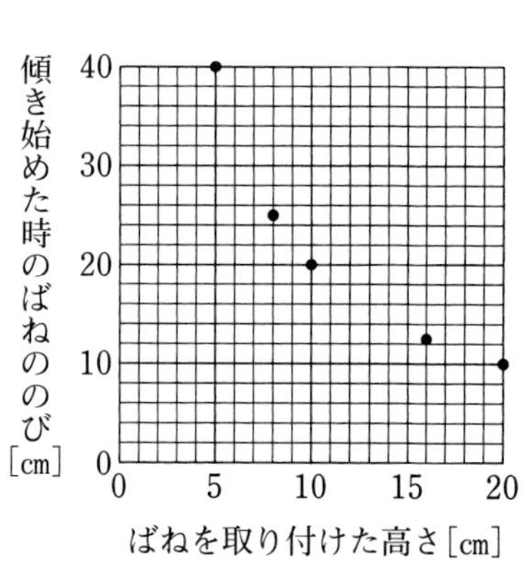

図2

［実験２］

容器が傾かないようにして、容器に入れる水の量をいろいろ変えてばねを引っ張ったところ、水の深さと容器が横に移動し始めた時のばねののびの関係は、図３のようになりました。この関係は、ばねを取り付ける高さを変えても変わりませんでした。

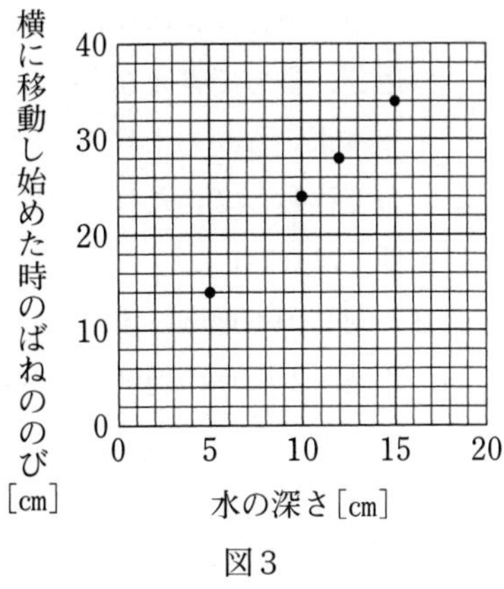

図３

(1)　［実験１］において、容器が傾き始めた時のばねののびが16cmになるのは、ばねを取り付けた高さが何cmのときですか。

(2)　［実験１］と［実験２］の結果から、容器を台の上に置き、深さ８cmになるように水を入れてばねを引いた時に、容器が横に移動するより先に容器が傾き始めるのは、ばねを取り付けた高さが少なくとも何cmを超えたときですか。

5　次の文章を読み、あとの(1)～(3)の問いに答えなさい。

2023年６月から、［　ア　］が「条件付特定外来生物」に指定されました。［　ア　］は、外国から日本に持ちこまれて以降、野外でも繁殖して次第に数をふやし、生態系などへの被害の大きさが問題視されていました。しかし長い間、「特定外来生物」への指定はされてきませんでした。

日本国外から持ちこまれた$_{A}$外来種を外来生物といいます。「特定外来生物」は、外来生物のうち、生態系、人の生命・身体、農林水産業へ被害を及ぼすもの、または及ぼすおそれがあるものとして、外来生物法という法律で指定されている生物のことを指す言葉です。「特定外来生物」はその扱いに様々な規制があり、人による移動は簡単にはできないようになっています。［　ア　］が生態系などへ与える被害は、「特定外来生物」に指定されるのに十分であることは、多くの研究者によってたびたび指摘されていました。しかし、［　ア　］はそういった被害の報告が出るまでの間に広く一般家庭でも飼育されるようになり、「特定外来生物」としての規制が難しい状況にありました。この状況への対応のため、$_{B}$「特定外来生物」に指定しつつも一部の規制を適用しないようにすることができる「条件付特定外来生物」が新設されたのです。

(1)　文中の［　ア　］にあてはまる生物としてもっとも適切なものを、次の１～16から一つ選び、番号で答えなさい。

1	アライグマ と アカミミガメ	2	アライグマ と カミツキガメ
3	アライグマ と クサガメ	4	アライグマ と ワニガメ
5	ウシガエル と アカミミガメ	6	ウシガエル と カミツキガメ
7	ウシガエル と クサガメ	8	ウシガエル と ワニガメ
9	アメリカザリガニ と アカミミガメ	10	アメリカザリガニ と カミツキガメ
11	アメリカザリガニ と クサガメ	12	アメリカザリガニ と ワニガメ
13	オオクチバス と アカミミガメ	14	オオクチバス と カミツキガメ
15	オオクチバス と クサガメ	16	オオクチバス と ワニガメ

(2)　文中の下線部Aについて、外来種に関する説明として**適切でないもの**を、次の1～4から一つ選び、番号で答えなさい。

1　本来いなかった環境に人間活動の影響で入ってきたものだけが外来種であり、生物が自力で移動してきたり、人間以外の生物や自然現象の影響で移動してきたりしたものは、外来種ではない。

2　同じ国や地域にすむ生物について、例えば習志野市から船橋市へ、あるいは同じ市内のある地区から別の地区への移動であったとしても、人間が持ちこんだ生物は、持ちこんだ場所に本来いないものであれば、外来種である。

3　外来種は、本来いなかった環境に人間活動の影響で入ってきたとしても、必ずしも移動した先で繁殖し、数をふやすことができるわけではない。

4　本来いなかった環境に人間活動の影響で入ったのちに、繁殖して数をふやすことができたとしても、元の生態系に何の影響もない場合には、外来種とはよばない。

(3)　文中の下線部Bについて、次のa～dは、「特定外来生物」に対して法律で禁止されている内容です。これらのうち、「条件付特定外来生物」では許可されている(禁止されていない)ことはどれですか。もっとも適切なものを、あとの1～7から一つ選び、番号で答えなさい。

a　すでにペットとして飼育している個人が、無許可で飼育を続けること。

b　すでに商業目的で飼育している業者が、無許可で飼育と販売を続けること。

c　外来生物としてすでに定着している野外で採取した個体を、個人が持ち帰った後、再び採取した場所にもどすこと。

d　外来生物としてすでに定着している野外で採取した個体を、商業目的の業者が持ち帰った後、その生物の原産地の野外に運んで放すこと。

1　全て許可なし　　2　a　　3　a b　　4　a c

5　a b c　　6　a b d　　7　a b c d

6　次の文章を読み、あとの(1)～(3)の問いに答えなさい。ただし、気体の体積はすべて同じ条件ではかったものとします。

貝殻や石灰石の主成分である炭酸カルシウムは、白色の固体で、塩酸を加えると二酸化炭素を発生しながらとけて、無色の水溶液となります。この水溶液に硫酸を加えると、白色の沈殿が生じます。

2.5 gの炭酸カルシウムに十分な量の塩酸を加えると、600mLの二酸化炭素が発生しました。この水溶液に十分な量の硫酸を加えて、生じた沈殿を取り出し、乾燥したあとに重さをはかると3.4 gでした。

また、ふくらし粉の主成分である炭酸水素ナトリウムは、重曹とも呼ばれる白色の固体で、炭酸カルシウムと同様に、塩酸を加えると二酸化炭素を発生しながらとけて、無色の水溶液となります。しかし、この溶液に硫酸を加えても沈殿は生じません。

2.1 gの炭酸水素ナトリウムに十分な量の塩酸を加えると、600mLの二酸化炭素が発生しました。

(1)　10 gの炭酸カルシウムに十分な量の塩酸を加えて発生するのと同量の二酸化炭素を、炭酸水素ナトリウムに十分な量の塩酸を加えて発生させるには、炭酸水素ナトリウムは何g必要ですか。

(2)　30 g の炭酸カルシウムに十分な量の塩酸を加え、二酸化炭素を発生させました。この水溶液に、ある濃(こ)さの硫酸を80mL加え、生じた沈殿を取り出し、乾燥したあとに重さをはかると10.2 g でした。さらに同じ濃さの硫酸を加えて沈殿が生じなくなるまでには、あと何mLの硫酸が必要ですか。

(3)　炭酸カルシウムと炭酸水素ナトリウムの混合物に十分な量の塩酸を加えたところ、二酸化炭素が1760mL発生しました。この水溶液に十分な量の硫酸を加え、生じた沈殿を取り出し、乾燥したあとに重さをはかると5.44 g でした。もとの混合物全体の重さに対する炭酸カルシウムの重さは何％ですか。小数第１位を四捨五入して、整数で答えなさい。

7　次の文章を読み、あとの(1)～(3)の問いに答えなさい。ただし、水の重さは１㎤あたり１ｇとします。

断面積の異なる円筒(えんとう)の形をした容器をいくつか用意し、それぞれの容器の底に穴をあけて、ゴム管でつないだ装置をつくりました。

次に、図１のように、この装置に水を入れ、左右の容器の内側の断面にちょうどはまる円柱の形をしたおもりをのせ、水面の高さを左右で同じにする実験１～実験４を行いました。

このときの左右の容器の断面積と、左右にのせたおもりの重さの関係は表のようになりました。

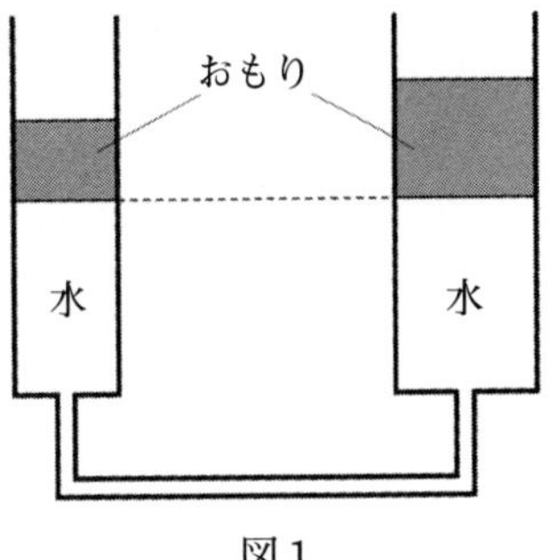

図１

表

	実験１	実験２	実験３	実験４
左の容器の断面積[㎠]	5	5	5	5
左の容器にのせたおもりの重さ[ｇ]	10	20	10	20
右の容器の断面積[㎠]	30	30	40	40
右の容器にのせたおもりの重さ[ｇ]	60	120	80	ア

(1)　表のアに入るおもりの数値を答えなさい。

左の容器の断面積を５㎠、右の容器の断面積を30㎠にして、左右に同じ重さのおもりをのせると、図２のように、右の容器の水面のほうが10cm高くなりました。

(2)　左右にのせたおもりの重さは何ｇですか。

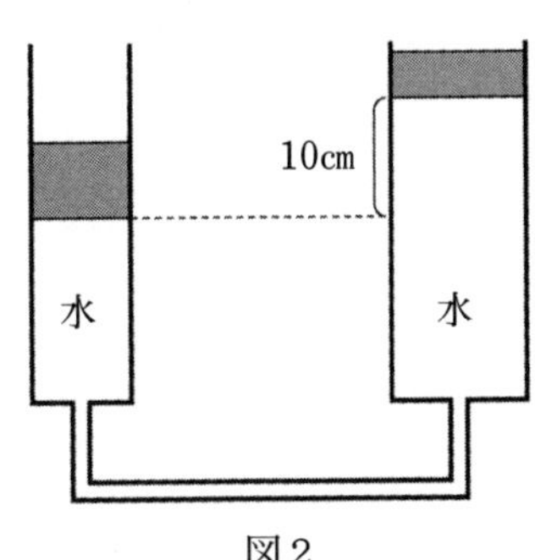

図２

図３の状態で、重さ42ｇのおもりＡ、円柱の形をした重さ140ｇのおもりＣ、円すいの形をしたおもりＢが静止しています。左の容器の断面積は15㎠、右の容器の断面積は６㎠で、左右の容器の水面の高さは同じです。棒は、右端（みぎはし）の点Ｐのみが固定され、点Ｐを支点としておもりＢの頂点を押（お）すように、左端にひもでおもりＡがつるされています。また、棒は水平になっており、棒の左端からおもりＢの頂点までの長さは24㎝、棒の右端の点ＰからおもりＢの頂点までの長さは４㎝です。ただし、棒とひもの重さは無視できるものとします。

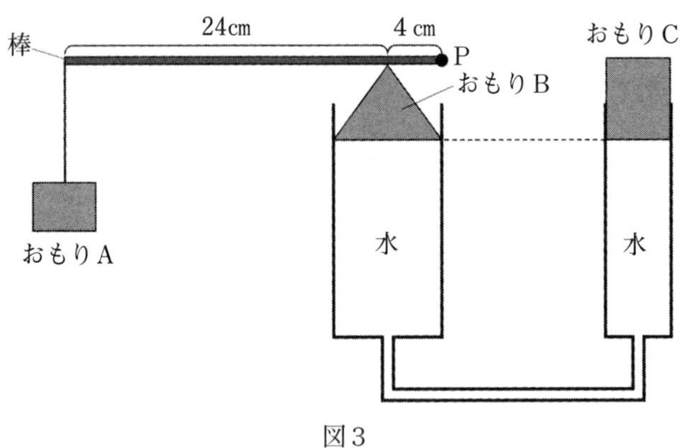

図３

⑶　おもりＢの重さは何ｇですか。

東洋大学京北中学校(第１回)

(編集部注：実際の入試問題では、写真や図版の一部はカラー印刷で出題されました。)　—30分—

1　たろうさんは、理科の授業で、種子の発芽には「適当な温度、水、空気」の３つの条件が必要であり、「光」の条件は必要ないということを学びました。たろうさんの家ではお母さんが植物を育てており、植物は日当たりのよい所に置いてあげることが大切という話を聞いていたので、学んだ内容が本当なのか気になりました。そこで、発芽の条件について確かめるために【実験１】を行いました。

【実験１】

図のように条件を変えたＡ～Ｅのシャーレを用意して、いろいろと条件を変えて、ある野菜の種子が発芽するかどうかを観察しました。このとき、Ａ～Ｄは20℃、Ｅは10℃にしました。数日後、ＢとＤは発芽しました。なお、実験中に種子がくさることはありませんでした。

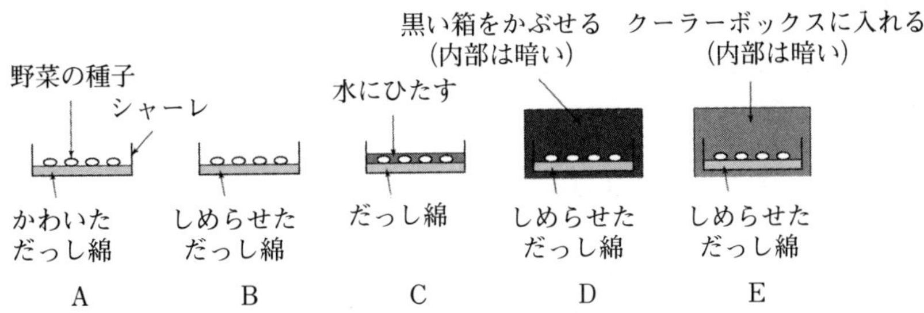

(1)　次の植物のうち、子葉が１枚のものはどれですか。ア～エから１つ選び、記号で答えなさい。

ア　イネ　　イ　ピーマン　　ウ　エンドウ　　エ　オクラ

(2)　発芽の条件として、次の①～④の内容を調べるためには、Ａ～Ｅのどれとどれの結果を比べればよいですか。ア～クの中から正しい組み合わせを１つ選び、記号で答えなさい。

①　発芽に「適当な温度」が必要かどうか　　②　発芽に「水」が必要かどうか

③　発芽に「空気」が必要かどうか　　④　発芽に「光」が必要かどうか

ア　①はＡとＢ　②はＢとＣ　③はＢとＤ　　イ　①はＤとＥ　②はＡとＢ　③はＢとＣ

ウ　①はＢとＤ　②はＤとＥ　④はＡとＢ　　エ　①はＢとＣ　②はＢとＤ　④はＤとＥ

オ　①はＡとＢ　③はＢとＣ　④はＢとＤ　　カ　①はＤとＥ　③はＡとＢ　④はＢとＣ

キ　②はＢとＤ　③はＤとＥ　④はＡとＢ　　ク　②はＢとＣ　③はＢとＤ　④はＤとＥ

(3)　文章中の下線部について、後日、お母さんに理由を聞いてみると「光が当たることで植物では光合成という反応がおこる」と説明してくれました。この光合成とはどのような反応ですか。「光が当たることで」という文章ではじまり、「酸素」、「二酸化炭素」、「デンプン」ということばを使って**30字以上40字以内**で説明しなさい。

(4)　次の文を読み、あとの(i)、(ii)の問いに答えなさい。

たろうさんは、種子の発芽が温度によってどのような影響(えいきょう)を受けるかを調べることにしました。【実験１】で、種子は20℃では発芽して、10℃では発芽しなかったことを学校の先生に伝えると、「10℃以下では発芽しないので、20℃前後の温度で発芽の様子にちがいがあるかを確認するといいよ」というアドバイスをもらいました。その後、方法を考えて、【実験２】を行いました。

【実験２】

３つのシャーレにだっし綿をしき、それぞれに水を10mLずつ入れ、野菜の種子を50つぶずつまきました。それを15℃、20℃、25℃の３つの温度条件で発芽させて、１日目から５日目までの発芽した数を調べました。また、温度によって発芽にかかる日数に違いがあるか判断するために、その日に発芽した数と発芽にかかった日数をかけた数値を求め、発芽するのにかかる日数の平均を計算しました。その後、その結果を表１にまとめました。

表１　温度条件と発芽数

	温度条件					
	15℃		20℃		25℃	
日数	発芽数	発芽数×日数	発芽数	発芽数×日数	発芽数	発芽数×日数
１日目	0	0	7	7	20	20
２日目	3	6	13	26	25	④
３日目	10	①	23	69	5	15
４日目	21	84	7	28	0	0
５日目	16	80	0	0	0	0
合計	50	②	50	130	50	⑤
発芽するのにかかる日数の平均	③		2.6		⑥	

(i)　表１の空らんの①～⑥にあてはまる数値の組み合わせをア～エから１つ選び、記号で答えなさい。

ア　①は30　②は180　④は25　　イ　①は30　③は４　⑤は85

ウ　②は180　③は４　⑥は1.9　　エ　④は25　⑤は85　⑥は1.9

(ii)　表２はたろうさんの住んでいるところの１年間の月別平均気温を示しています。たろうさんが実験で用いた野菜を育てたいと考えたとき、何月ごろに種をまくと最も早く発芽すると考えられますか。ア～エから１つ選び、記号で答えなさい。

表２　月別平均気温

	１月	２月	３月	４月	５月	６月	７月	８月	９月	10月	11月	12月
平均気温(℃)	3	4	7	13	17	20	24	25	21	16	10	5

ア　１～２月　　イ　３～４月　　ウ　５～６月　　エ　７～８月

2　古くからおかし作りに使用されている白色の粉末Ａがあります。この粉末は加熱をすると以下のように変化することが知られています。

白色の粉末Ａ　→　気体Ｘ　＋　気体Ｙ　＋　液体Ｚ

このとき、生じる気体Ｘ、Ｙの性質を調べるために図１のような装置を組み、白色の粉末Ａを加熱する実験を行いました。①、②にはＢＴＢよう液が、③には石灰水がそれぞれ入っています。また、図２は図１の一部を拡大したものです。

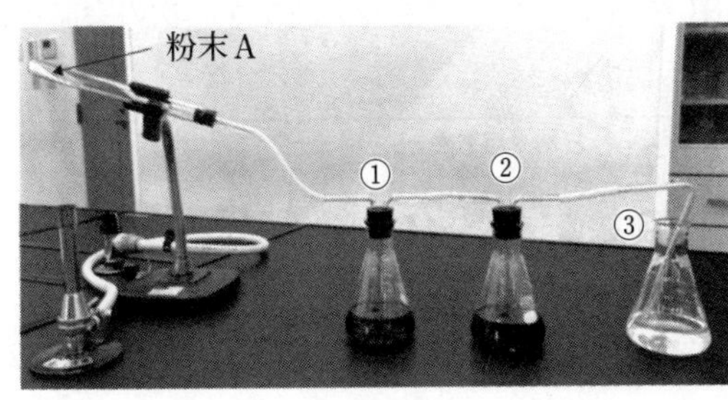

図１

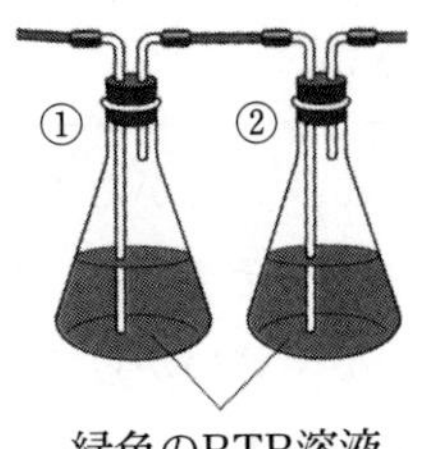

図２

(1)　図１のように、ＢＴＢよう液を入れると緑色になる水よう液はどれですか。ア～オから１つ選び、記号で答えなさい。

ア　塩酸　　　イ　水酸化ナトリウム水よう液

ウ　石灰水　　エ　砂糖水　　オ　重そう水

実験を進めると、ＢＴＢよう液の色が図３のように①は青色、②は黄色に変化しました。また、③の石灰水は白くにごりました。

図３

(2)　①のＢＴＢよう液をフェノールフタレインよう液に変えると、よう液の色は何色になりますか。ア～オから１つ選び、記号で答えなさい。

ア　無色　　イ　赤色　　ウ　黄色　　エ　緑色　　オ　青色

(3)　③の石灰水を白くにごらせたのが気体Ｙであるとすると、この気体は何だと考えられますか。

(4)　次の表はいろいろな気体が水に溶(と)ける量をまとめたものです。①のＢＴＢよう液を緑色から青色に変化させた気体Ｘを表のア～エの中から１つ選び、記号で答えなさい。

表　温度による水１Ｌに溶ける気体の量[L]

温度[℃]	気体ア	気体イ	気体ウ	気体Ｙ	気体エ
0	0.022	0.024	0.049	1.71	1174
20	0.018	0.015	0.031	0.88	702

ガラス管を液体から外したのち、加熱を止め、ある程度冷えたところで試験管からゴム栓(せん)を外しました。すると、試験管の口には液体Ｚが確認でき、さらに鼻をさすようなにおいが感じられました。

(5)　気体Ｘは何だと考えられますか。ア～オから１つ選び、記号で答えなさい。

ア　塩化水素　　イ　ちっ素　　ウ　塩素　　エ　アンモニア　　オ　水蒸気

(6)　図３の①のＢＴＢよう液の色を青色から緑色にもどすためには、どのような操作をするとよいでしょうか。**25字以内**で答えなさい。ただし、①には物質を加えてはいけません。

3　じゅんさんといちろうさんが川沿いを歩いていたときの会話です。次の会話を読んであとの問いに答えなさい。

じゅんさん：ゴミがたくさん流れているね。
いちろうさん：そうだね。ところで何でゴミは浮(う)くんだろう。
じゅんさん：軽いからでしょ。
いちろうさん：あっ、①浮いているペットボトルと沈(しず)んでいるペットボトルがあるよ。
じゅんさん：何でだろう。
いちろうさん：明日、先生に聞いてみよう。
《次の日》
理科の先生：重さだけではなくて大きさ(体積)も関係しているんだよ。
例えば②石油や荷物を運ぶ大きなタンカーも海に浮いているでしょう。
いろいろ調べてごらん。
じゅんさん：わかりました。
いちろうさん：調べてみます。

その後２人は、インターネットや本を使って『浮く』ということについて調べた結果、先生の言っていた重さと体積の関係は次のようになることがわかりました。

液体と同じ重さの物体と液体を比べたとき体積が液体より[　A　]ければ浮く

(1)　下線部①について、浮いているものと沈んでいるもののちがいは何ですか。ア～エから１つ選び、記号で答えなさい。
ア　中が空か、水で満たされていたかのちがい
イ　ペットボトルの材質のみのちがい
ウ　ペットボトルの形のみのちがい
エ　川の流れの影響のちがい

(2)　２人がいろいろと調べているとき、息で膨(ふく)らませた風船を大きな容器に入れ、容器内にホースである気体を入れると沈んでいた風船が少しずつ浮いてくる映像を見ました。２人も右の図のように息で膨らませた風船を大きな容器に入れてみましたが、風船は底に落ちたままでした。この風船を大きな容器内で浮かせるためには、どのような方法が考えられますか。ア～エから１つ選び、記号で答えなさい。

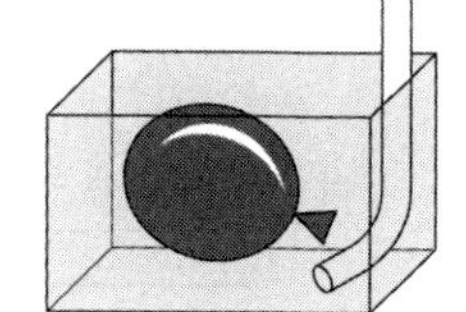

ア　吸うと声の高くなる気体を容器に入れる
イ　ドライアイスを容器に入れる
ウ　水素を容器に入れる
エ　空気以外のどんな気体を容器に入れても浮く

(3)　２人がいろいろと調べているとき、氷山のことについても調べてみたところ、いろいろな映像や本に説明がのっていました。実際、氷山はどのような状態で浮いているでしょうか。ア～エから１つ選び、記号で答えなさい。

ア
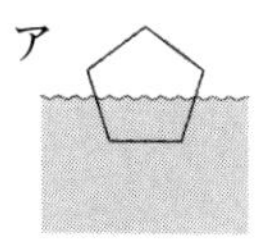
イ
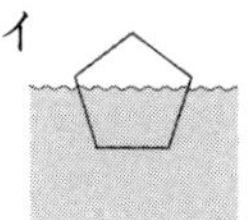
ウ
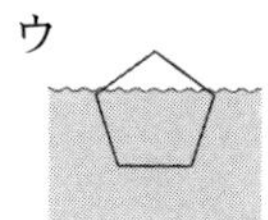
エ
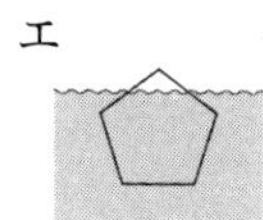

(4)　下線部②「石油や荷物を運ぶ大きなタンカー」は、石油や荷物を降ろした後は、転覆しないようにするために、海水を船内に入れるそうです。なぜ海水を入れるのでしょうか。「重心」ということばをつかって簡単に説明しなさい。

(5)　[A]に入ることばを答えなさい。

4　４月25日から27日までの期間に気象観測を行いました。観測した結果(図１・表)と資料①・②をもとに、あとの問いに答えなさい。

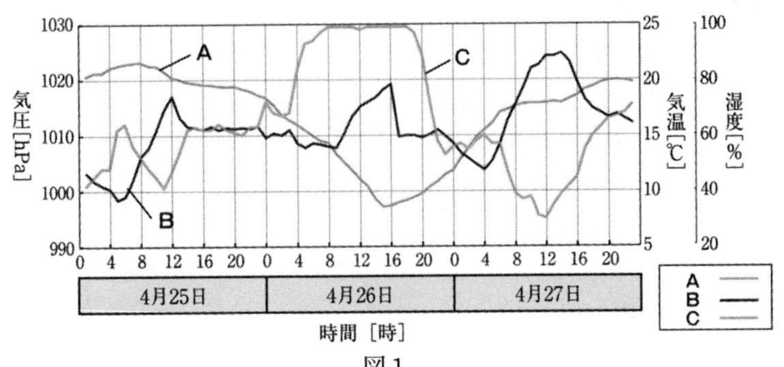

図１

表　天気の変化(○: 晴れ　◎: くもり　●: 雨)

日	4月25日						4月26日						4月27日					
時刻	0	4	8	12	16	20	0	4	8	12	16	20	0	4	8	12	16	20
天気	○	○	○	◎	◎	◎	◎	●	●	●	●	◎	○	○	○	○	○	○

資料①　気圧

気圧とは、空気によって発生する圧力のことです。空気は見えないだけで私たちのまわりに存在していて、空気にも重力がはたらきます。人がジャンプすると、地面にもどってくるのは地球が人を引っ張っている重力という力があるからです。この原理と同じように空気にも重力がはたらいていて、地球に引っ張られているのです。気圧が低いところを低気圧(L)、気圧が高いところを高気圧(H)と呼びます。低気圧にはまわりから空気を集める特ちょうがあります。暖かい空気と冷たい空気が集まってぶつかると、雲が発生しやすくなります。そのため、低気圧が近づくと雨が降りやすいのです。一方で、高気圧が近づくと上空から空気がゆっくりと吹き降ろし、雲がなくなって晴れわたることが多くなります。

資料②　湿度

湿度とは、一定の体積の空気中にどれだけの水蒸気がふくまれているのかをあらわしたものです。その温度でふくむことができる最大の水蒸気の量に対する、実際にふくんでいる水蒸気の量を百分率で示したものです。晴れている日は、空気中の水分の量が少なく、湿度も低くなります。一方で、雨が降っている日は、湿度が高くなります。

(1)　４月25日の６時に図２のような風見鶏が、北西に向いていました。このときの風はどの方角に向かって吹いていますか。

(2)　図１のA～Cは、それぞれ気温・気圧・湿度のどれでしょうか。資料①・②をもとに答えなさい。

(3)　図１・表からわかることとして、あてはまるものを次のア～カから**２つ**選び、記号で答えなさい。

ア　晴れの日は雨の日より気圧が低い

イ　晴れの日は朝の気温が最も高い

ウ　晴れの日の湿度は約25％で一定である

エ　雨の日は晴れの日より１日の気温の変化が小さい

オ　雨が降っているときは湿度が低い

カ　晴れから雨になると気圧が下がる

図２

(4)　４月25日９時の天気図は図３のようになっていました。

　図３の中で、雨が降っていると考えられるのはどこでしょうか。ア～ウから１つ選び、記号で答えなさい。

ア　札幌

イ　東京

ウ　鹿児島

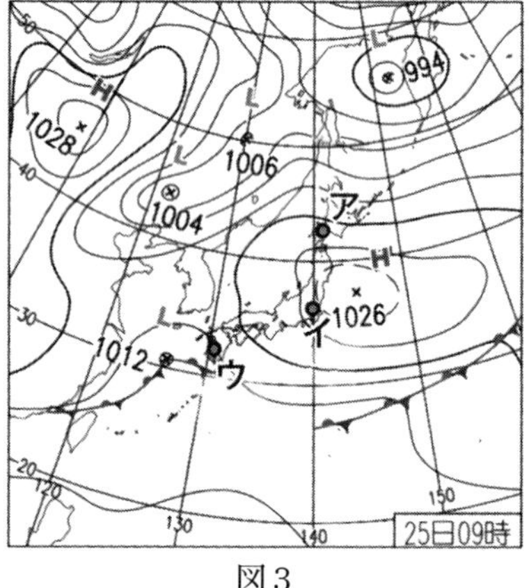

図３

(5)　晴れのときは気温が上がりやすく、くもりのときは気温が変化しにくいという傾向があります。なぜくもりのときは気温が上がりにくいのでしょうか。その理由を**20字以内**で書きなさい。

獨協埼玉中学校(第１回)

―30分―

1　以下の各問いに答えなさい。

(1)　次の①～③による影響が最も大きいものを、ア～ウの説明のうちからそれぞれ選び、記号で答えなさい。

①　伝導　　②　対流　　③　放射

ア　エアコンの冷房(ぼう)は風向きを上向きにすることで、部屋全体が涼(すず)しくなりやすい。

イ　電子レンジを使用すれば、食べ物が温められる。

ウ　火で熱したフライパンは火が触れていない部分も熱くなっている。

(2)　６月ごろから７月上旬にかけて、日本列島に長雨を降らせる原因となる前線の種類はどれですか。次のア～オから１つ選び、記号で答えなさい。

ア　停たい前線　　イ　温暖前線　　ウ　寒冷前線

エ　閉そく前線　　オ　湿(しつ)じゅん前線

(3)　昆(こん)虫に共通する特徴(ちょう)として正しいものを次のア～オからすべて選び、記号で答えなさい。

ア　外骨格をもち、脱(だっ)皮を行い成長する。

イ　からだは頭部・胸部・腹部の３つに分かれている。

ウ　あしは頭部・胸部・腹部の各部分に１対ずつ存在している。

エ　胸部に肺をもち、呼吸を行っている。

オ　複眼という小さな目が集まった構造をもつ。

(4)　子葉に栄養分を貯蔵する種子を無はい乳種子といいます。次の①～⑥の植物の組み合わせのうち、無はい乳種子のものを１つ選び、番号で答えなさい。

①　イネ・エンドウ　　②　イネ・トウモロコシ　　③　イネ・ナズナ

④　エンドウ・トウモロコシ　　⑤　エンドウ・ナズナ　　⑥　トウモロコシ・ナズナ

(5)　次のア～カは、顕微(けんび)鏡の操作を説明したものです。正しい操作順に並び替(か)え、その順に記号を書きなさい。

ア　接眼レンズをのぞきながら、調節ネジを使って対物レンズとプレパラートを遠ざけて、ピントを合わせる。

イ　接眼レンズを顕微鏡に取り付ける。

ウ　調節ネジを使って、対物レンズとプレパラートをなるべく近付ける。

エ　２～３種類の倍率の対物レンズを顕微鏡に取り付ける。

オ　対物レンズを低倍率のものにし、視野全体が明るくなるように、反射鏡の向きを調節する。

カ　プレパラートをステージの上に正しく置き、クリップで固定する。

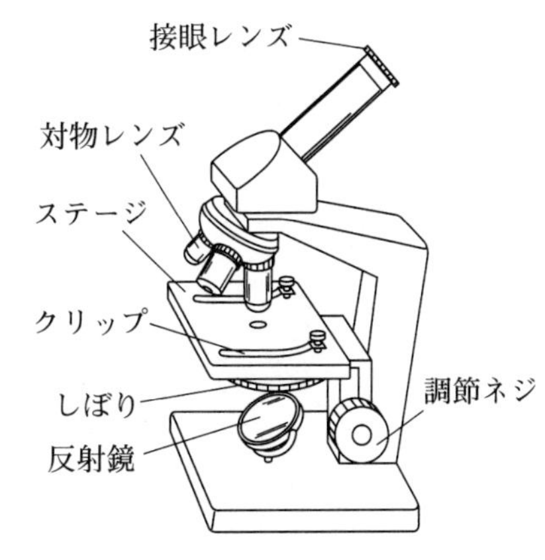

(6)　眼には「ひとみ」・「網膜(もうまく)」・「レンズ」・「角膜」・「ガラス体」などの空間や構造が存在しています。光が入る順に５つの空間や構造を並べたとき、３番目と５番目に通過する組み合わせはどれですか。正しいものを次のア～コから１つ選び、記号で答えなさい。

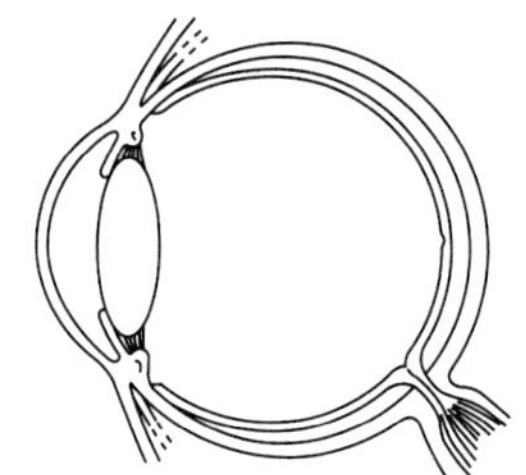

	３番目	５番目
ア	ひとみ	ガラス体
イ	ひとみ	レンズ
ウ	網膜	ひとみ
エ	網膜	角膜
オ	レンズ	網膜
カ	レンズ	ガラス体
キ	角膜	レンズ
ク	角膜	ひとみ
ケ	ガラス体	角膜
コ	ガラス体	網膜

(7)　太郎さんは、以下の方法でミョウバンの結晶を作りました。［　A　］および［　B　］に入る語句を答えなさい。

1　お湯に「ミョウバン」を限界まで溶(と)かし、［　A　］水溶液とします。

2　［　A　］水溶液を徐々に冷やしていくことで、ミョウバンを［　B　］させ固体のミョウバンをつくります。

3　タネとなる形の整った結晶を選び、再び［　A　］水溶液を作って、
「タネ結晶を入れる」→「徐々(じょじょ)に冷やす」→「成長したタネ結晶を取り出す」→「［　A　］水溶液を作る」→「タネ結晶を入れる」→「徐々に冷やす」→「…」を繰(く)り返します。

4　上記のように結晶成長を促(うなが)すことで、大きく美しいミョウバン結晶ができ上がります。

(8)　ある小学6年生が「マスクを衣服やバッグなどに留めるマグネットクリップ『テリッパ』を発明し、特許を取得した」と報じられました。この発明品は、磁石に付く性質をもつ金属を利用しています。次のア～エから磁石に付かない金属をすべて選び、記号で答えなさい。

ア　金　　イ　銀　　ウ　銅　　エ　鉄

(9)　いくつかの物質が混ざり合っているものを混合物といいます。混合物を次のア～オからすべて選び、記号で答えなさい。

ア　石油(原油)　　イ　水(純水)　　ウ　ブドウ糖(グルコース)

エ　食塩(塩化ナトリウム)　　オ　ステンレス

2　ばねを使って、つるしたおもりの重さとばね全体の長さを調べる実験をしました。問題を解くうえで、おもり以外の重さは考えなくてよいものとします。

【実験１】

図１のように、元の長さや伸びやすさの異なるばねＡとばねＢに、おもりをつり下げて静止したときの、ばね全体の長さとおもりの重さを調べたところ、表１のようになりました。

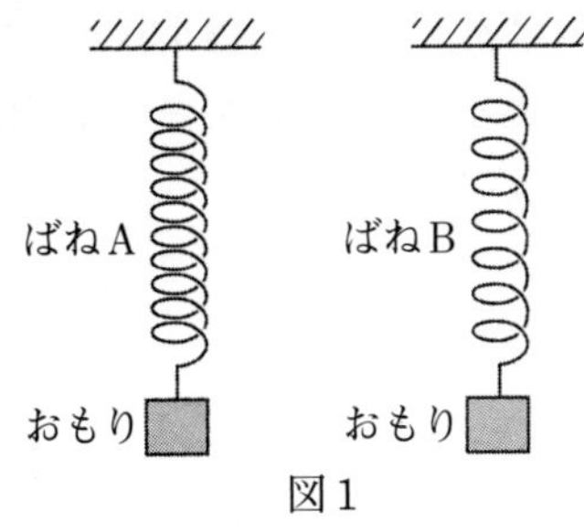

図１

おもりの重さ［ｇ］	5	10	15
ばねＡの全体の長さ［cm］	27.5	30	32.5
ばねＢの全体の長さ［cm］	20	25	30

表１

(1)　縦軸(じく)がばね全体の長さ、横軸がおもりの重さを表すグラフを、ばねＡ、Ｂそれぞれについて次の解答欄(らん)に作図しなさい。その際、ＡやＢと書き加え、ばねＡのグラフとばねＢのグラフを見分けられるように作図をしなさい。ただし、25ｇまではばねＡ、Ｂともに一定の規則で伸びるものとします。

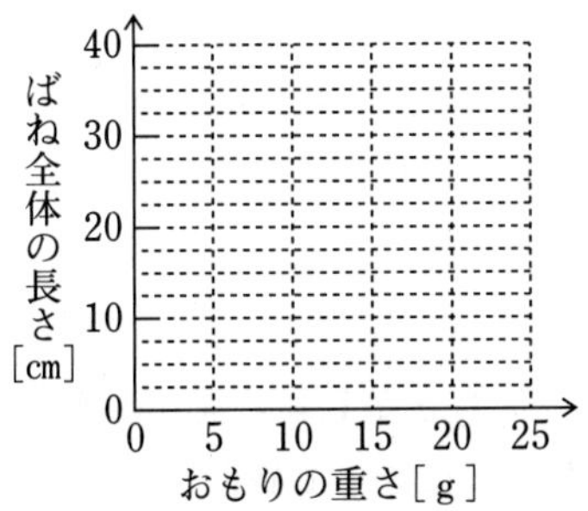

(2)　おもりの重さが7.5ｇのとき、ばねＢの全体の長さを求めなさい。

【実験２】

図２のように、ばねＡとばねＢを棒でつなぎ、中心におもりをつるしたところ、棒は水平になって静止しました。

(3)　ばねＡとばねＢの全体の長さは何cmで静止しているか求めなさい。

(4)　つるしたおもりの重さは何ｇか求めなさい。

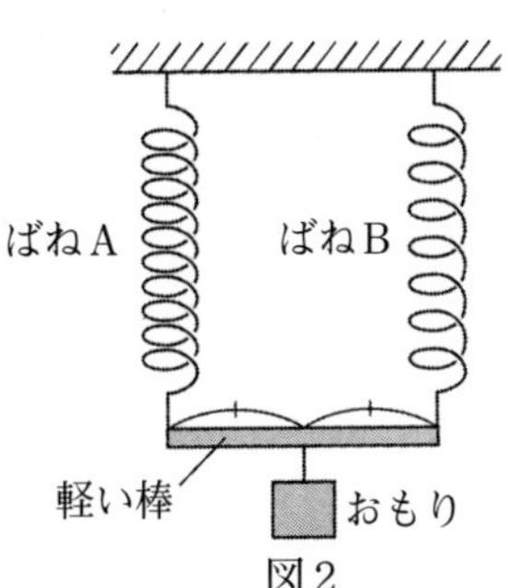

図２

【実験３】

ばねＢを棒１㎝ごとに等間隔で１本ずつつなぎ、中心に30ｇのおもりをつるしたところ、棒は水平になって静止しました。図３は棒が２㎝のときと３㎝のときをそれぞれ表しています。そのときの、棒の長さとばねＢの伸びは表２のようになりました。

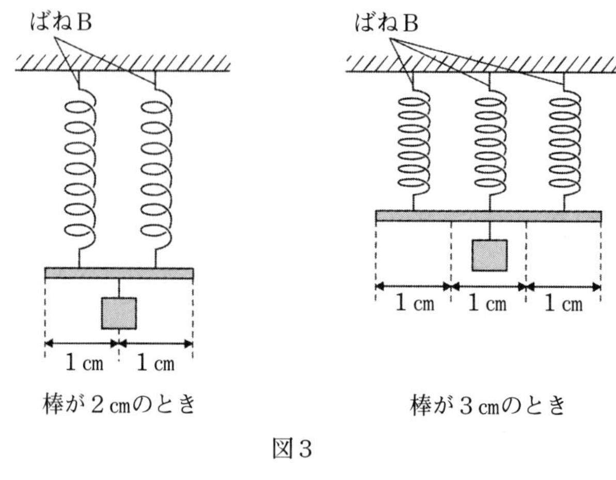

棒が２㎝のとき　　棒が３㎝のとき

図３

棒の長さ　[㎝]	1	2	3	4	5
ばねＢの伸び　[㎝]	30	15	10	7.5	6

表２

(5)　棒の長さが６㎝のとき、ばねＢの伸びは何㎝になるか求めなさい。

(6)　ばねＢの伸びが２㎝になるとき、棒の長さは何㎝になるか求めなさい。

【実験４】

正方形の軽い板１㎠ごとに、等間隔で１本ずつ、新たなばねＣをつなぎ、100ｇのおもりを板の中心につるしたところ、板は水平になって静止しました。そのときの板の１辺の長さとばねＣの伸びの関係は表３のようになりました。図４は１辺が３㎝のとき、横から見たようすと、上から見たようすを表しています。

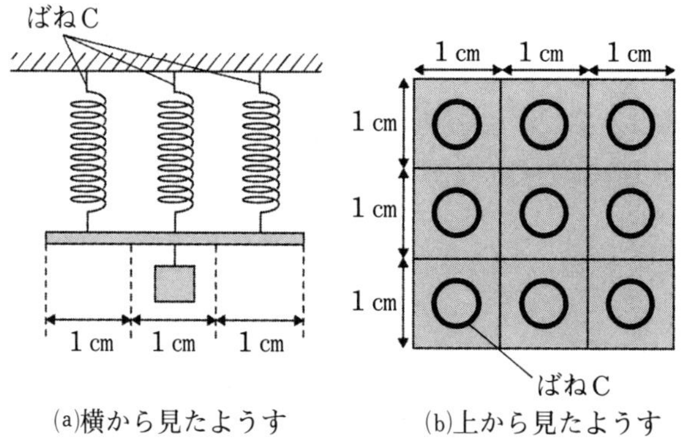

(a)横から見たようす　　(b)上から見たようす

図４

板の１辺の長さ[㎝]	1	2	3	4
ばねＣの伸び　[㎝]	72	18	8	4.5

表３

(7) 板の１辺の長さが６cmのとき、ばねＣの伸びは何cmになるか求めなさい。(式・考え方も書くこと。)

③ 太郎さんは夏休みの自由研究で、地震の仕組みを調べることにしました。2023年に日本で起きた地震について、気象庁のホームページで調べていたところ、2023年５月５日に、石川県珠洲市周辺で大きな地震が起きていたことを知りました。

まず、気象庁のホームページにのっていた図に注目しました(図１)。

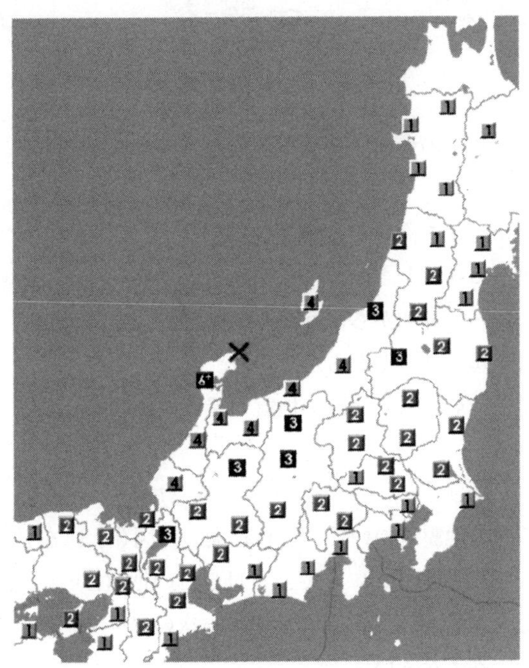

図１
(気象庁ホームページより抜粋、一部改変)

(1) 図１の数字は何を表したものですか。次のア～エから１つ選び、記号で答えなさい。

ア　震度　　イ　震央　　ウ　震源　　エ　マグニチュード

(2) 次の説明文は、(1)の語句の意味を説明したものです。空白部分[　　　]に10字以上18字以内の文を加えて、文章を完成させなさい。なお、説明文の意味が通るように、加えることとします。

説明文：この数字は、[　　　　　　]です。

(3) 図１の×は何を表したものですか。(1)のア～エから１つ選び、記号で答えなさい。

図２は、３種類の別の地震(Ａ～Ｃ)について、図１と同じ情報を表したものです。これを見て太郎さんは、地震によって数字の大きさや分布が異なるということに気がつきました。

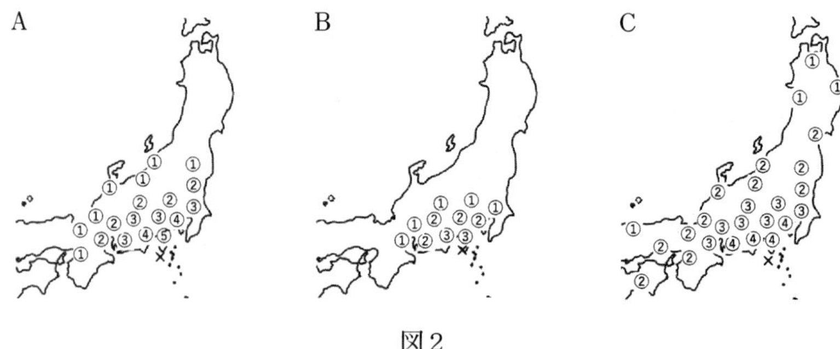

図２

(4)　Ａ～Ｃの各地震で、数字の大きさや分布が異なるのはなぜですか。次のア～エからすべて選び、記号で答えなさい。

ア　Ａ～Ｃの各地震が起きた深さがちがうから。

イ　Ａ～Ｃの各地震がおきるときのエネルギーの大きさがちがうから。

ウ　Ａ～Ｃの地表の岩石の種類がちがうから。

エ　Ａ～Ｃの各地震が起きた時期がちがうから。

(5)　図２の各地震の中で、最も深い位置で地震が発生したのはどれですか。Ａ～Ｃから１つ選び、記号で答えなさい。

太郎さんは、５月５日の地震について、より拡大した図(図３)を見つけました。

(6)　図１や図２で学んだことをもとにして、５月５日の地震はどのような深さで起きた地震と考えられますか。次のア～エから１つ選び、記号で答えなさい。

ア　最大の数字が６＋なので、浅い位置で起きた地震

イ　最大の数字が６＋なので、深い位置で起きた地震

ウ　同じ大きさの数字の分布がせまいので、浅い位置で起きた地震

エ　同じ大きさの数字の分布がせまいので、深い位置で起きた地震

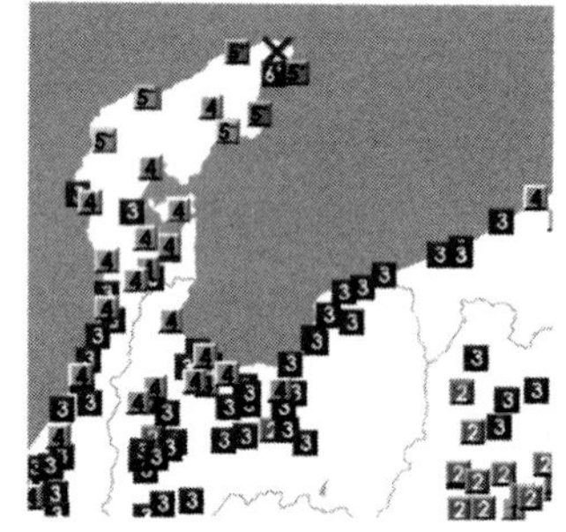

図３
(気象庁ホームページより抜粋、一部改変)

太郎さんは、日本で地震が発生しやすい理由を調べてみました。すると、気象庁のホームページに次のような図がありました(図４)。これによると、日本は４種類の「プレート」が互(たが)いに動いている場所です。図の２つの矢印は、陸のプレートから見たときの、海のプレートが動く向きと速さを表しています。例えば、太平洋プレート上にあるハワイ島は年間８cmの速さで日本に近づいていくことになります。そうしたプレートの動きによって、日本の地下では、地層や岩ばんに力が加わっていることが分かります。

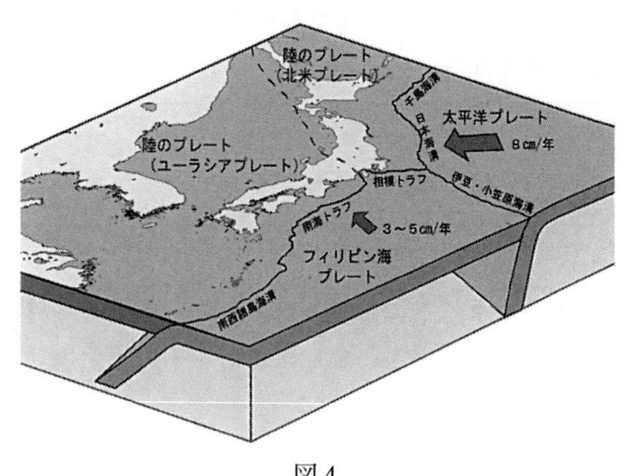

図４
(気象庁ホームページより抜粋、一部改変)

(7)　日本からハワイ島までの距離を6400kmとすると、ハワイ島が日本まで移動するには何年かかりますか。式や考え方を示した上、正しい答えを次のア～エから１つ選び、記号で答えなさい。なお、プレートの動く速さや向きは変わらないものとし、ハワイ島は日本に向かって真っすぐ移動するものとします。(式・考え方も書くこと。)

ア　80万年　　イ　800万年　　ウ　8000万年　　エ　８億年

(8)　太郎さんは、５月５日の地震について、台所で再現することにしました。実験方法として、最もふさわしいものを、次のア～エから選び、記号で答えなさい。

ア　こんにゃくを左右から押したところ、真ん中で曲がって盛り上がった。

イ　せんべいを左右から押したところ、中央付近にヒビが入って割れた。

ウ　こんにゃくを左右に引っ張ったところ、伸びて真ん中が薄(うす)くなった。

エ　せんべいを左右に引っ張ったところ、持っている部分にヒビが入って割れた。

これらのことから、太郎さんは５月５日に発生した地震がどのようなものか、考えてみました。

(9)　次の文章は、太郎さんが考えた５月５日の地震の仕組みです。[　①　]～[　③　]に入る文章をア・イまたはア～ウからそれぞれ選び、記号で答えなさい。

「この地震は、[　①　]が働き、[　②　]の岩ばんが、[　③　]ことによって発生した。」

①　ア　左右から押される力　　イ　左右から引っ張られる力

②　ア　地下の浅い位置　　イ　地下の深い位置

③　ア　割れた　　イ　曲がって盛り上がった　　ウ　伸びて薄くなった

日本大学中学校（A－1日程）

—社会と合わせて60分—

注意　1　定規、コンパス、分度器および計算機の使用はできません。

2　分数で解答する場合は、それ以上約分できない分数で答えてください。

1　太郎さんは理科の自由研究として次のようなポスターを作成しました。太郎さんが作成したポスターを見て、各問いに答えなさい。

テッポウウオは天才ハンター！

日大　太郎

○はじめに

みなさんは、写真1のように水にささったストローを上から見たとき、まっすぐのはずのストローがまがって見えるのを不思議に思ったことはありませんか？

私は、テッポウウオの狩りと光の性質の関係に興味を持ち、調べることにしました。

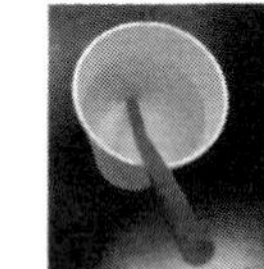
写真1

ポスターを読んで考えながら
めくってみよう！ をめくってね！

○目的

水にささったストローがなぜまがって見えるのかをまとめ、テッポウウオの狩りと光の関係について考える。

○ストローがなぜまがって見えるのか

〈光の性質1〉

写真2からわかるように、光は何か別の物質にあたるまで

写真2

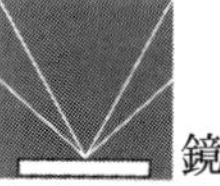

写真3

〈光の性質2〉

写真3からわかるように、光は鏡に当たると

めくってみよう！②

写真4

写真5

〈光の性質3〉

写真4、写真5からわかるように、光は空気から水に入るとき、または水から空気に出るときに、その境界面で

めくってみよう！③

写真4、写真5を図に表すと…

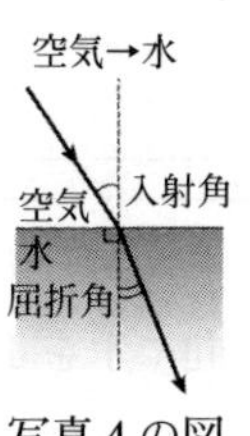

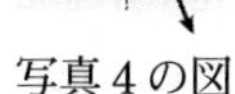
写真４の図

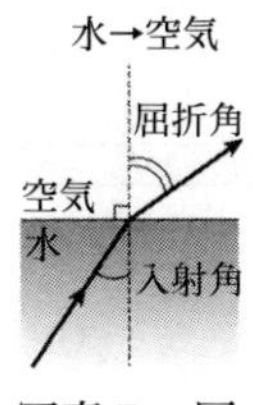

写真５の図

・入射角とは…
空気と水の境界面と直角な方向（左図の点線）と、向かっていく光の道すじを表した線のなす角度
・屈折角とは…
空気と水の境界面と直角な方向（左図の点線）と、出ていく光の道すじを表した線のなす角度

入射角と屈折角の大小関係に注目すると、
空気から水では、めくってみよう！④　　水から空気では、めくってみよう！⑤
※空気から水だけでなく、空気からガラスや、ガラスから水に光が入射するときもこの現象は起こる。

〈ストローがまがって見える原理〉
写真１について考えてみよう。
図１のように、ストローの上部の点（●）から出た光はまっすぐ目に届くが、図２のようにストローの先の点（○）から出た光は境界面でまがる。人間は「光はまっすぐ進む」と無意識に思い込んでしまうので、図３のように実際に目に入ってくる光線（実線）の延長線（点線）上の点（◎）から光が出てくるように見える。つまり、水中にあるストローは少し浮き上がってまがっているように見える！

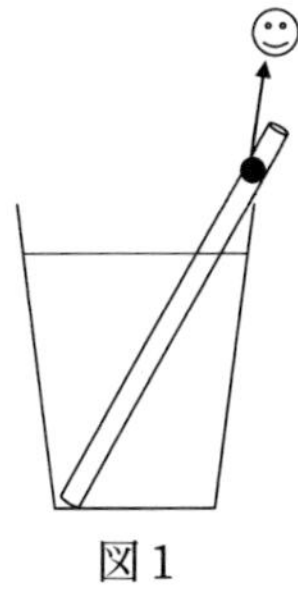
図１

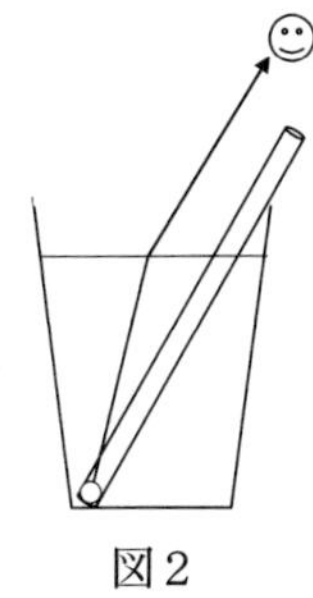
図２

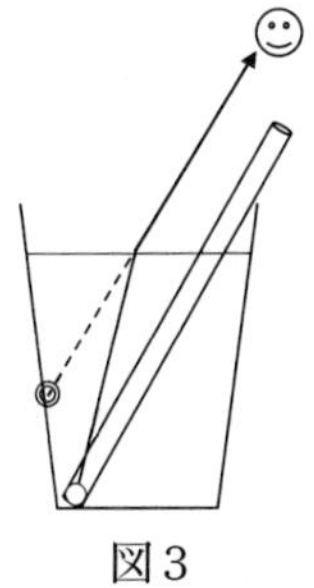
図３

水中のストローは実際とは異なる場所に存在するかのように見える

○テッポウウオの狩りと光の関係
テッポウウオは、スズキ目テッポウウオ科の淡水魚。東南アジアの河口域にすむ。全長は約20センチ。口先がとがり、口から水をふき出し、水辺の昆虫をうち落として食べる。
さて、これまで見てきたように光は空気から水に入るときにまがる。
ということは…

昆虫から出た光は水面でまがるため、テッポウウオには実際とは異なる位置に昆虫が見えていると考えられる。

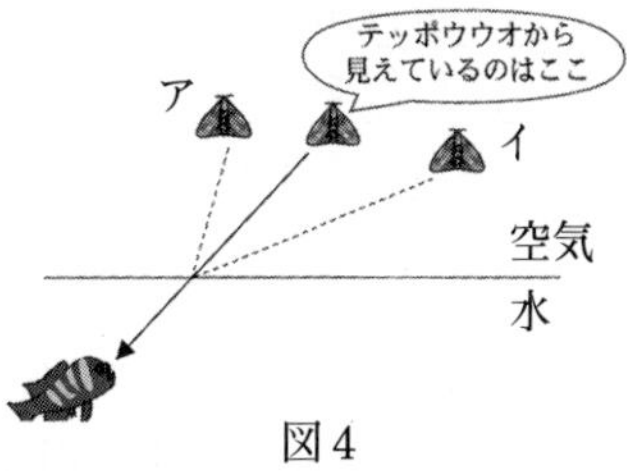

ア
テッポウウオから見えているのはここ
イ
空気
水
図４

さて皆さん、図４で実際に昆虫はア、イのどちらにいるでしょう。

正解は…　めくってみよう！⑥

○わかったこと
テッポウウオが見ている昆虫の姿は実際の位置とは異なっており、その方向に水をふき出しても、昆虫には当たらない。昆虫に水が当たるということは、テッポウウオは光の性質をうまく利用して、見えている方向とずれた方向(実物がいる方向)に水を放っていると考えられる。

○今後に向けて
テッポウウオのからだのつくりについて調べてみたい。

○参考
理科資料集、光の屈折による不思議現象の解明と、水中の物理学者テッポウウオの謎(なぞ)

(1)　ポスターの めくってみよう！①～③ に入る語句の組み合わせとして正しいものを、次のア～カから１つ選び、記号で答えなさい。

	①	②	③
ア	直進する	反射する	屈折する
イ	直進する	屈折する	反射する
ウ	反射する	直進する	屈折する
エ	反射する	屈折する	直進する
オ	屈折する	直進する	反射する
カ	屈折する	反射する	直進する

(2)　ポスターの めくってみよう！④、⑤ に入る語句の組み合わせとして正しいものを、次のア～カから１つ選び、記号で答えなさい。

	④	⑤
ア	入射角＝屈折角	入射角＞屈折角
イ	入射角＝屈折角	入射角＜屈折角
ウ	入射角＞屈折角	入射角＝屈折角
エ	入射角＞屈折角	入射角＜屈折角
オ	入射角＜屈折角	入射角＝屈折角
カ	入射角＜屈折角	入射角＞屈折角

(3)　次図のように、鏡と豆電球があります。豆電球が鏡の向こう側にあるように見えるのは、人間は「光はまっすぐ進むもの」と無意識に思い込んでいるからです。豆電球から出た光が、鏡に当たり目に届くまで図の実線のように進むとき、豆電球はどの位置にあるように見えますか。次図のア～ウから１つ選び、記号で答えなさい。

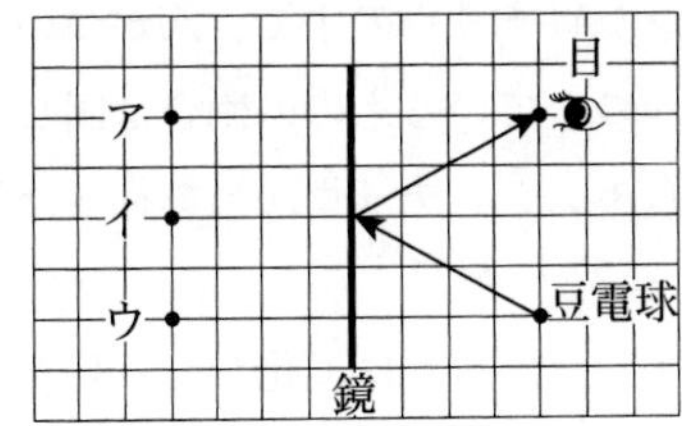

⑷　ポスターの内容から考えて めくってみよう！⑥ に入るのはどちらですか。図４のア、イから選び、記号で答えなさい。

⑸　ポスターを読んだあなたが太郎さんの自由研究について質問する場面があったら、どんなことを聞きますか。簡単に書きなさい。

2　モンシロチョウの生態について以下の問いに答えなさい。

⑴　モンシロチョウの卵のスケッチを次のア～エから１つ選び、記号で答えなさい。

⑵　生まれた直後のモンシロチョウの幼虫は黄色い体色をしていますが、その後の食べるものによって体色が変わります。モンシロチョウの幼虫の体色変化について正しいものを次のア～エから１つ選び、記号で答えなさい。

ア　葉を食べて、緑色になる。　　イ　葉を食べて、黒色になる。

ウ　昆虫を食べて、緑色になる。　エ　昆虫を食べて、黒色になる。

⑶　モンシロチョウは幼虫の間に何回か脱皮をします。次図は、モンシロチョウの成長にともなう幼虫の大きさ（体長）の変化を表したグラフです。モンシロチョウは幼虫の間に何回脱皮をしますか。

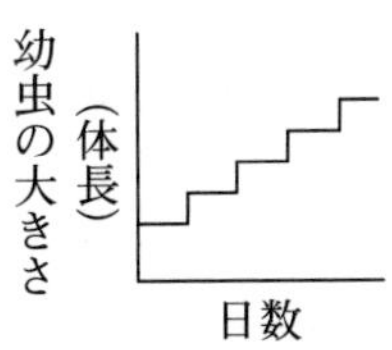

⑷　モンシロチョウの幼虫はさなぎを経て成虫となります。このような成長のしかたを何といいますか。３字以上の漢字で答えなさい。

⑸　成長のしかたが⑷のような昆虫を次のア～オからすべて選び、記号で答えなさい。

ア　シオカラトンボ　　イ　アブラゼミ　　ウ　トノサマバッタ

エ　カイコガ　　　　　オ　カブトムシ

⑹　広い畑にいるモンシロチョウ（成虫）の数を知るため、モンシロチョウを30匹つかまえ、印をつけて放しました。次の日、同じ畑でモンシロチョウを30匹つかまえたところ、そのうち印がついていたものが10匹いました。この畑には何匹のモンシロチョウがいると推測できますか。ただし、以下の条件で答えなさい。

・畑の中にいるすべてのモンシロチョウの中で、印がついているものの割合と、つかまえたモンシロチョウの中で、印がついているものの割合は同じとします。

・この２日間で、この畑からモンシロチョウが出て行ったり入ってきたりすることはありませんでした。

・この２日間で、モンシロチョウが新たに羽化したり死んだりすることはありませんでした。

・モンシロチョウはこの畑を自由に飛びまわり、１日目につかまえたり印をつけたりすることによる影響(えいきょう)はないものとします。

3　先生と太郎さんは、紅茶、ムラサキキャベツ液、ＢＴＢ溶液(よう)をそれぞれ１mLずつ入れた試験管を十分に用意し、液体の性質について調べました。ムラサキキャベツにはアントシアニンが含まれていて、色が変わる原因の物質であることがわかっています。

【実験１】　試験管へ水溶液Ａを加えたところ、紅茶の色はうすくなった。ムラサキキャベツ液は赤色になり、ＢＴＢ溶液は黄色になった。
【実験２】　試験管へ水溶液Ｂを加えたところ、紅茶の色はこくなった。ムラサキキャベツ液は緑色になり、ＢＴＢ溶液は青色になった。
【実験３】　試験管へ水溶液Ｃを加えたところ、紅茶の色は変化しなかった。ムラサキキャベツ液は紫色(むらさき)のままだった。ＢＴＢ溶液には加えなかった。
【実験４】　試験管へ水溶液Ｄを加えたところ、紅茶の色はうすくなり、ムラサキキャベツ液は赤色になった。ＢＴＢ溶液には加えなかった。
【実験５】　試験管へ水溶液Ｅを加えたところ、紅茶の色はこくなった。ムラサキキャベツ液は緑色になった。ＢＴＢ溶液には加えなかった。
【実験６】　水溶液Ａ～Ｅにアルミニウム片を加えて観察したところ、水溶液Ａではわずかに泡(あわ)が出ていたが、水溶液ＤとＥからは、はげしく泡が出ていた。

太郎さんは、今回の実験でアントシアニンに興味を持ち、調べたところ、おせち料理などに使われる黒豆にも含まれていることが分かり、黒豆水の性質を調べてみました。

先　生：今日は、黒豆水を使って実験をします。黒豆はお正月に食べた人もいるかもしれませんね。
太　郎：黒豆水とは何ですか？
先　生：黒豆の成分を水に溶(と)かしだしたものです。水が入ったペットボトルに黒豆を入れて振(ふ)るだけでできますよ。このように、液体に成分を溶かして分ける操作を<u>抽出</u>(ちゅう)といいます。
太　郎：水に黒豆の成分が含まれているんですね。だから黒豆水の色は紫色なんですね。
先　生：この黒豆水をいろいろな水溶液に加えてみましょう。
太　郎：酸性やアルカリ性の水溶液に加えると色が変わりました！

黒豆水の実験の結果を表にまとめたところ、次のようになりました。

表　黒豆水の色の変化

水溶液	砂糖水	塩酸	水酸化ナトリウム水溶液
黒豆水の色	紫色	赤色	緑色

太　郎：酸性とアルカリ性の水溶液を混ぜるとどうなりますか？

先　生：適切な量を混ぜることでそれぞれの性質をぴったり打ち消しあって、中性になります。これを中和といいます。

太　郎：ムラサキキャベツ液やBTB溶液は中和したかどうかの確認に使えそうですね！

(1)　水溶液A～Eは、アンモニア水、食塩水、塩酸、水酸化ナトリウム水溶液、お酢（す）のどれかであることが分かっています。水溶液A、Cはどの物質であるか、答えなさい。

(2)　【実験6】で水溶液A、D、Eから出た泡は同じ気体です。この気体を何といいますか。

(3)　文章中の下線部の「抽出」に当てはまる操作を次のア～エから1つ選び、記号で答えなさい。

ア　水とサラダ油を振りまぜる　　イ　食塩水を蒸発皿に入れてガスバーナーで熱する

ウ　砂糖水を冷やす　　エ　茶葉にお湯をそそぐ

(4)　黒豆水を次の水溶液①、②に入れたら、何色になると推測できますか。最も適当な色を次のア～オからそれぞれ1つ選び、記号で答えなさい。

①　レモン汁（じる）　②　重そう水溶液

ア　赤色　イ　紫色　ウ　無色　エ　緑色　オ　茶色

(5)　ある濃（こ）さの塩酸10㎤と水酸化ナトリウム水溶液16㎤を混ぜ合わせると、ちょうど中和することがわかりました。2種類の水溶液を混ぜ合わせて黒豆水に入れたとき赤色になる組み合わせを次の表のア～オからすべて選び、記号で答えなさい。

	塩酸	水酸化ナトリウム水溶液
ア	5㎤	5㎤
イ	5㎤	8㎤
ウ	8㎤	5㎤
エ	8㎤	15㎤
オ	15㎤	15㎤

4　太郎さんとお父さんは、宇宙から見た地球の写真（図1）について話をしています。次の会話文を読み、以下の各問いに答えなさい。

図1

太郎さん：宇宙から見た地球は本当にきれいだね。僕（ぼく）もいつか宇宙に行って地球を見てみたいな。

お父さん：そうだね、太郎が大人になるころには宇宙旅行ができるようになるといいね。ロケットを飛ばして人類が宇宙に初めて行ったのは今から約60年前で、それまでに、昔の人たちが少しずつ宇宙や地球について観察や実験を繰（く）り返して、地球の形や大きさ、他の星との関係を調べていった結果、ロケットを飛ばせるようになったんだよ。

太郎さん：へえ、宇宙から見れば地球が球体なのはわかるけど、地球にいながらどうやって地球が球体であることがわかったの？

お父さん：地球が球体であることは今から2000年以上前からわかっていたんだよ。

太郎さん：え、そんなに前から？

お父さん：それまでは真っ平らだと考えられていたんだけど、アリストテレスという人が月食を見て、「大地（地球）は球体だ」と考えるようになったんだ。ところで、太郎はいつも真北の空に見える星を知っているかな？

太郎さん：うん、（　星A　）だね。

お父さん：正解。アリストテレスはさまざまな場所から(　星A　)を見たときの、地平線からの高さの角度(高度)を調べたんだよ。もし、地球が平らであるならば、(　星A　)は(　B　)はずだけど、実際は(　C　)ように見えたんだ。

太郎さん：なるほど、じゃあ、地球の大きさはどうやって調べられたの？長い巻き尺をもって実際に地球を一周したのかな？

お父さん：そんなことをしなくても計算で求められるんだよ。初めて地球の大きさを求めたのは、紀元前230年ごろにエジプトの図書館で働いていたエラトステネスという人なんだ。彼は「エジプトのシエネでは夏至の日の正午に、深い井戸の底まで光が届き、地上のかげは消える」という内容を本で知ったんだ。そこで、彼は夏至の日の正午に、シエネからほぼ真北に約900km離れたアレキサンドリアで地面に垂直に棒を立てて太陽高度を測定したんだ。するとアレキサンドリアでは太陽は天頂には来ないで、天頂から約7.2°ずれていることがわかったんだ。この結果から、地球一周の長さを計算で求めたんだ。

太郎さん：え、それだけで求められるの？

お父さん：よし、じゃあ、一緒(しょ)に計算してみよう。

(太郎さんとお父さんによる計算)

太郎さん：え～と、計算によると地球一周の長さは(　D　)kmになったよ。この値って正確なの？

お父さん：現在、地球一周の長さは約４万kmと言われているから、それほど遠くない値だね。

太郎さん：すごい。今から2000年以上前に、地面に棒を立てただけでこんな値を求めたなんて。

お父さん：今、私たちにとって当たり前のことも、昔の人たちが疑問に対して、「なぜなんだろう」と考えて調べた結果なんだよ。太郎も疑問をもったら考えて調べるようにしようね。

(1)　下線部について、月食の説明として正しいものを、次のア～エから１つ選び、記号で答えなさい。

ア　満月のときに、太陽・月・地球の順に星がならぶ。

イ　満月のときに、太陽・地球・月の順に星がならぶ。

ウ　新月のときに、太陽・月・地球の順に星がならぶ。

エ　新月のときに、太陽・地球・月の順に星がならぶ。

(2)　下線部について、アリストテレスはなぜ「大地(地球)が球体である」と考えるようになったのか。最も適当なものを次のア～カから１つ選び、記号で答えなさい。

ア　太陽に映る地球のかげがいつも丸いから。　　イ　太陽に映る月のかげがいつも丸いから。

ウ　地球に映る太陽のかげがいつも丸いから。　　エ　地球に映る月のかげがいつも丸いから。

オ　月に映る地球のかげがいつも丸いから。　　カ　月に映る太陽のかげがいつも丸いから。

(3)　文中の星Aを何といいますか。漢字で答えなさい。

(4)　文中の(　B　)と(　C　)に入る文として最も適当なものを、次のア～オからそれぞれ１つ選び、記号で答えなさい。

ア　どこから見てもほとんど高度が変わらない　　イ　北から南にいくほど高度が高くなる

ウ　北から南にいくほど高度が低くなる　　エ　東から西にいくほど高度が高くなる

オ　東から西に行くほど高度が低くなる

(5)　地球が球体であることは、陸の見えない沖合にいる船が陸に近づくにつれて、船に乗っている人から陸地がどのように見えるかによっても体感することができます。地球が球体であるとき、右の図2のように、船が陸に近づくにつれて高い山の頂上と、海岸線はどのように見えるようになりますか。「山頂」と「海岸線」の語を必ず用いて簡単に説明しなさい。

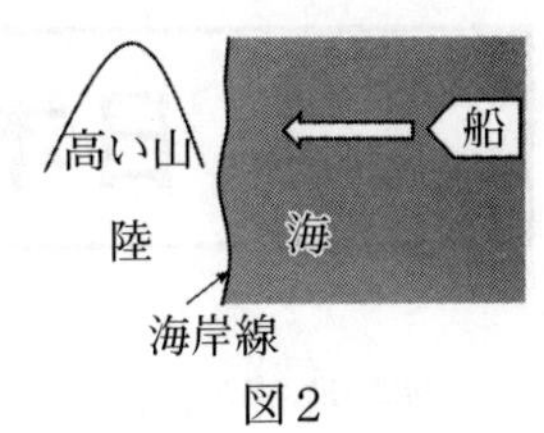

図2

(6)　エラトステネスの測定について、アレキサンドリアでの太陽高度がシエネより7.2°ずれていた原因は、地球の「緯(い)度の差」によるものです。太郎さんとお父さんが地球一周の長さを求めた計算について、右の図3を参考に地球一周の長さ（ D ）kmを求めなさい。なお、シエネとアレキサンドリアは900km離れているものとします。

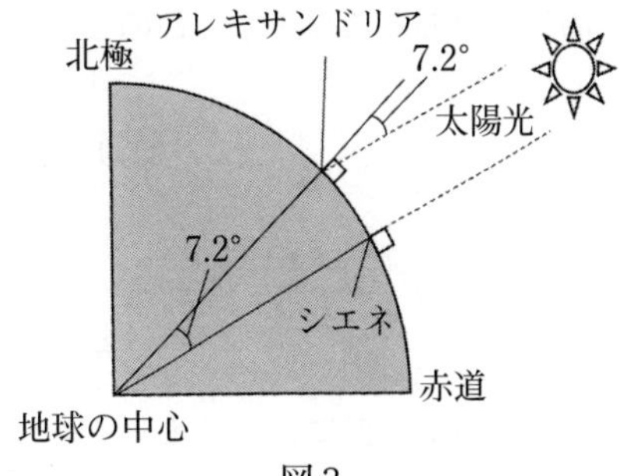

図3

日本大学藤沢中学校(第１回)

—30分—

1　植物群落(ぐんらく)とは、ある一定の範囲で何種類かの植物がまとまって生活している集団のことです。山火事などで裸地(らち)になった土地は、次図のように長い時間をかけて少しずつ変化していき、最終的には森林となります。このことについて、あとの問いに答えなさい。

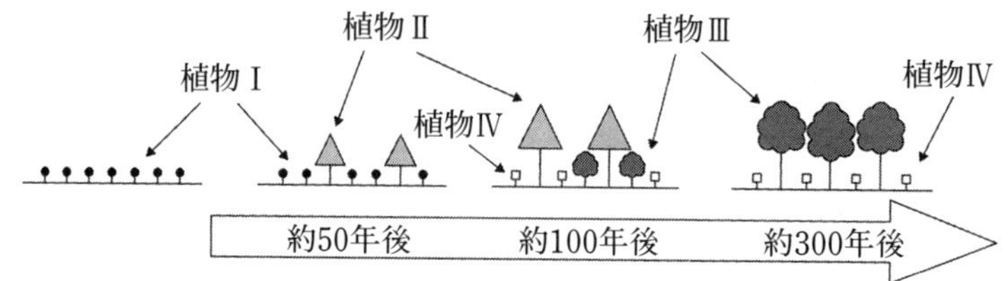

(1)　植物Ⅰ～Ⅳにあてはまるものとして最も適切なものを、次のア～エよりそれぞれ選び、記号で答えなさい。

ア　ススキ　　イ　シイ　　ウ　アカマツ　　エ　シダ

(2)　植物Ⅱの森林から植物Ⅲの森林に移り変わった大きな原因として最も適切なものを、次のア～カから選び、記号で答えなさい。

ア　気温の上昇　　イ　気温の低下　　ウ　光の増加
エ　光の減少　　オ　土の養分の増加　　カ　土の養分の減少

(3)　次のグラフは、植物Ｐと植物Ｑの光の強さと一定時間のデンプンの増減について調べたものです。植物Ｐと植物Ｑでは、どちらが弱い光で成長することができますか。ＰかＱで答えなさい。

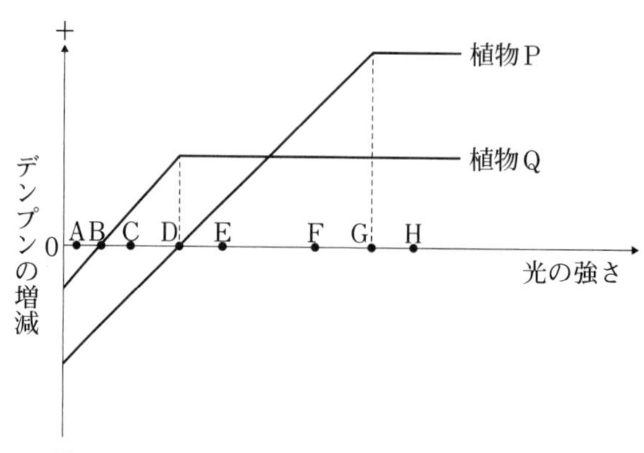

(4)　(3)のように、弱い光でも成長できる植物を何といいますか。次のア～エから１つ選び、記号で答えなさい。

ア　陽生植物　　イ　陽性植物　　ウ　陰生植物　　エ　陰性植物

(5) (3)の植物Ｐと植物Ｑが生きていくために最低限必要な光の強さとして最も適切なものを、次のア～オから選び、記号で答えなさい。

	植物Ｐ	植物Ｑ
ア	C	A
イ	C	F
ウ	D	B
エ	G	D
オ	H	E

(6) 図の植物Ⅰ～Ⅳは(3)のグラフの植物Ｐと植物Ｑのどちらですか。それぞれについて、ＰかＱで答えなさい。

2 次の図は川が山から出て、平野部を通り海に向かう様子を示したものです。あとの問いに答えなさい。

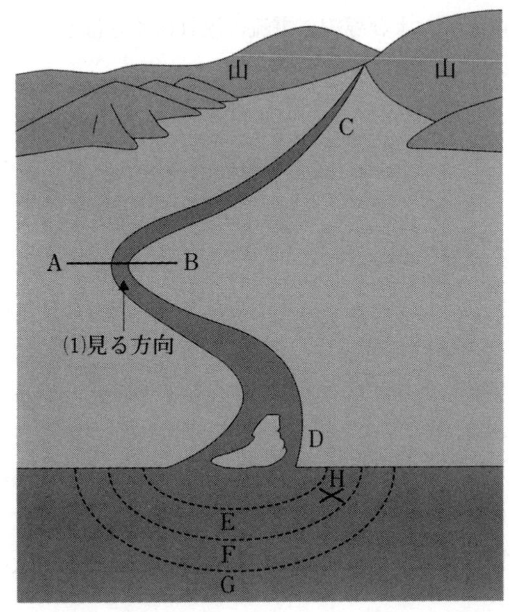

(1) 図のＡＢ間での川の断面図を海側から見たものとして最も適切なものを次のア～オから選び、記号で答えなさい。

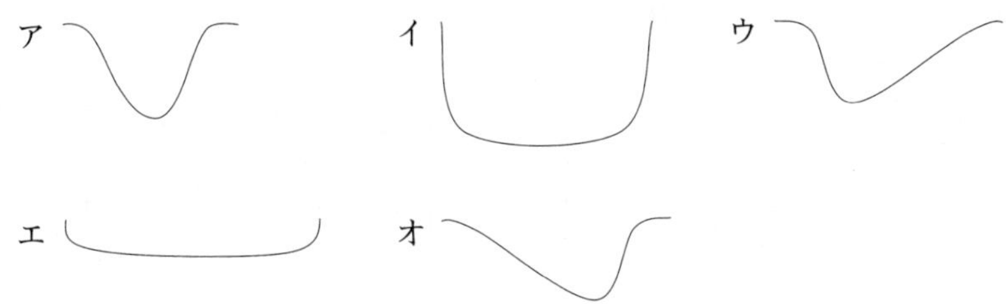

(2) 図のＣは川が山から平野に出た所、Ｄは川が平野から海に出た所です。次の①～③はＣ、Ｄどちらについての内容ですか。それぞれについて、ＣかＤで答えなさい。

①　水温が高い　　②　扇状地をつくりやすい　　③　川のはばが広い

(3) 図のＥ、Ｆ、Ｇ地点の海底にある砂粒(つぶ)のうち、一番小さい粒がある地点として最も適切なものを選び、記号で答えなさい。ただし、図の点線はＥよりＦ、ＦよりＧの方が沖合であることを示しています。

(4)　図のＨ地点の海底の地層を調べると、現在の海底表面は砂の層で、そのすぐ下の層はよりいっそう粒が小さい粘土の層でした。このことから考えられることについて最も適切なものを次のア～オから選び、記号で答えなさい。

ア　昔、Ｈ地点はもっと河口から遠かった。

イ　昔、プランクトンが非常にふえた時期があった。

ウ　昔、Ｈ地点はもっと河口から近かった。

エ　下の地層は、上の地層の重みで長い年月のうちに細かくくだかれた。

オ　昔、海底火山の爆発があった。

3　材質と長さが同じで太さの違う２本の電熱線Ａと電熱線Ｂ、かん電池、電流計、導線を用意し、図１のような装置をつくりました。この装置に電熱線Ａと電熱線Ｂをそれぞれつなぎ、直列でつなぐかん電池の数を変えながら流れる電流の大きさを測定したところ、図２のようなグラフを得られました。ただし、電流計および導線に電流の流れにくさはなく、流れる電流のじゃまをしないものとします。あとの問いに答えなさい。

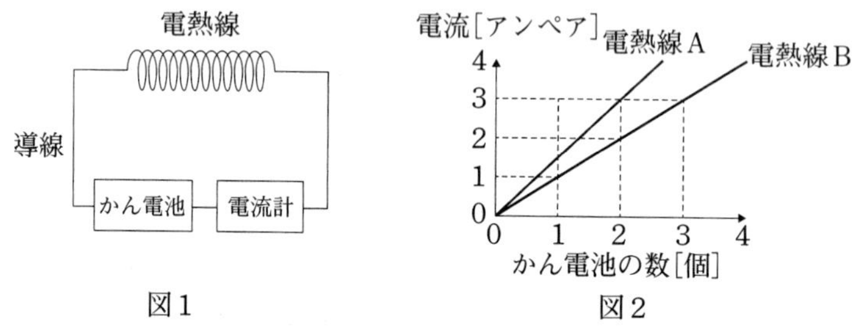

図１　　図２

(1)　図２より電熱線Ａと電熱線Ｂの太さを比べた結果として正しいものを、次のア～ウから１つ選び、記号で答えなさい。

ア　電熱線Ａの方が太い　　イ　電熱線Ｂの方が太い　　ウ　電熱線Ａと電熱線Ｂは同じ太さ

(2)　電熱線Ａと電熱線Ｂを直列または並列につないで同じように測定をしました。その結果として得られたグラフ(図３)の組み合わせとして最も適切なものを、次のア～クから選び、記号で答えなさい。

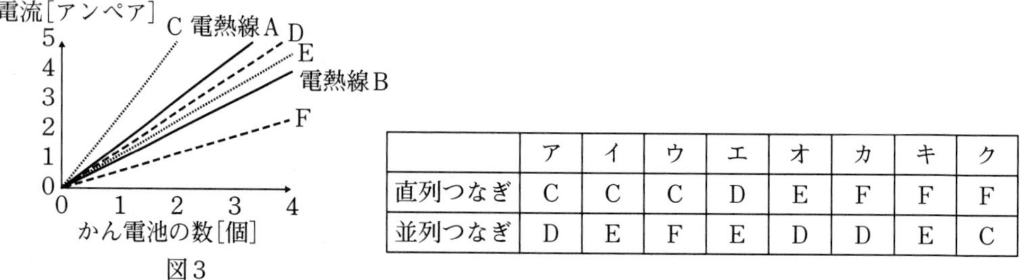

図３

	ア	イ	ウ	エ	オ	カ	キ	ク
直列つなぎ	C	C	C	D	E	F	F	F
並列つなぎ	D	E	F	E	D	D	E	C

(3)　電熱線Ａと電熱線Ｂをそれぞれ水が30ｇ入ったビーカーに入れて、かん電池を２個つないで電流を流し水の上昇温度を計測しました。はじめの水の温度は25℃であり、84秒間電流を流したところ、電熱線Ａの入ったビーカーの水の温度は6.0℃上がりました。この時、電熱線Ｂの入ったビーカーの水の温度は何℃上がりましたか。小数第１位まで答えなさい。必要ならば、小数第２位を四捨五入しなさい。

(4)　(3)において、電熱線Ｂの入った水の上昇温度も電熱線Ａと同じ6.0℃にすることを考えます。電熱線Ｂの入った水の温度が6.0℃上がるのにかかる時間は何秒ですか。整数で答えなさい。必要ならば、小数第１位を四捨五入しなさい。

(5)　図４、図５、図６のような装置をつくり、それぞれのビーカーａ～ｆに入った水の上昇温度を計測しました。ビーカーａ～ｆの水の温度の上がり方を見ると同じ上がり方をするものもあります。このとき、ビーカーａ～ｆの水の温度の上がり方は何通りありますか。

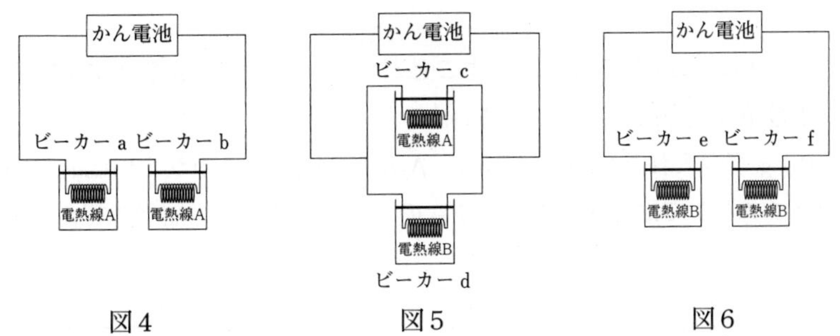

図４　　　図５　　　図６

(6)　電熱線Ａと電熱線Ｂを組み合わせてビーカーに入れ、かん電池の数を５つにして(3)と同様に実験を行ったとき、３分30秒以内に100℃まで水の温度を上げることができるものとして正しいものを、次のア～オからすべて選び、記号で答えなさい。

ア　電熱線Ａのみ　　　イ　電熱線Ｂのみ

ウ　電熱線Ａと電熱線Ｂの並列つなぎ　　　エ　電熱線Ａと電熱線Ａの並列つなぎ

オ　電熱線Ｂと電熱線Ｂの並列つなぎ

4　亜鉛を0.1ｇずつ入れた試験管を15本用意し、各試験管にうすい塩酸(Ａ液)を１㎤、２㎤、３㎤と１㎤ずつ多く加えて気体を発生させ、その体積を測定したところ、結果は次の図のようになりました。あとの問いに答えなさい。

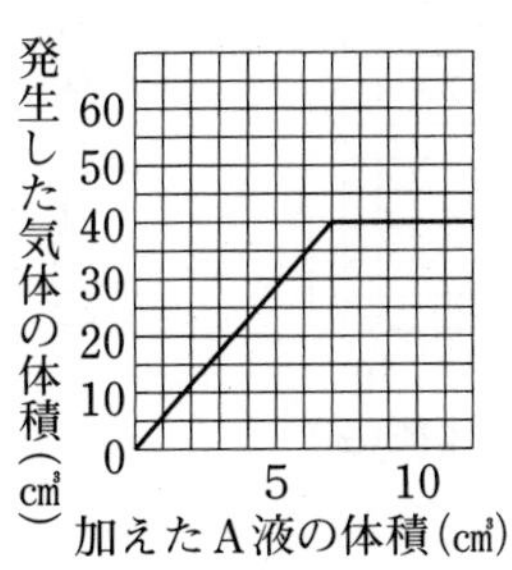

(1)　この実験で発生する気体と同じものが発生する方法として最も適切なものを次のア～オから選び、記号で答えなさい。

ア　アルミニウムにこい水酸化ナトリウム水溶液を加える。

イ　過酸化水素水に二酸化マンガンを加える。

ウ　石灰石にうすい塩酸を加える。

エ　二酸化マンガンにこい塩酸を加える。

オ　塩化アンモニウムに水酸化カルシウムをまぜて加熱する。

⑵　発生した気体にあてはまる性質を次のア～キからすべて選び、記号で答えなさい。

ア　燃えるのを助ける　　イ　空気より軽い　　ウ　空気より重い
エ　水によくとける　　オ　水にほとんどとけない　　カ　においがしない
キ　においがする

⑶　0.2ｇの亜鉛を全部とかすには、A液を最低何㎤加えなければなりませんか。また、そのとき発生する気体は何㎤ですか。整数で答えなさい。必要ならば、小数第１位を四捨五入しなさい。

⑷　A液10㎤で亜鉛を最大で何ｇとかすことができますか。小数第２位まで答えなさい。必要ならば、小数第３位を四捨五入しなさい。

⑸　亜鉛を0.1ｇずつ入れた試験管15本に、A液の２倍のこさのうすい塩酸(B液)を同様に加えたときのグラフとして最も適切なものを次のア～エから選び、記号で答えなさい。

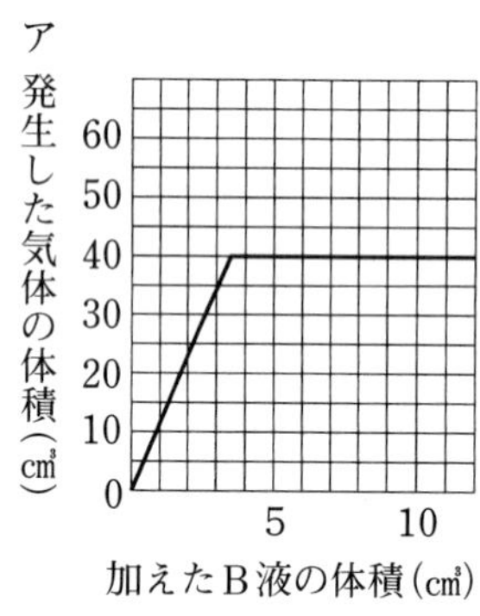

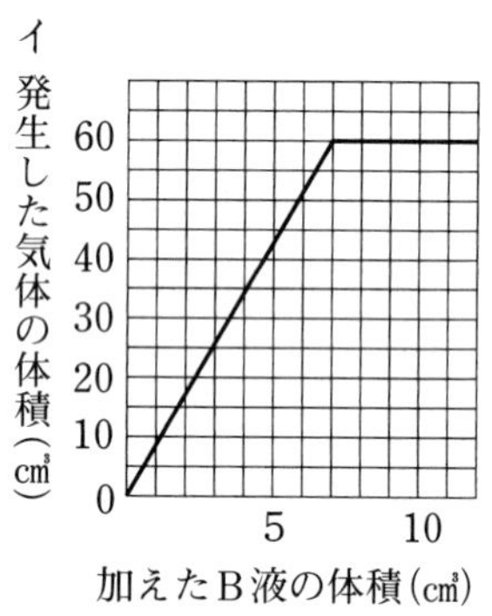

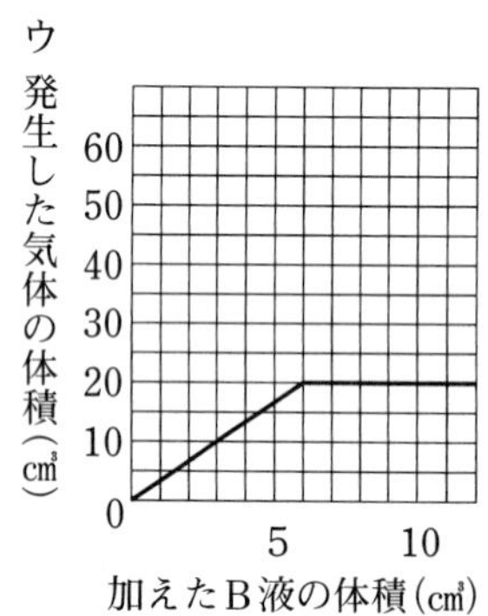

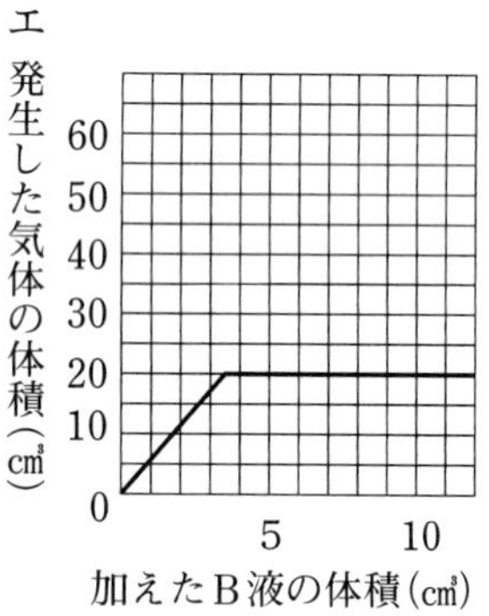

5　紙には水を吸収する性質があり、水性サインペンのインクは水に溶けやすい性質があります。そのため、図１のように紙の端を水につけると、水が上の方に上がっていくとともに、サインペンで書いた点を通り越すときにインクを溶かすので、インクが水と一緒に上に動いていきます。

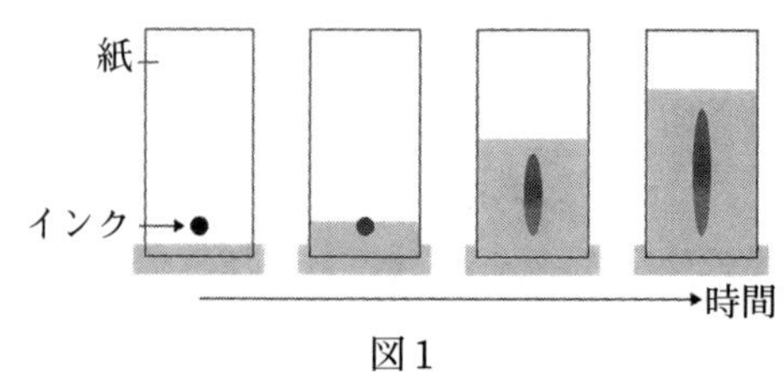

図１

インクの色の正体は色素という色のついた粒で、目に見えない非常に小さなものです。色素は紙や水とのなじみやすさがちがいます。図２のように、色素が水となじみやすい場合は水と一緒に流れていきます。しかし、色素が紙となじみやすい場合は紙について流れにくくなります。水や紙とのなじみやすさが色素によって違うので、色が分かれることになるのです。

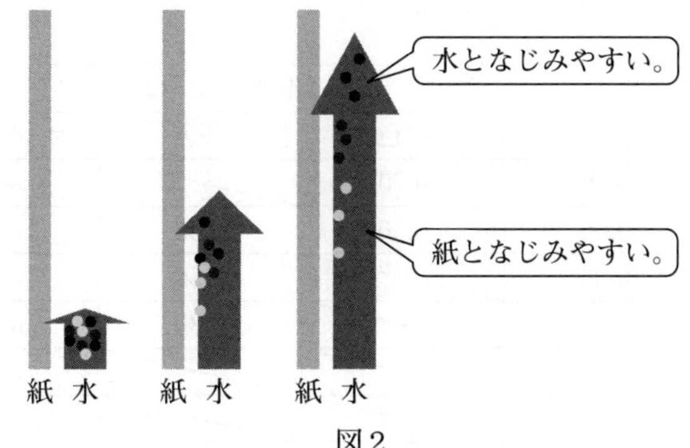

図２

この性質を利用して、水性サインペンに入っている色素を調べることにしました。

【準備するもの】

Ａ社の水性サインペン５本(黄緑色・緑色・茶色・オレンジ色・紺色)、水性サインペン黒色３本(Ａ社、Ｂ社、Ｃ社)、コーヒーのペーパーフィルター(紙の代用)、プラスチックコップ、わりばし、はさみ、水、線をひく筆記用具

実験１

【方法】

1　ペーパーフィルターを、幅１㎝、長さ15㎝に切る。

2　はしから２㎝の位置に線をひき、スタート位置とする。

3　線の上に重なるように黄緑色の水性サインペンで点を書く。

4　ペーパーフィルターの反対側のはしをわりばしではさむ。

5　コップに水を入れ、ペーパーフィルターのはしが水に浸(つ)かるように、わりばしをコップにのせる。

6　ペーパーフィルターが水を吸収し、スタート位置から10㎝のところまで水が上に上がってきたらペーパーフィルターを水から引き上げる。

7　サインペンで書いた点から色素がどこまで上がってきたかを観察する。

8　緑色・茶色・オレンジ色・紺色のサインペンについても同様に実験を行う。

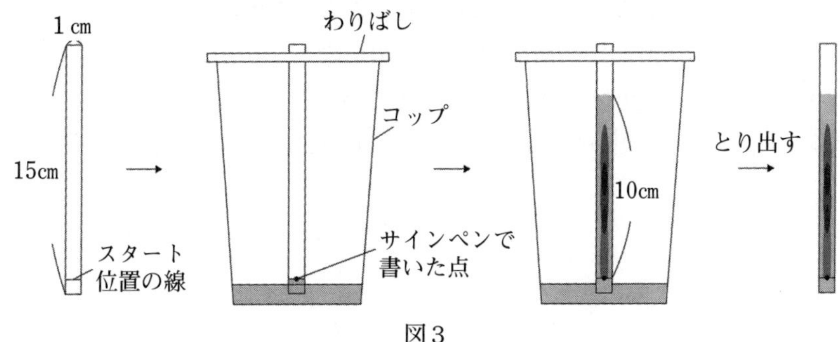

図３

【結果】

サインペンの色がペーパーフィルター上でいくつかに分かれていた。インクの色が下の線からどの位置まで上がっていたかを数字で表した(数字は、10㎝を１とし、３㎝のところまで上がっていた場合は0.30と表す)。結果は表１に示す。

表１

		水性サインペンの色				
		黄緑色	緑色	茶色	オレンジ色	紺色
現れたインクの色の位置	青色	0.70	0.70			①
	緑色	0.68	0.60	0.60		
	黄色	0.60		0.50	0.50	
	オレンジ色			0.30	0.30	
	ピンク色					②
	紫色					③

(1)　5の冒頭には色素についての説明が書いてあります。次のア～エのうち、正しい選択肢(せんたくし)の個数を数字で答えなさい。すべて間違っている場合には０と答えなさい。

ア　色素は水溶性である。

イ　色素は目に見える大きさの粒である。

ウ　色素により水や紙とのなじみやすさは決まっている。

エ　違う色の色素が溶けていても、それらの色素の水や紙とのなじみやすさが同じであれば、色は分かれない。

(2)　下線部で、線をひく筆記用具として最も適切なものを次のア～ウから選び、記号で答えなさい。

ア　鉛筆　　イ　水性サインペン　　ウ　水彩(さい)絵の具

(3)　紺色のサインペンを使った実験は、水を８㎝吸収させたところで実験を中断してしまいました。色は３色に分かれており、それぞれの色がピンク色４㎝、紫色３㎝、青色２㎝のところまで広がっていました。水を10㎝吸収させていたとしたら、表１の①にはどのような数字を記入することができたでしょうか。小数第２位まで答えなさい。必要ならば小数第３位を四捨五入しなさい。

(4)　実験１の結果から考えられることとしてあてはまらないものを次のア～エから１つ選び、記号で答えなさい。

ア　黄緑色のサインペンのインクは、３色の色素からできている。

イ　緑色のサインペンのインクは、青色と緑色の色素からできている。

ウ　どのサインペンも３色以上の色素からできている。

エ　実験１で使った５種類のサインペンのうち、６割には黄色の色素が入っている。

実験2

【方法】

会社の異なる黒の水性サインペンを用いて、実験1と同様に実験を行った。

【結果】

サインペンの色がペーパーフィルター上でいくつかに分かれていた。実験1と同様に、インクの色が下の線からどの位置まで上がっていたかを数字で表した。結果は表2に示す。

表2

		水性サインペンの会社		
		A社	B社	C社
現れたインクの色の位置	青色	0.70	0.70	0.70
	緑色	0.65	0.65	
	オレンジ色			0.65
	赤色	0.60	0.60	
	紫色		0.30	0.60

(5) 実験2の結果から考えられることとしてあてはまらないものを次のア～エから1つ選び、記号で答えなさい。

ア　同じ黒色でも会社によって使われている色素の数は違う。

イ　同じ黒色でも会社によって使われている色素の種類は違う。

ウ　どの会社でも共通して使っている色がある。

エ　0.65の位置に上がる色は緑色しかない。

(6) 実験1と2の結果から青色には移動距離に違いがあることがわかりました。このことからどのようなことが考えられるでしょうか。「同じ色に見えていても～と考えられる。」の形にあてはまるように答えなさい。なお、文章中に「種類」という語句を用いること。

広尾学園中学校(第１回)

―30分―

(編集部注：実際の入試問題では、写真や図版の一部はカラー印刷で出題されました。)

1　自然長が異なるばねＡとばねＢを用いて実験を行いました。ここではばねや糸、小箱および棒の重さや太さなどは無視できるものとします。

【実験１】図１のように、ばねＡおよびばねＢの上端(じょうたん)を天井(てんじょう)に固定し、下端におもりをつるしたとき、おもりの重さを変えながらばね全体の長さを測ると、それぞれ図２のグラフのようになった。

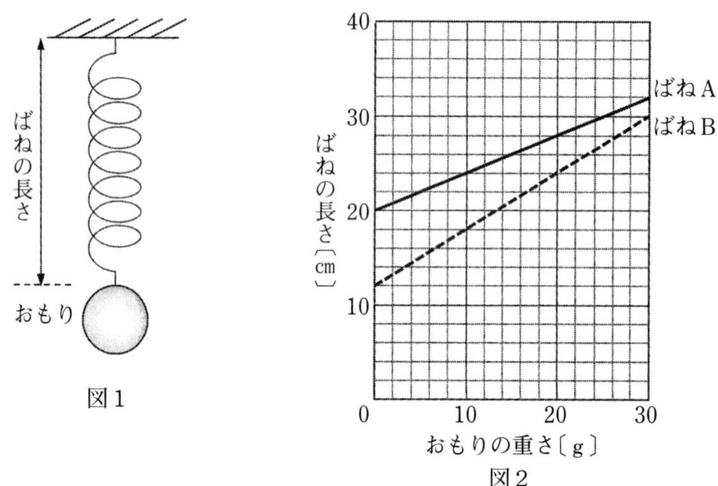

図１　　図２

【実験２】図３のように、なめらかな水平面上でばねＡとばねＢの間に重さの無視できる小箱をはさんで直列につなぎ、ある重さのおもり①を滑車(かっしゃ)を通して左右につなぐと、ばねＡとばねＢの長さの和は52cmになった。

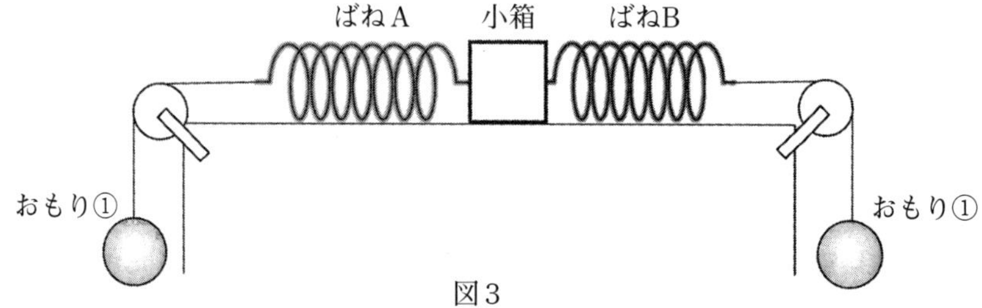

図３

問１　図３のとき、ばねＡの長さは何cmか答えなさい。ただし、割り切れない場合は、小数第１位を四捨五入し整数で答えなさい。

問２　おもり①の重さは何ｇか答えなさい。ただし、割り切れない場合は、小数第１位を四捨五入し整数で答えなさい。

【実験３】図４のように、ばねＡとばねＢを長さの和を52cmに保ちながら、ばねＡの上端を実験装置の天井に、ばねＢの下端を実験装置の床(ゆか)に鉛直(えんちょく)方向に固定した。次に、図５のように小箱の中におもり②を入れると、小箱のつり合いの位置が６cm下がった。

【実験４】図６のように、この装置の中に小箱全体が水中に沈(しず)むのに十分な量の水を入れると、小箱の位置は図５の位置から図４（小箱におもり②を入れる前）と同じ位置に戻（もど）った。

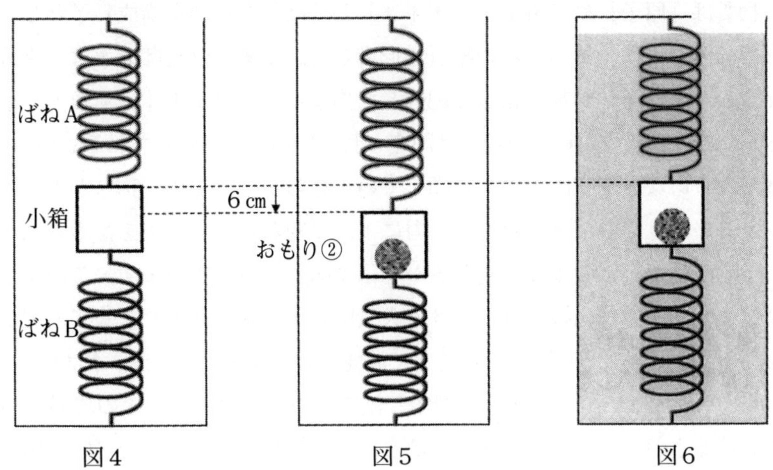

図４　　図５　　図６

問３　図４と図５について、ばねＡが小箱を引く力は、箱におもり②を入れる前と比べて何ｇ増えましたか。ただし、割り切れない場合は、小数第１位を四捨五入し整数で答えなさい。また、ばねＡとばねＢは鉛直方向にのみ伸（の）び縮みできるものとします。

問４　図６を参考に、この小箱の体積は何㎤か答えなさい。ただし、割り切れない場合は、小数第１位を四捨五入し整数で答えなさい。また、水の重さは１㎤あたり１ｇとし、小箱は密閉されていて、小箱内部に水は入らないものとします。さらに、ばねの体積による影響も無視できるものとします。

【実験５】図７のように、ばねＡとばねＢの上端を天井に固定し、ばねＡとばねＢの下端に長さ110㎝の棒をつなげた。棒の左端からある長さの場所に重さ55ｇのおもり③を糸でつり下げると、ばねＡとばねＢの長さが等しくなって棒が水平になった。

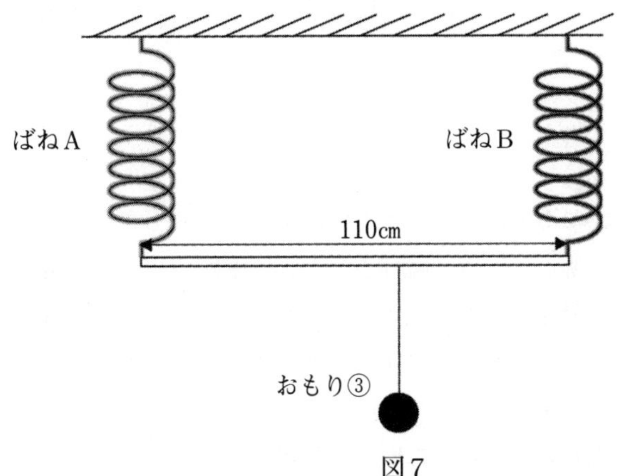

図７

問５　図７のとき、ばねＡの長さは何㎝か答えなさい。ただし、割り切れない場合は、小数第１位を四捨五入し整数で答えなさい。

問６　おもり③をつり下げた位置は、棒の左端から何㎝か答えなさい。ただし、割り切れない場合は、小数第１位を四捨五入し整数で答えなさい。

2　次の文章を読み、以下の問いに答えなさい。

すべての物質は「原子」や「分子」、「イオン」とよばれるものを構成粒子(りゅうし)として、これらが無数に集まって固体や液体、気体などの物質を形成しています。例えば、水は「水分子」を構成粒子とし、無数の「水分子」が規則正しく配列して集まったものが固体、無数の「水分子」が集まってはいるがひとつひとつの粒子の場所は固定されずに絶えず移動しているものが液体、「水分子」が互(たが)いにばらばらになって空間の中を運動しているものが気体です。物質が固体、液体、気体のどの状態をとるかは、そのときの温度と圧力によって変わります。図１は水を例とした「圧力・温度によって水の状態がどのように変わるかを示す図」を表しています。このような図のことを状態図とよびます。圧力は海抜(かいばつ)０ｍにおける大気圧の大きさを「１」として表記しています。図１中の点線の矢印のように、１気圧一定のもとで温度を上昇(じょうしょう)させていくと、水は0℃のときに(①)し、また100℃のときに(②)します。液体と気体の領域において、その境界の曲線状の温度は、その圧力における水の(③)になります。ほとんどの物質において圧力が低い場所ほど(③)は低くなります。(④)についても同様ですが、図１の通り水は、圧力が低いほど(④)が高くなります。また水は、地球上では通常固体・液体・気体いずれの状態をとることもできますが、図１から宇宙空間やそれに極めて近い高度の上空においては、(Ｘ)ということがわかります。一方で、二酸化炭素は１気圧で液体を形成することはできませんが、(⑤)条件にすると二酸化炭素の液体を観察することができます。

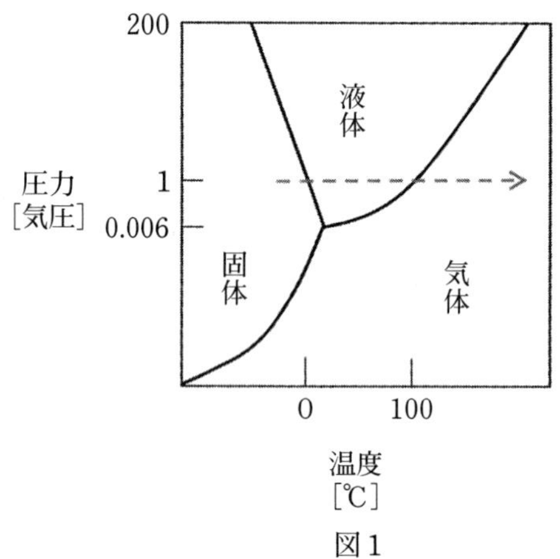

図１

問１　文章中の①～⑤にあてはまる言葉を次のア～コから１つずつ選び、記号で答えなさい。

ア　融点(ゆうてん)　イ　沸点(ふってん)　ウ　臨界点　エ　融解　オ　沸騰(ふっとう)
カ　凝固(ぎょうこ)　キ　凝縮　ク　高圧　ケ　低圧　コ　１気圧

問２　文章中の(Ｘ)にふさわしい説明を、前後の文章をふまえながら10字程度で書きなさい。

問３　普段(ふだん)は身の回りで固体として存在する物質も、温度や圧力の条件を変えることで瞬間(しゅんかん)的に液体や気体に変わります。この原理を利用して、真空下において「ある材料のとても薄(うす)い固体の膜(まく)を形成する技術」のことを「真空蒸着」といい、蒸着するとナノメートルサイズの様々な厚さの金属の膜を簡単に形成することができます。例えば、金や銀を触媒(しょくばい)として作動する最新の太陽電池デバイスに応用されたりするなど、これからの科学技術の発展に重要な技術といえます。この技術をもう少しわかりやすく説明するために、図２の実験をイメージしましょう。

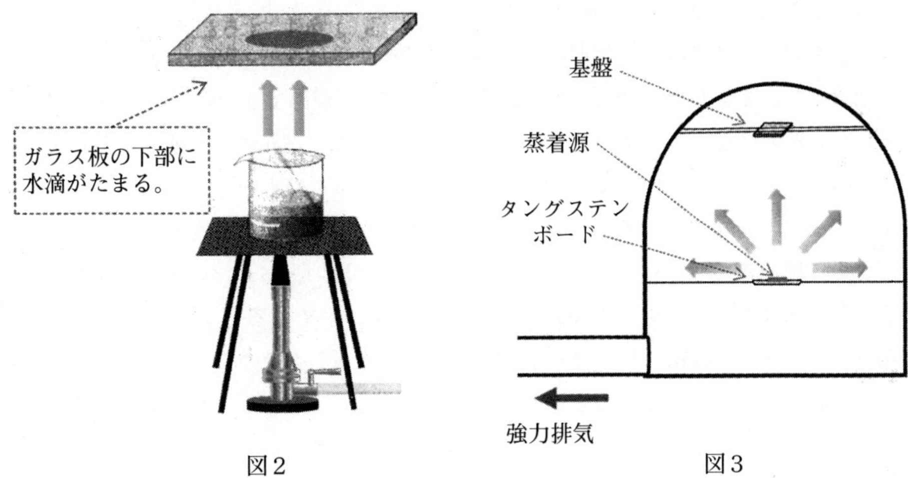

図２　図３

ガスバーナーで温めたお湯の上に、冷えたガラス板を置くと水滴(すいてき)がつきます(図２)。これは温められた水が水蒸気となり、その後上昇して上のガラス板で冷やされて水になるためです。金属で同じ原理を使おうとしても、金属は１気圧下では相当な高温になるまで加熱しないと液体や気体にはなりません。そこで、図３のようにある密閉した空間を強力排気(はいき)し、内部の圧力を極限まで低下させることで金属を液体や気体に変化させやすくし、上部にあるガラスなどの基板にその膜を形成させます。タングステンという金属でできた小さいボードの上に金や銀といった蒸着させたい材料(蒸着源といいます)を置いて大きな電流を流すと、タングステンが高温になり、蒸着源である金属が気体になります。その後、上部にあるガラスなどの基板に金や銀の蒸気が接触し、冷やされその金属の薄い固体の膜が形成するのです。

(1)　図３の装置で、「真空蒸着」を行うために必要な「タングステン」の性質を説明しなさい。

(2)　蒸着源として使用する金属の質量とその密度がわかれば、形成される金属膜の厚さをおおよそ計算することができます。使用する金属を銀、その重さを0.0525ｇ、密度を10.5ｇ/㎤とするとき、蒸着源からちょうど10㎝上部にある基板の表面部分にできる銀の膜の厚さをナノメートルの単位で求めなさい。ただし、以下の＜注意＞をよく読むこと。また、割り切れない場合は、小数第１位を四捨五入し整数で答えなさい。

＜注意＞

・１センチメートル(㎝)は10000000ナノメートル(nm)です。

・図３の蒸着源付近の矢印のように、気体となった銀はタングステンボードを含(ふく)む水平面より上側の全方向に、放射状かつ均等にまっすぐ広がるものとします。タングステンボードを含む水平面より、下側には気体となった銀は広がりません。

・気体となった銀は、基板や装置内の壁(かべ)等の常温の物体に衝突(しょうとつ)するとすみやかに固体の銀にかわります。したがって、蒸着源からの距離(きょり)が同じであれば同じ厚さの膜が形成します。

・球の表面積を求めるには以下の計算をすればよいことが知られています。

球の表面積(㎠)の求め方＝４×3.14×半径(㎝)×半径(㎝)

３　次の文章を読み、以下の問いに答えなさい。

理花さんのクラスでは、１学期の理科の授業でヘチマの種をまき、みんなでヘチマの成長を観察し記録していきました。種をまいてから数日後に①芽が出てきたので、特徴をスケッチし記録しました。その後も、ヘチマの様子の観察を続けました。理花さんが水をやりに行ったときには、ヘチマの花が観察でき、中には小さな②実をつけているものもありました。もう少し観察を続けてみると、茎の先端部では細い管のようなものが③棒にくるくると巻きついている様子が観察できました。理花さんはさらに詳しく観察してみようと思い、ヘチマの葉を虫眼鏡で見てみました。すると葉の表面に、④細かい毛がたくさん観察でき、手で触るとチクチクしました。１か月後、理花さんがヘチマの観察に行くと、茎や葉が大きく成長しグラウンドの１か所に日陰ができていました。家に帰って調べてみると、ヘチマなどの植物はよく⑤「グリーンカーテン」に利用されていることが分かりました。

問１　下線部①について、理花さんが描いたヘチマのスケッチとして、最も適切なものを次のア～エから１つ選び、記号で答えなさい。

問２　下線部②について、ヘチマの実と花のつくりを正しく表しているものを、次のア～オから１つ選び、記号で答えなさい。

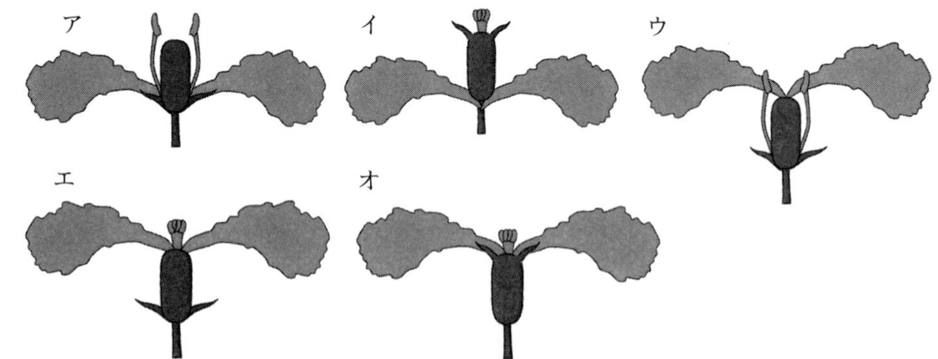

問３　下線部③について、棒に巻きついていたのは「つる」とよばれる茎の一部でした。この「つる」が棒に巻きついていく方法として正しく説明しているものを、次のア～カから１つ選び、記号で答えなさい。

ア　つるが棒に接触したときに、つるの接触した側が大きくなり巻きついていく。

イ　つるが棒に接触したときに、つるの接触した側と反対側が大きくなり巻きついていく。

ウ　つるが棒に接触したときに、つるの成長が早くなり巻きついていく。

エ　つるが棒に接触する前に、つるが棒を感知して巻きついていく。

オ　つるが棒に接触する前に、つるの成長が促進され棒に巻きついていく。

カ　つるがくるくると回転しながら成長したところに、棒を差し込み巻きつけていく。

問４　問３のように、「つる」で巻きつき体を支える植物は他にもたくさんあります。このような植物は、なぜ他の植物や棒に巻きついて成長していく必要があるのでしょうか。その理由を説明しなさい。

問５　下線部④について、ヘチマで観察したように様々な植物には細かい産毛のような毛が生えていることが多いです。なぜこのような構造が必要か、その理由を説明しなさい。

問６　下線部⑤について、家の窓際に植物でグリーンカーテンをつくると、窓際の温度を下げることができます。その理由として正しいものを、次のア～キから**すべて選び**、記号で答えなさい。

ア　植物が光合成をすることで、多くの酸素が発生するから。
イ　植物が光合成をすることで、熱を吸収し養分をつくりだすから。
ウ　植物がたくさんの水分を吸収することで、周りの湿度(しつど)が下がるから。
エ　植物の葉から水蒸気が蒸散するときに、周りの熱を奪(うば)うから。
オ　植物が呼吸することで、多くの二酸化炭素が発生するから。
カ　植物が建物の壁(かべ)などに熱が蓄積(ちくせき)するのを防ぐから。
キ　植物が窓際にある方が、風の通りがよくなるから。

4　次の広尾さんと先生との会話を読み、以下の問いに答えなさい。

広尾さん　先生、ぼくは夏休みに家族で山にキャンプに行ってきました。

先生　それはよかったね。何が思い出深かったかな。

広尾さん　一番の思い出は、雲を上から見たことです。自分の登ってきた方を振(ふ)り返ったら、辺り一面に白い雲が広がっていて感動しました。

先生　その現象は「雲海」とよばれる現象だね。気象条件がそろったときに見られる現象なんだよ。雲海のしくみを考える前に、まず雲について復習してみよう。雲ができる条件はなんだったかな。覚えているかい。

広尾さん　あの現象は「雲海」っていうんですね！雲の海か。まさにそんな感じの風景でした。あれ？でも雲のでき方を忘れてしまいました。先生、教えて下さい。

先生　それでは、順番に説明しましょう。雲ができる大きな原因は、空気の塊(かたまり)が上昇することです。①<u>空気の塊を上昇させる要因はいくつかありましたね</u>。覚えていますか？様々な原因で空気の塊が上昇していくと、空気の体積が膨張(ぼうちょう)していきます。その結果、上昇した空気の温度が下がっていき水蒸気が水滴に変わって雲ができるというしくみでしたね。これを断熱膨張といいます。この②<u>しくみを確かめるために、実験をした</u>のを覚えていますか。

広尾さん　思い出しました。だから、雲の正体は水滴なんだと授業で勉強しました。先生、それとぼくが見た雲海は、普段見ている雲よりも低い位置にあったと思います。空気が上昇することが、雲ができる条件ならば、なぜ低い位置で観察できたのですか？

先生　そう。それが雲海を形成する一番のポイントになります。本来であれば、雲は上昇していくことで大きくなっていきますが、今回の場合は③<u>ある一定の高さまで行くとそれ以上高いところへは上昇できません</u>。その原因を考えてみましょう。

問１　下線部①について、空気の塊が上昇する要因として**適切でないもの**を、次のア～オから１つ選び、記号で答えなさい。

ア　地表面にある空気の塊があたためられる。

イ　風に流されて空気の塊が山にぶつかる。

ウ　冷たい空気の塊と暖かい空気の塊がぶつかり、冷たい空気が上に押(お)し上げられる。

エ　地表面から空気の対流が生じる。

オ　低気圧の中心がある。

問２　下線部②について、ペットボトルを使って雲をつくる実験をしました。実験の内容を確認し、次の問いに答えなさい。

【実験】ペットボトルに水を少し入れて、④圧縮ポンプを付け容器内を密閉した。その後、⑤圧縮ポンプを何十回か押して、ペットボトルの中に空気を入れた。最後に、⑥圧縮ポンプのついたふたを素早く開けた。

(1)　【実験】の手順をいくらくり返しても、雲は確認できませんでした。【実験】で足りない操作があります。どのような操作が足りないか、説明しなさい。

(2)　(1)の操作を加えたところ、雲を観察できました。実験手順の下線部④～⑥の中で、雲が観察できたタイミングはいつか。④～⑥の番号で答えなさい。

問３　雲を形成している水滴が、浮(う)いているように見えている理由を、広尾さんは以下のようにまとめました。次の文章中の(　ア　)から(　ウ　)に当てはまる語句を、それぞれ答えなさい。

雲は、水蒸気が凝結してできた水滴や氷の粒からできている。これらは非常に細かくて軽いため、(　ア　)によって支えられて浮いている。また、細かい水滴や氷の粒が落下して地表に近づくと、周囲の温度は(　イ　)くなり、湿度は(　ウ　)くなるので、落下途中(とちゅう)で見えなくなり雲として見えている部分は上空にしかなくなるため、浮いているように見える。

問４　下線部③について、雲がそれ以上の高さまで上がることができない原因は、雲が形成された場所よりも上空に、下層部分よりも暖かく乾（かわ）いた空気の塊があるからと考えられています。このように、上空に行くほど気温が高くなっている層のことを逆転層といいます。

(1)　地上から高度200ｍまで逆転層が起こっているときの気温と高度のグラフを、次のア～エから１つ選び、記号で答えなさい。

ア
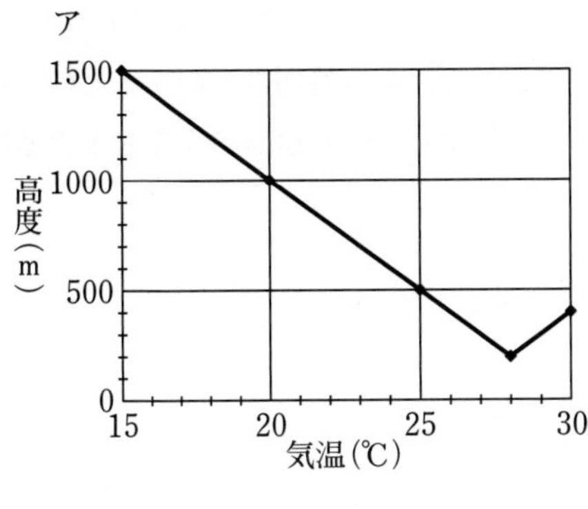

イ
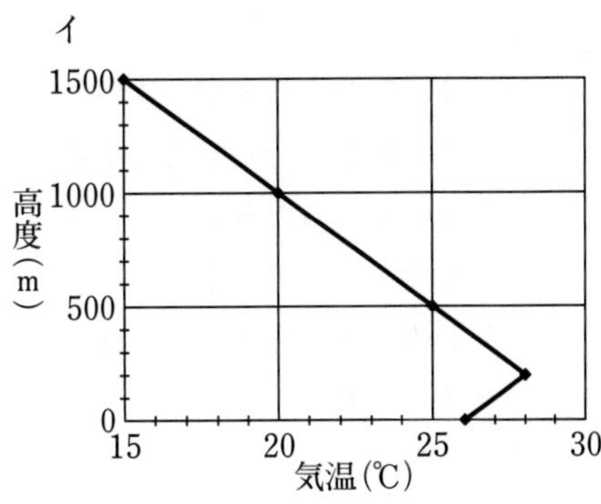

ウ
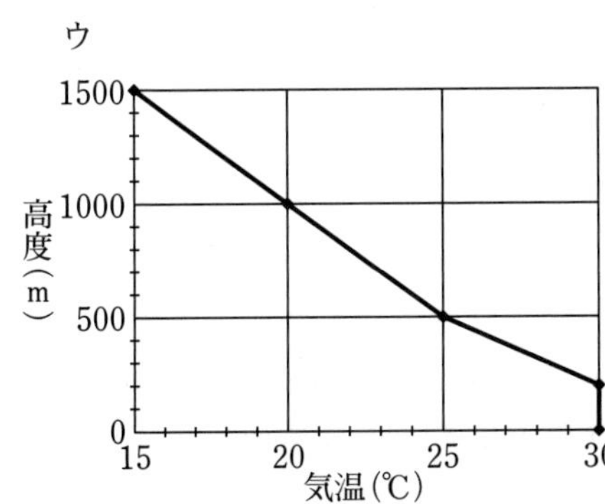

エ
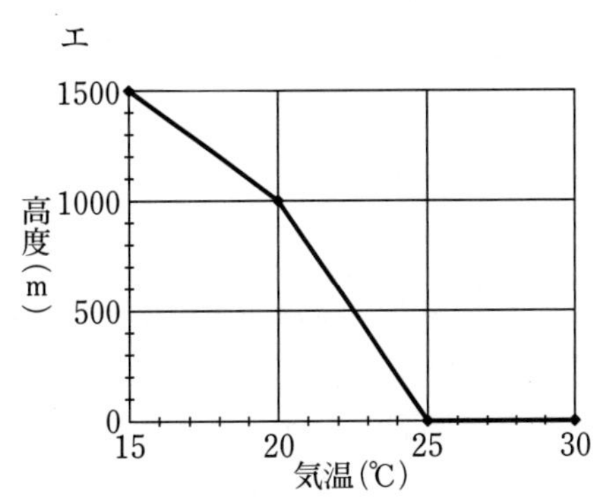

(2)　この逆転層が生じると、雲海が形成されやすくなります。この雲海が形成されやすい条件を、次のア～クから１つ選び、記号で答えなさい。

ア　前日の気温が高く、湿度が高い
イ　前日の気温が高く、湿度が低い
ウ　前日の気温が低く、湿度が高い
エ　前日の気温が低く、湿度が低い
オ　前日の昼夜の気温差が大きく、湿度が高い
カ　前日の昼夜の気温差が大きく、湿度が低い
キ　前日の昼夜の気温差が小さく、湿度が高い
ク　前日の昼夜の気温差が小さく、湿度が低い

(3)　(2)のような温度や湿度に関しての条件以外に、もう１つ雲海が形成されるための条件があります。それは何か答えなさい。

法政大学中学校(第１回)

—35分—

1　熱について、次の各問いに答えなさい。

(1)　冬の寒いときに、次の①～⑥のような方法で暖をとりました。熱の伝わり方は、伝導・対流・放射(ほうしゃ)の３種類があります。体への熱の伝わり方として、最も適切なものをあとの選択肢(せんたくし)からそれぞれ１つ選び、記号で答えなさい。ただし、同じ記号を繰(く)り返し選んでもよいものとします。

①　太陽の光にあたった

②　40℃の風呂に入った

③　50℃のカイロを体に貼(は)った

④　たき火にあたった

⑤　ダウンジャケットを着た

⑥　手で体をこすった

［選択肢］

ア　伝導

イ　対流

ウ　放射

エ　伝導・対流・放射のどれでもない

(2)　同じ形・同じ大きさ・同じ温度の銅とアルミニウムとプラスチックの棒の先端を90℃の水が入った容器に入れ、熱の伝わり方を調べる実験をしました。実験の結果、銅・アルミニウム・プラスチックの棒はしだいにあたたまっていきました。

①　この実験での水から棒への熱の伝わり方はなんといいますか。なお、答えはひらがなでもよいものとします。

②　棒のうち、どれが最も速くあたたまりますか。最も適切なものを次の選択肢から１つ選び、記号で答えなさい。

ア　銅の棒

イ　アルミニウムの棒

ウ　プラスチックの棒

エ　同じようにあたたまるので、３つの棒に熱の伝わり方の差はない

(3)　同じ形・同じ大きさ・同じ温度の氷を冷凍庫から室温25℃の部屋でとりだし、次の３つの方法(A：そのまま放置した　B：うちわであおぎ風をあてつづけた　C：布にくるんだ)で、どの氷が速くとけるか比べる実験をしました。氷が速くとける順に並べたものとして最も適切なものを次の選択肢から１つ選び、記号で答えなさい。

ア　A→B→C　　イ　A→C→B　　ウ　B→A→C　　エ　B→C→A

オ　C→A→B　　カ　C→B→A　　キ　B＝C→A　　ク　B→A＝C

2　電車に関して、次の文を読み、あとの各問いに答えなさい。

電車は、線路の上にある電線(架線(かせん))から、屋根に設置されている(　①　)を通して電気(電流)を取り入れ、車内の(　②　)を回すことで走行し、大量の電力を消費する。首都圏(しゅとけん)の一般的(いっぱんてき)な電車に

使われる架線の電圧は(③)である。線路はレールと呼ばれ、その材料には(④)が使われる。線路を支える枕木(まくらぎ)の下にはバラストと呼ばれる石が敷(し)かれ、電車の振動(しんどう)や騒音(そうおん)を抑(おさ)えるクッションの役割をしている。バラストには、主に(⑤)が多く使われている。

(1)　文中の(　　)にあてはまる最も適切な語句を、次の選択肢から１つずつ選び、記号で答えなさい。

ア　エアコン　　イ　パンタグラフ　　ウ　避雷器(ひらいき)　　エ　ディーゼルエンジン
オ　モーター　　カ　交流100V　　キ　直流1,500V　　ク　交流25,000V
ケ　アルミニウム　　コ　鉄　　サ　銅　　シ　鉛(なまり)
ス　アンザン岩　　セ　ギョウカイ岩　　ソ　石炭　　タ　セッカイ岩

(2)　電車は駅を出発すると一様に加速し、最高速度に達すると同じ速さで走行し、駅に近づくと減速して駅に停車します。このとき、一番電力を消費するのはいつですか。次の選択肢の中から正しいものを１つ選び、記号で答えなさい。

ア　加速時　　イ　最高速度で走行時　　ウ　減速時　　エ　常に一定

(3)　東京の新宿駅・御茶(おちゃ)ノ水(みず)駅間を走る中央線は、次の路線図のように快速と各駅停車の電車が並走しています。新宿駅から御茶ノ水駅まで電車で移動するとき、消費電力が大きいのは、快速と各駅停車のどちらの電車ですか。あとの選択肢の中から正しいものを１つ選び、記号で答えなさい。ただし、両方とも加速や減速の度合(割合)は同じものとし、最高速度も同じものとします。また、電車の大きさや乗客を含めた電車の重さは同じものとします。

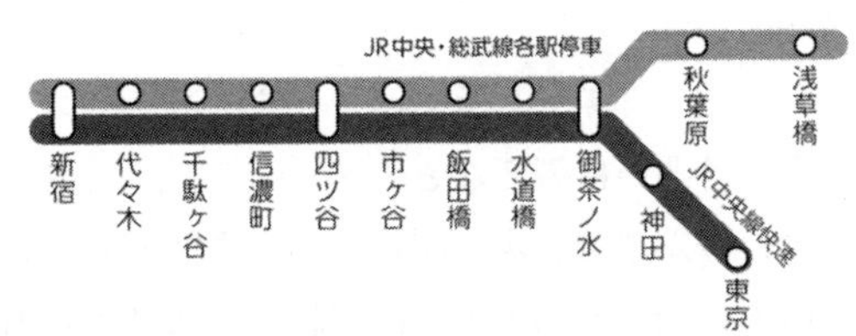

ア　快速電車　　イ　各駅停車　　ウ　両方とも同じ

(4)　朝の通勤時間帯の電車は、乗客が満員の状態で走行します。一方昼間は、座席に座(すわ)れるほど車内は空(す)いています。このとき、消費電力の大きい電車はどちらですか。次の選択肢の中から正しいものを１つ選び、記号で答えなさい。

　ただし、両方とも同じ車両・同じ10両編成で、同じ区間を走行し、加速や減速の度合(割合)も同じものとし、最高速度も同じものとします。

ア　満員電車　　イ　空いている電車　　ウ　どちらも同じ

(5)　朝の通勤時間帯の満員電車と、昼間の空いている電車とでは、減速時にブレーキをかけたときの効き具合に違(ちが)いがありますか。次の選択肢の中から正しいものを１つ選び、記号で答えなさい。ただし、両方とも同じ車両・同じ10両編成で、最高速度も同じものとします。

ア　満員電車の方がブレーキの効きがよい
イ　空いている電車の方がブレーキの効きがよい
ウ　どちらも同じ

(6)　各駅停車の電車が時速60㎞で走っているとき、すぐ横を走る快速電車が時速80㎞で同じ方向に走っていました。このとき、各駅停車の電車に乗っている人には、快速電車はどのように見えましたか。次の選択肢の中から正しいものを１つ選び、記号で答えなさい。

ア　時速20㎞で逆方向(後方)に進むように見えた

イ　時速140㎞で逆方向(後方)に進むように見えた

ウ　時速20㎞で進行方向(前方)に進むように見えた

エ　時速140㎞で進行方向(前方)に進むように見えた

(7)　駅を出発した電車は、一様に加速して時速72㎞になって、その後は次の駅に近づくまで一定の速度で走行しました。電車が駅を出発してから時速72㎞になるまで、30秒かかりました。

①　時速72㎞は秒速何mになりますか。

②　出発してから15秒後の電車の速度は、秒速何mですか。

③　この30秒間の加速中に、電車が走行した距離(きょり)は何mになりますか。

3　りんごに関する次の文を読み、あとの各問いに答えなさい。

りんごを細かく切り、砂糖を加えてよく煮詰めてから、(a)を加えさらに煮詰(につ)め、りんごジャムを作った。ジャムづくりで、余分に$_X$切ったりんごを空気中に放置していたところ、変色していた。

りんごジャムのように、果物を原料としたジャムは、とろみのあるものがほとんどである。これは、果物にはペクチンと呼ばれる糖類(食物繊維)を含んでいるものが多く、ペクチンは糖度が(b)く、$_Y$酸性という条件において、熱を加えると、とろみが出るからである。

(1)　文中の(　　)にあてはまる語句はなんですか。最も適切なものを次の選択肢からそれぞれ1つ選び、記号で答えなさい。

ア　水　　イ　湯　　ウ　酒　　エ　レモン汁　　オ　高　　カ　低

(2)　下線部Xについて、次の各問いに答えなさい。

①　次の文は、下線部Xのりんごの変色が起こる理由を説明しています。文中の(　　)にあてはまる語句として、最も適切なものをあとの選択肢からそれぞれ1つ選び、記号で答えなさい。

りんごに含まれる(c)が酵素の働きによって、空気中の(d)と結びつくために、りんごは(e)色に変色する。このような現象を一般的に(f)と呼ぶ。

ア　窒素　　イ　酸素　　ウ　酸化　　エ　還元　　オ　ビタミンC

カ　ポリフェノール　　キ　茶　　ク　白　　ケ　緑

②　下線部Xのようなりんごの変色を防ぐために最も効果(こうか)のある方法を次の選択肢から1つ選び、記号で答えなさい。

ア　切ったりんごを食塩水に浸す

イ　切ったりんごをぬるま湯に浸す

ウ　切ったりんごを水に浸す

(3)　下線部Yの性質を確かめる方法とその結果を次の選択肢からそれぞれ1つ選び、記号で答えなさい。

【方法】

ア　加熱する

イ　青色リトマス紙に溶液をたらす

ウ　BTB溶液を数滴(てき)加える

エ　フェノールフタレイン溶液を数滴加える

【結果】

オ　緑色になる

カ　凝固する

キ　赤色になる

ク　青色になる

(4)　ペクチンのように、食材を固めるために利用される物質として、最も適切なものを次の選択肢から１つ選び、記号で答えなさい。

ア　オリゴ糖　　イ　重曹(じゅうそう)　　ウ　ゼラチン　　エ　セルロース

4　オオカナダモは水の中で生活する植物で、葉が薄く観察しやすいため実験によく用いられます。このオオカナダモに関する次の各問いに答えなさい。

(1)　オオカナダモはどの仲間に分類されますか。最も適切なものを次の選択肢から１つ選び、記号で答えなさい。

ア　コケ植物　　イ　シダ植物　　ウ　裸子(らし)植物　　エ　被子(ひし)植物　　オ　藻(そう)類

(2)　オオカナダモにおける気体の出入りを調べるため、次のような実験を行いました。

【実験】

手順１　試験管を４本用意し、それぞれに水と緑色のＢＴＢ溶液を入れた後、重曹をほんの少し加えて溶かします。

手順２　手順１の全ての試験管の水に、ストローを用いて溶液の色が変化しなくなるまで息を吹き込みます。

手順３　手順２で準備した試験管のうち、２本に十分な量のオオカナダモを入れました。この２本の試験管のうち、そのままのものをＡ、アルミホイルで包んで光が入らないようにしたものをＢとしました。

また、オオカナダモを入れなかった残りの２本の試験管のうち、そのままのものをＣ、アルミホイルで包んで光が入らないようにしたものをＤとしました。

手順４　試験管Ａ、Ｂ、Ｃ、Ｄすべてに24時間強い光をあてつづけました。

①　手順１が終わった時点で、試験管中の溶液は何色になりますか。漢字１文字で答えなさい。

②　手順２が終わった時点で、試験管中の溶液は何色になりますか。漢字１文字で答えなさい。

③　手順４が終わった時点で、試験管Ａと試験管Ｂの中の溶液はそれぞれ何色になりますか。それぞれ漢字１文字で答えなさい。

④　試験管Ａの溶液が③の色に見えたのは、オオカナダモが行ったある反応の結果です。この反応名を答えなさい。なお、答えはひらがなでもよいものとします。

⑤　手順４で光をあてた試験管のうち、試験管Ａにはオオカナダモを入れ、試験管Ｃには入れていません。こうした準備を行った目的はなんですか。最も適切なものを次の選択肢から１つ選び、記号で答えなさい。

ア　溶液の色変化の原因は、光があたったからだと証明するため

イ　溶液の色変化の原因は、温度の変化であったことを証明するため

ウ　溶液の色変化の原因は、光があたらなかったからだと証明するため

エ　溶液の色変化の原因は、オオカナダモによるものだと証明するため

⑥　⑤のように、実験の目的とする条件以外は同じ条件にして行う実験を一般に○○実験と呼びます。○○に入る語句を漢字２文字で答えなさい。

(3)　(2)の実験後、試験管Ａのオオカナダモを取り出して葉を数枚採取しました。これらをアルコール溶液で煮(に)ると、葉が緑色から白色へと変化しました。これらにヨウ素液をたらして顕微鏡(けんびきょう)で観察するとどのように見えますか。次の選択肢から最も適切なものを１つ選び、記号で答えなさい。

ア　葉全体が青紫(むらさき)色に見える　　イ　葉の所々に青紫色の斑(はん)点が見える

ウ　葉全体が緑色に見える　　エ　葉の所々に緑色の斑点が見える

オ　ヨウ素液をたらす前と同じように見える

(4)　オオカナダモのからだを作るためには炭素が必要です。オオカナダモはこの炭素を何という物質から取り入れていますか。この物質の名前を答えなさい。なお、答えはひらがなでもよいものとします。

5　ある斜面(しゃめん)の地下の様子を調べました。図１は斜面を調査したポイントを表しています。図２は、地下の様子を調べるために、地面を円柱状に機械で掘り出したものを示しています。あとの各問いに答えなさい。

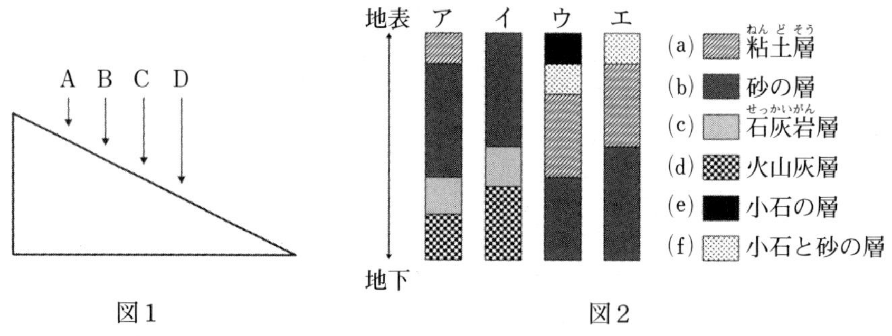

図１　　図２

(1)　文中の下線部のように、地面の下の様子を調べるために、機械で円柱状に掘り出す作業を何というか答えなさい。

(2)　図１のＡ～Ｄの４地点を調べたものは図２のどれですか。それぞれ図２のア～エから１つずつ選び、記号で答えなさい。

(3)　図２の(a)～(f)のうち最も古い層はどれですか。最も適切なものを１つ選び、記号で答えなさい。

(4)　火山灰の層は赤土と呼ばれます。火山灰が赤く見える理由として最も適切なものを次の選択肢より１つ選び、記号で答えなさい。

ア　火山灰に含まれる鉄分が酸化したため

イ　火山灰が噴出したとき、急激に冷やされたため

ウ　火山灰中にマグネシウムが多く含まれているため

エ　火山灰中では微生物がほぼ生存できないため

(5)　火山灰が堆積(たいせき)してできた岩石を何といいますか。最も適切なものを次の選択肢から１つ選び、記号で答えなさい。

ア　デイ岩　　イ　チャート　　ウ　カコウ岩　　エ　ギョウカイ岩

(6)　マグマや溶岩が固まってできた岩石を火成岩といい、冷え方や固まった場所によって深成岩と火山岩に分けられます。火山岩の特徴として適切なものを次の選択肢より２つ選び、記号で答えなさい。

ア　ゆっくりと冷え固まった

イ　急に冷やされて固まった

ウ　岩石の中の１つ１つの鉱物が大きく成長している

エ　岩石の中の鉱物が十分大きく成長していない

オ　火山岩として、リュウモン岩、カコウ岩などが知られている

(7)　石灰岩の層からフズリナの化石が見つかりました。この層が堆積した当時の環境として、最も適切なものを次の選択肢より１つ選び、記号で答えなさい。

ア　寒冷な環境下の湖(みずうみ)　イ　温暖な環境下の河口付近

ウ　暖かくて浅い海　　エ　冷たい深海

(8)　フズリナの化石のように、その地層が堆積したときの環境を推定するのに役立つ化石を何といいますか。最も適切なものを次の選択肢から１つ選び、記号で答えなさい。

ア　痕跡(こんせき)化石　　イ　示相化石　　ウ　環境化石　　エ　示準化石

(9)　化石には地層の地質年代を決定する指標となる化石が存在します。サンヨウチュウやアンモナイトの化石が出土した場合、その地層はいつの年代であると考えられますか。最も適切なものを次の選択肢からそれぞれ１つ選び、記号で答えなさい。

ア　古生代　　イ　中生代　　ウ　新生代

法政大学第二中学校(第１回)

—40分—

注意　選択問題で答えが複数ある場合は、すべて書くこと。

1　次の会話文を読み、以下の問いに答えなさい。

タロウ「今朝、家の前の田んぼでザリガニを見かけたけど、あれはアメリカザリガニだったのかな？」

ノリコ「直接見たわけじゃないから断言できないけど、体色が赤色だったならアメリカザリガニじゃないかな。ニホンザリガニなどの国内にいる他の種類のザリガニは体色が赤色ではないから。」

タロウ「そうなんだ！じゃあ今まで見てきたザリガニは全てアメリカザリガニだったのかもしれない。ニホンザリガニは数が少ないのかな？」

ノリコ「ニホンザリガニは水温が低い綺麗な水でないと生息できないから、河川の開発などによって数を減らしているようだよ。その他にも外来種であるウチダザリガニが原因であるという報告もあるみたい。」

タロウ「ザリガニに限らず(a)外来種が引き起こす問題はよく聞くけど、実際に影響が出てしまっているんだね。」

ノリコ「そうなの。だからアメリカザリガニなどの外来種を飼育している場合は、野外に放したり、逃がしたりしてはならないんだよ。」

タロウ「もし飼育するときは気をつけるよ。そういえば、日本国外からやってくる(b)ツバメは、誰かが飼育しているわけではないから外来種って扱いになるのかな？」

ノリコ「どうだろう。一緒に調べて考えてみようか。」

問１　下線部(a)の問題として間違っているものを次の(ア)～(オ)から全て選び、記号で答えなさい。

(ア)　様々な在来種を捕食し、在来種の個体数が減少する。

(イ)　在来種と外来種の間で雑種が生まれて、純粋な在来種が失われてしまう。

(ウ)　在来種に捕食されて、在来種の個体数が爆発的に増えてしまう。

(エ)　外来種が媒介する病気によって、在来種の個体数が減少する。

(オ)　外来種が農作物を食べたり、畑を荒らしたりしてしまう。

問２　日本国内における外来種において、特に生態系を脅かすおそれのある「特定外来生物」を次の(ア)～(ケ)から全て選び、記号で答えなさい。

(ア)　オオクチバス　(イ)　ブルーギル　(ウ)　アライグマ

(エ)　ヌマガエル　(オ)　ヤンバルクイナ　(カ)　ムササビ

(キ)　アブラゼミ　(ク)　ナナホシテントウ　(ケ)　ヤマネ

問３　外来種の定義を簡単に説明しなさい。

問４　下線部(b)について以下の各問いに答えなさい。

(1)　ツバメは外来種かどうか、外来種なら「○」、そうでないなら「×」で答えなさい。

(2)　自然現象や生物の行動の様子から天気を予想することを観天望気というが、そのうちの１つに『ツバメが低く飛ぶ』という行動がある。その後の天気はどうなると予想できるか答えなさい。

(3)　ツバメは子育てのために春から夏にかけて国内にやってきて、寒くなる前に東南アジア等の暖かい地域に戻(もど)っていく。このような行動を特に何というか答えなさい。

2　次の文章を読み、以下の問いに答えなさい。

図１－１のような、南に面した崖(がけ)(南の崖)と東に面した崖(東の崖)がある、高さ120㎝の垂直な崖があります。崖の下は平坦(へいたん)な地面(崖下の地面)で、崖の上は水平にけずられ、整地された平らな面が広がっています(崖上の平坦面)。

それぞれの場所を観察すると、南の崖には地層の断面が水平になっているのが観察できました。東の崖はコンクリートで固められていて地層を見ることが出来ません。崖上の平坦面は草におおわれていますが、草を刈(か)ったり、穴を掘(ほ)ったりして表面や地下の地層の調査が出来るようです。崖下の地面は、アスファルトでおおわれています。

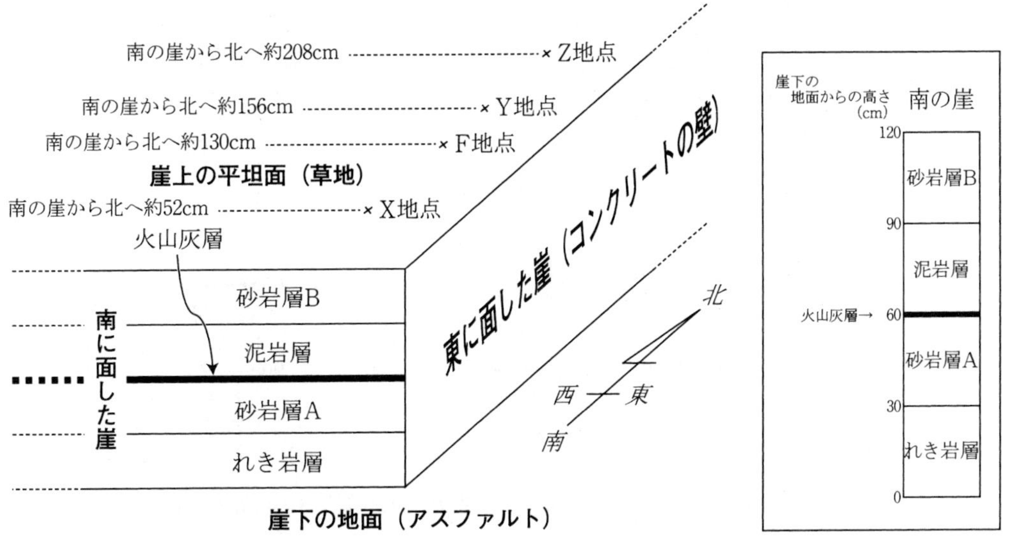

図１－１南の崖と東の崖の様子　　　図１－２南の崖の柱状図

南の崖をくわしく観察すると、図１－２の柱状図のようになっていました。地層は４つの層に分かれ、一番下には「れき岩層」が崖下の地面から30㎝の高さまで見られます。このれき岩層を下に少し掘ってみましたが、さらに地下まで続いているため、本当の厚さは不明です。なお、地層の厚さとは、地層の底面から垂直に測ったときの地層の上面までの長さのことを言います。れき岩層の上には崖下の地面から60㎝の高さまで「砂岩層Ａ」が重なり、その上には崖下の地面から90㎝の高さまで「泥岩(でいがん)層」、さらにその上には「砂岩層Ｂ」が崖上の平坦面まで続いています。平坦面はこの地層をけずっていますので砂岩層Ｂの本当の厚さはわかりません。南の崖で見られるそれぞれの地層は図１－１のように、水平で平行に重なっています。砂岩層Ａと泥岩層の間には特徴(とくちょう)的な火山灰の薄(うす)い地層がはさまれており、地層のつながりを知る良い目印になっています。ただし、火山灰層は薄いため、砂岩層Ａと泥岩層の厚さには影響(えいきょう)しないものとします。

問１　南の崖から北へ約52㎝行った崖上の平坦面のＸ地点で穴を掘ったところ、図２で示すとおり、火山灰層が深さ90㎝のところで見つかりました。この結果のみから考えられる東の崖の断面と砂岩層Ａの地層の厚さを正しく説明している文章を次の(ア)～(カ)から１つ選び、記号で答えなさい。

(ア)　東の崖に見えるはずの地層は、北に向かって高くなっており、砂岩層Ａの地層の厚さは30㎝である。

(イ)　東の崖に見えるはずの地層は、北に向かって高くなっており、砂岩層Ａの地層の厚さは30㎝よりも厚い。

(ウ)　東の崖に見えるはずの地層は、北に向かって高くなっており、砂岩層Ａの地層の厚さは30㎝よりも薄い。

(エ)　東の崖に見えるはずの地層は、北に向かって低くなっており、砂岩層Ａの地層の厚さは30㎝である。

(オ)　東の崖に見えるはずの地層は、北に向かって低くなっており、砂岩層Ａの地層の厚さは30㎝よりも厚い。

(カ)　東の崖に見えるはずの地層は、北に向かって低くなっており、砂岩層Ａの地層の厚さは30㎝よりも薄い。

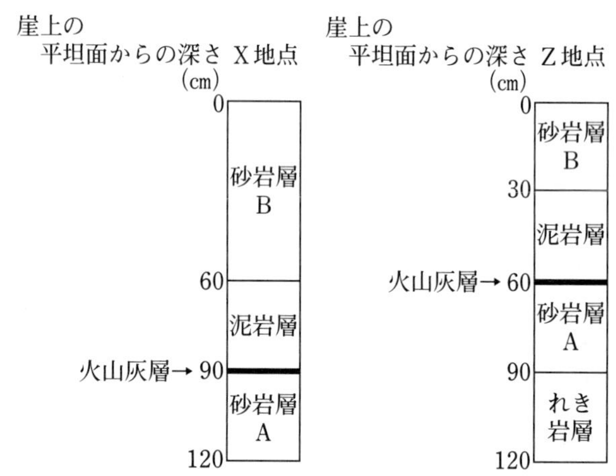

図２　Ｘ地点とＺ地点の柱状図(穴を掘ったときの境界の深さ)

問２　問１で考えた通り、この場所の地層は一定の向きに傾(かたむ)きながら平行に積み重なっていることがわかりました。そこで、南の崖から北へ約208㎝行った崖上の平坦面のＺ地点で穴を掘ったところ、図２で示すように、火山灰層が深さ60㎝のところで見つかりました。この結果から南の崖、Ｘ地点、Ｚ地点の３地点の火山灰層が直線でつながらないことがわかりました。地層の傾きが一定で平行であることを考えるとＸ地点とＺ地点の間に東西方向にのびる断層があり、その断層で地層がずらされていることが予想されました。

断層の作られ方の正しい説明および、問１と問２に書かれた事実から考えられることを、次の(ア)〜(ク)の文章から全て選び、記号で答えなさい。

(ア)　地層が大きな力で東西に押(お)されたため、崖上の平坦面ＸとＺの間に東西方向にのびる断層ができ、Ｘ側は下に、Ｚ側が上にずらされた。

(イ)　地層が大きな力で東西に押されたため、崖上の平坦面ＸとＺの間に東西方向にのびる断層ができ、Ｘ側は上に、Ｚ側が下にずらされた。

(ウ)　地層が大きな力で南北に押されたため、崖上の平坦面ＸとＺの間に東西方向にのびる断層ができ、Ｘ側は下に、Ｚ側が上にずらされた。

(エ)　地層が大きな力で南北に押されたため、崖上の平坦面ＸとＺの間に東西方向にのびる断層ができ、Ｘ側は上に、Ｚ側が下にずらされた。

(オ)　地層が大きな力で東西に引っ張られたため、崖上の平坦面ＸとＺの間に東西方向にのびる断層ができ、Ｘ側は下に、Ｚ側が上にずらされた。

(カ)　地層が大きな力で東西に引っ張られたため、崖上の平坦面ＸとＺの間に東西方向にのびる断層ができ、Ｘ側は上に、Ｚ側が下にずらされた。

(キ)　地層が大きな力で南北に引っ張られたため、崖上の平坦面ＸとＺの間に東西方向にのびる断層ができ、Ｘ側は下に、Ｚ側が上にずらされた。

(ク)　地層が大きな力で南北に引っ張られたため、崖上の平坦面ＸとＺの間に東西方向にのびる断層ができ、Ｘ側は上に、Ｚ側が下にずらされた。

問３　崖上の平坦面Ｘ地点と崖上の平坦面Ｚ地点の間で断層を探したところ、南の崖から北へ約130㎝行った崖上の平坦面のＦ地点で東西方向にのびる断層が見つかりました。断層面がどちらにどの程度傾いているのか調べるため、南の崖から北へ約156㎝行った崖上の平坦面のＹ地点で穴を掘ったところ、図３で示すように、断層が深さ45㎝のところで見つかりました。

問１、問２、問３でわかった事実から、断層の作られ方および断層のＸ側とＺ側のずらされ方を正しく説明している文章を、問２の(ア)〜(ク)の文章から１つ選び、記号で答えなさい。

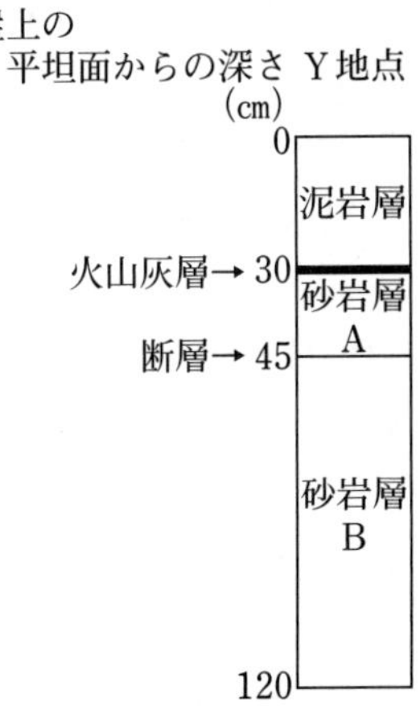

図３　Ｙ地点の柱状図(穴を掘ったときの境界の深さ)

問４　以下の火山灰層の特徴や火山灰に関係する次の文章のうち、正しい文章を次の(ア)〜(エ)から全て選び、記号で答えなさい。

(ア)　日本は偏西風(へんせいふう)の影響をうけているため、火山灰は西側に流されてつもりやすい。

(イ)　富士山が江戸(えど)時代と同じ規模の噴火(ふんか)をした場合、都心に火山灰が降りつもるため、都市機能に障害が出ることが心配されている。

(ウ)　同じ火山からは、いつでも同じ種類の火山灰が噴出(ふんしゅつ)されるため、噴出源となる火山はすぐに特定できる。

(エ)　火山灰層は、石灰岩と同じように硬(かた)く固まる成分を多く含(ふく)んでいるため多くの化石が見つかっている。

問５　この場所と離(はな)れた地域では地層が波をうったように変形しているのが見られました。このように変形しているものをなんといいますか。次の(ア)〜(エ)から最も適切なものを１つ選び、記号で答えなさい。

(ア)　りゅう曲　　(イ)　曲層　　(ウ)　しゅう曲　　(エ)　不整合

問6　問5のような変形が起こるときや起こった結果について、正しい文章を次の(ア)～(エ)から全て選び、記号で答えなさい。

(ア)　大地が隆起(りゅうき)したり、沈降(ちんこう)したりする。

(イ)　この変形を起こす力と同じ力によってできる断層を正断層という。

(ウ)　地層が左右から引っ張られた結果作られる。

(エ)　地層の上下が逆転してしまうこともある。

③　ろうそくが燃えるときの様子を説明した文章について、以下の問いに答えなさい。

【説明1】

ろうそくのロウにマッチの火を近づけても、ロウがとけるだけで、火はつきません。ろうそくのしんには、火がつきます。その熱で、(①)のロウが、(②)になり、しんにしみこみ、上へのぼっていき、ロウが(③)になります。(③)のロウは燃えるため、火がつきます。

【説明2】

ろうそくの炎(ほのお)はしんを中心として3つの層があります。

最も外側の層は、周りの空気から(④)を十分とりこめるのでロウに含(ふく)まれる炭素はすべて燃焼し、温度は最も(⑤)。

真ん中の層は、(④)が不足し、炭素が一部燃え残ってしまいます。この燃え残ったものをすすと言います。黒色のすすは熱せられ、明るく輝(かがや)いています。

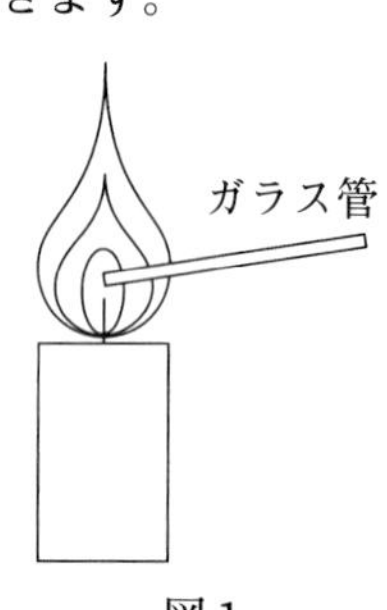

図1

最も内側の層は、(③)のロウがあり、またすすはないため暗く見えます。図1のように、この部分にガラス管をさしこむと(⑥)色のけむりがでて、(⑦)。

【説明3】

ろうそくが燃えるときの様子を観察した結果、ものが燃え続けるための条件は以下のようになります。

(A)　燃えるものがあること　　(B)　燃えるのを助ける気体である(④)があること

(C)　発火点より高い温度であること

問1　①～③に適する語句の組み合わせとして最も適切なものを次の(ア)～(カ)から1つ選び、記号で答えなさい。

(ア)　①固体　②気体　③液体　　(イ)　①液体　②気体　③固体

(ウ)　①気体　②液体　③固体　　(エ)　①固体　②液体　③気体

(オ)　①液体　②固体　③気体　　(カ)　①気体　②固体　③液体

問2　④に適する気体の名前を漢字で答えなさい。

問3　⑤～⑦に適する語句の組み合わせとして最も適切なものを次の(ア)～(ク)から1つ選び、記号で答えなさい。

(ア)　⑤高い　⑥白　⑦ガラス管の先にマッチの炎を近づけると燃えます

(イ)　⑤高い　⑥白　⑦ガラス管の先に炎がでます

(ウ)　⑤高い　⑥黒　⑦ガラス管の先にマッチの炎を近づけると燃えます

(エ)　⑤高い　⑥黒　⑦ガラス管の先に炎がでます

(オ)　⑤低い　⑥白　⑦ガラス管の先にマッチの炎を近づけると燃えます

(カ)　⑤低い　⑥白　⑦ガラス管の先に炎がでます

(キ)　⑤低い　⑥黒　⑦ガラス管の先にマッチの炎を近づけると燃えます

(ク)　⑤低い　⑥黒　⑦ガラス管の先に炎がでます

問４　次の(ア)～(カ)の現象は、【説明３】にある、ものが燃え続けるための条件(A)～(C)のうちどれに最も関係が深いか。(ア)～(カ)の現象について、(A)～(C)の記号で答えなさい。

(ア)　火の周りの木を切り倒して山火事を消す。

(イ)　空気中では、スチールウールや鉄の粉は燃えるが、鉄の板は燃えにくい。

(ウ)　ふたをした広口ビンの中でろうそくを燃やすと、しばらくして消えた。

(エ)　紙で作ったなべに水を入れて火にかけると、紙は燃えずに湯を沸かすことができる。

(オ)　火のついたろうそくのしんの根元をピンセットではさむと、しばらくした後に火が消えた。

(カ)　火のついたろうそくに強く息を吹きかけると消えた。

問５　マグネシウムの粉末をステンレス皿にのせ、三脚の上の三角架に置き、薬さじで混ぜながらガスバーナーで加熱した。加熱した回数を増やすと、(　④　)が結びつき、ステンレス皿上の物質の重さは増えたが、５回目以降は加熱をしても重さは増えず、表１のような結果になった。５ｇのマグネシウム粉末を十分に加熱すると重さは何ｇ増加するか。割り切れないときは小数第２位を四捨五入して小数第１位まで答えなさい。

表１　加熱した回数とステンレス皿上の物質の重さの関係について

加熱した回数(回)	0	1	2	3	4	5	6
物質の重さ(ｇ)	1.5	2.0	2.3	2.4	2.4	2.5	2.5

４　同じ種類の豆電球と電池を用いて回路を作った。以下の問いに答えなさい。

問１　図１～４のように豆電球を複数個つないだ。以下の問いに答えなさい。

(1)　図２～４のような豆電球のつなぎ方を何というか答えなさい。

(2)　図１の電池を電気用図記号で書き直し、回路図を完成させなさい。ただし、電池の右側は＋極とする。

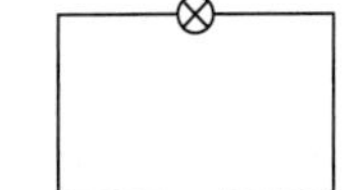

(3)　図１～４の各回路において以下の(ア)～(ウ)の測定を行った。どの回路で測定しても値が同じになるものを次の(ア)～(ウ)の中から全て選び、記号で答えなさい。

(ア)　a点を流れる電流の大きさ

(イ)　b点を流れる電流の大きさ

(ウ)　豆電球１個にかかる電圧の大きさ

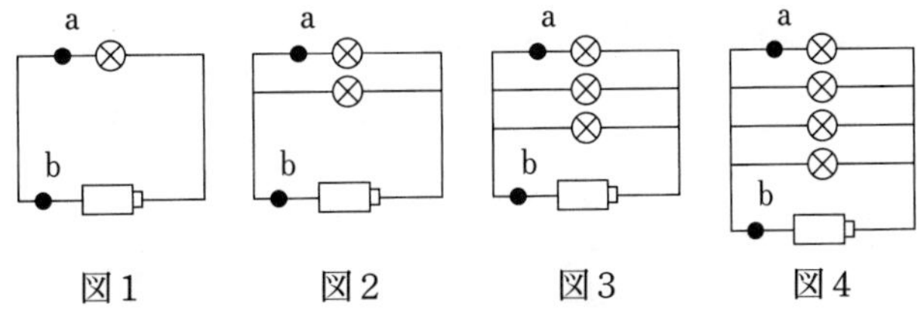

図１　図２　図３　図４

問２　図５～８のように豆電球を複数個つないだ。以下の問いに答えなさい。

(1)　回路を構成する豆電球の個数と回路を流れる電流の関係(例えば図６なら回路を構成する豆電球の個数は２個で、このとき回路を流れる電流を調べグラフに点をかいた)を表すグラフとして最も適切なものを(ア)～(カ)から１つ選び、記号で答えなさい。ただし、グラフの縦軸は電流として答えること。

⑵　回路を構成する豆電球の個数と豆電球１つにかかる電圧の関係(例えば図７なら回路を構成する豆電球の個数は３個で、このときどれか１つの豆電球にかかる電圧を調べグラフに点をかいた)を表すグラフとして最も適切なものを(ア)〜(カ)から１つ選び、記号で答えなさい。ただし、グラフの縦軸は電圧として答えること。

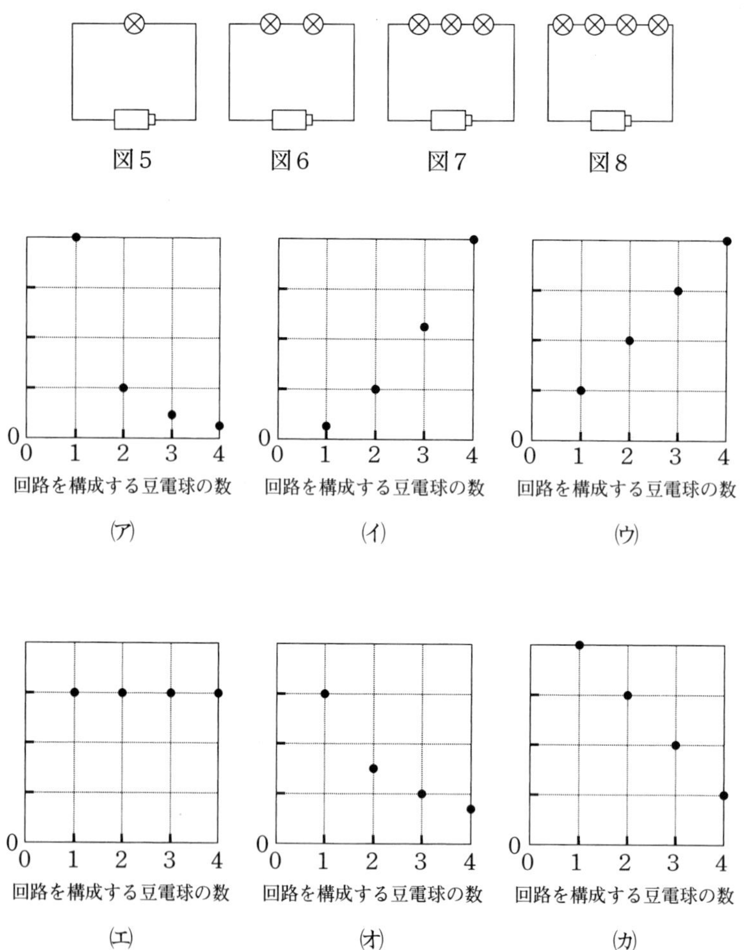

問３　金属線Ａの３倍の断面積をもつ金属線Ｂがある。また、それぞれの金属線に流れる電流と電圧の関係を表したものが図９となる。このとき、金属線Ｂの長さは金属線Ａの長さの何倍になるか答えなさい。ただし、金属線Ａと金属線Ｂの材質は同じものとする。また、もし答えが割り切れない場合は分数で求めなさい。

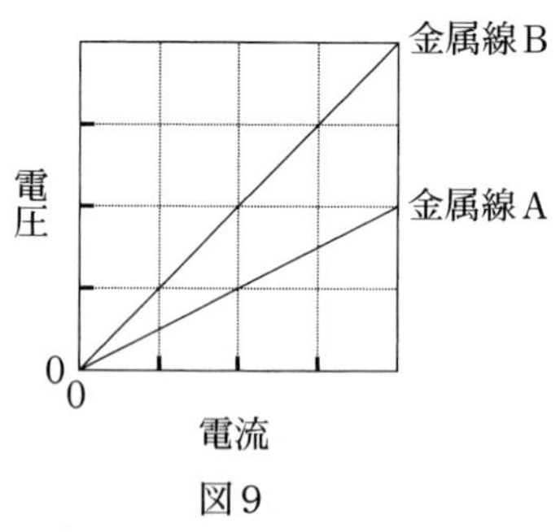

図９

5　次の文章は、地質年代に関する近年の議論について説明したものです。これについて、文章中の(①)～(⑤)の空所にあてはまる語句・用語・数値をあとの選択肢(せんたくし)(ア)～(ツ)から１つずつ選び、記号で答えなさい。

2023年７月12日、国際地質科学連合の(①)作業部会は、人類の爪痕(つめあと)が残る時代の証拠(しょうこ)を示す模式地(基準の場所)として(②)を選んだと発表しました。

(①)が始まった時期の根拠(こんきょ)として、人間活動およびその影響(えいきょう)が爆発的(ばくはつてき)に増大したといわれたことから、(①)は(③)年を境に始まったとする考えが広まりました。これは同じ頃(ころ)に相次いだ核(かく)実験由来の(④)が世界各地の地表や氷床(ひょうしょう)から見つかり、地質年代を区分する有効な指標とされたからです。これに加えて、同じ頃に(⑤)を燃やすことで生じるブラックカーボン(すす)が急増していることもわかりました。さきの模式地に(②)が選ばれたのは、こうした人間活動の証拠が、その場所の堆積(たいせき)物中に適切な状態で保存されているからであるとされています。

ただし(①)が正式に地質年代として認められるまでには、まだ議論の余地が残されています。例えば、これまでの地質年代の区分は、巨大隕石(きょだいいんせき)の衝突(しょうとつ)などによる、環境(かんきょう)および生物の生息状況(じょうきょう)の大きな変化にもとづいており、人間活動の影響がこれに相当するものとして扱(あつか)うことができるかについては、意見が分かれるとされています。

選択肢

(ア)　最新世　　　(イ)　完新世

(ウ)　人新世　　　(エ)　更新世(こうしんせい)

(オ)　アメリカのサンフランシスコ湾(わん)　　　(カ)　日本の大分県別府湾

(キ)　カナダのクロフォード湖　　　(ク)　オーストラリアのサンゴ礁

(ケ)　南極半島の氷床　　　(コ)　中国の四海龍湾湖

(サ)　1650　　　(シ)　1750

(ス)　1850　　　(セ)　1950

(ソ)　化石燃料　　　(タ)　放射性物質

(チ)　産業廃棄物(はいきぶつ)　　　(ツ)　レアメタル

星野学園中学校(理数選抜入試第１回)

―40分―

1　次の文章を読み、問いに答えなさい。

図１は、ふたまた試験管という実験器具であり、気体を発生させるときに使用します。ふたまた試験管は、一方の管にだけくびれがついており、くびれのある管に固体の試料を、くびれの無い管に液体の試料を入れ、ふたまた試験管をかたむけて、くびれのついた管で固体と液体の試料を混ぜ合わせることで、気体を発生させることができます。気体の発生について調べるために、実験１、２を行いました。

〈実験１〉　表１に示した実験Ａ～Ｅの固体の試料と液体の試料をふたまた試験管に入れ、ふたまた試験管の口の部分にゆう導管を付けたゴムせんをしました。その後、ふたまた試験管をかたむけて試料を混ぜ合わせ、発生した気体をそれぞれ適当な方法で集めました。

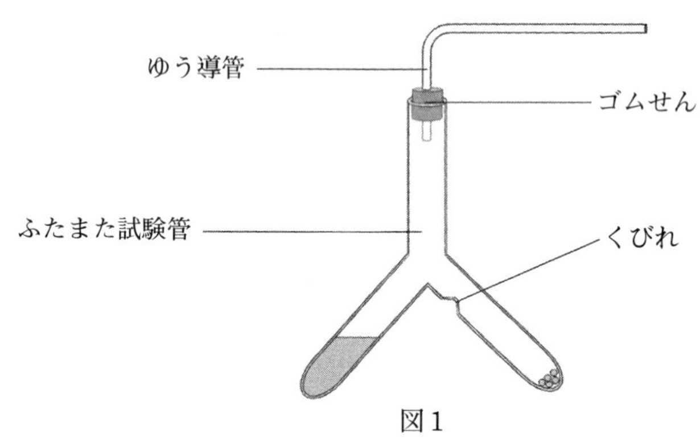

図１

表１

実験	固体の試料	液体の試料
A	貝がら	塩酸
B	スチールウール	塩酸
C	アルミニウムはく	水酸化ナトリウム水溶液
D	食塩	石灰水
E	二酸化マンガン	過酸化水素水 (オキシドール)

問１　気体が発生しない実験はどれですか。表１のＡ～Ｅから１つ選び、記号で答えなさい。

問２　同じ気体が発生する実験はどれですか。表１のＡ～Ｅから２つ選び、記号で答えなさい。

問３　表１のＥの実験を実験室で安全に行うときに注意することとして、ふさわしくないものはどれですか。次のア～エから１つ選び、記号で答えなさい。

ア　液体の試料が手についてしまったときは、すぐに流水で洗う。

イ　液体の試料はできるだけこいものを用いる。

ウ　固体の試料はこな状ではなく、つぶ状のものを用いる。

エ　保護メガネを着用する。

問４　2023年５月、飲み物を入れる金属容器に、業務用の洗ざいを入れて密閉した結果、しばらくしてばく発した、という事故がありました。原因を調べると、洗ざいにはアルカリ性の物質がふくまれていたことが分かりました。この事故ともっとも関係がある実験を表１のA～Eから１つ選び、記号で答えなさい。

〈実験２〉　0.28[g]の亜鉛(あえん)に、あるこさの塩酸を加えて気体を発生させ、発生した気体の体積をはかる実験を行いました。実験を進めると、それ以上塩酸を入れても気体が発生しなくなったので、<u>新たに亜鉛を加えた</u>ところ、また気体が発生し始めました。そこで、さらに塩酸を加え、発生した気体の体積と加えた塩酸の体積を記録しました。図２は、その結果をグラフにしたものです。

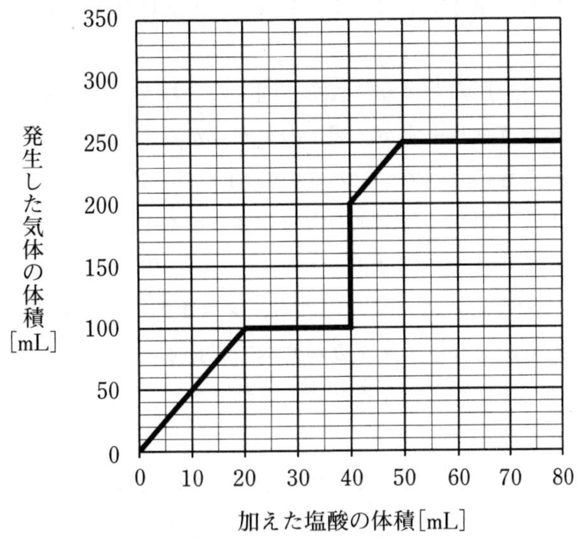

図２

問５　次のア～ウの気体の集め方のうち、実験２で発生する気体を集めるのにもっともふさわしくない方法はどれですか。ア～ウから１つ選び、記号で答えなさい。

ア　上方置換(ちかん)法　　イ　下方置換法　　ウ　水上置換法

問６　実験２で0.28[g]の亜鉛すべてとちょうど反応した塩酸の体積は何[mL]ですか。整数で答えなさい。

問７　実験２の下線部で新たに加えた亜鉛は何[g]ですか。小数第三位を四捨五入して小数第二位まで答えなさい。

問８　0.14[g]の亜鉛に、実験２と同じこさの塩酸を40[mL]加えたときに発生する気体の体積は何[mL]ですか。整数で答えなさい。

問９　0.14[g]の亜鉛に、問８で使用したものの２倍のこさの塩酸を10[mL]加えたときに発生する気体の体積は、問８で発生した気体の体積に比べてどのようになりますか。次のア～ウから１つ選び、記号で答えなさい。

ア　少なくなる　　イ　変わらない　　ウ　多くなる

[2]　メダカ(クロメダカ)は昔から日本の川や池、水田に生息する身近な魚です。図１はメダカのメスを表したものです。問いに答えなさい。ただし、漢字で書けるものは漢字で答えなさい。

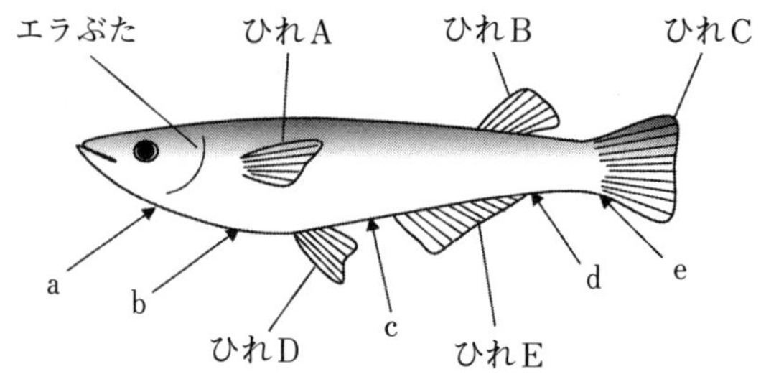

図１

問１　メダカのひれは全部で７枚です。２枚ずつあるひれを図１のひれA～Eから２つ選び、記号で答えなさい。

問２　オスとメスとで形のちがうひれを、図１のひれA～Eからすべて選び、記号で答えなさい。

問３　卵はどこからうまれますか。図１のa～eから１つ選び、記号で答えなさい。

問４　エラのはたらきについて、次の文中の(Ⅰ)(Ⅱ)に適する語句をそれぞれ答えなさい。

水中の(　Ⅰ　)を取り入れ、血液中の(　Ⅱ　)を水中に出す。

問５　メダカは群れの中でメス１匹(ひき)につき、40個の卵を産むとします。この40個の卵がすべておとなのからだに成長したのち、メス１匹につき40個の卵を産むとします。はじめのメス１匹から産まれる子メダカがすべて成長するとして、その子メダカの集団から産まれる卵の数は全部でいくつになると考えられますか。ただし、群れのオスとメスの数の比は常に１：１とします。

問６　自然界では問５のようにはならず、子メダカの数はおとなのメダカになるまでに病気になったり、食われたりしてしだいに減っていきます。

ある小さな池に50匹のメダカの群れがおり、産まれた卵がおとなのメダカになれるのは全体の５[％]とします。メス１匹あたり何個の卵をうめば、次の世代に50匹のメダカの群れを保てますか。ただし、群れのオスとメスの数の比は常に１：１とします。

メダカのように、日本に昔からすんでいる生物を在来(ざいらい)生物といいます。近年では、川や池にすんでいるメダカの数が減っており、<u>絶滅危惧種(ぜつめつきぐしゅ)</u>に選定されています。一方、湖や川にすむ魚であるオオクチバスやブルーギルのように、外国などから持ちこまれて広まり、すみついている生物を外来生物といいます。

問７　文中の下線部について、絶滅危惧種であるものを次のア～カからすべて選び、記号で答えなさい。

ア　ヒアリ　　イ　ラッコ　　ウ　アカミミガメ
エ　ヤンバルクイナ　　オ　コウノトリ　　カ　ジュゴン

問８　外来生物である動物が、外国から持ちこまれてもほかの土地にすみつくことができる理由を３つあげ、それぞれ15字以内で説明しなさい。

③　次の星座に関する文章を読み、問いに答えなさい。ただし、漢字で書けるものは漢字で答えなさい。

冬の空には、「冬の大三角」と呼ばれる３つの星が観察できます。冬の大三角は、(あ)こいぬ座の(　①　)、(い)おおいぬ座のシリウス、(う)(　②　)座のベテルギウスからできています。

地球から見た星は明るい方から１等星、２等星、３等星と分けられていて、１等星の明るさは２等星の明るさの約2.5倍です。このように、数字が１小さくなると星の明るさは約2.5倍ずつ明るくなります。

問１　文章中の空らん①、②に当てはまる語句を答えなさい。

問２　文章中の下線部(あ)〜(う)の星のうち、もっとも明るく見えるものはどれですか。正しいものを１つ選び、記号で答えなさい。

問３　１等星である星Ｐと何等星かわからない星Ｑがあります。星Ｐと星Ｑの明るさを調べたら、星Ｐは星Ｑに比べて約15.6倍明るいことが分かりました。このことから、星Ｑは何等星と考えられますか。

図１は、地点Ｘを観測地点として、そこから見える太陽の１日の動きを表したものです。ａ〜ｃの線は、日本での春分と秋分・夏至(げし)・冬至(とうじ)の日の太陽の動きをそれぞれ示しており、Ａ〜Ｄは東西南北いずれかの方角を表しています。

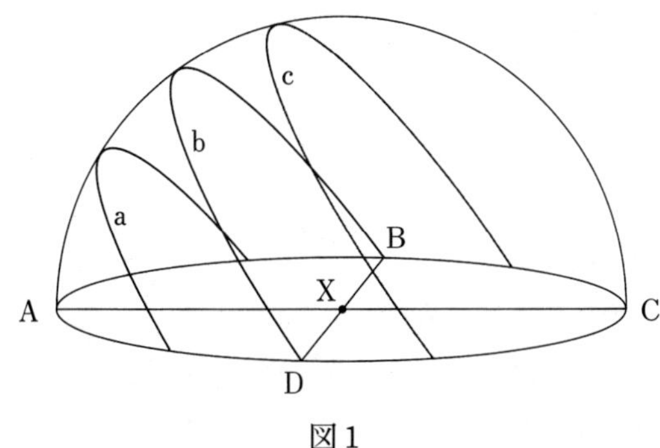

図１

問４　図１のＢ、Ｃの方角を、東西南北のうちからそれぞれ答えなさい。

問５　図１のｂ、ｃはそれぞれいつの太陽の１日の動きを表していますか。当てはまるものを次のア〜ウから１つずつ選び、記号で答えなさい。

ア　春分と秋分　　イ　夏至　　ウ　冬至

問６　太陽が出ている間、図１の地点Ｘに円形の記録用紙を置きました。記録用紙の中心の上に棒を立て、時間とともに棒のかげの先たんの位置がどのように変化するかを調べました。次のア〜クの図中の点線は記録用紙上の棒のかげの先たんの動きを表しており、矢印はかげの移動する向きを表しています。また、ア〜クの図中のＡ〜Ｄは、図１のＡ〜Ｄと同じ方角を示しています。

①夏至の日、②冬至の日の棒のかげの先たんの動きを表す図として、正しいものを次のア〜クからそれぞれ１つずつ選び、記号で答えなさい。

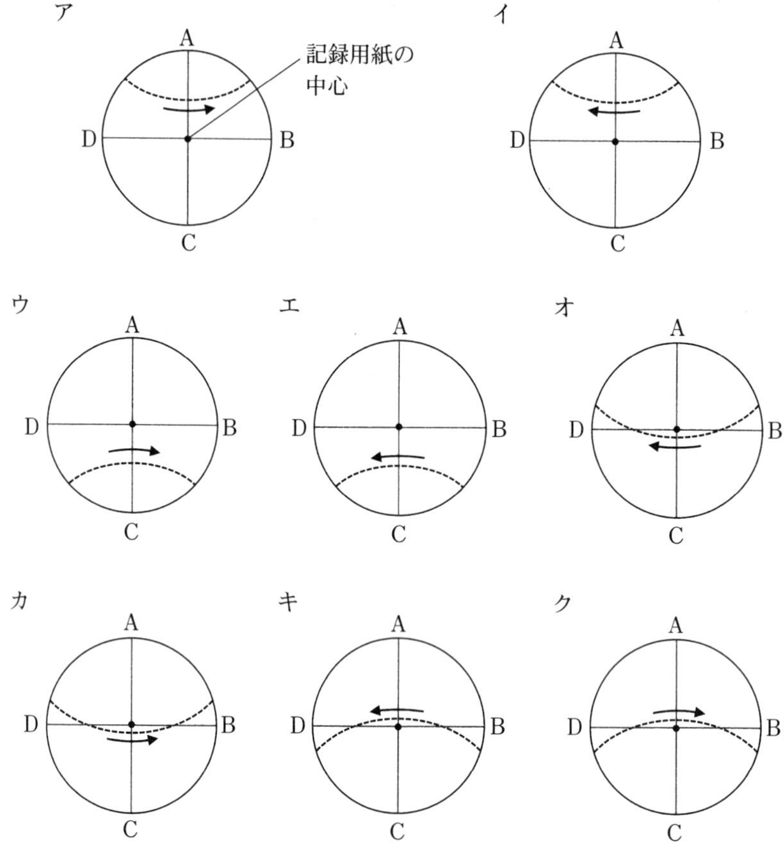

4　次の文章を読み、問いに答えなさい。

図１のように天井から糸をたらし、糸の先におもりをつけ、左右にふれるようにしたものをふり子といいます。ふり子がAの位置からふれはじめて、Bを通過し、最高点Cから再びAの位置にもどる時間(１往復する時間)を周期といいます。Bはおもりを自然にたらした位置であり、Bの位置とAの位置までの間の角度をふれはばの角度とします。ふり子の周期について調べるために、実験１を行いました。

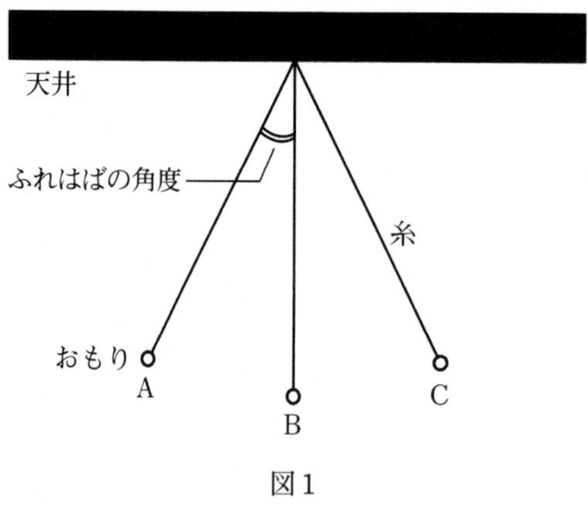

図１

〈実験１〉　ふり子のふれはばの角度、おもりの重さ、糸の長さがちがう①～⑦のふり子をつくり、それぞれが10往復する時間を測定し、周期について調べました。表１は実験結果をまとめたものです。この実験では糸のたるみはなく、糸の重さとおもりの大きさは考えないものとします。

表１

ふり子	①	②	③	④	⑤	⑥	⑦
ふれはばの角度[度]	10	10	20	10	30	10	20
おもりの重さ[ｇ]	200	200	200	300	400	500	600
糸の長さ[cm]	25	100	25	225	25	100	400
10往復する時間[秒]	10	20	10	30	10	20	(Ｔ)

問１　ふり子①の周期を求めなさい。

問２　ふり子のふれはばの角度と周期の関係についてのみ調べるときに、比べるふり子の組み合わせとして、もっともふさわしいものはどれですか。次のア～エから１つ選び、記号で答えなさい。

ア　ふり子①とふり子②　　イ　ふり子①とふり子③

ウ　ふり子①とふり子④　　エ　ふり子①とふり子⑤

問３　ふり子①、ふり子③、ふり子⑤の３つを比べて、わかることを次のア～オから１つ選び、記号で答えなさい。

ア　ふり子のふれはばの角度を大きくすると、周期が長くなる。

イ　ふり子のふれはばの角度を大きくすると、周期が短くなる。

ウ　おもりを重くすると、周期が長くなる。

エ　おもりを重くすると、周期が短くなる。

オ　ふり子のふれはばの角度とおもりの重さを変えても、周期は変化しない。

問４　表１の空らん(Ｔ)に当てはまる値を答えなさい。

問５　ふり子②とふり子④を同じふれはばの角度にしてから、同時にふり子のおもりから手をはなしました。２つのふり子のおもりが、手をはなした位置に同時にもどるのは、おもりが手をはなれてから何秒後だと考えられますか。もっとも早い時間を答えなさい。

ふり子の周期は糸の長さとおもりの大きさを考えた「ふり子の長さ」で変化することが知られています。ふり子の長さを調べるために、次の実験を行いました。

〈実験２〉　図２のように同じおもりがついた、ふり子Ｘ、ふり子Ｙ、ふり子Ｚを用意しました。ふり子Ｘ、ふり子Ｙは糸の長さが同じで、おもりの付け方がちがいます。また、ふり子Ｚはふり子Ｙより糸の長さが短く、おもりの下面が同じ高さになるようにしてあります。３つのふり子を同じふれはばの角度にして、周期を比べました。この実験では糸のたるみはなく、糸の重さは考えないものとします。なお、図２の●はおもりの中心、点線は同じ高さを示しています。

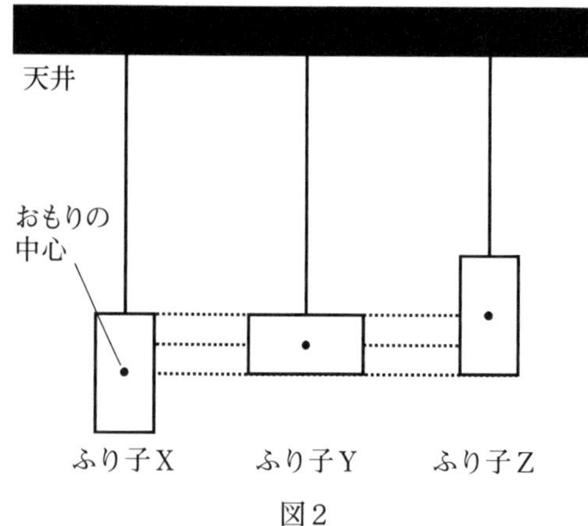

図２

実験２の結果、ふり子Xの周期がもっとも長く、ふり子Zの周期がもっとも短いことがわかりました。

問６　ふり子Xの「ふり子の長さ」として、もっともふさわしいのはどれですか。次のア～ウから１つ選び、記号で答えなさい。

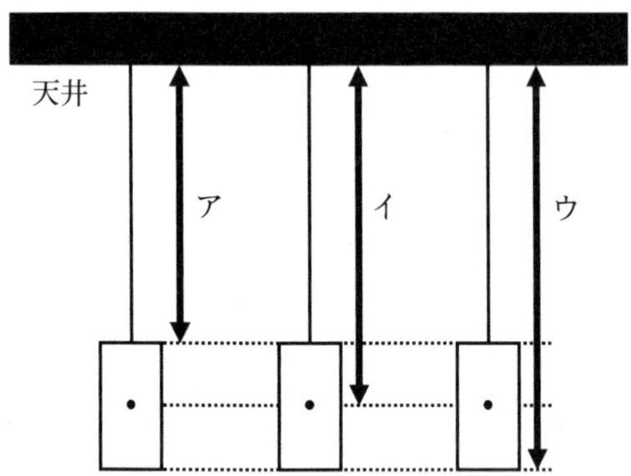

ア　天井からおもりの上面までの長さ

イ　天井からおもりの中心までの長さ

ウ　天井からおもりの下面までの長さ

問７　「ふり子の長さ」のちがいにより周期が変化する遊具として、ブランコがあります。ブランコの乗り方で周期がもっとも短くなるのはどれですか。次のア～ウから１つ選び、記号で答えなさい。

ア　ブランコに立って乗る。

イ　ブランコに座り、ひざをのばして乗る。

ウ　ブランコに座り、ひざを曲げて乗る。

問８　ブランコと同じように、「ふり子の長さ」のちがいにより周期が変化する道具は、次のうちのどれですか。次のア～エから１つ選び、記号で答えなさい。

ア　日時計　　イ　モーター　　ウ　せん風機　　エ　メトロノーム

三田国際学園中学校(第１回)

—社会と合わせて50分—

注意　特に指示のない場合、句読点等の記号は一字として数えるものとします。

(編集部注：実際の入試問題では、写真や図版の一部はカラー印刷で出題されました。)

1　次の文章を読み、あとの各問いに答えなさい。

屋久島は九州本土の南の海上にあり(図１)、世界自然遺産に登録されている自然豊かな島である。図２は屋久島の地質を示している。これを見ると、$_a$島のほとんどが花こう岩でできていることがわかる。

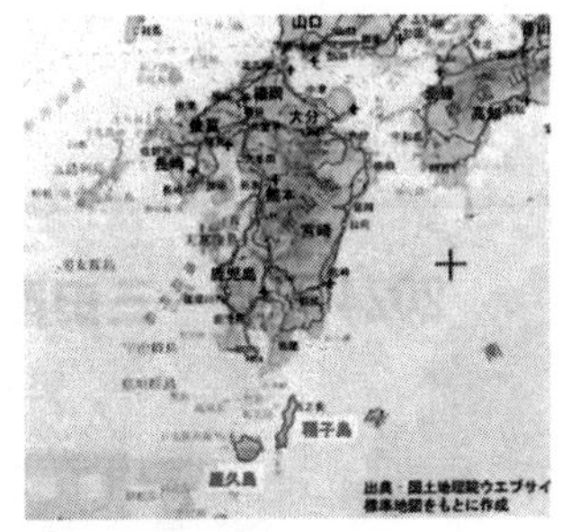

図１　屋久島と種子島の位置

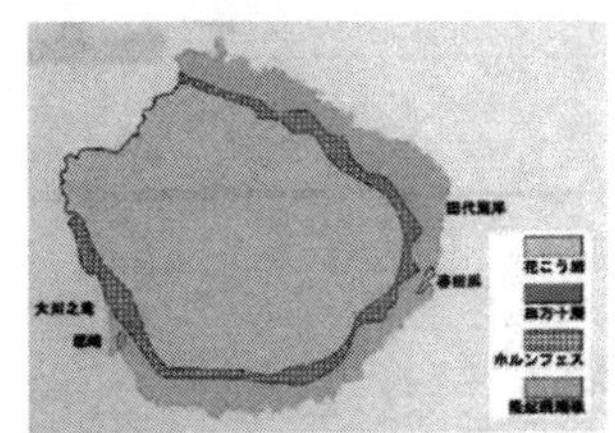

図２　屋久島の地質

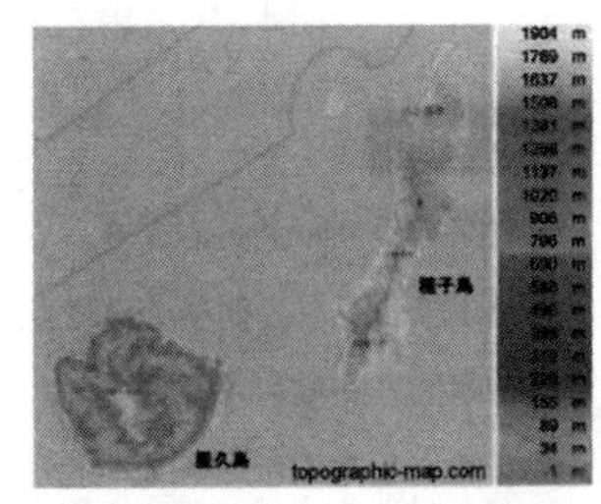

図３　屋久島と種子島の地形

(編集部注：実際の入試問題では、この図版はカラー印刷で出題されました。)

屋久島の東には種子島がある。図３は屋久島と種子島の地形を示しており、島の地形に大きな違いがあることがわかる。また、図４は屋久島と種子島の雨温図であるが、$_b$地形の違いがそれぞれの島の気候に大きな違いをもたらしていることがわかる。また、このような地形や気候の違いと関連して、屋久島では、島で使用する電力の99％が［　　　　］発電により供給されている。

$_c$屋久島には豊かな森林があり、縄文杉などのスギの巨木が有名である。縄文杉のような、$_d$屋久島の標高500メートル以上の山地に自生するスギで樹齢が1000年以上のものを屋久杉という。屋久島で植林された杉は「地杉(じすぎ)」と呼び区別されている。地杉は、スギを大量に伐採した後に植林されたもので、日光を十分に浴びて成長することができたと考えられる。一方で、屋久杉はあまり光が当たらない環境で成長したと考えられている。図５は屋久杉と地杉の年輪を示しており、かなりの違いが見られることがわかる。

屋久島の森林には、着生植物が多く見られる。着生植物とは、樹木の上などで生活している植物のことである。ただし、寄生植物とは異なり、植物から栄養を奪うことはなく、通常の植物と同様に、根から栄養を吸収して生きている。植物の生育には、光、水、二酸化炭素、窒素やリンなどの物質が必要である。土壌には、植物が利用できる窒素やリンが含まれており、植物は根からこれらの物質を吸収している。このことを考えると、$_e$着生植物の生き方は他の植物と比べてデメリットがあるが、それを上回るメリットがあるため、屋久島では多くの着生植物が生育していると考えられる。

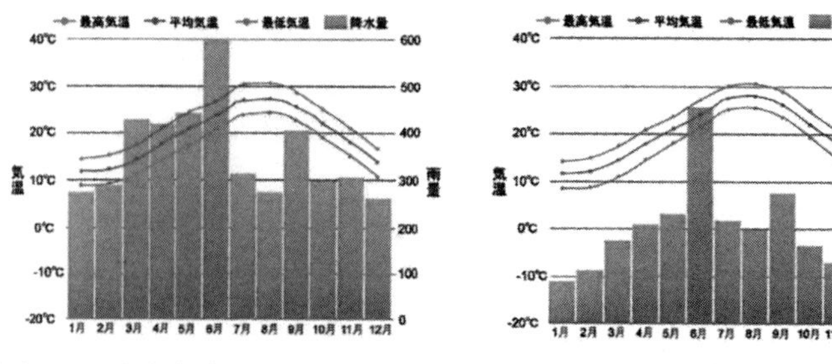

図４　屋久島（左）と種子島（右）の雨温図　　　　【参考】Time-j.net

（編集部注：実際の入試問題では、この図版は
カラー印刷で出題されました。）

図５　屋久杉（左）と地杉（右）の年輪

問１　下線部ａについて、花こう岩に関する正しい記述として正しい組み合わせを選択肢の中からひとつ選び、記号で答えなさい。

	岩石の種類	でき方
ア	火山岩	マグマが地表付近で急激に冷やされることでできる。
イ	火山岩	マグマが地下深くでゆっくりと冷やされてできる。
ウ	深成岩	マグマが地表付近で急激に冷やされることでできる。
エ	深成岩	マグマが地下深くでゆっくりと冷やされてできる。

問２　下線部ｂについて、

⑴　図４から、屋久島と種子島の雨温図にはどのような違いがみられるのか、簡単に答えなさい。

⑵　また、なぜこのような違いが見られるのか、図３から読み取れることをふまえて簡単に答えなさい。

問３　図３および図４を参考にして、本文中の空欄にあてはまる語句を答えなさい。

問４　下線部ｃについて、九州本土の低地に特徴的に見られる森林に関する記述として正しいものはどれでしょうか。選択肢の中からひとつ選び、記号で答えなさい。

ア　葉が針のようになっている針葉樹林　　イ　冬に葉を落とす夏緑樹林
ウ　乾季に葉を落とす雨緑樹林　　エ　葉が厚く冬でも葉を落とさない照葉樹林

問５　下線部ｄについて、なぜ屋久杉は地杉と比べて寿命が長いのか、以下に示す「活用する知識」と本文および図５から読み取れることを踏まえて、簡単に答えなさい。

【活用する知識】

・樹木は菌類が侵入して内部が腐ることで枯死するので、樹木の「寿命」は腐りやすさと関係している。

・花こう岩には植物の成長に必要な養分があまり含まれていないため、植物の生育にはあまり適していない。

・成長が早い樹木では内部の密度は小さくなり、成長が遅い樹木では内部の密度は大きくなる。

問６　下線部ｅについて、着生植物には、地面に根を張る他の植物と比べてどのような短所・長所があると考えられるでしょうか。選択肢の中からひとつ選び、記号で答えなさい。

ア　着生植物は、地面に根を張ることができないので、樹上で何とか窒素やリンを吸収しなければならないが、樹木に着生することで高い場所で光を得ることができる。

イ　着生植物は、地面に根を張ることができないので、樹上で何とか窒素やリンを吸収しなければならないが、樹木に着生することで樹木からデンプンなどの養分を奪うことができる。

ウ　着生植物は、窒素やリンを得るために土壌まで根を伸ばさないと生育できないが、樹木に着生することで高い場所で光を得ることができる。

エ　着生植物は、窒素やリンを得るために土壌まで根を伸ばさないと生育できないが、樹木に着生することで樹木からデンプンなどの養分を奪うことができる。

[2]　次の文章を読み、あとの各問いに答えなさい。

摩擦は身の回りにたくさん潜んでいる。摩擦とは、ものとものとが擦れ合うことである。靴と地面とが擦れ合うことで摩擦力が生じ、われわれは歩くことができる。今みなさんが行っているように、紙と鉛筆が擦れ合うことで、鉛筆の芯が紙にくっつき字が書ける。このように、ａわれわれは摩擦からさまざまな恩恵を受けている。一方、大きなスケールでは、ｂ断層面と断層面が擦れ合うことで地震が生じることもあり、災害の原因となることもある。

摩擦は、熱、電気、音などさまざまなものに変化する。木と木をたくさん擦り合わせると、ｃ火が生じる。下敷きと髪の毛を擦り合わせると電気が生じる。バイオリンでは、弦と弓を擦り合わせるとｄ音が生じる。滑り台を滑るとおしりが熱くなり、摩擦による熱が生じていることがわかる。大人と子供では滑り台での摩擦はどのように異なるのだろうか。ｅ実験により、滑り台の上を滑る物体の運動を解析して考えよう。

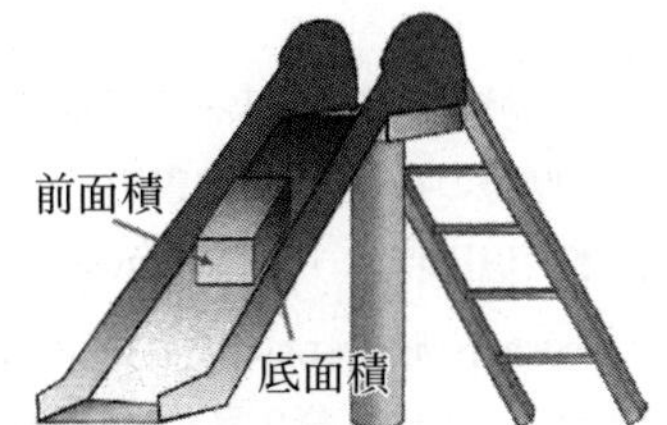

図１　滑り台と滑り下りる物体

直方体の段ボールを質量や面の向きを変えながら、滑り台の上を滑らせた。図１のように、滑り台と接している面(摩擦力を受ける面)の面積を底面積、滑り落ちていく方向の面(空気抵抗力を受ける面)の面積を前面積とよぶ。質量は段ボールの中におもりを追加することで変えていった。測定項目を表１に示した。なお、Gは段ボールではなく、おもりを持った人間が滑り台を滑った場合を示している。また、滑り台はローラー式のものと金属板式のものの２種類で実験をした。

表１　測定項目(質量・底面積・前面積)

記号	質量〔kg〕	底面積〔cm²〕	前面積〔cm²〕
A	1.0	650	605
B	2.2	650	605
C	4.2	650	605
D	6.2	650	605
E	4.2	650	1045
F	4.2	1045	605
G	95.5	荷物を持った人間が滑った場合	

段ボールには、あらかじめＬＥＤ照明が取り付けられており、夜に段ボールが滑り台を滑る様子を撮影（さつえい）し、照明の位置を確認しながら運動を解析した。その結果、ローラー式滑り台の場合は図２と図３、金属板式滑り台の場合は図４と図５のような結果になった。

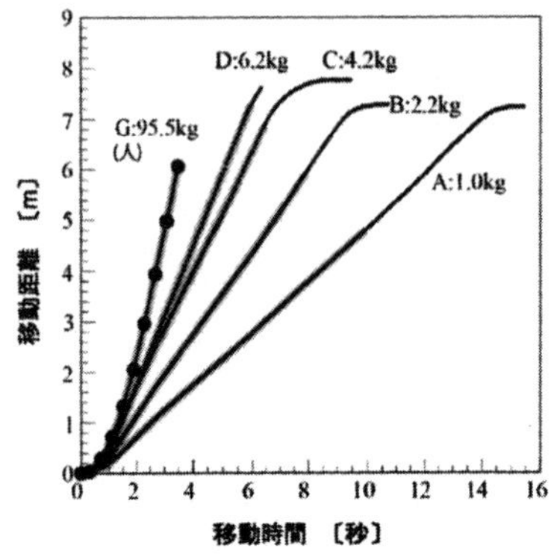

図２　質量の違いと移動距離の関係（ローラー式）

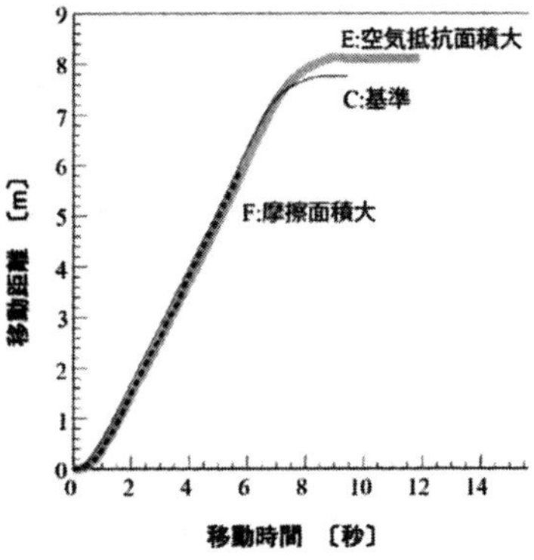

図３　底面積・前面積の違いと移動距離の関係（ローラー式）

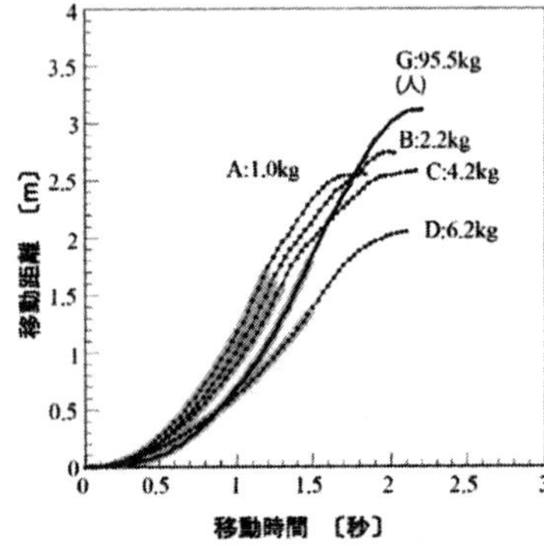

図４　質量の違いと移動距離の関係（金属板式）

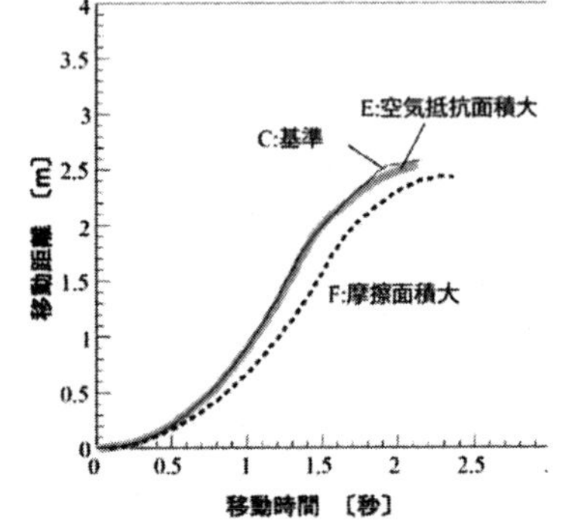

図５　底面積・前面積の違いと移動距離の関係（金属板式）

【参考】
・田中幸、結城千代子「摩擦のしわざ」（太郎次郎社エディタス）
・松川宏「摩擦の物理」（岩波書店）
・村田次郎、塩田将基「すべり台の動摩擦係数の実測研究」
https://www.jstage.jst.go.jp/article/pesj/71/2/71_95/_article/-char/ja/
物理教育2023年71巻２号p.95-100

問１　下線部ａについて、摩擦から受けている恩恵**ではない例**を選択肢（せんたくし）の中からひとつ選び、記号で答えなさい。

ア　ものをつかむ。　　　　イ　歯磨き粉で歯の汚れを落とす。

ウ　カイロが温かくなる。　エ　ハサミで紙を切る。

問２　下線部ｂについて、次の空欄（くうらん）にあてはまるものをそれぞれ漢字で答えなさい。

断層に対して垂直に横から引っ張られるような力がはたらくと［　１　］断層、横から押されるような力がはたらくと［　２　］断層になることが多い。

問３　下線部ｃについて、ものが燃え続ける３つの条件は①［　　　］が十分にあること、②燃えるものがあること、③発火点以上の温度が保たれることです。

⑴　空欄にあてはまる言葉を選択肢の中からひとつ選び、記号で答えなさい。

ア　窒素（ちっそ）　　イ　酸素　　ウ　二酸化炭素　　エ　水蒸気

⑵　芯の無いろうそくに火をつけても、ろうが溶けるだけで火がつきませんでした。①～③の条件のうち、この現象について**関係のないもの**をひとつ選び、番号で答えなさい。

問４　下線部ｄについて、次の文章中の空欄にあてはまる言葉の組み合わせを選択肢の中からひとつ選び、記号で答えなさい。

弦を指ではじくことを考える。同じ弦でも、強くはじくほど［１］音が出る。また、同じ強さではじいても、太い弦ほど振動（しんどう）しにくく［２］音が出る。

ア　［１］大きい　［２］高い　　イ　［１］大きい　［２］低い

ウ　［１］小さい　［２］高い　　エ　［１］小さい　［２］低い

問５　下線部ｅについて、次の各問いに答えなさい。

⑴　滑り台との接触面積と摩擦力がどのように関係しているのかを確かめるためには、どの実験（測定項目）を比較すればよいでしょうか。「ＡとＢ」のように、表１中のアルファベットを組み合わせて答えなさい。

⑵　次の文章は、実験から読み取れることをまとめたものです。空欄に入る言葉を選び、答えなさい。

［１］の場合、重いほど滑る間の速さが速い。また、［２］の場合、底面積が大きいほど滑る間の速さが遅い。さらに、［３］の場合、前面積の大きさと滑る間の速さとの間に関係は見られない。

ローラー式滑り台においてＡが滑り出しから１ｍ進むのにかかる時間は、金属板式滑り台と比べて［４］である。金属板式滑り台の長さがもっと長かったとすると、ローラー式滑り台の場合と同じようにグラフが直線になる時間が［５］かもしれない。

［１］、［２］、［３］の選択肢

ア　ローラー式滑り台と金属版式滑り台

イ　ローラー式滑り台のみ

ウ　金属板式滑り台のみ

［４］の選択肢

ア　半分以下　　イ　２倍以上

［５］の選択肢

ア　増えた　　イ　減った

問６　次の文章を読み、あとの問に答えなさい。

重力や摩擦力は速度や時間・場所などによってそれらの大きさは変わらないとする。また、空気抵抗力は速度が速くなるほど大きくなるとする。この条件において地球上では、物体が受ける力が重力のみで摩擦力や空気抵抗力がない場合、図６のＸのような曲線となる。また、重力と空気抵抗力のみはたらき摩擦力がはたらかない場合、図６のＹのような前半が曲線で後半が直線となる。さらに、重力と摩擦力のみはたらき空気抵抗力がはたらかない場合、図６のＺのような曲線となる。

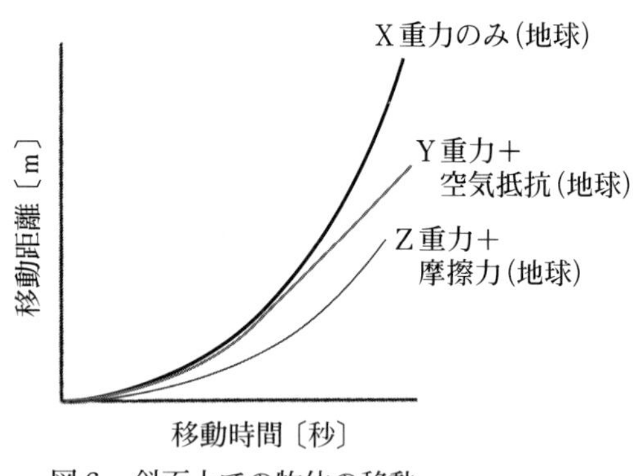

図６　斜面上での物体の移動

【問い】　このとき、次の場合それぞれのグラフを図６のグラフに追加しなさい。

(1)　月の上で、重力のみがはたらく場合のグラフを**実線**Ｐで示しなさい。

(2)　地球上で、重力と摩擦力と空気抵抗力の３つを同時に受ける場合のグラフを**点線**Ｑで示しなさい。

茗溪学園中学校（第２回）

—30分—

1　次の文章を読み、以下の問に答えなさい。

(1)　てこを利用する道具の中で、支点と作用点の間に力点があるものはどれですか。以下のア～エから１つ選び、記号で答えなさい。

ア　ハサミ　　イ　せんぬき　　ウ　ホッチキス　　エ　くぎぬき

(2)　200kgのバイクを、とてもがんじょうで均一な板を使って持ち上げることができるか考えます。図１のように、支点から左に４ｍの位置にバイクを置きました。

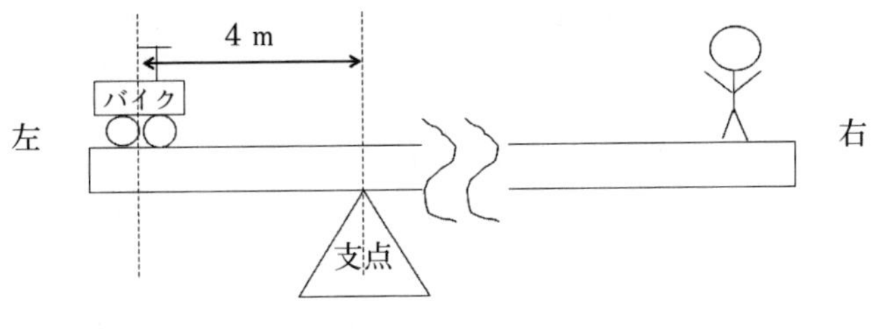

図１

体重50kgの人は、支点から右に、少なくとも何ｍ先に乗ると、バイクを持ち上げることができますか。

(3)　つなわたりをする人は、バランスを取りやすくするために棒を持ってわたります。次の棒の中で、どの棒を使うと一番安定しますか。以下のア～カから１つ選び、記号で答えなさい。ただし、つなわたりをする人は棒の真ん中を持つものとします。

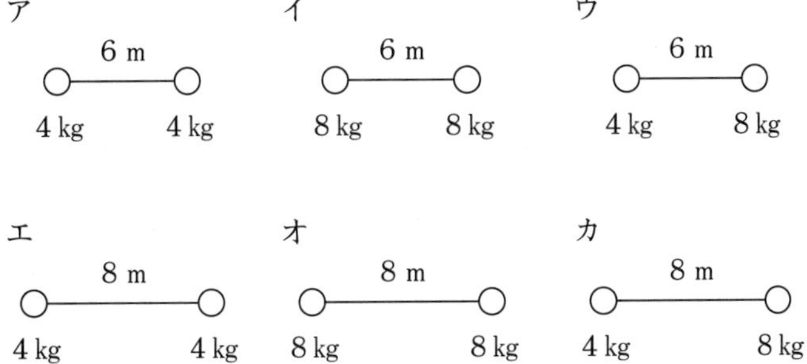

2　晴れて猛暑日(もうしょび)となったある日に、気温、庭の芝生(しばふ)面と石畳(だたみ)面(黒石畳と白石畳)の温度を調べました。その結果を示した次のグラフを参考に、以下の問に答えなさい。

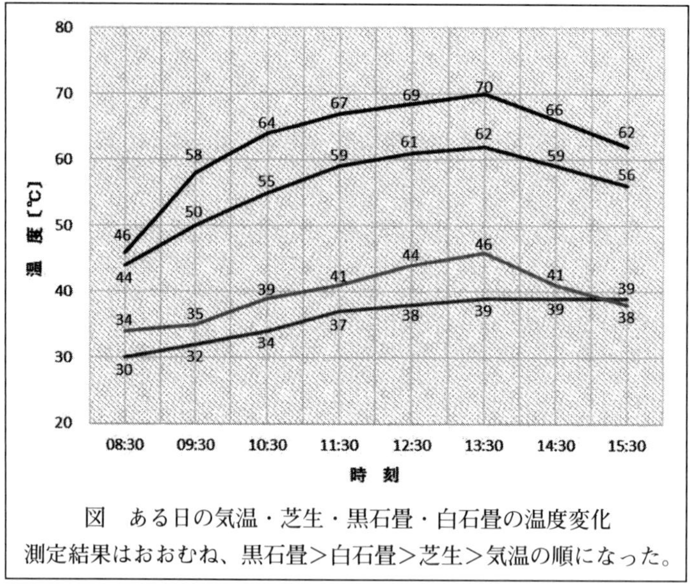

図　ある日の気温・芝生・黒石畳・白石畳の温度変化
測定結果はおおむね、黒石畳＞白石畳＞芝生＞気温の順になった。

(1)　「猛暑日」とは、気温が何℃以上になった日のことをいいますか。

(2)　グラフから、黒石畳面と芝生面での温度差が最大となった時刻と、その温度差を読み取りなさい。

(3)　日中は太陽の光で地面の温度が上がり、その地面からの熱で空気が暖められて気温が上がります。今回の観測結果から、(A)<u>開発が進みコンクリートやアスファルトでおおわれたところの多い市街地</u>と(B)<u>緑の森や林が多く残されている郊外(こうがい)</u>とでは、どちらの日中の気温が高温になると考えられますか。AまたはBの記号で答えなさい。

(4)　最近、田畑や山間地に太陽光発電機が設置されているのを見かけますが、今回の観測結果から、緑地を太陽光発電の場に開発することについて、あなたの考えを述べなさい。

3　次の文章を読み、以下の問に答えなさい。

○のカードと☆のカード、＋のカードの３種類のカードがあります。以下のルールに従って、マス目の上にカードを並べることで、物質のつくりを考えることができます。あとのマス目を自由に使って考えなさい。

【ルール①】
☆カードや＋カードを置けるのは、○カードの上下左右の４か所のみで、ななめには置くことはできません。また、同じカードを連続して置くこともできません。

【ルール②】
○カードと○カードの間に＋カードを必ず置かなければなりません。

				○		
☆		☆		＋		
○	＋	○	＋	○	＋	○
☆		＋		＋		
		○		○		

図１

(1)　○カードを５枚、＋カードをたくさん用意した場合、どのような並べ方がありますか。以下の条件を読んで、(ａ、ｂ、ｃ、ｄ)の表記で考えられるものをすべて答えなさい。ただし、○カード５枚をすべて使い、カードを置けるマス目に限りがないものとします。

○カードにとなり合っている＋カードの枚数が４枚であるような○カードの枚数→ａ
○カードにとなり合っている＋カードの枚数が３枚であるような○カードの枚数→ｂ
○カードにとなり合っている＋カードの枚数が２枚であるような○カードの枚数→ｃ
○カードにとなり合っている＋カードの枚数が１枚であるような○カードの枚数→ｄ
であるとき、(ａ、ｂ、ｃ、ｄ)と表記することにします。

たとえば、図１であれば、
○カードにとなり合っている＋カードの枚数が４枚であるような○カードの枚数→１
○カードにとなり合っている＋カードの枚数が３枚であるような○カードの枚数→１
○カードにとなり合っている＋カードの枚数が２枚であるような○カードの枚数→０
○カードにとなり合っている＋カードの枚数が１枚であるような○カードの枚数→５
でありますので、(１、１、０、５)と表記します。

(2)　(1)で並べたもののうち、☆カードを12枚置くことのできる並べ方は何通りありますか。

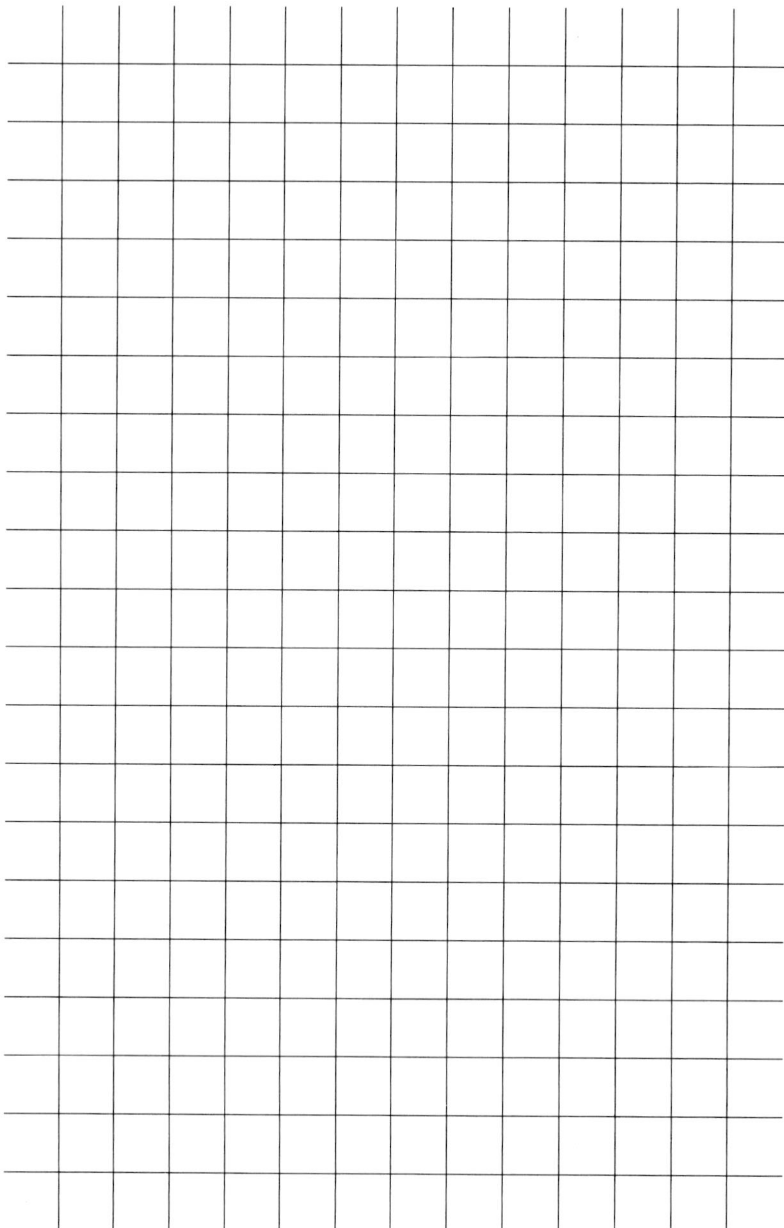

4　次の文章を読み、以下の問に答えなさい。

日本は国土の約70％が森林であり、世界の国々と比べてもとても森林の割合が多い国です。森林は、様々な生物の住みかとなる、水をきれいにする、地球温暖化をやわらげる、レクリエーションの場となるなどさまざまな機能を持っており、しっかりと管理していく必要があります。森林ができるには数十年～数百年という非常に長い年月がかかり、その期間にとても多くの植物が成長し、かれていきますが、生えてくる植物の順番にはある規則性が存在し、その規則性には光合成が深く関係しています。

(1)　文中の下線部について、植物は太陽光のエネルギーを使って成長に必要なデンプンを作り出し、その過程で二酸化炭素を吸収して酸素を排出(はいしゅつ)します(出します)。酸素と二酸化炭素について述べた文章として正しいものを、以下のア～エからそれぞれ１つずつ選び、記号で答えなさい。

ア　空気中で最も多くの割合をしめる気体である。

イ　ろうそくが燃えているびんの中にこの気体を入れると、ろうそくが激しく燃えた。

ウ　温室効果ガスの一種であり、この気体の増加は地球温暖化の原因の１つである。

エ　空気中に約３％の割合で存在している気体である。

(2)　森林に生育する植物は、日当たりの良い場所を好む陽生植物と、日当たりがあまりよくない場所でも成長できる陰(いん)生植物に分けられます。陽生植物は光が強い場所では活発に光合成をするため、陰生植物よりも速く成長できますが、光が弱い場所では成長できません。図１は、それぞれの植物における光の強さと二酸化炭素の吸収量の関係を示したグラフです。二酸化炭素吸収量が０よりも大きい場合は二酸化炭素を吸収している、０より小さい場合は二酸化炭素を排出していることを表しています。

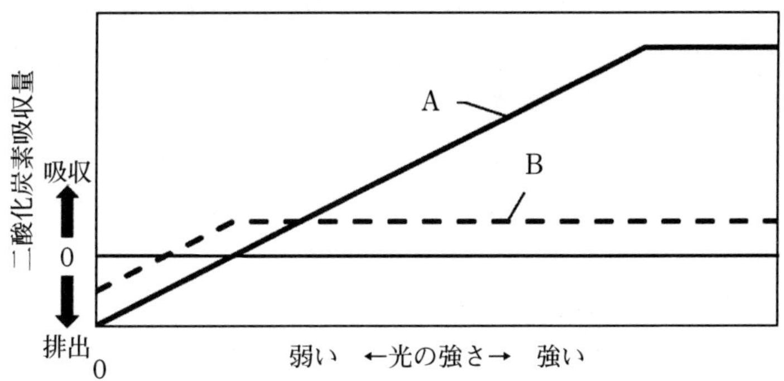

図１　陽生植物と陰生植物における光の強さと二酸化炭素吸収量の関係

(a)　陽生植物のグラフを表しているのは図１のＡ、Ｂのどちらか、記号で答えなさい。

(b)　図１を見ると、光の強さが０のときには植物が二酸化炭素を出していることがわかります。これは人間もふくめてほとんど全ての生物が行う反応によるものです。この反応の名前を漢字二文字で答えなさい。

(c)　図１から読み取れることとして正しいものを、以下のア～エから１つ選び、記号で答えなさい。なお、光合成量とは、二酸化炭素の吸収量と同じ意味と考えてよいものとします。

ア　陽生植物の光合成量は光の強さに関わらず陰生植物よりも多い。

イ　どちらの植物も、光が強くなればなるほど光合成量は増加する。

ウ　どちらの植物も、ある強さ以上の光を当てても光合成量は増加しなくなる。

エ　光の強さと光合成量の間には特に関係は見られない。

(d)　森林には林床(地面に近い部分)から林冠(最も上の部分)にかけて様々な高さの植物が生息しているため、太陽光はそれぞれの高さの植物に少しずつ吸収されていき、林床にはほとんど光が届かなくなります。これまでの全ての内容をふまえて、以下のア～オを森林ができあがっていく順に並び変えなさい。ただし、解答の１番目はアです。また、イ～オのうち一つは誤った内容であり、その選択肢は除外して答えなさい。

ア　風化した岩石や生物の遺骸がたい積して、土壌が形成される。

イ　林冠の多くの部分をしめていた陽生植物が枯れ、陰生植物が林冠の多くの部分をしめ始める。

ウ　陰生植物が高くまで成長し、林床では多くの陽生植物が生え始める。

エ　林冠の多くの部分をしめていた陰生植物がかれても下から生えてくるのは主に陰生植物であり、植物の種類があまり変化しない状態となる。

オ　陽生植物が高くまで成長し、林床では多くの陰生植物が生え始める。

(3)　ある日、メイ子さんはふと、「自分の家の近くにある森林にはいったい何本の木が生えているのだろう？」という疑問を持ちました。メイ子さんは実際に木の本数を数えようとしましたが、森林はとても広く、全ての木の本数を数えるのはあきらめ、別の方法を使って森林内の木の本数を推測することにしました。あなたならどのような方法で森林内の木の本数を推測するか、自分の考えを述べなさい。ただし、推測する時に使ってよいデータは自分が森林内で集めたデータだけとします。なお、森林内の木はおよそ等間隔に生えており、森林の総面積はあらかじめわかっているものとします。

明治大学付属八王子中学校(第１回)

—30分—

1　夏になると、明八の森で枯れている木々が目立っていることに気がつきました。調べたところナラの木が枯れていて、インターネットで検索すると「ナラ枯れ」という現象であることがわかりました。この現象は、現在、関東地方で問題になっており、特に幹の太いもので被害が目立っています。これはナラ類の木々を人間が生活で利用しなくなったことが１つの原因です。枯れた木々が放置されると腐ってきて危険なので、伐採作業が必要です。ナラの木が伐採されるとドングリができる木々がどんどん減少し、この森で生息している、ドングリをエサとする動物たちにも悪影響が出ることが考えられます。そこで、生徒たちが明八の森からドングリを拾ってきて、それを各家庭で育てて苗をつくり、明八の森に植林する計画が進められています。しかし、植えるドングリを選別するときには、虫に食われていないか確認する必要があります。ナラ枯れとドングリについて次の各問いに答えなさい。

(1)　「ナラ枯れ」の原因は何ですか。次のア～エより１つ選び、記号で答えなさい。

ア　地球温暖化により気温が高くなり、高温になったため。

イ　線状降水帯などの豪雨により、土の養分が流れ出したため。

ウ　虫によって持ち込まれた菌が増え、道管などが詰まったため。

エ　異常気象により山が保持する水分が減少し、不足したため。

(2)　ドングリができる木は、昔から日本人の生活に利用されることで、新しい芽が出て育ち、再び木へと成長してきました。しかし、現在はほとんど利用されなくなっています。どんなことに利用されてきましたか。次のア～エより１つ選び、記号で答えなさい。

ア　木を伐採し、畑として利用してきた。

イ　炭やたき木として利用してきた。

ウ　樹皮から和紙をつくり、利用してきた。

エ　樹液から塗料をつくり、利用してきた。

(3)　ドングリから苗を育てるためには、ドングリの選別が必要です。どのような方法で選別すればよいですか。次のア～エより１つ選び、記号で答えなさい。

ア　ドングリの重さをはかり、軽いものを選ぶ。

イ　ドングリを水につけ、沈んだものを選ぶ。

ウ　ドングリの色を見て、色がうすくなっているものを選ぶ。

エ　ドングリの大きさをはかり、大きいものを選ぶ。

(4)　明八の森では、ア～クのような生物が観察できました。この中でドングリをエサとしているものをすべて選び、記号で答えなさい。

ア　タヌキ　　イ　マムシ　　ウ　アナグマ　　エ　ノネズミ

オ　シカ　　カ　ヒキガエル　　キ　カワセミ　　ク　イノシシ

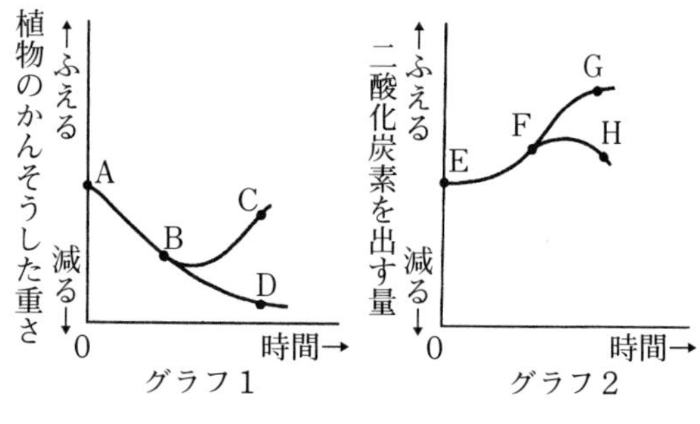

2　インゲンマメを真っ暗な所と非常に明るい所にまき、成長を調べ、その結果をまとめたのが右のグラフです。グラフ１は植物(種子、またはそれが発芽した植物)のかんそうした重さを測定したものです。かんそうした重さとは、種子やそれが成長した植物の中に含(ふく)まれている水分をすべてなくしたときの重さのことです。グラフ２は、植物から出る二酸化炭素の量を測定したものです。次の各問いに答えなさい。

(1)　グラフ１においてＡ→Ｂの変化を示す理由として適切なものを、次のア～エより１つ選び、記号で答えなさい。

ア　植物をかんそうさせるため。　　　　イ　栄養分が土にしみだしたため。

ウ　呼吸によりデンプンが使われたため。　エ　種子の栄養分が芽やくきになったため。

(2)　グラフ１のＢ→Ｃの変化を示す理由として適切なものを、次のア～ウより１つ選び、記号で答えなさい。

ア　光合成によりデンプンをつくり、その量は呼吸で使うデンプンの量よりも少ない。

イ　光合成によりデンプンをつくり、その量は呼吸で使うデンプンの量よりも多い。

ウ　光合成によりデンプンをつくり、その量は呼吸で使うデンプンの量と同じ。

(3)　グラフ２で真っ暗な所にまいたインゲンマメが示す変化は、Ｆ→ＧとＦ→Ｈのどちらになりますか。記号で答えなさい。

(4)　グラフ２のＥ→Ｆ→Ｈの変化を示す理由として適切なものを、次のア～エより１つ選び、記号で答えなさい。

ア　芽が出ると呼吸はやめ、光合成もしない。

イ　芽が出ると呼吸はやめ、光合成はする。

ウ　芽が出ても呼吸はやめないが、光合成はする。

エ　芽が出ても呼吸はやめないが、光合成はしない。

3　右の図は、山の上流から下流に向かって流れている川の様子を表しています。次の各問いに答えなさい。

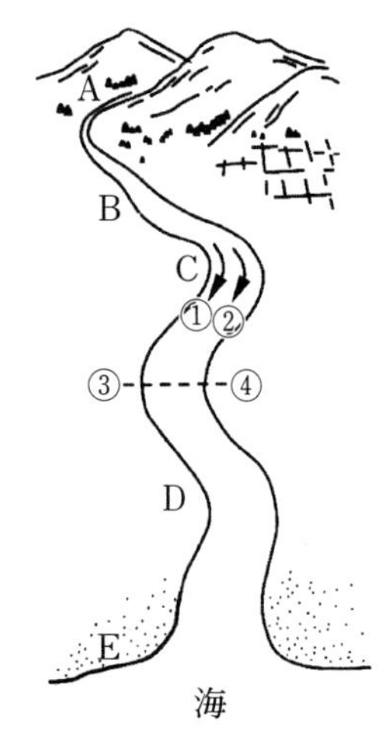

(1)　①と②では、水の流れが速いのはどちらになりますか。番号で答えなさい。

(2)　③と④**を通るような川の断面**を下流から見たとき、どのように見えますか。次のア～エより１つ選び、記号で答えなさい。

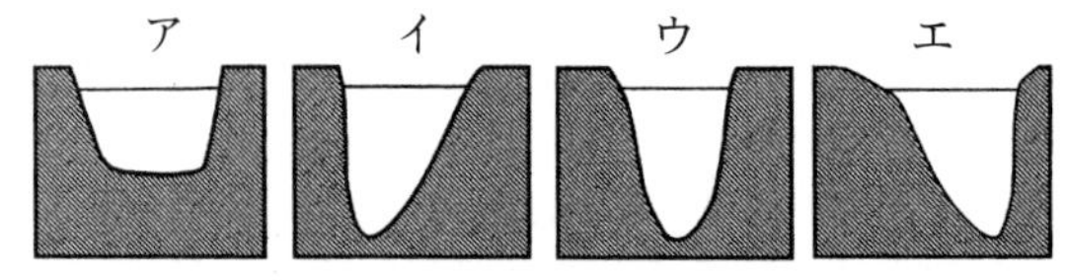

(3)　ＡとＢの地点の川底の石をくらべたとき、その特徴（とくちょう）として適切なものを、次のア～エより１つ選び、記号で答えなさい。

ア　Ａの石はＢの石よりも角ばっていて、大きい石が多い。

イ　Ａの石はＢの石よりも角ばっていて、小さい石が多い。

ウ　Ａの石はＢの石よりも丸まっていて、大きい石が多い。

エ　Ａの石はＢの石よりも丸まっていて、小さい石が多い。

(4)　川底がもっとも深くけずられているのはどこですか。次のア～エより１つ選び、記号で答えなさい。

ア　Ａ～Ｂ　　イ　Ｂ～Ｃ　　ウ　Ｃ～Ｄ　　エ　Ｄ～Ｅ

4　塩化ナトリウムと硝酸カリウムの溶解度（ようかいど）（水100ｇあたりにとかすことのできる限度の量のこと）を調べて表にまとめました。それぞれの物質は互（たが）いの溶解度に影響を与（あた）えないものとします。次の各問いに答えなさい。ただし、解答はすべて小数第一位を四捨五入して整数で答えなさい。

温度［℃］	0	20	40	60	80
硝酸カリウム［ｇ］	13.3	31.6	63.9	109.2	168.8
塩化ナトリウム［ｇ］	35.6	35.8	36.3	37.1	38.0

(1)　塩化ナトリウム13ｇを完全にとかすには、80℃の水は何ｇ必要ですか。

(2)　40℃の水に塩化ナトリウムをとけるだけとかしました。この水溶液100ｇに含まれる塩化ナトリウムは何ｇですか。

次に以下の実験を行い、その変化の様子をみました。

①　塩化ナトリウムと硝酸カリウムが混ざった145ｇの物質Ａがあります。この145ｇの物質を80℃の水100ｇに加えたところ、すべてとけました。

②　つくった水溶液をゆっくりと冷やして、その様子を観察しました。

60℃のとき結晶（けっしょう）はできませんでした。しかし、60℃を下回るとすぐに、硝酸カリウムの結晶ができました。さらに、20℃まで冷やしても塩化ナトリウムの結晶はできませんでした。

③　20℃まで冷やした水溶液をろ過して結晶を取り出しました。

④　ろ過したあとのろ液20ｇをはかり取り、加熱して液体を蒸発させました。

(3)　③で取り出した硝酸カリウムの結晶は何ｇですか。

(4)　物質Ａに含まれていた塩化ナトリウムは何ｇですか。

(5)　④で液体を蒸発させて残る固体は何ｇですか。

5　砂糖水、食塩水、塩酸、石灰水、水酸化ナトリウム水溶液、アンモニア水、純水を用意して、その液体を判別するために実験①～④を行いました。次の図は実験①～④の操作(そうさ)で液体をわける過程を表しています。あとの各問いに答えなさい。

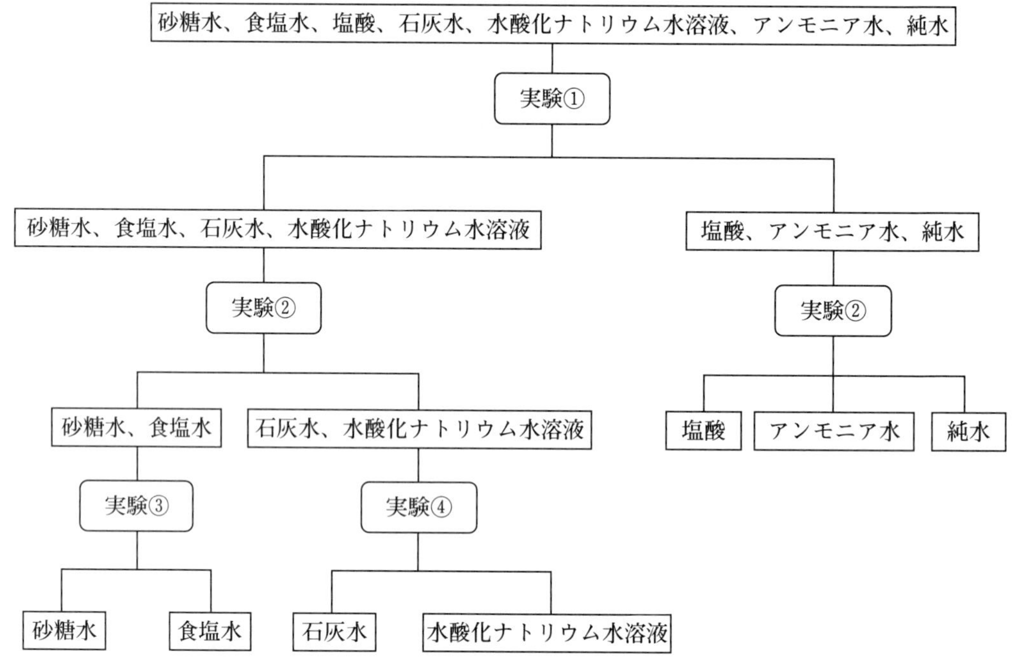

【操作】

ア　液体を赤色リトマス紙につけ、色の変化で判別する。

イ　液体を青色リトマス紙につけ、色の変化で判別する。

ウ　液体を塩化コバルト紙につけ、色の変化で判別する。

エ　液体にアルミニウム片を加え、その変化で判別する。

オ　液体が電気を通すか、通さないかで判別する。

カ　液体を手であおいでかぎ、匂(にお)いで判別する。

キ　液体にヨウ素液を加え、その色の変化で判別する。

ク　液体にＢＴＢ溶液を加え、その色の変化で判別する。

ケ　液体を加熱し、物質が残るかどうかで判別する。ただし、残った物質の色での判別はしないものとする。

(1)　実験①と②ではどのような操作を行っているのか、上のア～ケより１つずつ選び、記号で答えなさい。ただし、図中の実験②は２カ所ありますが、同じ操作をしているものとします。

(2)　実験③と④ではどのような操作を行っているのか、上のア～ケより１つずつ選び、記号で答えなさい。

6　電流が流れる導線の周りにできる磁界の向きや電磁石の性質について調べました。次の各問いに答えなさい。

(1)　次の図のような回路をつくりました。図の上側が北で、導線の上に置いた方位磁針Ａの位置では方位磁針は少し右に振(ふ)れました。

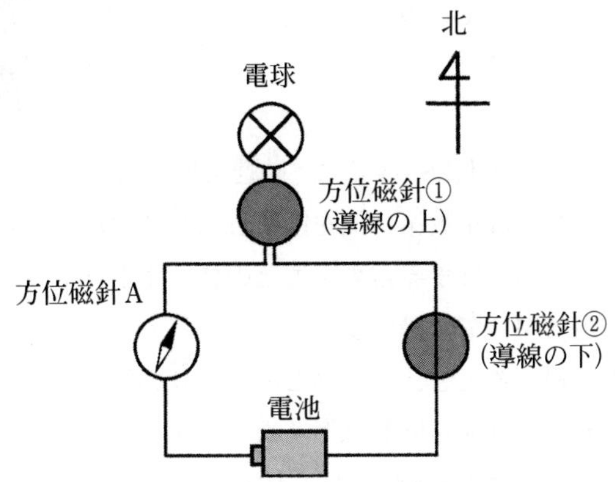

図の方位磁針①と②の向きはどのようになりますか。次のア～カより１つずつ選び、記号で答えなさい。ただし、同じ記号を何度用いても構いません。

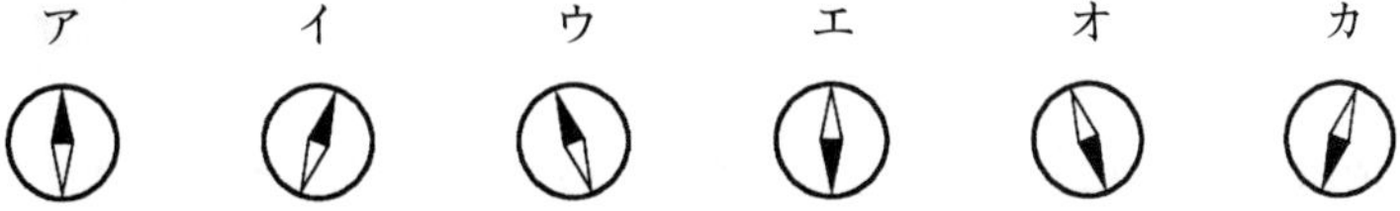

(2)　右の図のような電磁石に矢印の向きに電流を流すと、方位磁針③はどの向きになりますか。次のア～エより１つ選び、記号で答えなさい。

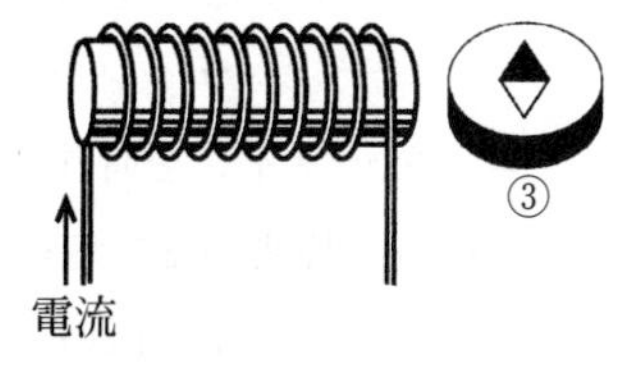

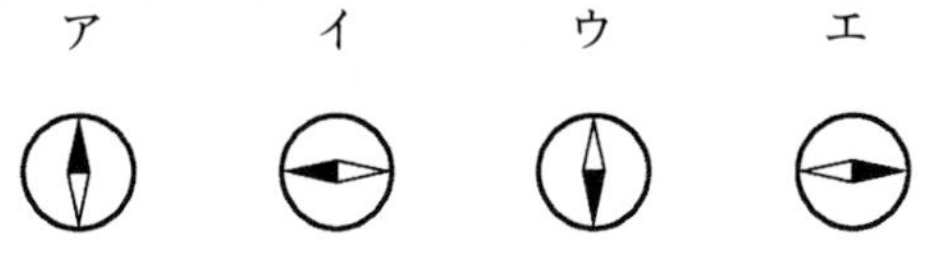

(3)　次に、長さ４cmで太さが一様な鉄心に直径１mm、長さ30cmのエナメル線を50回巻き、電磁石Ｂを作りました。続いて、長さ４cmで太さが一様な鉄心に直径１mm、長さ60cmのエナメル線を100回巻き、電磁石Ｃをつくりました。ただし、どちらの電磁石もエナメル線は鉄心の端から端まで巻いてあるものとします。

電磁石Ｂを１つの電池につなげてゼムクリップに近づけると、２個のゼムクリップがつきました。さらに、電磁石Ｃを同じ電池につなげてゼムクリップに近づけると、やはり２個のゼムクリップがつきました。

今回、50回巻きと100回巻きの電磁石についたゼムクリップの数が同じだったのはなぜですか。次のア～ウより１つ選び、記号で答えなさい。

ア　電磁石Ｂに対して、電磁石Ｃの電流の大きさが同じになるから。
イ　電磁石Ｂに対して、電磁石Ｃの電流の大きさが２倍になるから。
ウ　電磁石Ｂに対して、電磁石Ｃの電流の大きさが半分になるから。

7　棒名山(はるなさん)に向かう途中(とちゅう)に榛名湖メロディーラインがあります。榛名湖メロディーラインでは、路面に溝(みぞ)が刻まれた道路の上を車が一定の速度で走行することによりタイヤが振動(しんどう)し、その走行音が溝の中で反響して曲が流れるしくみになっています。次の各問いに答えなさい。ただし、時速とは１時間あたりに移動することができる距離(きょり)のことです。

(1)　このメロディーラインは全長280ｍです。時速50㎞で走行したとき、約何秒間曲が流れるか答えなさい。ただし、答えは小数第一位を四捨五入して整数で答えなさい。

(2)　次の文章中の①と②にあてはまる言葉をあとのア～オより１つずつ選び、記号で答えなさい。ただし、同じ記号を何度用いても構いません。

溝の上をタイヤが通過するとき、溝と溝との間が狭(せま)い場合はタイヤの１秒間あたりに振動する回数は多くなり(　①　)音が鳴ります。また、溝の幅(はば)を広くすると振動の幅が大きくなり、(　②　)音が鳴ります。

ア　高い　　イ　低い　　ウ　大きい
エ　小さい　　オ　同じ

(3)　次の文章中の③と④にあてはまる言葉をあとのア～オより１つずつ選び、記号で答えなさい。ただし、同じ記号を何度用いても構いません。

メロディーラインを時速50㎞で走行すると、ちょうどよいメロディが鳴ります。もし、メロディーラインを時速55㎞で走行すると時速50㎞で走行したときと比べ音の高さは(　③　)音が鳴り、時速45㎞で走行すると時速50㎞で走行したときと比べ音の高さは(　④　)音が鳴ります。

ア　高い　　イ　低い　　ウ　大きい　　エ　小さい　　オ　同じ

明治大学付属明治中学校(第１回)

—40分—

1　日本には多くの火山があり、火山の形は、マグマのねばりけによって図１のＡ～Ｃのような３種類に分けられます。

マグマのねばりけは、マグマに含まれる二酸化ケイ素という物質の割合によって決まります。マグマに含まれる二酸化ケイ素の割合が多いと$_a$白っぽい岩石が多い火山に、割合が少ないと$_b$黒っぽい岩石が多い火山になります。

気象庁は、全国にある火山の観測・監視を行っています。噴火に伴い、生命に危険を及ぼす火山現象の発生が予想される場合や、その危険が及ぶ範囲の拡大が予想される場合、警戒が必要な地域に対して$_c$噴火警報が発表され、入山が規制されます。図１を見て、問いに答えなさい。

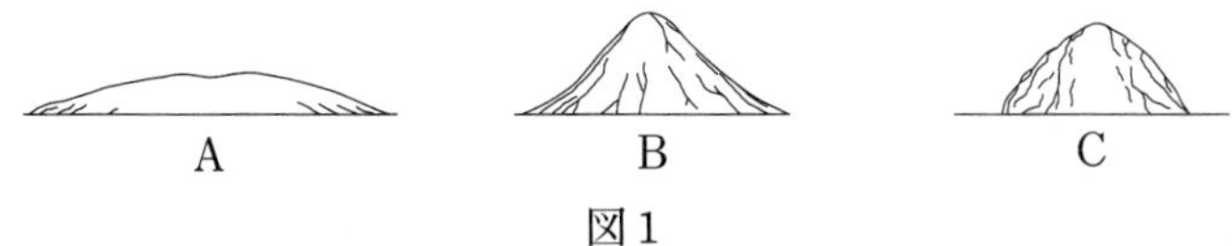

図１

(1)　図１のＡ～Ｃのうち、①マグマのねばりけが最も強い火山、②マグマのねばりけが最も弱い火山の形を選び、それぞれ記号で答えなさい。

(2)　図１のＡ～Ｃと形が似ている火山を選び、それぞれア～オの記号で答えなさい。

ア　槍ヶ岳　　イ　昭和新山　　ウ　富士山　　エ　キラウエア山　　オ　エベレスト山

(3)　マグマが冷えて固まった岩石の中で、下線部ａ、ｂにあてはまる岩石を選び、それぞれア～コの記号で答えなさい。

ア　花こう岩　　イ　砂岩　　ウ　玄武岩　　エ　斑れい岩　　オ　れき岩
カ　流紋岩　　キ　安山岩　　ク　せん緑岩　　ケ　凝灰岩　　コ　チャート

(4)　下線部ａの白っぽい岩石をルーペで観察すると、キラキラした透明の結晶がありました。この鉱物の名称を答えなさい。

(5)　図２は、下線部ｂの黒っぽい岩石をルーペで観察した結果をスケッチしたものです。図２のように、鉱物の結晶が大きく成長し、大きさがほぼそろった組織を何といいますか。

図２

(6)　2023年に、下線部ｃの噴火警報が発表されていた火山を選び、ア～オの記号で答えなさい。

ア　富士山　　イ　箱根山　　ウ　磐梯山　　エ　桜島　　オ　伊豆大島(三原山)

2　４種類の水溶液Ａ～Ｄがあり、うすい塩酸、水酸化ナトリウム水溶液、食塩水、砂糖水のいずれかであることがわかっています。この４種類の水溶液に対し、【実験１】、【実験２】を行いました。これらの実験について、問いに答えなさい。

【実験１】

水溶液Ａ～Ｄの水溶液に紫キャベツの煮汁を入れると、Ａ、Ｂはうすい紫色、Ｃは赤色、Ｄは黄色になった。

【実験２】

水溶液Ｃと水溶液Ｄが過不足なく反応すると水溶液Ａになった。

(1)　【実験２】の化学変化を何といいますか。正しいものを選び、ア～オの記号で答えなさい。

ア　酸化　　イ　還元　　ウ　燃焼　　エ　中和　　オ　化合

(2)　20℃の飽和食塩水を540ｇつくるとき、必要な水と食塩の重さはそれぞれ何ｇですか。ただし、20℃の水100ｇに食塩は最大35ｇ溶けます。

(3)　水酸化ナトリウム水溶液をつくる操作として正しいものを選び、ア～ウの記号で答えなさい。

ア　ビーカーに水酸化ナトリウムを先に入れ、そこに水を加える。

イ　ビーカーに水を先に入れ、そこに水酸化ナトリウムを加える。

ウ　ビーカーに水酸化ナトリウム、水のどちらを先に入れてもよい。

(4)　【実験２】を行った後の水溶液を放置すると、結晶がでました。その結晶のスケッチとして正しいものを選び、ア～オの記号で答えなさい。

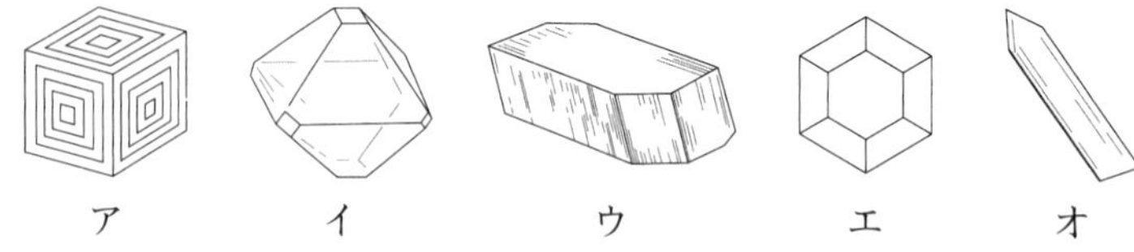

ア　　イ　　ウ　　エ　　オ

(5)　水溶液Ａ～Ｄの名称をそれぞれ答えなさい。

３　４種類の金属Ａ～Ｄがあり、アルミニウム、鉄、銅、金のいずれかであることがわかっています。金属Ａ～Ｄがそれぞれどの金属か調べるために【実験１】～【実験４】を行いました。これらの実験について、問いに答えなさい。

【実験１】　金属Ａ～Ｄに磁石を近づけると金属Ｃだけ磁石に引きつけられた。

【実験２】　金属Ａ～Ｄをうすい塩酸に加えたところ、金属ＡとＣは反応して、同じ気体が発生した。

【実験３】　金属Ａ～Ｄを水酸化ナトリウム水溶液に加えたところ、金属Ａは反応して、【実験２】と同じ気体が発生した。

【実験４】　金属Ａ～Ｄを加熱すると、金属Ｄだけは変化しなかった。

(1)　金属Ａ～Ｄの名称をそれぞれ答えなさい。

(2)　【実験２】、【実験３】で発生した気体の性質として正しいものを選び、ア～エの記号で答えなさい。

ア　空気中に約21％含まれていて、他の物質が燃えるのを助ける性質をもつ。

イ　水に溶けて弱い酸性を示し、石灰水に通すと白くにごる。

ウ　すべての気体の中で最も軽く、燃えたときに水になる。

エ　鼻をつくようなにおいがあり、空気より軽い。

(3)　【実験２】、【実験３】で発生した気体を集める方法として正しいものを選び、ア～ウの記号で答えなさい。

ア　水上置換法　　イ　上方置換法　　ウ　下方置換法

⑷　金属の性質について、誤っているものを選び、ア～エの記号で答えなさい。

ア　特有の光沢をもつため、表面が光っているように見える。

イ　電気や熱を最も通しやすい金属は銅である。

ウ　たたいたときにうすく広がる性質、引っ張るとのびる性質をもつ。

エ　常温(25℃)で固体のものだけではなく、液体のものもある。

⑸　【実験３】で気体が0.84L発生したとき、完全に反応した金属Aは何ｇですか。答えは小数第３位まで答えなさい。ただし、2.7ｇの金属Aが【実験３】と同じ濃度の水酸化ナトリウム水溶液と完全に反応すると、気体が3.36L発生します。

4　インゲンマメを用い、【実験１】、【実験２】を行いました。これらの実験について、問いに答えなさい。

【実験１】

①　大型の容器に５㎝の深さに土をしきつめ、その上に粒のそろったインゲンマメの種子を100粒まいた。この容器を、23℃でよく日の当たる場所に置き、水分が不足しないように、毎日、水を少しずつやった。

②　発芽した種子を、２日ごとに10粒ずつ取り出して、土を取り払い、よく乾燥させて、その重さ(乾燥重量)を測り、１粒の平均の重さを求めた。

【実験２】

①　【実験１】と同様に準備した容器を、23℃でまったく光の当たらない場所(暗所)に置き、水分が不足しないように、毎日、水を少しずつやった。

②　発芽した種子を、２日ごとに10粒ずつ取り出して、土を取り払い、よく乾燥させて、その重さ(乾燥重量)を測り、１粒の平均の重さを求めた。

【結果】

日の当たる場所に置いた場合、１粒の乾燥重量の平均は、発芽当初は減ったものの、途中から増えてきていることがわかった。また、暗所に置いた場合、１粒の乾燥重量の平均は、減り続けることがわかった。

⑴　図１はマメ科の種子と、マメ科以外の植物の種子を模式的に示したものです。マメ科の種子の子葉を選び、ア～カの記号で答えなさい。

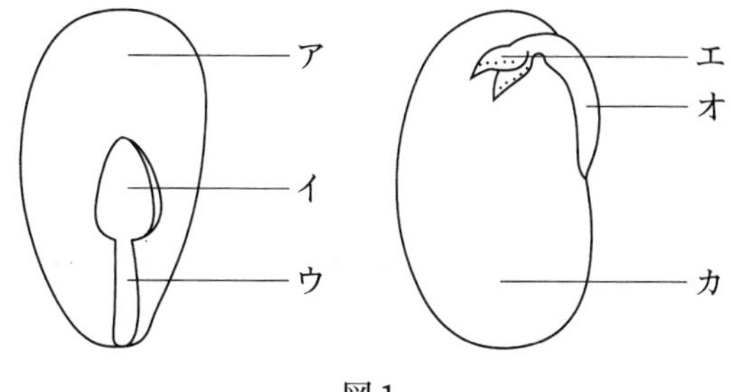

図１

⑵　図２は、いろいろな植物の芽生えのようすを模式的に示しています。

インゲンマメの芽生えのようすとして正しいものを選び、ア～キの記号で答えなさい。

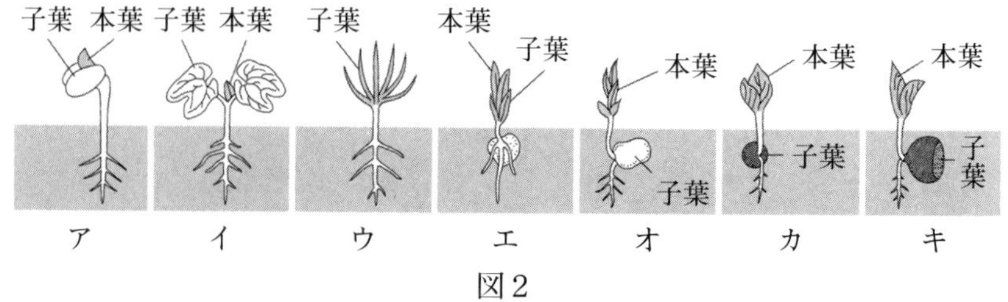

図２

(3)　【実験１】、【実験２】において、発芽当初に乾燥重量が減っていく理由として、正しいものを選び、ア～エの記号で答えなさい。

ア　おもに光合成のために、蓄(たくわ)えていた養分が使われたため。

イ　おもに呼吸のために、蓄えていた養分が使われたため。

ウ　おもに周りの土に、蓄えていた養分を移動させたため。

エ　おもに周りの水に、蓄えていた養分を移動させたため。

(4)　マメ科の植物を選び、ア～オの記号で答えなさい。

ア　イチゴ　　イ　サツマイモ　　ウ　フジ　　エ　トウモロコシ　　オ　ラッカセイ

(5)　マメ科の植物の根には、こぶのようなもの(根粒(こんりゅう))ができることがあります。この根粒は根粒菌(きん)によるもので、根粒菌とマメ科植物は互(たが)いに利益があるような関係(相利共生)です。相利共生の関係の組み合わせとして正しいものを選び、ア～エの記号で答えなさい。

ア　アオムシとアオムシコマユバチ　　イ　アリとアブラムシ

ウ　ナマコとカクレウオ　　エ　キリンとシマウマ

5　ヒトの腎臓(じんぞう)は、血液中から尿素(にょうそ)などの不要物をこしだし、尿をつくる器官です。

図は、「尿のもと」から「尿」がつくられ、ぼうこうに移動する過程を模式的に示したものです。腎臓内の毛細血管から血液の一部がこしだされ、「尿のもと」がつくられます(図中①)。その「尿のもと」が腎臓の中を移動する過程で、「尿のもと」中の水のほとんどと、水に溶けている成分の多くが腎臓内の毛細血管に戻(もど)ります。この毛細血管に戻される過程を再吸収(図中②)といいます。「尿のもと」から再吸収されなかった水と、その他の不要物が「尿」となってぼうこうに移動し(図中③)、その後、体外へ排出(はい)されます。

表は、「尿のもと」と「尿」における成分A、Bの濃度をまとめたものです。成分Aは、まったく再吸収されないことが分かっている物質で、「尿のもと」中の濃度に比べ、「尿」中の濃度は120倍になっていました。このことについて、問いに答えなさい。

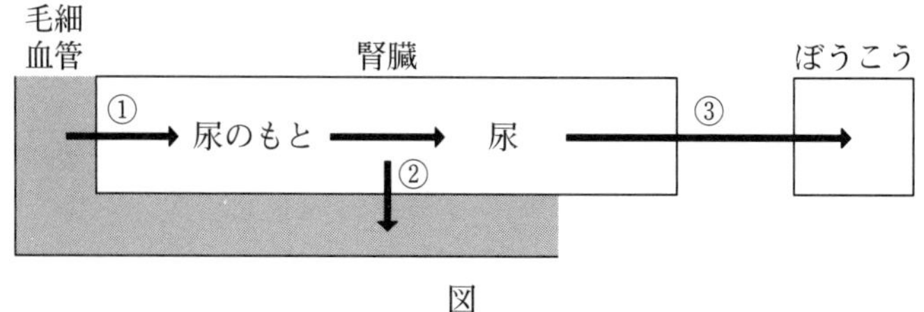

図

成分	「尿のもと」中の濃度(%)	「尿」中の濃度(%)
A	0.1	12
B	0.3	0.34

表

⑴　ヒトの腎臓に関する説明として正しいものを選び、ア～エの記号で答えなさい。

ア　腹側に1つある。　　イ　腹側に1対ある。

ウ　背中側に1つある。　エ　背中側に1対ある。

⑵　下線部の尿素に関する説明として正しいものを選び、ア～エの記号で答えなさい。

ア　肝臓(かんぞう)で、アミノ酸からつくられる。　　イ　肝臓で、アンモニアからつくられる。

ウ　すい臓で、アミノ酸からつくられる。　　エ　すい臓で、アンモニアからつくられる。

⑶　「尿」がぼうこうに移動するときに通る管の名称を答えなさい。

⑷　1日の「尿」量が1.5Lであったとすると、1日の「尿のもと」量は何Lつくられますか。なお、成分Aは、まったく再吸収されないため、1日の「尿のもと」量に含まれる量と、1日の「尿」量1.5Lに含まれる量は同じです。

ただし、「尿」、「尿のもと」の1Lの重さはともに1000gとします。

⑸　⑷の1日の「尿」量と、1日の「尿のもと」量から考えると、表中の成分Bは、1日あたり何g再吸収されますか。

6　重さのわからない一辺10cmの立方体の物体A、重さのわからない底面積20cm²、高さ10cmの物体B、重さのわからない体積300cm³の物体C、100gのおもりをつるすと0.5cmのびるばねを用いて、【実験1】～【実験6】を行いました。これらの実験について、問いに答えなさい。ただし、物体をつるしている糸、ばねの体積と重さは考えないものとし、物体はそれぞれ均一な材質からできていて、水平を保ったまま静止しています。また、水1cm³の重さは1gとします。

【実験1】

図1のように、物体Aと物体Bを糸でつないでばねにつるしたところ、ばねののびが4cmになった。

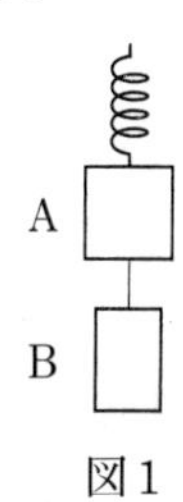

図1

【実験2】

図2のように、物体Aを水に入れたところ、物体Aは水面から7cm出た状態で浮(う)いた。

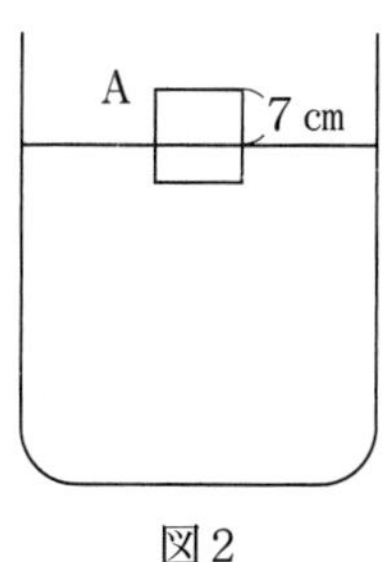

図2

【実験3】

図3のように、物体Aの上に物体Bを重ねて水に入れたところ、物体Bの全部と、物体Aの一部が水面より上に出た状態で浮いた。

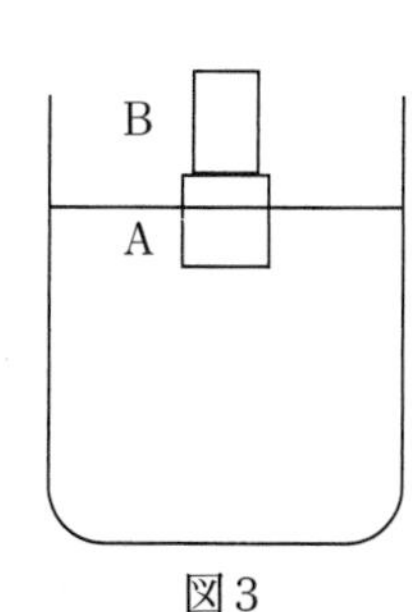

図3

【実験４】

図４のように、物体Ａと物体Ｂを糸でつないで水に入れたところ、物体Ａの一部が水面から出た状態で浮いた。

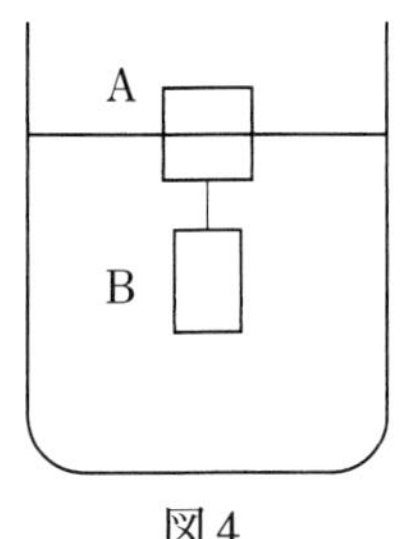

図４

【実験５】

図５のように、物体Ａ、Ｂ、Ｃを糸でつなぎ、ばねにつるして水に入れたところ、ばねののびは２㎝、物体Ａは水面から５㎝出た状態で浮き、物体Ｃは底につかなかった。

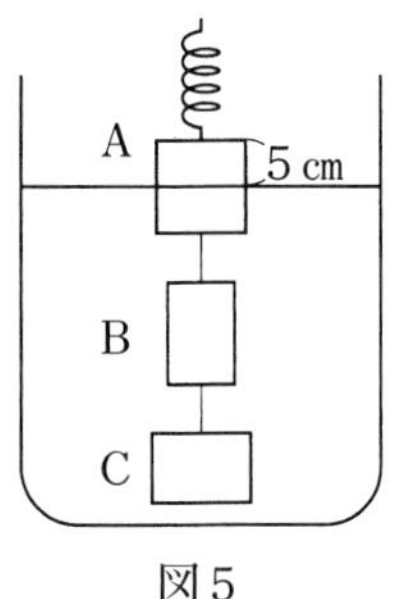

図５

【実験６】

図６のように、物体Ｂと物体Ｃを糸でつなぎ、ばねにつるして水に入れたところ、ばねののびは1.5㎝となり、物体Ｂと物体Ｃの間にある糸は張られた状態で、物体Ｃは底についた。

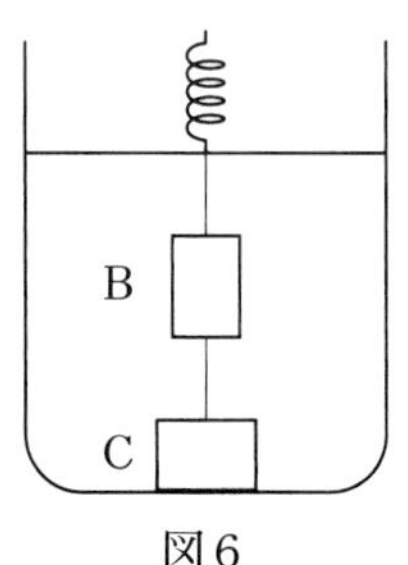

図６

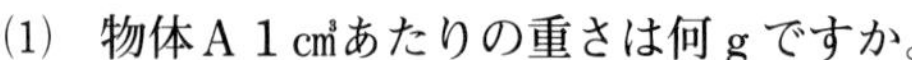

⑴　物体Ａ１㎤あたりの重さは何ｇですか。

⑵　【実験３】のとき、物体Ａは水面から何㎝出た状態で浮きましたか。

⑶　【実験４】のとき、物体Ａは水面から何㎝出た状態で浮きましたか。

⑷　【実験５】のとき、物体Ｃの１㎤あたりの重さは何ｇですか。

⑸　【実験６】のとき、底から物体Ｃにはたらく力は何ｇですか。

7　乾(かん)電池と電熱線を用いて、水をあたためる【実験１】～【実験８】を行いました。これらの実験について、問いに答えなさい。ただし、電熱線で発生した熱は、水温を上げるためにすべて使われ、水温は均等に上昇(じょうしょう)し、熱はまわりににげないものとします。また、水は実験の途中で蒸発しないものとします。実験で使用する乾電池や電熱線は同じものを使用し、乾電池は、すべての実験で同じ個数を直列に接続するものとします。

【実験１】

図１のように、水100ｇが入った容器Ａに電熱線を入れ、電流を流したところ、容器Ａの水温の変化は表１のようになった。

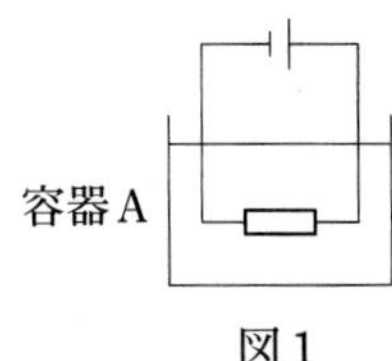

図１

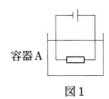

電流を流し始めてからの時間（分）	2	4	6	8
容器Ａの水温（℃）	20.2	21.4	22.6	23.8

表１

【実験２】

図２のように、水200ｇが入った容器Ｂに電熱線を入れ、電流を流したところ、容器Ｂの水温の変化は表２のようになった。

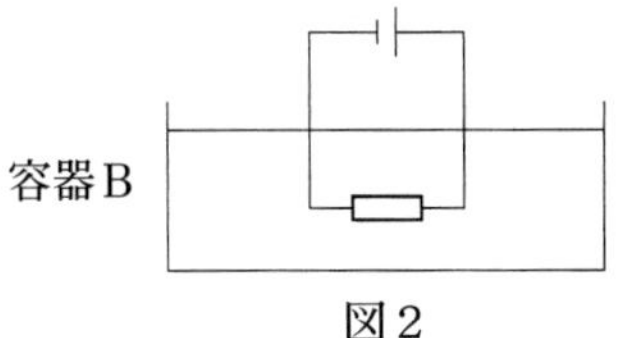

図２

電流を流し始めてからの時間（分）	2	4	6	8
容器Ｂの水温（℃）	19.6	20.2	20.8	21.4

表２

【実験３】

図３のように、水100ｇが入った容器Ｃと、容器Ｄに電熱線を入れ、電流を流したところ、容器Ｃの水温の変化は表３のようになった。

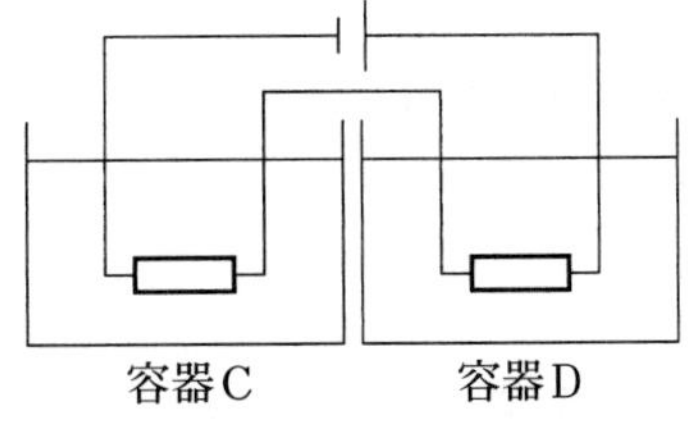

図３

電流を流し始めてからの時間（分）	2	4	6	8
容器Ｃの水温（℃）	19.3	19.6	19.9	20.2

表３

【実験４】

図４のように、水100ｇが入った容器Ｅと、容器Ｆに電熱線を入れ、電流を流したところ、容器Ｅの水温の変化は表４のようになった。

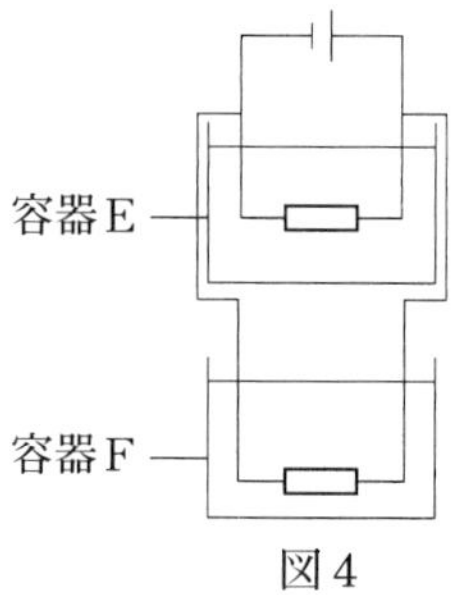

図４

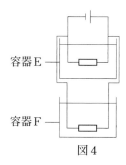

電流を流し始めてからの時間（分）	2	4	6	8
容器Ｅの水温（℃）	20.2	21.4	22.6	23.8

表４

【実験５】

図５のように、水100ｇが入った容器Ｇに電熱線を入れ、電流を流したところ、容器Ｇの水温の変化は表５のようになった。

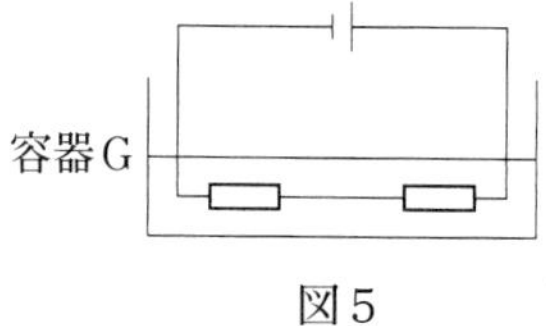

図５

電流を流し始めてからの時間（分）	2	4	6	8
容器Ｇの水温（℃）	19.6	20.2	20.8	21.4

表５

【実験６】

図６のように、水100ｇが入った容器Ｈに電熱線を入れ、電流を流したところ、容器Ｈの水温の変化は表６のようになった。

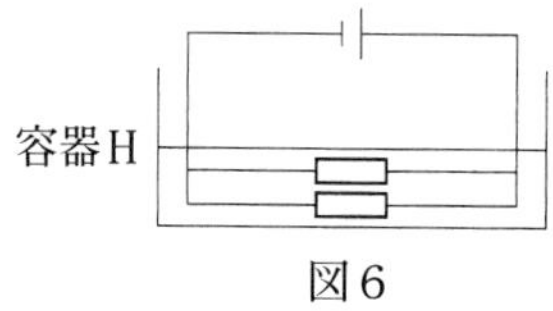

図６

電流を流し始めてからの時間（分）	2	4	6	8
容器Ｈの水温（℃）	21.4	23.8	26.2	28.6

表６

【実験７】

図７のように、水200ｇが入った容器Ｉに電熱線を入れ、電流を流し、容器Ｉの水温の上昇を測定した。

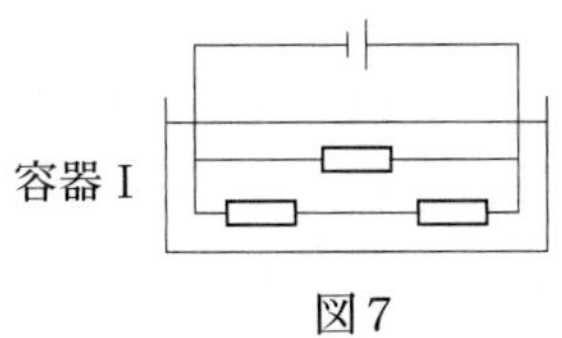

図７

【実験８】

図８のように、水100ｇが入った容器Ｊに電熱線を入れ、電流を流し、容器Ｊの水温の上昇を測定した。

ただし、接続部分は記録を忘れたため、電熱線の接続のようすはわからなかった。

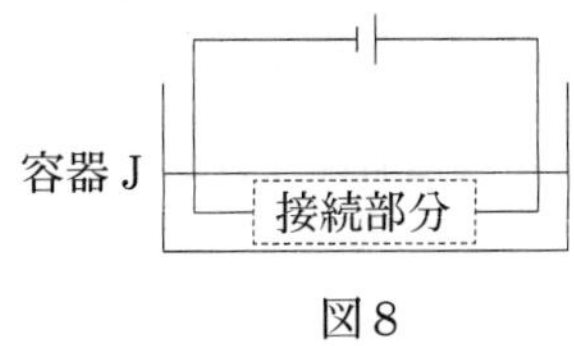

図８

(1)　【実験１】～【実験６】で、電流を流し始めたときの水温は何℃ですか。

(2)　【実験１】で、水温は１分間に何℃ずつ上昇しますか。

(3)　【実験７】で、１分間の水温の上昇は【実験１】の何倍になりますか。

(4)　【実験８】で、１分間の水温の上昇は【実験１】と同じになりました。接続部分はどのようになっていますか。正しいものを選び、ア～エの記号で答えなさい。

森村学園中等部(第１回)

―40分―

注意　１　解答は特に指定のないかぎり、漢字・ひらがなのどちらでもかまいません。

　　　２　単位を必要とする問いには必ず単位をつけて答えてください。

1　環境(かんきょう)の変化と生物の関わりについて、次の問いに答えなさい。

日本をはじめとする多くの国では、春夏秋冬の四季が存在する。生物たちは、①季節や年によって変化する環境に対し、様々な形で対応している。このような生物の季節ごとの行動や現象を調べる学問を「季節学」という。例えば、発芽、②花の開花、果実の形成、わたり鳥の飛来や、チョウが初めて飛ぶこと、紅葉などが季節学に関するできごとである。その中でも、最も有名なものが「③サクラの開花前線」であろう。サクラの開花前線は、ソメイヨシノという種類のサクラの木を多くの地点で観察して、開花日の予想を、地図上に線で結んだものである。次の図１は2007年に気象庁が発表したサクラの開花前線である。④サクラのつぼみは春の気温の上昇の他にも開花に至る条件が存在する。

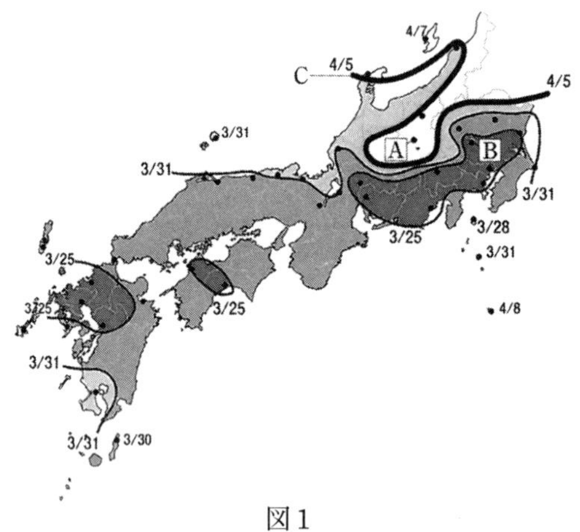

図１

問１　下線部①に関して、次の(1)～(4)の現象がみられる時期はいつですか。春夏秋冬のいずれかを１つ答えなさい。

(1)　ツバメが巣をつくっている。　　(2)　オオカマキリが卵を産んでいる。

(3)　ハクチョウが日本で見られる。　(4)　ツルレイシが緑色の大きな実をつけている。

問２　下線部②に関して、次の(1)～(4)の花のおしべと花びらの数について正しく説明しているものを、あとのア～エの中から１つずつ選び、記号で答えなさい。ただし、同じものを選んではいけません。また、花びらはくっついている場合もあります。

(1)　サクラ(ソメイヨシノ)　(2)　アサガオ　(3)　アブラナ　(4)　エンドウ

ア　花びらは４枚で、おしべは６本ある。

イ　花びらは５枚で、おしべは５本ある。

ウ　花びらは５枚で、おしべは10本ある。そのうちの９本はたがいにくっついて一束になり、１本だけはなれている。

エ　花びらは５枚で、おしべは20本以上ある。

問３　図２は、２月ごろの、花が咲(さ)く前のソメイヨシノの枝です。これに関する次の問いに答えなさい。

(1)　ＰとＱの芽はこの後、さらにふくらみます。ＰとＱに関して述べた文章としてもっとも正しいものを次から１つ選び、記号で答えなさい。

ア　Ｐは葉の芽であり、Ｑは花の芽である。Ｐの方が先に開いて葉を展開する。

イ　Ｐは葉の芽であり、Ｑは花の芽である。Ｑの方が先に開いて花を展開する。

ウ　Ｐは花の芽であり、Ｑは葉の芽である。Ｐの方が先に開いて花を展開する。

エ　Ｐは花の芽であり、Ｑは葉の芽である。Ｑの方が先に開いて葉を展開する。

(2)　ＰとＱの芽は同じころにできます。Ｐ、Ｑの芽はいつごろできたものですか。もっとも正しいものを次から１つ選び、記号で答えなさい。

ア　この年の１～２月ごろ

イ　前年の10～11月ごろ

ウ　前年の７～８月ごろ

エ　前年の４～５月ごろ

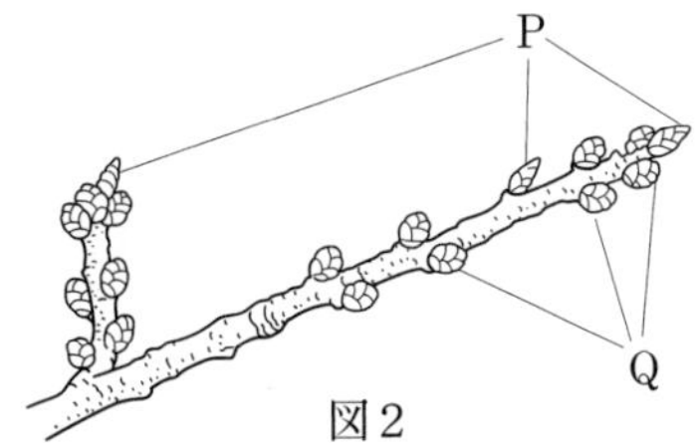

図２

問４　下線部③サクラの開花前線は、気温に大きく影響(えいきょう)を受けます。そのため、基本的に日本の南の方から開花が始まり、北の方に開花前線は上がっていきます。しかし、実際の開花前線は、緯度に沿ってまっすぐな線になるのではなく、図１のＣのように大きく蛇行(だこう)し、地点Ａ、Ｂのように同じ緯度の地点でも開花時期が異なります。このように蛇行する理由を説明しなさい。ただし、説明の際に地点Ａ、Ｂという言葉を用いても構いません。

問５　下線部④に関して、サクラの仲間の植物は、開花するためには春のあたたかさ以外の条件を必要とするものもあります。どのような条件が必要か調べるために、サクラの仲間の植物Ｒを7.2℃以下の低温で育成した(低温処理とよぶ)後、15℃以上になるように加温して育成しました。次の表１は、「低温処理した時間」と「開花するまでの日数」と「開花率」を表に示したものです。「—」は、データが無いことを意味します。この表から、サクラの仲間の植物Ｒはどのような条件で開花すると推測できますか。説明しなさい。

表１

低温処理した時間	Ｒが開花するまでの日数	Ｒの開花率
753時間	加温後33日	32％
849時間	加温後29日	43％
1060時間	—	75％
1151時間	加温後21日	80％

(福島県果樹試験場栽培部平成12年度試験研究成績書より改変)

2　古くから使われてきた、物の重さをはかることのできる「さおばかり」について考えます。さおばかりとは、あとの図のように、太さがどこも同じ一様なさおのＢ点をひもでつるし、さおの端(はし)(Ａ点)に皿をつけたものです。また、ＢＣ間には目盛りがつけられています。物の重さをはかるときは、物を皿に入れて、おもりをつるす位置を動かしながら、さおが水平につりあうようにします。その時のおもりをつるした位置の目盛りを読むことによって、物の重さがわかります。

以下のそれぞれのさおばかりについて、さおの長さ(ＡＣ間)を30㎝、Ａ点につるした皿の重さを20ｇ、おもりの重さを40ｇとして、次の問いに答えなさい。

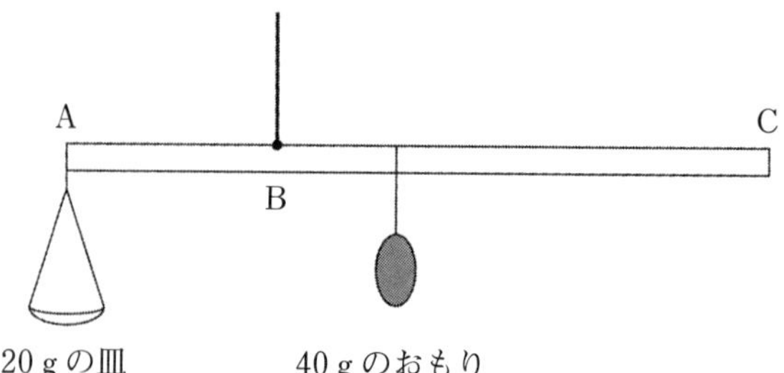

問１　まず、さおの重さは考えないものとして、さおばかりのしくみを考えます。ＡＢ間の長さを８㎝とします。おもりをＢ点より右のある位置につるすとさおが水平につりあい、そのときのおもりをつるした位置に、「０ｇ」と目盛りが書かれています。

(1)　このとき、Ｂ点からおもりをつるした位置までの長さを答えなさい。

(2)　皿に10ｇの分銅を入れて、さおが水平につりあうときのおもりをつるした位置に、「10ｇ」と目盛りが書かれています。Ｂ点からその位置までの長さを答えなさい。

(3)　このさおばかりでは、最大何ｇの物の重さまではかることができますか。

(4)　このさおばかりの目盛りの間隔(かんかく)はどのようになっていると考えられますか。次から１つ選び、記号で答えなさい。ただし、ア～ウの図は、ＢＣ間の一部のみを表しています。

ア　どこも間隔は同じ。

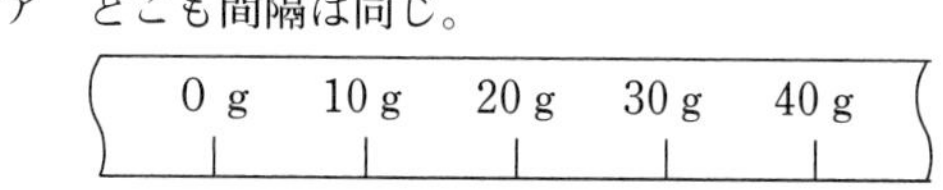

イ　右に行くにつれて間隔はせまくなる。

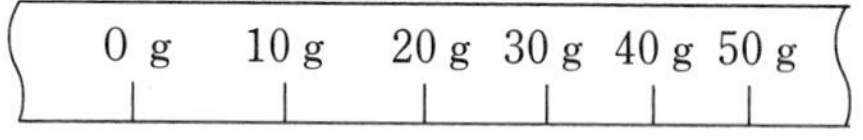

ウ　右に行くにつれて間隔は広くなる。

0 g　10 g　20 g　30 g

問２　次に、ひもでつるす位置(Ｂの位置)を左にずらしてＡＢ間の長さを４㎝とし、新しく目盛りを書くことを考えます。

(1)　このとき「０ｇ」と目盛りが書けるのは、Ｂ点から右に何㎝のところですか。

(2)　このとき新しく書き直した目盛りの間隔は、問１に比べるとどのような違いがありますか。正しいものを次から１つ選び、記号で答えなさい。

ア　目盛りの間隔は、問１とまったく同じ。

イ　目盛りの間隔はどこも同じだが、その幅(はば)は問１よりせまい。

ウ　目盛りの間隔はどこも同じだが、その幅は問１より広い。

エ　右に行くにつれて目盛りの間隔はせまくなり、それぞれの幅は問１よりせまい。

オ　右に行くにつれて目盛りの間隔はせまくなり、それぞれの幅は問１より広い。

カ　右に行くにつれて目盛りの間隔は広くなり、それぞれの幅は問１よりせまい。

キ　右に行くにつれて目盛りの間隔は広くなり、それぞれの幅は問１より広い。

問３　問１のさおばかりを作ってみました。すると問１の目盛りとは、ずれていました。これは、実際にはさおの重さを考えなくてはいけないからです。さおの重さをはかってみると20ｇでした。その重さは、すべてさおの中心にかかっていると考えて、次の問いに答えなさい。

(1)　このとき「０ｇ」と目盛りが書けるのは、Ｂ点から右に何㎝のところですか。

(2)　次の図に、「０ｇ」「10ｇ」「20ｇ」「30ｇ」を表す目盛りを、問１の(4)のように書き入れなさい。ただし、図はさおの一部を表しています。また、図のさおの下には、Ｂ点からの長さを表示しています。

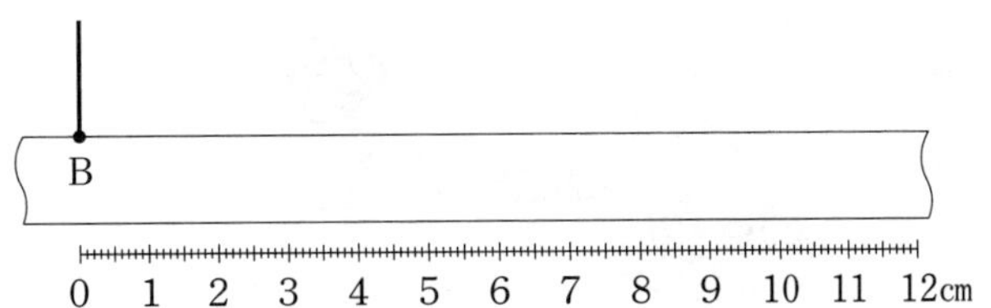

3　いろいろな気体を発生させ、次の２つの実験を行いました。

〈実験１〉図１のような装置を作り、三角フラスコ内に２種類の薬品を入れて、酸素、二酸化炭素、水素を発生させた。ガラス管の先たんを石けん水につけ、発生した気体が入った大きなシャボン玉をつくり、シャボン玉の動きを観察した。

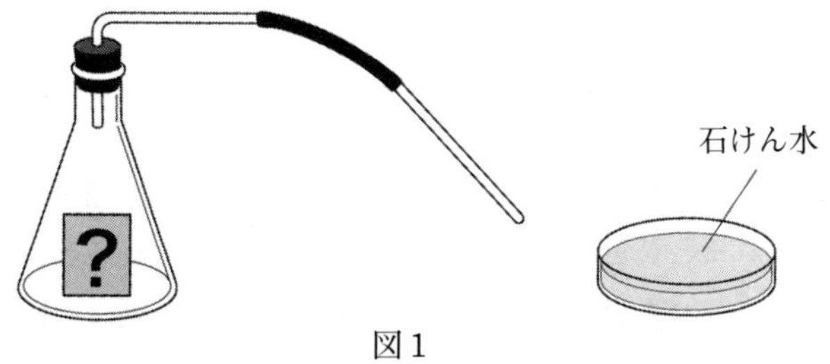

図１

問１　酸素、二酸化炭素、水素を発生させる薬品の組み合わせはどれとどれですか。次の中から２つずつ選び、記号で答えなさい。ただし、同じものをくり返し用いても構いません。

ア　塩酸　　イ　過酸化水素水　　ウ　水酸化ナトリウム水よう液

エ　鉄　　オ　二酸化マンガン　　カ　石灰石

問２　酸素、二酸化炭素、水素が入ったシャボン玉の動きはどうなりますか。次から１つずつ選び、記号で答えなさい。ただし、同じものをくり返し用いても構いません。

ア　上にうき上がる。　　イ　下に落ちる。

問３　酸素、二酸化炭素、水素について説明されたものを次から１つずつ選び、記号で答えなさい。

ア　地球温暖化の原因と言われている。

イ　火のついたマッチを近づけると音を出して燃える。

ウ　空気中の約80％をしめている。

エ　卵のくさったようなにおいがする有毒な気体である。

オ　酸素より血液で運ばれやすい性質をもつ有毒な気体である。

カ　生物の呼吸で使われる気体である。

〈実験２〉図２のような装置を組み立て、試験管に水酸化カルシウムと塩化アンモニウムという固体を入れ、加熱するとアンモニアが発生した。

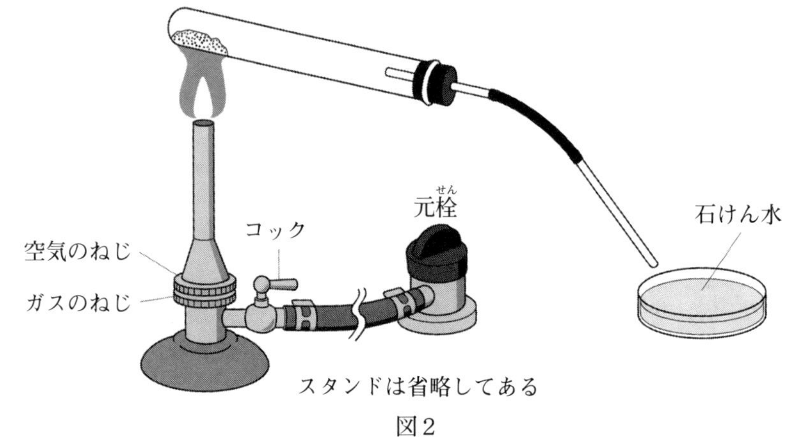

図２

問４　ガスバーナーの使い方について、ア～カを正しい順番に並べなさい。

ア　コックを開ける。

イ　マッチに火をつける。

ウ　元栓を開ける。

エ　空気のねじをゆるめて、炎の色を青くする。

オ　ガスのねじと空気のねじがしまっていることを確認する。

カ　ガスのねじをゆるめて、ガスに火をつける。

問５　アンモニア水の性質として正しいものを次からすべて選び、記号で答えなさい。

ア　ＢＴＢ液を入れると黄色になる。　イ　ＢＴＢ液を入れると緑色になる。

ウ　ＢＴＢ液を入れると青色になる。　エ　赤色リトマス紙につけると青色になる。

オ　青色リトマス紙につけると赤色になる。

問６　実験２で発生させたアンモニアで、実験１のようにシャボン玉を作ろうとしましたが、シャボン玉はどうやってもできませんでした。その理由を説明しなさい。

４　次の問いに答えなさい。

夜空に見える月や星たちは、太陽と同じく自ら光を発しており、これらをいくつかのかたまりに分け、いろいろなものの姿に見立てたものを「星座」と言います。地球から見える星座は季節によって異なります。このような、太陽や月、星座に関する次の問いに答えなさい。

問１　上の文章中の下線部にはまちがいがあります。何がまちがっているか説明しなさい。

問２　夏の東の空を見ると、「夏の大三角」が見えます。この夏の大三角にまつわる物語として、以下の「七夕物語」が有名です。

> 天の神様のむすめである「おりひめ」ははた織りがとても上手な働き者でした。そんなまじめなおりひめのために、天の神様は一人の若者を引き合わせました。その名は「ひこぼし」。同じく一生けん命に牛の世話をする青年でした。晴れて二人は結婚することになりましたが、結婚してからの二人は、まじめに仕事もせず遊んでばかり。おりひめははた織りをしなくなり、ひこぼしも牛の世話をしなくなってしまいました。天の神様

はそれに腹を立て、天の川をはさんで二人をはなればなれにして、会えないようにしてしまいました。しかし、ひこぼしに会えず泣いてばかりいるおりひめをかわいそうに思った天の神様は、年に一度、７月７日に限り、白鳥に乗り、ひこぼしに会うことを許したのでした。

(1) 「おりひめ」にあたる星の名前を答え、その星が何座にあるかも答えなさい。

(2) 「ひこぼし」にあたる星の名前を答え、その星が何座にあるかも答えなさい。

(3) はくちょう座の中でもっとも明るい星の名前を答え、またその星の色も答えなさい。

問３　日本から見える星について、次の文章のうち、正しいものをすべて選び、記号で答えなさい。

ア　夏の北の空に見えるリゲルという星は緑っぽい色をしている。

イ　夏の南の空に見えるアンタレスという星は赤っぽい色をしている。

ウ　ベテルギウス、プロキオン、シリウスを三角形で結んだものを「冬の大三角」という。

エ　星の一日の動きを観察すると、北極星を中心に時計回りに回っていることが分かる。

オ　地球から見ると、３等星は２等星よりも明るく見える。

カ　おおぐま座は一年を通してよく見られる星座である。

問４　地球から見ると、太陽と月は同じ大きさに見えますが、実際は、太陽の方が月に比べてはるかに大きいです。ところで、太陽や月の大きさはどのように分かるのでしょうか。次のように、２人の児童が、その計算方法を話し合っています。会話文後の問いに答えなさい。ただし、円周率を3.14とします。

児童Ａ：太陽や月の直径ってどうやって求められるんだろう。大きな定規を持って行って測るのかな。

児童Ｂ：いやいや、そんなことできるわけないじゃないか。さすがに計算で求めるんじゃないかな。

児童Ａ：どうやって計算するんだろう？

児童Ｂ：例えば、こんな風に学校のグラウンドに半径がとっても長い円を描(か)いてみよう(図１参照)。その円の円周のうちの一部(弧(こ))を見てみよう。このときの中心の角度が１°以下だと、弧はどのように見えるだろう？

児童Ａ：弧がほとんどまっすぐだ！

児童Ｂ：ということは、中心の角度が小さかったら、円周の一部は直線として計算すれば良いんだよ。

例えば半径が100ｍ、中心の角度が0.1°のときの弧の長さは、

$$2 \times 100 \times 3.14 \times \frac{0.1^\circ}{360^\circ} = 約0.174\,\mathrm{m}$$

と計算できるから、この場合の弧は「約0.174ｍの直線」と考え直せばいい。

児童Ａ：なるほど！　これならわざわざ太陽まで定規を持っていく必要はなさそうだ！

児童Ｂ：この考え方を使って、太陽や月の直径などを計算してみよう！

図１　　　　　　図２

(1)　図２のように、太陽の左端（はし）、観測者、太陽の右端を結んだときの角度を精密に測定すると0.5°でした。

地球と太陽までの距離（きょり）を１億5000万kmとすると、太陽の直径は約何万kmと計算されますか。その解答としてもっとも適当なものを、次から１つ選び、記号で答えなさい。

ア　約10.5万km　　イ　約40.1万km　　ウ　約65.4万km

エ　約80.2万km　　オ　約130.8万km　　カ　約270万km

(2)　(1)と同じように、月の左端、観測者、月の右端を結んだときの角度を精密に測定しても0.5°でした。月の直径を3500kmとすると、地球と月での距離は約何万kmと計算されますか。その解答としてもっとも適当なものを、次から１つ選び、記号で答えなさい。

ア　約10.5万km　　イ　約40.1万km　　ウ　約65.4万km

エ　約80.2万km　　オ　約130.8万km　　カ　約270万km

(3)　地球と太陽の距離は、地球と月の距離の何倍であると計算されますか。その解答としてもっとも適当なものを、次から１つ選び、記号で答えなさい。

ア　約3.3倍　　イ　約65倍　　ウ　約115倍　　エ　約204倍

オ　約373倍　　カ　約920倍　　キ　約2041倍　　ク　約42857倍

(4)　太陽の直径は、月の直径の何倍であると計算されますか。その解答としてもっとも適当なものを、次から１つ選び、記号で答えなさい。

ア　約3.3倍　　イ　約65倍　　ウ　約115倍　　エ　約204倍

オ　約373倍　　カ　約920倍　　キ　約2041倍　　ク　約42857倍

山手学院中学校（A）

—40分—

1　次の文章を読んで、後の問いに答えなさい。

山手学院の学内の池にはたくさんの生物が住んでいます。はなこさんは、５月の終わりに池の①メダカを20ぴきほどつかまえて、じゃりと②水草、③くみ置きの水を入れた水そうでメダカを飼い始めました。しばらく飼育していると、水草にたまごのようなものを見つけました。水草を別の容器に移し、たまごを④けんび鏡で毎日観察してスケッチしました。スケッチを始めて10日ほど経ったころにメダカのこどもがふ化しました。

図１　メダカ

(1)　下線部①について、メダカの体の一部を見ることでオスかメスかを判断できます。メダカのオスとメスを判断するときに注目する体の一部の説明として、適当なものを次の中からすべて選び、記号で答えなさい。

(ア)　オスの胸(むね)びれはメスに比べて非常に大きい。

(イ)　オスの背(せ)びれには切れこみがある。

(ウ)　メスの尾(お)びれには切れこみがある。

(エ)　メスの腹(はら)びれはオスに比べて非常に小さい。

(オ)　オスのしりびれはメスに比べて大きく、平行四辺形に近い形をしている。

(2)　下線部②について、メダカを飼育するときに水草を入れるのはなぜでしょうか。その理由を説明した次の文章の中から、適当でないものを１つ選び、記号で答えなさい。

(ア)　光合成によって酸素を作り出すため。　(イ)　水にとけている塩素を吸収(きゅうしゅう)するため。

(ウ)　メダカのはいせつ物を吸収するため。　(エ)　メダカがかくれる場所をつくるため。

(オ)　メダカがたまごを産みつけるため。

(3)　下線部③について、メダカを飼育するときには水道水をそのまま使わない方が好ましいですが、それはなぜでしょうか。その理由を説明した次の文章のうち、もっとも適当なものを１つ選び、記号で答えなさい。

(ア)　水道水には、メダカに有害である酸素がふくまれているから。

(イ)　水道水には、メダカに有害である二酸化炭素がふくまれているから。

(ウ)　水道水には、メダカに有害である塩素がふくまれているから。

(エ)　水道水には、メダカに有害であるちっ素がふくまれているから。

(オ)　水道水には、メダカに有害であるアンモニアがふくまれているから。

(4)　下線部④について、けんび鏡の使い方として適当でないものを次の中から１つ選び、記号で答えなさい。

(ア)　けんび鏡を日光が当たるところに置き、対物レンズをのぞきながら反射鏡を動かして視野(しや)を明るくする。

(イ)　プレパラートを観察するときには、対物レンズの倍率をもっとも低い倍率にしてから観察を始める。

(ウ)　真横から見ながら調節ねじを回して、対物レンズとプレパラートのきょりをできるだけ近づける。

(エ)　調節ねじを少しずつ回して、対物レンズとプレパラートのきょりを遠ざけていき、はっきりと見えるところで止める。

(オ)　観察する物が小さくて見えにくい場合は、対物レンズの倍率を上げて観察する。

はなこさんは、陸上で生きているヒトと水中で生きているメダカの呼吸(こきゅう)のしかたのちがいが気になり、調べることにしました。その結果、次のようなことが分かりました。

調べた結果

・ヒトは肺(はい)で呼吸をしている。肺には血管が通っていて、空気中の酸素を取り入れて、体内の二酸化炭素を空気中に出している。

・メダカはえらで呼吸をしている。えらには血管が通っていて、水中の酸素を取り入れて、体内の二酸化炭素を水中に出している。

・ヒトもメダカも、肺やえらで取り入れた酸素を心臓(しんぞう)のはたらきで体の各部に送っている。体の各部をめぐったあとの血液には二酸化炭素が多くふくまれている。

(5)　ヒトの心臓(しんぞう)には心ぼうと心室がそれぞれ2つずつあり、メダカの心臓には心ぼうと心室がそれぞれ1つずつあります。ヒトの場合、心臓と肺(はい)、血管の大まかな様子を図にすると図2のようになります。メダカのえらと心臓、血管の大まかな様子を図にしたとき、もっとも適当なものを後の図3の中から1つ選び、記号で答えなさい。

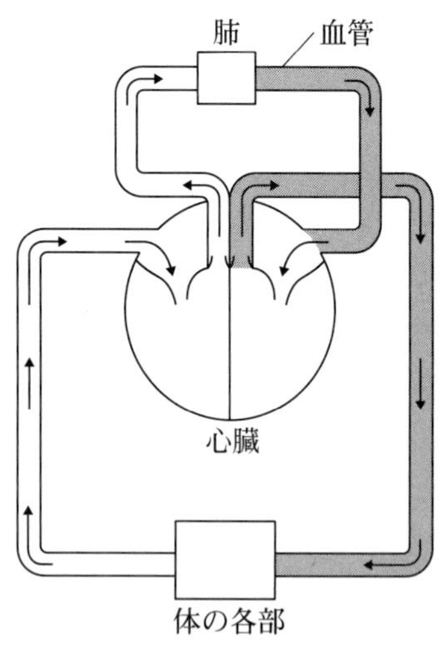

図2

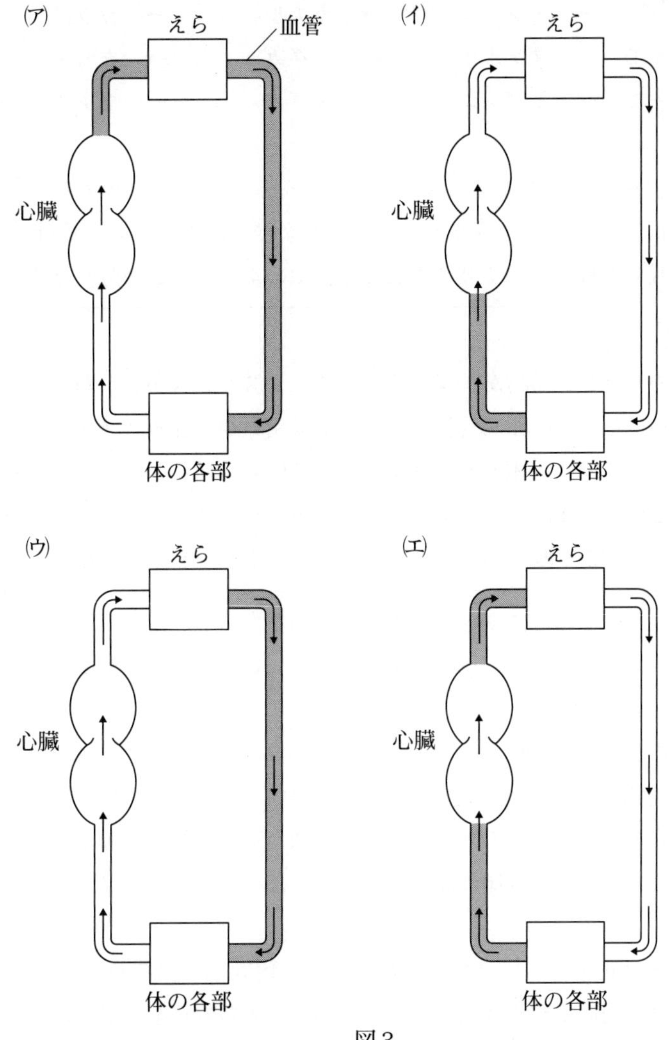

図3

飼育しているメダカは与えられたエサを食べますが、池のメダカは何を食べているのか気になったはなこさんは、池や池のまわりにどんな生物が生きているか調べたところ、次のようなことが分かりました。

> 調べた結果
> 池や池のまわりに生きている生物
> メダカ、タンポポ、ミカヅキモ、ミジンコ、カエル、ガラス、ヘビ、バッタ、
> タヌキ、トンボ(幼虫(ようちゅう))

(6)　生物の食べる、食べられるという関係はくさりのようにひとつながりになっています。このことを食物連さといいます。山手学院の池での、食べる、食べられる関係を表した次の組み合わせのうち、もっとも適当なものを1つ選び、記号で答えなさい。ただし、矢印(→)の左側の生物が、矢印(→)の右側の生物に食べられることを表しています。

(ア)　メダカ　→　ミジンコ　→　トンボ(幼虫)　→　ヘビ

(イ)　メダカ　→　バッタ　→　ヘビ　→　タヌキ

(ウ)　タンポポ　→　トンボ(幼虫)　→　メダカ　→　カラス

(エ)　メダカ　→　ミジンコ　→　カエル　→　カラス
(オ)　ミカヅキモ　→　タンポポ　→　メダカ　→　タヌキ
(カ)　ミカヅキモ　→　ミジンコ　→　メダカ　→　トンボ(幼虫)

メダカが子孫を残すときには、水中にたまごを産みますが、カラスがたまごを産むときには、木の上などの高いところに産みます。たまごを産む場所のちがいに興味を持ったはなこさんは、動物が子孫を残す過程について調べたところ、次のようなことが分かりました。

> 調べた結果
> メダカなどのせきつい動物が子孫を残すとき、オスとメスがかかわって子孫を残す。このとき、オスの精子とメスの卵(らん)が受精することで受精卵ができる。メダカが子孫を残すとき、まずメスが卵を産んでから体の外で受精をする「体外受精」という方法をとるが、カラスが子孫を残すときには、体内で受精をしてから卵を産む「体内受精」という方法をとる。この方法のちがいは、動物が産む卵のようすからも判断することができる。

(7)　メダカと同じ受精の方法をとるせきつい動物を次の中から1つ選び、記号で答えなさい。
(ア)　カエル　(イ)　ヘビ　(ウ)　タヌキ　(エ)　ヒト　(オ)　ヤモリ

2　地球の赤道の長さは40000kmであり、地球の半径は6400kmです。地球が完全な球体であり、地球の自転は24時間でちょうど1周すると考えた場合、以下の問いに答えなさい。

(1)　地球の赤道の長さと地球の半径より円周率はいくつになると考えられますか。赤道が円だと考えて計算しなさい。割(わ)り切れない場合、答えは小数点以下第二位を四捨五入して、第一位まで答えなさい。
※実際の赤道は正確な円ではないため、実際の円周率とはちがう数値(すうち)が出ることがあります。今後の計算に円周率を使う場合、この問題の答えの数値を使用しなさい。

(2)　北極上空から見て赤道上のある地点は24時間で40000km動いているということになります。この速さは秒速何kmですか。答えは小数点以下第三位を四捨五入して、第二位まで答えなさい。

(3)　気象衛星「ひまわり」は地球の東経140.7度、赤道上の36000km上空に常に位置しています。ひまわりのように、地球のある地点の上空に常に位置しているような人工衛星を「静止衛星」と言います。しかし、静止衛星も北極上空から見た場合止まっているわけではありません。そこで、北極上空から見て、静止衛星は秒速何kmで動いているか考えることにしました。
Aさんは(1)の計算の答えを、Bさんは(2)の計算の答えを利用して式を立てたところ、以下のようになりました。［①］～［④］に当てはまる数値を以下から選び、記号で答えなさい。また、［⑤］の答えは小数点以下第二位を四捨五入して、第一位まで答えなさい。

［①］～［④］の解答群
(ア)　140.7　(イ)　36000　(ウ)　60　(エ)　24　(オ)　40000　(カ)　6400

Aさんの考え

$$\frac{(\boxed{①}\text{km}+\boxed{②}\text{km})\times 2\times\boxed{(1)の答え}(円周率)}{(\boxed{③}\times\boxed{④}\times\boxed{④})秒}=秒速\boxed{⑤}\text{km}$$

Bさんの考え

$$\frac{\boxed{①}\text{km}+\boxed{②}\text{km}}{\boxed{①}\text{km}}\times秒速\boxed{(2)の答え}\text{km}=秒速\boxed{⑤}\text{km}$$

(4)　以下は2023年のある月のひまわりの衛星写真です。この写真は何月のものだと考えられますか。次の中からもっとも適当なものを１つ選び、記号で答えなさい。

(ア)　１月　　(イ)　４月　　(ウ)　７月　　(エ)　10月

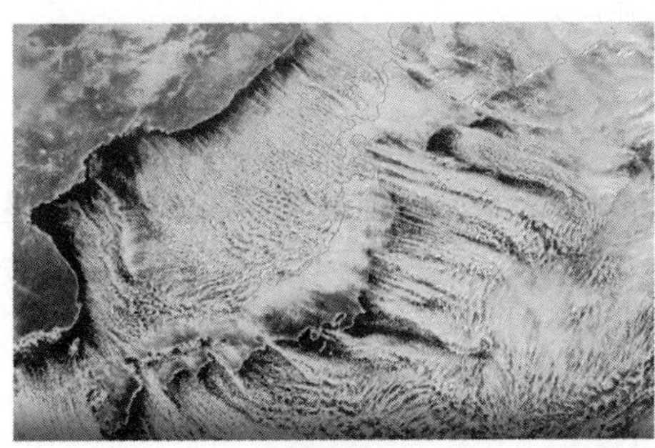

〈気象庁のホームページより〉

(5)　(4)の写真と同じ日の天気図だと考えられるものを次の中から１つ選び、記号で答えなさい。ただし、天気図では高気圧を「H」、低気圧を「L」で表している。

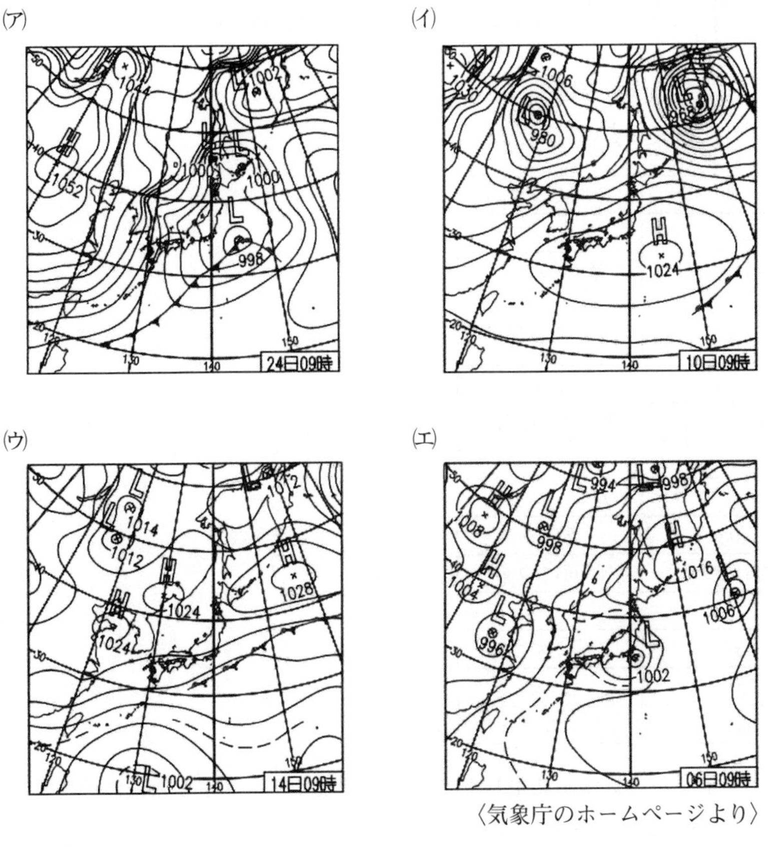

〈気象庁のホームページより〉

3　スチールかんの材料である「鉄」とアルミかんの材料である「アルミニウム」の性質のちがいを調べるために以下の実験を行いました。

〈実験〉

①　1㎤あたりの重さを比べる。

②　磁石(じしゃく)につくかどうか調べる。

③　鉄とアルミニウム、それぞれに（　A　）を加えて、出てきた気体を調べる。

④　鉄とアルミニウム、それぞれに塩酸を加えて、出てきた気体を調べる。

⑤　④でできた、鉄とアルミニウムがとけた水よう液の水をそれぞれ蒸発(じょうはつ)させる。

以下は①～⑤の実験の結果をまとめたものである。

	鉄	アルミニウム
①	(1)	
②		
③	変化なし	金属がとけて気体発生
④	金属がとけて気体発生	金属がとけて気体発生
⑤	うすい黄色の粉が残った	白色の粉が残った

(1)　前の表の空らんに当てはまる実験①、②の結果をまとめた表として正しいものを、次の中から1つ選び、記号で答えなさい。

(ア)

	鉄	アルミニウム
①	2.7 g	7.9 g
②	磁石につく	磁石につく

(イ)

	鉄	アルミニウム
①	2.7 g	7.9 g
②	磁石につく	磁石につかない

(ウ)

	鉄	アルミニウム
①	7.9 g	2.7 g
②	磁石につく	磁石につく

(エ)

	鉄	アルミニウム
①	7.9 g	2.7 g
②	磁石につく	磁石につかない

(2)　実験③、④では、金属から気体が発生したものがありました。発生した気体の性質を調べたところ、それらの気体はすべて同じものであることが分かりました。その気体を水上置かん法で集めて、マッチの火を近づけたところ「ポン」という音を出して燃えました。この気体の名前を漢字で答えなさい。

(3)　(2)の気体を、下方置かん法で集めたところうまく集まらず、マッチの火を近づけても何の変化も起こりませんでした。下方置かん法でうまく集まらない理由として当てはまる、(2)の気体の性質としてもっとも適当なものを1つ選び、記号で答えなさい。

(ア)　水にとけにくい　　(イ)　水にとけやすい　　(ウ)　空気より軽い　　(エ)　空気より重い

(4)　実験③で使用した（　A　）は何ですか。次の中からもっとも適当なものを１つ選び、記号で答えなさい。

(ア)　水酸化ナトリウム水よう液　　(イ)　ホウ酸水　　(ウ)　食塩水　　(エ)　砂糖水

(5)　アルミニウムをうすいりゅう酸でとかした後、とかしてできた水よう液の一部を試験管に取って緑色のＢＴＢよう液を加えたところ、黄色になりました。この水よう液は何性ですか。次の中から１つ選び、記号で答えなさい。

(ア)　酸性　　(イ)　中性　　(ウ)　アルカリ性

(6)　アルミニウムをうすいりゅう酸でとかした後、「りゅう酸カリウム水よう液」という水よう液を加えてから、ゆっくりと水を蒸発させたところ、きれいな結しょうが残りました。結しょうの形から、この結晶はミョウバンであることがわかりました。次の中からミョウバンの結しょうの形としてもっとも適当なものを１つ選び、記号で答えなさい。

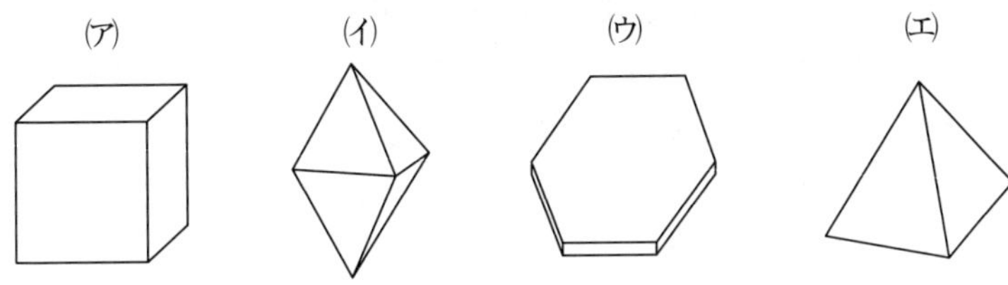

(7)　結果⑤のうすい黄色の粉に磁石を近づけました。このときの結果と、そこから考えられることとしてもっとも適当なものを１つ選び、記号で答えなさい。

	結　果	考えられること
(ア)	磁石につく	鉄が変化したものなので、磁石についた。
(イ)	磁石につく	色はちがうが、鉄であることには変わりはないので磁石についた。
(ウ)	磁石につかない	鉄が他のものに変化してしまったので、磁石につかなかった。
(エ)	磁石につかない	鉄が気体となって出ていってしまったので、磁石につかなかった。

4　鏡をのぞくと、さまざまなものが映って見えます。このとき、鏡に映って見えるものを像といいます。鏡は光がものに当たってはねかえる反射という性質を利用しています。鏡で反射する光の進み方について、後の問いに答えなさい。

反射のうち、平らな面での反射を正反射といいます。図１は平らな床の上に鏡を水平に置き、光を鏡に当てたようすを表しています。

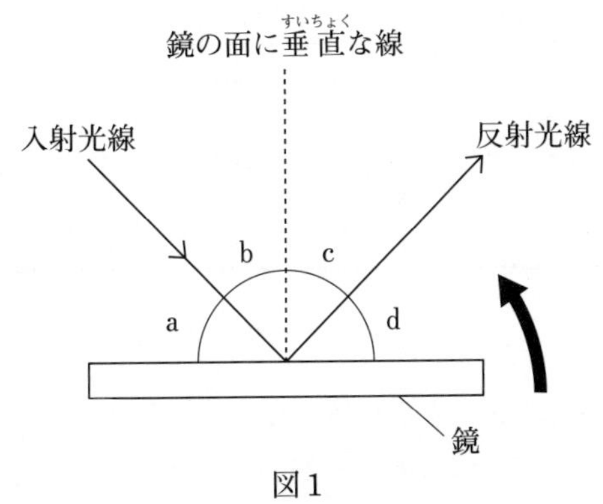

図１

⑴　図1で光が反射するとき、どことどこの角度が等しくなりますか。次の中からすべて選び、記号で答えなさい。

㋐　aとb　　㋑　aとc　　㋒　aとd　　㋓　bとc　　㋔　bとd　　㋕　cとd

⑵　入射光線はそのままで、鏡を図1の太い矢印(➡)の方向に15度かたむけました。このとき、図のb＋cの角度はかたむける前と比べてどのように変化しますか。次の中から正しいものを1つ選び、記号で答えなさい。

㋐　30度小さくなる　　㋑　15度小さくなる　　㋒　変化しない

㋓　15度大きくなる　　㋔　30度大きくなる

かべに黒板が置かれた教室があります。図2はその教室を上から見たものです。いま、教室の中に大きな鏡Aを置きました。この教室で、かおりさんが黒板に背(せ)を向けて、鏡の方を向いて立っています。また、しょうたさんも教室内の別の位置に立っています。ここで、光は鏡の表面で反射するものとし、図中での位置は、1～25の番号と㋐～㋨の記号を組み合わせて表すものとします。たとえば、かおりさんの位置は25－㋖、しょうたさんの立っている位置は22－㋝とそれぞれ表すことができます。また、黒板のあるはん囲(い)は25－㋒～25－㋦、鏡Aの置いてある位置は、13－㋕～13－㋠と表します。

まず、図2のかおりさんが鏡Aを通してしょうたさんを見ました。

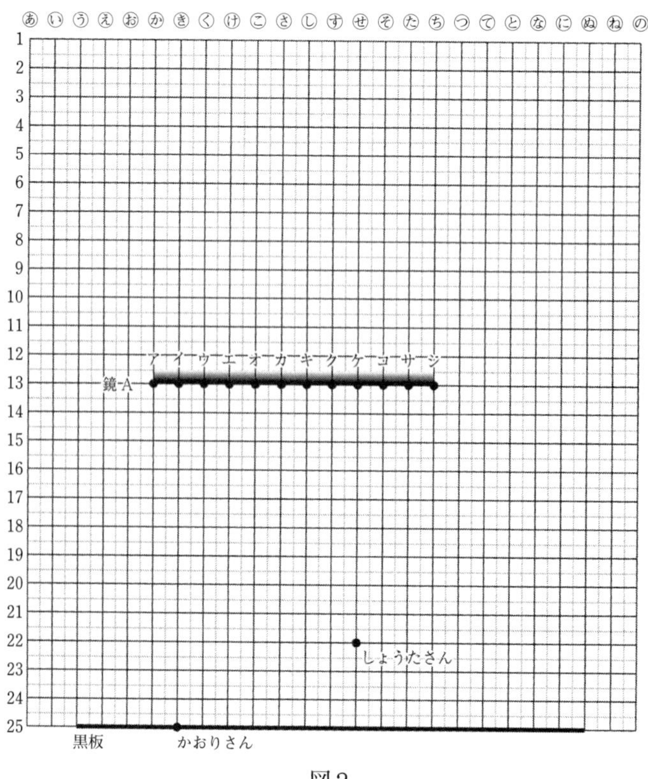

図2

⑶　鏡に映(うつ)ったしょうたさんの像はどの位置に見えますか。かおりさんやしょうたさんが立っている位置の表し方にならって、図2の1～25の番号と㋐～㋨の記号を使って答えなさい。

(4)　しょうたさんから出てかおりさんに届(とど)いた光は、鏡のア～シのどの点で反射(はんしゃ)しましたか。１つ選び、記号で答えなさい。

(5)　図２のかおりさんが鏡を通して背(せ)にしている黒板を見たところ、黒板の一部しか映っていませんでした。かおりさんが黒板のあるかべを背にしたまま、㋖の線上をまっすぐ鏡に向かって進んでいったとき、黒板の右はしから左はしまですべて見ることができるのは、25－㋖の位置から少なくとも□マス進んだときです。□に当てはまる数字を答えなさい。

(6)　かおりさんが(5)で答えた□マスだけ進んだとき、黒板の左はし(25－㋧)から出てかおりさんに届いた光は、鏡Aのア～シのどの点で反射しましたか。１つ選び、記号で答えなさい。

次に、図３のように鏡Aに別の鏡B(13－㋠～19－㋠)を直角に立てかけ、かおりさんは22－㋓の位置に、しょうたさんは22－㋛の位置にそれぞれ立っています。

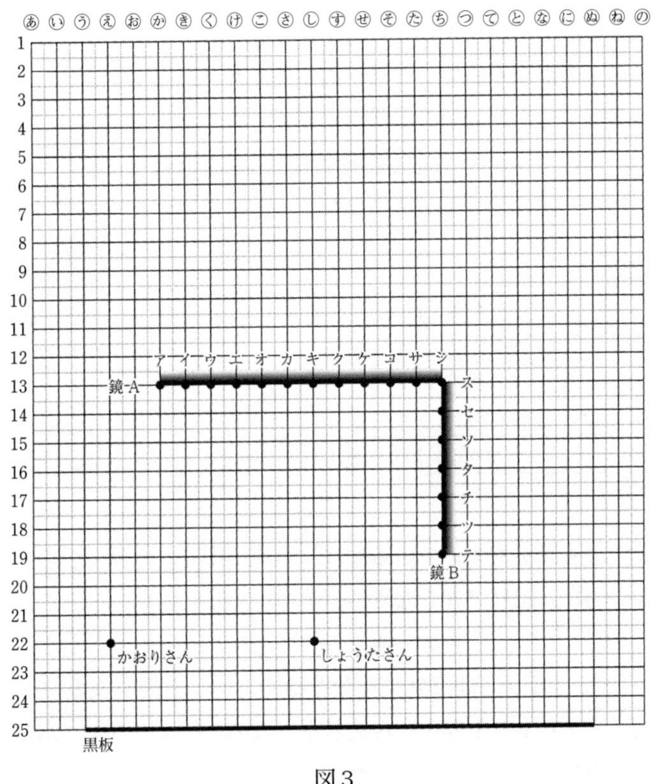

図３

(7)　かおりさんは、しょうたさんを直接見ることができるだけでなく、鏡に映る二つの像を見ることができます。一つの像は鏡Aのウに当たってはね返る光で見ることができます。もう一つの像は、まず鏡Bに当たってはね返り、さらに鏡Aにも当たってはね返る光で見ることができます。この光は、鏡Aと鏡B上のア～テのどの点に当たってはね返りますか。それぞれ記号で答えなさい。

麗澤中学校(第１回ＡＥコース)

—30分—

1　以下の問いに答えなさい。

(1)　音は、気温が15℃のとき、１秒間に340ｍ空気中を伝わります。ある地点で音を鳴らしたとき、鳴らしてから６秒後に、音を聞いた人がいます。ある地点から音を聞いた人までの距離は何ｍですか。ただし、音を鳴らしたときの気温は15℃です。

(2)「火のついたろうそくにガラスびんをかぶせると、約10秒後に火が消えた」という実験を適切に説明している文章を、次のア～オから１つ選び、記号で答えなさい。

ア　ガラスびんの中に熱がこもったため、火が消えた

イ　ガラスびんの中の二酸化炭素が増えたため、火が消えた

ウ　ガラスびんをかぶせると、急激に燃えてろうがなくなったので火が消えた

エ　ガラスには、ろうそくの火を消す性質がある

オ　ガラスびんの中の酸素が減ったため、火が消えた

(3)　右図は、ある生物の体温と周囲の温度との関係を表したものです。グラフＡ、Ｂのような体温変化を示す生物の組み合わせとして適切なものを、次のア～オから１つ選び、記号で答えなさい。

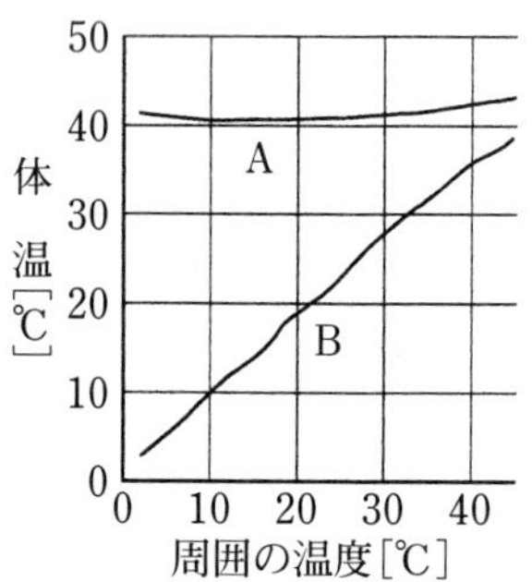

	グラフＡ	グラフＢ
ア	ワニ	コイ
イ	ニワトリ	カエル
ウ	キツネ	クジラ
エ	ヒト	トカゲ
オ	コウモリ	ヘビ

(4)　北上する台風で最も風が強まっているのは、台風の中心から見てどの方角の風であるか、次のア～エから１つ選び、記号で答えなさい。

ア　北　　イ　南　　ウ　東　　エ　西

(5)　2023年に発生した、日本では冷夏や暖冬を招く、ペルー沖から太平洋赤道海域までの海面温度が、１年間ほど平年より上昇する現象名を、次のア～エから１つ選び、記号で答えなさい。

ア　エルニーニョ現象　　イ　シミュラクラ現象

ウ　ラニーニャ現象　　エ　フェーン現象

2　磁力がはたらく空間のことを、磁界(じかい)といいます。磁界について２種類の実験をおこないました。以下の問いに答えなさい。

【実験１】

棒磁石のまわりに砂鉄をまくと、図１のように磁界のようすを確認することができます。

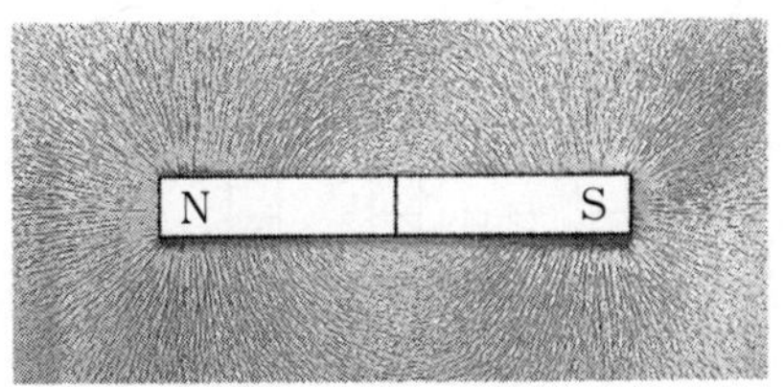

図１　棒磁石まわりの磁界のようす

棒磁石を２本用意して、同じ極を近づけ砂鉄をまいたときのようすが図２、異(こと)なる極を近づけ砂鉄をまいたときのようすが図３となりました。なお、図中の白い長方形は棒磁石を表しています。

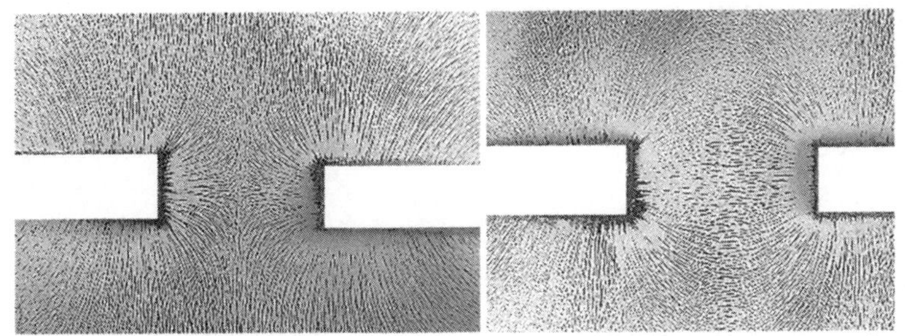
図２　同じ極を近づけたようす　　図３　異なる極を近づけたようす

次に、棒磁石を３本及び４本近づけて、砂鉄をまいたところ図４、図５のようになりました。なお、図４、図５のＣは同じ極を示しています。

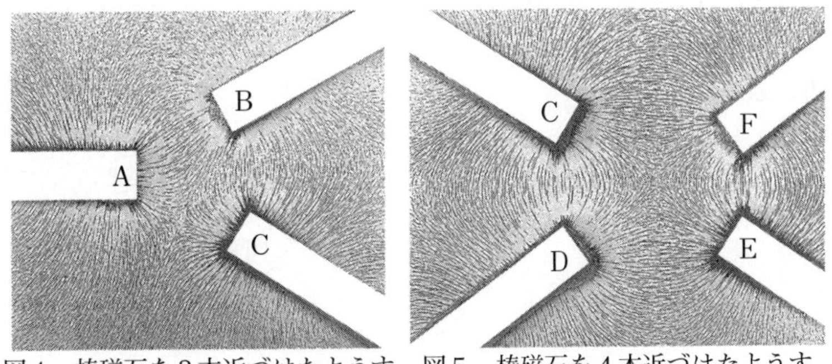

図４　棒磁石を３本近づけたようす　図５　棒磁石を４本近づけたようす

(1)　図４の棒磁石の極Ａ～Ｃのうち、１つだけ異なる極がある。それはＡ～Ｃのうちどれか。記号で答えなさい。

(2)　図４、図５の棒磁石の極Ｂ～Ｆのうち、極Ａと同じ極をすべて選び、記号で答えなさい。

⑶　図６のようなＵ字磁石を置いて、上から砂鉄をまいたとき、Ｕ字磁石内の砂鉄の模様として最も適切なものをア～ウから１つ選び、記号で答えなさい。

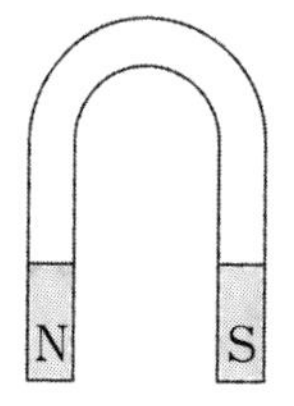

図６　Ｕ字磁石

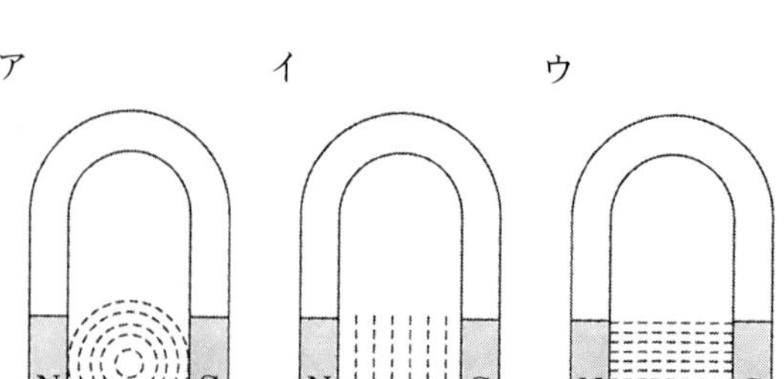

【実験２】

電流を流すと、導線のまわりに磁界ができます。回路中に方位磁針を置き、磁界のようすを方位磁針を使って調べました。なお、この実験で使用した方位磁針は、黒い針が北を指し示します。

⑷　図７のような回路上に方位磁針を置いたとき、方位磁針はどのようにふれますか。次のア～ウから１つ選び、記号で答えなさい。

ア　ａの方にふれる

イ　ｂの方にふれる

ウ　図７の方位磁針の状態のまま

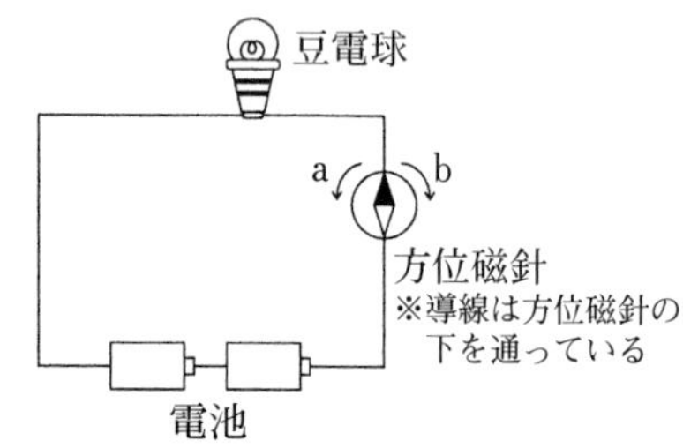

図７　回路上の方位磁針

⑸　図８のような２つの回路の間に方位磁針を置いたとき、方位磁針はどのようにふれますか。次のア～ウから１つ選び、記号で答えなさい。

ア　ａの方にふれる

イ　ｂの方にふれる

ウ　図８の方位磁針の状態のまま

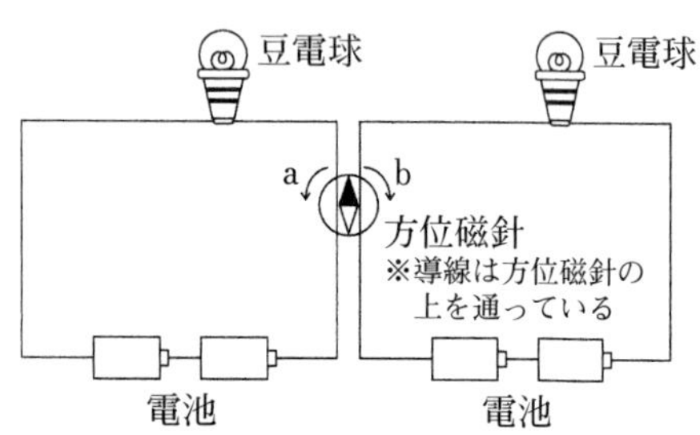

図８　２つの回路の間にある方位磁針

③　Ａ～Ｅのラベルがついたビーカーに水よう液が入っています。近くに「塩酸」、「炭酸水」、「石灰水」、「食塩水」、「アンモニア水」というメモが置いてあるが、どれが対応しているかは分からなくなっています。これらの水よう液を調べるために、２種類の実験をおこないました。以下の問いに答えなさい。

【実験１】赤色リトマス試験紙につける

リトマス紙	A	B	C	D	E
赤	赤	青	青	赤	赤

【実験２】水を蒸発させる

	A	B	C	D	E
残ったもの	白い固体	白い固体	×	×	×

×：なにも残らなかった

(1)　水よう液の説明として、最も適切なものを、次のア～オから１つ選び、記号で答えなさい。

ア　塩酸は、黄色の液体である

イ　炭酸水は、弱いアルカリ性である

ウ　アンモニア水は、においのない水よう液である

エ　石灰水に、二酸化炭素を吹き込むと白くにごる

オ　食塩水は、強い酸性である

(2)　【実験１】の結果から分かることを、次のア～カから１つ選び、記号で答えなさい。

ア　Ａ、Ｄ、Ｅは酸性である

イ　Ａ、Ｄ、Ｅは中性である

ウ　Ａ、Ｄ、Ｅはアルカリ性である

エ　Ｂ、Ｃは酸性である

オ　Ｂ、Ｃは中性である

カ　Ｂ、Ｃはアルカリ性である

(3)　【実験２】の結果から、Ｃ、Ｄ、Ｅの水よう液について分かることを、次のア～ウから１つ選び、記号で答えなさい。

ア　気体がとけていたため、加熱したら空気中に逃げてしまった

イ　なにもとけていなかった

ウ　一度白い固体が出てきたが、それも加熱で蒸発してしまった

(4)　Ａの水よう液はなにか、メモ中の５つから選んで答えよ。

(5)　【実験１】と【実験２】ではＤ、Ｅを特定することはできません。Ｄ、Ｅを特定する方法として、適切なものを次のア～オからすべて選び、記号で答えなさい。

ア　ＢＴＢ液を加えると、黄色になるのが炭酸水である

イ　加熱すると発生する気体を集めて石灰水に吹き込むと、白くにごるのが塩酸である

ウ　水酸化ナトリウム水よう液と混ぜると、食塩水になるのが塩酸である

エ　アルミニウムを入れると、とけないのが塩酸である

オ　加熱したときに刺激臭があるのが、塩酸である

4　心臓は全身に血液を押し出すポンプとして働きます。背骨をもつ生物に見られる心臓のはたらきについて、以下の問いに答えなさい。

(1)　メダカの心臓はどこにありますか。図１の㋐～㋕から１つ選び、記号で答えなさい。

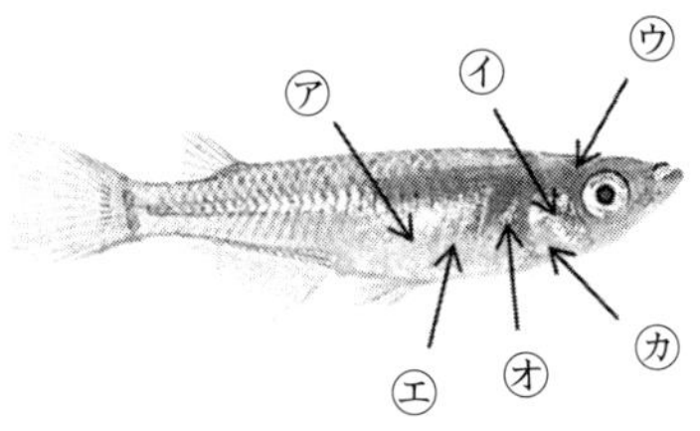

図１

(2)　図２は、正面から見たときのヒトの心臓の内部を模式的に表したものです。図中のXの部位は何と呼ばれていますか。名称を答えなさい。

(3)　図２の心臓の模式図には、血液の流れを表す矢印が４本描かれていますが、残念ながら正しい向きが分かりません。そこで、次の図中に、血液の流れる向きが正しく分かるように矢印(→)を描いて答えなさい。

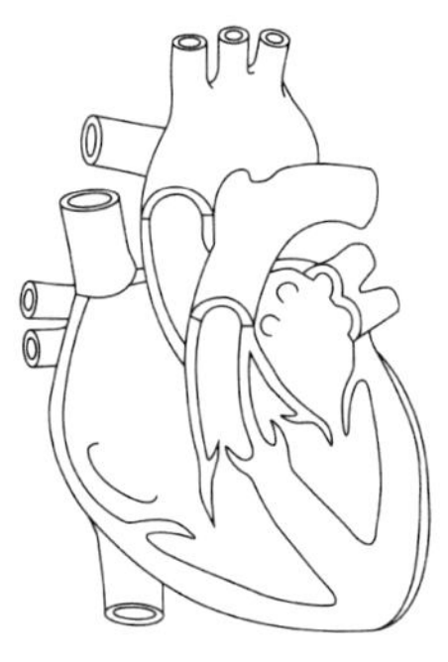

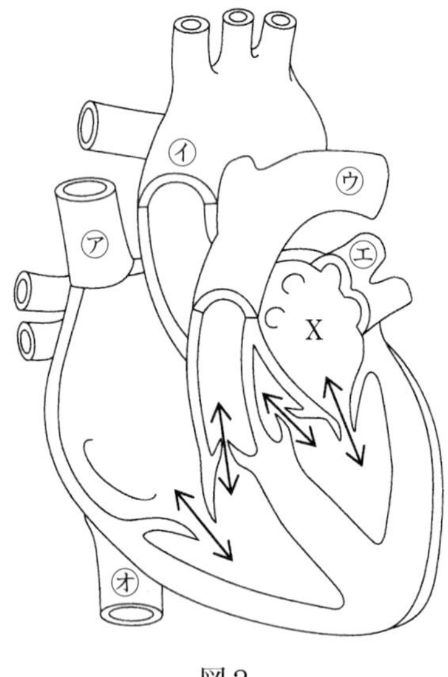

図２

(4)　図２で、酸素を多く含む血液が流れる血管は、どれになりますか。㋐～㋔から当てはまるものをすべて選び、記号で答えなさい。

(5)　あるヒトの心臓を調べたところ、１分間に80回拍動し、１日に6000Lの血液が流れ出ていたことが分かりました。このとき、この心臓は、１回の拍動で何mLの血液を押し出していたことになりますか。計算しなさい。ただし、小数点第一位を四捨五入して整数で答えること。

(6)　背骨をもつ生物の心臓にはいくつかのタイプがあり、図３は、これらの心臓を模式的に表したものです。心臓という器官は、生物の進化に伴って、その構造やはたらきに違いが生じてきました。図３のＣとＤのような心臓をもつ生物の組み合わせとして、正しいものはどれになりますか。以下の表のア～オから１つ選び、記号で答えなさい。

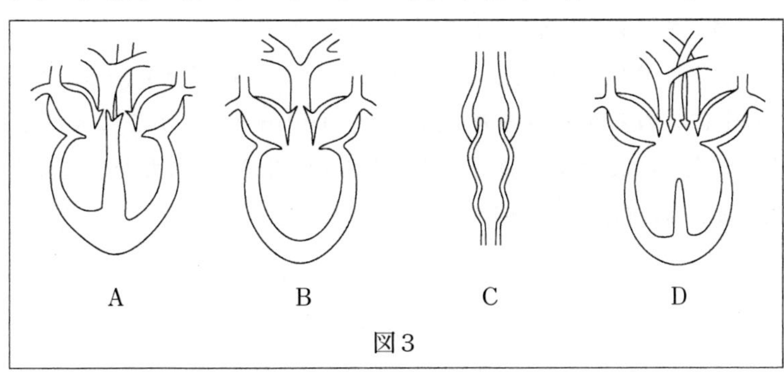

図３

	Ｃタイプ	Ｄタイプ
ア	カナヘビ	ペンギン
イ	イモリ	スッポン
ウ	カツオ	ヤモリ
エ	キンギョ	ウマ
オ	サンショウウオ	クサガメ

5　６年生の児童が、「カシオペア座」の夜中(一晩)の見え方について４年生に教えることになりました。以下の問いに答えなさい。

(1)　観察できる方位はどこになりますか、次のア～エから１つ選び、記号で答えなさい。

ア　東　　イ　西　　ウ　南　　エ　北

(2)　カシオペア座を観察すると少しずつ位置が変化していくことを説明するためにレーザーポインターを利用して、黒板にカシオペア座の星の配置を示し、それを動かしながら説明することを考えました。

①　星１個映すのにレーザーポインターを１個用いるとすると、何個必要ですか。

②　夜中カシオペア座を観察すると、円運動しているように見えることを説明するために、レーザーポインターを写し出す黒板に、円運動の中心に存在する星を書きました。その星の名称を答えなさい。また、その円運動を説明するときにカシオペア座は「時計回りに運動する」と説明するべきか、「反時計回りに運動する」と説明すべきか答えなさい。

③　観察による円運動は、あくまで観測者が動くことで見える見かけの運動であることを説明するうえで、その原因となっている運動は何であると説明するべきですか、最も適当なものを、次のア～エから１つ選び、記号で答えなさい。

ア　地球の公転　　イ　地球の自転　　ウ　太陽の自転　　エ　月の公転

早稲田実業学校中等部

—30分—

1　Aさんが行なった実験について、あとの各問いに答えなさい。

Aさんは、小学校で行うお祭りでの出し物として、図1のように、台の上から消しゴムを指で飛ばして、4つのかごの中に入れるゲームを考えました。100cm離(はな)れたかごに入ると10点、150cm離れたかごに入ると30点、200cm離れたかごに入ると50点、250cm離れたかごに入ると70点がもらえます。5回投げて、合計得点を競(きそ)います。

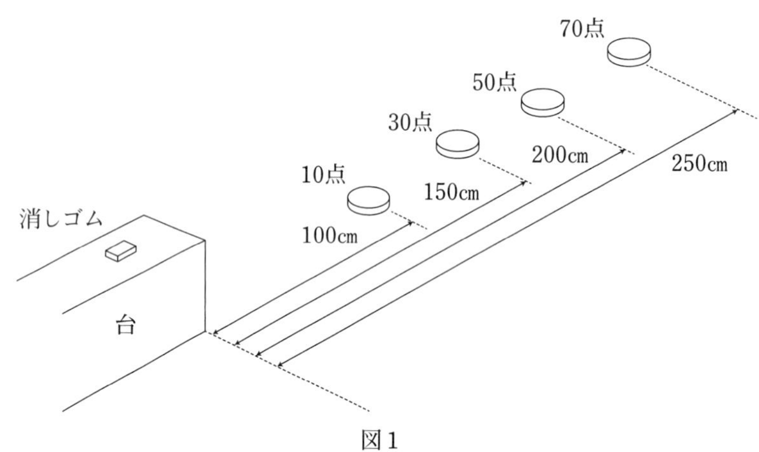

図1

ためしにやってみると、なかなかかごに入りづらかったので、Aさんは、輪ゴムで消しゴムを飛ばせば、百発百中でかごに入れられるのではないかと考えました。

図2は、Aさんが実際に作った装置(そうち)です。Aさんは、この装置で消しゴムがどれくらい飛ぶのかを測ってみることにしました。台の横にくぎを刺(さ)し、くぎに輪ゴムをひっかけて消しゴムごと輪ゴムを引っ張り、消しゴムを飛ばします。台から消しゴムが床(ゆか)に落ちたところまでの距離(きょり)を測ります。ただし、消しゴムはまっすぐに飛び出すものとします。

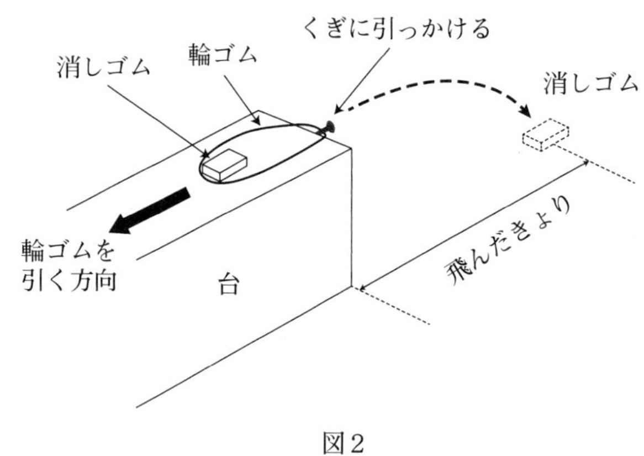

図2

＜実験１＞

輪ゴムを2.5㎝引っ張って消しゴムの飛ぶ距離を測りました。

５回測って平均値をとると、17.5㎝でした。以下の表１がその結果です。

表１

引っ張る長さ(㎝)	2.5
飛ぶ距離(㎝)	17
	18
	17.5
	17
	18
飛ぶ距離(㎝)(平均値)	17.5

問１　Ａさんは、輪ゴムを引っ張る長さが２倍、３倍…になれば、消しゴムが飛ぶ距離も２倍、３倍…になるのではないかと考えました。Ａさんの考えが正しいとすると、100㎝離れたかごに入れるためには、何㎝引っ張ればいいでしょうか。表１のデータをもとに考えなさい。割り切れない場合は、四捨五入して小数第１位まで求めること。

＜実験２＞

次にＡさんは、問１の自分の考えが正しいかどうかを確かめるために、輪ゴムを引っ張る長さを変えて消しゴムの飛ぶ距離を測りました。それぞれの長さで５回ずつ測り、平均値を出しました。以下の表２がその結果です。

表２

引っ張る長さ(㎝)	2.5	5	7.5	10	12.5	15	17.5	20	22.5	25	27.5
飛ぶ距離(㎝)	17	39	61	83	106	125	143	163	180	192	210
	18	39	60	83	106	126	143	164	179	203	223
	17.5	39.5	61	83	107	124	140	164	181	204	219
	17	37	62.5	82	106.5	121	144	164	183	190	210
	18	37	63	83	107	126	142	163	186	197	223
飛ぶ距離(㎝)(平均値)	17.5	38.3	61.5	82.8	106.5	124.4	142.4	163.6	181.8	197.2	217.0

問２　このデータから言えることとして、正しいものを１つ選び、㋐～㋒の記号で答えなさい。

㋐　100㎝離れたかごに入れるために引っ張る長さは、問１で出す値よりも短くてすむ。

㋑　100㎝離れたかごに入れるために引っ張る長さは、問１で出す値よりも長い。

㋒　100㎝離れたかごに入れるために引っ張る長さは、問１で出す値とほぼ同じになる。

問３　次のグラフは、実験２の引っ張る長さと、飛ぶ距離の平均値の関係をもとに作成したものです。このグラフは、ほぼ一直線になっていると見なせます。

このグラフをもとにすると、70点のかごに入れるためには、何cm引っ張ればよいと考えられるでしょうか。最も近い値を、整数で答えなさい。

なお、次の図に、考えるために引いた線を残しておくこと。

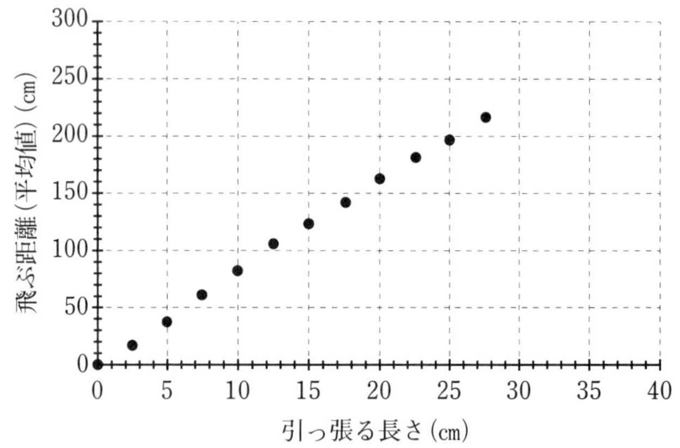

グラフ　引っ張る長さと飛ぶ距離(平均値)の関係

問４　“５回連続で入ると、合計得点が２倍になる”というルールがあるとします。今回作成した輪ゴムの装置によって、確実に得られると考えられる点数は最大で何点でしょうか。表２を参考にして答えなさい。ただし、以下の３つの条件も参考にしなさい。

・かごの大きさはすべて半径５cmであるとします。

・「100cm離れたかご」とは、かごの中心までの距離が100cm離れているという意味で、ほかのかごについても同様です。

・消しゴムはかごに比べて十分に小さいものとし、かごから部分的にはみ出すことはないものとします。

2　エネルギーについて述べた文章を読み、あとの各問いに答えなさい。

震災による福島での原発事故以降、縮小傾向にあった原子力発電の利用が、欧州での軍事紛争をきっかけに一部見直されつつあります。また2023年は例年になく「暑い」年で、各地で大雨や山火事による災害が頻発しました。地球の温暖化をこれ以上進めないためにも、エネルギーの利用を真剣に考えなければならない状況になっています。

温暖化対策として２つの考え方があります。一つは温暖化の原因となる二酸化炭素をこれ以上増やさないというもので、電気自動車や再生可能エネルギーの開発・導入などがあげられます。もう一つは、これ以上二酸化炭素を増やさないための社会的な仕組みを作るというもので、プラスチック製品の利用をやめる取り組みに資金援助をすることなどがあげられます。このような取り組みを総称して(①)という用語が生まれました。

１kW時の電気をつくるために、二酸化炭素がどれだけ発生するかという値を比較したものが次の表になります。これには、発電設備の建設、燃料の生産や運搬などの過程で生じるものも含まれます。A～Gは天然ガス、石炭、石油、水力、太陽光、風力、地熱のいずれかの発電方法を表しています。

発電方法	A	B	C	D	E	F	G
発生量(g)	943	738	474	25	59	13	11

資源エネルギー庁「エネルギー白書2023」より転載

近年、発電１kW時あたりの二酸化炭素の発生量がAとBよりも少ないCの利用が拡大する中、ヨーロッパでの軍事紛争をきっかけにBとCの燃料の値段が高騰しています。Aの利用は温暖化に拍車をかけるという理由で、近年は世界的に廃止に向けての動きもありましたが、BとCの代替えとして微増しています。Dは洋上に設置して大規模発電ができるようになり世界的に導入が進んでいます。Eは再生可能エネルギーの中でも導入しやすい方法であり、2021年度に日本は世界３位の累計導入実績があります。反面、設置後のトラブルも多く、国内では新規導入に制限が設けられている地域もあります。②Fのエネルギー源は、日本国内において発電とは違うかたちで昔から利用されており、観光資源としても各地で定着しています。しかし、このことが発電設備の導入の妨げになり新規開発が進んでいません。Gは最も古くから利用されてきた再生可能エネルギーの一つですが、国内ではこれ以上新規の発電好適地を開発することが難しく、近年は発電量が横ばいです。

世界中で二酸化炭素を一気に削減することが難しい理由に、発展途上国において二酸化炭素の発生量は多くてもコストの低いAが便利なエネルギー源として広く利用されることがあります。③そこで、二酸化炭素を削減したい発展途上国が、削減技術のある先進国や企業に助けてもらい、二酸化炭素を削減するという取り組みが重要になってきます。このように社会全体で取り組むために様々なアイデアが生まれてきています。

問１　（ ① ）にあてはまる用語として適切なものを次の(ア)～(エ)から１つ選び、記号で答えなさい。

(ア)　ＣＸ　　(イ)　ＤＸ　　(ウ)　ＦＸ　　(エ)　ＧＸ

問２　表中のA～Gの発電方法のうち、C・E・Gの組み合わせとして正しいものを次の(ア)～(カ)から１つ選び、記号で答えなさい。

(ア)　C　石油　　E　風力　　G　水力
(イ)　C　石油　　E　太陽光　　G　地熱
(ウ)　C　天然ガス　　E　太陽光　　G　水力
(エ)　C　天然ガス　　E　太陽光　　G　地熱
(オ)　C　石炭　　E　風力　　G　水力
(カ)　C　石炭　　E　風力　　G　地熱

問３　Eの発電装置の設置後に起こるトラブルとして当てはまらないものを、次の中から全て選び、記号で答えなさい。

(ア)　低周波騒音による健康被害が周辺で発生する。
(イ)　発電機が発生する強力な磁場が野鳥の方向感覚を狂わし、渡りができなくなる。
(ウ)　自然災害などにより壊れてしまった設備が放電をし続けるため、撤去には危険と手間が伴う。
(エ)　表面で光を強く反射するので、周辺住民の生活環境が悪化する。

問４　下線部②について、新規開発が進まない理由は２つあり、一つは発電好適地の多くが国定公園内にあるため、施設建設が簡単ではないことがあげられます。もう一つは何ですか。20字以内で簡潔に答えなさい。なお、句読点も字数に含むものとします。

問５　下線部③のような取り組みは、技術協力する国や企業にとってどのようなメリットがありますか。30字以内で簡潔に答えなさい。なお、句読点も字数に含むものとします。

問６　次の(ア)〜(カ)の中で、結果的に大気中の二酸化炭素が増加してしまうものを２つ選び、記号で答えなさい。

(ア)　間伐材から割り箸を作り、使い終わったら薪ストーブで燃料として使う。
(イ)　二酸化炭素の削減量を国や企業の間で売り買いできるようにする。
(ウ)　石油を原料とした生分解性プラスチックの製品を作る。
(エ)　牧場で発生する家畜の糞尿を発酵させて作ったガスを燃やして暖房に利用する。
(オ)　二酸化炭素削減の取り組みに熱心な企業と優先的に取引をする。
(カ)　日本近海に大量に存在するメタンハイドレートを天然ガスの代わりに利用する。

③　北里柴三郎に関する文章を読み、あとの各問いに答えなさい。

日本銀行は、2024年度に千円、５千円、１万円の各紙幣(日本銀行券)を一新させる。千円札の図柄は北里柴三郎、５千円札は津田梅子、１万円札は渋沢栄一となる。

北里柴三郎は日本における近代医学の父として知られ、感染症予防や細菌学の発展に大きく貢献した(写真)。

北里は1886年からの６年間、ドイツにおいて、病原微生物学研究の第一人者である(Ｘ)のもとで細菌学の研究に励んだ。

北里の医学における大きな功績は２つあり、ひとつは1889年、誰ひとりとして成功できなかった$_1$破傷風菌の純粋培養に成功したことである。

写真　北里柴三郎
出典：国立国会図書館
「近代日本人の肖像」

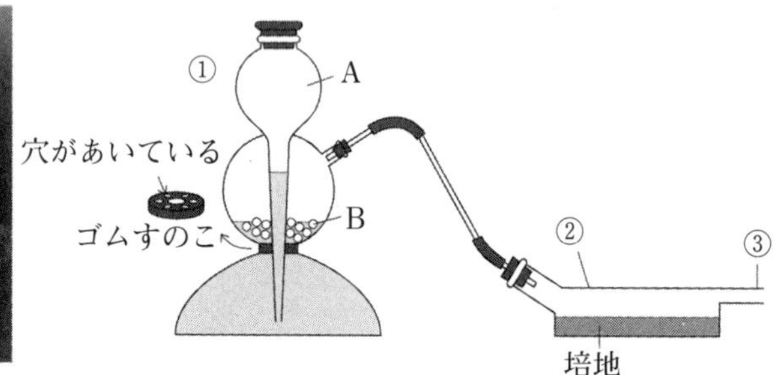

図　嫌気性細菌を培養するための装置

北里は、破傷風菌が嫌気性細菌のなかまで酸素濃度が高い環境のもとでは生育できないのではないかと考え、上図のような装置を使って破傷風菌の培養を試みた。

つづく功績として、1890年に$_2$破傷風菌の毒素に対する抗毒素を発見し、それを応用して血清療法を確立したことがある。北里が発見した抗毒素は、現代では(Ｙ)と呼ばれ、免疫学の基礎をなす発見だった。この功績を受けて、北里は第１回ノーベル生理学医学賞の候補者となったが、受賞にはいたらなかった。

3北里は帰国後、伝染病研究所設立の必要性を訴えたが、政府はその訴えに応じることはなかった。そのため、民間の支援を受けながら我が国初の私立の伝染病研究所を創立することとなった。その後も、日本医師会の創設をはじめ、日本の近代医学の発展に尽力した。

問1　文章中の空らん（ X ）にあてはまる北里が教えを受けた高名な細菌学者を次の(ア)～(エ)から１つ選び、記号で答えなさい。

(ア)　パスツール　　(イ)　メンデル　　(ウ)　コッホ　　(エ)　ロックフェラー

問2　下線部1について、以下の問いに答えなさい。

(1)　①の装置はキップの装置と呼ばれ、Aに入っているうすい硫酸が、Bに入っている亜鉛などの金属に注がれる。ここで発生する気体は何か答えなさい。

(2)　②は亀の子シャーレと呼ばれ、細菌を培養するための栄養素を含むゼリー状の培地が入っており、③のところから装置内の気体が出ていく。②のシャーレのなかで嫌気性細菌を培養できる理由を30字以内で説明しなさい。なお、句読点も字数に含むものとします。

問3　下線部2について、（ Y ）は血清療法だけでなく、ワクチンの作用を理解するのにも重要である。以下の問いに答えなさい。

(1)　文章中の空らん（ Y ）にあてはまる語を漢字２字で答えなさい。

(2)　次の文を読み、空らん（ い ）～（ に ）にあてはまる語や文を以下の選択肢から選び、記号で答えなさい。

> （ Y ）は、体に入ってきた病原体などの異物と結合して、異物を攻撃する物質である。ある異物に対する（ Y ）を体に注入して、その異物を攻撃するのが血清療法である。一方、無毒化した異物の成分をからだに注入して、その異物に対する（ Y ）をからだのなかでつくらせるようにはたらくのがワクチンである。
>
> 一般的に、血清療法は（ い ）のために用い、（ ろ ）などにおこなう。一方、ワクチンは（ は ）のために用い、（ に ）などにおこなう。

【　い・は　の選択肢】

(ア)　予防　　(イ)　治療

【　ろ・に　の選択肢】

(ウ)　生ガキを食べてノロウイルスに感染した場合

(エ)　マムシなどの毒蛇に噛まれた場合

(オ)　スズメバチに刺されてアナフィラキシーショックが起こった場合

(カ)　受験に備えて、インフルエンザの感染を防ぎたい場合

問4　下線部3について、北里の伝染病研究所の設立を支援した人物を次の(ア)～(エ)から１つ選び、記号で答えなさい。

(ア)　福沢諭吉　　(イ)　森鷗外　　(ウ)　野口英世　　(エ)　大隈重信

浅　野　中　学　校

—40分—

【注意事項】 定規・コンパス・分度器は使用してはいけません。

(編集部注：実際の入試問題では、写真や図版の一部はカラー印刷で出題されました。)

1　次の文章を読んで、後の問いに答えなさい。

浅野中学校の校内には「銅像山」と呼ばれる山林があります。銅像山には多くの生物が生息しており、動物ではトカゲやアゲハチョウなどを観察することができます。銅像山の中心部ではさまざまな樹木が混在する①混交林がみられ、周辺部にはソメイヨシノやイチョウが分布しています。地面を見てみると、落ち葉を主食とする②ダンゴムシも多く生息していることが分かります。

浅野中学校の生物部では、研究の一環として銅像山の環境を調査しています。調査の結果を［調査1］～［調査3］にまとめました。

［調査1］

無人航空機(ドローン)を使って銅像山を上空から撮影しました。［図1］は8月に撮影した写真、［図2］は同じ年の12月に撮影した写真です。2枚の写真を比較してみると8月では判別が難しかった［　あ　］と［　い　］の違いが、12月になると明らかになりました。

［図1］

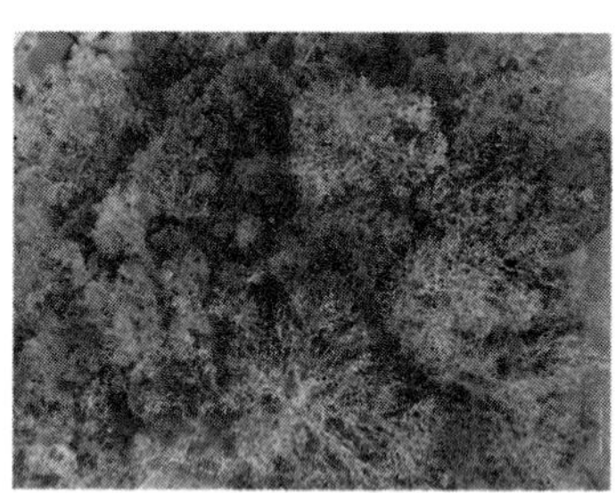
［図2］

［調査2］

［調査1］とともに樹木の胸高直径(地面から1.3mの位置にある幹の直径)の長さを巻き尺を用いて測定しました。③8月の胸高直径の値と比較すると、12月の胸高直径の値はほとんどの樹木で増加していることが分かりました。

［調査3］

図鑑を用いて銅像山にある樹木や生物部で育てている樹木の種類を調べ、［表1］のような［　あ　］、［　い　］の2種類の樹木に分類しました。ただし、［図1］、［図2］には写っていない樹木も入っています。

［表1］

あ	④イチョウ、コナラ、ソメイヨシノ、ブナ
い	アラカシ、クロマツ、スダジイ、ヒマラヤスギ

また、銅像山の斜面ではイヌワラビやスギゴケなどの植物も観察することができました。

(1)　下線部①について、混交林では強い光のもとで生育する樹木Xと、弱い光のもとでも生育できる樹木Yが共存しています。樹木Xと樹木Yの組み合わせとしてもっとも適切なものを、次のア～エの中から1つ選び、記号で答えなさい。

	樹木X	樹木Y
ア	クロマツ	コナラ
イ	コナラ	スダジイ
ウ	スダジイ	アラカシ
エ	アラカシ	クロマツ

(2) 下線部②について、ダンゴムシは節足動物に分類されます。また、節足動物はさらに昆虫(こんちゅう)類、多足類、クモ類、甲(こう)かく類などに分類されます。ダンゴムシが分類されるものとしてもっとも適切なものを、次のア～エの中から1つ選び、記号で答えなさい。

ア 昆虫類　イ 多足類　ウ クモ類　エ 甲かく類

(3) ［調査1］、［調査3］について、［ あ ］にあてはまる語句を**漢字**で答えなさい。ただし、どちらも同じ語句が入ります。

(4) 下線部③について、樹木などの植物は光合成を行うことで成長します。特に双子葉類(そうしようるい)や裸子(らし)植物(しょくぶつ)に分類される植物は茎や根などに［ う ］をもっており、その［ う ］が年々大きく成長していくことで樹木になったと考えられています。［ う ］にあてはまる語句を**漢字**で答えなさい。

(5) ［調査3］について、観察した植物を［図3］のように分類しました。B、C、Dにあてはまる語句の組み合わせとしてもっとも適切なものを、次のア～クの中から1つ選び、記号で答えなさい。

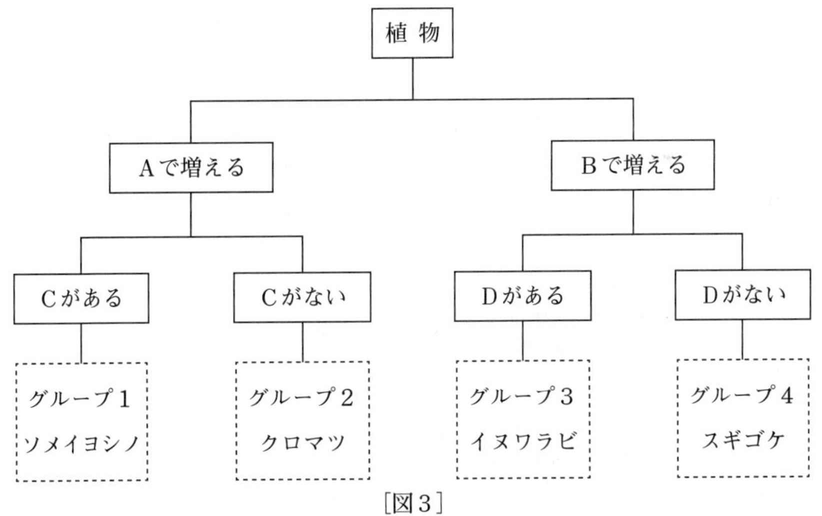

［図3］

	B	C	D
ア	種子	胚珠(はいしゅ)	維管束(いかんそく)
イ	種子	胚珠	葉緑体
ウ	種子	子房(しぼう)	維管束
エ	種子	子房	葉緑体
オ	胞子(ほうし)	胚珠	維管束
カ	胞子	胚珠	葉緑体
キ	胞子	子房	維管束
ク	胞子	子房	葉緑体

(6)　下線部④について、イチョウを［図３］のように分類したとき、イチョウが分類されるグループとしてもっとも適切なものを、次のア～エの中から１つ選び、記号で答えなさい。

ア　グループ１　　イ　グループ２　　ウ　グループ３　　エ　グループ４

［調査１］～［調査３］の結果より、植物の種類によって光合成の能力に違いがないか疑問に思った生物部のメンバーは、校内にあるイチョウから葉を採集し、［実験１］を行いました。

［実験１］

［図４］のように透明な密閉できる容器の中にイチョウの葉(100㎠)と二酸化炭素濃度計を入れ、密閉しました。容器の上部に水槽用の照明を設置し、光の強さ(１～５)で照射し、容器内の二酸化炭素濃度の変化量を測定しました。また、光の当たらない暗所(光の強さ０)でも同様の測定を行いました。測定した二酸化炭素濃度の変化量を用いてイチョウの葉(100㎠)における１時間当たりの二酸化炭素の吸収量(㎎)、二酸化炭素の放出量(㎎)を算出し、［図５］のようなグラフを作成しました。なお、グラフ中の単位(㎎/100㎠)は100㎠あたりの吸収量または放出量を表しています。

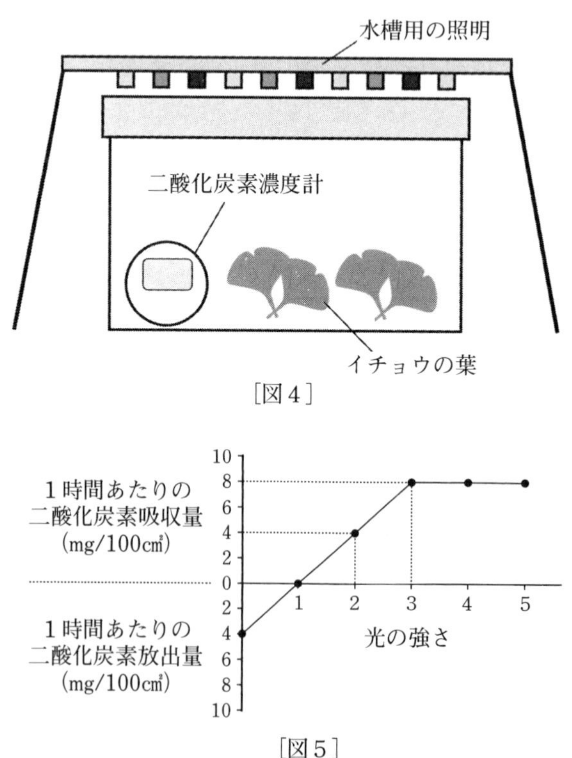

［図４］

［図５］

(7)　［図５］について、光の強さを３にして２時間照射したとき、イチョウの葉が光合成によって実際に吸収した二酸化炭素の総量は100㎠あたり何㎎ですか。

(8)　［図４］の密閉した容器を暗所に５時間置いた後、光の強さを１にして２時間照射しました。さらに光の強さを４にして３時間照射しました。暗所に置く前の容器内の二酸化炭素量と比べて容器内の二酸化炭素量はどのように変化したと考えられますか。もっとも適切なものを、次のア～オの中から１つ選び、記号で答えなさい。

ア　４㎎増加した。　　イ　16㎎増加した。　　ウ　４㎎減少した。

エ　16㎎減少した。　　オ　変化しなかった。

(9)　今回使用したイチョウの下に生えていたイヌワラビの葉(100㎠)を用いて、［実験１］と同様の測定を行いました。イヌワラビの二酸化炭素の吸収量と放出量のグラフ(点線------)を［図５］に書き加えた図として、もっとも適切なものを、次のア～エの中から１つ選び、記号で答えなさい。

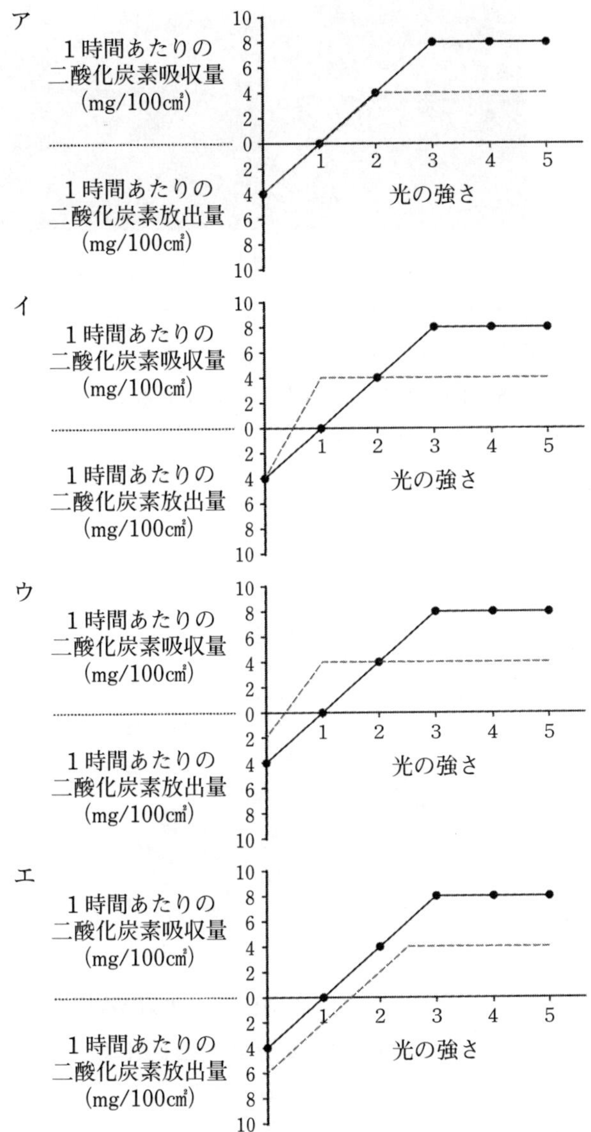

②　Ｔ君は、「地震（じしん）」について、理科の授業で学びました。次の［会話１］～［会話３］を読んで、各問いに答えなさい。

［会話１］

先生：先日も大きな地震が発生しましたが、地震がどのように発生するか知っていますか。

Ｔ君：地震は、①岩盤（がんばん）に力が加わって破壊（はかい）されたときに発生します。

先生：その通りです。岩盤が割れると地震が起こりますが、②地震のゆれを観測すると多くのことがわかります。

(1)　下線部①について、[図１] のような岩盤の破壊があったときに見られる構造について述べた文としてもっとも適切なものを、次のア～エの中から１つ選び、記号で答えなさい。

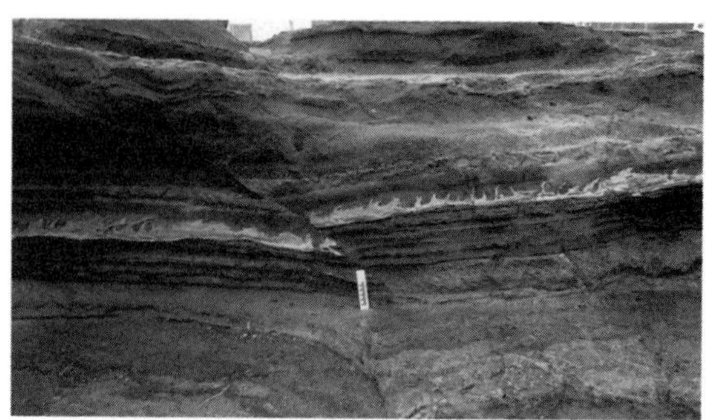
[図１]

ア　左右から押(お)される方向に力が加わった、正断層である。
イ　左右から押される方向に力が加わった、逆断層である。
ウ　左右に引っ張られる方向に力が加わった、正断層である。
エ　左右に引っ張られる方向に力が加わった、逆断層である。

(2)　下線部②について、地震のゆれを観測するためには地震計を用います。授業では [図２] のような簡単な地震計を作りました。この地震計について述べたものとして正しいものを、次のア～キの中から**３つ**選び、記号で答えなさい。

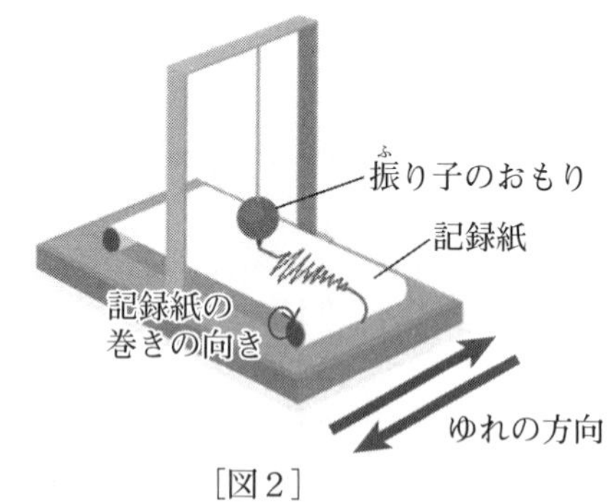

[図２]

ア　地震が起こると振り子のおもりがゆれて記録紙にゆれが記録されていく。
イ　地震が起こると振り子のおもりだけが動かずに記録紙にゆれが記録されていく。
ウ　紙の動きと平行な動きのゆれは正しく記録できない。
エ　振り子の長さが決まっていて、あるゆれが記録できたとき、そのゆれよりもゆったりとしたゆれは記録できるが、小刻みなゆれは記録することはできない。
オ　この地震計では、地面の動きと同じ向きに地震のゆれが記録されていく。
カ　この地震計では、電車が動き始めると、進みはじめた方向と逆向きに倒(たお)れそうになる原理と同じ原理が使われている。
キ　あらゆる方向のゆれを記録するためには、この地震計を90度回転させた地震計をもう１つ用意すればよい。

［会話２］

先生：地震計を作成して［図３］のように実際に２つの地震を計測できましたね。この地震計の記録からもいろいろなことがわかります。

地震A

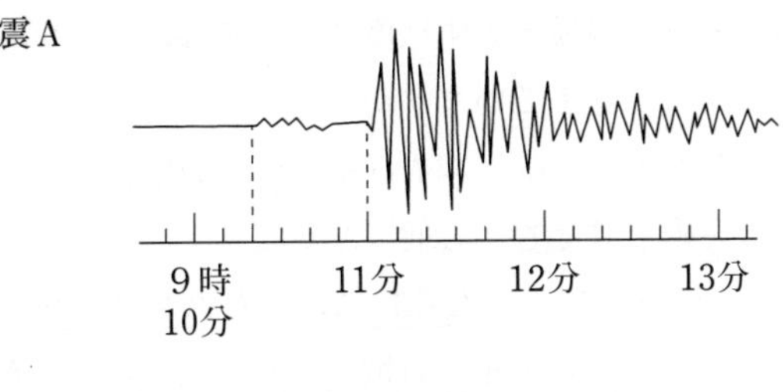

地震B

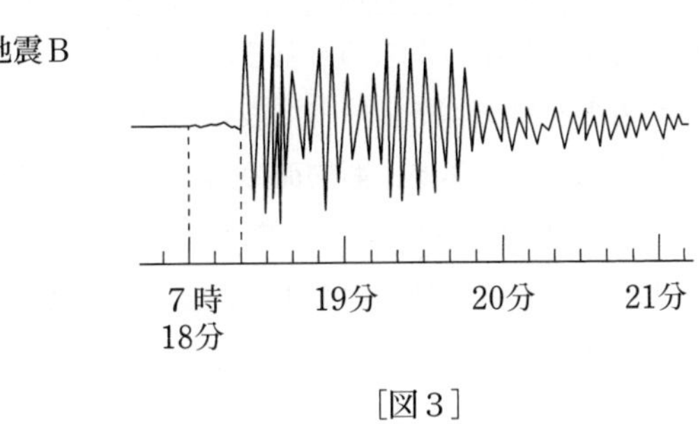

［図３］

T君：僕たちが作った地震計で震央は求められるのでしょうか。

先生：求められますよ。ただし、複数地点で地震を観測する必要があります。地震波が［　X　］性質を利用して、［　Y　］から求めることできます。

⑶　［図３］からわかることとしてもっとも適切なものを、次のア～エから１つ選び、記号で答えなさい。

ア　地震Bのほうが振れ幅(はば)が大きいことからマグニチュードの大きい地震であったことがわかる。

イ　地震Aのほうが大きなゆれが続いている時間が短いため、震源の深さが浅いことがわかる。

ウ　どちらの地震も小さなゆれのあとに大きなゆれが記録されていることから、震源で小さなゆれが起こってから大きなゆれが起こっていることがわかる。

エ　どちらの地震も地震発生時刻と震源距離(しんげんきょり)がわかれば、地震波のおよその速さを求めることができる。

⑷　［　X　］と［　Y　］にあてはまる文の組み合わせとしてもっとも適切なものを、後のア～カから１つ選び、記号で答えなさい。

［　X　］　a：周期的に発生する
　　　　　b：同心円状に伝わる

［　Y　］　c：各地点の地震のゆれが始まった時刻
　　　　　d：各地点の地震のゆれが続いた時間
　　　　　e：各地点の地震のゆれが終わった時刻

ア　a・c　　イ　a・d　　ウ　a・e　　エ　b・c　　オ　b・d　　カ　b・e

［会話３］

Ｔ君：③地震の大きさを表す尺度には震度のほかにマグニチュードがありますが、これはどういう仕組みなのでしょうか。

先生：マグニチュードは地震の規模を表す尺度です。ちなみにマグニチュードは１大きくなると、エネルギーはどうなるか覚えていますか。

Ｔ君：マグニチュードは１大きくなるとエネルギーが約32倍、２大きくなると1000倍になります。そういえば地震の規模とはそもそも何ですか。

先生：④地震の規模とは、地震が起こった際に放出されたエネルギー量のことです。いろいろ求め方はありますが、例えば断層面の面積とずれの量と岩石のかたさの積から求められます。

Ｔ君：３つのデータの積からエネルギーが求められるのですね。

先生：そうして求められたものをマグニチュードで表しています。

Ｔ君：震源は地震速報などでわかりますが、断層面の面積はどのようにしてわかりますか。

先生：最初の大きな地震を本震といいますが、本震の後にも引き続き地震が起こることがあり、これを余震といいます。これらの地震の発生した領域を震源域といって、震源域の面積と震源となった断層の面積はほぼ等しいものとして考えることができます。

Ｔ君：１回の地震だけでなく、その前後に起こった地震まで観測することが大切なのですね。

(5)　下線部③について、地震の尺度について述べた文としてもっとも適切なものを、次のア～エの中から１つ選び、記号で答えなさい。

ア　震度は０～９の10段階で表される。

イ　震度０とは地震が生じていない状態である。

ウ　マグニチュードが３大きいとエネルギー量は約32000倍大きくなる。

エ　マグニチュードが大きい地震ほど、地震波の速さは速くなる。

(6)　［図４］は1961年～2010年に日本周辺で発生したマグニチュード５～８の地震の発生回数を表したグラフです。［図４］について後の問いに答えなさい。

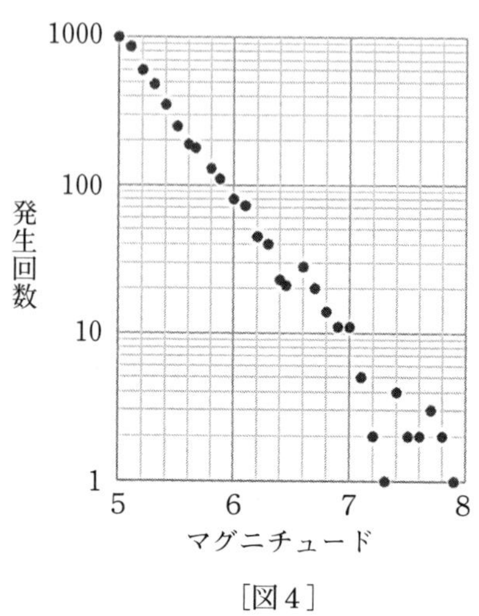

［図４］

(a)　マグニチュード５の地震が1000回起こる間にマグニチュード７の地震は何回起こっていますか。およその回数としてもっとも適切なものを、次のア～エの中から１つ選び、記号で答えなさい。

ア　１回　　イ　10回　　ウ　100回　　エ　1000回

(b)［図４］のグラフの傾向より、マグニチュード９の巨大地震は何年に１回の頻度で発生すると考えられますか。年数としてもっとも適切なものを、次のア～エの中から１つ選び、記号で答えなさい。

ア　100年　　イ　500年　　ウ　1000年　　エ　5000年

(7) 下線部④について、長さ60km、幅40kmの断層が2.1ｍずれたときの地震のマグニチュードが７であるとします。［図５］は2011年の３月上旬に発生した地震の震央を示した図であり、太枠の長方形で囲った部分をマグニチュード９の東北地方太平洋沖地震の震源域とします。震源域のたてと横の長さの比は５：２、地球１周を４万km、岩石のかたさは一様だとすると、この地震の断層のずれはおよそどれくらいですか。会話文を参考にしてずれの数値としてもっとも近いものを、次のア～クの中から１つ選び、記号で答えなさい。

ア　2.1ｍ　　イ　５ｍ　　ウ　10ｍ　　エ　50ｍ
オ　210ｍ　　カ　500ｍ　　キ　2100ｍ　　ク　5000ｍ

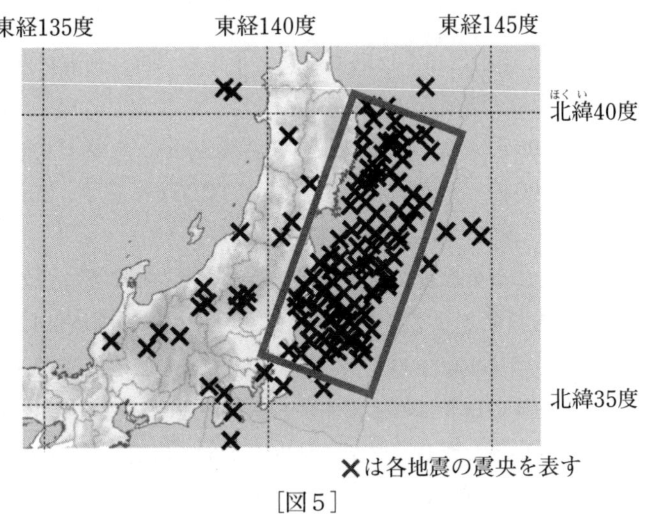

［図５］

3　次の文章を読んで、後の問いに答えなさい。

マグネシウムは銀白色の金属です。マグネシウムに塩酸を加えると、水素を発生し、塩化マグネシウムの水溶液に変化します。マグネシウムに7.3％の塩酸を加えたとき、発生した水素の体積を調べたところ、［表１］のようになりました。

［表１］

マグネシウムの重さ（g）	0.12	0.60	1.60
7.3％の塩酸の重さ（g）	10.0	10.0	60.0
発生した水素の体積（mL）	120	240	あ

このようにマグネシウムと塩酸を反応させたとき、水溶液は塩化マグネシウムの水溶液になります。水分を蒸発させると、塩化マグネシウムの白い固体を取り出すことができます。

また、金属のマグネシウムの薄い板は、マッチなどでたやすく火をつけることができ、明るい白い光を放って燃え、酸化マグネシウムと呼ばれる白い粉になります。この酸化マグネシウムに塩酸を加えると反応し、塩化マグネシウムの水溶液に変化しますが、気体は発生しません。

(1)　金属のマグネシウム、酸化マグネシウム、塩化マグネシウムは身の回りのさまざまな場面で使われています。次の①～③の場面で使われているものはどれですか。もっとも適切な組み合わせを、後のア～カの中から１つ選び、記号で答えなさい。

①　海水に含まれ「にがり」とも呼ばれる。豆乳から豆腐(とうふ)を作るときに使う。

②　銅とともにアルミニウムに混ぜて軽い合金にし、飛行機などの材料に使う。

③　塩酸とおだやかに反応する性質を用い、胃腸薬の一種として用いる。

	①	②	③
ア	金属のマグネシウム	酸化マグネシウム	塩化マグネシウム
イ	金属のマグネシウム	塩化マグネシウム	酸化マグネシウム
ウ	酸化マグネシウム	金属のマグネシウム	塩化マグネシウム
エ	酸化マグネシウム	塩化マグネシウム	金属のマグネシウム
オ	塩化マグネシウム	金属のマグネシウム	酸化マグネシウム
カ	塩化マグネシウム	酸化マグネシウム	金属のマグネシウム

(2)　7.3％の塩酸25.0ｇと過不足なく反応するマグネシウムは、何ｇになりますか。次のア～コの中から１つ選び、記号で答えなさい。

ア　0.03ｇ　　イ　0.06ｇ　　ウ　0.12ｇ　　エ　0.30ｇ　　オ　0.60ｇ

カ　1.20ｇ　　キ　3.00ｇ　　ク　6.00ｇ　　ケ　12.00ｇ　　コ　30.00ｇ

(3)　［表１］の［　あ　］にあてはまる数値を**整数**で答えなさい。

(4)　マグネシウム1.20ｇに十分な量の塩酸を加え、マグネシウムがなくなるまで反応させたとき、残った水溶液の水分を蒸発させてできた塩化マグネシウムの固体は4.75ｇでした。［表１］の実験にある「マグネシウム1.60ｇに7.3％の塩酸60.0ｇを加えて反応させた」水溶液から水分を蒸発させてできた固体の重さは何ｇですか。もっとも近いものを、次のア～コの中から１つ選び、記号で答えなさい。ただし、マグネシウムが全て反応せずに一部が残っている場合には、できた塩化マグネシウムと反応しなかったマグネシウムの両方が固体に含まれるものとします。

ア　1.4ｇ　　イ　1.5ｇ　　ウ　2.8ｇ　　エ　2.9ｇ　　オ　4.7ｇ

カ　4.9ｇ　　キ　5.7ｇ　　ク　5.9ｇ　　ケ　6.3ｇ　　コ　7.3ｇ

(5)　マグネシウム6.0ｇを完全に燃やしたときにできる酸化マグネシウムは10.0ｇとなります。いま、マグネシウム12.0ｇを燃やしたところ、燃え残りがあり、できた酸化マグネシウムと燃え残りのマグネシウムが混ざった固体の重さは15.2ｇでした。

(a)　固体の中のマグネシウムの燃え残りは何ｇですか。

(b)　この固体に塩酸を加え、残りのマグネシウムが全て反応してなくなるまでに発生する水素は何mLですか。

4　次の文章を読んで、後の問いに答えなさい。

［図１］のような直方体の形をした水槽(すいそう)と、［図２］のような立方体の**おもりＡ～Ｆ**の６個を使って、浮力(ふりょく)に関する実験を行いました。水槽には高さ20㎝のところまで水が入っています。［表１］は**おもりＡ～Ｆ**の密度を表したもので、水の密度は1.00ｇ/㎤とします。なお、おもりを水に入れるときは、上面が水平になるようにし、おもりの上におもりを重ねるときは、おもりどうしの面がずれないように真上に乗せるものとします。また、水槽の面の厚さは考えないものとします。

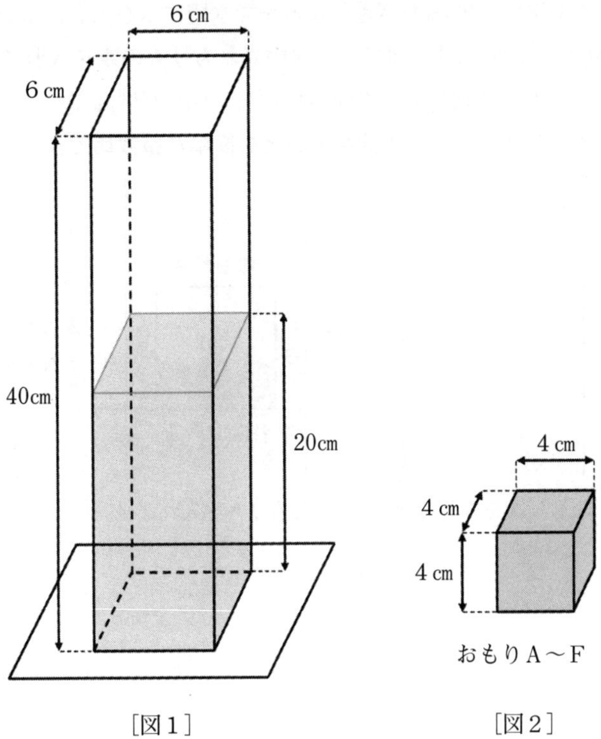

［図１］　［図２］

［表１］

おもり	A	B	C	D	E	F
密度（g／cm³）	0.65	0.85	1.05	1.25	1.45	1.65

⑴　おもりには、おもりが押しのけた水の重さが浮力としてはたらきます。このことを発見した科学者にちなんで、何の原理と呼びますか。

⑵　完全に水面より下に沈んでいるおもりには、何ｇ分の浮力がはたらきますか。

⑶　**おもりＡ**を水槽に入れて手をはなすと、しばらくして**おもりＡ**は水に浮いて静止しました。このとき、水面より上にあるのは**おもりＡ**の体積の何％ですか。

⑷　**おもりＡ**の上に**おもりＢ**を乗せた状態で静止したとき、水面より上にあるのは**おもりＡ**と**おもりＢ**を合わせた体積の何％ですか。

⑸　⑷からさらに、**おもりＣ**、**おもりＤ**…のように順番に乗せていくと、どのおもりを乗せたときに、おもり全体が完全に水面より下に沈みますか。もっとも適切なものを、**Ｃ～Ｆ**の中から１つ選び、記号で答えなさい。

⑹　おもりをすべて取り出して、水槽に食塩を入れて食塩水にします。この後、**おもりＣ**のみを水槽に入れたときに、**おもりＣ**が完全に水面より下に沈まないようにするためには、少なくとも何ｇより多くの食塩を入れる必要がありますか。ただし、食塩を溶かしても、水の体積は変わらないものとします。

水槽とおもりを水で洗い、20cmの高さになるまで水槽に水を入れ直しました。

(7)　［図３］は水槽を正面から見た図です。水槽に**おもりA**のみを入れると、**おもりA**が沈んでいるX（cm）の部分の水が移動して、水面の高さがY（cm）だけ高くなります。上から見た水面とおもりの面積に注意して、XとYの比を**もっとも簡単な整数比**で表しなさい。

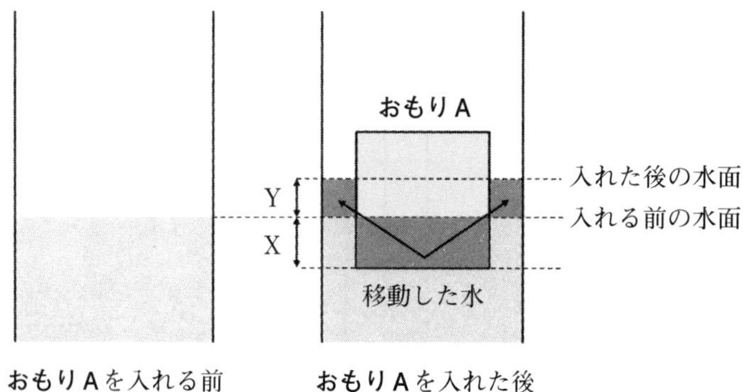

［図３］

(8)　(7)より、**おもりA**を入れたときに、水面は何cm上昇（じょうしょう）しますか。小数第２位を四捨五入して**小数第１位**まで答えなさい。

(9)　**おもりA～F**のうち、おもりを２つ選んで水槽に入れて水面の高さをはかります。選んだ２つのおもりを入れる順番をかえても、水面の高さが同じになる組み合わせは何通りありますか。たとえば、**おもりA**を入れてから**おもりB**を入れたときの水面の高さと、**おもりB**を入れてから**おもりA**を入れたときの水面の高さが同じであるならば、**おもりA**と**おもりB**の組み合わせを１通りと数えます。

麻 布 中 学 校

―50分―

1 動物に深度記録計や温度計や照明付きビデオカメラなどを付けて行動を分析(ぶんせき)することを「バイオロギング」といいます。これにより、様々な動物が水中で何を食べて、どんな行動パターンをとるか分かってきました。ペンギンは鳥の仲間ですが、水の中を上手に泳ぐことができます。特にエサを食べるために潜水(せんすい)をくりかえしています。次に4種類のペンギンについて、体重と潜水最大深度と潜水時間の平均を示しました。

	体重	潜水最大深度	潜水時間
エンペラーペンギン	12.0kg	400m	600秒
ジェンツーペンギン	5.3kg	50m	180秒
ヒゲペンギン	4.5kg	45m	90秒
マゼランペンギン	4.2kg	30m	60秒

問1 ペンギンは限られた時間で潜水してエサをとっています。この理由として適当なものを次のア～カから2つ選び、記号で答えなさい。

ア エラで呼吸しているから。
イ 肺で呼吸しているから。
ウ エサが水中に豊富にあるから。
エ エサが水中にほとんどないから。
オ 陸にいると自分が食べられてしまうから。
カ つばさを使って空を飛ぶこともできるから。

問2 ペンギンの潜水に関する文として適当なものを次のア～キからすべて選び、記号で答えなさい。

ア 体重が重いほど、潜水最大深度は浅い。
イ 体重が重いほど、潜水最大深度は深い。
ウ 体重と潜水最大深度に関係はない。
エ 体重が重いほど、潜水時間は短い。
オ 体重が重いほど、潜水時間は長い。
カ 体重が重いほど、体が大きいために息が続かない。
キ 体重が軽いほど、疲(つか)れにくいために息が長く続く。

魚の仲間であるマンボウは、水面にういてただよっている様子についてはよく観察されていましたが、水中でどのようにエサをとっているかはよく分かっていませんでした。バイオロギングによって、ペンギンと同じように潜水をくりかえしてエサをとっていることや、水面でただよっている理由が分かってきました。また、マンボウは群れにならず、それぞれが決まったルートを持たず広い海にばらばらに広がって活動していることも分かりました。

日中、潜水をするマンボウの行動を分析すると、水深150m付近にいるときには、さかんにクダクラゲなどを食べていることが分かりました。ところがこの深さにずっととどまるわけではなく、しばらくすると水面に上がって何もしていないように見えました。潜水してエサを食べることと浮上して水面近くでじっとしていることを日中６～10回ほどくりかえしていました。

バイオロギングで水中の水温とマンボウの体温を測ることができます。水面近くの水温は約18℃、水深150ｍ付近では約５℃でした。マンボウの体温は14℃から17℃の範囲で上がったり下がったりしていました。エサの多い水深150ｍ付近の海中は水温が低いので30分ほど潜水してエサを食べて、体温が14℃まで下がると水面近くに浮上して、１時間ほどかけて体温を上げていることが分かりました。マンボウは体温が17℃まで上がれば、すぐに次の潜水を始めていました。

問３　マンボウの潜水に関する文として適当なものを次のア～カからすべて選び、記号で答えなさい。

ア　マンボウはエラで呼吸している。

イ　マンボウは肺で呼吸している。

ウ　水深150ｍ付近にエサが豊富にある。

エ　水面付近にエサが豊富にある。

オ　水深150ｍ付近ではマンボウの体温が下がるのでまったく活動できない。

カ　水面付近ではマンボウの体温が上がるのでまったく活動できない。

問４　マンボウが水深150ｍ付近にいる時間より、水面近くにいる時間が長いのはどうしてですか。その理由を答えなさい。

体の大きいマンボウに対して体の小さいマンボウでは、まわりの水温によって体温が早く変わります。つまり、自分の体温より水温が高ければ体が小さいほど体温が早く上がり、水温が低ければ体温は早く下がります。また、マンボウは体の大きさに関係なく、体温を14℃から17℃に保ちながら、水深150ｍ付近でエサを食べる潜水をくりかえしていました。水面と水深150ｍ付近との間の移動にかかる時間は短いので、ここでは考えないものとします。

問５　マンボウの体の大きさと１回あたりの潜水時間との関係を説明した文として、適当なものを次のア～カからすべて選び、記号で答えなさい。

ア　体の大きいマンボウほど水深150ｍ付近にいる時間は長い。

イ　体の小さいマンボウほど水深150ｍ付近にいる時間は長い。

ウ　体の大きさと水深150ｍ付近にいる時間の長さに関係はない。

エ　体の大きいマンボウほど水面付近にいる時間は長い。

オ　体の小さいマンボウほど水面付近にいる時間は長い。

カ　体の大きさと水面付近にいる時間の長さに関係はない。

問６　体の大きいマンボウと小さいマンボウが同じ日に潜水する回数を、上記の体温の変化を考えて比べるとどちらが多いと考えられますか。ア、イのどちらかの記号を選び、理由とともに答えなさい。

ア　大きいマンボウ　　イ　小さいマンボウ

問７　近年、世界中の海の水温をバイオロギングで測定しようとしています。サンマはマンボウとは異なり、大きな群れになって決まったルートを決まったシーズンに回遊します。多くの魚を使って水温を測定しようとするときに、できるだけ広い範囲で測定するには、サンマとマンボウのどちらが適していますか。ア、イのどちらかの記号を選び、理由とともに答えなさい。

ア　サンマ　　イ　マンボウ

2　私たちの身の回りには数多くの物質があり、その数は１億種類をこえるほどです。しかし、それら無数の物質は、わずか100種類程度の目には見えないほど小さな「つぶ」が、様々な組み合わせで結びついてできています。このつぶが結びついて物質ができる様子を表すときに、つぶを表す記号同士を直線１本のみで結んで図１のように表すことがあります。この表し方では、それぞれのつぶが他にどのような種類のつぶと何個ずつ結びついているかが分かります。図１では、●、○、⊗が３種類のつぶを表しており、左右どちらも１個の●に２個の○と２個の⊗が結びついている様子が表されているので、どちらも同じ物質であると考えます。

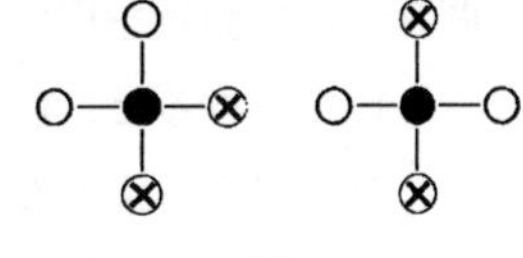
図１

問１　次のア～オのうち、他とは異なる物質を表しているものを１つ選び、記号で答えなさい。

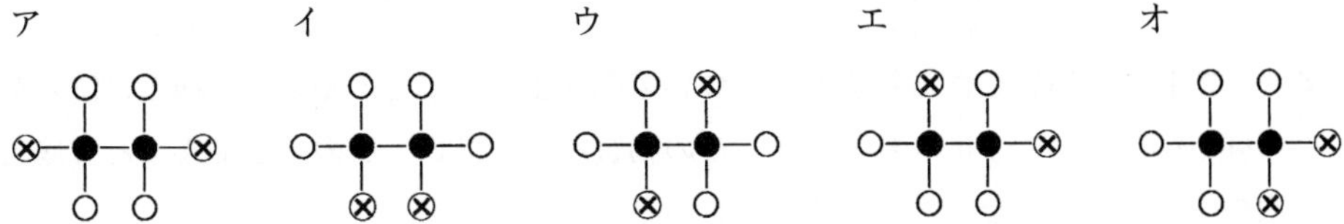

○や⊗は結びつく相手のつぶが１個だけですが、●は４個のつぶと結びつくことが図１から分かります。ここで考えている小さな「つぶ」は、その種類によって結びつく相手となるつぶの個数は決まっていて、その個数よりも多くなることも少なくなることもありません。さらに、◎という２個の相手と結びつくつぶも考えると、図２～図４のような様々な組み合わせによる物質の例も考えられます。

図２　図３　図４

問２　下線部の規則にしたがって、○２個と◎２個がすべて結びついた物質を図１～図４のようなかき方で表しなさい。

○について調べる装置があります。この装置を用いると、○と他のつぶとの結びつき方のちがいによって、異なる種類の「信号」が現れます。例えば、図３の物質では４個の○に結びつき方のちがいがなく、信号は１種類しか現れません。一方、図４の物質では４個の○は、●と結びつくものと◎と結びつくものに分類できるので、信号は２種類現れ、信号の強さの比は○の個数の比を反映して３：１となります。

さらに、⊗１個、●４個、○９個が結びついてできた図５の例を見てみましょう。この物質の中にある４個の●（❶～❹）は⊗との位置関係からすべて区別がつきます。そのため、これらと結びついている９個の○はⒶ～Ⓓの４種類に分類できます。このため、図５の物質からは４種類の信号が現れ、それぞれの信号の強さの比はⒶ：Ⓑ：Ⓒ：Ⓓ＝２：２：２：３となります。

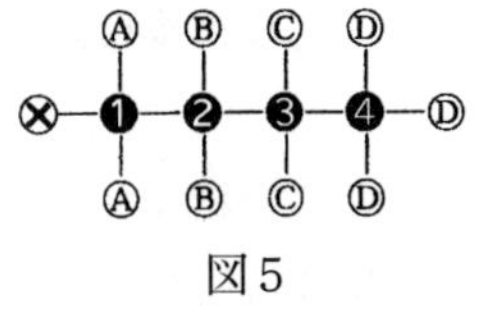
図５

次に、●４個、○10個が結びついてできた図６の例を見てみましょう。この物質は対称（たいしょう）的な結びつき方をしており、左右を反転させても区別がつきません。そのため、この物質の中にある４個の●は❺と❻の２種類に分類できます。そして、これらと結びついている10個の○はⒺとⒻの２種類に分類でき、信号の強さの比はⒺ：Ⓕ＝３：２となります。

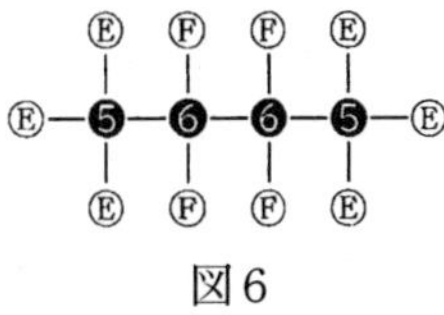
図６

問3　この装置を用いて右図の物質内の○について調べると、信号の強さを示す右の棒グラフにあるような３種類の信号が現れました。６個の○はそれぞれどの信号のもとになっていますか。図５や図６のかき方を参考にして、次の６個の○中に**あ**、**い**、**う**を記して分類しなさい。

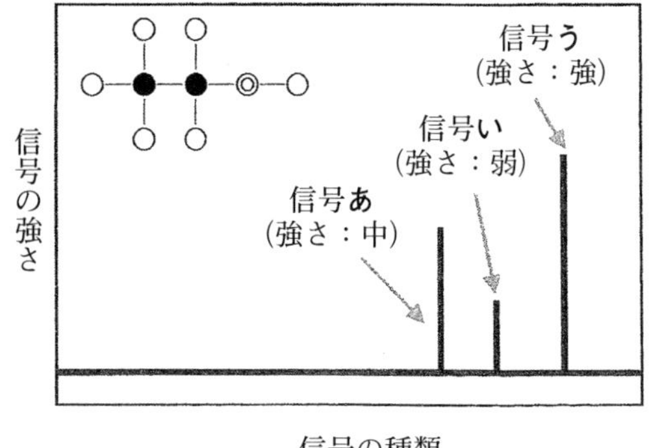

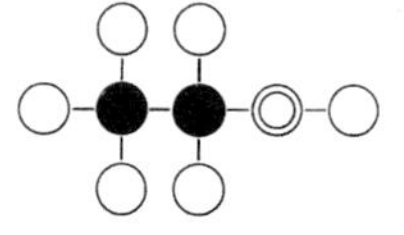

問4　この装置を用いてある物質の○について調べました。その結果、２種類の信号が現れ、その強さの比が３：１になりました。この物質を表しているものとしてもっとも適当なものを次のア～エから選び、記号で答えなさい。

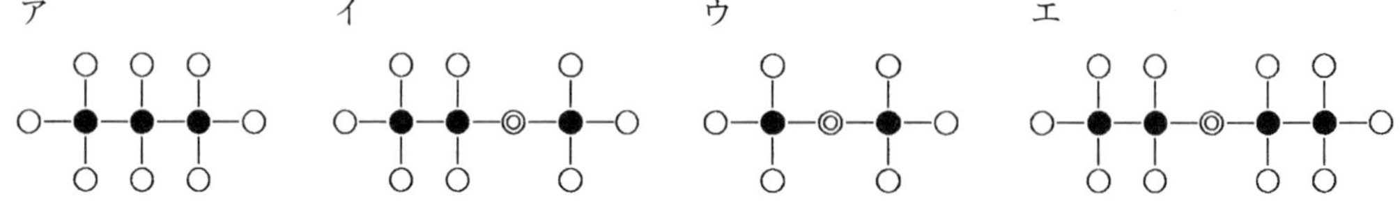

問5　この装置で●３個、○６個、⊗２個がすべて結びついてできた物質の○について調べると、１種類の信号しか現れませんでした。この物質を図１～図４のようなかき方で表しなさい。

問6　●と○の２種類のつぶのみが結びついてできている物質Ａを1.4ｇ用意して、燃やしました。すると、物質Ａ内のすべての●は結びつく相手がかわって空気中の◎と結びつき、4.4ｇの物質Ｂになり、用意した元の物質Ａは残っていませんでした。物質Ｂは●と◎のみが３：８の重さの比で結びついた物質であることが知られています。

(1)　1.4ｇの物質Ａ内の●だけをすべて集めると何ｇになりますか。また、○だけをすべて集めると何ｇになりますか。それぞれ答えなさい。

(2)　●と○は、それぞれの１個あたりの重さの比が12：１です。物質Ａ内の●と○の個数の比を答えなさい。

(3)　物質Ａは、○について調べると１種類の信号しか現れませんでした。物質Ａとして考えられる物質を図１～図４のようなかき方で１つだけ表しなさい。

ここで紹介(しょうかい)した、つぶの結びつき方を知るための方法は「核(かく)磁気共鳴分光法」といい、物質に関する研究・開発だけでなく、医学の分野などでも有用な技術として広く応用されています。

3　理科室にある図1のような電流計のメーター部分には、図2のようにコイルが含(ふく)まれています。コイルに流れる電流が大きいほど、より強力な電磁石となるため、メーターの針が触(ふ)れる角度(振れ角)も大きくなります。このため、振れ角の大きさから電流を測ることができます。

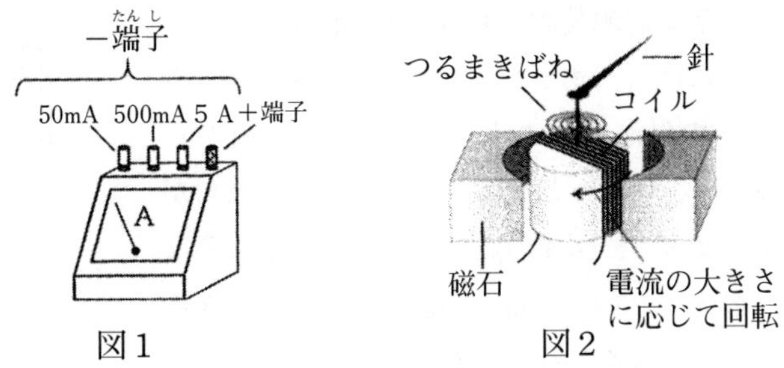

図1　図2

問1　次のア～ウのうち、電磁石を利用しているものには○、利用していないものには×と答えなさい。

ア　太陽光発電所の光電池　　イ　扇風機(せんぷうき)のモーター　　ウ　消火栓(しょうかせん)のベル

問2　乾電池(かんでんち)と接続すると、おおよそ0.2Aの電流が流れる豆電球があります。図1の電流計を用いて、この豆電球に乾電池を接続したときに流れる電流を、もっとも正確に調べることができる導線のつなぎ方を、右の図に線をかいて答えなさい。

問3　問2の正しい回路において、電流計の－端子(たんし)の接続位置をかえずに、乾電池を1つではなく2つ直列に接続したところ、電流計の針は右図の位置まで振れました。このとき、回路に流れた電流はいくらと読み取れますか。単位をつけて答えなさい。

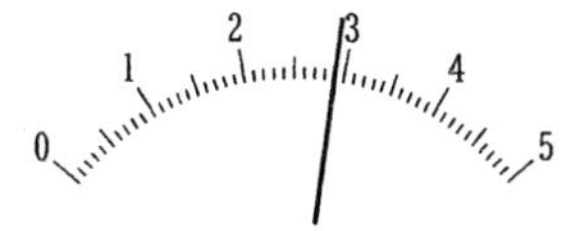

電流計のメーターに最大の振れ角をこえる電流を流しても、その電流を測ることはできません。では、用いるメーターはかえずに、より大きい電流を測定するにはどうすればよいでしょうか。これについて考えるため、電源装置、材質と太さが同じ金属線a、bと2つの電流計を用いた図3の回路で実験を行いました。金属線a、bをともに長さ10cmにして電源装置から60mAの電流を流すと、2つの電流計はいずれも30mAを示しました。また、電源装置から流す電流を変化させたり、bの長さを10cmにしたまま、aを別の長さのものにかえたりして同様の実験を行ったところ、各実験の2つの電流計の測定値は次の表の結果になりました。さらに、2つの電流計のうち、どちらを導線に置きかえても電流が変化しないことも実験で確かめました。

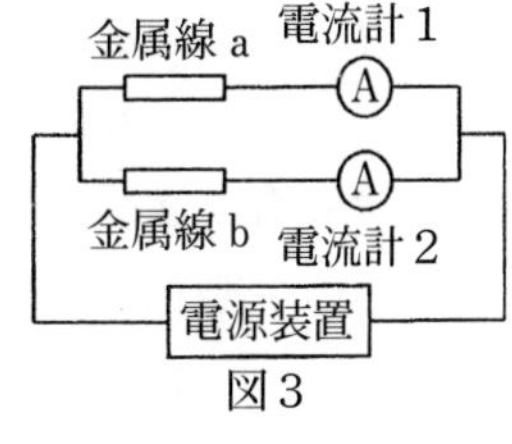

図3

表(bの長さはいずれも10cm)

aの長さ		電源装置から流す電流 60mA	120mA	180mA
10cm	電流計1	30mA	60mA	90mA
	電流計2	30mA	60mA	90mA
20cm	電流計1	20mA	40mA	60mA
	電流計2	40mA	80mA	120mA
30cm	電流計1	15mA	30mA	45mA
	電流計2	45mA	90mA	135mA

問4　次の文章中の空欄（くうらん）［　あ　］と［　い　］に入る正しい数値を書きなさい。

30mAの電流が流れると振れ角が最大となるメーターを用いて、図4の回路をつくりました。図3の回路の実験結果から、図4の回路で電源装置から20mAの電流を流したときは、メーターには［　あ　］mAの電流が流れて、その分だけメーターの針が振れます。また、電源装置から［　い　］mAの電流を流したときは、メーターの振れ角が最大となります。よって、図4の点線部分全体を1つの電流計とみれば、最大［　い　］mAの電流まで測定できる電流計になったと考えることができます。ただし、メーターを導線に置きかえても流れる電流は変化しないものとします。

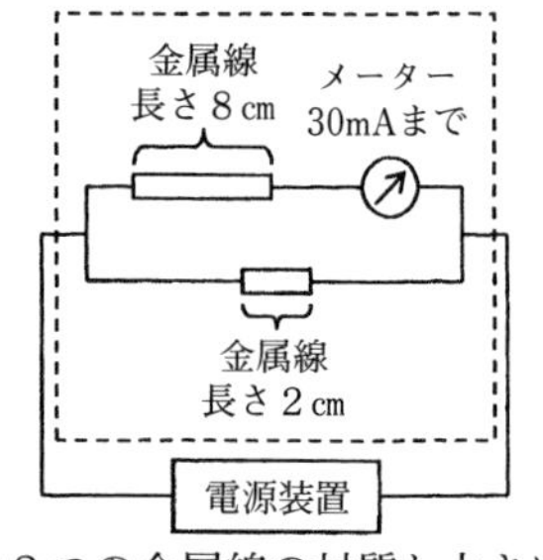

※2つの金属線の材質と太さは同じです。
図4

問5　次の文章中の空欄［　う　］～［　け　］に入る正しい数値と、空欄【 X 】に入る適当な語句を書きなさい。ただし、比の数値はもっとも簡単な整数比となるように答えなさい。

図1のような電流計では、－端子をつなぎかえることで測定範囲（はんい）を変えることができます。この仕組みを理解するため、図4の回路で使ったものと同じメーターを用いて、図5のように－端子をつなぎかえることで、最大300mAや最大3Aまで測ることができる電流計をつくることを考えてみます。

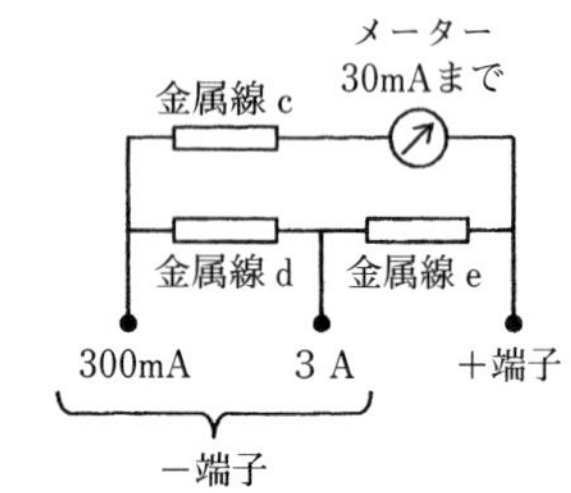

※3つの金属線の材質と太さは同じです。
図5

図5の＋端子と300mAの－端子に電源装置を接続して、電源装置から300mAの電流を流したとします（3Aの－端子には何も接続しません）。このときにメーターの針の振れ角が最大となるようにしたいので、図5の3つの金属線の長さの間には

c の長さ：d と e の長さの合計＝［　う　］：［　え　］

の関係が満たされるようにしなければならないことが分かります。また、同様に＋端子と3Aの－端子に電源装置を接続して、電源装置から3Aの電流を流すことを考えれば

【 X 】：e の長さ＝［　お　］：［　か　］

の関係も満たされるようにしなければならないことが分かります。よって、3つの金属線の長さの比を

c の長さ：d の長さ：e の長さ＝［　き　］：［　く　］：［　け　］

とすれば、目的の電流計をつくることができます。

回路を流れる電流が非常に小さくなると、図2のようなメーターを用いた電流計で正確に電流を測ることが難しくなります。そのときには、図6のようなデジタルマルチメーターを使用することで、電流をより正確に測ることができます。デジタルマルチメーターは電池を入れると作動し、回路を流れる電流が数μA（マイクロアンペア）のときにも計測に使用できます。なお、1000μA＝1mAです。

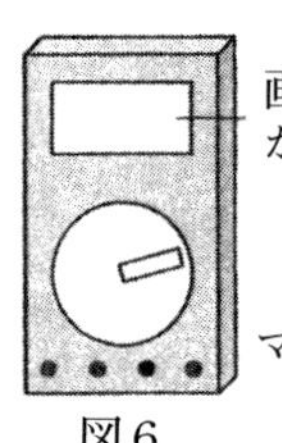

図6

問6　1 μAは1Aの何分の1の電流ですか。正しいものを次のア～クから1つ選び、記号で答えなさい。

ア　10分の1　　イ　100分の1　　ウ　1000分の1　　エ　1万分の1
オ　10万分の1　　カ　100万分の1　　キ　1000万分の1　　ク　1億分の1

デジタルマルチメーターの内部では、半導体でできたトランジスタと呼ばれる部品が重要なはたらきをします。ここで、回路に流れる電流を水の流れにたとえると、トランジスタのはたらきは次のように説明できます。

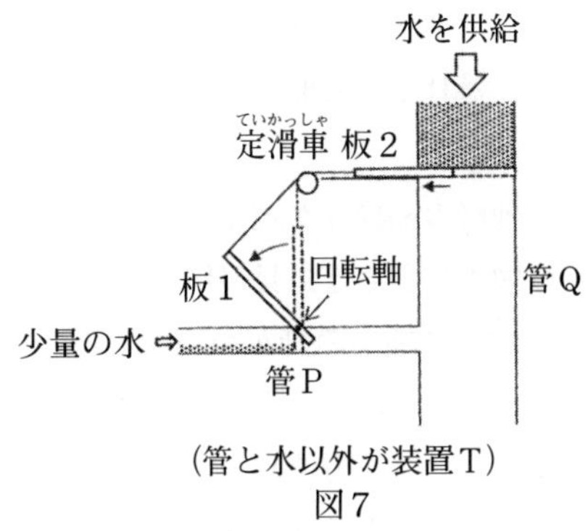

（管と水以外が装置T）
図7

図7は連結された管Pと管Qに対して、頑丈なひもでつながれた板1と板2からなる装置Tを設置したときに、どのように動作するかを示しています。管Qの上部からは水が供給されていて、板2の高さより上側は常に水で満たされています。ここで、管Pの左側から少量の水を流すと、水の流れの強さ（1秒あたりに通る水の量）に応じて板1が回転し、水はその先にある管Qまで到達します。一方、板1と板2をつなぐひもは定滑車にかけられていて途中で向きが変わるため、板1の回転角度に応じて板2は左向きに動きます。すると、水は管Qの上部からも流れてくるようになります。

トランジスタは、水の流れにたとえたときの図7の装置Tのはたらきをしていて、パソコンやスマートフォンなどの日常的に目にする機器の内部にもたくさん使用されています。

問7　図7において、管Pを通ってきた少量の水の流れの強さを直接測定することが難しい場合でも、管Qの下部から流れ出た水の流れの強さを測定することで、管Pを通ってきた水の流れの強さを調べることができると考えられます。それは、図7の装置Tが水の流れに対してどのようにはたらく装置であるといえるからですか。そのはたらきを簡単に説明しなさい。

問8　図1のような電流計とはちがって、デジタルマルチメーターには電池が必要です。この電池は、画面に測定値を表示するためだけではなく、電流を測定すること自体にも使われます。トランジスタの仕組みを考えた上で、電流の測定に電池が必要な理由を説明しなさい。

4　昨年は大正関東地震から100年の節目でした。地震は大地の変動のひとつです。大地が何によって、どのように成り立っているかを知ることは、災害への備えの一歩となります。

問1　大地の変動について断層の動きをブロックで考えます。2つで1組のブロック2種類を右図のように置き、図中の矢印のように上下方向にのみ押したとき、ブロックの動き方としてもっとも適当なものを次のア～エから選び、記号で答えなさい。

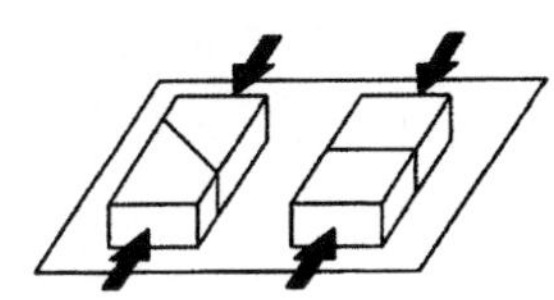

ア
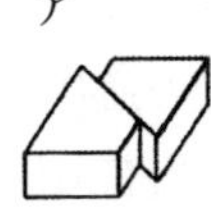

イ
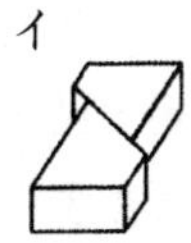

ウ
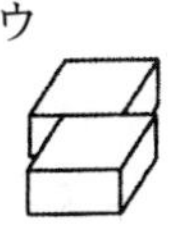

エ
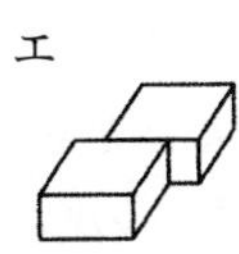

問２　水平な地面に右図のような地層の縞模様（しまもよう）が現れていました。これは、古い方からＡ、Ｂ、Ｃの順に水平に堆積（たいせき）した地層が、大地の変動によって曲げられた後にけずられてできたものです。この地層の曲げられ方について述べた次の文中の空欄（くうらん）ａ、ｂに入る適当な語句を、それぞれア～エから１つずつ選び、記号で答えなさい。

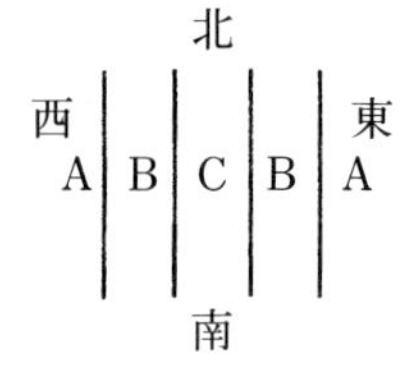

地層はａ〔ア　南北　　イ　東西〕方向に押されることで、ｂ〔ウ　山折りのように上に盛り上がる形　　エ　谷折りのように下にへこむ形〕に曲げられた。

地層の縞模様が続く方向や、地層の傾き（かたむ）を調べるには、クリノメーターという図１のような道具が用いられます。クリノメーターは手のひらサイズで、文字盤（もじばん）に２種類の針がついていることが特徴（とくちょう）です。地層の縞模様が続く方向を調べるときは、水平にしたクリノメーターの長辺が縞模様の向きと平行になるようにして、方位磁針が示す目盛りを読みます（図２のⅠ）。地層の傾きを調べるときは、クリノメーターの側面を地層の面に当てて、傾きを調べる針が示す目盛りを読みます（図２のⅡ）。この針は、必ず下を向くようになっています。

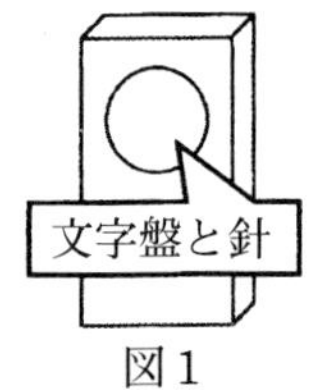

図１

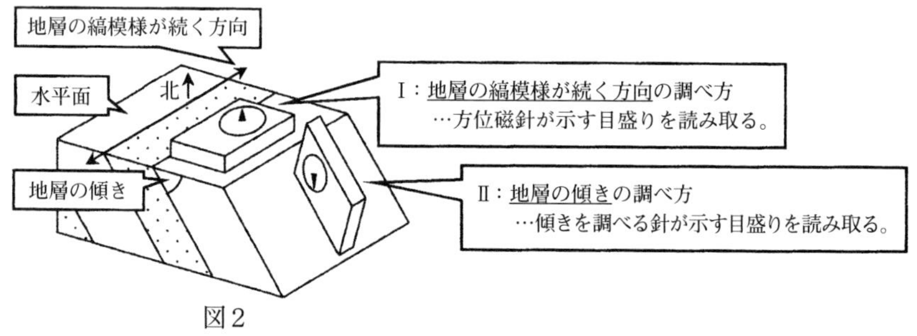

図２

問３　地層の縞模様が続く方向を調べるとき（図２のⅠ）は、水平面内で北から何度の方向かを測定します。また、地層の傾きを調べるとき（図２のⅡ）は、水平面から何度傾いているかを測定します。ⅠとⅡについて前の図２のように測定を行うとき、目盛りの数値をそのまま読み取ればよいようにするため、文字盤の目盛りはそれぞれどうなっていると考えられますか。もっとも適当なものを次のア～エから選び、記号で答えなさい。ただし、次のＡとＢは、前の図１の向き（クリノメーターの短辺を上とした向き）に文字盤を見たものとします。また、目盛りの数値は角度を表します。

ア　ⅠもⅡもＡ　　　　イ　ⅠもⅡもＢ
ウ　ⅠはＡでⅡはＢ　　エ　ⅠはＢでⅡはＡ

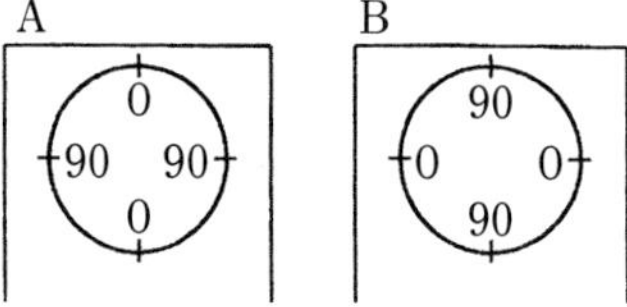

採集した岩石を調べる場合、岩石薄片（はくへん）（プレパラート）を作成して顕微鏡（けんびきょう）で観察します。岩石をつくっている鉱物の多くは薄（うす）くすると光を通すので、特別な顕微鏡で見ると、光の通り方で鉱物の種類を調べることができます。岩石の厚さが均一になるように薄くするため、岩石薄片は次の過程で作成します。

「岩石のかけらの片面が平らになるように、研磨剤（けんまざい）という粉を使ってけずって磨（みが）く（研磨する）→スライドガラスに貼（は）りつける→反対側を研磨してより薄くする→カバーガラスをかぶせる」

問4　岩石のかけらの表面を効率的に平らにするためには、どのような研磨剤をどのように使用するとよいですか。それについて述べた次の文中の空欄ａ、ｂに入る適当な語句を、それぞれア〜エから１つずつ選び、記号で答えなさい。

岩石に含まれる鉱物よりもａ〔ア　かたい　　イ　やわらかい〕粒子からなる研磨剤を、粒子の大きさがｂ〔ウ　小さなものから大きなもの　　エ　大きなものから小さなもの〕へと順に使って研磨する。

問5　市販されている研磨剤の粒子の直径には、粒子を大きさごとに分けるふるい(目の細かいざるのような道具)のメッシュ数で表されているものがあります。例えば、メッシュ数が80の場合、１インチ(2.54㎝)が80本の糸で分割されているということです。

(1)　メッシュ数をｘ、糸の太さをｙ(㎝)とするとき、粒子のサイズを決めるふるいの網目の幅(㎝)は、どのように求められますか。もっとも適当なものを次のア〜カから選び、記号で答えなさい。

ア　$2.54 \div (x + y)$　　イ　$2.54 \div x + y$　　ウ　$(2.54 + y) \div x$

エ　$2.54 \div (x - y)$　　オ　$2.54 \div x - y$　　カ　$(2.54 - y) \div x$

(2)　0.11㎜の糸で作られた100メッシュのふるいは、網目の幅が何㎜になりますか。小数第三位を四捨五入して小数第二位まで答えなさい。

岩石の表面を平らに研磨することは、岩石の本来の色を見やすくする効果もあります。太陽や蛍光灯の光は、様々な色の光がまざって白色になっていますが、それが物体に当たると、それぞれの物体で特定の色の光が吸収されたり反射されたりすることで、見える物体の色が決まります。ただし、物体の表面に細かいでこぼこがたくさんあると、様々な色の光がいろいろな向きに反射してしまい、それらの光がまざって白色に見えます。くもりガラスが白くくもって奥が見えないようになっていることはその一例です。研磨すると、そのでこぼこによる効果を減らすことができます。また、野外で岩石を観察するときに水をかけることがあるのですが、細かいでこぼこの表面を水の膜がおおうので、でこぼこによる効果を減らすことができ、観察しやすくなるのです。

問6　灰色の岩石を平らに研磨した場合と、水をかけてぬらした場合、岩石の表面の見た目はどのようになりますか。もっとも適当なものを次のア〜オから選び、記号で答えなさい。

ア　研磨した場合もぬらした場合も、もとより白っぽく(明るく)見える。

イ　研磨した場合もぬらした場合も、もとより黒っぽく(暗く)見える。

ウ　研磨するともとより白っぽく見えるが、ぬらした場合はもとより黒っぽく見える。

エ　研磨するともとより黒っぽく見えるが、ぬらした場合はもとより白っぽく見える。

オ　研磨してもぬらしても、表面の見た目はまったく変化しない。

ところで、研磨剤は、水場の鏡などにできてくもりのもとになる、水アカのそうじにも使われます。水アカは、水道水に含まれる物質が沈殿したり、水道水中の成分と空気中の成分がくっついて沈殿したりすることで生成されます。できてしまった水アカを取り除くのはなかなか大変なので、水アカがつかないように使用することを心がけたいですね。

問7　鏡に水アカがついていなくても、お風呂のフタを開けるだけで鏡がくもってしまう場合があります。その現象を説明する次の文の空欄ａ〜ｃに入る適当な語を答えなさい。

空気中の［　ａ　］が、鏡の表面で［　ｂ　］されて、［　ｃ　］する。

問8　鏡の水アカを予防するには、浴室など水場の使用後にどのようなことを心がければよいですか。もっとも適当なものを次のア～オから選び、記号で答えなさい。

ア　鏡に光が当たらないように暗くする。

イ　なるべく新鮮(しんせん)な空気が鏡にあたるように換気(かんき)をする。

ウ　空気中の細かいホコリを取り除くために換気をする。

エ　鏡についている水滴(すいてき)が残らないようにふき取る。

オ　鏡の全体をぬらしてムラがないようにする。

栄光学園中学校

—40分—

※　鉛筆(えんぴつ)などの筆記用具・消しゴム・コンパス・配付された定規以外は使わないこと。

(編集部注：実際の入試問題では、写真や図版の一部はカラー印刷で出題されました。)

◇　栄一君たちは、5月ごろから学校でいろいろな野菜を育ててきました。夏休みの間は、鉢(はち)に植えられた野菜を家に持ち帰り育てることになりました。栄一君はピーマンを選びました。

夏休みが近づき、鉢を置く場所や世話のしかたについてお父さんに相談しました。「鉢植えの場合には夏の暑さや水不足でかれてしまわないように気をつけなければいけないので、大きな鉢に植えかえて、西日の当たらないところに置くといいよ。」と教えてくれました。

栄一君が自分で調べてみると、鉢にはいろいろな種類があることがわかりました。その中でも、プラスチック製の鉢か、表面に何もぬられていない焼き物の鉢が、手軽で良さそうでした。ねん土を高温で焼いただけの、表面に何もぬられていない焼き物を素焼(すや)きというそうです。この後、プラスチック製の鉢を**プラ鉢**、表面に何もぬられていない焼き物の鉢を**素焼き鉢**と呼ぶことにします。

栄一君は植えかえる鉢をプラ鉢にするか素焼き鉢にするか決めるために、それぞれの鉢の特ちょうを調べてみることにしました。栄一君の家には、使われていないプラ鉢と素焼き鉢があったのでそれらを使って実験することにしました。2種類の鉢は形がよく似ていてどちらも高さが16cm、直径が20cmくらいです。鉢の底には余分な水が流れ出るように穴が開いています。

実験1

①　プラ鉢と素焼き鉢を2個ずつ、合計4個用意した。

②　プラ鉢と素焼き鉢1個ずつに、買ってきた乾(かわ)いた土をそれぞれ800g入れた。(図1)
土の深さは12cmくらいになった。

③　土の真ん中あたりの温度をはかるために、深さ6cmあたりまで温度計を差しこんだ。

④　プラ鉢と素焼き鉢それぞれに、鉢底の穴から余分な水が流れ出てくるまでたっぷり水を入れた。

⑤　残りのプラ鉢と素焼き鉢1個ずつに、②～③と同じように乾いた土を入れ、温度計を差しこんだ。
こちらの鉢には水を入れずにそのままにした。

——　ここまでの準備は測定前日(7月10日)の夕方に行った　——

⑥　測定当日(7月11日)の朝、4つの鉢を日なたに置いた。

⑦　4つの鉢の近くに、気温を測定するための温度計を設置した。

⑧　朝8時から夕方18時まで、30分ごとに土の中の温度と気温を記録した。

図１

実験１の結果

実験１の結果をグラフにしたものが図２と図３です。水を入れたプラ鉢と素焼き鉢の結果を示したのが図２、水を入れなかったプラ鉢と素焼き鉢の結果を示したのが図３です。

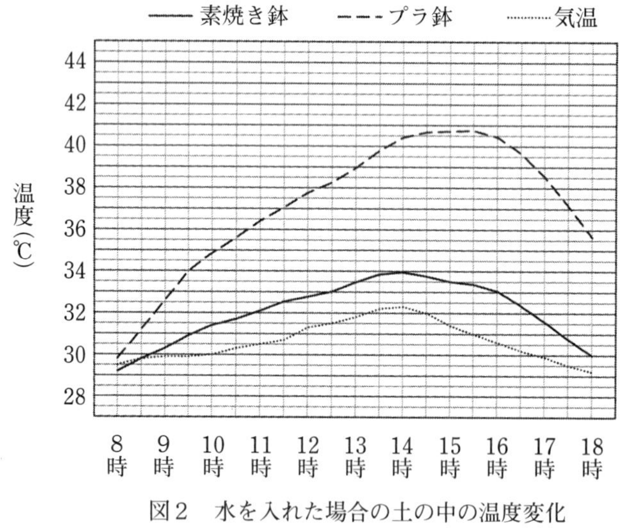

図２　水を入れた場合の土の中の温度変化

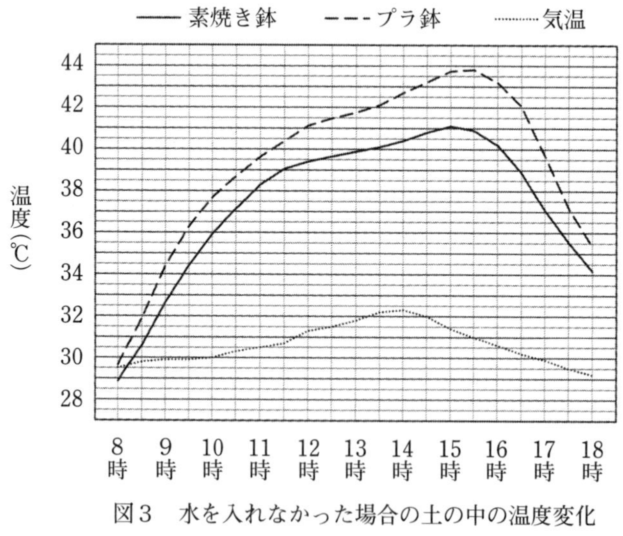

図３　水を入れなかった場合の土の中の温度変化

問1　気温をはかるための温度計を設置する場所の条件を次のア～カから三つ選び、記号で答えなさい。

ア　風通しの良いところ　　　　　　　　イ　風があたらないところ
ウ　なるべく地面に近いところ　　　　　エ　地面から1.2ｍくらいの高さ
オ　温度計に日光があたるように日なた　カ　温度計に日光があたらないように日かげ

問2　水を入れた場合の土の中の温度について、最も上がったときの温度と８時の温度の差は何度ですか。プラ鉢と素焼き鉢それぞれについて、図２から読み取り小数第１位まで答えなさい。

問3　水を入れなかった場合の土の中の温度について、最も上がったときの温度と８時の温度の差は何度ですか。プラ鉢と素焼き鉢それぞれについて、図３から読み取り小数第１位まで答えなさい。

水を入れた場合と水を入れなかった場合を比べると、水を入れたほうが土の中の温度が上がるのをおさえられるようです。これは、水は蒸発するときに周りの温度を下げる働きがあるためと考えられます。夏の暑さをやわらげるために家の前の庭や道路に水をまくことを打ち水といいますが、打ち水はこの働きを利用したものだといわれています。

水を入れた場合、プラ鉢と素焼き鉢では温度の上がりかたに大きな違い(ちが)がありました。栄一君は、プラ鉢と素焼き鉢では水が蒸発する量に違いがあるのではないかと考え、水の蒸発量を調べる実験をすることにしました。

実験２

①　プラ鉢と素焼き鉢を１個ずつ、合計２個用意した。
②　鉢だけの重さをそれぞれはかった。
③　乾いた土をそれぞれの鉢に800ｇ入れた。
④　鉢の中にたっぷり水を入れた。
　　鉢底の穴から余分な水が流れ出てくるので、水が流れ出なくなるまで待った。
⑤　鉢底の穴から水が流れ出なくなったら、鉢の重さ（鉢と土と水の合計）をはかった。
⑥　昼間は日なたに鉢を置いておき、ときどき重さをはかった。
　　７月15日の夕方に開始し、７月17日の朝まで測定を続けた。

実験２の結果

- 実験を行った３日間は風が弱くよく晴れていて、７月16日の昼間も日光が雲にさえぎられることは一度もなかった。
- ②の結果、プラ鉢の重さは137ｇ、素焼き鉢の重さは1135ｇだった。
- 水を入れて余分な水が流れ出なくなるまで待っている間に、素焼き鉢のほうは図４のａ→ｂ→ｃのように色が変わっていった。
  プラ鉢では色の変化は起きなかった。
- ⑤の結果、プラ鉢の重さは1738ｇ、素焼き鉢の重さは2888ｇだった。
  それぞれから水を入れる前の鉢と土の重さを引くと、プラ鉢は801ｇ、素焼き鉢は953ｇとなり、これがたくわえられた水の重さと考えることができる。
- 時間の経過とともにどちらの鉢も重さが減っていった。鉢や土の重さが減ることは考えられないので、重さが減った分だけたくわえられた水が蒸発したのだと考えられる。

図4

（編集部注：実際の入試問題では、写真はカラー印刷で出題されました。）

次の図5が、たくわえられた水の重さの変化をグラフにしたものです。

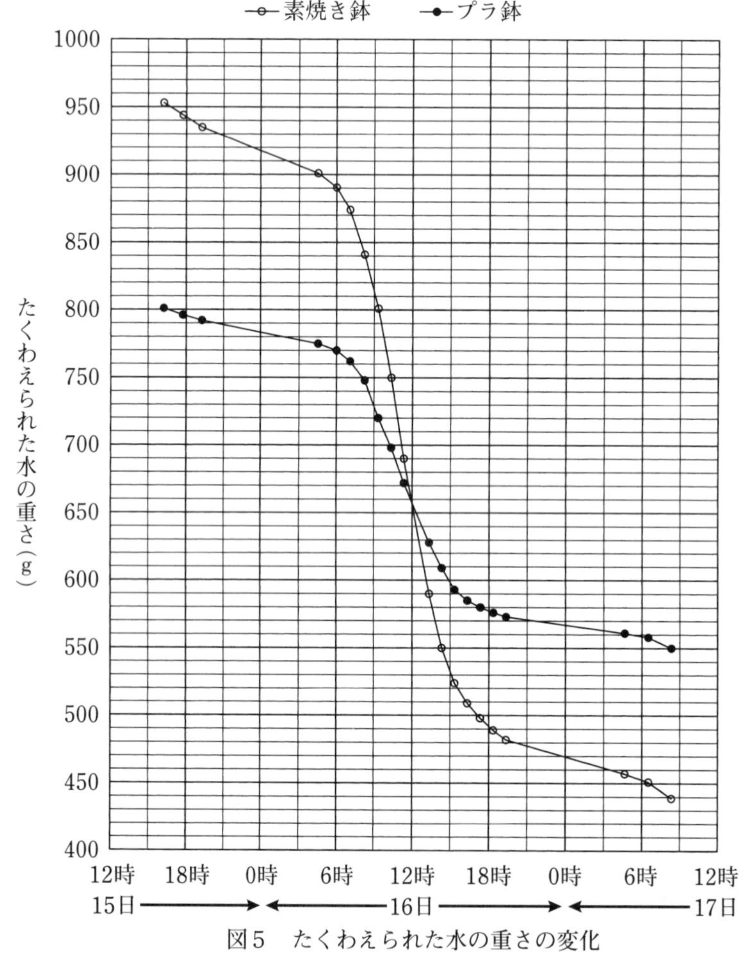

図5　たくわえられた水の重さの変化

問4　はじめにたくわえられた水が素焼きの鉢のほうが多かったのはなぜですか。実験2の結果から考えられる理由として、最もふさわしいものを次のア～エの中から一つ選び、記号で答えなさい。

ア　素焼き鉢のほうが重いから　　　　イ　素焼き鉢のほうが厚みがあるから

ウ　素焼き鉢は、鉢も水を吸うから　　エ　プラ鉢は水をよく通すから

問5　重さが減った分だけ、たくわえられた水が蒸発したと考えることにします。次の(1)〜(3)に示した時間に、たくわえられた水が何g蒸発したかを、図5から読み取りなさい。プラ鉢と素焼き鉢それぞれについて整数で答えること。

(1)　7月15日の18時から7月16日の6時までの12時間

(2)　7月16日の6時から7月16日の18時までの12時間

(3)　7月16日の18時から7月17日の6時までの12時間

問6　問5の(1)、(2)、(3)に示した時間に、素焼き鉢にたくわえられた水が蒸発した量は、プラ鉢にたくわえられた水が蒸発した量の何倍ですか。正しいものを次のア〜オの中から一つ選び、記号で答えなさい。

ア　(1)は約2倍、(2)は約3倍、(3)は約1倍　　イ　(1)と(3)は約1倍、(2)は約2倍

ウ　(1)と(3)は約1倍、(2)は約3倍　　エ　(1)と(3)は約2倍、(2)は約1倍

オ　(1)(2)(3)いずれも約2倍

問7　実験2の結果から、素焼き鉢のほうからたくさん水が蒸発していることがわかりました。プラ鉢では土の表面からしか蒸発していないのに、素焼き鉢は鉢の側面からも水が蒸発しているからと考えられます。

素焼き鉢の側面からも水が蒸発していることを確かめるためには、どんな実験をしたらよいですか。実験の方法を説明し、予想される結果を書きなさい。

問8　実験2では植物を植えませんでしたが、ピーマンを植えて同じ実験をしたら結果はどうなると予想しますか。次のア〜エの中から一つ選び、記号で答えなさい。また、そのように考えた理由を書きなさい。

ア　プラ鉢も素焼き鉢も水の減り方が速くなる

イ　プラ鉢も素焼き鉢も水の減り方がおそくなる

ウ　プラ鉢は水の減り方が速くなり、素焼き鉢は水の減り方がおそくなる

エ　プラ鉢は水の減り方がおそくなり、素焼き鉢は水の減り方が速くなる

栄一君は実験の結果をもとに考えて、ひとまわり大きなプラ鉢に植えかえることにしました。

問9　プラ鉢と素焼き鉢を比べたときに、プラ鉢にはどのような特ちょうがあると考えられますか。実験1と実験2の結果をもとに書きなさい。

実験1でプラ鉢の土の中の温度は40℃をこえてしまうこともあることがわかりました。夏の暑い季節は、ずっと日の当たるところには置かないほうが良さそうです。午前は日なたに置いて午後は日かげに移動した場合と、午前は日かげに置いて午後は日なたに移動した場合の温度変化も調べてみました。図6がその結果をグラフにしたものです。

午前は日なたに置いて午後は日かげに移動した場合のほうが、温度はあまり高くならずにすみました。栄一君は、西日の当たらないところに置くと良いというのはこういうことなのかと思いました。

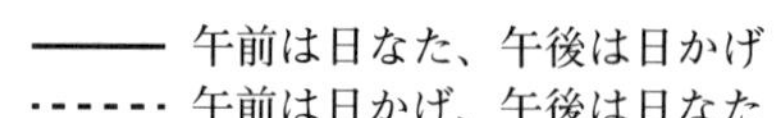

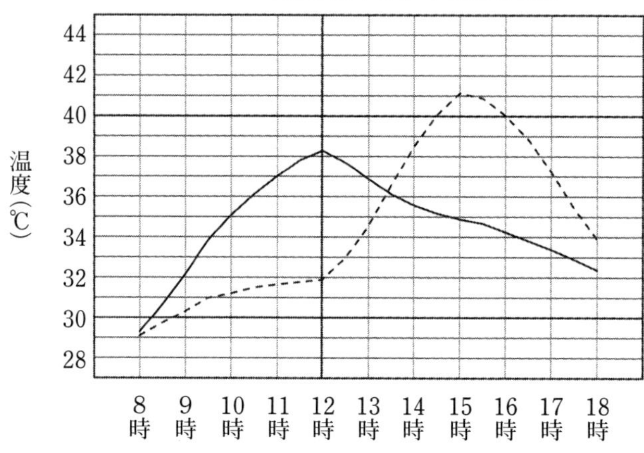

図6　鉢を移動させた場合の土の中の温度変化

栄一君はピーマンを植えた鉢を、８時から13時まではずっと日なたに、13時から日の入りまではずっと日かげになるところに置こうと思いました。そこで、時刻が変わるとかげの向きや長さがどうなるかを調べることにしました。

問10　栄一君は水平に置いた板の上に長さ15㎝の棒を垂直に立てて、棒のかげの先端（せんたん）の位置を１時間ごとに記録しました。この測定は７月20日に神奈川県鎌倉（かまくら）市で行いました。栄一君が記録したものとして正しい図を次のア～エから一つ選び、記号で答えなさい。なお、軸（じく）に書かれた数字は棒からの距離（きょり）を㎝単位で表したものです。また、棒のかげの先端がＰの位置になった時刻を答えなさい。

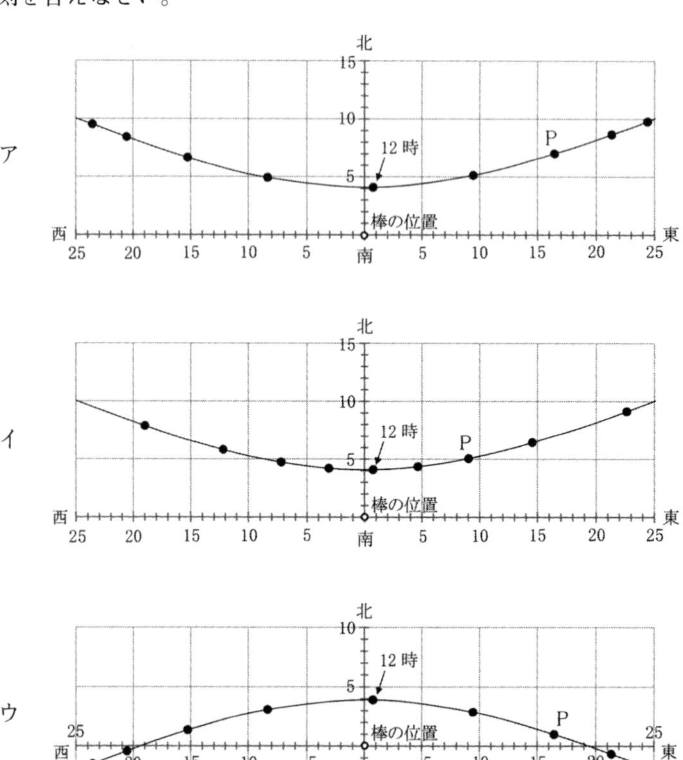

エ

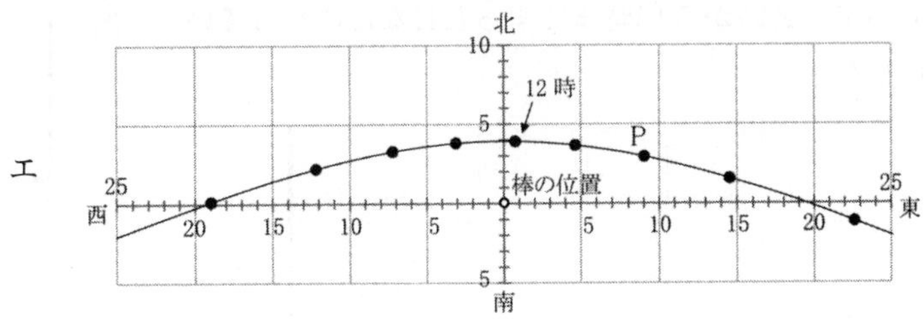

時刻とかげの位置の関係がわかったので、実際に栄一君の家の庭のどこに鉢を置けばよいのか考えることにしました。図７は栄一君の家の庭で、図中の太い方眼の間隔（かんかく）は、実際の長さの１ｍにあたります。また、細い方眼の間隔は、実際の長さの10㎝にあたります。庭の東側、南側、西側は高さ1.5ｍの塀（へい）で囲まれています。以下の各問では、晴れた日について考えるものとします。

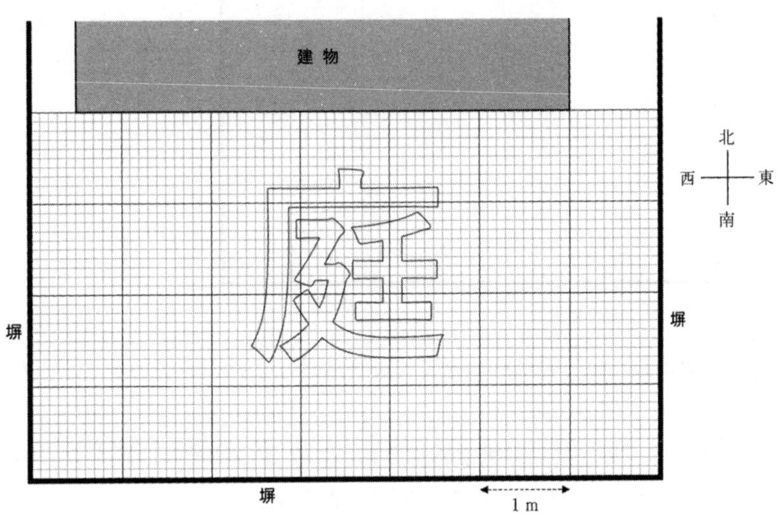

図７

問11　８時の日なたと日かげの境を線で示しなさい。

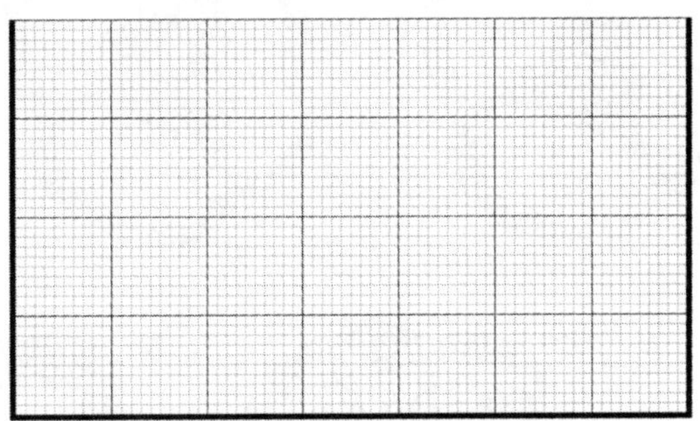

問12　例にならって、８時から13時までずっと日なたになっている範囲を示しなさい。

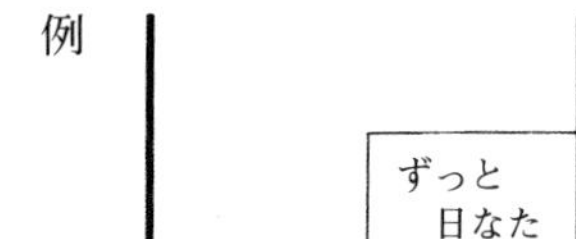

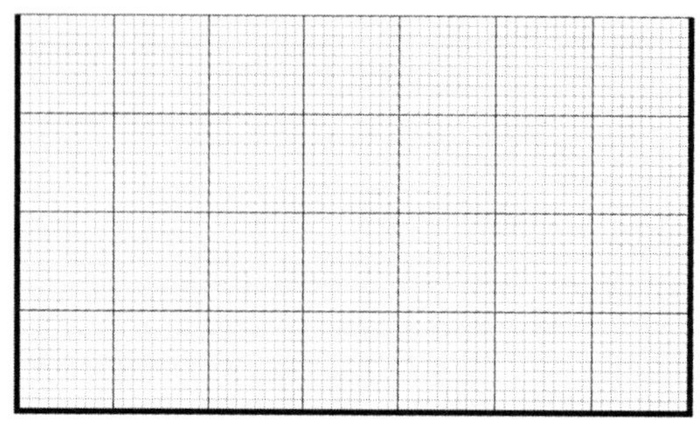

問13　例にならって、13時から太陽がしずむまでずっと日かげになっている範囲を示しなさい。

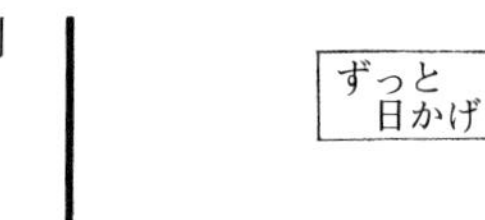

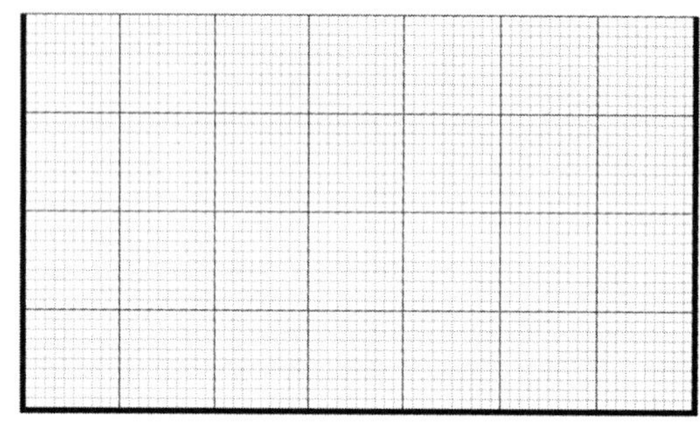

これらの結果から、栄一君は庭のどこに鉢を置けばよいのかがわかりました。

問14　次の各図は、ピーマンの実を輪切りにしたときの種子の位置を○の印で示したものです。正しいものをア～エから一つ選び、記号で答えなさい。

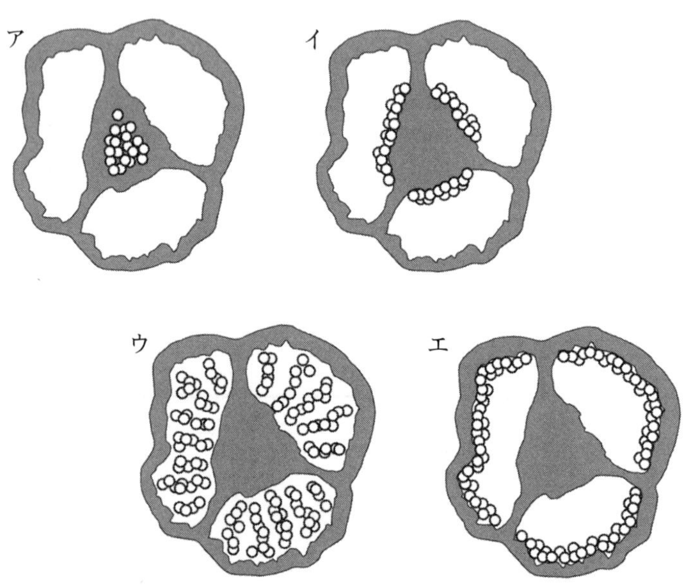

海 城 中 学 校(第１回)

—45分—

1 次の文章を読んで、以下の各問いに答えなさい。特に指示がなければ、数値で答えるものは、必要であれば四捨五入して小数第二位まで答えなさい。

音の伝わる時間を測ることによって得られる情報があります。たとえば、稲光(いなびかり)が見えてから雷鳴(らいめい)が聞こえるまでの時間を測ると、雷(かみなり)が落ちたところまでのおよその距離(きょり)が分かります。光は速さが大変大きく一瞬(いっしゅん)で伝わりますが、音は空気中を毎秒340ｍの速さで伝わるので、この違(ちが)いを利用しています。

図１のように、単発的な音を発することができる機器１と、音を受け取ることができる機器２があり、この２つを一緒(いっしょ)にした装置があります。

図１

機器１から発した音は板で反射し、戻(もど)ってきた音を機器２で受け取ります。２つの機器は小さく、機器１から発した音は、板で垂直に反射し、機器２に戻ってくるものとします。また、音の伝わる速さは、音を発するものや反射するものが静止していても動いていても、変化することはありません。

装置と板がともに静止している場合を考えてみます。

問１ 装置と板の距離は300ｍとします。機器１から発した音が機器２に戻ってくるまでにかかる時間は何秒ですか。

静止した板に向かって、装置が点線上を毎秒10ｍの一定の速さで動いている場合を考えてみます。

問２ 装置と板の距離が300ｍのとき機器１から音を発すると、音が機器２に戻ってくるまでにかかる時間は何秒ですか。

静止した装置に向かって、板が点線上を毎秒10ｍの一定の速さで動いている場合を考えてみます。

問３ 装置と板の距離が300ｍのとき機器１から音を発すると、音が機器２に戻ってくるまでにかかる時間は何秒ですか。また、音が板で反射されたときの装置と板の距離は何ｍですか。ただし、この距離については、必要であれば四捨五入して、**整数**で答えなさい。

問３で求めた時間は、問３で求めた距離のところに板が静止している場合と同じ値になります。つまり、板の動きが目視できない場合は、音が戻ってくるのにかかる時間を測っても、板が静止しているか動いているかを判断することは困難です。

そこで、装置が静止しているか動いているかでどのような影響(えいきょう)が現れるのかを考えてみることにします。図２のように、音を発する機器１と受け取る機器２を分け、点線上を一定の速さで動いている機器１から機器２に向けて発した音を、静止した機器２で受け取るようにします。

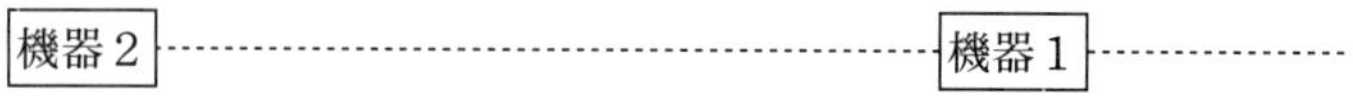

機器２ -- 機器１ ---------------

図２

機器１は、毎秒10ｍの速さで機器２に近づいているとします。機器１と機器２の距離が300ｍのとき、機器１から単発的な音を発し、その２秒後と４秒後、つまり２秒間隔（かんかく）で計３回の単発的な音を発するとします。

問４　機器２が１回目の音を受け取ってから２回目の音を受け取るまでの時間は、何秒ですか。

問５　機器１と機器２の距離は時間とともに短くなります。このことが機器２の音を受け取る時間にどのように影響するかを考えてみます。機器２が２回目の音を受け取ってから３回目の音を受け取るまでの時間は、何秒ですか。

機器１と機器２の距離が300ｍのとき機器１から１回目の単発的な音を発し、その２秒後に２回目の単発的な音を発したところ、機器２が１回目の音を受け取ってから２回目の音を受け取るまでの時間は2.04秒でした。

問６　２回の音を発する間、機器１はどのような動きをしているでしょうか。次の文中の□内には数値を入れ、｛　　｝内は機器１が動いている向きを○で囲み、文を完成させなさい。

機器１は毎秒□ｍの速さで、機器２　｛に近づいている・から遠ざかっている｝。

②　次の文章を読んで、以下の各問いに答えなさい。なお、数値で答えるものは、必要であれば四捨五入して整数で答えなさい。

硫酸銅（りゅうさんどう）は水の検出に用いられることがある物質です。これは、白色の硫酸銅が水を取（と）り込（こ）むと青色に変化する性質を利用しています。

水を取り込むことで青くなると別の物質に変化したように感じますが、この色の違いは水を取り込んでいるかどうかだけでどちらも硫酸銅です。まったく水を取り込んでいない白色のときを無水塩と呼び、水を取り込んで青色になったときは水和物と呼びます。

この硫酸銅を用いて、以下の実験Ⅰ～Ⅲを行いました。

実験Ⅰ　33℃の水100ｇに硫酸銅の無水塩を限界まで溶（と）かしたところ、25ｇ溶けて青色の硫酸銅水溶液（すいようえき）が得られた。

実験Ⅱ　実験Ⅰの水溶液の温度を53℃まで上げて再び硫酸銅の無水塩を限界まで溶かしたところ、さらに11ｇ溶けた。

実験Ⅲ　実験Ⅱで得られた硫酸銅水溶液を33℃に冷却（れいきゃく）したところ、青色の結晶（けっしょう）が20ｇ得られた。

問１　水の検出について、次の⑴、⑵に答えなさい。

⑴　水の検出に用いられる試験紙として適当なものを次のア～ウから１つ選び、記号で答えなさい。

ア　赤色リトマス紙　　イ　青色リトマス紙　　ウ　塩化コバルト紙

⑵　硫酸銅のように水を取り込むことで色が変わる性質をもつ物質が用いられる例として最も適当なものを次のア～エから１つ選び、記号で答えなさい。

ア　乾燥剤　　イ　消臭剤　　ウ　防腐剤　　エ　防虫剤

問２　33℃の硫酸銅の飽和水溶液の濃度は何％ですか。

問３　53℃の水150ｇに硫酸銅の無水塩は最大何ｇ溶かすことができますか。

問４　実験Ⅲで得られた青色の硫酸銅の水和物の結晶について、次の⑴、⑵に答えなさい。

⑴　実験Ⅲで得られた結晶20ｇを加熱すると、硫酸銅の無水塩が12.8ｇ得られました。実験Ⅱで温度を上げて溶かした量よりも多くなっている理由を簡潔に説明しなさい。

⑵　実験Ⅲで結晶が得られた後の硫酸銅水溶液の濃度は何％ですか。

問５　実験Ⅲで得られた結晶と同じ割合で水を取り込んでいる硫酸銅の水和物について、次の⑴、⑵に答えなさい。

⑴　この硫酸銅の水和物を33℃の水100ｇに溶かすとき、最大何ｇ溶かすことができますか。

⑵　この硫酸銅の水和物100ｇを加熱していくと、次の図のように重さが変化して64ｇの無水塩になることが知られています。この図からわかることを述べたあとの文中の【 X 】～【 Z 】に当てはまる数値をそれぞれ答えなさい。

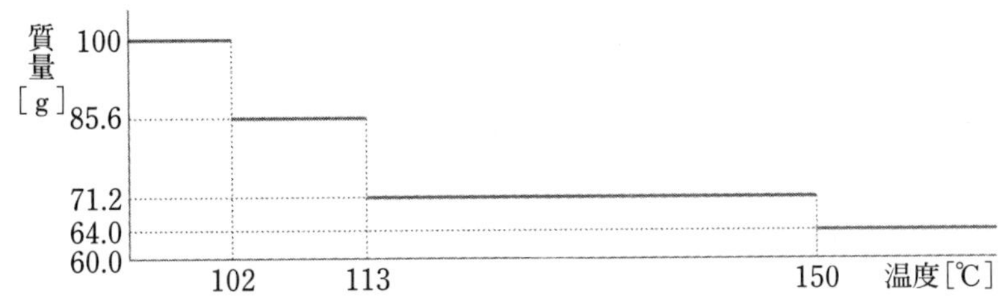

十分な水を取り込んだ硫酸銅の水和物が無水塩になるまでに３回重さが減少をすることがわかる。

取り込んでいた水の量を100％とすると、102℃のところで【 X 】％の水分が、113℃のところでさらに【 Y 】％の水分が、最終的に150℃のところでさらに【 Z 】％の水分が放出されることで無水塩になることがわかる。

③　次の文章を読んで、以下の各問いに答えなさい。

夏に高山に登ってみると一面のお花畑が広がっています(図１)。どうしてお花畑が広がっているのでしょうか。

高山で花を咲かせるのは背の低い植物が多いです。こうした植物が育つには光が必要です。高山の山頂付近は風が強く、その風によって樹木は折れたり倒れたりするため、高木が存在することができません。そのため背の低い植物でも光を受けることができます。また、夏まで雪が残る谷や窪地では、雪が溶けるとその水を吸収して花々が咲き誇ります。

植物が花を咲かすのは自身の子孫を残すためです。花を咲かせて虫などに花粉を運んでもらうことで、受粉をして種子を作ります。植物は花粉を運んでもらうため、虫を呼ぶ様々な工夫をしています。図２は日本の高山の花に訪れる昆虫の割合を表し、①ハエ類が最も多く、その次に②ハチ類が多くなっています。

高山は低地と比べて気温が低く、花粉を運んでもらう虫の活

図１　高山のお花畑

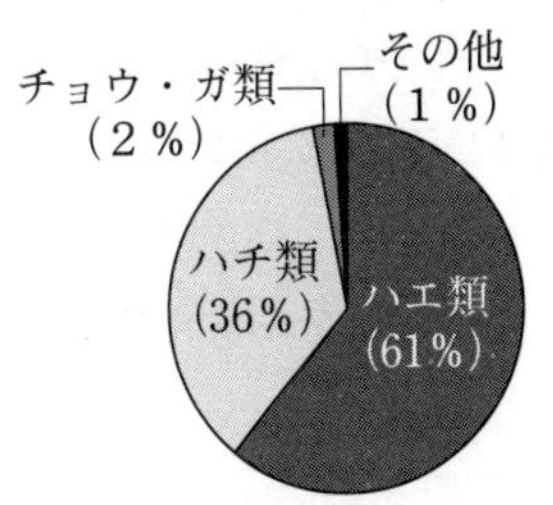

図２　日本の高山の花に訪れる昆虫の割合

動時期が限られています。そのため、花には、虫を呼び寄せ、より確実に受粉をするための特徴が見られます。

例えば、高山に生息するマルハナバチといったハチ類は視覚によって花を探していると言われています。花は、マルハナバチなどが訪れやすい黄色や紫色、桃色などの花の色になっているものもあります。それが結果的にマルハナバチから見れば目立つ色になっています。また、花と言えば、良い香りというイメージがある人もいるかと思いますが、③高山にはイブキトラノオのように、くさいにおいが出る植物もあります。花が目立つか、においを出すかはどのような虫が花粉を運ぶかに関連していると考えられています。

問１　図３はアブラナ科の花の構造の断面図を示しています。A、Bの名称を答えなさい。また、花の蜜が存在する部分はどこですか。図中のア～オから１つ選び、記号で答えなさい。

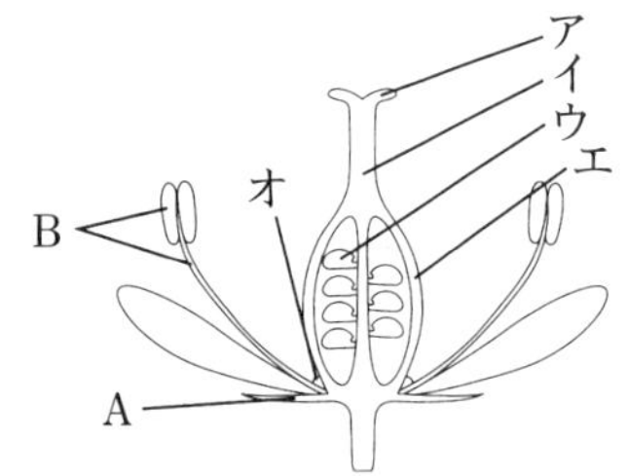

図３　アブラナ科の花の構造

問２　下線部①について、次の(1)、(2)に答えなさい。

(1)　図４はハエの頭部を拡大したものです。図中のXの部位の名称を答えなさい。

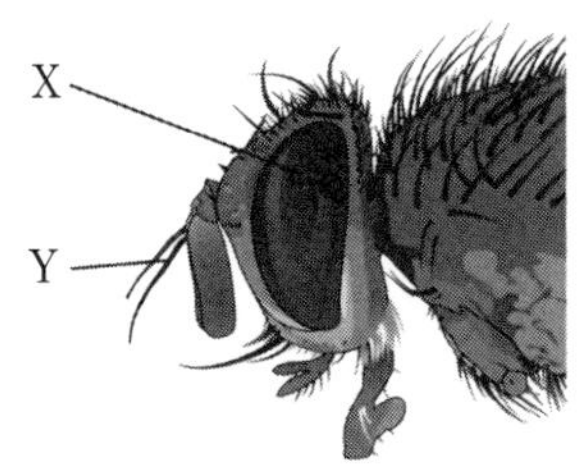

図４　ハエの頭部

(2)　図５は図４のYの表面部分をさらに拡大したものです。ハエはここで、くさいにおいなど空気中に漂うにおい物質を感知しています。Yの部分にこうした細い毛がたくさんあることの利点を簡潔に説明しなさい。

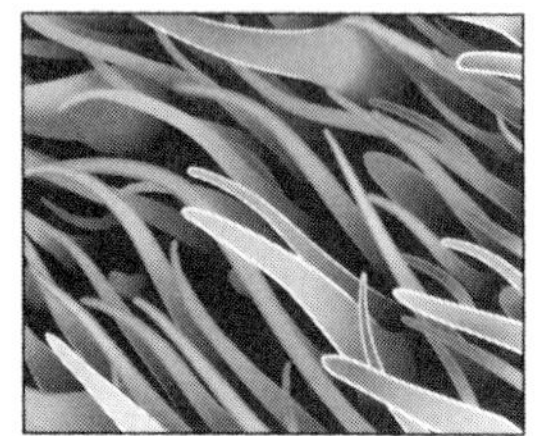
図５　Yを拡大した様子

問３　下線部②について、ハチ類の中には女王バチと働きバチからなる集団で生活をしているものもいます。こうした生活様式をもっている昆虫を次のア～オからすべて選び、記号で答えなさい。

ア　チョウ　　イ　アリ　　ウ　シロアリ　　エ　ゴキブリ　　オ　ユスリカ

問４　下線部③について、高山においてイブキトラノオ(図６)の花が、くさいにおいを出すことの利点を花粉を運ぶ昆虫の特徴をふまえて簡潔に説明しなさい。

図６　イブキトラノオ

問５　図７はニュージーランドの高山の花に訪れる昆虫の割合を示しています。また、次のア、イは日本もしくはニュージーランドのある地域における高山植物の花の色の割合を示しています。ニュージーランドの高山植物の花の色の割合はアとイのどちらになりますか。記号で答えなさい。また、そのように考えた理由を図７を踏まえて説明しなさい。

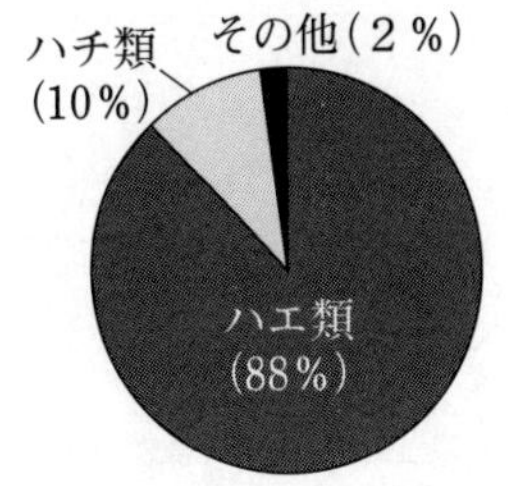

図７　ニュージーランドの高山の花に訪れる昆虫の割合

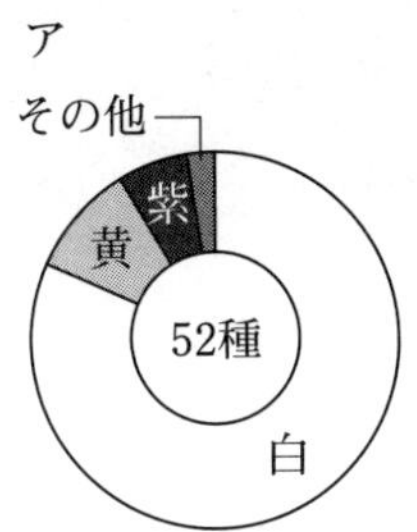

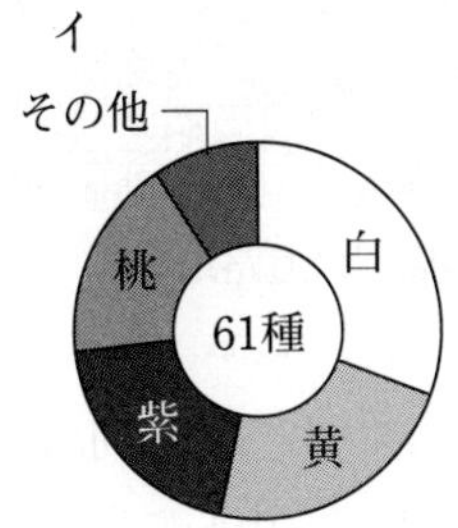

④　次の文章を読んで、以下の各問いに答えなさい。

わたしたち人間は、陸地に道路を張り巡らせることで人や物の行き来を盛んにしています。道路を人工的に設置するときに、地形などの自然を無視することはできません。張り巡らされた道路がどのように自然環境とつながっているのか見てみましょう。以下の地図はすべて、真北(北極点のある方向)が図の上方向となっています。

問１　京都市街地周辺の道路のみを示した図１を見ると、中心部に比べて図の端の方の道路は曲がっており数も少ないことがわかります。図１の中央には、二条城があり、二条城を囲む道路は周辺道路とずれた方角を向いています。建設当時、周辺道路の方角は太陽の方位から、二条城の方角は方位磁針の向きから決められたのではないかと言われています。また、現在の方位磁針のＮ極が指し示す方向は図１の通りです。以上のことから言えることとして適当なものを次のア～エからすべて選び、記号で答えなさい。

ア　現在の京都周辺では、方位磁針のＮ極が指し示す方向は真北よりも少し西にずれる。

イ　地球において、方位磁針のＮ極が指し示す方向は時とともに変化する。

ウ　月は一年を通して同じ時刻に同じ方位から昇るため、月を基準にすれば正確な方位がわかる。

エ　二条城が建てられた時代には、方位磁針のＳ極は現在の真南よりも東に数度ずれた方向を指し示していた。

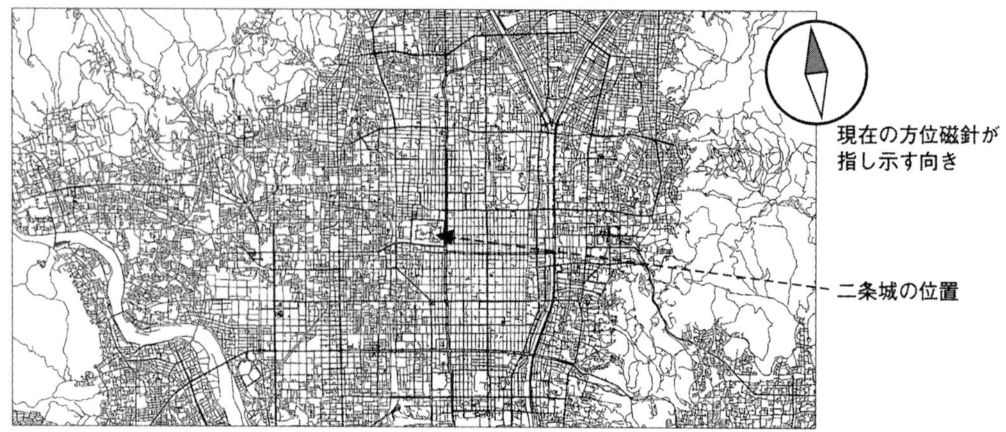

図１　京都市街地周辺の道路地図

問２　図２は、沖縄県にある波照間島の道路のみを示した地図です。島の西部を中心に東西南北に新しい道路が建設されているのに対して、中心部のような古い街並みでは道路および家の向きが異なっています。古い街並みはこの地域の自然環境を反映して作られたと考えられているのですが、何の方角を基準にしていると考えられますか。表１を参考にして、最も適当なものを次のア～エから１つ選び、記号で答えなさい。

ア　海流　　イ　季節風　　ウ　太陽　　エ　星座

図２　沖縄県波照間島の道路地図

表１　沖縄県波照間島の様々なデータ(月ごとのデータ)

要素	周辺の海流の平均的な向き	最多だった風向	日の入りの方位	南十字星がよく見える方角
1月	東	北北東	南西	南
2月	東	北北東	西南西	南
3月	南西	北北東	西	南
4月	西南西	北東	西北西	南
5月	東	南	北西	南
6月	東	南南西	北西	南
7月	南東	南	北西	見えない
8月	西南西	南	西北西	見えない
9月	東	北東	西	見えない
10月	南東	北北東	西南西	見えない
11月	南南西	北東	南西	見えない
12月	東北東	北北東	南西	南

問３　図３は、メキシコのテオティワカンという場所の道路で、テオティワカン遺跡を貫く道路（図中の矢印）は南北の方向からずれていることがわかります。この地域の神話で世界が始まったとされる日の日没の光が、道路と直角な方向になるように作られたと考えられています。この日として適当なものを次のア～エから１つ選び、記号で答えなさい。ただし、この地域は北緯20°付近に位置しています。

ア　１月10日　　イ　３月15日　　ウ　８月13日　　エ　11月11日

図３　メキシコ・テオティワカンの道路地図

問４　図４、５は同じ範囲を表しており、それぞれ山口県にある青海島の道路のみを示した地図と河川や海などの水域のみを示した地図です。この地域出身の金子みすゞは、この島の自然に関する詩として次のようなものを詠んでいます。あとの(1)、(2)に答えなさい。

波の橋立よいところ、
右はみずうみ、もぐっちょがもぐる、
左ゃ外海、白帆が通る、
なかの松原、小松原、
さらりさらりと風が吹く。
　海のかもめは
　みずうみの
　鴨とあそんで
　日をくらし、
　あおい月出りゃ
　みずうみの、
　ぬしは海辺で
　貝ひろう。
波の橋立、よいところ、
右はみずうみ、ちょろろの波よ、
左ゃ外海、どんどの波よ、
なかの石原、小石原、
からりころりと通りゃんせ。

「金子みすゞ童謡全集」（ＪＵＬＡ出版局）より

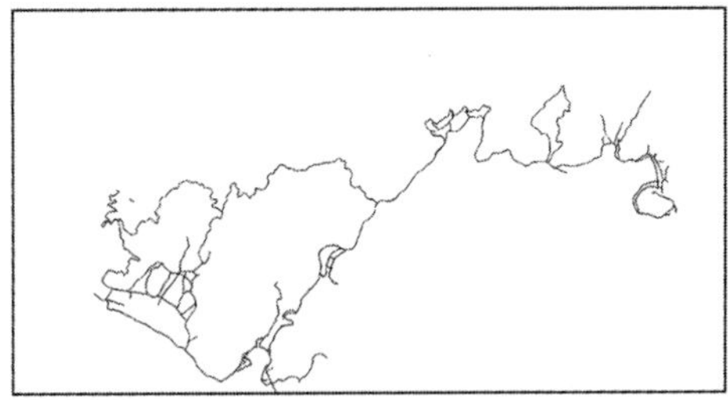

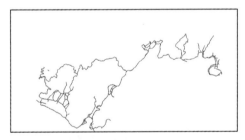

図４　山口県青海島の道路地図

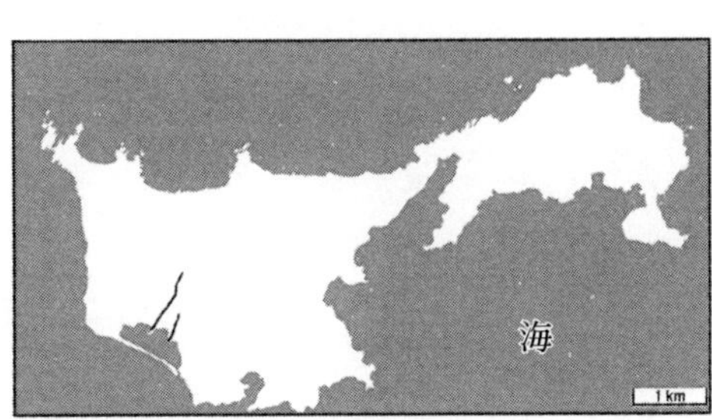

図５　山口県青海島の地図（グレーの部分は海、細い線は河川を示す）

(1)　この詩が図４の道路上で詠まれたと仮定すると、どの場所に立ってどの向きを向いて詠まれていますか。図５中に、場所を●で、向きを矢印で示しなさい。

⑵　詩の最後の二行にある通り、この場所にはコロコロとした丸い礫が堆積しています。こうした礫や、この詩の場所の地形のでき方に関する説明として最も適当なものを次のア〜エから１つ選び、記号で答えなさい。

ア　火山が噴火して吹き飛ばされた大小様々な石が、そのまま堆積してできた。

イ　川の上流からとても穏やかな流れで運ばれてきた石が、海底に堆積してできた。

ウ　海岸を強い海流で流されてきた石が、波に揺られながら堆積してできた。

エ　大雨によって発生した土石流が、扇状地に厚く堆積してできた。

問５　図１、２、３のように、道路の形やつながりを調べることで、地形や文化、交通輸送などについて考えることができるようになります。道路網において、どの方角にどのくらいの割合の道路がのびているかを調べてみましょう。次の⑴〜⑶に答えなさい。

⑴　図６は海城中学校周辺の道路のみを示した地図です。道路の端もしくは交差点を・で示し、となりあった・と・を結ぶ直線を道路の１区間とします。図６において「どの方角にどのくらいの割合の道路がのびているか」を以下の【ルール】で数えることにしたとき、どのようなグラフになるか作図しなさい。

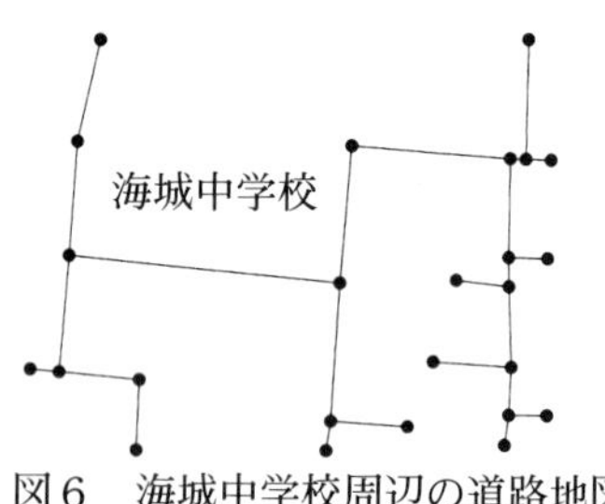

図６　海城中学校周辺の道路地図

【ルール】

360°の方位を図７のように８等分し、方位ごとに各区間の本数を数える。結果は図８のように、全本数に対する各方位の本数の割合が半径となるような扇形を斜線で示し、扇形は中心点をはさんで両側に同じものを描く。

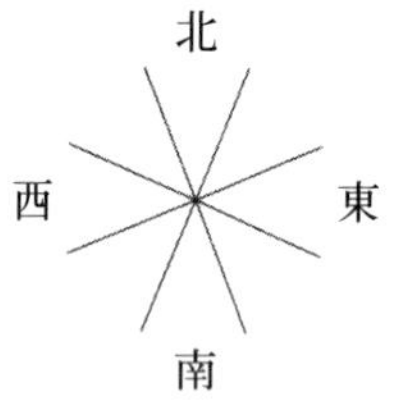

図７　方位を８分割した様子

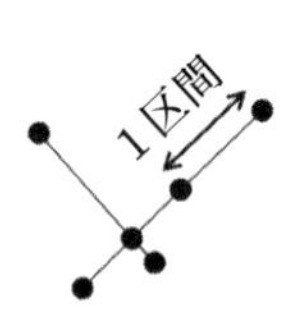

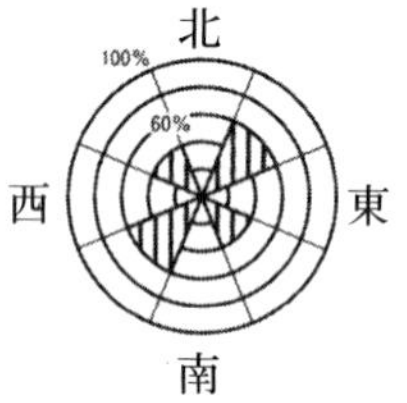

図８　左のような道路の場合に数えた例(右)

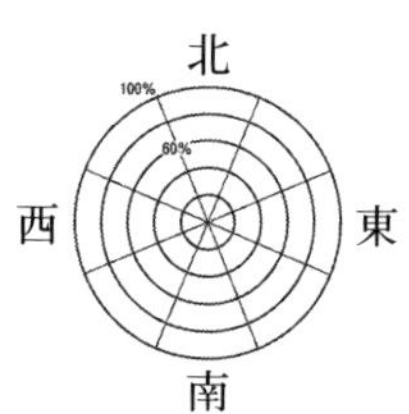

⑵　この【ルール】では「どの方角にどのくらいの割合の道路がのびているか」という道路網の傾向(けいこう)をうまく表現できません。この【ルール】にどのような問題点があり、どのような工夫をすればいいか、「方位を細かく分ける」以外のものを１つ説明しなさい。

⑶　図１のような京都市の道路の向きについて適切な方法でより詳(くわ)しく調べると、図９のように偏(かたよ)りのある図になります。それに対して、図10の地域では、道路の方位がバラバラになっており、この地域の地形の影響を受けています。どのような地形であれば、どのような理由によって図10のような道路の方位分布になりますか。可能性の１つを説明しなさい。

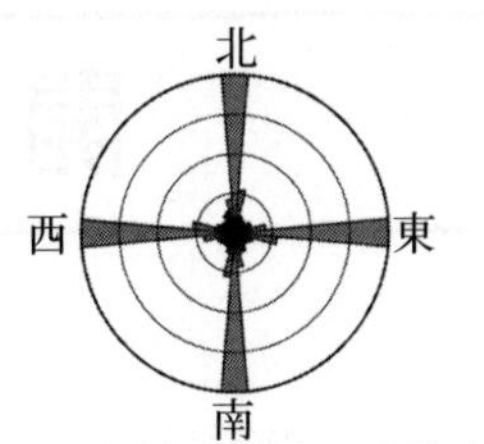

図９　京都市の道路の方位分布

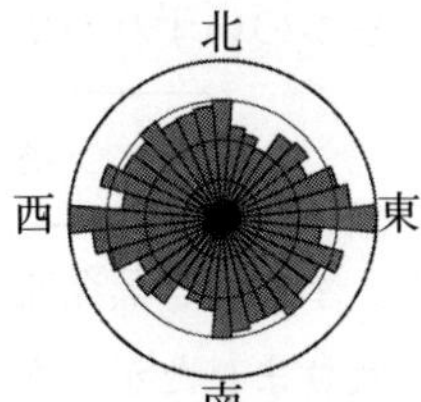

図10　ある地域の道路の方位分布

開　成　中　学　校

—40分—

1

Ⅰ　**5種類**の水溶液(すいようえき)Ａ～Ｅを試験管に用意して実験１～実験３を行いました。これらの水溶液は、以下の**6つ**のいずれかであることがわかっています。

アンモニア水・塩酸・重そう水・食塩水・石灰水・炭酸水

実験１　水溶液を蒸発皿に入れ、加熱して水を蒸発させると、水溶液Ｂ、Ｃ、Ｄでは白い固体が残りましたが、水溶液Ａ、Ｅでは何も残りませんでした。

実験２　においをかぐと、においがあったのはＡだけでした。

実験３　水溶液Ａ、Ｅは青色リトマス紙を赤色に、水溶液Ｂ、Ｃは赤色リトマス紙を青色に変えましたが、水溶液Ｄでは、リトマス紙の色の変化はありませんでした。

問１　水溶液Ｅの名前を答えなさい。

問２　水溶液Ａの名前を答えなさい。

問３　水溶液Ａ～Ｅをすべて特定するためには、少なくともあと１つの実験をする必要があります。その実験として最も適切なものを、次のア～エの中から１つ選び、記号で答えなさい。

ア　ＢＴＢ溶液を水溶液に加えてみる。

イ　二酸化炭素を水溶液にふきこんでみる。

ウ　実験１で得られた白い固体に磁石を近づけてみる。

エ　実験１で得られた白い固体が電気を通すか調べてみる。

Ⅱ　水溶液の酸性・中性・アルカリ性を知る方法はリトマス紙やＢＴＢ溶液以外にも複数あり、例えば、ムラサキキャベツにふくまれるアントシアニンという、多様な色を示す色素を利用する方法もあります。さらに、複数の色素をしみこませた万能(ばんのう)試験紙(図１)を使うことで、酸性やアルカリ性の「強さ」を調べることができます。強さはpH(ピーエイチ)で表し、中性を７とし、多くの水溶液は０から14までの数値で表されます。数値が７から小さくなるほど強い酸性、大きくなるほど強いアルカリ性であることを示しています。

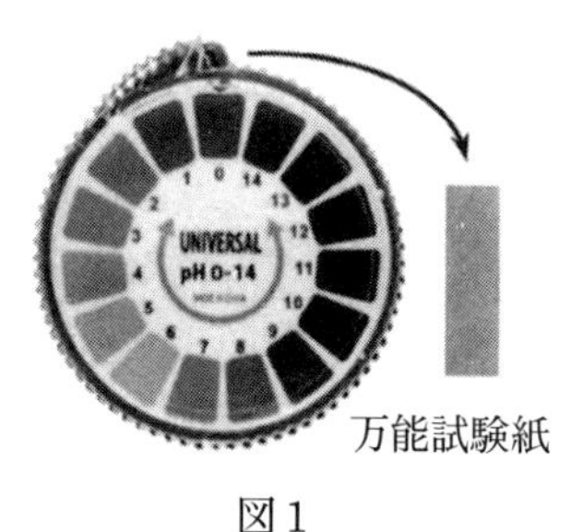

図１

ここでは医薬品にも使われるほう酸と、果実などに入っているクエン酸に注目し、万能試験紙を使って、実験４～実験７を行いました。

実験４　ほう酸を25℃の水80ｇにとかしたところ、4.0ｇまでとけました。ガラス棒の先を使って、この水溶液を万能試験紙につけたところ、万能試験紙の色が変わりました。色が変わった万能試験紙と見本を図２のように比べたところ、pHは５程度であることがわかりました。この水溶液を50℃まで温めたところ、ほう酸はさらに4.8ｇとけました。

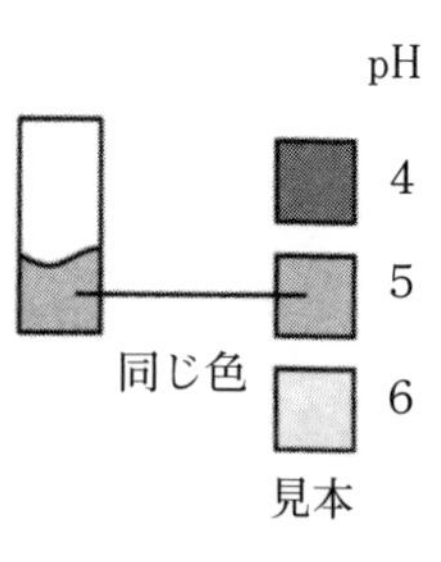

図２

実験５　クエン酸についても実験４と同様に、25℃の水80ｇにとかしたところ、60ｇまでとけました。水溶液のpHは、クエン酸を水80ｇに4.0ｇとかした時点で２程度になり、最終的に60ｇをとかしたとき、pHは１程度になりました。

実験６　実験４で得られたpHが５程度のほう酸水溶液にスチールウールを入れたところ、あわは発生しませんでした。一方、実験５で得られたpHが１程度のクエン酸水溶液では、あわが発生しました。

実験７　ほかの酸の水溶液についても酸性の強さを調べました。市販（しはん）の酢（す）では、pHは２～３程度でした。実験室にあった濃度（のうど）３％の塩酸では、pHは０～１程度でした。

問４　実験４の結果より、ほう酸は50℃の水100ｇに何ｇとけることがわかりますか。ただし、答えが整数にならない場合は、小数第１位を四捨五入して整数で答えなさい。

問５　50℃の水100ｇにほう酸を7.0ｇとかしました。この水溶液を25℃まで冷やしたとき、水を何ｇ追加すれば、25℃でほう酸をとかしきることができますか。25℃の水にほう酸がとける限界の量は実験４の結果から判断して答えなさい。ただし、答えが整数にならない場合は、小数第１位を四捨五入して整数で答えなさい。

問６　実験４～実験７の結果から言えることとして、正しいものを、次のア～オの中から**すべて選び**、記号で答えなさい。

ア　25℃の水にほう酸をできるだけとかしたとき、その水溶液の酸性は市販の酢より強くなる。

イ　クエン酸の水溶液は水でうすめると、その酸性の強さは弱くなる。

ウ　クエン酸が水にとけた重さと、pHの７からの変化量の間には比例の関係がある。

エ　市販の酢の中にスチールウールを入れると、あわが発生する。

オ　酸をとかした水溶液の濃度が同じであっても、ほう酸やクエン酸といった酸の種類が異なれば、水溶液の酸性の強さが同じになるとは限らない。

２　次の会話文を読んで、月についての以下の問いに答えなさい。

先生：昨年の８月31日に見えた満月は、ブルームーンでしかもスーパームーンだったね。

満男：ブルームーンって青いの？

月子：青く見えるわけじゃなくて、１ヶ月の間に２回満月があるとき、その２回目の満月のことですよね？　その前の満月は８月２日だったから。

先生：その通り。①<u>昔の暦（こよみ）</u>ではありえなかったわけだけどね。

月子：ああ、昔の暦って、１ヶ月が新月から新月までの平均29.53日だったから満月が２回あるわけがないんですね。

満男：でも、そうすると12ヶ月が365日じゃないわけだよね。１年はどうなっていたんだろう？

先生：それはね、②<u>大の月（１ヶ月が30日）と小の月（１ヶ月が29日）を組み合わせて12ヶ月として</u>、１年に足りない分はときどき「うるう月」をはさんで13ヶ月にしていたんだよ。

月子：複雑なんですね。じゃあ「うるう月」はどのくらいあるの？

先生：それはね、だいたい（　あ　）はさむことになっているんだ。

月子：そういえば今年は「うるう年」だから、今月は29日まであるわね。

先生：それは別の話で、「うるう年」は、地球が太陽のまわりを１周するときにぴったりした日数になっていないためにもうけられているんだ。西暦（せいれき）が４で割りきれる年は（　a　）で、

100で割り切れる場合は例外的に（ b ）とし、さらに400で割り切れる場合は（ c ）としているよ。

満男：ところで先生、スーパームーンは今年の満月で一番大きく見えるんだよね？

先生：それもちょっとちがうね。最初に決めた占星術師は、③月と地球の距離をもとに計算で決めたようだよ。

月子：ああ、だから１年に２回も３回もあるわけなのね。おかしいと思った。

満男：この写真（図１）ほんと？こんなに大きさがかわるの？

図１　スーパームーンと最小の満月

先生：そうだね、見比べないからわからないんだよ。ブルームーンとスーパームーンは、どちらも人間が勝手に決めたものなので科学的にはあまり意味はないんだ、夢をこわして悪いけど。でもその機会に月や星をながめるのはいいと思うよ。

問１　下線部①の昔の暦の例としては、明治５年まで使われていたものがあります。その暦と現在使われている暦について説明した文としてあてはまるものを、次のア～エの中から**１つずつ選び**、記号で答えなさい。

ア　１年の長さを太陽の動きで決め、１ヶ月の長さも太陽の動きで決めている。

イ　１年の長さを月の動きで決め、１ヶ月の長さも月の動きで決めている。

ウ　１年の長さを太陽の動きで決め、１ヶ月の長さを月の動きで決めている。

エ　１年の長さを太陽の動きで決め、１ヶ月の長さは太陽の動きや月の動きに関係なく決めている。

問２　下線部②の日数について、大の月と小の月が交互にくり返されたとしたとき、12ヶ月の日数を整数で答えなさい。

問３　次の事実をもとに、文章中の（ a ）～（ c ）にあてはまる語を「うるう年」または「平年」から選んで答えなさい。

・西暦2023年は平年である。
・西暦2020年はうるう年である。
・西暦2000年はうるう年である。
・西暦1900年は平年である。

問４　七夕（７月７日）の夜に見える月の形は現在の暦では毎年異なっていますが、昔の暦の７月７日には毎年ほぼ同じ形に見えていました。その形としてあてはまるものを、次のア～オの中から１つ選び、記号で答えなさい。ただし、図は月が南中したときに肉眼で見た向きになっています。

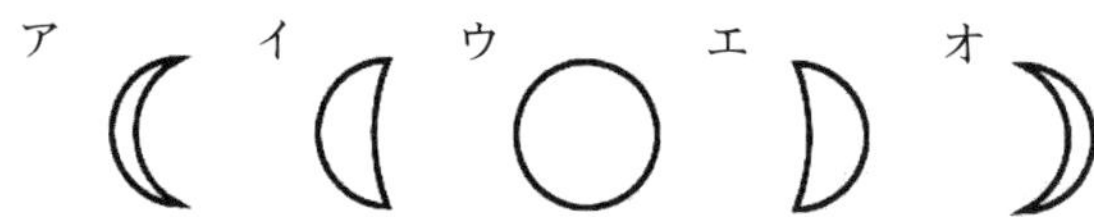

問５　文章中の（ あ ）にあてはまる語句を、次のア～エの中から１つ選び、記号で答えなさい。

ア　２年に１回　　イ　４年に１回　　ウ　10年に７回　　エ　19年に７回

問６　下線部③のくわしい説明の例としては、次のようになります。

「だ円形になっている月の軌道で地球から最も遠いとき（遠地点）の月と地球の距離をＡとし、

地球から最も近いとき（近地点）の月と地球の距離をＢとします。（Ａ－Ｂ）の90％の長さをＡから引いた距離をＣとします。Ｃよりも近い新月または満月をスーパームーンとします。」

では、Ａを40.7万km、Ｂを35.7万kmとした場合に、昨年の８月２日に見えた満月（距離は35.8万km）について述べた文として正しいものを、次のア～エの中から１つ選び、記号で答えなさい。

ア　Ｃは36.2万kmであるから、スーパームーンである。

イ　Ｃは36.2万kmであるから、スーパームーンではない。

ウ　Ｃは40.2万kmであるから、スーパームーンである。

エ　Ｃは40.2万kmであるから、スーパームーンではない。

問７　右の図２は地球のまわりの月の軌道を表していて、昨年の８月31日の満月の位置を●で示してあります。ただし、この図では天体の距離や大きさは正確ではありません。また、図２では地球が公転しないように描（か）いてあるので、時間がたつと太陽光の向きが変わっていくことになります。

記入例を参考にして、図２に昨年の８月２日の地球に対する太陽光の向きを矢印と直線で記入しなさい。また、昨年の８月２日の満月の位置を×印で記入しなさい。

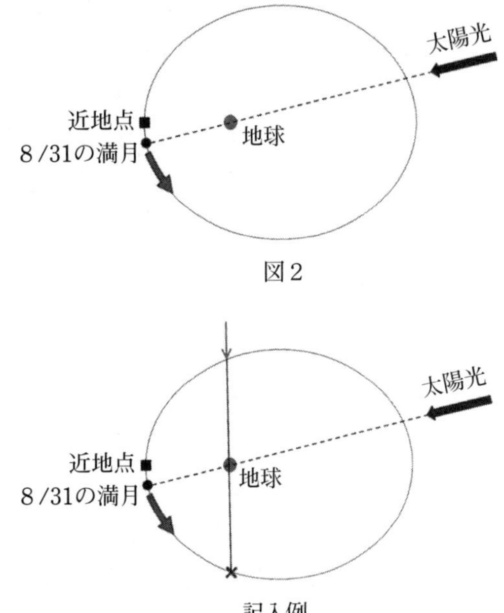

図２

記入例

③　Ｍ吉（きち）・Ｓ江（え）・Ｆ太の３人は、あるビデオゲームの画面を見ながら話をしています。次の会話文を読んで、以下の問いに答えなさい。

Ｍ吉：ちょっと見てください、この「ムシ図鑑（ずかん）」すごいですよ。ゲームなのに、超（ちょう）リアルなんですよ。この画像（右図）とか、本物そっくりじゃないですか？

Ｓ江：確かに、見事ですね。これなら本物の図鑑と比べても遜色（そんしょく）ないと思います。

Ｆ太：これだけ正確なら、画像を見ただけで種（しゅ）がわかりますね。オニヤンマの複眼の接し方とか、ハンミョウの翅（はね）の模様など見事なものです。でもよく見るとこれ、アゲハチョウではなくキアゲハじゃないですか。アゲハチョウなら前翅（まえばね）の付け根の黒い部分が黒と黄色の縞（しま）模様になるはずですよ。カラスアゲハも、ミヤマカラスアゲハに見えますね。翅に光る帯があるように見えるのはミヤマカラスアゲハで、カラスアゲハにはこの帯

アゲハチョウ

カラスアゲハ

※図はゲーム画面「島の生きものポスター」を印刷したものの一部分。（©講談社「あつまれ どうぶつの森 島の生きもの図鑑」）

はありません。こんな区別ができるのは、正確に描かれているからこそですけれどもね。

M吉：F太くんは細かいですねえ。そんなちがい、ふつうわかりませんよ。それより、考えたんですけれども、このゲームでムシ採りをすれば、屋外に出なくても自由研究ができるのではないでしょうか。夏の暑いさなかに外に出るのはいやですし、冬の寒い時期にムシを探すのは大変ですよね。

S江：それはさすがによくないと思いますけれど……。

F太：道徳的な問題はさておき、このゲームの世界が現実と本当に同じように設計されているかどうかはきちんと調べた方がいいですよ。画像が正確だからと言って、生態まで正確とは限りませんからね。……うわっ、このオオムラサキの飛び方、本物そっくりですね。

M吉：言ってる先から、すっかり夢中じゃないですか。とりあえず、ゲーム内の日付を夏休みである８月に合わせてムシ採りをしてみましょう。

＊　　＊　　＊

M吉：さすがゲームです。簡単に採ることができました。集めたムシはこんな感じです。

F太：日本にはいないはずのムシも多く見られますね。やはりそのまま自由研究にするのは問題がありそうです。

S江：ところで、このゲームではどうして「ムシ」と表示されるのですか？　ふつう「虫」は漢字で書くと思うのですけれども……。

F太：①それは多分、昆虫以外の生物もふくんでいるからだと思いますよ。このゲームでは、カタツムリやヤドカリも「ムシ」にふくまれるみたいですし。

M吉：ところで、②集めたムシはそれぞれ採れる場所がちがっていたのですけれども、やはりこれは食べ物が関係しているのでしょうか？

F太：どのムシがどこで採れたのかがわからないと判断できませんが、例えば、同じ花に集まるムシでも、蜜を吸うもの、花粉を食べるもの、花に来たムシを食べるものなどがいるでしょうから、簡単には言えないと思いますよ。

＊　　＊　　＊

M吉：夏の採集がある程度うまくいったので、今度は冬に挑戦してみましょう。ゲーム内の日付を１月に合わせてみますね……おおっ、雪景色になりました！

S江：東京ではこんなに雪は積もらないから、新鮮ですね。

M吉：さっそくムシ採りに行ってきます。

＊　　＊　　＊

M吉：もどりました。やっぱりゲームの世界では冬でも簡単に採集できていいですね。雪の上を飛ぶモンシロチョウとか、ちょっと保護色かも。

F太：ちょっと待ってください。１月にモンシロチョウがいたんですか？

M吉：採れましたよ。花の周りを飛んでいました。

F太：１月に多くの花がさいているというのも驚きですが、モンシロチョウって（　③　）で冬越ししますよね。１月に成虫が飛んでいるというのは不思議です。

S江：そういえば、④このゲームでは卵や幼虫、さなぎは出てきませんね。

M吉：「セミのぬけがら」は採れますけどね。何のセミかはわかりませんが。

F太：だとすると、本来成虫は見られないはずなのに成虫が採れている可能性が高そうですね。同時に、⑤幼虫がどこで暮らしているのかをこのゲームで調べるのも無理そうです。

S江：やっぱりこのまま自由研究に使うのはやめたほうがよさそうですね。

M吉：そうですか……これをきっかけに、現実のムシも見てみるようにします。

問1 下線部①に関連して、次のア～スのうち、「昆虫」に**ふくまれないもの**はどれですか。**すべて選び**、記号で答えなさい。

ア ノコギリクワガタ イ ミンミンゼミ ウ ヒグラシ
エ アキアカネ オ キアゲハ カ オカダンゴムシ
キ クロオオアリ ク モンキチョウ ケ ジョロウグモ
コ ショウリョウバッタ サ アオスジアゲハ シ アブラゼミ
ス クマゼミ

問2 下線部②に関連して、次のア～セを成虫の食べ物によってグループ分けしました。葉を食べるもの、花の蜜を吸うもの、木の汁(しる)を吸うもの、樹液をなめるもの、他の昆虫を食べるもの、というグループに分けたとすると、最も数が多いグループに属するものはどれですか。**すべて選び**、記号で答えなさい。

ア モンシロチョウ イ ナナホシテントウ ウ ヒグラシ
エ アキアカネ オ キアゲハ カ ギンヤンマ
キ オオカマキリ ク カブトムシ ケ ジョロウグモ
コ ショウリョウバッタ サ ノコギリクワガタ シ アブラゼミ
ス クマゼミ セ アオスジアゲハ

問3 空欄(くうらん)③に関連して、現実の世界では、(1)モンシロチョウ、(2)ナナホシテントウ、(3)カブトムシ、(4)オオカマキリ、(5)エンマコオロギはそれぞれどのような姿で冬越ししますか。あてはまるものを次のア～エの中からそれぞれ**1つずつ選び**、記号で答えなさい。

ア 卵 イ 幼虫 ウ さなぎ エ 成虫

問4 下線部④に関連して、現実の世界では、次のア～キのうち、さなぎになるものはどれですか。**すべて選び**、記号で答えなさい。

ア モンシロチョウ イ カブトムシ ウ アブラゼミ エ アキアカネ
オ ショウリョウバッタ カ オオカマキリ キ クロオオアリ

問5 下線部⑤について、現実の世界では、(1)モンシロチョウの幼虫、(2)カブトムシの幼虫、(3)アキアカネの幼虫、(4)ショウリョウバッタの幼虫、(5)アブラゼミの幼虫を探すには、どんなところを調べればよいですか。あてはまるものを次のア～エの中からそれぞれ**1つずつ選び**、記号で答えなさい。

ア 花の上 イ 葉の裏 ウ 土または腐葉土(ふようど)の中 エ 水の中

4　電気の性質やはたらきについて、以下の問いに答えなさい。

Ⅰ　同じ種類の乾電池（かんでんち）、豆電球、スイッチを使った回路ア～オについて考えます。最初、すべてのスイッチは開いているものとします。問1～問3に答えなさい。

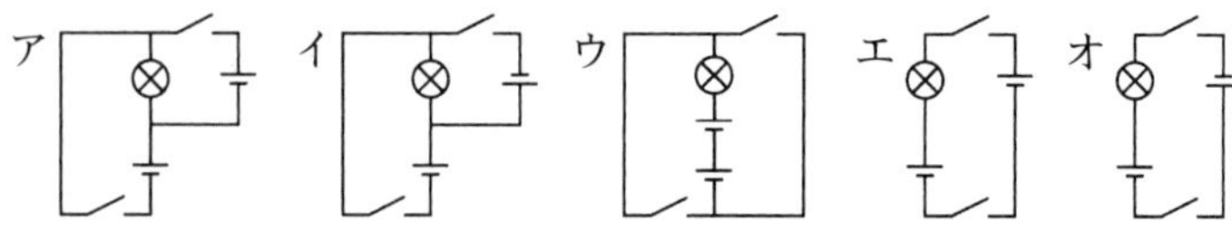

問1　スイッチを1つだけ閉じたときの豆電球の明るさが、すべての回路の中で最も明るくなる回路をア～オの中から1つ選び、記号で答えなさい。

問2　スイッチを1つだけ閉じても豆電球がつかないが、スイッチを2つ閉じると豆電球がつくようになる回路をア～オの中から1つ選び、記号で答えなさい。

問3　一方のスイッチを閉じると豆電球がつき、その状態でもう一方のスイッチを閉じてもその明るさが変わらない回路をア～オの中から**すべて**選び、記号で答えなさい。

Ⅱ　水の温度が電熱線によってどう上昇（じょうしょう）するかを調べるために、同じ種類の電熱線、電源装置、電流計、温度計を用いた図1の装置を使って、100 g の水の温度を上昇させる実験を行いました。ここでは、電源装置に直列につなぐ電熱線の数だけを変えて、電熱線に流れる電流の大きさを測定し、ときどき水をかき混ぜながら1分ごとの水の上昇温度を測定しました。図2、図3は測定結果をまとめたグラフです。この測定結果にもとづいて、問4、問5に答えなさい。

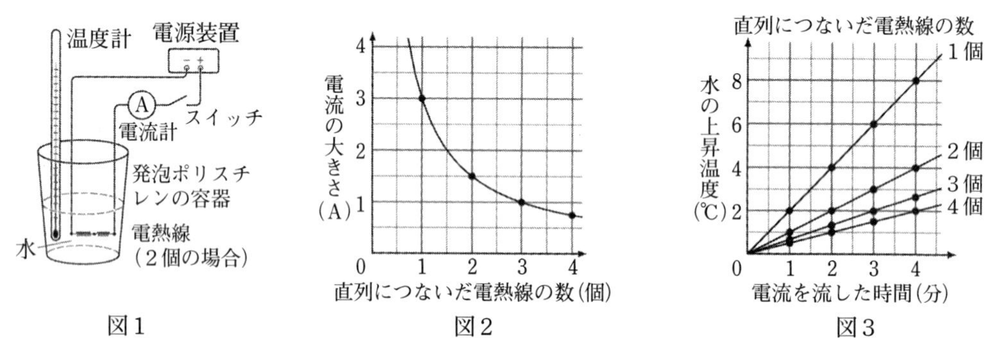

図1　図2　図3

問4　次の文章の空欄（くうらん）①にあてはまる比を、最も簡単な整数の比で答えなさい。また、空欄②、③にあてはまる語を「比例」または「反比例」から選んで答えなさい。ただし、同じ語を2回使ってもかまいません。

「電熱線に同じ時間だけ電流を流したときの、直列につないだ電熱線の数が1個の場合、2個の場合、3個の場合の水の上昇温度の比は（ ① ）でした。電熱線に同じ時間だけ電流を流したときの水の温度上昇は、電流の大きさに（ ② ）し、直列につないだ電熱線の数に（ ③ ）していました。」

問5　この電熱線（記号▭）、電源装置（記号⊣⊢）、回転スイッチを使った温水器の回路（図４）について考えます。回転スイッチは、図４(a)のようにスイッチの導線部分を180°回転させることができ、そのスイッチの位置によって図４(b)〜(d)のようにスイッチを切ったり、ＯとＸをつないだり、ＯとＹをつないだりすることができます。図４(b)〜(d)の回路で、回路全体として同じ時間に水の温度を最も上昇させるのはどれですか。(b)〜(d)の中から１つ選び、記号で答えなさい。

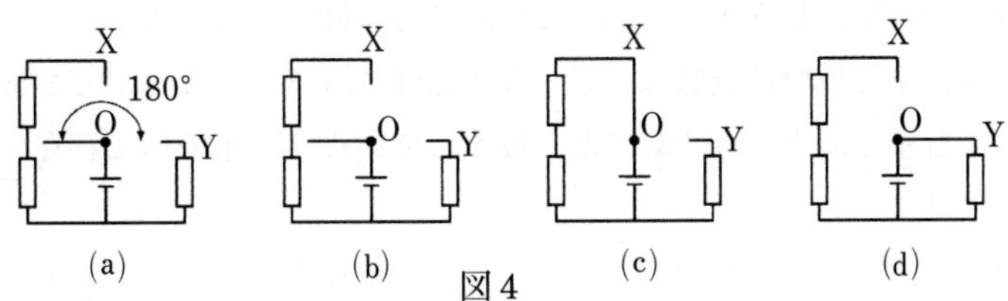

図４

Ⅲ　プロペラ付きモーター（記号Ⓜ）、同じ種類の乾電池、回転スイッチを使った扇風機（せんぷうき）の回路（図５）について考えます。この回路について、問６、問７に答えなさい。

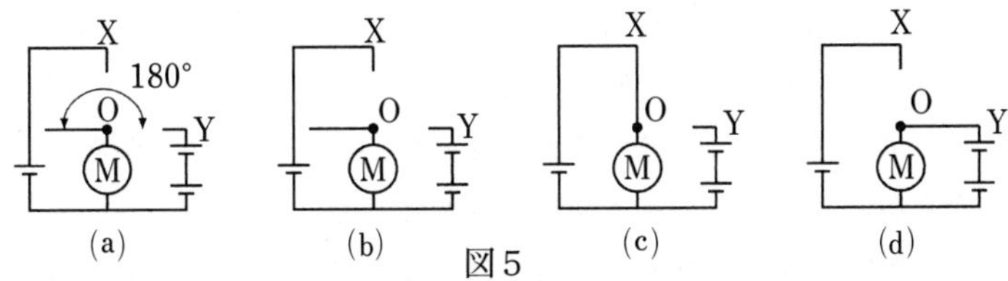

図５

問6　図５(b)〜(d)の回路で、モーターが最も速く回るのはどれですか。(b)〜(d)の中から１つ選び、記号で答えなさい。

問7　モーターの回る向きをふくめて図５(b)〜(d)の回路と同等の機能をもった扇風機を、図６の回路中の空欄３か所のうち必要な所に乾電池１個と導線１本をつないで作ることを考えます。次の記入例にしたがって、図６の空欄のうち必要な所に乾電池１個と導線１本を記入し、回路図を完成させなさい。

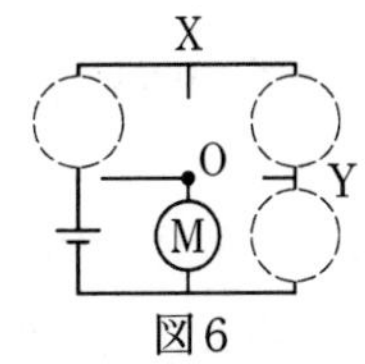

図６

記入例

乾電池１個　乾電池１個　導線１本

学習院中等科(第１回)

—40分—

1　2023年に話題になった自然科学分野の出来事について、最も当てはまるものを選びなさい。

①　東京電力がＡＬＰＳ処理水の海洋放出を開始しました。放水に当たり、水中にふくまれる各放射性物質について、基準値を下回っていることを確認しています。

水の形で存在する放射性物質は、じょう化設備で取り除くことができません。そのため、基準値以下になるまで海水でうすめてから放水しています。水の形で存在する放射性物質はどれですか。

ア　ウラン　　イ　ストロンチウム　　ウ　トリチウム　　エ　プルトニウム

②　2023年８月に、世界で４か国目として月面への無人探査機の着陸に成功させたインドの探査機はどれですか。

ア　アディティヤＬ１　　イ　アーリヤバタ

ウ　チャンドラヤーン３号　　エ　バースカラ２号

③　2023年のノーベル化学賞を受賞したアレクセイ・エキモフ氏、ルイ・ブラス氏、ムンジ・バウェンディ氏の受賞理由となった研究はどれですか。

ア　同じ物質でも量子ドットと呼ばれる大きさのつぶにすると発光が異なること

イ　同じ物質でもかける電圧によって発光が異なること

ウ　アト秒という短い時間だけ発光させる方法で電子の動きを観察できるようにしたこと

エ　ｍＲＮＡによる炎症(えんしょう)反応などの免疫(めんえき)をおさえる物質(方法)を発見したこと

④　2023年は気象庁が統計を取り始めてから、夏の平均気温が最も高くなりました。平年値と比べてどのくらい高かったか、近いものはどれですか。

ア　0.9℃　　イ　1.8℃　　ウ　3.6℃　　エ　7.2℃

2　道路沿いのがけで図１のような地層が見られました。それぞれの地層の特ちょうを観察して図２のようにまとめてみました。

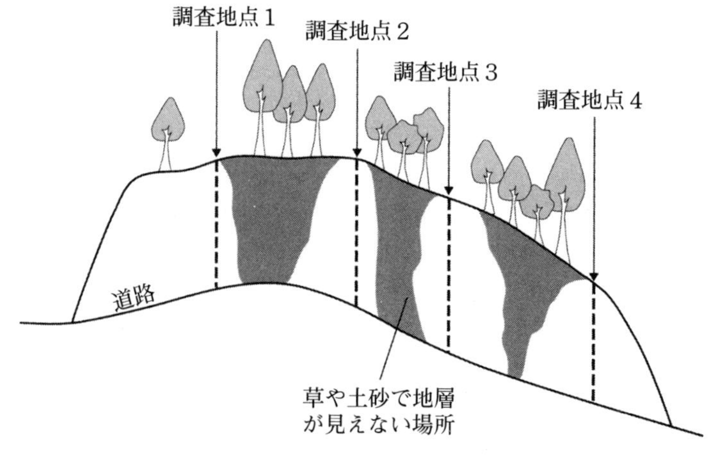

図１

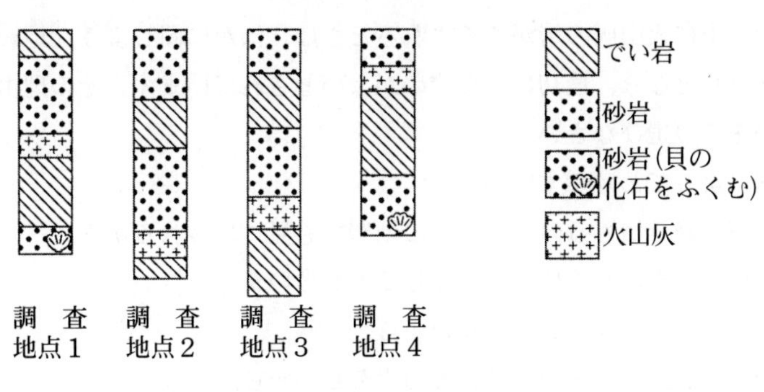

図２

(問１)　地層をつなげて断面図をつくりました。正しい図を一つ選びなさい。

ア

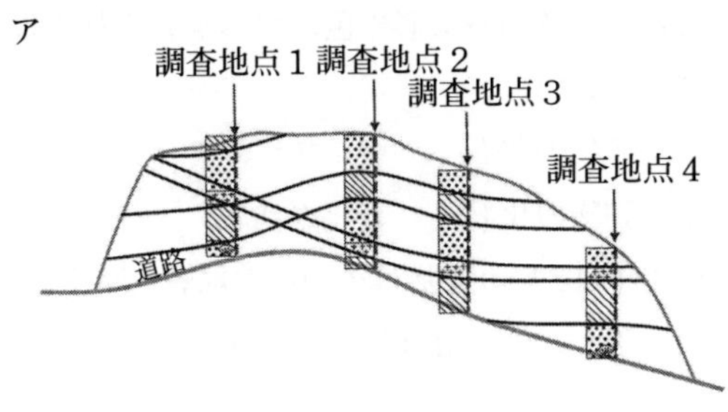

イ

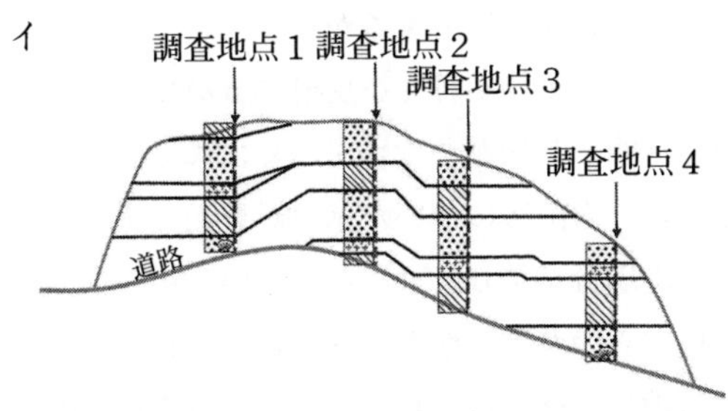

ウ

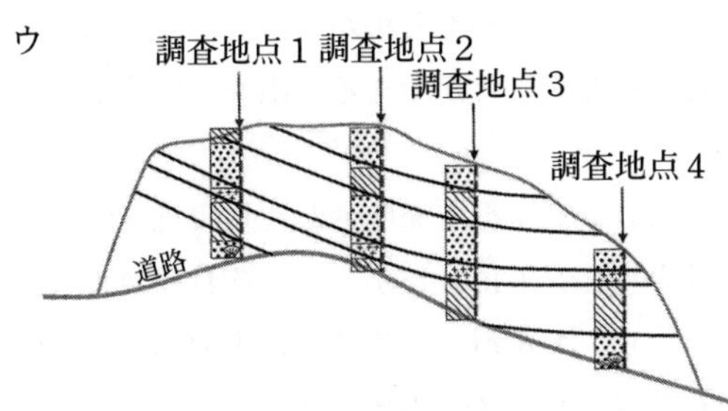

エ

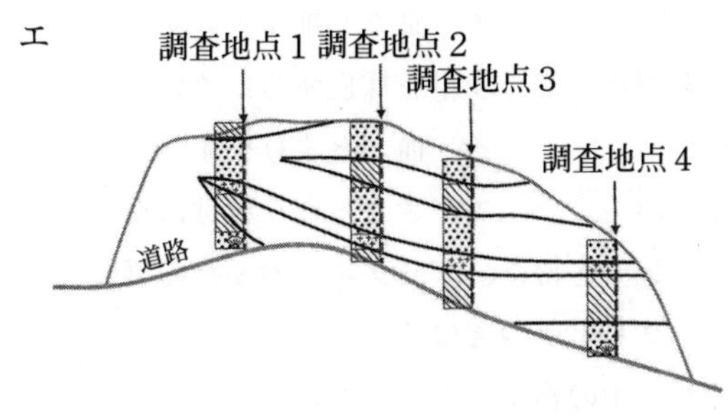

(問２)　地層の中に火山灰の層がふくまれるときは、ほかに同じような地層が混ざっているときに「てがかり」となり、最初につなぐのがよいとされています。その理由として正しいと考えられるものを二つ選びなさい。

ア　地下水によってとけやすいから。

イ　広はん囲に降り積もるので、どこの地層でも見つけられるから。

ウ　大ふん火のときはとくに厚く積もることが多いから。

エ　地下水によってとけることがないから。

オ　ほかの地層と比べて変わっていてめずらしいから。

カ　ふん火したときの生物が、必ず化石としてふくまれるから。

(問３)　火山灰の地層からかけらを取り出して、水の中でつぶして洗いました。火山灰のつぶをけんび鏡で観察したところ、いろいろな形や色のつぶが見られました。このうちすき通った無色のつぶは何か、二つ選びなさい。

ア　鉱物　　　　　イ　植物の化石　　ウ　プラスチック

エ　氷の結しょう　オ　動物の化石　　カ　ガラス

(問４)　九州の南部のシラス台地という地域は火山灰の地層が厚く分布しています。もともと「シラス」という言葉は「白い砂」という意味です。なぜ白く見えるのか、その理由を一つ選びなさい。

ア　さまざまな色の火山灰が日光を反射するから。

イ　火山灰にふくまれる金属の鉱物が日光を反射するから。

ウ　火山灰にガラスやとう明の鉱物がたくさんふくまれているから。

エ　地下水をとおしやすく、火山灰についた水分が日光を反射するから。

オ　海底にたまったときの塩分が結しょうになっているから。

カ　火山灰の中に白い貝がらのかけらがたくさんふくまれるから。

(問５)　シラスが分布する地域では、昔からシラスをなべやかまのよごれを落とすのに利用してきました。実際シラスで十円玉をみがくと細かい部分のよごれまできれいに落とすことができました。シラスでよごれを落とすことができる理由を一つ答えなさい。

3　私たちの暮らしには生物にヒントを得て発明されたり改良されたりしたものが多くあります。

(問１)　次はどのような効果をヒントにしたか、それぞれ一つずつ選びなさい。

①　カワセミのくちばしにヒントを得た、新幹線の先頭部分の形状

ア　しょうげきをやわらげる　　イ　雨水をつきにくくする

ウ　美しい形状にする　　　　　エ　乗り心地をよくする

②　カの口先にヒントを得た、ごく少量を採血するための針

ア　血がかたまりにくい　　　イ　血がとまりやすい

ウ　さされても痛くない　　　エ　ささったらぬけにくい

③　ハスの葉の表面にヒントを得た、ヨーグルトのふたの裏

ア　ツルツルしてヨーグルトがつきにくい

イ　断熱効果にすぐれ、中の物がくさりにくい

ウ　光を通しにくい

エ　ふたを加工しやすい

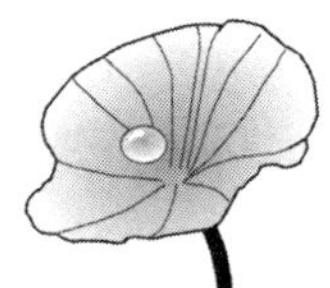

(問２)　次はどのような生物の何にヒントを得て発明されたか、それぞれ一つ選びなさい。

①　割れても散らばりにくい車のフロントガラス(前面のガラス)

②　簡単につけたりはずしたりできる面ファスナー(マジックテープ®)

ア　クモの巣　　イ　ニワトリの卵のから　　ウ　クリのいが

エ　クルミのから　　オ　オナモミの実　　カ　カタツムリ(マイマイ)の足

キ　カエルの指

(問３)　段ボールの構造はハチの巣にヒントを得て発明されました。どんな効果が得られているか15字以内で答えなさい。

4　夏休みの自由研究でミョウバンの大きな結しょうづくりを行いました。ミョウバンはナスのつけ物を作るときに使われることがあります。100 gの水にとけるミョウバンの量は、次の表を参考にしました。

温度[℃]	0	10	20	30	40	50	60
とけるミョウバンの量[g]	5.6	7.6	11.4	16.6	23.8	36.4	57.4

[作業１]　20℃の水が150 g入ったビーカーの中にミョウバンを86 g入れました。

[作業２]　割りばしでよくかき混ぜましたが、とけ残りがありました。

[作業３]　ビーカーを加熱して水温を上げました。水温がある温度を過ぎたところでとけ残りがなくなったため、加熱をやめました。

[作業４]　水よう液を平皿に移しました。平皿の上にラップをゆるくかけました。

[作業５]　１日後、小さな結しょうがいくつかできていました。

[作業６]　[作業５]で作った小さな結しょうをひもで結び、割りばしの真ん中につるしました。

[作業７]　[作業１]～[作業３]と同じことを行いました。

[作業８]　水温が十分に冷めたことを確認してから、[作業６]で用意した小さな結しょうを水よう液の中に入れました。

[作業９]　(　　)

(問１)　ミョウバンが何に利用されているか、一つ選びなさい。

ア　味付けのため　　イ　色をよくするため

ウ　栄養価を高めるため　　エ　食感を出すため

(問２)　[作業２]で、とけ残りはどのくらいあったか答えなさい。

(問３)　[作業３]で、とけ残りがなくなった温度はどのくらいですか。表にある温度で答えなさい。

(問４)　[作業４]で、水よう液の置き場所として最もよい所を選びなさい。

ア　おふろ場　　イ　風通しのいい所　　ウ　キッチンの戸だな　　エ　冷とう庫の中

(問５)　[作業９]の(　　)内に最も当てはまるものを選びなさい。

ア　水よう液にできるだけしん動をあたえず放置しておきました。

イ　たまに割りばしを上下させ、水よう液にわずかなしん動をあたえました。

ウ　なるべく日に当てるよう、太陽の動きに合わせて移動させました。

エ　水よう液に氷を入れてよく冷やしてから、冷とう庫で放置しておきました。

(問６)　ミョウバン以外のもので結しょうができるかどうか実験しました。結しょうがほとんどできなかったものを一つ選びなさい。また、その理由を答えなさい。

ア　砂糖　　イ　食塩　　ウ　でんぷん粉(片くり粉)　　エ　ホウ酸

5　発光ダイオード、プロペラを付けたモーター、電磁石、電源装置をつなげて、電流の実験をしました。

二つの回路を作り、電磁石の間に方位磁針を置きました。スイッチを入れたり切ったりして、観察しました。

電磁石は鉄くぎの周りにエナメル線を巻いて作りました。発光ダイオード、モーター、鉄くぎは同じ種類のものです。それぞれの電源装置から流れる電流の強さは最初に設定し、実験が終わるまで変えていません。

［手順１］　回路Ａ、回路Ｂのスイッチが両方とも切れていると、方位磁針の向きが図のようになった。

［手順２］　回路Ａのスイッチを入れ、回路Ｂのスイッチは切れたままにした。回路Ａの発光ダイオードが一つだけ光り、プロペラが回った。方位磁針の向きが図のようになった。

［手順３］　回路Ａのスイッチを切り、回路Ｂのスイッチを入れた。
回路Ｂの発光ダイオードが光り、プロペラが回った。方位磁針の向きが図のようになった。

［手順４］　回路Ａ、回路Ｂのスイッチを両方とも入れた。
回路Ａ、回路Ｂの両方のプロペラが回り、回路Ａのプロペラは回路Ｂのプロペラより速く回った。方位磁針の向きが図のようになった。

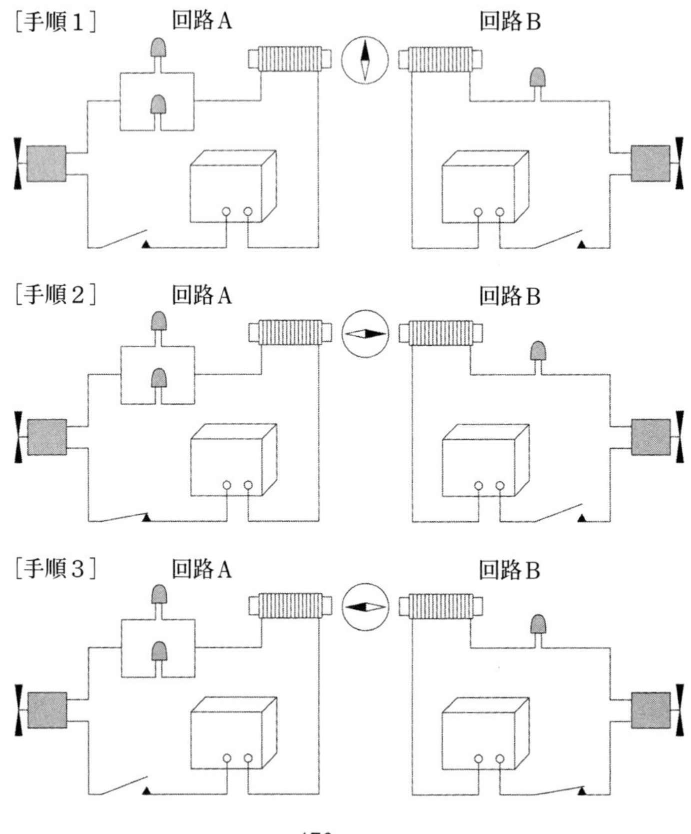

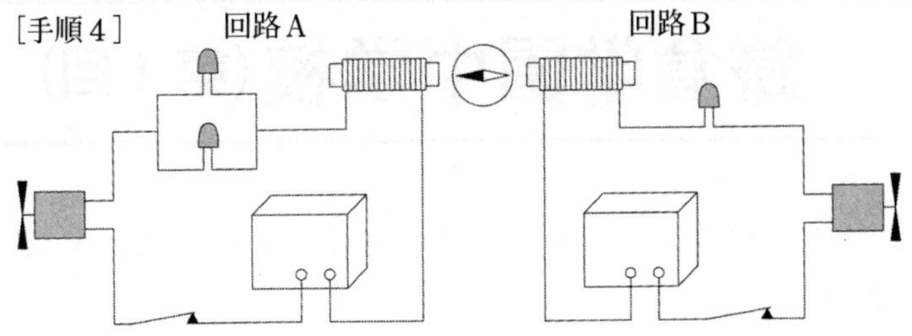

(問１)　[手順２]で回路Ａの電源装置の＋たん子と－たん子を入れかえて、回路Ａのスイッチを入れると、回路Ａの発光ダイオード、プロペラ、方位磁針はそれぞれどのようになるか、一つずつ選びなさい。

発光ダイオード　ア　二つとも光る
　　　　　　　　イ　一つだけ光る
　　　　　　　　ウ　二つとも光らない
プロペラ　　　　エ　[手順２]と同じ向きに回る
　　　　　　　　オ　[手順２]と逆の向きに回る
　　　　　　　　カ　回らない
方位磁針　　　　キ　ク　ケ　コ

(問２)　[手順３]で回路Ｂの電源装置の＋たん子と－たん子を入れかえて、回路Ｂのスイッチを入れると、回路Ｂの発光ダイオード、プロペラ、方位磁針はそれぞれどのようになるか、一つずつ選びなさい。

発光ダイオード　サ　光る
　　　　　　　　シ　光らない
プロペラ　　　　ス　[手順３]と同じ向きに回る
　　　　　　　　セ　[手順３]と逆の向きに回る
　　　　　　　　ソ　回らない
方位磁針　　　　タ　チ　ツ　テ

(問３)　二つの電磁石のエナメル線の巻き数を比べると、どのようになりますか。

ト　回路Ａの電磁石の巻き数のほうが大きい
ナ　回路Ｂの電磁石の巻き数のほうが大きい
ニ　同じである

(問４)　家庭で使う電流は、発電所で作られています。①、②は発電の仕組みの種類です。それぞれ当てはまるものを全て選びなさい。

①　発電機のじくを回転させて発電するもの
②　熱を利用して発電するもの

ヌ　水力発電　　ネ　火力発電　　ノ　原子力発電　　ハ　風力発電　　ヒ　太陽光発電

鎌倉学園中学校（第１回）

—30分—

1　そうた君は、鏡（かがみ）にうつるものの見え方について興味（きょうみ）をもち、いろいろと調べてみました。次の問いに答えなさい。

(1)　そうた君は右の図１のような文字の書かれたＴシャツを着て、鏡の前に立ってみました。鏡にうつったＴシャツはそうた君から見てどのように見えますか。次の１～８の中から１つえらび番号で答えなさい。

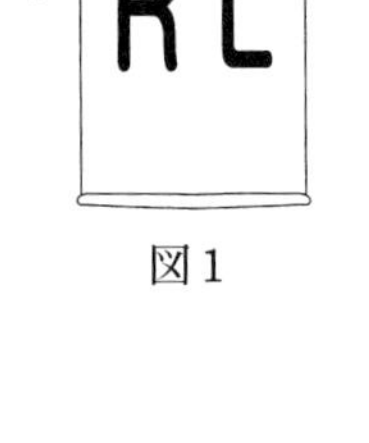

図１

1

2

3

4

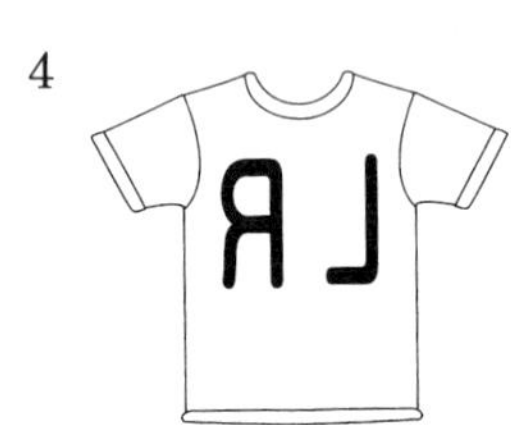

5

6

7

8

(2)　次にそうた君は、自分の右の手のひらに**R**という文字を、左の手のひらに**L**という文字を書いて、左右の手のひらを開いて鏡の前に立ってみました。鏡にうつった手のひらはそうた君から見てどのように見えますか。次の1～8の中から2つえらび、番号の小さい方から順に書きなさい。

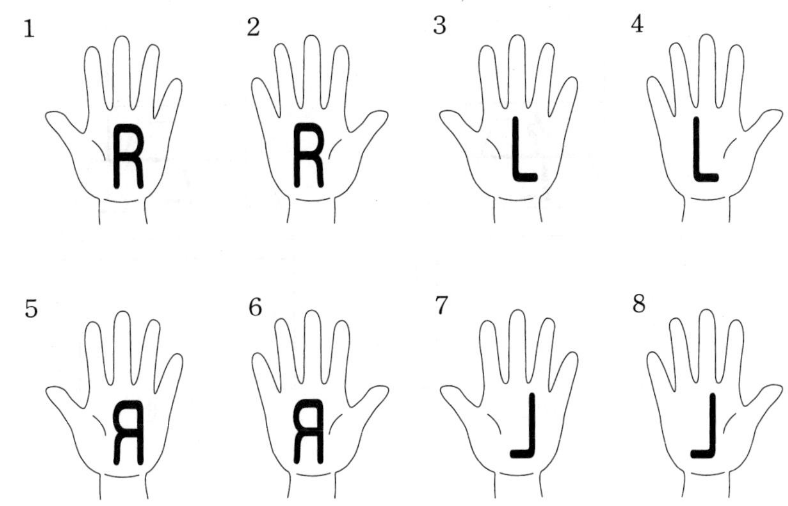

そうた君はこうした観察をもとに、鏡にうつるものの見え方について先生に質問をすることにしました。以下はそのやり取りです。

そうた君：「先生、鏡の中の自分の右手は、本当の自分の左手がうつっているだけなんですね。しかも、その左手は自分から見て左側にうつって見えました。鏡はものを左右反対にうつすとどこかで聞いたことがあります。それなら、ぼくの左手は、ぼくから見て右側に見えるんじゃないんですか？」

先　　生：「とてもするどい質問だね。左右反対というは、ちょっと不正確な説明で、誤解(ごかい)をする人も多いんだよ。実は鏡はものの左右を入れかえているのではなく、ものの前後を入れかえているだけなんだ。」

そうた君：「左右じゃなくて、前後を入れかえているだけなんですか。」

先　　生：「さっき、自分の左手は自分の左側にうつって見えたって言ってたね。このことから左右はそのままで入れかわっていないことがわかるね。さらに鏡に向かって左の腕(うで)をのばして、手のひらを前向きに突き出してみたとしよう。すると鏡の中の自分は、本当の自分にとっては後ろ向きに手のひらを突き返してくるよね。左右はそのままで、前後だけをひっくり返すと、鏡の中では左右反対の世界が向かい合わせに広がっているように見えるんだ。」

そうた君：「なるほど。それって、鏡はぼくの左手を鏡に対して［　ア　］対称(たいしょう)の位置にあるようにうつしているってことですね。」

先　　生：「その通り！」

(3)　［　ア　］にあてはまる言葉を**漢字1文字**で書きなさい。

(4)　そうた君は、鏡はものの前後を入れかえてうつしているということを確かめるために、図２のように、壁にかかった鏡の前に机を置き、Ｌという文字を書いた紙をその机の上に置いて観察しました。Ｌという文字は鏡にどのようにうつって見えますか。そのときのようすを解答用の図に書き込みなさい。

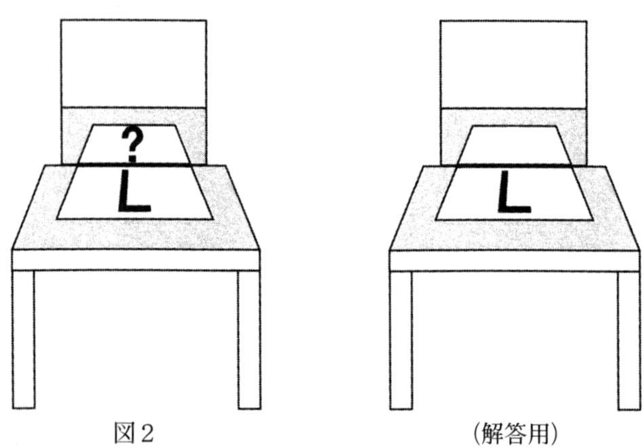

図２　　(解答用)

② ４種類の気体Ａ～Ｄを以下の方法で発生させました。あとの問いに答えなさい。

気体Ａ：二酸化マンガンに過酸化水素水を加えた

気体Ｂ：亜鉛(あえん)にうすい塩酸を加えた

気体Ｃ：大理石にうすい塩酸を加えた

気体Ｄ：塩化アンモニウムと水酸化カルシウムを混ぜたものを加熱した

(1)　気体Ａ～Ｄのうち、水上置換(かん)法では集められないが、上方置換法で集めることができる気体はどれですか。次の１～４の中から１つえらび番号で答えなさい。

１　気体Ａ　　２　気体Ｂ　　３　気体Ｃ　　４　気体Ｄ

(2)　空気中で燃えると水だけができる気体はどれですか。次の１～４の中から１つえらび番号で答えなさい。

１　気体Ａ　　２　気体Ｂ　　３　気体Ｃ　　４　気体Ｄ

(3)　においがない気体はどれですか。次の１～４の中からえらび番号で答えなさい。ただし、答えが２つ以上あるときは、番号の小さい方から順に書きなさい。

１　気体Ａ　　２　気体Ｂ　　３　気体Ｃ　　４　気体Ｄ

(4)　空気より重い気体はどれですか。次の１～４の中からえらび番号で答えなさい。ただし、答えが２つ以上あるときは、番号の小さい方から順に書きなさい。

１　気体Ａ　　２　気体Ｂ　　３　気体Ｃ　　４　気体Ｄ

(5)　大理石とうすい塩酸をふたまた試験管中で反応させ、気体Ｃを発生させようと思います。このとき、あとの図１に示すふたまた試験管の使い方としてもっとも適切なものを次の１～４の中から１つえらび番号で答えなさい。

１　アに大理石、イにうすい塩酸を入れる。つぎに、試験管をかたむけて大理石が入っている方にうすい塩酸を移して反応させ、気体Ｃを発生させる。

２　アに大理石、イにうすい塩酸を入れる。つぎに、試験管をかたむけてうすい塩酸が入っている方に大理石を移して反応させ、気体Ｃを発生させる。

３　イに大理石、アにうすい塩酸を入れる。つぎに、試験管をかたむけて大理石が入っている方にうすい塩酸を移して反応させ、気体Ｃを発生させる。

4　イに大理石、アにうすい塩酸を入れる。つぎに、試験管をかたむけてうすい塩酸が入っている方に大理石を移して反応させ、気体Ｃを発生させる。

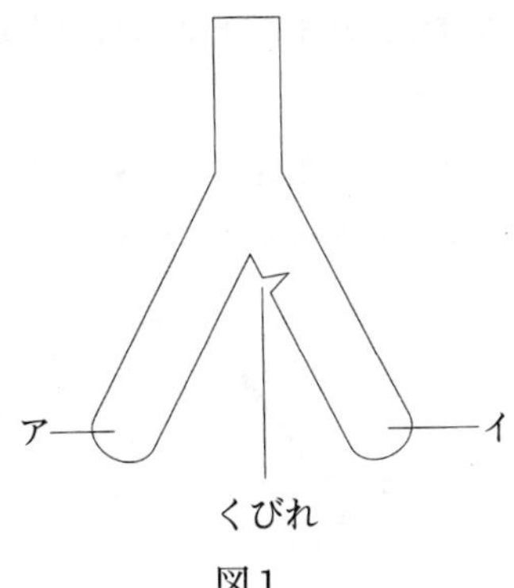

図１

(6)　燃やしたときに気体Ｃが発生しないのはどれですか。次の１～５の中から１つえらび番号で答えなさい。

1　ペットボトル　　2　わりばし　　3　鉄粉　　4　エタノール　　5　プロパンガス

(7)　あとの図２のように気体Ｄの発生に使う試験管の口を下向きにするのはなぜですか。次の１～５の中から正しいものを１つえらび番号で答えなさい。

1　加熱によってできた気体Ｄを試験管から出やすくするため
2　ガスバーナーの外炎(えん)で加熱しやすくするため
3　試験管の中の粉末の変化を確認しやすくするため
4　反応終了(りょう)後にただちに器具を片付けやすくするため
5　加熱によってできた液体が加熱部分に流れないようにするため

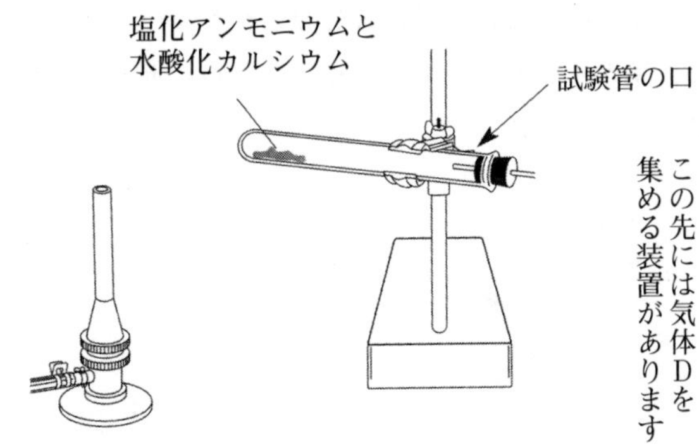

ガスバーナーは点火後、塩化アンモニウムと
水酸化カルシウムを混ぜたものの加熱に使用します。
図２

(8)　ものが水にとける量には限度があります。一定量の水にとけることができるものの最大量を溶(よう)解度といいます。気体Ｃの溶解度と固体であるホウ酸の溶解度を正しく説明しているものはどれですか。次の１～４の中から１つえらび番号で答えなさい。

1　水温が高くなるにつれて、気体Ｃもホウ酸も溶解度が大きくなる。
2　水温が高くなるにつれて、気体Ｃは溶解度が小さくなり、ホウ酸の溶解度は大きくなる。
3　水温が高くなるにつれて、気体Ｃは溶解度が大きくなり、ホウ酸の溶解度は小さくなる。
4　水温が高くなるにつれて、気体Ｃもホウ酸も溶解度が小さくなる。

3　そうた君は、ナスの葉に含(ふく)まれるデンプンについて調べるために次の実験(手順1～10)を行いました。この実験について、あとの問いに答えなさい。

実験の手順

1　十分な水と光を与えながら育てた数本のナスの苗(なえ)の中から、同じくらいの大きさの葉を４枚探し、A～Dまでの名前をつけた。

2　晴れた日の日中、次の図のように、葉Aには何もせず、葉B、Cは真ん中の部分だけアルミホイルをかぶせ、葉Dは全体をアルミホイルでおおった。

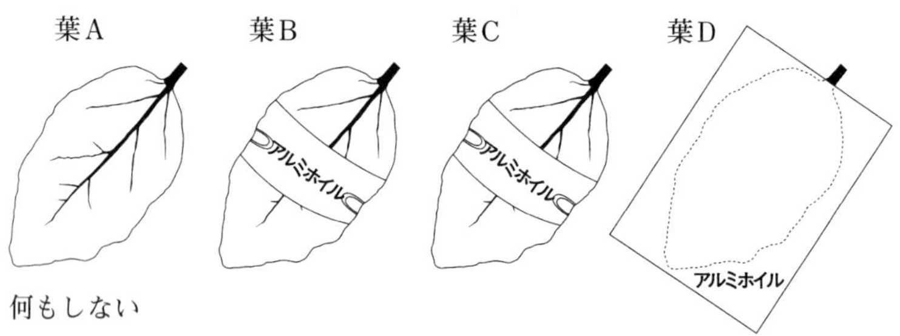

3　葉Cは２時間後に、葉A、B、Dは６時間後にはさみで切り落とし、そのあと葉B、C、Dについているアルミホイルを外した。

4　切り落とした葉にはすぐに①アルミホイルをかぶせておいた。

5　ガラス製の平たい容器にエタノールを入れ、その容器を90℃のお湯に浸(つ)けてエタノールをあたためた。

6　手順4の葉を、手順5のエタノールが入った容器の中に入れ、アルミホイルをかぶせて10分間待った。

7　葉を取り出し、葉がくずれないように注意しながら水で洗った。

8　洗った葉をヨウ素液の入った容器に５分間入れた。

9　葉を取り出し、葉がくずれないように注意しながら水で洗った。

10　葉の色を確認し、記録した。

結果

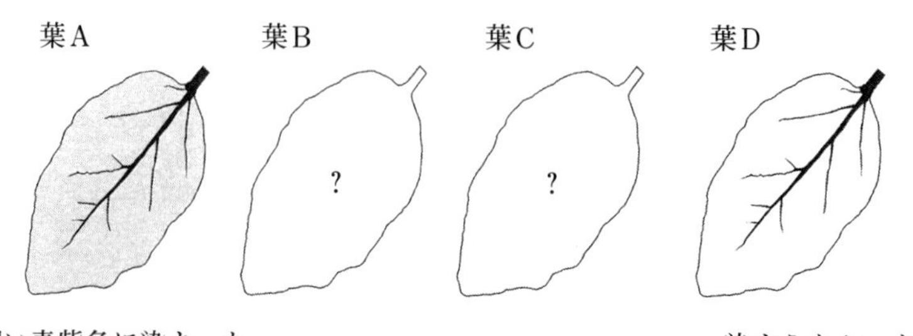

気づいたこと

・切り落とした時の葉Dの色が、他の葉に比べて黄色くなっていた。

・エタノールにつけた後の葉はとてもくずれやすく、破れてしまいそうだった。

・エタノールはもともと無色透明(とうめい)だが、②葉を浸けた後のエタノールの色は緑色になっていた。

・③葉Bと葉Cのアルミホイルをかぶせた部分の結果を比べると、色の濃さがちがっていた。

⑴　実験の結果、葉Ｂはどのような色になったでしょうか。次の１～４の中から１つえらび番号で答えなさい。

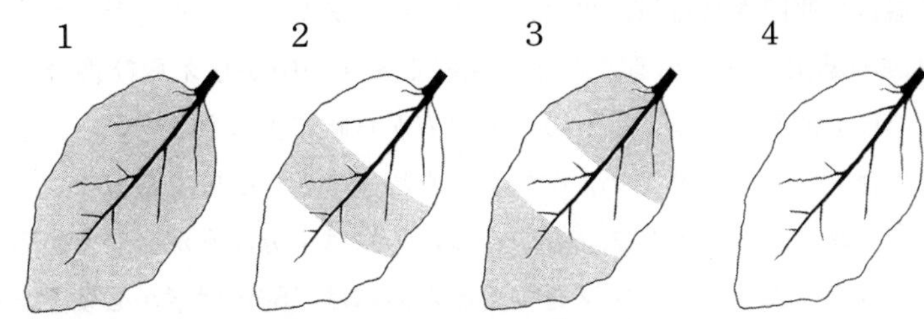

⑵　下線部①について、この操作を行う理由としてもっとも正しいものを次の１～４の中から１つえらび番号で答えなさい。

１　切り落とした葉が乾燥(かんそう)してしまうのを防ぐため

２　切り落とした葉をなくしてしまうのを防ぐため

３　切り落とした葉に薬品がかかってしまうのを防ぐため

４　切り落とした葉に光が当たり葉が光合成を行うのを防ぐため

⑶　手順6で、葉をあたためたエタノールに浸けるのはなぜですか。その理由として正しいものを次の１～４の中から１つえらび番号で答えなさい。

１　葉が緑色のままだとヨウ素液に浸けても色がよくわからないため、葉の持っている色素を抜(ぬ)く必要があるから。

２　葉には微(び)生物やウイルスがついていることがあるため、消毒する必要があるから。

３　葉にはゴミや土、虫などがついていることがあるため、消毒する必要があるから。

４　葉に含まれるデンプンはそのままだと量が少ないため、エタノールに浸けることで量を増やす必要があるから。

⑷　下線部②について、エタノールが緑色になったのは、葉に含まれるある色素が溶(と)け出したからです。このある色素とは何でしょうか。**ひらがな**で答えなさい。

⑸　下線部③について、葉Ｂと葉Ｃでこのような違いが生じたのはなぜですか。その理由として正しいものを次の１～５の中から１つえらび番号で答えなさい。

１　手順2でアルミホイルをかぶせるまでは、葉Ｂ、葉Ｃは光合成を行っていてともにデンプンが蓄(たくわ)えられているが、葉Ｃは切り落とされるまでの時間が短く呼吸によって使われるデンプンの量が少なかったため、デンプンがまだ残っていたから。

２　手順2でアルミホイルをかぶせるまでは、葉Ｂ、葉Ｃは光合成を行っていてともにデンプンが蓄えられているが、葉Ｃは光に当たっていない時間が短かったため、葉Ｂと比べてヨウ素液がしみこみやすかったから。

３　手順2でアルミホイルをかぶせるまでは、葉Ｂ、葉Ｃは光合成を行っていてともにデンプンが蓄えられているが、葉Ｃは切り落とされるまでの時間が短くアルミホイルに吸収されるデンプンの量が少なかったため、デンプンがまだ残っていたから。

４　手順2でアルミホイルをかぶせるまでは、葉Ｂ、葉Ｃは光合成を行っていてともにデンプンが蓄えられているが、葉Ｃは切り落とされるまでの時間が短く光合成ができなかった時間も短かったため、デンプンがまだ残っていたから。

5　手順[2]でアルミホイルをかぶせるまでは、葉Ｂ、葉Ｃは光合成を行っていてともにデンプンが蓄えられているが、葉Ｃは切り落とされるまでの時間が短く蓄えられたデンプンが葉から別の器官へ運搬(うんぱん)される量が少なかったため、デンプンがまだ残っていたから。

(6)　この実験の結果からわかることを、次の１～４の中からえらび番号で答えなさい。ただし、答えが２つ以上あるときは、番号の小さい方から順に書きなさい。

1　葉が光合成によってデンプンをつくるためには光が必要である

2　葉が光合成によってデンプンをつくるためには十分な水が必要である

3　葉が光合成によってデンプンをつくるためには二酸化炭素が必要である

4　葉が光合成によってデンプンをつくるためには酸素が必要である

(7)　そうた君は今回の実験を別の日にもう一度やろうと思い、同じように手順[2]まで行いました。しかし、うっかり葉を切り落とすのを忘れてしまい、手順[2]を行ってから５日間経過してしまいました。それでも続きをやろうとナスを見に行きましたが、葉Ａ、Ｂ、Ｃはそのまま育っているのに対して、葉Ｄだけがアルミホイルでおおわれたまま落ちてしまっているのを見つけました。葉Ｄだけが落ちてしまったのはなぜですか。その理由として正しいものを次の１～４の中から１つえらび番号で答えなさい。

1　デンプンをアルミホイルにすべて吸収されてしまったから。

2　光合成ができず新しくデンプンをつくることができなくなり、葉をつけ続けることが難しくなったから。

3　アルミホイルをかぶせたことで呼吸ができなくなり、葉をつけ続けることが難しくなったから。

4　アルミホイルをかぶせたことでその重みにたえられなくなったから。

[4]　次の文章〔Ａ〕、〔Ｂ〕を読み、あとの問いに答えなさい。

〔Ａ〕

次の表は、気温と空気１㎥中に含(ふく)むことができる最大の水蒸気量(飽(ほう)和水蒸気量)の関係を表したものです。

気温(℃)	10	12	14	16	18	20	22	24
飽和水蒸気量(ｇ)	9.4	10.7	12.1	13.6	15.4	17.3	19.4	21.8

ある気温の空気の湿(しつ)度(％)は、次の式で求められます。

$$湿度(\%)=\frac{ある気温の空気1㎥中に含まれる水蒸気量(g)}{ある気温の飽和水蒸気量(g)}\times 100$$

(1)　気温が10℃で、湿度が67％の空気１㎥中に含まれる水蒸気量は何ｇですか。答えに小数がでるときは、小数第２位を四捨五入して**小数第１位**まで答えなさい。

(2)　大きさが10㎥の部屋があります。この部屋の室温は24℃で湿度が55％でした。この部屋の室温が10℃になったとします。この部屋の中の空気が含むことができなくなった水蒸気の量は部屋全体で何ｇですか。次の１～５の中からもっとも近いものを１つえらび番号で答えなさい。ただし、部屋からの空気の出入りはないものとします。

1　2.59ｇ　　2　9.81ｇ　　3　12.4ｇ　　4　17.6ｇ　　5　25.9ｇ

⑶　空気を冷していったときに、空気中の水蒸気が水滴（てき）になり始める温度のことを何といいますか。**ひらがな**で書きなさい。

〔B〕

次の図のように、気温20℃のしめった空気のかたまりが、A地点（標高０ｍ）から山の斜（しゃ）面にそってふきあがりました。すると、標高600ｍのB地点で雲が発生し、標高1500ｍの山頂C地点まで雨を降らせました。C地点をこえると雲は消え、山の反対側にあるD地点（標高０ｍ）に空気のかたまりはふきおりました。

ただし、気温は、雲がないときは標高が100ｍ上がるごとに１℃ずつ下がり、100ｍ下がるごとに１℃ずつ上がるものとします。また、雲があるときは標高が100ｍ上がるごとに0.5℃ずつ下がるものとします。なお、空気のかたまりはまわりの空気と混ざり合わないものとします。必要ならば前の気温と飽和水蒸気量の関係を示した表を使いなさい。

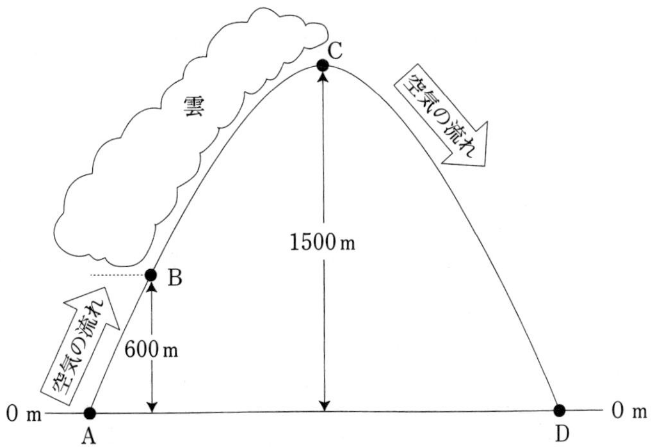

⑷　B地点の気温は何℃ですか。答えは**整数**で書きなさい。

⑸　A地点では、空気１㎥あたり水蒸気は何ｇ含まれていましたか。次の１～６の中から１つえらび番号で答えなさい。

１　10.7ｇ　　２　12.1ｇ　　３　13.6ｇ　　４　15.4ｇ　　５　17.3ｇ　　６　19.4ｇ

⑹　D地点の気温は何℃ですか。答えは**小数第１位**まで書きなさい。

暁星中学校(第１回)

—40分—

※1～4の問題文中にある「密度」(g/cm³)とは、物の体積(cm³)あたりの重さ(g)のことです。

1　【Ⅰ】【Ⅱ】の文章を読んで、以下の問いに答えなさい。

【Ⅰ】　ドライアイスを水の入ったガラス製のコップに入れてみたところ、(あ)すぐにブクブクと音をたてながら大きな泡が出て、(い)白い煙がコップからあふれてくる様子が確認されました。それと同時に(う)コップの外側の表面には小さな液体のしずくがびっしりと付着しているのが観察されました。

(1)　ドライアイスとは、ある物質を冷やしたものの名前です。その物質名を答えなさい。

(2)　下線部(あ)について、このときドライアイスの状態はどう変化しましたか。「～体→～体」の形に合うように答えなさい。

(3)　下線部(い)について、白い煙は何という物質ですか。物質名を答えなさい。

(4)　下線部(う)について、コップの表面についた小さなしずくは何という物質で、元々どこに存在していましたか。それぞれ答えなさい。

【Ⅱ】　ドライアイスに興味をもったハジメ君は、先生にドライアイスを使った実験を見せてもらうことにしました。水が全体の５分の１程度入った水槽(そう)にドライアイスを入れ、水槽全体が白い煙で満たされたことを確認してから次の実験１～３をそれぞれ行いました。

［実験１］　水槽に充満した白い煙に向かってシャボン玉を吹きかけてみました。するとシャボン玉は沈むことなく煙の上に浮いていました。

(5)　シャボン玉が煙の上に浮いた理由について、次の文章の空らん①～③に当てはまる適切な語句を書きなさい。

シャボン玉の中に入っている(　①　)よりも水槽の中を満たしている(　②　)の方が密度が(　③　)から。

［実験２］　着火したガスライターを、水槽を満たしている白い煙の中に差し入れると(え)火は消えました。

(6)　ものが燃えるための条件を**３つ**答えなさい。

(7)　下線部(え)について、白い煙の中でガスライターの火が消えた理由を説明しなさい。

［実験３］　マグネシウムリボン(幅４mm、厚さ0.3mm、長さ10cmに加工したマグネシウム)を用意しました。マグネシウムリボンに火をつけると激しく燃えて、あとには白いかたまり(酸化マグネシウム)が残されました。次に、火をつけて激しく燃えているマグネシウムリボンを、［実験２］と同様に水槽に充満している白い煙の中に入れてみました。するとガスライターとは異なり、(お)煙の中でもマグネシウムリボンは燃え続けました。ドライアイスを水槽から取り出し、水槽の中をのぞいてみると、白いかたまり(酸化マグネシウム)と黒い粉末が確認されました。

(8)　下線部(お)について、次の図１は、ライターの原料にふくまれる炭素と、マグネシウムが燃える時の様子を示した模式図です。これを参考にして、マグネシウムが煙の中で燃えた仕組みを示す模式図を書きなさい。ただし、炭素を黒丸、酸素を白丸で、マグネシウムは丸の中に斜線を引いて表しなさい。

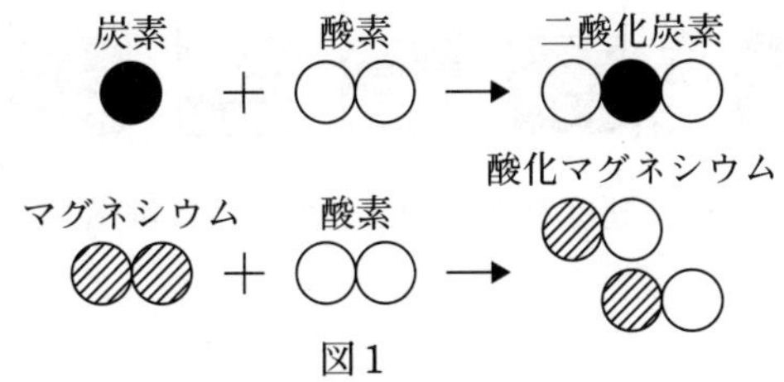

図１

2　次の文章を読んで、以下の問いに答えなさい。

水のはたらきや(あ)火山の活動によってさまざまなものが積み重なってできたしま模様に見えるものを（ ① ）といいます。(い)川では、水がさまざまな大きさのつぶを運び、これらは海に到達すると、河口で積み重なります。火山が（ ② ）した時には、溶岩やガスと一緒に固形状の「(う)火山砕(さい)せつ物」がふき出します。火山砕せつ物は上空に舞い上がった後、そのまま火口の近くに落下したり、風によって遠くまで運ばれたりして、地上に積み重なります。（ ① ）には、（ ① ）が作られた時代の動物や植物などが（ ③ ）としてふくまれていることもあります。

また、川は土砂を運搬する際に特定の鉱物を運ぶことがあります。世界各地では、古くから川辺の土砂の中に紛れている金を探すために「砂金とり」が行われています。砂金をとるときに用いられる手法は「(え)パンニング」といいます。これは、平たい皿(パンニング皿)に川から土砂をすくって水の中でよくゆすり、上の方に浮かび上がった土砂を水と一緒に捨てていくことで、最後に底に沈んだ金を得るというものです。

(1)　空らん①～③に当てはまる適切な語句を答えなさい。

(2)　下線部(あ)について、火山の地下では、マグマが冷えて固まり火成岩ができます。火成岩は、固まり方によって、「深成岩」と「火山岩」の２種類に分けられます。それぞれの岩石のでき方と、岩石に含まれる鉱物のつぶの説明として適切なものを次のア～エより１つ選び、記号で答えなさい。

ア　深成岩は火山岩よりも急に冷えて固まった岩石なので、鉱物のつぶの大きいものが多い。
イ　深成岩は火山岩よりもゆっくり冷え固まった岩石なので、鉱物のつぶの大きいものが多い。
ウ　火山岩は深成岩よりも急に冷え固まった岩石なので、鉱物のつぶの大きいものが多い。
エ　火山岩は深成岩よりもゆっくり冷え固まった岩石なので、鉱物のつぶの大きいものが多い。

(3)　下線部(あ)について、火山の活動にともなって起こる大地の変化を説明した文章のうち、**適切でないもの**を次のア～エより１つ選び、記号で答えなさい。

ア　海底の火山の活動によって、新しい島ができる。
イ　よう岩でおおわれたり、火山灰がふり積もったりして大地の様子が変化する。
ウ　こう水になって川の流れが大きく変わる。
エ　火口周辺が地下に沈み込んだり崩れたりしてなくなる。

(4)　下線部(い)について考えるために、ペットボトルの中に小石、砂、泥をよく混ぜ合わせたものと水を入れ、ふたをしてからよく振りました。小石、砂、泥はどのように積み重なると考えられますか。次のア～オより１つ選び、記号で答えなさい。

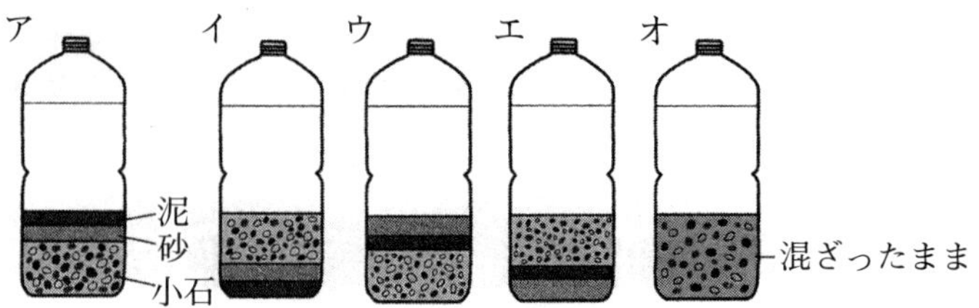

(5)　海水面がPのとき、河口に運ばれた土砂はどのように堆積しますか。次のア〜エより1つ選び、記号で答えなさい。

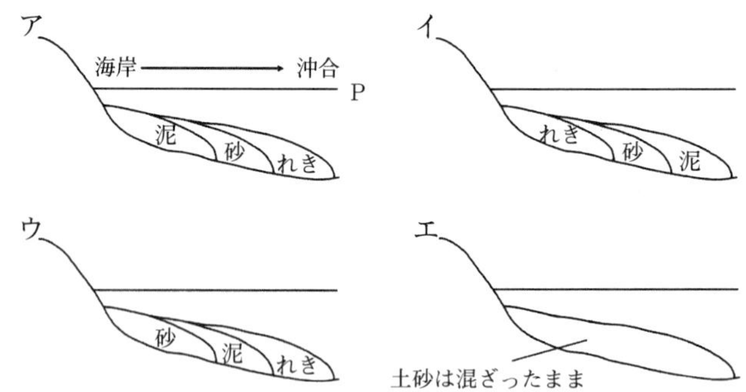

(6)　下線部(う)の火山砕せつ物はつぶの大きさによって次の表1のように分類されます。この表を参考にして、火山灰・火山れき・火山岩かいの3つの火山砕せつ物を、火口の近くに落下する順に並べかえなさい。

表1　火山砕せつ物のつぶの大きさ

	2㎜以下	2㎜〜64㎜	64㎜以上
火山砕せつ物	火山灰	火山れき	火山岩かい

(7)　下線部(え)のパンニングによって金が一番底に沈む原理と、水の中に堆積物や火山砕せつ物が順番に沈んでいき堆積する原理は異なります。次の表2および上の表1や大問2冒頭の文章を参考にして、どのように異なるのか説明しなさい。

表2　土砂の中の成分の密度(g/㎤)

	水	砂金	磁鉄鉱	セキエイ	れき	砂	ヒスイ	火山岩	深成岩
密度	1.0	19.3	5.2	2.7	1.8 〜 2.0	1.8 〜 2.0	3.2 〜 3.4	2.7 〜 3.2	2.7 〜 3.2

3　次の文章を読んで、以下の問いに答えなさい。

地球上にはたくさんの生物がいます。生物は進化の流れや特徴によって、(あ)動物・植物・菌(きん)類などに分類されます。(い)昆虫は動物のなかまです。水の中で生活するもの、木の上にいるもの、土の上で一生を過ごすものなど、(う)いろいろな種類の昆虫がいます。また、その食べる物もさまざまです。(え)冬の過ごし方も種ごとに異なります。

例えば、アメンボという昆虫がいます。アメンボは水の上に浮いて生活するという、昆虫の中でもユニークな生活スタイルを持っています。では、どうして水の上に浮くことができるのでしょうか。それを知るために次のような実験を行いました。

[実験]　まず、アメンボの胴体に見立てた3種類の「しん」を準備しました。これらのしんの体積はほぼ同じで、材料と重さが異なります。次に、アメンボのあしに見立てた2種類の「ワイヤー」も準備しました。これらの長さは同じで、直径が異なります。このしんとワイヤーを

図２のように結びつけてアメンボに見立てた模型を作成し、深めのトレーにはった水の上に静かに置き、それぞれが浮くか沈むかを調べました。実験の結果をまとめたものが表３です。

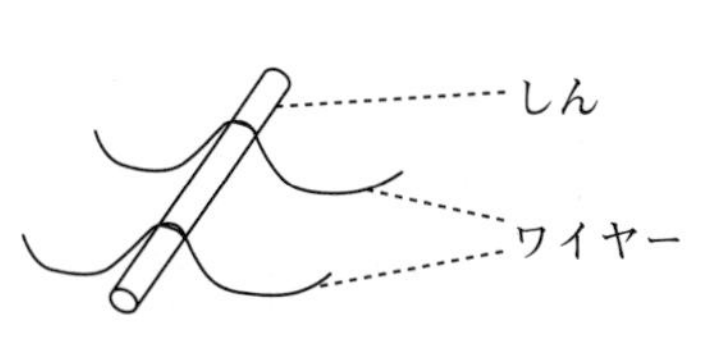

図２　アメンボの模型

表３　実験の条件と結果のまとめ

条件	しんの材料	しんの重さ（g）	ワイヤーの直径（mm）	結果
A	つまようじ	0.08	0.28	浮いた
B	つまようじ	0.08	1.0	沈んだ
C	アルミ線	0.10	0.28	浮いた
D	アルミ線	0.10	1.0	沈んだ
E	銅線	0.17	0.28	浮いた
F	銅線	0.17	1.0	沈んだ

⑴　下線部㋐について、動物・植物・菌類の説明として適切なものを次のア～オより**２つ**選び、記号で答えなさい。

ア　動物は一般的に光合成をすることができず、食事により摂取した二酸化炭素から栄養分を作り出している。

イ　動物は食物連鎖において、捕食者に属する。

ウ　ほとんどの植物は子孫を残すときに、花のつぼみの中で受粉を行い、開花後には受粉を行わない。

エ　植物の種をまいた後最初に出てくる葉を子葉といい、種類によりその枚数は異なっている。

オ　菌類は光合成を行い、自ら栄養分を作り出して生活している。

⑵　下線部㋑について、昆虫の特徴についての説明として適切なものを次のア～オより**２つ**選び、記号で答えなさい。

ア　肺を用いて呼吸を行う。

イ　外骨格をもつため、脱皮をくり返しながら成長していく。

ウ　触角には周囲のにおいを感じる役目がある。

エ　からだに鼓膜（こまく）がないため、音を感じることはできない。

オ　はねは主に滑空（かっくう）用に使用され、からだの上昇を目的とした利用はしない。

⑶　下線部㋒について、いろいろな種類の生物の進化の過程を研究することがあります。例えば、表４のような脊椎（せきつい）動物の特徴から、あとの図３のような進化の道すじを推測することができます。このような図を系統樹といいます。では、表５のような特徴から昆虫類の系統樹を作るとどのようになるでしょうか。かきなさい。

表４　脊椎動物の特徴

	マグロ	カエル	ワニ	ウシ
肺で呼吸する時期がある	×	○	○	○
陸上で卵または子を産む	×	×	○	○
乳で子を育てる	×	×	×	○

マグロ
カエル
ワニ
ウシ

図３　脊椎動物の系統樹

表５　昆虫類の特徴

	トンボ	シミ	カブトムシ	カメムシ
さなぎの時期がある	×	×	○	×
はねをもち、変態する	○	×	○	○
はねをねじってたたむことができる	×	×	○	○

(4)　下線部(え)について、昆虫の冬の過ごし方の説明として適切なものを次のア～オより**２つ**選び、記号で答えなさい。

ア　ナナホシテントウは、木の枝に卵を産み、卵の状態で冬を過ごす。

イ　カブトムシは、幼虫の状態で、土の中で冬を過ごす。

ウ　アゲハチョウは、木の枝でさなぎとなって冬を過ごす。

エ　トノサマバッタは長距離を移動し、温かい地域で冬を過ごす。

オ　オオカマキリは、成虫の状態で、落ち葉の下などでじっとして冬を過ごす。

(5)　表３の実験結果よりわかることとして適切なものを次のア～カより**すべて**選び、記号で答えなさい。

ア　胴体にあたるしんが重いと、模型は水に浮くことはできない。

イ　足が細いほうが模型が水に浮きやすい。

ウ　密度が水よりも大きくなると、模型は水に浮くことはできない。

エ　条件のＣとＦを比較すると、模型が水に浮く原因を特定することができる。

オ　アメンボが水に浮くことができるのは、アメンボの胴体が極めて小さく、軽いからである。

カ　アメンボが水に浮く要因が何であるか、この実験からでは判別ができない。

(6)　今回の実験で、模型が浮いた条件について、足として用いたワイヤーの形をあとの図４のように変更したところ、すべて沈んでしまいました。また、実際にアメンボを採取して水を張ったトレーに浮かべ、水に洗剤を数滴たらすと、浮いていたアメンボが水の中に沈みました。この結果に関係する現象として最も関わりの深いものを次のア～エより１つ選び、記号で答えなさい。

ア　磁石の同じ極どうしを近づけると、たがいに反発する。

イ　プロペラを回転させると、ヘリコプターが上空に浮いていく。

ウ　バットでボールをたたくと、ボールが飛んでいく。

エ　コップに水を入れると、水面がコップの上端を超えても水がコップからこぼれない。

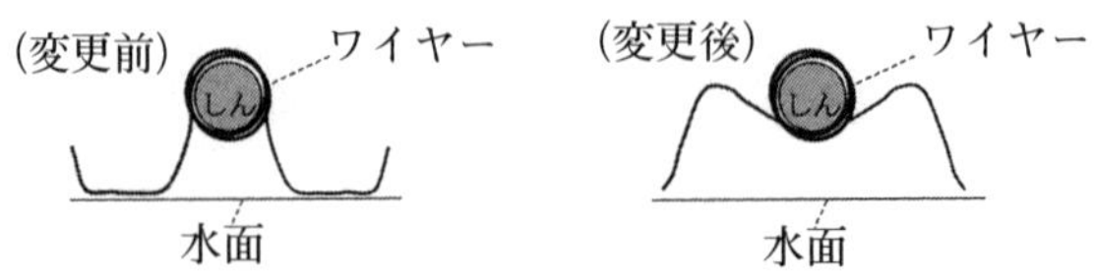

図４　真横から見た足の形

(7)　ヒトが空気を吸った状態のからだの密度は約0.98ｇ/㎤で水の密度1.00ｇ/㎤よりも小さいですが、ヒトはアメンボのように手足で支えて水の上に浮くことはできません。その理由を実験の結果をふまえて説明しなさい。

４　【Ⅰ】【Ⅱ】の問いに答えなさい。

【Ⅰ】　コイルを図５のようにつなぐと、方位磁針の針がかたむきました。これについて以下の問いに答えなさい。

(1)　図６のようにコイルをつないだとき、点線で囲まれた場所に置いた方位磁針のＮ極はどの方向にかたむきますか。右の解答らんにかき入れなさい。ただし、方位磁針のＮ極を黒くぬりつぶすこと。

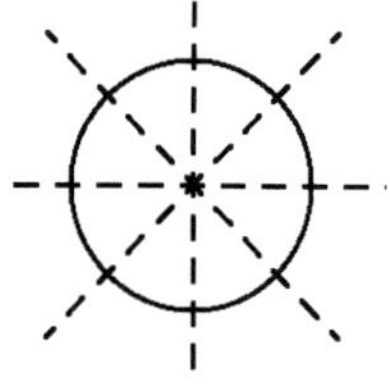

(2)　(1)のときよりも方位磁針の針を大きくかたむけるにはどうすればよいでしょうか。**3つ書きなさい。**

(3)　ごみ処理工場などでは、磁石につかないアルミ缶と磁石につくスチール缶との分別の際に、永久磁石ではなく電磁石を用います。この理由を説明しなさい。

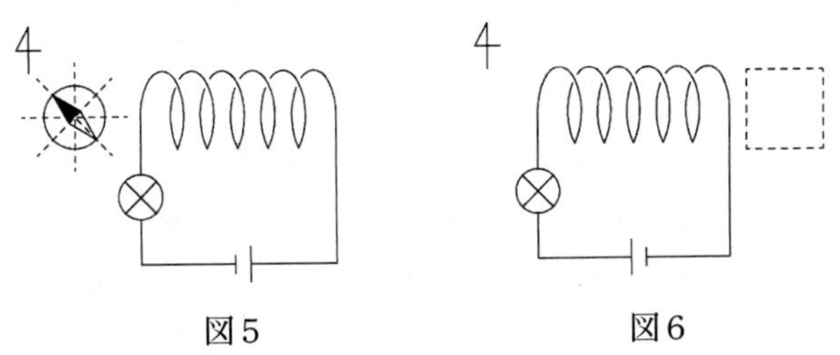
図５　　図６

【Ⅱ】　10ｇのおもりをつり下げると２㎝伸びるばねばかりがあります。これについて以下の問いに答えなさい。ただし、問題で用いた棒の長さは全て20㎝とし、棒や糸の重さは考えなくてよいものとします。

(4)　おもりＡをこのばねばかりにつり下げると８㎝伸びました。おもりＡは何ｇですか。

(5)　図７において、棒がつりあっているとき、おもりＢの重さは何ｇですか。

(6)　図８において、ばねばかりＸが42ｇ、ばねばかりＹが138ｇを示していたとき、棒がつりあうためにはおもりＣを棒の右端から何㎝のところにつるせばよいでしょうか。途中式も書きなさい。

(7)　図９のように、台の上に水を入れた水槽(そう)を置き、おもりを水槽に沈めました。また、おもりは水槽の底にはついていないものとします。棒がつりあっているとき、おもりＤの体積は何㎤ですか。途中式も書きなさい。ただし、水に入れていないときのおもりＤは30ｇであり、水１㎤の重さは１ｇとします。

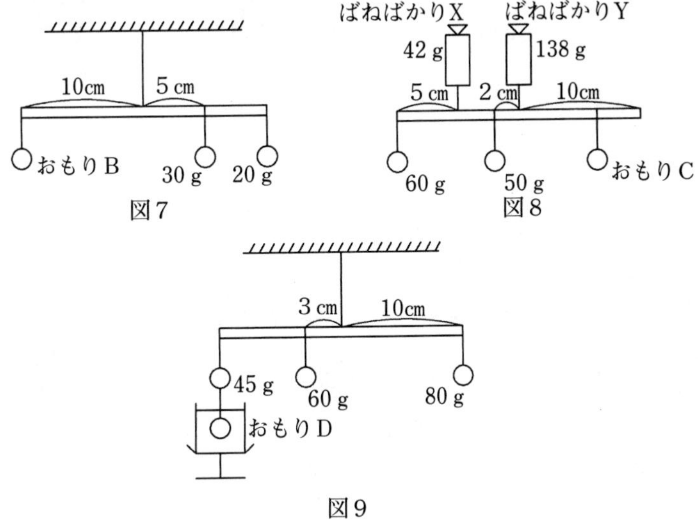

図７　　図８

図９

慶應義塾普通部

―30分―

注意 □□□ の中には一文字ずつ書き、あまらせてもかまいません。

1 工作で発泡(はっぽう)ポリスチレンのうすい板を切るとき、ハサミを使うと細かい発泡ポリスチレンの粉が刃(は)に付き、切断面はザラザラになります。発泡ポリスチレンカッターを使うと、細かい粉がカッターに付かず、切断面はなめらかになります。これは、発泡ポリスチレンカッターの電熱線が乾(かん)電池やコンセントからの電気を熱に変えて発泡ポリスチレンを融(と)かしながら切るからです。

発泡ポリスチレンカッターに使われているのと同じ材質の電熱線を使って、次の実験1、2を行いました。

〔実験1〕

同じ長さの電熱線①(直径0.2㎜)と電熱線②(直径0.4㎜)が何本かあります。電熱線、新しい乾電池、電流計、スイッチ、保温容器、くみ置いた水を使って作った図1の回路を簡略化して表すと、図2のようになります。図2～6のような回路を作り、電熱線のいくつかを保温容器に入れ、くみ置いた同じ量の水を加えました。回路に電流を流し、電流計でA～K点に流れる電流の大きさを測り、表1にまとめました。また、10分間電流を流したあと、電熱線を取り出してからよくかき混ぜて水温を測り、上昇(じょうしょう)した温度を表2にまとめました。

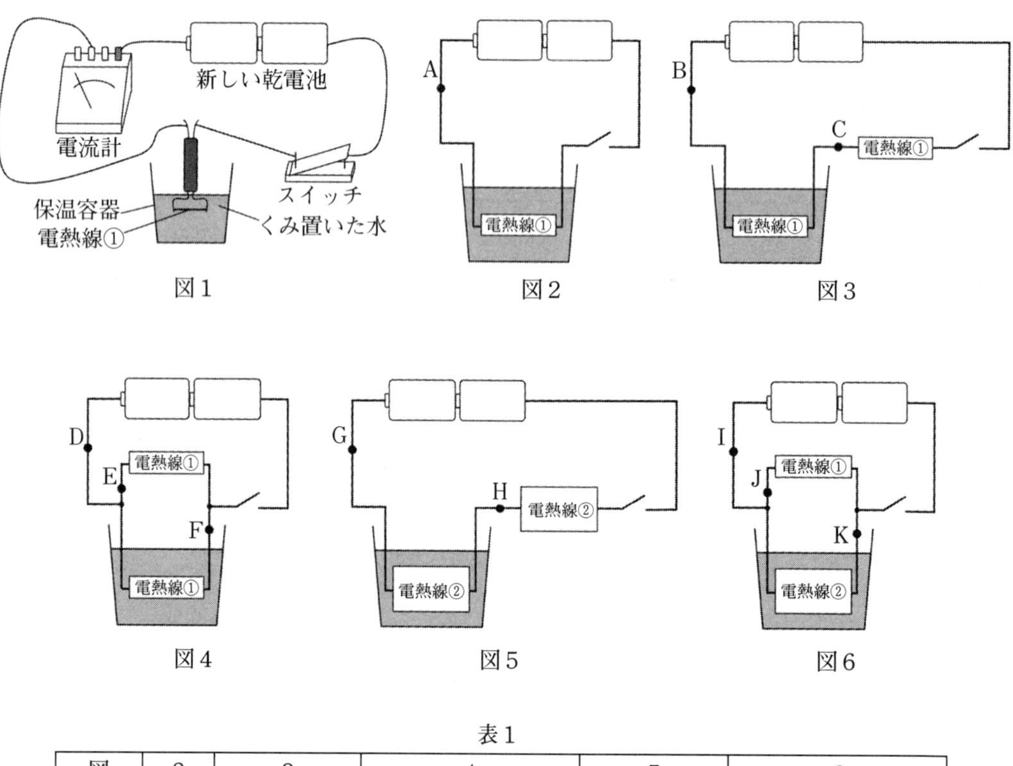

図1　図2　図3
図4　図5　図6

表1

図	2	3		4			5		6		
点	A	B	C	D	E	F	G	H	I	J	K
電流[mA]	300	150	150	600	300	300	600	600	1500	300	1200

表2

図	2	3	4	5	6
電熱線	①	①	①	②	②
上昇した温度[℃]	1.2	0.6	1.2	2.4	X

〔実験2〕

同じ厚さの発泡ポリスチレンの板を机の上に置きました。水から出した図2～6の電熱線を、同じ力で5秒間その板にあてました。5秒間で切れた長さを測り、表3にまとめました。

表3

図	2	3	4	5	6
電熱線	①	①	①	②	②
切れた長さ[cm]	12	6	12	12	24

1　発泡ポリスチレンカッターのように、電気を熱に変えて利用しているものを次の(ア)～(オ)から2つ選び、記号で答えなさい。

(ア)　電子レンジ　(イ)　扇風機(せんぷうき)　(ウ)　ドライヤー　(エ)　白熱電球　(オ)　ＬＥＤ電球

2　図4のD点を流れる電流の大きさを測ります。このときに使う電流計の端子(たんし)を次の(カ)～(ク)から1つ選び、記号で答えなさい。

(カ)　50mA　(キ)　500mA　(ク)　5A

3　電熱線の長さが2倍になると、電流の大きさは何倍になりますか。

4　電熱線の直径が2倍になると、電流の大きさは何倍になりますか。

5　表2のXにあてはまる数値を答えなさい。

6　表1～3の図4と図5の数値を比べると、電流の大きさが2倍になって上昇した温度も2倍になっているのに、切れた長さは変わりません。発泡ポリスチレンの板を切る電熱線のようす（図7）を参考に、理由を説明しなさい。

電熱線の直径が2倍になると、□□□□□□□□□□□□□□
□□□□□□

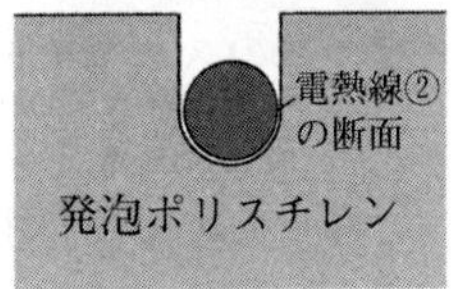

図7

[2]　横浜の学校に通う慶太くんは、図1のような朝礼台のマイクが作る影(かげ)の長さや向きが、日付や時刻によって変わっていくことに気づきました。そこで、よく晴れた3月21日、6月22日、9月23日、12月22日に、時刻を決めて真上から見た影のようすをスケッチしました。スケッチした時刻は午前6時30分、午前10時、正午、午後2時、午後5時30分でした。4つのスケッチは①～③のような3種類になりました。

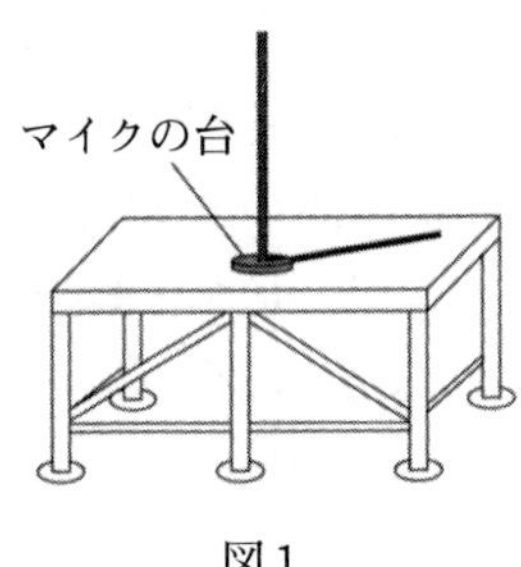

図1

①

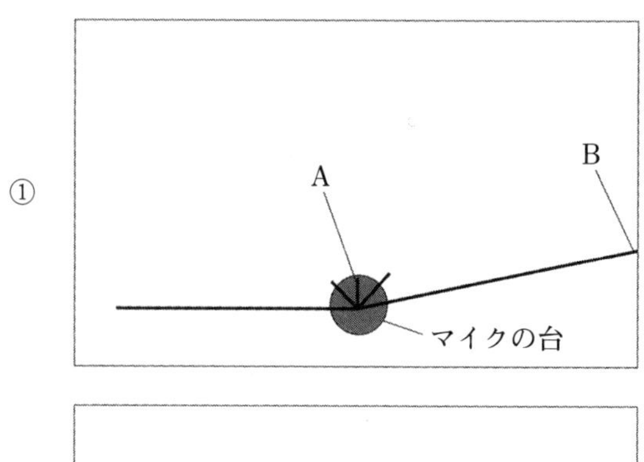

②

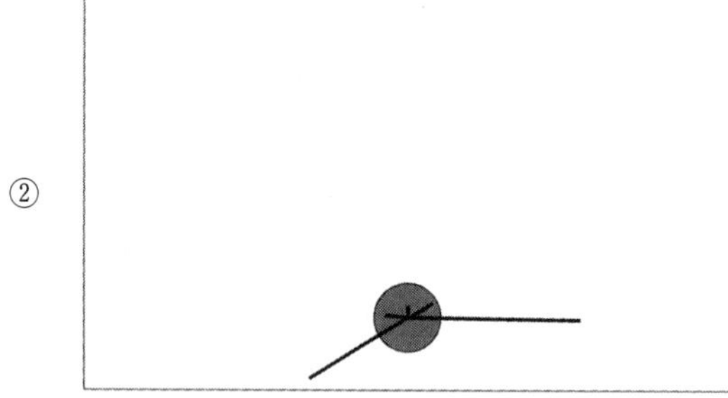

③

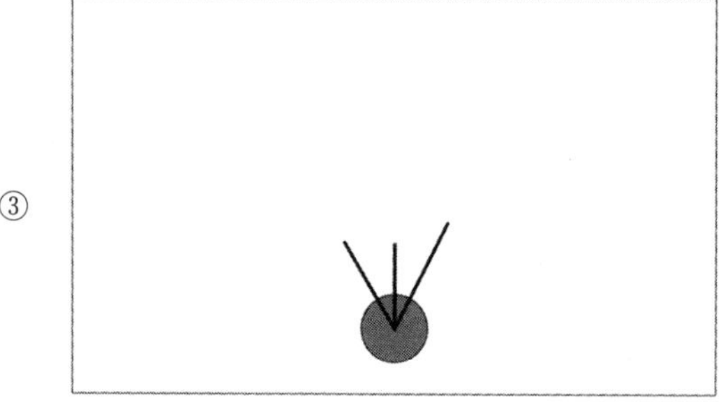

1　３月21日、６月22日、９月23日、12月22日のスケッチはどれですか。①〜③からそれぞれ１つ選び、記号で答えなさい。

2　①のスケッチをした日、Ａの先にできたマイクの影は、図２のようにマイクと同じ大きさでくっきりとしていました。Ｂの影は朝礼台の外の地面まで伸(の)びていました。Ｂの先にできたマイクの影のようすを次の(ア)〜(エ)から１つ選び、記号で答えなさい。

(ア)　ぼんやりとした大きな影ができていた。

(イ)　くっきりとした大きな影ができていた。

(ウ)　ぼんやりとした小さな影ができていた。

(エ)　くっきりとした小さな影ができていた。

図２

3　図３のように朝礼台の上に方位磁針を置いたとき、針はどのようになりますか。次の(カ)〜(コ)から１つ選び、記号で答えなさい。

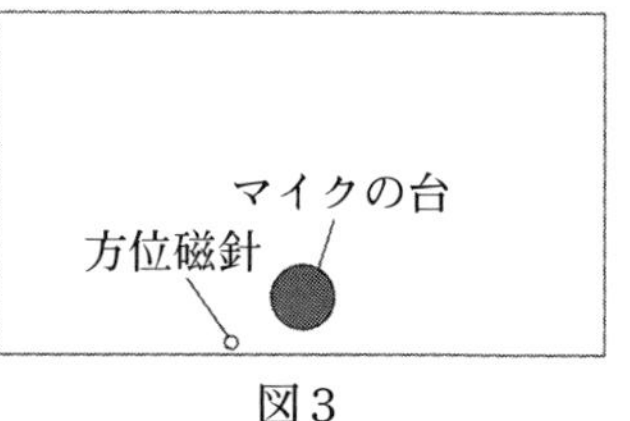

図３

(カ)

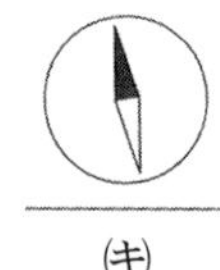
(キ)

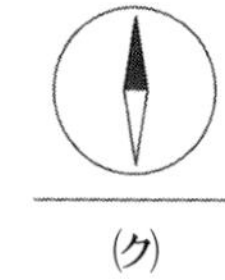
(ク)

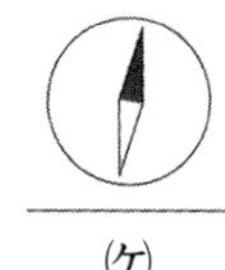
(ケ)

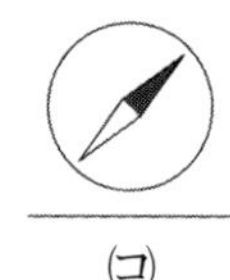
(コ)

4　③のスケッチをした日、午前６時30分と午後５時30分には、どちらも太陽が出ていなかったため影ができませんでした。午前６時30分と午後５時30分の空の明るさを比べた文として正しいものを次の(サ)～(セ)から１つ選び、記号で答えなさい。

(サ)　太陽が出ていないのでどちらも真っ暗だった。

(シ)　午前６時30分は午後５時30分より明るかった。

(ス)　午前６時30分は午後５時30分より暗かった。

(セ)　どちらの空も同じくらい明るかった。

3　キャンプに行き、たき火でカレーを作りました。カレーを作る①なべに火が集中するように薪を組み合わせて、②マッチと新聞紙を使って火をつけました。③カレーの具は豚肉、ニンジン、ジャガイモ、タマネギでした。調理を始めてしばらくすると④なべの外側が黒くなっていました。

カレーを作りながら、炭火の上に網を置いて、肉や野菜を焼きました。しばらくすると⑤炭の表面が白くなっていました。食事が終わったあと、⑥たき火と炭火を消しました。

1　たき火をするときに火がつきやすい木はどれですか。次の(ア)～(オ)から１つ選び、記号で答えなさい。

(ア)　サクラ　　(イ)　ケヤキ　　(ウ)　イチョウ　　(エ)　スギ　　(オ)　ナナカマド

2　下線部①について、どのように薪を組み合わせればよいですか。次の(カ)～(コ)から１つ選び、記号で答えなさい。

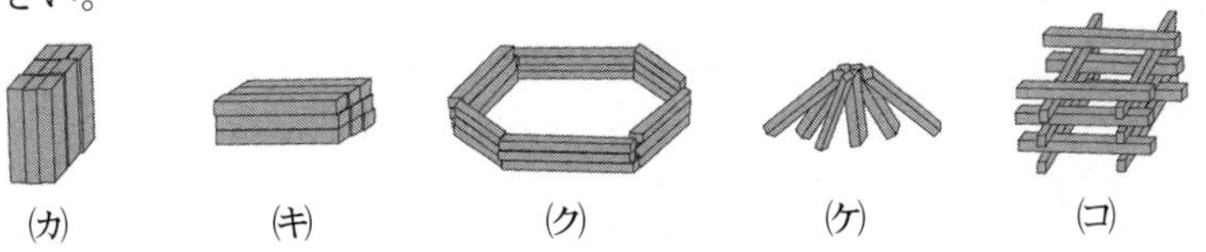

(カ)　(キ)　(ク)　(ケ)　(コ)

3　下線部②について、マッチの火が最も長持ちするのはどのように持ったときですか。次の(サ)～(ス)から１つ選び、記号で答えなさい。

(サ)　(シ)　(ス)

4　下線部③について、タマネギの切り方としてふさわしいものを次の(タ)～(テ)から２つ選び、記号で答えなさい。

(タ)　いちょう切り　　(チ)　くし切り　　(ツ)　たんざく切り　　(テ)　みじん切り

5　下線部③について、一般的には豚肉、タマネギ、ニンジン、ジャガイモの順にいためます。ジャガイモを最後に入れる理由を答えなさい。

□□□□□□□□□□から

6　下線部④について、これと同じ理由で黒くなるものを次の(ナ)～(ネ)から１つ選び、記号で答えなさい。

(ナ)　米をなべで炊いたら、底の方の米が黒くなった。

(ニ)　カレーを作りながら汗をぬぐうと手が黒くなった。

(ヌ)　炭火の上に置いた網に切ったニンジンを置いたら、黒くなった。

(ネ)　アルミホイルに包んで炭の中に入れたサツマイモが黒くなった。

7　下線部⑤について、この白いものは何か答えなさい。

8　下線部⑥について、火を消すのに効果がないものはどれですか。次の(ハ)～(ホ)からすべて選び、記号で答えなさい。

(ハ)　たき火に水をかける。　　(ヒ)　たき火に土をかける。

(フ)　うちわで風を強く送る。　(ヘ)　たき火に新聞紙をかぶせる。

(ホ)　薪をバラバラにして土の上に置く。

4　最近、普通部の体育館裏の林では、10年前には見られなかったカブトムシの幼虫やシロアリが見られるようになりました。

1　カブトムシもシロアリも昆虫(こんちゅう)ですが、成長過程に大きなちがいがあります。シロアリと同じような成長過程のものを次の(ア)～(オ)からすべて選び、記号で答えなさい。

(ア)　アゲハチョウ　(イ)　イエバエ　(ウ)　ウスバキトンボ

(エ)　エンマコオロギ　(オ)　オオカマキリ

2　カブトムシの成虫は(　①　)を食べるため、口は(　②　)のような形をしています。幼虫は(　③　)を食べます。①～③にあてはまる言葉を答え、幼虫の口の図を描(か)きなさい。

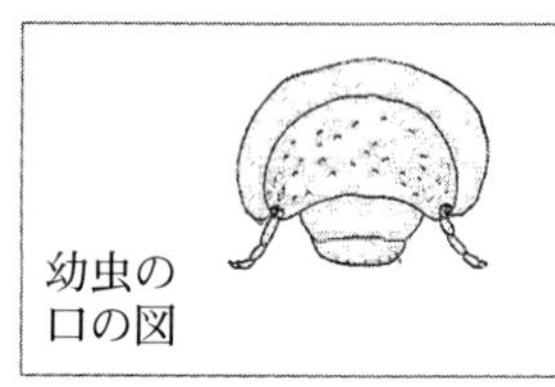

3　普通部周辺では、夏にカブトムシの成虫の頭だけ落ちているのがよく見つかります。なぜ頭だけが落ちているのか、その理由を答えなさい。

□□□□□□□□□□□□□□□から

4　シロアリは人間にとって害虫とされています。どんな害があるか説明しなさい。

□□□□□□□□□□□□

5　シロアリはアリの仲間ではありませんが、アリと同じように役割を分担し、集団で生活しています。また役割によってA～Cのような体の形をしています。A～Cそれぞれの役割を「～役割」の形に合うように説明しなさい。

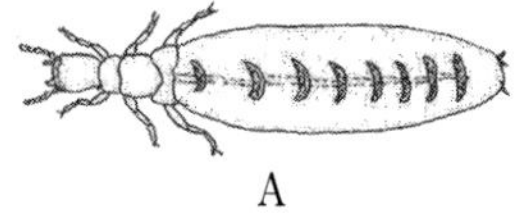
A

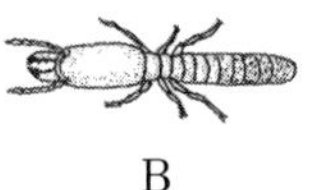
B

C

6　紙に油性ボールペン、水性ボールペン、鉛(えん)筆で黒い線を引きました。線を引いてすぐ、その紙の上にシロアリを放すと、油性ボールペンの線の上だけをなぞるように進みました。このことに近いものを次の(カ)～(コ)から1つ選び、記号で答えなさい。

(カ)　トンボがカを食べる。　　(キ)　コクワガタが冬眠(とうみん)する。

(ク)　ミツバチが花に向かって飛ぶ。　(ケ)　夜、明かりにガが寄ってくる。

(コ)　カイコのオスがメスに寄ってくる。

7　最近、カブトムシの幼虫やシロアリが見られるようになったのは、体育館裏の林の環境(かんきょう)が変化したからです。どのように変化したのか説明しなさい。

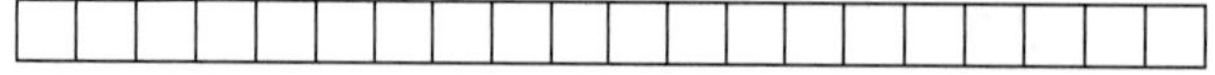

攻玉社中学校(第１回)

—40分—

注意　１　言葉で解答する場合について、指定のない場合はひらがなで答えてもかまいません。

２　図やグラフを作成するときに定規を使用しなくてもかまいません。

1　真琴君と先生は生物部の活動のために駅前で待ち合わせをしています。その時の会話文を読んで、以下の各問いに答えなさい。

真琴　先生、足元を見てください。鳥のフンがいっぱい落ちていますね。

先生　確かに多いね。夜、ここの街路樹をねぐらにしているのかな？ただ、これは正確には鳥のフンだけではないのだよ。

真琴　え、どういうことですか？

先生　これらには黒い部分と白い部分があるだろう。黒い部分はフンだけど、白い部分は(ア)尿(にょう)なのだよ。

真琴　そうなのですね。だけど尿なのに液体ではないのですね。

先生　そうなのだよ。鳥類は、陸上に(イ)卵で産み落とされ、卵の中で育つので、水に溶けにくく、尿の体積が少なくてすむ尿酸という物質で、ほとんどの老廃物を排出しているのだよ。ヒトを含む(ウ)は主に尿素という物質で排出しているのだけどね。

真琴　尿素は知っています。有害な(エ)を(オ)で無害な尿素にしているのですよね。

先生　そうだね。尿素は水に溶けやすいので、ヒトは液体の尿を排出するのだよ。

真琴　先生、有害な(エ)はどうしてできるのですか？

先生　タンパク質は(カ)がたくさんつながってできているだろう。それが体内で分解されると(エ)ができてしまうのだよ。

真琴　そうなのですね。タンパク質とともに栄養源となる(キ)デンプンなどの炭水化物や(ク)脂肪が分解された時にはできないのですか？

先生　できないよ。炭水化物や脂肪には(エ)になる成分は含まれていないからね。

真琴　そうなのですね。では、尿素を排出するための尿はどのようにしてできるのですか？

先生　(ケ)尿は血液の血しょうから不要な成分を排出するものだけれど、最初は水分がすごく多いのだよ。この段階のものを原尿と言うのだよ。血しょうに含まれるタンパク質は原尿には排出されないけれど、それ以外の成分では血しょう中と原尿中の濃度は変わらないのだよ。原尿をそのまま排出してしまうと体内は水分不足となってしまうので、水分を吸収して濃縮したり、必要な成分を吸収したりして尿にするのだよ。

(1)　下線部(ア)の尿が作られる臓器を次の(あ)～(か)の中から１つ選び、記号で答えなさい。

(あ)　心臓　　(い)　肝臓　　(う)　腎臓　　(え)　肺　　(お)　胃　　(か)　腸

(2)　下線部(イ)の「卵で産み落とされ、卵の中で育つこと」を何といいますか。漢字２字で答えなさい。

(3)　文中の(ウ)にあてはまる語句を次の(あ)～(え)の中から１つ選び、記号で答えなさい。

(あ)　魚類　　(い)　両生類　　(う)　は虫類　　(え)　ほ乳類

⑷　文中の(エ)、(オ)にあてはまる語句の組み合わせとして正しいものを次の㋐～㋕の中から１つ選び、記号で答えなさい。

	(エ)	(オ)
㋐	アルコール	心臓
㋑	アンモニア	心臓
㋒	アルコール	肝臓
㋓	アンモニア	肝臓
㋔	アルコール	腎臓
㋕	アンモニア	腎臓

⑸　文中の(カ)にあてはまる物質名を答えなさい。

⑹　下線部㋖のデンプン、㋗の脂肪が消化される過程で、できる物質を㋐～㋗の中からデンプンと脂肪、それぞれについて**すべて選び**、記号で答えなさい。

㋐　クエン酸　　㋑　脂肪酸　　㋒　砂糖　　㋓　果糖

㋔　ブドウ糖　　㋕　麦芽糖　　㋖　モノグリセリド　　㋗　ポリペプチド

⑺　下線部㋘に関する次の表１－１は、血しょう中と尿中に含まれる様々な成分の濃度についてまとめたものです。次の①と②の問いに答えなさい。

成　分	血しょう中の濃度(%)	尿中の濃度(%)
タンパク質	7～9	0
ブドウ糖	0.10	0
尿　素	0.03	2.1
尿　酸	0.004	0.05

表１－１

①　上の表より、尿素は尿ができることにより、血しょう中と比べて何倍に濃縮されていますか。整数で答えなさい。ただし、割り切れない場合には小数第一位を四捨五入して整数で答えなさい。

②　様々な人の平均として尿は１日に約1.5Lできます。もし、血しょう中の尿素のすべてが尿に排出されるとすると、水分が吸収される前の原尿の状態では約何Lでしょうか。整数で答えなさい。ただし、割り切れない場合には小数第一位を四捨五入して整数で答えなさい。

２　地震について、以下の問いに答えなさい。

ある地震について、Ａ～Ｇの各地点で地震によるゆれを観測しました。地震によるゆれは、どの地点でもはじめに小さなゆれを観測し、遅れて大きなゆれを観測しました。このうち、Ａ～Ｄの各地点における、小さなゆれが始まった時刻と大きなゆれが始まった時刻、震源からの距離をそれぞれまとめたものが次の表２－１です。

なお、小さなゆれを引き起こした地震の波をＰ波、大きなゆれを引き起こした地震の波をＳ波と言います。また、Ｐ波とＳ波の速さは一定であったことがわかっています。

地点	小さなゆれが始まった時刻	大きなゆれが始まった時刻	震源からの距離
A	12時36分03秒	12時36分21秒	108km
B	12時35分52秒	12時35分59秒	42km
C	12時35分56秒	12時36分07秒	66km
D	12時36分09秒	12時36分33秒	144km

表２－１

(1)　今回の地震において、大きなゆれが最も大きかったのは、Ａ～Ｄのどの地点と考えられますか。最も適当なものを次の(あ)～(え)の中から１つ選び、記号で答えなさい。ただし、この地域の地ばんはどこも変わりがないものとします。

(あ)　Ａ地点　(い)　Ｂ地点　(う)　Ｃ地点　(え)　Ｄ地点

(2)　地震によるゆれの大きさは震度で表されます。震度の説明として最も適当なものを次の(あ)～(え)の中から１つ選び、記号で答えなさい。

(あ)　震度は０～７までの８階級に分かれている。

(い)　震度が１大きいと地震そのもののエネルギーは約32倍になる。

(う)　震度は観測地点に設置された震度計で計測される。

(え)　震度は観測地点に設置された地震計の針のふれ幅で決まる。

(3)　この地震におけるＰ波の伝わる速さは毎秒何kmになりますか。整数で答えなさい。ただし、割り切れない場合には小数第一位を四捨五入して答えなさい。

(4)　この地震が震源で発生した時刻は何時何分何秒ですか。最も適当なものを次の(あ)～(え)の中から１つ選び、記号で答えなさい。

(あ)　12時35分38秒　(い)　12時35分42秒　(う)　12時35分45秒　(え)　12時35分48秒

(5)　小さなゆれが続いている間の時間を初期び動継続時間と言います。Ａ地点での初期び動継続時間は何秒になりますか。整数で答えなさい。ただし、割り切れない場合には小数第一位を四捨五入して答えなさい。

(6)　この地震において、Ｅ地点で観測された初期び動継続時間は45秒でした。Ｅ地点までの震源からの距離は何kmになりますか。整数で答えなさい。ただし、割り切れない場合には小数第一位を四捨五入して答えなさい。

日本では、大きな地震と思われる地震が観測されたときに、気象庁から緊急地震速報が発表されます。次の図２－１は、気象庁ホームページに掲載されている、緊急地震速報の流れを説明した図です。

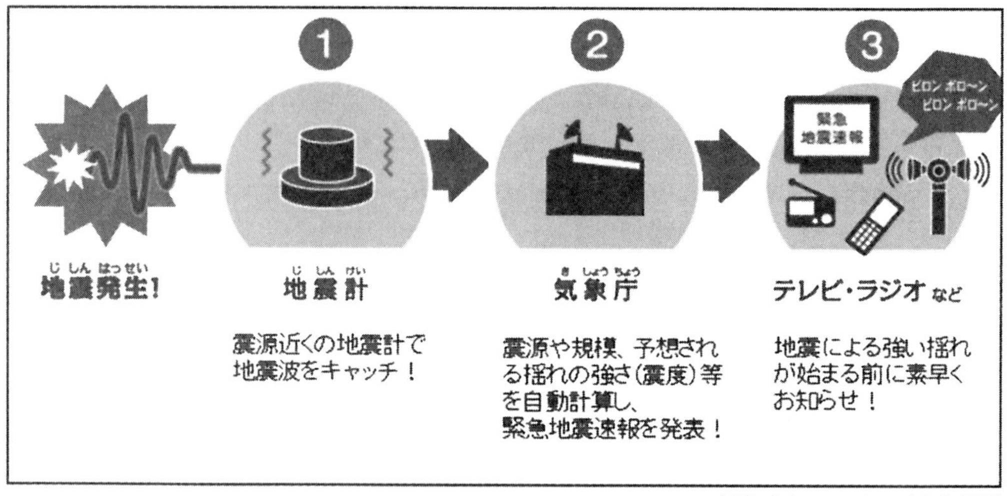

気象庁ホームページより引用

図２－１

(7)　気象庁が緊急地震速報を発表するねらいや目的として適当なものを次の(あ)～(え)の中から**すべて選び**、記号で答えなさい。

(あ)　強いゆれが来ることを、できる限り早くＰ波が到達する前に知らせ、自分の身を守ってもらう。

(い)　強いゆれが来ることを、できる限り早くＳ波が到達する前に知らせ、自分の身を守ってもらう。

(う)　強いゆれが来ることを、できる限り早くＰ波が到達する前に知らせ、列車のスピードを落としたり、工場の機械を止めてもらったりしてもらう。

(え)　強いゆれが来ることを、できる限り早くＳ波が到達する前に知らせ、列車のスピードを落としたり、工場の機械を止めてもらったりしてもらう。

(8)　緊急地震速報には、図２－１に示した流れにともなう限界や私たちが注意しなければいけないことがあります。緊急地震速報の限界や注意しなければいけないこととして**適当でないもの**を次の(あ)～(え)の中から１つ選び、記号で答えなさい。

(あ)　できる限り早く伝えることを優先しているので、速報には誤差が生じることがある。

(い)　震源に近い地震計で地震を観測してから計算するので、震源に近い地点では速報より強いゆれの方が先に来てしまう可能性がある。

(う)　できる限り正しく伝えることを優先しているので、正確性のない速報は流れないことがある。

(え)　震源に近い地震計で地震を観測してから計算するので、緊急地震速報の発表から強いゆれが来るまでの間の時間は数秒から数十秒しかない。

⑼　今回の地震でも緊急地震速報が発表されました。地震発生から緊急地震速報の発表までの流れは図２－１のとおりです。このとき、震源から、震源に近い地震計までの距離は12kmでした。また、震源に近い地震計で地震波を最初に観測してから緊急地震速報が発表されるまでに４秒かかっています。

Ｄ地点では、緊急地震速報が発表されてから大きなゆれが始まるまでの間には何秒ありましたか。整数で答えなさい。ただし、割り切れない場合には小数第一位を四捨五入して答えなさい。

⑽　震源の真上の地表の点を震央と言います。震源と震央を結んだ線は地表面と垂直になります。

今回の地震において、Ｆ地点とＧ地点の震源までの距離と震央までの距離を調べたところ、表２－２のようになりました。今回の地震の震源の深さは何kmになりますか。整数で答えなさい。ただし、割り切れない場合には小数第一位を四捨五入して答えなさい。

地点	震源までの距離	震央までの距離
F	90km	54km
G	120km	96km

表２－２

３　３種類の物質Ａ、Ｂ、Ｃの水溶液をつくり、【実験１】から【実験４】を行いました。これについて以下の各問いに答えなさい。

【実験１】

様々な温度で100ｇの水に物質Ａ～Ｃを溶かして、何ｇまで溶けるかを調べると、以下の表３－１のようになりました。

水の温度[℃]	20	40	60	80	100
物質Ａが溶ける最大の重さ[ｇ]	36	36	37	38	39
物質Ｂが溶ける最大の重さ[ｇ]	32	64	109	169	245
物質Ｃが溶ける最大の重さ[ｇ]	6	12	25	71	119

表３－１　物質Ａ～Ｃが100ｇの水に溶ける最大の重さ

【実験２】

①40℃のＢの飽和水溶液100ｇをつくり、②温度をあげて水の一部を蒸発させたのち、20℃まで冷やしたところ、物質Ｂが23ｇでてきました。

【実験３】

③ＡとＢからなる固体の粉末120ｇを80℃の水150ｇに溶かしたところ、粉末は完全に溶けました。その後、この溶液を20℃まで冷やしたところ、32ｇの純粋な物質Ｂが得られました。

【実験４】

④100℃の水150ｇにＣ40ｇをすべて溶かした後、さらにＢ40ｇをすべて溶かし、この溶液を固体がでてくるまでゆっくり冷やしました。

⑴　表３－１の結果から作成した、物質Ｃの100ｇの水に溶ける最大の重さと温度の関係を表したグラフとして最も適当なものを次の(あ)～(え)の中から１つ選び、記号で答えなさい。

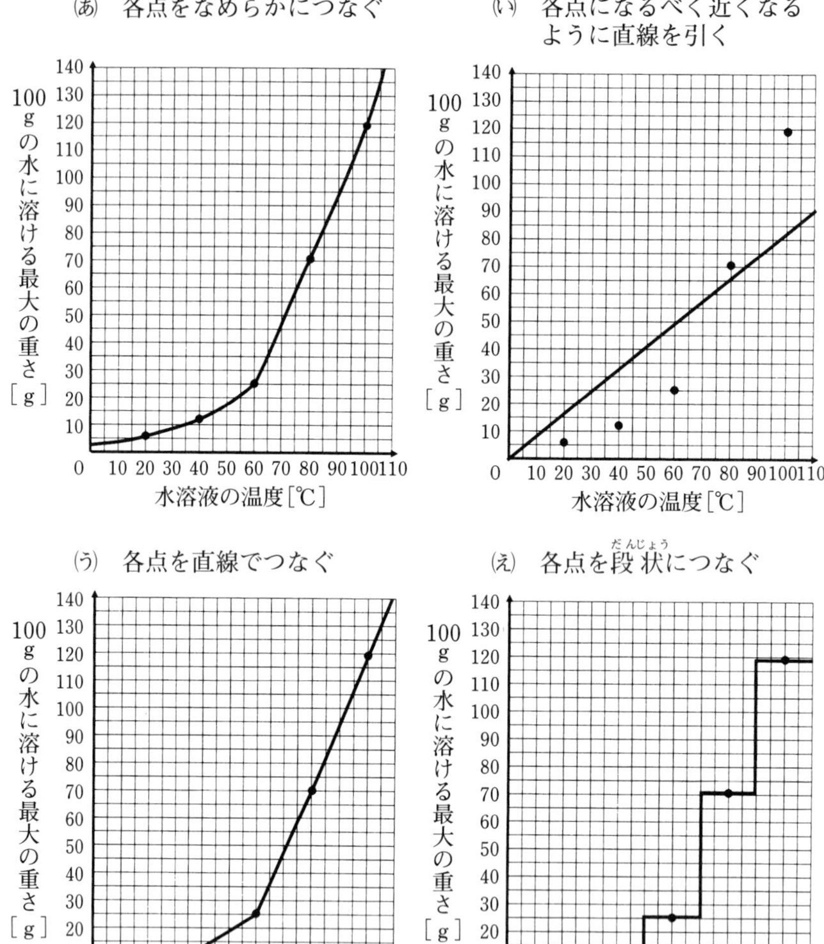

⑵　物質Ａとして最も適当なものを次の(あ)～(う)の中から１つ選び、記号で答えなさい。

(あ)　砂糖　　(い)　食塩　　(う)　ミョウバン

⑶　水溶液Ａ～Ｃのうち、50℃で150ｇの水に50ｇがすべてとけるものの組み合わせとして適当なものを次の(あ)～(か)の中から１つ選び、記号で答えなさい。

(あ)　Ａ　　(い)　Ｂ　　(う)　Ｃ　　(え)　ＡとＢ　　(お)　ＡとＣ　　(か)　ＢとＣ

⑷　下線部①の溶液の濃度は何％ですか、整数で答えなさい。ただし、割り切れない場合は小数第一位を四捨五入して整数で答えなさい。

⑸　下線部②で蒸発した水は何ｇですか、整数で答えなさい。ただし、割り切れない場合は小数第一位を四捨五入して整数で答えなさい。

⑹　下線部③のときに水150ｇ(150㎤)を図３－１の実験器具を使ってはかりました。この実験器具の名前を答えなさい。

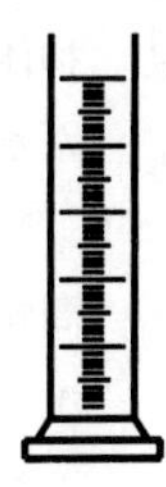

図３－１

⑺　下線部③で図３－１の実験器具を使って水150ｇ(150㎤)をはかったときの目の位置として最も適当なものを図３－２の㋐～㋒の中から、液面の高さとして最も適当なものを図３－２の㋓、㋔からそれぞれ１つずつ選び、記号で答えなさい。

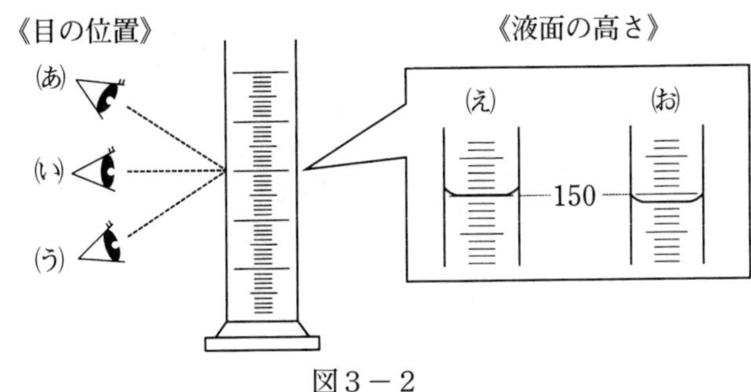

図３－２

⑻　下線部③について、実験３で用いた120ｇの粉末に含まれる**Ａの割合は何％ですか**。整数で答えなさい。ただし、割り切れない場合は小数第一位を四捨五入して整数で答えなさい。また、水は蒸発しないものとし、ＡとＢの「100ｇの水に溶ける最大の重さ」はたがいに影響を与えないものとします。

⑼　下線部④の実験結果として最も適切なものを次の㋐～㋓の中から１つ選び、記号で答えなさい。ただし、ＢとＣの「100ｇの水に溶ける最大の重さ」はたがいに影響を与えないものとします。

㋐　Ｂの固体が先にでてくる。　　㋑　Ｃの固体が先にでてくる。

㋒　Ｂの固体とＣの固体が同時にでてくる。　　㋓　氷が先にでてくる。

⑽　下線部④のとき固体がでてくる温度として最も適当なものを次の㋐～㋓の中から１つ選び、記号で答えなさい。

㋐　20℃～40℃　　㋑　40℃～60℃　　㋒　60℃～80℃　　㋓　80℃～100℃

④　物体のつりあいについての様々な実験をしました。次のⅠ・Ⅱ・Ⅲの問いに答えなさい。
ただし、数値は整数で答え、割り切れない場合には小数第一位を四捨五入して答えなさい。

Ⅰ　図４－１、図４－２のように軽い棒を用意し、点Ｇを糸でつるす実験をしました。ただし、問題中に出てくる棒はすべて軽いので棒の重さは考えないものとします。

⑴　図４－１のように棒の左端の点Ａに300 gのおもりを、右端の点Ｂには重さの分からないおもりをとりつけたところ、棒は水平につりあいました。
点Ｂのおもりの重さは何ｇですか。

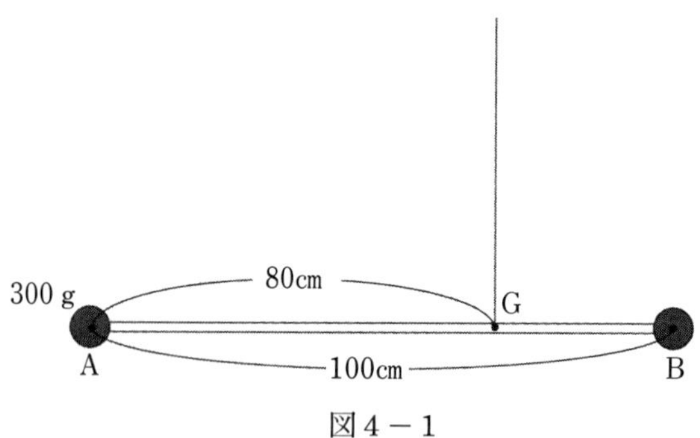

図４－１

⑵　図４－２のように棒の左端の点Ａに300 gのおもりを、右端の点Ｂには200 gのおもりをとりつけたところ、棒は水平につりあいました。
点Ａと点Ｇとの間の距離ｘは何cmですか。

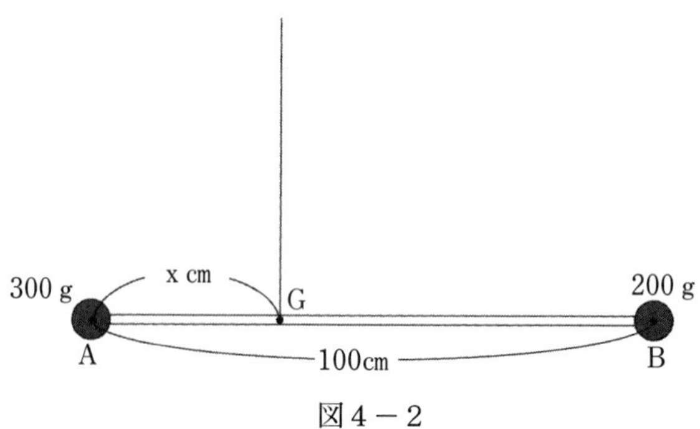

図４－２

図４－１、図４－２の点Ｇのように、糸でつるしたときに回転せずにつりあう点を「重心」と呼びます。複数のおもりがあるとき(図４－３)には、すべてのおもりが重心Ｇに集まっている(図４－４)と考えることができます。

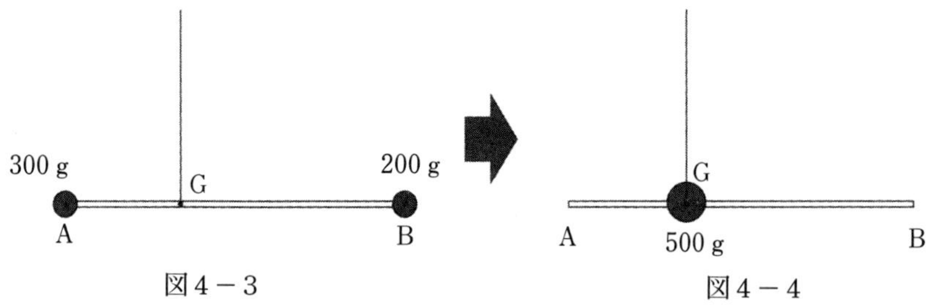

図４－３　　図４－４

このことをふまえて、重心以外の点を糸でつるすとどのようになるかを考えます。図４－５のように重心Ｇより左側の点Ｃを糸でつるすと、棒は時計回りに回転し始め、最後は図４－６のように点Ｃの真下に重心Ｇがきて棒が縦向きになったところで静止します。

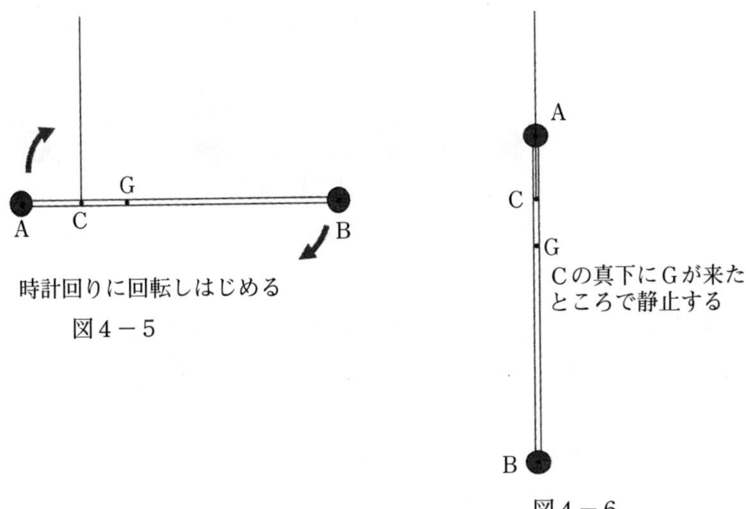

図４－５

図４－６

このように重心以外の点を糸でつるすと、棒が回転して重心がつるした点の真下に来るところで静止します。以下の各問いに答えなさい。

⑶　図４－７の①から③で点Ｐをつるした直後に棒はどのような動きをしますか。棒の動き方として最も適当なものを次の㋐～㋒の中からそれぞれ１つずつ選び、記号で答えなさい。

㋐　棒は水平を保ちつり合う。　　㋑　棒は時計回りに回転しはじめる。

㋒　棒は反時計回りに回転しはじめる。

①

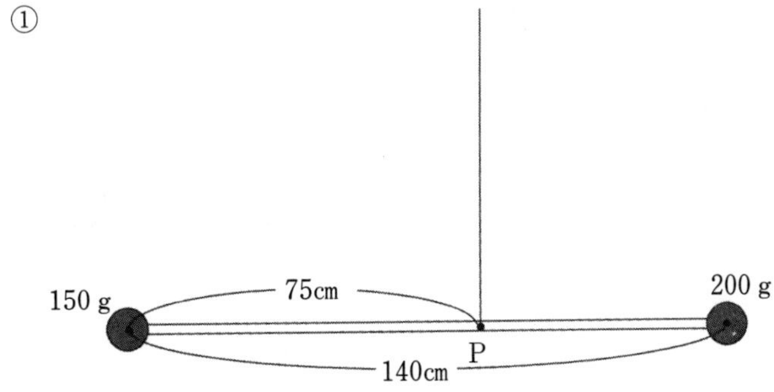

②

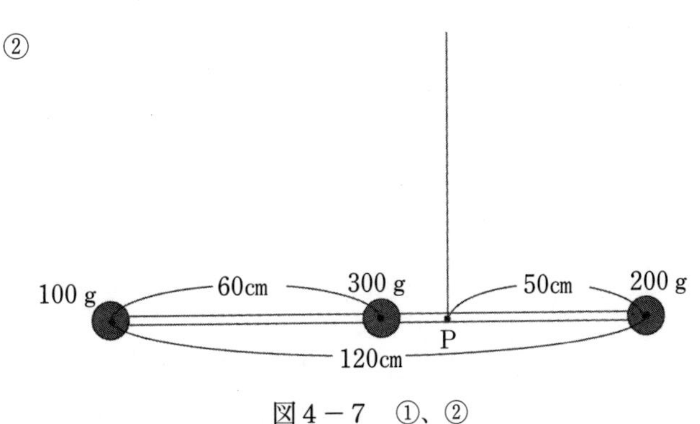

図４－７　①、②

③

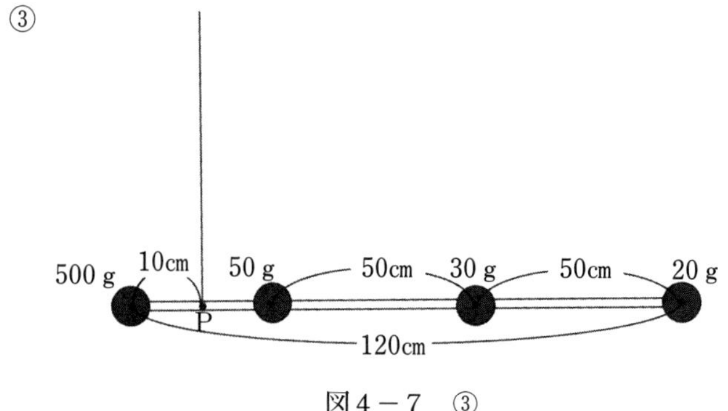

図４－７　③

Ⅱ　図４－８のように薄い直角三角形の板があります。三角形の頂点Ａ、Ｂ、Ｃのそれぞれに100ｇ、200ｇ、200ｇのおもりを取り付けます。ただし、板は薄いので板の重さは考えないものとします。

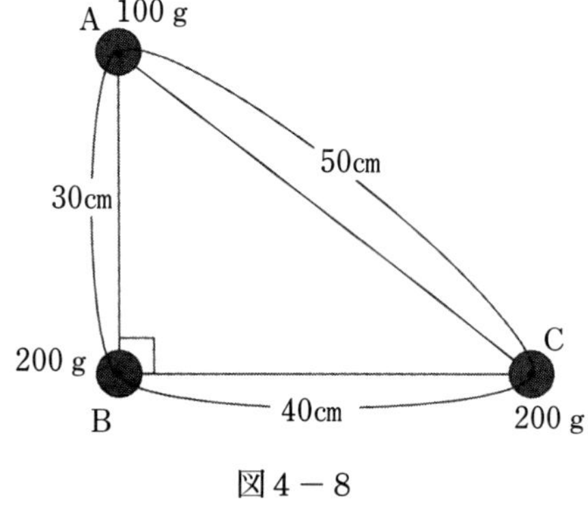

図４－８

⑷　図４－９のように点Ａを糸でつるしたとき、点Ａから真下におろした線と線ＢＣとの交点をＱとします。点Ｑと点Ｂとの間の距離ｘは何cmですか。

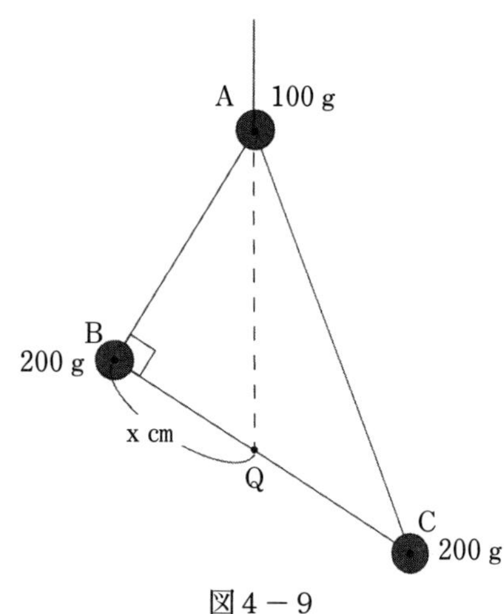

図４－９

⑸　図４－10のように点Ｃを糸でつるしたとき、点Ｃから真下におろした線と線ＡＢとの交点をＲとします。点Ｒと点Ａとの間の距離ｘは何㎝ですか。

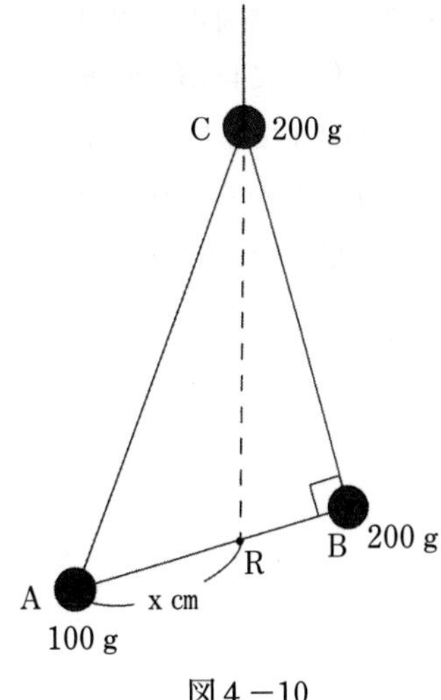

図４－10

⑹　図４－11において、頂点Ａ、Ｂ、Ｃの３つのおもりの重心を求めることを考えます。点Ａから辺ＢＣに向かって１本、点Ｃから辺ＡＢに向かって１本の計２本の線を引くことで重心の位置を求めます。

①　点Ａから補助線を１本引く時、点Ａと結ぶ場所として最も適当なものを図４－11の㈮～㈷の中から１つ選び、記号で答えなさい。

②　点Ｃから補助線を１本引く時、点Ｃと結ぶ場所として最も適当なものを図４－11の㈠～㈤の中から１つ選び、記号で答えなさい。

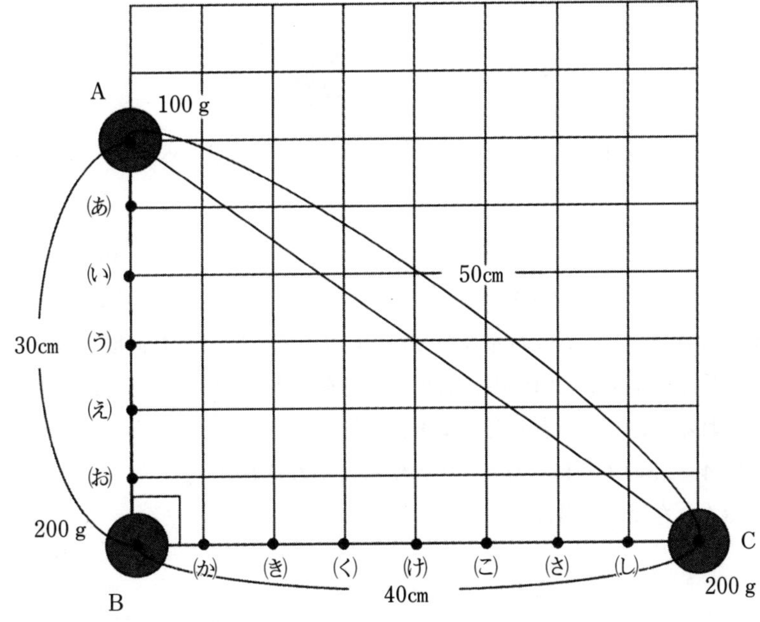

図４－11

Ⅲ　次に、図４－12のような薄い円盤(えんばん)を用意します。円盤の中心には穴が開(あ)いており、壁に取り付けて自由に回転できるようになっています。円盤の周りには中心からの角度を０°から359°まで１度ずつ目盛りをえがいて、０°が一番上に来るようにして、円盤が何度回転したのかがわかるようになっています(以下の図中では15°ずつ目盛りがかいてあります)。ただし、円盤は薄いので円盤の重さは考えないものとします。

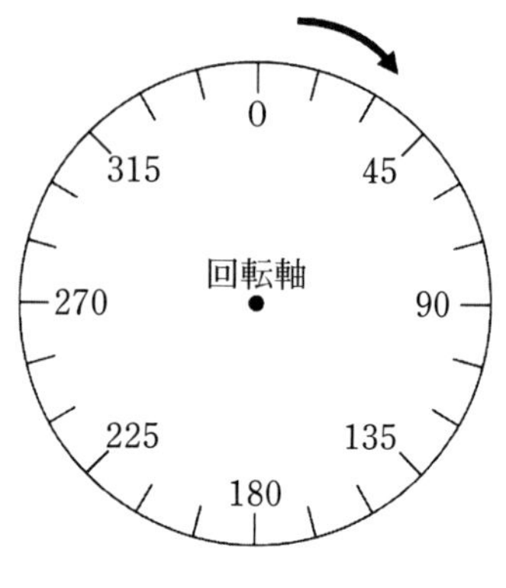

図４－12

図４－13のように円盤の45°のところに100ｇのおもりをつけると、円盤は時計回りに回転し始め、図４－14のように45°の目盛りが一番真下に来たところで円盤は静止します。以下の各問いに答えなさい。

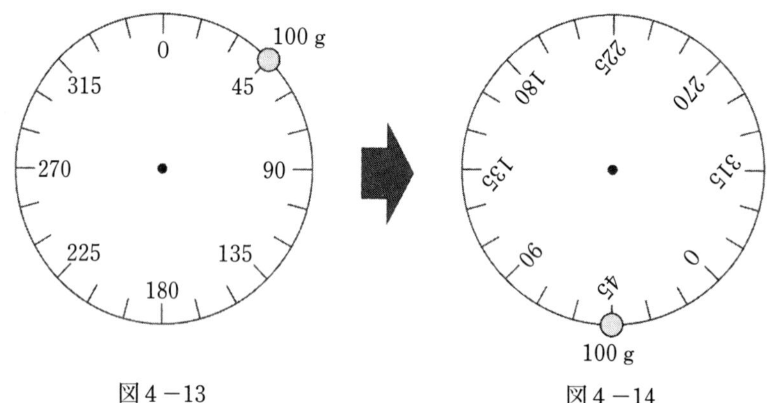

図４－13　　　図４－14

(7)　壁にとりつけた円盤におもりをとりつけました。それぞれ何度の目盛りが一番下に来たところで静止しますか。円盤の目盛りの角度を答えなさい。ただし、円盤は振り子のように左右にゆれることはないものとします。

①　図４－15のように、０°、90°の位置にそれぞれ100ｇのおもりをつけた場合

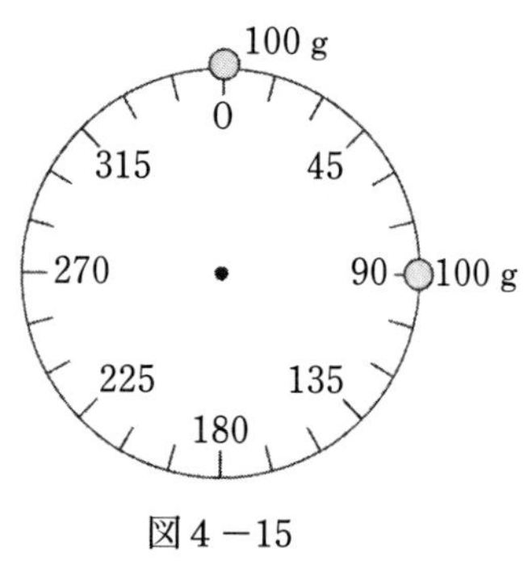

図４－15

② 図４−16のように、０°の位置に100ｇ、60°と90°の位置に200ｇ、180°の位置に100ｇのおもりをつけた場合

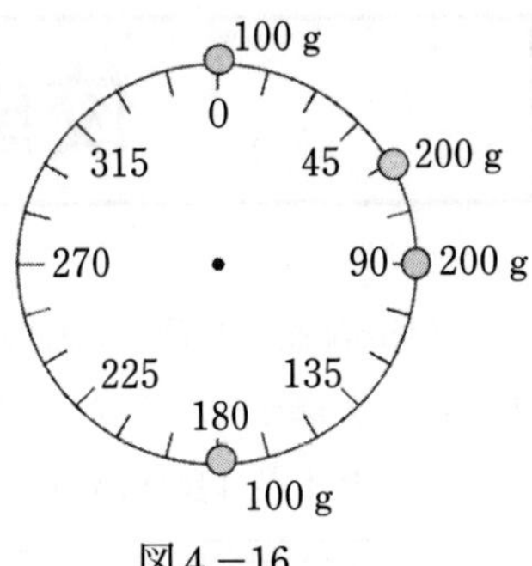

図４−16

③ 図４−17のように、０°の位置に100ｇ、90°の位置に200ｇ、180°の位置に300ｇのおもりをつけた場合

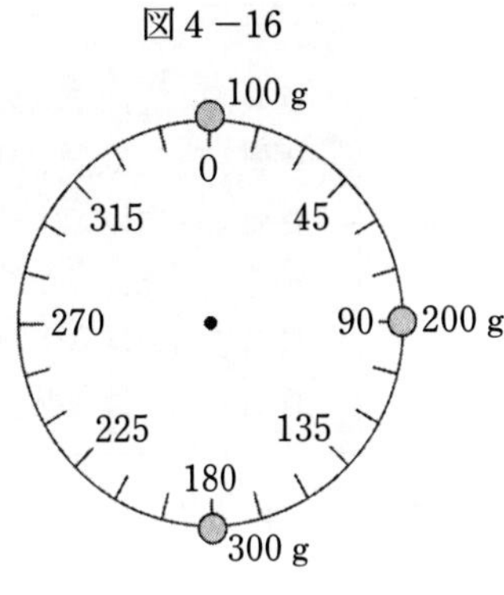

図４−17

佼成学園中学校(第１回)

—25分—

(編集部注：実際の入試問題では、写真や図版の一部はカラー印刷で出題されました。)

1　次の文章を読んで以下の問いに答えなさい。

コウセイ君は夏休みの自由研究で、光の性質を調べ、まとめました。

光の性質のまとめ

性質①　光は光源から広がるようにまっすぐ進む
性質②　光は空気から水やガラスなどを通過するときに屈折する
性質③　白い光は三角プリズムに当たると赤、黄、緑、青、紫に光が分かれて進む
性質④　光は鏡などに当たって反射する
性質⑤　光は真空中で毎秒30万kmの速さで進む
性質⑥　光は放射状にひろがり、光の明るさと光の当たる面積は反比例する

問１　光の進み方として正しいものをア～ウからそれぞれ選び、記号で答えなさい。

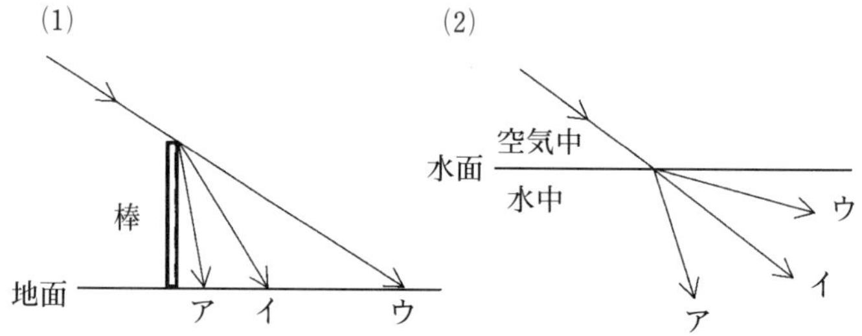

問２　目に見えない光には赤外線や紫(し)外線などがあり、これらは身近なところに使われています。次のア～エには赤外線または紫外線の性質や利用方法が並んでいます。このうち、**赤外線の性質や利用方法として正しいもの**を**すべて**選び、記号で答えなさい。

ア　殺菌(きん)作用があるので、病院や食事などの施(し)設内の殺菌に利用されている
イ　太陽光に含(ふく)まれているため、太陽光による日焼けの原因になっている
ウ　テレビやエアコンなどリモコンの通信に利用されている
エ　当たっている部分があたたまる性質があり、暖房(ぼう)機器に利用されている

問３　性質⑤にあるように光の速さは毎秒30万kmです。また、太陽と地球の距離(きょり)はおよそ１億5000万kmです。太陽から出ている光は(　　)分(　　)秒をかけて地球に届くことになります。(　　)にあてはまる数値を答えなさい。

光を利用した身近な装置でカメラがあります。現在のカメラは多くがデジタルカメラになっていますが、カメラは元々、景色や被(ひ)写体を投影(とうえい)して、映った画面を写真にしていました。コウセイ君は光の性質を探るためピンホールカメラを作りました。ピンホールカメラとは「ピン」が「針」、「ホール」が「穴」で針穴カメラともいいます。ピンホールカメラは図のように一面だけ壁がなく、その他の面は光が入らない材質でできている外箱と内箱を重ねることで作れます。外箱には針穴があり、被写体から反射した光が箱の中に入ります。内箱にはスクリーンがあり、針穴を通った光が投影されます。このスクリーンは透(す)けているので、どちらの方向からも投影されたものを見

ることができます。図のように外箱と内箱を重ねた状態のまましばらく箱を被写体に向けておくと、箱に入った光がスクリーンに投影され、投影されたものを写真にすることができます。

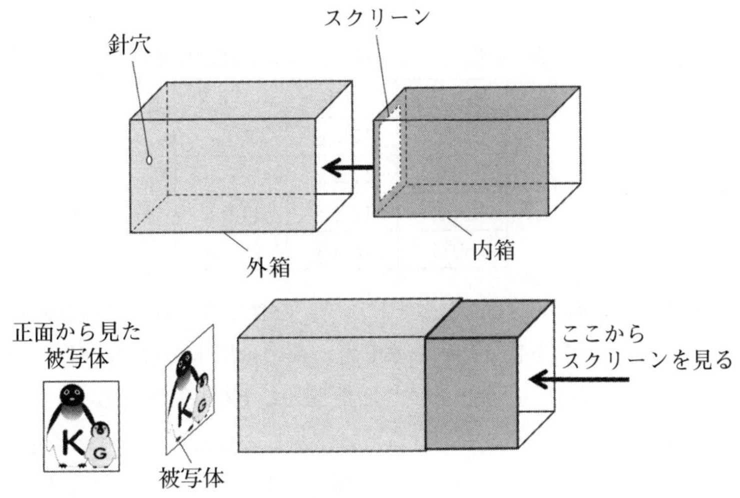

図　被写体の正面図とピンホールカメラ

問４　図の矢印からスクリーンを見たとき、投影されている画像として正しいものを、次のア〜エから選び、記号で答えなさい。

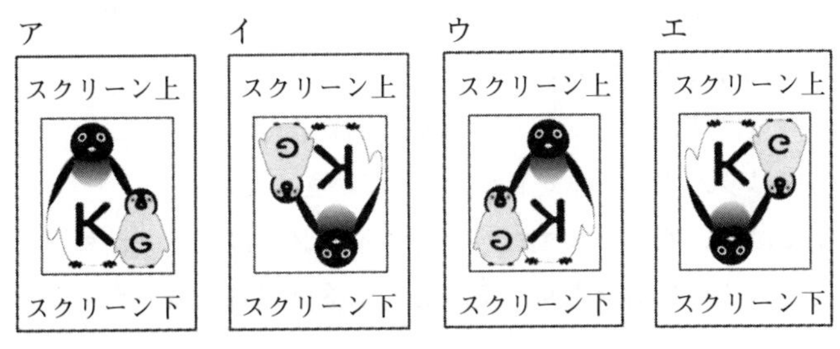

外箱を固定したまま内箱を図の右側にずらすとスクリーンに投影されている画像は(　１　)。また、画像の大きさは(　２　)。これは「光の性質のまとめ」の性質⑥からわかる。さらにピンホールカメラを固定したまま被写体を上にずらすと、スクリーンに投影されている画像は(　３　)。これは光の性質まとめの性質①からわかる。被写体は動かさずにピンホールカメラの針穴を大きくすると、(　４　)。

問５　前の文章の(　１　)〜(　４　)にあてはまる語句を(　１　)、(　２　)はア〜ウから、(　３　)、(　４　)はア〜エから選び、記号で答えなさい。

(　１　)　ア　明るくなる　　イ　暗くなる　　ウ　変わらない

(　２　)　ア　大きくなる　　イ　小さくなる　　ウ　変わらない

(　３　)　ア　上にずれる　　イ　下にずれる　　ウ　右にずれる　　エ　左にずれる

(　４　)　ア　画像が明るくなり、ぼやける　　イ　画像が明るくなり、くっきりとする
　　　　　ウ　画像が暗くなり、ぼやける　　エ　画像が暗くなり、くっきりとする

問６　撮影のとき、針穴から被写体までの距離(きょり)は５ｍ、針穴からスクリーンまでの距離は10㎝でした。被写体が1.5ｍの大きさだったとき、スクリーンにうつる像は何㎝になりますか。

2　次の文章を読んで以下の問いに答えなさい。

コウセイ君は理科の授業で、ものが溶(と)ける量について実験をしました。表はその実験結果をまとめたものです。

表　食塩とミョウバンが水50ｇに溶ける量

水の温度	食塩	ミョウバン
０℃	17.8ｇ	2.9ｇ
20℃	17.9ｇ	5.7ｇ
40℃	18.2ｇ	11.9ｇ
60℃	18.5ｇ	28.7ｇ

問１　40℃の水50ｇに食塩を9.5ｇ溶かしました。この食塩水に食塩はあと何ｇ溶けますか。

問２　０℃の水100ｇに食塩を10ｇ溶かしました。この食塩水の濃度は何パーセントですか。答えが割り切れない場合は、小数第１位を四捨五入して整数で答えなさい。

問３　60℃の水100ｇにミョウバンを溶けるだけ溶かしました。この水溶液を20℃まで冷やしたとき、溶けきれずに出てくるミョウバンは何ｇですか。ただし、水溶(よう)液の温度が変わるときや、ミョウバンが溶けたり出てきたりするとき、水の量は変わらないものとします。

問４　20℃の水100ｇを４つ用意して、２つには食塩40ｇ、もう２つにはミョウバン40ｇを入れてかきまぜましたが、４つとも溶け残りました。そこで、この食塩、ミョウバンの水溶液について次の２つの実験をしました。その結果について正しく書かれた文を次のア～エからそれぞれ選び、記号で答えなさい。

実験１　水の量は変えずに、60℃に温めてかきまぜた。

実験２　温度は変えずに、水を100ｇ加えてかきまぜた。

ア　実験１では溶け残ったままだったが、実験２ではすべて溶けた。

イ　実験１ではすべて溶けたが、実験２では溶け残ったままだった。

ウ　実験１でも、実験２でもすべて溶けた。

エ　実験１でも、実験２でも溶け残ったままだった。

問５　ミョウバンが溶けきれずに水溶液から出てくるとき、図のようにきれいな固体が目に見えるくらいの大きさで出てくることがあります。それはどのようなときですか。次のア～エから選び、記号で答えなさい。

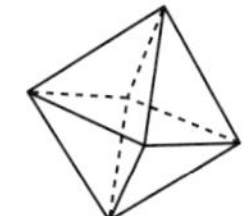
図　ミョウバンのきれいな固体の様子

ア　温めた水にミョウバンを溶けるだけ溶かして、素早く冷やしたとき

イ　温めた水にミョウバンを少量溶かして、素早く冷やしたとき

ウ　温めた水にミョウバンを溶けるだけ溶かして、ゆっくり冷やしたとき

エ　温めた水にミョウバンを少量溶かして、ゆっくり冷やしたとき

3　次の文章を読んで以下の問いに答えなさい。

蚊(か)は夏になると活発に飛び交うようになり、人間にとってはわずらわしい存在です。しかし、ほとんどの蚊は普(ふ)段、①花の蜜(みつ)や果実などから糖分を吸って生活していて、②人間をさして血を吸うのは産卵期の交尾(び)を終えたメスだけです。産卵期の交尾を終えたメスは、産卵のために必要な栄養を人間などの動物の血液から十分に得たあと、③水面に卵を産みつけます。卵は数日でふ化して幼虫となり、10日ほどで成虫となって交尾を行うので、短期間でたくさん増えることができるのです。

問１　蚊は次のア～ウの特徴(ちょう)を持ちます。あとの(1)～(3)の生物はどのような特徴を持ちますか。それぞれの生物について、あてはまるものをア～ウから**すべて**選び、記号で答えなさい。ただし、あてはまるものが１つもない場合は×を記しなさい。

ア　からだが、あたま・むね・はらの３つに分かれている

イ　さなぎになる

ウ　はねが２枚ある

(1)　カブトムシ　　(2)　ジョロウグモ　　(3)　オオカマキリ

問２　下線部①に関して、蚊と同様に植物に針のような口をさして糖分を吸って生活をしている昆(こん)虫として、**あてはまらないもの**を次のア～エから１つ選び、記号で答えなさい。

ア　セミ　　イ　テントウムシ　　ウ　アブラムシ　　エ　カメムシ

問３　下線部②に関して、蚊にさされるときに痛みを感じにくいのは、蚊が人間をさすときに出すだ液に痛みを感じにくくさせる成分が含(ふく)まれているためです。

このことは、マウスを用いた実験から明らかになりました。マウスの足の裏に、トウガラシに含まれる痛み成分をぬると、痛みに伴(ともな)う特徴的な行動(「痛み行動」)を起こします。この性質を利用して痛み行動の回数を計測した実験の結果(図１)により、蚊のだ液に痛みを感じにくくさせる成分が含まれているとわかったのです。

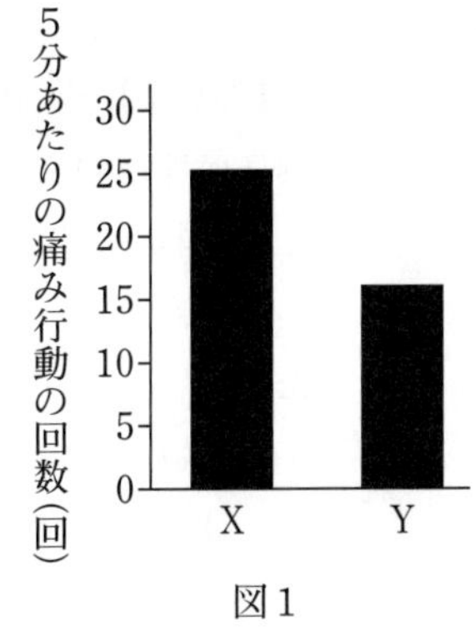

図１

図１のX、Yにあてはまる実験条件として適切なものを、次のア～エからそれぞれ選び、記号で答えなさい。

ア　足の裏に水をぬったマウス

イ　足の裏に蚊のだ液をぬったマウス

ウ　足の裏に痛み成分をぬったマウス

エ　足の裏に痛み成分と蚊のだ液を混ぜてぬったマウス

問４　下線部③に関して、次の問いに答えなさい。

(1)　蚊の幼虫を表しているのはどれですか。次のア～エから選び、記号で答えなさい。

ア　ボウフラ　　イ　ヤゴ　　ウ　イモムシ　　エ　ウジ

(2)　カダヤシという小魚は、蚊の幼虫を食べる性質を利用して蚊を退治するために日本に持ち込(こ)まれた外来生物であることが知られています。このことに興味を持ったコウセイくんは、カダヤシとよく似たメダカを用いて、次の実験１・２を行いました。これらの実験から考えられることとして**適当でないもの**をあとのア～キから**３つ**選び、記号で答えなさい。

【実験１】

屋外に同じ大きさ、同じ量の水道水が入った次の①～③の条件の３つのバケツを設置し(図２)、１か月間放置したあと、各バケツに生じていた蚊のさなぎや成虫を数えた。その結果を図３に示す。

①　網(あみ)状の容器とメダカ
②　網状の容器にメダカを入れる
③　網状の容器のみ

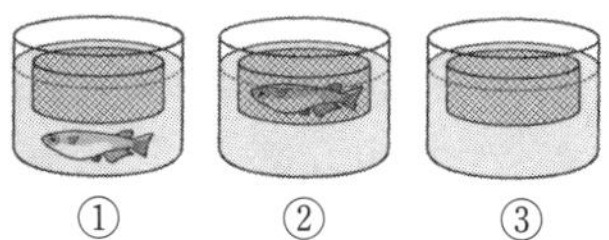

図２

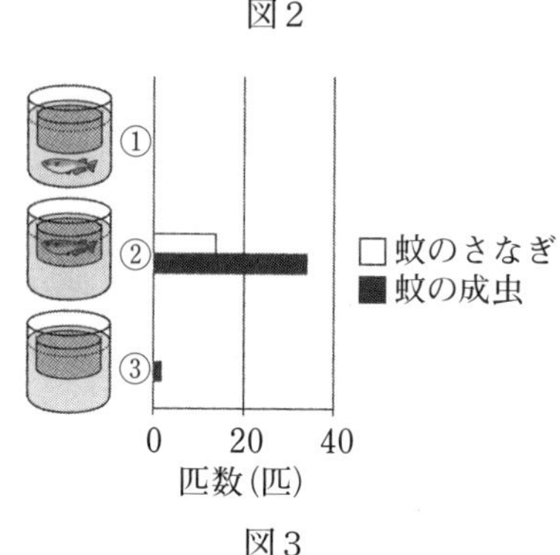

図３

【実験２】室内の密閉された空間で、次の①、②の条件のビーカーを設置し、その空間内に産卵期の交尾を終えたメスの蚊10匹(ぴき)を放ち、24時間後の各ビーカー内の産卵数を数えた(図４)。これを５回行った結果を図５に示す。

なお、①、②の条件で使用したビーカーは同じ大きさで、水の量も同じになるようにした。

①　水道水

②　メダカを飼育していた水槽(そう)の水(メダカの匂(にお)いはついているが、メダカは存在しない)

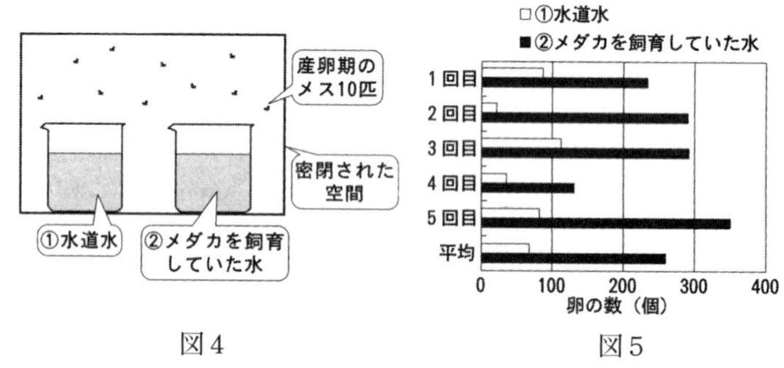

図４　　　図５

ア　産卵期のメスの蚊は、メダカの匂いがする水に積極的に卵を産みつけている。

イ　産卵期のメスの蚊は、メダカが存在する水に卵を産みつけるのを避けている。

ウ　産卵期のメスの蚊は、メダカの匂いがする水でなければ卵を産みつけることができない。

エ　実験１の①の条件で蚊のさなぎも成虫も見られなかったのは、メダカが蚊の幼虫を食べてしまったためである可能性が高い。

オ　実験１の②の条件で蚊のさなぎが見られたことから、実験をしている期間に卵が産みつけられたと考えられる。

カ　実験１の③の条件で蚊のさなぎは見られず、成虫だけ少数見られたのは、卵が産みつけられたのではなく、外から成虫の蚊がやってきた可能性も考えられる。

キ　実験２で②の条件のビーカーに卵が多く見られたのは、メダカの匂いによって屋外から多くの産卵期のメスの蚊が集まってきたためである。

④　次の文章を読んで以下の問いに答えなさい。

コウセイ君は台風について興味を持ち、夏休みに日本に上陸した台風について資料を集めました。図１は昨年(2023年)の夏に日本に近づき上陸した台風の雲画像、図２は日本付近での台風の進路を表したものです。

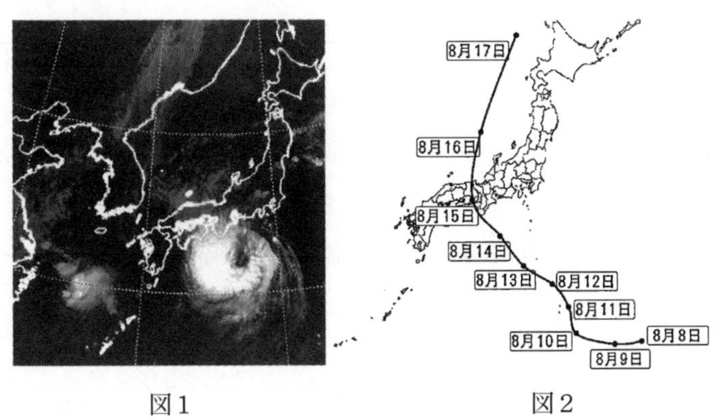

図１　　　　図２

問１　コウセイ君は台風のつくりについて調べて文にまとめました。次の文の①、②の空欄にあてはまる語句を答えなさい。

台風は、背が高く発達し激しい雨を降らせる（ ① ）雲のかたまりです。台風の中心部には雲のない部分があり（ ② ）と呼ばれます。

台風のまわりではとても強い風が吹きます。コウセイ君は台風の進路といろいろな観測点で記録した風の強さを調べ、表１と図３にまとめました。このことから台風のまわりの風の吹き方について文章にまとめました。

表１

観測値	8月15日の平均風速の最大値［m/秒］
大阪	12.3
京都	12.0
和歌山	19.2
津	19.6
徳島	10.0
高松	9.2
姫路	9.2

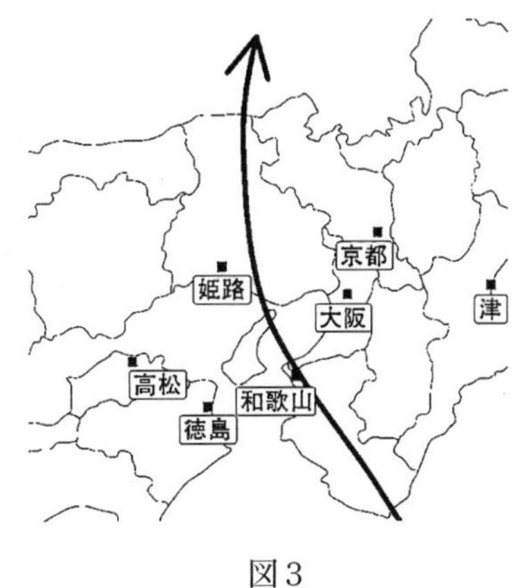

図３

表１や図３からわかるように、台風の周りの風の吹き方は、台風が進む方向に対して①（ 右・左 ）側で特に強い風が吹くことが多いです。

台風の中心に向かう風は、図１の写真の雲の様子から、時計の針の動きと②（ 同じ・反対 ）向きに吹くことがわかります。このため、台風の進む方向の右側では、台風の進む方向と台風の風の向きが③（ 同じ・反対 ）となり、台風の進む方向の左側では、台風の進む方向と台風の風の向きが④（ 同じ・反対 ）となるため、風の強さが違っていると考えられます。

問２　前の文中の①～④にあてはまる語句について、それぞれのかっこ内から適切な語句を選び、答えなさい。

この台風では近畿(きんき)や山陰(さんいん)地方で大きな災害が発生しました。コウセイ君は災害への備えが大切と考えて調べてみました。すると、東京でも大雨などの災害に備えるため、あらかじめ危険を予測する取り組みがされていることがわかりました。

問３　次の図は、洪水(こうずい)などの過去の災害から、その地域で起こる災害をまとめたものです。このような図を何といいますか。

(編集部注：著作権の都合により削除しています。)

問４　台風の時にとるべき行動として**誤っているもの**はどれですか。次のア〜エから選び、記号で答えなさい。

ア　強い風に備えて、飛ばされやすいものを片付け、落ちやすい植木鉢(ばち)などを下におろした。

イ　近くの川は氾濫(はんらん)したことがあるので、指示が出たときのために避難(ひなん)所までの経路を調べた。

ウ　台風の雨と風が弱まったときに、氾濫の危険のある川のようすを確かめに行った。

エ　寝(ね)ている間に川が氾濫することに備えて、２階の部屋で夜を過ごした。

駒場東邦中学校

—40分—

1　次の(1)〜(5)の問いに答えなさい。

(1)　次のａ〜ｃについて、正しければ○、間違っていれば×を書きなさい。

ａ　乾電池に２個の豆電球を並列につないだとき、片方の豆電球が切れていても、もう一方の豆電球は点灯する。

ｂ　電気用図記号の電池の＋と−の向きは、図１のように対応する。

ｃ　電気用図記号の電球は、図２のように対応する。

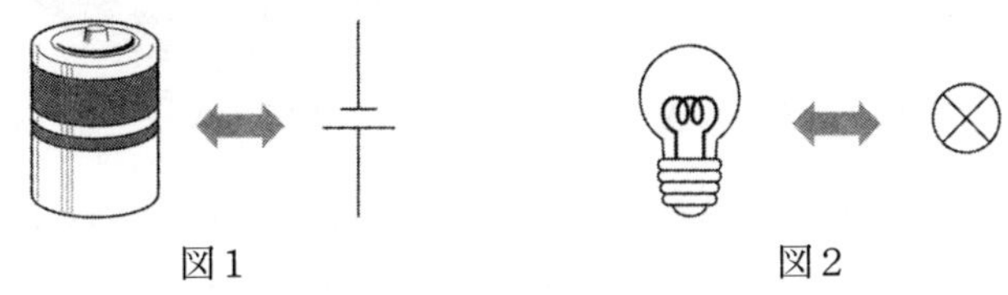

図１　　　　図２

(2)　雨量や降水量を表す単位として適切なものを次のア〜カから１つ選び、記号で答えなさい。

ア　kg　　イ　g　　ウ　dL　　エ　mL　　オ　mm　　カ　cm

(3)　日本国内では、約1300か所の気象観測所において、降水量などが自動で観測され、天気予報などで利用されています。このような気象観測システムの名前を、カタカナで答えなさい。

(4)　図３は、ろ過の実験を示しています。ろ過についての説明として、適切なものを次のア〜オから２つ選び、記号で答えなさい。なお、ＢＴＢ溶液は酸性で黄色、中性で緑色、アルカリ性で青色に変化します。

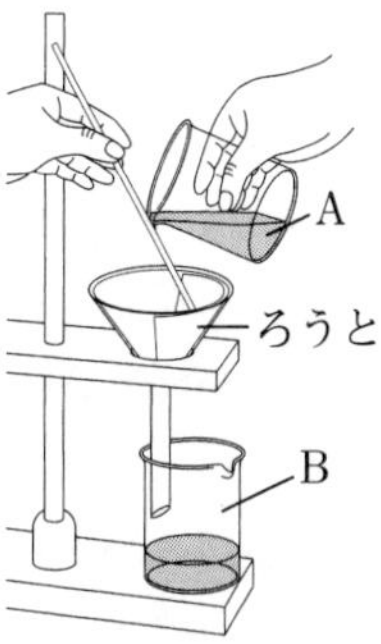

ア　ミョウバンの水溶液をろ過すると、水だけを取り出すことができる。

イ　砂つぶの混ざった食塩の水溶液をろ過すると、水溶液から砂つぶを取り除くことができる。

ウ　ビーカーＡにコーヒーシュガー(茶色い砂糖)の水溶液を入れた。この水溶液をろうとに注ぐと、ビーカーＢには無色の水溶液がたまる。

エ　ビーカーＡにアンモニア水を入れ、ＢＴＢ溶液を加えた。この水溶液をろうとに注ぐと、ビーカーＢには青色の水溶液がたまる。

オ　ビーカーＡに水を入れ、溶け残りができるまで食塩を加えた。この水溶液をろうとに注ぎ、ビーカーＢにたまった水溶液には、さらに食塩を溶かすことができる。

A
ろうと
B

図３

(5)　植物は葉に日光を受けて栄養をつくり、成長しています。そして、日光をたくさん受けるために、植物によって茎や葉のつくりが違います。ツルレイシは茎が細く、図４のようにまきひげで棒につかまって茎を支えています。

ツルレイシと同じようにまきひげで茎を支える植物として、適切なものを次のア〜オから１つ選び、記号で答えなさい。

ア　アサガオ　　イ　フジ　　ウ　ヘチマ　　エ　ツタ　　オ　イチゴ

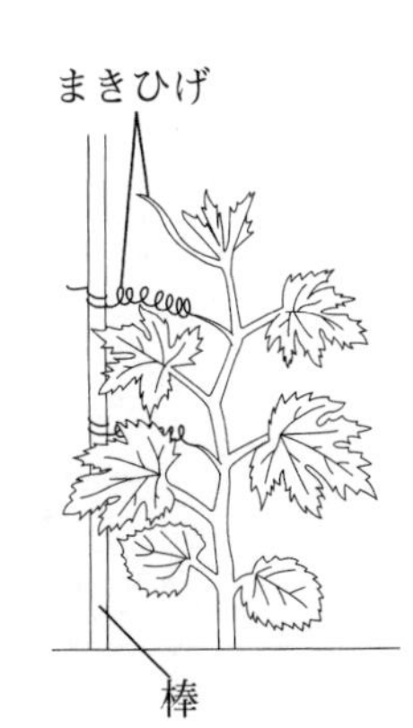

図４

[2]　東京で使用する星座早見は、図１に示した円盤(えんばん)(パーツＡ)に星座を描(えが)き、図２に示したような窓の開いた用紙(パーツＢ)を重ねることによって作成することができます。なお、パーツＢの窓の部分は、図２では白色で示しています。

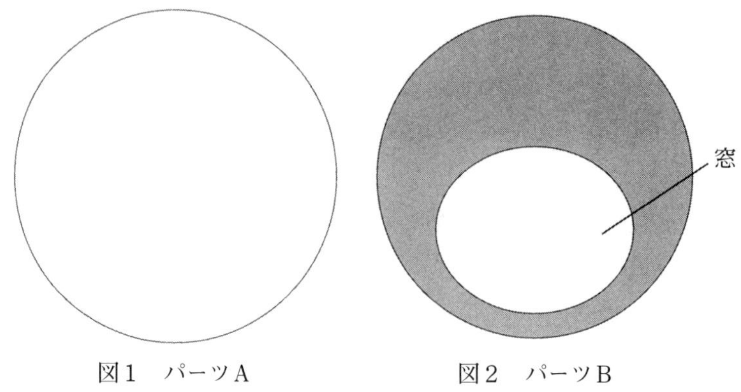

図１　パーツＡ　　　図２　パーツＢ

(1)　星座早見を見ながらオリオン座を観察しました。オリオン座をつくる明るい星を白丸で示したとき、夜空で見える並び方として、適切なものを次のア～エから１つ選び、記号で答えなさい。

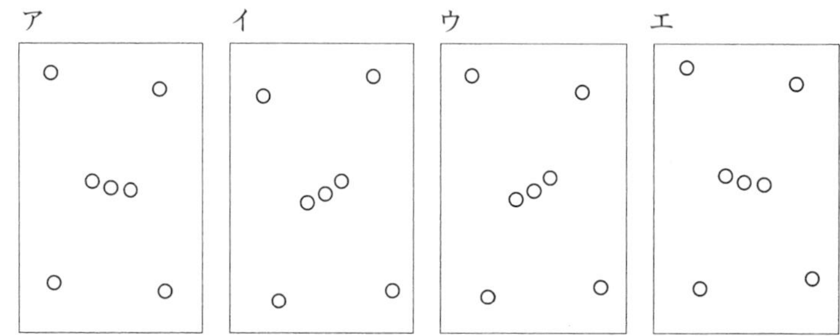

(2)　夏の大三角をつくる星の名前を、すべて答えなさい。

(3)　パーツＡの中心付近にある星の名前を、漢字で答えなさい。

(4)　パーツＢには東と西が記入されています。東と西が記入されている位置として、適切なものを図３のア～カからそれぞれ１つ選び、記号で答えなさい。

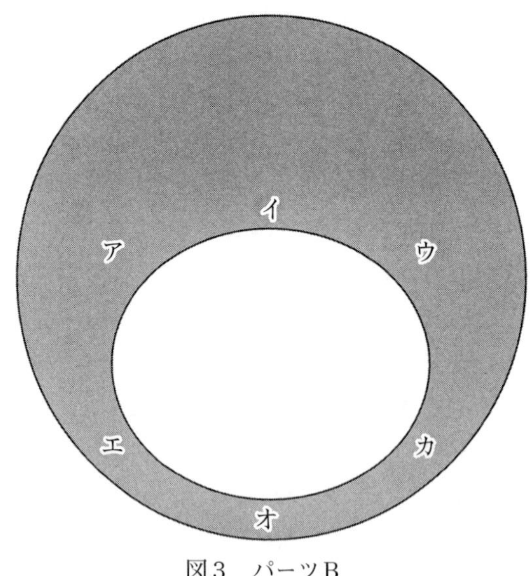

図３　パーツＢ

(5)　図４に星座早見の一部を示します。次の文中の（　　）にあてはまる整数を答えなさい。

２月10日の０時に見える星空は、３月（　　）日の21時30分に見える星空とほぼ同じである。

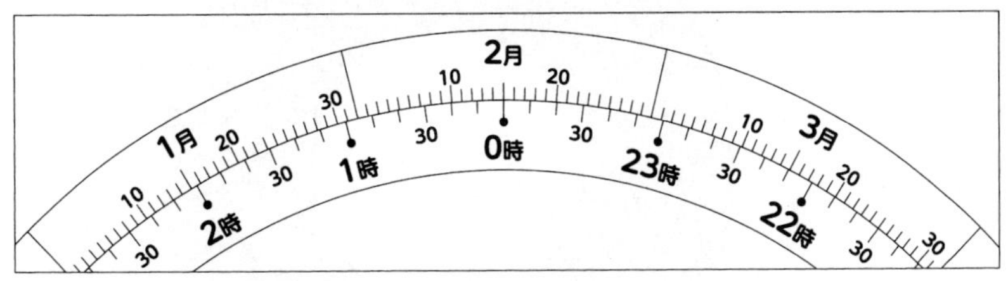

図４　星座早見の一部

(6)　星座早見でも、太陽の位置を示すことが可能ですが、その位置は季節によって異なり、線として表現されます。パーツＡに、東京で見られる太陽の位置を点線で表したとき、適切な配置となっているものを、次のア～クから１つ選び、記号で答えなさい。なお、黒い点はパーツＡの中心を、内側の実線はパーツＢを重ねたときの窓の位置を示しています。

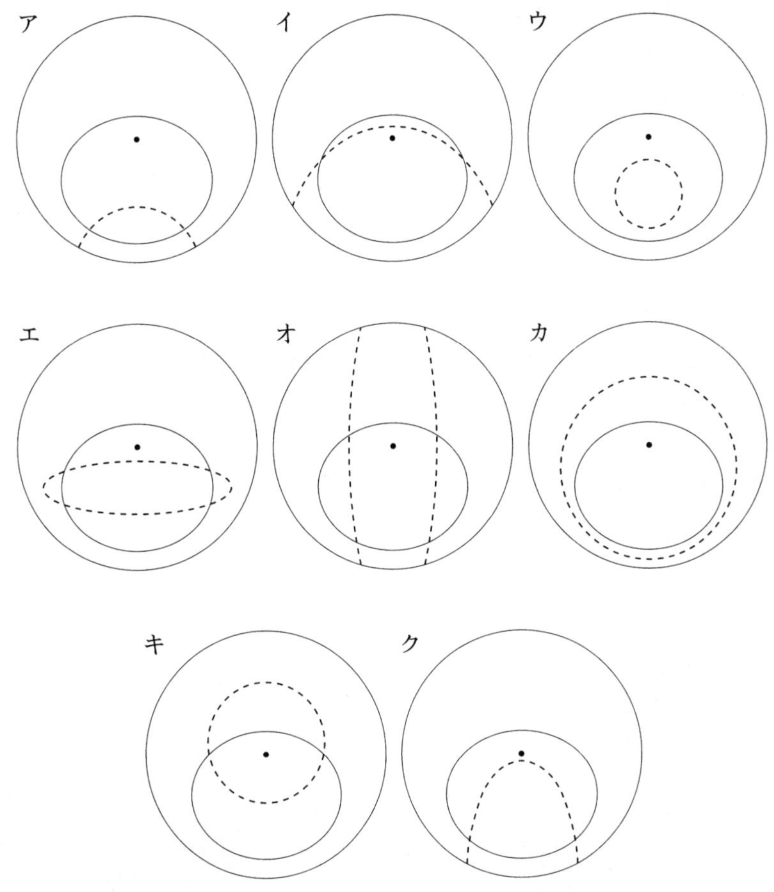

(7)　国や地域が変わると、東京で使用している星座早見が、そのまま使用できないことがあります。しかし、パーツＢの窓の形を変えることで、ある程度まで対応できます。次の図５は、北極のある地点（Ｎ地点）に対応させたパーツＢであり、白い部分が窓です。この窓の形から推測できることとして、間違っているものをあとのア～カからすべて選び、記号で答えなさい。ただし、北極では１日中太陽が沈まない期間がありますが、その期間は考えないものとします。

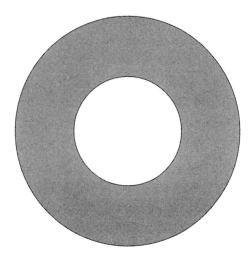

図5　N地点に対応したパーツB

ア　パーツAの中心にある星は、東京とは異なる。

イ　N地点では、真上(頭上)がパーツAの中心である。

ウ　N地点で見える星座は、１年間ほとんど変わらない。

エ　N地点では、地面の近くに見える星座は、一晩中地面の近くに見える。

オ　N地点と東京では、同じ星座が見えることがある。

カ　１年間で比べたとき、N地点では日本よりも多くの種類の星座を見ることができる。

3　小学校では糸電話などを使い、音が振動として糸や空気を伝わっていく様子を観察しました。ところで、音が伝わるのにも時間がかかります。駒場東邦中学校の授業で、音の伝わる速さ(以下、音速と呼ぶ)を測定する実験を行った様子を紹介しましょう。

<実験１>

３ｍ間隔で21人の生徒が立ち、一番端の人がホイッスルを鳴らす。ホイッスルを「ピッ」と鳴らし、ホイッスルの音が聞こえたら手を挙げてもらうようにし、その様子をビデオカメラで撮影した。

図1　実験1の様子

図2

教室に戻り、その動画を８分の１倍速でスロー再生した。一番手前で音を聞いた人(Aさん)が手を挙げてから最後の人が手を挙げるまでにかかった時間をストップウォッチで測定し、その測定を５回くり返したところ、次の表のようになった。

測定回数	1回目	2回目	3回目	4回目	5回目	平均
測った時間〔秒〕	1.74	1.55	1.25	1.46	1.60	1.52

(1)　実験1の結果から、空気中での音速を以下のように求めました。次の文章中の空欄(くうらん)①～③にあてはまる数値を答えなさい。

> 　測った時間の平均1.52秒を用いて計算する。動画は8分の1倍速でスロー再生しているので、実際に音が伝わるのにかかった時間は（ ① ）秒である。一番手前の手を挙げた人（Aさん）から最後の人までの距離(きょり)が（ ② ）mなので、音速は秒速（ ③ ）mである。

　続いて、別の方法でも空気中での音速を測ってみました。

<実験2>

　全長190mの水道用ホースの片方にペットボトルをつけ、もう片方にはマイクとスピーカーをつけた。ペットボトルを叩(たた)くと、叩いた音がホース中の空気を伝わってホースの端まで届き、スピーカーから音が聞こえた。叩いてから音が聞こえるまで、少しだけ時間があった。

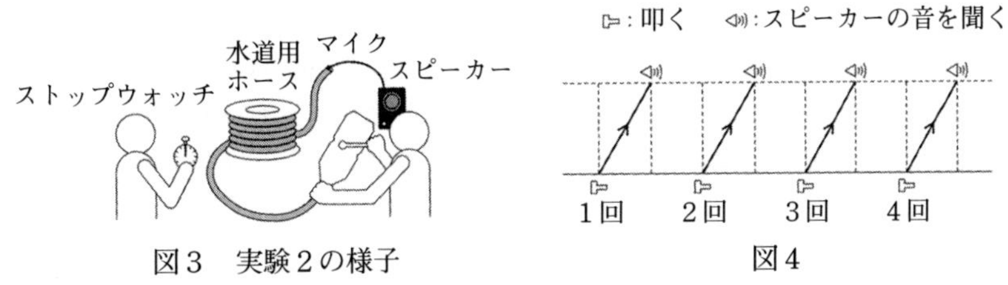

図3　実験2の様子　　　図4

　図4のように、ペットボトルを叩いてからスピーカーの音を聞くまでの時間と、スピーカーの音を聞いてからペットボトルを叩くまでの時間が等しくなるよう、規則正しく繰り返しペットボトルを叩いた。

(2)　ペットボトルを叩いた1回目から10回目までにかかった時間を測ると、10.0秒でした。音速は、秒速何mですか。

　今度は、空気中を伝わる音速ではなく固体を伝わる音速を調べることにしました。

<実験3>

　1.00mの金属の棒にオシロスコープという電気信号を測定する装置を図5のようにつなぎ、電池をつないだ金属のブロックで棒の端を叩く。すると、金属のブロックと金属の棒がふれることで抵抗に電気が流れる。

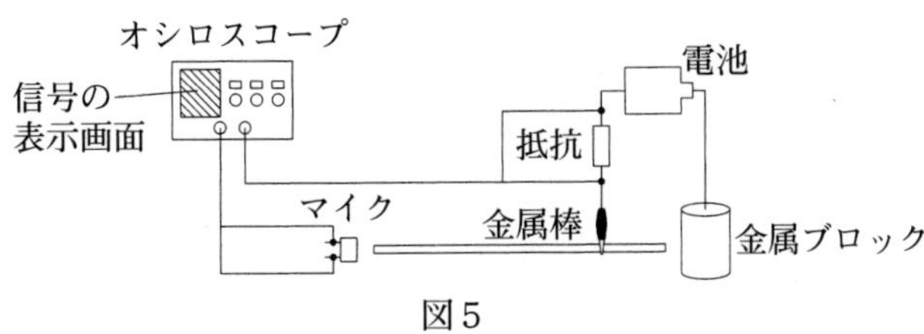

図5

　抵抗の両端をオシロスコープで計測すると、オシロスコープに電気信号が入り、時間と共にその電気信号がどうなるかが画面に表示される。

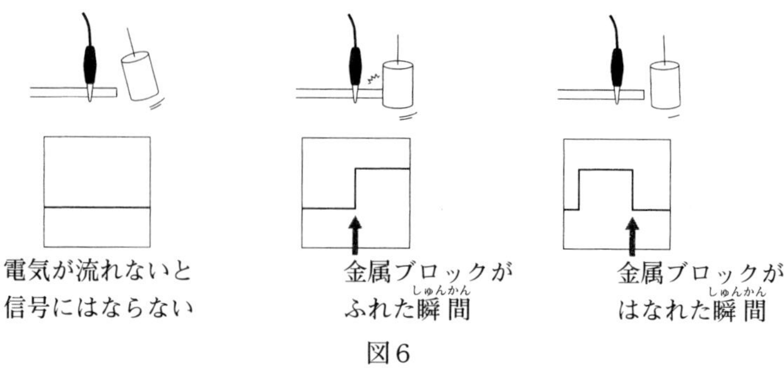

図6

棒の反対側の端にはマイクを置く。マイクが拾った音もオシロスコープへ電気信号として入り、時間と共に電気信号がどうなるかが画面に表示される。

(3)　金属棒を叩いてから、マイクで音が聞こえるまでのオシロスコープの画面の表示は右図のようでした。金属の棒を伝わる音速は、秒速何mですか。必要があれば小数第1位を四捨五入して整数で答えなさい。

マイクで音が聞こえたときの電気信号

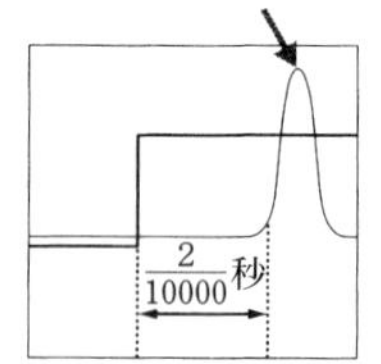

画面に表示する時間の幅を変えると、図7のように複数の電気信号が現れたので、棒の両端で音が反射して往復していると想像できます(図8)。例えば図7中の※の信号は、音が棒の端で4回反射したあとにマイクが拾ったときのものです。

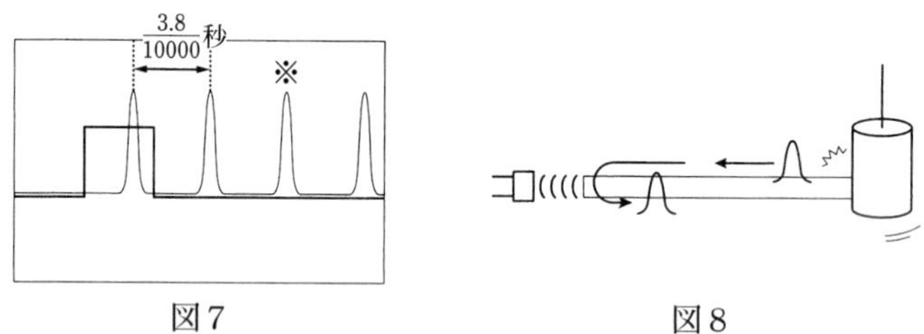

図7　　図8

(4)　図7の信号の間隔から金属の棒を伝わる音速を求めると、音速は秒速何mになりますか。必要があれば小数第1位を四捨五入して整数で答えなさい。

(5)　金属棒を別の種類の金属Aに変えて同じ実験をしました。金属Aを伝わる音速は、先ほどの金属よりも遅いことがわかっています。オシロスコープに表示されるものとして、適切なものを次のア～エから1つ選び、記号で答えなさい。なお、表示される時間の幅はどれも図7と同じです。

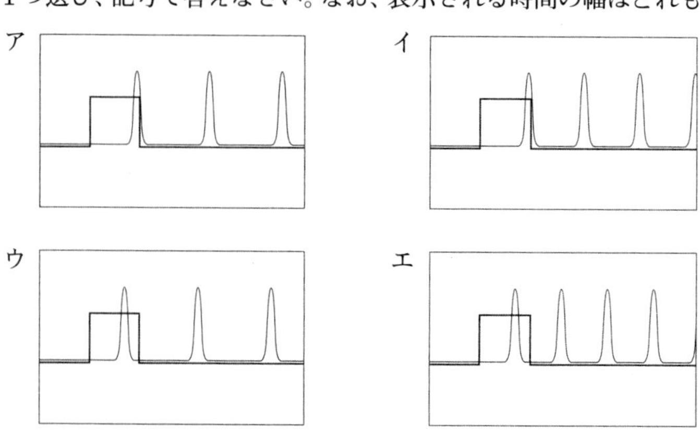

(6)　(3)の求め方と(4)の求め方を比較し、より正確に金属中の音速を測れている求め方に○をつけなさい。また、そのように判断した理由を答えなさい。

4　実験用ガスコンロで水を温めたときの温度変化を調べるため、図1のような器具を使い、以下の実験を行いました。なお、ビーカー内の水はよく混ざっており、温度のばらつきはないものとします。

【方法】

［1］　ガスボンベの始めの重さをはかってから、ガスコンロに取り付けた。

［2］　ビーカーに水を300mL入れてアルミニウムはくのフタを付け、ガスコンロに乗せ、温度計を入れた。

［3］　ガスコンロに点火して火の強さを調整し、水を温めながら30秒ごとに水の温度をはかった。

［4］　水が沸騰(ふっとう)し、温度が上がりきって変化しなくなったことを確認してから、ガスコンロの火を消した。

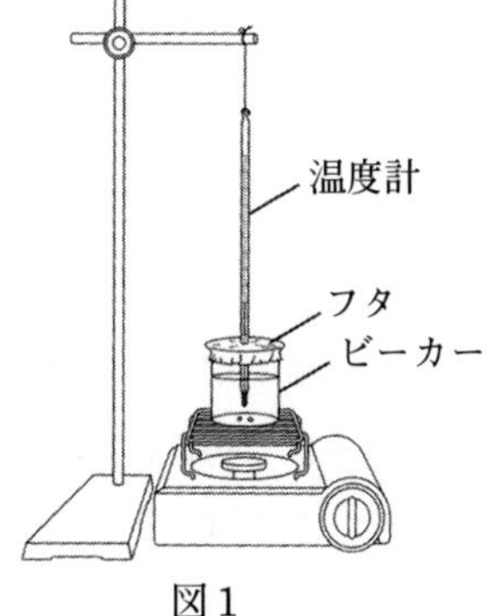

図1

［5］　ガスボンベを取り外し、終わりの重さをはかった。

この［1］～［5］を、A火の強さ、Bビーカーのフタの2点について、それぞれ条件を変え、6通りの組み合わせで行った。

A火の強さ…「強火」、「中火」、「弱火」の3通り(図2)。なお、火の強さは［3］で調整してから消すまで変えなかった。

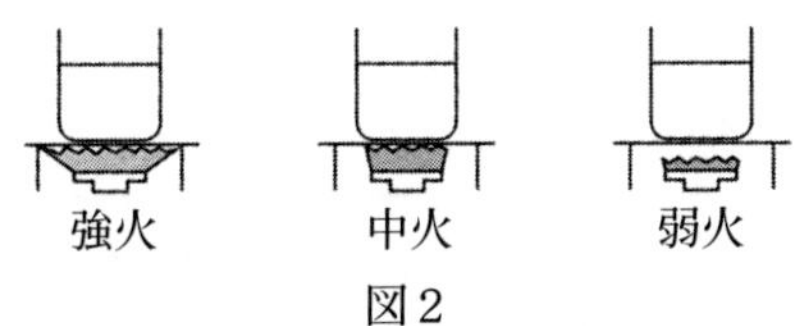

図2

Bビーカーのフタ…「フタあり」、「フタなし」の2通り。「フタなし」は［2］でビーカーにアルミニウムはくのフタを付けなかった。

測定した値や記録した時間から、次のような計算をした。

「ガス使用量」＝「ガスボンベの始めの重さ」－「ガスボンベの終わりの重さ」

「1分あたりガス使用量」＝「ガス使用量」÷「火を消すまでの時間」

「湯が沸(わ)くガスの量」＝「1分あたりガス使用量」×「温度が上がりきるまでの時間」

【実験の結果】

結果をまとめた表は、次のようになった。

A　火の強さ	強火		中火		弱火	
B　ビーカーのフタ	あり	なし	あり	なし	あり	なし
ガスボンベの始めの重さ(g)	345.3	309.6	320.2	340.2	319.8	333.4
ガスボンベの終わりの重さ(g)	309.6	273.9	302.2	319.8	308.9	319.1
ガスの使用量(g)	35.7	35.7	18.0	20.4	10.9	14.3
温度が上がりきるまでの時間(分)	6.0	6.5	6.0	7.0	11.0	15.0
火を消すまでの時間(分)	7.5	7.5	7.5	8.5	12.5	16.5
湯が沸くガスの量(g)	28.6	30.9	14.4	〈a〉	9.6	〈b〉

また、「中火フタあり」と「中火フタなし」について、水の温度変化をグラフにすると、図3のようになった。

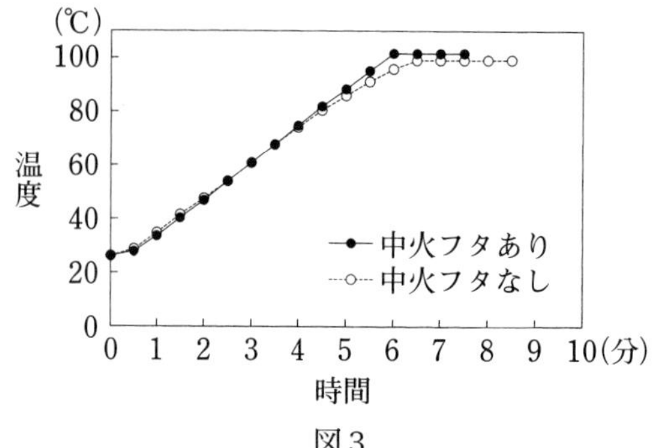

図3

(1) 実験で用いたガスボンベのガスやガスコンロに関する説明として、適切なものを次のア～オから2つ選び、記号で答えなさい。

ア　ガスは、本来は臭(にお)いのない気体だが、安全のため臭いが付けられている。

イ　ガスボンベの中には、押し縮められて体積が小さくなったガスが、気体のまま閉じこめられている。

ウ　正常なガスコンロでは、炎(ほのお)はオレンジ色で外側の方が温度が高い。

エ　ガスコンロを使うときは平らな場所に置き、火がついているときは動かさない。

オ　ガスコンロの火を消したら、すぐにガスボンベを外して片付ける。

(2) ガスコンロに点火したすぐ後に、ビーカーの外側がくもるのが観察されました。その理由を説明した次の文中の空欄①と②にあてはまる言葉として、適切なものをあとのア～オからそれぞれ1つずつ選び、記号で答えなさい。

（ ① ）が、ビーカーに（ ② ）水滴となり、外側に付いたから。

①にあてはまる言葉	②にあてはまる言葉
ア　空気中の水蒸気 イ　ガスが燃えてできた水蒸気 ウ　ビーカーの水が蒸発して出た水蒸気	エ　冷やされて オ　温められて

(3) 【実験の結果】の表の空欄〈 a 〉と〈 b 〉の値を、小数第1位まで求めなさい。また、求めた値と表の値を使い、「湯が沸くガスの量」のグラフを、右の例にならって作成しなさい。グラフの縦軸(じく)の題、目盛り、単位も記入すること。

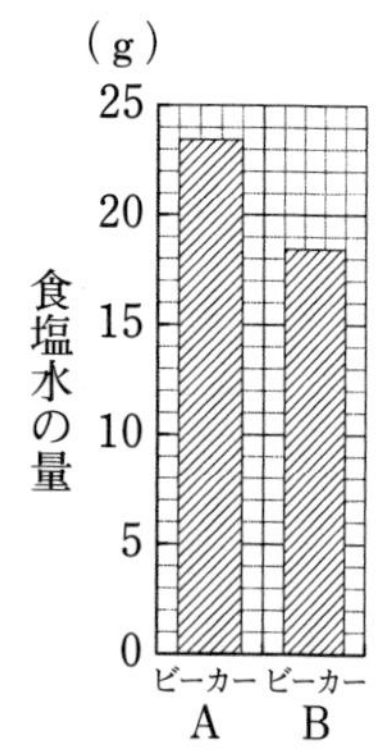

例　ビーカーの食塩水の量

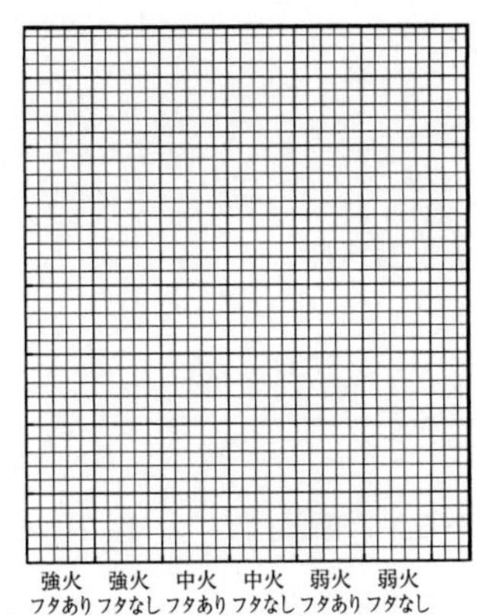

図　湯が沸くガスの量

(4) 実験で用いたフタに関する結果のまとめや考察として、適切なものを次のア～オから１つ選び、記号で答えなさい。

ア　どの火の強さでも、フタを付けた場合「温度が上がりきるまでの時間」が短くなり、「湯が沸くガスの量」が多くなった。

イ　中火では、フタを付けなかった場合「温度が上がりきるまでの時間」が長くなり、上がりきったときの温度が高くなった。

ウ　フタがない場合、温められた水が水蒸気となってビーカーから出て行きやすく、水の温度が上がりにくくなる。

エ　アルミニウムはくは水蒸気を通さないので、フタを付けたビーカーでは、沸騰した水から出た水蒸気が完全に閉じこめられている。

オ　アルミニウムは金属なので熱を伝えやすいため、実験中もフタの温度はほとんど変化しない。

(5) 「強火フタあり」と「中火フタあり」の結果をくらべると、「温度が上がりきるまでの時間」は同じなのに、「中火フタあり」の方が「湯が沸くガスの量」は少なくなりました。中火の方が少ないガスの量で湯が沸いた理由を、図２を参考にして答えなさい。

(6) 実験と同じ器具を使い、ゆで卵を作ることにします。ガスボンベのガス1.0 gが燃えるとき3.0 gの二酸化炭素が出るとすると、次の［１］～［３］の手順でゆで卵を作るときに出る二酸化炭素は何 gですか。小数第１位を四捨五入して整数で答えなさい。

［１］　300mLの水を、中火でフタをして温める。

［２］　水の温度が上がりきったら、すぐ弱火にしてフタを外し、卵を入れる。

［３］　弱火にしてから９分間、卵をときどき転がしながら、フタをせずにゆでる。

5　次の図１、図２は、ヒトの心臓を前(腹側)から見た断面図と表面図です。

ヒトの心臓は左右の肺の間にあり、心臓からは肺につながる血管と肺以外の各臓器へとつながる血管が出ており、心臓から出ていく血液が流れる血管を動脈、心臓へ戻ってくる血液が流れる血管を静脈といいます。

心臓は血管内の血液を流すためのポンプであり、筋肉でできています。ポンプは、①心臓の壁が収縮して中の血液を心臓の外へ押し出す「部分X」と、「部分X」に流し込む血液を一時ためておく「部分Y」からできています。

また、図２のように、②心臓の周りを取り囲んでいる血管も見られます。

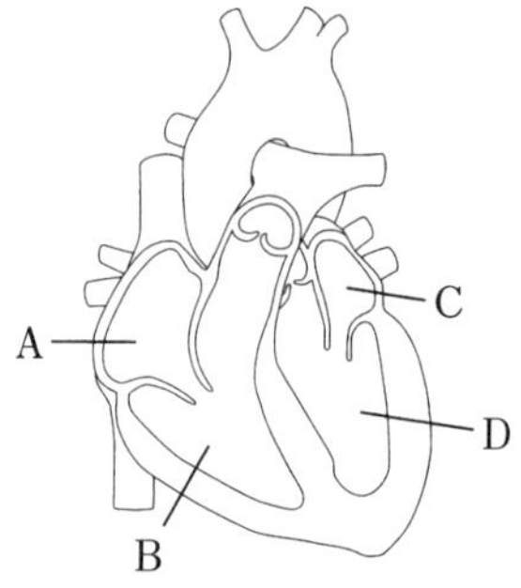

図１　心臓を前から見た断面図

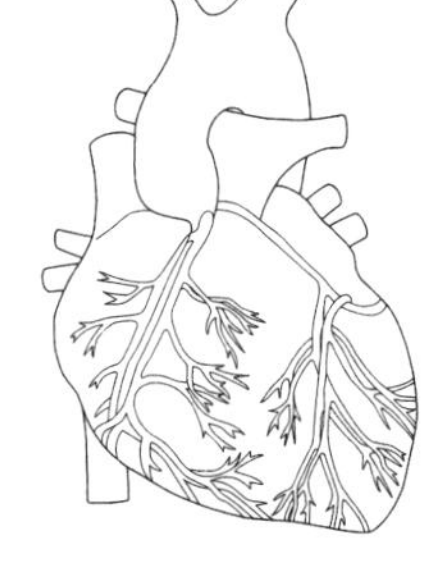
図２　心臓を前から見た表面図

(1)　図１のＡ～Ｄのうち、下線部①の「部分Ｙ」にあてはまるものとして、適切なものをすべて選び、記号で答えなさい。

(2)　下線部②の血管は、心臓の周りを取り囲み、枝分かれして細くなり、心臓をつくる筋肉の中にまで入る血管です。この血管の役割を答えなさい。

心臓の動きを拍動（はくどう）といい、それによっておこる血管の動きを脈拍といいます。拍動と脈拍の関係を調べるために、校庭を１周走った直後に、１分間の拍動数と脈拍数を同時に測ったところ、拍動数が140、脈拍数が（ ③ ）でした。

(3)　上の文章の空欄③に入る数値として、適切なものを次のア～オから１つ選び、記号で答えなさい。

ア　40　　イ　80　　ウ　100　　エ　140　　オ　180

(4)　脈拍について述べた文として、適切なものを次のア～エから１つ選び、記号で答えなさい。

ア　手首で脈拍を測るとき、静脈は腕（うで）の表面の方にあり、動脈は内側の方にあるため、静脈の動きを測っている。

イ　静脈は動脈に比べて血管の壁が薄いので、脈拍は静脈の動きである。

ウ　動脈は血液の流れるいきおいが規則正しく変化しているので、脈拍は動脈の動きである。

エ　からだをめぐる血液は常に同じいきおいで流れるため、脈拍は動脈と静脈のどちらの動きでもある。

図３は魚の心臓と血管の様子を模式的に示したものです。矢印は血液の循環（じゅんかん）経路を示しています。魚の心臓は、ヒトとは違い２つの部屋（ｆ、ｇ）に分かれていますが、ヒトと同じように心臓の壁が収縮して中の血液を心臓の外へ押し出す「部分Ｘ」と、「部分Ｘ」に流し込む血液を一時ためておく「部分Ｙ」からできています。

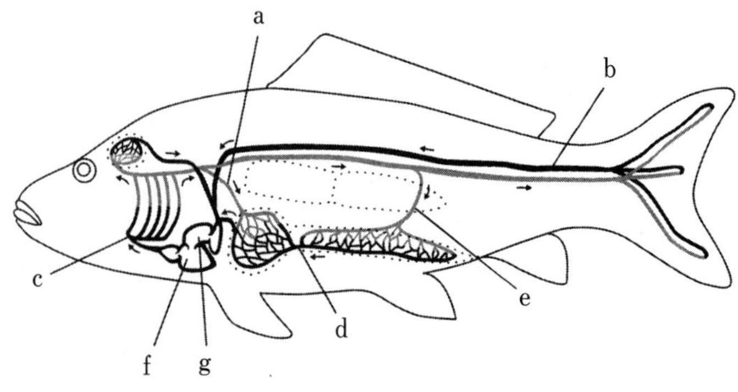

図３　魚の心臓と血液循環経路

(5)　魚の心臓で、「部分X」はfとgのどちらですか。記号で答えなさい。

(6)　図3のa～gを流れる血液について述べた文として適切なものを、次のア～オから<u>すべて選び</u>、記号で答えなさい。

ア　a、b、eには、酸素が多く含まれた血液が流れている。

イ　c、dには、二酸化炭素が多く含まれた血液が流れている。

ウ　eには、栄養分が最も多く含まれた血液が流れている。

エ　f、gには、酸素が多く含まれた血液が流れている。

オ　f、gには、二酸化炭素が多く含まれた血液が流れている。

は虫類の心臓はふつう3つの部屋に分かれていますが、は虫類の中でもワニの心臓はヒトと同じように4つの部屋に分かれています。しかし、ヒトの心臓(図4)とは違い、図5に示すようにBから2本の血管GとJが出ていて、血管JはDから出ている血管Iと、④<u>パニッツァ孔</u>といわれる部分でつながっています。ワニの心臓では図5のBに入った血液の大部分は、陸上で活動しているときには⇗へ流れ、水中に潜っているときには⬈へ流れています。ワニの心臓から送られる血液は、このような特殊な心臓により、⑤<u>陸上と水中で血液の流れが変わります</u>。

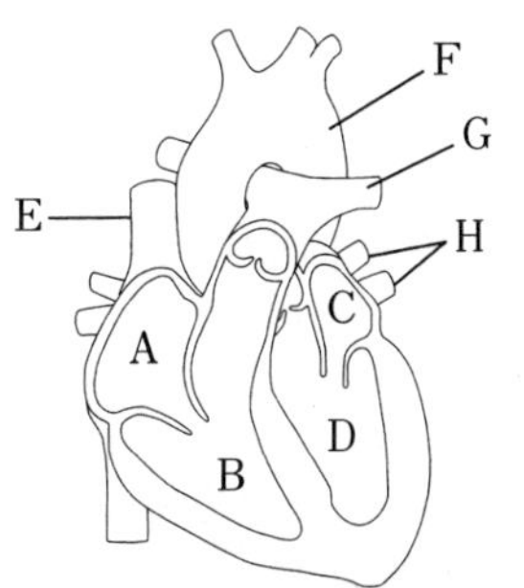

図4　ヒトの心臓(断面図)

図5　ワニの心臓(断面図)

(7)　下線部④について、陸上で活動しているときにパニッツァ孔を流れる血液の向きを矢印で表すと、次の拡大図ア、イのどちらになりますか。記号で答えなさい。

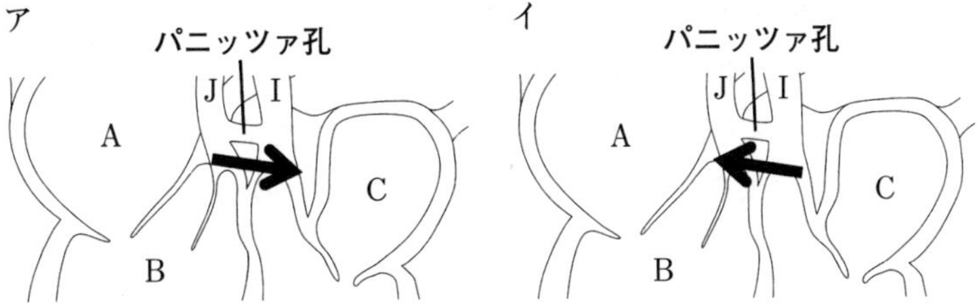

(8)　下線部⑤について、水中に潜っているときに、血液の流れが変わる利点を説明しなさい。

サレジオ学院中学校(A)

—40分—

［注　意］ 問題で字数指定のあるものは、句読点・記号も一字に数えます。

1　物体にはたらく浮力(ふりょく)について以下の文章を読んで、あとの問いに答えなさい。ただし、計算結果を答える際、**割り算が必要な場合は、分数ではなく小数で答えなさい**。

わたしたちがプールなどに入ると体が軽く感じられるのは、物体が水などの液体中で浮力といわれる上向きの力を受けるためです。古代ギリシアの(A)は「液体中で物体が受ける浮力の大きさは、その物体が押しのけた液体の重さに等しい」ことを見出したといわれます。

(1)　上の文中の空欄(くうらん)(A)に入る人物の名前を次の選択肢(せんたくし)ア～エから１つ選び、記号で答えなさい。

ア　ソクラテス　　イ　プラトン　　ウ　アリストテレス　　エ　アルキメデス

図１のような底面積25㎠、高さ４㎝で重さ45ｇの直方体を水中に入れたところ、図２のように底面が水面と平行になるように浮かびました。このとき物体にはたらく浮力を考えましょう。水の１㎤あたりの重さを１ｇとすると、直方体が水中で押しのけた水の重さが45ｇ分になるので、このとき水中にある体積は(a)㎤であり、直方体の上面の水面からの距離(きょり)が(b)㎝となることがわかります。

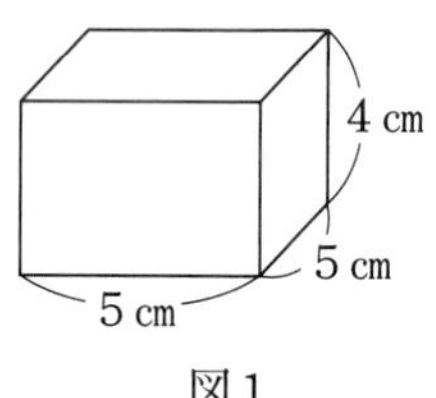

図１

次に図３のように、底面積５㎠、高さ４㎝の円筒形(えんとうけい)のおもりを直方体の上にのせたところ、直方体の上面が水面と平行を保ったまま、水面と同じ高さになりました。このことからのせたおもりの重さは(c)ｇであることがわかります。

つづけて図４のように、同じおもりを直方体の下に糸でつなげて水中に沈(しず)めたところ、直方体の上面が水面と平行を保ったまま、直方体の一部が水面より上にでました。糸の重さと体積を考えないものとすると、直方体の上面の水面からの距離は(d)㎝になります。

(2)　上の文中の空欄(a)～(d)にあてはまる値を答えなさい。

(3)　直方体だけを図２のように水でなく１㎤あたり0.8ｇの重さのアルコールの中に入れると、直方体の上面の液面からの距離は何㎝になりますか。なお、直方体の上面はつねに液面と平行を保つものとします。

(4)　おもりだけを図５のように糸とばねばかりにつないで、完全に水中にいれました。このとき、ばねばかりは何ｇを示しますか。なお、糸の重さと体積は考えないものとします。

(5)　おもりの底面を水面につけ、その状態を０㎝として図６のようにおもりをゆっくりと水中に沈めていきました。おもりの底面の水面からの距離とばねばかりの示す値のグラフはどのようになりますか。０㎝から６㎝の間であとのグラフを記入しなさい。なお、この間おもりの底面は容器の底につかないものとします。

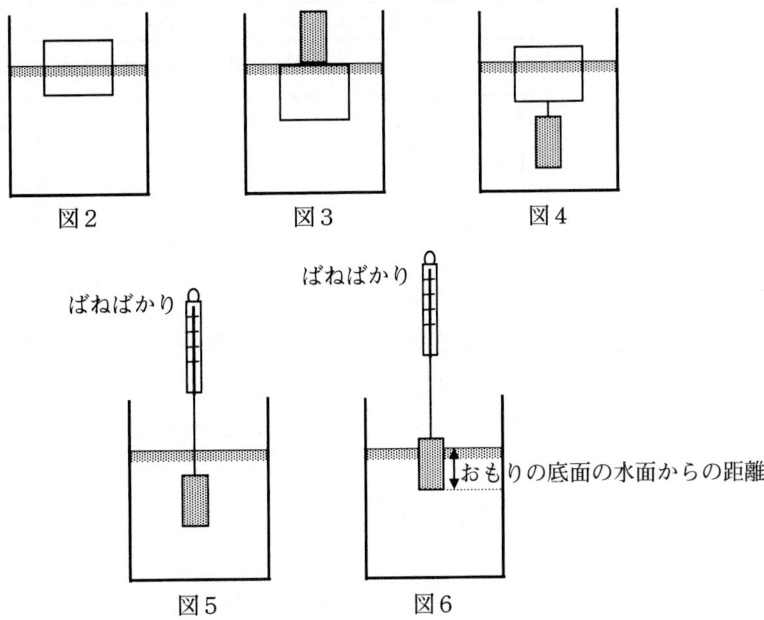

＊図２～図６で水の入った容器は実際には直方体やおもりに対してとても大きいため、直方体やおもりの位置によって水面の高さは変化しないものとします。

＊図２、図４、図６の直方体およびおもりの水面に対する位置は、実際のようすを正確に表しているわけではありません。

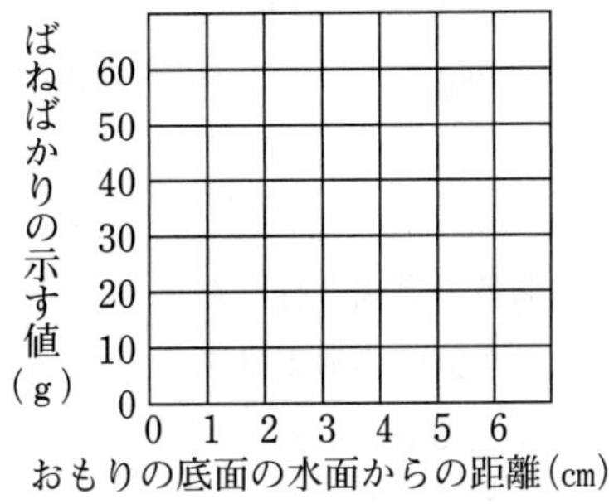

2　ボスコさんは、身近なところでたくさん使われている鉄が、鉄と酸素が結びついた酸化鉄が主に含まれている鉄鉱石からどのように取り出されるのか疑問に思いました。そこでボスコさんは鉄について調べ、その後、鉄を取り出す実験を行いました。あとの問いに答えなさい。

【ボスコさんが鉄について調べたこと】

・鉄は金属の一種であり、①さまざまな水溶液に溶ける。

・製鉄で利用される溶鉱炉（ようこうろ）の内部では、②鉄鉱石に多く含まれる酸化鉄から酸素を取り除き鉄が得られる変化と、炭素がその酸素と結びつき二酸化炭素が生じる変化が同時に起きる。

【実験１】

下線部①の性質について調べるため、ボスコさんは、３種類の金属（アルミニウム、鉄、銅）をさまざまな水溶液に入れ、溶けるかどうかを調べたところ、次のようになった。

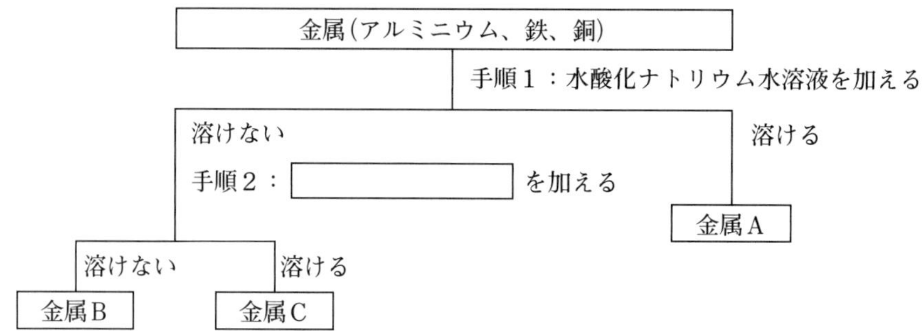

(1)　手順２の空欄にあてはまる水溶液を、次の選択肢ア～エのうちから１つ選びなさい。

ア　アンモニア水　　イ　さとう水　　ウ　食塩水　　エ　塩酸

(2)　鉄は、金属A～Cのうち、どれだと考えられますか。次の選択肢ア～ウのうちから１つ選びなさい。

ア　金属A　　イ　金属B　　ウ　金属C

(3)　下線部②の製鉄で得られる鉄の重さについて説明した、次の文中の(　a　)、(　b　)に入る数をそれぞれ求めなさい。**ただし、計算結果が割り切れない場合、小数第二位を四捨五入して小数第一位までで求めなさい。**

製鉄では最終的に、酸化鉄１kgから鉄700ｇが取り出されますが、溶鉱炉から最初に取り出されるもののなかには、鉄に加えて、変化しなかった炭素が混じっています。例えば、溶鉱炉に酸化鉄を9600kgだけ入れ、炭素と鉄が混じったものが7000kg取り出されたとします。このとき、溶鉱炉のなかでは酸化鉄9600kgから鉄(　a　)kgが得られる反応が起きたと考えられます。鉄と炭素が混じったものが7000kgあったうち、炭素の重さの割合は(　b　)％だと考えられます。

【実験２】

ボスコさんは、次の１～４の順番で実験を行った。

ただし、この実験においては、空気中の酸素は考えなくてよいものとする。

1　酸化鉄1.6ｇと活性炭(炭素)0.06ｇをはかりとり、よく混ぜ合わせた後「るつぼ」という耐(たい)熱性の容器に入れ、るつぼにふたをした。

2　るつぼ全体の重さをはかり、記録した。

3　るつぼを十分に加熱した。

4　室温まで冷やしたあと、るつぼ全体の重さをはかり、記録した。

さらに、酸化鉄の重さを変えずに活性炭の重さを変えたものを用意し、それぞれ別のるつぼに入れ、同じ手順で実験をおこないました。表１は、その結果を示したものです。

表１

酸化鉄〔ｇ〕	活性炭〔ｇ〕	加熱前の全体の重さ〔ｇ〕	加熱後の全体の重さ〔ｇ〕
1.6	0.06	42.04	41.82
1.6	0.12	42.95	42.51
1.6	0.18	42.35	41.69
1.6	0.24	42.25	41.59
1.6	0.30	42.78	42.12

【ボスコさんと先生との会話１】

ボスコさん：加熱をすると重さが減るのですね。減った分は、何の重さですか。

先　　　生：ここで減った重さは、ボスコさんが製鉄で調べた、二酸化炭素の重さです。

ボスコさん：活性炭の重さと発生する二酸化炭素の重さの関係をグラフに表してみます。活性炭が、ある重さを超えると、二酸化炭素の重さが増えないのはなぜですか。

先　　　生：活性炭は、その重さが少ないときには全て変化するけれども、多いときには、酸化鉄が不足して余るのです。

⑷　この実験で、はかりとった活性炭の重さと、発生した二酸化炭素の重さの関係を、右のグラフに表しなさい。

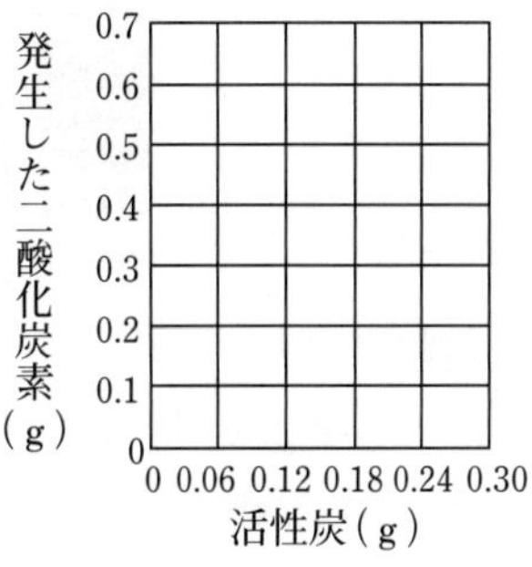

【ボスコさんと先生との会話２】

ボスコさん：取り出せた鉄の重さは、どうなっているのでしょうか。

先　　　生：加熱後のるつぼには、反応しなかった活性炭や、酸化鉄が混じっているので、鉄だけの重さかどうかは分かりません。ただ、計算で求めることはできます。

ボスコさん：複雑そうですが、酸化鉄１kgから鉄700ｇが得られる関係を使えば計算できそうですね。

先　　　生：活性炭が0.06ｇのときの重さの関係を図に表して考えてみましょう。

（ボスコさんが考えた図）

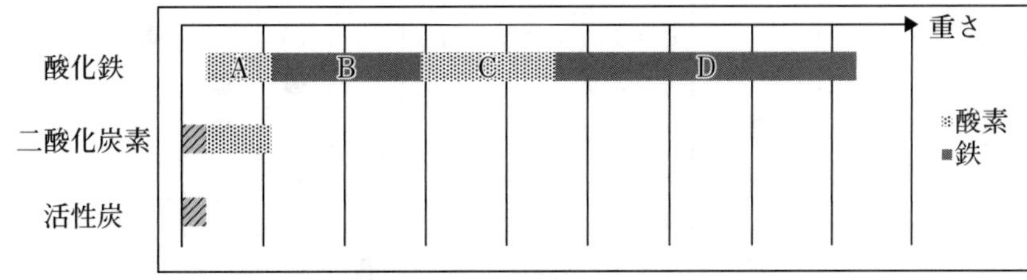

⑸　ボスコさんが考えた図では、それぞれの帯の長さが重さを表しています。Ａ～Ｄは、次の選択肢ア～エのどれにあてはまるか、それぞれ**１つずつ選び**、記号で答えなさい。

ア　酸化鉄に含まれる鉄のうち、酸化鉄から取り出せたもの

イ　酸化鉄に含まれる鉄のうち、酸化鉄のままで取り出せなかったもの

ウ　酸化鉄に含まれる酸素のうち、酸化鉄から取り出せたもの

エ　酸化鉄に含まれる酸素のうち、酸化鉄のままで取り出せなかったもの

3　去年の夏、生物部で身近な自然環境(しぜんかんきょう)を調べるため図1のような4か所の調査地点(a～d)で川にすむ生物の調査をしました。あとの問いに答えなさい。

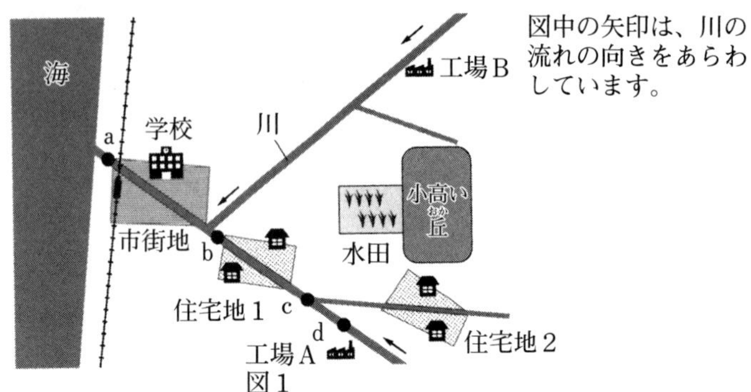

図1

【調査方法】

1　調査地点の川底の石の表面や砂の中にいる水生生物を採集し、種類を調べる。

2　水質階級を「Ⅰ．きれいな水」「Ⅱ．少しきたない水」「Ⅲ．きたない水」「Ⅳ．大変きたない水」として、水質判定のめやすとなる水生生物(指標生物)の個体数をかぞえる。

3　調べた結果、個体数の上位2種類には●印を、それ以下の種類には○印を表1に記録する。

4　次に●を2点、○を1点として水質階級ごとに合計し、合計した点数が最も多かった階級を、その地点の水質階級とする

5　ある調査地点で2つの水質階級が同じ点数になった場合には、水質階級の数字の小さい方をその地点の水質階級とする(例えば、水質階級のⅢとⅣが同点の場合はⅢとする)。

【調査結果】

水質階級	指標生物	調査地点 a	b	c	d
Ⅰ	サワガニ		○	○	●
	ウズムシ		○		○
	ヒラタカゲロウの幼虫		○	○	●
Ⅱ	カワニナ		●	●	○
	スジエビ	○		●	
	ゲンジボタルの幼虫		●	○	○
Ⅲ	タニシ				
	シマイシビル	●	○	○	
	ミズカマキリ				
Ⅳ	アメリカザリガニ				
	ユスリカの幼虫	●			
	サカマキガイ	○			

表1

⑴　調査の結果をあとの表２のように集計してまとめ、水質を判定します。このとき、

①　調査地点ａの記入例を参考にして、**表２の**調査地点ｂ・ｃ・ｄの空欄に水質階級ごとの合計した点数をそれぞれ記入して完成させなさい。

②　この結果から調査地点ｂ・ｃ・ｄの水質の判定をⅠ～Ⅳの記号で答えなさい。

調査地点	a				b				c				d			
水質階級	Ⅰ	Ⅱ	Ⅲ	Ⅳ	Ⅰ	Ⅱ	Ⅲ	Ⅳ	Ⅰ	Ⅱ	Ⅲ	Ⅳ	Ⅰ	Ⅱ	Ⅲ	Ⅳ
合計した点数	0	1	2	3												
水質の判定	Ⅳ															

表２

⑵　調査結果から考えた場合、調査地点ｂの水質のよごれの原因となった可能性が最も高いと考えられるものはどれですか。次の選択肢ア～エから１つ選び、**記号**で答えなさい。また、そのように考えた**理由**を説明しなさい。

ア　市街地　　イ　住宅地１　　ウ　住宅地２　　エ　工場Ａ

⑶　図１の工場Ｂが川のよごれに影響を与えるかどうかを調べるため調査地点ｅと調査地点ｆを決めることにしました。このとき調査地点ｅと調査地点ｆの位置として最も適しているのはどれですか。次の選択肢ア～エから１つ選び、記号で答えなさい。

ア

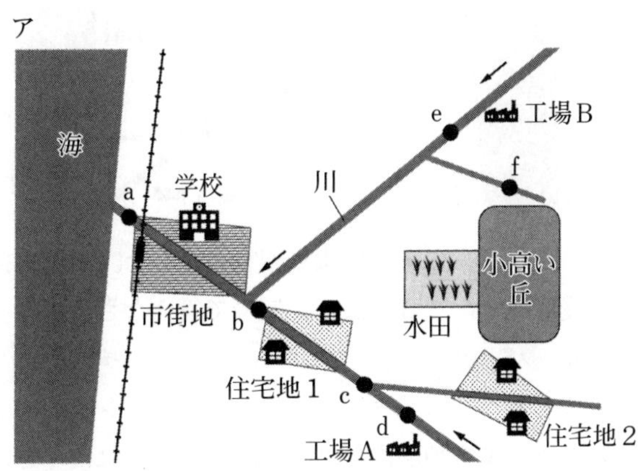

イ

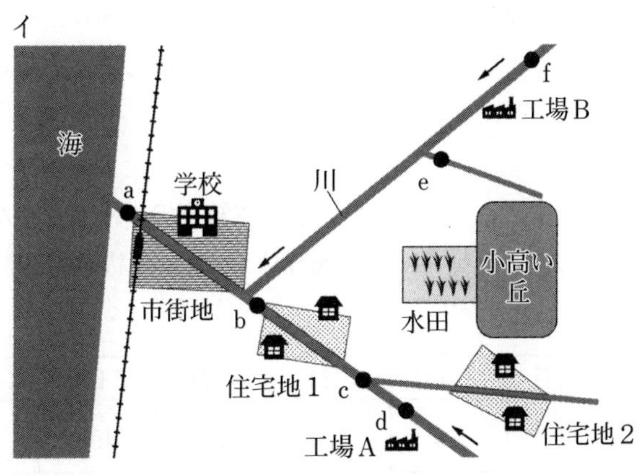

ウ

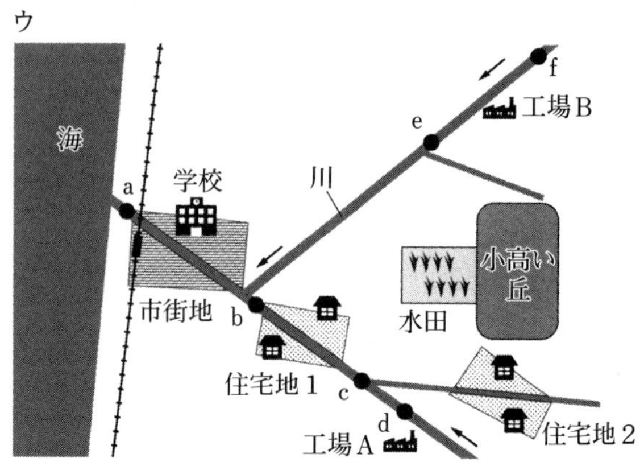

エ

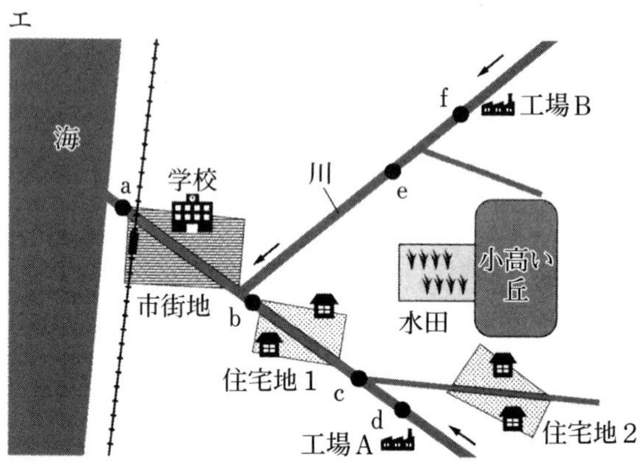

(4)　調査をしているとき、さまざまな昆虫を観察しました。次の選択肢ア～クに示された昆虫について、不完全変態のものを**3つ**選び、記号で答えなさい。

ア　ハエ　　イ　バッタ　　ウ　アブ　　エ　ハチ

オ　カマキリ　　カ　ガ　　キ　ホタル　　ク　トンボ

(5)　調査をしているとき、調査地域内にある水田の水面にはたくさんのウキクサがみられました。ウキクサは、茎と葉が一体となった葉状体と根からできています(図2)。ウキクサを生物室に持ち帰り、そのふえ方を調べることにしました。このとき、小さなものもふくめて葉状体の数を2日ごとにかぞえました。

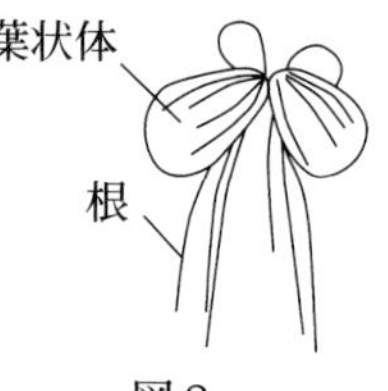

図2

【実験方法】

水田から持ち帰ったウキクサを日当たりのよい生物室の水槽(すいそう)で育てた。実験開始日を0日目とし、2日ごとの葉状体の数をかぞえ、表3を作成した。(葉状体数は、一の位を四捨五入して10個単位とした。)

日数	0日目	2日目	4日目	6日目	8日目	10日目	12日目
葉状体数［個］	50	80	170	300	490	630	640

表3

表３から、葉状体のふえ方(増加数)を表４のようにまとめた。

期間	0～2日目	2～4日目	4～6日目	6～8日目	8～10日目	10～12日目
この期間の増加数	30	90	130	190	140	10

表４

葉状体の増加の割合が最も大きいのはどの期間ですか。次の選択肢ア～カから１つ選び、記号で答えなさい。ただし増加の割合は、以下の例のように求めることができます。

例０～２日目の期間の増加率…(30÷50)×100＝60.0％

ア　0～2日目　　イ　2～4日目　　ウ　4～6日目

エ　6～8日目　　オ　8～10日目　　カ　10～12日目

(6)　ウキクサのふえ方と「**温度**」「**光を当てた時間**」「**肥料の有無**」の３つの条件との関係を調べるため、表５のような条件(Ａ～Ｆ)をつくることにしました。このとき「温度」とウキクサのふえ方の関係を調べるためには、どの条件とどの条件を組み合わせて比較すればよいでしょうか。適する組み合わせを例にならって**すべて**答えなさい。

例　ＡとＢ

条件 項目	A	B	C	D	E	F
温度　[℃]	20	30	30	20	20	30
光を当てた時間　[時間]	12	12	8	8	12	8
肥料の有無	有	無	無	無	無	有

表５

４　横浜のボスコさんの家に、海外に住むいとこのサビオさんが遊びに来ているときに、地震(じしん)が起きました。次に示された、地震後の会話文を読んで、あとの問いに答えなさい。

サビオ　あんなに揺(ゆ)れるなんて、本当にこわかったよ、まだひざががくがくするよ。

ボスコ　もうおさまったから、大丈夫(だいじょうぶ)だよ。緊急地震速報(きんきゅうじしんそくほう)がなったわりには、たいしたことなくてよかった。

サビオ　えーっ、あれでたいしたことないの？ぼくはうまれてはじめて地震を経験したから、すごく驚(おどろ)いたよ。本当に家ごと揺れるんだね。

ボスコ　うまれてはじめて？サビオの国には地震がないの？

サビオ　ほとんどないんじゃないかな、僕は経験したことがないよ。

ボスコ　そうなんだ、それはびっくりだ。あっ、テレビに情報がでたね。(　a　)は横浜が３で、千葉は４だ。地震の規模をあらわす(　b　)は5.7だね。

サビオ　地震が来る前に、テレビやスマートフォンでいっせいにアラームがなりだしたのも、びっくりしたよ。強い揺れに注意してくださいっていっていた。日本では、地震の予知もできるんだね。

ボスコ　緊急地震速報は大きな揺れが来る前に、アラームがなって教えてくれるんだ。でもどうして地震が来る前にわかるんだろう。

そこで、ふたりは緊急地震速報について、ボスコさんのお母さんに聞いてみました。

お母さん　緊急地震速報は地震の予知ではないよ。そもそも地震はなぜ起こるか知っている？

ボスコ　地下の深いところで、岩石が破壊されて、その衝撃が伝わってくるんだって習ったよ。

サビオ　どうして岩石が破壊されるの？

お母さん　地球は、プレートといわれる十数枚の巨大な岩石でおおわれているんだ。図１はいまわかっている太平洋周辺のプレートの図だよ。日本はどんなところにある？

ボスコ　いくつものプレートのさかい目になっているね。

お母さん　このプレートたちはそれぞれいろいろな方向に動いていて、衝突したり、遠ざかったり、すれちがったりしているんだよ。だからプレートのさかい目では、大きな力がはたらいて岩石が破壊されるんだ。

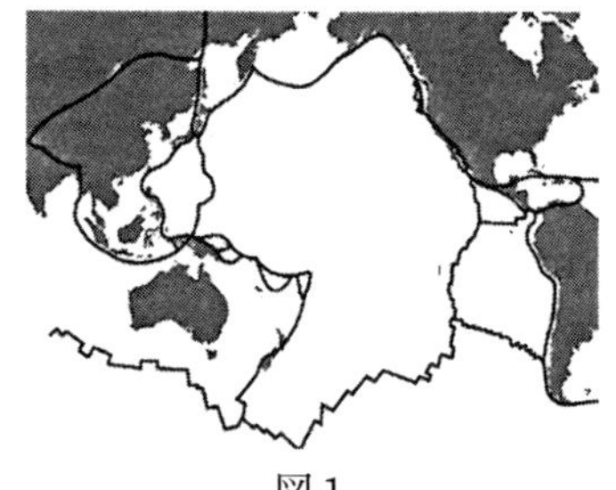

図１

ボスコ　そうか、だから日本には地震が多いし、サビオの国にはほとんど地震がないんだ。

お母さん　地震の時、どんな揺れを感じた？

ボスコ　はじめは縦に小刻みに小さく揺れて、そのあと横に大きく揺れだしたよ。

お母さん　地下で岩石が破壊されると、その衝撃が地表まで伝わってくるんだけど、揺れの方向によって伝わってくる速さが違うので、２種類の揺れとして感じるんだ。

サビオ　小さな揺れのほうが速いんだね。

お母さん　そうだね、でも揺れの大きさは、あとからくるほうが大きいから、この速さの違いを利用してあとからくる大きな揺れに対する注意を知らせるのが緊急地震速報なんだ。岩石が破壊された場所を震源というけど、緊急地震速報は（ X ）、周囲に大きな揺れが来ることをしらせるしくみだね。

サビオ　でもそれなら緊急地震速報は（ Y ）。

お母さん　それが、弱点だね。はじめの小さな揺れも次の大きな揺れもそれぞれ一定の速さで伝わってくるから、<u>震源までの距離</u>もわかるんだ。

サビオ　地震についてよくわかったよ。ところで、明日は、みんなで、箱根という火山に行くんだよね。僕の国には、火山もほとんどないから、とても楽しみだ。温泉や湖があるんだよね。

ボスコ　火山もないの？日本には今も噴火する可能性のある火山が111あると習ったよ。

サビオ　そんなにあるんだ。じゃあ火山もプレートと関係がありそうだね。

お母さん　そうだね、日本の火山はプレートの衝突によって地下の（ Z ）がとけて（ c ）ができるというしくみなんだ。プレートの動きによって、（ c ）がつくられつづけるので、ときどきガスや（ c ）などが地表の岩石をふきとばして噴火がはじまる。噴火の勢いで山が崩れることもあるし、地表にでた（ c ）は溶岩となって地形や景色を大きく変えることもある。明日行く芦ノ湖は約3000年前の噴火で川がせきとめられてできた湖だよ。

サビオ　そんなふうに火山が地形をかえるから、日本にはいろいろきれいな景色があるし、（ c ）が地下水をあたためたものが温泉なんだね。楽しみだな。

(1)　会話中の（ a ）～（ c ）にあてはまる言葉を答えなさい。

⑵　サビオさんの住んでいる国はどこだと考えられますか。次の選択肢ア～エから１つ選び、記号で答えなさい。

ア　フィリピン　　イ　アメリカ合衆国　　ウ　ニュージーランド　　エ　オーストラリア

⑶　会話中の(　X　)にあてはまる文として最も適当なものを次の選択肢ア～エから、１つ選び、記号で答えなさい。

ア　震源で岩石の破壊を観測して

イ　震源に近いところで小さな揺れを観測して

ウ　すべての場所で小さな揺れを観測して

エ　震源の真上で岩石の破壊を観側して

⑷　会話中の(　Y　)にあてはまる緊急地震速報の弱点を20字以内で答えなさい。

⑸　会話中の下線部について、震源から32kmの場所では、はじめの小さな揺れがはじまってから大きな揺れがはじまるまでの時間が４秒でした。はじめの小さな揺れがはじまってから大きな揺れがはじまるまでの時間が９秒の場所は、震源までの距離は何kmですか。

⑹　地震が起きた時、海のそばにいたときの避難先(ひなんさき)として最も適切なものを次の選択肢ア～エから１つ選び、記号で答えさい。

ア　できるかぎり海から遠いところに逃げる。

イ　できるかぎり高いところに逃げる。

ウ　できるかぎり広いところに逃げる。

エ　できるかぎりかたい地面のところに逃げる。

⑺　(　Z　)にあてはまる言葉として正しいものを次の選択肢ア～エから１つ選び、記号で答えなさい。

ア　岩石　　イ　土　　ウ　鉄　　エ　氷

⑻　火山の熱は、発電にも利用されています。この発電方法をなんといいますか。また、この発電方法は火力発電とくらべてどんな利点がありますか。20字以内で答えなさい。

芝 中 学 校 (第1回)

—40分—

1　次の文を読み、問いに答えなさい。

芝太郎君は、家族旅行でメジャーリーグの野球観戦に行くため、①成田空港を出発しました。

まずは日本人メジャーリーガーの活躍(かつやく)を楽しみに、エンゼルスタジアムに行きました。この日は幸運なことに豪快(ごうかい)なホームランを見ることができ、胸が熱くなった芝太郎君は、②打球の軌道(きどう)に興味を持ちました。

翌日はヨセミテ国立公園です。芝太郎君は「世界一高い木」として保護されている木を見に行けることにワクワクしています。

芝太郎君　「世界で一番高い木って何ていう木なの？」

お父さん　「③セコイアという木だよ。セコイアは、高さや大きさだけでなく、その樹齢(じゅれい)の長さでも知られていて、長いものでは2000年をこえると推定されているんだよ。日本でも近いなかまであるスギには、鹿児島県の屋久島で見られる『縄文杉(じょうもんすぎ)』のように、長い年月のたったものやからだの大きなものが見られるね。」

芝太郎君　「そうか、縄文杉に近いなかまなんだね。縄文杉も大きいもんね。楽しみだなぁ。」

お父さん　「そうだ、せっかくだから本場の④ブラックバスをつりに行こうか。」

車で移動する途中(とちゅう)で、芝太郎君はあることに気が付きました。

芝太郎君　「お父さん、このあたり太陽光パネルがいっぱいだよ。」

お父さん　「そうだね。カリフォルニア州の海岸地域は以前から⑤半導体産業が盛んで、シリコンバレーと呼ばれていたんだ。シリコンというのは半導体の原料のことだよ。現在でも半導体産業は盛んで半導体を利用した太陽光発電の設備の普及(ふきゅう)も進んでいるらしいよ。化石燃料のような、将来的になくなるエネルギーとはちがい、太陽光に代表されるような絶えず補充(ほじゅう)されるエネルギーのことを（ ⑥ ）エネルギーといって注目されているんだ。これらの多くは脱(だつ)炭素社会を目指す意味でも重要なんだよ。」

家族旅行で初めての海外でしたが、新しい文化にふれ、いろいろなことを考えられて充実した夏休みになりました。

(1)　下線部①について。次の表は成田空港とロサンゼルス空港をつなぐＡ社からＥ社までの航空便の時刻表です。所要時間が行きと帰りで異なります。このちがいがおきる理由を、あとの(ア)～(キ)から１つ選んで、記号で答えなさい。

成田空港　→　ロサンゼルス空港

航空会社	便名	出発時刻	到着時刻(現地時間)	所要時間	機種
A社	SG24	14：40	08：25	9時間45分	787-8
B社	SH6	17：00	11：00	10時間00分	787-9
C社	SG6092	17：00	11：00	10時間00分	787-9
D社	SA7946	17：00	11：00	10時間00分	787-9
E社	SS7310	17：20	11：00	9時間40分	787-8

ロサンゼルス空港　→　成田空港

航空会社	便名	出発時刻(現地時間)	到着時刻	所要時間	機種
A社	SG23	10：25	14:10(翌日)	11時間45分	787-8
B社	SH5	12：45	16:30(翌日)	11時間45分	787-9
C社	SG6093	12：45	16:30(翌日)	11時間45分	787-9
D社	SA7945	12：45	16:30(翌日)	11時間45分	787-9
E社	SS7311	13：05	16:40(翌日)	11時間35分	787-8

(ア)　飛行機の種類(機種)がちがうため、飛行速度がちがうから。

(イ)　航空会社がちがうと、飛行機の速度がちがうから。

(ウ)　地球が北極の上空から見ると反時計まわりに自転しているので、東向きに飛ぶ時と西向きに飛ぶ時では、移動距離(きょり)がちがうから。

(エ)　地球が北極の上空から見ると時計まわりに自転しているので、東向きに飛ぶ時と西向きに飛ぶ時では、移動距離がちがうから。

(オ)　中緯度(いど)の上空では西風が吹いているため、東向きに飛ぶ時と西向きに飛ぶ時では、かかる時間がちがうから。

(カ)　中緯度の上空では東風が吹いているため、東向きに飛ぶ時と西向きに飛ぶ時では、かかる時間がちがうから。

(キ)　行きは日付変更線(へんこうせん)を西から東へ越(こ)えるが、帰りは日付変更線を東から西へ越えるため。

(2)　下線部②について。「バットから離れた直後のボールの速さ」のことを「初速度」と呼ぶことにします。いま、あらゆる方向に同じ初速度でボールを打つことのできる強打者がいたとします。ここでは、ホームベースからセンター方向(ピッチャーの上や後方)に飛んだボールについて考えます。ボールは空気の抵抗(ていこう)を受けないものとします。また、打点はホームベースの上ですが、打点の高さはないものとします。

図１は点Oを打点とし、ボールの初速度が水平方向となす角を5°刻みで5°～85°まで変化したときのボールの軌道(きどう)を示しています。45°の軌道は他の線より太くかいてあります。図中の灰色の部分は外野後方のフェンス(壁(かべ))で、フェンスの上を越(こ)えた打球はホームランになります。図では、ホームランにならなかったボールの軌道もフェンスがないものとしてかいてあります。

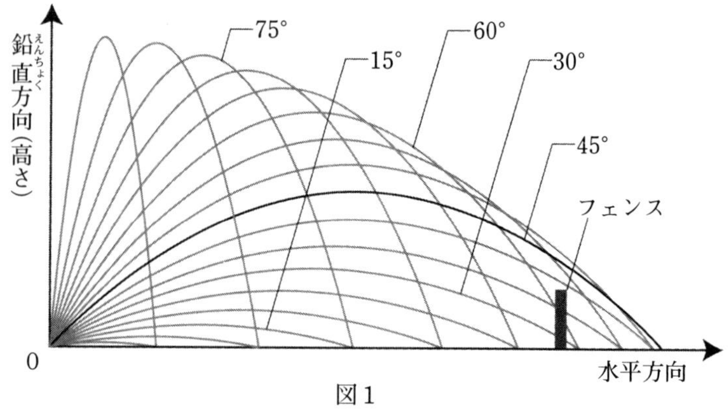

図1

実際は角度によって打球の初速度が異なり、しかもボールは空気の抵抗力を受けるため図1のような軌道になりませんが、以下では図1をもとに考えて答えること。

(a)　図1で外野後方のフェンスを越えてホームランになるのはどれですか。水平方向と初速度のなす角5°、10°、…、85°から選んですべて答えなさい。小さい値から順に答えること。

(b)　図1のうち滞空時間が最も長いのはどれですか。水平方向と初速度のなす角5°、10°、…、85°から1つ選んで答えなさい。

(3)　下線部③について。次の図**あ**～**え**のなかからセコイアの葉をかいたイラストとして正しいものを、文章**お**～**く**のなかからセコイアの特ちょうを述べた文として正しいものを、それぞれ1つずつ選んだ組み合わせを、あとの(ア)～(タ)から1つ選んで記号で答えなさい。

お：受粉した後、種子の周りに果実をつくる。
か：春から秋にかけて細い針のような葉を作り、冬には葉を落とす。
き：葉の裏にほう子を作り、風で飛ばして受粉する。
く：お花とめ花がある。

(ア)　**あ、お**　(イ)　**あ、か**　(ウ)　**あ、き**　(エ)　**あ、く**
(オ)　**い、お**　(カ)　**い、か**　(キ)　**い、き**　(ク)　**い、く**
(ケ)　**う、お**　(コ)　**う、か**　(サ)　**う、き**　(シ)　**う、く**
(ス)　**え、お**　(セ)　**え、か**　(ソ)　**え、き**　(タ)　**え、く**

(4)　下線部④について。ブラックバスのように、元々日本に生息していなかった生物が入りこみ、定着したものを外来種といいます。外来種のうち、もともとの生態系や人間の生活にひ害をおよぼすおそれのあるものは、「特定外来生物」に指定され、きびしい制限がもうけられています。2023年6月1日に、新たに2種の生物が、「条件付き特定外来生物」に指定されました。その2種の生物を次の中から2つ選んで記号で答えなさい。

(ア)　ウシガエル　(イ)　アカミミガメ　(ウ)　セイタカアワダチソウ
(エ)　キョン　(オ)　ヒグマ　(カ)　ヒアリ
(キ)　アメリカザリガニ　(ク)　オオサンショウウオ

(5)　下線部⑤について。電気を良く通すものを導体、電気をほとんど通さないものを絶えん体、その中間の性質を持つものを半導体といいます。次の中から導体をすべて選んで記号で答えなさい。

(ア)　ガラス　(イ)　ゴム　(ウ)　アルミニウム　(エ)　ポリエチレン
(オ)　水　(カ)　ダイヤモンド　(キ)　黒鉛(こくえん)　(ク)　紙

(6)　空らん⑥について。空らんに当てはまる語を、漢字4文字で答えなさい。

2　次の文を読み、問いに答えなさい。

ある年の8月11日、芝太郎君は家族と富士登山に行きました。富士山は円すい形をしています。芝太郎君は、その形から富士山は安山岩の溶岩(ようがん)でできていると思っていましたが、主な溶岩の種類はちがうのだそうです。①色が黒くて流れやすい種類の溶岩だそうです。

富士山は日本一の高さの山なので、2日かけて登りました。1日目は8合目まで登って山小屋に泊(と)まりました。泊まったと言っても真夜中の0時には再び山小屋を出発しました。山頂で日の出(ご来光)を見るためです。富士山の上では②星が良く見えました。③星座早見盤(ばん)と合わせてみると、夏の大三角が頭の上に見えることがわかりました。④日の出は午前5時でした。そのころにはとても寒かったですが、太陽が顔を出すと、一面の⑤雲海にオレンジの光が反射してとてもきれいでした。

(1)　下線部①について。次の(a)、(b)に答えなさい。

(a)　この岩石の名前をカタカナで答えなさい。

(b)　登山道で見たこの溶岩には、たくさんの小さな穴があいているものがありました。この穴はどうしてできたのでしょうか。15文字以内で簡単に説明しなさい。

(2)　下線部②について。星が良く見えた理由を、次の中から2つ選んで記号で答えなさい。

(ア)　富士山の上は、市街地から遠いため、街の灯りの影響(えいきょう)が少ないから。
(イ)　光の強さは距離(きょり)の2乗に反比例し、富士山の上は、星との距離がより近くなるから。
(ウ)　富士山の上は、雲ができる限界の高さより高いため、雲にさえぎられずに星が見えるから。
(エ)　富士山の上は、それより上にある空気が少ないため、星の光が届きやすいから。
(オ)　富士山の上は、気圧が低いため眼の水晶体(すいしょうたい)が大きくなり、遠くにピントが合いやすくなるから。
(カ)　富士山の上は、気温が低いため山頂付近の湿度(しつど)が高いから。

(3)　下線部③について。次の図1は星座早見盤で、図2はその一部を拡大したものです。観測している日付と時刻を合わせると、そのときの星空がわかるようになっています。

(a)　東の方角は図1の(ア)～(エ)のどれですか。1つ選んで記号で答えなさい。

(b)　図1、図2は8月12日の0時の星空を示しています。このときと同じ星空が見られるのは、9月12日ではおよそ何時でしょう。次の中から1つ選んで記号で答えなさい。

(ア)　18時　(イ)　20時　(ウ)　22時　(エ)　0時　(オ)　2時　(カ)　4時

(c)　6月12日に同じ星空が見られるのはおよそ何時でしょう。次の中から1つ選んで記号で答えなさい。

(ア)　18時　(イ)　20時　(ウ)　22時　(エ)　0時　(オ)　2時　(カ)　4時

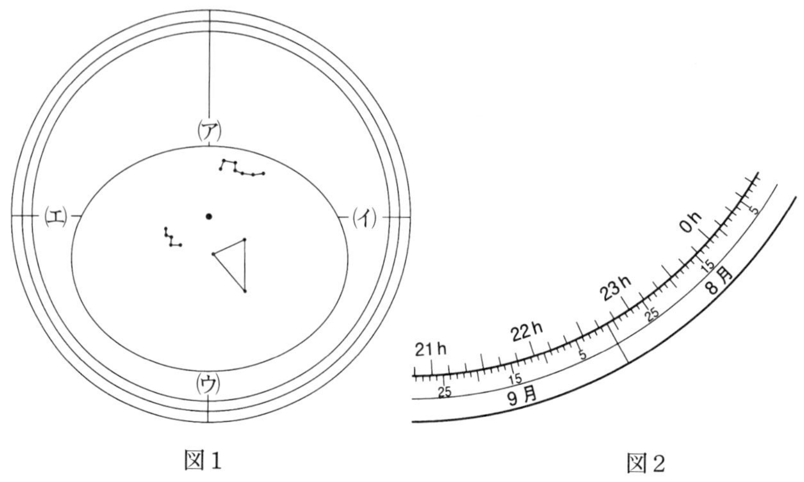

図１　　　　図２

(4)　下線部④について。次の(a)、(b)に答えなさい。

(a)　この日の日の出の方角について、最も適当なものを次の中から１つ選んで記号で答えなさい。

(ア)　真東　　(イ)　真東より北側　　(ウ)　真東より南側

(エ)　真西　　(オ)　真西より北側　　(カ)　真西より南側

(b)　この日は日の入りから日の出まで月が見られませんでした。この日、月は地球から見てどの方向にあったでしょうか。15文字以内で簡単に説明しなさい。

(5)　下線部⑤について。この雲海をつくっていた雲の名前として最も適当なものを次の中から１つ選んで記号で答えなさい。

(ア)　積乱雲　　(イ)　巻積雲　　(ウ)　層雲　　(エ)　高積雲　　(オ)　巻層雲

3　次の文を読み、問いに答えなさい。

ヒトの心臓は主に筋肉でできていて、２つの心ぼうと２つの心室、合計４つの部屋があります。図１は正面から見たヒトの心臓の内部を模式的に示した図です。４つの部屋を数字１～４で示し、４カ所の血管を**あ**～**え**で示しています。血液は心臓から肺に向かい、そこで酸素を多く受け取った後、また心臓にもどり、その後全身に送り出されます。

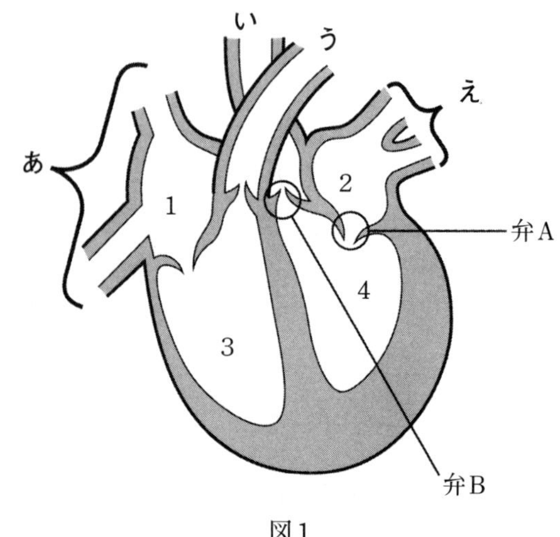

図１

(1)　血液を心臓から肺へ送り出す血管を、図１の血管**あ**～**え**から１つ選んで記号で答えなさい。

(2)　(1)で選んだ血管の名しょうをひらがなで答えなさい。

(3)　図１の部屋１～４、血管**あ**～**え**のうち、静脈血(ふくまれる酸素が比かく的少ない血液)が流れている場所として正しい組み合わせを、(ア)～(ク)の中からすべて選んで、記号で答えなさい。

(ア)　１、**あ**　　(イ)　２、**あ**　　(ウ)　３、**う**　　(エ)　４、**う**

(オ)　１、**い**　　(カ)　２、**い**　　(キ)　３、**え**　　(ク)　４、**え**

(4)　心臓の各部屋どうしや、部屋と血管をつなぐ部分には血液の出入りを調節する弁(べん)があります。図１の部屋２と部屋４の間には弁Ａが、部屋４と血管**い**の間には弁Ｂがあります。

弁は、閉じているときは血液を通さず、一定以上の力がかからないと開かないようになっています。心臓のはく動に合わせて弁が閉じたり開いたりして、血液を移動させています。

図２のグラフは、ある人の心臓で、１回のはく動のあいだの部屋４の容積の変化と、内部の圧力(部屋のかべを内側から外に向かっておす力)の変化を示したものです。

心臓が１回はく動する間に、部屋４の容積と内部の圧力は、グラフの矢印①→②→③→④の順番で変化します。

①の段階では部屋４の容積は変化していないので、血液の出入りが無く、弁Ａと弁Ｂはどちらも閉じていると考えられます。また、内部の圧力が大きくなっているのは、筋肉が収縮しているためです。

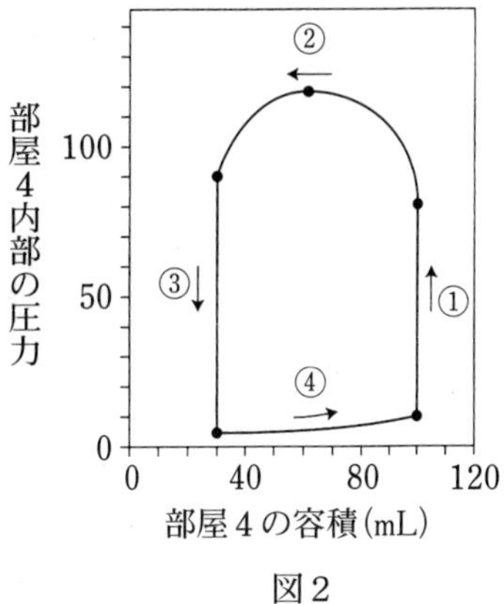

図２

(a)　グラフの矢印②、矢印③、矢印④の時点では、弁Ａと弁Ｂはそれぞれどうなっていると考えられますか。次の(ア)～(エ)から適当なものをそれぞれ１つ選んで記号で答えなさい。なお、同じ記号を何度選んでも良いとします。

	(ア)	(イ)	(ウ)	(エ)
弁Ａ	開いている	開いている	閉じている	閉じている
弁Ｂ	開いている	閉じている	開いている	閉じている

(b)　グラフから、この人の心臓が１分間に65回のペースではく動し続けるとすると、１時間に心臓が送り出す血液の量は何Ｌになりますか。整数で答えなさい。なお、①の段階での部屋４の容積を100mL、③の段階での部屋４の容積を30mLとして求めること。

4　次の文を読み、問いに答えなさい。

図１～６のように容器に同じ量の水(10.0℃)を入れ、容器にフタをして電熱線Ｐと電熱線Ｑに電流を流す実験をしました。ただし、図には電熱線Ｐと電熱線Ｑを同じ形でかいてあります。図中のⒶは電流計です。実験では、「電流計に流れる電流の値」と「電流を５分間流した後の水温」を測定しました。表１はその実験結果です。

かん電池は時間が経過しても性能は変化しないとします。また、水の蒸発はなく、電熱線で発生した熱は全て水温を高くするのに使われるものとします。

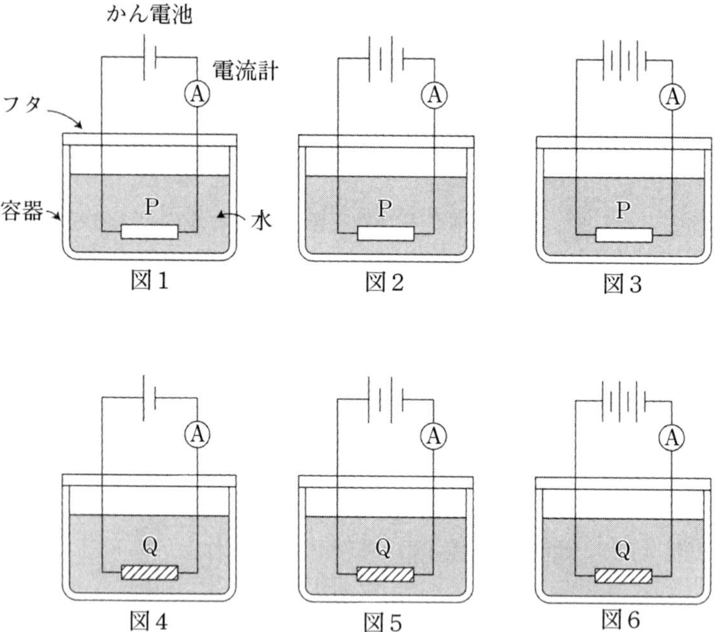

図1　図2　図3　図4　図5　図6

表1

	電流[mA]	電流を5分間流した後の水温[℃]
図1	30	10.4
図2	60	11.6
図3	90	13.6
図4	60	10.8
図5	120	13.2
図6	180	17.2

(1)　電熱線Pと電熱線Qはどちらもニクロム線で材質は同じですが、形状(断面積や長さ)にちがいがあります。PとQの断面積と長さの関係として正しいものを、次の中から2つ選んで記号で答えなさい。

(ア)　PとQの断面積は同じで、Pの長さはQの長さの2倍

(イ)　PとQの断面積は同じで、Pの長さはQの長さの$\frac{1}{2}$倍

(ウ)　PとQの長さは同じで、Pの断面積はQの断面積の2倍

(エ)　PとQの長さは同じで、Pの断面積はQの断面積の$\frac{1}{2}$倍

(オ)　Pの断面積はQの断面積の2倍で、Pの長さはQの長さの2倍

(カ)　Pの断面積はQの断面積の$\frac{1}{2}$倍で、Pの長さはQの長さの$\frac{1}{2}$倍

次に、図7〜9のように配線して電流を5分間流しました。容器、フタ、水の量、かん電池は図3、6と同じものを用い、電流を流す前の水温はいずれも10.0℃でした。次の問いに答えなさい。ただし、答えが小数を含むときは小数第2位を四捨五入して、小数第1位まで書くこと。

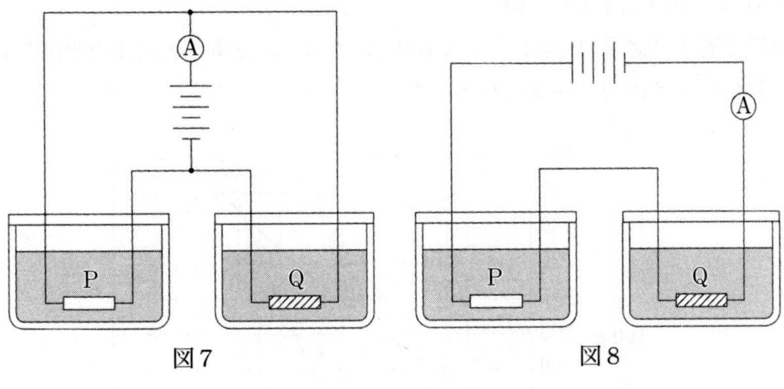

図７　　　　　　　　　　　　　図８

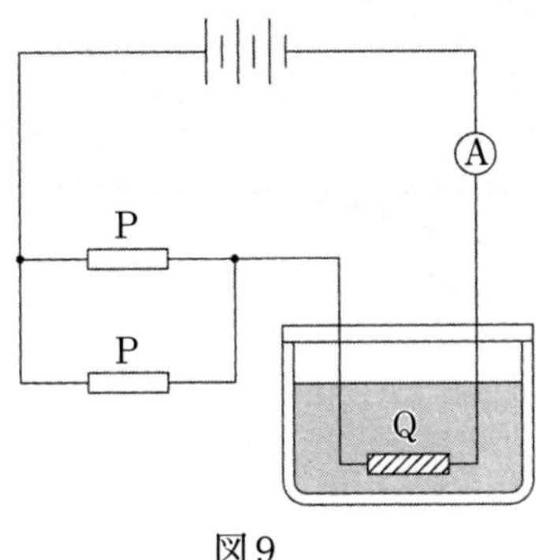

図９

⑵　図７の結果を次のようにまとめるとき、（　ア　）と（　ウ　）には適する数値を、（　イ　）にはＰまたはＱを補いなさい。

「電流計に流れる電流は（　ア　）mAでした。また、電流を５分間流した後の水温は、（　イ　）の入った方が（　ウ　）℃だけ高かった。」

⑶　図８の結果を次のようにまとめるとき、（　ア　）と（　ウ　）には適する数値を、（　イ　）にはＰまたはＱを補いなさい。

「電流計に流れる電流は（　ア　）mAでした。また、電流を５分間流した後の水温は、（　イ　）の入った方が（　ウ　）℃だけ高かった。」

⑷　図９において、電流計に流れる電流は何mAですか。また、電流を５分間流した後の水温は何℃ですか。

5　次の文を読み、問いに答えなさい。

図１は常温で固体の物質(ア)～(エ)について100 g の水にとける重さと温度の関係を示したものです。これらの物質に関する次の(1)～(3)に答えなさい。

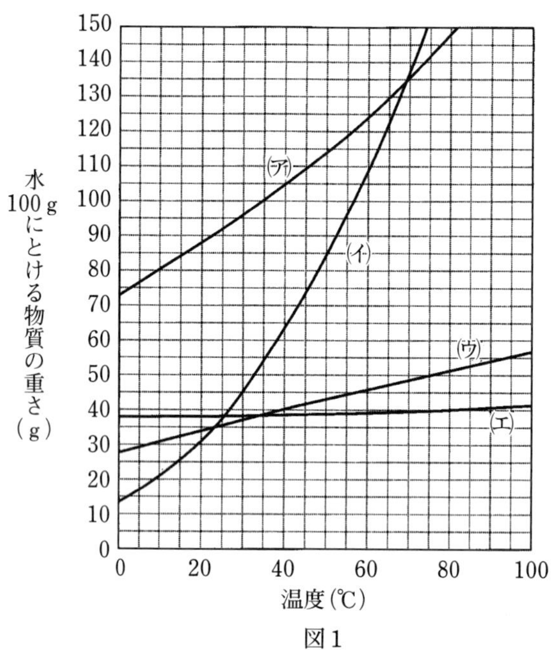

図１

(1)　(ア)～(エ)を50 g ずつとり、それぞれを50℃で100 g の水に入れて十分にかき混ぜました。このとき、固体が完全にとけるものを(ア)～(エ)から<u>すべて</u>選んで記号で答えなさい。

(2)　(イ)の50℃におけるほう和水よう液100 g を30℃まで冷やすと、とけきれなくなった結しょうが出てきました。この結しょうを30℃に保ったままろ過し、乾燥(かんそう)させてから重さをはかりました。得られた結しょうは何 g ですか。<u>小数第１位まで</u>答えなさい。割り切れない場合は小数第２位を四捨五入すること。

(3)　水200ｇに(ウ)を加えて得られる20℃と80℃の水よう液について、加えた(ウ)の重さと水よう液のこさの関係を示したものを、次の①～⑧から選んで番号で答えなさい。なお、①～⑧では実線が20℃、破線が80℃におけるグラフです。

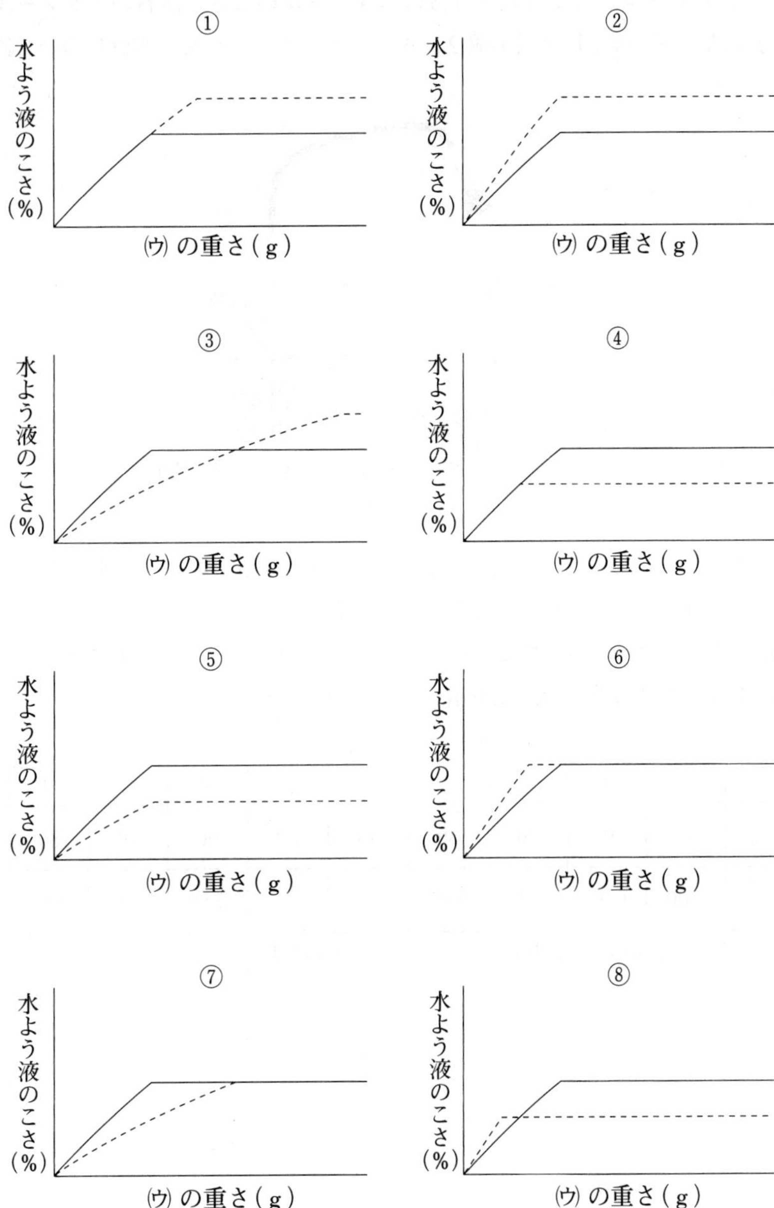

エタノールは常温で液体の物質で、水によくとけて、水よう液は消毒などに利用されています。エタノール水よう液(試料とする)を図２のような装置でじょうりゅうすると、じょう発した気体を冷きゃくして得られる水よう液(じょうりゅう液とする)とじょう発せずに残った水よう液(残液とする)が得られます。じょうりゅう液のエタノールのこさと試料のエタノールのこさとの関係を調べるために【実験１】と【実験２】を行いました。これらの実験について次の(4)～(7)に答えなさい。

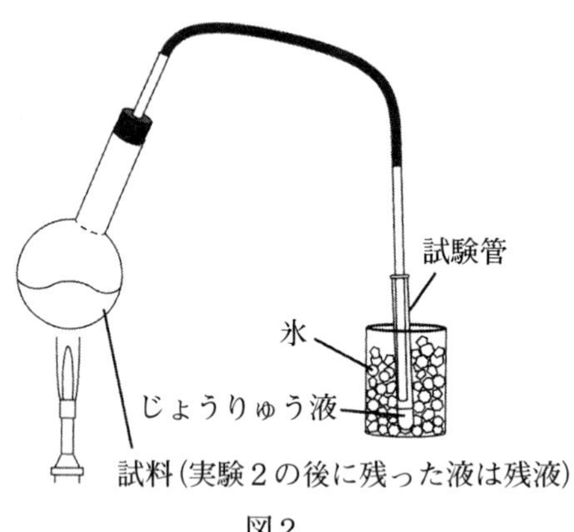

図２

【実験１】　エタノールのこさが10％から90％までの９種類のエタノール水よう液をつくり、これをそれぞれ試料Ａ～Ｉとした。このとき、水、エタノール、メスシリンダーを用いたが、水とエタノールとでは１㎤あたりの重さが異なるので、エタノール水よう液のこさと１㎤あたりの重さの関係を示した表１の値を利用した。

表１

試料	※	A	B	C	D	E	F	G	H	I	※
エタノールのこさ(%)	0	10	20	30	40	50	60	70	80	90	100
１㎤あたりの重さ(ｇ)	1.00	0.98	0.97	0.95	0.93	0.91	0.89	0.86	0.84	0.81	0.78

※エタノールのこさ０％は水を、100％はエタノールを意味する。

【実験２】　じょうりゅう装置を用いて試料A～Iを100gそれぞれ加熱して、じょうりゅう液を10g得たところでじょうりゅうをやめてじょうりゅう液のエタノールのこさを測定すると、図３のような結果が得られた。

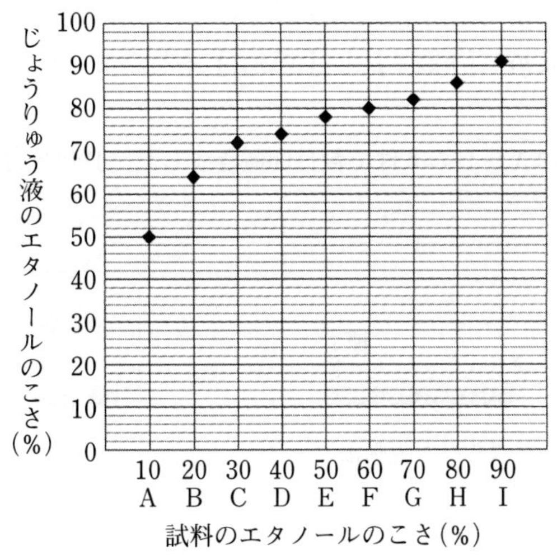

図３

⑷　【実験１】について、試料E(50%)を100gつくるために必要な水とエタノールはそれぞれ何㎤ですか。小数第１位まで答えなさい。割り切れないときは小数第２位を四捨五入すること。

⑸　水とエタノールを混ぜると、混ぜる前の体積の和よりも体積は小さくなる。⑷で得られた100gの試料Eの体積は混合前の水とエタノールの体積の和よりも何㎤小さくなっていますか。小数第１位まで答えなさい。割り切れないときは小数第２位を四捨五入すること。

⑹　【実験２】に関する次の記述①～⑤のうち、まちがいをふくむものを１つ選んで番号で答えなさい。

①　エタノールの方が水よりもふっ点が低いため、先に気体になる。

②　常に試料よりもじょうりゅう液の方がエタノールのこさが大きい。

③　試料とじょうりゅう液のこさの差が最も小さいのは試料Iを用いた場合である。

④　試料とじょうりゅう液のこさの差が最も大きいのは試料Aを用いた場合である。

⑤　エタノール水よう液を加熱し続けると、最終的には何も残らない。

⑺　試料Fを用いて【実験２】を行ったとき、残液のエタノールのこさは何%ですか。小数第１位まで答えなさい。割り切れないときは小数第２位を四捨五入すること。

城西川越中学校(第１回総合一貫)

―社会と合わせて50分―

[1]　発芽について調べるため、【実験１】と【実験２】を行いました。次の各問いに答えなさい。

【実験１】

ある植物の種子を図のＡ～Ｆの条件で数日間置きました。Ｂ以外は室温(23℃)で実験しました。

図

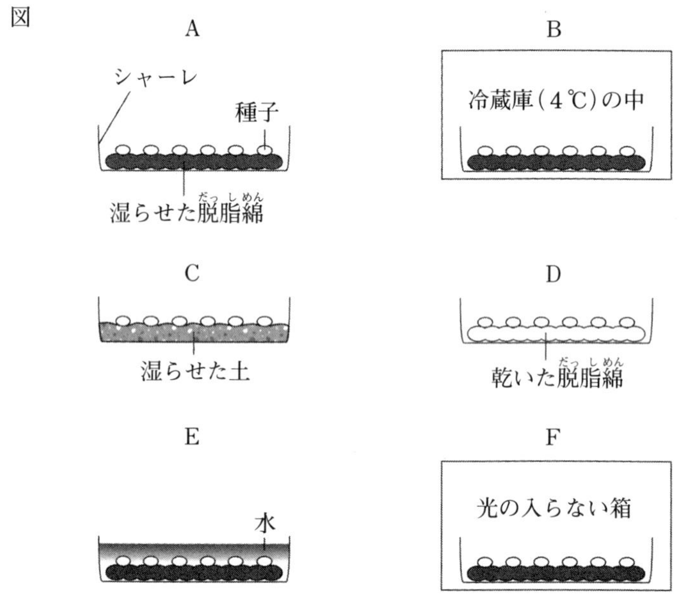

(条件の説明)

Ａ…水で湿らせた脱脂綿に種子をのせ、蛍光灯の光を当てた。

Ｂ…水で湿らせた脱脂綿に種子をのせ、暗い冷蔵庫(４℃)の中に入れた。

Ｃ…水で湿らせた土に種子をのせ、蛍光灯の光を当てた。

Ｄ…乾いた脱脂綿に種子をのせ、蛍光灯の光を当てた。

Ｅ…脱脂綿に種子をのせ、種子全体が浸かるまで水を入れ、蛍光灯の光を当てた。

Ｆ…水で湿らせた脱脂綿に種子をのせ、光の入らない箱に入れた。

数日後、種子の状態を確認したところ、次の【結果】となりました。

【結果】

条件	A	B	C	D	E	F
	発芽した	発芽しなかった	発芽した	発芽しなかった	発芽しなかった	発芽した

問１　水・土・室温の３つの要素が種子の発芽に必要であるかどうかを調べるためには、【実験１】のどの条件を比べる必要がありますか。水・土・室温のそれぞれについて、図のＡ～Ｆの条件から２つずつ選び、記号で答えなさい。

問２　【実験１】の結果から、この種子の発芽に**必要がなかった**要素はどれですか。次の(ア)～(オ)からすべて選び、記号で答えなさい。

(ア) 水　(イ) 光　(ウ) 土　(エ) 空気　(オ) 室温

【実験2】

発芽してすぐの種子を空気で満たしたビニール袋に入れ、気体がもれないように口をしばりました。室温(23℃)で1日放置したところ、①ビニール袋の内側に水滴がみられました。また、ビニール袋の中の気体を石灰水に通したところ、②石灰水が白くにごりました。一方、空気を石灰水に通しても白くにごりませんでした。

問3　【実験2】で石灰水を白くにごらせた気体は何ですか。

問4　【実験2】の下線部①と②の結果から、種子は何を行っていたと考えられますか。次の(ア)～(エ)から正しいものを1つ選び、記号で答えなさい。

(ア) 光合成　(イ) 呼吸　(ウ) 蒸散　(エ) 硝(しょう)化

2　たろう君とけやき君の次の会話文を読み、各問いに答えなさい。

たろう「昨日の夜、地震があったよね？マンションの10階で寝ていたけれど、驚いて起きちゃったよ。」

けやき「ニュースの地震速報を見たら、川越は①震度2だったよ。」

たろう「②あれで震度2！？もっと大きいと思っていた。」

けやき「茨城県内の震源地付近では震度5弱の地点もあったよ。」

たろう「地震の規模を表す③マグニチュードはいくつだったんだろう？」

けやき「マグニチュードは5.5だったよ。」

たろう「日本では、地震や洪水などの自然災害が多いよね。」

けやき「④2019年の台風19号では、入間川が氾濫(はんらん)したよね。」

たろう「⑤台風が来るって聞いて強い風が吹くことを心配していたけれど、まさか雨があんなに怖いとは思っていなかったよ。」

けやき「今後さらに強い台風が来たら、どうすれば良いのかな？」

たろう「前日に家族みんなで標高の高い山に逃げるのはどうかな？」

けやき「でも、高いところに逃げると、今度は土砂崩れが怖いよね。」

たろう「⑥災害の被害予想や避難場所等をまとめた地図が様々な自治体から作られているよ。調べてみよう。」

問1　下線部①について、現在、震度は何段階に分けられていますか。次の(ア)～(エ)から正しいものを1つ選び、記号で答えなさい。

(ア) 5段階　(イ) 7段階　(ウ) 10段階　(エ) 20段階

問2　下線部②について、実際にたろう君のいた部屋は震度2より大きく揺れていました。その理由として正しいものはどれですか。次の(ア)～(エ)から1つ選び、記号で答えなさい。

(ア) 夜だったから　(イ) マンションの10階にいたから

(ウ) 気圧が低かったから　(エ) 寒かったから

問3　下線部③について、マグニチュードが1大きくなるごとに地震の規模(震源から放出されたエネルギーの大きさ)は約32倍になります。マグニチュードが2大きくなると、地震の規模はおよそ何倍になりますか。

問4　下線部④について、この台風で大雨の原因となった「積乱雲が帯のように連なっている部分」のことを何と言いますか。次の(ア)～(エ)から正しいものを１つ選び、記号で答えなさい。

(ア)　台風の目　　(イ)　温暖前線　　(ウ)　蜃気楼（しんきろう）　　(エ)　線状降水帯

問５　下線部⑤について、日本付近で風と雨が特に強いのは、一般に台風の中心から見てどの方角ですか。次の(ア)～(エ)から正しいものを１つ選び、記号で答えなさい。

(ア)　東　　(イ)　西　　(ウ)　南　　(エ)　北

問６　下線部⑥について、このような地図を何と言いますか。次の(ア)～(エ)から正しいものを１つ選び、記号で答えなさい。

(ア)　ウェザーマップ　　(イ)　ワールドマップ

(ウ)　ハザードマップ　　(エ)　ツーリストマップ

３　次の文章を読み、各問いに答えなさい。

（編集部注：著作権の都合により削除しています。）

問１　アルミニウムやマグネシウムなどの金属と、塩酸などの酸を反応させたとき、発生する気体は何ですか。次の(ア)～(エ)から正しいものを１つ選び、記号で答えなさい。

(ア)　二酸化炭素　　(イ)　水素　　(ウ)　酸素　　(エ)　アンモニア

問２　問１で答えた気体は、水上置換法を用いて集めることができます。水上置換法で集めることのできる気体の性質として、正しいものはどれですか。次の(ア)～(ウ)から１つ選び、記号で答えなさい。

(ア)　水に溶けやすく、空気よりも重い　　(イ)　水に溶けやすく、空気よりも軽い

(ウ)　水に溶けにくい

問３　問１で答えた気体の性質として、正しいものはどれですか。次の(ア)～(エ)から１つ選び、記号で答えなさい。

(ア)　空気中に約80％含まれている

(イ)　自動車から出る排気ガスに含まれる

(ウ)　プールの水を消毒するために使われた

(エ)　気体に火を近づけると、ポンと音を立てて燃える

問４　一般的に金属と酸性の水溶液が反応することはあっても、金属とアルカリ性の水溶液は反応しません。しかし、例外としてアルミニウムは下線部のように、アルカリ性である水酸化ナトリウム水溶液と反応して、気体を発生しながら溶けます。このとき発生する気体は何ですか。次の(ア)～(エ)から正しいものを１つ選び、記号で答えなさい。

(ア)　二酸化炭素　　(イ)　水素　　(ウ)　酸素　　(エ)　アンモニア

問５　家庭用洗剤である塩素系漂白剤や酸性洗剤には、「まぜるな危険」の表示が義務付けられています。塩素系漂白剤と酸性洗剤を混ぜることにより発生した有害な塩素ガスによって、1980年代に死亡事故が起きたことがきっかけです。塩素系漂白剤は簡単に塩素が発生しないように、通常どのような性質にして販売されていますか。次の(ア)～(ウ)から正しいものを１つ選び、記号で答えなさい。

(ア)　酸性　　(イ)　中性　　(ウ)　アルカリ性

問６　塩素の説明として正しいものはどれですか。次の(ア)～(エ)から１つ選び、記号で答えなさい。

(ア)　空気中に約80％含まれている

(イ)　自動車から出る排気ガスに含まれる

(ウ)　プールの水を消毒するために使われた

(エ)　気体に火を近づけると、ポンと音を立てて燃える

問７　文章中のアルミ製の缶が破裂(はれつ)した理由を簡単に説明しなさい。

[4]　10ｇのおもりをつり下げると２cmのびるばねを使って、実験を行いました。ばねののびは、ばねに加えた力に比例します。次の各問いに答えなさい。

図１のようにばねの先に円柱をとりつけます。はじめに、円柱を容器の水の中に全部入れて、一度容器の底につけてから、ばねの上のはし点Ａをゆっくりと一定の速さで上げていきました。このときの容器の底から円柱の底までの距離と、ばねののびを次のグラフに表しました。ただし、円柱が水面から出たときに水面の位置は変わらず、容器の底から円柱の底がわずかに浮いたときの距離を０cmとします。

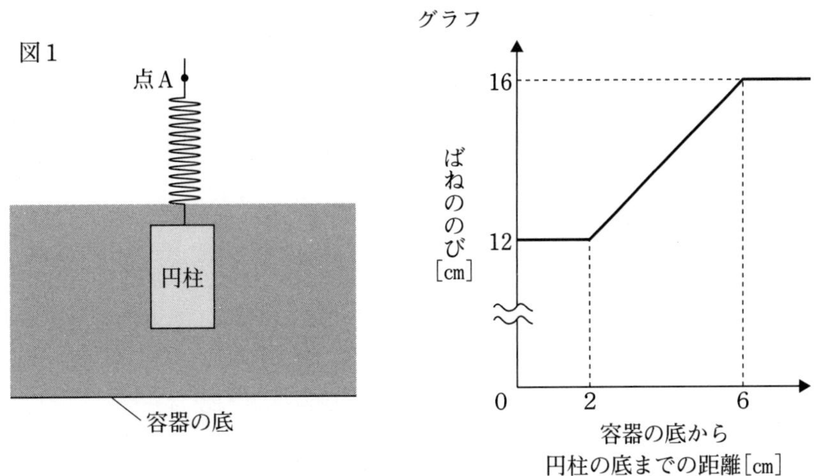

問１　円柱のおもさは何ｇですか。

問２　容器の底から円柱の底が３cm上がったとき、ばねの引く力は何ｇですか。

問３　容器の底から円柱の底がわずかに浮いたときから、円柱を４cm上げました。その間に点Ａを何cm持ち上げましたか。

問４　円柱のたての長さは何cmですか。

次に、図１で使ったものと同じばねを図２と図３のようにつなげて、容器の底から円柱の底までの距離とばねののびを調べる実験を行いました。

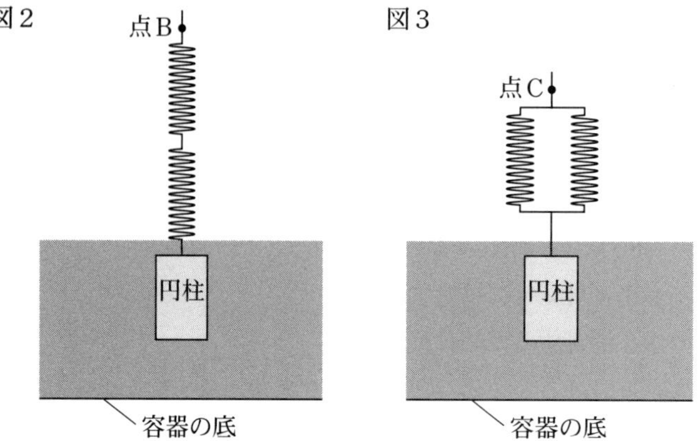

問５　図２で、容器の底から円柱の底がわずかに浮いたときから、円柱を４㎝上げました。その間に点Bを何㎝持ち上げましたか。

問６　図３で、容器の底から円柱の底がわずかに浮いたときから、円柱を４㎝上げました。その間に点Cを何㎝持ち上げましたか。

城北中学校(第１回)

—40分—

1　図のように、Ａ君とＢ君が東西にのびる同じ直線上を移動しています。Ａ君は５秒に10ｍ進む速さで東向きに動いています。Ｂ君は必ずＡ君の東側にいるものとします。つぎの問いに答えなさい。

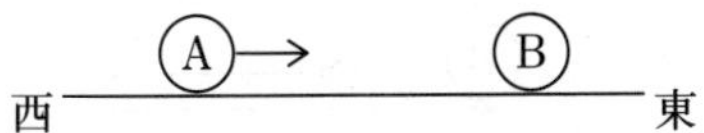

問１　Ａ君は１秒間に何ｍ進みますか。

問２　Ｂ君が止まっているとき、Ａ君から見たＢ君の動きについてあてはまるものを、あとの枠(わく)内のア～ケから１つ選び、記号で答えなさい。

問３　Ａ君から見たＢ君がどちら向きに動いているかはわかりませんが、Ａ君から見てＢ君は１秒間に１ｍの速さで動いているように見えました。Ｂ君の動きについて、あてはまるものを、あとの枠内のア～ケからすべて選び、記号で答えなさい。

問４　Ａ君から見たＢ君の動きについて、つぎの文章の［ ① ］、［ ② ］にあてはまるものを、あとの枠内のア～ケから１つずつ選び、記号で答えなさい。

　はじめは東向きに１秒間に１ｍの速さで動いているように見えたが、その速さが変化していって、西向きに１秒間に２ｍの速さで動いているように見えるようになった。これは、Ｂ君がはじめは［ ① ］が、減速していったので、やがて［ ② ］からである。

ア　東向きに１秒間に１ｍの速さで動いていた
イ　西向きに１秒間に１ｍの速さで動いていた
ウ　東向きに１秒間に２ｍの速さで動いていた
エ　西向きに１秒間に２ｍの速さで動いていた
オ　東向きに１秒間に３ｍの速さで動いていた
カ　西向きに１秒間に３ｍの速さで動いていた
キ　東向きに１秒間に４ｍの速さで動いていた
ク　西向きに１秒間に４ｍの速さで動いていた
ケ　止まっていた

2　救急車のサイレンを聞いていると、救急車が近づいてくるときには、もとの音よりも高い音に聞こえますが、通過して遠ざかっていくときにはもとの音より低い音に聞こえます。電車に乗って踏切(ふみきり)を通過するときには、踏切の音が、踏切に近づくときにはもとの音より高い音に、通過して遠ざかるときにはもとの音より低い音に聞こえます。このように、音の高さが変化して聞こえることがあります。このような音の高さの変化について、つぎの問いに答えなさい。

問１　音の高さの変化について説明したつぎの文章の［ ① ］、［ ② ］にあてはまることばを、ア～ウから１つずつ選び、記号で答えなさい。

　音を出している物体が動いているときも、聞いている人が動いているときも、どちらもたがいの距離が［ ① ］ときに音がもとの音より高く聞こえ、反対のときにはもとの音より低く聞こえる。したがって、おたがいの距離が［ ② ］ときには、音の高さも変化しない。

ア　近づく　　イ　遠ざかる　　ウ　変わらない

問２　動きながら音を出しているＢと、その音を聞いているＡがいます。Ｂが(1)、(2)のように動いているとき、Ａに聞こえた音の高さはどのように変化しますか。それぞれア～ケから１つ選び、記号で答えなさい。ただし、グラフのＦはＢが出していた音の高さで、グラフのたて軸(じく)は、上の方がより高い音を、下の方がより低い音をあらわしています。

(1)　図１のように、ＢはＡにまっすぐに近づいた後、すぐに向きを変えて同じ速さで遠ざかった。

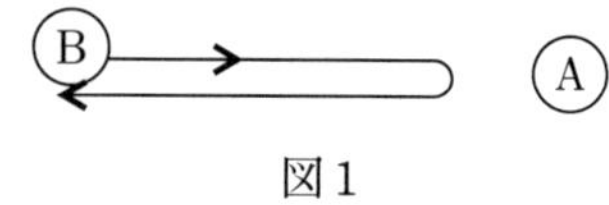

図１

(2)　図２のように、ＢはＡを中心として円をえがくように動いていた。

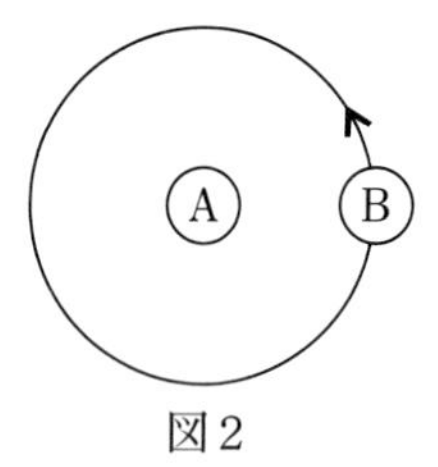

図２

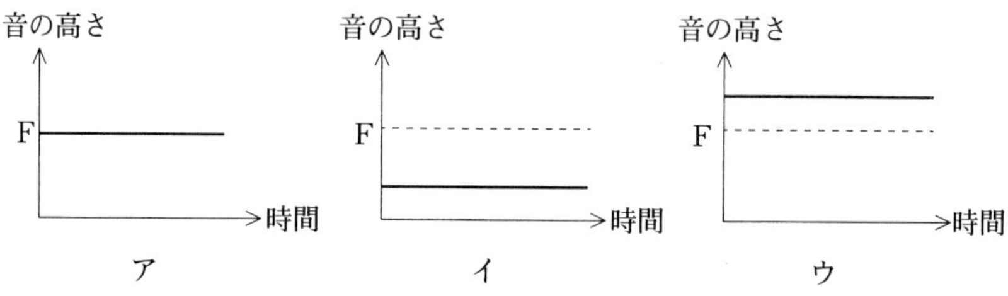

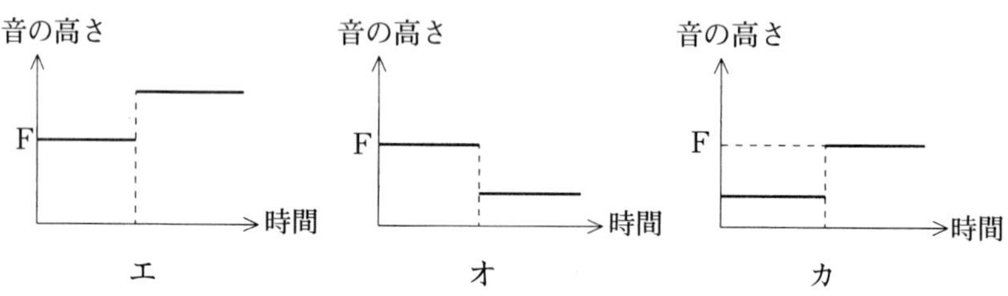

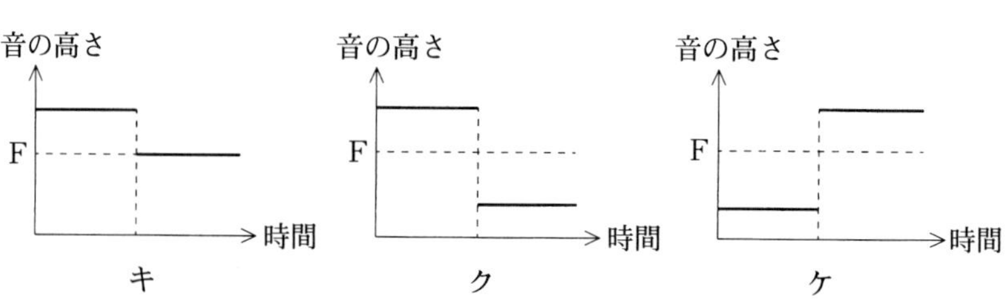

問３　Ａに聞こえた音の高さが図３のように変化しました。Ｂはどのように動きましたか。ア～キから１つ選び、記号で答えなさい。ただし、グラフのＦはＢが出していた音の高さで、グラフのたて軸は、上の方がより高い音を、下の方がより低い音をあらわしています。また、Ｂは矢印の向きに同じ速さで止まらずに動き続けるものとします。

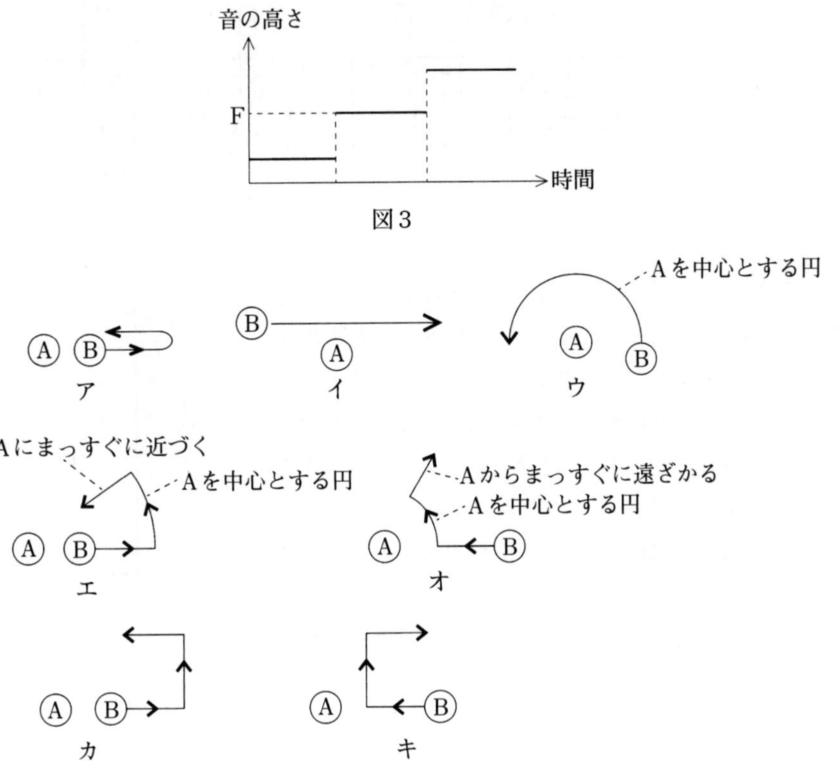

③　水と油のあたたまりやすさの違(ちが)いを調べるため、0℃の水100gと0℃の油100gをそれぞれ別のビーカーに入れ、同じように加熱したときの温度の変化を調べました。その結果は右のグラフのようになりました。このグラフを見て、つぎの問いに答えなさい。

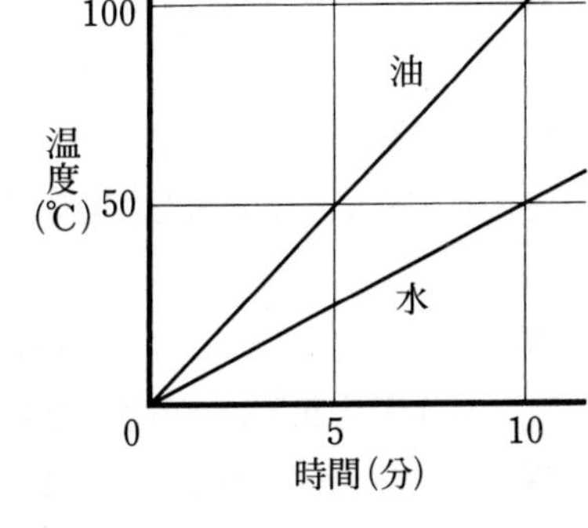

問1　水100gと油100gでは、どちらがあたたまりやすいですか。

問2　20℃の油200gと20℃の水100gをそれぞれ別のビーカーに入れ、同時に同じように加熱を始めました。油の温度が60℃になったときの、水の温度は何℃ですか。

問3　油の入ったビーカーの端(はし)を加熱したとき、ビーカーの中の油の動く様子(ようす)はどのようになりますか。あてはまるものを、つぎのア～エから1つ選び、記号で答えなさい。

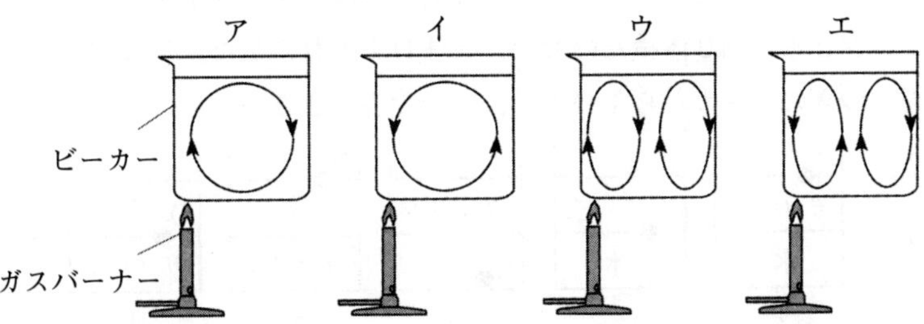

問4　図のように、80℃の水の中に、氷の入った試験管を入れました。このとき、水の動く様子はどのようになりますか。あてはまるものを、つぎのア～エから1つ選び、記号で答えなさい。

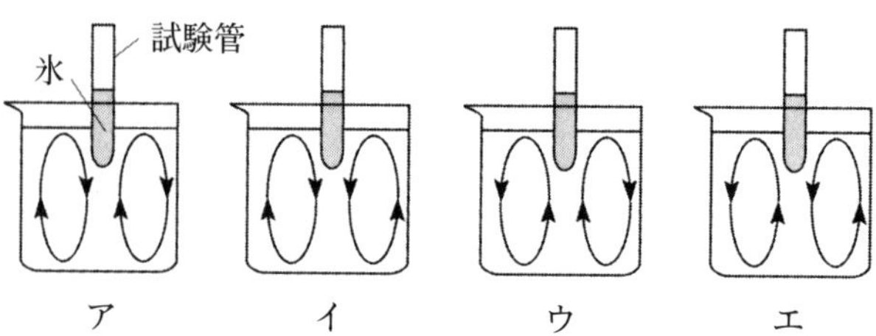

④　つぎの文章を読んであとの問いに答えなさい。

水は1㎤あたりの重さが1ｇありますが、水が氷になると体積が1.1倍になることが知られています。氷1ｇあたりの体積は［ ① ］㎤のため、氷は水に浮(う)きます。氷だけでなく、1ｇあたりの体積が水よりも大きいものは水に浮きます。

問1　［ ① ］に入る値を求めなさい。ただし、答えが割り切れないときは、小数第2位を四捨五入して小数第1位まで求めなさい。

問2　図1は、物体A～Fの重さと体積の関係をそれぞれ表したものです。水に沈(しず)むものをA～Fからすべて選び、記号で答えなさい。

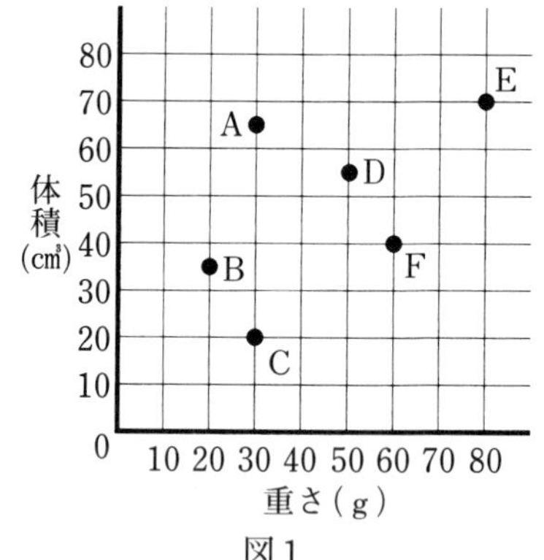

図1

同じ液体でも、ガソリンや食塩水は1ｇあたりの体積が異なります。これらの液体を用いた場合、ものの浮き沈みはどのように変わるか考えてみましょう。ガソリン5.3ｇの体積をはかると6.8㎤だったので、1ｇあたりの体積は［ ② ］㎤です。また、水100㎤に食塩30ｇを溶(と)かすと食塩水の体積が105㎤になったので、この食塩水の1ｇあたりの体積は［ ③ ］㎤です。水の場合と同じように、1ｇあたりの体積がガソリンや食塩水より大きいものは、それぞれの液体に浮きます。

問3　［ ② ］、［ ③ ］に入る値を求めなさい。ただし、答えが割り切れないときは、小数第3位を四捨五入して小数第2位まで求めなさい。

問4　物体A～Fのなかで、1ｇあたりの体積が［ ③ ］㎤の食塩水には浮くが、水には沈むものを、A～Fから1つ選び、記号で答えなさい。

ガソリンと水を混(ま)ぜ合わせた場合を考えてみましょう。ガソリンと水は溶けあわないで、この場合も同じように1ｇあたりの体積が、より大きいほうが浮きます。

問5　ガソリンと水を同じ体積だけ混ぜ、物体Dを入れました。しばらく経(た)ったときの様子(ようす)に近い図を、つぎのア～カから1つ選び、記号で答えなさい。

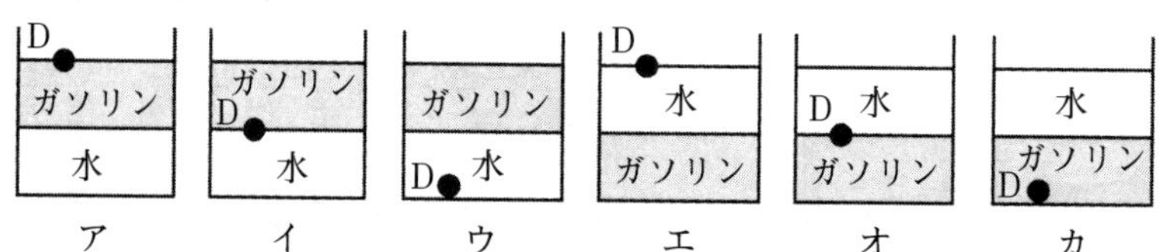

5　植物は、根から水を吸い上げ［ ① ］を通って気孔(きこう)から気体の形で放出します。この気孔から水が放出される現象を(あ)蒸散(じょうさん)とよびます。(い)気孔の開き方は、［ ② ］という向かい合う２つの細胞によって、調節されています。これによって蒸散量を変化させています。

問１　［ ① ］、［ ② ］にあてはまることばを答えなさい。

問２　下線部(あ)について、つぎのような実験を行いました。同じ大きさの４本のメスシリンダーを用意し、その中に水を100mLずつ入れました。さらに、同じ枚数、同じ大きさの葉がついた植物の枝を４本用意し、つぎの図のようにしてしばらく置きました。そして、それぞれのメスシリンダーに入っている水の量を測りました。

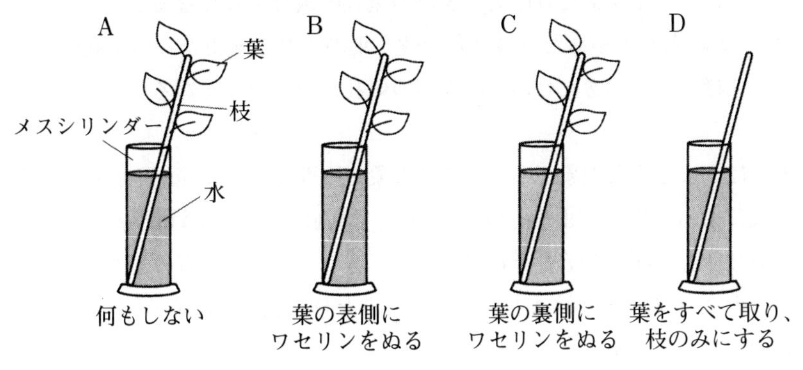

操作	A	B	C	D
実験前の水の量(mL)	100	100	100	100
実験後の水の量(mL)	76	82	92	98

(1)　Cは、つぎのア～エのどこから水が減少しますか。すべて選び、記号で答えなさい。

ア　葉の表からの蒸散　　イ　葉の裏からの蒸散

ウ　枝からの蒸散　　　　エ　水面からの蒸発

(2)　葉の裏からの蒸散量は何mLですか。

問３　下線部(い)について、つぎの表は、さまざまな植物について、「葉の裏側１㎟あたりの気孔の数」、「葉の表側１㎟あたりの気孔の数」を数えたものと、「葉の表側１㎟あたりの気孔の数を葉の裏側１㎟あたりの気孔の数で割った値」をしめしたものです。

	植物名				
	ススキ	メヒシバ	ケイヌヒエ	クサヨシ	イヌムギ
葉の裏側１㎟あたりの気孔の数	450	［ ④ ］	170	100	50
葉の表側１㎟あたりの気孔の数	［ ③ ］	20	153	100	100
葉の表側１㎟あたりの気孔の数を葉の裏側１㎟あたりの気孔の数で割った値	0.08	0.16	0.9	1	［ ⑤ ］

(1)　表の［ ③ ］～［ ⑤ ］にあてはまる値を求めなさい。ただし、答えが割り切れないときは、小数第１位を四捨五入して整数で求めなさい。

(2)　この表から考えられることについて正しいものを、ア～カからすべて選び、記号で答えなさい。

ア　葉にある気孔は、葉の裏側の方が必ず多い。

イ　葉にある気孔は、葉の表側の方が必ず多い。

ウ　この表の中の植物のうち、「葉の裏側１㎟あたりの気孔」と「葉の表側１㎟あたりの気孔」の総数が最も少ないのはメヒシバである。

エ　「葉の表側５㎟あたりの気孔の数を葉の裏側５㎟あたりの気孔の数で割った値」を計算しても、どの植物でも「葉の表側１㎟あたりの気孔の数を葉の裏側１㎟あたりの気孔の数で割った値」と同じ値になる。

オ　「葉の表側１㎟あたりの気孔の数を葉の裏側１㎟あたりの気孔の数で割った値」が大きいほど、１㎟あたりの葉の表側の気孔の数は少なくなる。

カ　「葉の表側１㎟あたりの気孔の数を葉の裏側１㎟あたりの気孔の数で割った値」が小さいほど、１㎟あたりの葉の表側の気孔の数は少なくなる。

6　自然界にはさまざまな現象があり、その現象が影響を与える範囲(はんい)と、その現象が続く時間の長さは、現象によって異なります。つぎの図は、横軸(じく)は「現象が続く時間の長さ」、たて軸は「現象が影響を与える範囲」をそれぞれ表し、これらのさまざまな現象をグラフにまとめたものです。ただし、このグラフのたて軸は上へ１目盛りあたり100倍、横軸は右へ１目盛りあたり100倍にそれぞれ増えていきます。

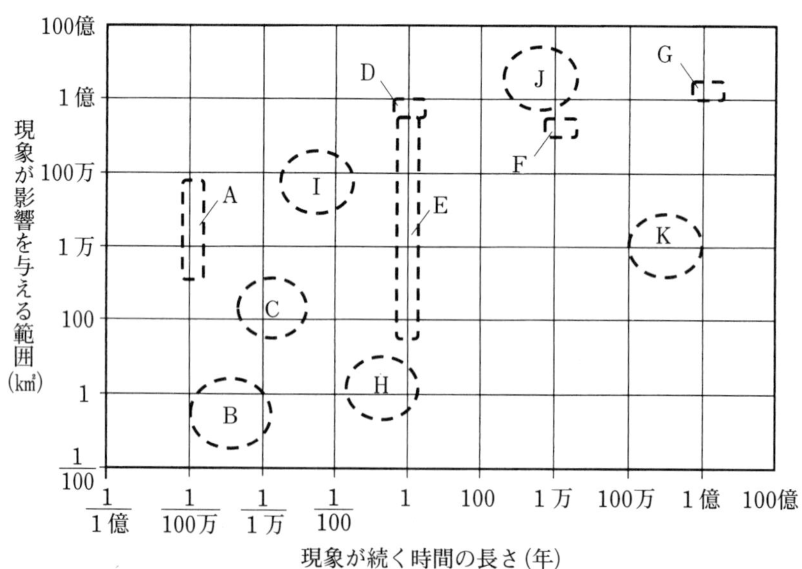

グラフ中のA～Gの現象について

A：地震(じしん)の揺(ゆ)れ

B：竜巻

C：集中豪雨

D：季節の変化

E：火山の噴火(ふんか)

F：南極の氷河の増減

G：大陸の合体と分裂(ぶんれつ)

グラフの横軸の文字は、以下の値を意味します

$\frac{1}{1万}=\frac{1}{10000}$

$\frac{1}{100万}=\frac{1}{1000000}$

$\frac{1}{1億}=\frac{1}{100000000}$

問１　現象が続く時間の長さが人間の寿命(じゅみょう)よりも長いものを、A～Gからすべて選び、記号で答えなさい。

問２　Aについて、地震の揺れにともなうことがらとして正しいものを、つぎのア～オから１つ選び、記号で答えなさい。

ア　地震波には初期微動(びどう)を引き起こすS波や、主要動を引き起こすP波などがある。

イ　地震の揺れの大きさは、マグニチュードで表される。

ウ　地震の揺れによって、津波が引き起こされることがある。

エ　液状化現象は、主に山の近くで起こりやすい。

オ　緊急地震速報(きんきゅうじしんそくほう)は、地震が発生してから発信しているため、間に合わないことがある。

問３　Dについて、日本では４つの気団の影響によって、季節が変化します。梅雨の時期に発生する梅雨前線は、２つの気団の境目で発生します。それらの気団の名まえを答えなさい。

問４　グラフを参考に、A～Gの説明として正しいものをつぎのア～キから１つ選び、記号で答えなさい。

ア　Aの地震の揺れは、１日以上続くことがある。

イ　Bの竜巻は、関東地方をおおうくらい大きくなることがある。

ウ　Cの集中豪雨は、$\frac{1}{100}$年に１回は必ず起こる。

エ　Dの季節の変化は、Fの南極の氷河の増減より続く時間が長いことがある。

オ　Eの火山の噴火は、Aの地震の揺れよりも影響する範囲が広いことがある。

カ　Fの南極の氷河の増減は、１年くらい氷河の大きさを測定することで、調べることができる。

キ　Gの大陸の合体と分裂は、日本列島の動きを測定することで、調べることができる。

問５　地球の内部の動きによって引き起こされる現象を、グラフのA～Gから３つ選び、記号で答えなさい。

問６　台風を表すグラフとして近いものを、グラフのH、I、J、Kから１つ選び、記号で答えなさい。

城北埼玉中学校(第１回)

―30分―

※　グラフや図を描く場合は、定規を使用してもかまいません。

1　ピストンがなめらかに動く注射器の中に空気や水を入れて栓(せん)をして密閉(みっぺい)して冷やす実験を行いました。注射器内に何も入っていない状態で栓をして重さをはかると80ｇでした。

０℃の空気を100℃にあたためると、その体積は1.37倍となり、その間の空気の温度と体積はグラフのように変化します。この問題では、空気の重さはないものとします。また水の重さは１mLあたり１ｇとし、水が氷になると体積は1.09倍になるものとします。あとの各問いに答えなさい。

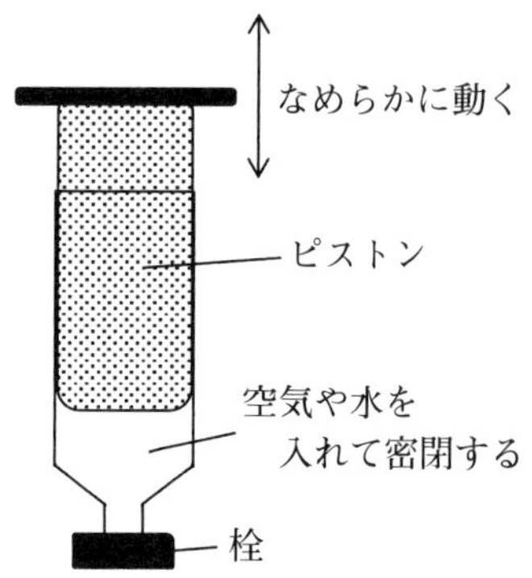

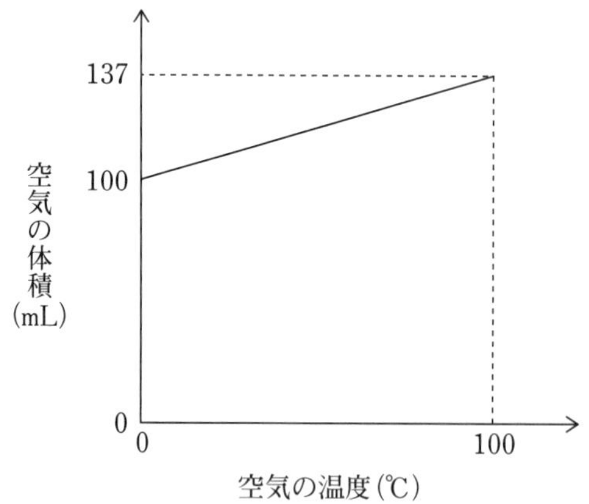

［実験１］　注射器に40℃の空気と40℃の水を入れて栓をして密閉した。注射器内の体積(空気と水の体積の合計)は50mLであった。重さをはかると100ｇであった。

問１　このときの注射器内の空気の体積を答えなさい。

［実験２］　［実験１］ののち、注射器を20℃まで冷やした。

問２　注射器のピストンの位置について、［実験１］のときに比べてどうなりますか。右図のア～ウから選び、記号で答えなさい。

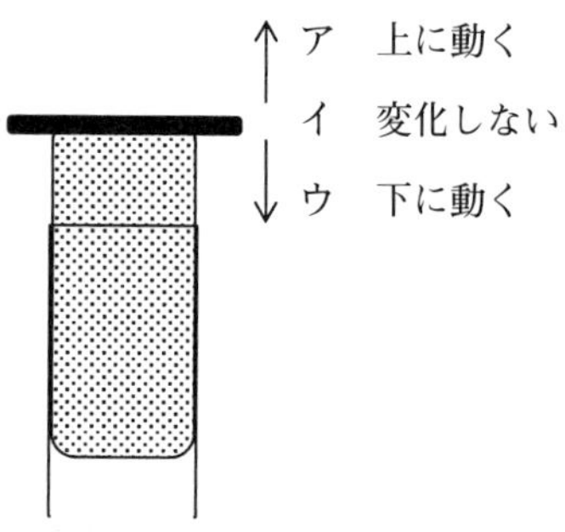

問３　注射器内の水の体積を答えなさい。

問４　注射器内の空気の体積として最も近いものを、ア～エから選び、答えなさい。

ア　20mL　　イ　24mL　　ウ　28mL　　エ　33mL

［実験３］［実験２］ののち、注射器をさらに冷やし、０℃に保ったところ、注射器内の水はすべて氷になった。

問５　注射器内の氷の体積を答えなさい。

問６　注射器内の体積(空気と氷の体積の合計)として最も近いものを、ア～エから選び、記号で答えなさい。

ア　48mL　　イ　50mL　　ウ　52mL　　エ　54mL

２　マグネシウムと銅を用いて、次のような実験を行いました。あとの各問いに答えなさい。

［実験１］　マグネシウムの重さをはかり、ステンレス皿にのせてガスバーナーで加熱し、十分に反応させた後、反応後のステンレス皿の上に残った物質の重さをはかった。はじめに取るマグネシウムの重さを変えて何回か同じ実験を繰り返し、結果を表１にまとめた。

［実験２］　銅の重さをはかり、ステンレス皿にのせてガスバーナーで加熱し、十分に反応させた後、反応後のステンレス皿の上に残った物質の重さをはかった。はじめに取る銅の重さを変えて何回か同じ実験を繰り返し、結果を表２にまとめた。

表１　反応前のマグネシウムと反応後の物質の重さ

反応前のマグネシウムの重さ(g)	1.2	2.4	3.6	4.8
反応後にできた物質の重さ(g)	2.0	4.0	6.0	8.0

表２　反応前の銅と反応後の物質の重さ

反応前の銅の重さ(g)	1.2	2.4	3.6	4.8
反応後にできた物質の重さ(g)	1.5	3.0	4.5	6.0

問１　［実験１］と［実験２］に関する説明文として、正しいものはどれですか。次のア～エから１つ選び、記号で答えなさい。

ア　マグネシウムを加熱すると、強い光を出しながら変化し、反応後は白色の物質になる。

イ　［実験１］でできた反応後の物質は、塩化マグネシウムである。

ウ　銅を加熱すると、炎(ほのお)をあげながら変化し、反応後は赤色の物質になる。

エ　マグネシウムや銅を加熱すると、たまごのくさったようなにおいのある気体が発生する。

問２　次の(1)と(2)にあてはまる整数比を、次のア～キからそれぞれ選び、記号で答えなさい。

(1)　マグネシウムとマグネシウムに結びつく酸素の重さの比。

(2)　銅と銅に結びつく酸素の重さの比。

ア　２：１　　イ　３：１　　ウ　３：２　　エ　３：４

オ　３：５　　カ　４：１　　キ　４：５

［実験３］　あらたにマグネシウム7.2ｇを加熱したところ、十分に反応が起こらず、反応後の物質の重さが10.2ｇとなった。

問３　［実験３］において、仮にマグネシウム7.2ｇがすべて反応していたとき、反応後の物質の重さは何ｇになりますか。

問４　［実験３］において、反応せずに残ったマグネシウムは何ｇですか。

［実験４］　あらたにマグネシウムと銅の混合物32ｇを加熱し、十分に反応させた後、反応後の物質の重さは50ｇとなった。

問５　［実験４］において、反応前の混合物に含まれていたマグネシウムの重さは何ｇですか。

③　2023年８月に、ＡさんとＢさんは野外で観察された生物について次のような会話をしました。あとの各問いに答えなさい。

Ａさん　：　この前、ある池の周りを散歩していたんだ。その時、たくさんのカメが石の上に並んでいたんだよね。何のためにそんな行動をするんだろう。

Ｂさん　：　それは、「甲羅干し(こうらぼし)」といわれる行動だと思う。体温を調節したり、紫外線(しがいせん)を浴びてビタミンＤを合成したり寄生虫や病原菌(びょうげんきん)を殺菌(さっきん)したりしているそうだよ。

Ａさん　：　そうなんだ。意味のある行動なんだね。そういえば、甲羅干しをしていたカメの中には、顔の横が赤いカメがたくさんいたな。何かの病気に感染したのかな。それとも模様なのかな。

Ｂさん　：　あ、それはアカミミガメだと思う。よくミドリガメって呼ばれる外来種(※１)のカメだね。

Ａさん　：　そうなんだ。スマホで調べてみるね。2023年６月１日から新たな規制がスタートしたみたい。「特定外来生物による生態系等に係(かかわ)る被害(ひがい)の防止に関する法律施行(しこう)令の一部を改正する政令」によって、アメリカザリガニと一緒に（　Ａ　）に指定されたみたいだね。

Ｂさん　：　６月１日から、どのような行為(こうい)が規制された状態になったのかな？

Ａさん　：　（　Ｂ　）が規制されているみたい。販売(はんばい)や購入(こうにゅう)もできないみたいだね。でも、なんで規制されるんだろう。何か悪いことをしているのかな。

Ｂさん　：　①<u>アカミミガメもアメリカザリガニも、人の手で海外から持ち込まれてから生息範囲(はんい)を広げて、日本にもともとある生態系(※２)に大きな影響(えいきょう)を与えているらしいよ。</u>調べるとたくさんの例が出てくるね。

Ａさん　：　生態系には、②<u>生物どうしの「食べる・食べられる」の関係</u>が成り立っているからね。このバランスが崩(くず)れてしまったら、たくさんの生物に影響があるよね。そして、人間は生態系からたくさんの恩恵(おんけい)を受けているからね。かわいそうだけど、駆除(くじょ)する必要があると私も思うな。ただ、アカミミガメもアメリカザリガニも、生きるために必死なだけなんだよね。そもそも、規制しなくちゃいけない状況(じょうきょう)にならないように、安易(あんい)に外部から生物を持ち込まないようにするとか、生態系への影響を考えて行動することが大切だと思う。

※１外来種　：　もともとはその地域に生息しておらず、人間の行為によって別の地域から入ってきた生物

※２生態系　：　生物の集団と、それを取り巻いている自然環境(かんきょう)を、１つのまとまりとしてとらえたもの

写真１　アカミミガメ

写真２　アメリカザリガニ

(環境省自然環境局ホームページより引用)

問１　文章中の（　A　）に適する用語として正しいものを、次のア～エから１つ選び、記号で答えなさい。

ア　国内希少野生動植物種　　イ　条件付特定外来生物

ウ　遺伝子組み換え生物　　エ　絶滅危惧種

問２　アカミミガメとアメリカザリガニの特徴に関する、次の⑴と⑵の各問いに答えなさい。

⑴　せきつい動物は、それぞれの生物がもつ特徴をもとに魚類、両生類、は虫類、鳥類、ほ乳類になかま分けされます。アカミミガメがなかま分けされるなかまの名前を、次のア～オから１つ選び、記号で答えなさい。

ア　魚類　　イ　両生類　　ウ　は虫類　　エ　鳥類　　オ　ほ乳類

⑵　アメリカザリガニのからだのつくりとして正しいものを、次のア～カから２つ選び、記号で答えなさい。

ア　からだは頭部、胸部、腹部に分かれている。

イ　からだは頭部とどう部に分かれている。

ウ　からだは頭胸部と腹部に分かれている。

エ　胸部に６本の足がついている。

オ　どう部に多数の足がついている。

カ　頭胸部に10本の足がついている。

問３　文章中の（　B　）に適する、2023年６月１日以降に行うことができない行為として正しいものを、次のア～オから３つ選び、記号で答えなさい。

ア　申請や許可、届出などなく、一般家庭で飼育している個体を、これまで通りに飼育し続けること。

イ　専門のペットショップにおいて、販売や購入をしたりすること。

ウ　有償・無償に関わらず、不特定多数の人に配り分けること。

エ　池や川などの野外に放したり逃がしたりすること。

オ　無償で責任をもって飼うことができる人に譲渡すること。

問４　下線部①について、アカミミガメとアメリカザリガニに関する規制が設けられた背景に関する、次の⑴と⑵の各問いに答えなさい。

⑴　アカミミガメの分布状況や生態系への影響、飼育に関する記述として間違ったものを、次のア～オから１つ選び、記号で答えなさい。

ア　日本に元から生息するカメ類と、食料や日光浴の場所をめぐって競争している。

イ　北海道から沖縄までの、全都道府県に分布している。

ウ　主に魚類や甲殻類を捕食するため、農作物への被害は小さいと考えられている。

エ　水質汚濁に強く、汚染された河川にも分布している。

オ　飼育下では寿命は、40年に達することがある。

⑵　アメリカザリガニの特徴や分布状況、駆除方法に関する文章として間違ったものを、次のア～カから１つ選び、記号で答えなさい。

ア　雑食性であり、水草や水生昆虫、オタマジャクシなどのさまざまな生物を捕食する。

イ　高水温・低酸素・水質汚染に強く、劣悪な環境でも生息することができる。

ウ　河川の氾濫によって、アメリカザリガニの分布域の拡大は促進されると考えられる。

エ　拡散した理由の一つには、人による持ち運びがあると考えられている。

オ　池干しなどで水をすべて抜くと、その池に生息していたすべてのアメリカザリガニを取り除くことができると考えられている。

カ　効率的に駆除をするためには、卵をもったメスが多い６月から９月の捕獲(ほかく)が重要である。

問５　下線部②について、生物どうしの「食べる・食べられる」の関係が鎖(くさり)のようにつながっていることを何というか答えなさい。

④　次の各問いに答えなさい。

問１　光は１秒間に地球を約７周半の距離を進みます。地球の半径を6400kmとして、光がおよそ１秒間に進む距離を、次のア～エから選び、記号で答えなさい。

ア　1.5万km　　イ　３万km　　ウ　15万km　　エ　30万km

問２　地球から月までの距離をはかる方法の１つに、月面に設置された反射装置に向けてレーザー光を送り、反射して戻ってくるまでの時間を用いて計算するものがあります。その往復時間は約2.51秒です。地球から月までのおよその距離を、次のア～エから選び、記号で答えなさい。

ア　19万km　　イ　30万km　　ウ　38万km　　エ　75万km

問３　太陽－月－地球の順に一直線にならんだとき、地球上の限られた場所においては、太陽全体が月にかくれます。この現象を何といいますか。ア～エから１つ選び、記号で答えなさい。

ア　部分日食　　イ　部分月食　　ウ　かいき日食　　エ　かいき月食

問４　月は地球のまわりを公転しており、次の図は地球の北側から月の公転のようすを表したものです。必要ならばこの図を参考にして、問３の現象では、太陽は東西南北どの方角から欠けていくのか答えなさい。

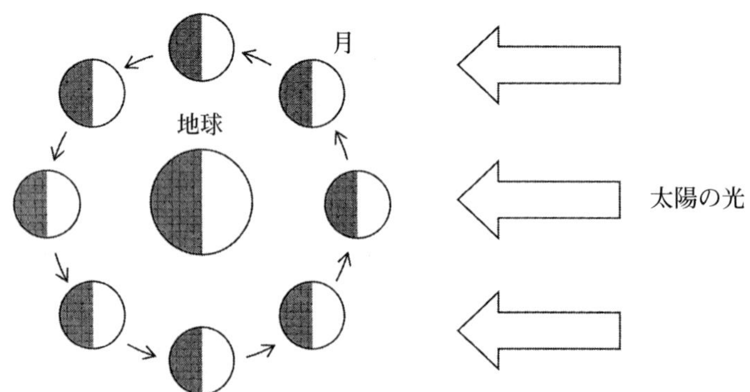

問５　次の文中の(　　)にあてはまるものを、あとのア～エから２つ選び、記号で答えなさい。

特に問３の現象の際には、「地球から見た月の大きさ」と「地球から見た太陽の大きさ」はほぼ同じであることが分かる。このことから、(　　)の比は、(　　)の比と等しいと言える。

ア　「月の重さ」と「太陽の重さ」

イ　「月の直径」と「太陽の直径」

ウ　「月の表面温度」と「太陽の表面温度」

エ　「地球から月までの距離」と「地球から太陽までの距離」

問６　太陽光が地球に届くまで約８分19秒かかります。地球の直径は月の直径の約４倍です。太陽の直径は地球の直径の約何倍ですか。ア～エから選び、記号で答えなさい。

ア　100倍　　イ　200倍　　ウ　1000倍　　エ　2000倍

巣 鴨 中 学 校(第Ⅰ期)

—30分—

注意事項　1　字数指定のある問題は、句読点や記号なども字数にふくめます。
　　　　　2　定規・コンパス・分度器・計算機は使用できません。
　　　　　3　計算問題については、問題文の指示にしたがって答えなさい。

1　次の［Ⅰ］、［Ⅱ］について、それぞれの問いに答えなさい。

［Ⅰ］　鳥について、次の問いに答えなさい。

問1　鳥について適するものを、次のア～オから2つ選びなさい。

ア　卵はかたい殻(から)でおおわれている。
イ　からだは羽毛でおおわれている。
ウ　メスが産んだ卵にオスが精子をかけて受精する。
エ　水中にもぐり、えらで呼吸するものもいる。
オ　つばさがあり、すべて空を飛ぶことができる。

問2　鳥のからだのつくりやしくみには、ヒトと似ているところがあります。次の問いに答えなさい。

(1)　鳥のように背骨がある動物を何といいますか。

(2)　図1は、鳥のつばさの骨格を示したものです。ヒトのひじにあたる部分を、図1のア～エから1つ選びなさい。

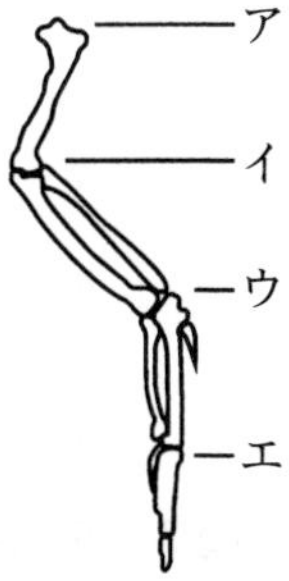

(3)　鳥の心臓のつくりを、次のア～エから1つ選びなさい。

ア　1心房(しんぼう)1心室　　イ　1心房2心室
ウ　2心房1心室　　エ　2心房2心室

(4)　心房と心室の間にあるつくりを何といいますか。また、そのはたらきは何ですか。1行で書きなさい。

ア
イ
ウ
エ

図1

(5)　鳥のように、気温によらず体温が一定に保たれている動物を何といいますか。

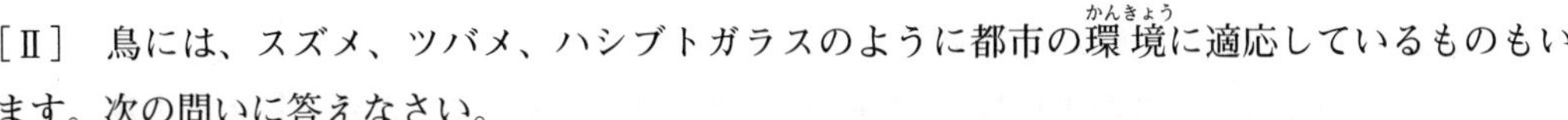

［Ⅱ］　鳥には、スズメ、ツバメ、ハシブトガラスのように都市の環境(かんきょう)に適応しているものもいます。次の問いに答えなさい。

問3　スズメの特徴(とくちょう)について、次の①～③のア～ウから適するものを、1つずつ選びなさい。

①　ハトと比べた大きさ：ア　小さい　　イ　ほぼ同じ　　ウ　大きい
②　見られる時期　　　：ア　春から秋　　イ　秋から春　　ウ　1年中
③　主なえさ　　　　　：ア　小さな魚やエビ　　イ　草の種子
　　　　　　　　　　　　ウ　土の中の昆虫(こんちゅう)やミミズ

問4　図2は、渡(わた)ってきたツバメが初めて見られた日を表したツバメ前線です。この前線と同じように南から北へ進んでいくものを、次のア～エから1つ選びなさい。

ア　カエデの紅葉　　イ　イチョウの落葉

ウ　ススキの開花　　エ　サクラの開花

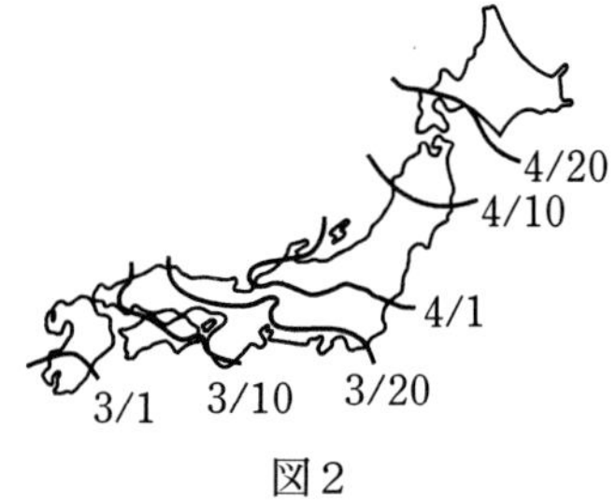

図2

問5　ツバメはどのように巣をつくりますか。適するものを、次のア～オから1つ選びなさい。

ア　木の上に、小枝を皿型に組む。

イ　草むらの根元に、浅いくぼみを掘(ほ)る。

ウ　屋根や壁(かべ)のすき間に、かれ草を運びこむ。

エ　川の土手に穴を掘り、一番奥(おく)を少し広くする。

オ　軒下(のきした)の壁に、どろとかれ草を混ぜたものでおわん型にする。

問6　東京の銀座では、ビルの屋上にミツバチの巣箱を置いてはちみつが生産されています。そのため、このミツバチをえさとしてツバメの数が増えてきましたが、一方でツバメのひなはカラスに食べられてしまうこともあります。

(1)　このような生物の食べる・食べられるの関係を何といいますか。

(2)　ミツバチの特徴として正しいものを、次のア～オから1つ選びなさい。

ア　働きバチはすべてオスである。

イ　さなぎの時期がない不完全変態である。

ウ　なかまにえさのある場所をダンスで教える。

エ　あしは胸に2対(つい)、腹に1対の合計6本である。

オ　胸にある羽は、後ろの羽が退化して1対になっている。

問7　東京都は、増えすぎたカラスの被害(ひがい)を防止するため、2001年から都市部を中心に、捕獲(ほかく)したり巣を撤去(てっきょ)したりしてきました。また、ごみの出し方や回収方法を工夫するなどのカラス対策にも取り組んできました。その結果、生息数は2001年の3万6416羽から2022年の8699羽に減少しました。そして、都庁によせられた苦情・相談件数も2022年度は2001年度に比べ91％減少しました。次の問いに答えなさい。

(1)　2022年のカラスの生息数は、2001年に比べ何％減少しましたか。答えは小数第1位を四捨五入して書きなさい。

(2)　ごみを出すときのカラス対策としてどのようなことが行われていますか。その具体例を1つ書きなさい。

② 豆電球と電池を用いて図のような回路をつくり、スイッチA～Ⅰを操作したときの豆電球のようすについて観察しました。あとの問いに答えなさい。ただし、豆電球の抵抗値(電流の流れにくさ)は、流れる電流の大きさにかかわらず一定であるとします。また、電池はすべて同じ性質のものであり、豆電球以外の抵抗は考えないものとします。なお、計算の答えは小数第２位を四捨五入して書きなさい。

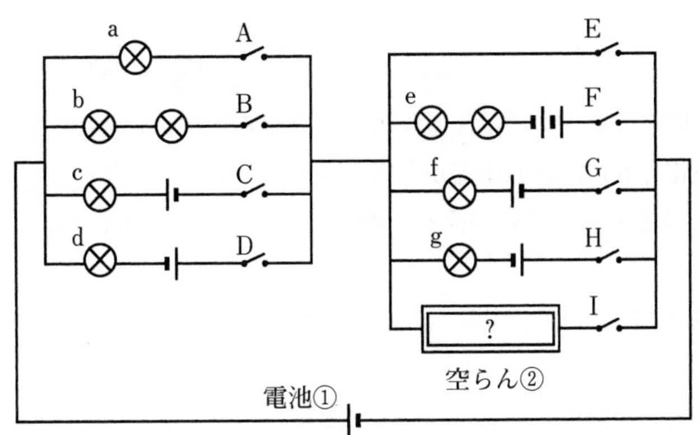

問１　スイッチAとEを入れると、豆電球aが光りました。次に、スイッチEを入れたままにし、スイッチAの代わりにスイッチB～Dのうちどれか１つを入れ、豆電球b～dを観察しました。このとき、スイッチAを入れたときの豆電球aの明るさより明るく光る豆電球があったのはどのスイッチを入れたときですか。適するものを、次のア～エから１つ選びなさい。

ア　スイッチB　　イ　スイッチC　　ウ　スイッチD　　エ　どれも明るくならない

問２　スイッチAとEを入れたときに豆電球aに流れる電流の大きさは、スイッチA、B、Eを入れたときに豆電球aに流れる電流の大きさの何倍ですか。

問３　スイッチCと、スイッチE～Hのうち１つだけを入れたときに、豆電球cが光らなくなることがありました。豆電球cが光らなくなったスイッチを、E～Hからすべて選びなさい。

問４　スイッチDとスイッチE～Hのうち１つだけを入れたときに、豆電球dが明るく光った順にE～Hを並べなさい。ただし、同じ明るさになる豆電球はありませんでした。

問５　電池①を流れる電流の大きさが、スイッチAとEを入れたときの1.5倍になったスイッチの組み合わせを、次のア～エから１つ選びなさい。

ア　スイッチAとF　　イ　スイッチBとH

ウ　スイッチCとF　　エ　スイッチDとH

問６　スイッチEとスイッチA～Dのスイッチを次のア～エの組み合わせで入れたとき、最も早く電池①が切れてしまった組み合わせを、次のア～エから１つ選びなさい。

ア　スイッチA、B、E　　イ　スイッチA、D、E

ウ　スイッチA、B、C、E　　エ　スイッチB、C、D、E

問7　空らん②に適切な個数の豆電球か電池を入れると、スイッチＢとⅠを入れたときの豆電球ｂの明るさと、スイッチＣとⅠを入れたときの豆電球ｃの明るさが同じになりました。空らん②に入れた部品を、次のア～エから１つ選びなさい。

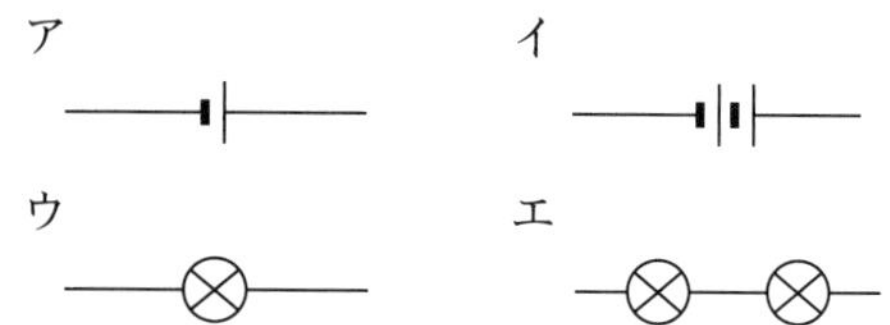

問8　空らん②に問７のア～エの部品を図の向きで組み合わせて入れると、スイッチＢとⅠを入れたときの豆電球ｂに流れる電流が、スイッチＣとⅠを入れたときの豆電球ｃを流れる電流の1.5倍になりました。必要な部品を、問７のア～エからすべて選びなさい。

3　2023年は「関東大震災(だいしんさい)100年」でしたので、健児君は関東大震災について調べました。次の問いに答えなさい。

問1　次の文は健児君が関東大震災についてまとめたものです。文中の下線部について、あとの問いに答えなさい。

1923年①〇月〇日の正午ごろに神奈川県西部を震源として、②マグニチュード7.9、最大で③震度７の地震が発生した。このため、明治以降の日本で最大規模の地震災害が南関東周辺に生じた。

(1)　下線部①について、関東大震災が起きたのは、何月何日ですか。

(2)　下線部②について、マグニチュードは２つ大きくなるとエネルギーが1000倍になります。マグニチュードが１つ大きくなるとエネルギーは何倍になりますか。答えは小数第１位を四捨五入して書きなさい。

(3)　下線部③について、次の文中の(　　)に適する数字を答えなさい。

日本で地震のゆれの大きさを表す際に用いられている震度は気象庁震度階級といい、その階級には(　ａ　)から(　ｂ　)までの(　ｃ　)段階がある。

問2　自分の住む地域のどの場所にどのような自然災害が起こりやすいのか、また、その危険性の大きさを色や濃(こ)さなどによって示した地図を何といいますか。

問3　日本列島は、右の図のようにＡ～Ｄの４枚のプレートからできています。関東大震災は、相模トラフとよばれるＡとＣの境界を震源として起きました。ＡとＣのプレートはそれぞれ何ですか。次のア～エから１つずつ選びなさい。

ア　北アメリカプレート　　イ　フィリピン海プレート
ウ　ユーラシアプレート　　エ　太平洋プレート

問４　次の表は、健児君が調べた関東大震災による死者数をまとめたものです。あとの問いに答えなさい。なお、①～④は、東京都、埼玉県、千葉県、神奈川県のいずれかです。

表　関東大震災の死者数

都県名	住宅の倒壊(とうかい)	火災	津波(つなみ)・土砂くずれ	工場など	合計
①	3,546	66,521	6	314	70,387
②	5,795	25,201	836	1,006	32,838
③	1,255	59	0	32	1,346
静岡県	150	0	171	123	444
④	315	0	0	28	343
山梨県	20	0	0	2	22
茨城県	5	0	0	0	5
合計	11,086	91,781	1,013	1,505	105,385

単位(人)

(1)　①の都県では、火災による被害(ひがい)が特に多いです。健児君が、その原因を調べたところ、火災の広がる速度(延焼(えんしょう)速度)が時速約300ｍと大変大きく、1995年に起きた阪神大震災の時速約30ｍの10倍ほどでした。延焼速度が大きかった原因として適するものを、次のア～オから１つ選びなさい。

ア　日本海沿岸を北上する台風に向かって、強い南風が吹(ふ)いていたため

イ　日本海側から太平洋側へ、北西の季節風が強く吹いていたため

ウ　日本海を通過する低気圧へ向かって、強い南風(春一番)が吹いていたため

エ　上空に冷たい空気が入り、強い上昇(じょうしょう)気流が生じていたため

オ　低気圧の接近にともない、各地で竜巻(たつまき)が生じていたため

(2)　②の都県では、津波や土砂くずれによる被害が多いです。②の都県での被害や復興について述べた文として誤っているものを、次のア～オから１つ選びなさい。

ア　土砂くずれにより川がせき止められたところに湖ができ、震生湖とよばれている。

イ　駅に停まっていた列車が、土砂くずれで駅舎とともに海へ落ちた。

ウ　地震峠(とうげ)とよばれる、土砂くずれで多くの人が生きうめになった場所がある。

エ　およそ８ｍの津波がおしよせ、大仏をおおっていた建物がおし流された。

オ　大量のがれきでうめ立てられた海岸に、日本初の臨海公園がつくられた。

(3)　③と④の都県はそれぞれ何ですか。次のア～エから１つずつ選びなさい。

ア　東京都　　イ　埼玉県　　ウ　千葉県　　エ　神奈川県

(4)　健児君は、右の記号が国土地理院の発行する地形図に、2019年から用いられていることを知りました。この記号は何を示していますか。最も適するものを、次のア～オから１つ選びなさい。

ア　大地震による土砂くずれで大きな被害が生じた場所

イ　大きな津波が達した場所

ウ　火山の噴火(ふんか)による火砕流(かさいりゅう)でうめられた集落の場所

エ　大きな洪水(こうずい)の原因となった、堤防(ていぼう)の決壊が始まった場所

オ　自然災害のあったことを後世に伝える記念碑(きねんひ)の場所

4　次の［Ⅰ］、［Ⅱ］について、それぞれの問いに答えなさい。

［Ⅰ］　気体Ａ～Ｅは、酸素、二酸化炭素、水素、塩化水素、窒(ちっ)素、塩素のいずれかです。次の文を読み、あとの問いに答えなさい。

気体Ａ～Ｅを緑色のＢＴＢ液に通すと、気体Ａ～Ｃでは黄色になりました。また、気体Ａ～Ｅのにおいをかいだところ、気体Ｂと気体Ｃは鼻をさすようなにおいがありました。赤色の花びらを気体Ｃで満たされた試験管の中に入れたところ、花びらの色がうすくなりました。火のついたスチールウールを気体Ｄで満たされた集気びんに入れると、スチールウールが激しく燃えました。火のついたマッチを気体Ｅで満たされた試験管の口に近づけたところ、気体Ｅが音をたてて燃えました。

問１　気体Ａと気体Ｂとして適するものを、次のア～カからそれぞれ１つ選びなさい。

ア　酸素　　イ　二酸化炭素　　ウ　水素　　エ　塩化水素　　オ　窒素　　カ　塩素

［Ⅱ］　アンモニアを発生させて丸底フラスコに集めました。次の問いに答えなさい。

問２　アンモニアを発生させるときに使う薬品として適するものを、次のア～オから２つ選びなさい。また、装置の図として適するものを、カ～ケから１つ選びなさい。

ア　水酸化カルシウム　　イ　塩化ナトリウム　　ウ　塩化アンモニウム
エ　塩化カルシウム　　オ　水

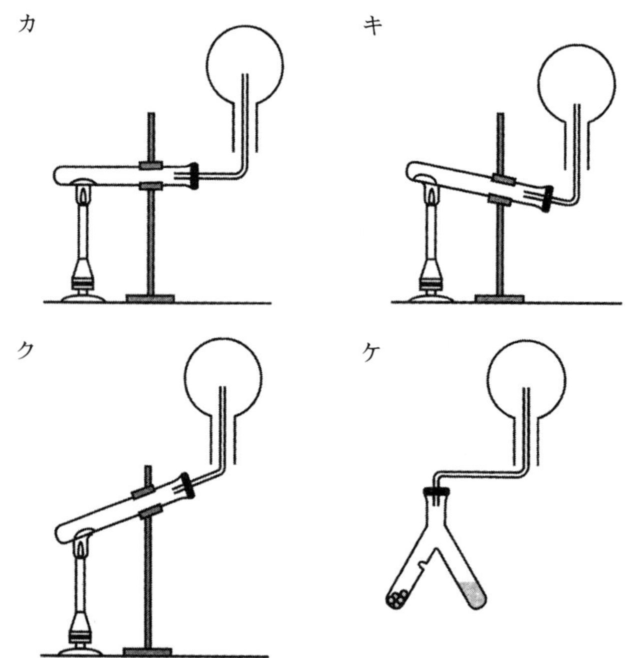

問３　アンモニアは上方置換(ちかん)法で集めますが、どれくらい集められたのかがわかりません。丸底フラスコがアンモニアで満たされたことを確認するにはどうすればいいですか。次の中からいずれか１つを選び、それを用いて確認する方法とその結果を１行で書きなさい。

〔赤色リトマス紙、青色リトマス紙、塩化コバルト紙、石灰水(せっかいすい)〕

問４　同じ体積で比べたとき、アンモニアの重さは空気の0.58倍です。アンモニア290mLの重さは何ｇですか。ただし、空気１Ｌの重さは1.2ｇとします。答えは小数第３位を四捨五入して書きなさい。

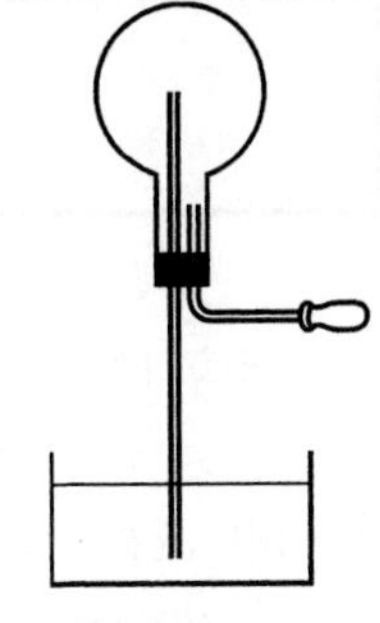

問5　アンモニアで満たされた丸底フラスコを用いて、右図の装置を組み立てました。水槽(すいそう)の中にはフェノールフタレイン液を加えた水が入っています。スポイトの水を押(お)し出したところ、水槽の中の水が丸底フラスコの中に噴水(ふんすい)のように入っていきました。この現象を説明した次の文中の(　　)に適する語句をそれぞれ答えなさい。

アンモニアは水に(①)ため、丸底フラスコの中に水が入ると内部がわずかに真空になり、(②)によって水槽の水が押し入れられる。このとき、フラスコに入ってきた水の色は(③)色になる。

問6　気体の体積は温度が1℃上がるごとに、0℃のときの体積の273分の1ずつ増加します。27℃で500mLのアンモニアを87℃にすると、アンモニアの体積は何mLになりますか。答えは小数第1位を四捨五入して書きなさい。

逗子開成中学校(第１回)

―40分―

注意　図やグラフをかく場合は、ていねいにはっきりとかきなさい。必要ならば定規を使ってもかまいません。

1　川の流れについて、次の問いに答えなさい。

(1)　次の文中の(　ア　)～(　エ　)に適する語句を入れ、文章を完成させなさい。ただし、(　イ　)と(　ウ　)は、しん食・運ぱん・たい積のいずれかを選びなさい。

川が谷に流れて平地に出ると、水の流れる速さが(　ア　)くなります。川の水の流れによる(　イ　)作用が弱まるので川の水にふくまれていた土砂が谷の出口に(　ウ　)していきます。長い年月をかけて(ウ)を続けた結果、谷の出口を頂点として平地に向かって広がりをもつ地形がつくられます。これが(　エ　)です。

(2)　(1)の地形では谷の出口のあたりで川の流れが途絶(とだ)え、平地の近くで再び川の流れが現れることがあります。このようなことが起こる理由を正しく説明しているものを次のア～エから１つ選び、記号で答えなさい。

ア　川の水が蒸発しやすく、平地近くで降った雨水が再び集まるから。

イ　谷の出口あたりに住宅が建ちならび生活用水として使い、平地近くで生活はい水として捨てるから。

ウ　川の水が地下にしみこみやすく地下を流れて、平地近くでわき出るから。

エ　川の流れが細かく分かれ、平地近くで再び集まるから。

(3)　図１のような川のＸ－Ｙの地点で、最も川の流れの速いところをア～ウから選び、記号で答えなさい。

(4)　Ｘ－Ｙの地点の川底と川岸の断面図をかきなさい。ただし、片側の川岸はがけのようになっています。また、断面図は下流から上流に向かって見たときのものとします。

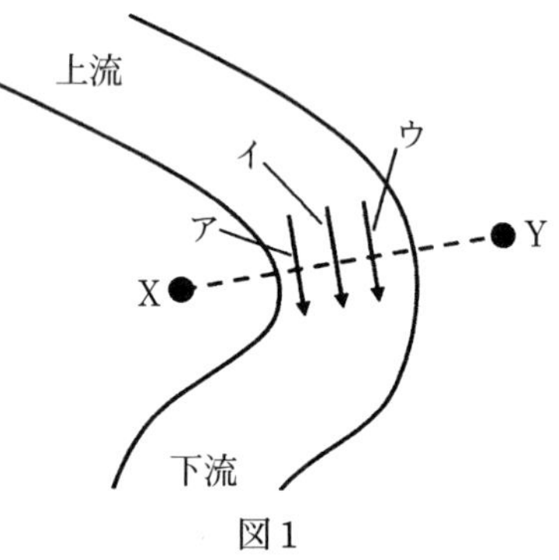

図１

(5)　図２は、海底に土砂がたい積するようすを模式的に表しています。長い年月の間に海水面がしだいに低下し、Ｚ地点が河口に近い海底に変化していきました。このとき、Ｚ地点の地層のようすを最もよく表しているものを次のア～エから選び、記号で答えなさい。

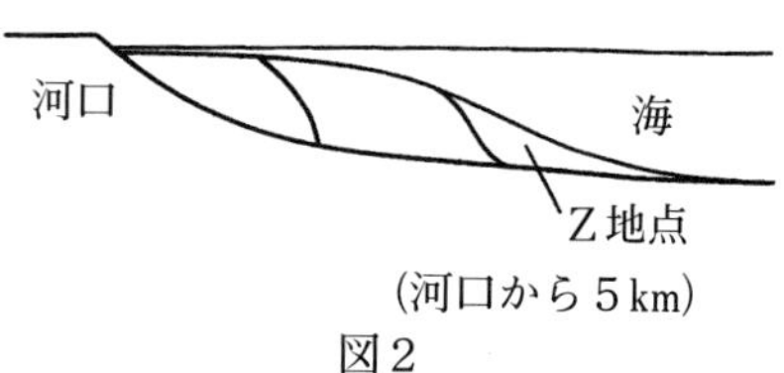

図２

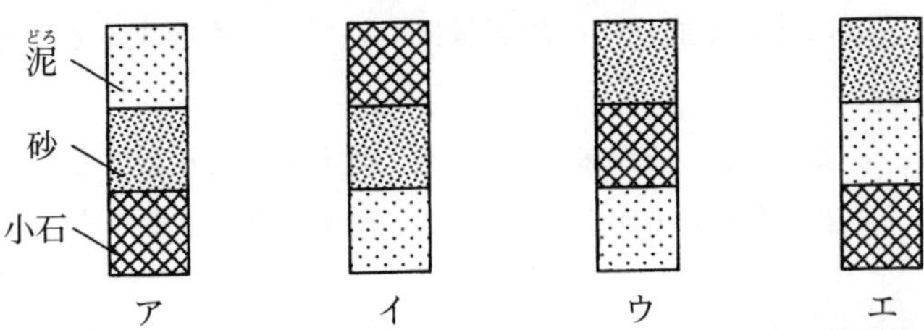

右の写真(図３)は、川の上流に作られたもので「砂防ダム」(砂防堰堤)といいます。一年中、川の水は流れていますが、集中ごう雨などによって山くずれがおこった際に、①大量の土砂や岩、木などが水とともに一気に川下の方へ流れるのを防ぐことができます。

図３　砂防ダムの高さは約10ｍ

(6)　下線部①の自然災害を何といいますか。

砂防ダムのはたらきは(6)のような自然災害を防ぐだけではありません。砂防ダムの上流側に土砂がたまると、②川岸や川底がけずられにくくなる、川の流れる速さがおそくなるなどのはたらきもあります。

(7)　砂防ダムが下線部②のようなはたらきをする理由を説明しなさい。ただし、答えは「土砂がたまると～」から始めなさい。また、右の図４を活用してもかまいません。

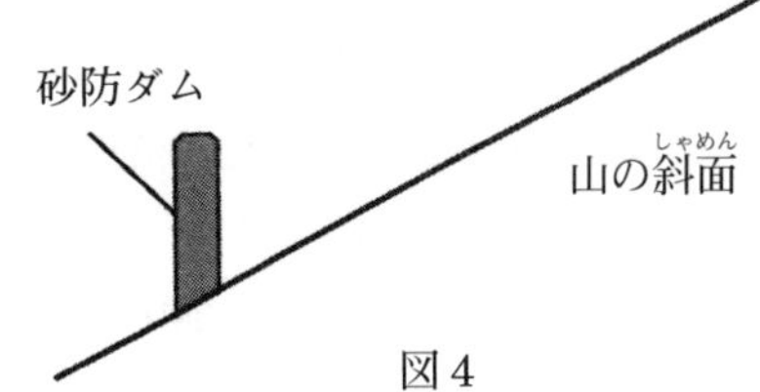

図４

2　図は成人したヒトの血液循環のようすを、正面から見て模式的に表したものです。次の問いに答えなさい。

(1)　図中のＸは、こしの背中側に１対ある器官を表しています。
　①　Ｘの器官の名前を答えなさい。
　②　Ｘの器官のはたらきとして適するものを次のア～エから１つ選び、記号で答えなさい。
　　ア　消化された栄養分を水分とともに吸収する。
　　イ　全身の細胞で出される不要物のうち、二酸化炭素以外のものをはい出する。
　　ウ　たん液をつくる。
　　エ　酸素を吸収し、二酸化炭素をはい出する。

(2)　図の血管ｉの名前を答えなさい。

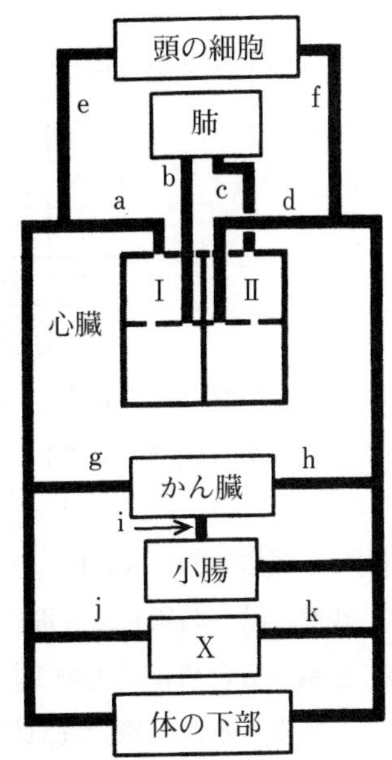

(3)　図の血管ａ～ｄに流れる血液中の酸素量について、最も適するものを次のア～エから選び、記号で答えなさい。

ア　酸素量は、ａよりもｂの方が多い。　イ　酸素量は、ｄよりもａの方が多い。

ウ　酸素量は、ｃよりもｂの方が多い。　エ　酸素量は、ａよりもｃの方が多い。

かん臓のはたらきの一つに「毒物や薬物などの物質を無毒な物質や体外にはい出されやすい物質に変える」というものがあります。

飲み薬の頭痛薬(頭の痛みを和らげる薬)を使用した場合について考えてみます。飲みこんだ頭痛薬は、図の小腸から吸収され、血流にのってかん臓に集められます。頭痛薬も、かん臓で無毒な物質や体外にはい出されやすい物質に変えられます。そのため、大部分が頭痛薬の効果を失ってしまいますが、かん臓で変えられなかった残りの薬が(　あ　)を通って頭の細胞(かん部)にまで届き、薬の効果を示します。このような理由から、通常、飲み薬は、かん臓で分解できる以上の量を処方されています。

(4)　文中の(　あ　)にあてはまるかん臓から頭の細胞(かん部)まで頭痛薬が流れる経路を、図の血管ａ～ｋの記号を使って答えなさい。

(5)　うまれる前の赤ちゃんのことを胎児(たいじ)と呼びます。胎児の血液循環と出生後のヒトの血液循環には異なる点があります。

１つ目は、胎児の心臓には図中の(　Ⅰ　)と(　Ⅱ　)の間に卵円孔(らんえんこう)とよばれる穴がおいており、心臓に流れこんできた血液の大部分が(Ⅰ)から(Ⅱ)へ流入するしくみになっています。

２つ目は、図中の(　ｂ　)と(　ｄ　)をつなぐ血管があることです。これによって、心臓に流れこんできた血液のうち卵円孔を通らなかった血液は(ｂ)からこの血管を通って(ｄ)へ入ります。

主にこの２つの構造により、肺への血液流入量を(　い　)しています。生後まもなくして、卵円孔や(ｂ)と(ｄ)をつなぐ血管は、その役割を終えてふさがります。

①　文中および図中の(　Ⅰ　)、(　Ⅱ　)に入る語句をそれぞれ答えなさい。

②　文中および図中の(　ｂ　)、(　ｄ　)、(　い　)に入る語句の組合せとして最も適するものを次のア～クから選び、記号で答えなさい。

	b	d	い
ア	肺静脈	大動脈	減ら
ウ	肺動脈	大動脈	減ら
オ	肺静脈	大動脈	増や
キ	肺動脈	大動脈	増や

	b	d	い
イ	肺静脈	大静脈	減ら
エ	肺動脈	大静脈	減ら
カ	肺静脈	大静脈	増や
ク	肺動脈	大静脈	増や

③　胎児に卵円孔や(ｂ)と(ｄ)をつなぐ血管がある理由を、胎児が酸素を受けとる場所にふれながら説明しなさい。

3　４種類の物質Ａ、Ｂ、Ｃ、Ｄが混ざっている粉末の混合物があります。この４種類の物質は、銅、砂糖、鉄、石灰石、食塩、アルミニウムのいずれかです。この混合物に何がふくまれているのかを調べるために［実験１］を行いました。また、［実験１］の試薬として用いた塩酸や水酸化ナトリウム水よう液の性質について調べるために、［実験２］を行いました。次の文を読み、あとの問いに答えなさい。

[実験１]

物質A、B、C、Dの混合物に水を加えたところ、物質Aのみが水にとけました。Aの水よう液を蒸発皿にのせ加熱したところ、途中(とちゅう)から茶色のねばりがある液体となり、やがて黒い物質になりました。

次に、残った物質B、C、Dを別の容器に移して水酸化ナトリウム水よう液を加えたところ、物質Bが気体Eを発生しながらとけました。

残った物質C、Dを別の容器に移して塩酸を加えたところ、物質Cが気体Fを発生しながらとけました。気体Fは気体Eとは異なるものでした。

なお、この実験で加える水や水よう液の量は、その物質のすべてがとけるのに十分な量を用いるものとします。また、物質A～Dどうしは、たがいに反応しないものとします。

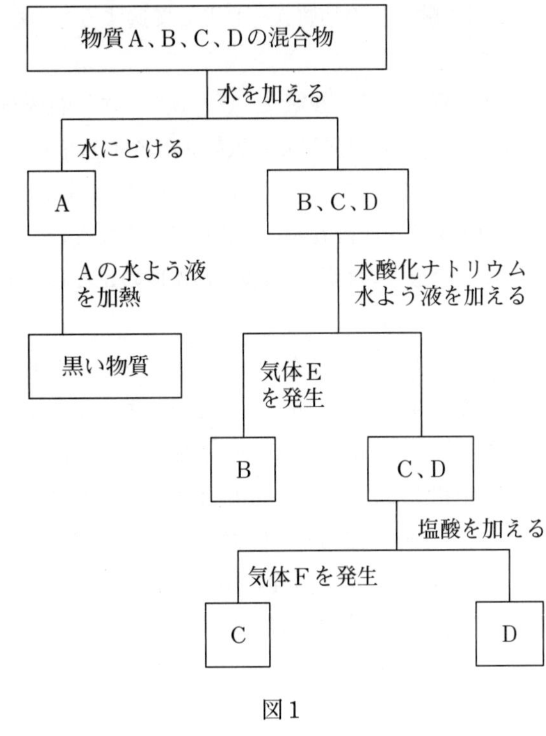

図１

[実験２]

濃度(のうど)の異なる塩酸Xと塩酸Yを用意しました。これらの塩酸を完全に中和するのに必要な水酸化ナトリウム水よう液Zの体積を調べたところ、図２のグラフのようになりました。

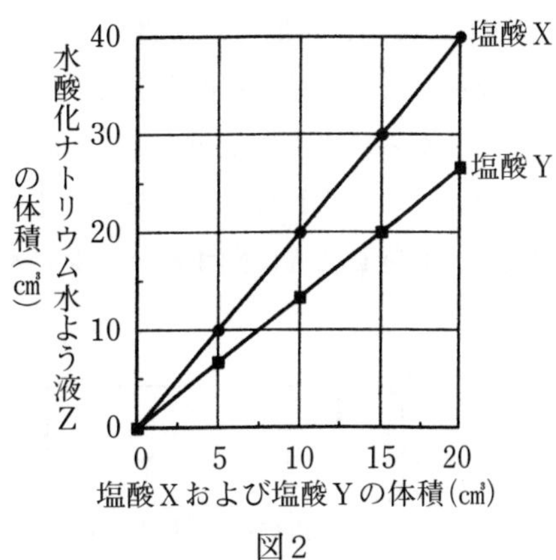

図２

(1)　[実験１] で、水にとけた物質Aととけなかった物質B、C、Dをろ過によって分けました。ろ過の操作として最も適切なものを次のア～エから選び、記号で答えなさい。ただし、ろうと台などの支持器具は省略してあります。

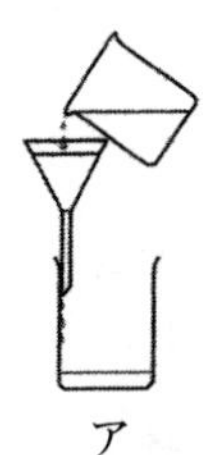
ア

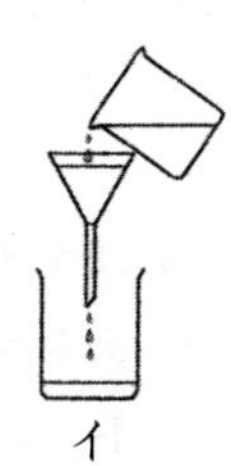
イ

ウ

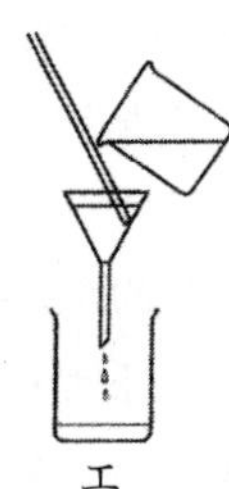
エ

(2)　［実験１］の物質Ａ～Ｄとして適するものを、次のア～カからそれぞれ選び、記号で答えなさい。

ア　銅　　イ　砂糖　　ウ　鉄　　エ　石灰石　　オ　食塩　　カ　アルミニウム

(3)　［実験１］で発生した気体Ｆの名前を答えなさい。

(4)　［実験２］について、①～③の問いに答えなさい。ただし、答えが割り切れないときは、小数第１位を四捨五入して整数で答えなさい。

①　塩酸Ｘの濃度と塩酸Ｙの濃度の比として正しいものを次のア～キから１つ選び、記号で答えなさい。

ア　１：１　　イ　１：２　　ウ　２：１　　エ　２：３

オ　３：２　　カ　３：４　　キ　４：３

②　３㎤の塩酸Ｘと６㎤の塩酸Ｙを混ぜ合わせた水よう液があります。この水よう液を完全に中和するためには、水酸化ナトリウム水よう液Ｚは何㎤必要ですか。

③　８㎤の塩酸Ｘに40㎤の水酸化ナトリウム水よう液Ｚを混ぜ合わせた水よう液があります。この水よう液を完全に中和するためには、塩酸Ｙ、水酸化ナトリウム水よう液Ｚのどちらの試薬を何㎤加えればよいですか。加える試薬については、塩酸Ｙまたは水酸化ナトリウム水よう液Ｚのどちらかに丸(〇)をつけて答えなさい。

4　図１のように、球Ａをある高さＸから静かに落とし、点Ｏで地面に衝突(しょうとつ)させた後、まっすぐ上がってくるまでのようすを観察しました。矢印はＡの進む向きと速さのようすを表しています。このとき、「Ａが地面に衝突する直前の速さと、直後の速さ」、「Ａのはじめの高さと、Ａが地面に衝突した後の最高点の高さ」、「Ａを落としてから地面に衝突するまでの時間と、Ａが地面に衝突してから最高点に上がるまでの時間」をそれぞれ比べたところ、いずれも同じであることがわかりました。これらの性質をもつ球を「理想的なスーパーボール」とよぶことにします。表はそのとき記録したＡに関するデータです。あとの問いに答えなさい。

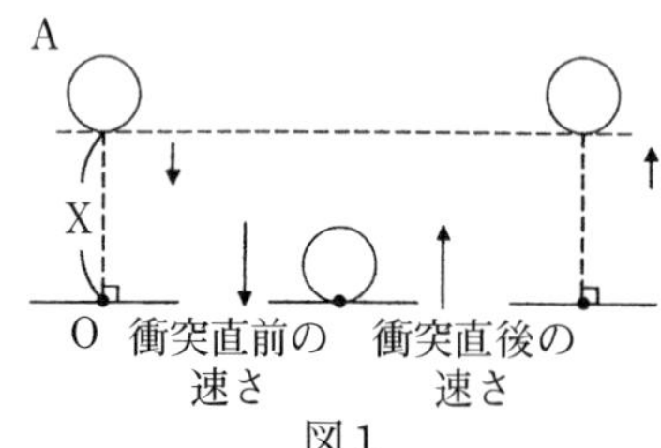

図１

高さＸ(ｍ)	0.1	0.4	0.9
地面に衝突する直前の速さ(ｍ/秒)	1.4	2.8	4.2
地面に衝突するまでの時間(秒)	$\frac{1}{7}$	$\frac{2}{7}$	$\frac{3}{7}$

(1)　Ａのはじめの高さＸを変えて実験を行います。

①　Ｘが2.5ｍのとき、Ａが地面に衝突する直前の速さは何ｍ/秒ですか。

②　Ｘが3.6ｍのとき、Ａを静かに落としてから最高点に上がるまでの時間は何秒ですか。分数で答えなさい。

次に、理想的なスーパーボールであるＢ、Ｃ、Ｄの球を新たに用意しました。これらの球はすべてＡと同じ材質でできており、大きさや重さはそれぞれ異なりますが、Ａと同じ落下実験を行ったところ、Ｂ、Ｃ、Ｄの球も表と同じ結果を示すことがわかりました。

ここで、図２のように、Ａには重さの無視できる細い軸(じく)を球の中心を通し

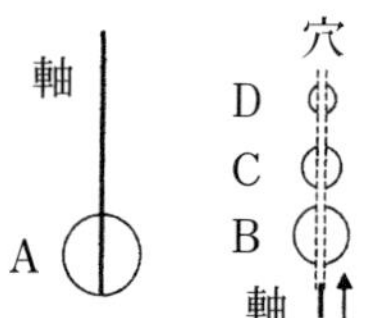

図２

て固定します。また、Ｂ、Ｃ、Ｄの球には球の中心を通る一直線の穴があいており、Ａの軸を通すことができます。このとき、球と軸の間にまさつはなく、Ｂ、Ｃ、Ｄの球は軸にそって動くことができます。

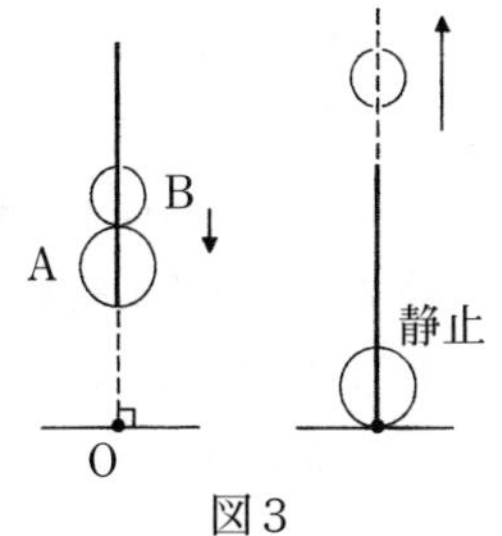

図３

図３のように、軸を通してＡの上にＢを重ねて静かに落としました。一体となったＡとＢが地面に衝突すると、Ａが地面で静止し、Ｂがまっすぐ上がりました。このとき、Ａが地面に衝突した直後のＢは、一体となったＡとＢが地面に衝突する直前の２倍の速さではね上がりました。これを２段のすっとびボールとよびます。

(2)　一体となったＡとＢが地面に衝突した後、Ｂははじめの高さの何倍まで上がりますか。球の大きさを考えずに答えなさい。

(3)　一体となったＡとＢが地面に衝突した後、Ｂが3.6ｍの高さまで上がるためには、一体となったＡとＢを地面から何ｍの高さから静かに落とせばよいですか。球の大きさを考えずに答えなさい。

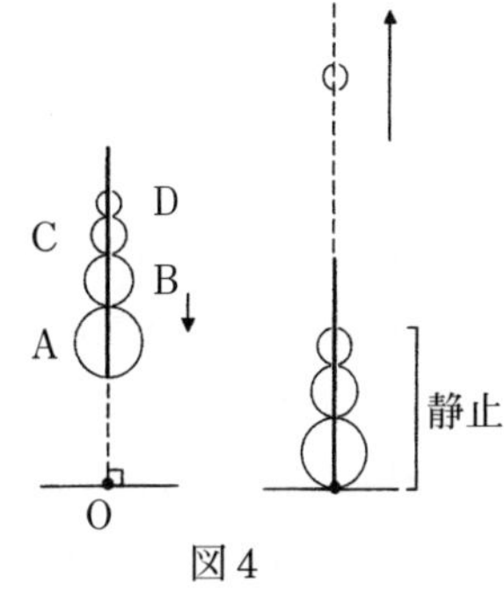

図４

図４のように、軸を通してＡの上にＢ、Ｃ、Ｄを重ねて静かに落としました。Ｂの重さがＡの重さの$\frac{1}{3}$倍、Ｃの重さがＢの重さの$\frac{2}{4}$倍、Ｄの重さがＣの重さの$\frac{3}{5}$倍であるとき、一体となったＡ・Ｂ・Ｃ・Ｄが地面に衝突すると、４段目のＤだけがまっすぐ上がり、Ａ・Ｂ・Ｃは一体となったまま地面で静止しました。このとき、Ａが地面に衝突した直後のＤは、一体となったＡ・Ｂ・Ｃ・Ｄが地面に衝突する直前の４倍の速さではね上がりました。これを４段のすっとびボールとよびます。

(4)　Ａの重さを80ｇとして４段のすっとびボールを作るとき、Ｄの重さは何ｇであればよいですか。答えが割り切れないときは、小数第１位を四捨五入して整数で答えなさい。

(5)　４段のすっとびボールの上に、５段、６段、…、と最上段の球だけがはね上がるように、さらに球を積み重ねます。一体となったすっとびボールを0.4ｍの高さから静かに落とすとき、最上段の球が30ｍをこえる高さまで上がるためには、少なくとも何段のすっとびボールを作ればよいですか。球の大きさを考えずに答えなさい。

聖光学院中学校(第１回)

—40分—

1　次の文章を読んで、あとの(1)～(9)の問いに答えなさい。

私たち人間は、生きていくために必要な栄養を食事から得ています。肉や魚などの動物を食べることもあれば、果物や野菜、穀物などの植物を食べることもあります。私たちが食べている動物も、動物や植物を食べており、私たちが必要とする栄養は、もとをたどれば主に植物によって作られているといえます。私たちの生活を支えている植物の一生について考えてみましょう。

植物の中で、種子を作ってふえる植物を①種子植物といいます。種子植物の一生は種子から始まります。種子は、そのつくりの特徴(とくちょう)から大きく２つに分けることができ、それぞれ有胚乳(はいにゅう)種子、無胚乳種子といいます。有胚乳種子は、胚乳の部分に発芽に必要な栄養を蓄(たくわ)えている種子です。無胚乳種子は、胚乳が進化して消えてしまった代わりに、②胚の一部に発芽に必要な栄養を蓄えている種子です。

種子の中の胚は、③必要な条件が整うと成長し、種皮を破って発芽します。発芽後は根から水分と④肥料分を吸収し、⑤葉で太陽からのエネルギーを利用してでんぷんなどの栄養を作って成長します。茎(くき)を伸(の)ばしながら葉や側芽(そくが)ができていくなかで、必要な条件が整うと花芽(かが)ができて花が咲(さ)きます。

花には外側から、がく、花弁、おしべ、めしべがあり、種子が作られるのはめしべの(　あ　)内です。おしべの先端(せんたん)のやくで作られた(　い　)が、めしべの先端にくっつくことを(　う　)といいますが、(　う　)のあとに(　あ　)内の(　え　)が成長して種子になり、(　あ　)は果実になります。植物の種類によっては、果実に糖などの栄養が蓄えられるため、動物によって食べられることがあります。しかし、そのような植物の種子は堅(かた)い皮に覆(おお)われていることが多く、動物によって消化されることなく排出(はいしゅつ)されます。植物は動くことができませんが、このような植物は⑥種子が動物によって運ばれ、生えていた場所とは異なる場所でまた条件が整ったときに発芽し、生える場所を広げていきます。

(1)　(　あ　)～(　え　)にあてはまる言葉を答えなさい。

(2)　次の文の(　お　)～(　き　)にあてはまる漢字１文字をそれぞれ答えなさい。

　主に植物を食べる動物を(　お　)食動物、主に動物を食べる動物を(　か　)食動物、動物も植物も両方とも食べる動物を(　き　)食動物といいます。

(3)　食べ物を消化するために、ヒトは体内で消化酵素(こうそ)を作っています。ヒトが体内で作ることのできる消化酵素を、次の(ア)～(カ)の中から２つ選び、記号で答えなさい。

(ア)　アミラーゼ　　(イ)　カタラーゼ　　(ウ)　セルラーゼ
(エ)　ペプトン　　(オ)　マルターゼ　　(カ)　胆汁(たんじゅう)

(4)　下線部①について、種子植物を次の(ア)～(カ)の中から２つ選び、記号で答えなさい。

(ア)　イチョウ　　(イ)　スギゴケ　　(ウ)　スギナ
(エ)　マツバラン　　(オ)　モウセンゴケ　　(カ)　ワラビ

(5)　下線部②について、胚の一部とは主にどの部分ですか。漢字で答えなさい。

(6)　下線部③について、発芽に必要な条件は植物の種類によって異なります。イチゴの種子の発芽に必要な条件を調べるため、次のような実験をおこないました。これについて、あとの(a)～

(c)の問いに答えなさい。

［実験］　イチゴの種子をたくさん集めました。２％の食塩水にイチゴの種子を入れ、沈(しず)んだもの(グループA)と浮(う)いたもの(グループB)に分けました。両方の種子をよく洗い、しっかり乾(かわ)かしたあと、A・B両方のグループの種子を10粒(つぶ)ずつ組分けして、下にあるような処理１・２を一部の組におこないました。そのあと、下にあるような条件１～３でそれぞれの組を３週間育て、期間中にその組の中でいくつの種子が発芽したかを数え、表１にまとめました。表の中の“○”は処理をおこなったことを、“－”は処理をおこなわなかったことを示しています。

処理１：種皮を柔(やわ)らかくするため、沸騰(ふっとう)した水の中で１時間ゆでる。

処理２：一度休眠(きゅうみん)させるため、冷蔵庫に入れて１週間冷やす。

条件１：25℃の暗い室内で、水を十分に含(ふく)ませたスポンジ上で育てる。

条件２：25℃の明るい室内で、水を十分に含ませたスポンジ上で育てる。

条件３：10℃の暗い室内で、水を十分に含ませたスポンジ上で育てる。

表１

グループ	処理１	処理２	発芽した種子の数		
			条件１	条件２	条件３
A	○	○	0	0	0
A	○	－	0	0	0
A	－	○	0	8	0
A	－	－	0	0	0
B	○	○	0	0	0
B	○	－	0	0	0
B	－	○	0	9	0
B	－	－	0	0	0

(a)　一般(いっぱん)的な種子の発芽に必要な条件を３つ答えなさい。

(b)　今回の実験の結果から判断できる、イチゴの種子の発芽について説明した文として適したものを、次の(ア)～(ケ)の中から３つ選び、記号で答えなさい。

(ア)　食塩水に浮く種子でないと発芽しない。

(イ)　食塩水に沈む種子でないと発芽しない。

(ウ)　１時間ゆでた種子でないと発芽しない。

(エ)　冷蔵庫に入れて１週間冷やした種子でないと発芽しない。

(オ)　明るいと発芽しない。

(カ)　暗いと発芽しない。

(キ)　室温10℃では発芽しない。

(ク)　室温10℃でも発芽する。

(ケ)　室温10℃で発芽するかどうかは分からない。

(c)　実験の条件を１つだけ変えておこない、比較(ひかく)するための実験を対照実験といいます。今回の実験においてイチゴの発芽に水が必要かどうかを調べるためには、グループAの種子を用いてどちらの処理とどのような条件で対照実験をおこなえばよいですか。その処理の番号と、条件の内容を答えなさい。

(7)　下線部④について、植物の生育に必要な肥料分として、窒素(ちっそ)、リン酸、カリウムが知られています。窒素は大気中にも多く含まれていますが、なぜ肥料として土にまく必要があるのでしょうか。その理由として最も適したものを、次の(ア)～(オ)の中から１つ選び、記号で答えなさい。

(ア)　大気中の窒素は気孔(きこう)を通ることができないから。

(イ)　大気中の窒素は他のものにつくり変えづらいから。

(ウ)　大気中の窒素はすぐ液体になってしまうから。

(エ)　大気中の窒素を取り込(こ)むつくりが植物の根にあるから。

(オ)　大気中の窒素は水に溶(と)けやすく、根から吸収しやすいから。

(8)　下線部⑤について、このことを何といいますか。漢字で答えなさい。

(9)　下線部⑥について、種子が動物のからだの表面にくっつくことで運ばれて、生える場所を広げる植物の名前を１つ答えなさい。

2　次の文章を読んで、あとの(1)～(6)の問いに答えなさい。

2023年３月、JAXAと三菱(みつびし)重工業が開発したＨ３型ロケットが(あ)宇宙センターから打ち上げられましたが、うまく軌道(きどう)に乗らず打ち上げ失敗に終わりました。このロケットには、地上のようすを観測する(い)３号という最新の人工衛星が搭載(とうさい)されており、これを失ったことは大きな痛手です。2014年に打ち上げられた(い)２号は、これまで様々な地殻(ちかく)変動を観測するために活用されてきました。(い)２号は、地面に対し電波を送信し、地面に当たってはね返ってきた電波を受信します。これを定期的に同じ地域に対して行うことで、地面の動きを観測することができます。この地面の動きを観測する方法を、InSAR(インサー)とよびます。

人工衛星によって地面の動きを観測する方法は、InSARだけでなく、スマートフォンにも使われる(う)を用いたものもあります。(う)衛星はアメリカ合衆国が世界中に展開する人工衛星で、この人工衛星からは衛星自身の位置と送信した時刻の情報をのせた電波が送られてきます。この電波を受信することで、地上にあるスマートフォン等の機器と人工衛星との距離(きょり)を測り、機器自身の位置を測定できます。①(う)を利用した機器を地上にたくさん設置することで、その地域の地面の動きを観測できます。近年、自動車の自動運転をはじめとしたさまざまな場面で(う)が活用されるようになってきています。②高い精度で位置を測定するためには、常に観測機器の真上付近に人工衛星が必要です。なぜなら、真上付近にない人工衛星からの電波は建物などにさえぎられてしまうためです。そこで、日本の上空を頻繁(ひんぱん)に通過する日本独自の人工衛星が追加で打ち上げられ、精度の向上が図(はか)られています。この日本の人工衛星システムは、(え)とよばれます。(う)や(え)のほか、ヨーロッパ連合やロシア、中国なども独自の人工衛星を打ち上げています。それらの人工衛星システムの総称(そうしょう)をGNSSとよびます。

実際の地殻変動の観測においては、ある地域をまんべんなく観測できる一方で２～３か月に一度しか観測できないInSARと、各観測点でしか観測できない一方で常に観測できるGNSSの、それぞれの利点が活(い)かされています。

(1)　(あ)にあてはまる地名を漢字３文字で答えなさい。

(2)　(い)・(え)にあてはまる言葉の組み合わせを、次の(ア)～(カ)の中から１つ選び、記号で答えなさい。

	(い)	(え)
(ア)	だいち	かぐや

(イ)	だいち	みちびき
(ウ)	みちびき	だいち
(エ)	ひまわり	みちびき
(オ)	ひまわり	だいち
(カ)	かぐや	ひまわり

(3)　(う)にあてはまる言葉をアルファベット３文字で答えなさい。

(4)　次の文は、(あ)に宇宙センターが設置された理由の１つを説明したものです。［　　　］にあてはまる言葉を答えなさい。

高緯度(いど)よりも低緯度の方が［　　　］が速く、東向きにロケットを打ち上げる際に必要なエネルギーが少なくてすむから。

(5)　下線部①について、短時間に大きな地殻変動を引き起こす現象の１つが地震(じしん)です。次の(a)～(c)の問いに答えなさい。

(a)　図１のように、断層をまたいで設置された２つの観測点Ａ、Ｂがあります。地震によって、観測点Ａ、Ｂの間の距離が縮まったとします。この場合の断層の動きかたを、漢字３文字で答えなさい。ただし、観測点Ａ、Ｂの間の距離は十分大きいものとします。また、観測点Ａ、Ｂを結ぶ線と、地表面に現れている断層ＣＤは直交するものとします。

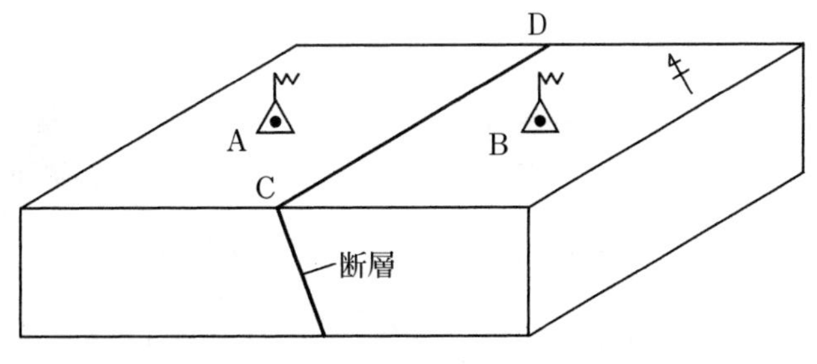

図１

(b)　図１の断層が完全に(a)のような動きをした場合、観測点Ａ、Ｂの地震前後での水平方向における動いた向きと、上下方向の動きかたの組み合わせとして最も適したものを、次の(ア)～(エ)の中から１つ選び、記号で答えなさい。

	Ａの水平方向	Ａの上下方向	Ｂの水平方向	Ｂの上下方向
(ア)	北西	隆起(りゅうき)	南東	沈降(ちんこう)
(イ)	北西	沈降	南東	隆起
(ウ)	南東	隆起	北西	沈降
(エ)	南東	沈降	北西	隆起

(c)　大きな地殻変動を引き起こした地震の例として、2016年４月16日に発生した熊本地震があります。この地震では２ｍ程度の断層のずれが生じました。震度(しんど)７の揺(ゆ)れを記録し、熊本城などにも被害(ひがい)を出した大災害ですが、地震の規模は2011年３月11日の東北地方太平洋沖地震(マグニチュード９)と比べると約1000分の１程度です。熊本地震のマグニチュードはどの程度だと考えられますか。最も適したものを、次の(ア)～(オ)の中から１つ選び、記号で答えなさい。

(ア)　4　　(イ)　5　　(ウ)　6　　(エ)　7　　(オ)　8

(6)　下線部②について、真上付近にない人工衛星からの電波が観測点まで届いたとしても、正しい位置が測定されるとは限りません。図２は、観測点まで電波が届いたものの正しい位置が測定されなかった場合の例を示しています。その理由を説明した次の文章の(　お　)～(　く　)にあてはまる言葉の組み合わせとして正しいものを、あとの(ア)～(ク)の中から１つ選び、記号で答えなさい。

人工衛星と観測点との最短経路は図２の(　お　)で表されるが、実際は建物にさえぎられるため、観測点に届いた電波の経路は(　か　)で表される。そのため、人工衛星から観測点までの距離が実際よりも(　き　)ことになってしまい、(　く　)の位置を正しく測定できないから。

	(お)	(か)	(き)	(く)
(ア)	実線	点線	小さい	人工衛星
(イ)	実線	点線	大きい	人工衛星
(ウ)	点線	実線	小さい	人工衛星
(エ)	点線	実線	大きい	人工衛星
(オ)	実線	点線	小さい	観測点
(カ)	実線	点線	大きい	観測点
(キ)	点線	実線	小さい	観測点
(ク)	点線	実線	大きい	観測点

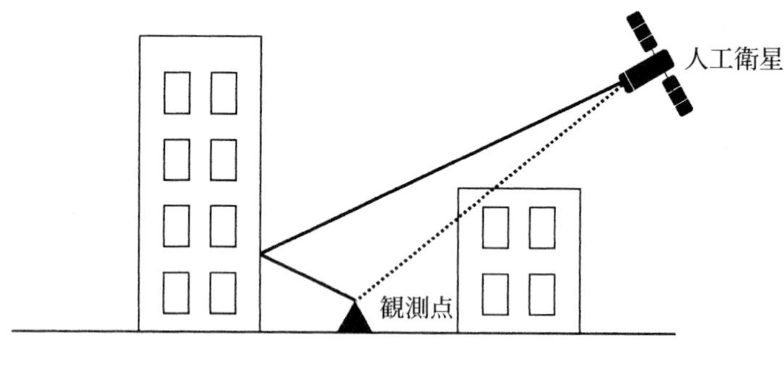

図２

3　水にショ糖や硝酸カリウムを溶かす［実験１］～［実験４］をおこないました。あとの(1)～(7)の問いに答えなさい。

［実験１］　ビーカーに20℃の水を入れ、その中に糸のついた氷砂糖を入れてつるしました。すると、ビーカーの中にもやもやしたものがゆらいでいるようすが見られました。

(1)　［実験１］のビーカーの中のようすについて説明した文として最も適したものを、次の(ア)～(オ)の中から１つ選び、記号で答えなさい。

(ア)　もやもやしたものは、氷砂糖から主に上向きに移動している。

(イ)　もやもやしたものは、氷砂糖から主に下向きに移動している。

(ウ)　もやもやしたものは、氷砂糖から主に水平方向に移動している。

(エ)　もやもやしたものは、氷砂糖からあらゆる方向に同じように移動している。

(オ)　もやもやしたものは、氷砂糖付近から移動していない。

［実験２］　水槽と小さな容器、濃度が異なる２種類のショ糖水溶液を用意します。水槽にどちら

か一方のショ糖水溶液を十分な量入れます。そして、小さな容器にもう一方のショ糖水溶液をいっぱいに入れて空気が入らないようにラップでふたをし、図1のように、小さな容器を水槽の底に沈(しず)めます。そのあと、静かにラップに穴をあけ、ようすを観察します。ただし、実験で使ったすべての物質の温度は、20℃で変わらないものとします。

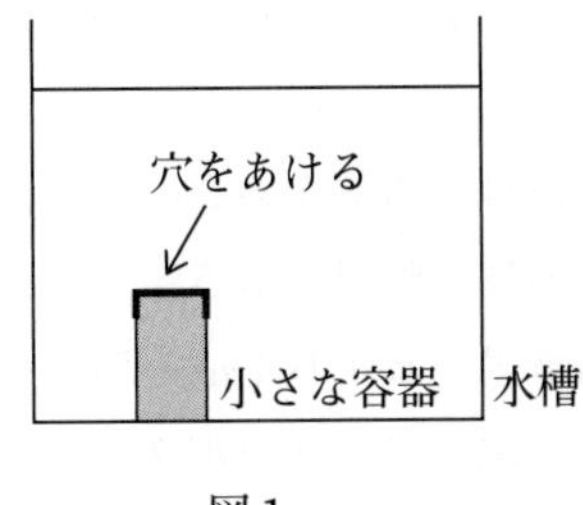

図1

(2)　質量パーセント濃度が30%のショ糖水溶液を水槽に入れ、小さな容器に入れるショ糖水溶液の濃度を変えて、［実験2］の操作をおこなったところ、もやもやしたものがラップの穴から主に上向きに移動しているようすが見られました。小さな容器に入れたショ糖水溶液の質量パーセント濃度として適したものを、次の(ア)～(オ)の中からすべて選び、記号で答えなさい。

(ア)　5%　　(イ)　15%　　(ウ)　25%　　(エ)　35%　　(オ)　45%

(3)　小さな容器にある濃度のショ糖水溶液を入れ、水槽に入れるショ糖水溶液の濃度を変えて、［実験2］の操作をおこないました。このとき、もやもやしたものがラップの穴から主に上向きに移動しているようすが見られるかどうかを観察し、その結果を表1に示しました。小さな容器に入れたショ糖水溶液の濃度について説明した文として最も適したものを、あとの(ア)～(エ)の中から1つ選び、記号で答えなさい。

表1

水槽に入れるショ糖水溶液の質量パーセント濃度	15%	25%	35%	45%
もやもやしたものがラップの穴から主に上向きに移動しているようす	見られなかった	見られた	見られた	見られた

(ア)　小さな容器に入れたショ糖水溶液の質量パーセント濃度は、15%未満である。

(イ)　小さな容器に入れたショ糖水溶液の質量パーセント濃度は、15%より大きく、25%未満である。

(ウ)　小さな容器に入れたショ糖水溶液の質量パーセント濃度は、25%である。

(エ)　小さな容器に入れたショ糖水溶液の質量パーセント濃度は、25%より大きい。

［実験3］　ビーカーに20℃の水100gを入れ、その中に硝酸カリウムの結晶(けっしょう)42.6gを入れたあと、ふたをしました。すると、もやもやしたものがゆらいでいるようすが見られました。しばらく放置すると、もやもやしたものが見られなくなり、飽和(ほうわ)水溶液となりましたが、硝酸カリウムの一部が溶け残っていました。そこで、溶け残った硝酸カリウムを回収しました。回収直後のぬれた硝酸カリウム全体の重さは15.7gでしたが、完全に乾燥(かんそう)させると、重さは12.1gになりました。ただし、実験で使ったすべての物質の温度は、20℃で変わらないものとします。

⑷　20℃の水100ｇに溶ける硝酸カリウムの最大の重さは何ｇですか。ただし、ビーカーから水は蒸発しないものとします。また、答えが割り切れない場合は、小数第２位を四捨五入して小数第１位まで答えなさい。

⑸　硝酸カリウム水溶液とショ糖水溶液は、ともに中性で無色の水溶液です。中性で無色の水溶液について説明した文として正しいものを、次の㋐～㋕の中からすべて選び、記号で答えなさい。

㋐　中性で無色のすべての水溶液は、電気を通しにくい。

㋑　中性で無色のすべての水溶液は、無臭(むしゅう)である。

㋒　中性で無色のすべての水溶液は、ＢＴＢ溶液を加えると緑色を示す。

㋓　中性で無色のすべての水溶液は、フェノールフタレイン溶液を加えると赤色を示す。

㋔　中性で無色のすべての水溶液は、赤色リトマス紙に付着させても、赤色リトマス紙を青色に変化させない。

㋕　中性で無色のすべての水溶液は、加熱して水を蒸発させると、固体が残る。

［実験４］　ビーカーに30℃の水100ｇを入れ、その中に硝酸カリウムの結晶50ｇを入れました。すると、もやもやしたものがゆらいでいるようすが見られました。このとき、ビーカーにふたをするのを忘れてしまいました。しばらく放置すると、もやもやしたものが見られなくなり、飽和水溶液となりましたが、硝酸カリウムの一部が溶け残っていました。そこで、溶け残った硝酸カリウムを回収しました。回収直後のぬれた硝酸カリウム全体の重さは16ｇでしたが、完全に乾燥させると、重さは13.6ｇになりました。ただし、実験で使ったすべての物質の温度は、30℃で変わらないものとします。

⑹　30℃の水100ｇに溶ける硝酸カリウムの最大の重さを45.5ｇとします。［実験４］で、ビーカーから蒸発した水は何ｇですか。ただし、ビーカーから水が蒸発したのは、実験開始から溶け残った硝酸カリウムを回収したときまでとします。

⑺　硝酸カリウムの溶解度(ようかいど)に関する文として正しいものを、次の㋐～㋕の中からすべて選び、記号で答えなさい。ただし、５℃の水100ｇに溶ける硝酸カリウムの最大の重さを17ｇ、25℃の水100ｇに溶ける硝酸カリウムの最大の重さを38ｇとします。また、水は蒸発しないものとします。

㋐　温度60℃で質量パーセント濃度10％の硝酸カリウム水溶液をつくり、そのあと冷却(れいきゃく)し、５℃を保ってしばらく放置すると、結晶が析出(せきしゅつ)する。

㋑　温度60℃で質量パーセント濃度20％の硝酸カリウム水溶液をつくり、そのあと冷却し、５℃を保ってしばらく放置すると、結晶が析出する。

㋒　温度60℃で質量パーセント濃度30％の硝酸カリウム水溶液をつくり、そのあと冷却し、５℃を保ってしばらく放置すると、結晶が析出する。

㋓　温度60℃で質量パーセント濃度10％の硝酸カリウム水溶液をつくり、そのあと冷却し、25℃を保ってしばらく放置すると、結晶が析出する。

㋔　温度60℃で質量パーセント濃度20％の硝酸カリウム水溶液をつくり、そのあと冷却し、25℃を保ってしばらく放置すると、結晶が析出する。

㋕　温度60℃で質量パーセント濃度30％の硝酸カリウム水溶液をつくり、そのあと冷却し、25℃を保ってしばらく放置すると、結晶が析出する。

４　図１のように、棒の真ん中を支点とした実験用てこがあります。このてこの左うでと右うでには１～５の目盛りが等間隔（かんかく）につけられていて、そこにおもりや物体などがぶら下げられるようになっています。あとの(1)～(5)の問いに答えなさい。ただし、すべてのおもりの大きさは考えないものとします。

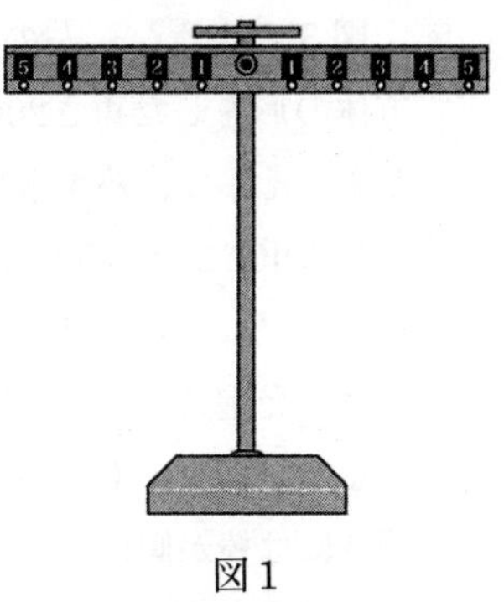

図１

(1)　図２のように、重さが10ｇのおもりＡを左のうでの目盛り１に１個、目盛り２に２個ぶら下げました。このとき、図２の右のうでのどこかに、おもりＡと重さが等しいおもりＢを１個ぶら下げたところ、棒を水平にすることができました。おもりＢをぶら下げた位置はどこですか。目盛り１～５の中から１つ選び、番号で答えなさい。

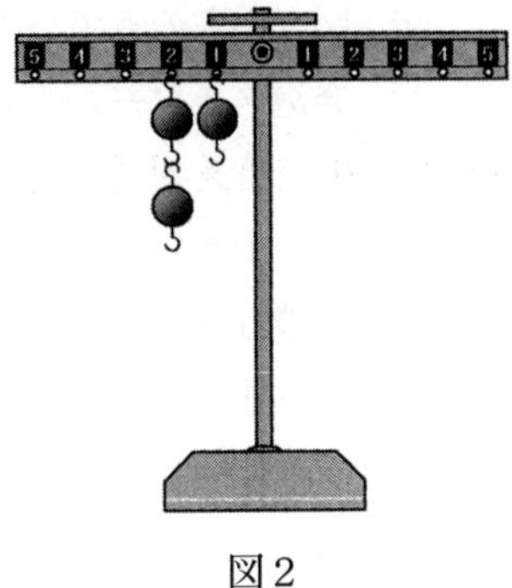

図２

(2)　図２の右のうでのどこかに、おもりＢをいくつかぶら下げて、図２の棒を水平にする方法は、(1)の方法以外に何通りありますか。

(3)　重さがわからないおもりＸを左のうでのどこかに１個ぶら下げました。このとき、右のうでの目盛り４と５におもりＡを１個ずつぶら下げたところ、棒を水平にすることができました。次に、右のうでにぶら下げていたおもりＡをすべて取り外し、おもりＸの下におもりＢを１個ぶら下げて、<u>右のうでの目盛り３のみにおもりＢをいくつかぶら下げると、棒を水平にすることができました</u>。あとの(a)～(c)の問いに答えなさい。必要があれば、右の図を使いなさい。

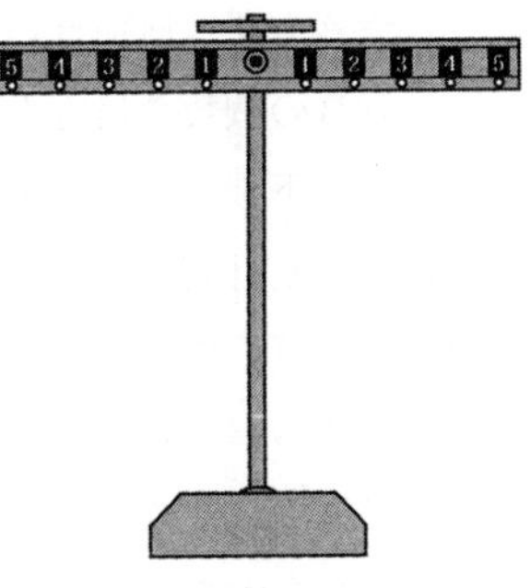

(a)　おもりＸの重さは何ｇですか。

(b)　おもりＸをぶら下げた位置はどこですか。目盛り１～５の中から１つ選び、番号で答えなさい。

(c)　下線部について、右のうでの目盛り３にぶら下げたおもりＢは何個ですか。

(4)　図３のように、左のうでの目盛り５に一辺が20㎝の立方体の形をした重さ200ｇの発泡(はっぽう)スチロールをぶら下げました。そして、棒を水平にしようとして、右のうでの目盛り５に重さ200ｇのおもりＣを１個ぶら下げました。しかし、棒は水平にならずどちらかに傾(かたむ)いてしまいました。この原因は、発泡スチロールに上向きの「ある力」がはたらいているからです。あとの(a)～(e)の問いに答えなさい。ただし、図３には棒が傾いたようすは描(か)かれていません。また、空気の密度を0.001ｇ/㎤とします。

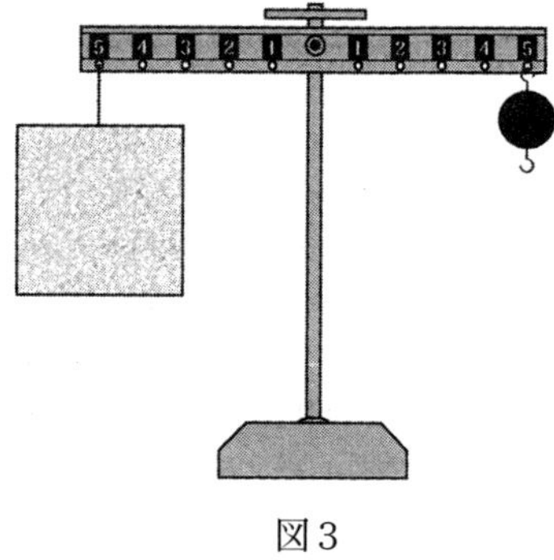

図３

(a)　図３の左のうでにぶら下げた発泡スチロールの密度は何ｇ/㎤ですか。

(b)　発泡スチロールに上向きにはたらいている「ある力」は、何とよばれますか。

(c)　(b)で答えた「ある力」によって飛んでいるものはどれですか。最も適したものを、次の(ア)～(カ)の中から１つ選び、記号で答えなさい。

(ア)　飛行機　　(イ)　ヘリコプター　　(ウ)　ツバメ

(エ)　気球　　(オ)　モンシロチョウ　　(カ)　パラグライダー

(d)　図３の発泡スチロールにはたらいている「ある力」の大きさは何ｇですか。

(e)　図４のように、図３で用いた発泡スチロールの位置は変えずに、おもりＣの位置を目盛り４に変え、目盛り１におもりＡを２個ぶら下げました。このあと、右のうでのどこかにおもりＢをいくつかぶら下げて、棒を水平にする方法は何通りか考えられます。これらのうち、おもりＢの個数を最も少なくする方法は、どの目盛りに何個ぶら下げる方法ですか。たとえば、目盛り１に１個ぶら下げ、目盛り２～４にはぶら下げず、目盛り５に３個ぶら下げる場合の答えは、「10003」となります。

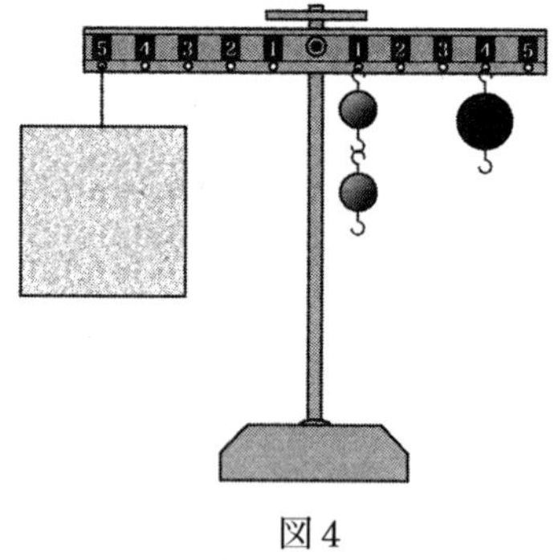

図４

(5)　図４のおもりＡをすべて取り外し、実験用てこの左のうでのどこかに小さな穴をあけて、そこに発泡スチロールをぶら下げました。すると、棒を水平にすることができました。そのあと、これらを大きな容器に入れ、その容器の中を真空にしました。このとき、実験用のてこはどうなりますか。次の(ア)～(カ)の中から１つ選び、記号で答えなさい。

(ア)　棒は水平を保ったままであり、実験用のてこが容器内で浮(う)き上がる。

(イ)　棒の左のうでが下がり、実験用のてこが容器内で浮き上がる。

(ウ)　棒の右のうでが下がり、実験用のてこが容器内で浮き上がる。

(エ)　棒は水平を保ったままであり、実験用のてこが容器内で浮き上がることはない。

(オ)　棒の左のうでが下がり、実験用のてこが容器内で浮き上がることはない。

(カ)　棒の右のうでが下がり、実験用のてこが容器内で浮き上がることはない。

成 城 中 学 校(第１回)

—30分—

1 次の文を読み、以下の問いに答えなさい。

ある金属Ａを、うすい塩酸Ｂと反応させて気体Ｃを発生させる実験をしました。

0.10 g の金属Ａに対して、塩酸Ｂの体積をさまざまに変えて反応させ、発生した気体Ｃの体積を同じ条件ではかると、表のような結果となりました。

また、金属Ａは水酸化ナトリウム水溶液とも反応して気体Ｃを発生し、気体Ｃを空気と混ぜ合わせて点火すると、激しく反応しました。

表

実　験	①	②	③	④	⑤	⑥
塩酸Ｂの体積[㎤]	6	10	14	18	22	26
気体Ｃの体積[㎤]	48	（Ｘ）	112	128	（Ｙ）	128

問１ 気体の集め方について、次の問いに答えなさい。

(1) 次のア～ウは、気体の集め方を模式的に表したものです。気体Ｃの集め方として最も適当なものを、ア～ウから選び、記号で答えなさい。

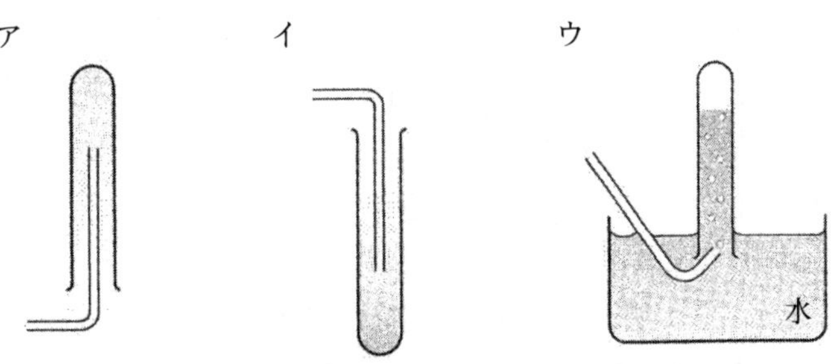

(2) 次のア～オの気体を実験室でつくりました。最も適当な気体Ｃの集め方とは異なる方法でしか集められないものをすべて選び、記号で答えなさい。

ア 乾燥した空気中に最も多く含まれる気体

イ 塩化アンモニウムと水酸化カルシウムを混ぜて加熱すると発生する気体

ウ 石灰石にうすい塩酸をかけると発生する気体

エ 生レバーにオキシドールをかけると発生する気体

オ 濃い塩酸を加熱すると発生する気体

問２ 気体Ｃを空気と混ぜ合わせて点火したとき、できる物質の名前を答えなさい。

問３ 金属Ａは何ですか。最も適当なものを、次のア～オから選び、記号で答えなさい。

ア 金　イ 銀　ウ 銅　エ アルミニウム　オ 鉄

問４ 表の実験①および④の反応後の金属Ａの様子として、最も適当なものを、次のア～ウからそれぞれ選び、記号で答えなさい。

ア すべてとけてなくなっていた。

イ 一部がとけ残っていた。

ウ まったく変化がなかった。

問５　表の(　Ｘ　)(　Ｙ　)にあてはまる数を答えなさい。ただし、答えが割り切れない場合は、小数第１位を四捨五入し、整数で答えなさい。

問６　0.10ｇの金属Ａとちょうど反応するのに必要な塩酸Ｂの体積は何㎤ですか。ただし、答えが割り切れない場合は、小数第１位を四捨五入し、整数で答えなさい。

問７　金属Ａと塩酸Ｂを反応させ、気体Ｃを320㎤発生させようと思います。塩酸Ｂが十分な量あるとき、金属Ａは何ｇ必要ですか。ただし、答えが割り切れない場合は、小数第３位を四捨五入し、小数第２位まで答えなさい。

② 日本のクマに関する次の文を読み、以下の問いに答えなさい。

日本には、ヒグマとツキノワグマという２種類のクマが生息しています。

2023年は、北海道のＯＳＯ(オソ)18というヒグマが駆除(くじょ)されたことや、本州でツキノワグマの被害(ひがい)が急増したことなど、クマがニュースで多く取り上げられました。日本に住むクマは雑食性です。主に木の実や芽などを食べますが、昆虫(こんちゅう)・魚・ほ乳類なども食べています。ツキノワグマは性別や年齢(ねんれい)や季節によって食べるものは変わりますが、秋には脂肪(しぼう)をたくわえるために、ブナなどのドングリを食べます。クマが人里に現れる原因はいろいろと考えられていますが、その１つに「ドングリの凶作(きょうさく)」が指摘(してき)されています。山にドングリが少ないため、クマは広い範囲(はんい)を歩き回り、人と出会う機会が増えてしまうのです。

問１　ほ乳類の眼のつき方は、大きく右図の２つに分けられます。クマの眼のつき方の説明として最も適当なものを、次のア～エから選び、記号で答えなさい。

ア　Ａのようなつき方なので、広い範囲が見わたせる。
イ　Ｂのようなつき方なので、広い範囲が見わたせる。
ウ　Ａのようなつき方なので、遠近感をつかみやすい。
エ　Ｂのようなつき方なので、遠近感をつかみやすい。

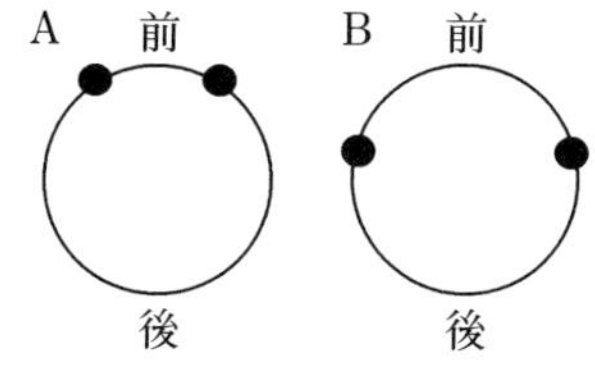

図　ほ乳類の眼のつき方
(○は頭、●は眼をあらわす)

問２　ドングリをつくらない植物として最も適当なものを、次のア～オから選び、記号で答えなさい。

ア　コナラ　　イ　クヌギ　　ウ　イタヤカエデ　　エ　ミズナラ　　オ　スダジイ

問３　ある地域の夏のツキノワグマの食べ物の割合を調べたところ、以下の図のような結果が得られました。図から読み取れないこととして最も適当なものを、後のア～オから選び、記号で答えなさい。

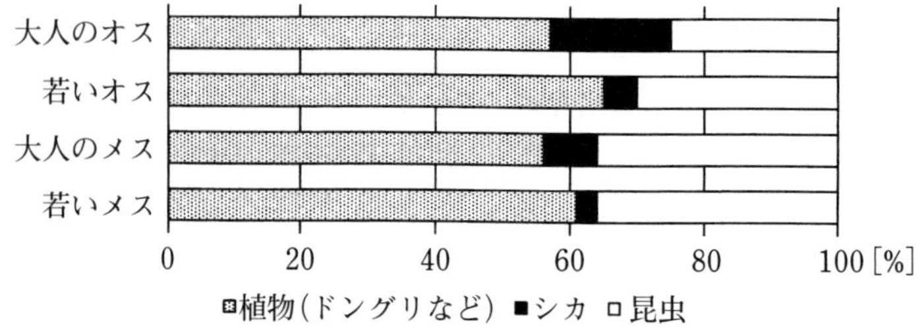

ア　同じ年代では、メスよりもオスのクマの方がシカを食べている割合が大きい。
イ　同じ性別では、若いクマよりも大人のクマの方がシカを食べている割合が大きい。
ウ　シカを食べている割合が最も大きいのは、大人のオスのクマである。

エ　性別・年代を問わず、クマは３割以上の食べ物が昆虫である。

オ　性別・年代を問わず、クマは半分以上の食べ物が植物である。

成城中学１年生のケンジ君は、夏の理科の自由研究でクマを調べてみることにしました。ケンジ君の考えた仮説は、「ドングリが凶作であるほど、クマの被害は大きくなる」です。

はじめに、「ドングリの豊作・凶作」と「クマの被害」にどのような関係があるのか、ある県Xを対象にして調べてみました。まず、県Xが公表している「ブナの実の豊凶指数」からドングリの豊作・凶作を読み取り、「クマによる人身被害の件数」を調べ、以下の表のようにまとめました。なお、ブナの実の豊凶指数とは、ブナのドングリのできぐあいを０(凶作)から５(豊作)で示した値です。

年	2017	2018	2019	2020	2021	2022	2023
ブナの実の豊凶指数	0.7	1.7	0.2	2	0.2	2.8	0.1
クマによる人身被害[件]	19	20	7	16	12	6	28

次に、このデータをもとに、ケンジ君は右のようなグラフをつくりました。

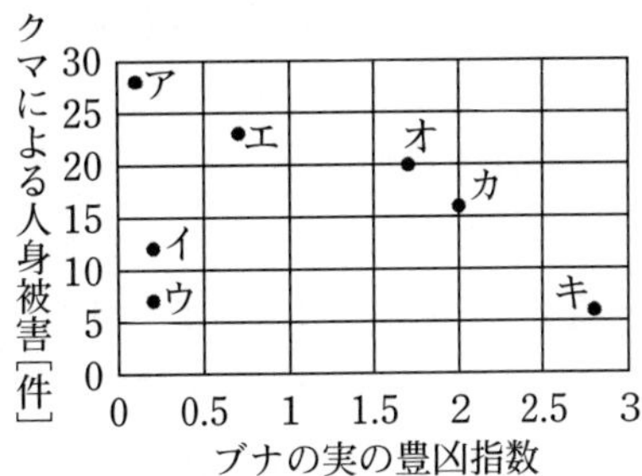

問４　グラフの点ア～キの中に、ケンジ君が間違えて記入してしまった点があります。それはどれですか。最も適当なものを、ア～キから選び、記号で答えなさい。

問５　グラフの点ア～キの中で、ケンジ君の仮説にあてはまらない点を２つ選び、記号で答えなさい。ただし、問４で選んだ答えは除きなさい。

さらに、ケンジ君はクマの「森を豊かにするはたらき」に注目してみました。クマは１日に長い距離を歩き、その結果、植物の多様性を増加させ、森を豊かにするのです。

問６　なぜクマが長い距離を歩くことで、植物の多様性が増し、森が豊かになるのでしょうか。その理由を20字以内で答えなさい。

最後に、ケンジ君の夏の自由研究は、以下のようにしめくくられていました。

> ドングリの凶作だけではなく、里山の荒廃によってクマと人の生活が隣り合わせになっていることも、クマが人里に出てくる原因の１つであると知りました。これからは、クマと人が共存するため、私たちにできる努力をしていきたいと思います。

問７　クマと人の共存のために今後するべき努力として適当でないものを、次のア～エから１つ選び、記号で答えなさい。

ア　クマの生息地を守るとともに、道路などで分断された生息地をつなぐ通り道を作る。

イ　農地や牧草地から離れた場所で食べ物の残りや生ゴミをクマに与える。

ウ　クマの生態を学び、キャンプやハイキングでクマに遭遇しないように行動する。

エ　農地や牧草地にクマが入らないよう柵などを設ける。

３　次の文を読み、以下の問いに答えなさい。

ガスコンロの代わりに鍋（なべ）やフライパンを加熱して調理をする道具の１つに、図１のような「ＩＨ調理器」があります。

ではＩＨ調理器は、どのようにして鍋やフライパンを温めているのでしょうか。それはＩＨ調理器の内部がどのような構造になっているかを見ることによって確かめることができます。

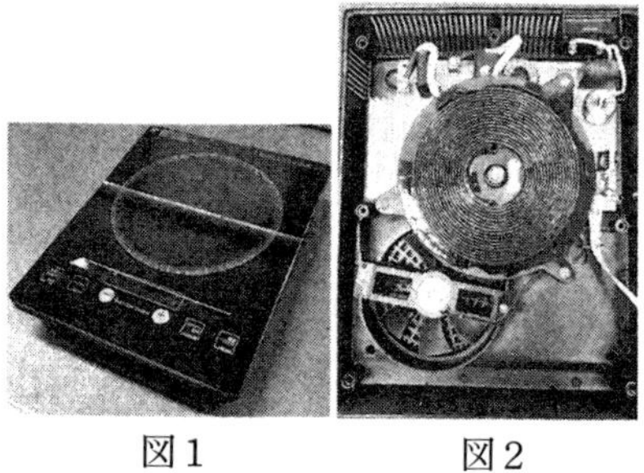
図１　　図２

ＩＨ調理器の内部は図２のようになっており、中央部分に大きなコイルが確認できます。ＩＨ調理器のスイッチが入ると、このコイルに電流が流れ、①コイルの周囲に磁界(磁場)が発生します。

磁界が強くなったり弱くなったりすると、周囲の金属内部に電流が流れます。この電流を「渦電流（うずでんりゅう）」といいます。渦電流は金属にのみ流れ、金属でないものには流れません。ＩＨ調理器は②コイルがつくる磁界の強さを変化させることで、図３のように金属でできた鍋やフライパンの底に渦電流を発生させて、③鍋やフライパンだけを直接温めるのです。

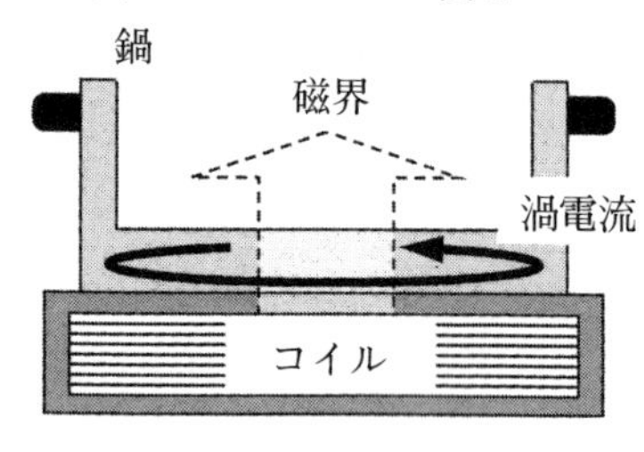

図３

問１　下線部①について、図４のようにコイルを電池につないで電流を流しました。図の位置に方位磁針を置いたときの様子として最も適当なものを、次のア～クから選び、記号で答えなさい。ただし、ア～クの黒い部分は方位磁針のＮ極を示しています。

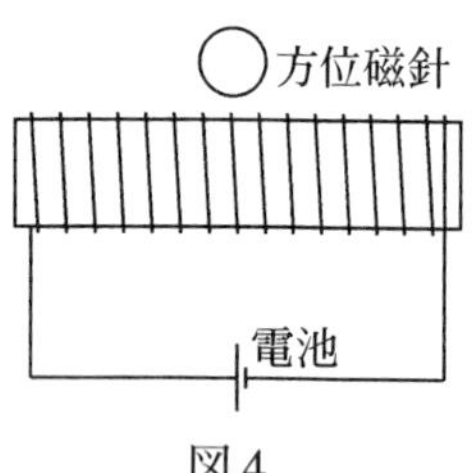

図４

ア 　イ 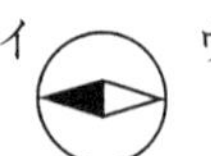　ウ 　エ 　オ 　カ　キ 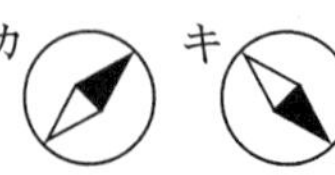　ク 

問２　下線部②について、図４のコイルがつくる磁界を強くする方法として適当なものを、次のア～エからすべて選び、記号で答えなさい。

ア　コイルにつなぐ電池の数を増やして直列につなぐ。

イ　コイルにつなぐ電池の数を増やして並列につなぐ。

ウ　コイルの巻き数を増やす。

エ　コイルの中心に銅芯（しん）を入れる。

問３　下線部③について、金属でできた鍋やフライパンの底に渦電流が発生すると、鍋やフライパンが温まる仕組みと同じ現象として最も適当なものを、次のア～エから選び、記号で答えなさい。

ア　使い捨てカイロを開封（かいふう）すると、カイロが温かくなる。

イ　ガスコンロを点火すると、コンロの上の鍋が温かくなる。

ウ　豆電球を長時間使用すると、電球が温かくなる。

エ　両手をこすり合わせると、両手が温かくなる。

問4　ガスコンロの代わりにＩＨ調理器を使う利点として適当なものを、次のア～エからすべて選び、記号で答えなさい。

ア　ＩＨ調理器のとなりに燃えやすいものを置いて調理をしても、引火する心配がない。

イ　鍋に触(ふ)れても、やけどをする心配がない。

ウ　鍋やフライパンの材質がどのようなものでも、安全に調理できる。

エ　ガスコンロを使うときより、キッチンが暑くなりにくい。

図５のように、ＩＨ調理器の上に水の入った小さい金属容器を置き、そのまわりにドーナッツ状に切り抜(ぬ)いた薄(うす)いアルミホイルを置きました。ＩＨ調理器を起動した直後、④図６のようにアルミホイルが浮(う)く様子が見られました。

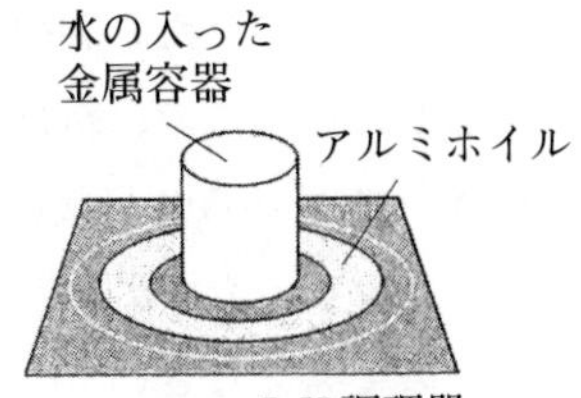

図５

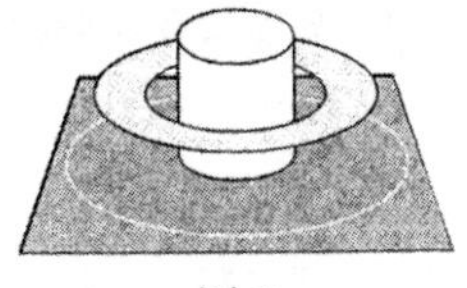
図６

なお、この実験で水の入った金属容器を置いたのは、安全装置がはたらきＩＨ調理器が停止することを避(さ)けるためで、実験結果に影響(えいきょう)はないものとします。

問5　下線部④について、アルミホイルが浮く理由として最も適当なものを、次のア～エから選び、記号で答えなさい。

ア　ＩＨ調理器のつくる磁界によって、アルミホイルに静電気がたまり、ＩＨ調理器との間に反発するような力が発生したため。

イ　ＩＨ調理器のつくる磁界によって、アルミホイルも磁界を生み出し、２つの磁界が反発するような力を生み出したため。

ウ　ＩＨ調理器のつくる磁界によって、アルミホイルが発熱したことにより、アルミホイル自体が軽くなったため。

エ　ＩＨ調理器のつくる磁界によって、アルミホイルとＩＨ調理器の間の空気が温められ、上昇気流(じょうしょうきりゅう)が発生したため。

世田谷学園中学校(第１回)

—30分—

〔注意事項〕 数値を答える問題では、特に指示がない限り、分数は使わずに小数で答えてください。

1 東京から観察される月について、あとの問いに答えなさい。

冬のある日の夕方、太陽がしずんだ後の夜空を見上げたところ、どこにも月を見つけることができませんでした。調べてみると、その日は新月だったので月を見ることができなかったと分かりました。そこで、新月だったこの日から毎日月を探し観察することにしました。

問１ 新月から３日後の18時ごろ、月を見つけることができました。どのような形の月が観察されましたか。あとの□内にある月の形の(ア)～(キ)から最も適当なものを１つ選び、記号で答えなさい。

問２ 新月から１週間後と３週間後の晴れた日の18時ごろに夜空を観察しました。

(1) どのような形の月が観察されましたか。あとの□内にある月の形の(ア)～(キ)から最も適当なものをそれぞれ１つずつ選び、記号で答えなさい。ただし、観察できない場合は「×」と答えなさい。

(2) 月が観察された方角はどちらですか。あとの□内にある方角の(ク)～(サ)から最も適当なものをそれぞれ１つずつ選び、記号で答えなさい。ただし、観察できない場合は「×」と答えなさい。

問３ 満月が見られる日に、月の入りを観察することにしました。

(1) 何時ごろに観察すればよいですか。あとの□内にある時間の(シ)～(タ)から最も適当なものを１つ選び、記号で答えなさい。

(2) どの方角を観察すればよいですか。次の□内にある方角の(ク)～(サ)から最も適当なものを１つ選び、記号で答えなさい。

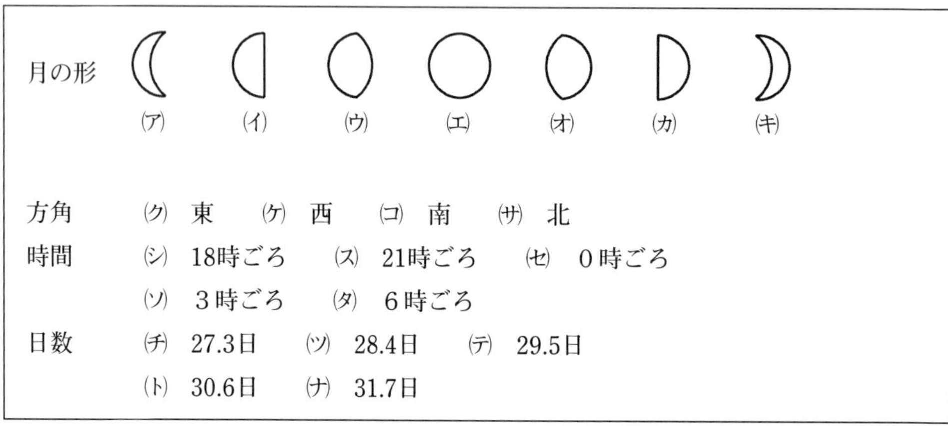

月の形
(ア)
(イ)
(ウ)
(エ)
(オ)
(カ)
(キ)
方角　(ク) 東　(ケ) 西　(コ) 南　(サ) 北
時間　(シ) 18時ごろ　(ス) 21時ごろ　(セ) ０時ごろ
(ソ) ３時ごろ　(タ) ６時ごろ
日数　(チ) 27.3日　(ツ) 28.4日　(テ) 29.5日
(ト) 30.6日　(ナ) 31.7日

夜空の月を観察するだけでは分からないこともあるので、月の満ち欠けや月の出入りについてくわしく調べてみることにしました。すると、次のような太陽と地球と月の位置関係を表す図を見つけました。

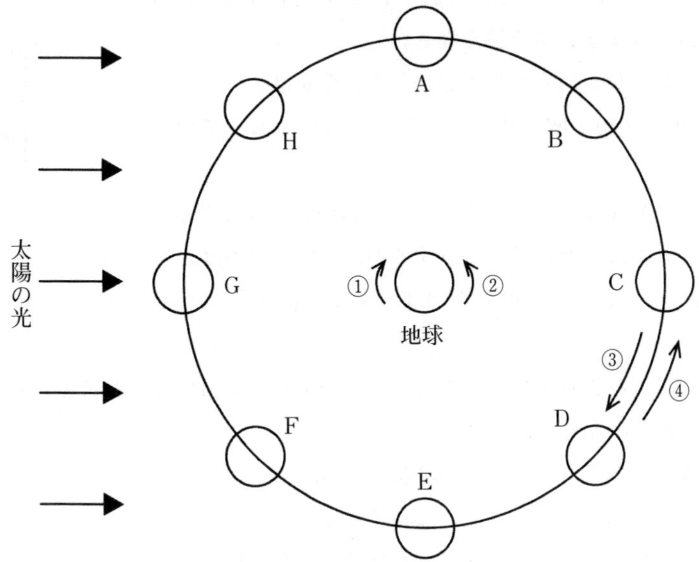

地球の北極方向から見る月の軌道

問４　月は地球のまわりを決まった軌道で回っています。この月の運動を何と言いますか。漢字２字で答えなさい。

問５　図の地球と月の運動の向きはどちらですか。次の(あ)～(え)から１つ選び、記号で答えなさい。

(あ)　地球の運動の向きが①、月の運動の向きが③

(い)　地球の運動の向きが①、月の運動の向きが④

(う)　地球の運動の向きが②、月の運動の向きが③

(え)　地球の運動の向きが②、月の運動の向きが④

問６　満月として観察される月はどの位置ですか。図のＡ～Ｈから最も適当なものを１つ選び、記号で答えなさい。

問７　月が図のＥの位置にあるときについて考えます。

(1)　どのような形の月が地球から観察されますか。前の□内にある月の形の(ア)～(キ)から最も適当なものを１つ選び、記号で答えなさい。

(2)　月の入りは何時ごろですか。前の□内にある時間の(シ)～(タ)から最も適当なものを１つ選び、記号で答えなさい。

問８　月が地球のまわりを１周するのにかかる日数は何日ですか。前の□内にある日数の(チ)～(ナ)から最も適当なものを１つ選び、記号で答えなさい。

問９　月の満ち欠けの周期は何日ですか。前の□内にある日数の(チ)～(ナ)から最も適当なものを１つ選び、記号で答えなさい。

２　次の文を読んで、あとの問いに答えなさい。

天井にばねを取り付け、もう一方のはしにおもりをつるします。図１は、ばねＡの全長［cm］とばねＡにつるしたおもりの重さ［ｇ］の関係を表したものです。

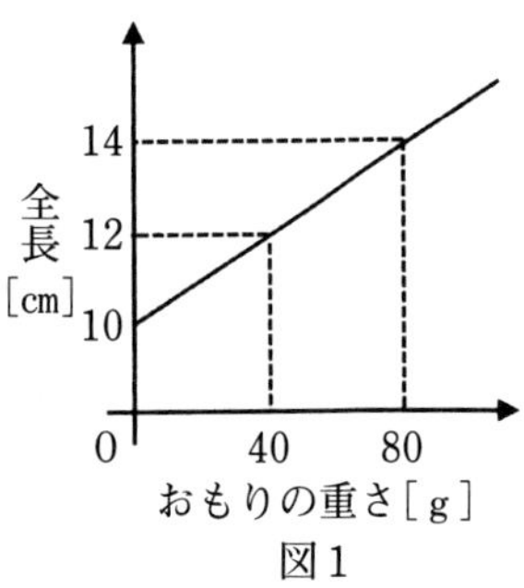

図１

問１　次の文はばねＡについて書かれています。空らん(　①　)、(　②　)にあてはまる数字を答えなさい。

　ばねＡにおもりを何もつるさないときの全長は(　①　)cmで、おもりの重さを40ｇ増やすごとに(　②　)cmずつのびていきます。

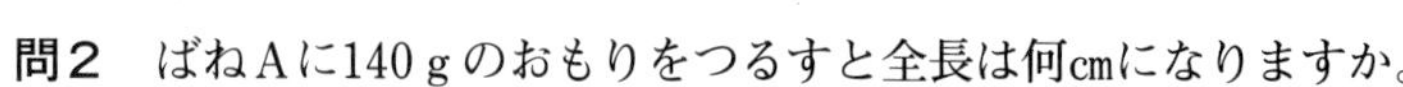

問２　ばねＡに140ｇのおもりをつるすと全長は何cmになりますか。

問３　ばねを１cmのばしたり縮めたりするのに必要な力をばね定数［ｇ/cm］と呼びます。ばねＡのばね定数［ｇ/cm］はいくらですか。

問４　ばね定数がばねＡの半分の値のとき、どのようなばねになると考えられますか。次の(ア)～(エ)から１つ選び、記号で答えなさい。

(ア)　ばねＡと比べて、のびやすいばねになる。
(イ)　ばねＡと比べて、のびにくいばねになる。
(ウ)　ばねＡと比べてのびやすさに変わりはないが、短いばねになる。
(エ)　ばねＡと比べてのびやすさに変わりはないが、断面積の大きなばねになる。

　ばねＢ、Ｃ、Ｄと軽い棒(重さを考えなくてよい)とおもりを用いて、図２～図４のような装置を作ります。ばね定数は、ばねＢが30ｇ/cm、ばねＣが50ｇ/cmであることがわかっています。答えが割り切れないときは、小数第２位を四捨五入して小数第１位まで答えなさい。

問５　図２のように、棒とばねＢと140ｇのおもりを使って装置を作り、棒を水平にします。

(1)　力ａを何ｇにすると棒は水平になりますか。
(2)　ばねＢは何cmのびていますか。

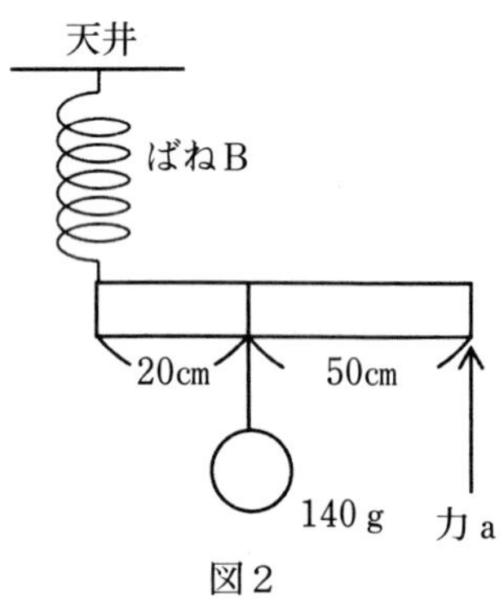

図２

問６　図３のように、棒とばねＢ、Ｃとおもりｂを使って装置を作ります。おもりｂをつるして移動させると、図３の状態で棒が水平になり、このときばねＢは５cm縮み、ばねＣは７cmのびていました。おもりｂの重さは何ｇですか。

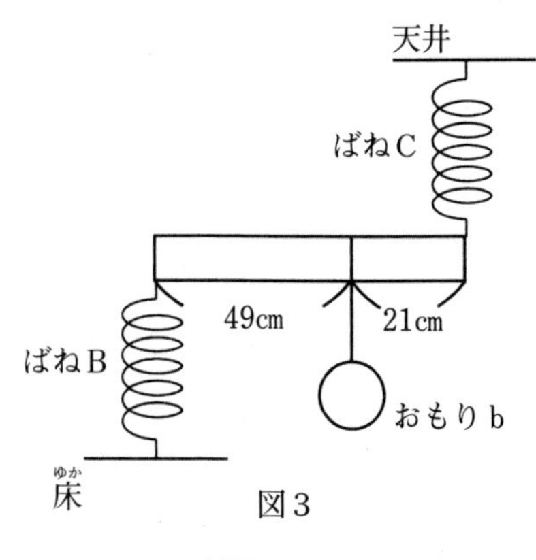

図３

問７　図４のように、棒とばねＢ、Ｄとおもりｃ、輪を２つ持つ輪じくを使って装置を作ります。棒の左はしから４：３の長さの比になる位置におもりｃをつるし、輪じくの大輪と小輪の半径の比は２：１となっています。棒が水平になったとき、ばねＢの縮みとばねＤののびは同じでした。

⑴　ばねＢとばねＤのばね定数の比を最も簡単な整数比で答えなさい。

⑵　ばねＤに加わる力が100ｇのとき、おもりｃは何ｇですか。

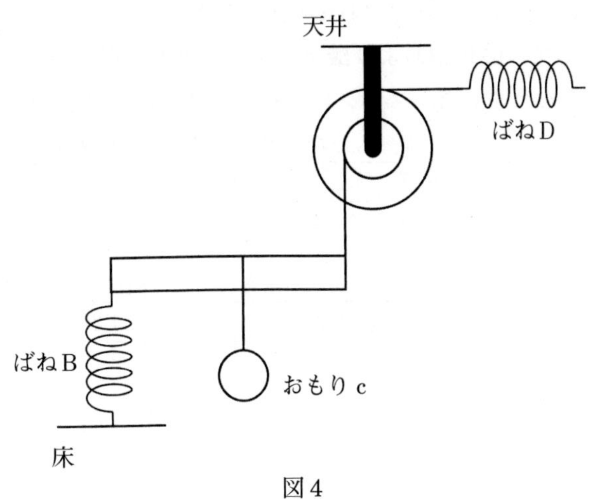

図４

③　次の文を読んで、あとの問いに答えなさい。

私たちの周りにはたくさんの種類の金属があります。①金属というグループ全体で見ればその性質は似ていますが、②個別の金属ごとに異なった性質も持っています。日常生活ではその性質のちがいを活かして活用方法を変えているのです。

金属は太古の昔から活用されており、青銅(銅とスズを含む③合金)を使った銅鏡やたたら製鉄でつくる玉鋼(たまはがね)などは有名です。現在も鉄は建物の骨格材などとして無くてはならない材料となっています。昔も今も人類は、自然界にある物質から金属を取り出すための工夫を続けています。そこで今回は、金属の性質や金属を使った実験を確認していきましょう。

問１　下線部①について、金属というグループ全体で似ている性質として、空らん(　Ｘ　)、(　Ｙ　)にあてはまる語句をそれぞれ答えなさい。

・(　Ｘ　)や熱をよく通す。

・表面に(　Ｙ　)がある。

・引っぱるとのび、たたくとひろがる。

問２　下線部②について、次の㈠～㈢の性質にあてはまる金属はどれですか。［　　　］内にある３種類の金属(A)～(C)からすべて選び、記号で答えなさい。ただし、あてはまるものがないときは「×」と答えなさい。

(あ)　塩酸と反応して水素を発生する。

(い)　水酸化ナトリウム水よう液と反応して水素を発生する。

(う)　反応しにくく、長い時間放置しても変化しない。

(A)　鉄　　(B)　金　　(C)　アルミニウム

問３　下線部③について、合金でないものはどれですか。次の(ア)～(オ)から最も適当なものを１つ選び、記号で答えなさい。

(ア)　金管楽器などに使われる真ちゅう　　(イ)　金属の接合に使われるはんだ
(ウ)　台所などに使われるステンレス　　(エ)　腕(うで)時計などに使われるチタン
(オ)　百円玉などに使われる白銅

色々な重さの銅とアルミニウムをそれぞれ別のステンレス皿に入れ、ガスバーナーを使って空気中で十分に加熱して、酸化銅および酸化アルミニウムを得る実験を行ったところ、次の表１、２のような結果が得られました。ステンレス皿は加熱によって変化しないものとします。

表１　加熱した銅の重さと生じた酸化銅の重さ

銅の重さ[g]	1.00	2.00	3.00
酸化銅の重さ[g]	1.25	2.50	3.75

表２　加熱したアルミニウムの重さと生じた酸化アルミニウムの重さ

アルミニウムの重さ[g]	0.90	1.80	3.60
酸化アルミニウムの重さ[g]	1.70	3.40	6.80

また、物質は原子と呼ばれる小さなつぶが集まってできています。原子はその種類によってそれぞれ大きさや重さが決まっており、物質は原子が決まった個数の比で結びついてできていることが知られています。今回の実験を例にあげると、銅原子１つと酸素原子１つの重さの比は銅原子：酸素原子＝４：１です。また、酸化アルミニウムは、アルミニウム原子と酸素原子が原子の個数の比でアルミニウム原子：酸素原子＝２：３の割合で結びついています。

問４　酸化銅の中の銅原子と酸素原子の個数の比を最も簡単な整数比で答えなさい。

問５　アルミニウム原子１つと酸素原子１つの重さの比を最も簡単な整数比で答えなさい。

問６　銅とアルミニウムを混ぜて8.6gの金属粉末としてステンレス皿にのせ、ガスバーナーで十分に加熱したところ14.2gの物質が得られました。金属粉末中の銅は何gですか。

問７　このような実験を行うときに気をつけなければならない点はどのようなことですか。次の(ア)～(オ)から２つ選び、記号で答えなさい。

(ア)　何回か同じ実験を行い、測定した値の平均値を求めてデータ処理を行う。
(イ)　測定値のぶれをなくすために、測定は１回にして注意深く実験する。
(ウ)　あらかじめこのような結果になるのではないかという予測をしておく。
(エ)　予測からずれた値が出た場合、予測した値に直してデータ処理を行う。
(オ)　何度か測定をして１回だけ他と明らかに異なるデータが得られた場合には新発見の可能性があるので優先して採用する。

高　輪　中　学　校（A）

―30分―

1　豆電球と電池を導線でつないだ回路をつくりました。これに関する次の各問いに答えなさい。ただし、使用する豆電球はすべて同じものとします。

回路を図で表すと、同じ回路でもいくつかの表し方があります。例えば、図1と図2の回路図は同じ回路を表します。

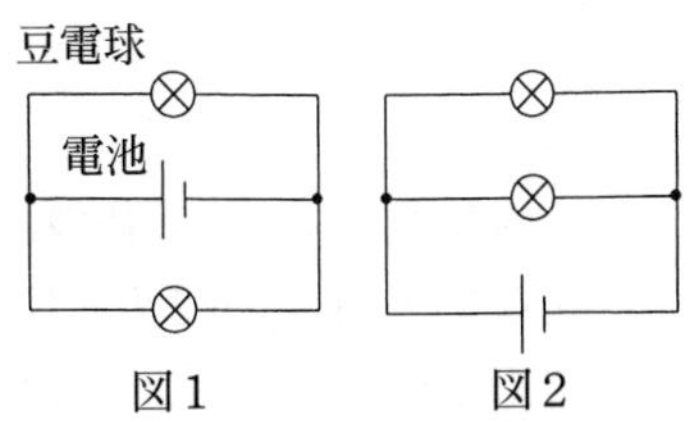

図1　図2

(1)　図1と同じ回路を表す回路図はどれですか。次のア～エの中からすべて選び、記号で答えなさい。

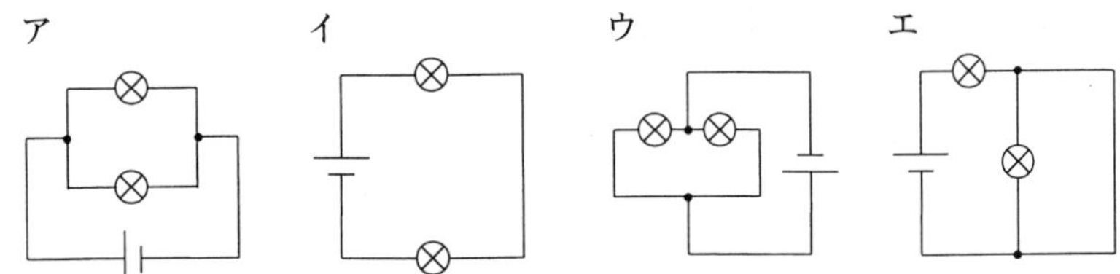

(2)　図3と同じ回路を表す回路図はどれですか。次のア～エの中からすべて選び、記号で答えなさい。

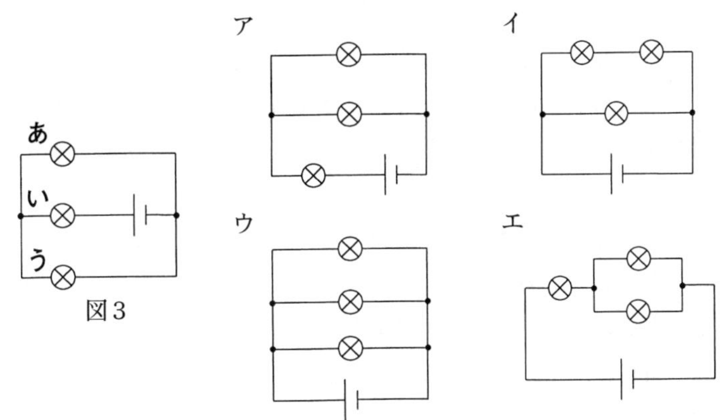

図3

(3)　図3の豆電球**あ**～**う**の明るさを比べたとき、明るいものから順に、豆電球の記号を例にならって書きなさい。

例）**あ**が最も明るく、**い**と**う**は同じ明るさとなるとき、「**あ**>**い**=**う**」のように記号を用いて答える。

図4のような回路を作ってみたところ、豆電球**え**だけ光らないことがわかりました。

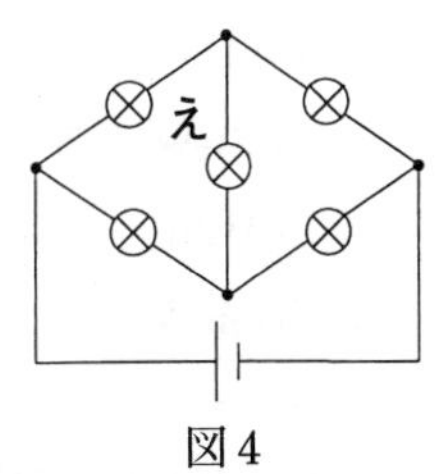

図4

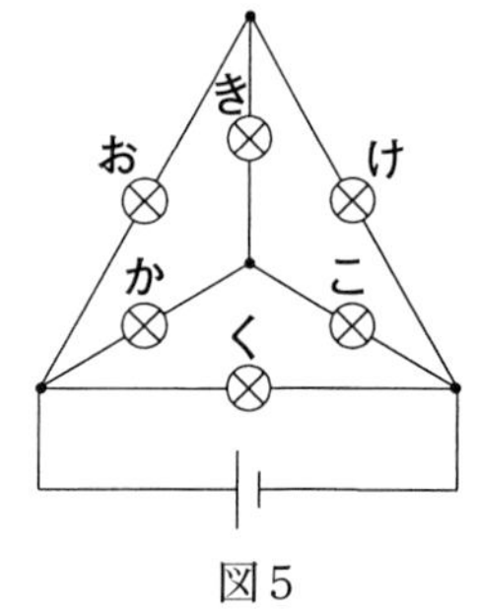

図5

⑷　図5の豆電球**お**～**こ**の中で、光らないものが1つだけあります。それはどれですか。記号で答えなさい。

⑸　図5の豆電球**お**～**こ**の明るさを比べたとき、明るいものから順に、⑶の例にならって豆電球の記号を書きなさい。ただし、光らない豆電球の記号を書く必要はありません。

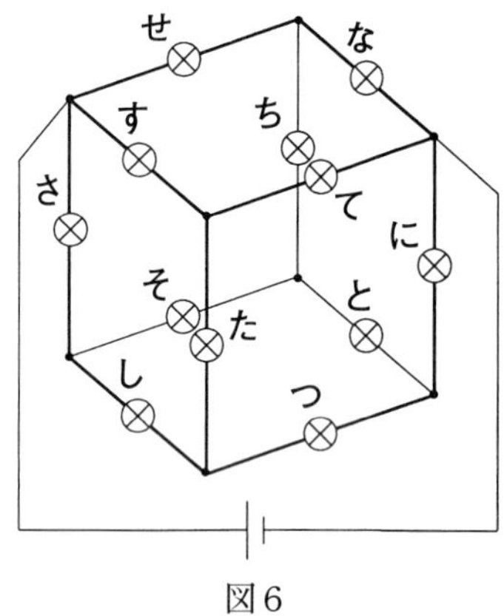

図6

⑹　図6のような立方体の回路があり、豆電球**さ**～**に**の中で、光らない豆電球が2つあります。それはどれですか。記号で答えなさい。ただし、豆電球は各辺の中央にあります。

⑺　図6の豆電球**さ**～**に**の明るさを比べたとき、明るいものから順に、⑶の例にならって豆電球の記号を書きなさい。ただし、光らない豆電球の記号を書く必要はありません。

2　高輪君は、理科の授業で、炭酸カルシウムという固体にうすい塩酸をかけると二酸化炭素が発生することを学びました。この化学反応は塩酸でなくても、同じ酸性の水溶液（すいようえき）であるお酢（す）でも起きると習ったので、高輪君は身近なものを使って、この化学反応を起こしてみようと考えました。そこで、掃除（そうじ）などで使われているクエン酸という物質を水に溶（と）かし、細かく砕（くだ）いたチョークにかけたところ、同じように二酸化炭素が発生しました。チョークは炭酸カルシウムを多くふくんでいます。次の各問いに答えなさい。

⑴　二酸化炭素について正しいものを、次のア～エの中から1つ選び、記号で答えなさい。

ア　水に溶かしたものを炭酸水という。

イ　水に溶かしたものは赤色リトマス紙を青色にする。

ウ　空気中で二番目に多くふくまれる気体である。

エ　ものを燃やすはたらきがある。

⑵　二酸化炭素の集め方として適切でないものを、次のア～ウの中から1つ選び、記号で答えなさい。

ア　水上置換（ちかん）　　イ　上方置換　　ウ　下方置換

⑶　高輪君はクエン酸でこの化学反応を起こせたことから、同じく掃除で使っている重そうという物質を溶かした水溶液も、チョークと化学反応して二酸化炭素が発生すると考えました。実際に実験すると、二酸化炭素は発生しますか。「する」か「しない」かのどちらかを丸で囲み、その理由を答えなさい。

⑷　炭酸カルシウムがふくまれていないものを、次のア～エの中から1つ選び、記号で答えなさい。

ア　ホタテの貝がら　　イ　卵のから　　ウ　石こう　　エ　大理石

チョークには炭酸カルシウムの他に不純物がふくまれます。例えば、チョークが10ｇあったとしたら、その中にふくまれる炭酸カルシウムは10ｇ未満になります。

高輪君はチョーク1.0ｇにふくまれる炭酸カルシウムが何ｇなのかが気になりました。そこで、まず炭酸カルシウム1.0ｇを用意して、きまった濃(こ)さの塩酸を少しずつ注いでいき、発生する二酸化炭素の体積を測定しました。その結果が次の表です。ただし、チョークの不純物は化学反応をしないものとします。

塩酸の体積[mL]	20	40	60	80	100
二酸化炭素の体積[mL]	89.6	179.2	224.0	224.0	224.0

(5)　炭酸カルシウム1.0ｇとちょうど反応する塩酸の体積は何mLですか。

(6)　チョーク1.0ｇに、同じ塩酸を十分な量加えると、二酸化炭素が179.2mL発生しました。このチョークの中にふくまれる炭酸カルシウムは何ｇですか。

(7)　チョーク0.2ｇと炭酸カルシウム0.34ｇの混合物に、同じ塩酸を20mL加えたときに発生する二酸化炭素の体積は何mLですか。

3　次の会話文を読み、以下の各問いに答えなさい。

T君：あそこで光って動いている星みたいなものは何？

父親：あー！あれは①国際宇宙ステーションだよ！いつでも見られるわけではないから、ラッキーだったね。

T君：国際宇宙ステーションって何？

父親：②地上から400㎞の高さにあって、90分で地球を一周している実験施設(しせつ)だよ。何人かの人が滞在(たいざい)して実験や研究を行っているんだ。

T君：へー、すごい仕事をしているんだね。でも、90分で一周しているなら、毎日見えそうだけど。

父親：地球から国際宇宙ステーションを見るには条件があるんだ。雲がないのは当然として、③日本の上空を通過している時でないと見えない。さらに、昼に星が見えないように昼間だと見えないし、④国際宇宙ステーションは太陽の光を反射して光って見えるので、⑤こういう位置関係にないと国際宇宙ステーションは見えないんだ。

T君：なるほど。やっぱりラッキーだったんだね。ぼくも宇宙飛行士になって、国際宇宙ステーションに行ってみたいな！

(1)　下線部①の国際宇宙ステーションの略称(りゃくしょう)を、次のア～オの中から１つ選び、記号で答えなさい。

ア　NASA　　イ　JAXA　　ウ　ISS　　エ　H－Ⅱ　　オ　STS

(2)　下線部②について、地球の半径を6400㎞、円周率を３とすると、国際宇宙ステーションの速さは時速何㎞ですか。

(3)　下線部③に関して、次の文章の（ A ）には数値を、（ B ）には「東」か「西」のどちらかを答えなさい。

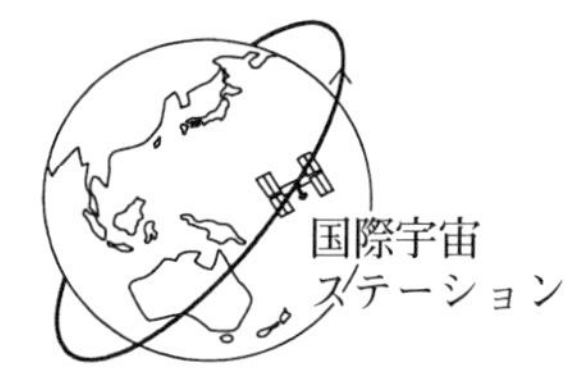

右図のように、地球の外から見ると、国際宇宙ステーションは同じ軌道(きどう)を90分かけて回っている。しかし、地球は自転しているため、国際宇宙ステーションが1回転する間に、地球は(A)°回転する。よって、地上にいる人から見ると、国際宇宙ステーションの通過する位置はどんどん(B)にずれていくように見える。

(4)　下線部④について、国際宇宙ステーションと同様に、太陽の光を反射して光って見えるものを、次のア～オの中からすべて選び、記号で答えなさい。

ア　月　　イ　火星　　ウ　流星　　エ　北極星　　オ　シリウス

(5)　下線部⑤を話しているときに、父親が示した図を、次のア～エの中から1つ選び、記号で答えなさい。

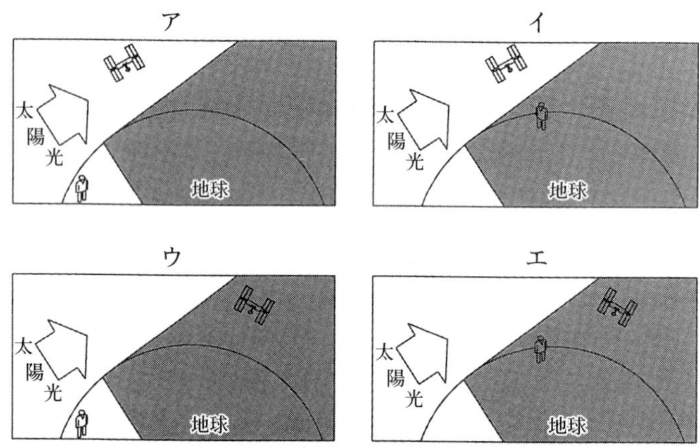

(6)　あなたが国際宇宙ステーションに行けるとしたら、重力がほとんどない環境(かんきょう)を活かし、ステーション内においてどのような実験や研究をしてみたいですか。ボールを投げるなど、人やものを動かすこと以外で思いつくものを1つ挙げ、例のように地球で行うのとどのような点を比較(ひかく)したいか記述しなさい。

例)アサガオの鉢(はち)植えを育て、つるがのびる方向が地球とちがうのか調べる。

4　高輪君と白金君はそれぞれの夏休みの出来事を話しています。次の文章を読み、以下の各問いに答えなさい。

高輪君：ぼくは、博物館でゴキブリの話を聞いてきたよ。オーストラリアにはヨロイモグラゴキブリというのがいて、名前の通りモグラの前足みたいに土をほるのに適したあしを持っていて、土の中に巣を作って、落ち葉とかを食べているんだって。①モグラとゴキブリって全然ちがう生き物だけど、つくりやはたらきが似ている器官をもつんだね。例えば、(②)もそれと同じだよね。こういった生物の体の構造をうまく利用して作られているものがあるよね。例えば、カは血を吸うときにさすけど、人間はさされたときにあまり痛さを感じないじゃない。だから、カの口の構造をまねして(③)が作られているみたいだよ。あとは、よごれにくいというカタツムリのからの構造をもとに(④)が作られたりしているらしい。ヨロイモグラゴキブリのあしも、土をほるものを開発するのに利用できるのかもしれないね。

白金君：ぼくは、合宿で川の上流に行ってきたよ。この川ではある区域に生息するイワナの個体数の調査をしているんだって。調査の方法は、まずはじめにイワナを何匹か捕獲して個体数(A)を数え、そのすべてに目印をつけてから放すんだ。何日か時間をおいて目印をつけたイワナが十分に分散してから、もう一度同じ条件でイワナを何匹か捕獲して、捕まえた全個体数(B)と、その中にふくまれる目印のついたイワナの個体数(C)を数えるんだ。すると、次の式から区域内の全個体数を推定できるんだ。

$$\text{区域内の全個体数}=\begin{array}{c}\text{最初に捕獲して目印}\\\text{をつけた個体数(A)}\end{array}\times\frac{\text{２度目に捕獲した全個体数(B)}}{\text{再捕獲された目印のついた個体数(C)}}$$

この方法は、⑤魚以外の個体数を推定するのにも使われていて、目印はその生物の生存などに影響しないものを選ぶらしいよ。イワナの場合は、あぶらびれというひれを切って一度捕まえたという目印にするんだって。調査結果を聞いたところ、エサとなる虫などが多いからイワナの生息数が多いんだって。そういえば、夜中、宿の⑥明かりに集まる虫がたくさんいて、⑦その虫を食べようとして集まる生き物もいたな。こういった虫も水面に落ちるとイワナのエサになるよね。虫だけじゃなくて、川には落ち葉も落ちるでしょう。⑧陸上で落ち葉を食べる生き物と同じように、水の中にも落ち葉を食べるやつがいて、それらも魚のエサになるよね。そう考えると、川と陸の生き物ってつながりをもっているんだね。

(1)　下線部①について、モグラとゴキブリは何のなかまですか。次のア～エの中からそれぞれ１つずつ選び、記号で答えなさい。

ア　は虫類　　イ　甲殻類　　ウ　ほ乳類　　エ　昆虫類

(2)　文中の(　②　)にあてはまるものを、次のア～エの中から１つ選び、記号で答えなさい。

ア　モグラの前足とゴキブリのはね　　イ　ゴキブリのはねとゴキブリのあし

ウ　チョウのはねと鳥のつばさ　　エ　クジラの胸びれとヒトのうで

(3)　文中の(　③　)、(　④　)にあてはまるものを、次のア～エの中からそれぞれ１つずつ選び、記号で答えなさい。

ア　外壁タイル　　イ　ストロー　　ウ　注射針　　エ　黒板

(4)　下線部⑤について、この方法で個体数を推定するのにふさわしくないものを、次のア～ウの中から１つ選び、記号で答えなさい。

ア　池の中のザリガニ　　イ　岩についたフジツボ　　ウ　草原のバッタ

(5)　下線部⑥、⑦、⑧の生き物としてふさわしい組み合わせを、次のア～エの中から１つ選び、記号で答えなさい。

	⑥	⑦	⑧
ア	カゲロウ	カマキリ	トンボ
イ	クワガタ	コオロギ	ハチ
ウ	ガ	ヤモリ	ダンゴムシ
エ	カワゲラ	カブトムシ	ゴキブリ

(6)　ある区域内のイワナの全個体数を調査した際、はじめに50匹のイワナに目印をつけて放しました。その後、２度目にイワナを90匹捕まえ、そのうち目印のついたイワナが５匹でした。この区域内のイワナの全個体数は何匹と推定できますか。

(7)　ある区域内のイワナの全個体数を調査する際に、あぶらびれではなく、尾びれを切って目印をつけた場合、推定できる全個体数はあぶらびれを切った時と比べてどうなると考えられますか。次のア～ウの中から１つ選び、記号で答えなさい。ただし、尾びれを切ると、イワナが生き残りにくくなるものとします。

ア　少なくなる　　イ　変わらない　　ウ　多くなる

筑波大学附属駒場中学校

—40分—

1　たくやさんの通っている学校の理科実験室には、ラベルがはがれてしまった水よう液が入っているビンがいくつもある。中に何が入っているか分からないとあぶないので、実験をしてビンに正しくラベルをはることを考えた。そこで、それぞれのビンとフタに仮のラベルとしてＡ～Ｇと書いた紙をはり、すべての水よう液を少しずつ試験管や蒸発皿にとって、かん気に気をつけながら実験１～７を行い、結果をまとめた。実験をしているようすを見ていた先生が、次のようなラベルを作ってくれた。後の各問いに答えなさい。

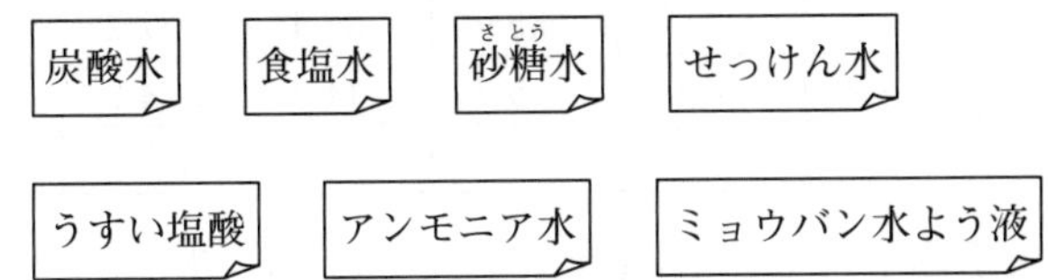

【実験１】　Ａ～Ｇの水よう液を入れたそれぞれの試験管を、よくふった。

【実験２】　Ａ～Ｇの水よう液を入れたそれぞれの試験管に、ＢＴＢよう液を一てき入れた。

【実験３】　それぞれの水よう液を蒸発皿にとってから、液体がなくなるまでおだやかに温めた。

【実験４】　ＦとＧの水よう液をビーカーにおよそ100グラムとり、水よう液がおよそ半分になるまで実験用ガスコンロでおだやかに温めた。

【実験５】　Ａ、Ｂ、Ｅの水よう液を試験管に入れて、図の矢印で示した部分をおだやかに温めた。そのときに出てくる蒸気を水にとかした。得られた水よう液の性質を、ＢＴＢよう液を使って調べた。

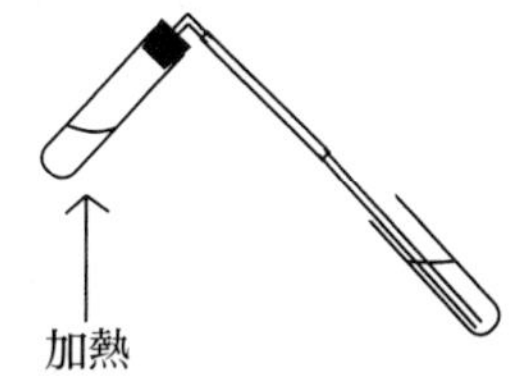

図　実験５のようす

【実験６】　それぞれの水よう液を入れた試験管に、小さくちぎった細かいスチールウールを入れた。

【実験７】　試験管に入れた石かい水に、Ａ～Ｇの水よう液を少量くわえた。

※ＢＴＢよう液は、水よう液の性質が酸性・中性・アルカリ性を調べるための薬品で、それぞれの性質の水よう液に入れると、黄色・緑色・青色になる。

【実験１の結果】　Ｄの水よう液をふったときにできたあわはしばらくの時間、水面に残っていた。

【実験２の結果】　Ａ、Ｄの水よう液は、ＢＴＢよう液を入れてすぐに青色になった。

【実験３の結果】　Ｄ、Ｆ、Ｇの水よう液は、とけていたものが少しだけかたまりとして出てきたように見えた。Ｃの水よう液は、茶色くこげたようになった。

【実験４の結果】　温めた水よう液が冷えていくと、Ｆの水よう液を入れたビーカーには変化がなかったが、Ｇの水よう液を入れたビーカーにはとけ残りが見え始めてからじょじょに増えていくように見えた。

【実験５の結果】　温める前の水よう液と蒸気を水にとかして得られた水よう液は、ほとんど同じ性質だった。

【実験６の結果】　Ｂの水よう液に入れたスチールウールからは細かいあわがたくさん出て、しばらくするとスチールウールはなくなった。Ｅの水よう液に入れたスチールウールにはあわがついたが、スチールウールはなくならなかった。

【実験７の結果】　E、Gの水よう液を入れたときだけ、はっきりと白くにごった。

1　実験２でリトマス試験紙を使う場合、性質を調べたい水よう液などにリトマス試験紙を直接つけてはいけない。リトマス試験紙を使って水よう液の性質を調べるにはどのようにすればよいですか。10字以内で答えなさい。

2　実験２で、黄色になったのはG以外に２つあった。A～Fのうちのどれとどれですか。

3　実験５の結果から、A、B、Eだけに共通していることは何ですか。８字以内で答えなさい。

4　すべての実験結果から判断して、A～Gの水よう液が入っているそれぞれのビンにはるラベルはア～キのどれですか。次の表を参考に考えなさい。

表　100グラムの水にとける薬品の量(グラム)

	0℃	20℃	40℃	60℃	80℃
食塩	35.7	35.9	36.4	37.2	38.0
ミョウバン	3.0	5.9	11.8	24.8	71.2
砂糖	179.2	203.9	238.1	287.3	362.1

ア　炭酸水　　イ　食塩水　　ウ　砂糖水　　エ　せっけん水　　オ　うすい塩酸
カ　アンモニア水　　キ　ミョウバン水よう液

2　二人の会話を読んで、後の各問いに答えなさい。

つくはさん：科学部はこの夏休みにどこかに行ったの？
こまおさん：夏休みに入ってすぐ、武蔵五日市(むさしいつかいち)の秋川の調査に行ったよ。
つくはさん：あの辺りは少し移動しただけで川のようすが大きく変わるからおもしろいよね。

1　右の表は調査した地点A～Cにおける水深のデータである。地点Aは最も上流側にあり、100ｍほど下って地点B、さらに100ｍほど下って地点Cがある。各地点とも「左岸からおよそ２ｍ」、「川はばのほぼ中央」、「右岸からおよそ２ｍ」の水深を測定して表にまとめた。表のデータから考えられる川の模式図(もしきず)として最も適当なものはどれですか。ただし、川の上流から下流を見たときに川の左側にある岸が「左岸」、同じく右側にある岸が「右岸」である。

表　各地点における水深のデータ

	左岸	中央	右岸
A	約50㎝	約１ｍ	約２ｍ
B	約30㎝	約50㎝	約30㎝
C	約２ｍ	約1.5ｍ	約50㎝

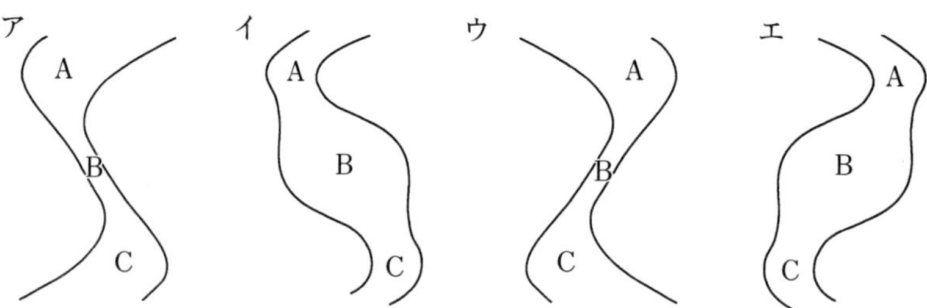

> つくはさん：あのころ台風が近づいてきて大変だったような気がするけど、川はだいじょうぶだったの？
>
> こまおさん：うん。幸い台風が近づく前に調査できたからだいじょうぶだったよ。でも、例年、日本に接近して上陸するような台風は（ X ）ものが多いけど、今年の台風は進路が異常なものが多かったから予想が難しかったね。

2　上の会話文中の（ X ）に入る文として最も適当なものはどれですか。

ア　沖縄方面から北東に向かって進む　　イ　朝鮮半島付近からほぼ真南に向かって進む
ウ　北海道方面から南西に向かって進む　　エ　中国大陸から南東に向かって進む

> つくはさん：台風による災害も、毎年のように起きてるよね。
>
> こまおさん：ぼくの家は川のそばだから、台風が来るたびにビクビクするよ。
>
> つくはさん：今は川岸をコンクリートで固めたり、川の流れを人工的に変えたりして、はんらんを防ぐ対策が進んでいるからだいじょうぶじゃない？

3　河川のはんらんを防ぐために川岸をコンクリートで固める場所として最も適当なものはどれですか。

ア　川岸をけずる力が強い「カーブの外側の川岸」
イ　浅くて水があふれやすい「カーブの内側の川岸」
ウ　川の流れが速い「川がまっすぐな部分の両岸」

> こまおさん：うん、そうだね。でも最近は、そうした今までのはんらん対策が「生物多様性」や「川とのふれあい」というめぐみをうばっているのではという意見もあって、対策の方法が見直され始めてるんだよ。たとえばコンクリートの代わりに自然の石を用いて生き物がすみやすいようにしたり、強固で高いてい防はやめて安全なところにわざと水をにがすことで市街地や農耕地へのはんらんを防ごうという方法だよ。
>
> つくはさん：そうか。災害ばかりをおそれすぎて川のめぐみをすべてぎせいにしてしまってはもったいないもんね。そういえば台風も災害だけでなく、めぐみをもたらす面もあるよね。
>
> こまおさん：そうだね。台風があまり来なかった年はダムが空っぽになって、水不足で困ったりするもんね。

4　川のほかに災害とめぐみの両方をもたらすものとして火山があげられる。火山の存在、あるいはその活動が私たちにあたえるめぐみとして適当でないものはどれですか。

ア　肥よくな土じょう　　イ　美しい景観や温泉　　ウ　二酸化炭素の吸収
エ　豊富なわき水　　オ　発電用の熱源　　カ　様々な石材として使われる岩石

つくはさん：台風が通過したあと、雲一つない快晴になるのもめぐみよね？　そんな夜は星空もきれいだし！ こまおさん：台風一過だね。でもそれってめぐみになるのかなぁ？

5　台風が通過した夏休みのある晴れた夜、20時ころに東京で見られる星座として適当でないものはどれですか。

ア　オリオン座　　イ　はくちょう座　　ウ　わし座　　エ　さそり座

③　パルスオキシメーターは、図のように指先にはさんで１分間あたりの脈はくの回数(脈はく数)と血液中の酸素ほう和度を測ることができる装置である。血液中の酸素ほう和度とは、血液中に十分な酸素がふくまれているかどうかの指標で、値が大きいほど血液中の酸素量が多い。あきらさんは、運動によってこれらの値が変化するかどうか調べるために以下の方法で実験を行ったところ、結果は表のようになった。後の各問いに答えなさい。

【実験方法】

次の〔運動前〕と〔運動後〕の動作を５回くり返した。

〔運動前〕　いすにすわって深呼吸をして、10分ほど動かないようにしてからパルスオキシメーターを指にはさみ、脈はく数と酸素ほう和度を記録した。

〔運動後〕　しゃがんでから立ち上がる運動(スクワット)を休まずに１分間で35回おこなった。運動をやめた直後にパルスオキシメーターを指にはさみ、運動前から最も変化した脈はく数とそのときの酸素ほう和度を記録した。

図　パルスオキシメーターで測定するようす

表　測定結果
(上：１分間あたりの脈はく数　下：血液中の酸素ほう和度)

	１回目	２回目	３回目	４回目	５回目
〔運動前〕	66 97%	65 97%	66 97%	71 98%	69 97%
〔運動後〕	108 97%	116 98%	116 97%	115 97%	117 97%

1　〔運動前〕と比べて〔運動後〕について、この測定結果から言えることとして最も適切なものはどれですか。

ア　心臓の動きがはやくなり、血液中の酸素量も増える。

イ　筋肉がたくさん酸素を使って、血液中の酸素量は減る。

ウ　筋肉がより多くの酸素を必要として、呼吸数が上がる。

エ　脈はく数は上がるが、血液中の酸素量はほとんど変わらない。

2　あきらさんは実験をした後、教科書に書いてあることをもとにして次のように考えた。文中の(　①　)～(　③　)に最も適当なものをそれぞれ選びなさい。

【あきらさんの考え】

〔運動後〕に(　①　)が上がっていた理由は、運動によって(　②　)が上がったためである。運動して筋肉が動くと、筋肉では(　③　)や養分がたくさん使われる。すると筋肉から(③)や養分をつかった後に出る物質が血液中に放出され、その物質によって(②)が上がり、(①)も上がったのではないだろうか。

ア　脈はく数　　イ　心臓のはく動の回数　　ウ　酸素　　エ　二酸化炭素

4　生物部のさとしさんとあらたさんは、夏休みに観察したさまざまな生物について話している。以下の会話を読んで、後の各問いに答えなさい。

あらたさん：夏休み、家族で青森に行ってきたんだって？いいなぁ。どんな生き物がいたの？
さとしさん：いろんな生き物がいたよ。山のふもとにとまったんだけど、朝早起きして散歩してたら「カカカカカ！」っていうか、「ババババババ！」っていうか、とにかく何かを打ちつけるような音がしたの。
あらたさん：キツツキが木の幹をつついてる音？
さとしさん：いや、鳴き声だったんだ。スズメよりもちょっと大きくて、ヒヨドリより小さかった。あわてて写真をとったよ(図1)。

図1　モズの写真

あらたさん：これはモズだね！まちがいない。モズといえば「はやにえ」だよね。
さとしさん：「はやにえ」って何？
あらたさん：モズのくちばしって、タカみたいにするどいでしょ。こんなかわいいのにタカと同じで肉食なんだ。秋になると、つかまえたバッタやカエルをとがった木の枝とかにくしざしにしておく習性があるんだよ。このくしざしになったエサを「はやにえ」っていうの(図2)。

図2　モズのはやにえ

さとしさん：モズって、ずいぶんきょうれつなことをするんだね。でも、なんでつかまえたエサを枝にさしておくの？すぐ食べればいいのに。
あらたさん：冬のあいだはエサが少ないから、秋のうちにエサを貯めてるんだよ。さらに最近、新しい発見があったの。「はやにえ」をたくさん食べたモズのオスは、メスにモテるらしいよ。
さとしさん：へぇ～そうなんだ！おもしろいね。でもなんでモテるの？栄養がいいから？
あらたさん：モズのはんしょく期って、まだエサの少ない2月ごろから始まるんだけど、その前に「はやにえ」をたくさん食べたモズのオスは、よりはやい歌声で歌ってメスにアピールして、メスと早くつがいになれるんだって。モズのメスにとって、よりはやい歌声のオスの方がみりょく的らしいよ。

1　モズがバッタやカエルのほかにおもに食べるものとして、適当だと考えられるものをすべて選びなさい。

ア　トカゲ　　イ　花のみつ　　ウ　ハチ　　エ　お米　　オ　小さなネズミ　　カ　ミミズ

2　会話から分かるモズのはんしょくと「はやにえ」との関連について、適当だと考えられるものを2つ選びなさい。

ア　はんしょく期が始まるまで、オスは「はやにえ」を食べずにとっておく。
イ　メスは、よりはやい歌声で歌ったオスにひきつけられる。
ウ　「はやにえ」をメスにあげたオスは、メスとつがいになる時期が早くなる。
エ　「はやにえ」をたくさん食べたオスは、そうでないオスよりもはやい歌声で歌うことができる。

さとしさん：そうそう、あとオニヤンマがけっこう飛んでたよ。
あらたさん：オニヤンマって、水がきれいなところにしかいないんだよね。
さとしさん：はじめてオニヤンマが産卵(らん)するところを見たんだ。この動画を見てよ。さわのそばの細い小川みたいなところで、たてに上下して飛んでたよ。

図3　オニヤンマの産卵のようす

あらたさん：これはすごい！ストンストンって何度も水につかってるね。
さとしさん：オニヤンマは卵(たまご)から成虫になるまで、３～５年もかかるんだって。

3　卵から成虫になるまでの間、オニヤンマと同じような「すがたの順番」で育つこん虫をすべて選びなさい。

ア　クマゼミ　イ　オオカマキリ　ウ　エンマコオロギ　エ　コクワガタ
オ　アゲハ　カ　ナナホシテントウ　キ　ツクツクボウシ　ク　ショウリョウバッタ
ケ　アキアカネ

4　オニヤンマの幼(よう)虫について書いた次の文の（①）～（④）に適当なものをそれぞれ選びなさい。ただし、①と②は〔えさ〕の中から、③は〔すがた〕の中から、④は〔場所〕の中からそれぞれ選ぶこと。

「オニヤンマの幼虫はどろの中に身をかくし、小さいときはおもに（①）などを食べ、大きくなるとおもに（②）などを食べる。オニヤンマは（③）のすがたで冬ごしをするため、（④）が必要になる。」

〔えさ〕　ア　はやにえ　イ　アブやカの成虫　ウ　小魚やおたまじゃくし
エ　ミジンコやイトミミズ
〔すがた〕　ア　卵　イ　やご　ウ　さなぎ　エ　成虫
〔場所〕　ア　１年を通して水がある小川のような場所
イ　冬には水がなくなる水田のような場所
ウ　水がきれいで流れが速い大きい川のような場所

5　２つの同じ豆電球ＰとＱ、２つの同じかん電池を用意し、導線を使ったいろいろなつなぎ方で、豆電球のつき方を調べた。以下の文を読んで、後の各問いに答えなさい。

【実験１】　図１の(1)～(5)のつなぎ方で、豆電球のつき方を調べた。

【結果１】　(2)の豆電球は(1)より明るかった。また、(3)の２つの豆電球は同じ明るさだったが、(1)より暗かった。そこで、(1)のつき方を“○”、(2)のつき方を“◎”、(3)のつき方を“△”、つかなかった場合は“×”と記し、(4)と(5)の結果もふくめて表１にまとめた。

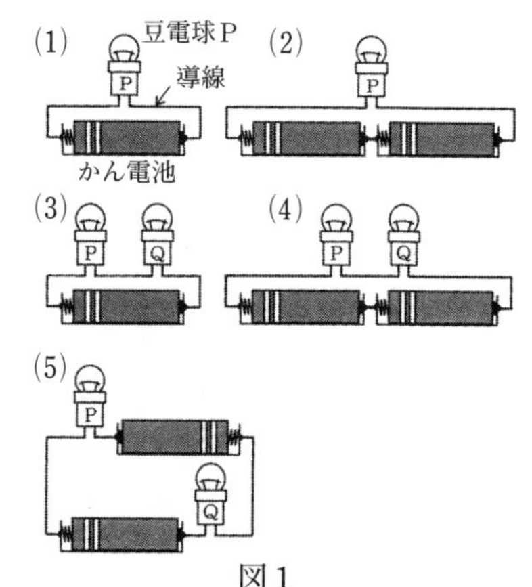

図１

表１

つなぎ方	(1)	(2)	(3)	(4)	(5)
Ｐのつき方	○	◎	△	○	○
Ｑのつき方	なし	なし	△	○	○

【実験2】　図2のような装置を組み立てた。中央の四角状の境界(点線)上にある8個の黒い点(●)はたんしで、同じ四角状の形をした図3のような回路板を境界に合わせてはめこむことで、回路板上の8個のたんしとつながる。回路板上の線(実線)はたんし同士をつなぐ導線を表し、矢印(⇨)で示す4つの向きを選んではめこむことができる。いろいろな回路板(図4)を用意し、向きを変えながら豆電球のつき方を調べた。ただし、回路板上の導線が交差している部分はつながっていない。

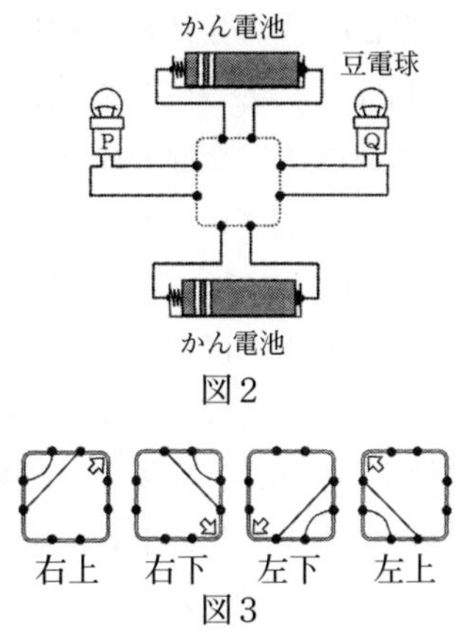

図2

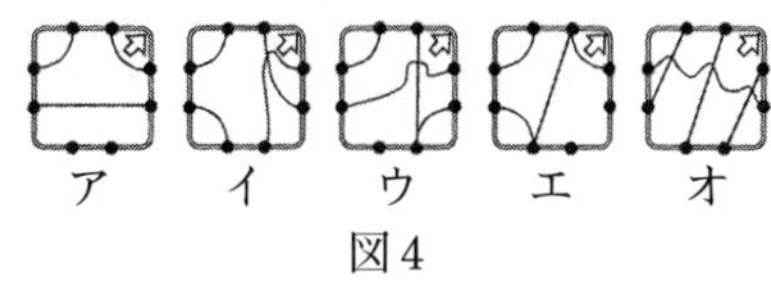

図3

【結果2】　図3の回路板を用いた結果を表2にまとめた。

表2

矢印の向き	右上	右下	左下	左上
Pのつき方	①	②	×	○
Qのつき方	×	○	③	④

ア　イ　ウ　エ　オ

図4

1　表2の①～④に入るつき方を表す記号(◎・○・△・×)はそれぞれどれですか。

2　図4の回路板のうち、次のつき方となるものはそれぞれどれですか。ただし、そのようなつき方をする回路板がない場合は、「なし」と答えなさい。

(1)　矢印の向きによってつき方が“◎”となる豆電球があるもの

(2)　矢印がどの向きでもつき方が変わらないもの

6　断面が正方形の長い角材を切って、図1のような立方体①をたくさんと直方体②～⑦を1つずつ用意した。立方体の1つは水平なゆかの上に置いて土台とする。直方体の長方形の面は、5㎝ごとに区切られていて、直方体②、③、④、⑤、⑥、⑦の重さは、それぞれ立方体①の2倍、3倍、4倍、5倍、6倍、7倍である。以下の文を読んで、後の各問いに答えなさい。

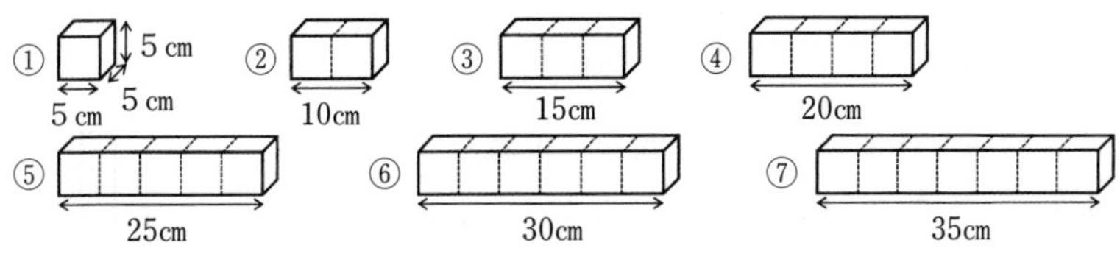

図1　立方体と直方体

【操作1】　⑦を中央の区切りが土台に重なるようにのせた。次に、⑦の左はしの区切りに重なるように①を1つのせると、かたむくことなく安定した。その上に重なるように1つずつ①をのせていくと、のっている①の数が全部で((1))つまではかたむくことなく安定したが、さらに1つのせると、かたむいてくずれてしまった(図2)。

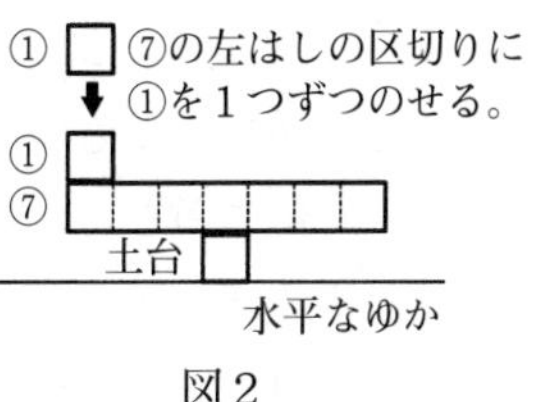

図2

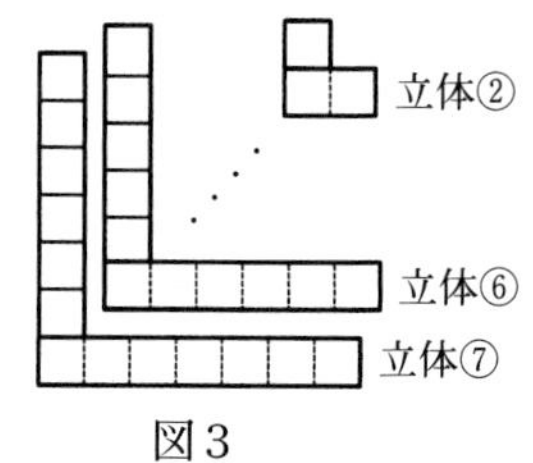

図３

【操作２】　⑦の左はしの区切りに重なるように①を接着ざいで固定した。さらにその上に重なるように１つずつ①を接着ざいで固定し、全部で６つのせたＬ字型の立体を「立体⑦」とする。接着ざいの重さは立体のつり合いやかたむきにえいきょうをおよぼすことはない。同じように、⑥、⑤、④、③、②の左はしの区切りの上に重なるように、それぞれ５つ、４つ、３つ、２つ、１つの①を接着ざいで固定し、Ｌ字型の立体⑥、立体⑤、立体④、立体③、立体②とした(図３)。

【操作３】　立体⑦の下面の７つの区切りから１つ選び、その下面が土台に重なるようにのせたとき、左から(⑵)つ目の区切りを土台にのせたときだけ、かたむくことなく安定した。この状態を「状態１」とする(図４)。

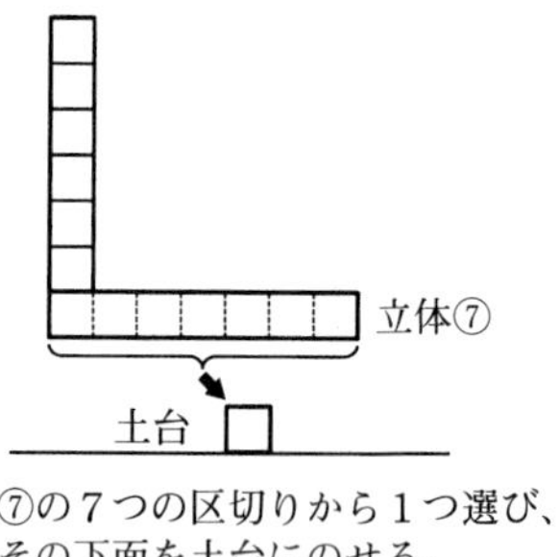

図４

【操作４】「状態１」から立体⑥、立体⑤、…、立体②、立方体①の順にすき間なく重ねていくと、(⑶)を重ねたときに、かたむいてくずれてしまった(図５)。次に、「状態１」から立方体①、立体②、…、立体⑤、立体⑥の順にすき間なく重ねていくと、(⑷)をのせたときに、かたむいてくずれてしまった(図６)。

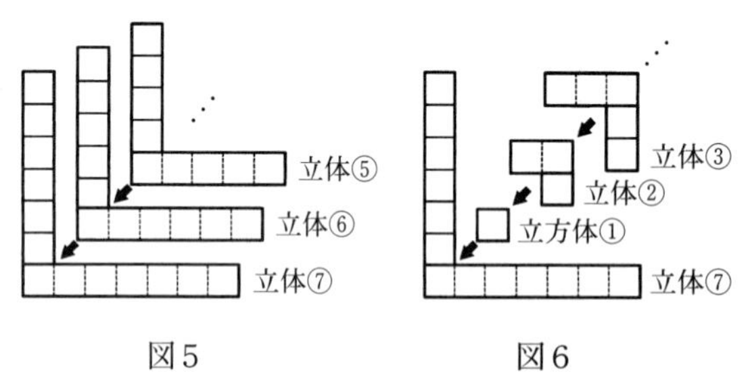

図５　　図６

※図５と図６の立体⑦は、どちらも７つの区切りから１つ選び、その下面を土台にのせてあるが、そのようす(状態１)はえがかれていない。

【操作５】　立体⑦を立体⑥の上にすき間なく重ねた。次に、これを立体⑤に、さらに立体④に、というように重ねていった(図７)。重ねるごとに、一番下の立体の下面を水平なゆかの上に置いてつり合いを確認すると、立体⑦を含めて(⑸)つ重なったものまではつり合ったが、それより多くの立体が重なったものはかたむいてくずれてしまった。さらに、(⑸)つ重なった状態のまま、一番下の立体の下面の区切りを土台に重ねたとき、左から(⑹)つ目の区切りを土台にのせたときだけ、かたむくことなく安定した。

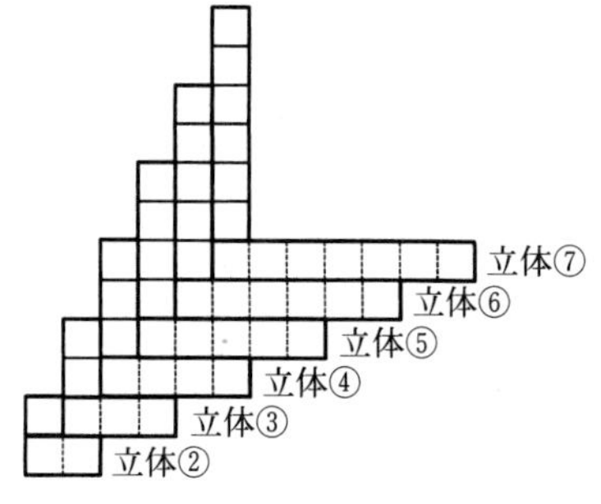

図７

１　文中の⑴、⑵に適当な数を答えなさい。

２　文中の⑶、⑷に適当なものはそれぞれどれですか。

ア　立方体①　　イ　立体②　　ウ　立体③　　エ　立体④　　オ　立体⑤　　カ　立体⑥

３　文中の⑸、⑹に適当な数を答えなさい。

東京都市大学付属中学校(第１回)

—40分—

［注意］ 定規、三角定規、分度器、コンパス、計算機は使ってはいけません。

1　東京都市大学付属中学校では週に１時間、理科の実験授業があります。中学１年生は生物分野の実験です。次の文は、オオカナダモという水草の葉の表側を上にしてプレパラートを作り、けんび鏡で観察していたトシオ君と先生との会話です。

先　生：前回の授業でけんび鏡の使い方を説明しましたね。それを思い出しながら、今日の実験を進めていきましょう。みなさんが使っているけんび鏡には、倍率の異なる対物レンズが３種類あります。４倍、10倍、40倍です。今日は倍率を変えて、使ってみましょうね。

トシオ：まずは(　A　)倍からですよね。横を見ながら調節ねじを少しずつ回して、対物レンズとスライドガラスを(　B　)。これで準備完了ですね。あとは、接眼レンズをのぞきながら調節ねじを回して、ピントを合わせるのでしたよね。うわーっ！たくさんの細ぼうが見えます。でも、もう少し真ん中にもってきたいなぁ。

先　生：ピントが合ったら、対物レンズの倍率を変えてみましょう。

トシオ：はい。調節ねじを回していくと最初は小さい細ぼうが見えて、さらに調節ねじを回していくと大きい細ぼうが見えてきました！先生！２回ピントが合いましたよ！

先　生：よく気がつきましたね！ということは、観察した部分のオオカナダモの葉は２層の細ぼうが重なってできているということですね。

トシオ：しかも、調節ねじを同じ速さで回していると、小さい細ぼうはすぐにピントが合わなくなります。大きい細ぼうが見えている時間の方が長いです！

問１　トシオ君が観察したオオカナダモの葉の細ぼうは、どのような様子だったでしょうか。最も適当な図を次の１～４から一つ選び、番号で答えなさい。なお、細ぼうの大きさのちがいは無視して考えなさい。

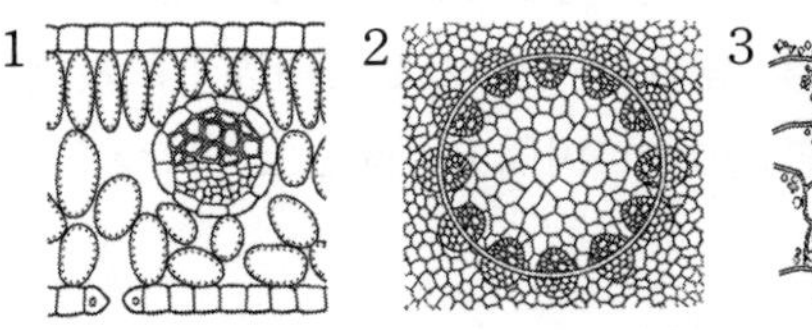

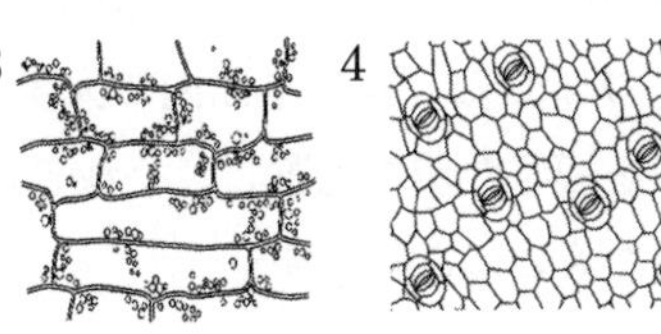

問２　文中の(　A　)に当てはまる適当な数値を次の１～３から一つ選び、番号で答えなさい。

１　4　　２　10　　３　40

問３　文中の(　B　)に当てはまる適当な文を次の１～４から一つ選び、番号で答えなさい。

１　できるだけはなす　　２　できるだけ近づける

３　ぴったりとくっつける　　４　決められたきょりで固定する

問４　今、けんび鏡をのぞいているトシオ君には「ア」という文字が右図のように見えているとすると、スライドガラスにある「ア」は実際にはどのような向きになっていると考えられますか。次の１～４から正しいものを一つ選び、番号で答えなさい。なお、接眼レンズと対物レンズはそれぞれ１枚で、その間にはさまれているものは何も無いものとします。

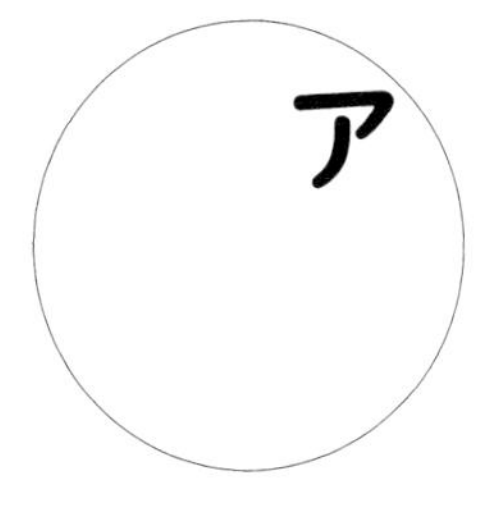

１　ア　　２　ア　　３　ア　　４　ア

問５　今、けんび鏡をのぞいているトシオ君には「ア」という文字が問４の図の位置に見えていたとします。これを視野の真ん中に移動させたいとき、スライドガラスをどの向きに移動させる必要がありますか。次の１～４から必要な移動方向を**すべて**選び、番号で答えなさい。

１　上　　２　下　　３　右　　４　左

問６　けんび鏡の倍率が低いときの見えるはん囲と明るさは、倍率が高いときと比べてどうなりますか。次の１～４の中から適当なものを一つ選び、番号で答えなさい。

１　見えるはん囲はせまく、明るい。　　２　見えるはん囲は広く、明るい。
３　見えるはん囲はせまく、暗い。　　４　見えるはん囲は広く、暗い。

問７　トシオ君と先生の会話をもとに考えると、オオカナダモの葉の断面の模式図として最も適当なものを次の１～８から一つ選び、番号で答えなさい。ただし、模式図の上側は葉の表側であり、■は細ぼうの形と大きさを示しています。

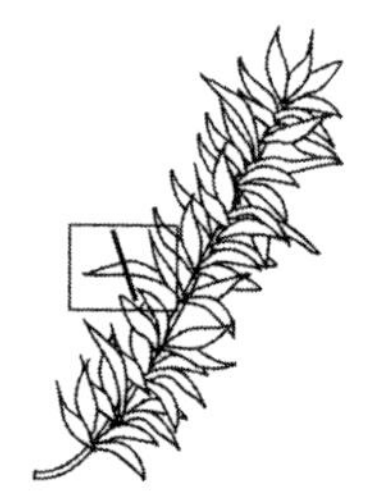

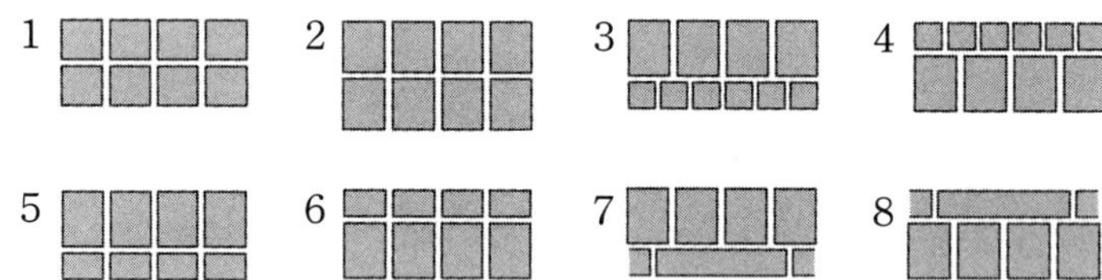

２　天体観測が好きなトシオ君は、太陽系の惑星(わくせい)の運動や地球からの見え方について考えるために、装置をつくりました。同じ平面内で太陽(球O)を中心とした円周上に金星(球A)、地球(球B)、火星(球C)を模した球を配置し、それぞれの球が円周上を回るようにつくりました。図１は装置を上から見たものになります。

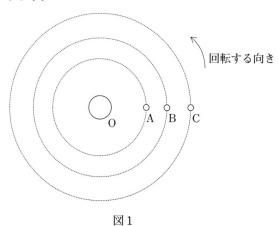

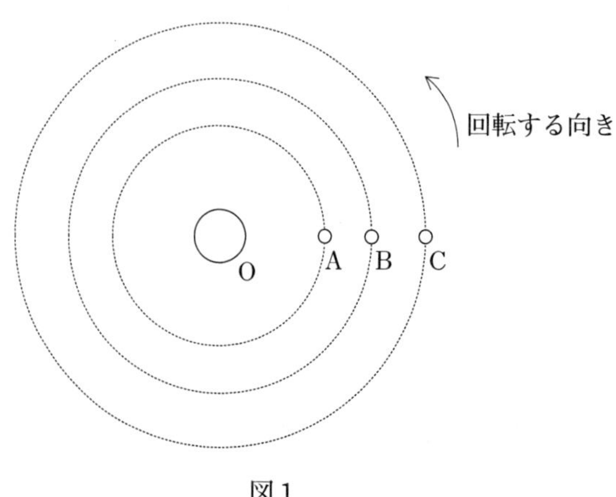

図１

問１　図１のA、B、Cはそれぞれ一定の速さで回っており、１周する時間はAが９分、Bが15分、Cが27分です。図１のようにA、B、Cが一直線上に並んでいるときを初めの位置とします。再び初めの位置にA、B、Cが一直線上に並ぶには何分かかりますか。

問２　太陽系の惑星について書かれた次の文中の下線部１～６について、正しいものは○、誤っているものは×として答えなさい。

太陽に近いところから順に水星、金星、地球、火星、木星、土星、天王星、海王星があり、最も大きな惑星は$_{1}$<u>土星</u>です。土星には輪があり、その輪は氷などの小さな粒子(りゅうし)からできています。土星の輪は非常に大きく地球から$_{2}$<u>肉眼で観測することができます</u>。水星はその名の通り表面が$_{3}$<u>液体の水で覆(おお)われています</u>。

金星は朝方に$_{4}$<u>東の空に観測できる</u>ことがあり、満ち欠けを観測することができます。火星は$_{5}$<u>赤く光って見える惑星で</u>、表面に液体の水を観測することはできませんが、川として流れていたと思われる跡(あと)などがみつかっています。木星は主に水素やヘリウムからできているガス型の惑星で、多くの衛星があります。木星には複数の横しまが見られ、その中に$_{6}$<u>大きな赤い斑点(はんてん)(大赤斑(だいせきはん))が見られます</u>。

問３　冬至の日の北緯(ほくい)36度の地点における太陽の南中高度は何度ですか。最も適当なものを次の１～８から一つ選び、番号で答えなさい。ただし、地軸(ちじく)の傾(かたむ)きを23度とします。

１　13度　　２　23度　　３　31度　　４　43度

５　54度　　６　65度　　７　77度　　８　86度

問４　太陽と地球が図２のような位置にあるとき、午前６時の地点はどれですか。最も適当なものを図中の１～４から一つ選び、番号で答えなさい。

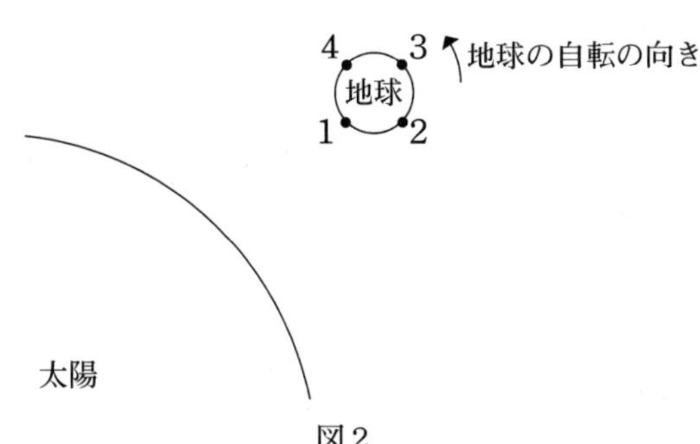

図２

問５　北半球のある地点から観測した金星が図３のような形(黒い部分が影(かげ))に見えるとき、太陽、金星、地球の位置関係はどのようになっていますか。金星の位置として最も適当なものを図４の１～８から一つ選び、番号で答えなさい。

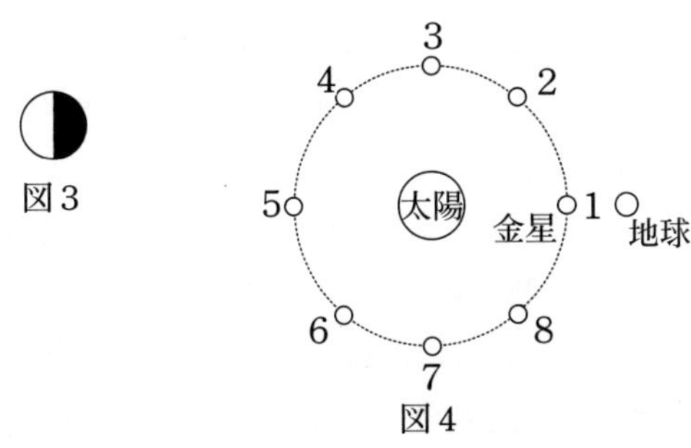

図４

問６　北半球のある地点から火星を観測し、同じ地点から１か月後に観測したところ、火星の位置は星座の間を西から東にずれた位置に見えました。このような場合を順行といい、同じように観測したときに星座の間を東から西にずれる位置に見える場合を逆行といいます。火星の逆行が起こる場合の太陽、地球、火星の位置関係の変化(矢印の左から右への変化で地球と火星は反時計回りに回る)として適当なものを次の１～４から一つ選び、番号で答えなさい。

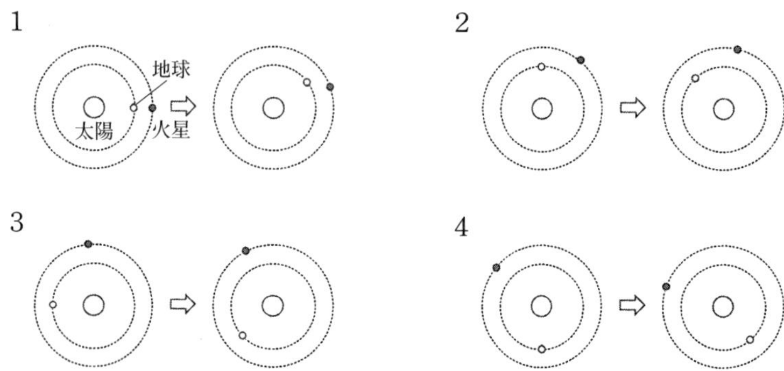

③　マグネシウムをステンレス皿に入れ十分に加熱し、マグネシウムをすべて反応させ、加熱前と加熱後の重さを調べる実験を行いました。次の表は、マグネシウムの重さを変えて、実験したときの結果をまとめたものです。あとの問いに答えなさい。

表

マグネシウムの重さ[g]	0.3	0.6	0.9	1.2
加熱後の物質の重さ[g]	0.5	1	1.5	2

問１　この実験のやり方について述べた文として<u>誤っているもの</u>を、次の１～５から一つ選び、番号で答えなさい。

1　実験に使用するマグネシウムは大きな固まりではなく、粉末状のものを使う。

2　加熱後の物質の重さが一定になるまで、十分に加熱する。

3　マグネシウムが飛び散らないように、金あみ等でおおいをする。

4　マグネシウムはステンレス皿に広げるように入れ、強火で皿ごと加熱する。

5　加熱後の物質の重さは、その物質を薬包紙に移してからはかる。

問２　マグネシウム2.1gを用いて同様の実験を行ったとき、加熱後の物質の重さは何gですか。

問３　マグネシウムのかわりに銅1.6gを用いて十分に加熱し、よく冷ました後の重さを測定したところ、1.9gでした。このとき、0.4gの銅が酸素と反応していないことがわかりました。以上のことから、反応した銅と酸素の重さの比を最も簡単な整数比で答えなさい。

問４　物質は、重さや大きさが決まっていて、これ以上分けることのできない「原子」という微(び)小(しょう)な粒(つぶ)からできていることが知られています。マグネシウムを加熱してできた物質は、マグネシウムの原子と酸素の原子が、１：１で反応してできている物質です。このことと実験の結果から、マグネシウムの原子１個の重さは、酸素の原子１個の何倍ですか。

問５　マグネシウムと銅の混合物6.5gを十分に加熱したところ、すべてのマグネシウムと銅が酸化物となり、その合計の重さは10gになりました。混合物中にマグネシウムは何g含(ふく)まれていましたか。ただし、銅を加熱してできた物質は、銅の原子と酸素の原子が、１：１で反応してできている物質です。

問６　次の文を読み、［　　　］内にあてはまる最も適当なものを、あとの１～４から一つ選び、番号で答えなさい。

> マグネシウムを加熱すると、空気中の酸素と反応して、酸化マグネシウムができた。反応後、反応した酸素の分だけ重さが増えた。この反応を密閉した容器の中で実験すると、反応の前後で容器を含めた全体の重さは変わらないと考えられる。これは、この化学変化の前後で、［　　　］からである。
>
> ただし、密閉容器中の酸素は、マグネシウムが全て反応する以上の量が存在しているものとする。

１　物質をつくる原子の組み合わせ、全体の原子の数ともに変わらない
２　物質をつくる原子の組み合わせ、全体の原子の数ともに変わる
３　物質をつくる原子の組み合わせは変わらないが、全体の原子の数は変わる
４　物質をつくる原子の組み合わせは変わるが、全体の原子の数は変わらない

④　静電気に関する、トシオ君と先生の会話文を読み、あとの問いに答えなさい。

トシオ：先生、下じきで髪(かみ)の毛をこすったあと、髪の毛が下じきに吸いつくようになることがありますが、なぜそのようなことが起こるのか教えてください。

先　生：まず、物質はすべて＋(プラス)の電気と－(マイナス)の電気を同じ数だけ持っていて、異なる物質どうしがこすり合わさると、一方の持つ－の電気の一部が他方の物質へ移動し、一方の物質は＋の電気が－の電気より多くなり、他方は－の電気が＋の電気より多くなるのです。その結果、２つの物質の間には引き合う力がはたらきます。

トシオ：＋の電気と－の電気の間には引き合う力がはたらくのですね。では、髪の毛と下じきをこすったあと、下じきを遠ざけると、髪の毛が広がったり、さか立っていることがありますが、これはなぜでしょうか。

先　生：例えば、髪の毛が＋の電気が多い状態では、髪の毛１本１本が持つ＋の電気によって反発し合う力がはたらくのです。また、＋の電気が多いほど反発し合う力も大きくなります。そして、これは－の電気どうしでも同じです。

トシオ：最後にもう一つ教えてほしいことがあります。冬では、げた箱で靴(くつ)をはきかえようとするとき、金属製のげた箱だと、ふれたときに「パチッ」として痛いときがあります。これも電気が関係していると聞いたことがありますが、何が起こっているのでしょうか。

先　生：日常生活で起こる様々な摩擦(まさつ)によって服や体が＋の電気または－の電気が多い状態になることがあります。その場合、金属などの電気を通す物質にふれると、そこで電気が移動し、その具合によっては「パチッ」として痛いこともあるのです。この現象を「放電」といいます。

トシオ：人間の体も電気を通すのですね。

先　生：はい。このように、＋の電気または－の電気が多い状態のものが、電気を通す物質とふれると放電が起こり、ふれたものどうしはそれぞれ電気を持っていない状態になろうとします。

［Ⅰ］ トシオ君は下線部についてくわしく調べ、右の表を得ました。表中の２つの物質をこすり合わせたとき、表の右側にあるものは＋の電気が多くなり、表の左側にあるものは－の電気が多くなります。また、順序のはなれている物質どうしであるほど電気の移動は起こりやすくなります。

表

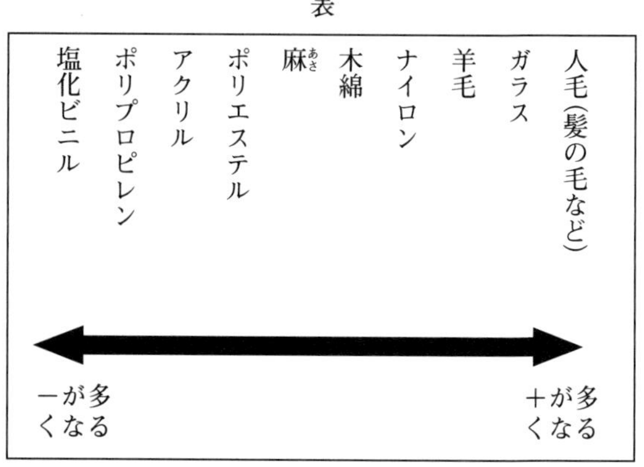

そこで、トシオ君は２つの棒ａ、ｂとストローｃ及び３つの木綿の布Ｐ、Ｑ、Ｒを用意し、次図に示す□で囲まれた２つの物体の全体をそれぞれこすり合わせました。なお、棒ａはアクリル製、棒ｂはガラス製、ストローｃはポリプロピレン製です。

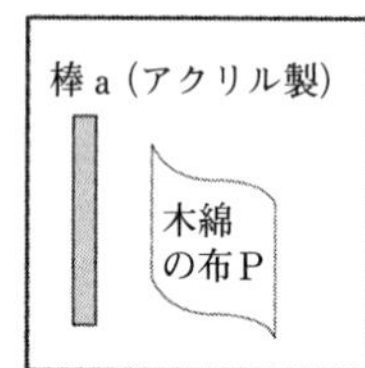

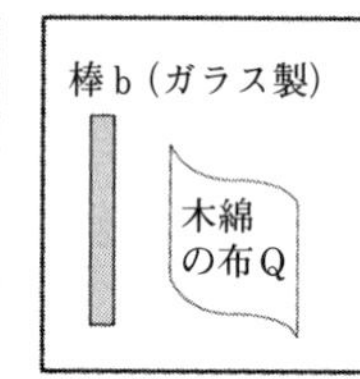

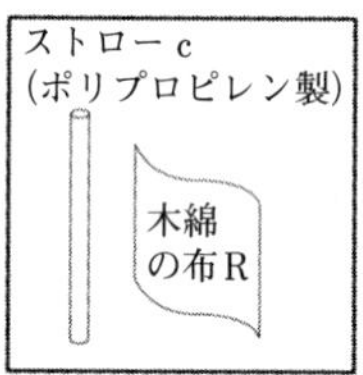

その後、図１のように、ストローｃを台の上に置き、棒ａおよびｂをそれぞれ手前側から近づけて、ストローｃのようすを観察しました。これについてあとの問いに答えなさい。なお、台とストローｃの間で電気の移動は起こらないものとします。

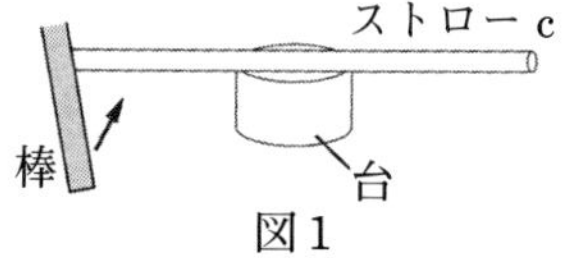

図１

問１　図１において、棒ａまたはｂを近づけていくとき、それぞれの場合でストローｃはどうなりますか。次の１～３から最も適当なものを一つずつ選び、番号で答えなさい。

１　棒を近づけた部分が引き寄せられるように回る。

２　棒を近づけた部分がはなれるように回る。

３　動かない。

問２　木綿の布Ｐ、Ｑ、Ｒをそれぞれ図１と同様にストローｃに近づけたとき、棒ｂを近づけたときと同じことが起こるのは、どの木綿の布を近づけたときですか。最も適当なものを次の１～６から一つ選び、番号で答えなさい。

１　Ｐのみ　　２　Ｑのみ　　３　Ｒのみ　　４　ＰとＱ　　５　ＱとＲ　　６　ＰとＲ

［Ⅱ］　トシオ君と先生は、電気の移動のようすについてさらに深く調べるために、右の図２のような「箔検電器(はくけんでんき)」という装置を用いて実験・観察を行いました。箔検電器の金属板から２枚の箔までは１つの導体になっています。はじめ、図２のように、＋の電気と－の電気は同じ数だけあり、箔は閉じています。

そこで、図３のように、－の電気が多い棒１を近づけると、箔検電器内の－の電気は移動し、箔は開きました。さらに続いて、次のア～ウの操作とその結果の観察を順番に行いました。これについてあとの問いに答えなさい。ただし、図４以降は、箔検電器内の＋の電気及び－の電気の絵は省略してあります。

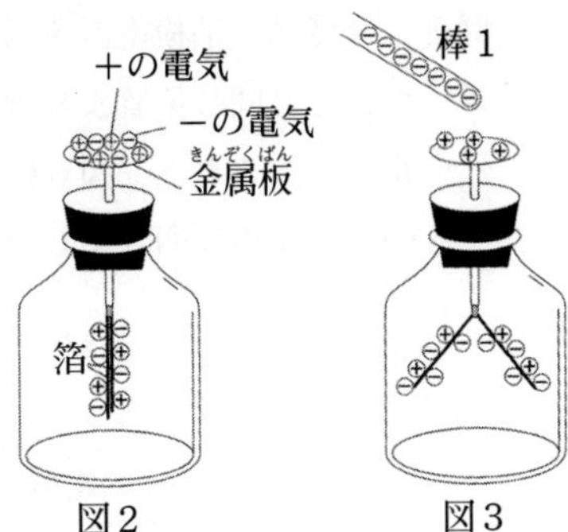

図２　図３

ア　金属板に指をふれると、図４のように箔が閉じた。

イ　図４の状態から、棒１は動かさず、指だけをはなしたところ、箔は閉じたままだった。

ウ　指をはなしてから、棒１を遠ざけたところ、箔は開いた。

図４

問３　アの操作について、箔が閉じるときの電気の流れと、その結果、箔が持つ電気について説明したものとして最も適当なものを、次の１～６から一つ選び、番号で答えなさい。

1　－の電気が指から箔検電器へ移動し、箔は＋の電気が多い。
2　－の電気が箔検電器から指へ移動し、箔は＋の電気が多い。
3　－の電気が指から箔検電器へ移動し、箔は－の電気が多い。
4　－の電気が箔検電器から指へ移動し、箔は－の電気が多い。
5　－の電気が指から箔検電器へ移動し、箔は＋の電気と－の電気の量が同じ数だけある。
6　－の電気が箔検電器から指へ移動し、箔は＋の電気と－の電気の量が同じ数だけある。

問４　イの操作のあと、箔検電器全体が持つ電気について説明したものとして最も適当なものを、次の１～３から一つ選び、番号で答えなさい。

1　＋の電気が多い。
2　－の電気が多い。
3　＋の電気と－の電気が同じ数だけある。

問５　ウの操作について、棒１を遠ざけると、－の電気は金属板から箔までの全体に均一に広がり、その結果箔は開きます。このとき、箔の開く程度はどのようになりますか。最も適当なものを次の１～３から一つ選び、番号で答えなさい。

1　図３と同じ程度に開く。
2　図３よりも大きく開く。
3　図３よりも小さく開く。

問６　今度は、箔検電器をはじめの状態(図２)に戻し、＋の電気を帯びた棒２を、棒１を用いたときと同じ位置まで近づけたところ、図５のように、箔は図３のときよりも小さく開きました。そこへ、図６のように、棒１を近づけていくと箔は閉じ、さらに近づけると図７のように再び開きました。

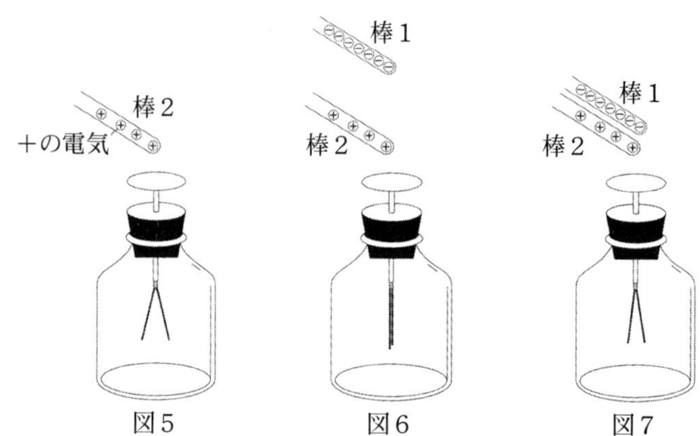

図７において、箔が持つ電気について説明したものとして最も適当なものを次の１～３から一つ選び、番号で答えなさい。

１　＋の電気が多い。

２　－の電気が多い。

３　＋の電気と－の電気が同じ数だけある。

桐朋中学校(第１回)

—30分—

1 次の文章を読み、以下の問いに答えなさい。

光はまっすぐ進むことが知られていますが、虫めがね(以下、レンズとします)を用いると、光は折れ曲がり集まります。光が折れ曲がる現象について考えていきましょう。

図１はガラスでできたレンズに日光があたり、光が集まる様子を途中(とちゅう)まで示しています。

図２のように、ガラスブロックＡ～Ｅを並べ、レーザー光をあてたところ、図１のレンズと同じように光は折れ曲がり集まりました。

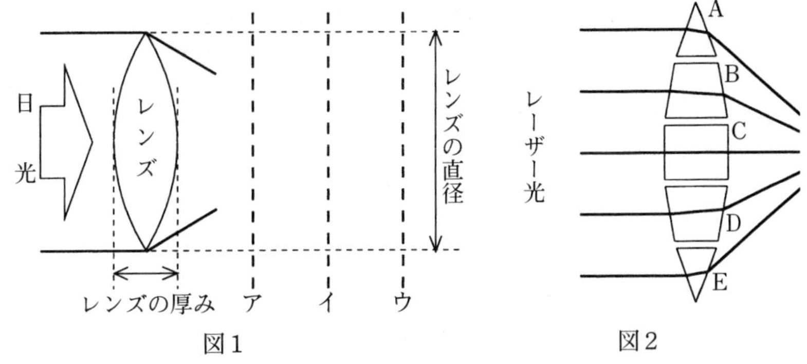

図１　図２

問１　図１で、レンズの右側の点線の位置に紙を置くとき、紙が最も明るくなる位置はどこですか。図１のア～ウから１つ選び、記号で答えなさい。

問２　図１のレンズを、直径が同じで厚みが薄(うす)いレンズに取り替(か)えました。日光が一点に集まる位置は、図１に対してどのようになりますか。次のア～ウから１つ選び、記号で答えなさい。

ア　レンズに近づく　　イ　変わらない　　ウ　レンズから遠ざかる

問３　図１のレンズを、厚みが同じで直径が大きいレンズに取り替えました。このレンズを用いて、日光が一点に集まった位置の明るさは、問１の明るさに対して、どのようになりますか。次のア～ウから１つ選び、記号で答えなさい。

ア　明るくなる　　イ　変わらない　　ウ　暗くなる

問４　図２のＡ～Ｅを向きを変えずに並べ替えて、レーザー光の道すじが交わらず広がるようにするには、どのように並べればよいですか。上から並べる順番にＡ～Ｅの記号で答えなさい。例えば、図２であれば、ＡＢＣＤＥとなります。

問５　傾けた直方体ガラスブロックに対して、レーザー光をあてたときの光の道すじはどのようになると考えられますか。次の文章の(　①　)(　②　)にあてはまる最も適した記号を、以下のア～シから選び、それぞれ記号で答えなさい。

図２を参考にすると、ガラスブロック内を進む光は(　①　)の道すじを通ることが分かる。また、ガラスブロックを出た光は(　②　)の道すじを通ることが分かる。

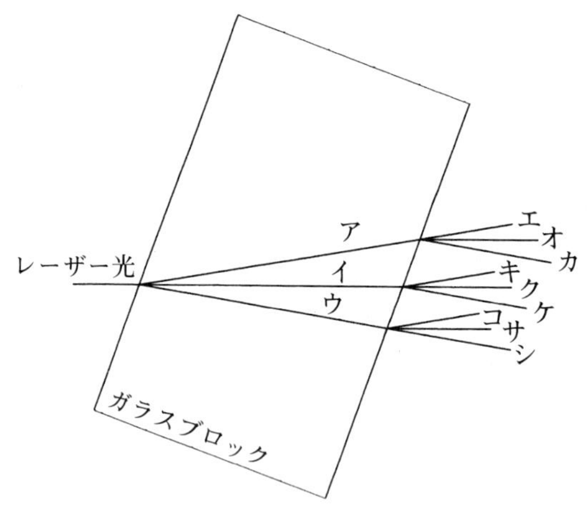

２　次の文章を読み、以下の問いに答えなさい。

酸性の水溶液とアルカリ性の水溶液を混ぜ合わせると、たがいの性質を打ち消し合います。このことを中和といいます。中和を利用しているものは多く、乾燥すると色が消えるスティックのりもその１つです。色が消える理由は、のりの成分にＢＴＢ溶液のような酸性かアルカリ性かで色が変化する物質がふくまれているからです。のりがケースに入っている状態ではアルカリ性に保たれていますが、紙に塗ると空気中の二酸化炭素と反応したり、紙の持つ酸性成分と反応したりしてアルカリ性から中性に変化するので色が消えていくのです。他にも、温泉地における中和事業などが有名な例として挙げられます。草津温泉周辺の湯川では強酸性の温泉成分が多くふくまれているので、川の水を暮らしに利用することができず、コンクリートの橋をかけることもできませんでした。また、生き物もすめないため「死の川」と呼ばれていました。そこで、アルカリ性を示す石灰を直接川に流しこむことで中和を行っています。石灰の投入量は１日平均で55トンにもおよびますが、現在では農業用水として利用できるようになり、様々な生き物の姿も確認できるようになりました。このように、うまく中和を利用できれば良いのですが、酸性の洗剤とアルカリ性の洗剤を一緒に使ってしまい、中和により洗浄効果が弱まってしまうというような失敗もあります。酸性やアルカリ性、中和などについてしっかりと理解することが大切です。

そこで、中和に関する以下の実験を行いました。なお、実験で使用した塩酸および水酸化ナトリウム水溶液はそれぞれ同じ濃度のものとします。

【実験１】

塩酸60mLに様々な量の水酸化ナトリウム水溶液を加え、Ａ～Ｆのビーカーをつくりました。できた水溶液を蒸発させて残った固体の重さを量り、表にしました。

	A	B	C	D	E	F
水酸化ナトリウム水溶液の体積(mL)	10	20	30	40	50	60
残った固体の重さ(g)	1.5	3.0	4.5	5.8	6.8	7.8

【実験２】

水酸化ナトリウム水溶液60mLに様々な量の塩酸を加え、Ｇ～Ｌのビーカーをつくりました。できた水溶液を蒸発させて残った固体の重さを量りました。

	G	H	I	J	K	L
塩酸の体積(mL)	20	40	60	80	100	120
残った固体の重さ(g)						

問１　身の回りにあるもので塩酸や水酸化ナトリウム水溶液が主成分となっているものを、次のア～カからそれぞれ選び、記号で答えなさい。

ア　酢(す)　　イ　トイレ用洗剤　　ウ　炭酸水

エ　虫さされ薬　　オ　油よごれ用洗剤　　カ　重曹(じゅうそう)

問２　実験１について、各ビーカーにＢＴＢ溶液を加えたときに、溶液の色が黄色に変化するものを、Ａ～Ｆからすべて選び、記号で答えなさい。

問３　実験１について、Ｆのビーカーにふくまれている水酸化ナトリウムの重さは何ｇですか。

問４　実験２の結果をグラフにするとどのような形になりますか。実験１の結果をもとに、適当なものを、次のア～キから１つ選び、記号で答えなさい。なお、加えた塩酸の体積は120mLまでとします。

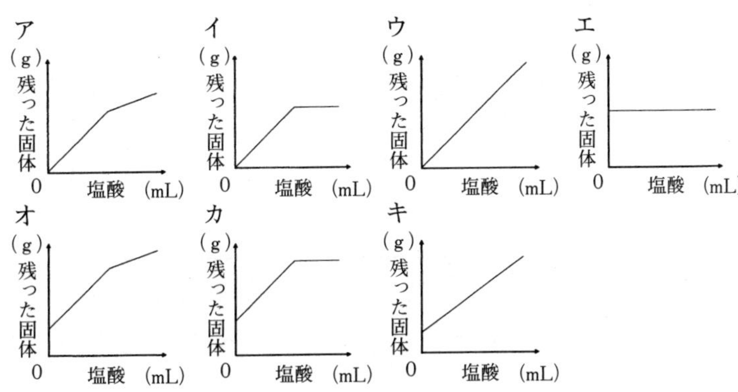

問５　実験２のＧ～Ｌと同じ条件のビーカーを用意して、各ビーカーにアルミニウムを加えると、１つだけあわが出ないビーカーがありました。そのビーカーはどの条件と同じビーカーですか。Ｇ～Ｌから１つ選び、記号で答えなさい。

問６　実験に用いた水酸化ナトリウム水溶液の濃度は9.09％でした。この濃度の水溶液を作るためには、100ｇの水に何ｇの水酸化ナトリウムを溶(と)かせばよいですか。割り切れない場合は小数第１位を四捨五入して整数で答えなさい。

なお、$9.09 = 9\frac{1}{11}$として計算しても構いません。

問７　問６で求めた重さの水酸化ナトリウムを100ｇの水に溶かして水溶液をつくったところ、9.09％よりも小さい値になりました。その理由はいくつか考えられますが、そのうちの１つを以下の文の空所に合うような形で本文から14字で抜(ぬ)き出(だ)して答えなさい。

理由：水酸化ナトリウムが［14字］から、濃度がうすまった。

③　次の文章を読み、以下の問いに答えなさい。

トマトは、世界的に見て主要な果実で、温暖な気候では主に１年生植物として成長します。また、右の写真のように１つのふさ(以下、果房(かぼう)とします)にいくつかの果実を実らせます。

世界におけるトマトの生産量は増加していて、とても大きな市場となっています。次の表は、ある年におけるトマトの生産量トップ10の国の総生産量をまとめたものです。また、この年における全世界の総生産量は、１億9000万トンでした。

表１

国名	総生産量(万トン)
1　中国	6760
2　インド	2120
3　トルコ	1310
4　アメリカ	1000
5　イタリア	660
6　エジプト	620
7　スペイン	500
8　メキシコ	400
9　ブラジル	360
10　ナイジェリア	350

問１　全世界の総生産量のうち、生産量トップ３の３国で占(し)める割合(%)を求めなさい。なお、割り切れない場合は、小数第１位を四捨五入して整数で答えなさい。

トマトの果実は、光合成によってつくられた栄養分を用いて成長していきますが、いろいろな品種があるため、栽培(さいばい)方法などについて多くの実験が行われてきました。

問２　光合成とは、どのようなはたらきか簡単に説明しなさい。

問３　光合成によってつくられた栄養分は、果実まで運ばれます。栄養分が通る構造の名称(めいしょう)を答えなさい。

図1は、トマトの開花から果実が成熟するまでの期間における、温度と果実の成長速度の関係を示したグラフです。このグラフをつくるために行った実験は、同じ品種のトマトを用いて温度以外の条件(1果房あたりの果実の数や光の量など)をすべて同じにして行っています。

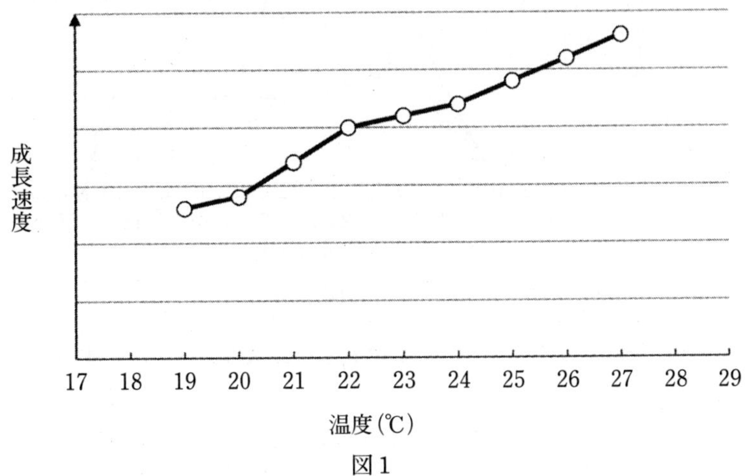

図1

問4　図1から言えることとして正しいものを、次のア～エからすべて選び、記号で答えなさい。

ア　26℃よりも38℃の方が成長速度が速い。

イ　成熟するまでの期間は、19～27℃では高温になるほど短くなる。

ウ　昼と夜の気温の変化が大きいほど、大きな果実になる。

エ　20℃よりも26℃の方がさかんに光合成をしている。

図2は、開花後の日数と果実1つあたりの重さの関係を示したグラフです。このグラフをつくるために行った実験は、1果房あたり果実が1つ実ったもの(A)、果実が2つ実ったもの(B)、果実が8つ実ったもの(C)、果実が8つ実ったものから開花18日後に7つの果実を取り除いたもの(D)で、1果房あたりの果実の数以外の条件(温度や光の量など)をすべて同じにして行っています。また、重さは乾燥(かんそう)させて、水分をぬいてからはかりました。

図3は、開花後の日数と果実の成長速度(1日に増加した重さ)の関係を示したグラフです。このグラフをつくるのに用いた実験結果は、図2の実験で得たものです。

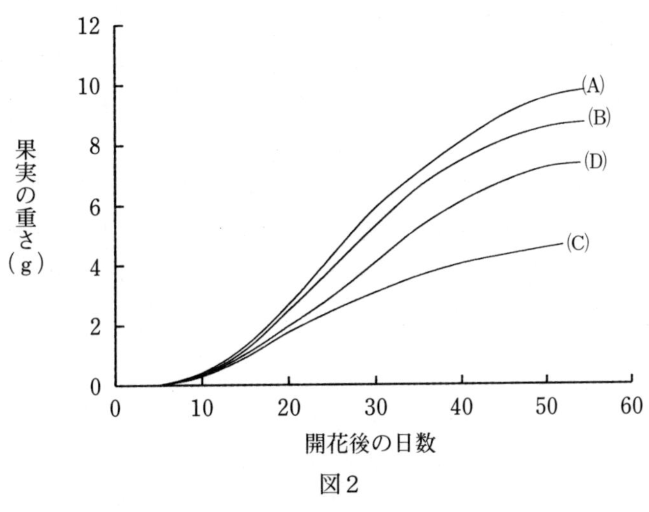

図2

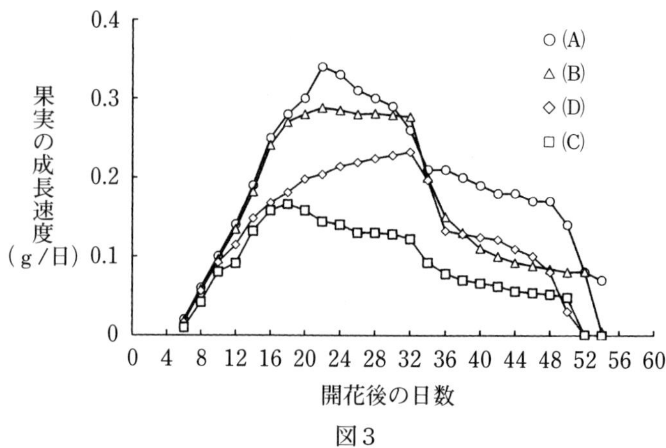

図３

問５　図２と図３から言えることとして正しいものを、次のア～オからすべて選び、記号で答えなさい。

ア　果実の数が１つのものは、開花52日でも成長している。

イ　１果房あたりの果実の数による果実の成長のちがいは、開花18日後からみられる。

ウ　22～26℃で生育させていると、温度が高いほど果実の重さは大きくなる。

エ　果実の数が２つのものは、最も重くなっている開花20～30日で収穫するのが良い。

オ　果実を取り除く作業は、果実の成長に悪影響(あくえいきょう)を与(あた)えない。

問６　図２と図３より、１果房あたりの果実の数が少ないほど果実の成長が速いことが分かります。その理由を「栄養分」という言葉を使って説明しなさい。

４　次の文章を読み、以下の問いに答えなさい。

国連は気候変動について2021年の報告書の中で、「人間の活動によって、地球が温暖化しているのは疑いの余地がない。」と断言し、「熱波や豪雨(ごうう)、干ばつなどの気候危機は続く。危機を和(やわ)らげるのは、我々の選択(せんたく)にかかっている。」と警告しています。私達の暮らす地球は着実に温暖化が進行しています。

温暖化の原因の一つは、A<u>地層</u>から採り出したB<u>化石燃料</u>を燃やすことです。これによって生まれたエネルギーは電気になったり、自動車などの動力になったりして、私達の生活を快適にしてくれます。しかし、化石燃料を燃やすとエネルギーだけでなく、［ ① ］も発生して大気中に放出されます。この［ ① ］が地球温暖化をもたらすC<u>温室効果</u>ガスの一つなのです。人間が化石燃料を大量に消費して、大気中の［ ① ］が増加すると、地球温暖化が着実に進んでいくことになります。

現在の地球の平均気温は産業革命以前と比べると約1.1℃上昇(じょうしょう)しています。温暖化がこのまま進めば、D<u>氷河がとけて海面が上昇し、低い土地が水没(すいぼつ)していきます</u>。それだけでなく、ゲリラ豪雨や台風の巨大化(きょだいか)といった異常気象、熱波による山火事、熱帯での感染症(かんせんしょう)が広がっていくことなどの影響(えいきょう)が心配されています。

問1　下線部Aについて、地層の説明として正しいものを、次のア～エから1つ選び、記号で答えなさい。

ア　宇宙にただよっていた岩石のかけらが、地球に落ちてきたもの。

イ　地下の深い所で岩石がとけて生じた高温の液体。

ウ　泥(どろ)・砂・れきなどからなるたい積物、またはたい積岩が積み重なったもの。

エ　地下のマグマの熱や、地中ではたらく押(お)しつぶす力などによって、すがたや性質が変わってしまった岩石のこと。

問2　下線部Bについて、化石燃料にあたるものを、次のア～カからすべて選び、記号で答えなさい。

ア　オゾン　　イ　天然ガス　　ウ　石炭　　エ　酸素　　オ　石油　　カ　酸性雨

問3　文章中の［ ① ］にあてはまる語句を漢字で答えなさい。

問4　下線部Cについて、［ ① ］よりも大気中の量が多く温室効果が高いものを、次のア～オから1つ選び、記号で答えなさい。

ア　酸素　　イ　メタン　　ウ　水蒸気　　エ　アルゴン　　オ　オゾン

問5　下線部Dについて、南極やグリーンランド、山岳(さんがく)地域にある氷河の体積は2750万km^3と推定され、面積は地球の表面積5億1000万km^2のおよそ10％を占(し)めています。この氷河がすべてとけて海に流れ込(こ)んだとして、(1)～(3)を求めなさい。なお、1km^3は1兆リットルになりますが、ここではkm^3を体積の単位として使います。また、指定された単位で答え、割り切れない場合は、小数第1位を四捨五入して整数で答えなさい。

(1)　海の面積はいくらになりますか。海の面積は地球の表面積の70％とし、単位は万km^2で答えなさい。

(2)　氷河がすべて水になったとき、その水の体積はいくらになりますか。水が氷に変わるとき、変化する体積の割合を10％とし、単位は万km^3で答えなさい。

(3)　(2)の水がすべて海に流れ込んだとき、海面は今よりもどのくらい上昇しますか。海の面積は変わらないものとし、単位はmで答えなさい。

藤嶺学園藤沢中学校（第１回）

—40分—

1

A

ソケット付き豆電球とかん電池をリード線でつなぐと豆電球が光りました。図１はその回路図です。かん電池と豆電球はすべて同じ新品だとします。図１の回路の豆電球の明るさを１とすると、(1)～(10)の回路の豆電球１つの明るさはいくらになりますか。あとのア～クから選び、記号で答えなさい。ただし、同じ記号をくり返し選んでもよいとします。

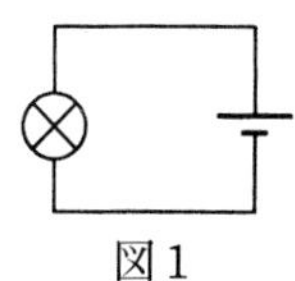
図１

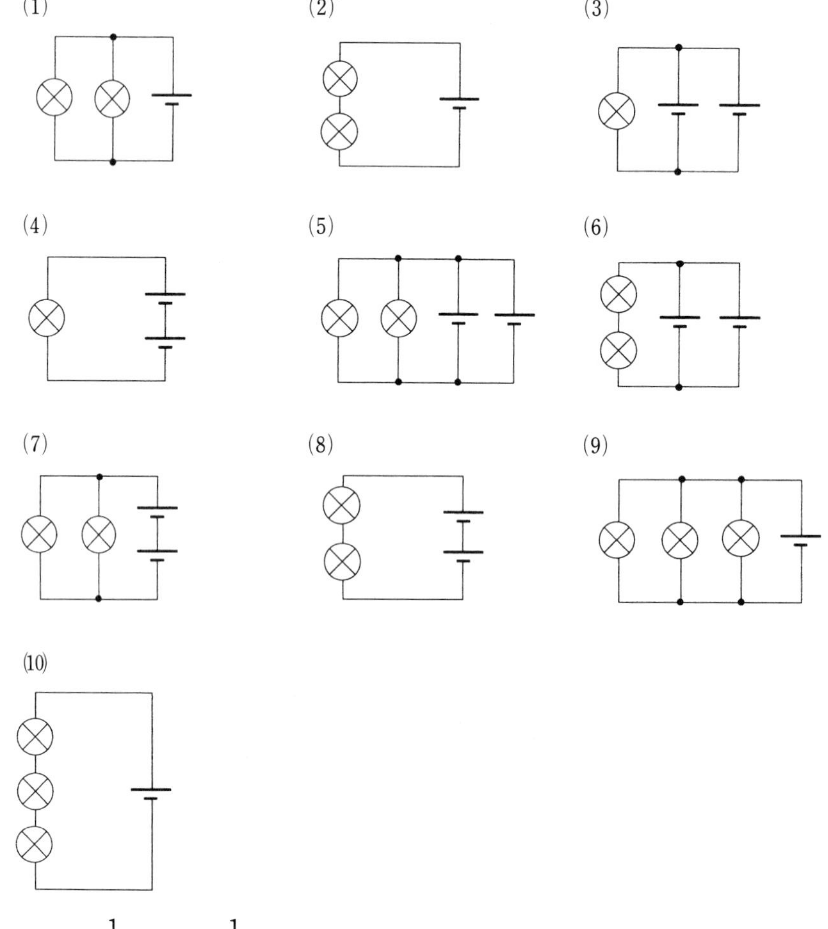

ア $\frac{1}{4}$　イ $\frac{1}{3}$　ウ $\frac{1}{2}$　エ　1　オ　2　カ　3　キ　4　ク　0

B

物体、凸（とつ）レンズ、スクリーンを光じく上に並べて、物体を置く位置を変えたときにできる像の位置、大きさ、向き、種類を調べました。つぎの(11)～(15)について、像のでき方が正しく書かれたものを組み合わせるとどうなりますか。あとのア～シから選び、記号で答えなさい。

(11)　しょう点より内側に物体を置いたとき

⑿　しょう点の位置に物体を置いたとき
⒀　しょう点きょりの２倍の位置に物体を置いたとき
⒁　しょう点きょりの２倍よりも遠い位置に物体を置いたとき
⒂　しょう点としょう点きょりの２倍の位置の間に物体を置いたとき

①　スクリーンにうつる(実像)
②　スクリーンにうつらない(きょ像)
③　像はできない
④　物体と同じ向き
⑤　物体とは逆向き
⑥　物体がある方とはレンズをはさんで反対側で、しょう点きょりの２倍の位置
⑦　物体がある方とはレンズをはさんで反対側で、しょう点きょりの２倍の位置よりレンズからはなれた位置
⑧　物体がある方とはレンズをはさんで反対側で、しょう点きょりの２倍の位置よりレンズに近い位置
⑨　物体がある方と同じ側
⑩　物体よりも小さい
⑪　物体よりも大きい
⑫　物体と同じ大きさ

ア　②④⑨⑩　　イ　②④⑨⑪　　ウ　①⑤⑥⑩　　エ　①⑤⑥⑪
オ　①⑤⑥⑫　　カ　①⑤⑦⑩　　キ　①⑤⑦⑪　　ク　①⑤⑦⑫
ケ　①⑤⑧⑩　　コ　①⑤⑧⑪　　サ　①⑤⑧⑫　　シ　③

2

A

試験管にA～Eの気体が入っています。気体は「水素・アンモニア・ちっ素・酸素・二酸化炭素」のいずれかです。それぞれの性質を調べると、つぎのことが分かりました。あとの問いに答えなさい。

・A、C、Eは空気より軽い気体である。
・B、Cは水にとけやすい気体だが、Cの方がとけやすい。
・Bがとけた水に緑色のＢＴＢよう液を加えると、黄色になる。
・Dの中に火のついた線こうを入れると、激しく燃える。
・Eの気体は、呼吸ではき出す空気の中に約８割ふくまれている。

⑴　Aの気体は何ですか。つぎのア～オから選び、記号で答えなさい。
ア　水素　　イ　アンモニア　　ウ　ちっ素　　エ　酸素　　オ　二酸化炭素
⑵　Bの気体は何ですか。つぎのア～オから選び、記号で答えなさい。
ア　水素　　イ　アンモニア　　ウ　ちっ素　　エ　酸素　　オ　二酸化炭素
⑶　Cの気体は何ですか。つぎのア～オから選び、記号で答えなさい。
ア　水素　　イ　アンモニア　　ウ　ちっ素　　エ　酸素　　オ　二酸化炭素
⑷　Dの気体は何ですか。つぎのア～オから選び、記号で答えなさい。

ア　水素　　イ　アンモニア　　ウ　ちっ素　　エ　酸素　　オ　二酸化炭素

(5)　Ｅの気体は何ですか。つぎのア～オから選び、記号で答えなさい。

ア　水素　　イ　アンモニア　　ウ　ちっ素　　エ　酸素　　オ　二酸化炭素

(6)　Ａの気体を発生させる方法を、つぎのア～エから選び、記号で答えなさい。

ア　あえんにうすい塩酸を加える

イ　塩化アンモニウムと水酸化カルシウムの混合物を加熱する

ウ　貝がらに塩酸を加える

エ　二酸化マンガンに過酸化水素水を加える

(7)　つぎのものを燃やしたときにＢの気体が発生しないものはどれですか。つぎのア～オから選び、記号で答えなさい。

ア　木炭　　イ　かわいた木の枝　　ウ　石油

エ　スチールウール　　オ　ペットボトルのふた

(8)　Ｃの気体を発生させる方法を、つぎのア～エから選び、記号で答えなさい。

ア　あえんにうすい塩酸を加える

イ　塩化アンモニウムと水酸化カルシウムの混合物を加熱する

ウ　貝がらに塩酸を加える

エ　二酸化マンガンに過酸化水素水を加える

(9)　Ｄの気体について書いたものとして正しいものを、つぎのア～オから選び、記号で答えなさい。

ア　石灰水を白くにごらせる　　イ　植物が光合成により出す気体である

ウ　空気中の約78％をしめる　　エ　鼻をさすようなにおいがする

オ　気体中で最も軽い

(10)　より純すいなＥの気体を集める方法として、正しいものはどれですか。つぎのア～ウから選び、記号で答えなさい。

ア　上方置かん法　　イ　下方置かん法　　ウ　水上置かん法

Ｂ

夏休みにホームセンターへ行くと、金属の針金を売っているコーナーがありました。ちょうど理科の授業で金属について学習したので興味がわき、３種類の金属の針金をこう入しました。つぎのような実験をして性質を調べました。表はその結果をまとめたものです。あとの問いに答えなさい。

実験１　金属の針金に磁石を近づけ、磁石に引きつけられるかを調べた。
実験２　それぞれ30ｇ切り取り、水を入れたメスシリンダーに金属を入れて体積を調べた。

種類	実験１	実験２
金属の針金Ａ	引きつけられなかった	11.1㎤
金属の針金Ｂ	引きつけられなかった	3.3㎤
金属の針金Ｃ	引きつけられた	3.8㎤

(11)　実験の結果から、金属の針金Ａ～Ｃはそれぞれ何からできていますか。つぎのア～カから選び、記号で答えなさい。

ア　A　アルミニウム　　B　銅　　C　鉄
イ　A　アルミニウム　　B　鉄　　C　銅
ウ　A　銅　　B　アルミニウム　　C　鉄
エ　A　銅　　B　鉄　　C　アルミニウム
オ　A　鉄　　B　アルミニウム　　C　銅
カ　A　鉄　　B　銅　　C　アルミニウム

⑿　金属の針金A～Cにそれぞれ電流を流しました。電流が流れたのはどれですか。つぎのア～キから選び、記号で答えなさい。

ア　Aのみ流れた　　イ　Bのみ流れた　　ウ　Cのみ流れた
エ　AとBのみ流れた　　オ　AとCのみ流れた　　カ　BとCのみ流れた
キ　A、B、C全て流れた

⒀　金属の針金A～Cを密度の大きい順に並べたものはどれですか。つぎのア～カから選び、記号で答えなさい。

ア　A＞B＞C　　イ　A＞C＞B　　ウ　B＞A＞C
エ　B＞C＞A　　オ　C＞A＞B　　カ　C＞B＞A

⒁　金属の針金A～Cの体積を同じにしました。このとき、重さの大きい順に並べたものはどれですか。つぎのア～カから選び、記号で答えなさい。

ア　A＞B＞C　　イ　A＞C＞B　　ウ　B＞A＞C
エ　B＞C＞A　　オ　C＞A＞B　　カ　C＞B＞A

⒂　金属の針金A～Cを水銀の入ったビーカーに入れました。金属の針金はうきますか、しずみますか。つぎのア～カから選び、記号で答えなさい。ただし、水銀の密度は13.6ｇ/㎤とします。

ア　Aだけがしずみ、BとCがういた　　イ　Bだけがしずみ、AとCがういた
ウ　Cだけがしずみ、AとBがういた　　エ　AとBがしずみ、Cだけがういた
オ　BとCがしずみ、Aだけがういた　　カ　A、B、C全てがういた

３

A

つぎの表は、様々な動物のからだのつくりに関してまとめたもので、はねの数、足の数、足の出るところは、いずれの動物も成体についてのものです。これについて、あとの問いに答えなさい。

グループ	動物	はねの数	足の数	足が出るところ
A	バッタ	4枚	（①）	（③）
	ハエ	2枚		
	アリ	0枚		
B	クモ	0枚	（②）	（④）
	ダニ			
C	ミジンコ	0枚	10本	頭胸部
	ダンゴムシ		14本	胸部

⑴　（①）にあてはまるものとして正しいものはどれですか。つぎのア～エから選び、記号で答えなさい。

ア　4本　　イ　6本　　ウ　8本　　エ　10本

(2)　(②)にあてはまるものとして正しいものはどれですか。つぎのア～エから選び、記号で答えなさい。

ア　4本　　イ　6本　　ウ　8本　　エ　10本

(3)　(③)にあてはまるものとして正しいものはどれですか。つぎのア～オから選び、記号で答えなさい。

ア　胸腹部　　イ　頭胸部　　ウ　頭部　　エ　腹部　　オ　胸部

(4)　(④)にあてはまるものとして正しいものはどれですか。つぎのア～オから選び、記号で答えなさい。

ア　胸腹部　　イ　頭胸部　　ウ　頭部　　エ　腹部　　オ　胸部

(5)　表について正しいものはどれですか。つぎのア～オから選び、記号で答えなさい。

ア　バッタとハエは、はねの数と足の数は同じであるが、足の出るところは異なる

イ　ダニとダンゴムシは、はねの数と足の数は同じであるが、足の出るところは異なる

ウ　アリとクモは、足の数と足の出るところは同じであるが、はねの数は異なる

エ　ミジンコとクモは、はねの数と足の出るところは同じであるが、足の数は異なる

オ　アリとミジンコは、はねの数と足の数は同じであるが、足の出るところは異なる

(6)　表の動物の分類について正しいものはどれですか。つぎのア～オから選び、記号で答えなさい。

ア　ハエとアリは、はねの数が異なるのでグループAはこん虫類ではない

イ　バッタは、はねの数が4枚なので、グループAのうちバッタだけがこん虫類である

ウ　はねの数が0枚なので、グループBとグループCはどちらもクモ類である

エ　ダンゴムシが名前に「ムシ」をふくむので、グループCはこん虫類である

オ　クモとダニは足の数と足の出ているところが同じなので、グループBはクモ類である

B

植物の葉に関するつぎの実験について、あとの問いに答えなさい。

日光を当てたホウセンカの葉で行われるはたらきを調べるために、つぎの実験をした。

【実験】

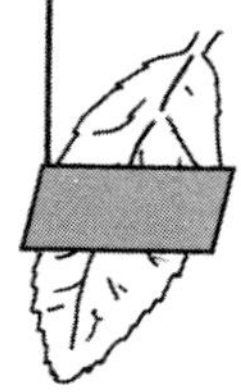

①　葉のついたホウセンカを一昼夜暗い部屋においた。

②　翌日、葉の一部を右図のようにアルミニウムはくでおおった。

③　②の葉に日光が当たる場所で、数時間おいた。

④　③の葉をつみとり、アルミニウムはくをはがして、しばらく熱湯でゆでた。

⑤　④の葉を、60℃くらいに熱したアルコールにつけておくと白っぽくなった。

⑥　⑤の葉を水で洗ったのち、ヨウ素液につけた。

(7)　実験①で、一昼夜暗い部屋においた理由として正しいものはどれですか。つぎのア～エから選び、記号で答えなさい。

ア　葉にあるデンプンをなくすため　　イ　葉にある緑色の色素をなくすため

ウ　葉のかたちを整えるため　　エ　葉をよく冷やすため

⑻　実験④で、しばらく熱湯でゆでた目的として正しいものはどれですか。つぎのア～エから選び、記号で答えなさい。

ア　細ぼう内で、光合成を活発に行わせるため

イ　細ぼう内で、呼吸する量を減らすため

ウ　葉をやわらかくして、細ぼうの中まで液体が入りやすくするため

エ　葉をかたくして、細ぼうの中の水分を追い出すため

⑼　実験⑤で葉が白っぽくなった理由として正しいものはどれですか。つぎのア～オから選び、記号で答えなさい。

ア　60℃の高温によって、葉の水分が蒸発したため

イ　60℃の高温によって、葉のせんいがやわらかくなったため

ウ　熱したアルコールと葉の成分が反応して、白い物質ができたため

エ　熱したアルコールによって、葉の緑色の成分がとかし出されため

オ　熱湯につけたあと、60℃くらいに温度が下がったことで葉の成分が固まったため

⑽　実験⑥でヨウ素液につけたあと、アルミニウムはくでおおいをしなかった部分は何色ですか。つぎのア～オから選び、記号で答えなさい。

ア　緑色　　イ　白色　　ウ　赤色　　エ　黒色　　オ　むらさき色

⑾　実験⑥でヨウ素液につけたあと、アルミニウムはくでおおいをした部分は何色ですか。つぎのア～オから選び、記号で答えなさい。

ア　緑色　　イ　白色　　ウ　赤色　　エ　黒色　　オ　むらさき色

⑿　アルミニウムはくでおおいをしなかった部分が、⑽の色になった理由として正しいものはどれですか。つぎのア～オから選び、記号で答えなさい。

ア　日光が直接あたることで、葉の表面がやわらかくなりヨウ素液を多く吸収したから

イ　日光が直接あたることで、その熱によってできた物質とヨウ素液が反応したから

ウ　日光が直接あたることで蒸散が行われ、出てきた水分とヨウ素液が反応したから

エ　呼吸が行われ、呼吸によりできた物質がヨウ素液を分解したから

オ　光合成が行われ、光合成によりできた物質とヨウ素液が反応したから

⒀　アルミニウムはくでおおいをした部分が、⑾の色になった理由として正しいものはどれですか。つぎのア～カから選び、記号で答えなさい。

ア　アルミニウムはくを通して熱が伝わり、その熱でできた物質とヨウ素液が反応したから

イ　アルミニウムはくにより蒸散ができず、たまった水分がヨウ素液をうすめたから

ウ　呼吸が行われ、呼吸によりできた物質とヨウ素液が反応したから

エ　呼吸が行われず、気体が出入りしないためヨウ素液が分解したから

オ　光合成が行われ、光合成によりできた物質とヨウ素液が反応したから

カ　光合成が行われず、ヨウ素液が反応しなかったから

4

A

(1)　図のようなまっすぐ流れている川と曲がって流れている川があったとき、流れが速いのはどこですか。あとのア～ケから選び、記号で答えなさい。

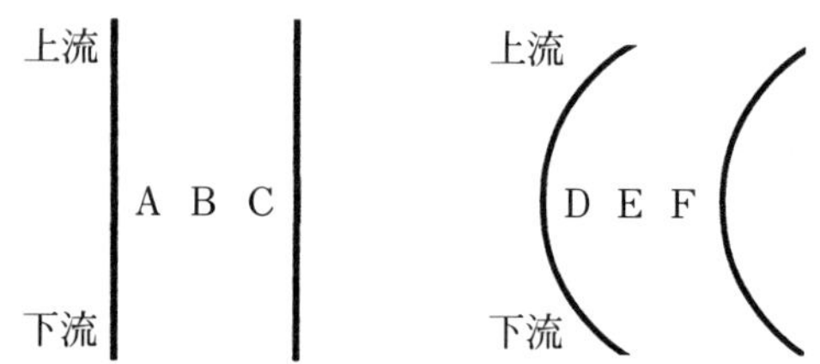

ア　AとD　　イ　AとE　　ウ　AとF　　エ　BとD　　オ　BとE
カ　BとF　　キ　CとD　　ク　CとE　　ケ　CとF

つぎの文は川の上流の特ちょうを説明したものです。(2)～(4)に当てはまる語句をあとのア～キから選び、記号で答えなさい。

川の流れが(2)く、(3)の作用が大きい。(3)の作用が大きいので(4)ができることがある。

ア　おそ　　イ　速　　ウ　しん食・運ぱん　　エ　たい積
オ　せん状地　　カ　三角州　　キ　V字谷

(5)　水を入れた大型試験管に砂、小石、どろを流しこんで良くかき混ぜました。しばらくして観察するとどのような結果になりますか。つぎのア～エから選び、記号で答えなさい。

図はあるがけのようすをスケッチしたものである。あとの問いに答えなさい。なお、A～Jの層は次に表した通りです。また、①－②は断層面、③－④は不整合面を表しています。

でい岩の層…AとD
ぎょう灰岩の層…B
砂岩の層…EとH
れき岩の層…CとFとI
石灰岩の層…GとJ

図
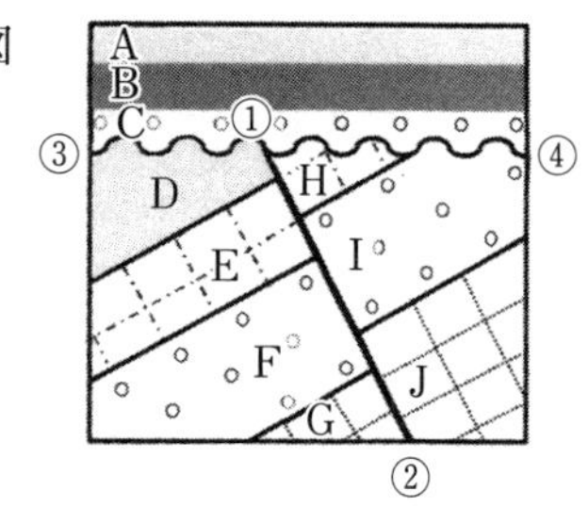

(6)　火山活動があったことを表す地層はどれですか。つぎのア～オから選び、記号で答えなさい。

ア　AとD　　イ　B　　ウ　CとFとI　　エ　EとH　　オ　GとJ

(7)　うすい塩酸を加えると二酸化炭素のあわを出してとけるのはどの地層ですか。つぎのア～オから選び、記号で答えなさい。

ア　AとD　　イ　B　　ウ　CとFとI　　エ　EとH　　オ　GとJ

(8)　Gの層からサンゴの化石が多く発見されました。Gの層ができたころは、どのような場所であったことが考えられますか。つぎのア〜ウから選び、記号で答えなさい。

ア　河口・湖　　イ　寒冷な海　　ウ　温暖で浅い海

(9)　D、E、Fの層がこのようにたい積しているのは、この場所がどのように変化したことが理由だと考えられますか。つぎのア・イから選び、記号で答えなさい。

ア　海の中にあり、海の深さが年代と共に深くなった

イ　海の中にあり、海の深さが年代と共に浅くなった

(10)　①−②のずれができたのはどこの地層ができたあとですか。つぎのア〜オから選び、記号で答えなさい。

ア　C　　イ　D　　ウ　EとH　　エ　FとI　　オ　GとJ

(11)　この地層は少なくとも何回地表に出てきましたか。つぎのア〜エから選び、記号で答えなさい。

ア　1回　　イ　2回　　ウ　3回　　エ　4回

B

図は地球の北半球から見た金星の様子を表しています。あとの問いに答えなさい。

図

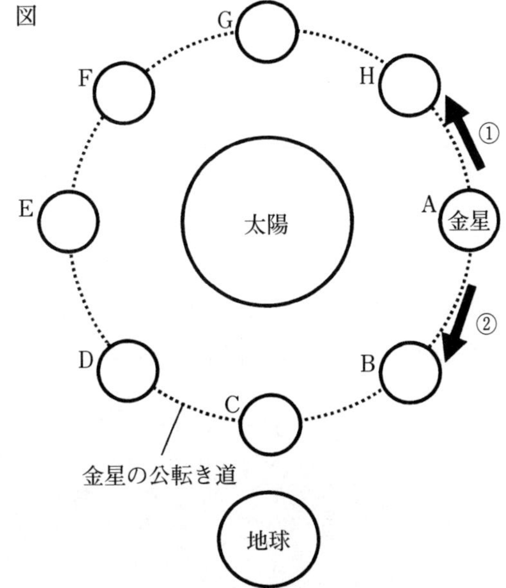

(12)　金星の公転の向きはどちらになりますか。つぎのア・イから選び、記号で答えなさい。

ア　①　　イ　②

(13)　地球から金星を見ることができないのは金星がどの位置にあるときですか。つぎのア〜ウから選び、記号で答えなさい。

ア　BとCとD　　イ　CとG　　ウ　FとGとH

(14)　地球から金星が夕方西の空に見ることができるのは金星がどの位置にあるときですか。つぎのア〜ウから選び、記号で答えなさい。

ア　AとBとH　　イ　BとCとD　　ウ　DとEとF

(15)　地球から金星が右図のように見えるのは金星がどの位置にあるときですか。つぎのア〜クから選び、記号で答えなさい。

ア　A　　イ　B　　ウ　C　　エ　D

オ　E　　カ　F　　キ　G　　ク　H

獨協中学校(第１回)

―40分―

1　配布したビニール袋(ぶくろ)に入っているのは、ヤブツバキの葉です。この葉をよく観察して、次の各問いに答えなさい。葉はビニール袋から出してはいけません。

(1)　次のらんに、葉のスケッチを描(か)きなさい。

(2)　観察してわかったヤブツバキの葉の特ちょうを整理して、スケッチの下にかじょう書きにまとめなさい。

ヤブツバキの葉の内部のつくりを調べるために、葉をカミソリの刃(は)で薄(うす)く切り、顕微鏡(けんびきょう)で観察しました。次の図と文章はその時のスケッチと観察記録です。

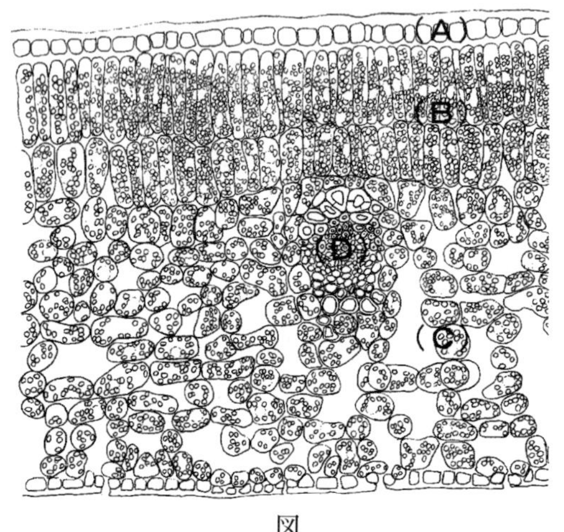

図

・葉の表面(A)は細胞(さいぼう)が一列に並び、上面が透明(とうめい)な物質でおおわれていた。

・葉の内部の表面に近い部分(B)は、長方形の細胞がすき間なく並んでいた。

・葉の内部の裏面に近い部分(C)は、小さく丸い細胞が多く、細胞の間にすき間があった。

・(D)は葉脈を横断する部分で、他とは違(ちが)う形の細胞が集まっていた。

(3)　(A)の部分は光合成を行いませんが、重要な役割を持っています。その役割は何ですか。正しいものを１つ選び、記号で答えなさい。

(ア)　雨が降った時に、葉の表面に落ちた雨水を吸収する。

(イ)　太陽の光を集めて(B)に送り、光合成の能率を上げる。

(ウ)　光合成で使う二酸化炭素を空気中から集める。

(エ)　毒のある成分をたくわえ、昆虫(こんちゅう)などに食べられないように葉を守る。

(オ)　水が出入りしないようにして、(B)や(C)を乾燥(かんそう)から守る。

(4)　(D)の部分のはたらきについて説明した次の文の空らん(　①　)～(　③　)にあてはまる言葉を答えなさい。

光合成によって葉が作る(　①　)は水にとけにくい性質がある。このため、植物が(　①　)を根などに運ぶときは、(　②　)と呼ばれる別の物質に変え、維(い)管束のなかの(　③　)という管を使って、水にとけた状態で運ぶ。

2　ばねとさまざまなおもさのボールを用意して、ボールの運動についての実験を行いました。次の各問いに答えなさい。

【実験１】

かべにばねを固定し、図１のような装置を作りました。ボールを押(お)しつけ、ばねが自然の長さ(伸(の)び縮(ちぢ)みしていないときの長さ)より短くなるようにしてから手を離(はな)しました。ボールのおもさとばねを縮める長さを変化させて、ボールの飛び出した速さを測定し、その結果を表１にまとめました。

図１

表１

ボールのおもさ[g]	20	20	20	80	80	80	180	180	180
ばねを縮めた長さ[cm]	2.0	4.0	6.0	2.0	4.0	6.0	2.0	4.0	6.0
飛び出した速さ[秒速cm]	30	60	90	15	30	45	10	20	30

(1)　次の①と②の関係として正しいものはどれですか。それぞれ１つずつ選び、記号で答えなさい。

①　ボールのおもさと飛び出した速さの関係

②　ばねを縮めた長さと飛び出した速さの関係

(ア)　比例の関係になっている　　(イ)　反比例の関係になっている

(ウ)　関係はあるが、比例でも反比例でもない　　(エ)　２つの値に関係はない

(2)　ばねを縮める長さを5.0cmにして、飛び出す速さを秒速15cmにするには、ボールのおもさを何gにすればよいですか。

(3)　ばねを縮める長さが2.0cmのとき、ボールのおもさを横軸(よこじく)、飛び出した速さを縦軸(たてじく)にとり、２つの関係を表したグラフの形としてもっとも近いものはどれですか。１つ選び、記号で答えなさい。

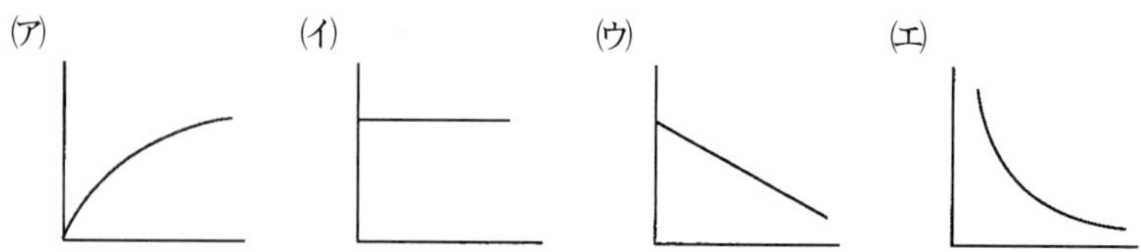

【実験２】

ボールのおもさを20ｇ、ばねを縮める長さを4.0㎝にして飛び出したボールに別のボールを衝突させました。ばねから飛び出したボールをボールＡ、新たに置いたボールをボールＢと呼ぶことにします。ボールＢのおもさだけを変化させて衝突後のボールＡとボールＢの速さを測定し、その結果を表２にまとめました。

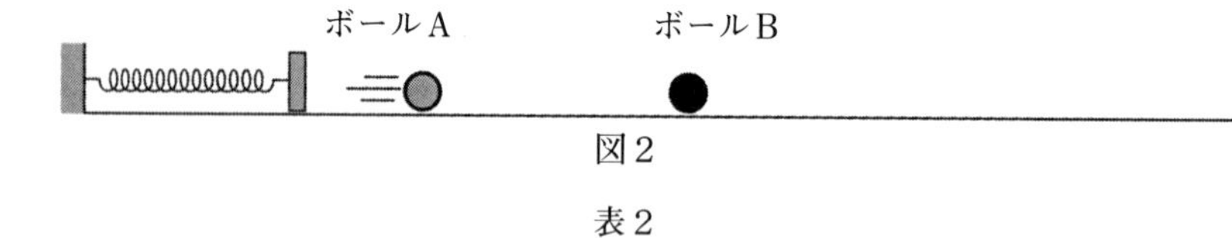

図２

表２

ボールＢのおもさ［ｇ］	20	30	40	50	60	70	80
衝突後のボールＡの速さ［秒速㎝］	0	12	20	26	30	33	36
衝突後のボールＢの速さ［秒速㎝］	60	48	40	34	30	27	X

(4)　ボールＢのおもさを10ｇとしたときと40ｇとしたとき、衝突後のボールＡは図２のどちら向きに動いていますか。正しい組み合わせを選び、記号で答えなさい。

衝突後のボールＡの移動の向き

	ボールＢのおもさ	
	10ｇ	40ｇ
(ア)	右向き	右向き
(イ)	右向き	左向き
(ウ)	左向き	右向き
(エ)	左向き	左向き

(5)　表の空らんＸにあてはまる数字を答えなさい。

(6)　ボールＢのおもさをどんどん重くしていくと、衝突後ボールＢはほとんど動かなくなり、ボールＡの速さはある値に近づいていきました。この値を「秒速～㎝」の形に合わせて答えなさい。

【実験３】

ボールを高さ176㎝の台から水平方向に押し出すと、ボールは台のはじから飛び出して、図３のようにはねながら進んでいきました。ボールがはねた高さを測定すると、落ちた高さに対するはねた高さの割合は一定であることがわかりました。

(7)　図３のように高さ176㎝から飛び出したボールは、２回目にはね上がった時の高さが11㎝でした。１回目にはね上がった高さは何㎝でしたか。

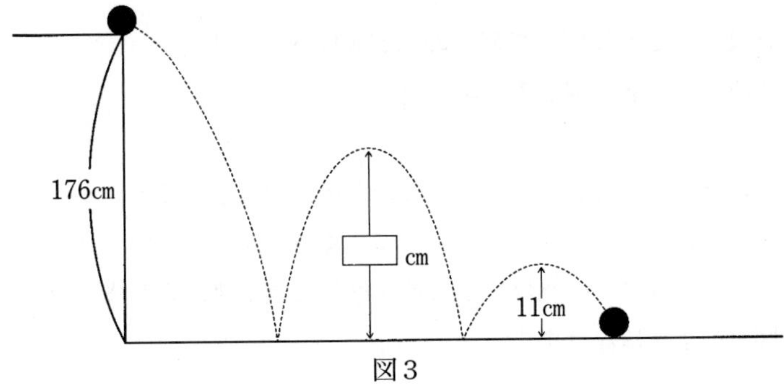

図３

(8)　図４のように、高さ28cmの柱を用意し、１回目にはねてから２回目に地面につくまでの間のところでこの柱をはさみました。このとき３回目にはねたときの高さは何cmでしたか。

ただし、ボールのはねる割合は、床(ゆか)と柱で変わらなかったものとします。

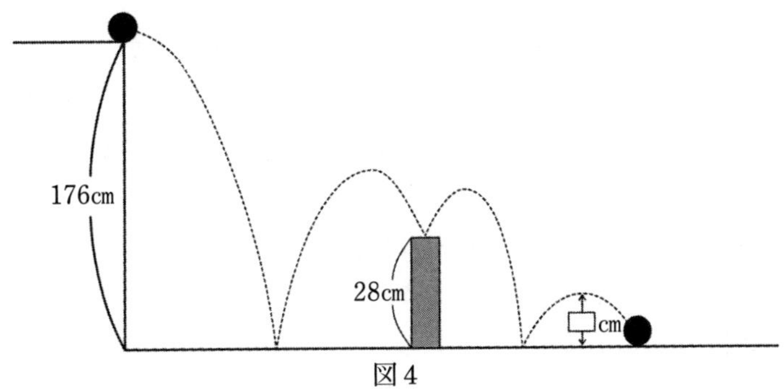

図４

3　次の文章を読み、各問いに答えなさい。

私たちが排出(はいしゅつ)した二酸化炭素の影響(えいきょう)で地球温暖化が進んでいます。この対策として、水素をエネルギー源とする方法が開発されています。その一つが燃料電池です。燃料電池は水素と酸素を反応させる(燃焼させる)ことで電気をつくります。このとき、水だけが生成されるので、クリーンなエネルギーとして期待されています。燃料電池で走る車も市販(しはん)されていて、街中に水素ステーションを見かけることもあります。

水素と酸素の反応を模式的に表すと次のようになります。

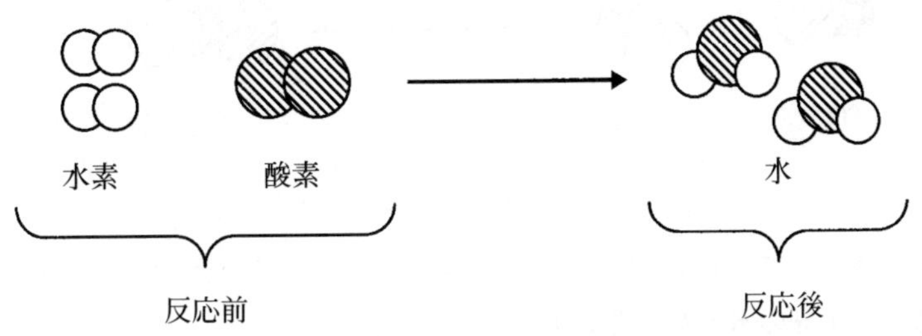

図１　水素と酸素の反応のようす

図の○、◍、●は、物質を構成する粒子(りゅうし)(正しくは原子)を表しています。これらは、反応の前後で増えたり減ったりすることはありません。このため、反応前の物質のおもさの合計と反応後の物質のおもさの合計は等しくなります。また、それぞれの物質のおもさの比も常に一定に保たれます。

(1)　水素６ｇと酸素48ｇが反応して何ｇの水が生成されますか。

(2)　水９ｇが生成したとき、何ｇの水素が反応しましたか。

水素は地球上にほとんど存在しません。このため、水素を作る方法が開発されています。その一つに天然ガス中にふくまれるメタンを原料にする方法があります。メタンは家庭で燃料ガスとして利用されていて、メタンの燃焼によって二酸化炭素が排出されます。メタンの燃焼反応を模式的に表すと図２のようになります。

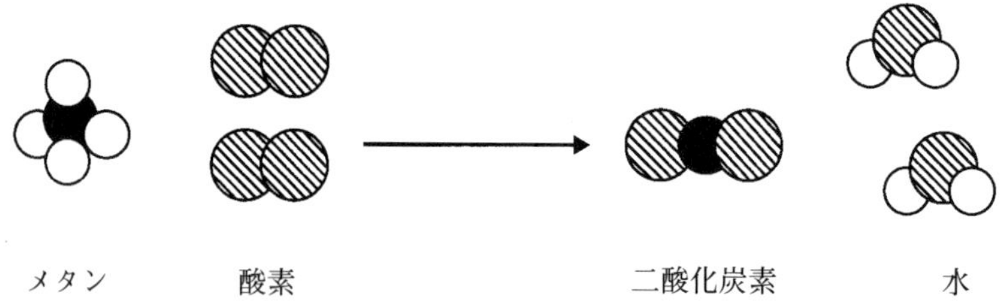

図２　メタンの燃焼のようす

反応するメタンと酸素のおもさの比は１：４と決まっています。また、４ｇのメタンを燃焼させると、水は９ｇ生成します。

(3)　図２において、メタンのおもさ：酸素のおもさ：二酸化炭素のおもさ：水のおもさをもっとも簡単な整数比で表しなさい。

(4)　一般的(いっぱんてき)な家庭で１日に消費するメタンのおもさは400ｇといわれています。この量のメタンを燃焼させると何ｇの二酸化炭素が生成されますか。

水素はメタンと水を反応させて、図３のように２段階でつくられます。

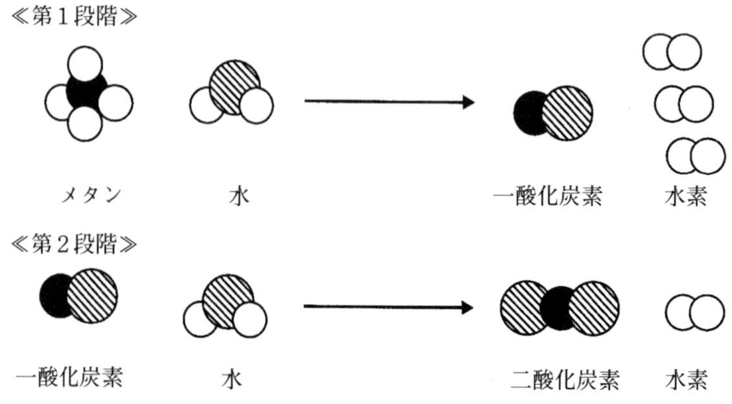

図３　メタンから水素をつくるようす

メタン８ｇと水９ｇで一酸化炭素が14ｇできます。つくられた14ｇの一酸化炭素と９ｇの水を反応させると、１ｇの水素ができます。

(5)　２つの段階の反応が終わったとき、メタン８ｇから水素は合計何ｇできますか。

(6)　図３の方法で400ｇのメタンから水素をつくると、何ｇの二酸化炭素が排出されますか。

(7)　図３の方法でつくった水素を使って燃料電池で電気をつくっても、地球温暖化の対策としては不十分です。それはなぜですか。理由を説明しなさい。

4　2023年は関東大震災から100年目の年でした。次の各問いに答えなさい。

(1)　関東大震災に関する次の文の空らん（ ① ）～（ ⑨ ）にあてはまる数字や用語を答えなさい。同じ用語をくり返し使ってもかまいません。

関東大震災は、大正（ ① ）年９月１日に発生した大正（ ② ）といわれる地震によって引き起こされた災害で、発生時刻が昼食の時間帯と重なったため、多くの（ ③ ）が発生し被害が拡大したと言われている。

大正（ ② ）の震源は、（ ④ ）湾北西部と推定されている。日本周辺には、次図のように北米プレート、（ ⑤ ）プレート、（ ⑥ ）プレート、（ ⑦ ）プレートの４つのプレートが分布している。大正（ ② ）は、（ ⑧ ）プレートが（ ⑨ ）プレートの下に沈み込むところで発生したと考えられている。

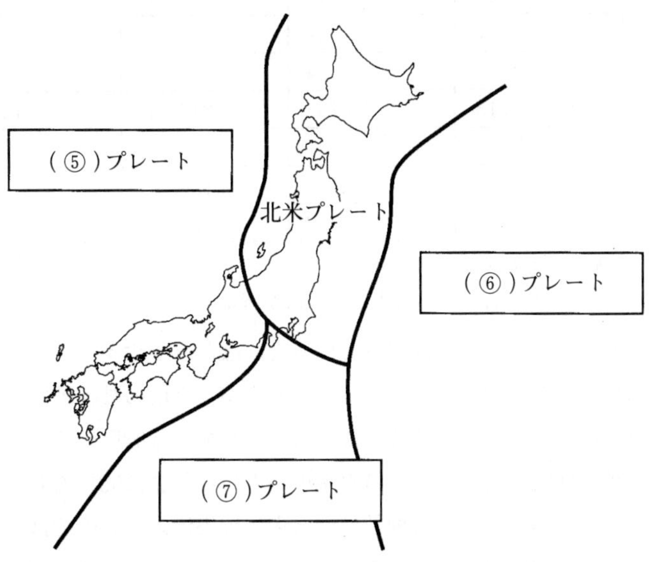

次の表１は、関東大震災における住宅の被害棟数(ひがいむね)を府県別にまとめたものです。

表１　関東大震災における住宅被害棟数

	全壊(ぜんかい)	非焼失(全壊)	焼失	流失埋没(まいぼつ)	合計
神奈川県	63,577	46,621	35,412	497	82,530
東京府	24,469	11,842	176,505	2	188,349
千葉県	13,767	13,444	431	71	13,946
埼玉県	4,759	4,759	0	0	4,759
山梨県	577	577	0	0	577
静岡県	2,383	2,309	5	731	3,045
茨城県	141	141	0	0	141
長野県	13	13	0	0	13
栃木県	3	3	0	0	3
群馬県	24	24	0	0	24
合計	109,713	79,733	212,353	1,301	293,387
そのうち					
東京市	12,192	1,458	166,191	0	167,649
横浜市	15,537	5,332	25,324	0	30,656

※合計は非焼失、焼失、流失・埋没の和です。
※当時は東京都ではなく東京府が、その中に東京市が置かれていました。

(2)　表１からわかることとして、間違(まちが)っているものはどれですか。１つ選び、記号で答えなさい。

(ア)　住宅被害棟数の合計が最も多いのは東京府だが、全壊の被害棟数は神奈川県が最も多い。

(イ)　流失・埋没の被害棟が存在するのは、海に面している府県のみである。

(ウ)　東京府の焼失住宅被害棟数のうち東京市が占める割合は99％を超えている。

(エ)　埼玉県と山梨県の全壊の被害棟数は、ともに焼失によるものではない。

(3)　関東大震災では、津波(つなみ)による被害もありました。津波に関する説明のうち、間違っているものはどれですか。１つ選び、記号で答えなさい。

(ア)　水深が深いところほど伝わる速さが速くなる。

(イ)　水深が浅くなるほど波の高さが増していく。

(ウ)　陸に押(お)し寄(よ)せてきた波が1.0ｍを超えたものを津波という。

(エ)　地震発生の後、最初に到達(とうたつ)する波が最も高い波となるとは限らない。

津波の被害が大きかった地震といえば、東北地方太平洋沖地震があります。震災ごとの被害の違いについて調べたところ、次のような資料が見つかりました。

表２

	関東大震災	阪神・淡路大震災	東日本大震災
地震規模	M7.9	M7.3	M9.0
直接死 行方不明	約10万 5,400人 (そのうち火災による焼死９割)	約5,500人 (そのうち建物等の倒壊(とうかい)・埋没による窒息(ちっそく)・圧死７割)	約１万 8,900人 (そのうち津波による溺死(できし)９割)
全壊・全焼 住宅	約29万棟	約11万棟	約12万棟
経済被害	約55億円	約９兆６千億円	約16兆９千億円
当時の国家 予算	約14億円	約73兆円	約92兆円

⑷　表２からわかることとして、間違っているものはどれですか。１つ選び、記号で答えなさい。

㋐　地震規模が最も大きかったといえるのは、東日本大震災を引き起こした地震である。

㋑　津波による直接死・行方不明数は、東日本大震災が、他の２つの震災よりも多い。

㋒　当時の国家予算に比べて経済被害額の割合が最も大きかった震災は、関東大震災である。

㋓　３つの震災のうち、発生のしくみがプレートの境界での海溝型ではなく内陸の活断層による地震が原因なのは、阪神・淡路大震災である。

⑸　次の図は、震源がほぼ同じ２つの地震それぞれの震度の分布を示しています。どうしてこのような違いがみられるのか、考えられることを簡潔に述べなさい。

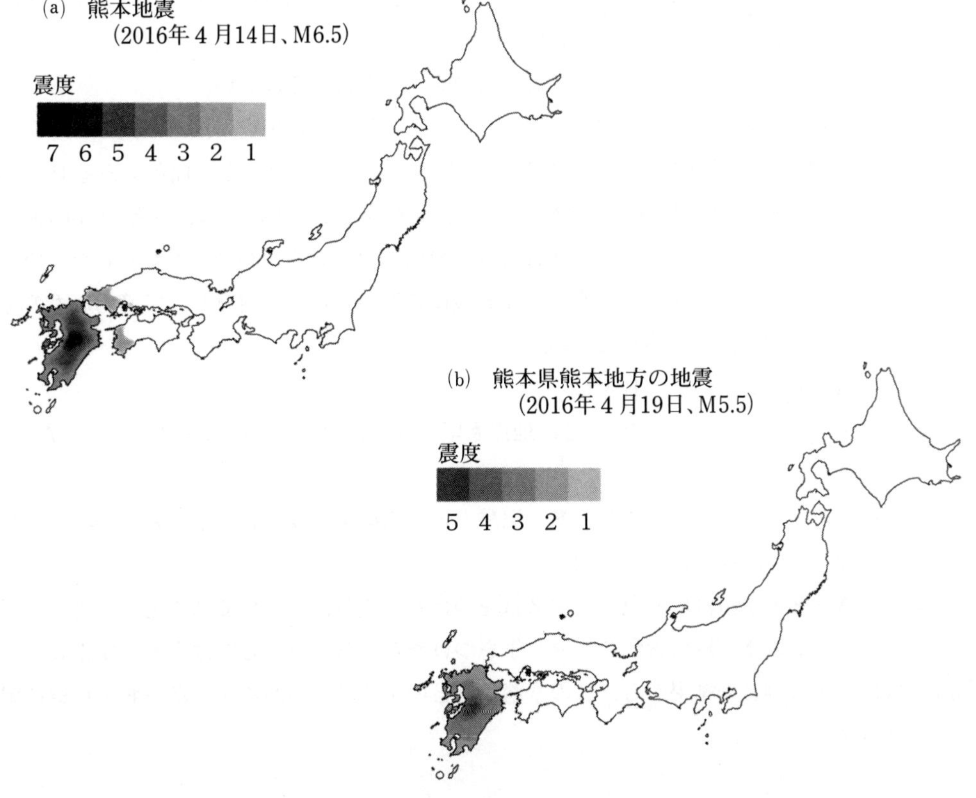

灘　中　学　校

—60分—

1　地震について以下の問いに答えなさい。

問1　地震は、地盤に大きな力がはたらき、岩石が破壊されて断層ができることで起こります。断層について述べた次の文aとbが、正しいか誤っているかの組合せとして適切なものを、右の表のア～エから選び記号で答えなさい。

	a	b
ア	正しい	正しい
イ	正しい	誤り
ウ	誤り	正しい
エ	誤り	誤り

a　地震を起こした断層は、地表に現れることがある。

b　地震を起こした断層が、水平方向にずれることはない。

問2　地震において岩石の破壊が始まった点を震源といいます。地震が起こると、震源では性質の異なる二種類の揺れが同時に発生し、あらゆる方向に一定の速さで地中を伝わっていきます。これらはP波、S波とよばれ、それぞれ決まった速さをもっています。次の表はある地震の記録の一部で、3か所の観測地点A、B、Cについて、震源からの距離、P波が到達した時刻、S波が到達した時刻を示しています。

観測地点	A	B	C
震源からの距離	(①)km	45km	(②)km
P波の到達時刻	3時8分5秒	3時8分8秒	3時8分14秒
S波の到達時刻	3時8分9秒	3時8分14秒	3時8分(③)秒

(1)　P波とS波が同時に発生したことをふまえて、震源で揺れが発生した時刻を「～時～分～秒」の形に合うように答えなさい。

(2)　上の表の(①)～(③)にあてはまる数をそれぞれ答えなさい。

(3)　大きな揺れをもたらすS波が到達する前に、予想される地震の揺れの大きさを伝えるしくみが緊急地震速報です。震源に近い観測地点が、比較的小さな揺れであるP波を観測した後、数秒以内に緊急地震速報が発表されます。この地震では、震源から15kmの距離にある観測地点DでP波が観測された8秒後に緊急地震速報が発表されました。観測地点A、B、Cのうち、緊急地震速報の発表後にS波が到達した地点として適切なものを次のア～エから選び記号で答えなさい。

ア　A・B・C　　イ　B・C

ウ　C　　エ　なし(どの地点も緊急地震速報の発表前にS波が到達した)

2　5つのビーカーA～Eにそれぞれ、**あ**　塩酸、**い**　炭酸水、**う**　石灰水、**え**　食塩水、**お**　アンモニア水 のいずれかが入っています。

実験1　A～Eの水溶液に赤色リトマス紙をつけたところ、AとCでは青色に変化した。

実験2　A～Eの水溶液に青色リトマス紙をつけたところ、DとEでは赤色に変化した。

問1　実験1と実験2の結果から、Bの水溶液はどの水溶液とわかるか、**あ**～**お**から選び記号で答えなさい。

問２　A、Cの水溶液を区別するための実験を考えました。

⑴　実験の方法と結果として正しいものを次のア～エから１つ選び記号で答えなさい。

ア　見た目を観察したところ、Aは泡(あわ)が出ていたが、Cは泡が出ていなかった。

イ　においをかぐと、Aからはつんとしたにおいがしたが、Cは何もにおいがしなかった。

ウ　加熱して水分を蒸発させると、Aは黄色の固体が残り、Cは何も残らなかった。

エ　鉄くぎを加えたところ、Aからは勢いよく泡が出たが、Cは何も変化がなかった。

⑵　⑴で選んだことから、A、Cの水溶液はそれぞれどの水溶液とわかるか、**あ**～**お**から選び記号で答えなさい。

問３　D、Eの水溶液を区別するための実験の方法として次のア～ウがあります。ア～ウから好きな方法を１つ選び、D、Eの水溶液をどのように区別するか、例にならって簡潔に答えなさい。

ア　見た目を観察する。　　イ　においをかぐ。　　ウ　鉄くぎを加える。

（例　無色の方が水、色がついている方が黒砂糖の水溶液。）

２つのビーカーF、Gにそれぞれ、**あ**　塩酸、**い**　炭酸水、**う**　石灰水、**え**　食塩水 のうちいずれかが入っています。

実験３　F、Gの水溶液をいろいろな割合で混ぜたところ、いずれも透明(とう)で、泡が出ていた。

実験４　F、Gを混ぜて作った水溶液はいずれも、加熱して水分を蒸発させると、固体が残った。

問４　実験３の結果から、ビーカーF、Gのどちらにも入っていないとわかる水溶液を、**あ**～**え**からすべて選び記号で答えなさい。

問５　実験３と実験４の結果から、F、Gの水溶液はどの２つの水溶液とわかるか、**あ**～**え**から２つ選び記号で答えなさい。

③　一辺が10㎝の立方体の消しゴムがあります。図１のように、消しゴムの各辺に沿って、上下方向、左右方向、前後方向とよぶことにします。また消しゴムは変形しても直方体とみなせるものとします。

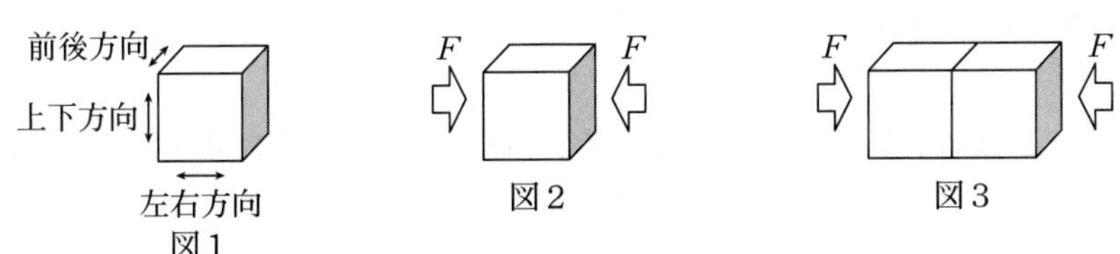

図１　図２　図３

問１　図２のように左右方向に対して垂直な面を、ある大きさFの力で両側から押(お)すと、消しゴムは左右方向に縮み、左右方向の長さは9.99㎝になりました。力の大きさを変え、両側から押すと、消しゴムは左右方向にもとの10㎝から0.002㎝縮みました。このとき両側から押した力の大きさはFの何倍ですか。押した力と消しゴムの縮み（縮んだ距離(きょり)）の間には比例関係が成り立つものとします。

問２　今度は先ほどと同じ消しゴムを２個用意し、図３のように左右方向にくっつけて、問１の大きさFの力で両側から押しました。このとき左右方向の消しゴムの全長（長さの和）は何㎝ですか。

消しゴムが両側から押されたとき、その方向の長さの変化がわかれば消しゴムの体積変化を簡単に計算できそうに思えます。しかし左右方向に両側から押された場合、消しゴムは直方体の形に変形し、上下方向および前後方向の消しゴムの長さも変化するので、計算はそれほど簡単ではありません。

問３　図２のように消しゴムが左右方向に両側から押されたとき、消しゴムの(1)上下方向 および(2)前後方向 の長さはそれぞれどうなりますか。伸びる場合はA、縮む場合はBとそれぞれ答えなさい。

図２のように１個の消しゴムが左右方向に両側から押されたとき(上下方向の伸びまたは縮み)÷(左右方向の縮み)の値をaとします。このとき、(前後方向の伸びまたは縮み)÷(左右方向の縮み)の値もaとなります。aの値は、消しゴムの素材によって異なります。

問４　問１の消しゴム１個では$a=0.48$でした。このとき問１の大きさFの力でその消しゴム１個を両側から押すと、消しゴムの体積は何㎤減りますか。小数第２位まで答えなさい。ただし、xとyがともに１に比べてとても小さな数のとき$(1-x)\times(1+y)\times(1+y)$を$1-x+2\times y$のように計算してかまいません。これを近似計算と呼びます。近似計算では例えば、
$(1-0.0003)\times(1+0.001)\times(1+0.001)=1.0017003997$　を　$1-0.0003+2\times0.001=1.0017$
としてよいことになります。

問５　どんな立方体の消しゴムも、両側から押されたとき、体積は必ず減少することが知られています。このことから、aの値はある値以上になりえないことがわかります。ある値を答えなさい。必要であれば問４の近似計算を使ってかまいません。

４　試験管に入れた水を冷やして、水の温度変化と水のようすを調べました。その結果、冷やした時間と水の温度の関係は図１のようになりました。

水の温度(℃)　A　B　C　D　E　0　冷やした時間(分)

図１

問１　水がこおりはじめる(試験管内に固体が生じはじめる)のは、図１の点A～Eのいずれの点か、記号で答えなさい。

問２　点Cでの試験管内の水のすがたを答えなさい。

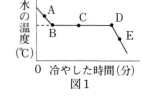

次に、試験管に食塩水を入れ、水と同じように冷やしたときの温度変化とそのようすを調べました。食塩水について、水20ｇに溶かす食塩の量を変えて、４種類の異なる水溶液を用意し、それぞれについてこおりはじめる温度を調べると、表のような結果になりました。

水20ｇに溶かした食塩の重さ(ｇ)	0.5	1.0	1.5	2.0
水溶液がこおりはじめる温度(℃)	-1.6	-3.2	-4.8	-6.4

また、食塩0.5ｇを溶かした水溶液について、こおりはじめてから図１の点Cにあたるところまで実験を続けると、水溶液の温度は図２のように変化しました。

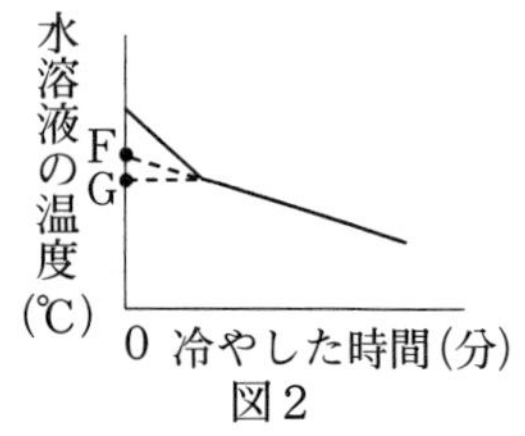

図２

問３　水100ｇに食塩６ｇを溶かした水溶液を冷やしたとき、何℃でこおりはじめますか。

問4　図２で、こおりはじめる温度の－1.6℃は点Ｆ、Ｇのいずれの点の値か、記号で答えなさい。

問5　図２から、水溶液がこおりはじめてから試験管内で何が起こっていると考えられますか。次のア～ウから選び記号で答えなさい。

ア　水と食塩が混ざった、食塩水がこおっている。

イ　水だけがこおっている。

ウ　食塩だけが固体となって出てきている。

問6　水20ｇに食塩0.5ｇを溶かした水溶液を－５℃まで冷やしたとき、試験管内に固体は何ｇ生じていますか。

5　以下の文の（　　）に最もよくあてはまる語句または数をそれぞれ答えなさい。また、｛　　｝にあてはまるものをそれぞれア、イから選び、［ ⑥ ］にあてはまるものを下線部の**あ～え**からすべて選び記号で答えなさい。さらに、［　A　］と［　B　］にあてはまる語句をそれぞれ答えなさい。

生物の中で現在最も種類が多いのは昆(こん)虫です。しかし、３億年前の地球にはメガネウラという体長70㎝ほどのトンボの仲間が存在していたものの、現在の地球ではそのような大きな昆虫を見ることはできません。また、昔も今も昆虫は海にほとんど存在しません。これらの理由を考えてみましょう。

仮に昆虫が進化して、からだが巨(きょ)大になったとします。まず、昆虫がその大きなからだを支えられるかどうかについて考えます。

昆虫はからだの外側が比較(かく)的かたくなっていて体重を支えています。この構造を外骨格といいます。たとえば昆虫のからだが相似形で２倍に（同じ形のまま各部の長さがすべて２倍に）なったとします。からだの密度（１㎤あたりの重さ）が変わらないと仮定すると、「体重を、脚(あし)の断面積で割った値」はもとの（ ① ）倍になります。したがって昆虫が大きくなった場合、そのからだを支えるためには、脚をさらに太くする、あるいは昆虫のなかまとは呼べなくなってしまいますが、脚の［　A　］ことが必要になります。

ところで、昆虫の外骨格の主成分は、酸素を利用して固まるクチクラという物質です。ただし、クチクラは非常に硬(かた)いわけではありません。一方、カニも外骨格を持つ生物であり、深海で生息する大きなカニが知られています。このカニが大きなからだを支えられるのは、カニの外骨格が海水中に含(ふく)まれるカルシウムを取り込(こ)んで非常に硬くなっていることや、水中では［　B　］ことが理由として考えられます。

ちなみに、ゾウは非常に巨大な陸上の生物ですが、今よりもさらにからだを大きくするには、ゾウの脚を構成する（ ② ）と骨を太くする必要があります。かつて存在した恐竜(きょうりゅう)は、ゾウよりもきわめて大きいものも存在しましたが、恐竜はからだの（ ③ ）がゾウに比べてかなり小さかったため、その体重を支えることができました。

以上のように、外骨格をもつ生物であっても内骨格（からだの内部にあって体重を支える骨）をもつ生物であっても、進化して巨大になることは簡単ではないことがわかります。

次に、からだを支えること以外で、昆虫が巨大化できない理由を考えます。

昆虫は外骨格につながった気管を体内にもっており、この気管を使って呼吸しています。昆虫は一生のうちで何回か（ ④ ）を行うことでからだを大きくしますが、外骨格だけでなく気管も一回り大きくなります。このとき気管は｛⑤　ア　単純　イ　複雑｝な構造のほうがうまく（ ④ ）

を行うことができます。

また、ゾウの血液の役割には、**あ**　酸素の運搬、**い**　老廃物の運搬、**う**　二酸化炭素の運搬、**え**　養分の運搬などがありますが、昆虫の体液の役割としてあてはまるものは、下線部の**あ～え**のうち［ ⑥ ］です。昆虫は背中側に心臓と血管をもち、腹の体液を頭まで移動させますが、頭で血管は途切れてなくなり、体液は頭・胸・腹へと拡散します。このことから、昆虫とゾウでは{⑦　ア　昆虫　イ　ゾウ}の方がより計画的に血液または体液を全身に送ることができると言えます。

呼吸についても、昆虫(特に幼虫)とゾウを比較すると、{⑧　ア　昆虫　イ　ゾウ}のほうがより効率よく呼吸することができます。

つまり、血液・体液の循環という点でも、呼吸という点でも、昆虫が巨大化するのは難しいと結論できそうです。

なお、現在の地球で比較的大きな昆虫が見られる地域は熱帯雨林などです。大昔にメガネウラのような巨大な昆虫が生息していたのも、当時の地球は空気中の(⑨)の割合が大きかったためであると考えられます。

最後に、昆虫が海で生息できるかどうかについて考えてみます。

陸上に生息する生物が進化して再び海に生息するようになった例として、ほ乳類ではクジラ、は虫類ではウミヘビ、植物ではアマモなどが知られています。空を飛ばない鳥のなかまで、海に生息または海で活動するものの例には(⑩)があります。

しかし、海に生息する昆虫はほとんど見つかっていません。それは、海水中という環境では、ヒトと同様にからだの中の体液の(⑪)の濃さを調節できないことや、酸素が少ないので(⑫)をつくりにくいことが理由だと考えられています。

6　長さ100cmの糸に小さなおもりをつけた振り子を用意します。糸の端は壁の点Oに固定されていて、振り子は壁の表面にそって振らせることができます。空気抵抗および壁との摩擦は無視します。振り子の最下点Pの高さを高さの基準(高さ0cm)とします。

糸を張った状態で、左側の高さ20cmの位置で静かにおもりを放すと、よく知られているように、おもりは糸が張った状態のまま点Pを通過して進み、右側の高さ20cmの位置で一瞬静止し、その後、放した位置まで引き返します。

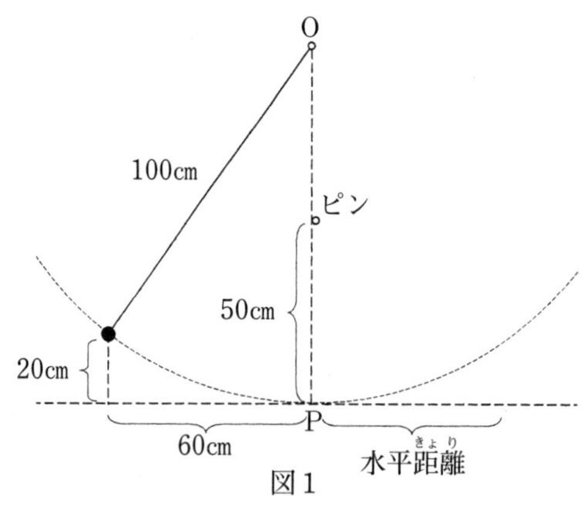

図1

問1　おもりを放す位置は変えずに、直線ＯＰ上で高さ50cmの位置にピンを打ち(図１)、そこで糸が折れ曲がるようにした場合、おもりは右側のどの位置まで進むでしょうか。直線ＯＰからその位置までの水平距離を答えなさい。

問2　問１の場合も、おもりは一瞬静止した後、放した位置まで引き返します。おもりが往復するのに要する時間は、ピンを打たない場合に比べてどうなりますか。次のア～ウから選び記号で答えなさい。

ア　変わらない。　　イ　長くなる。　　ウ　短くなる。

問3　放す高さを20cmのままにして、ピンを打つ高さを50cmよりも少し小さくした場合、おもりが進む位置までの水平距離は、問１の答えに比べてどうなるでしょうか。次のア～ウから選び記号で答えなさい。

ア　変わらない。　　イ　大きくなる。　　ウ　小さくなる。

問4　放す高さを20cmのままにして、ピンを打つ高さをさらに少しずつ小さくしながら実験を続けてみたところ、ピンの高さをある値よりも小さくすると、糸がたるむ(糸が張ったままではいられない)ことがわかりました。ある値は何cmですか。

問5　おもりを放す高さをHcm、ピンを打つ高さを$x$cmとします。ただし、Hとxは100以下とします。いろいろなHの値に対して、xの値をHよりも大きな値から始めて少しずつ小さくしながら実験を続けてみたところ、おもりが点Ｐを通過した後のおもりの動きはA、B、Cの３種類の動きのどれかひとつになることがわかりました。AとBは次のような動きです。

A　図２のように、糸がたるむことなく進んでいき、一瞬静止して引き返す。
B　図３のように、あるところで糸がたるみ、静止することなく不規則な動きが続く。

Cはどのような動きでしょうか。Cの動きを図で示しなさい(図４を完成させなさい)。ただし、おもりが点Ｐを通過してから点Ｏの真下のある点に達する瞬間(しゅんかん)までのおもりの道筋(------)と、その瞬間におけるおもりの位置(●)と、糸(——)をかくこと。

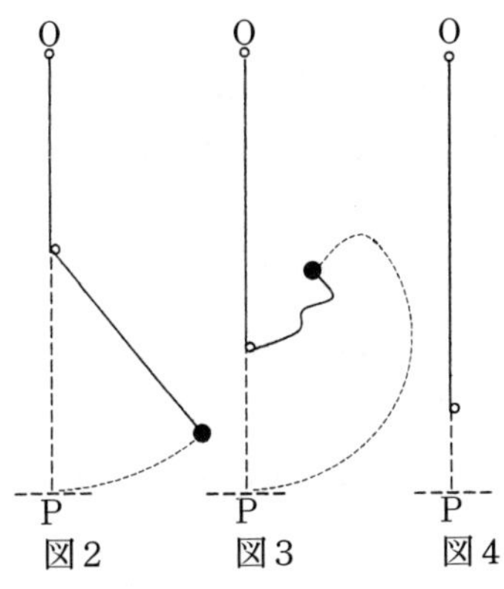

図２　図３　図４

日本大学豊山中学校(第１回)

—社会と合わせて60分—

〔注意事項(じこう)〕 定規、コンパス、分度器、計算機などを使用してはいけません。

1 次の文を読んで、あとの各問いに答えなさい。

図１のように、天井からおもりをつるしてふりこをつくり、いろいろなふりこが１往復する時間(以降は周期と呼ぶ)を調べる実験を行いました。「おもりの重さ」「ふりこの長さ」「ふれはば」をそれぞれ変えながら周期を測ったところ、実験結果は表１のようになりました。ただし、空気抵抗(ていこう)やまさつ、糸の重さは考えないものとします。

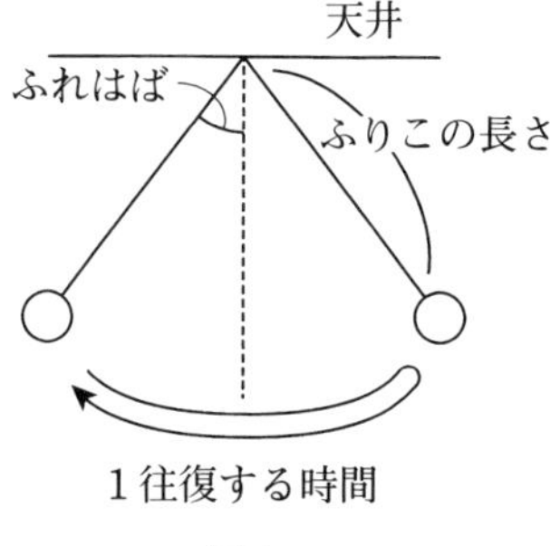

図１

表１

	A	B	C	D	E	F	G
おもりの重さ[g]	30	30	50	30	50	50	30
ふりこの長さ[cm]	20	45	180	80	45	80	20
ふれはば	30°	30°	30°	20°	20°	20°	20°
周期[秒]	0.90	1.35	2.70	1.80	1.35	1.80	0.90

問１　表１の実験結果から、ふりこの性質についてわかることを、次の(ア)～(ケ)から<u>３つ</u>選び、記号で答えなさい。

(ア)　周期は、おもりが重くなるほど長くなる。
(イ)　周期は、おもりが重くなるほど短くなる。
(ウ)　周期は、おもりの重さによらない。
(エ)　周期は、ふりこの長さが長くなるほど長くなる。
(オ)　周期は、ふりこの長さが長くなるほど短くなる。
(カ)　周期は、ふりこの長さによらない。
(キ)　周期は、ふれはばが大きくなるほど長くなる。
(ク)　周期は、ふれはばが大きくなるほど短くなる。
(ケ)　周期は、ふれはばによらない。

問２　おもりの重さを60ｇ、ふりこの長さを720cm、ふれはばを15°にしたとき、ふりこの周期は何秒になりますか。

問３　次の文の、[　X　]、[　Y　]にあてはまる語句を(ア)～(キ)から１つずつ選び、記号で答えなさい。

> 周期が4.00秒のふりこがある。このふりこの周期を4.00秒から2.00秒にするためには、[　X　]を、[　Y　]にする必要がある。

(ア)　おもりの重さ　　(イ)　ふりこの長さ　　(ウ)　ふれはば　　(エ)　２倍
(オ)　４倍　　(カ)　0.5倍　　(キ)　0.25倍

問４　図２のように、おもりの重さ50ｇ、ふりこの長さ180cmのふりこを用意し、Ｂの位置にくぎを打ち付けました。ふれはばが30°になるようにＡの位置からおもりをしずかにはなすと、Ｂの位置で糸がひっかかり、おもりはＡと同じ高さのＣの位置まで上がってから、ふたたびＡの位置にもどりました。このふりこの周期は何秒になりますか。ただし、実験中糸はたるまないものとします。

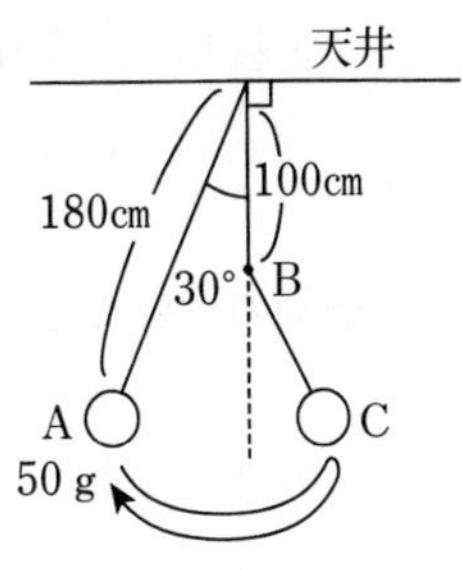

図２

問５　図２の状態から、Ｂの位置に打ち付けたくぎを外し、新しくＤの位置にくぎを打ち付けてＡの高さから問４と同じようにふりこをふったところ、周期は1.80秒となりました。Ｄの位置は、天井から何cmのところにありますか。ただし、Ｄの位置はＢの位置の真上か真下にあり、横にはずれていないものとします。

2　次の文を読んで、あとの各問いに答えなさい。

多くの物質が混ざっている状態からある物質だけ取り出すことを「分離(ぶんり)」といいます。蒸留やろ過も分離(ぶんり)の操作の１つです。例えば、水にとけきれない量の食塩が食塩水の底に沈殿(ちんでん)していた場合は、ろ過をすることでとけきらなかった分の食塩のみを取り出すことができます。

このときの食塩水のように、物質が水にとける量には限界があります。限界まで物質がとけた状態の水よう液を［　Ａ　］水よう液といい、水100ｇにとかすことができる物質の質量を［　Ｂ　］といいます。

［　Ｂ　］は温度によって異なり、食塩とホウ酸の［　Ｂ　］は次の表１のようになっています。

表１

水の温度［℃］	0	20	40	60	80	100
食塩［ｇ］	35.6	35.8	36.3	37.1	38.0	39.3
ホウ酸［ｇ］	2.8	4.9	8.9	14.9	23.5	38.0

問１　文中の［　Ａ　］、［　Ｂ　］にあてはまる語句を答えなさい。

問２　次の(ア)～(オ)の物質のうち、ろ過によって水と分けることができるものを<u>**すべて**</u>選び、記号で答えなさい。

(ア)　炭酸水　　(イ)　水にとけた砂糖　　(ウ)　鉄粉　　(エ)　エタノール　　(オ)　チョークの粉

問３　20℃の水に限界まで食塩がとけているとき、食塩水のこさは何％ですか。小数第１位を四捨五入して、<u>**整数で**</u>答えなさい。

問４　ある温度で限界までホウ酸がとけている水よう液344.7ｇを20℃まで冷やすと、30ｇのホウ酸がとけきれなくなって出てきました。最初の水よう液の温度は何℃でしたか。

問５　食塩、ホウ酸、砂が混ざった粉末Ａが30ｇあります。次の実験Ⅰ～実験Ⅲの文を読んで、粉末Ａには、食塩とホウ酸と砂がそれぞれ何ｇずつふくまれていたか<u>**小数第１位まで**</u>答えなさい。ただし、食塩とホウ酸は同時に水にとかすことができ、砂は一切水にとけないものとします。

実験Ⅰ：粉末Ａをすべてビーカーに入れ、20℃の水150ｇを加えてよくかき混ぜたあとにろ過すると、固体と水よう液Ｂに分けることができました。

実験Ⅱ：水よう液Ｂの温度を０℃まで下げたところ、ホウ酸だけが沈殿(ちんでん)しました。この水よう液をろ過してろ紙に残ったホウ酸の重さをはかると、2.3ｇでした。このとき、ろ紙を通過した水よう液を水よう液Ｃとします。

実験Ⅲ：水よう液Cを蒸発皿に入れ加熱し、水を全て蒸発させると、24.7gの固体が残りました。

3　植物のはたらきに関する次の文［Ⅰ］・［Ⅱ］を読み、あとの各問いに答えなさい。

［Ⅰ］

植物は、酸素や二酸化炭素を気こうから放出したり吸収したりしています。取りこんだ気体は、光のエネルギーをつかって栄養分などをつくる［　X　］というはたらきと、動物もおこなう［　Y　］というはたらきに使われています。

光が届かず［　X　］ができないときは、［　Y　］のみを行うため、酸素を吸収し、二酸化炭素を放出します。ある程度の光があたると、植物は［　X　］と［　Y　］を同時に行います。

問１　文中の［　X　］、［　Y　］にあてはまる語句をそれぞれ**漢字で**答えなさい。

問２　［　X　］のはたらきが行われ、栄養分がつくられたことを確かめるときに使う指示薬があります。その指示薬としてもっとも適しているものはどれですか。次の(ア)〜(エ)から１つ選び、記号で答えなさい。

(ア)　BTBよう液　　　(イ)　メチレンブルー

(ウ)　フェノールフタレインよう液　　　(エ)　ヨウ素よう液

［Ⅱ］

次の図１は、じゅうぶんな水と肥料があたえられている植物Aと植物Bについて、光の強さと［　X　］の速度の関係を模式的に示したグラフです。このグラフでは、

◎二酸化炭素吸収速度がプラスの値のとき……全体として二酸化炭素を吸収している。

◎二酸化炭素吸収速度がマイナスの値のとき…全体として二酸化炭素を放出している。

ということを示しています。グラフから、光が弱いときには、植物Aも植物Bも二酸化炭素を放出していることがわかります。これは、光が弱いときは［　X　］の速度よりも［　Y　］の速度が大きくなり、二酸化炭素を吸収する速度よりも放出する速度が大きくなるためです。

なお、二酸化炭素吸収速度がマイナスの値となる光の強さでは、植物は生存できないものとします。

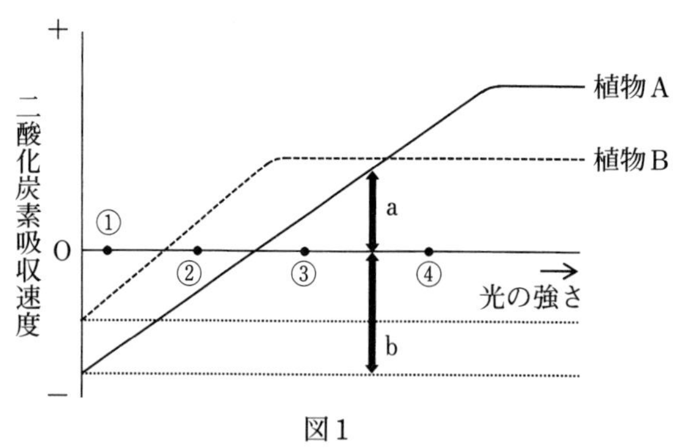

図１

問３　図１の植物Aについて、図中の矢印bは［　Y　］の速度をあらわしています。［　X　］の速度を示すものとしてもっとも適しているものを、次の(ア)〜(ウ)から１つ選び、記号で答えなさい。ただし、光の強さに関わらず、［　Y　］の速度は一定であるものとします。

(ア)　a　　(イ)　a＋b　　(ウ)　b−a

問4　植物Aがかれてしまう光の強さを、図1の①～④から**すべて**選び、番号で答えなさい。

問5　植物には、ひなたを好むものと、日かげでも生きられるものとがあります。図1の植物Aと植物Bのうち、より日かげでも生きられる方はどちらですか。1つ選び、**AかBで**答えなさい。

問6　［　X　］の速度が［　Y　］の速度を上回り、二酸化炭素吸収速度がプラスの値になると、それだけ栄養分を多くたくわえられ、生存に有利になると考えることができます。図1の①～④の光の強さのうち、植物Aよりも植物Bの方が生存に有利となる光の強さはどれですか。**2つ**選び、番号で答えなさい。ただし、それぞれの植物のからだの大きさは考えず、二酸化炭素吸収速度が大きいほど、より多くの栄養分をたくわえられるものとします。

問7　2030年を目指した開発目標であるSDGsには、植物など陸上の生物を保護することをふくむ「陸の豊かさも守ろう」というゴールがあります。それに対し、生物多様性が失われつつある状態から2030年までにブレーキをかけ、プラスの方向に回復することを目指す考え方があります。その考え方は、2022年に行われた生物多様性条約第15回締結国会議(ていけつこくかいぎ)(ＣＯＰ15)で設定された行動目標(ターゲット)にふくまれています。この考え方を何といいますか。
　次の(ア)～(エ)からもっとも適しているものを1つ選び、記号で答えなさい。

(ア)　Society 5.0(ソサイエティ5.0)　　(イ)　30 by 30(サーティ バイ サーティ)
(ウ)　エコロジカルネットワーク　　(エ)　ネイチャー・ポジティブ

4　次の文を読み、あとの各問いに答えなさい。

　次の図1は、ボーリング調査を行った標高の等しい地点A～Cを示しています。図2は、それぞれの地点の地層の重なりを柱状に示した模式図(柱状図)です。図2の柱状図A～Cに書かれている層①～⑤は、それぞれ同じ時代にたい積した層であることを示しており、柱状図の左側の数値は、地表からの深さを示しています。なお、この地域の地層は上下の逆転や断層はないものとし、ある一定の方向に同じ角度でかたむいているものとします。

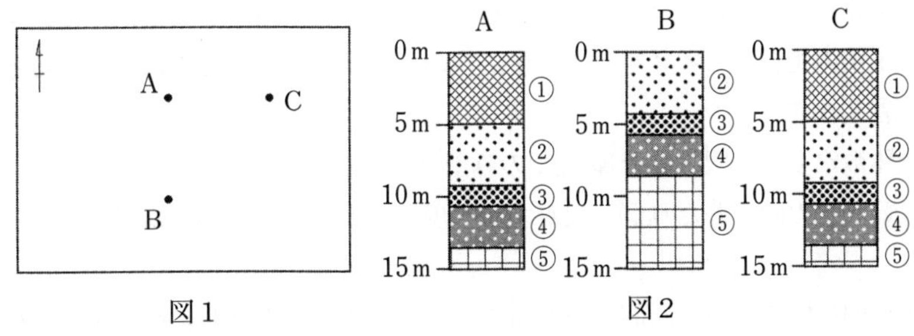

図1　　図2

問1　図2の柱状図Aの層③は、火山灰などがもとになってできた赤かっ色の層でした。このように、関東平野には火山灰などがもとになっている層が広がっています。この層を何といいますか。

問2　問1の層を形成している火山灰などの由来となっている火山として適しているものを、次の(ア)～(エ)から1つ選び、記号で答えなさい。

(ア)　現在のエトナ山となった火山　　(イ)　現在のマウナロア山となった火山
(ウ)　現在の箱根山となった火山　　(エ)　現在の羅臼(らうす)山となった火山

問３　図２の柱状図Ａの層②は、比較的(ひかくてき)短い期間にたい積した層であることがわかりました。この層にはさまざまなれきがふくまれています。層②にたい積したれきのようすはどのようになっていると考えられますか。次の(ア)～(エ)からもっとも適しているものを１つ選び、記号で答えなさい。

(ア)　上から下まで、さまざまな大きさの丸いれきのみが不規則に存在している。

(イ)　下の方には大きくて丸いれきが多く存在し、上にいくにつれて粒(つぶ)が小さくなっている。

(ウ)　上の方には角ばったれきが多く存在し、下の方には丸いれきが多く存在している。大きさに規則性はない。

(エ)　上から下まで、丸いれきや角ばったれきなど、さまざまな形と大きさの粒が不規則に存在している。

問４　図２の柱状図Ａの層①と層④を比べると、層④にふくまれるれきよりも、層①にふくまれるれきの方が小さいことがわかりました。このことから、層①と層④がたい積した当時のようすはどのようだったと推定できますか。次の(ア)～(エ)からもっとも適しているものを１つ選び、記号で答えなさい。

(ア)　層①よりも層④がたい積した時代の方が、地点Ａの水の流れが速かったと考えられる。

(イ)　層①よりも層④がたい積した時代の方が、地点Ａの水深が深かったと考えられる。

(ウ)　層①よりも層④がたい積した時代の方が、地点Ａが河口から遠かったと考えられる。

(エ)　層①よりも層④がたい積した時代の方が、気温が高かったと考えられる。

問５　図１と図２から、この地域の地層はどの方角に向かってかたむいていると考えられますか。次の(ア)～(エ)からもっとも適しているものを１つ選び、記号で答えなさい。

(ア)　北に向かって低くなっている。　(イ)　南に向かって低くなっている。

(ウ)　東に向かって低くなっている。　(エ)　西に向かって低くなっている。

問６　図２の柱状図Ａについて、層⑤からアンモナイトの化石が見つかり、層⑤は中生代にたい積したものだとわかりました。アンモナイトのように、地層がたい積した時期を知る手がかりとなる化石を示準化石といいます。示準化石として活用できるのは、どのような特ちょうのある生物の化石だと考えられますか。次の(ア)～(エ)からもっとも適しているものを１つ選び、記号で答えなさい。

(ア)　個体数が多く、限られた環境(かんきょう)でのみ生息できる生物の化石。

(イ)　長い年月の間にわたり個体数が多く、現在でも同じ仲間の生物が存在している生物の化石。

(ウ)　世界的に広く分布し、個体数が多く、ある期間にのみ存在した生物の化石。

(エ)　長い年月の間にわたり個体数が多く、世界的に広く分布した生物の化石。

問７　今から1000万年後の人類が、日本の地層を調べる研究を行っていると仮定します。発くつ調査を行った研究者が、その層から「あるもの」を数多く発見し、その結果その層が「日本で西れき2000年代以降にたい積した」と推定できたとします。発見された「あるもの」としてもっとも適したものを、次の(ア)～(オ)から１つ選び、記号で答えなさい。

(ア)　ヒトの骨　(イ)　テレビ　(ウ)　ガラスでできたコップ

(エ)　スマートフォン　(オ)　スニーカー

本 郷 中 学 校（第１回）

—40分—

注意　定規を出し、試験中に必要であれば使用しなさい。

1　温度や熱について調べたところ、次のことがわかりました。

「もの（水、空気、氷など）は、分子とよばれる小さな粒子(りゅうし)でできている。」
「同じ体積の液体と気体を比べると、液体の方が分子の数は多い。」
「分子は目には見えないが、不規則(ふきそく)な運動をしている。この運動が激(はげ)しいほど温度が高い。」
「運動の激しさが違う（温度が違う）分子がぶつかることで、温度が高いものから温度が低いものに熱が伝わる。」

これを参考に、以下の問に答えなさい。

図１のように、透明(とうめい)なプラスチック製のコップを３つ用意しました。何も入っていないコップをコップA、部屋の温度とほぼ同じ温度の水を50ｇ入れたコップをコップB、部屋の温度とほぼ同じ温度の水を100ｇ入れたコップをコップCとします。

これらのコップA、B、Cに、同じ温度の20gの氷を１つずつ入れました。コップB、Cに入れた氷はコップの底にふれることなく、水に浮かびました。コップA、B、Cに入れた氷が完全にとけきるまでの時間を調べたところ、結果は表１のようになりました。

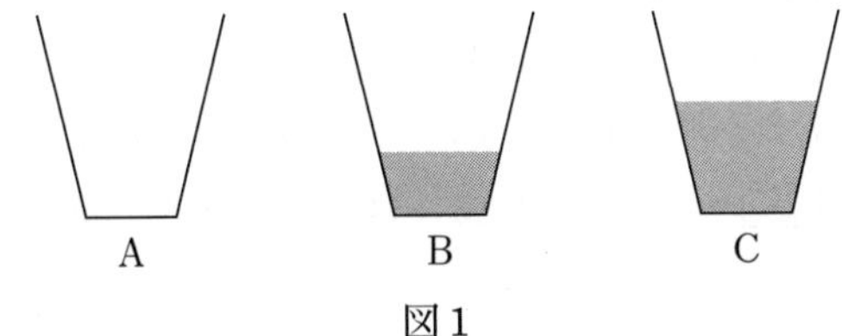

図１

表１

	A	B	C
氷がとけきるまでの時間	およそ80分	およそ32分	およそ16分

(1)　コップBに入れた氷がとけきったとき、コップBの中に入っている水の重さは何ｇですか。

(2)　コップB、Cの氷が完全にとけきったとき、それぞれのコップの水面の高さは、氷を入れた直後の氷が水に浮かんでいたときと比べてどうなりますか。次のア～ウから１つずつ選び、記号で答えなさい。

ア　高くなる　　イ　低くなる　　ウ　変わらない

(3)　コップCの氷が水に浮いた理由として最も正しいものを、次のア～オから１つ選び、記号で答えなさい。

ア　水100ｇに対して、氷は20ｇと氷の方が軽いから。
イ　水100ｇと氷20ｇでは水の方が体積は大きいから。
ウ　水と氷を同じ体積で比べたとき、水の方が重いから。
エ　水と氷を同じ重さで比べたとき、水の方が体積は大きいから。
オ　水と氷では氷の方が温度は低いから。

⑷　氷がとけきった直後にコップの中の水の温度をコップA、B、Cについてはかると、それぞれの温度はどのようになっていると考えられますか。次のア～オから1つ選び、記号で答えなさい。

ア　温度の高い順にA、B、Cになる。

イ　温度の高い順にC、B、Aになる。

ウ　BとCが同じ温度で、Aの温度だけが高い。

エ　BとCが同じ温度で、Aの温度だけが低い。

オ　A、B、Cともに同じ温度になる。

⑸　表1の結果からわかることとして正しいものを、次のア～オからすべて選び、記号で答えなさい。

ア　氷のまわりに水がある方が、氷はとけやすい。

イ　氷のまわりに水がある方が、氷はとけにくい。

ウ　氷のまわりに水があるかないかは、氷のとけやすさには関係がない。

エ　水は空気よりも熱を伝えやすい。

オ　空気は水よりも熱を伝えやすい。

次に図2のように、透明なプラスチック製のコップDを用意しました。コップDには底に氷が落ちない程度の小さな穴がいくつかあいています。コップDに水をいれても、水は小さな穴から流れてコップDに水をためることはできませんでした。

部屋の温度と同じになったコップDに氷を1つ入れました。この氷はコップA、B、Cに入れた氷と同じ温度、同じ重さです。

D

図2

⑹　コップAのときと部屋の温度、氷の温度を同じにして、コップDに入れた氷が完全にとけきるまでの時間を調べました。その結果とその理由を示したのが以下の文です。科学的に正しいものとなるように［　1　］～［　4　］にあてはまる語句を、あとのア～コから1つずつ選び、記号で答えなさい。

結果：AとDでは、氷がとけきるまでの時間は［　1　］。

理由：最初はAとDはどちらも氷のまわりは空気だけだが、氷がとけるとAは水がたまり、Dは水がたまらない。空気よりもとけてすぐの水の方が温度は低いので、分子の運動の激しさは［　2　］。しかし、空気よりも水の方が分子の数が非常に［　3　］ので、空気に比べて水の方が、氷に熱を伝え［　4　］。

ア　Aの方が長い　　イ　Dの方が長い　　ウ　変わらない

エ　水の方が激しい　　オ　空気の方が激しい　　カ　空気も水も変わらない

キ　多い　　ク　少ない　　ケ　やすい　　コ　にくい

⑺　90℃のお湯の中に手をいれたら、すぐにやけどをしてしまうが、90℃のサウナに入っても、すぐにやけどをすることはありません。その理由はいくつかありますが、理由の1つが次の文です。これが科学的に正しいものとなるように［　1　］～［　3　］にあてはまる語句を答えなさい。

お湯とサウナの中の空気が同じ温度の場合、分子の運動の激しさは［　1　］ですが、分子の数は、お湯に比べて空気の方が［　2　］ので、お湯よりもサウナの中の空気の方が人の身体に熱を伝え［　3　］。

そのため、90℃のお湯の中に手をいれたら、すぐにやけどをしてしまうが、90℃のサウナに入っても、すぐにやけどをすることはありません。

2　次の文を読んで以下の問に答えなさい。

物質を構成する基本的な成分である元素は、およそ100種類が確認されています。宇宙が誕生して最初に生まれた元素は水素であり、全宇宙の元素のおよそ90％をしめています。水素は「水」の「素(もと)」と表記されるように、酸素と反応し水になる元素です。英語ではHydrogenと表記されますが、「水を生むもの」という意味を持つ言葉が語源です。

(1)　地球にも水素が存在していますが、その多くが水として存在しており、気体として存在する水素はほとんどありません。この理由について以下の［ 1 ］には［ 軽・重 ］のどちらが入りますか。また、［ 2 ］に入る文を、あとのア～エから1つ選び、記号で答えなさい。

理由1　気体の水素は大気中の酸素と反応しやすく水に変化してしまうため。

理由2　気体の水素は重さが非常に［ 1 ］く、［ 2 ］ため。

ア　河川や海水にとけこんでしまう　　イ　大気中を動き回り、森林などに吸収される

ウ　地球の重力では、大気中に留まらない　　エ　大気中を上昇(じょうしょう)し、冷やされて液体となる

(2)　人の体の中にも水素は水、タンパク質、脂肪(しぼう)などになって存在していて、その中にふくまれる水素は人間の体重の10％をしめています。人間の体内の水は体重の60％であり、水の重さの11％が水素の重さであるとすると、50kgの人間の体内に水以外のタンパク質や脂肪などとして存在している水素は何kgですか。答えが割り切れない場合は、小数第2位を四捨五入して小数第1位で答えなさい。

(3)　気体の水素は自動車を動かすエネルギー源としても使われています。気体の水素と酸素を反応させ電気を発電し、得られた電気でモーターを動かし自動車を走らせます。この電気を発電する装置は何電池というか答えなさい。

(4)　気体の水素をエネルギー源として使う方法に燃焼させる方法もあります。例えば水素エンジン自動車やロケットは水素を燃焼させ動力を得ています。ロケットの動力として水素を用いるときには、水素と酸素を液体にしてロケットに搭載(とうさい)され動力として使われています。

①　水素や酸素は通常気体として存在しますが、ロケットに搭載されるときは液体にします。気体から液体になる状態変化の名まえを答えなさい。

②　ロケットの動力として水素や酸素を搭載するときに気体から液体に状態を変化させる理由を答えなさい。

(5)　化学反応によって気体の水素が発生するものを、次のア～カからすべて選び、記号で答えなさい。

ア　銅にうすい塩酸を加える。　　イ　うすい過酸化水素水に二酸化マンガンを加える。

ウ　鉄にうすい硫酸(りゅうさん)を加える。　　エ　貝がらにうすい塩酸を加える。

オ　木炭を空気中で燃焼させる。　　カ　亜鉛(あえん)にうすい水酸化ナトリウム水よう液を加える。

(6)　気体の水素の特徴(とくちょう)を表しているものを、次のア～カからすべて選び、記号で答えなさい。

ア　水でぬれた赤色リトマス紙を近づけると、リトマス紙が青色に変わる。

イ　水でぬれた青色リトマス紙を近づけると、リトマス紙が赤色に変わる。

ウ　水でぬれた赤色リトマス紙や青色リトマス紙を近づけても、リトマス紙の色は変わらない。

エ　石灰水に通すと、石灰水が白くにごる。

オ　試験管に集めてマッチの火を近づけ反応させると、ポンと音をたてる。

カ　においをかぐと、鼻をつくようなにおいがする。

(7)　0.1ｇのアルミニウムもしくは0.1ｇのマグネシウムにある濃さのうすい塩酸を反応させて、水素を発生させました。反応させる塩酸の体積を変えながら発生する水素の発生量を測定したところ、図１および図２のグラフのようになりました。

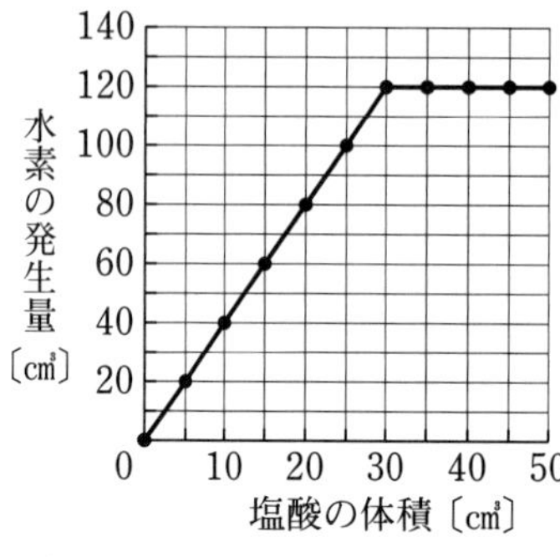

図１　アルミニウムと塩酸の反応

水素の発生量〔㎤〕
140
120
100
80
60
40
20
0
10 20 30 40 50
塩酸の体積〔㎤〕

図２　マグネシウムと塩酸の反応

①　実験で用いた塩酸50㎤と0.2ｇのアルミニウムを反応させたときに発生する水素の体積は何㎤ですか。答えが割り切れない場合は、小数第３位を四捨五入して小数第２位で答えなさい。

②　マグネシウムと実験で用いた塩酸を反応させると225㎤の水素が発生しました。反応したマグネシウムの重さは何ｇですか。また、このときに最低限必要な塩酸の体積は何㎤ですか。答えが割り切れない場合は、小数第３位を四捨五入して小数第２位で答えなさい。

③　アルミニウムとマグネシウムを混ぜ合わせたものが0.5ｇありました。実験で用いた塩酸をじゅうぶんに用意し反応させると500㎤の水素が発生しました。この中のアルミニウムの重さは何ｇですか。答えが割り切れない場合は、小数第３位を四捨五入して小数第２位で答えなさい。

3　図１は、ヒトの血液循環(じゅんかん)の様子を簡単に表したものです。なお、図中の □ は、それぞれ肝(かん)臓、じん臓、小腸、肺、脳のいずれかの器官を表しています。また、図中の矢印→は血液が流れる方向を表しています。以下の問に答えなさい。

(1)　図１の①～⑩は、ヒトの血管または心臓の各部屋を表しています。①、②、④、⑩の名称(しょう)を、次のア～スから１つずつ選び、それぞれ記号で答えなさい。

ア　右心室　　イ　左心室
ウ　右心房　　エ　左心房
オ　大動脈　　カ　大静脈
キ　肺動脈　　ク　肺静脈
ケ　じん動脈　　コ　じん静脈
サ　肝動脈　　シ　肝静脈
ス　肝門脈

(2)　流れている血液が「動脈血」であるものを、①～⑩からすべて選び、記号で答えなさい。

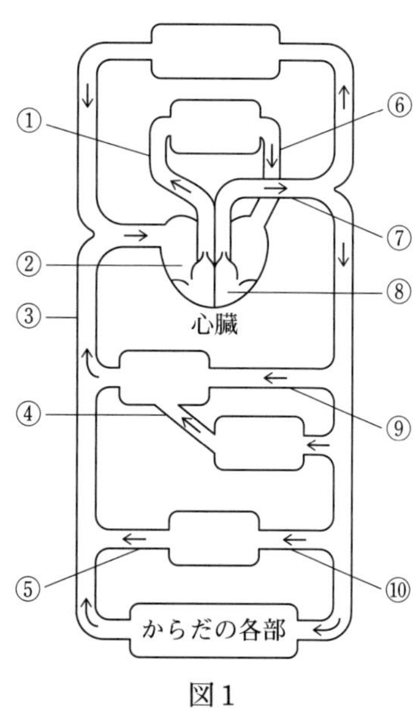

図１

(3)　次のA～Dにあてはまる「血管」はどれですか。①～⑩から1つずつ選び、それぞれ記号で答えなさい。

A　酸素を最も多くふくむ血液が流れている血管

B　食後、最も栄養分がふくまれている血液が流れている血管

C　二酸化炭素以外の不要物が最も少ない血液が流れている血管

D　血圧が最も高い血管

(4)　次の各列はメダカとカエルの血液循環の様子を表しています。図中のA～Lの各部の名称を、次のア～シから選び、記号で答えなさい。ただし、同じ記号を何度選んでもかまいません。

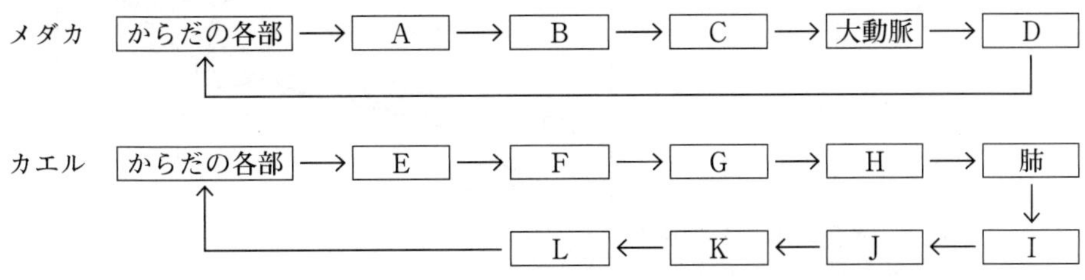

ア　心室　　イ　心房　　ウ　左心室　　エ　右心室　　オ　左心房　　カ　右心房

キ　肺動脈　　ク　肺静脈　　ケ　大動脈　　コ　大静脈　　サ　えら　　シ　肺

(5)　ヒトの血液量は体重の8％です。いま体重60kgの男性がいて、睡眠(すいみん)時(安静時)の心拍(ぱく)数が1分間あたり70回でした。この男性が8時間の睡眠をとっていたとすると、その間に血液は全身を何回循環することになりますか。答えが割り切れない場合は、小数第1位を四捨五入して整数で答えなさい。ただし、この男性は心臓の1回の拍動につき70gの血液を全身に押し出していることとします。

(6)　図2はヒトの器官の一部を表しています。この部分は体内でどのようなはたらきをおこなっていますか。次のア～オから1つ選び、記号で答えなさい。

ア　血液をからだの中に送り出す。

イ　空気中の酸素を体内に取り入れる。

ウ　食べたものを細かく消化する。

エ　食べたものを体内に吸収する。

オ　からだを動かす。

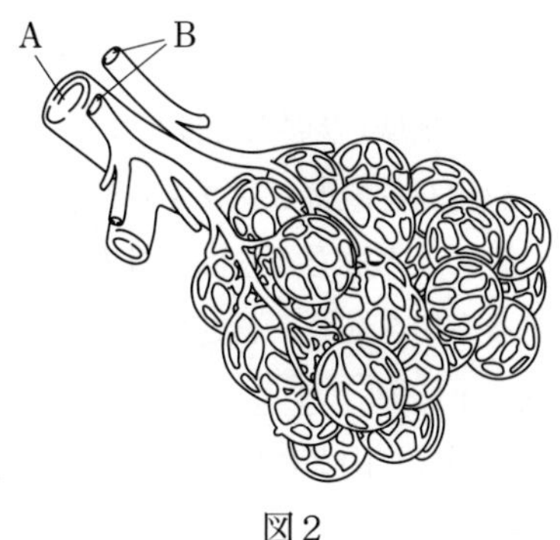

図2

(7)　図2のAとBは、それぞれからだのどの部分とつながっていますか。次のア～オから1つずつ選び、それぞれ記号で答えなさい。

ア　口　　イ　骨　　ウ　胃　　エ　心臓　　オ　小腸

4　次の文を読んで以下の問に答えなさい。

本郷君の所属している地学クラブでは毎年、夏合宿で[1]のあるところに訪れています。2022年は新潟県糸魚川市の糸魚川[1]、2023年は群馬県下仁田町の下仁田[1]を訪れました。糸魚川[1]では「糸魚川－[2]構造線」の断層、下仁田[1]では[3]構造線の断層がみられることで知られています。図１は糸魚川市と下仁田町の位置と日本列島を東西に分ける構造線と日本列島を東西に横切る構造線を示しています。

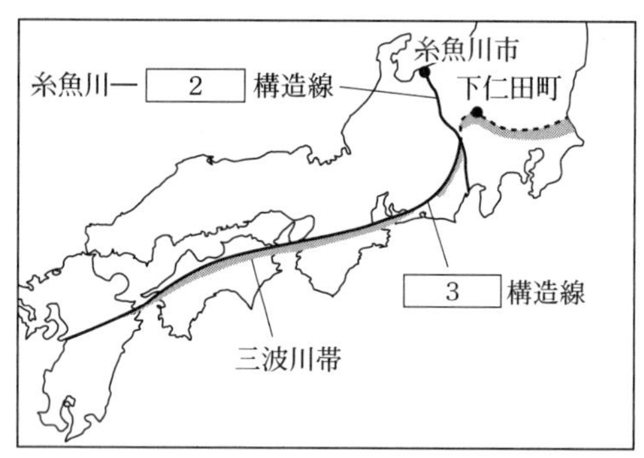

図１　糸魚川市、下仁田町の位置と日本の構造線

本郷君は糸魚川[1]のフォッサマグナパークで、「糸魚川－[2]構造線」の断層を観察しました(写真１)。断層を境に「西南日本」、「東北日本」の両方の地質を体験できました。また、フォッサマグナミュージアムの展示と説明からも両方の地質を確認することが出来ました。西南日本の展示では、古生代・中生代の岩石があり、５億年前のヒスイ、３億年前の石灰岩やその中の化石を観察しました。実際にミュージアム付近で採掘された石灰岩の化石発掘体験にも参加し、クラブの１人が三葉虫を採取しました。東北日本側(フォッサマグナ地域)の展示では、フォッサマグナの海にたまった新生代の岩石や化石を観察し、フォッサマグナを埋めた火山活動について学習しました。本郷君たちは、日本海へ向かい、青海海岸というヒスイのとれる海岸を訪れ、石を拾い、ヒスイ探しをしました。

写真１
フォッサマグナパークの大断層(白破線が断層面)

下仁田[1]では根なし山や川井の断層、大桑原の[4]の野外観察を行いました。

根なし山とは図２の破線の上側にそそり立つ山々で、破線の下側にある岩石の上に水平に近い断層を境にしてのっています。これらの山々の岩石は下仁田から遠く離れた別の場所でつくられたものが、大地の運動によって運ばれてきて、その後、岩石がけずられ、現在のような孤立した山となったと考えられています。なお、今回訪れた、地点①～④を図３(２万５千分の１地形図「下仁田」を拡大)に示しました。

図２　下仁田の中心街から南方に見た根なし山と青岩公園

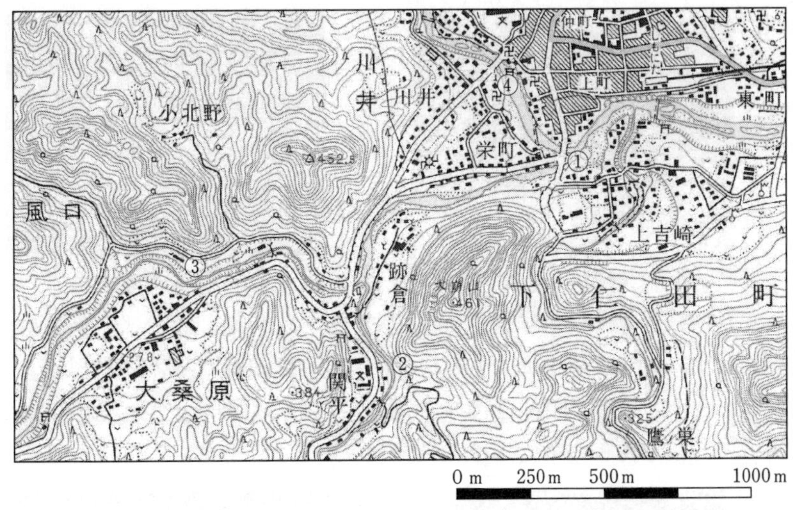

図３　２万５千分の１地形図「下仁田」を拡大　国土地理院提供

①青岩公園　　②根なし山のすべり面　　③大桑原の[　4　]　　④川井の断層

本郷君たちは①青岩公園に行きました。ここでは根なし山が川にけずられ、根なし山の下にある青緑色の緑色岩がむき出しになり平らに広がっていました(写真２)。青岩公園の青岩とは、この岩石のことです。この岩石は九州から四国、紀伊半島を通り関東まで続く大きな断層である[　3　]構造線の南側に沿って帯状に分布する三波川帯の岩石と考えられています。この岩石は海底火山から噴き出した溶岩などが6500万年前に地下深くに押しこまれ、熱や力が加わり変化してできたもので、一定方向に割れやすい特徴があります。先生が河原にある３ｍ近くある大きなチャートの礫に見られる「衝撃痕」(写真３)と青岩に作られた「ポットホール」(写真４)を探し、見せてくれました。

写真２　根なし山と青岩

写真３　衝撃痕

写真４　ポットホール

次に本郷君たちは②根なし山のすべり面(写真５)を観察しました。断層面の下が青岩で、断層面の上が約１億3000万年前の海にたまった砂岩などからなる跡倉層です。さらに本郷君たちは③大桑原の[　4　](写真６)を観察しました。根なし山をつくる跡倉層が移動の運動により、Ｖ字型に大きく折れ曲がった激しい[　4　]の様子が確認できました。

写真５　根なし山のすべり面
(白破線が断層面)

写真６　大桑原の［ 4 ］

最後に本郷君たちは④川井の断層(写真７)で［ 3 ］構造線の断層を観察しました。断層面の下が青岩で、上が下仁田層(約2000万年前の海底にたまった地層)です。対岸に渡り、下仁田層に含まれる［ 5 ］(写真８)を観察しました。

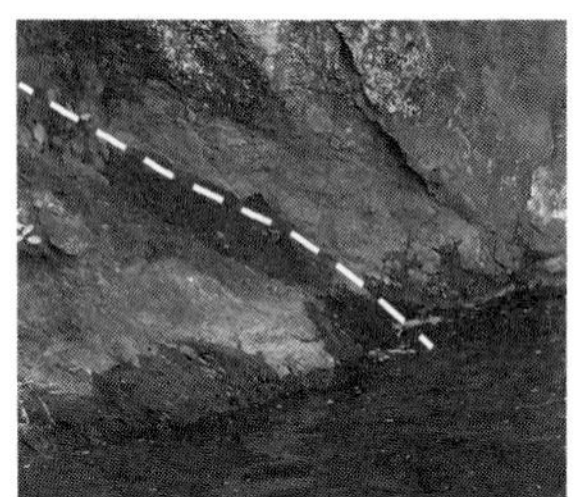
写真７　川井の断層
(白破線が断層面)

写真８　下仁田層の［ 5 ］

(1)　［ 1 ］にあてはまる語句を、次のア～ケから１つ選び、記号で答えなさい。ただし、［ 1 ］とは大地の公園とも呼ばれ、その地域特有の地形や地層から、大地の歴史や人との関わりを知ることができる自然公園のことです。

ア　エコパーク　　イ　ジオパーク　　ウ　ネオパーク　　エ　ＪＹパーク　　オ　ＳＧ公園
カ　国定公園　　キ　国立公園　　ク　県立公園　　ケ　世界遺産

(2)　［ 2 ］にあてはまる地名を答えなさい。

(3)　［ 3 ］にあてはまる語句を、次のア～ケから１つ選び、記号で答えなさい。

ア　ナウマン　　イ　プレート　　ウ　フォッサマグナ　　エ　ユーラシア　　オ　下仁田
カ　大規模　　キ　中央　　ク　東西　　ケ　南北

(4)　［ 4 ］と［ 5 ］にあてはまる語句の組み合わせとして適当なものを、次のア～カから１つ選び、記号で答えなさい。

	ア	イ	ウ	エ	オ	カ
4	Ｖ字谷	Ｖ字谷	しゅう曲	しゅう曲	活断層	活断層
5	貝化石	カイコ	貝化石	カイコ	貝化石	カイコ

(5)　本郷君たちは青海海岸で探したヒスイと思われる石をヒスイかどうか確かめる実験をしました。青海海岸でとれるヒスイは緑色のものはほとんどなく、多くは白色です。白色で似たような石には流紋岩(りゅうもん)、石灰岩、石英斑岩(はん)、曹(そう)長岩、チャートがあります。しかし、「ヒスイは他の石より重たい」という特徴があることから、単位体積(１㎤)あたりの重さ(ｇ)を調べることでヒスイとヒスイに似たような石を区別することができます(重さは厳密には質量といいます)。この単位体積当たりの質量を密度といい、〔ｇ/㎤〕という単位で表します。ヒスイの密度は

3.0〔ｇ/㎤〕以上ありますが、似たような石の密度は2.6～2.8〔ｇ/㎤〕です。密度はアルキメデスの原理を使い以下のように求めます。

電子てんびんで試料の質量Ａをはかります。紙コップに試料が十分につかる程度の水を入れ、水と紙コップの質量Ｂをはかります。試料を糸で結んでつるし、ゆっくり紙コップの水に沈(しず)め、全体の質量Ｃをはかります(この時、試料が紙コップの壁(かべ)や底に触(ふ)れないように注意します)。増えた質量(Ｃ－Ｂ)を求めます。

アルキメデスの原理より(Ｃ－Ｂ)は試料が押(お)しのけた水の質量に等しく、また、水の密度は1.0ｇ/㎤なので、水に沈めた試料の体積にあたります。したがって、Ａ÷(Ｃ－Ｂ)で密度を求めることができます。

本郷君はヒスイと思われる石の５つを試料ア～オとして、密度の測定を行い、次の表にまとめました。ただし、表の右側にはまだ数値が入っていません。

試料	Ａ〔ｇ〕	Ｂ〔ｇ〕	Ｃ〔ｇ〕	Ｃ－Ｂ〔ｇ〕	密度〔ｇ/㎤〕
ア	44.8	117.4	134.5		
イ	11.5	116.9	120.4		
ウ	16.5	112.9	118.8		
エ	5.0	107.9	109.4		
オ	2.8	103.6	104.6		

ヒスイと思われる試料はどれですか。ア～オからすべて選び、記号で答えなさい。

(6)　「衝撃痕」と「ポットホール」に関して説明した以下の文の［ 6 ］～［ 8 ］にあてはまる語句の組み合わせとして適当なものを、あとのア～カから１つ選び、記号で答えなさい。

衝撃痕のある巨大なチャートの礫はもともと青岩公園にはありませんでしたが、洪(こう)水の時に上流から［ 6 ］されて現在の位置に［ 7 ］しました。巨大なチャートの礫が［ 6 ］中、または［ 7 ］後に、硬い石が巨大なチャートの礫に衝突し出来たへこみと考えられています。

青岩にできたポットホールは、川の水位が高い時、川底となった青岩の小さなくぼみに硬(かた)い石がはいりこみ、石が水流の力でぐるぐる回り、［ 8 ］されて出来た穴と考えられています。

	ア	イ	ウ	エ	オ	カ
6	しん食	しん食	運ぱん	運ぱん	たい積	たい積
7	運ぱん	たい積	たい積	しん食	しん食	運ぱん
8	たい積	運ぱん	しん食	たい積	運ぱん	しん食

(7)　次の図を参考にして一般的な山と根なし山のちがいを示したあとの文の[9]、[10]にあてはまる対義語を答えなさい。

一般的な大地の隆起で出来た山　　一般的な火山で出来た山

根なし山

> 一般的な山では山頂とふもとの地層が[9]時代に形成されたが、根なし山では山頂とふもとの地層が[10]時代に形成された。

(8)　本郷君は学校で学習した断層の図(図４)と糸魚川と下仁田で見た構造線やすべり面の断層にちがいがあることに気が付きました。それはどのようなことかを答えなさい。ただし、「図４は断層面を境に…」という書き出しに続くように答えなさい。

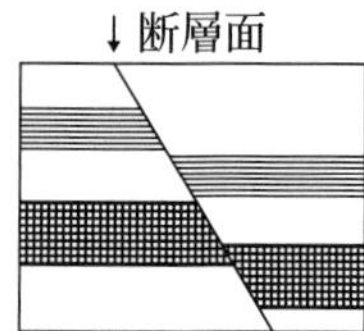

図４　正断層

武　蔵　中　学　校

—40分—

1　日本は、世界でも有数の火山国です。活火山は「概ね過去１万年以内に噴火した火山及び現在活発な噴気活動のある火山」と定義され、世界の活火山の約１割が日本にあります。火山は美しい景色をつくり出し、温泉や地熱発電などに利用されますが、噴火に伴って災害をもたらすこともあります。ここでは火山の噴火によって変化した土地の様子や、溶岩や火山灰など噴出したものについて考えてみましょう。

問１　次の図は、火山の噴火でできた地層から採取したものを水でよく洗い流し、残った粒を写したものです。図中の白い太線は１㎜を表しています。図の粒の特徴としてふさわしいものを、次のア～キからすべて選び、記号で答えなさい。

ア　含まれる粒は１種類のみである
イ　ガラスのような粒は火山由来ではない
ウ　粒は角ばったものが多い
エ　粒の大きさは２㎜以下である
オ　泥や礫が含まれている
カ　粒はやわらかく壊れやすい
キ　黒っぽい粒は噴火で焦げたものである

問２　東京から約1000㎞南に「西之島」があります。ここでは、元々あった島の近くで、2013年11月の噴火によって新しい島ができ、現在も断続的に噴火が続いています。次の図は2013年11月21日～2014年９月17日までの西之島の地形の記録です。この図からわかる事がらをあとのア～カの中からすべて選び、記号で答えなさい。

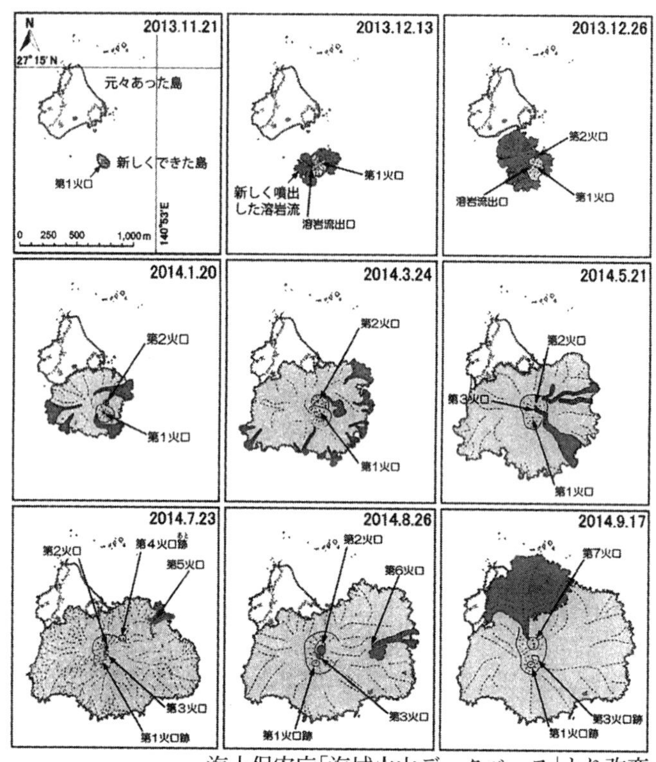

海上保安庁「海域火山データベース」より改変

ア　第１火口の位置は変わらない

イ　元々あった島に新しい島が移動してぶつかり、隆起して大きな島ができた

ウ　元々あった島と新しい島がつながるまでに半年以上かかった

エ　第７火口から噴出した溶岩は、第６火口から噴出した溶岩に比べ量が多い

オ　元々あった島は新しく噴出した溶岩によって完全に覆い尽くされた

カ　噴出した溶岩が冷えて島の面積が３㎢以上になった

問３　富士山が最後に大きな噴火をしたのは1707年の宝永噴火です。次の図は、そのときに積もった火山灰の分布を表しています。図中の線は、積もった火山灰の厚さが等しいところを結んだもので、数値はその厚さです。

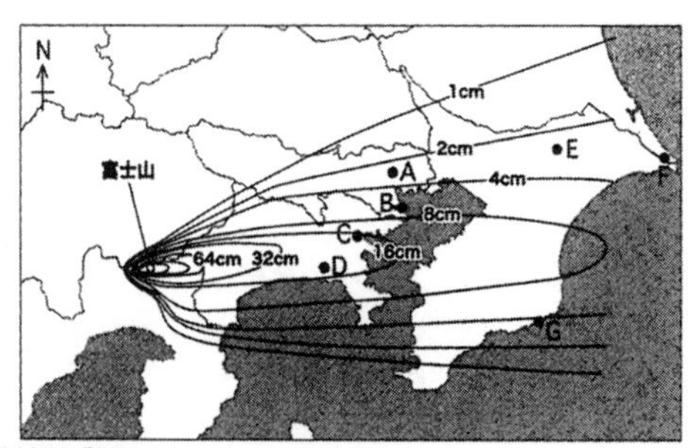

萬年一剛『富士山はいつ噴火するのか？』より改変

(1)　図中のA～Gの地点のうち、宝永噴火によって火山灰が３番目に多く積もった地点を記号で答えなさい。

(2)　この噴火で積もった火山灰の分布にはどのような特徴がありますか。図からわかることを、次のア～キの中からすべて選び、記号で答えなさい。

ア　富士山の東では火口に近いほど厚い

イ　線で結ばれた内側では厚さが同じである

ウ　富士山の東では火口から遠いほど厚い

エ　富士山の真東の方向にとくに多く積もっている

オ　富士山から噴出した火山灰は海に降らない

カ　富士山の西にはまったく積もっていない

キ　富士山からの距離が同じでも厚さの異なる地点がある

問4　図１に示した「福徳岡ノ場」は東京から約1400km南にある海底火山で、2021年８月13日に噴火しました。噴出物は火口付近に厚く堆積して新たに島をつくり、その周辺の海面には図２のような穴の空いた白っぽい石(軽石)が大量に浮遊していました。約２ヶ月後にそれらの軽石が沖縄本島沿岸で大量に見つかり、船の運航や漁業に支障が出ました。さらに約１ヶ月後には房総半島などでその軽石がごく少量見つかりました。

図１　福徳岡ノ場の位置

図２　軽石の表面の様子

(1)　軽石の穴はどのようにしてできましたか。

(2)　軽石と同じ物質でできている溶岩は水に沈むのに、軽石が水に浮くのはなぜですか。

(3)　文章中の下線部について、軽石が見つかったことから考えられることを書きなさい。

２　身の回りにはいろいろな「とける」現象があります。ここでは「とける」について考えてみます。

問1　氷がとけた、食塩が水にとけた、アルミニウムが塩酸にとけた。この３つに共通して、「とけた」と判断できるのはどうなったときですか。

問2　①氷がとけた水、②食塩がとけた水、③アルミニウムがとけた塩酸。これら３つから水をすべて蒸発させた結果、③だけが①、②と異なる点は何ですか。

問3　20℃では水100ｇに食塩を36ｇまで溶かすことができ、この限界まで食塩を溶かした水溶液を飽和食塩水といいます。次の(1)(2)に答えなさい。計算結果が小数になる場合は、小数１位を四捨五入して整数にしなさい。

(1)　20℃の200ｇの飽和食塩水から水をすべて蒸発させました。残った食塩は何ｇですか。

⑵　20℃の水100ｇに対して、入れる食塩の量を10ｇ、20ｇ、40ｇ、60ｇと変えて、よくかき混ぜて食塩水を作りました。右のグラフの点(●)にならってそれぞれの食塩水の濃度を表す点を打ちなさい。それをもとに、食塩の量と食塩水の濃度の関係を表す折れ線グラフを完成させなさい。

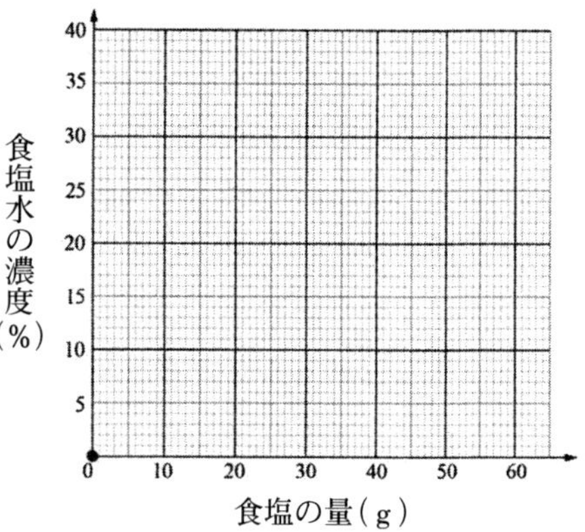

問４　アルミニウム2.0ｇに塩酸を加える実験をしました。次の表は、加えた塩酸の量と溶けずに残ったアルミニウムの重さの結果を表しています。表を参考にして、加えた塩酸の量と溶けたアルミニウムの重さの関係を表す折れ線グラフを完成させなさい。

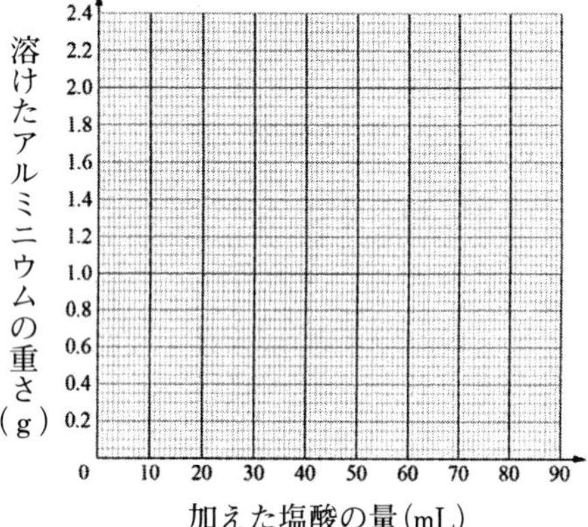

加えた塩酸の量(mL)	0	10	20	40	60	80
残ったアルミニウムの重さ(ｇ)	2.0	1.6	1.2	0.4	0.0	0.0

問５　問３の折れ線グラフと問４の折れ線グラフには、形に違いがあります。問３のグラフの形をA、問４のグラフの形をBとします。次のア～オについて、横軸に時間、縦軸に下線部をとった折れ線グラフをかいたとき、AとBにもっとも近いものをそれぞれ１つずつ選び、記号で答えなさい。

ア　冬のよく晴れた日の、日の出から日の入りまでの気温

イ　12を指した時計の秒針がその位置から動いた角度

ウ　少量の湯に一度に大量の氷を入れた後の水温

エ　絶えず一定量の水をビーカーに注ぎ続けたときの、ビーカー中の水の量

オ　絶えず一定量の水を紙コップに注ぎ続けたときの、底から水面までの高さ

③ 袋(ふくろ)の中に、一部に色のついた透明(とうめい)なプラスティック容器が入っています。これは「くり出し式容器」と呼ばれるもので、スティックのりやリップクリームなどに利用されています。この容器は右のような４つの部品でできています。この容器の台の動きについて考えてみましょう。ただし、回転軸(じく)は筒(つつ)からはずれません。また、台がはずれたら戻(もど)し方によっては台が動かなくなりますが、そのまま観察しなさい。(容器の交換(かん)はできません。試験が終わったら、容器は袋に入れて持ち帰りなさい。)

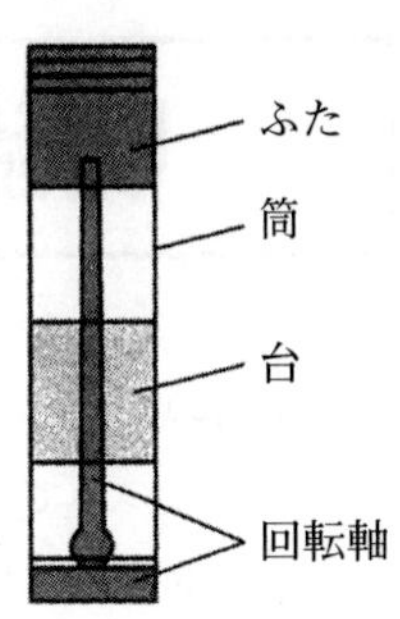

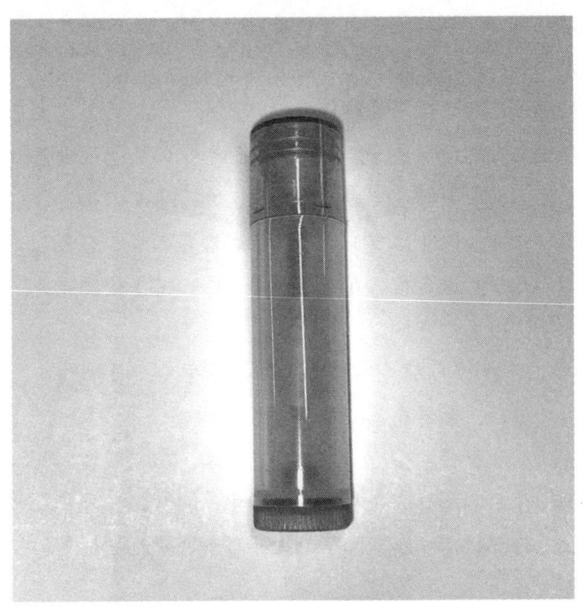

(編集部注：実際の試験では上の容器が配られました。)

問１　ふた以外の部品について、台を上下に動かすときに必要となるそれぞれの部品の形や構造の特徴(ちょう)をかきなさい。図をかいてはいけません。

部品の名前	部品の形や構造の特徴
筒	
台	
回転軸	

問２　問１にあげた特徴をふまえて、回転軸を回したときに台が上下するしくみについて、問１の部品名をすべて使って説明しなさい。図をかいてはいけません。ただし回転軸を回す向きについて考える必要はありません。

明治大学付属中野中学校(第１回)

—30分—

1　植物の花のつくりについて、次の各問いに答えなさい。

(1)　花について、次の(ア)〜(オ)のうち正しいものを２つ選び、記号を○で囲みなさい。

(ア)　トウモロコシは１つの花におしべかめしべのどちらかしかない。

(イ)　イチョウの花は胚珠(はいしゅ)が子房(しぼう)に包まれている。

(ウ)　受粉とは花粉がめしべのもとにつくことである。

(エ)　受粉したあとに種子になる部分を胚珠といい、おしべのもとにある。

(オ)　受粉したあとに実になる部分を子房といい、めしべのもとにある。

(2)　私たちが「タンポポの花」と呼んでいるものは、たくさんの小さな花が集まってできています。図１はタンポポの小さな花の１つを表したもので、タンポポの花びらは５枚の花びらがくっついて１枚に見えています。次の①と②に答えなさい。

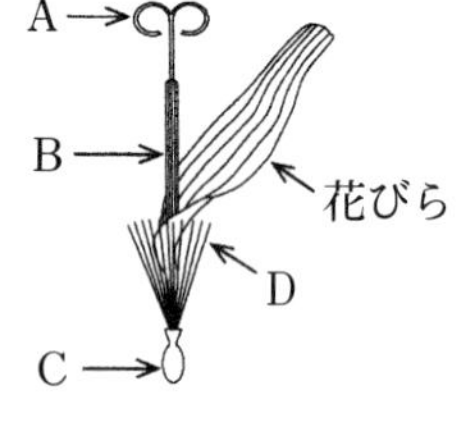

図１

①　タンポポのように、花びらがくっついている花をつくる植物を、次の(ア)〜(オ)から２つ選び、記号を○で囲みなさい。

(ア)　アサガオ　　(イ)　サクラ　　(ウ)　ツツジ　　(エ)　バラ　　(オ)　エンドウ

②　図２はアブラナの花のつくりを表したものです。図２のXとYは、タンポポの花ではどの部分ですか。図１のA〜Dからそれぞれ１つ選び、記号で答えなさい。

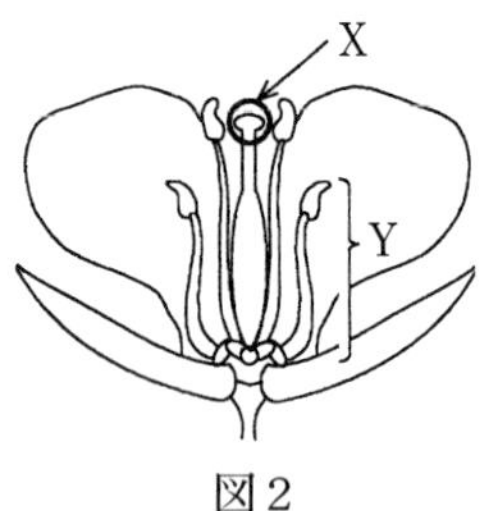

図２

2　次の(A)〜(F)は、人の消化管で、食べた物が通る順に並んでいます。あとの各問いに答えなさい。

(A)口→(B)［　　　］→(C)胃→(D)小腸→(E)大腸→(F)こう門

(1)　(B)の［　　　］は、口と胃をつなぐ細長い管です。この管の名前を答えなさい。

(2)　食べたデンプンが最初に消化されるのは(A)〜(E)のどこですか。記号で答えなさい。

(3)　消化管について、次の①と②に答えなさい。

①　人が前を向いて立っているとき、首のところで(B)は、気管の前後どちら側にありますか。「前・後」のあてはまる方を○で囲みなさい。

②　小腸と大腸がつながっているところは、体の左右どちら側にありますか。「左・右」のあてはまる方を○で囲みなさい。ただし、左手側を「左」、右手側を「右」とします。

3　次の図は、夏の大三角をつくる星A〜Cと、その星が含(ふく)まれる星座を表したものです。あとの各問いに答えなさい。

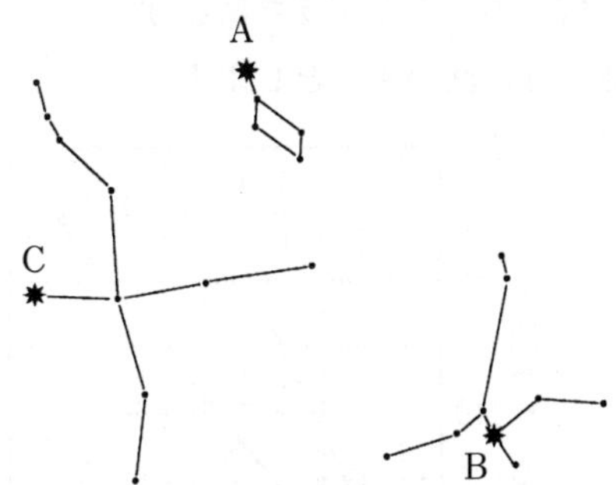

(1)　星Ｃを含む星座の名前と星Ｃの名前を答えなさい。

(2)　ある日、東京で午後８時に東の空に夏の大三角が見えました。１時間後に東の空を観察したとき、夏の大三角はどこに移動していますか。移動した位置として最も適するものを、次の(ア)～(エ)から選び、記号で答えなさい。ただし、図中の点線を午後８時の夏の大三角、実線を１時間後の夏の大三角とします。

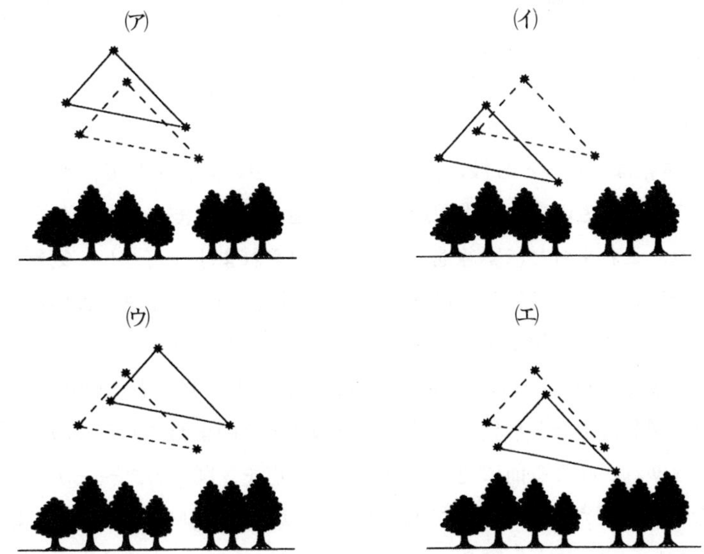

(3)　ある日、東京で午後10時に真東の地平線からある星Ｓが現れました。この星Ｓについて、次の①と②に答えなさい。

①　星Ｓがこのあとに南中するのは何時ですか。次の(ア)～(カ)から最も適するものを選び、記号で答えなさい。

(ア)　午前０時　　(イ)　午前２時　　(ウ)　午前４時
(エ)　午前６時　　(オ)　午前８時　　(カ)　午前10時

②　星Ｓが真西の地平線に午前２時に沈むのは、この日からおよそ何カ月後ですか。１～12の整数で答えなさい。

4　地震が起こると、速さが異なる２つの波(Ｐ波とＳ波)が震源から同時に発生します。Ｐ波はＳ波より速く伝わる波で小さなゆれを起こし、Ｓ波はＰ波より遅く伝わる波で大きなゆれを起こします。

ある地震について、地震が発生してからＰ波とＳ波が到着するまでの時間と、震源からの距離との関係を調べたところ、図１のようなグラフになりました。あとの各問いに答えなさい。ただし、震源の深さは無視できるほど浅いものとします。

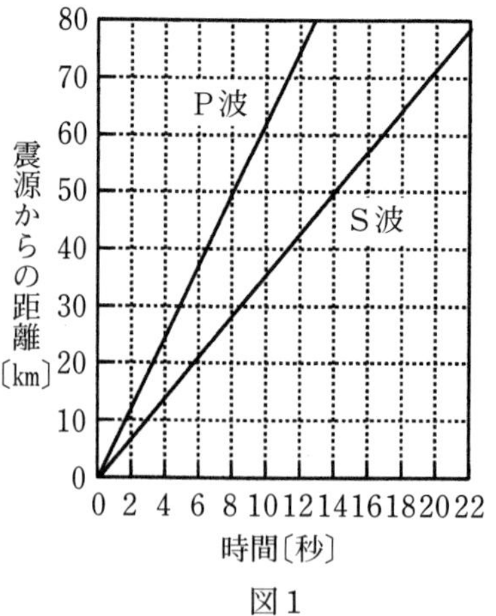

図１

(1)　震源からの距離が50kmの地点では、小さなゆれが起こってから大きなゆれが起こるまでの時間は何秒ですか。

(2)　震源からの距離が150kmの地点にＰ波が７時58分57秒に到着しました。この地点にＳ波が到着するのは何時何分何秒ですか。

(3)　緊急地震速報は、Ｐ波とＳ波の伝わる速さのちがいを利用して、大きなゆれが起こる前に速報として知らせるものです。震源近くにある地震計がＰ波によるゆれを観測すると気象庁に情報が送られ、これをもとに緊急地震速報が発信されます。ただし、気象庁に情報が送られてから速報が発信されるまでに時間がかかるため、震源からの距離が近い場所では、Ｓ波の到着に速報は間に合わず、速報が届く前に大きなゆれが起こります。

図１の地震では、震源からの距離が30kmの地震計から送られた情報をもとに、速報が発信されました。図２は上空から見た図で、震源(✖)とそのまわりの７つの地点(●)を表したものです。大きなゆれが起こる前に速報が間に合う地点を、図中の(ア)～(キ)からすべて選び、記号を○で囲みなさい。ただし、地震計でＰ波によるゆれを観測してから、速報が届くまでに10秒かかるものとします。また、図２の１マスの一辺は、10kmとします。

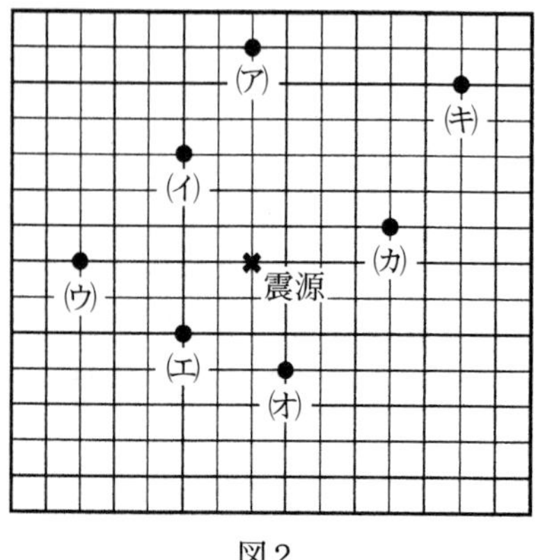

図２

5　水の性質や熱の伝わり方について、次の各問いに答えなさい。

(1)　水について、次の(ア)～(エ)のうち正しいものを２つ選び、記号を○で囲みなさい。

(ア)　沸とうしている水から立ちのぼる白い湯気は、気体である。

(イ)　空気中には、水蒸気が含まれている。

(ウ)　場所によっては、水は100℃より低い温度で沸とうする。

(エ)　100℃の水蒸気を加熱しても、温度は100℃より高くならない。

(2)　冷凍庫でビーカーに入れた水道水を凍らせて氷をつくりました。次の①～③に答えなさい。

①　凍ったときのようすとして正しいものを次の(ア)～(エ)から１つ選び、記号で答えなさい。ただし、図は横から見たときの断面図です。

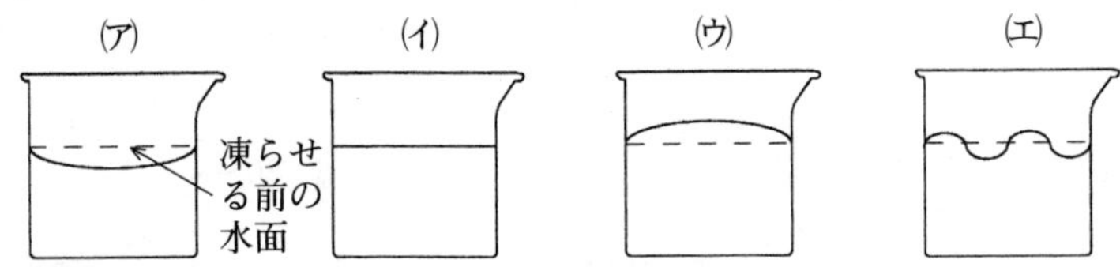

この氷を観察すると中心が白くにごっていました。白くにごった原因を調べてみると、このにごりは水道水に溶けていた空気や、ミネラルといった不純物によるものだとわかりました。また、水が凍る方が不純物が凍るよりもはやいこともわかりました。

②　ビーカーに入れた水道水が凍って氷になっていくようすについて、最も適するものを次の(ア)～(エ)から選び、記号で答えなさい。

(ア)　水面から底に向かって凍っていく。　　(イ)　底から水面に向かって凍っていく。

(ウ)　中心から外側に向かって凍っていく。　(エ)　外側から中心に向かって凍っていく。

③　次の(ア)～(エ)のうち、正しいものを１つ選び、記号で答えなさい。

(ア)　流氷には、同じ重さの海水よりも多くの塩が含まれる。

(イ)　水道水を一度沸とうさせてから凍らせると、透明な氷ができやすい。

(ウ)　水道水をゆっくり凍らせると、急速に凍らせるよりも白い部分が広くなる。

(エ)　スポーツドリンクを凍らせると、味の濃さはどこも同じになる。

(3)　氷や水の温度変化を調べるために、次の実験を行いました。あとの①と②に答えなさい。ただし、熱は大きいビーカーの水と小さいビーカーの水または氷との間だけで伝わるものとします。

〔実験〕〔Ａ〕　80℃のお湯90ｇが入っている大きいビーカーに、０℃の<u>氷</u>54ｇが入っている小さいビーカーを入れた。その後、温度の変化を調べた。

〔Ｂ〕　80℃のお湯90ｇが入っている大きいビーカーに、０℃の<u>水</u>54ｇが入っている小さいビーカーを入れた。その後、温度の変化を調べた。

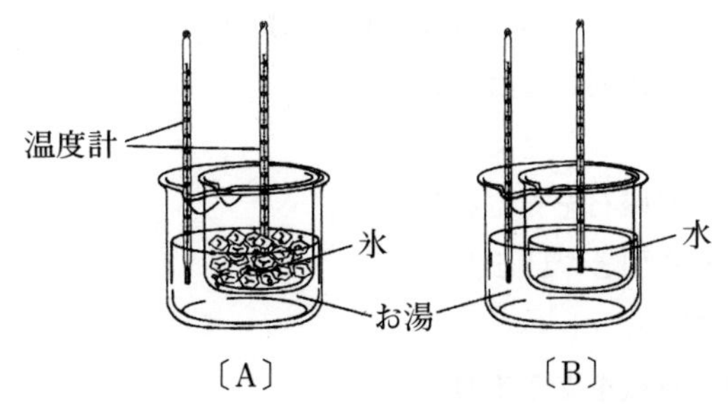

①　しばらく時間が経過すると、大きいビーカーの水と小さいビーカーの水の温度は同じになりました。〔Ｂ〕では何℃になりましたか。

② 〔A〕と〔B〕で、２つの温度計の示す温度の変化として最も適するグラフを、次の(ア)～(エ)からそれぞれ選び、記号で答えなさい。

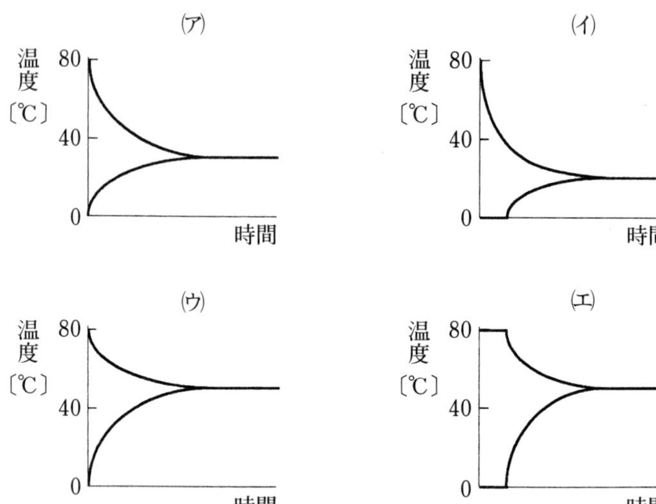

6　100ｇの円形磁石、600ｇの鉄板、おもり、20㎝の棒、ばねばかり、台ばかりを使い、てこのつり合いと、いろいろなものにはたらく力について調べました。次の各問いに答えなさい。ただし、棒の重さは考えないものとします。

(1)　図１のように、天井(てんじょう)から棒の中心を糸でつるし、棒の右端(はし)に磁石をつるしました。棒の中心から左に２㎝のところにおもりＡをつるすと、棒はつり合いました。おもりＡは何ｇですか。

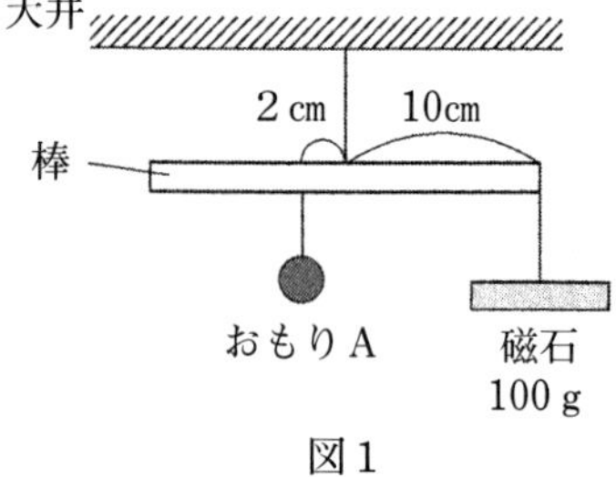

図１

次に、図２のように台ばかりの上に鉄板をのせ、磁石と鉄板の間の距離を一定に保ったところ、台ばかりの値は400ｇを示しました。

(2)　図２のとき、磁石と鉄板には次のａ～ｆの力がはたらきます。このとき、ｃの力の大きさは何ｇですか。ただし、ｃとｆの力の大きさは同じになります。

ａ　磁石の重さ
ｂ　ばねばかりが磁石を支える力
ｃ　鉄板が磁石を引きつける力
ｄ　鉄板の重さ
ｅ　台ばかりが鉄板を支える力
ｆ　磁石が鉄板を引きつける力

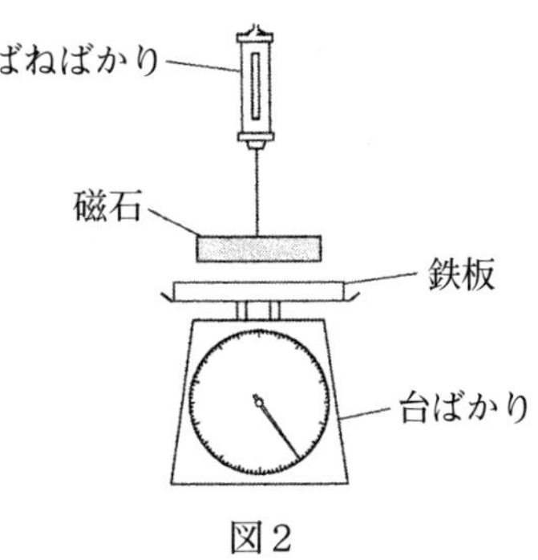

図２

⑶　図３のように、天井から棒の中心を糸でつるし、棒の左端におもりＢ、右端に磁石をつるしました。台ばかりの上に鉄板をのせ、磁石と鉄板の間の距離を調節して棒をつり合わせたところ、台ばかりの値は400ｇを示しました。おもりＢは何ｇですか。

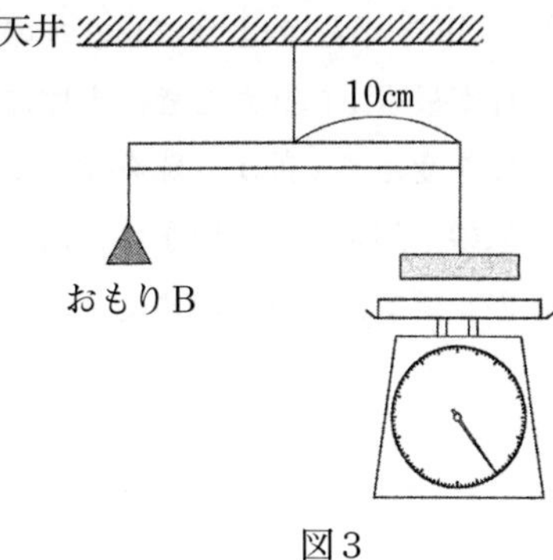

図３

7　図１の装置を用いて、次の実験を行ったところ、表１のような結果になりました。あとの各問いに答えなさい。ただし、球は同じ大きさのものを使いました。

〔実験〕
1　斜面(しゃめん)の下にレールを設置し、レールに木片を置いた。
2　斜面に球を置き、転がしはじめる高さ(球の高さ)を測定した。
3　球を転がし、木片と衝突(しょうとつ)させた。
4　木片が止まったあと、木片の移動距離を測定した。
5　球の重さや球の高さをいろいろ変えて実験を行った。

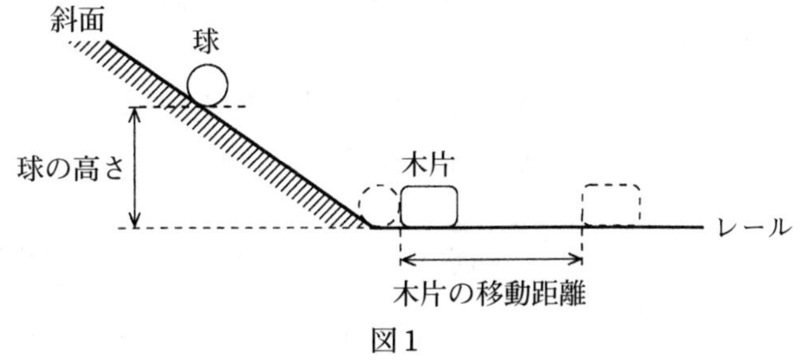

図１

表１　実験の結果

	球の重さ〔ｇ〕	球の高さ〔cm〕	木片の移動距離〔cm〕
A	10	10	4
B	10	30	12
C	20	20	16
D	20	30	24
E	20	40	32
F	30	30	36
G	30	40	48

⑴　球の重さと木片の移動距離の関係を調べるには、Ａ～Ｇのどの実験を比較(ひかく)するとよいですか。最も適する組み合わせを次の㋐～㋓から選び、記号で答えなさい。

㋐　Ａ・Ｃ・Ｆ　　㋑　Ｂ・Ｄ・Ｆ　　㋒　Ｃ・Ｄ・Ｅ　　㋓　Ａ・Ｄ・Ｇ

⑵　重さが15ｇの球を高さ25cmから転がして木片に衝突させたとき、木片の移動距離は何cmになりますか。

次に、図２のようにレールの端に図１で使った木片を置き、球をとりつけたふりこをつくって、球が最も下にきたときに木片に衝突するようにしました。球の重さ、ふりこの長さ、ふりこの角度を変えて、静かに球を離(はな)して木片に衝突させ、木片の移動距離を調べました。表２は実験の結果の一部を表しています。ただし、ふりこの長さとは、ひもを固定したところから球の中心までの長さで、ふりこの角度を90度にしたときは、球の高さはふりこの長さと同じになります。

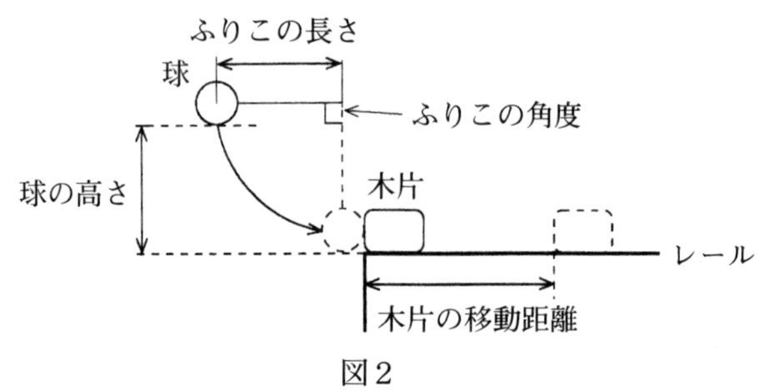

図２

表２　実験の結果の一部

球の重さ〔ｇ〕	ふりこの長さ〔cm〕	ふりこの角度〔度〕	木片の移動距離〔cm〕
10	30	90	12
20	40	90	32

斜面を使った実験とふりこを使った実験から、球の重さと高さが同じならば木片の移動距離は同じになることがわかりました。

(3)　次の(ア)～(エ)のように、ふりこを使って球を木片に衝突させたとき、木片の移動距離が32cmになる実験はどれですか。１つ選び、記号で答えなさい。

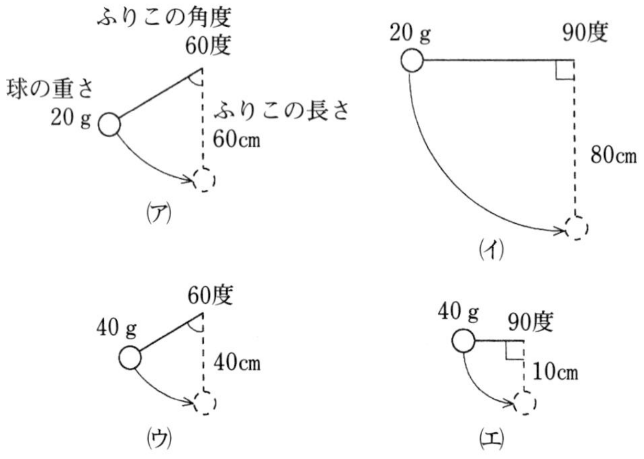

ラ・サール中学校

—40分—

1　鹿児島市のラ・サール中学校で太陽や月を観察しました。次の問いに答えなさい。

(1)　太陽を観察することにより、太陽が球形であることがわかりました。その理由として最も適当なものを選びなさい。

ア　日食のとき、炎(ほのお)のような紅炎(こうえん)(プロミネンス)が見えた。

イ　同じ倍率で観察すると、太陽はほぼ月と同じ大きさに見えた。

ウ　周りよりも温度が低い黒点が太陽の表面のあちらこちらに見えた。

エ　中央部にあった黒点が周辺部に移動するにつれて形が変わって見えた。

(2)　図1は3月、6月、12月の日の出を観察したものです。A～Cを表す組み合わせとして正しいものを選びなさい。

図1　A　B　C

地平線

東

	A	B	C
ア	3月	6月	12月
イ	3月	12月	6月
ウ	6月	3月	12月
エ	6月	12月	3月
オ	12月	3月	6月
カ	12月	6月	3月

(3)　三日月から始まり再び三日月に戻(もど)るまでの、月の満ち欠けの順をあとの選択肢(し)を使って答えなさい。

三日月→(　　)→(　　)→(　　)→(　　)→三日月

ア　満月　　イ　新月　　ウ　上弦(じょうげん)の月　　エ　下弦(かげん)の月

(4)　ある日、月を観察したところ西の地平線近くに上弦の月が見えました。

①　この月はどのように見えますか。例のように光っている部分を線で囲んで、解答らんに書きなさい。右の例は満月の様子を書いたものです。

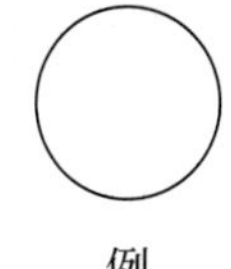

例

(解答らん)

西の地平線

②　この月が見えた時間帯として正しいものを選びなさい。

ア　朝方　　イ　昼　　ウ　夕方　　エ　真夜中

(5)　月を天体望遠鏡で観察すると表面は平らではなく、たくさんの円形のくぼ地があることがわかりました。

①　このくぼ地の名前を答えなさい。

②　くぼ地の凹凸(おうとつ)の影(かげ)がはっきりとわかるのは月を観察する方向に対して横から光が当たるときです。次のうち、くぼ地の凹凸の観察に適しているのはどれですか。

ア　満月　　イ　新月　　ウ　半月

③　このくぼ地はいん石の落下の跡(あと)だと考えられています。図２は、くぼ地を模式的に表したものです。くぼ地A～Dができた順を古い順から並べて書きなさい。

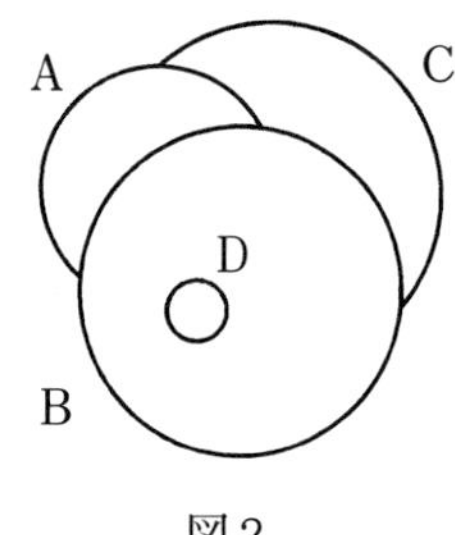

図2

(6)　月面上には、アポロ11号が設置した鏡があります。この鏡に地球の表面から光を当てたところ、発射してから2.51秒で反射された光が戻ってきました。光の速さを秒速30万kmとして、地表から月面上の鏡までの距離(きょり)(万km)を求めなさい。答えは次の例のように、小数第１位を四捨五入して、１の位まで答えなさい。

例：計算結果が　25.12(万km)であれば、答えには　25(万km)と書く。

2　図１は、ヒトの腹部の断面を足側から見たときの模式図です。

(1)　①背骨　②肝臓(かんぞう)　③胃　④腎臓(じんぞう)の位置をア～エからそれぞれ選びなさい。

(2)　オ側はからだの右手側と左手側のどちらか答えなさい。

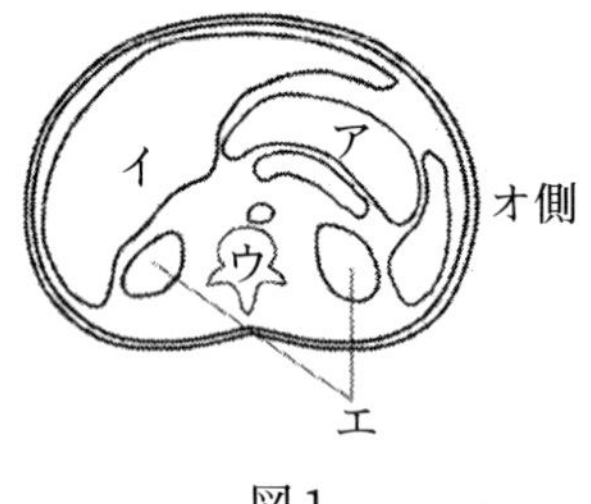

図1

心臓と血液の流れについて、以下の問いに答えなさい。

(3)　図２はヒトを正面から見たときの心臓の位置を示したものです。心臓の位置を正しく示した図はどれですか。

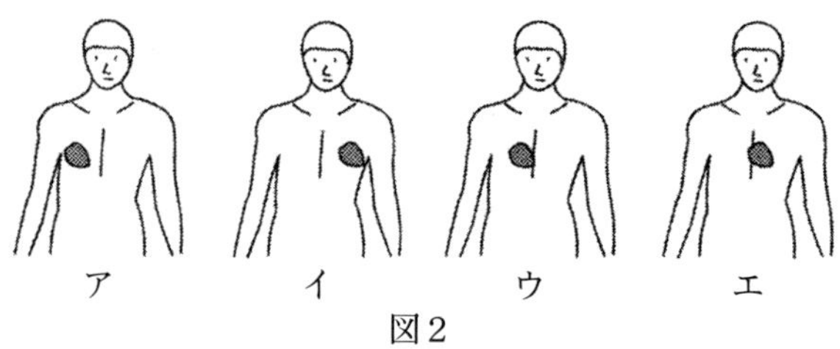

図2

⑷　図３は正面から見たときのヒトの心臓の断面と血管の関係を示した模式図です。この血管のうち、①心臓から全身へ血液が送り出される血管(大動脈)、②全身から血液が戻(もど)ってくる血管(大静脈(だいじょうみゃく))をそれぞれ選びなさい。

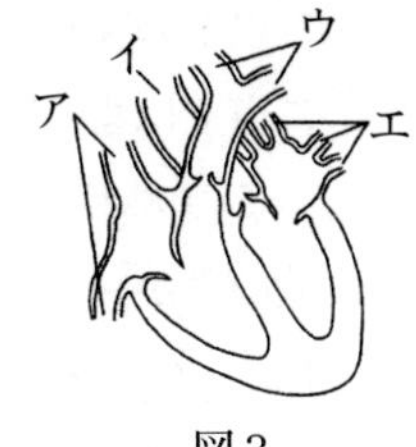

図３

⑸　大動脈へ送り出された血液は、全身の細い血管(毛細血管)を通って、大静脈へと戻ります。

図４の上のグラフは血管の各部での断面の面積(断面積)の合計を示したものです。毛細血管の断面積の合計は大動脈や大静脈の断面積の1000倍ほどあるといわれています。なお、グラフの横軸(よこじく)は、大動脈、毛細血管、大静脈の位置関係を示しています。

このとき、血管中を血液が流れる速さはどのようになるでしょうか。図４の下のグラフは血液の流れる速さを示そうとしたものです。このグラフに当てはまるものとして最も適当なものをア～エの中から選びなさい。

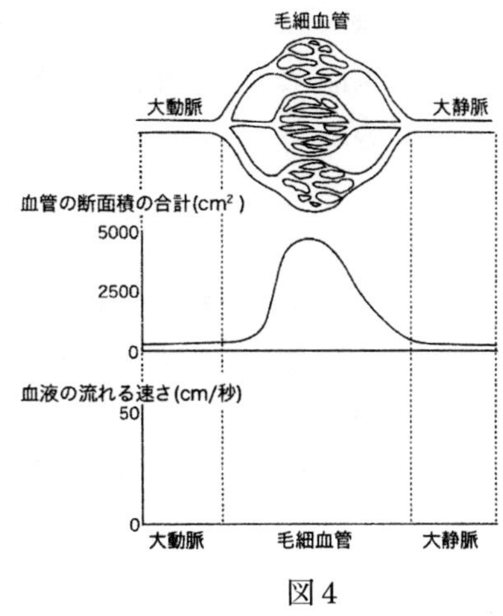

図４

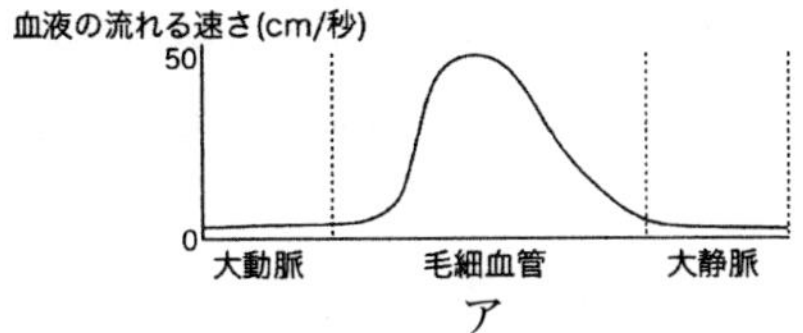

ア

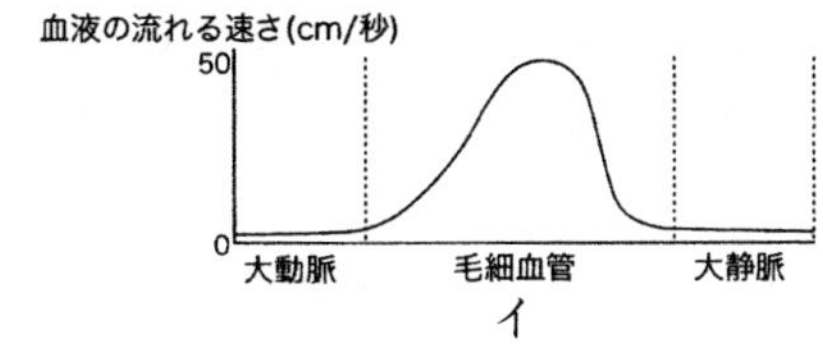

イ

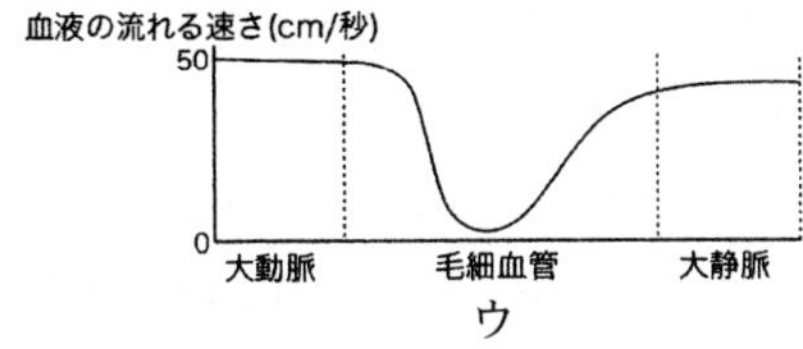

ウ

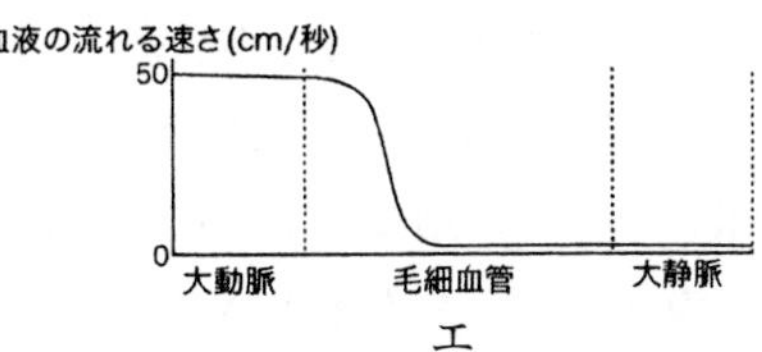

エ

あるスポーツ選手とふつうの人の運動をする前と、激しい運動をした直後の１分間に心臓から送り出される血液の量(心拍出量)と、１分間あたりの心拍数(しんぱくすう)を特殊(とくしゅ)な方法で検査して比べました。なお、この二人の身長はほぼ同じで、体重は二人とも65kgでした。

運動をする前の１分間あたりの心拍出量はスポーツ選手もふつうの人も5.4Lで変わらず、心拍数はスポーツ選手が60回、ふつうの人が72回でした。

激しい運動をした直後の１分間あたりの心拍出量はスポーツ選手が30Lで、ふつうの人が20Lでした。心拍数はスポーツ選手が180回で、ふつうの人が190回でした。

⑹　血液の重さは体重の$\frac{1}{13}$であると言われています。65kgの人の血液の量は何Lですか。ただし、血液１mLの重さは１ｇであるとします。

(7)　以下の文章はこの実験結果を説明したものです。[ア]に入る語句と[イ]、[ウ]に当てはまる数値を答えなさい。

このスポーツ選手とふつうの人を比べるとスポーツ選手の方が一回の心拍で送り出される血液の量が[ア]く、激しい運動をした直後にスポーツ選手の場合は血液が体内を一周するのに[イ]秒間かかったのに対して、ふつうの人の場合は[ウ]秒間で体内を一周したことになります。

(8)　スポーツ選手とふつうの人が激しい運動をした直後に一回の心拍で送り出される血液はそれぞれ何mLですか。なお、答えが割り切れない場合は小数第1位を四捨五入して、整数で答えなさい。

[3]

〈A〉　次の文を読み、後の問いに答えなさい。

二酸化炭素は、1754年にスコットランドのエディンバラ大学の科学者ジョセフ・ブラックによって発見されました。ブラックは黒板に文字を書くチョーク(石灰(かい)石にもふくまれる炭酸カルシウムで出来ている)を加熱すると気体が出て来ることを確かめ、当時ブラックはこれを「固定空気」という名前でよびましたが、のちにこれが二酸化炭素だとわかっています。

二酸化炭素は炭酸ガスともよばれ、空気中に0.03％程度ふくまれています。近年は化石燃料の消費により、大気中の濃度(のうど)が増加傾向(けいこう)にあり、(①)の原因になっています。

ブラックは次の(a)、(b)のような反応を起こす実験で、炭酸カルシウムや炭酸マグネシウムを加熱すると分解が起こり、二酸化炭素の放出がみられ、酸化カルシウム(生石灰)や酸化マグネシウムが白色粉末として残ることを確かめました。

炭酸カルシウム　→　酸化カルシウム　＋　二酸化炭素　…(a)

炭酸マグネシウム　→　酸化マグネシウム　＋　二酸化炭素　…(b)

現在では、二酸化炭素は、実験室においては、石灰石に塩酸を加えて発生させたものを②捕集(ほしゅう)します。工業的には石灰石(炭酸カルシウム)を加熱して作られ、炭酸ナトリウムの製造や、固体の二酸化炭素で保冷剤(ほれいざい)として用いられる(③)の製造などに利用されています。

10 gの炭酸カルシウムを加熱すると(a)の反応ですべて分解されて、4.4 gの二酸化炭素が発生し、白色粉末として酸化カルシウムが(④) g残りました。また、10 gの炭酸マグネシウムを加熱すると(b)の反応ですべて分解されて(⑤) gの二酸化炭素が発生し、4.8 gの酸化マグネシウムが白色粉末として残りました。

(1)　(①)に入る環境(かんきょう)問題の名前と、(③)に入る物質名を答えなさい。

(2)　下線部②について、正しいものを選びなさい。

ア　二酸化炭素は、上方置換(ちかん)でしか集められない。

イ　二酸化炭素は、上方置換・水上置換どちらでも集められる。

ウ　二酸化炭素は、水上置換でしか集められない。

エ　二酸化炭素は、水上置換・下方置換どちらでも集められる。

オ　二酸化炭素は、下方置換でしか集められない。

(3)　(④)、(⑤)に当てはまる数値をそれぞれ答えなさい。

(4) ある量の炭酸カルシウムを加熱するとすべて(a)の反応で分解されて、白色粉末が７ｇ残りました。このとき、(A)反応させた炭酸カルシウムの重さと、(B)発生した二酸化炭素の重さはそれぞれ何ｇですか。

(5) 炭酸カルシウムと炭酸マグネシウムの混合物が40ｇあります。これを加熱すると(a)、(b)の反応ですべて分解されて白色粉末が21.2ｇ残りました。このとき(A)二酸化炭素は何ｇ発生していますか、また(B)混合物にふくまれていた炭酸マグネシウムは何ｇですか。

〈B〉 次の文を読み、後の問いに答えなさい。ただし、どの水溶液(ようえき)も１mLの重さは１ｇとします。また、実験はすべて同じ温度、同じ圧力のもとで行われたものとします。

薬局でオキシドールＡ、Ｂをそれぞれ購入(こうにゅう)しました。

オキシドールＡの成分表をみると、

体積 100mL 過酸化水素を３％ふくむ

と記されていました。オキシドールＡ、Ｂを用いて次の実験１、２を行いました。

(実験１) 濃度３％のオキシドールＡを40mLだけ取って二酸化マンガンを充分(じゅうぶん)加えたところ、酸素が発生しはじめました。二酸化マンガンを加えたときを０秒として、実験開始からの時間(秒)と発生した酸素の体積(mL)を測定しました。また、残っているオキシドールＡの濃度(％)は以下の表のようになりました。

時間	０秒	70秒	120秒	190秒	240秒
発生した酸素の体積	０mL	130mL	195mL	260mL	292.5mL
残っている水溶液の濃度	３％	２％	1.5％	１％	0.75％

(実験２) 濃度４％のオキシドールＢがあります。オキシドールＢを80mLだけ取って、二酸化マンガンを充分加えて、(実験１)と同様に測定しました。

(1) 酸素の性質として正しいものを選びなさい。

ア 刺激臭(しげきしゅう)がある。　イ 空気より軽い。　ウ 無色の気体である。

エ 湿(しめ)らせた赤色リトマス紙に触(ふ)れると、リトマス紙が青色になる。

(2) 一般(いっぱん)に、最初の濃度の半分になるまでの時間を半減期と呼びます。オキシドールに二酸化マンガンを充分加えた場合、オキシドールの液量は半減期に影響(えいきょう)を与(あた)えず、どの濃度から測定しても、元の濃度の半分になるまでの時間は同じです。つまり、オキシドールＡとＢでは、半減期が同じです。

① オキシドールの半減期は何秒ですか。

② オキシドールＡに二酸化マンガンを充分加えました。その瞬間(しゅんかん)からオキシドールＡの濃度が0.5％になるまでには何秒かかりますか。

③ オキシドールＢが80mLあり、そこに二酸化マンガンを充分加えました。その瞬間からオキシドールＢの濃度が１％になるまでには何秒かかりますか。また、そのときまでに発生した酸素は合計で何mLですか。

4　光には空間をまっすぐに進む性質があります。光の進みかたを図に表すとき、光が進む道筋を直線で表すことができ、これを光線と言います。光が物体に当たるとき、物体の表面ではね返される現象を光の反射といい、反射された光もまた、まっすぐに進みます。光が鏡で反射される様子は、図1のように描(えが)くことができ、鏡に垂直な線(点線)に対して光が入射する角度(○)と、反射される角度(△)は等しく、これを「反射の法則」と言います。

図1

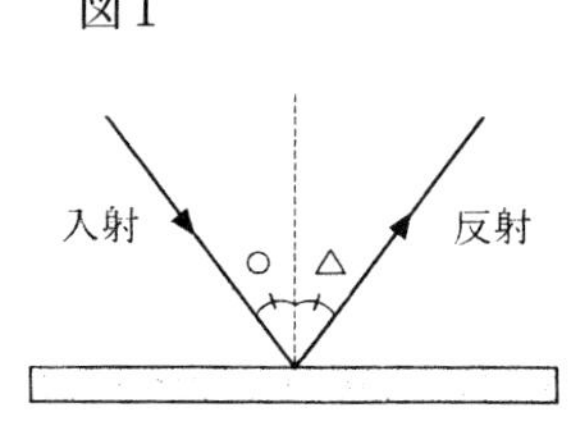

(1)　2枚の正方形の鏡(鏡1、鏡2)を用意します。鏡1を水平に置き、鏡2は鏡1に対して110°の角度をなし、かつ、たがいの一辺を共有するように組み合わせました(図2)。図2のように、鏡1に垂直な線(点線)に対して、50°の方向から入射した光が、鏡1上の点Lで反射された後、鏡2上の点Mで再び反射されて進みました。点Mで反射された光線と鏡2のなす角度aは何度ですか。

図2

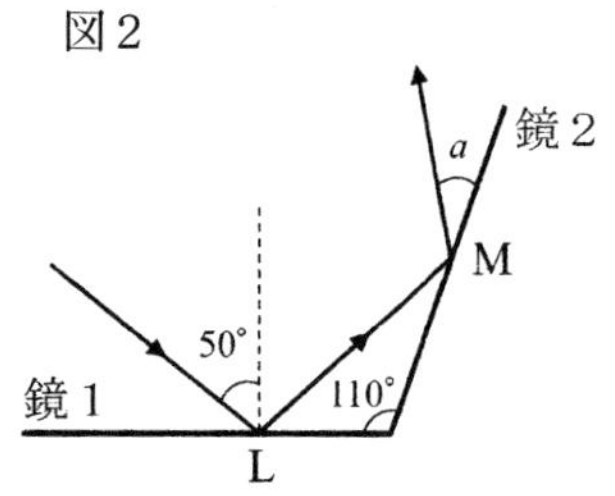

(2)　(1)の状態から、鏡1と鏡2を直角に組み合わせました(図3)。図3のように、鏡1に垂直な線(点線)に対して、40°の方向から入射した光が、鏡1上の点Lで反射された後、鏡2上の点Nで再び反射されて進みました。点Nで反射された光線と鏡2のなす角度bは何度ですか。

図3

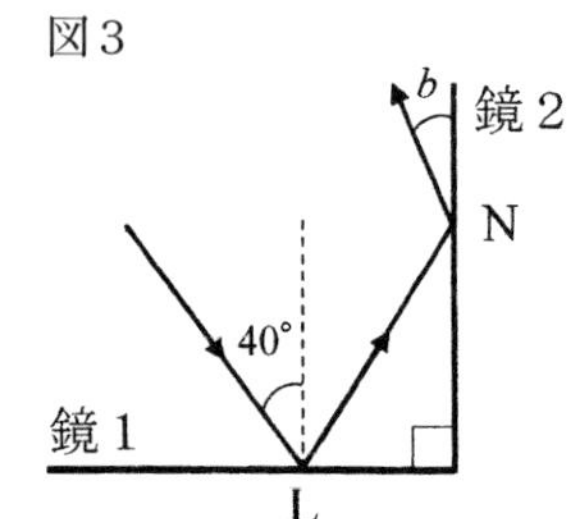

次に、一辺が10㎝の正方形の鏡を3枚(鏡A、鏡B、鏡C)用いて、たがいに垂直に、かつ、鏡面を内側にして、すき間なく組み合わせました(図4)。鏡Aは水平に置かれ、鏡Bと鏡Cは、鏡Aに対して垂直に立てられています。たがいに垂直に交わる3本の物差しｘ、ｙ、ｚの0㎝の位置を合わせて、図4のように、各鏡の辺に沿って配置し、空間内の位置を3本の物差しの数値で表します。例えば、ｘ方向に2㎝、ｙ方向に3㎝、ｚ方向に4㎝である位置を、(ｘ、ｙ、ｚ)＝(2、3、4)と表します。

図4

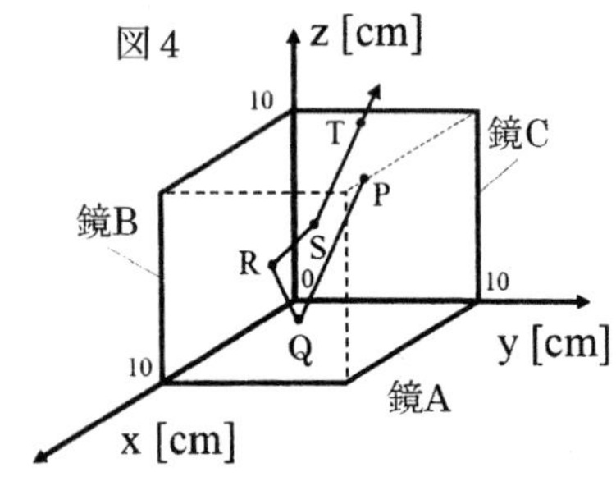

図4において、レーザーポインターを用いて、Pの位置(9、10、10)から鏡A上のQの位置(1、1、0)に向けて光を照射しました。

光線を観察すると、Pから出た光が、鏡A上のQで反射されて鏡Bに当たり、その後、鏡Cに当たって進むことが分かりました。この光線が鏡Bに当たる位置をR、鏡Cに当たる位置をS、そしてｚの値が10㎝の高さを通過する位置をTとして、RとSの位置を、以下の手順で求めます。

(3)　次の文章中の(　ア　)～(　エ　)に適する数値と、(　オ　)に適する語句を答えなさい。ただし、数値について、整数値以外は、もっとも簡単な分数で答えなさい。

まず、鏡B上のR（yの値は0）について考えます。鏡Aを正面から見ると、図5のような光線の様子になります。図中の複数の三角形に着目すると、Rのxの値は（ ア ）であることが分かります。また、鏡Cを正面から見ると、図6のような光線の様子になります。同様に考えると、Rのzの値は（ イ ）であることが分かります。以上より、Rの位置は
（x、y、z）=（（ア）、0、（イ））と表せます。

図5

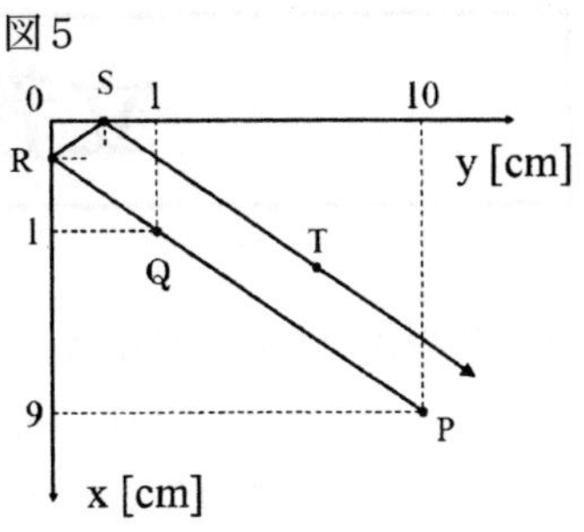

次に、鏡C上のS（xの値は0）について考えます。鏡Aを正面から見ると、図5のような光線の様子になります。図中の複数の三角形に着目すると、Sのyの値は（ ウ ）であることが分かります。また、鏡Bを正面から見ると、図7のような光線の様子になります。同様に考えると、Sのzの値は（ エ ）であることが分かります。以上より、Sの位置は
（x、y、z）=（0、（ウ）、（エ））と表せます。

図6

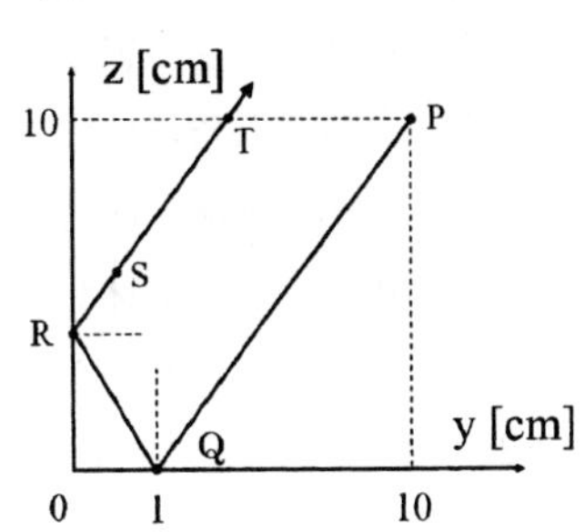

上記の3回の反射（Q、R、Sでの反射）の結果から考えると、図5、図6、図7のような各方向からの光線において、反射の法則が成り立ち、かつ、入射光線PQと反射光線STが（ オ ）になることが分かります。以上のことから、図4の空間においても、入射光線PQと反射光線STが（オ）になることが分かります。したがって、たがいに垂直に置かれた3枚の鏡に対して、どの方向から光を当てても、何回か反射して、もとの方向へ光が戻ってくることになります。このような装置をコーナーキューブといい、例えば、自転車の反射板や道路標識の表面などに利用されています。また、多数のコーナーキューブからなる反射板が月面に設置されており、それを利用して地球の表面から月の表面までの距離を測ることができます。

図7

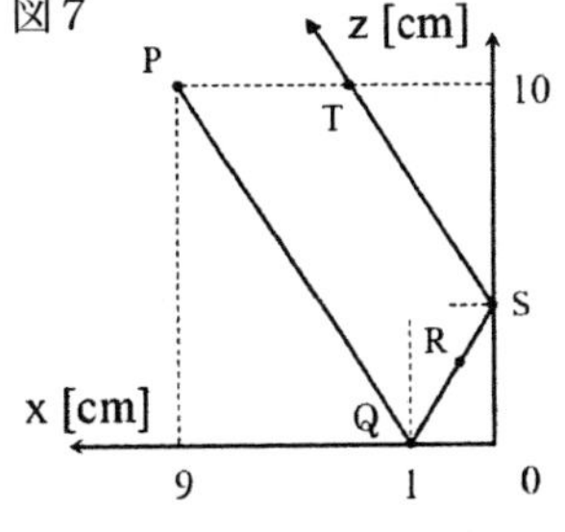

立教池袋中学校(第１回)

—30分—

1　“「現代用語の基礎知識」選 2023 ユーキャン新語・流行語大賞”が発表され、「OSO18／アーバンベア」がトップ10に入りました。アーバンベアとは市街地周辺で暮らし、一時的に市街地に出没するクマのことをいいます。

次の問いに答えなさい。

1）平野の外側の周辺部から山間地に広がる地域を中山間地域といいます。この中山間地域での過疎化がクマの生態に影響を与えていると考えられています。その説明として正しいものをア〜エから２つ選び、記号で答えなさい。

ア　放置された耕地に、藪などが増え、隠れ家となる。

イ　中山間地域に住宅が増えたことにより、市街地に出ざるをえなくなる。

ウ　伐採された森林が回復し、行動範囲が増える。

エ　森林を歩き回る人が増えたので、行動範囲が減る。

2）クマは植物食中心の雑食性です。この中でも、クマが食べるブナ・ミズナラ・コナラの豊凶度(実のなり具合い)とクマの出没件数に関して調べました。豊凶度は各都道府県で「豊作」や「不作」といった表現で公表されている場合があります。豊凶度を表１のように数値化します。

表１　豊凶度
(環境省webサイトより一部抜粋)

不作または凶作	1
並作	2
豊作	3

ブナ林・ミズナラ林・コナラ林の面積は地域によって異なることから、それぞれの豊凶度を同等に扱うのではなく、それぞれの種類の森林面積によって重みづけされた豊凶指数を定めます。豊凶指数は以下の式で求められます。

$$\textbf{豊凶指数}=\frac{\textbf{(それぞれの種類の豊凶度×それぞれの種類の森林面積)の合計}}{\textbf{それぞれの種類の森林面積の合計}}$$

ある地域の豊凶度と森林面積が以下の値のとき、この地域の豊凶指数を求めなさい。必要があれば小数第二位を四捨五入して、小数第一位までで答えなさい。

〈豊凶度〉　ブナ：凶作　コナラ：不作　ミズナラ：不作

〈森林面積〉　ブナ：1,128,900㎡　コナラ：673,400㎡　ミズナラ：3,838,260㎡

3）　ある地方での豊凶指数とクマの出没件数はグラフ１のようになりました。全体の傾向として、グラフ１から分かることは何ですか。次のア～エから１つ選び、記号で答えなさい。

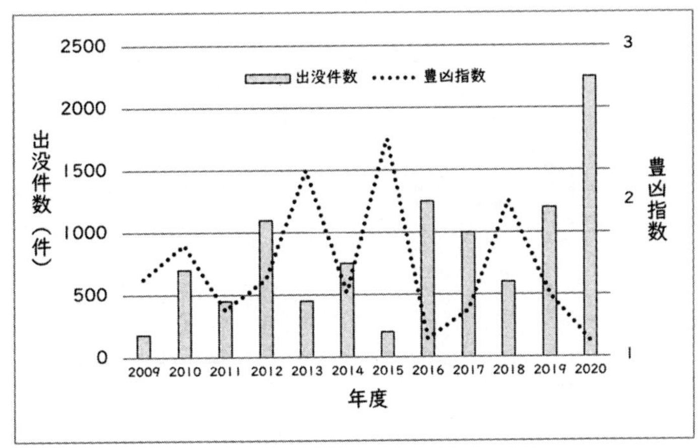

グラフ１　ある地方における豊凶指数とクマの出没件数

ア　豊凶指数が高い年度に出没件数が多い。
イ　豊凶指数が低い年度に出没件数が多い。
ウ　年度が進むごとに豊凶指数と出没件数がどちらも上がっている。
エ　年度が進むごとに豊凶指数と出没件数がどちらも下がっている。

4）　グラフ１においてクマの出没件数が増えるのはなぜですか。最も適切なものを次のア～エから１つ選び、記号で答えなさい。
ア　ブナ・ミズナラ・コナラの実が豊作で、食べ物を求めて市街地に出てくる。
イ　ブナ・ミズナラ・コナラの実が不作で、食べ物を求めて市街地に出てくる。
ウ　冬の寒さが厳しく冬眠できないクマが現れ、食べ物を求めて市街地に出てくる。
エ　暖冬によって冬眠できないクマが現れ、食べ物を求めて市街地に出てくる。

2　昨年の夏は大変暑く、ネッククーラー(図１)が流行しました。これは、とける温度が約28℃の物質が密閉されており、首につけておくと一定時間涼しさを感じるものです。

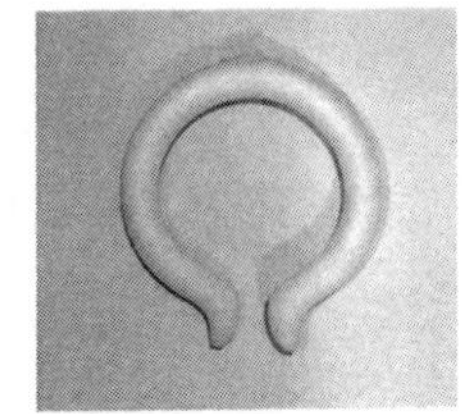

図１　ネッククーラー

次の問いに答えなさい。

1）　このネッククーラーを－18℃の冷凍庫に一日入れて置いておきました。このとき、ネッククーラーは何℃になりますか。正しいものを次のア～エから１つ選び、記号で答えなさい。
ア　－18℃　　イ　０℃　　ウ　28℃　　エ　36℃

2）　1)のネッククーラーを28℃の部屋にしばらく置いておきました。その後、固体が残っている状態のネッククーラーを身に着けて、39℃の屋外をしばらく歩きました。身に着けてからの、ネッククーラーの温度変化はどのようになりますか。あとのグラフのア～カから最も適切なものを１つ選び、記号で答えなさい。なお、体温は36℃であるとします。

3）　ネッククーラーの中身を「水」に取りかえて、28℃の部屋にしばらく置いておきました。その後、このネッククーラーを身に着けて、39℃の屋外をしばらく歩きました。身に着けてからの、ネッククーラーの温度変化はどのようになりますか。あとのグラフのア～カから最も適切なものを１つ選び、記号で答えなさい。なお、体温は36℃であるとします。

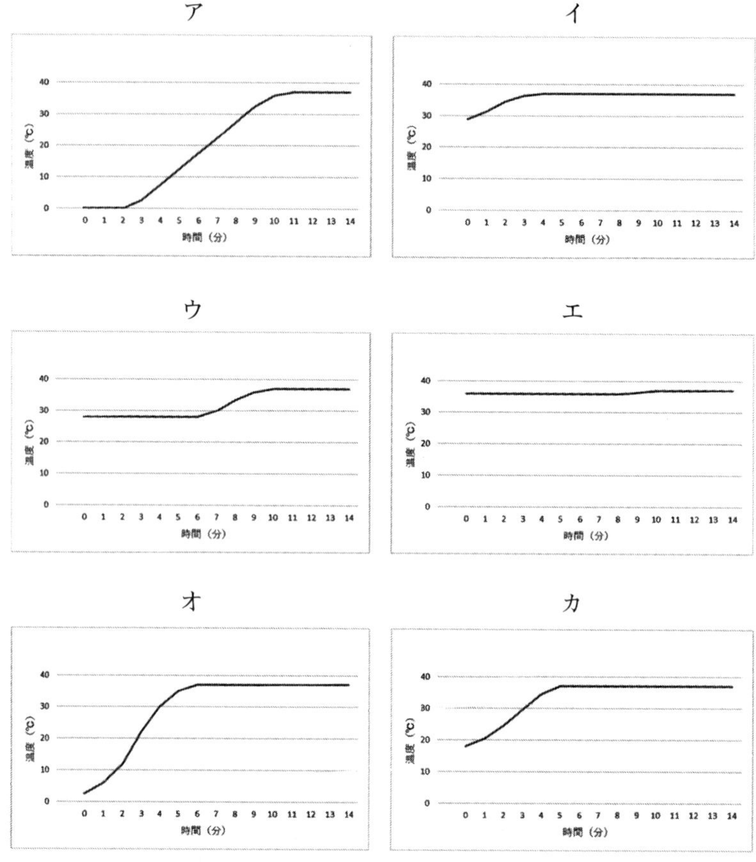

4）　ネッククーラーだけでは物足りないため、アイスクリームを作って涼むことにしました。氷に食塩を混ぜると、温度を下げることができます。このような現象を凝固点降下といい、食塩の量に比例して温度が下がります。例えば０℃の氷１kgに58.5ｇの食塩を混ぜると3.7℃下がります。

アイスクリームを作るために０℃の氷100ｇに食塩を混ぜ、18℃下げるには、何ｇの食塩を混ぜるとよいですか。必要があれば小数第二位を四捨五入して、小数第一位までで答えなさい。

3　流星は宇宙空間にただようダスト（微小粒子）が地球の重力に引かれて大気中に飛び込み、上空80km～150km付近で大気中の物質と激しく衝突することにより発光する現象です。このダストの多くは彗星という天体から放出され、図１のようなダストチューブを形成します。ここを地球が通過すると多くの流星が見られることになります。

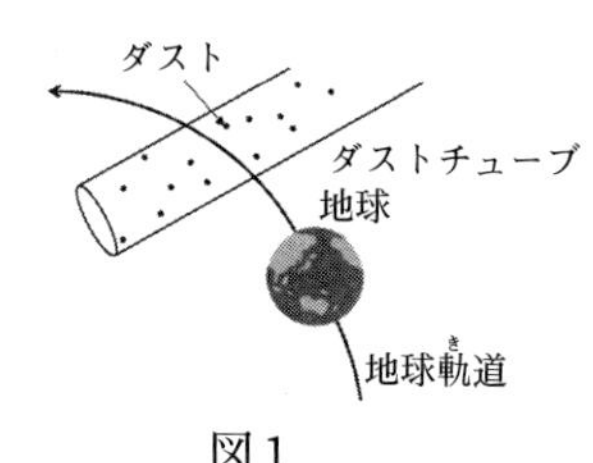

図１

次の問いに答えなさい。

1)　このとき、流星はある一点から流れてくるように見えます。これと異なる原理の現象はどれですか。次のア～エから１つ選び、記号で答えなさい。

ア　幅の広いまっすぐな川を流れてくるたくさんの木の葉を下流から見たとき、川は上流の方で一点に見え、そこから木の葉が流れてくるように見える。

イ　風がない日に空を見上げたとき、雨は上空の一点から降ってくるように見える。

ウ　幅の広いまっすぐな道路で向かってくるたくさんの車を見たとき、道路は遠くのほうで一点に見え、そこから車が走ってくるように見える。

エ　地上から打ち上げ花火を見上げたとき、光はある一点から広がっているように見える。

2)　流星の見え方について間違っているのはどれですか。次のア～エから１つ選び、記号で答えなさい。

ア　点状に光って消える流星がある。　イ　空の下から上に向かって流れる流星がある。

ウ　月の裏側を通って見える流星はない。　エ　日の出直前と日没直後だけ流星が見える。

3)　ダストは、宇宙空間に広がって存在しています。図２のように地球が移動していくとき、一日あたりの流星数の変化はどうなると考えられますか。正しいものを次のア～オから１つ選び、記号で答えなさい。ただし、ダストは偏りなく広がって存在しているものとします。

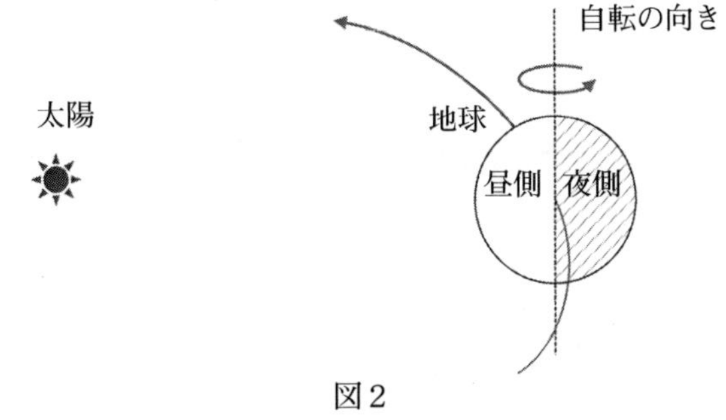

図２

ア　昼夜に関係なく変化しない。　イ　明け方から昼にかけて多くなる。

ウ　昼から夕方にかけて多くなる。　エ　夕方から真夜中にかけて多くなる。

オ　真夜中から明け方にかけて多くなる。

4　温度計を地面におき、少し土をかぶせて地面の温度(地温)を測定しました。温度計には、図１のように細い棒をさしました。

次の問いに答えなさい。

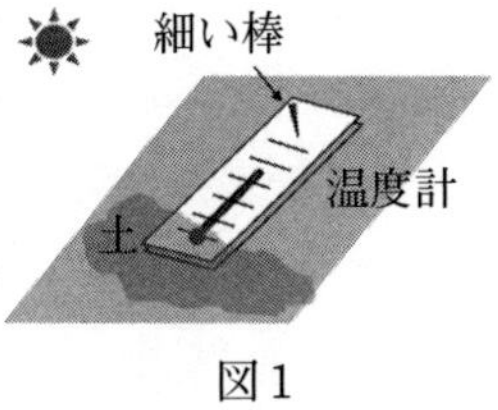

図１

1)　図１の細い棒の役割は何ですか。正しいものを次のア～エから１つ選び、記号で答えなさい。

ア　太陽と地面との距離感がつかめる。　イ　地面付近の空気の流れを知ることができる。

ウ　温度の急な上昇を防ぐことができる。　エ　棒の影により、太陽高度の変化が分かる。

2）　よく晴れた日の、太陽高度、地温、気温の変化を正しく表したグラフはどれですか。次のア～エから１つ選び、記号で答えなさい。

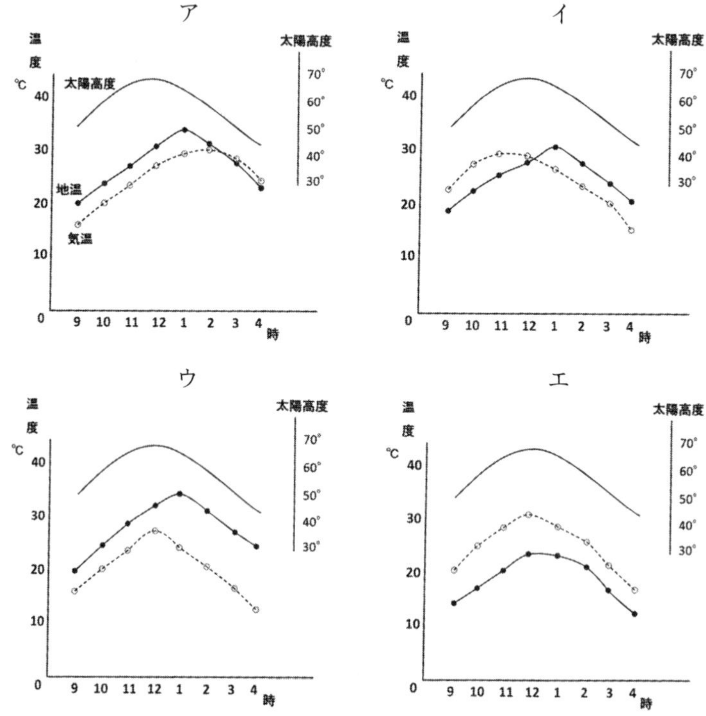

3）　黒色のフィルムで土をおおって作物を栽培するマルチ栽培(図２)では、雑草の成長をおさえることができるほかにどのような利点がありますか。正しいものを次のア～エから１つ選び、記号で答えなさい。

図２　黒色のフィルムでおおったマルチ栽培の様子

ア　気温がより高まるので、作物が育ちやすい。

イ　地温が高まるだけでなく、水分の蒸発もおさえられるので発芽や根の成長に有効である。

ウ　地温より気温のほうが高い状態を長く維持できるので、葉の生育に有効である。

エ　地温の上昇がおさえられて、作物が枯れにくくなる。

5　次の太郎君と先生の会話を読んで、問いに答えなさい。

太郎：先生、わりばしのような木が完全に燃えると粉のような灰になってしまうのはなぜですか？

先生：木をよく燃やすと灰になってしまい、ずいぶん軽くなってしまいますね。昔の人は「燃えるものにはフロギストンという燃えるもとが含(ふく)まれており、燃えるときにフロギストンが外に逃(に)げてしまうからである」と考えました。17世紀末にドイツのシュタールがこの理論を体系的にまとめ、このあとしばらくの間、この考えが信じられてきました。

太郎：先生、そうだとするとふたをした集気びんの中で燃えているろうそくが完全に燃え尽(つ)きる前に火が消えてしまうのはなぜですか？　フロギストンが出ていくだけなら、燃え尽きるまで火は消えないと思うのですが。

先生：そうですね。18世紀後半にイギリスの科学者プリーストリは「フロギストンはさまざまな空気(気体)に吸収されるので、フロギストンを含んでいる量が少ない気体中ほどものはよく燃える」と考えました。ものがよく燃える気体はフロギストンをほとんど含んでいないので「脱(だつ)フロギストン空気」と名づけていたようです。この「脱フロギストン空気」が（ A ）のことですね。

太郎：ところで、スチールウールやマグネシウムなどの金属を燃やすと重くなりますよね。フロギストンが出ていくのなら、軽くなるはずではないのですか？

先生：よく気が付きましたね。そのことについて調べたのはフランスの科学者ラボアジエです。ラボアジエは正確に重さを測定したスズという金属を密閉した容器に入れて、スズが完全に燃焼されるまで熱しました。十分に冷却(きゃく)してから容器を含めた全体の重さをはかったところ、変化していないことが分かりました。これは「質量保存の法則」と呼ばれています。その後、容器の口を開けると容器の中に空気が入ってきて、容器を含めた全体の重さが増加しました。この全体の重さの増加分は容器内に入ってきた空気の重さに相当しますが、この増加分はスズが燃焼後に増加した重さと「正確に一致(ち)していることがわかった」ことから、燃焼によってスズに空気の一部の気体が結合したと考えました。このスズに結合した気体が（ A ）です。

太郎：なるほど。でも先生、木が燃えて重さが軽くなるのはなぜですか？

先生：それもラボアジエが実験しています。（ A ）の中で、木炭を燃やすと「固定空気」が発生することを確認しました。この「固定空気」が空気中に逃げていくことで軽くなるのです。

太郎：「固定空気」とはなんですか？

先生：「固定空気」は（ B ）のことです。プリーストリが呼び始めたようですね。彼はこの気体が石灰石に酸をかけて発生させることができることを確認しました。

太郎：では（ A ）を発見したのはプリーストリなのですね。

先生：一般(ぱん)にそういわれていますが、もう一人大事な人物がいます。スウェーデンの科学者シェーレです。彼も燃焼について研究した人物の一人です。彼の報告によると、一定量の空気を、空気の一部分を吸収するある物質で処理することにより、常に「空気の20分の（ a ）が吸収されている」ことを明らかにしました。この吸収された気体が（ A ）であり、この気体を「火の空気」と名づけました。そしてこの残った気体の中では、ものが燃焼しないことも確認し、この気体を「傷(いた)んだ空気」と名づけました。この気体が（ C ）です。

1)　（ A ）～（ C ）には空気中に含まれる気体の名前が入ります。適切なものをそれぞれ次のア～エから選び、記号で答えなさい。

ア　窒素　　イ　酸素　　ウ　二酸化炭素　　エ　アルゴン

2)　(a)に入る整数を答えなさい。

参考文献：『新訳 ダンネマン大自然科学史<復刻版>』(三省堂)

6　２種類の物質を同じ重さずつ混ぜてＡ～Ｄを用意しました。これらを用いて、【実験１】と【実験２】を行いました。Ａ～Ｄは次のどれかです。

・二酸化マンガン　と　亜鉛

・炭酸カルシウム　と　二酸化マンガン

・炭酸カルシウム　と　亜鉛

・炭酸カルシウム　と　アルミニウム

【実験１】Ａ～Ｄに、うすい塩酸・うすい過酸化水素水・うすい水酸化ナトリウム水よう液をそれぞれかけたところ、結果は表１のようになりました。○は気体が発生したもの、×は気体が発生しなかったものです。

表１

	うすい塩酸	うすい過酸化水素水	うすい水酸化ナトリウム水よう液
A	①　○	⑤　×	⑨　×
B	②　○	⑥　○	⑩　×
C	③　○	⑦　○	⑪　×
D	④　○	⑧　×	⑫　○

【実験２】実験１で発生した気体同士を閉じた容器の中に同じ体積ずつとって混ぜ、内部で火花を飛ばして点火したところ、結果は表２のようになりました。○は燃えたもの、×は燃えなかったものです。

表２

	②と⑥	③と⑦	⑥と⑫	②と⑫
結果	×	○	○	×

次の問いに答えなさい。

1)　【実験１】で発生した気体を石灰水に通すと白くにごるものは、①～⑫のうち何個ありますか。

2)　Ｃはどれですか。次のア～エから１つ選び、記号で答えなさい。

ア　二酸化マンガン　と　亜鉛　　イ　炭酸カルシウム　と　二酸化マンガン

ウ　炭酸カルシウム　と　亜鉛　　エ　炭酸カルシウム　と　アルミニウム

3)　Ａ、Ｂ、Ｃを同じ重さずつはかりとり、それぞれに気体の発生が起こらなくなるまでうすい塩酸をかけたところ、発生した気体の体積は表３のようになりました。

表３

	A	B	C
発生した気体の体積	330㎤	130㎤	□㎤

□にあてはまる数値を答えなさい。必要があれば小数第一位を四捨五入して、整数で答えなさい。

7　太郎君は、自分の力で自分を持ち上げる“人力エレベーター”を製作することにしました。図１のように畳(たたみ)の上に体重計を置き、その上に立ちます。畳は床(ゆか)に置いた大きなはかりの上にのせられています。畳にはロープが取りつけられていて、天井(じょう)に固定された定滑(かっ)車を通してその一端(たん)を太郎君が握(にぎ)っており、真下に引っ張ります。太郎君の体重を50kg、畳と体重計を合わせた重さを12kg、ロープの重さは無視できるとします。

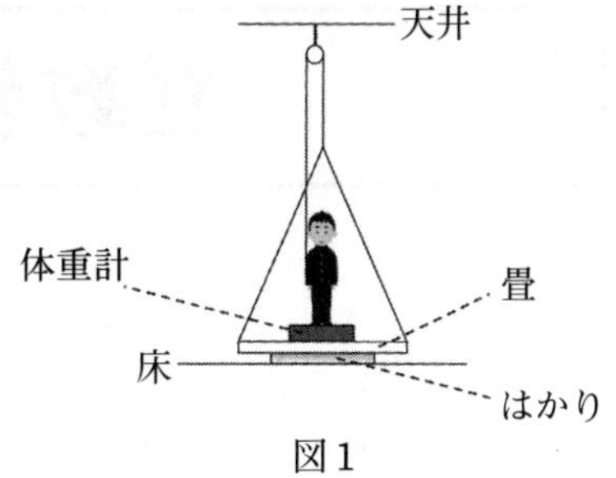

図１

次の問いに答えなさい。

1）　体重計の値が30kgを示しました。このとき、太郎君はロープを何kgの力で引いていますか。

2）　1)のとき、はかりの値は何kgを示していますか。

3）　太郎君がロープを引く力を大きくしていき、畳ごとはかりから浮(う)き上がらせるためには、1)の答えの何倍より大きい力で引けばよいですか。必要があれば小数第三位を四捨五入して、小数第二位までで答えなさい。

4）　自分の力で自分を持ち上げることに成功した太郎君は、図２のように畳の上に追加のおもりをのせていき、どこまで自分の力で持ち上げることができるか挑戦(ちょう)することにしました。太郎君がロープを引いて畳ごと浮き上がらせるためには、おもりの重さは、太郎君の体重の何％より小さければよいですか。必要があれば小数第一位を四捨五入して、整数で答えなさい。

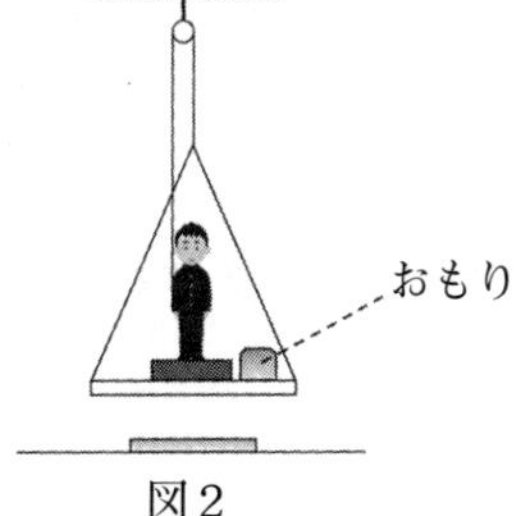

図２

立教新座中学校(第１回)

—30分—

注意　計算機、分度器を使用してはいけません。

1　以下の問いに答えなさい。

(1)　動物の呼吸には肺呼吸やえら呼吸などがあります。肺呼吸を行う動物を、次の(ア)〜(オ)からすべて選び、記号で答えなさい。

(ア)　ペンギン　(イ)　クジラ　(ウ)　ザリガニ　(エ)　カメ　(オ)　トビウオ

(2)　カエルやイモリは幼生から成体へ成長するときにからだの形態が大きく変化します。この変化を何というか答えなさい。また、このとき呼吸がどのように変化するかも「〜呼吸→〜呼吸」の形に合うように答えなさい。

(3)　次の文章は、ヒトの呼吸について説明したものです。以下の問いに答えなさい。

鼻や口から吸い込(こ)まれた空気(吸気)は気管を通って肺に入ります。肺の内部には小さい袋(ふくろ)状の(　Ⅰ　)がたくさんあり、それぞれに血管が巻きついています。(　Ⅰ　)に入った(　X　)は血液中の(　Ⅱ　)に渡(わた)され、血液中の(　Y　)は(　Ⅰ　)に放出され、気体の交換(こうかん)が行われます。気体の交換が終わった空気(呼気)は鼻や口から体外へはき出されます。次のグラフ１とグラフ２は、吸気または呼気に含(ふく)まれる気体の割合を示したものです。

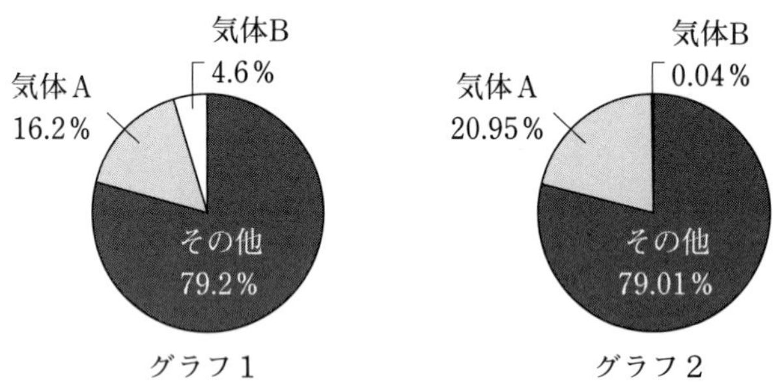

①　文章中のⅠ、Ⅱに適する語句をそれぞれ答えなさい。

②　文章中のX、Yには、気体Aもしくは気体Bが入ります。Xに入るものを答えなさい。

③　呼気に含まれる気体の割合を示すグラフは、グラフ１またはグラフ２のどちらですか。

④　上記のグラフを用いて、ヒトのからだが１日に取り込む酸素の量が500mLのペットボトル何本分に相当するかを計算したとき、もっとも近いものを、次の(ア)〜(オ)から選び、記号で答えなさい。ただし、呼吸の条件については以下の表で示したものとします。

(ア)　40本分　(イ)　100本分　(ウ)　400本分　(エ)　1000本分　(オ)　4000本分

呼吸の条件	
１回の呼吸で肺に入る空気の量	500mL
１回の呼吸で肺から出る空気の量	500mL
１分間に行われる呼吸の回数	15回

(4)　図１はヒトの胸部を表したものです。また、図２は胸部の模型で、ゴム膜(まく)は横隔膜(おうかくまく)、ゴム風船は肺、ストローは気管を表します。この模型のゴム膜を下に引っ張ったときの説明として適切なものを、以下の(ア)〜(エ)から選び、記号で答えなさい。

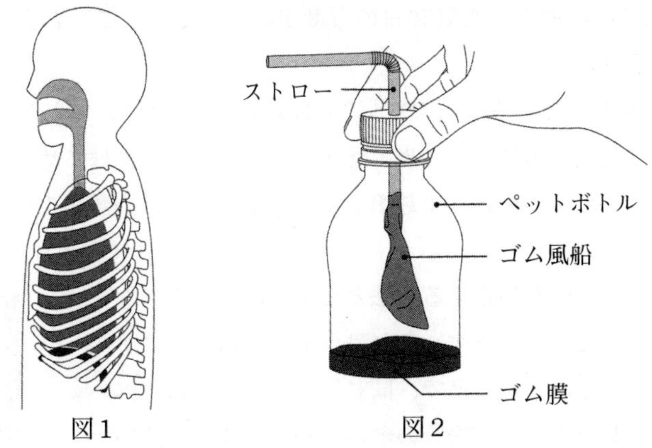

図１　　図２

(ア)　ペットボトル内の空気の圧力が上がり、ゴム風船がふくらむ
(イ)　ペットボトル内の空気の圧力が上がり、ゴム風船が縮む
(ウ)　ペットボトル内の空気の圧力が下がり、ゴム風船がふくらむ
(エ)　ペットボトル内の空気の圧力が下がり、ゴム風船が縮む

(5)　ヒトの呼吸運動について正しく説明しているものを、次の(ア)～(カ)からすべて選び、記号で答えなさい。

(ア)　息を吸うときは、横隔膜は上がり、ろっ骨も上がる
(イ)　息を吸うときは、横隔膜は上がり、ろっ骨は下がる
(ウ)　息を吸うときは、横隔膜は下がり、ろっ骨は上がる
(エ)　息を吸うときは、横隔膜は下がり、ろっ骨も下がる
(オ)　肺の筋肉によって肺がふくらんだり縮んだりすることで、横隔膜やろっ骨も動く
(カ)　肺には筋肉がなく、横隔膜やろっ骨の動きによって、肺はふくらんだり縮んだりする

2　以下の問いに答えなさい。

太郎君は、寒い冬の日に部屋の中にいると、窓ガラスに水滴(すいてき)がついていることに気付きました。なぜこのような現象が起こるのかを調べてみたところ、飽和水蒸気量(ほうわすいじょうきりょう)が関係していることがわかりました。

飽和水蒸気量とは、ある温度において、空気１㎥あたりに含むことができる水蒸気の量です。この量を超(こ)えると、空気中の水蒸気は水になって出てきます。

表１　温度と飽和水蒸気量の関係

温度〔℃〕	0	5	10	15	20	25	30	35
飽和水蒸気量〔g〕	4.8	6.8	9.4	12.8	17.3	23.0	30.4	39.6

また、湿度(しつど)とは、空気に含まれる水蒸気の量が飽和水蒸気量と同じときを100％とし、空気が実際に含んでいる水蒸気の割合を表したものです。

(1)　文章中の下線部と同じ理由で起こる現象を、次の(ア)～(オ)からすべて選び、記号で答えなさい。

(ア)　水が入ったビーカーを日当たりのよいところにおいて放置すると、水の量が減る
(イ)　氷水の入ったコップの外側がぬれる
(ウ)　水を加熱すると、表面だけでなく水の中からも泡(あわ)が生じる
(エ)　上空で雲ができる
(オ)　寒い日の朝にはく息が白くなる

(2)　20℃に保たれている室内の空気50㎥の湿度が40％でした。このとき、空気中に含まれる水蒸気の量を求めなさい。

(3)　はじめ25℃に保たれている室内の空気90㎥の温度を下げていったところ、10℃のときにはじめて空気中の水蒸気が水になって出てきました。このとき、はじめの空気の湿度を求めなさい。ただし、割り切れない場合は小数第2位を四捨五入し、小数第1位まで答えなさい。

窓ガラスに水滴がつくのを防止する方法として、図1のような複層ガラスを用いる方法があります。これは、ガラス層の間にアルゴンという気体の層をはさむことで、同じ厚さのガラスに比べて水滴がつきにくくしたもので、物質の熱の伝わりやすさの違い(ちがい)を利用しています。

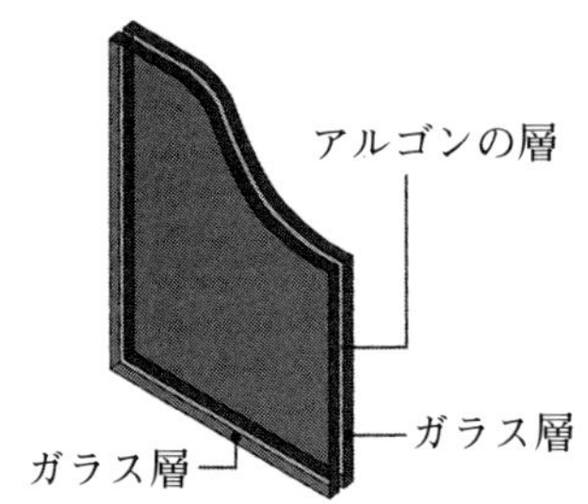

図1　複層ガラスの構造

(4)　次の表2の①、②に適する数値を、以下の(ア)〜(ウ)から選び、それぞれ記号で答えなさい。ただし、熱の伝わりやすさはガラスの値を1として表しており、値が大きい物質ほど、熱が伝わりやすい物質となります。

表2　さまざまな物質の熱の伝わりやすさ

物質	熱の伝わりやすさ
ガラス	1
アルミニウム	①
水	0.442
空気	0.0189
アルゴン	②

(ア)　0.0128　　(イ)　0.618　　(ウ)　172

(5)　部屋の内外に温度差があるときの、さまざまなガラス板を通過する熱の量(放熱量)について表3にまとめました。ただし、表3の放熱量は、条件1におけるガラス板の放熱量を1としています。また、ガラス板の放熱量は、室内外の温度差に比例し、ガラス板の縦の長さおよび横の長さに比例し、厚さに反比例します。このとき、表3の①、②に適する数値を答えなさい。

表3　ガラス板を通過する熱の量(放熱量)

条件	室内外の温度差	縦の長さ	横の長さ	厚さ	放熱量
1	20℃	50㎝	50㎝	5㎜	1
2	20℃	50㎝	100㎝	①㎜	1
3	10℃	50㎝	100㎝	5㎜	1
4	10℃	50㎝	50㎝	2.5㎜	1
5	20℃	50㎝	100㎝	5㎜	2
6	25℃	100㎝	100㎝	10㎜	②

3　以下の問いに答えなさい。

図1は地震(じしん)のゆれを記録する装置(地震計)です。ある地震が起きたとき、地震が起きた地点から順に一直線上に並んだ地表の地点A～Dに置かれた地震計が地震のゆれを記録しました。地震が起きた地点から地点Aまでの距離(きょり)は25km、地点Bまでの距離は50kmでした。図2～5は、地点A～Dのいずれかに置かれた地震計の記録を模式的に表しており、横軸(よこじく)は地震発生時からの経過時間を表しています。

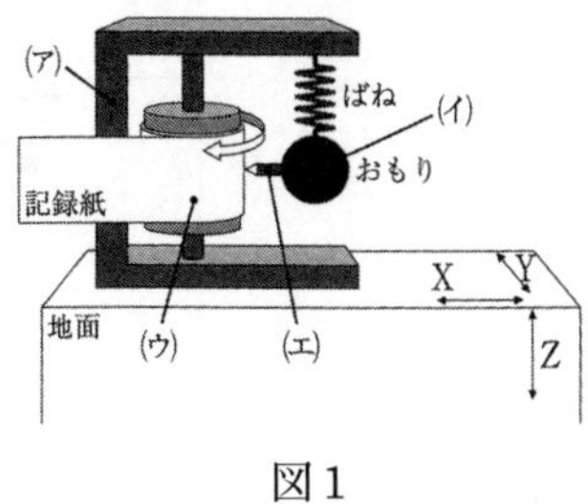

図1

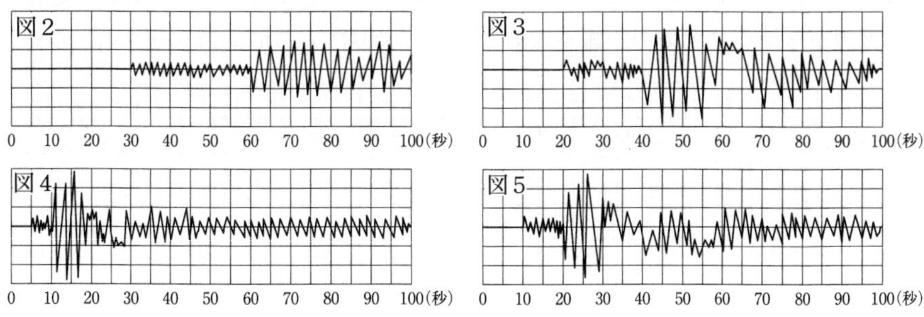

(1)　地面のゆれと同程度にゆれるところを図1の(ア)～(エ)からすべて選び、記号で答えなさい。

(2)　図1の地震計で記録されるゆれの方向としてもっとも適切なものを、図1のX～Zから選び、記号で答えなさい。

(3)　地点Dの記録として適切なものを、図2～5から選びなさい。

(4)　地震が起きた地点から地点Dまでの距離を求めなさい。

図6と図7は地点A～Dの延長線上にある地震が起きた地点からの距離が280kmの地点Eと、360kmの地点Fに置かれた地震計の記録を模式的に表したものです。他の記録と比べてみると、ゆれが記録されはじめる時間が、図2～5から予想される時間に比べて早いことがわかりました。そこで、さらに詳(くわ)しく調べてみると、次のことがわかりました。なお、この地震の震源は地中のごく浅いところにあり、地表からの深さは無視できるものとします。

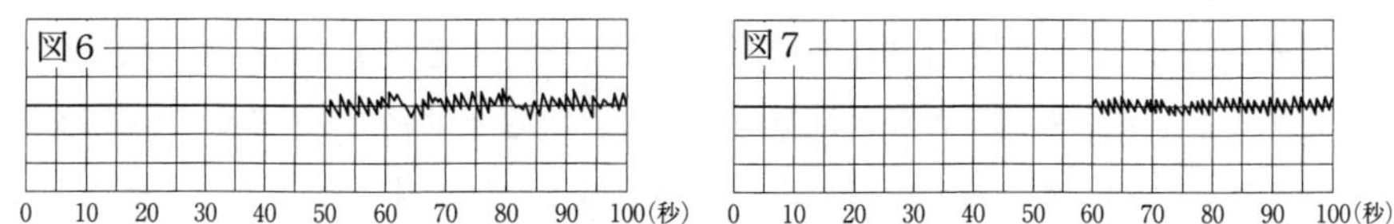

【調べてわかったこと】
- 地下は地殻(ちかく)とマントルの2層に構造がわかれている。
- ゆれの一部は、層の境界面で伝わる向きを変え、マントル中を境界面に沿って進み再び地表に戻ってくる。
- マントルの方が地殻よりもゆれの伝わる速さが速い。
- 震源からの距離が離(はな)れると、地殻から直接伝わるより、マントルを経由して伝わるゆれの方が早く到着(とうちゃく)する。

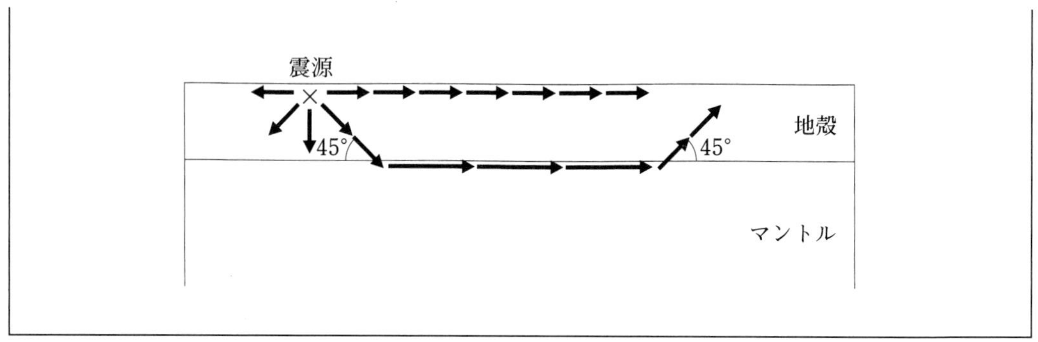

(5)　地殻から直接伝わるゆれと、マントルを経由して伝わるゆれが同時に到着する地点をＰとします。震源から地点Ｐまでの距離を求めなさい。必要に応じて次のグラフ用紙を用いること。

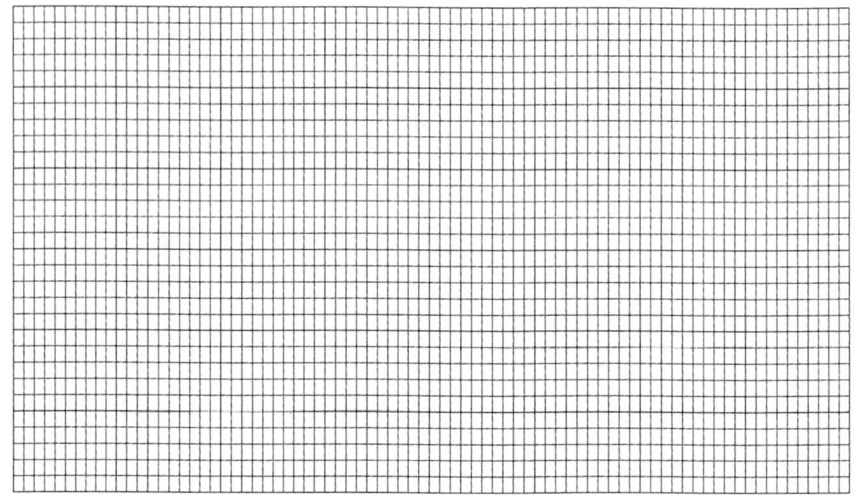

(6)　地震のゆれがマントル中を進む速さを求めなさい。ただし、割り切れない場合は小数第１位を四捨五入し、整数で答えなさい。

(7)　地殻の厚さを求めなさい。ただし、１辺が１㎞の長さの正方形の対角線の長さは1.4㎞とします。また、割り切れない場合は小数第１位を四捨五入し、整数で答えなさい。

4　以下の問いに答えなさい。

光が目に入ることで、私たちは物体の位置を知ることができます。しかし、図１のように鏡などで光が曲がると、私たちはそのことに気付かずに、実際とは異なる位置に物体があるように見えてしまいます。このとき、鏡の中に見える物体を像といいます。そこで、太郎さんは、１マスの１辺が１㎝の方眼紙の上で、光の反射や屈折(くっせつ)の実験をして、このことを確かめることにしました。

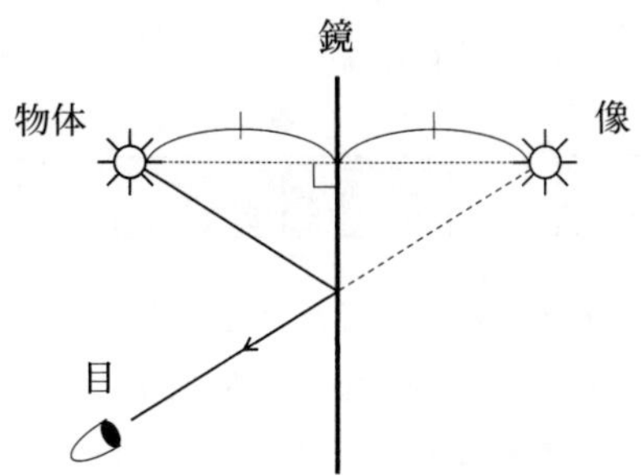

像の位置から光が出ているように見える

図１

⑴　図２のように鏡を置き、レーザー光を鏡に当てたとき、点ＸとＹをレーザー光が通過しました。このときのレーザー光が反射する位置は、鏡の上端（じょうたん）の点Ｍから何㎝のところになりますか。必要に応じて図３の直角三角形の関係式を用いること。

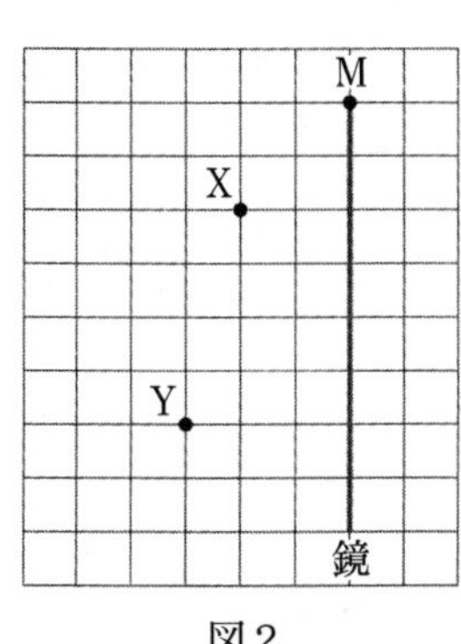

図２

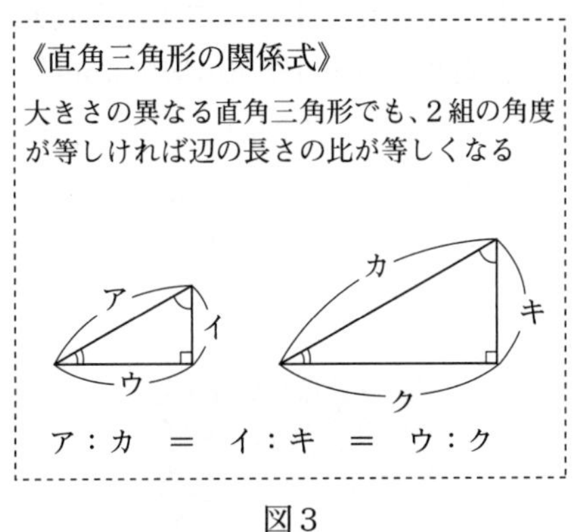

図３

⑵　図４のような底面が直径８㎝の半円の物体とまち針ＡとＢを用いて実験を行いました。図５は方眼紙の上に置いた物体を上から見た図で、レーザー光が必ず点Ｏを通るようにしながら、レーザー光源の位置を変えて実験しました。また、まち針で光の道すじを記録し、レーザー光と破線Ｌの交わる点Ａにまち針Ａをさし、レーザー光と物体の境界の交わる点Ｂにまち針Ｂをさしました。表１は点Ｏを通る基準線に垂直な方向の距離ａとｂの関係を表しています。

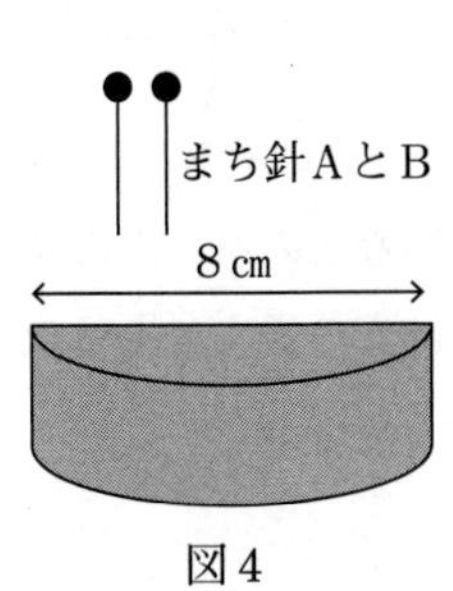

図４

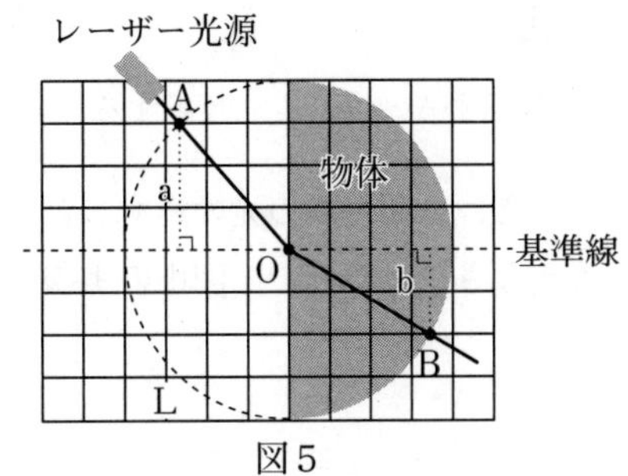

図５

表１

a	b
3.0㎝	2.0㎝
2.0㎝	1.3㎝
1.0㎝	0.7㎝

①　ａが0.6㎝のときのｂの値としてもっとも適切なものを、次の㋐～㋔から選び、記号で答えなさい。

㋐　0.1㎝　　㋑　0.2㎝　　㋒　0.3㎝　　㋓　0.4㎝　　㋔　0.5㎝

②　図５の位置にまち針Ｂがさしてあるとき、まち針Ａのあたりから物体を通してまち針Ｂを見たようすとして適切なものを、次の㋐～㋒から選び、記号で答えなさい。

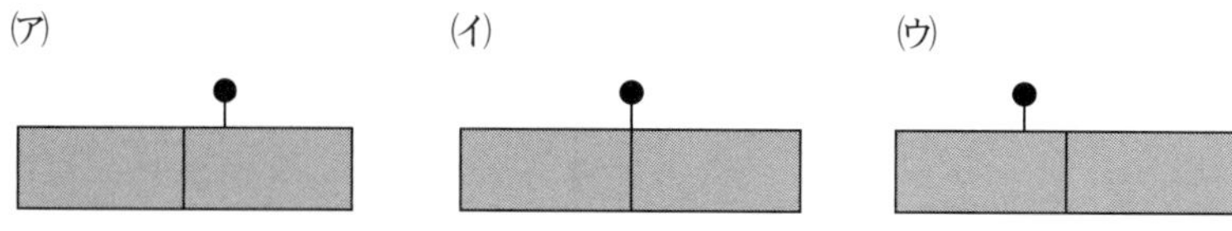

③　右の図のようにレーザー光を物体に当てたとき、物体中でのレーザー光の道すじとして適切なものを、図中の(ア)～(オ)から選び、記号で答えなさい。

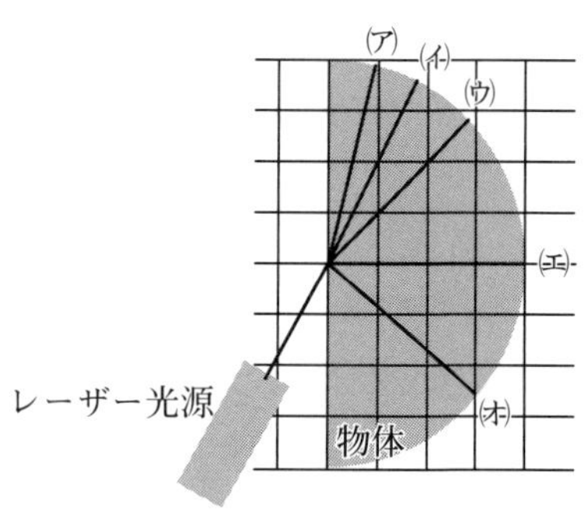

図６のように、蜃気楼（しんきろう）によって水平面から昇（のぼ）る太陽がだるまのように見えることがあります。調べてみると、温度の異なる空気の層で光が曲がるために蜃気楼が見えること、また濃度（のうど）の異なる液体の層でも同じように光が曲がることを知りました。そこで太郎さんは、水の入った透明な容器に濃（こ）い砂糖水を入れ濃度の異なる層をつくりました。そして図７のように、容器右側に置いた人形を容器左側から見ると、人形が変形して見えました。ただし、図７の実線は砂糖水中の光の道すじを表しています。

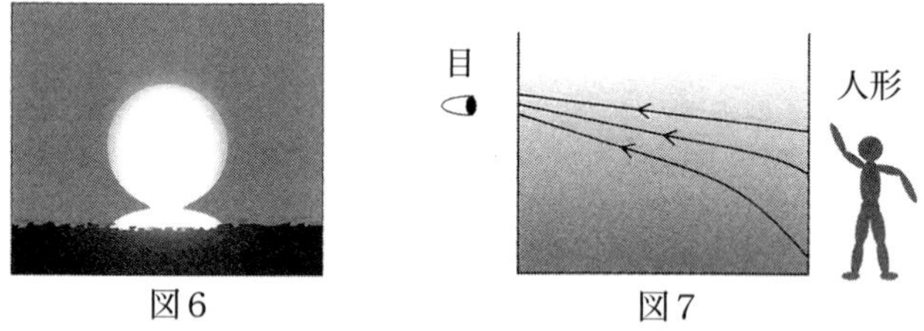

図６　　　　図７

(3)　変形して見えた人形の形として適切なものを、次の(ア)～(オ)から選び、記号で答えなさい。

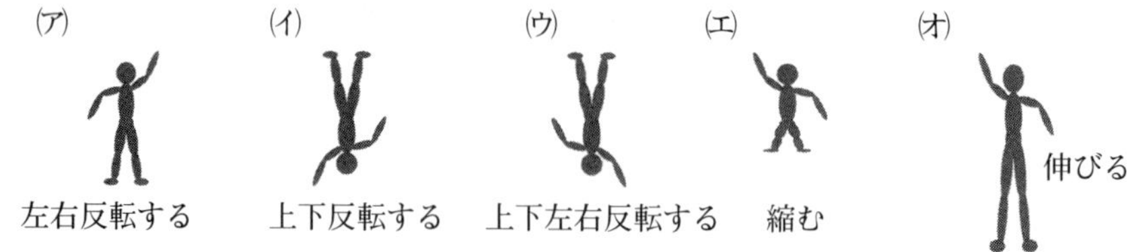

(4)　図６のように太陽が見えるとき、太陽からの光の道すじとして適切なものを、次の図中の(ア)～(オ)から２つ選び、記号で答えなさい。ただし、図中の実線と破線は光の道すじを見やすくするために用いているだけです。

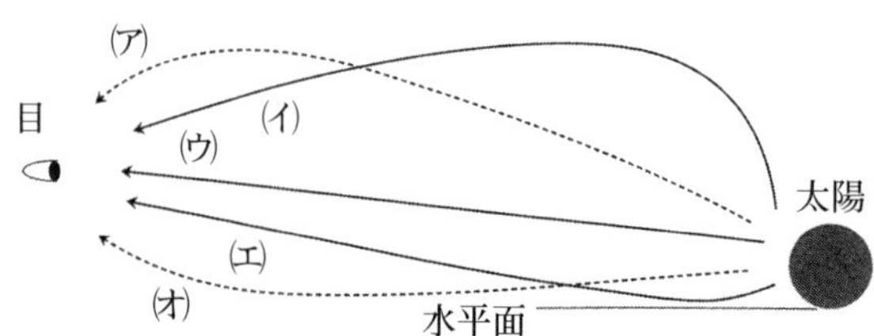

早稲田中学校(第１回)

—30分—

注意　定規、コンパス、および計算機(時計についているものも含む)類の使用は認めません。

1　火山の噴火による被害としては、噴火で吹き飛ばされた噴石や火山灰の降下、溶岩流、火山ガス、火さい流などが想定されます。想定される被害は、火山のマグマや溶岩の性質によって異なるため、火山ごとに対策をする必要があります。そのため、活動が活発な火山では、想定される災害やその規模などを地図上に示した(　①　)が作成されています。

表は、火山Ａと火山Ｂが山頂の火口から噴火した場合の噴出物や想定される被害などを比べたものです。以下の問いに答えなさい。

表

比べる事がら	火山Ａ	火山Ｂ
火山灰の特徴	黒っぽい粒が多い	白やとう明な粒が多い
同じ条件で火山灰が届く範囲	せまい	広い
噴石の特徴	黒っぽく、火口付近に多く降下する	白っぽく、より広い範囲に降下する
溶岩の量と範囲	放出される溶岩の量は多く、遠くまで流れ下っていく	放出される溶岩の量は少なく、山頂付近に留まる
火さい流の被害の範囲	想定されていない	山頂から全方位に広がり広い範囲にわたって被害が想定されている

問１　文章中の(　①　)にあてはまる語を、カタカナで記せ。

問２　火山Ａの噴煙の高さと火山の形を、火山Ｂと比べたものとして最もふさわしいものを選び、記号で答えよ。

	噴煙の高さ	火山の形
ア	火山Ｂより高くなる	なだらかな形
イ	火山Ｂより高くなる	ドーム状に盛り上がった形
ウ	火山Ｂより低くなる	なだらかな形
エ	火山Ｂより低くなる	ドーム状に盛り上がった形

問３　火さい流とは、高温の火山ガスが火山灰や噴石などとともに、火山の斜面を流れ下る現象である。火さい流が流れ下る速さは時速80㎞をこえることもあり、これは、火さい流と火山の斜面の間のまさつが小さいためである。まさつが小さい理由として最もふさわしいものを選び、記号で答えよ。

ア　火山灰や噴石の重さで火さい流が斜面に押し付けられるから

イ　火さい流にふくまれる火山灰や噴石の形が丸いから

ウ　最初に火山灰がたい積することで斜面が平らになるから

エ　火山ガスが火山灰や噴石と一緒になってうかび上がろうとするから

問４　火山Ａの岩石名と、この岩石を顕微鏡で観察したときのスケッチの組合せとして最もふさわしいものを選び、記号で答えよ。

	ア	イ	ウ	エ
岩石名	玄武岩	玄武岩	花こう岩	花こう岩
スケッチ				

問５　図は火山Ｃの火口と、火口からの距離を示したものである。この地域に風向が北西、風速が秒速９ｍの風がふいているとき、火山Ｃが噴火して多量の火山灰を噴出したとする。噴火してから２時間以内に火山灰が降り始めると予想される地点をア～クの中からすべて選べ。

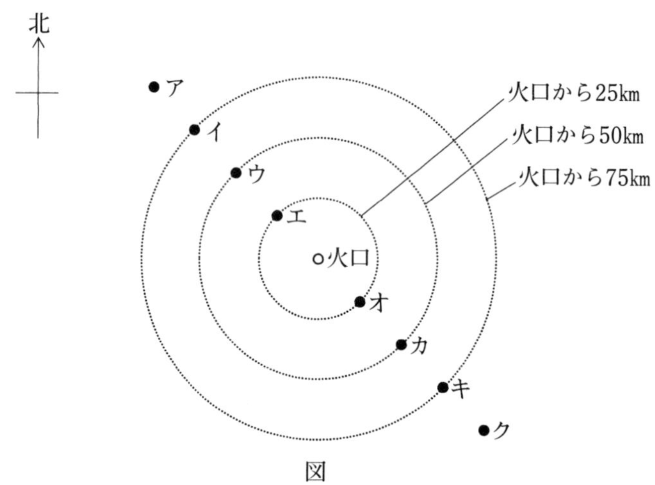

図

2　モンシロチョウについての文章を読み、以下の問いに答えなさい。

モンシロチョウはキャベツなどの葉に卵を産み付けます。卵は約１(　①　)でふ化し、幼虫が生まれます。幼虫は葉を食べて大きくなり、(　②　)回脱皮(だっぴ)をし、最終的には約３cmの大きさにまで成長します。その後、幼虫は(　③　)のあたりから糸を出し、体を葉の裏側などに固定し、脱皮をしてさなぎになります。さなぎの中でチョウの体ができあがると、さなぎは羽化し、成虫になります。さなぎが成虫になるまでに約２(　④　)かかります。しかし、<u>冬が近づくと、さなぎは羽化せずに、そのまま、春までその状態で冬越(こ)しをします</u>。

問１　文章中の(　①　)～(　④　)にあてはまる語を、それぞれの選択肢から選び、記号で答えよ。

①の選択肢　ア　時間　　イ　日　　ウ　週間　　エ　か月
②の選択肢　ア　３　　イ　４　　ウ　５　　エ　６
③の選択肢　ア　口　　イ　足　　ウ　おしり
④の選択肢　ア　日　　イ　週間　　ウ　か月

問２　下線部について、モンシロチョウとは異なり、卵で冬越しをするこん虫をすべて選び、記号で答えよ。

ア　オオカマキリ　　イ　ナナホシテントウ　　ウ　カブトムシ　　エ　トノサマバッタ

ある地域のモンシロチョウの数を推定する方法として、標識再捕獲(ほかく)法という方法があります。モンシロチョウを一度つかまえて、標識をつけたら、自然にもどします。そして、再度つかまえて、そのなかの標識がついたモンシロチョウの数から、この地域のモンシロチョウの数を推定します。この方法は、主に次のような条件①～③が成り立つときに用いられます。

① この方法を行っている間に、この地域のモンシロチョウの数が変わらないこと

② 自然にもどしたモンシロチョウは、短い時間でほかのモンシロチョウとよく混じりあうこと

③ 自然にもどしたモンシロチョウと、まだつかまえられていないモンシロチョウの、つかまえられやすさに差がないこと

問3 モンシロチョウを50匹つかまえ、標識をつけてから自然にもどした。そして、再度50匹つかまえたところ標識がついているものが10匹いた。この地域にいるモンシロチョウの数は何匹と推定できるか。

問4 A君がこの地域で、モンシロチョウを5月10日(晴れ)の朝方に50匹つかまえ、標識をつけてから自然にもどし、5月20日(くもり)の夕方に100匹つかまえた。このときの結果をもとにモンシロチョウの数を推定したところ、かなり不正確と思われる数が出てしまった。

(1) A君が得た不正確な数は実際の数と比べて、どのような値であったと考えられるか。最もふさわしいものを選び、記号で答えよ。

ア　多い　　イ　少ない

(2) A君の推定がよりうまくいくようにするにはどのように条件を変えればよいか。最もふさわしい文を選び、記号で答えよ。

ア　5月10日につかまえたら、再びつかまえるのは5月11日にする。

イ　5月10日につかまえたら、再びつかまえるのは5月30日にする。

ウ　最初に晴れの日につかまえたら、再びつかまえるのも晴れの日にする。

エ　最初に50匹つかまえたら、再びつかまえるのも50匹にする。

オ　最初に朝方につかまえたら、再びつかまえるのも朝方にする。

③ 水素と酸素を混合した気体に火をつけると、それぞれが反応して水ができます。水素と酸素は必ず一定の割合で反応して、液体の水を生じます。

図1のような装置を用意し、水素50㎤を入れた筒(つつ)に、さまざまな体積の酸素を混合して点火し、容器内に残る気体の体積を調べる実験をしました。点火すると、筒の中の水素と酸素が反応して気体の体積が減り、水面が上がりました。加えた酸素と反応後に残った気体の体積の関係は、図2のようになりました。また、反応によって生じる水の重さは、図3のようになります。

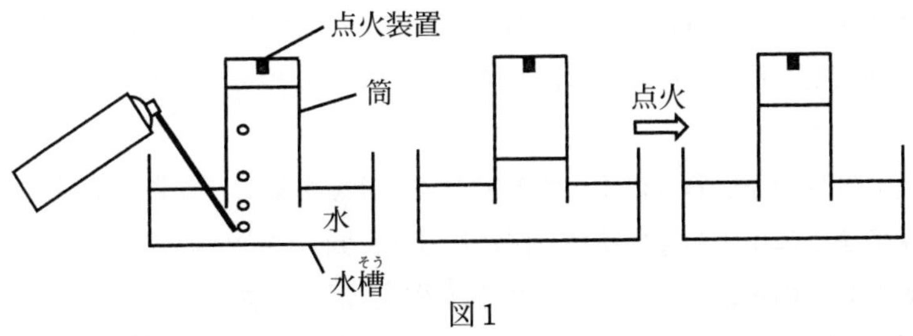

図1

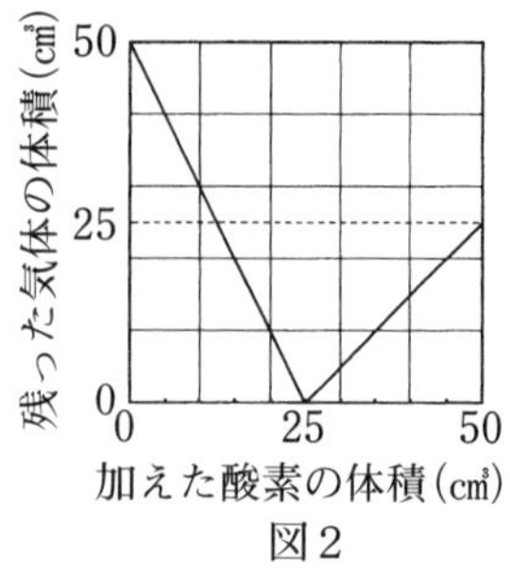

図２

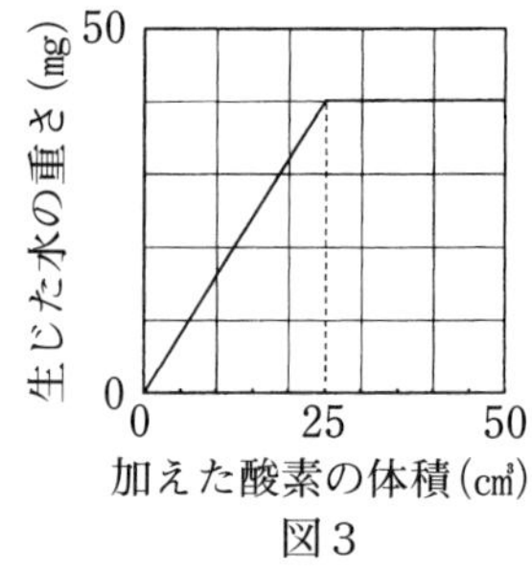

図３

問１　水素100㎤と酸素70㎤を混合した気体に点火すると、反応後に残る気体は何か。

問２　酸素50㎤を入れた筒にさまざまな体積の水素を加えて反応させたときの、加えた水素と反応後に残った気体の体積を表すグラフを、右の解答らんに合うように図示せよ。

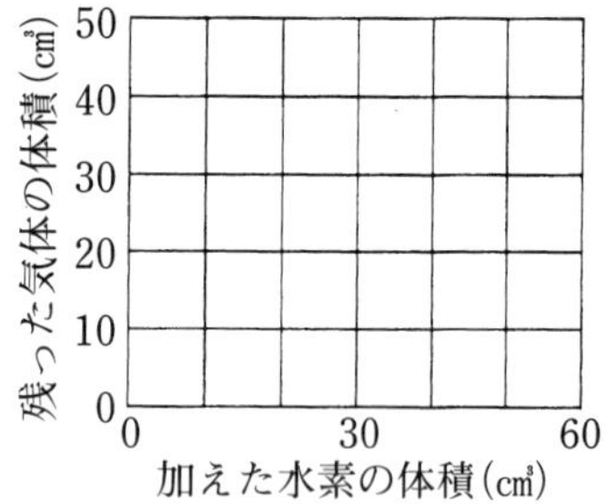

次に、水素、酸素、窒素(ちっそ)を混合した気体に点火し、残る気体の体積を調べる実験Ａ～Ｄを行ったところ、以下の表のような結果が得られました。

表

	A	B	C	D
水素(㎤)	50	50	60	60
酸素(㎤)	20	30	20	30
窒素(㎤)	10	20	20	10
残った気体(㎤)	20	25	40	10

問３　水素40㎤、酸素40㎤、窒素20㎤を混合した気体に点火すると、反応後に残る気体は何㎤か。

問４　水素50㎤と空気50㎤を混合した気体に点火すると、反応後に気体が68.8㎤残った。空気には酸素と窒素のみがふくまれているとすると、空気中にふくまれる酸素の体積の割合は何％か。

問５　表中の実験Ａ～Ｄのうち、反応によって生じた水の重さが等しいものを２つ選び、記号で答えよ。

4　地球温暖化が問題になっていますが、二酸化炭素の排(はい)出量を減らすためには、エネルギーの使用量を減らす省エネルギー(省エネ)が大切です。中でも、物を温めたり冷やしたりするには多くのエネルギーが必要となるため、熱の伝わり方を工夫すると大きな省エネ効果が得られます。以下の問いに答えなさい。

問１　次の(a)、(b)は熱を伝わりにくくする工夫(断熱)をすることで省エネが実現できる例である。ここで減るように工夫している熱の伝わり方と、同じ熱の伝わり方をしている現象として最もふさわしいものを、ア～エからそれぞれ選び、記号で答えよ。

(a)　窓枠(わく)をアルミサッシから樹脂(じゅし)サッシに変えると、冬でも室温が下がりにくくなる。

(b)　夏の暑い日中、窓の外にすだれを垂らすことで、エアコンで使う電気の量を減らせる。

ア　みそ汁を温めたら、みそが入道雲のようにわき上がった。

イ　予防接種をする前に、アルコール消毒をしたらひんやりした。

ウ　フライパンを火にかけると、金属部分だけが熱くなり、木の持ち手は熱くならなかった。

エ　キャンプファイアで火にあたると温かかったが、人の後ろになると寒かった。

ある量の水の温度を10℃上げるには、５℃上げる場合の２倍の熱が必要になります。おふろが冷めると追いだき機能で温め直しますが、断熱材の入った浴槽(よくそう)は、そうでない浴槽に比べてお湯が冷めにくいので省エネになります。

同じ大きさ、形で断熱材入りの浴槽と断熱材なしの浴槽でのお湯の冷め方を比べる実験を行いました。表はその結果です。

表

	断熱材入り	断熱材入り	断熱材なし	断熱材なし
	ふたあり	ふたなし	ふたあり	ふたなし
24時間後のお湯の温度	34℃	20℃	28℃	20℃

問２　この実験では、２つの浴槽の形や大きさの他にもいくつかの条件を同じにする必要がある。その条件について書かれた以下の文の［　　］にあてはまる語を答えよ。

「実験開始時の２つの浴槽内のお湯の［　①　］や［　②　］を同じにする。」

問３　実験結果からは、断熱材の効果はふたをしないと得られないことがわかる。ふたのはたらきを説明した以下の文の［　　］にあてはまる語を答えよ。

「ふたをすると、冷たい空気と直接ふれることがなくなるのに加え、お湯が［　　］しにくくなることが主な理由となって、温度が下がりにくくなる。」

断熱材を入れた浴槽では、１日たってもお湯の温度が34℃までしか下がりませんでした。そこで、翌日おふろを沸(わ)かしなおす際に、浴槽内の残り湯できれいな水を温めてから湯沸かしをすれば、省エネになります。実際にこのような仕組みを作るのは大変ですが、どのくらい省エネになるか考えてみましょう。

前日のおふろの残り湯が34℃、水道のきれいな水が10℃であったとします。同じ量の残り湯ときれいな水を、金属容器を通じて熱が伝わるように接触させ、両者を同じ温度にします。その際、熱はまわりににげないものとします。その後、温まったきれいな水を加熱しておふろを沸かします。

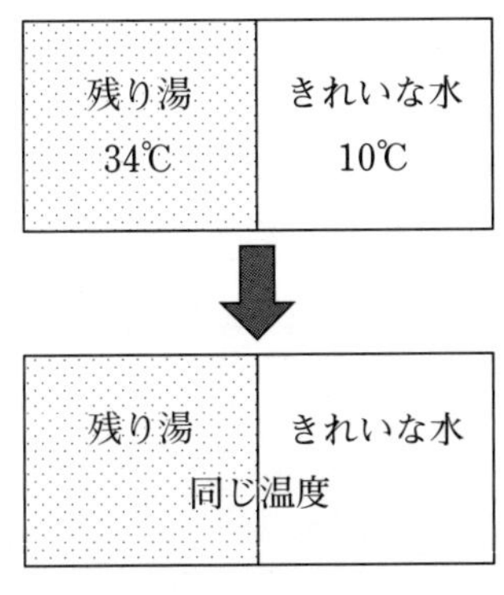

問４　このやり方で40℃のおふろを沸かすのに必要となる熱は、10℃の水から沸かした場合の熱に比べて、何％減るか。

このやり方では、お湯や水を分割して接触させることで、もっと水の温度を上げ、必要な熱を減らすことができます。いま、34℃、120Lの残り湯を60LずつＡとＢの２つに分けます。また、きれいな10℃の水も60LずつＸとＹの２つに分けます。これを次の順序で接触させます。

〈１〉　最初にＡとＸを接触させて同じ温度にする。

〈２〉　次にＡとＹ、ＢとＸを接触させて、それぞれ同じ温度にする。

〈３〉　次にＢとＹを接触させて、同じ温度にする。

〈４〉　最後に得られたＸとＹを混ぜる。

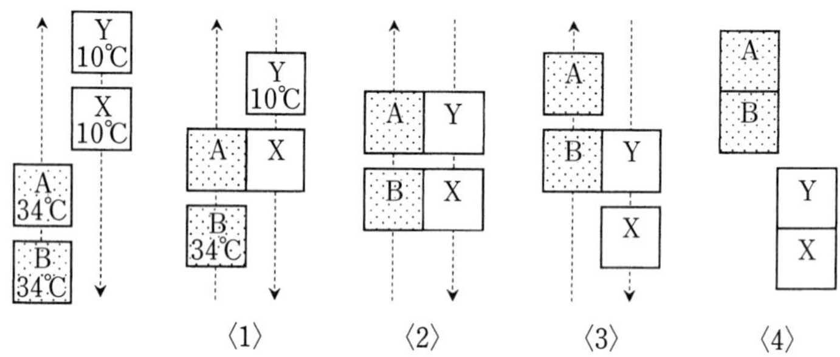

問５　最終的に得られたＸとＹを混ぜた水の温度は、何℃になるか。

跡見学園中学校(第１回)

―社会と合わせて50分―

1　以下の問いに答えなさい

問１　磁石につくものはどれですか。次の(ア)～(オ)から１つ選び、記号で答えなさい。

(ア)　アルミニウム缶　　(イ)　１円玉　　(ウ)　木炭

(エ)　スチール缶　　(オ)　10円玉

問２　次の水溶液(すいようえき)のうち、煮沸(しゃふつ)(火にかけて沸騰(ふっとう)させること)しても赤色リトマス紙を青くするものはどれですか。次の(ア)～(オ)から１つ選び、記号で答えなさい。

(ア)　塩酸　　(イ)　炭酸水　　(ウ)　水酸化ナトリウム水溶液

(エ)　さとう水　　(オ)　アンモニア水

問３　次の水溶液のうち、水に固体がとけているものはどれですか。次の(ア)～(オ)から２つ選び、記号で答えなさい。

(ア)　塩酸　　(イ)　炭酸水　　(ウ)　水酸化ナトリウム水溶液

(エ)　食塩水　　(オ)　アンモニア水

問４　次の気体のうち、アルミニウムをうすい塩酸に入れたときに発生する気体はどれですか。次の(ア)～(オ)から１つ選び、記号で答えなさい。

(ア)　二酸化炭素　　(イ)　水素　　(ウ)　酸素　　(エ)　窒素(ちっそ)　　(オ)　アンモニア

2　図１のように、自在ばさみではさんだ板の上にかん電池をおき、点線内Aの部分である工夫をした回路をつくりスイッチを入れました。このとき、金属でできたおもりを点線内Aの下部に近づけたところ、おもりは落ちずに引きつけられました。次に⒜スイッチを切ると、おもりは静かに落ちました。

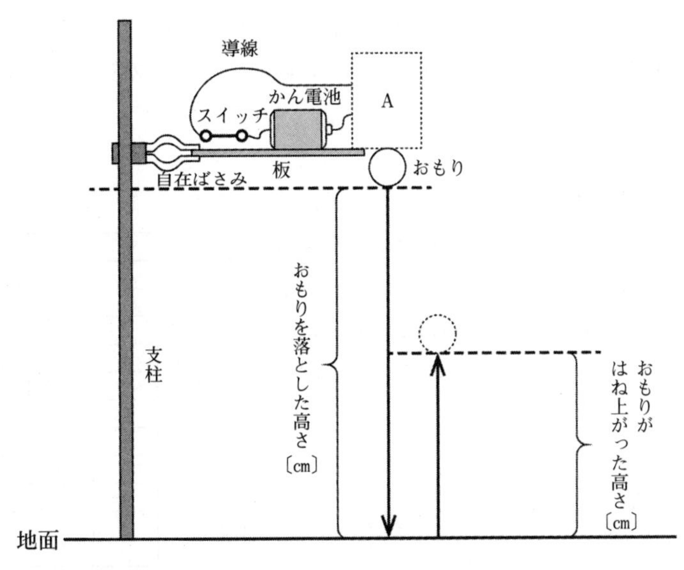

図１

問１　下線部⒜にあるように、スイッチを切るとおもりが落ちるのはどうしてですか。「電磁石」という言葉を必ず用いてかんたんに答えなさい。

問２　点線内[A]の部分は、導線などをどのように工夫してつなげればよいですか。かんたんな図を右にかきなさい。

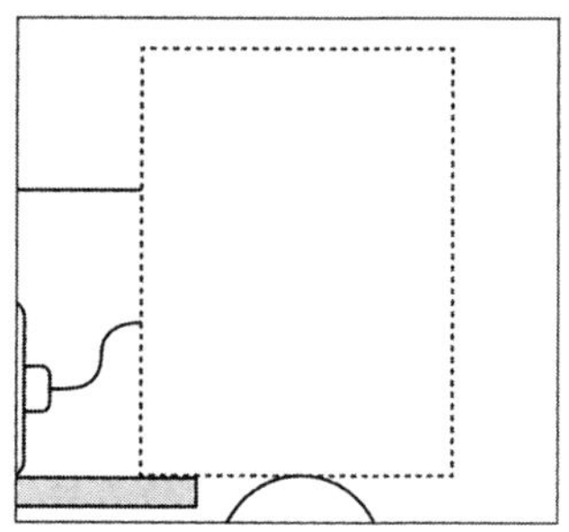

次に、３種類の金属のおもり①～③を用意して、自在ばさみを上下に動かして支柱のいろいろな高さからそれぞれのおもりを静かに落としたとき、地面に衝突(しょうとつ)してからはね上がる高さを調べる実験１～３をしました。

【実験１　おもり①のとき】

図２は、おもりを落とした高さとはね上がった高さとの関係をグラフにしようとしたものです。

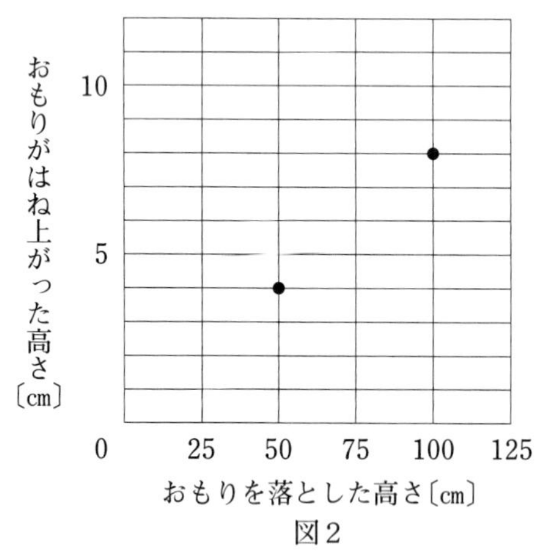

図２

問３　おもりがはね上がった高さは、落とした高さの何倍ですか。

問４　おもりを落とした高さとはね上がった高さとの関係のグラフを、図２にていねいにかきなさい。

【実験２　おもり②のとき】

問５　おもりがはね上がった高さは、落とした高さの0.04倍でした。おもりを落とした高さとはね上がった高さとの関係のグラフを、右にていねいにかきなさい。

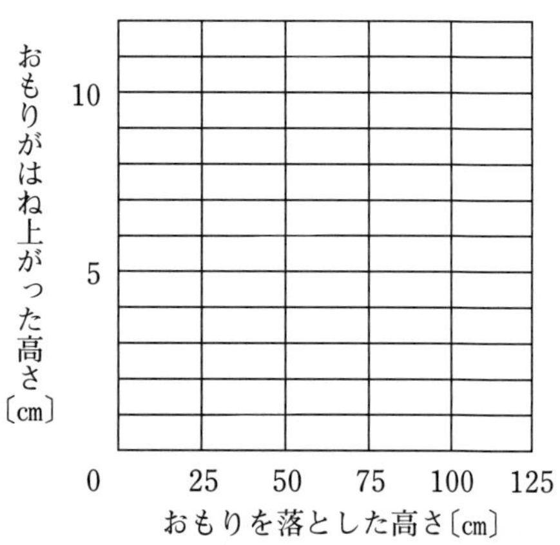

【実験３　おもり③のとき】

問６　おもりを落とした高さとはね上がった高さの関係をグラフにしたところ、図３のようになりました。おもり③がはね上がる様子について正しく説明しているものを、次の(ア)〜(エ)から１つ選び、記号で答えなさい。

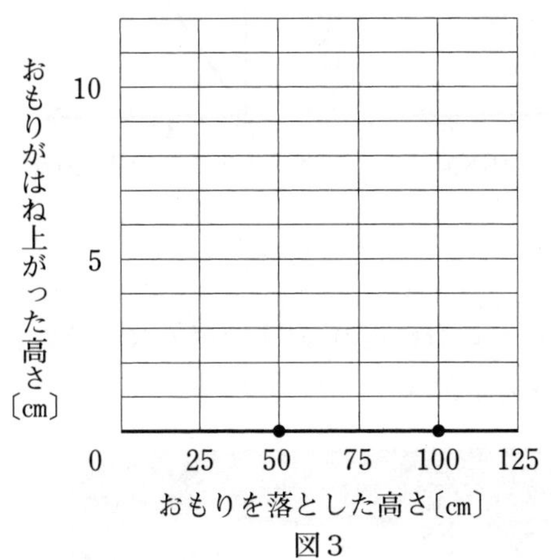

図３

(ア)　おもりは落とした高さと同じ高さまではね上がった

(イ)　おもりは落とした高さよりも高くはね上がった

(ウ)　おもりは落とした高さによって、何倍の高さにはね上がるかが変わった

(エ)　おもりはまったくはね上がらなかった

③　気温24℃の室内で、ドライアイスを使った実験をしました。このとき、次の問いに答えなさい。

問１　ドライアイスを乾(かわ)いたコップの中に入れ、すべて気体になったあと、火のついた線香を、コップの底の方に入れると線香の火は消えました。このことから、ドライアイスが変化した気体は、どのような性質をもつことがわかりますか。次の(ア)〜(オ)からすべて選び、記号で答えなさい。

(ア)　空気より冷たい　　(イ)　空気より重い

(ウ)　石灰水に通すと石灰水が白く濁(にご)る　　(エ)　湿(しめ)らせた赤色リトマス紙を青くする

(オ)　ものを燃やすはたらきを持たない

問２　ドライアイスは何がこおったものですか。次の(ア)〜(カ)から１つ選び、記号で答えなさい。

(ア)　水素　(イ)　酸素　(ウ)　二酸化炭素　(エ)　水蒸気　(オ)　窒素(ちっそ)　(カ)　水

問３　ドライアイスを水に入れると、もくもくと白い煙(けむり)が出てきます。この白い煙は何でできていますか。次の(ア)〜(カ)から１つ選び、記号で答えなさい。

(ア)　水素　(イ)　酸素　(ウ)　二酸化炭素　(エ)　水蒸気　(オ)　窒素　(カ)　水

問４　ドライアイスが溶(と)けた水溶液にＢＴＢ溶液を加えると何色になりますか。

問５　ドライアイス１㎤の重さをはかると1.6ｇありました。ドライアイス80ｇの体積は何㎤ですか。

問６　ドライアイス１ｇをすべて気体にすると、その体積は550mLになりました。ドライアイス80ｇをすべて気体にしたとき、その体積は何Lになりますか。

問７　ドライアイスの体積と、それをすべて気体にしたときの気体の体積の関係を表すグラフとして、正しいものを次の(ア)～(ウ)から１つ選び、記号で答えなさい。

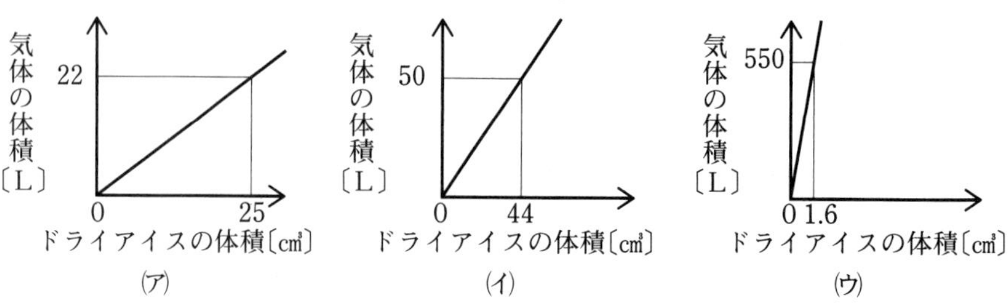

4　写真１は、尾瀬の鳩待峠(はとまちとうげ)の登山道の入り口のもので、その看板の内容を写真の右に示してあります。以下の問いに答えなさい。

写真１

［？］を持ち込まないためのお願い

靴底(くつぞこ)に付着した［？］を下の緑のマットでしっかりと落としてから入山しましょう。

問１　尾瀬国立公園は、新潟県・福島県・栃木県とあと１つの県にまたがっています。あと１つの県はどこでしょうか。次の(ア)～(エ)から１つ選び、記号で答えなさい。

(ア)　群馬県　　(イ)　長野県　　(ウ)　山梨県　　(エ)　秋田県

問２　写真１より、尾瀬の入り口には靴の裏をふくためのマットが置かれています。写真の看板の［？］に当てはまるものを次の(ア)～(エ)から１つ選び、記号で答えなさい。

(ア)　砂・小石　　(イ)　水滴　　(ウ)　虫　　(エ)　雑草の種子

問３　尾瀬の湿原(しつげん)の土は、泥炭(でいたん)でできています。泥炭は植物が枯(か)れたあと、十分に分解されずに年々積み重なってできたものです。なぜ尾瀬の泥炭は十分に分解されないのでしょうか。その理由をかんたんに説明しなさい。

問４　枯れた植物が十分に分解されないことから、食虫植物も見られるほど植物の生育には厳しい環境と考えられます。尾瀬の湿原で植物の生育に特にたりないものは何と考えられますか。次の(ア)～(オ)から１つ選び、記号で答えなさい。

(ア)　水　　(イ)　酸素　　(ウ)　二酸化炭素　　(エ)　肥料(無機養分)　　(オ)　デンプン(有機養分)

問５　泥炭層の表面から4.2ｍ下を調べたところ、6000年前のものとわかりました。泥炭は１年間で何㎜ずつ厚くなりますか。

問６　近年、尾瀬の植物がシカに食べられる被害(食害)が増えていて、地球温暖化が原因の１つと考えられています。地球温暖化が進むと、尾瀬のシカの食害が増す理由としてふさわしいものを次の(ア)～(エ)から１つ選び、記号で答えなさい。

(ア)　天敵がいなくなったから。

(イ)　エサをもらいに人が多くいる場所に来るようになったから。

(ウ)　降雪量が少なくなったので、尾瀬に移動しやすくなったから。

(エ)　降水量が増すことで、泳いで尾瀬に移動しやすくなったから。

5　人工衛星・探査機は、ロケットで打ち上げます。以下の問いに答えなさい。

問１　ロケットの打ち上げは地球の自転を利用します。

(1)　日本の大型ロケットの打ち上げ場所はどこにありますか。以下の図の(ア)～(エ)から１つ選び、記号で答えなさい。

国土地理院承認 平13総複 第367号

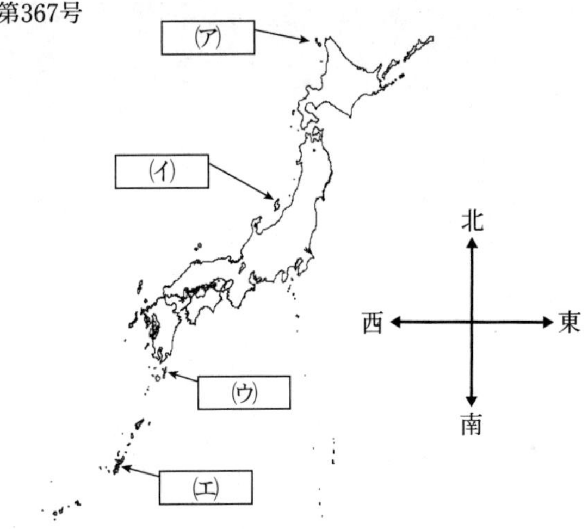

(2)　以下の文章は打ち上げ場所と打ち上げの方角について説明したもので、【 ア 】～【 エ 】には東・西・南・北のどれかがあてはまります。【 ア 】～【 エ 】のうち、「西」があてはまるものを１つ選び、記号で答えなさい。

日本での打ち上げ場所は、地球の自転速度が速くなる【 ア 】よりの方が適している。また地球は【 イ 】から【 ウ 】の方に向かって自転しているため、安全面も考えると【 エ 】の方角の海の方に向かって打ち上げるのが適している。

問２　「ひまわり」と呼ばれる人工衛星があります。「ひまわり」の役割は何ですか。次の(ア)～(オ)から１つ選び、記号で答えなさい。

(ア)　地図の作成　　(イ)　携帯電話の中継　　(ウ)　位置情報の提供

(エ)　気象の観測　　(オ)　地形の変化の観測

問３　宇宙探査のため、ハッブル宇宙望遠鏡やジェイムズウェッブ宇宙望遠鏡などが打ち上げられています。宇宙望遠鏡が、地上の望遠鏡と比べてよい点を答えなさい。

問４　写真２は関東地方の平野部で撮(と)った１月中旬の22時ごろの南の空の写真です。

(1)　写真２中の②、③の星座の名称を答えなさい。

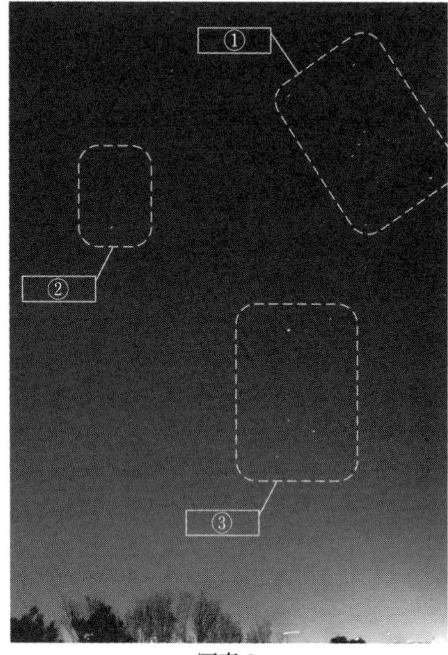

写真２

写真３

(2)　写真３は写真２の①の星座を拡大したものです。④と⑤の恒星で表面温度が低い方の恒星を番号で選び、その恒星の名前を答えなさい。

(3)　写真２で①の星座は南中する位置に見られました。この星座が地平線から上ってきたのはおよそ何時であると考えられますか。以下の(ア)〜(オ)から１つ選び、記号で答えなさい。

(ア)　12時　　(イ)　14時　　(ウ)　16時　　(エ)　18時　　(オ)　20時

浦和明の星女子中学校(第１回)

—社会と合わせて50分—

1　星子さんは、電池に発光ダイオード(ＬＥＤ)をつないだとき、ＬＥＤが光る場合と光らない場合があることに気づきました。そこで、どのようなつなぎ方をしたときにＬＥＤが光るのかを調べる実験１～６を行いました。これに関する各問いに答えなさい。ただし、回路図において電池の記号は、ＬＥＤの記号はとします。

〔実験１〕

①　１個～３個の電池と１個～３個のＬＥＤを、それぞれ同じ向きに直列につないで回路を作った。

②　ＬＥＤが光るのかを調べた(表１)。ただし、○はすべてのＬＥＤが光ったことを、×はＬＥＤが１つも光らなかったことを表す。

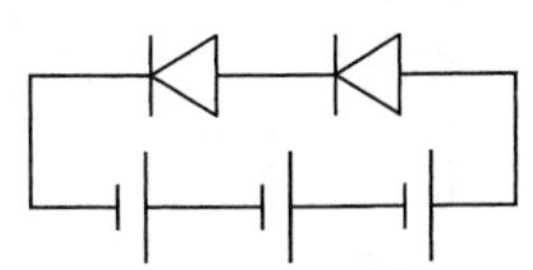

図１　３個の電池と２個のＬＥＤをそれぞれ同じ向きに直列につないだようす

表１

電池の数＼ＬＥＤの数	1	2	3
1	×	×	×
2	○	×	×
3	○	○	×

〔実験２〕

①　１個～３個の電池を実験１と同じ向きに直列につなぎ、１個～３個のＬＥＤを、実験１と逆向きに直列につないで回路を作った。

②　ＬＥＤが光るのかを調べた(表２)。ただし、○はすべてのＬＥＤが光ったことを、×はＬＥＤが１つも光らなかったことを表す。

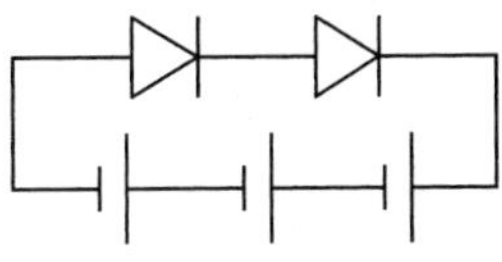

図２　３個の電池と２個のＬＥＤをそれぞれ同じ向きに直列につないだようす

表２

電池の数＼ＬＥＤの数	1	2	3
1	×	×	×
2	×	×	×
3	×	×	×

〔実験３〕

①　１個～３個の電池を同じ向きに直列につなぎ、１個～３個のＬＥＤを、同じ向きに並列につないで回路を作った。

②　ＬＥＤが光るのかを調べた(表３)。ただし、○はすべてのＬＥＤが光ったことを、×はＬＥＤが１つも光らなかったことを表す。

図３　２個の電池を同じ向きに直列につなぎ、３個のＬＥＤを同じ向きに並列につないだようす

表３

電池の数＼ＬＥＤの数	1	2	3
1	×	×	×
2	○	○	○
3	○	○	○

〔実験4〕

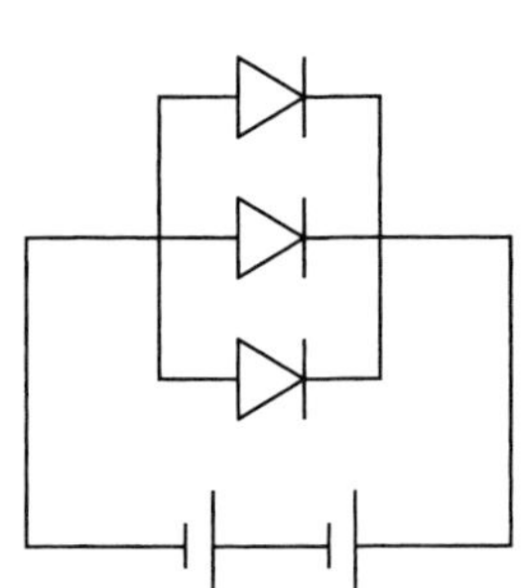

図4　2個の電池を同じ向きに直列につなぎ、3個のＬＥＤを同じ向きに並列につないだようす

①　1個～3個の電池を実験3と同じ向きに直列につなぎ、1個～3個のＬＥＤを、実験3とは逆向きに並列につないで回路を作った。

②　ＬＥＤが光るのかを調べた(表4)。ただし、○はすべてのＬＥＤが光ったことを、×はＬＥＤが1つも光らなかったことを表す。

表4

電池の数＼ＬＥＤの数	1	2	3
1	×	×	×
2	×	×	×
3	×	×	×

〔実験5〕

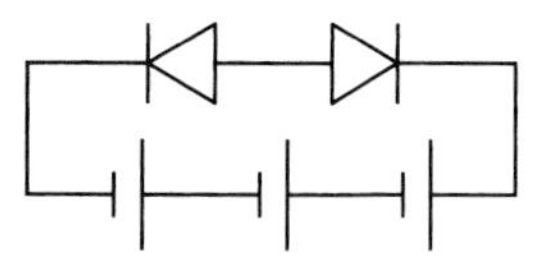

図5　3個の電池と2個のLEDをそれぞれ直列につないだ後、1個のLEDを逆向きにつなぎ変えたようす

①　実験1と同じように1個～3個の電池と1個～3個のＬＥＤを、それぞれ同じ向きに直列につないで回路を作った。

②　1個のＬＥＤを逆向きにつなぎ変えた。

③　ＬＥＤが光るのかを調べた(表5)。ただし、○はすべてのＬＥＤが光ったことを、×はＬＥＤが1つも光らなかったことを表す。

表5

電池の数＼ＬＥＤの数	1	2	3
1	×	×	×
2	×	×	×
3	×	×	×

〔実験6〕

①　1個～3個の電池を同じ向きに直列につなぎ、1個～3個のＬＥＤを同じ向きに並列につないで回路を作った。

②　1個のＬＥＤを逆向きにつなぎ変えた。

③　ＬＥＤが光るのかを調べた(表6)。ただし、数字は光ったＬＥＤの数を、×はＬＥＤが1つも光らなかったことを表す。

表6

電池の数＼ＬＥＤの数	1	2	3
1	×	×	×
2	×	1	2
3	×	1	2

問1　電池が電流を流そうとするはたらきを電圧といいます。実験1でＬＥＤの数を変えずに電池の数を増やすとＬＥＤ1個あたりにはたらく電圧はどのようになりますか。もっとも適当なものを選び、ア～ウで答えなさい。

ア　大きくなる　　イ　小さくなる　　ウ　変わらない

問２　電池１個あたりの電圧は1.5V(ボルト)という大きさです。ＬＥＤは1.6V以上の電圧がはたらかなければ光りません。電池を同じ向きに直列に17個つないだとき、ＬＥＤは何個まで同じ向きに直列につないで光らせることができると考えられますか。

問３　実験６で２個の電池と３個のＬＥＤをつないだときの回路図はどれですか。もっとも適当なものを選び、ア～クで答えなさい。

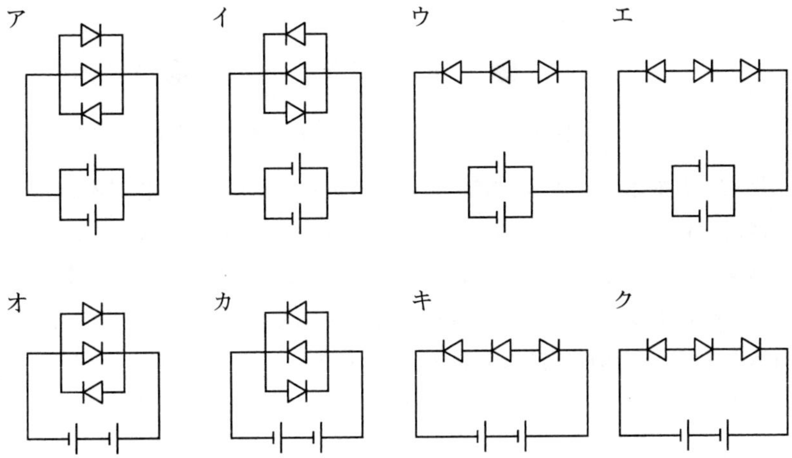

問４　ア～カのように電池とＬＥＤをつなぎました。(a)、(b)に答えなさい。

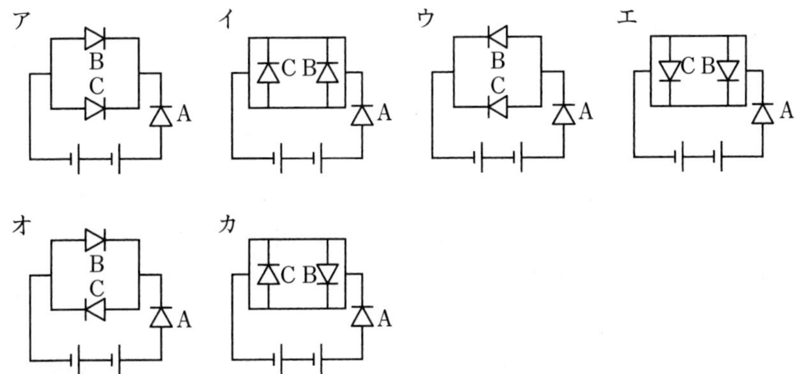

(a)　ＡのＬＥＤが光るのはどれですか。すべて選び、ア～カで答えなさい。ただし、ＬＥＤが光るものがない場合は×を書きなさい。

(b)　ア～カの電池を２個のときと同じ向きに３個直列につないだとき、ＢまたはＣのＬＥＤが少なくとも１個が光るのはどれですか。すべて選び、ア～カで答えなさい。ただし、ＬＥＤが光るものがない場合は×を書きなさい。

②　私たちの身のまわりに存在するすべてのものは、小さな粒(つぶ)からできています。この粒を「原子」といいます。原子は100種類以上が知られており、その組合せによって、すべてのものができています。原子には、次の３つの特徴(ちょう)があります。これに関する各問いに答えなさい。

〔特徴〕
① 原子はそれ以上分けることや、細かくすることはできない。
② 原子はなくなることや新しくできること、他の種類の原子に変わることはない。
③ 原子には、その種類ごとに決まった重さがある。

問1　炭は「炭素」という原子(炭素原子)だけでできています。また酸素は「酸素」という原子(酸素原子)が2個くっついてできています。炭を酸素がたくさんあるところで燃やすと、二酸化炭素ができます。二酸化炭素は炭素原子1個と酸素原子2個がくっついてできています。炭が燃えて二酸化炭素になるような、もとのものと違(ちが)うものができる変化を化学変化といいます。この化学変化は、●を炭素原子、○を酸素原子とすると、図1のように表すことができます。(a)、(b)に答えなさい。

図1　炭と酸素から二酸化炭素ができる化学変化

(a)　炭12 gと酸素32 gから二酸化炭素は44 gできます。二酸化炭素が60 gできるためには、炭は何g必要ですか。四捨五入して、小数第一位で答えなさい。

(b)　酸素がたくさんあるところで炭22 gを燃やしました。二酸化炭素が55 gできたところで火を消しました。燃え残っている炭は何gですか。

問2　気体A 1.5Lと気体B 0.5Lから気体Cが1Lできました。この化学変化は、□を0.5Lとすると、図2のように表すことができます。気体A 5Lと気体B 3Lを反応させたところ、気体Bの50%が気体Cになりました。化学変化の後の気体A、気体B、気体Cの体積の和は何Lですか。

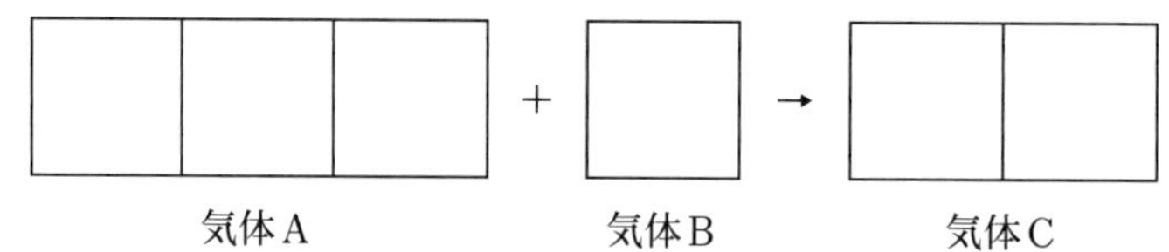

図2　気体A 1.5Lと気体B 0.5Lから気体Cが1Lできる化学変化

問3　気体Aは◎で表される原子が2個くっついてできています。気体Bは●で表される原子が2個くっついてできています。気体の中にはいくつかの原子がくっついてできたもの(原子のかたまり)がたくさん存在しています。仮に0.5Lの中に1個の原子のかたまりが入っているとすると、図2の化学変化は、図3のように表すことができます。今、気体Aを酸素がたくさんあるところで燃やす化学変化を考えます。気体A 1Lと酸素 0.5Lから気体D 1Lができます。Aの原子を◎、酸素原子を○とすると、気体Dはどのような原子のかたまりで表すことができますか。もっとも適当なものを選び、ア～サで答えなさい。ただし、原子のかたまりは、実際の形と異なっているものもあります。

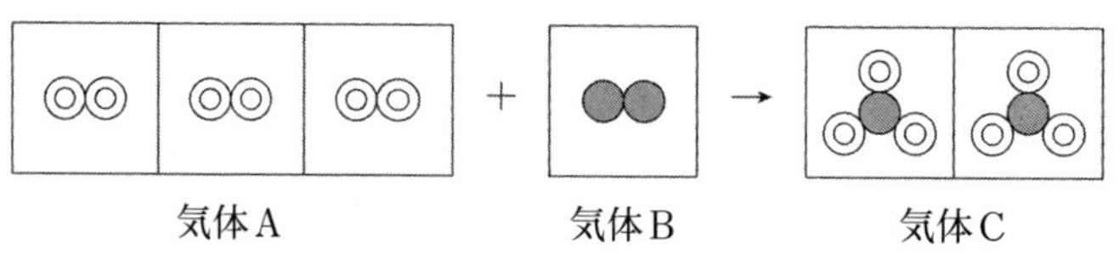

図3　気体Aと気体Bから気体Cができる化学変化

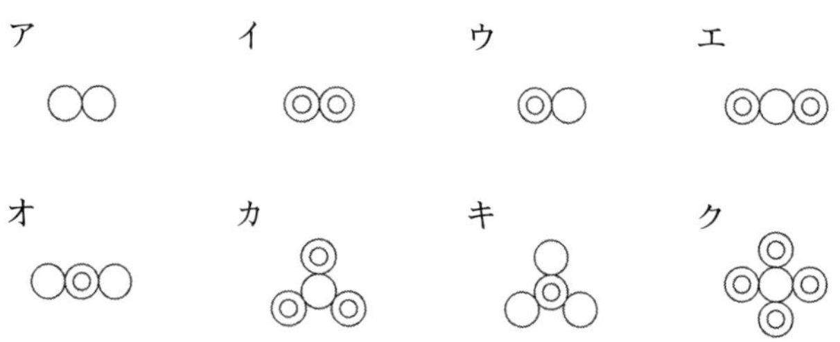

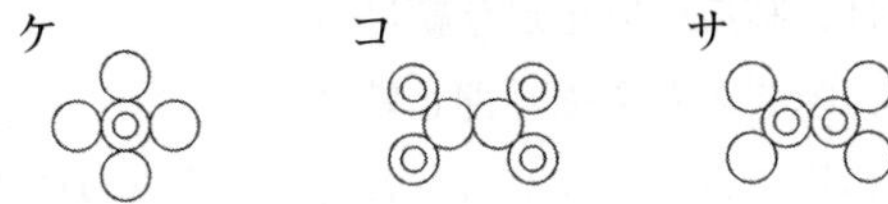

問４　気体Ａ６ｇと酸素48ｇから気体Ｄは54ｇできます。Ａの原子１個の重さと炭素原子１個の重さの比をもっとも簡単な整数比で答えなさい。ただし、炭素原子１個の重さと酸素原子１個の重さの比を３：４とします。

3　ヒトは動いているときも静かにしているときも呼吸をしています。これに関する各問いに答えなさい。

問１　表１は、静かにしているときの吸う息とはく息にふくまれる気体の体積の割合です。ある小学生の１分間の呼吸数は25回で、１回の呼吸で出入りする空気の量は250㎤でした。呼吸によって体内にとりこまれた酸素は、１分間あたり何㎤ですか。ただし、ふくまれる水じょう気は考えないものとします。

表１　吸う息とはく息にふくまれる気体の体積の割合（％）

	吸う息	はく息
酸素	20.94	16.44
二酸化炭素	0.04	4.54
そのほかの気体	79.02	79.02

問２　呼吸につかわれる肺は、胃や小腸などと異なり筋肉がないため、自らふくらんだり縮んだりすることができません。(a)〜(c)に答えなさい。

(a)　ろっ骨の間にはうすい筋肉があります。また肺の下には横隔膜（おうかくまく）という筋肉があります。肺はこれらの筋肉にかこまれた空間に収まっています（図１）。呼吸をするときには、ろっ骨の間の筋肉や横隔膜のはたらきによって、肺が収まる空間の大きさが変わります。空気を吸うときのろっ骨や横隔膜の動きとして、正しいものはどれですか。もっとも適当なものを選び、ア〜クで答えなさい。

ア　ろっ骨が上側と内側に動き、横隔膜は上がる。
イ　ろっ骨が上側と内側に動き、横隔膜は下がる。
ウ　ろっ骨が上側と外側に動き、横隔膜は上がる。
エ　ろっ骨が上側と外側に動き、横隔膜は下がる。
オ　ろっ骨が下側と内側に動き、横隔膜は上がる。
カ　ろっ骨が下側と内側に動き、横隔膜は下がる。
キ　ろっ骨が下側と外側に動き、横隔膜は上がる。
ク　ろっ骨が下側と外側に動き、横隔膜は下がる。

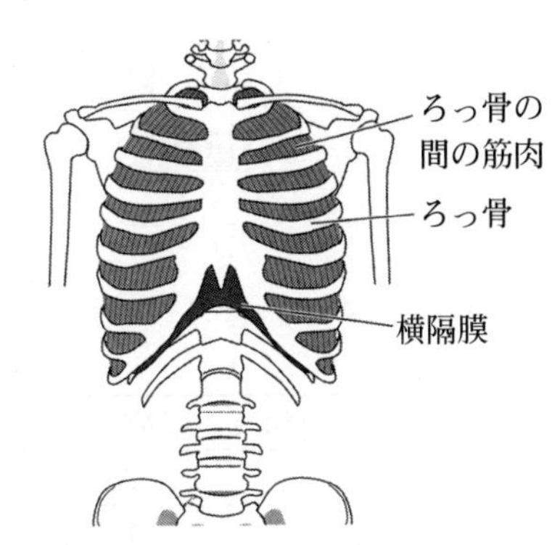

図１　肺のまわりにあるつくり

(b)　意識せずに筋肉が急にはげしく収縮する発作をけいれんといいます。横隔膜がけいれんすると呼吸がうまくできなくなります。これを何といいますか。ひらがな５文字で答えなさい。

(c)　肺に穴が開き、肺がしぼんでしまう病気を気胸（ききょう）といいます。この穴がふさがるまで、ある治りょうが行われることがあります。どのような治りょうが行われると考えられますか。もっとも適当なものを選び、ア〜オで答えなさい。

ア　人工呼吸器を取りつけ、肺に空気を送り続ける。

イ　後ろから抱きかかえ、みぞおちを強く押し続ける。

ウ　肺が収まる空間に細い管をさし、肺からもれた空気をとり除き続ける。

エ　体内から血液を抜き出し、酸素を除去するとともに二酸化炭素をたくさんとかして体内に再び戻すことをくり返す。

オ　電極パッドをあてて弱い電流を流し、横隔膜を上下に動かし続ける。

問３　ヒトと同じように植物も呼吸をしています。これを確かめるために、実験を行いました。(a)、(b)に答えなさい。

〔実験〕

①　三角フラスコ２つ用意し、それぞれに小さなビーカーを入れた。

②　一方の三角フラスコの小さなビーカーには水を入れ、もう一方の三角フラスコの小さなビーカーには二酸化炭素を吸収する薬品を入れた。

③　小さなビーカーの横に、発芽したダイズの種子20個をガーゼに包んだものを置いた。

④　それぞれの三角フラスコの口に細いガラス管をつないだゴムせんでしっかりとふたをした。細いガラス管には長さ７㎜くらいの水を入れ、その水の右はしに10㎝のめもりがくるように、ものさしをとりつけた(図２)。

⑤　④を光のあたらないあたたかい場所に置いた。そして、小さなビーカーに水を入れたものをA、二酸化炭素を吸収する薬品を入れたものをBとして、５分ごとにガラス管に入れた水の位置を調べた(表２)。

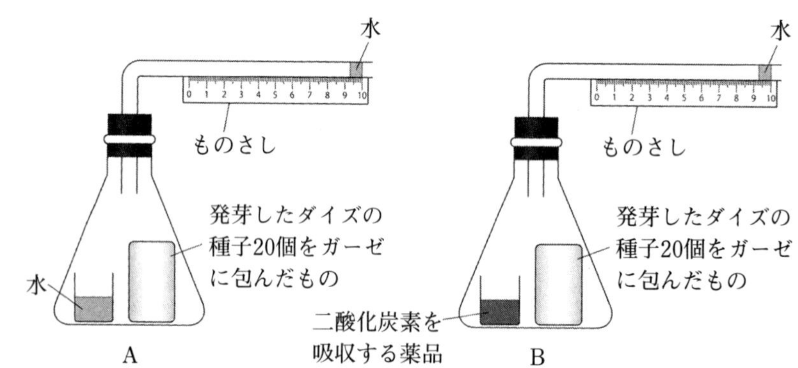

図２　呼吸をしていることを確かめる装置

表２　５分ごとのガラス管に入れた水の位置

測定をはじめてからの時間(分)	0	5	10	15	20	25	30
A(㎝)	10	10	10	10	10	10	10
B(㎝)	10	9.3	8.6	7.9	7.2	6.5	5.8

(a)　図２のAについて、ガラス管に入れた水の移動量が表しているものは何ですか。もっとも適当なものを選び、ア～カで答えなさい。

ア　ダイズの種子の二酸化炭素の放出量

イ　ダイズの種子の二酸化炭素の吸収量

ウ　ダイズの種子の酸素の放出量

エ　ダイズの種子の酸素の吸収量

オ　ダイズの種子の二酸化炭素の放出量と酸素の吸収量の差

カ　ダイズの種子の二酸化炭素の吸収量と酸素の放出量の差

(b)　ダイズの種子20個の１分間あたりの二酸化炭素の放出量は何㎤ですか。ただし、三角フラスコ内の気体が１㎤変化すると、めもりが0.8㎝変化するものとします。

4　ある場所で地層の調査を行いました(図１)。図１の実線は等高線です。地点Ａは標高80ｍ、地点Ｂと地点Ｃは標高75ｍ、地点Ｄと地点Ｅは標高70ｍ、地点Ｆは標高65ｍです。図２は、地点Ａ～Ｃの地層のようすをまとめたもので、柱状図といいます。これに関する各問いに答えなさい。ただし、この地層の調査を行った場所では断層や地層の曲がり(しゅう曲)はなく、地層はある一定の方向に傾(かたむ)いていることがわかっています。

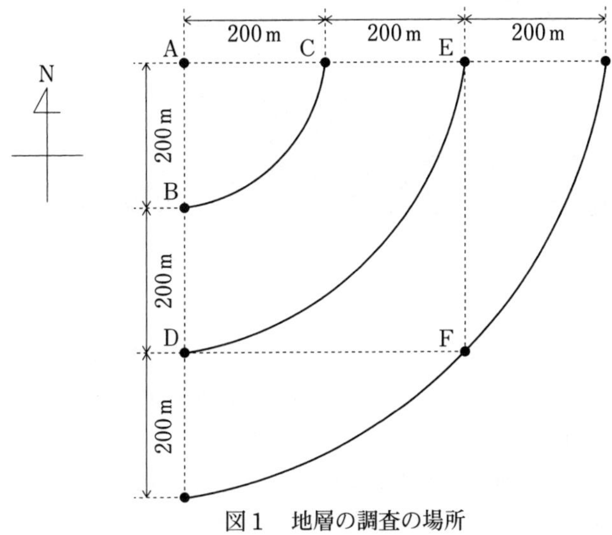

図１　地層の調査の場所

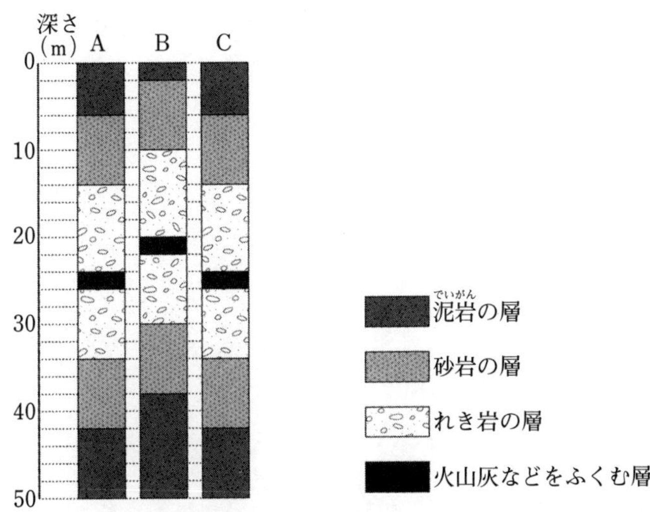

図２　地点Ａ～Ｃの柱状図

問１　この地層は、海の中で土砂がたい積してできました。この地層ができるまでのようすを正しく表しているものはどれですか。もっとも適当なものを選び、ア～エで答えなさい。

ア　海はだんだん深くなり、火山がふん火した。その後しだいに海は深くなった。

イ　海はだんだん深くなり、火山がふん火した。その後しだいに海は浅くなった。

ウ　海はだんだん浅くなり、火山がふん火した。その後しだいに海は浅くなった。

エ　海はだんだん浅くなり、火山がふん火した。その後しだいに海は深くなった。

問２　地点Dと地点Eの柱状図はどれですか。もっとも適当なものをそれぞれ選び、ア～クで答えなさい。

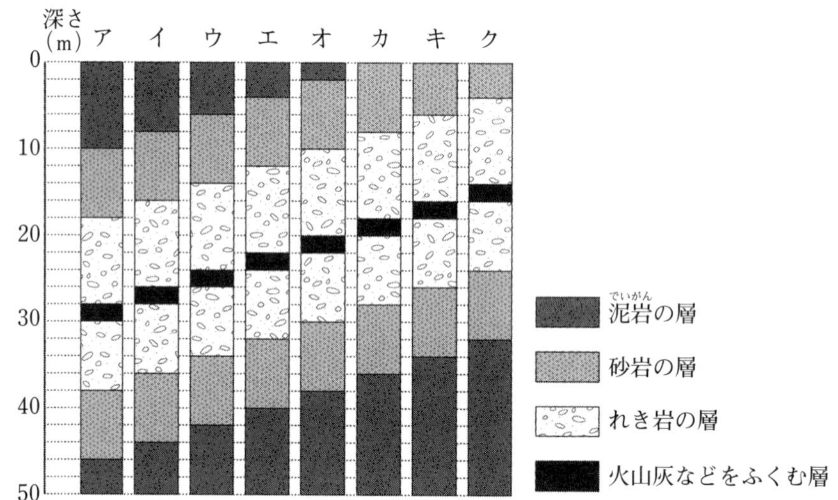

問３　図１の地層の傾きはどのようになっていると考えられますか。適当なものを２つ選び、ア～カで答えなさい。

ア　東から西に向かって低くなっている。　　イ　西から東に向かって低くなっている。

ウ　東西方向は傾いていない。　　エ　南から北に向かって低くなっている。

オ　北から南に向かって低くなっている。　　カ　南北方向は傾いていない。

問４　地点Fの表面には、何の層が見られますか。もっとも適当なものを選び、ア～エで答えなさい。また、何m掘(ほ)るとその下の層が見られますか。

ア　泥岩の層　　イ　砂岩の層　　ウ　れき岩の層　　エ　火山灰などをふくむ層

江戸川女子中学校（第１回）

—35分—

1　ものの燃焼について考えます。水素、炭素、マグネシウムが反応するときの、反応する物質の重さと生じる物質の重さの関係は次のようになることがわかっています。

・水素１ｇが燃焼すると、[　ア　]８ｇとむすびついて、９ｇの水が生じます。
・炭素３ｇが完全燃焼すると、[　ア　]８ｇとむすびついて、11ｇの二酸化炭素が生じます。
・マグネシウム３ｇが燃焼すると、[　ア　]２ｇとむすびついて、５ｇの酸化マグネシウムが生じます。

これについて、以下の問いに答えなさい。ただし、計算した答が割り切れない場合は、**四捨五入して整数で**答えなさい。

(1)　空欄[　ア　]にあてはまる、空気中にふくまれる気体は何ですか。

(2)　次の①～④の内容が、水素と二酸化炭素の両方にあてはまるなら「Ａ」、水素にあてはまるが二酸化炭素にはあてはまらないなら「Ｂ」、二酸化炭素にあてはまるが水素にはあてはまらないなら「Ｃ」、水素と二酸化炭素のどちらにもあてはまらないなら「Ｄ」と答えなさい。
　①　空気よりも軽い気体である。
　②　石灰水に通すと白くにごる。
　③　鼻をさすようなにおいをもつ。
　④　水にとかすと、そのよう液は酸性を示す。

(3)　炭素が燃焼するとき十分な量の[　ア　]がないと、不完全燃焼してある気体が発生します。その気体は火災のときなどにも発生し、毒性が強くとても危険です。この気体は何ですか。

(4)　水素を燃焼させてき100ｇの水を生じさせるには、何ｇの水素が必要ですか。

(5)　マグネシウム50ｇを燃焼させると、何ｇの酸化マグネシウムが生じますか。

(6)　炭素とマグネシウムを合わせて30ｇ用意して、十分な[　ア　]のもとで完全に燃焼させたところ、40ｇの白い固体が生じた。このとき、生じた二酸化炭素は何ｇですか。また、反応に使われた[　ア　]は何ｇですか。

(7)　水素と炭素とマグネシウムを合わせて50ｇ用意して、十分な[　ア　]のもとで完全に燃焼させたところ、水と二酸化炭素と酸化マグネシウムが合わせて125ｇ生じた。このとき、反応に使われた[　ア　]は何ｇですか。

(8)　マグネシウムは、大きなつぶ状のものを使うのではなく、テープ状にしたマグネシウムリボンを使うほうが燃焼しやすいです。その理由を説明しなさい。

2　方位磁石の磁針の動きから分かることについて考えたい。あとの問いに答えなさい。なお、実験は日本で行われているものとする。

(1)　方位磁石は地磁気の影響を受けて（磁力線に沿うように）南北を示す道具である。そのことを考えると、地球は大きな磁石であることが分かる。この時、地球という磁石のＮ極はどの方角側にあるか。最も適切なものを東・西・南・北から選びなさい。

地磁気の影響を無視できるとした場合、図１のようにたてに伸(の)びた導線において、上に向かって電流を流すとその周辺に置かれた各方位磁石は図に示したような向きを指す。

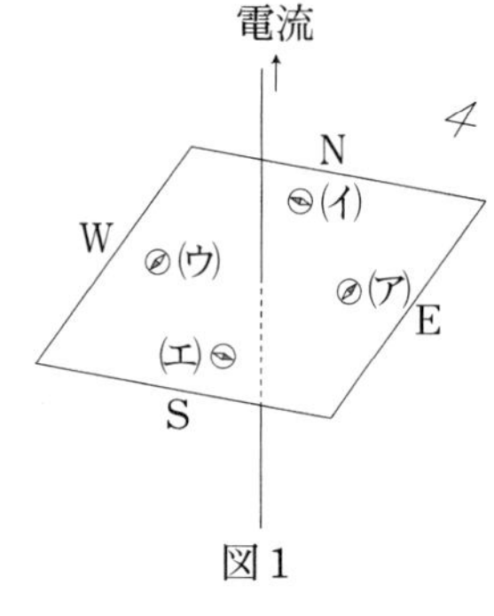

図１

(2)　地磁気の影響を無視できないとした場合、図１の中の(ア)と(イ)の位置に置かれた方位磁石はどのように磁針を向けるか。簡単に図で表しなさい。ただし、電流が方位磁石のあたりに作り出す磁場(磁界)の大きさは地磁気による磁場の大きさと大きくは違(ちが)わないものとする。

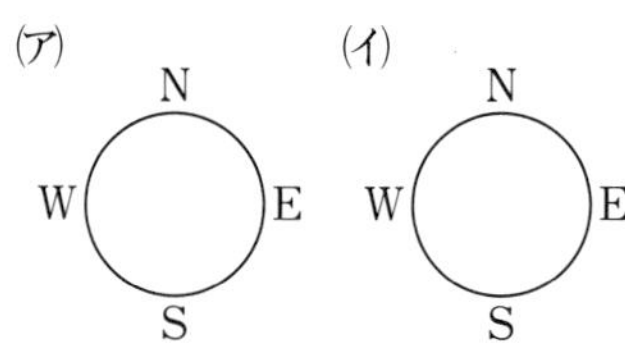

(3)　地磁気の影響を無視できないとした場合、図１の中に電流を流す導線を１本加えるとき、図１の中の(エ)の位置に置かれた方位磁石の磁針が南北を指すようにするためにはどうしたら良いか、正しい文章になるよう【　　】内の語句を選びなさい。

(エ)の位置に置かれた方位磁石の①【東・西・南・北】側で、図１の導線から方位磁石までの距離(きょり)と同じ距離を離(はな)した位置において、方位磁石が置かれた面に②【平行に東向き・平行に西向き・垂直に上向き】に図１で流していた導線の電流③【より少し大きい・と同じ・より少し小さい】強さの電流を導線に流せばよい。

回路の周辺では、流れる電流に応じて磁場が発生する。そのため、回路周辺に方位磁石を置くと方位磁石の磁針は動く。なお、以下の問題では地磁気の影響も考える。また、方位磁石の上下にある導線と方位磁石の距離(きょり)はすべて等しいものとする。

(4)　次の回路のうち、電流が流れると方位磁石のＮ極の磁針が西よりに振(ふ)れるのはどれか。<u>すべて</u>選べ。なお、１つもない場合は「なし」と書け。ただし、電球や電池はすべて同じものを使用している。

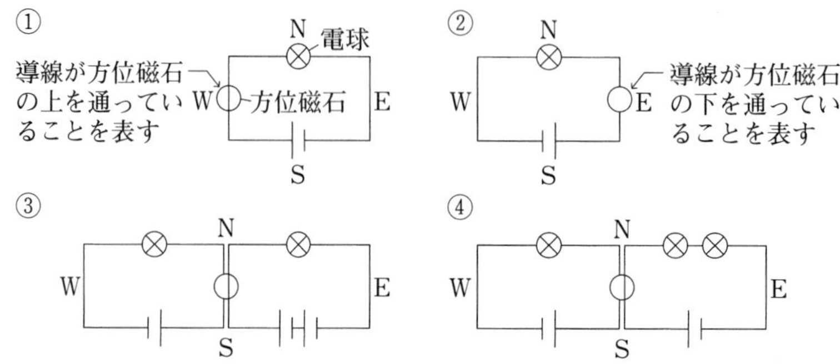

(5)　次の回路では、電流を流すとすべての方位磁石が南北からずれて同じ分だけ西に振れた。最も明るい豆電球が含(ふく)まれる回路を**すべて**選べ。なお、すべて同じ明るさの場合は「同じ」と書け。ただし、電球はすべて同じものを使用しているが、電池はすべて同じものを使用しているとはかぎらないものとする。

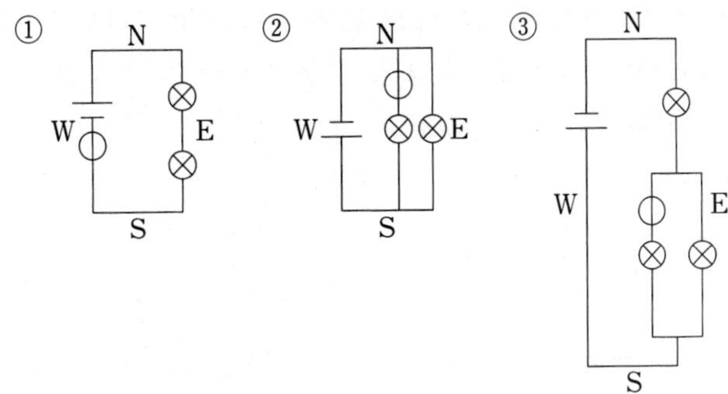

複数回導線を巻いたコイルに電流を流すと電磁石ができることが知られている。なお、(6)と(7)で用いている電池はすべて同じ電池である。

(6)　以下の電磁石の中で、Ｎ極とＳ極の向きが他と違うものを①～④から１つ選びなさい。

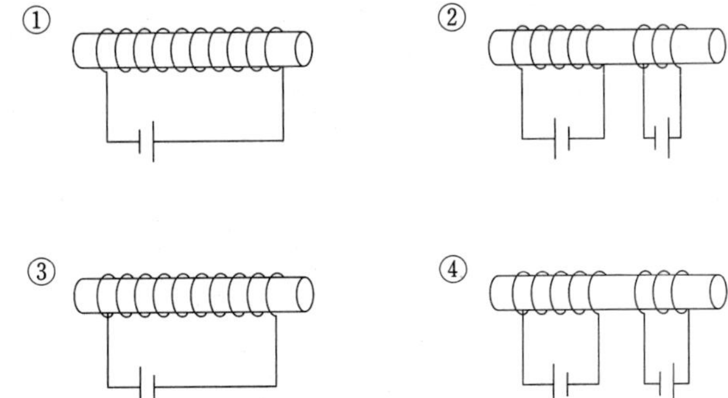

(7)　以下の電磁石の中で、最も強い磁場を生み出すと思われるものを①～④から１つ選びなさい。

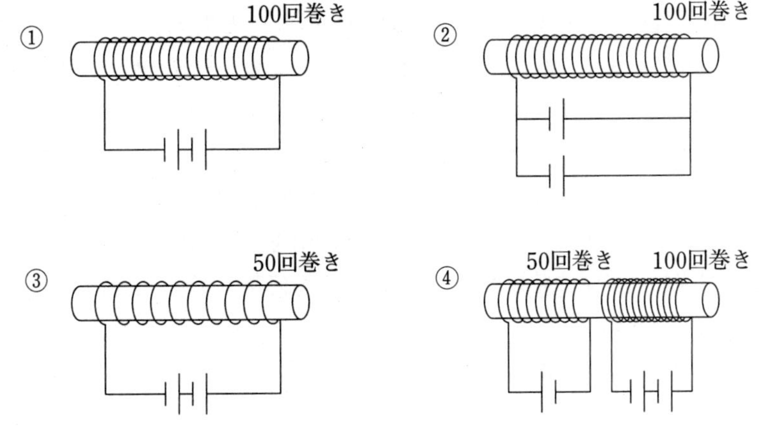

3　Ｅ子さんは、夏休みの自由研究について家族と話しています。以下の会話文を読み、あとの問いに答えなさい。

Ｅ　　子：学校に提出した夏休みの自由研究が、今日返却されたんだ！

お母さん：テーマは「ダイズを育てよう！」だったわね、お友達や先生からはどんな質問やコメントがあったのかしら？

Ｅ　　子：友達からは「どうして、(A)暗くした状態で育てるの？」とか、「食べた？おいしかった？」

と聞かれたよ。先生からは「観察結果を書くだけではなく、【 B 】の生育に適した条件をまとめてみよう！」とコメントが書かれていたよ！

お父さん：お友達の質問には、きちんと答えられたかい？ところで、E子は来年、中学校で何を自由研究のテーマにするつもりなのかな？

E　　子：今回の実験条件を変えてみるのもいいし、自分で(C)発酵(はっこう)食品を作るのも面白そう！あと、リボベジ(再生野菜)にも興味があるんだ！楽しみだね！

E子さんは今回の自由研究で、ダイズを育てるときに実験①～④を行いました。4つの実験では事前に、十分な水が入ったびんの中に乾燥(かんそう)したダイズを入れ、一晩置いています。その後、水を切ったダイズを用いて実験①～④を行い、結果を観察しました。また、実験①～④ではすべて同じ種類のダイズを用いており、10日目には発芽していることをすべて確認しています。

【実験①】プランターにだっし綿をしいて、水道水にひたし、10粒ずつダイズを並べ、日当たりの悪い屋外に置きました。

【実験②】プランターにだっし綿をしいて、水道水にひたし、10粒ずつダイズを並べ、箱をかぶせて日光が当たらないようにした屋外に置きました。

【実験③】プランターにだっし綿をしいて、水道水にひたし、10粒ずつダイズを並べ、日当たりの悪い暗い室内に置きました。

【実験④】プランターにだっし綿をしいて、水道水にひたし、10粒ずつダイズを並べ、日当たりの良い屋外に置きました。

なお、実験④では本葉が伸(の)びていることが観察できました。

(1) ダイズのように、発芽に必要な養分を子葉に蓄えている種子を何というか、答えなさい。

(2) 下線部(A)について、以下の文章中の空欄ア～キに当てはまる言葉を書きなさい。

実験④では、光のエネルギーを使い、空気中の(ア)と根からの(イ)を材料に、(ウ)をつくる(エ)を行います。(エ)は植物の細胞内の(オ)で行われています。また、光がなければ(エ)はできず、ダイズは光を求めます。実験④では、他の実験のダイズに比べて、背たけの高さが(カ)くなり、くきの太さは(キ)くなります。

(3) 実験②のダイズの観察を続けたところ、ある程度成長したが、やがて枯れてしまいました。それはなぜか、この種子の特徴を踏まえた上で理由を説明しなさい。

(4) ダイズを日光に当てずに発芽させ、育てたものを何というか、会話文中の【 B 】に当てはまる言葉を書きなさい。

(5) 下線部(C)について、次にあげる食品のうちダイズを用いた発酵食品はどれですか。すべて選びなさい。

みそ、ぬか漬け、お酢、しょうゆ、納豆、豆腐、チーズ

(6) 近年、肉類の代わりになる加工食品が注目されてきています。例えば、大豆ミートなどの豆類から得られるお肉のような食感と見た目を再現した食品がありますが、豆類が使われるのはなぜか、その栄養分に着目して理由を答えなさい。

4 次の会話文を読んで以下の問いに答えなさい。

A子：今年の夏は暑いね。

B子：そうだね。東京では『熱中症警戒(しょうかい)アラート』がたくさん発令されているみたい。

A子：『熱中症警戒アラート』って言葉は最近よく耳にするようになったよね。

B子：2021年から本格的に使用されているみたい。

A子：どんな仕組みなんだろう。

B子：『暑さ指数(ＷＢＧＴ)』が33以上になると発令されるみたい。

A子：じゃあ『暑さ指数(ＷＢＧＴ)』ってなんだろう。気温の事じゃないのかな。33℃ってまぁまぁ暑いもんね。

B子：気温そのものの事じゃないみたい。『暑さ指数(ＷＢＧＴ)』は屋外で日が当たる場合では次の式で与(あた)えられるんだって。

暑さ指数＝0.7×しつ球温度＋0.2×黒球温度＋0.1×かん球温度(気温)

A子：なかなか難しいね。でも「しつ球温度」とか「かん球温度」は聞いたことがあるよ。空気中のアしつ度を調べるために用いる「かんしつ球しつ度計」で測る温度のことだよね。確か学校の外にもあったはずだよ。

B子：よく知っているね。じゃあそれを見に行ってみよう。

～移動～

B子：それにしても今日は日がよく出ていて暑いね。あ、これだね。日が当たってる。

A子：ええと、どうやって読むんだったかな。確かこの(図１の)［　イ　］側が普(ふ)通の気温を示すはず。

B子：そうみたい。今、左側が34℃で右側が31℃ってなっているよ。ということは表(図２)を使うと今のしつ度は［　ウ　］パーセントだとわかるね。

A子：だからこんなに蒸し暑いのか。ところで「黒球温度」って何かな。

B子：「黒球温度」は温度計を黒い球体の中にさして(図３)、日に当たる黒球が熱をどんどん吸収するときに内部の温度がどれくらいになるのかを示す温度のことだって書いていたよ。

A子：今はその「黒球温度」は黒球がないからわからないね。

B子：でも計算で出せそうだよ。実はさっきここに来るとき職員室のテレビから聞こえたんだけど、今まさに『熱中症警戒アラート』が発令されたんだって。

A子：ということは少なくとも今の「黒球温度」は［　エ　］℃以上ってことか。これは大変。早く校舎に入ろう！

⑴　会話中の下線部アについて、例えばしつ度50パーセントとはどのような状態か「飽(ほう)和水蒸気量」という言葉を用いて簡単に説明しなさい。

⑵　会話中の［　イ　］に「右」と「左」のどちらかを入れなさい。

⑶　「かん球温度」の方が「しつ球温度」より低い(もしくは高い)理由として最も適切なものを次の①～④から１つ選びなさい。

①　かん球温度計の方が水を含(ふく)んだガーゼなどに触(ふ)れているので、水分が蒸発する際に熱が奪(うば)われて「しつ球温度」より低い温度を示す。

②　かん球温度計の方が水を含んだガーゼなどに触れているので、冷たい水に冷やされて「しつ球温度」より低い温度を示す。

③　しつ球温度計の方が水を含んだガーゼなどに触れているので、水分が蒸発する際に熱が奪われて「かん球温度」より低い温度を示す。

④　しつ球温度計の方が水を含んだガーゼなどに触れているので、冷たい水に冷やされて「かん球温度」より低い温度を示す。

(4)　図などを参考にしながら［　ウ　］に入る適切な数値を答えなさい。

(5)　会話に出てくる数値を参考にしながら［　エ　］に入る適切な数値を答えなさい。

(6)　ある２日間のしつ度と温度の関係を３時間おきに記録したものが図４である。この変化を見て、この２日間の天気の移り変わりの説明として最も適切だと思うものを次の①～④から１つ選びなさい。

①　１日目は主に晴れで、２日目はくもりから雨に変わったと思われる。

②　２日間とも雨も降らず晴れ間が広がる天気だったと思われる。

③　１日目は日中に雨が降ったが、次第にやみ、２日目は主に晴れとなったと思われる。

④　２日間とも晴れ間が少なく、雨かくもりが続く毎日だったと思われる。

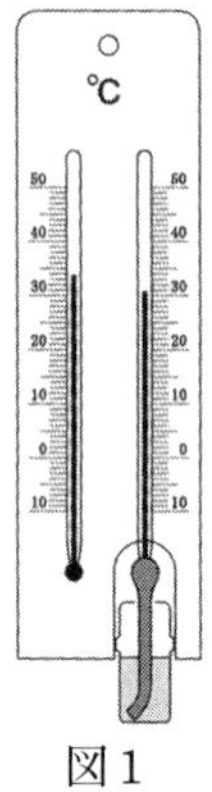

図１

		かん球温度計としつ球温度計との示度の差〔℃〕										
		0.0	0.5	1.0	1.5	2.0	2.5	3.0	3.5	4.0	4.5	5.0
かん球温度計の示度〔℃〕	35	100	97	93	90	87	83	80	77	74	71	68
	34	100	96	93	90	86	83	80	77	74	71	68
	33	100	96	93	89	86	83	80	76	73	70	67
	32	100	96	93	89	86	82	79	76	73	70	66
	31	100	96	93	89	86	82	79	75	72	69	66
	30	100	96	92	89	85	82	78	75	72	68	65
	29	100	96	92	89	85	81	78	74	71	68	64
	28	100	96	92	88	85	81	77	74	70	67	64
	27	100	96	92	88	84	81	77	73	70	66	63
	26	100	96	92	88	84	80	76	73	69	65	62

図２

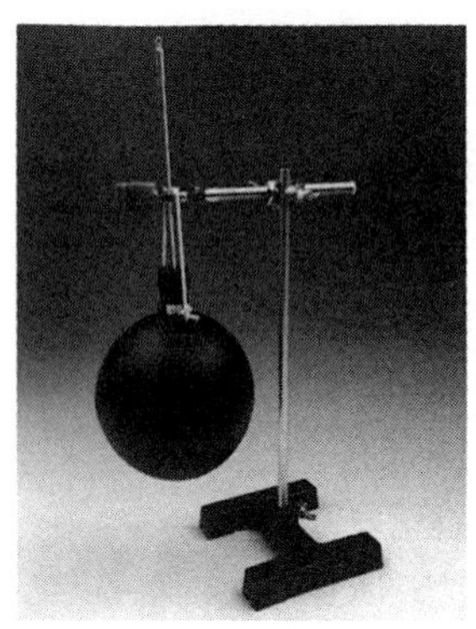

図３

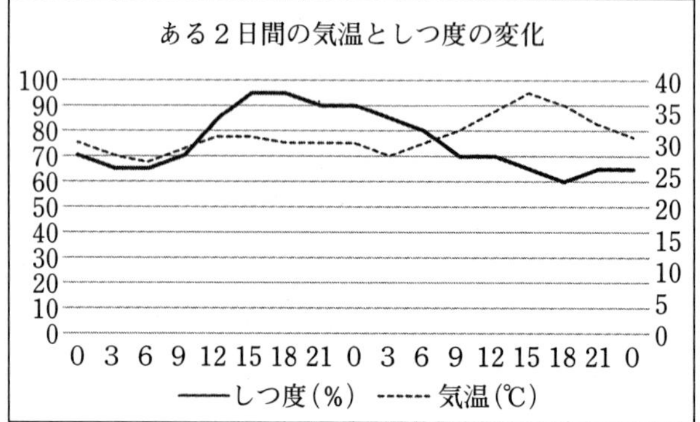

図４

桜　蔭　中　学　校

—30分—

1　つぎの文章を読み、あとの問いに答えなさい。

水溶液を冷やしたり、水分を蒸発させたりすると、とけているもの(固体)はつぶとなって出てきます。これを結晶といい、ものによって結晶の形や色は決まっています。

たとえば、湯に砂糖をできるだけ多くとかしてから、ゆっくり冷やしていくと(1)結晶が出てきます。これと同じやり方で食塩の結晶は出てくるでしょうか。残念ながら、ほとんど出てきません。なぜなら、食塩は(　　　2　　　)からです。食塩の結晶を取り出すには、食塩水から水を蒸発させなければいけません。食塩は100℃の水100ｇに39.3ｇまでとけます。100℃の食塩水から水を蒸発させる場合、食塩の結晶ができ始めるとき、まだ食塩水の(　3　)％が水分ですから、これをすべて蒸発させるのは大変です。食塩水から食塩を取り出すには大きなエネルギーが必要なのです。

海水には約３％の塩(食塩)がとけていますが、海水をそのまま煮つめて塩を取り出すのでは能率が良くないので、こい塩水をつくる工夫が欠かせません。

日本で古くから行われてきた塩づくりに、揚浜式製塩という方法があります。まず、細かい砂がしきつめられた塩田の上に海水をていねいにまきます。海水が地下にしみこまないように、塩田の下は(　4　)の層になっています。太陽のエネルギーにより水分が蒸発し、かわいた砂の表面には塩の結晶がつきます。塩のついた砂を集めて、塩田に設置してある箱の中に入れます。(5)箱の上から海水を流しこむと、砂の表面についた塩が海水にとけこみ、こい塩水が下からでてきます。図１は箱の断面を表しています。この塩水を、大きな(6)かまに入れて煮つめていきます。はじめは強火で煮つめ、水分がある程度蒸発したところでいったん火を消して(7)冷まします。その後、弱火でさらに煮つめ、かまの底にたまった塩を取り出します。このように、海水からの塩づくりでは、さまざまな工夫がなされているのです。

図１
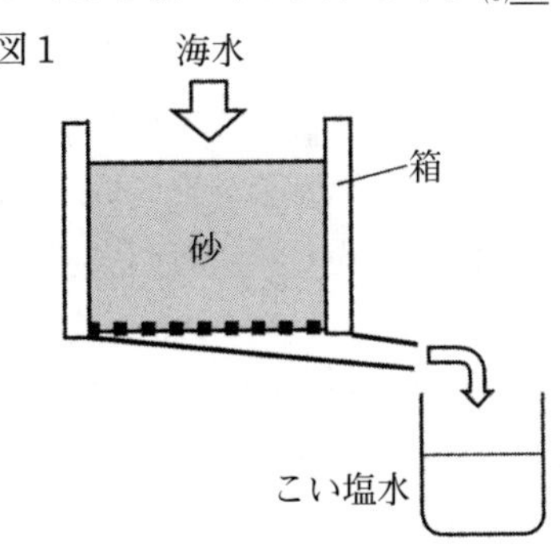

問１　下線部(1)はどのような形ですか。もっともふさわしいものをつぎのア～オから１つ選び、記号で答えなさい。

ア 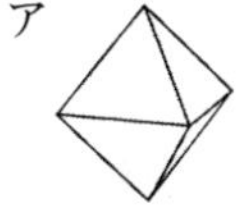
イ 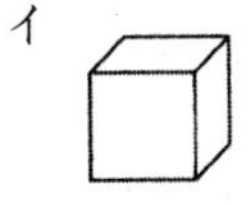
ウ 
エ 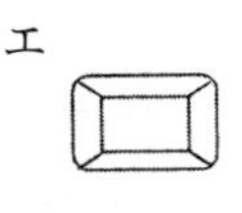
オ 

問２　文中の(　2　)にあてはまる語句を25字以内で書きなさい。

問３　文中の(　3　)にあてはまる数字を、小数第２位を四捨五入して、小数第１位まで求めなさい。

問４　文中の(　4　)にあてはまる語をつぎのア～オから１つ選び、記号で答えなさい。

ア　れき　　イ　砂　　ウ　粘土　　エ　軽石　　オ　木

問５　下線部(5)について述べたつぎの文の（　a　）～（　e　）にあてはまる数字を答えなさい。ただし、答えが割り切れない場合は、小数第２位を四捨五入して、小数第１位まで求めなさい。

海水を３％の食塩水とし、箱の下から出てくる「こい塩水」を12.7％の食塩水とします。100kgの「こい塩水」をつくる場合を考えてみましょう。箱の上から入れた海水はすべて下から出てくるものとし、途(と)中で水は蒸発しないものとします。

100kgの「こい塩水」にふくまれる水は（　a　）kgなので、箱の上から流しこむ海水は（　b　）kgです。箱の上から流しこむ海水にとけている塩は（　c　）kgですから、砂の表面から海水にとけこむ塩の量は（　d　）kgと計算できます。それだけの塩がついた砂をつくるためには、少なくとも（　e　）kgの海水を塩田にまく必要があります。

問６　下線部(6)のかまは、平らなおけのような形をしていて、内側は右図のような直径1.6ｍ、高さ30㎝の円柱形だとすると、かまいっぱいに入る塩水はおよそ何Lですか。もっとも近いものをつぎのア～カから１つ選び、記号で答えなさい。

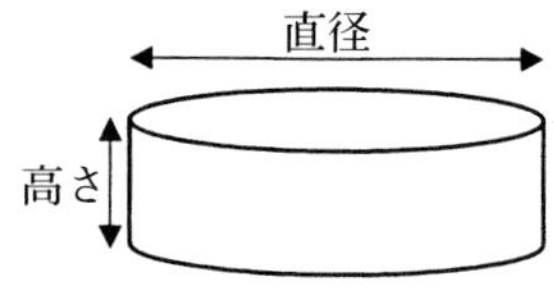

ア　200　　イ　600　　ウ　2000　　エ　6000　　オ　20000　　カ　60000

問７　下線部(7)のとき、しばらくすると液面にいくつかの塩の結晶が見られることがあります。その理由として正しいものを、つぎのア～エから１つ選び、記号で答えなさい。

ア　底よりも液面に近いほうがうすい塩水なので、液面に結晶がうかぶ。

イ　液面は蒸発が盛んなので、液面の近くで結晶ができる。

ウ　底の近くから温度が下がるので、液面の近くで結晶ができる。

エ　１㎤あたりの重さは、塩水よりも結晶のほうが小さいので、液面に結晶がうかぶ。

[2]　最近、スーパーマーケットの店頭には、畑で育てた露地栽培(ろじさいばい)の野菜だけでなく、「植物工場」で生産した野菜が並ぶようになりました。植物工場では土を使わず、水と液体肥料により育てる水耕栽培をしています。(1)機械を用いて、適切な条件を維持(いじ)できることが特ちょうです。

あるサニーレタスは、完全人工光型の植物工場で作られています。完全人工光型では太陽光は一切用いず、すべてを(2)発光ダイオードなどの光でまかなっています。

植物工場において、サニーレタスが最も育ちやすい光条件を探るため、さまざまな色の発光ダイオードを用いて、サニーレタスを育てる実験を行いました。なお、この実験は、光の色以外の条件（光の強さや気温など）を一定にして行いました。つぎの表１は、サニーレタスを３週間育てたときの、各部分の重さなど（８個体の平均値）をまとめたものです。以下の問いに答えなさい。

問１　下線部(1)について、野菜を植物工場で育てる利点を１つあげ、20字以内で書きなさい。

問２　下線部(2)をアルファベットの略称(りゃくしょう)で書きなさい。

問３　下線部(2)について、2014年にノーベル物理学賞を受賞した赤﨑氏、天野氏、中村氏が発明・実用化した発光ダイオードは何色ですか。つぎのア～オから１つ選び、記号で答えなさい。

ア　赤　　イ　黄　　ウ　緑　　エ　青　　オ　白

表1

	赤色光	青色光	緑色光	赤色光＋青色光※1
葉の重さ(g)	8.56	7.28	1.99	13.96
茎の重さ(g)	2.60	1.40	0.56	3.98
根の重さ(g)	1.36	1.43	0.29	2.04
全体の重さ(g)	12.52	10.11	2.84	19.98
葉の数(枚)	8.25	4.88	5.38	6.50
主茎の長さ(cm)	21.60	8.53	14.35	16.09
気孔コンダクタンス※2	0.056	0.062	0.038	0.090

※1 赤色と青色の発光ダイオードを半数ずつ使い、合計の光の強さは他の色の光と同じである。

※2 気孔(きこう)における気体の通りやすさを表す値。値が大きいほど、気体が通りやすい。

園芸学会「園芸学研究(2018)」、日本環境生物工学会「植物工場学会誌(1999)」より作成

問4 表1より、つぎの①～③にあてはまるのは何色の光と考えられますか。あとのア～ウから1つずつ選び、記号で答えなさい。

① サニーレタスを成長させる効果が最も小さい

② 1枚あたりの葉を最も重く、大きくする

③ 茎(くき)をのばし、草たけを最も高くする

ア 赤色光　　イ 青色光　　ウ 緑色光

問5 表1より、「赤色光＋青色光」を当てたサニーレタスの全体の重さが最も重く、気孔コンダクタンスが最も大きいことがわかります。気孔コンダクタンスが大きいと成長できる理由をあげた文中の(a)、(b)にあてはまる語を答えなさい。

・(a)が盛んになることで、根からの水や栄養の吸収が盛んになるから。

・空気中の(b)を取り入れやすくなることで、多くのでんぷんをつくることができるようになるから。

③ 以下の文章を読み、問いに答えなさい。

5月のある金曜日は、朝から雨が降っていましたが、昼前には雨がやみました。翌日の土曜日、O小学校では運動場がかわき、運動会を行うことができました。しかし、近くのN小学校では運動場に水が残り、運動会は延期になってしまいました。図1はO小学校、図2はN小学校の運動場の地面の写真および運動場と校舎の配置図です。

図1 O小学校

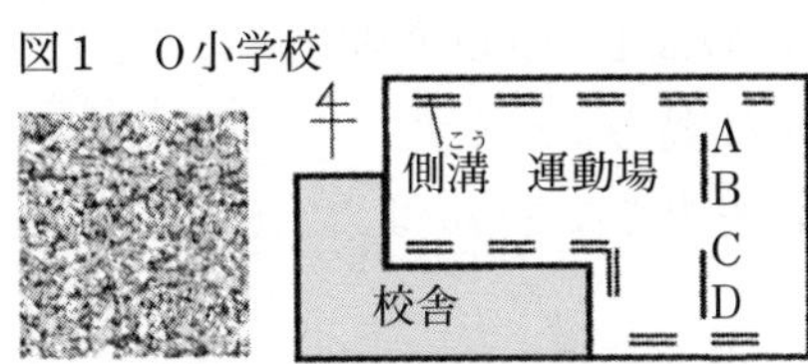

図2 N小学校

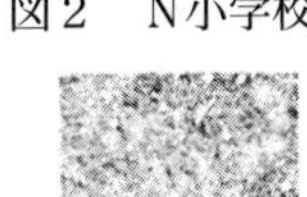

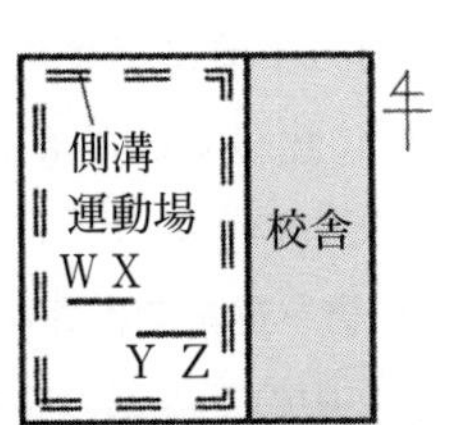

・O小学校は運動場の南西側に校舎があり、N小学校は運動場の東側に校舎がある。
どちらの校舎も4階建てである。

図3 水平器

・図１のＡＢ、ＣＤの向きと図２のＷＸ、ＹＺの向きに水平器(図３)を置くと、空気の玉がＢ、Ｃ、Ｗ、Ｚの側に動いた。

問１　Ｏ小学校の運動場がＮ小学校の運動場より早くかわいた理由をつぎのア～キから１つ選び、記号で答えなさい。

ア　地面に水がしみこみやすく、側溝に水が流れやすく、午後の日当たりが良いため。

イ　地面に水がしみこみにくいが、側溝に水が流れやすく、午後の日当たりが良いため。

ウ　側溝に水が流れにくいが、地面に水がしみこみやすく、午後の日当たりが良いため。

エ　午後の日当たりが悪いが、地面に水がしみこみやすく、側溝に水が流れやすいため。

オ　地面に水がしみこみにくく、側溝に水が流れにくいが、午後の日当たりが良いため。

カ　午後の日当たりが悪く、地面に水がしみこみにくいが、側溝に水が流れやすいため。

キ　午後の日当たりが悪く、側溝に水が流れにくいが、地面に水がしみこみやすいため。

桜蔭中学校は、ＪＲ水道橋駅東口を出た後、神田川にかかる水道橋をわたって白山通りを北上した後、右折して忠弥坂(ちゅうやざか)を登った本郷台地の上に位置しています。図４の太線が、ＪＲ水道橋駅から桜蔭中学校までの道のりです。図５は、図４の点線の位置の断面の地層のようすを単純化して表したものです。

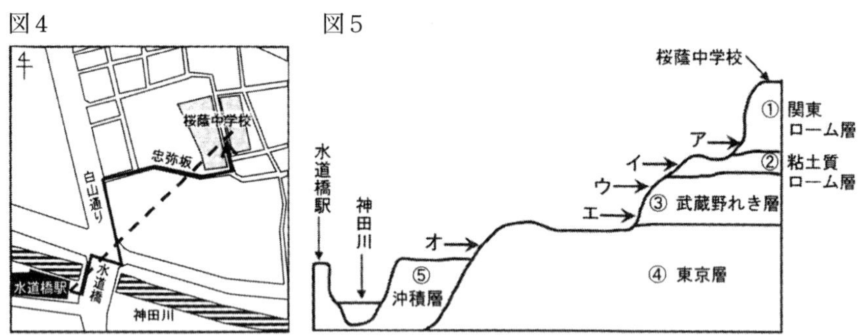

問２　桜蔭中学校や水道橋駅周辺の地層について説明した、つぎの文章について答えなさい。

図５の①、②のロームというのは、砂や粘土などが含まれた混合土のことで、日本では主に噴火(ふんか)によって飛ばされた（　a　）や<u>れき</u>、小さな穴がたくさんあいた石(軽石)がたまったあと、つぶがくずれて砂や粘土に変化したものです。③～⑤の層は流水のはたらきによって運搬(ぱん)されたつぶが（　b　）してできた層です。②の層は、①の層に比べて（c　大きい／小さい）つぶの割合が多くなっています。③の層は<u>れき</u>、④の層は粘土を主とした層です。④の層は15～13万年前にできたかたい層です。⑤の層は１万8000年前以降にできた層で、新しく、他の層に比べて（d　かたい／やわらかい）のが特ちょうです。

ⅰ）　文中の（　a　）、（　b　）にあてはまる語を書きなさい。また、（　c　）、（　d　）はあてはまる語を選んで書きなさい。

ⅱ）　文中の下線部の「れき」は、つぶの大きさがどれくらいのものか、つぎのア～エから１つ選び、記号で答えなさい。

ア　0.06㎜以上　　イ　0.5㎜以上　　ウ　２㎜以上　　エ　８㎜以上

ⅲ）　③の層のれきは、①、②の層のもととなるれきとどのようなちがいがあるか、簡単に説明しなさい。

iv）③の層と④の層は、できた当時どちらの水深が深いと考えられるか、③か④の番号で答えなさい。

v）④の層と⑤の層は、できた時代が連続していません。その理由として正しいものをつぎのア〜エから１つ選び、記号で答えなさい。

ア　①〜④の層ができたあと、火山の噴火によって水道橋駅付近の層がふき飛ばされ、そのあとに生じた火山の噴火による溶岩(ようがん)がかたまって⑤の層ができた。

イ　①〜④の層ができたあと、川によって水道橋駅付近の層がしん食され、そのあとにこの場所が海になり、⑤の層ができた。

ウ　①〜④の層ができたあと、地震(しん)によって断層ができて、①〜③の層がくずれ、残った④の層の上にくずれたものが混ざって重なって⑤の層ができた。

エ　①〜④の層ができたあと、大きな力が加わって曲がり、図５の右側の土地だけが盛り上がったため、新しい⑤の層が低いところにみられる。

問３　水道橋の名は、江戸(えど)時代に作られた神田上水の水路橋に由来します。桜蔭中学校のある本郷台地の周辺では、神田上水が引かれるまでは、地下水やわき水を利用していました。本郷台地において、地下水やわき水が採取できる場所を図５のア〜オから２つ選び、記号で答えなさい。

4　以下の文章を読み、問いに答えなさい。

音がどのように伝わるかを調べるために、ＡさんとＢさんはつぎの実験を行いました。

【実験１−①】　図１のように、ブザーを入れた紙コップと風船を細い糸でつなげ、ぴんと張りました。Ａさんがブザーを鳴らし、しばらく経ってから止めました。その間、Ｂさんは風船をそっと手で持ち、耳を当て、風船から聞こえる音と手に伝わる感覚を調べました。その結果、音が聞こえ始めるとほぼ同時に風船を持つ手に小刻みなふるえ（振(しん)動）が伝わり、音が聞こえ終わるとほぼ同時にふるえが止まりました。このことから、音を出すものは振動しており、その振動が伝わることで音が伝わることがわかります。

【実験１−②】　図１の風船の中に小さなビーズをいくつか入れて、ブザーの音の高さは変えずに大きさだけを変えて、ビーズの動き方を観察しました。

【実験１−③】　図２のように、風船の代わりにマイクロフォンを入れた紙コップをつけました。実験１−①と同様に、ブザーを鳴らし、マイクロフォンが拾った音をオシロスコープという装置で観察しました。オシロスコープとは、マイクロフォンによって電気信号に変えられた音の振動のようすを、グラフとして見ることができる装置です。

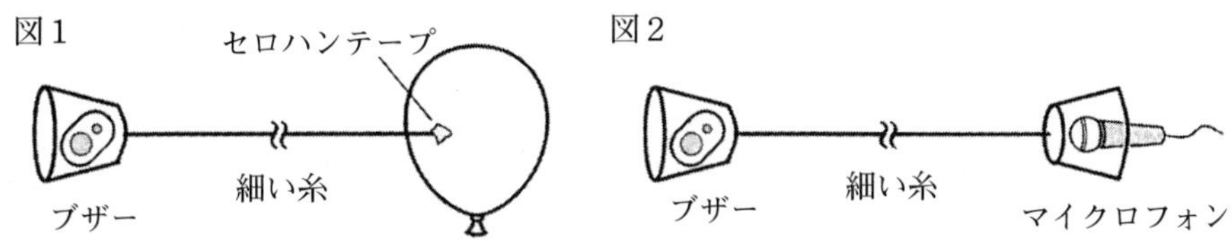

問１　実験１−②の結果、音を大きくしたときのビーズの動き方として正しいものをつぎのア〜ウから１つ選び、記号で答えなさい。

ア　より速く小刻みに動く　　イ　より大きくはねるように動く　　ウ　変わらない

問２　実験１－③について、つぎの問いに答えなさい。

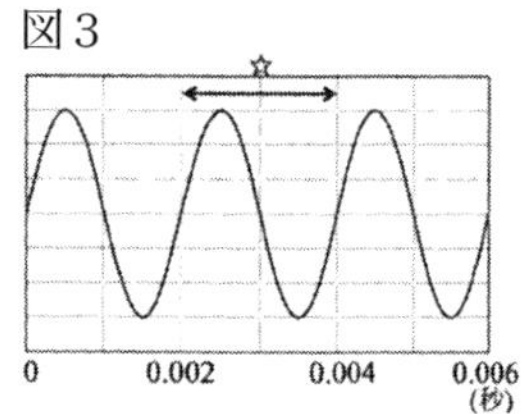

ｉ）　実験１－③の結果、図３のようなグラフの形をみることができました。図３の横軸(じく)は時間、たて軸は音の振動の大きさを表していて、図に示す範囲(はんい)(☆)が振動１回分を表しています。図３の音は、１秒間に何回振動していますか。

ⅱ）　音の高さと振動の回数の関係は、高い音ほど１秒間に振動する回数が多く、低い音ほど１秒間に振動する回数が少ないことがわかっています。そこで、ブザーの音の高さや大きさを変えて同様に実験を行いました。図３の音より高い音のときに観察できるグラフの形をア～エからすべて選び、記号で答えなさい。横軸とたて軸は図３と同じです。

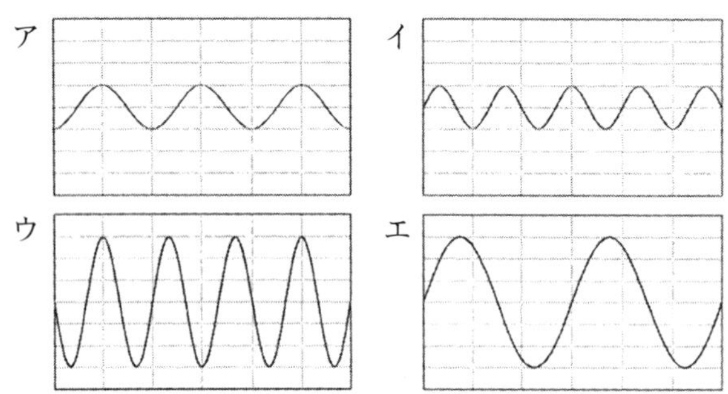

　音を出すものを音源といいます。人は、音源からはなれたところで音を聞くとき、音源の振動によってまわりの空気が振動し、それが耳に届くことで音を聞いています。しかし、音源が動きながら音を出したり、人が動きながら音を聞いたりすると、聞こえる音の高さが変わります。これは、例えば目の前を救急車が通り過ぎたときに聞こえるサイレンの音の高さが変わることなどで知られています。このことを確かめるために、ＡさんとＢさんはつぎの実験を行いました。

【実験２】　図４のように、水平なゆかの上に、小さな球を一定の間隔(かんかく)で発射することができる発射装置と的(まと)を一直線上に置きます。発射装置と的はそれぞれゆかの上を右か左に動くことができます。このとき、球が受ける空気の抵抗(ていこう)や重力などの影響(えいきょう)は考えず、球は的に向かって減速も落下もせず、まっすぐ飛ぶものとします。

　発射装置を点Ｏ（０ｍ）に固定し、点Ｏから18ｍはなれた位置に的を置きました。発射装置からは１秒間に１個ずつ球が発射され、発射された球は一定の速さで１秒間に８ｍずつ進みます。いま、はじめの球が発射されたと同時に、的を一定の速さで１秒間に２ｍずつ発射装置に近づけます。表１は、はじめの球が発射されてからの時間と、球と的の位置を0.2秒ごとに表したものです。ここで位置は、発射装置からのきょりで表します。

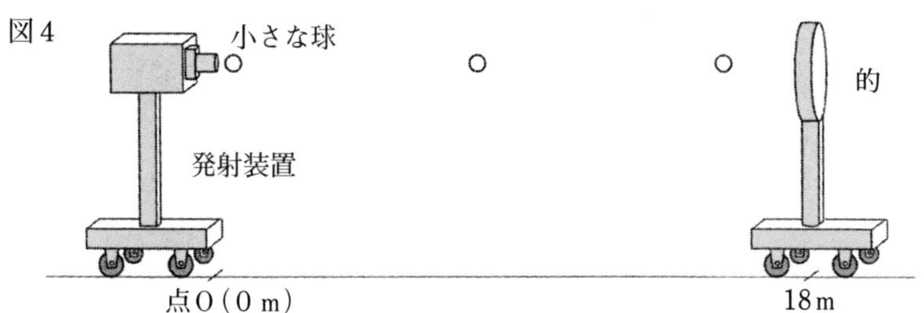

表1

時間(秒)	0	0.2	0.4	0.6	0.8	1	…
球の位置(m)	0	ア		イ		8	…
的の位置(m)	18		ウ		エ	16	…

問3　実験2について、つぎの問いに答えなさい。

ⅰ)　表1のア～エにあてはまる数字を答えなさい。

ⅱ)　はじめの球が発射されてから的に当たるまでの時間(秒)を答えなさい。また、そのときの的の位置(m)を答えなさい。

ⅲ)　発射装置からは全部で4個の球を発射しました。はじめの球が発射されてからそれぞれの球が的に当たるまでの時間とその間隔をまとめた表2のオ～クにあてはまる数字を答えなさい。

表2

球の順番	1		2		3		4
的に当たるまでの時間(秒)	ⅱの答え		オ		カ		4.2
間隔(秒)	／	キ				ク	

問4　発射装置と的の間のきょりを18mにもどしたあと、発射装置や的を右や左に動かしながら、球が的に当たる間隔を調べました。発射装置や的を動かす場合は、それぞれ1秒間に2mずつ動かし、発射装置が発射する球の条件は実験2と同じです。つぎの文中の(　a　)～(　c　)にあてはまる語句をあとのア～ウから1つずつ選び、記号で答えなさい。

・発射装置を固定して的を発射装置から遠ざけると、球が的に当たる間隔は(　a　)。

・的を固定して発射装置を近づけると、球が的に当たる間隔は(　b　)。

・発射装置と的をどちらも近づく向きに動かすと、球が的に当たる間隔は(　c　)。

ア　1秒より長くなる　　イ　1秒より短くなる　　ウ　1秒である

問5　実験2を音にあてはめてみると、発射装置は音源、球1個は音の振動1回分、的は音を聞く人と考えることができます。つぎの文ア～オから正しいものをすべて選び、記号で答えなさい。ただし、救急車と電車は一定の速さで直線上を移動しているものとします。

ア　立ち止まっているときに、まっすぐ近づいてくる救急車のサイレンの音は、だんだん低くなっていくように聞こえる。

イ　立ち止まっているときに、まっすぐ遠ざかっていく救急車のサイレンの音は、だんだん低くなっていくように聞こえる。

ウ　立ち止まっているときに、目の前を救急車が通り過ぎると、救急車のサイレンの音の高さがそれまで聞こえていた音の高さより急に低くなった。

エ　電車に乗っているときに、踏(ふみ)切に近づいていくと、踏切の音が本来の高さと比べて一定の高さだけ低くなって聞こえる。

オ　電車に乗っているときに、踏切から遠ざかっていくと、踏切の音が本来の高さと比べて一定の高さだけ低くなって聞こえる。

鷗友学園女子中学校(第１回)

—45分—

【注意】 作図には、配られた定規を使いましょう。

(編集部注：実際の入試問題では、写真や図版の一部はカラー印刷で出題されました。)

1　火山が噴火する際には、地下深くにあるマグマが上昇し、高温の火山ガスや溶岩、火山灰などが火口から噴き出します。マグマが冷えて固まってできた岩石を火成岩といいます。火成岩には、マグマが主に地表や地表付近で急に冷えて固まった火山岩と、地中深くでゆっくり冷えて固まった深成岩とがあります。

ある２種類の火成岩X、Yを顕微鏡で観察したところ、火成岩Xは石基と呼ばれる小さな粒と、斑晶と呼ばれる大きな結晶でできていました。また火成岩Yは、複数の大きな鉱物の結晶でできていました(図１)。

図１

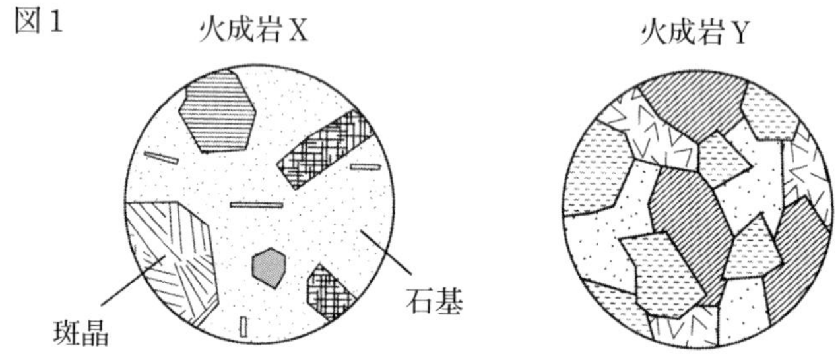

問１　火成岩Yについて、結晶のつくりと火成岩の種類の組み合わせとして、次のア～エの中から正しいものを選び、記号で答えなさい。

	結晶のつくり	火成岩の種類
ア	等粒状組織	火山岩
イ	等粒状組織	深成岩
ウ	班状組織	火山岩
エ	班状組織	深成岩

火成岩に含まれる鉱物には、無色または白っぽい色をした無色鉱物と、黒や緑などの色をした有色鉱物があります。岩石中に含まれる有色鉱物の体積の割合(%)を色指数といい、一般にこの値が大きいほど、岩石の色は黒っぽくなります。

図２は、ある有色鉱物(　　　)と無色鉱物(　　　)から構成される岩石を観察したものです。また、図中の直線と黒丸(●)は、一定間隔の格子線とそれらの交点を示しています。

図２

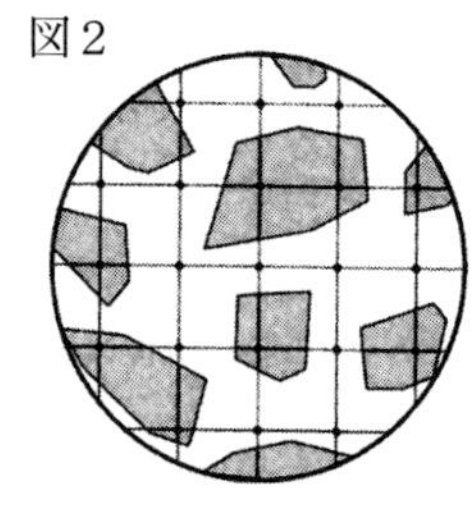

問２　図２の岩石の色指数を、図２に含まれるすべての黒丸の数(21個)のうち、有色鉱物上に存在する黒丸の数の割合で表すものとします。この岩石の色指数として最も適当なものを、次のア～カの中から選び、記号で答えなさい。

ア　33%　　イ　38%　　ウ　43%　　エ　57%　　オ　62%　　カ　67%

火山岩と深成岩は、構成する鉱物量の違(ちが)いによって、さらに細かく分類することができます。図3の①～⑥には、それぞれ図4の岩石のいずれかがあてはまります。

図3

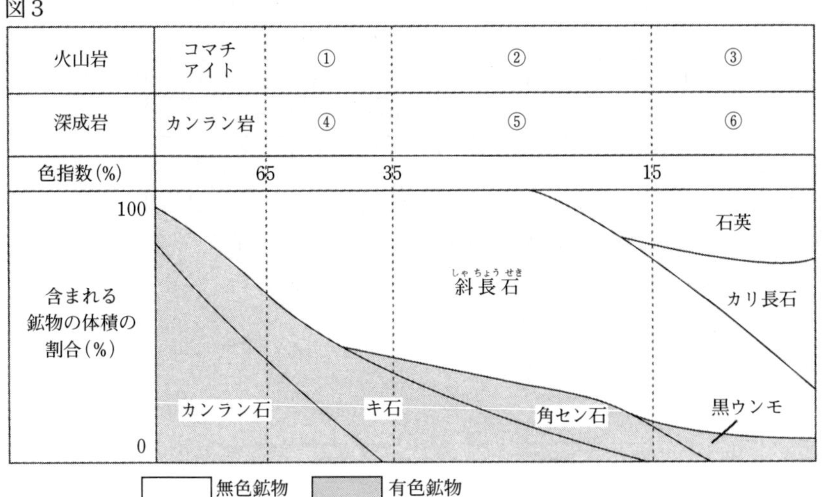

図4

ゲンブ岩
アンザン岩
カコウ岩
ハンレイ岩
リュウモン岩
センリョク岩

問3　図4の岩石のうち、③に当てはまるものを選びなさい。

マグマが冷えて火成岩ができるとき、「鉱物が液体から結晶に変化する温度」を晶出温度といいます(図5)。鉱物が結晶化する順番は、一般にこの温度の違いによって決まります。マグマが冷えて火成岩になるとき、先に結晶となる鉱物は鉱物本来の形になりやすく、後から結晶となる鉱物は、すでにできている結晶のすき間にできるため、きれいな結晶の形にはなりにくいことが知られています。

図5

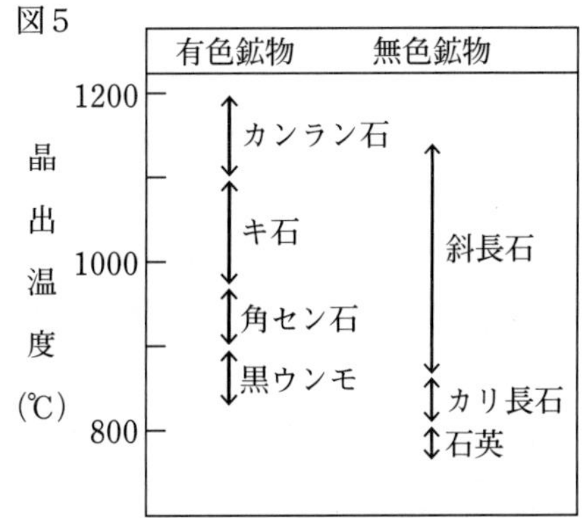

問4　下線部について、次のア～ウの中から正しいものを選び、記号で答えなさい。

ア　マグマの温度が下がると、晶出温度が高い鉱物から順番に結晶となる。

イ　マグマの温度が下がると、晶出温度が低い鉱物から順番に結晶となる。

ウ　マグマの温度変化と、鉱物の結晶化の順番は関係が無い。

図6は、ある火成岩の結晶構造を観察した模式図です。鉱物A、B、Cは有色拡物で、鉱物Dは無色鉱物です。

問5　図6中の鉱物A～Dを、結晶化したのが早い順に並び替(か)えなさい。

図6

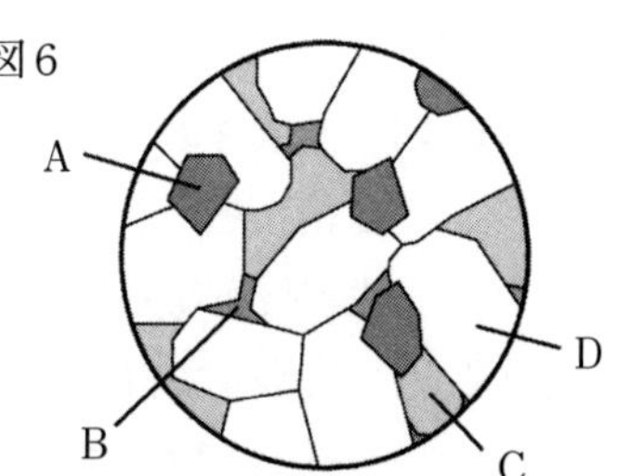

問６　図６中の鉱物Ａ～Ｄの組み合わせとして、最も適当なものを次のア～キの中から選び、記号で答えなさい。

	A	B	C	D
ア	黒ウンモ	カンラン石	角セン石	石英
イ	石英	キ石	角セン石	斜長石
ウ	カンラン石	角セン石	黒ウンモ	石英
エ	角セン石	石英	カンラン石	キ石
オ	石英	カリ長石	黒ウンモ	カンラン石
カ	カンラン石	角セン石	キ石	斜長石
キ	キ石	カンラン石	黒ウンモ	カリ長石

問７　図６の火成岩として最も適当なものを、図４の中から選び、岩石名を答えなさい。また、そのように考えた理由を説明しなさい。

2　次の５種類の物質の混合物があります(図１)。

図１

物質	重さ(ｇ)
ショ糖(砂糖)	300
炭酸カルシウム(チョークの粉)	40
鉄粉	30
塩化ナトリウム(食塩)	20
アルミニウムの粉	10

この混合物からそれぞれの物質を別々に取り出すために、実験１～８を行いました。図２はこれらの実験の手順をまとめたものです。以下の各問いに答えなさい。ただし、実験に使用した水はすべて蒸留水です。固体を溶(と)かすために水や薬品を加えたときには、その固体は完全に溶けるものとします。また、ろ過する場合にろ紙に吸収される水は、ごく少量なので無視できるものとします。

【実験１】　粉末状の混合物の中から鉄粉のみを取り出した。

【実験２】　実験１で残った混合物に水100ｇを加え、よくかき混ぜながら90℃に加熱した。これを冷める前に素早くろ過して、ろ液とろ紙上の物質に分けた。さらに、ろ紙上の物質とろ液中の物質を完全に分けるために、90℃に加熱した水50ｇをろ紙上の物質全体にかけ、これもろ液と一緒(いっしょ)に集めた。このろ液を加熱して、ろ液全体の重さが450ｇになるまで水を蒸発させた。

【実験３】　実験２のろ液を20℃まで冷却(れいきゃく)したところ結晶(けっしょう)が析出(せきしゅつ)したので、これをろ過して白色の固体を得た。

【実験４】　実験３のろ液を加熱して煮(に)つめたところ、水が蒸発して褐色(かっしょく)の粘(ねば)り気のある液体に変化した。さらに加熱を続けると、褐色の物質は激しく煙(けむり)を立てながら燃えた。煙の発生が終わり完全に水がなくなると、黒色の固体と白い結晶が残った。

【実験５】　実験４で得られた物質に20℃の水100ｇを加え、よくかき混ぜた後ろ過して、ろ液とろ紙上の物質に分けた。

【実験６】　実験５で得られたろ液を、室温20℃の部屋でふたをせずに翌日まで放置したところ、結晶が析出した。これをろ過してろ液とろ紙上の物質に分けた。その後、ろ紙を乾燥(かんそう)させて白色の固体を得た。

【実験7】　実験2で得られたろ紙上の物質をビーカーに移し、濃い水酸化ナトリウム水溶液を加えたところ、気体が発生して固体の一部が溶けた。気体が発生しなくなるまで水酸化ナトリウム水溶液を加え、これをろ過して、ろ液とろ紙上の物質に分けた。

【実験8】　ろ紙上の物質を塩酸の入っているビーカーに加えたところ、気体が発生して固体は完全に溶けた。

図2

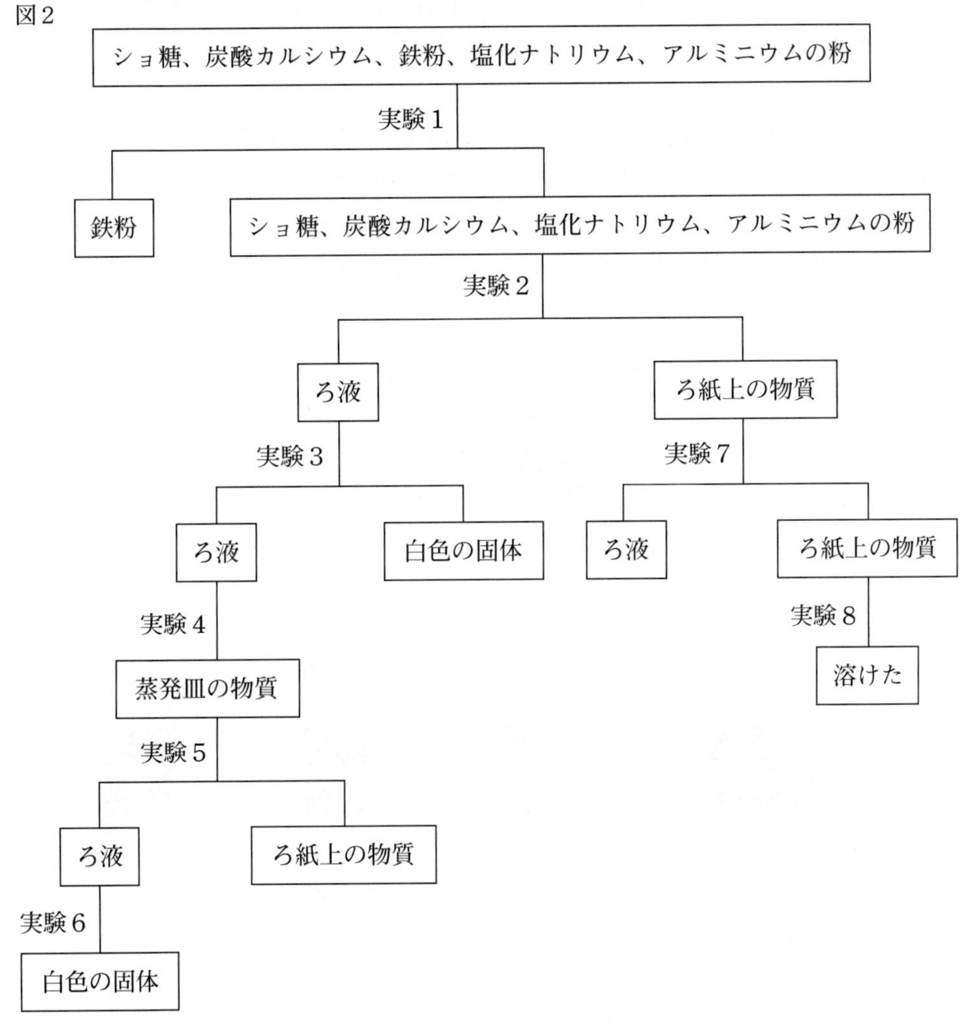

問1　実験1で、混合物から鉄粉のみを取り出す方法を説明しなさい。

問2　実験1で鉄粉を分離せずに実験2～8を行ったところ、実験2で90℃に加熱した溶液が赤茶色に変色しました。それはなぜですか。

図3は、20℃と90℃において水100gに溶けるショ糖と塩化ナトリウムの重さ(g)を表しています。

図3

温度(℃)	20	90
シ ョ 糖(g)	198	417
塩化ナトリウム(g)	36	39

問３　実験２で得られたろ液450 g 中の水の重さは何 g ですか。

問４　実験３で得られた結晶の重さを、小数第１位まで求めなさい。(式も書くこと。)

問５　実験５でろ紙上に残ったものは何ですか。

問６　実験６で、ろ液から結晶を析出させるためには、何 g 以上の水を蒸発させなければならないですか。整数で答えなさい。(式も書くこと。)

問７　実験７と実験８で発生した気体は何ですか。それぞれ答えなさい。

問８　実験７までの操作で、混合物から純粋(じゅんすい)な固体の物質として取り出すことができなかったものは何ですか。

3　凸(とつ)レンズはレンズの中央がふくらんでおり、太陽光を一点に集めることができます。この点を焦点(しょうてん)といいます。また、レンズの中心から焦点までの距離(きょり)を焦点距離といいます。

図１のように、光学台の上に電球、板、凸レンズ、スクリーンを置き、スクリーンに像がはっきりと映るようにそれぞれの位置を調節しました。板には矢印の形の穴があいています。

図１

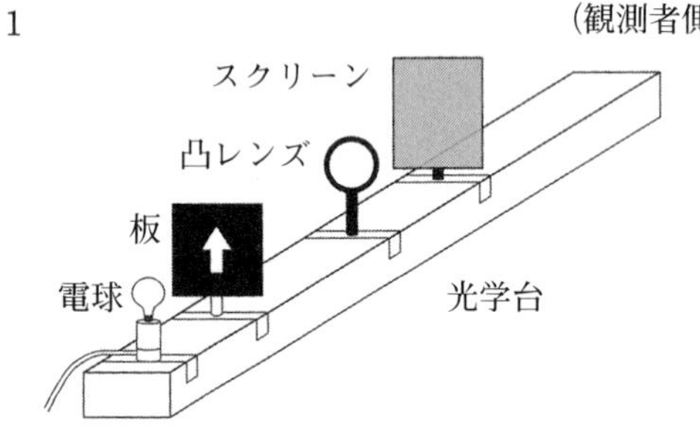

問１　スクリーンに映る像は観測者の位置からどのように見えますか。次のア〜エの中から選び、記号で答えなさい。

問２　図１の凸レンズの上半分を黒画用紙でおおいました。スクリーンに映る像はどのようになりますか。次のア〜クの中からすべて選び、記号で答えなさい。

ア　像の上側半分が消える。

イ　像の下側半分が消える。

ウ　像は全体が映ったままである。

エ　像の大きさが拡大して２倍の大きさになる。

オ　像の大きさが縮小して半分の大きさになる。

カ　像の大きさは変わらない。

キ　像が明るくなる。

ク　像が暗くなる。

次に、厚みの異なる凸レンズA～Cを用意しました。これらのレンズの特徴(とくちょう)をまとめたものが図2です。

図2

凸レンズの種類	焦点距離(㎝)	凸レンズの中央部分の厚さ(㎜)
A	20	2
B	X	4
C	10	6

板から凸レンズまでの距離を変化させたとき、はっきりした像が映るスクリーンの位置を調べました。その結果をグラフにしたものが図3です。

図3

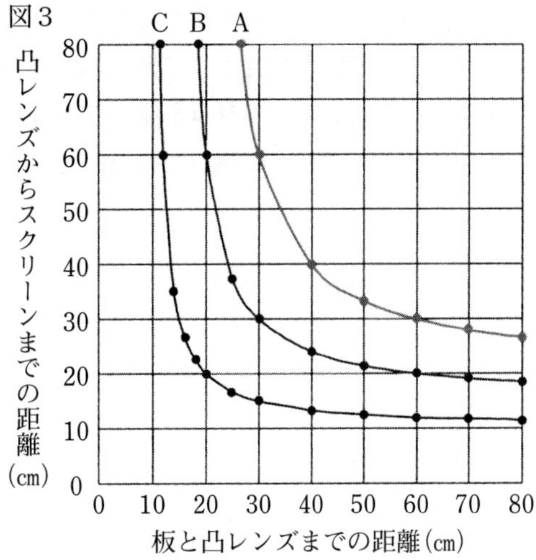

問3　凸レンズBを用いて、板と凸レンズの距離が20㎝のときに矢印の先端(せんたん)から出た光が、凸レンズを通ってスクリーンに像をつくるときの光の経路をかきなさい。また、できた像を矢印で表し、凸レンズとスクリーンの間の焦点の位置を黒丸(●)で示しなさい。ただし、解答らんの方眼の1マスは5㎝とします。

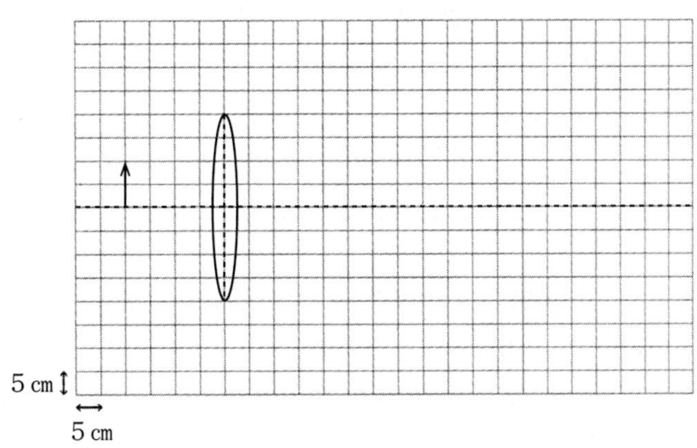

問4　凸レンズBの焦点距離(図2のX)を答えなさい。

問５　板の位置を凸レンズから遠ざけると、像がはっきり映るときのスクリーンと凸レンズの距離はどのようになりますか。また、そのときの像の大きさはどのようになりますか。選択肢の中からそれぞれ選び、記号で答えなさい。

距離の選択肢

ア　長くなる　　　イ　短くなる　　　ウ　変わらない

大きさの選択肢

ア　大きくなる　　イ　小さくなる　　ウ　変わらない

板と凸レンズまでの距離を変えたとき、レンズからスクリーンまでの距離を変えずに像をはっきりと映すためには、図４のようにレンズの厚みを変える必要があります。ただし図４は、板(物体)や焦点を省略しています。

図４

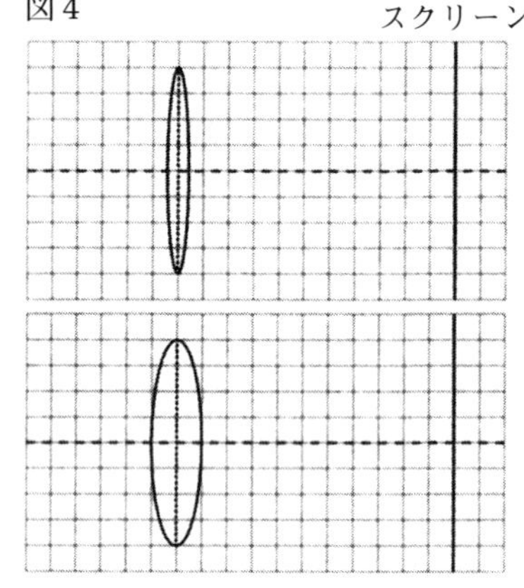

ヒトの眼はこれと同じ仕組みです。凸レンズに相当するのが水晶体、スクリーンに相当するのが網膜です(図５)。

図５

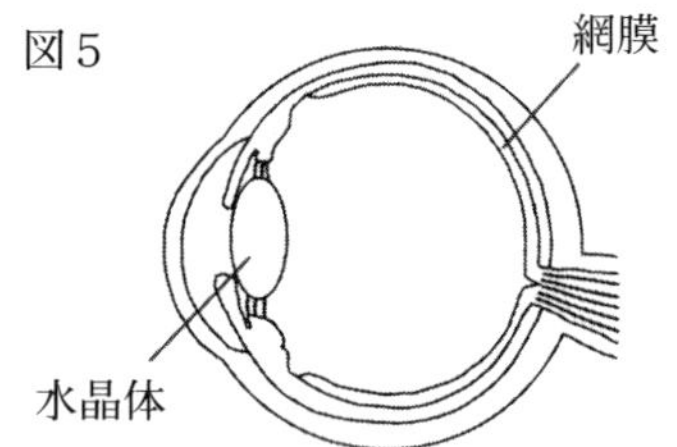

問６　本を読んでいる人が本から眼を離して遠くの景色を見たとき、水晶体の厚さはどのように変化すると考えられますか。また、焦点距離はどのように変化しますか。解答らんの正しい方にそれぞれ○をつけなさい。

厚さ	厚くなる・薄くなる	焦点距離	長くなる・短くなる

視力検査をする際に用いる図６のような形のものを「ランドルト環」といいます。図６に示された大きさのランドルト環を５ｍ離れた位置から見て、欠けている部分(すき間)が上下左右のどこにあるかがわかれば、視力が1.0と定義されます。

図６

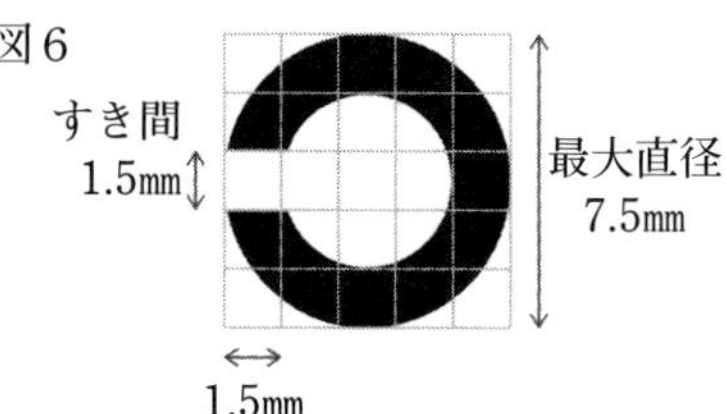

視力検査をする際に使用する、大小のランドルト環が並んでいるものを視力検査表といいます(図７)。視力検査表の視力、ランドルト環の最大直径、すき間の長さをまとめたものが図８です。

図７　視力検査表

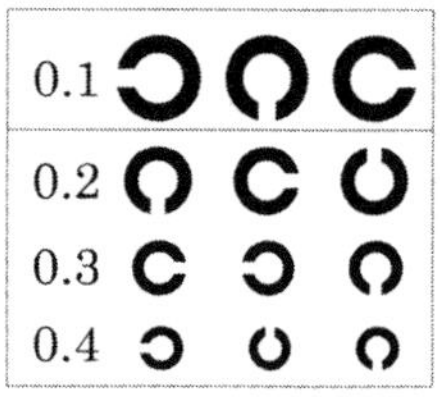

0.1
0.2
0.3
0.4

図８

視力	0.1	0.2	0.3	0.4	0.5	1.0
最大直径(mm)	75	37.5	25	18.75	15	7.5
すき間の長さ(mm)	15	7.5	5	3.75	3	1.5

問７　測定された視力が0.05のとき、視力検査表のランドルト環の最大直径とすき間の長さを答えなさい。

次に、図６に示された大きさのランドルト環１つを用いて、ランドルト環からの距離を変えて視力を測定しました。その結果をまとめたものが図９です。

図９

距離(m)	0.5	1	1.5	2	2.5	5
視力	0.1	0.2	0.3	0.4	0.5	1.0

ケニア南部からタンザニア北部にかけてマサイ族が生活しています。彼(かれ)らは広大な自然の中でヤギやヒツジを遊牧しており、遠くのものを見ることができます。

問８　マサイ族の中には、視力が8.0の人がいるといわれています。

(1)　この人は図６のランドルト環のすき間を最大で何ｍ離れた場所から見分けることができますか。

(2)　この人の視力を視力検査表から５ｍ離れた位置ではかる場合、すき間の長さが何mmのランドルト環が必要になりますか。小数第３位を四捨五入して小数第２位まで求めなさい。

4　ヒトの心臓と血液の循環(じゅんかん)について、以下の各問いに答えなさい。

図１はヒトの血液の循環経路を模式的に表したものです。矢印は血液の流れの向きを表しています。ヒトの血液の循環には２つの経路があり、１つは肺循環、もう１つは体循環です。どちらの循環でも、血圧は動脈の方が高く、血液を一方向に強く押(お)し流しています。一方、静脈(じょうみゃく)の血圧は低く、弁がついています。

図１

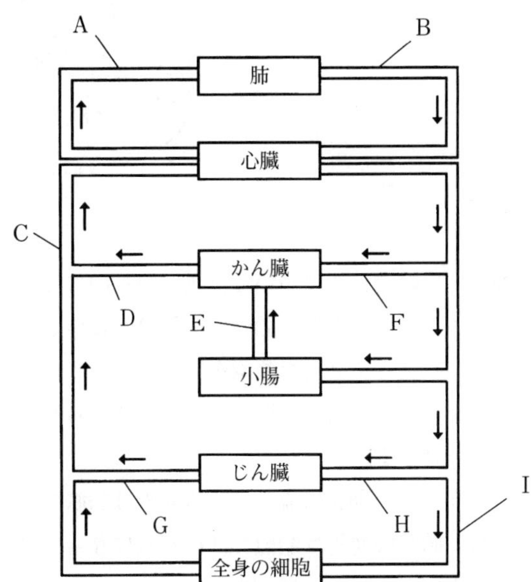

問１　静脈についている弁のつき方として適切なものを次のア、イから選び、記号で答えなさい。また、弁の役割について簡単に説明しなさい。

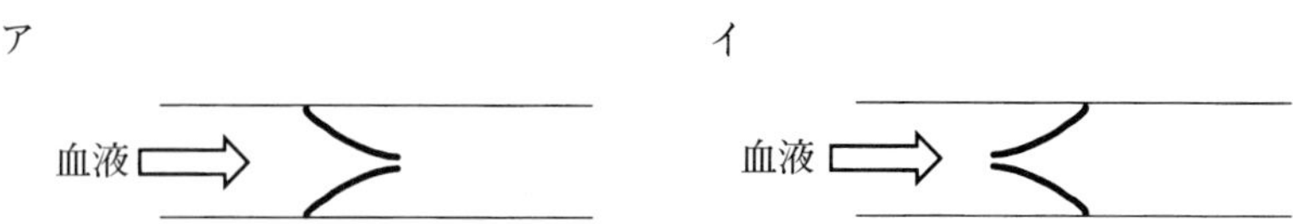

問２　酸素を多く含む血液を動脈血といいます。動脈血が流れている<u>静脈</u>を図１のＡ～Ｉの中から選び、記号で答えなさい。

問３　食事の後、栄養分が最も多く含まれる血液が流れる血管を図１のＡ～Ｉの中から選び、記号で答えなさい。

問４　二酸化炭素以外の老廃物(ろうはいぶつ)が最も少ない血液が流れている血管を図１のＡ～Ｉの中から選び、記号で答えなさい。

母体の子宮の中にいる胎児(たいじ)にも心臓があり、体内を血液が循環しています。しかし胎児は肺でガス交換(こうかん)をしておらず、必要な酸素は母体の血液中から得ています。

図２は、胎児の体と胎盤(たいばん)がへその緒(お)でつながっているようすを表した模式図です。へその緒には胎児の血管が通っており、胎児の体から胎盤へ血液が流れる血管をさい動脈、胎盤から胎児の体へ血液が流れる血管をさい静脈といいます。

子宮動脈から胎盤内へ流れ出た母体血の中に胎児の血管が浸(ひた)っており、栄養分や老廃物、酸素や二酸化炭素の交換が行われています。

図２

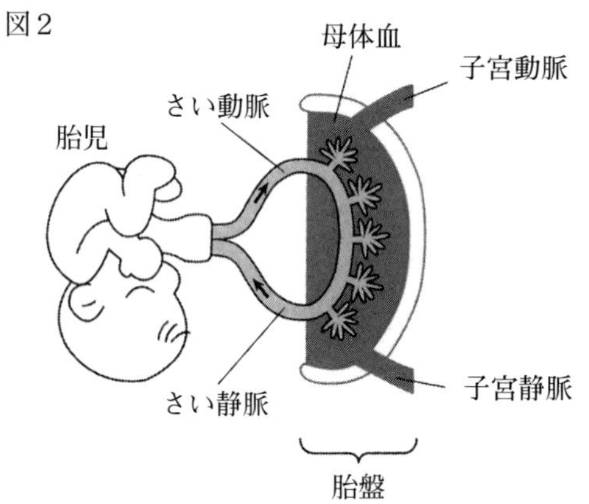

問５　次の①～③について、正しいものには○、誤っているものには×と答えなさい。

①　母体の血管と胎児の血管は直接つながっていて、母体の血液が胎児の体へ流れ込(こ)むことによって必要な酸素を胎児に送っている。

②　胎児の血管の壁(かべ)を通して母体から胎児へ酸素が移動し、胎児から母体へ二酸化炭素が移動する。

③　さい動脈に流れている血液は動脈血である。

問６　胎児の血管は胎盤ではひだ状になっています。このような構造になっている理由を答えなさい。

図３は胎児を正面から見たときの心臓と肺の模式図です。胎児は肺でガス交換をしていないので、胎児の心臓には大人と違う構造が２ヶ所あります。１つは心臓の壁の一部に卵円孔(らんえんこう)という穴(すき間)があることです。もう１つは大動脈と肺動脈の間をつなぐ動脈管という血管があることです。

胎児が生まれて自分で呼吸を始めると、卵円孔と動脈管が自然と閉じ、徐々(じょじょ)に大人と同じ構造になっていきます。産声(うぶごえ)を上げることは、赤ちゃんが自分で呼吸をして肺循環を始めることなのです。

図３

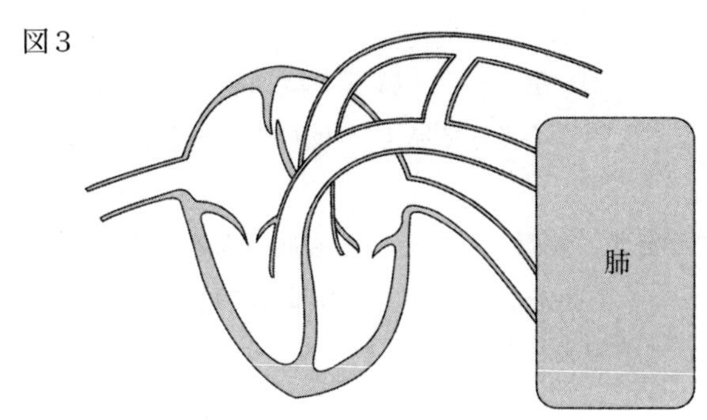

問７　次の文章は、卵円孔と動脈管について説明したものです。(　①　)～(　⑤　)に当てはまる適切な言葉を、ア～エの中からそれぞれ選び、記号で答えなさい。ただし、同じ記号を何度用いてもよいものとします。

ア　右心房(しんぼう)　　イ　右心室　　ウ　左心房　　エ　左心室

胎児の心臓に血液が入ってきたとき、多くの血液は(　①　)から卵円孔を通って(　②　)に流入します。その後、肺を経由せずに全身へ運ばれます。

赤ちゃんは生まれるとすぐに肺呼吸を開始します。肺の中に空気が入って肺が拡張すると、(　③　)から肺への血流量が増え、それによって肺から(　④　)への血流量も増えます。すると(　⑤　)の内圧が大きくなり卵円孔がふさがれます。その結果、(①)から(②)へ直接血液が流入しなくなります。また、このとき同時に動脈管もふさがれるため、生まれてきた赤ちゃんの血液循環は、大人のそれと同じになります。

問８　赤ちゃんが生まれた後、心臓の構造が大人と同じになっていくとき、閉じる血液の通り道が２ヶ所あります。図３中に×を入れてその場所を示しなさい。

大妻中学校(第１回)

—30分—

(編集部注：実際の入試問題では、写真や図版の一部はカラー印刷で出題されました。)

1　次の問いに答えなさい。

問１　身体の回転の方向を感知している人体の器官としてもっとも適当なものを次の(ア)〜(オ)から１つ選びなさい。

(ア)　髪(かみ)の毛(体毛)　(イ)　足　(ウ)　鼻　(エ)　舌　(オ)　耳

問２　明け方または夕方に明るく光って見え、「明けの明星」「よいの明星」とよばれる惑星(わくせい)の名前を答えなさい。

問３　泥(どろ)水をろ過するとき、装置としてもっとも適当なものを次の(ア)〜(エ)から１つ選びなさい。また、このとき使ったろ紙を広げると、どの部分に泥が残りますか。泥の部分がわかるように例にならってしゃ線で表しなさい。

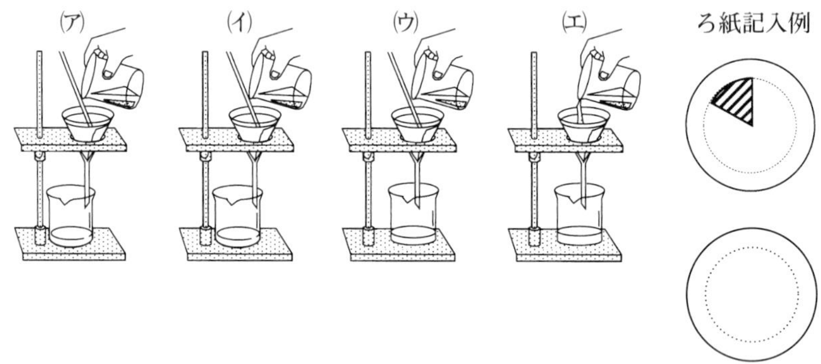

問４　音は、空気中を１秒間に340ｍ、水中を１秒間に1500ｍの速さで伝わります。音が空気中と水中をそれぞれ150ｍ進んだときの時間を測定すると、その時間の差は何秒になりますか。小数第３位を四捨五入して小数第２位まで答えなさい。

問５　固体Ａに液体Ｂを加えたところ、固体Ａが溶(と)けて気体が発生しました。この気体は無色でにおいがなく、水にほとんど溶けません。次の(ア)〜(カ)の中で、ＡとＢの組み合わせとして、もっとも適当なものを１つ選びなさい。

(ア)　Ａ：石灰石　Ｂ：うすい塩酸
(イ)　Ａ：石灰石　Ｂ：オキシドール
(ウ)　Ａ：アルミニウム　Ｂ：うすい塩酸
(エ)　Ａ：アルミニウム　Ｂ：オキシドール
(オ)　Ａ：二酸化マンガン　Ｂ：うすい塩酸
(カ)　Ａ：二酸化マンガン　Ｂ：オキシドール

問６　10㎤の塩酸Ａをちょうど中和するには、水酸化ナトリウム水溶液(すいようえき)Ｂが15㎤必要でした。これらをうすめて、次の水溶液Ｐ、Ｑをつくります。

・水溶液Ｐ　…　塩酸Ａ50㎤＋水50㎤
・水溶液Ｑ　…　水酸化ナトリウム水溶液Ｂ50㎤＋水100㎤

10㎤の水溶液Ｐをちょうど中和するために必要な水溶液Ｑは何㎤ですか。

2　図１は、マグマからできる岩石の分類図です。岩石のできかたのちがいで火山岩と深成岩に、さらに、岩石をつくっている鉱物の種類によって、A～Fにわけることができます。大妻中学校の校舎入口の床(ゆか)にもこの岩石のどれかが使われています。図２は校舎入口の床の写真を拡大したものです。セキエイ(灰色の部分)とクロウンモ(黒色の部分)と鉱物X(白色の部分)を観察することができました。

岩石の種類	火山岩	A	B	C
	深成岩	D	E	F
鉱物の種類	無色鉱物	セキエイ	チョウ石	キ石
	有色鉱物	クロウンモ	カクセン石	カンラン石

図１

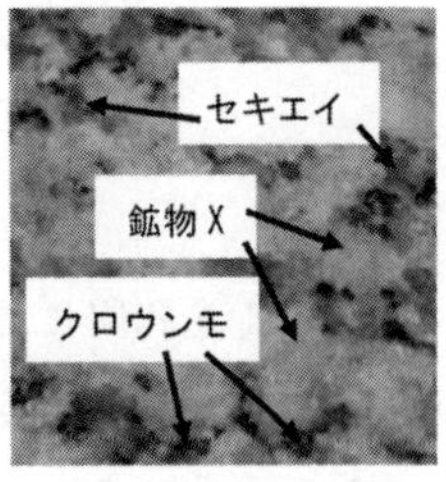

図２

問１　建物などに使われている岩石の中に化石がふくまれている場合がありますが、大妻中学校の校舎入口の床に化石を見つけられる可能性はありますか。可能性があると考える場合は「○」、ないと考える場合は「×」と答え、その理由としてもっとも適当なものを次の(ア)～(カ)から１つ選びなさい。

(ア)　古い時代の岩石だから　　(イ)　新しい時代の岩石だから

(ウ)　海底でできた岩石だから　　(エ)　砂が固まってできた岩石だから

(オ)　マグマからできた岩石だから　　(カ)　表面がみがかれているから

問２　図１のAの岩石名はリュウモン岩です。Bの岩石名を答えなさい。

問３　次の文中の［　　］にあてはまる言葉をそれぞれ選び、記号で答えなさい。

図２の岩石は、大きな粒(つぶ)の組み合わせでできているので、マグマが地下の①［ア：浅い　イ：深い］ところで、②［ア：ゆっくり　イ：急速に］冷えてできたとわかる。

問４　図１と図２を使って校舎入口の床の岩石が何であるか考えてみましょう。

①　図２の鉱物Xは何であると考えられますか。

②　校舎入口の床の岩石は、図１のA～Fのどれであると考えられますか。

問５　次の文章を読んで、あとの(1)(2)に答えなさい。

マグマは岩石がとけて液体になったものです。地上で岩石をとかすためには、温度を1200℃程度まで上げる必要があります。

物質には「固体」「液体」「気体」の３つの状態があります。物質をつくっている粒が規則正しくならんでいる状態が「固体」、粒が少し自由に動くことのできる状態が「液体」、粒が自由に飛び回っている状態が「気体」です。固体の温度を上げていくと、とけて液体になり、さらに温度を上げていくと沸騰(ふっとう)して気体になりますが、(I)圧力が高い場合は粒が周りからおさえられて動きにくくなるため、より高い温度にしないと状態が変化しません。たとえば、図３のPの温度のとき、圧力が低い場合は気体になっていますが、圧力が高い場合は液体のままです。

地球は地下深いほど温度が高く、地下100km付近で1200℃程度に達していますが、(II)ほとんどの岩石はとけることなく固体のままです。

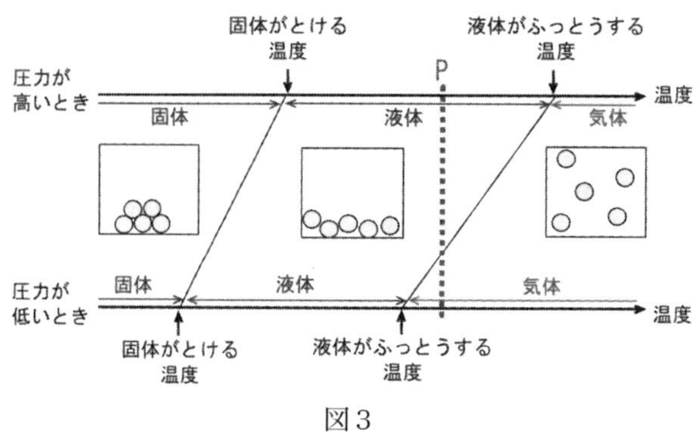

図３

(1)　下線部(I)を利用した道具に「圧力なべ」があります。米を炊(た)くときに圧力なべを使うと、調理時間を短縮できるのはなぜですか。次の文中の①②にあてはまる言葉を選び、それぞれ記号で答えなさい。

圧力を高くすることで、なべの中の①［ア：水　イ：水蒸気］を②［ア：100℃より高い　イ：ちょうど100℃　ウ：100℃より低い］温度にできるから。

(2)　下線部(II)について、地下深い場所で岩石が固体のままなのはなぜですか。理由を簡単に答えなさい。

3　地球上に生息している多くの生物は、太陽光の影響(えいきょう)を受けて進化してきました。そのため、からだの様々なはたらきが、光の影響を受ける生物も多く存在します。たとえば、ある種々の植物は光の当たっている時間(明期(めいき))と、光の当たっていない時間(暗期(あんき))との関係で、花が咲(さ)くところにできる芽(花芽(かが))が形成されることが知られています。花芽を形成するためには、光が当たっていない一定の時間(暗期)が続くことが大切です。この時間の長さを限界暗期といい、それぞれの植物によって異なります。図１のように、暗期が限界暗期より短くなると花芽が形成される植物を「長日植物」、暗期が限界暗期より長くなると花芽が形成される植物を「短日植物」といいます。

【花芽形成の条件】　花芽を形成したものを○、花芽を形成しなかったものを×とする

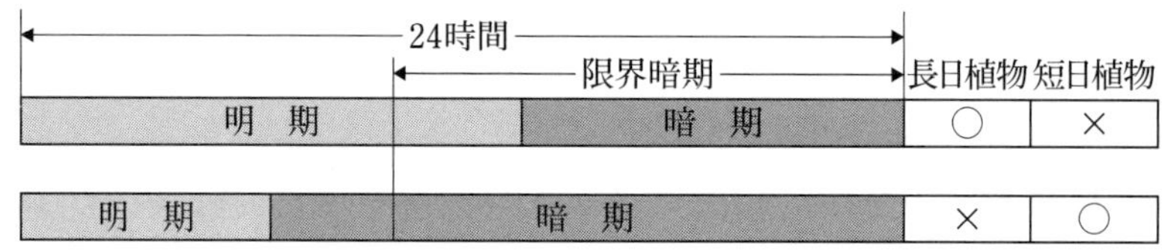

図１

問１　花を咲かせ、種子をつくる植物のうち、胚珠(はいしゅ)が子房(しぼう)でおおわれている植物を何といいますか。

問２　植物が光を受け、栄養分をつくるはたらきを何といいますか。

問３　東京で３月頃(ころ)、および９月頃に花芽を形成する野生の植物は、長日植物、短日植物のいずれの可能性が高いですか。それぞれ答えなさい。

問４　短日植物として適当なものを次の(ア)～(オ)から２つ選び、記号で答えなさい。

(ア)　アブラナ　　(イ)　ホウレンソウ　　(ウ)　トマト　　(エ)　コスモス　　(オ)　キク

問５　仮想の植物Ａ～Ｄを図２のような異なる条件のもと、一定の期間生育させたのち、花芽の形成のようすを確認しました。温度は一定で花芽を形成するのに十分なものとします。

植物Ａ～Ｄは、長日植物、短日植物のいずれであるか、図１を参考にして、答えなさい。ただし、長日植物の場合は［長］、短日植物の場合は［短］と答えなさい。

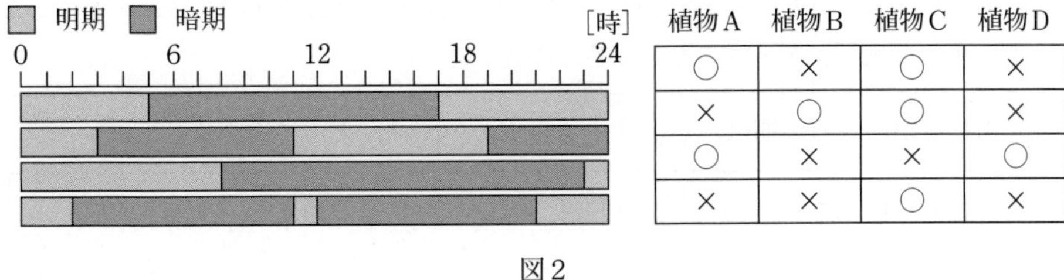

図２

問６　次図は約20日で花芽を形成する短日植物(限界暗期12時間)のグラフです。この植物は12時間以下の日照時間があれば20日で花芽を形成するが、12時間以上の日照時間では花芽を形成できないことを示しています。これをふまえて、約20日で花芽を形成する長日植物(限界暗期12時間)の花芽形成に必要な日数と日照時間に関するグラフをかきなさい。

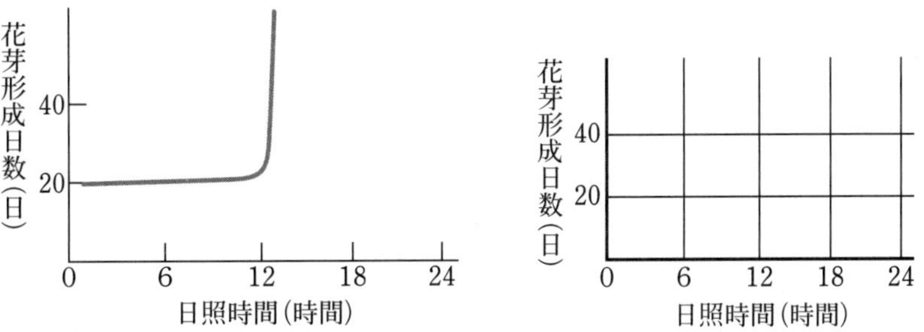

④　人類は、太陽の動きや月の満ち欠けなど、周期的に起こる自然現象に注目し、時間を測るために利用してきました。今から約7000年前には、地面に立てた柱がつくる影(かげ)を使って日中の時間の経過や季節の変化を測定することができる日時計が使われていたといわれています。また、太陽の出ていない時や夜間には、水時計が使われました。その後(　　)によって【ふりこの等時性】が発見されると、この性質を用いたふりこ時計が実用化され、広く利用されるようになりました。

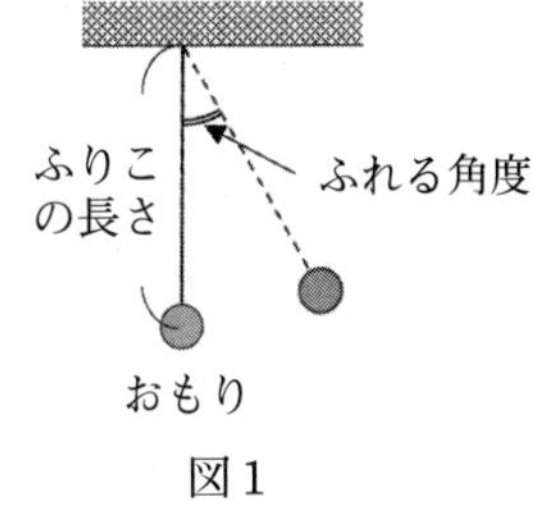

図１

【ふりこの等時性】について調べるため、図１のような重さの無視できるひもと、おもりを使ってふりこをつくって天井からつるし、10往復にかかる時間を測定しました。次の表はその結果です。

［測定結果］

	〈A〉	〈B〉	〈C〉	〈D〉	〈E〉	〈F〉	〈G〉
おもりの重さ［g］	200	200	200	300	400	500	600
ふれる角度［度］	10	10	20	10	20	10	20
ふりこの長さ［cm］	60	120	60	30	60	90	120
10往復にかかる時間［秒］	15.5	22.0	15.5	11.0	15.5	19.0	22.0

問１　文中の空らん(　　)には、イタリアの自然哲学者(てつがくしゃ)・天文学者・数学者として広く知られる人物の名前が入ります。もっとも適するものを次の(ア)〜(エ)から選びなさい。

(ア)　レオナルド・ダ・ヴィンチ　　(イ)　ガリレオ・ガリレイ

(ウ)　アイザック・ニュートン　　(エ)　アルベルト・アインシュタイン

問２　測定結果より、【ふりこの等時性】について説明した次の文の空らん①②にあてはまる言葉をすべて選び、(ア)〜(ウ)の記号で答えなさい。

ふりこがゆれる周期は、(①)によらず、(②)によって決まる。

(ア)　おもりの重さ　　(イ)　ふれる角度　　(ウ)　ふりこの長さ

実際のふりこ時計では、金属などの棒を用いてふりことしています。

［測定結果］の表の測定〈B〉で用いたふりこと長さと重さが同じで、一様な太さの棒を図２のように天井からつるし、10往復にかかる時間を調べたところ、〈B〉の時間よりも短くなりました。

問３　下線部のようになる理由を説明した次の文の空らんにあてはまる数をそれぞれ整数で答えなさい。

〈B〉のふりこでは、ふりこの重心は天井の支点から(①)cmの点にあるのに対し、図２のふりこでは、重心が天井の支点から(②)cmの点にあるため、長さ(②)cmのふりこと考えることができるから。

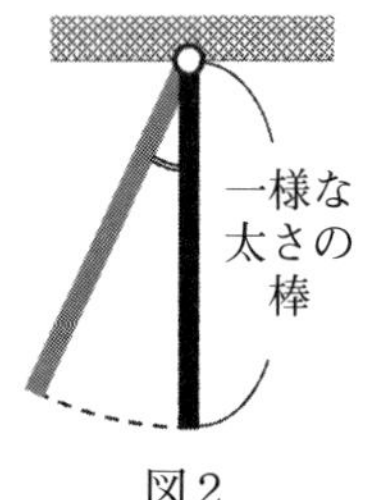

図２

(あ)1㎤あたりの重さが8.0ｇの金属を使って、長さ120cm、断面積１㎠の棒を作り、図２と同様にふりこにしました。

しかし、金属は温度によって体積が変化するため、気温が下がるとふりこの長さが短くなり、ふりこの周期が変化してしまいます。このままでは時計として使うことはできません。このような長さの変化を補正するためには、(い)ふりこに可動式のおもりを取りつけておき、気温の変化に応じて動かすなどの工夫が必要です。

問４　下線部(あ)について、この棒の重さは何ｇですか。

問５　下線部(い)について、気温が下がって、この棒が0.04cm縮んでもふりこが同じ周期でふれるためには、おもりをどの位置につけたらよいかを考えます。

(1)　次の文の空らん①にはあてはまる言葉を選び、空らん②には数字を答えなさい。

棒の長さが0.04cm短くなったということは、この棒の重心の位置が①［上・下］に②［数字］cm移動したと考えることができる。このため、この変化を打ち消すようにおもりをつければよい。

(2)　ふりこの周期を変わらず保つためには、30ｇのおもりを天井の支点から何cmのところにつければよいか答えなさい。ただし、小数第３位以降があるときは、小数第３位を四捨五入して小数第２位まで答えなさい。

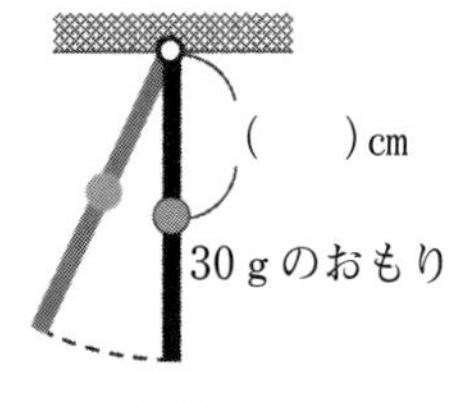

図３

大妻多摩中学校(総合進学第１回)

—40分—

(編集部注：実際の入試問題では、写真や図版の一部はカラー印刷で出題されました。)

1　振(ふ)り子について次の問いに答えなさい。ただし、計算結果で小数第二位以下がある場合には四捨五入し、小数第一位までで答えなさい。

(1)　図１は振り子が揺(ゆ)れている様子を表した図です。振り子を揺らしたときの性質について、正しいものを①～⑥から２つ選んで、番号で答えなさい。

①　振り子のおもりを重くすると１往復する時間が短くなる。

②　振り子のおもりを軽くすると１往復する時間が短くなる。

③　振り子のおもりの重さを変えても１往復する時間は変わらない。

④　おもりの高さを高くすると、１往復する時間が短くなる。

⑤　おもりの高さを低くすると、１往復する時間が短くなる。

⑥　おもりの高さを変えても、１往復する時間は変わらない。

図１

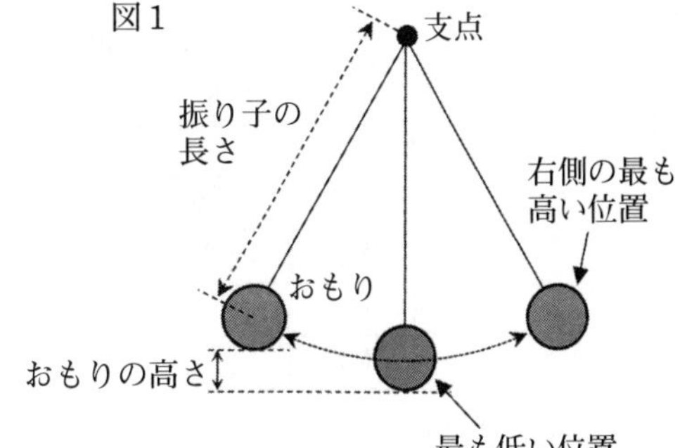

※振り子の長さとは、支点からおもりの中心までの長さのこと。

(2)　振り子のおもりの高さと重さは変えずに、振り子の長さだけを変えて振り子が10往復する時間を計測しました。表１は計測結果をまとめた表です。

振り子の長さを250cmにすると、10往復するのに何秒かかるか答えなさい。

表１

振り子の長さ(cm)	10	40	90	160
10往復にかかる時間(秒)	6.4	12.8	19.2	25.6

(3)　10往復にかかる時間が4.0秒と6.0秒の振り子を同時に揺らし始めると、1.2秒ごとにおもりが右側の最も高い位置に同時に来ます。10往復にかかる時間が6.0秒と8.0秒の振り子を同時に揺らし始めると、何秒ごとにおもりが右側の最も高い位置に同時に来るか答えなさい。

(4)　10往復にかかる時間が8.0秒の振り子を揺らしたとき、おもりが最も低い位置を通過してから、再びその位置を通過するのは何秒後か答えなさい。

(5)　図２のように振り子を揺らすと、おもりが最も低い位置に来るときに、糸がクギに当たるようにしました。振り子の長さを90cm、支点からクギまでの長さＡを50cmにすると10往復にかかる時間は16.0秒でした。振り子の長さを160cm、Ａの長さを70cmにすると10往復にかかる時間は何秒か答えなさい。

図２

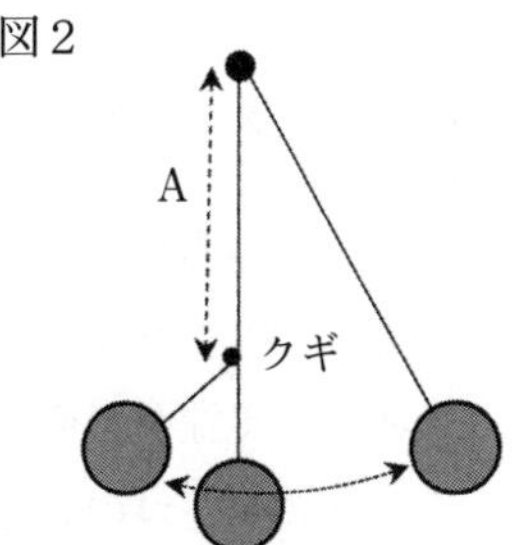

2 次の研究発表を読んで問いに答えなさい。

水のとくちょう

6年2組5番　大妻 玉子

きっかけ

水に軟水(なんすい)と硬水(こうすい)という種類があるということを知り、くわしく調べたいと思った。

調査結果１

市販(しはん)のミネラルウォーター５種類について、成分を調べた。その結果を次の表にまとめた。

水100mLにふくまれる各成分の量(mg)

	ナトリウム	カルシウム	マグネシウム	カリウム
水A	3.53	2.7	1.05	0.35
水B	2.9	4.5	1.4	0.4
水C	1.13	0.64	0.54	0.13
水D	1.7	0.6	1.8	0.9
水E	1.2	0.95	0.3	0.1

調査結果２

軟水と硬水という分類について調べたところ、水に溶(と)けているカルシウムとマグネシウムの量による分類方法であった。ＷＨＯの基準では、水１Lに溶けているカルシウムの量を2.5倍、マグネシウムの量を4.12倍し、合計した量を水の硬(こう)度(単位mg/L)と言い、硬度が60mg/L以下のものが軟水ということだった。

日本の水は軟水が多いが、海外では硬水の地域も多く、水の性質に合わせた生活をしている地域がある。例えばイギリスでは紅茶がよく飲まれているが、硬水向けの紅茶と軟水向けの紅茶があるそうだ。

調査結果３

実際に軟水と硬水で紅茶をいれてみた。硬水でいれた紅茶は、軟水でいれたものに比べて暗い色をしていた。また味も少し違(ちが)いがあった。紅茶に砂糖を溶かし、輪切りにしたレモンを入れたところ、色が少しうすくなった。

紅茶に砂糖を溶かした時点では色に変化は見られず、レモンを入れた後に色の変化が見られた。別の紅茶に、入れたレモンと同じ重さの水を加えてみると色はほとんど変化しなかったため、薄まったわけではなく、レモンの影響(えいきょう)で色が変わったと考えられる。

まとめ

水は商品や地域によってふくまれている成分に違いがあり、その違いによって性質も異なることが分かり、興味深かった。軟水と硬水で紅茶の色や味が変わったことや、レモンによって紅茶の色が変わったことについて、さらに調べてみたい。

(1) 日本の水に軟水が多い理由の１つは川のとくちょうにあります。その説明として適当なものを①～⑥から１つ選んで、番号で答えなさい。

① 短く流れのゆるやかな河川が多いため、土壌(どじょう)にふくまれる成分が溶けにくいから。

② 短く流れの急な河川が多いため、土壌にふくまれる成分が溶けにくいから。

③ 短く流れの急な河川が多いため、土壌にふくまれる成分が溶けやすいから。

④ 長く流れのゆるやかな河川が多いため、土壌にふくまれる成分が溶けやすいから。

⑤　長く流れの急な河川が多いため、土壌にふくまれる成分が溶けやすいから。

⑥　長く流れの急な河川が多いため、土壌にふくまれる成分が溶けにくいから。

(2)　調査結果２について、水Ｃの硬度を求めなさい。ただし、計算結果で小数第一位以下がある場合には四捨五入し、整数で答えなさい。

(3)　調査結果１の水のうち、軟水であるものをＡ～Ｅから全て選んで記号で答えなさい。

(4)　調査結果３に関して、レモンを入れたことで紅茶の色が変化した理由を予想して書きなさい。またその予想を確かめるためにどのような実験をすればよいか説明しなさい。

(5)　この研究発表を読んで、自分だったら水についてさらにどのような事を調べようと思いますか。研究発表の内容に関連する事で、まとめに書かれていること以外に１つ答えなさい。

3　以下の文章を読み、次の問いに答えなさい。

タヌキが登場する童謡(どうよう)や昔話を思い出すことはできるだろうか。実は大妻多摩中学校があるこの多摩地域は、とある映画で描(えが)かれるほどタヌキとの縁が深く、また学校敷地(しきち)内にも毎晩のように出現している。敷地のすみには数か所、タヌキの「ためフン」がみられ、トイレのように使っている場所がある。このため大妻多摩にいると童謡や昔話にタヌキがよく登場することにも納得しやすいのだ。タヌキは私たちヒトと同じほ乳類で、イヌ科タヌキ属という分類になっている。日本のうち本州に生息しているタヌキの正式な和名はホンドタヌキという。遠い昔から日本に生息している「在来種」と呼ばれる種類のほ乳類でもある。雑食で植物も動物も食べるが、積極的にとりにいくわけではなく地上に落ちている木の実や昆虫(こんちゅう)を食べることが多い。古いことわざに「捕(と)らぬたぬきの皮算用」というものがあることからもわかるように、タヌキの毛皮(冬毛)は分厚く、昔からクマの毛皮などよりも優秀な防寒具としてあつかわれるほどである。体重は３～９kgほどで、主に夜に活動するが、運動能力はあまり高くなく、木登りなどは得意でない。

(1)　文章からもわかるように、タヌキも私たちと同じように食べ物を食べ、フンをしています。食べ物を食べて体に吸収しやすいように体内で変えていくことを何と呼ぶか、漢字二文字で答えなさい。

(2)　文章内にもあるように、ためフンには大量のフンがためられていますが、これは１頭もしくは家族などの数頭程度の集団でためているものです。ためフンは何のための行動でしょうか。タヌキの立場に立ってその考えを書きなさい。

(3)　タヌキは冬眠をするでしょうか。文章から考えて、[冬眠する　冬眠しない] のどちらかで答えなさい。また、そう考えられる理由を文章から答えなさい。

(4)　ブーと鳴く、と表現されるのはブタです。ワンワンと鳴く、と表現されるのはイヌです。タヌキの鳴き声として正しいと考えられるものを①～⑤から１つ選び、番号で答えなさい。

①　タヌタヌ　　②　キューン　　③　ニャー　　④　ポンポコ　　⑤　メェー

(5)　もともと日本には生息していなかった「外来種」と呼ばれる種類のほ乳類も都内や神奈川県内に多くいます。このうち、タヌキと見間違(ちが)えるほどよく似ているほ乳類にアライグマがいます。このアライグマが外来種としてタヌキとの間で引き起こしている問題はどんなことでしょうか。以下をヒントにして説明しなさい。

分　　　類：アライグマ科アライグマ属
生　息　地：主に北米　近年は日本やヨーロッパにもひろがっている
体　　　重：４～10kg　タヌキより少し大きい
食べるもの：雑食　木の実、昆虫、川の生物など
活動する時間：主に夜
運　　　動：木登りが得意、手先を器用に使う

(6)　多摩地域の自然において、タヌキが果たしている役割として考えられることを、文章を参考にして考えて答えなさい。

4　次の問いに答えなさい。

(1)　2023年の７月と８月の東京は記録的な暑さでした。2020年～2022年の７月と８月の東京の猛暑日(もうしょび)の平均日数は7.7日ですが、2023年は23日もあり、観測史上最多の猛暑日の日数を記録しました。猛暑日の説明として、正しいものを①～⑥から１つ選んで、番号で答えなさい。

①　１日の平均気温が30℃をこえた日。　②　１日の平均気温が35℃をこえた日。
③　１日の最低気温が30℃をこえた日。　④　１日の最低気温が35℃をこえた日。
⑤　１日の最高気温が30℃をこえた日。　⑥　１日の最高気温が35℃をこえた日。

(2)　2023年８月は日本だけでなく世界的に平均気温が高く、その原因の１つにエルニーニョ現象が関連していると考えられています。エルニーニョ現象とは、海面付近の海水温が平年に比べどのように変化する現象でしょうか。最も正しいものを①～⑥から選んで、番号で答えなさい。ただし、図中の赤と青の海域は、平年より海面付近の海水温が高い海域を赤、海水温が低い海域を青で示しています。

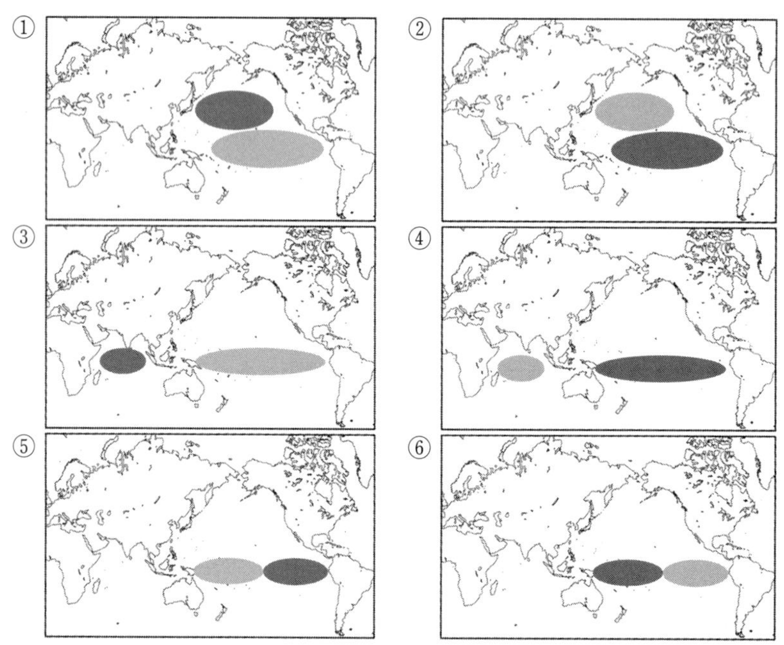

(編集部注：実際の入試問題では、この図版はカラー印刷で出題されました。図中の（薄い楕円）は赤を、（濃い楕円）は青を表しています。)

(3)　エルニーニョ現象が発生する原因として、正しいものを①～⑥から１つ選んで、番号で答えなさい。

①　平年に比べ偏(へん)西風が強い。　　②　平年に比べ偏西風が弱い。
③　平年に比べ貿易風が強い。　　④　平年に比べ貿易風が弱い。
⑤　平年に比べ日本の季節風が強い。　　⑥　平年に比べ日本の季節風が弱い。

(4)　エルニーニョ現象が発生すると、南米ペルーのイワシ漁が不漁になります。これは、イワシ類がどのような海中を好んで生息していることが原因と考えられるでしょうか。正しいものを①～⑥から１つ選んで、番号で答えなさい。

①　深海を好んで生息している。　　②　海面付近を好んで生息している。
③　暖かい海水を好んで生息している。　　④　冷たい海水を好んで生息している。
⑤　陸地に近い海中を好んで生息している。　　⑥　陸地から遠い海中を好んで生息している。

(5)　地球の温暖化が進行し気温が上がると、地球上の氷や凍土(とうど)(こおった土)がとけたり、大気中の水蒸気の量が増えたりします。そのため、温暖化を加速させる環(かん)境変化や、減速させる環境変化が起きると考えられています。温暖化を減速させる環境変化として、正しいものを①～⑤から１つ選んで、番号で答えなさい。

①　北極の氷が溶けると、氷で反射していた太陽の光が海面まで届く。
②　南極の氷が溶けると、氷で反射していた太陽の光が大地まで届く。
③　シベリアなどの凍土が溶けると、凍土の中にふくまれていた温室効果ガスであるメタンが、大気中に放出される。
④　大気中の水蒸気の量が増えると、雲が発生しやすくなる。
⑤　大気中の水蒸気の量が増えると、大気中の温室効果ガスが増える。

大妻中野中学校(第１回)

—30分—

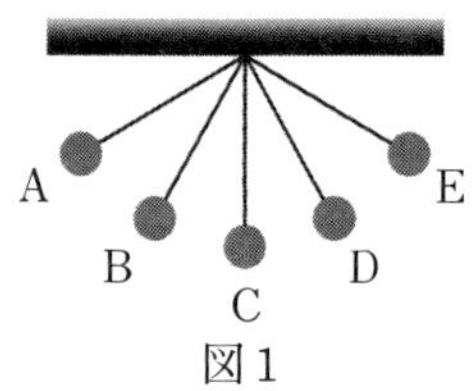

図１

1　図１のように、ふりこのおもりをＡの位置から静かにはなすと、おもりはＡの位置と同じ高さのＥの位置まで移動しました。ふりこの長さを変えて、１往復する時間を調べると表のようになりました。これについて次の問いに答えなさい。ただし、おもりの大きさは考えなくてよいものとする。

表　ふりこの長さと往復する時間の関係

ふりこの長さ〔cm〕	25	50	75	100	125	150	175	200	225
往復する時間〔秒〕	1.0	1.4	1.7	2.0	2.2	2.4	2.7	2.8	3.0

問１　ふりこのおもりの速(はや)さについて正しく述べた文はどれですか。(ア)～(ケ)から１つ選び、記号で答えなさい。

(ア)　Ａの位置とＥの位置でもっとも速く、Ｃの位置でもっとも遅(おそ)い。
(イ)　Ａの位置とＥの位置でもっとも速く、Ｂの位置とＤの位置でもっとも遅い。
(ウ)　Ｂの位置とＤの位置でもっとも速く、Ａの位置とＥの位置でもっとも遅い。
(エ)　Ｂの位置とＤの位置でもっとも速く、Ｃの位置でもっとも遅い。
(オ)　Ｃの位置でもっとも速く、Ｂの位置とＤの位置でもっとも遅い。
(カ)　Ｃの位置でもっとも速く、Ａの位置とＥの位置でもっとも遅い。
(キ)　Ｅの位置でもっとも速く、２番目にＣの位置が速く、Ａの位置でもっとも遅い。
(ク)　Ａの位置でもっとも速く、２番目にＣの位置が速く、Ｅの位置でもっとも遅い。
(ケ)　Ａの位置、Ｂの位置、Ｃの位置、Ｄの位置、Ｅの位置のどこでも同じである。

問２　表より、ふりこの１往復する時間が3.4秒のとき、ふりこの長さは何cmになりますか。

問３　ふりこのおもりの重さ、ふりこのふれ幅(はば)を変えたときに、ふりこが１往復する時間について正しく述べた文はどれですか。それぞれ(ア)～(カ)から１つずつ選び、記号で答えなさい。

＜ふりこのおもりの重さ＞
(ア)　おもりの重さを大きくすると、ふりこが１往復する時間が長くなる。
(イ)　おもりの重さを大きくすると、ふりこが１往復する時間が短くなる。
(ウ)　おもりの重さを大きくしても、ふりこが１往復する時間は変わらない。

＜ふりこのふれ幅＞
(エ)　ふれ幅を小さくすると、ふりこが１往復する時間が長くなる。
(オ)　ふれ幅を小さくすると、ふりこが１往復する時間が短くなる。
(カ)　ふれ幅を小さくしても、ふりこが１往復する時間は変わらない。

問４　図２は、ふりこの長さを１ｍとし、Ｃの位置の真上25cmのところにくぎを打ちました。おもりをＡの位置から静かにはなしたところ、ふりこはＡ→Ｂ→Ｃ→Ｄ→Ｅのように運動し、Ａの位置と同じ高さのＥの位置まで移動しました。Ａの位置からＣの位置まで移動する時間は、Ｃの位置からＥの位置まで移動する時間と比べるとどうなりますか。(ア)～(エ)から１つ選び、記号で答えなさい。

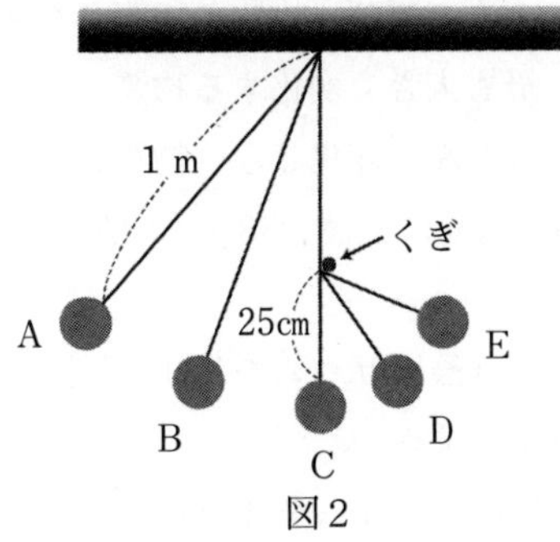

図２

(ア)　４倍になる　　(イ)　２倍になる　　(ウ)　半分になる　　(エ)　変わらない

問５　図３は、スタンドにふりこをつるしてAの位置からいきおいよく投げ出した時の様子を表したものです。おもりが図３のBの位置、Cの位置、Dの位置を通過するときに、それぞれ図３の点線の位置で糸が切れた場合、その後のおもりはどのような運動をしますか。それぞれ(ア)～(オ)から１つずつ選び、記号で答えなさい。

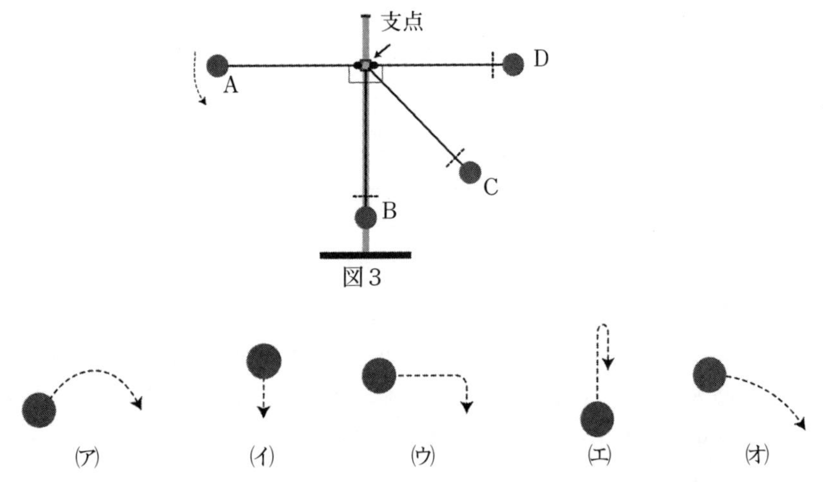

2　水はいろいろな物質を溶(と)かします。特に、物質がすべて水に溶けている液体を水溶(よう)液といいます。次の図は、水の温度と水100 gに溶ける４種類の物質(しょう酸カリウム、食塩、ミョウバン、ホウ酸)の最大の重さの関係を示したものです。あとの問いに答えなさい。

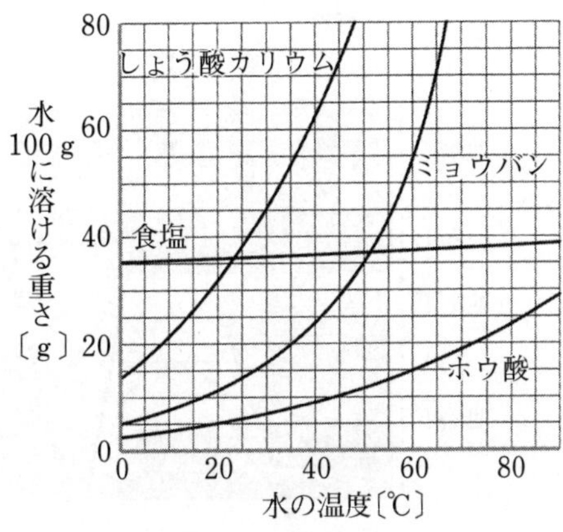

問１　水の温度を20℃から40℃に上げたとき、次の(1)、(2)にあてはまる物質はそれぞれどれで

すか。図中の物質から１つずつ選び、物質名で答えなさい。

(1)　水に溶ける重さが、最も大きく変化する物質

(2)　水に溶ける重さが、ほとんど変化しない物質

問２　ミョウバンは60℃の水100 gに、最大58 gまで溶けます。60℃の水50 gにミョウバンは最大何 gまで溶けますか。

問３　30℃の水250 gに、しょう酸カリウムを150 g入れてよくかきまぜました。溶けずに残ったしょう酸カリウムは何 gですか。

問４　約90℃の水100 gを入れたビーカーを２つ用意しました。片方には食塩、もう片方にはホウ酸を15 gずつ完全に溶かして水溶液を作りました。その後、２つのビーカーをゆっくり20℃まで冷やすと、片方のビーカーの水溶液からは結晶が出てきましたが、もう片方のビーカーの水溶液からは何も出てきませんでした。(1)、(2)の問いに答えなさい。

(1)　結晶が出てきた水溶液には、食塩とホウ酸のどちらが溶けていますか。また、出てきた結晶の重さはおよそ何 gですか。(ア)～(エ)の中から正しい組み合わせを１つ選び、記号で答えなさい。

	溶けている物質	結晶の重さ
(ア)	食塩	5 g
(イ)	食塩	10 g
(ウ)	ホウ酸	5 g
(エ)	ホウ酸	10 g

(2)　結晶が出てこなかったビーカーの水溶液は、加熱して水を蒸発させると、結晶を取り出すことができました。このように、水を蒸発させて、水に溶けている物質を固体として取り出すことができる水溶液はどれですか。(ア)～(オ)の中から１つ選び、記号で答えなさい。

(ア)　炭酸水　　(イ)　食酢(す)　　(ウ)　アンモニア水　　(エ)　石灰水　　(オ)　塩酸

問５　40℃の水90 gにしょう酸カリウムを30 g溶かした時の、水溶液の濃(こ)さは何％ですか。

問６　問５の水溶液の温度は変えずに、さらに40℃の水を105 g加えました。水溶液の濃さを変えないためには、さらに、しょう酸カリウムを何 g加えればよいですか。

3　次の図は、ある場所での地層のようすです。説明を読み、次の問いに答えなさい。

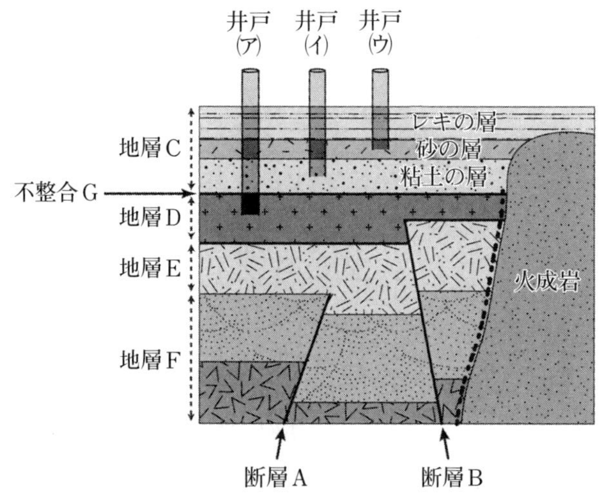

＜説明＞
・　図の地層は、新生代にできたものである。
・　断層Aにともなう地震(しん)が、過去何度か起こっている可能性がある。
・　断層Aにともなう地層のずれの量は、毎回同じである。
・　図の地層には、ぎょうかい岩が含まれている場合がある。
・　火成岩と接している地層D～Fには、熱の影響(えいきょう)を受けているところがあるが、地層Cは、熱の影響を受けているところがない。

問1　断層Aにともなう地震について、(ア)～(オ)から正しいものを1つ選び、記号で答えなさい。

(ア)　地層のずれの量が同じであることに注目し、過去に1回地震が起きている。
(イ)　地層のずれの量が下の地層ほど大きいことに注目し、過去に2回地震が起きている。
(ウ)　地層のずれの量が下の地層ほど大きいことに注目し、過去に3回地震が起きている。
(エ)　地層のずれの量が上の地層ほど大きいことに注目し、過去に2回地震が起きている。
(オ)　地層のずれの量が上の地層ほど大きいことに注目し、過去に3回地震が起きている。

問2　地下水を得るための井戸をほるのに適当な深さはどれですか。図の井戸(ア)～井戸(ウ)から正しいものを1つ選び、記号で答えなさい。

問3　図の地層で見つかる可能性のあるものを、(ア)～(カ)から2つ選び、記号で答えなさい。

(ア)　三葉虫　　(イ)　アンモナイト　　(ウ)　ナウマンゾウ
(エ)　フズリナ　　(オ)　ビカリア　　(カ)　恐竜

問4　ぎょうかい岩の層について、(ア)～(ク)から正しいもの3つ選び、記号で答えなさい。

(ア)　マグマが地下深くでゆっくりと冷えて固まってできた。
(イ)　マグマが地表付近で急に冷えて固まってできた。
(ウ)　多量の火山灰がたい積し、固まってできた。
(エ)　大昔の生き物が押し固められてできた。
(オ)　岩石にふくまれるつぶは、ごつごつと角ばった石が多く混ざっている。
(カ)　岩石にふくまれるつぶは、角の丸まった石が多く混ざっている。
(キ)　はなれた場所の地層の年代を比べるのによく使われる。
(ク)　層の中に化石を含んでいる場合が多い。

問5　図の地層C、地層D、地層E、断層B、不整合G、火成岩のでき方を古い順にならべたものについて、(ア)～(ク)から正しいものを1つ選び、記号で答えなさい。

(ア)　地層E→地層D→断層B→不整合G→火成岩→地層C
(イ)　地層E→断層B→地層D→不整合G→火成岩→地層C
(ウ)　地層E→地層D→断層B→不整合G→地層C→火成岩
(エ)　地層E→断層B→地層D→不整合G→地層C→火成岩
(オ)　地層E→地層D→断層B→火成岩→不整合G→地層C
(カ)　地層E→断層B→地層D→火成岩→不整合G→地層C
(キ)　地層E→地層D→断層B→火成岩→地層C→不整合G
(ク)　地層E→断層B→地層D→火成岩→地層C→不整合G

学習院女子中等科(A)

—30分—

1　春から夏にかけて、ナミアゲハというアゲハチョウをよく見かけます。その幼虫は、おもにミカン科の植物の葉を食べて成長します。①若い幼虫は白黒模様をしていますが、成長するとからだの色は緑に変わります。からだが緑色に変わるとさらに成長し、その後、さなぎになるのに適した場所を探します。②木の枝ばかりでなく、建物のかべなどでもさなぎになり、さなぎの色もいくつかあります。また、さなぎのまま冬をこすこともあります。

問1　ナミアゲハのように「卵→幼虫→さなぎ→成虫」とすがたを変えることを何と言いますか。また、同じような育ち方をするこん虫を、次のA～Eからすべて選び、記号で答えなさい。

A　カブトムシ　　B　セミ　　C　バッタ　　D　ハチ　　E　トンボ

問2　下線部①について、若い幼虫のからだの色は天敵から身を守るのに役立つと考えられています。その理由として正しいものを次のア～エから１つ選び、記号で答えなさい。

ア　周囲のかん境にとけこみ、見つかりにくい

イ　鳥のフンに似ていて、食べられにくい

ウ　毒をもつ生物に似ていて、食べられにくい

エ　自分に毒があるとアピールしている

問3　アゲハチョウの成虫は何枚のはねをもっていますか。

問4　下線部②について、さなぎの色が何をもとに決まるのかを調べるために、まわりのかん境を変えてナミアゲハを育てました。右の図は、さなぎになる準備を始めた幼虫をさまざまな色・材質の棒に移動させ、その後できたさなぎの色の割合をまとめたものです。

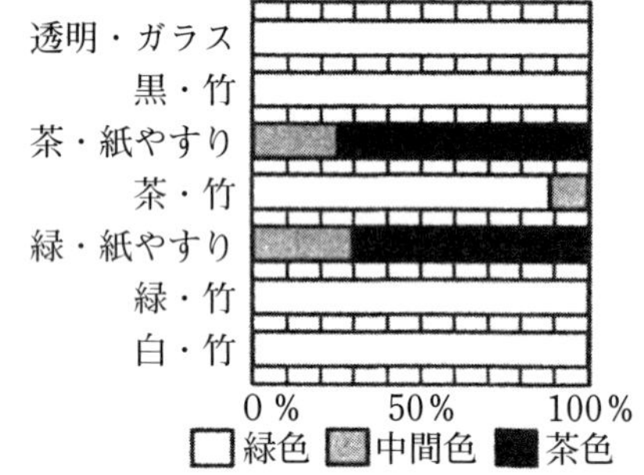

(1)　茶色の紙やすりを巻きつけた棒に幼虫を移動させたとき、中間色のさなぎは何％できましたか。

(2)　実験より、ナミアゲハのさなぎの色は、主にどのような情報をもとにして決まると考えられますか。簡単に説明しなさい。

(3)　もし、実験で使ったものと同じ茶色の紙やすりの画像を映し出した液しょう画面の上で幼虫が育ち、さなぎになったとすると、色は何色になると予想できますか。

2　ふつうに見られる海の波は、(①)のエネルギーによって発生し、海面近くが波打つようになり、その波が海岸線に向かい伝わってくるものです。それに対して津波は、(②)や火山活動、大規模な山くずれなどがもとになって海底や海岸地形が急変し、海底から海面までの海水全体が短時間に変動し、それが周囲に波として広がって行く現象です。特しゅな例として、きょうりゅうの絶めつの要因となった(③)の地球への落下により津波が発生したことが知られています。津波は、海岸線近くで波の高さが(④)なり、波の速さが(⑤)なります。津波の高さが高くなる条件や、大きい津波が発生しやすい海岸地形について考えるために、池に水路を設けて、波を起こす実験をしました。

問1　文中の①～⑤にあてはまる語を答えなさい。

問2　以下の図は、池に設けた水路を上から見た図です。水路の奥(おく)のはばと長さは、どれも同じです。それぞれの水路について、奥の方(図の左側)の水を、水面から水底まで同時におし出すことによってしん動させ、同じ高さの波を池に向けてくり返し続けて発生させました。

(1)　水路の深さがどこでも同じとき、水路の出口の部分で波の高さが最も高くなるのは、次の(ア)～(オ)のどれですか。

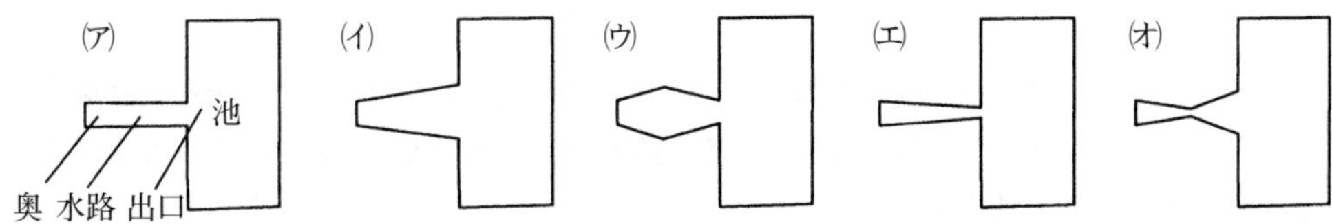

(2)　(1)で答えた水路について、水深を次のA～Dのように変化させました。水路の出口の部分での波が、最も高くなるのはどれですか。

A　奥の水深は変えずに、出口に向けて水深を浅くする
B　出口の水深は変えずに、奥に向けて水深を浅くする
C　奥と出口の水深は変えず、水路中央の水深を浅くする
D　奥と出口の水深は変えず、水路中央の水深を深くする

問3　(1)と(2)で答えたそれぞれの条件によって、なぜ波の高さが高くなるのか説明しなさい。

③　図1のような同じ形の円柱Aと円柱B、図2のような水槽(すいそう)があります。図3のように、水の入っていない水槽に円柱をひとつ立て、水をつねに一定の割合で水槽に入れ、水位をはかる実験を行いました(水位は水槽の底面からはかります)。円柱Aは金属製で水にうかず、円柱Bはプラスチック製で水にうきます。円柱Bがうくとき、円柱はかたむかず、水槽に置かれた状態から真上に動くものとします。右のグラフは実験結果を示したもので、時刻が4秒までの水位の変化はどちらの円柱の場合も同じですが、その後は円柱の種類によって結果が異なりました。

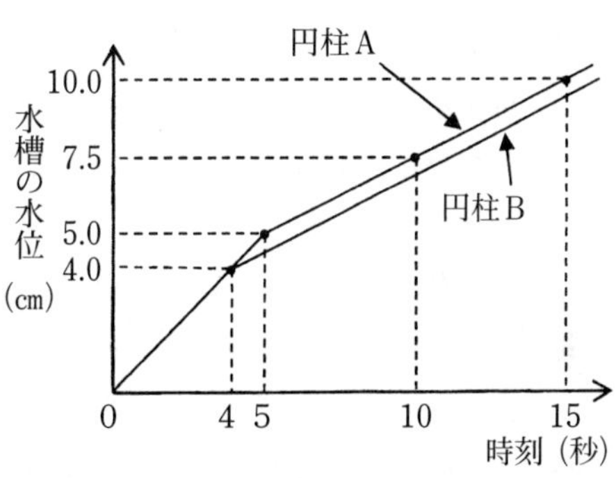

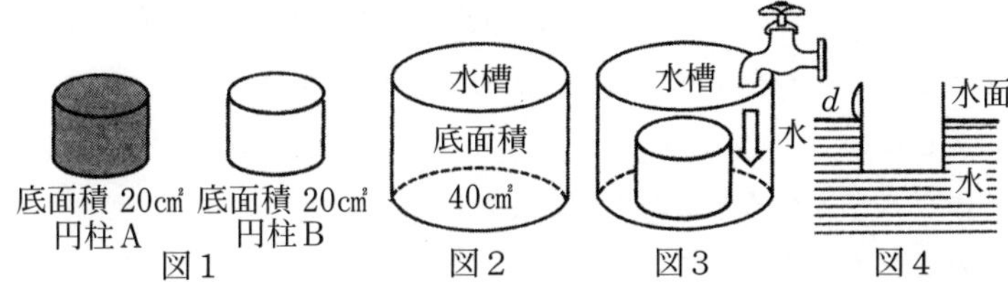

図1　図2　図3　図4

［参考］浮力(ふりょく)：物体を水中に入れると、物体がおしのけた水の重さに相当する上向きの力を受けます。水は1cm³あたり1gなので、例えば、水に入っている部分の体積が100cm³のとき、この物体は100gの重さに相当する浮力(上向きの力)を受けています。

問1　水槽には、1秒あたり何cm³の水が入れられていますか。(考え方・式も書くこと。)

問2　円柱の高さは何cmですか。

問３　円柱Ｂを用いた実験で、時刻４秒のときに円柱Ｂがおしのけている水の体積は何㎤ですか。

問４　円柱Ｂは何ｇですか。

問５　円柱Ｂは、１㎤あたり何ｇですか。（考え方・式も書くこと。）

問６　円柱Ａの内側をくりぬいて、コップの形にしたら重さは90ｇになりました。このコップを水の入った水槽に入れると、図４のようにうきました。このとき、水面より上に出ている部分の長さ（図中のd）は何㎝ですか。（考え方・式も書くこと。）

4　８種類の水よう液㋐～㋗は、それぞれ、アンモニア水、アルコール水、塩酸、食塩水、水酸化ナトリウム水よう液、石灰水、炭酸水、ほう酸水のいずれかです。以下のような実験をして、それぞれの水よう液の性質を調べました。

実験１：８種類の水よう液を少しずつとり、それぞれにＢＴＢ液を１てき加えた。

実験２：８種類の水よう液を少しずつとり、それぞれにフェノールフタレイン液を１てき加えた。

実験３：８種類の水よう液を少しずつとり、それぞれを右図のように蒸発皿に入れて加熱し、その上に水でぬらしたリトマス紙をかざした。その後、水分がなくなるまで加熱を続けた。

実験４：実験１～３では判別できなかった水よう液から２種類を選んで少しとり、混ぜ合わせた。

問１　実験１の結果、黄色を示したのは、水よう液㋐、㋑、㋒、緑色を示したのは、㋓と㋔、青色を示したのは、㋕、㋖、㋗でした。実験２の結果、色が変化した水よう液を㋐～㋗からすべて選び、記号で答えなさい。また、何色に変化したか、次の㋐～㋓から選び、記号で答えなさい。

㋐　黄色　　㋑　だいだい色　　㋒　赤色　　㋓　青むらさき色

問２　実験３で、水でぬらした赤色リトマス紙をかざすと青色に変化したのは、水よう液㋕のみでした。水よう液㋕の名前を答えなさい。

問３　実験３で水分がなくなるまで加熱を続けたところ、水よう液㋐、㋔、㋖、㋗は加熱後に蒸発皿に白い固体が残りましたが、それ以外の水よう液は蒸発皿に何も残りませんでした。水よう液㋐、㋓、㋔の名前を答えなさい。

問４　実験４で、水よう液㋑と水よう液㋖を混ぜると白いにごりを生じました。水よう液㋑、㋒、㋖、㋗の名前を答えなさい。また、水よう液㋑、㋒、㋖、㋗のうち、次の⑴～⑶の特ちょうや性質にあてはまるものをすべて選び、記号で答えなさい。

⑴　においがしない

⑵　アルミニウムを入れるとあわを出してとける

⑶　鉄を入れるとあわを出してとける

神奈川学園中学校（A午前）

—30分—

（編集部注：実際の入試問題では、写真や図版の一部はカラー印刷で出題されました。）

1　かなこさんは小学校でヘチマを育てていました。次の問いに答えなさい。

(1)　ヘチマの実はどれでしょうか。次の(ア)～(エ)から１つ選び、記号で答えなさい。

(ア)

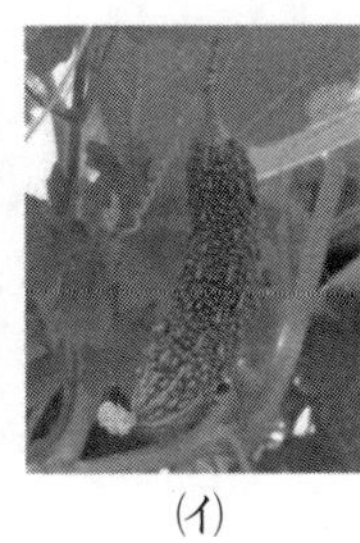
(イ)

(ウ)

(エ)

(2)　５月にヘチマの種をまくと、１週間ぐらいで子葉が出てきます。ヘチマの子葉の枚数と異なる植物を、次の(ア)～(エ)から１つ選び、記号で答えなさい。

(ア)　アサガオ　　(イ)　ホウセンカ　　(ウ)　イネ　　(エ)　トマト

(3)　ヘチマは、つるのような茎が伸びていきます。同じように、つるで伸びていく植物を(2)の(ア)～(エ)から１つ選び、記号で答えなさい。

(4)　ヘチマの花には雄花（おばな）と雌花（めばな）があります。(i)～(iii)の問いに答えなさい。

(i)　ヘチマのように、雄花と雌花の２種類の花を咲かせる植物を、次の(ア)～(エ)から１つ選び、記号で答えなさい。

(ア)　サツマイモ　　(イ)　アサガオ　　(ウ)　ホウセンカ　　(エ)　カボチャ

(ii)　雄花と雌花の特徴として正しいものを、次の(ア)～(エ)から１つ選び、記号で答えなさい。

(ア)　雄花にはおしべとめしべがある。　　(イ)　雄花にはめしべがない。

(ウ)　雌花にはおしべがある。　　(エ)　雌花にはおしべもめしべもない。

(iii)　ヘチマのおしべでつくられた花粉は、主にどのような方法でめしべまで運ばれますか。簡単に説明しなさい。

(5)　ヘチマを使ってつぎのような実験をしました。(i)・(ii)の問いに答えなさい。

<実験>

①　次の日に花が咲きそうな雄花（A・B）と雌花（C・D）のつぼみそれぞれに、花の根元からビニール袋をかぶせる。

②　花が咲いたら、雄花（A）と雌花（C）の花の中心部分にA・B・C・Dとは別のヘチマの花粉をしっかりつけて、再度ビニール袋をかぶせる。

③　花がしぼんだ時点で袋をとり、その様子を観察する。

ヘチマの雌花

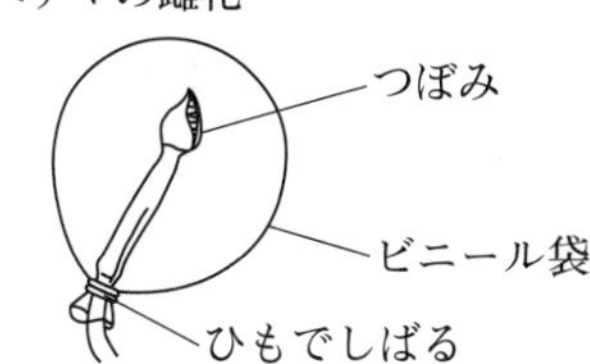

(i)　花の中で、実（果実）へ変化する部分を何と言いますか。

(ii)　実験の後の花A～Dそれぞれの変化について、表にまとめました。○は花の根元が成長して実ができたもの、×は花の根元が成長せず枯れてしまったものです。結果として最も適当なものを、次の(ア)～(ク)から１つ選び、記号で答えなさい。

	(ア)	(イ)	(ウ)	(エ)	(オ)	(カ)	(キ)	(ク)
A	○	×	×	×	○	×	×	○
B	×	○	×	×	○	○	×	×
C	×	×	○	×	×	×	○	○
D	×	×	×	○	×	○	○	×

2　新潟（にいがた）県は東京都とちがって冬に多くの雨や雪が降り寒い地域であるものの、夏は東京都とほぼ変わらないくらい暑い地域になっています（図１）。新潟県の夏が暑い理由は何か調べてみたところ、原因の１つにフェーン現象が挙げられることが分かりました。フェーン現象とは、あたたかく湿（しめ）った空気が山をこえて反対側にふき下りたときに、風下側でふく乾（かわ）いた高温の風によって付近の気温が上がることをさします。そのしくみを簡単に表したものが図２です。

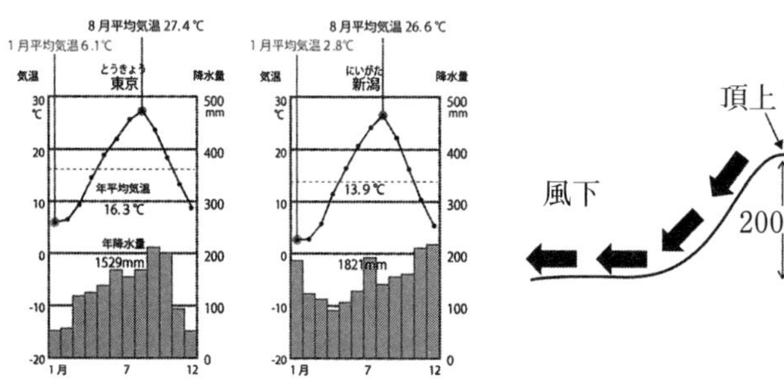

図１　東京都と新潟県の気温と降水量の比較　　　図２　フェーン現象のしくみ

(1)　図２で風上側からふいてくる風の温度が25℃のとき、山の頂上と風下側では温度はそれぞれ何℃になるでしょうか。ただし温度は、風とともに空気がふき上がるときには100 m あたり0.6℃ずつ下がり、空気がふき下ろすときには100 m あたり１℃ずつ上がります。

(2)　風上側で湿った空気が風下側で乾いた空気に変わるのはなぜですか。「風上側」ということばを使って、図２をもとに簡単に答えなさい。

(3)　図３は新潟県の地形を示しています。図３を見ると、新潟県周辺には越後（えちご）山脈という山があり、夏はこの山をこえて風がふき下ろしてくるとフェーン現象が発生して気温が高くなります。フェーン現象が発生するときの風がふいてくる方向として、最も適当なものを、次の(ア)～(エ)から１つ選び記号で答えなさい。

(ア)　北東　　(イ)　南東　　(ウ)　南西　　(エ)　北西

図３　新潟県の地形

(4)　フェーン現象が発生する原因の１つとして、日本周辺に低気圧や台風がやってくることも挙げられます。低気圧や台風の周りの風のふき方はどのようになっているでしょうか。最も適当なものを次の(ア)～(エ)から１つ選び、記号で答えなさい。

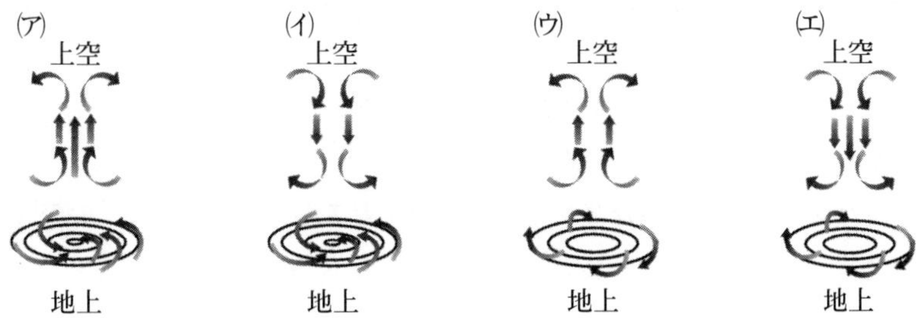

(5)　日本列島周辺の冬の天気に関連して書かれた次の(ア)～(エ)の文章のうち、正しくないものを１つ選び、記号で答えなさい。

(ア)　ユーラシア大陸からふいてくる風が越後山脈にぶつかって、新潟県で雲ができる。

(イ)　ユーラシア大陸からふいてくる風が越後山脈を乗りこえて、関東地方に乾いた風がふく。

(ウ)　ユーラシア大陸からふいてくる風は、日本海上空を通るときに蒸発した水蒸気を含む。

(エ)　ユーラシア大陸からふいてくる風は、台風からふいてくるものである。

3　ものの様子の変化に関する次の問いに答えなさい。

次の現象A～Eは、温度と体積の変化が関係しています。

A　図１のフラスコを冷たい水に入れたところ赤インクが、左側に移動した。

B　夏は冬にくらべて、線路のレールのつなぎ目にすきまが狭く空いていた。

C　ペットボトルのジュースを飲み、フタをして冷蔵庫に入れた。次の日に冷蔵庫を開くと、ペットボトルがへこんでいた。

D　ご飯が入った茶わんにラップをかけて電子レンジで加熱したところ、電子レンジの中でラップがふくらんでいた。

図１

E　ガラスビンの金属のフタが開かないので、フタを温めたところ、開けることができた。

(1)　Aがなぜ起（お）こったかを説明する、次の文中の①～③に当てはまる用語の組み合わせとして、最も適当なものを、次の表の(ア)～(ク)から１つ選び、記号で答えなさい。

説明文：（ ① ）が（ ② ）れて（ ③ ）したから。

	①	②	③
(ア)	空気	温めら	膨張（ぼうちょう）
(イ)	空気	温めら	収縮（しゅうしゅく）
(ウ)	空気	冷やさ	膨張
(エ)	空気	冷やさ	収縮
(オ)	フラスコ	温めら	膨張
(カ)	フラスコ	温めら	収縮
(キ)	フラスコ	冷やさ	膨張
(ク)	フラスコ	冷やさ	収縮

⑵　Ｂ～Ｅのうち、Ａと同じ理由で起きたものとして、最も適当なものを１つ選び、Ｂ～Ｅのアルファベットで答えなさい。

次の現象Ｆ～Ｈは、水の温度と体積の変化が関係しています。

Ｆ　試験管に水を入れ、水面の高さに線を引き、全体を凍らせた。氷は線より高くなった。（図２）

Ｇ　ジュースの入った未開封のビンを冷凍庫で冷やした。次の日に冷凍庫を開くと、ビンが破裂していた。

Ｈ　よく冷えたジュースの入ったビンを机に置いたところ、表面に水滴が付いた。

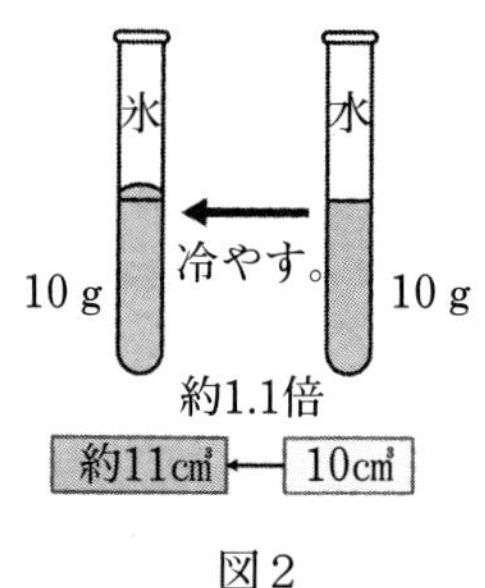

図２

⑶　ＦとＧは同じ理由で起きたと考えられます。それを説明する、次の文中の④～⑥に当てはまる用語の組み合わせとして最も適当なものを、あとの表の㋐～㋗から１つ選び、記号で答えなさい。

説明文：水が（ ④ ）から（ ⑤ ）に変化したから。このとき体積は（ ⑥ ）。

	④	⑤	⑥
㋐	気体	液体	減少する
㋑	気体	固体	増加する
㋒	液体	固体	減少する
㋓	液体	固体	増加する
㋔	液体	気体	減少する
㋕	固体	液体	増加する
㋖	固体	液体	減少する
㋗	固体	気体	減少する

⑷　Ｈについて⑶の説明文を使って理由を説明した。⑶の文中の④～⑥に当てはまる用語の組み合わせとして最も適当なものを、⑶の表の㋐～㋗から１つ選び、記号で答えなさい。

⑸　物質の体積１㎤あたりの重さ［ｇ］のことを、密度［ｇ/㎤］といいます。いま図２のＦの氷の密度を、小数第３位を四捨五入して、第２位まで求めなさい。

⑹　水は100℃で沸騰（ふっとう）し、気体になります。一方、水で湿（しめ）った洗濯物（せんたくもの）は100℃以下の室温でも乾（かわ）きます。これはなぜでしょうか。乾く理由を考えて、具体的に説明しなさい。ちなみに同じような現象として、「雨の日にできた水たまりが、翌日の晴れた日の夕方になくなっている」ことがあります。

4　音に関する次の各問いに答えなさい。

⑴　紙コップと糸をつなぐことで糸電話ができます。糸電話は、音の振動を糸が伝えることで、音を遠くまで届けることができる道具です（図１）。

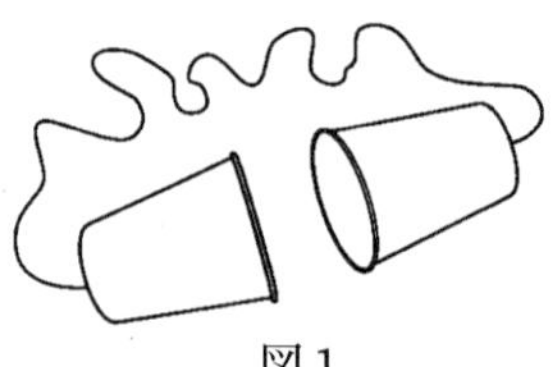
図１

① 図2のように糸電話の糸をS字に曲がったゴムホースに変えても、音は聞こえます。次の(ア)〜(エ)の図の中で、糸電話として会話ができると考えられる状態にあるものをすべて選び、記号で答えなさい。ただし、コップはすべて紙コップであるものとします。

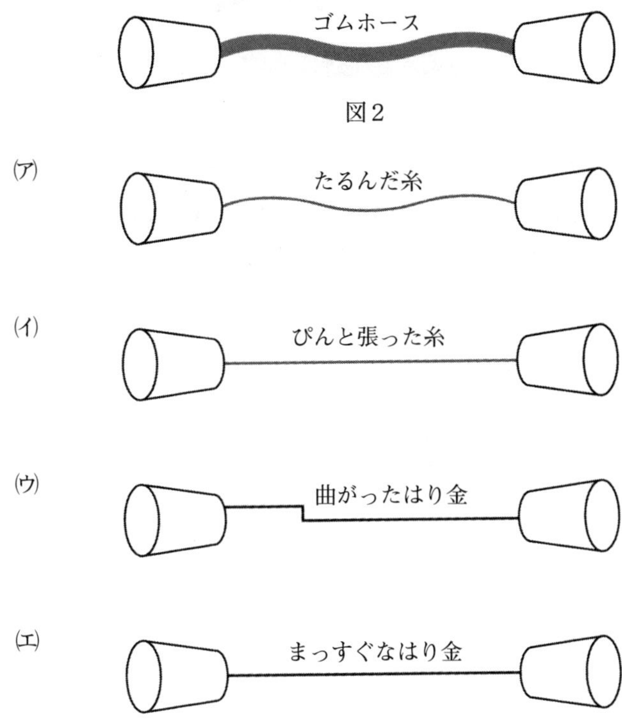

② 図3のように、S字に曲がったゴムホースを通してろうそくの光を見ようとするとき、ろうそくの光はどのように見えますか、もしくは見えませんか。正しいものをあとの(ア)〜(エ)から1つ選び、記号で答えなさい。

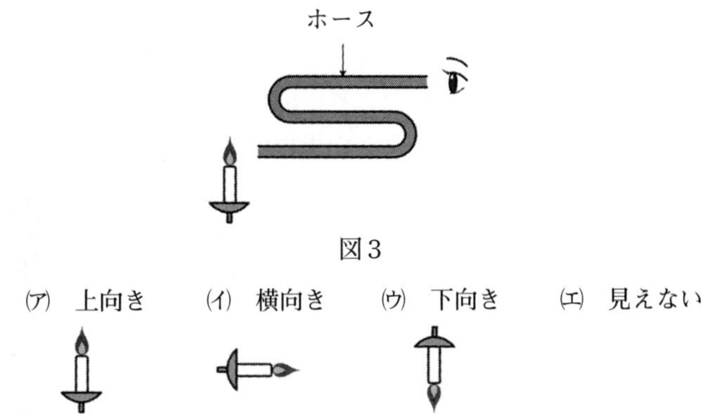

(2) 虫めがねを、図4のように黒い紙に近づけたり遠ざけたりしながら、太陽の光を集めてみました。すると、あるところで紙が燃えはじめました。

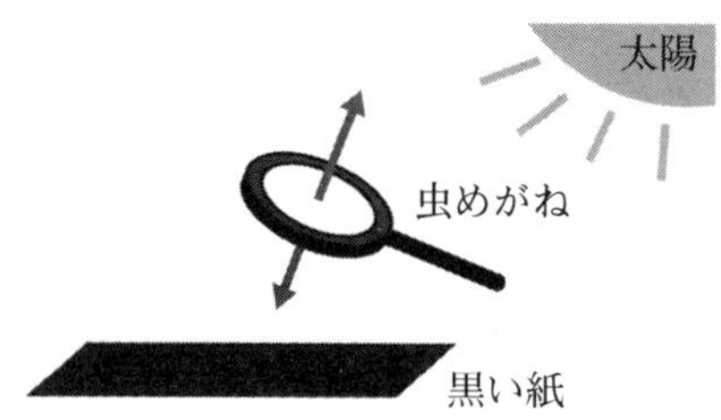

図４

①　紙が燃えはじめた位置から虫めがねを紙に近づけていったとき、黒い紙の上の明るいところの大きさは、どのようになると考えられますか。最も適当なものを次の(ア)～(オ)から１つ選び、記号で答えなさい。

(ア)　だんだん小さくなった。
(イ)　だんだん大きくなった。
(ウ)　変わらなかった。
(エ)　だんだん小さくなり、その後再びだんだん大きくなった。
(オ)　だんだん大きくなり、その後再びだんだん小さくなった。

②　①のとき、明るいところの明るさは、どのようになると考えられますか。最も適当なものを次の(ア)～(オ)から１つ選び、記号で答えなさい。

(ア)　だんだん暗くなった。
(イ)　だんだん明るくなった。
(ウ)　変わらなかった。
(エ)　だんだん暗くなり、その後再びだんだん明るくなった。
(オ)　だんだん明るくなり、その後再びだんだん暗くなった。

③　この実験で使った虫めがねよりも多くの光を集めるためには、次の(ア)～(エ)のうちどのような虫めがねを使えばよいでしょうか。最も適当なものを１つ選び、記号で答えなさい。

(ア)　レンズの厚さは同じで、直径が小さな虫めがね
(イ)　レンズの厚さは同じで、直径が大きな虫めがね
(ウ)　レンズの直径は同じで、うすいレンズの虫めがね
(エ)　レンズの直径は同じで、厚いレンズの虫めがね

(3)　花火が開いたときの音は、光よりも後から伝わってきます。これは、光の伝わる速さがとても速く、光った瞬間に伝わってくることに対し、音は１秒間に340ｍの速さで伝わることが原因です。

①　花火が見えてから３秒後に花火の開く音が聞こえたとすると、打ち上げている場所と、自分がいる場所は何ｍ離れていると考えられますか。

②　打ち上げている場所から2.4㎞離れた場所では、花火が見えてから何秒後に花火の開く音が聞こえると考えられますか。ただし、割り切れない場合は<u>小数点以下第２位を四捨五入し、第１位まで求めなさい。</u>

鎌倉女学院中学校(第１回)

—45分—

1　鎌倉は、多くの歴史的な遺産があることで有名であるとともに海や山などの豊かな自然環境にめぐまれた町です。鎌倉女学院でもさまざまな植物・動物をみることができます。例えば、校内ではサクラやマツを観察することができたり、カニが歩くようすをみることができます。次の植物・動物に関する問いに答えなさい。

問１　サクラのような被子植物が受粉してからの変化に関して説明した次の文章の(　Ａ　)～(　Ｃ　)にあてはまる語句をそれぞれ答えなさい。

被子植物は受粉すると花粉から(　Ａ　)がでて、めしべの中を伸びていく。(　Ａ　)がはいしゅに届くと受精して、はいしゅは(　Ｂ　)に、子房は成長して(　Ｃ　)になる。植物によっては花たくが成長して(　Ｃ　)になるものもある。

問２　被子植物は双子葉類と単子葉類に分類することができます。双子葉類と単子葉類は、子葉や花以外に葉・根・維管束にも違いがみられます。双子葉類の特徴の組み合わせとして正しいものを、ア～カから１つ選び、記号で答えなさい。

	葉の特徴	根の特徴	茎の横断面の維管束の特徴
ア	網状脈	ひげ根	輪のように並ぶ
イ	網状脈	主根と側根	輪のように並ぶ
ウ	網状脈	ひげ根	バラバラになっている
エ	平行脈	主根と側根	輪のように並ぶ
オ	平行脈	ひげ根	バラバラになっている
カ	平行脈	主根と側根	バラバラになっている

問３　サクラのように花びらが一枚ずつ離れている花を離弁花といいます。離弁花の植物を、ア～エから１つ選び、記号で答えなさい。

ア　ダイコン　　イ　タンポポ　　ウ　アサガオ　　エ　ヒマワリ

問４　被子植物に分類される植物を、ア～オから**２つ選び**、記号で答えなさい。

ア　イチョウ　　イ　アブラナ　　ウ　マツ　　エ　トウモロコシ　　オ　スギゴケ

問５　一般的なマツの花粉の運ばれ方による分類として最も正しいものを、ア～エから１つ選び、記号で答えなさい。

ア　虫媒花　　イ　風媒花　　ウ　水媒花　　エ　鳥媒花

問６　カニは節足動物に分類されます。カニと同じ節足動物を、ア～エから１つ選び、記号で答えなさい。

ア　クラゲ　　イ　ミジンコ　　ウ　ヒトデ　　エ　サンショウウオ

問７　カニは主にえら呼吸によって酸素を体内に取りこんでいます。陸上で生活している際も体内に蓄えた水分を循環させ、えら呼吸をしていると考えられています。カニと同様にえら呼吸によって酸素を体内に取りこんでいる動物を、ア～オから**すべて選び**、記号で答えなさい。

ア　サケ　　イ　クジラ　　ウ　ペンギン　　エ　カメ　　オ　オタマジャクシ

問８　カニのような節足動物のからだのつくりをみてみると私たちヒトと異なる点が多くみられます。例えば、ヒトの血液は赤色ですが、多くの節足動物の血液は青色もしくは無色透明(とうめい)です。この色の違いは血液中に含(ふく)まれる色素が異なるためと考えられています。ヒトの赤血球に含まれる赤い色素の名前を**カタカナ**で答えなさい。

2　右の図１のように、天井(じょう)の点Ａから重さを無視できる糸におもりを付けてＢの位置につるしました。その後、おもりを持ち上げてふりこの実験をすることにしました。ただし、まさつや空気の抵抗(ていこう)は考えないものとします。

実験ではおもりの重さや持ち上げる角度、糸の長さをいろいろと変え、ふりこが10往復するのにかかった時間を測ってみることにしました。その結果をまとめると、次の表１のようになりました。

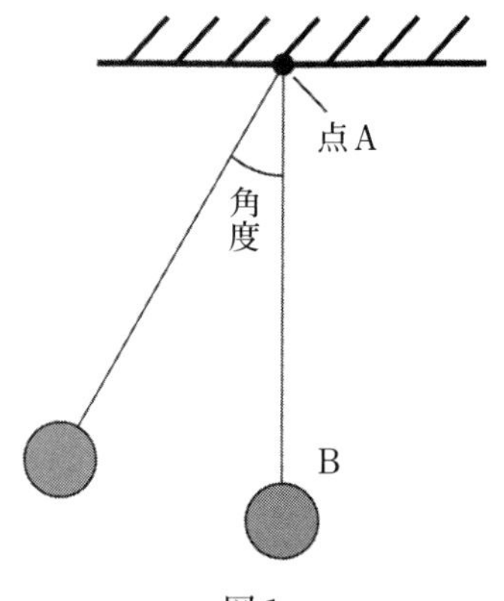

図１

表１

	①	②	③	④	⑤	⑥	⑦	⑧	⑨
おもりの重さ(ｇ)	20	20	20	20	20	20	40	40	60
持ち上げた角度(°)	10	10	20	20	10	20	10	20	10
糸の長さ(㎝)	25	50	25	50	100	100	25	50	50
10往復するのにかかった時間(秒)	10	14	10	14	20	20	10	14	14

問１　次の(1)～(3)をそれぞれ大きくしたとき、ふりこが10往復するのにかかった時間はどのようになりますか。〔選択肢(せんたくし)〕のア～ウからそれぞれ１つずつ選び、記号で答えなさい。ただし、同じ記号を何度使ってもかまいません。

(1)　おもりの重さ　　(2)　持ち上げた角度　　(3)　糸の長さ

〔選択肢〕

ア　長くなる　　イ　変わらない　　ウ　短くなる

問２　表１の①～⑨のうち、Ｂの位置を通過するおもりの速さが最も速いものはどれですか。①～⑨から１つ選び、番号で答えなさい。

問３　ふりこの原理を利用した身の回りの道具として正しいものを、ア～エから１つ選び、記号で答えなさい。

ア　ホッチキス　　イ　はさみ　　ウ　メトロノーム　　エ　ピアノ

図１の状態から糸の半分の長さの位置である点Cに、糸が引っかかるようにくぎを打ち、図２のようにしました。この状態でふりこの実験をすることにしました。ただし、まさつや空気の抵抗（ていこう）は考えないものとします。

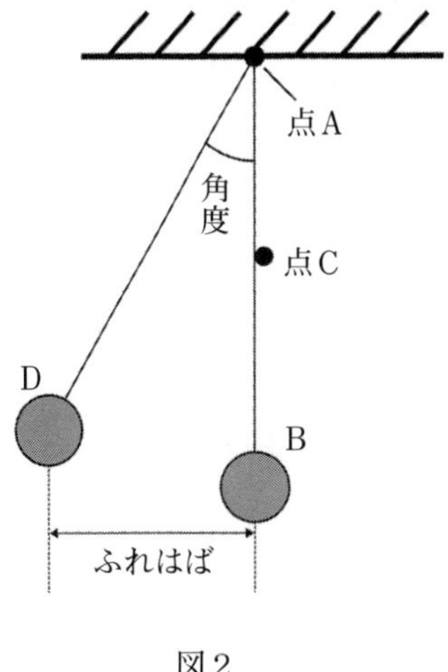

図２

問４　図２のふりこの実験をしたとき、Dの位置から手をはなして、Bを通って反対側までふりこが振（ふ）れるとき、どの高さまでふりこが振れますか。ア～ウから正しいものを１つ選び、記号で答えなさい。

ア　Dよりも高い位置まで振れる。

イ　Dと同じ高さまで振れる。

ウ　Dよりも低い位置まで振れる。

問５　図２のふりこの実験をしたとき、左右のふれはばはどのようになりますか。ア～ウから正しいものを１つ選び、記号で答えなさい。

ア　Bより左の方がふれはばが大きくなる。

イ　ふれはばは左右のどちらも同じになる。

ウ　Bより右の方がふれはばが大きくなる。

問６　おもりの重さを20ｇ、持ち上げる角度を10°、糸の長さを100㎝にして、図２のふりこの実験をしました。このとき、ふりこが10往復するのにかかった時間は何秒になるか、整数で答えなさい。

３　次の文を読み、あとの問いに答えなさい。

地球の表面は十数枚の「プレート」とよばれる岩石の板で覆（おお）われており、プレートが動くことで地震（しん）や火山活動が起こると考えられています。フィリピン海プレート、ユーラシアプレート、北アメリカプレートが衝突（しょうとつ）することで起きた火山活動により、富士山が次のように誕生しました。

はじめに小御岳（こみたけ）火山が活動を始め、①<u>安山岩</u>溶（よう）岩や火山灰などを噴（ふん）出しながら、爆（ばく）発をくり返して高さ2400ｍくらいに成長しました。次に、古富士火山が、小御岳火山の中腹・南斜（しゃ）面から活動を始め、爆発的な噴火をくり返して小御岳火山を覆い、高さ2600ｍくらいになりました。②<u>古富士火山から噴出した火山灰は、風に乗って関東平野に降り積もり、ねん土質の地層の一部となりました</u>。さらにその後、新富士火山が活動を始めました。新富士火山は、③<u>玄（げん）武岩</u>質の多量の溶岩を何度も流出し、小御岳火山や古富士火山を覆い、これによって④<u>円錐（すい）状の富士山</u>が誕生しました。その後も噴火は続き、特に江戸時代なかば（1707年）の「宝永（ほうえい）の大噴火」では、山腹に大きな火口が開きました。宝永の大噴火後は、富士山は噴火していません。

富士山の噴火では、スコリアが何度も噴出し、今でも富士山周辺のさまざまな場所で目にすることができます。スコリアは軽石と同じできかたで、火山から噴出されるものです。⑤<u>スコリアも軽石も、どちらも小さな穴がたくさん開いており</u>、黒っぽい色をしているものをスコリア、白っぽい色をしているものを軽石とよんでいます。2021年８月、小笠原諸島の海底火山の噴火により、多量の軽石が放出されたのち、沖縄県に漂（ひょう）着して大きなニュースになりましたが、その後、神奈川県にも漂着が確認されました。

問１　下線部①の安山岩のできかたとして正しいものを、ア～エから１つ選び、記号で答えなさい。

ア　マグマが地下深くでゆっくり冷えてできる。

イ　マグマが地下深くで急速に冷えてできる。

ウ　マグマが地表近くでゆっくり冷えてできる。

エ　マグマが地表近くで急速に冷えてできる。

問２　下線部②について、⑴、⑵に答えなさい。

⑴　関東平野に広がる主に火山灰によってできた地層の名前を答えなさい。

⑵　火山灰によってできる地層の特徴(ちょう)として正しいものを、ア～エから１つ選び、記号で答えなさい。

ア　地層に含(ふく)まれる石やつぶには、角がとれて丸みを帯びたものが含まれている。

イ　地層に含まれる石やつぶには、角ばったものが多く、ガラスのように透明(とうめい)なものもある。

ウ　地層に塩酸をかけると、二酸化炭素が発生する。

エ　地層の下の方には小さいつぶ、上の方には大きいつぶが見られる。

問３　下線部③の玄武岩の特徴として正しいものを、ア～エから１つ選び、記号で答えなさい。

ア　大きさのほぼそろった鉱物の結晶(しょう)(つぶ)がつまったようなつくりをしていて、黒っぽい色である。

イ　大きさのほぼそろった鉱物の結晶(つぶ)がつまったようなつくりをしていて、白っぽい色である。

ウ　目に見えない小さな鉱物の結晶(つぶ)の間に、大きな鉱物の結晶(つぶ)がうまったようなつくりをしていて、黒っぽい色である。

エ　目に見えない小さな鉱物の結晶(つぶ)の間に、大きな鉱物の結晶(つぶ)がうまったようなつくりをしていて、白っぽい色である。

問４　下線部④について、⑴、⑵に答えなさい。

⑴　富士山のような円錐状の火山の名前として正しいものを、ア～エから１つ選び、記号で答えなさい。

ア　鐘(しょう)状火山　　イ　溶岩ドーム　　ウ　成層火山　　エ　たて状火山

⑵　日本各地には「薩摩富士」や「日光富士」など地域の名前に「富士」を付けた「郷土富士」が多くあり、また「富士見坂」など「富士見」がついた地名も多く、富士山が古くから人びとに親しまれていたことが分かります。郷土富士の多くは、富士山と同じ円錐状の火山です。ア～エから、円錐状の火山として正しいものを１つ選び、記号で答えなさい。

ア　桜島(鹿児島県)　　イ　昭和新山(北海道)

ウ　高尾山(東京都)　　エ　筑波山(茨城県)

問５　下線部⑤について、スコリアや軽石に小さな穴がたくさん開いている理由として最も適切なものを、ア～エから１つ選び、記号で答えなさい。

ア　マグマが冷え固まった後に、微(び)生物に分解されたため。

イ　マグマが冷え固まった後に、雨などで侵(しん)食されたため。

ウ　マグマの中に含まれていた鉱物が、溶(と)け出てしまったため。

エ　マグマの中に含まれていたガスが泡(あわ)立ったり、抜(ぬ)け出ていったため。

問６　富士山はかつて、世界自然遺産への登録を目指していましたが、2003年に開かれた環境省、林野庁の検討会により、自然遺産への推薦をあきらめ、結果として2013年に「富士山－信仰の対象と芸術の源泉」として、世界文化遺産に登録されました。富士山を世界自然遺産として推薦することをあきらめた理由のひとつとして正しいものを、ア～エから１つ選び、記号で答えなさい。

ア　富士山が今後噴火して、周囲の自然環境が変化する可能性があるため。

イ　屋久島や白神山地がすでに世界自然遺産に登録されていたため。

ウ　富士山やその周辺にしか生息していない生物がいないため。

エ　富士山やその周辺に、ごみが多く捨てられていたり、開発が進んでいたため。

４　ものが燃えるには、次の条件①～③が必要です。

条件①　燃えるものがあること

条件②　新しい空気があること

条件③　ある温度よりも高い温度があること

これについて、次の問いに答えなさい。

問１　条件①について、ろうそくに火をつけた時に燃えているものとして正しいものを、ア～エから１つ選び、記号で答えなさい。

ア　固体のろう　　イ　液体のろう　　ウ　気体のろう　　エ　酸素

問２　条件②について、ねん土にろうそくを立て、底のない集気びんとガラスのふたを使った装置の中でろうそくを燃やしました。ろうそくが燃え続けているときの空気の流れを表しているものとして最も適切なものを、ア～エから１つ選び、記号で答えなさい。

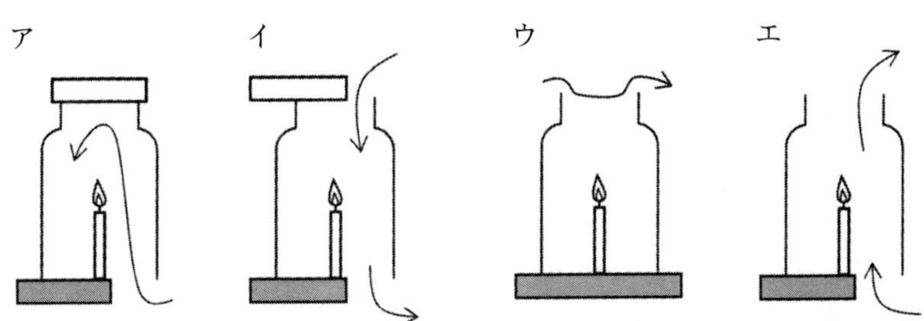

問３　条件③の「ある温度」とは、ものが自然に燃え始める温度のことです。この温度の説明として正しいものをア～エから１つ選び、記号で答えなさい。

ア　どの燃えるものでも同じ温度で、引火点という。

イ　燃えるものによって違う温度で、引火点という。

ウ　どの燃えるものでも同じ温度で、発火点という。

エ　燃えるものによって違う温度で、発火点という。

問４　空気には、体積の割合で窒(ちっ)素が約78％、酸素が約21％、二酸化炭素が約0.04％含(ふく)まれています。集気びんに空気を入れ、ふたをした状態でろうそくを燃やしたところ、しばらくしてろうそくの火が消えました。

⑴　火が消えた理由として正しいものを、ア～エから１つ選び、記号で答えなさい。

ア　二酸化炭素が火を消すから。　　イ　酸素が減るから。

ウ　窒素の割合が増えるから。　　エ　ろうが燃えたときにできる水が火を消すから。

⑵　ろうそくが消えた後の酸素、二酸化炭素の割合は、下線部と比べてどうなりますか。ア～エから正しいものをそれぞれ１つずつ選び、記号で答えなさい。

ア　増加する。　　イ　減少するが完全には無くならない。

ウ　変わらない。　　エ　すべて無くなる。

⑶　集気びんに窒素、酸素、二酸化炭素を、①～③の割合で入れ、火のついたろうそくを入れると、ろうそくはどのように燃えますか。ア～エから正しいものをそれぞれ１つずつ選び、記号で答えなさい。

①　窒素75％、酸素21％、二酸化炭素４％

②　窒素０％、酸素50％、二酸化炭素50％

③　窒素95％、酸素５％、二酸化炭素０％

ア　空気中と同じように燃える。　　イ　空気中より激しく燃える。

ウ　空気中より小さく燃える。　　エ　すぐに消える。

問５　18世紀後半まで、燃焼は燃えるものから「フロギストン(燃えるもと)」が抜(ぬ)け出ていき、軽い灰が残る現象であると考えられていました。一方、金属がさびる変化も燃焼と同じでフロギストンが抜け出ていく変化だと考えられていましたが、金属がさびると重くなる理由を正しく説明できませんでした。

やがて、多くの化学者により空気は複数の気体を含んでいることが発見されました。さらに、フランスの化学者ラボアジエがものの重さに注目して燃焼や金属がさびる変化を調べたことで、「燃焼や金属がさびる変化は空気中の酸素との反応である」ということがわかりました。ラボアジエが行った実験は、次のようなものです。

実験①　水銀4.01ｇと空気を密閉容器に入れて加熱すると、水銀がさびて水銀灰4.33ｇができ、空気の重さが0.32ｇ減少していた。容器に残った空気の中でろうそくは燃えず、石灰水もにごらなかった。

実験②　実験①で得られた水銀灰4.33ｇを密閉容器に入れて加熱すると、水銀4.01ｇと気体0.32ｇを得た。得られた気体の中でろうそくは激しく燃えた。

実験③　実験①で残った空気と実験②で得られた気体を混ぜると、実験①で密閉容器に入れた空気とまったく同じ性質を示した。

この結果から、ラボアジエは「燃焼や金属がさびる変化は空気中の酸素との反応であり、水銀灰の加熱でこの酸素が取り戻(もど)せる」、「反応前のものの重さの和と反応後のものの重さの和は等しい」ということに気づきました。実験①で用いた空気は、窒素と酸素のみが体積比で４：１で含まれる気体で、体積比が１：１のときの窒素と酸素の重さの比が７：８であるとすると、実験①ではじめに密閉容器に入れた空気の重さは何ｇですか。答えが割り切れない場合は、小数第３位を四捨五入して、小数第２位まで答えなさい。

カリタス女子中学校(第1回)

—30分—

1　図1のように、長さ10cmで太さが一定の棒の左端(はし)を支点にして、右端にばねはかりをつけました。棒やひものおもさは考えないものとして、以下の問いに答えなさい。

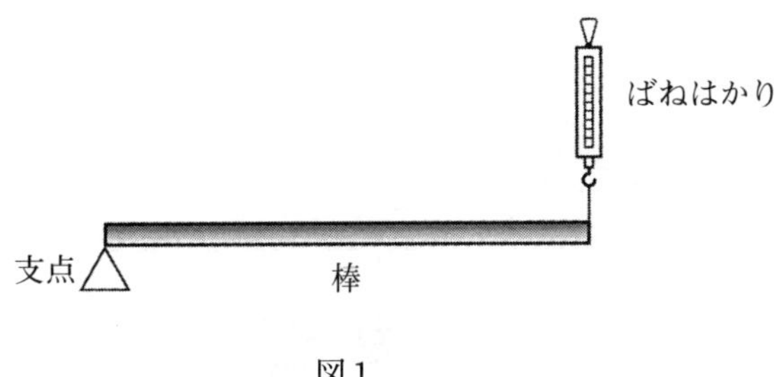

図1

問1　図2のように、支点から6cmのところにおもさ50gのおもりAをつるして、棒を水平につりあわせました。ばねはかりの目盛りは何gを示していますか。

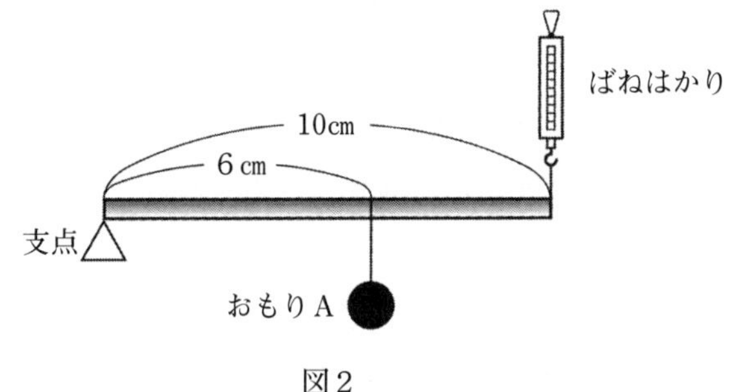

図2

問2　図2の状態から、おもりAをつるす位置を変えました。棒を水平につりあわせたとき、ばねはかりの目盛りは40gを示しました。おもりAは支点から何cmのところにありますか。

問3　次に図3のように、支点から6cmのところにおもさ50gのおもりAをつるし、支点から8cmのところにおもさ25gのおもりBをつるすと、棒は水平につりあいました。ばねはかりの目盛りは何gを示していますか。

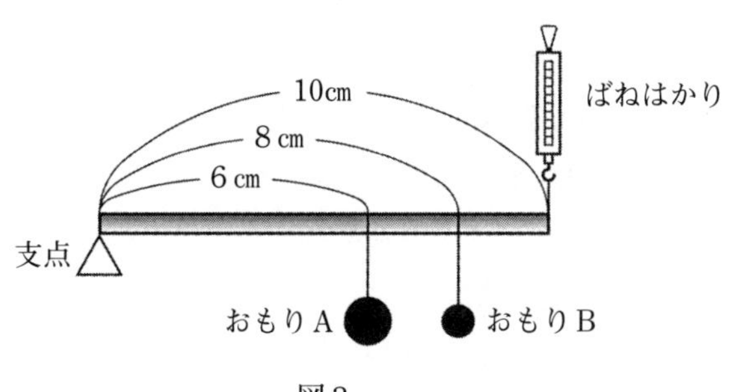

図3

問4　図3で、おもりBのかわりに、同じ位置におもさのわからないおもりをつるし、棒を水平につりあわせました。このばねはかりは100gまでしかはかることができないため、ばねはかりが示す目盛りを100gより小さくする必要があります。このとき、つるすことができるおもりのおもさを次の(ア)～(オ)からすべて選び、記号で答えなさい。

(ア)　40g　　(イ)　60g　　(ウ)　80g　　(エ)　100g　　(オ)　120g

問５　次に問４で新たにつるしたおもりのかわりに、おもさ150ｇのおもりＣをつるそうと思います。問４のばねはかりを使って水平につりあわせるために、長さのちがう棒に取りかえました。図４のようにおもりＡは棒の左端の支点から６㎝のところに、おもりＣは支点から８㎝のところにつるし、ばねはかりは右端につけました。ばねはかりの示す目盛りが100ｇをこえないようにするためには、少なくとも何㎝の棒を使えばよいですか。ただし、取りかえた棒もおもさは考えないものとします。

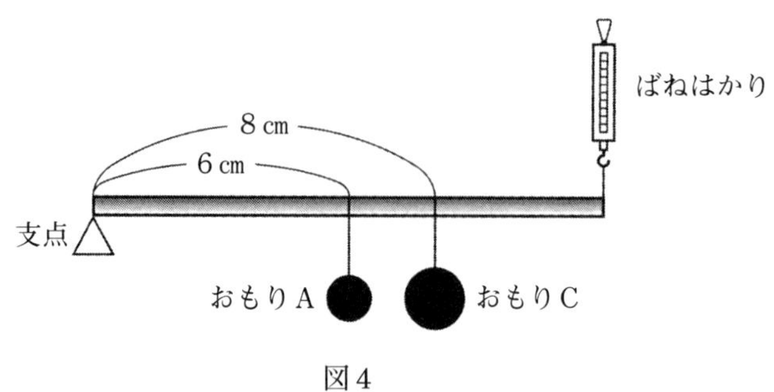

図４

２　底のないびんをガラス板の上に置き、酸素で満たしてふたをして、中でものを燃やす実験を行いました(図１)。「ひぐこさん 」と「るぱおさん 」は、その結果について話し合いをしています。次の会話文を読み、以下の問いに答えなさい。

ひぐこ：わりばしとスチールウールをびんの中でそれぞれ燃やしてみたよ。この２つに燃え方のちがいはあったのかな？

るぱお：わりばしは全体が赤くなって燃えた後、しばらくしてから火が消えたね。スチールウールは花火のようにパチパチと燃えていたね。

ひぐこ：燃えた後はどちらも固体が残っているように見えたけれど、どうだった？

るぱお：どちらも固体は残っていたけれど、燃やす前と色がちがっていたね！わりばしの方は表面が白くなって、ポロポロとくずれていたけれど、スチールウールはどうだった？

ひぐこ：燃やす前のスチールウールは銀色だったけれど、燃やした後は黒色に変化していたよ。色が変わってしまったから、別のものに変わってしまったのかな？

るぱお：別のものに変化したかどうかは、燃やす前の銀色のものにはあるけれど、燃えた後の黒色のものにはない性質を探してみればいいんだ。

ひぐこ：なるほど、いろいろな調べ方があるんだね。ちなみにびんの中の気体はどうかな？

るぱお：石灰水で調べてみたら、わりばしの方は(　①　)よ。そしてスチールウールの方は(　②　)よ。

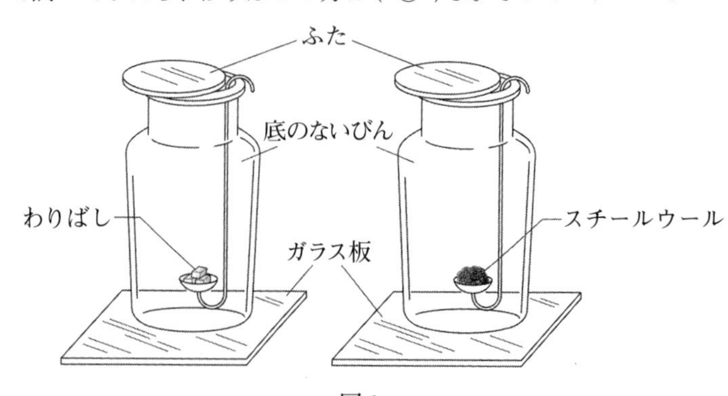

図１

問１　下線部について、燃やす前の銀色のものと燃えた後の黒色のものの性質として正しいものを、次の(ア)〜(カ)からすべて選び、記号で答えなさい。

(ア)　燃やす前のものは磁石に引き付けられる。
(イ)　燃えた後のものは磁石に引き付けられる。
(ウ)　燃やす前のものは電流が流れる。
(エ)　燃えた後のものは電流が流れる。
(オ)　燃やす前のものは水にとける。
(カ)　燃えた後のものは水にとける。

問２　会話文中の(　①　)と(　②　)に入る適切なことばを次の(ア)〜(エ)からそれぞれ１つずつ選び、記号で答えなさい。ただし、同じ記号を使っても構いません。

(ア)　変化がなかった　　(イ)　赤色に変化した　　(ウ)　青色に変化した　　(エ)　白くにごった

問３　スチールウール３ｇを完全に燃やすと、燃えた後のスチールウールは4.3ｇになります。

(1)　21ｇのスチールウールを完全に燃やすと、燃えた後のスチールウールは何ｇになりますか。
(2)　27ｇのスチールウールを完全に燃やすと、おもさは何ｇ増えますか。
(3)　12ｇのスチールウールに火をつけ、完全に燃える前に火を消しました。燃えた後のスチールウールは13.3ｇでした。全体の何％のスチールウールが反応したか整数で答えなさい。

問４　図１の実験で酸素を入れずにわりばしを燃やすと、すぐに火が消えて燃え残りが多くありました。わりばしをよく燃やすためにはどうすればよいでしょうか。もっとも適切な方法を、次の(ア)〜(ウ)から１つ選び、記号で答えなさい。

(ア)　びんのふたをあけ、下のガラス板はそのままにする。
(イ)　びんのふたをあけ、下のガラス板を少しずらしてすき間をあける。
(ウ)　びんのふたはそのままにし、下のガラス板を少しずらしてすき間をあける。

3　次の「ひぐこさん」と「るぱおさん」の会話文を読み、以下の問いに答えなさい。

ひぐこ：多摩川(たまがわ)の河原で土が盛り上がっているのを見つけたんだ。何か知っているかい？

るぱお：それはモグラ塚(づか)じゃないかな？　モグラが穴をほるときに余った土を、地上に押し出してできるんだ。

ひぐこ：モグラか！　見たことはないけれど、土の中で生活しているって不思議だよね。モグラはなんで土の中で生活しているんだろう？

るぱお：モグラの祖先は地上で生活していたと考えられているよ。だけど$_1$<u>他の動物たちとのエサの取り合いに勝てずに、地中にもぐってエサを探すようになったみたいだね。土の中の昆虫(こんちゅう)やミミズを主に食べているよ。</u>

ひぐこ：エサを求めて土の中にもぐったってことか。モグラって見かける機会があまりないからとっても不思議な動物に感じるよ。

るぱお：でも、$_2$<u>モグラは大きなくくりでは、イヌやクマの仲間だよ。だから、共通の特徴(とくちょう)がたくさんある</u>はずだよ。

ひぐこ：そうなんだ！　でも、土の中で生活するためにモグラが持っている特徴もあるのかな？

るぱお：たとえば、モグラの目はうすい膜(まく)でおおわれていて、土が目の中に入らないようになっているよ。だから、視力はとても弱いんだ。エサは主に発達した嗅覚(きゅうかく)や触覚(しょっかく)を使って探しているよ。

ひぐこ：そうなんだ！　モグラについてもっと知りたくなったよ。

問１　下線部１のようにエサを得やすくなったこと以外に、モグラにとって土の中で生活することで良かった点を１つあげなさい。

問２　昆虫に分類されるものを次の(ア)〜(カ)からすべて選び、記号で答えなさい。

(ア)　カブトムシ　　(イ)　ムカデ　　(ウ)　クモ

(エ)　アリ　　(オ)　カタツムリ　　(カ)　カエル

問３　下線部２について、共通の特徴として正しいものを次の(ア)〜(ク)からすべて選び、記号で答えなさい。

(ア)　子どもは卵から生まれる。

(イ)　子どもは母親のお腹の中で育ってから生まれる。

(ウ)　体の表面は体毛でおおわれている。

(エ)　体の表面はしめった皮ふでおおわれている。

(オ)　体の表面はウロコでおおわれている。

(カ)　エラで呼吸をする。

(キ)　肺で呼吸をする。

(ク)　生まれた時はエラで呼吸をしているが、大きくなるにつれて肺で呼吸をするようになる。

問４　土の中で生活することに適したモグラの特徴を述べる文として、正しくないものを次の(ア)〜(エ)から１つ選び、記号で答えなさい。

(ア)　ツメが発達しているため、土をほりやすい。

(イ)　手のひらが外側を向いているため、土をほったときに壁(かべ)に押し固めることができる。

(ウ)　体温の調節方法が発達しているため、地上よりも温度変化が激しい地中でも体温を保つことができる。

(エ)　尾(お)が短くなっているため、穴で後ろ向きにもにげやすくなっている。

問５　多摩川の河原にはアズマモグラが生息しています。アズマモグラは日本にしか生息しない日本固有種と考えられています。次の(ア)〜(オ)の中から日本固有種を１つ選び、記号で答えなさい。

(ア)　アメリカザリガニ　　(イ)　ミシシッピアカミミガメ　　(ウ)　ウシガエル

(エ)　アライグマ　　(オ)　ムササビ

4　次の文章を読み、以下の問いに答えなさい。

ＮＨＫ大河ドラマ『青天を衝(つ)け』において、主人公の渋沢栄一(しぶさわえいいち)らは尊王攘夷(そんのうじょうい)の思想から横浜焼き討ちの計画を立て、その実行日を「1863年11月12日(あ)冬至の夜」と定めました。この冬至の日付は現在の冬至の日付と大きく離(はな)れています。愛さんはこのことに疑問をもち、江戸(えど)時代と現代の暦(こよみ)について調べました。次の枠(わく)内は、愛さんが調べた結果をまとめたものです。

江戸時代の暦

・(い)月の満ち欠けをもとにして作る暦を太陰暦という。

・新月をその月の１日目とし、月の満ち欠けの周期は約29.5日なので、１か月は29日または30日となる。

・１か月が29日または30日で、１年を12か月とすると、１年の長さが354日となる。しかし、１年を354日と定めると少しずつ暦と季節がずれてしまう。これを直すために、月の満ち欠けを基本とし、暦と季節のずれを補正する期間を設けた太陰太陽暦を江戸時代に使っていた。

・江戸時代末の日本では、およそ３年に１度うるう年を設けていた。うるう年には「うるう月」があり、１年が13か月となった。

現代の暦

・明治６年から、日本では太陽暦の１種であるグレゴリオ暦を使うようになった。

・太陽暦では、(う)地球が太陽の周りをまわるのにかかる期間で１年を定めている。

・地球が太陽の周りを１回まわるのに、およそ365.2422日かかるため、１年を365日と定めると少しずつ暦と季節がずれてしまう。これを直すために、(え)数年に１度、１年を366日とする、うるう年を設ける。

問１　下線部(あ)について、冬至の特徴を説明した次の(ア)～(オ)のうち、正しいものをすべて選び、記号で答えなさい。

(ア)　１年でもっとも気温が低くなる日

(イ)　１年でもっとも太陽の南中高度が低くなる日

(ウ)　１年でもっとも日の入り時刻がおそくなる日

(エ)　１年でもっとも地球から太陽までの距離が遠くなる日

(オ)　１年でもっとも夜の時間の長さが長くなる日

問２　図は、★の位置に棒を立て、地面にできた棒の影の先の位置を記録した点を結んでできた線です。A、B、Cは夏至、冬至、春分または秋分のいずれかです。冬至の結果を表しているのはA～Cのどれですか。記号で答えなさい。ただし、図は地面を真上から見たものです。また、記録は日本で行ったものとします。

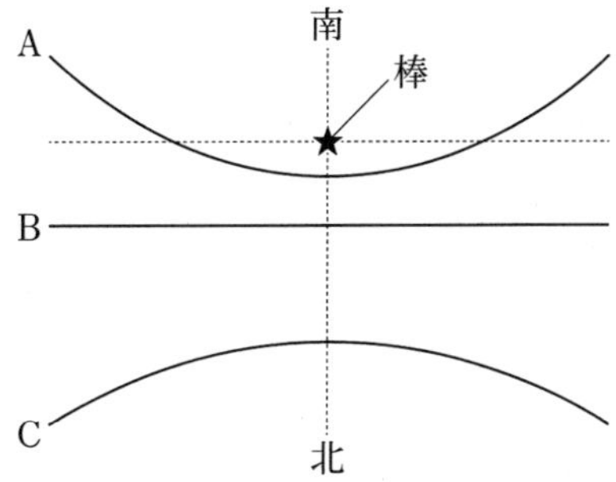

問３　下線部(い)について、次の(ア)～(オ)を新月に続くような満ち欠けの順にならべなさい。

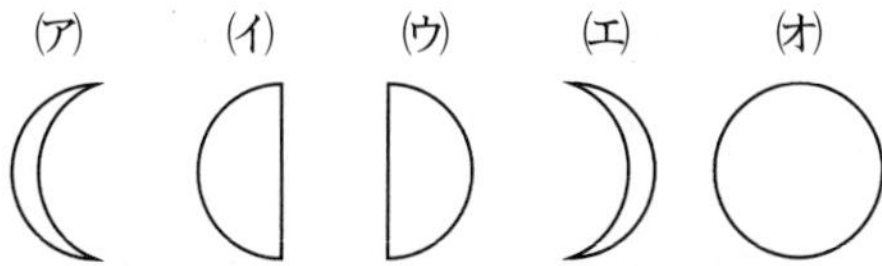

問４　下線部(う)の地球の運動を何といいますか。漢字２字で答えなさい。

問５　下線部㈡について、どれだけうるう年を設ければよいかを考えます。

(1)　１年を365日とすると、400年は何日となりますか。

(2)　１年を365.2422日とすると、400年は何日となりますか。小数点以下は四捨五入し、整数で答えなさい。

(3)　１年の日数を365.2422日にもっとも近くするには、400年のうちの何年を下線部㈡のような「うるう年」とすればよいですか。整数で答えなさい。

問６　太陽暦は太陰暦と比べてどのような利点(メリット)がありますか。あなたの考えを述べなさい。

吉祥女子中学校(第１回)

—35分—

1　花粉について、後の問いに答えなさい。

植物の種子がどのようにしてできるのかを調べました。

［調べたこと１］

おしべでつくられた花粉がめしべの柱頭につくことを［　1　］という。［　1　］が起こると花粉から花粉管がめしべの中をのびていく。そして花粉管が［　2　］にとどくと［　3　］がおき、やがて［　2　］は種子になる。

(1)　空らん［　1　］～［　3　］に入る語句の組み合わせとして正しいものを次のア～エから一つ選び、記号で答えなさい。

	［1］	［2］	［3］
ア	受精	はいにゅう	受粉
イ	受精	はいしゅ	受粉
ウ	受粉	はいにゅう	受精
エ	受粉	はいしゅ	受精

(2)　花粉が虫によって運ばれる花と比べて、花粉が風によって運ばれる花は、どのような特徴(とくちょう)がありますか。正しいものを次のア～オから**二つ**選び、記号で答えなさい。

ア　軽くて小さな花粉をつくる。

イ　あざやかな色の花びらをつけるものが多い。

ウ　１つの花にできる花粉の数はごく少数である。

エ　みつをつくらないものが多い。

オ　強い香りを出すものが多い。

(3)　花粉が虫によって運ばれる植物と、風によって運ばれる植物の組み合わせとして正しいものを次のア～エから一つ選び、記号で答えなさい。

	虫	風
ア	ヒマワリ	ススキ
イ	ウメ	ユリ
ウ	トウモロコシ	アサガオ
エ	イチョウ	イネ

けんび鏡を使って、マツの花粉を観察しました。

(4) けんび鏡の使い方を説明した文として正しいものを次のア～エから一つ選び、記号で答えなさい。

ア　けんび鏡をのぞいたとき、観察したいものが、見えている範囲の左下に見えるときは、プレパラートを右上に動かして中央に見えるように移動する。

イ　けんび鏡は直射日光が当たらない明るいところに置き、反射鏡を用いて光を取り入れる。

ウ　高倍率の対物レンズを使ってピントを合わせてから、レボルバーをまわして低倍率の対物レンズにかえる。

エ　ピントを合わせるときは、対物レンズをプレパラートから遠ざけておき、接眼レンズをのぞきながら調節ねじで対物レンズをプレパラートに近づけていく。

(5) マツの花粉をスケッチしたものとして、もっとも適当なものを次のア～エから一つ選び、記号で答えなさい。

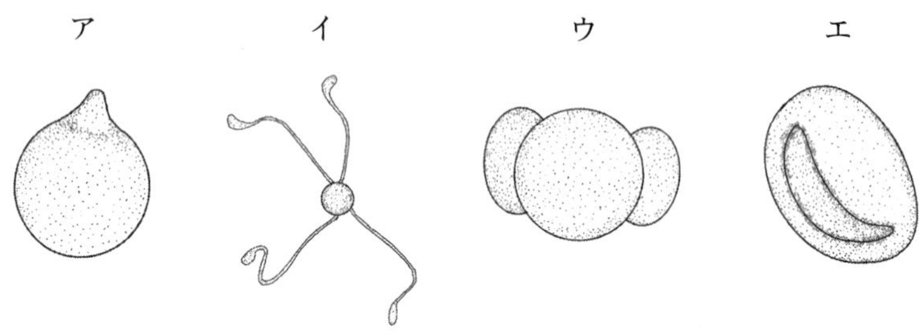

スギは日本国内に広く植林されている植物で、都市部にも周辺のスギ林から花粉が飛んできます。そのため、その花粉は私たちの生活に大きな影響を与えており、空気中の花粉の数や、花粉が飛び始める日についてはくわしい調査が行われています。

空気中の花粉の数をどのように測定しているのかを調べました。

［調べたこと２］

①　スライドガラスの片面にワセリンというベタベタする薬品をうすくぬる。

②　①のスライドガラスを、雨や雪が直接当たらないようにして屋外に置く。

③　24時間後にスライドガラスを室内に入れ、スライドガラス上の花粉を染色して図１のような縦18㎜、横18㎜の正方形のカバーガラスをのせる。

④　③をけんび鏡で観察して、１㎠あたりの花粉の数を求める。

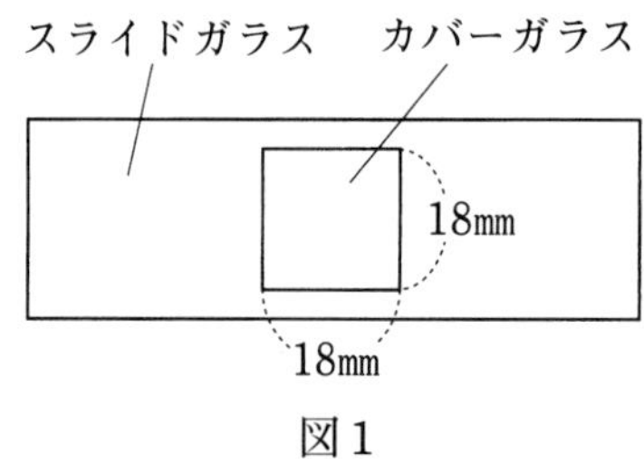

図１

(6) ［調べたこと２］において、カバーガラスでおおわれた部分には花粉が40個観察されました。このとき１㎠あたりにある花粉の数は何個ですか。割り切れない場合は小数第２位を四捨五入して小数第１位まで答えなさい。

スギ花粉の飛び始める日を予想する方法について調べました。

［調べたこと３］

スギ花粉が飛び始める日は、その年の１月１日からの１日ごとの最高気温の合計が400をこえた日だと考えられている。表はある地点の２月の日ごとの最高気温を表したものである。また、この地点のこの年の１月の日ごとの最高気温の合計は317.6だった。

表

月/日	最高気温(℃)	月/日	最高気温(℃)	月/日	最高気温(℃)
2/1	13.1	2/11	14.1	2/21	9.2
2/2	9.2	2/12	16.9	2/22	10.4
2/3	6.2	2/13	10.3	2/23	14.4
2/4	11.2	2/14	10.7	2/24	12.1
2/5	12.0	2/15	7.8	2/25	12.7
2/6	13.6	2/16	9.6	2/26	10.7
2/7	15.4	2/17	10.8	2/27	15.0
2/8	11.7	2/18	15.0	2/28	19.4
2/9	10.6	2/19	18.5		
2/10	3.5	2/20	14.7		

(7)　［調べたこと３］より、この地点でスギ花粉が飛び始めると予想された日として正しいものを次のア～カから一つ選び、記号で答えなさい。

ア　２月４日　　イ　２月８日　　ウ　２月14日

エ　２月18日　　オ　２月24日　　カ　２月28日

次に日本のスギの分布と各地の空気中のスギ花粉の数を調べました。

[調べたこと4]

図2は日本のスギの分布を示したものであり、スギが生えている場所を灰色の点で示している。また、図3は、日本国内のA～Dの4地点で1月から4月の空気中の花粉の数についてまとめたものである。なお、A～Dは函館(はこだて)、仙台(せんだい)、東京、那覇(なは)のいずれかの都市である。

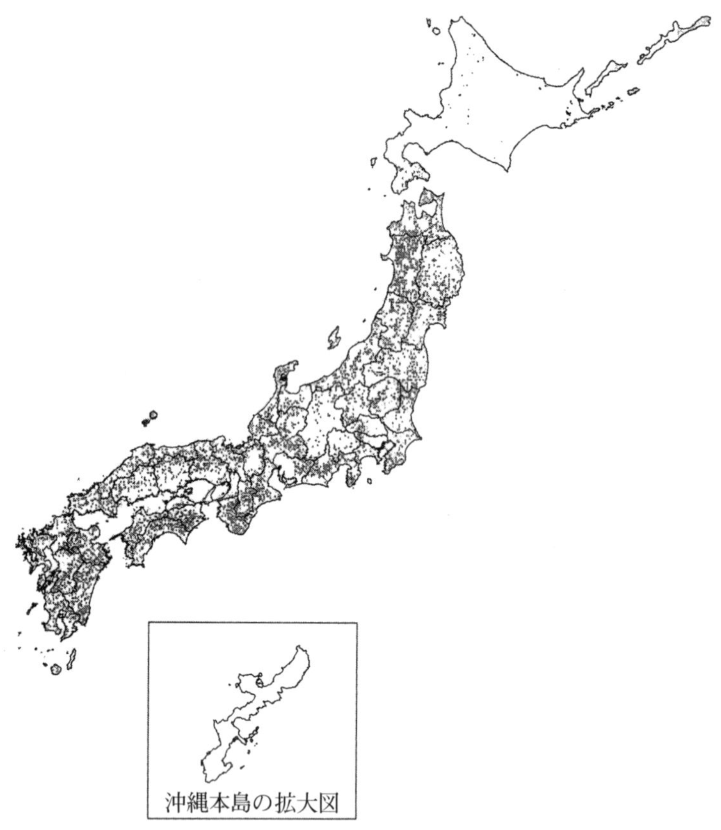

図2

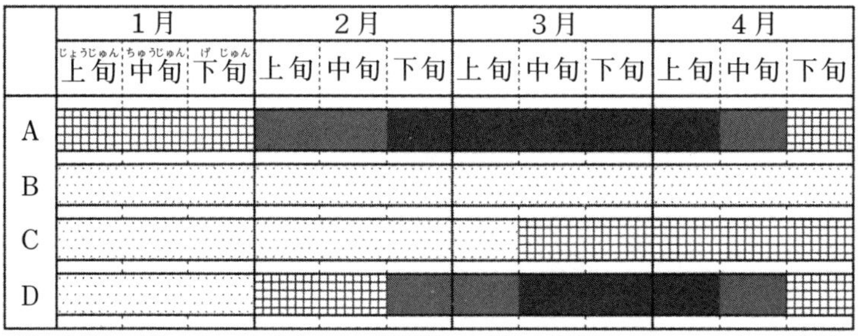

	1月			2月			3月			4月		
	上旬(じょうじゅん)	中旬(ちゅうじゅん)	下旬(げじゅん)	上旬	中旬	下旬	上旬	中旬	下旬	上旬	中旬	下旬
A	0.1～5.0個	0.1～5.0個	0.1～5.0個	5.1～50個	5.1～50個	50.1個以上	50.1個以上	50.1個以上	50.1個以上	50.1個以上	5.1～50個	0.1～5.0個
B	0.1個未満	0.1個未満	0.1個未満	0.1個未満	0.1個未満	0.1個未満	0.1個未満	0.1個未満	0.1個未満	0.1個未満	0.1個未満	0.1個未満
C	0.1個未満	0.1個未満	0.1個未満	0.1個未満	0.1個未満	0.1個未満	0.1個未満	0.1～5.0個	0.1～5.0個	0.1～5.0個	0.1～5.0個	0.1～5.0個
D	0.1個未満	0.1個未満	0.1個未満	0.1～5.0個	0.1～5.0個	5.1～50個	5.1～50個	50.1個以上	50.1個以上	50.1個以上	5.1～50個	0.1～5.0個

※ 図は1日の1㎠あたりのスギ花粉の平均の個数を示しており、個数に応じて次のように分けられている。

0.1個未満　0.1～5.0個　5.1～50個　50.1個以上

図3

(8)［調べたこと3］と［調べたこと4］からA～Dはそれぞれどの都市と考えられますか。もっとも適当な組み合わせを次のア～クから一つ選び、記号で答えなさい。

	A	B	C	D
ア	函館	仙台	東京	那覇
イ	函館	東京	仙台	那覇
ウ	仙台	那覇	函館	東京
エ	仙台	函館	那覇	東京
オ	東京	那覇	函館	仙台
カ	東京	函館	那覇	仙台
キ	那覇	仙台	東京	函館
ク	那覇	東京	仙台	函館

2　月の観測について後の問いに答えなさい。ただし観測を行う日はすべて快晴で、夕方18時から明け方の6時までは空が暗い夜間とします。

2024年1月、祥子(しょうこ)さんは東京の自宅で月や星の観測をするために、次の表のような月ごよみのカレンダーを調べました。

表　1月の月ごよみのカレンダー

日曜日	月曜日	火曜日	水曜日	木曜日	金曜日	土曜日
	1日	2日	3日	4日	5日	6日
7日	8日	9日	10日	11日　新月	12日	13日
14日	15日	16日	17日	18日	19日	20日
21日	22日	23日	24日	25日	26日　満月	27日
28日	29日	30日	31日			

月の満ち欠けは太陽からくる光と月と地球の位置関係で決まります。次の図は北極星側からその様子を見たものを模式的に示したものです。

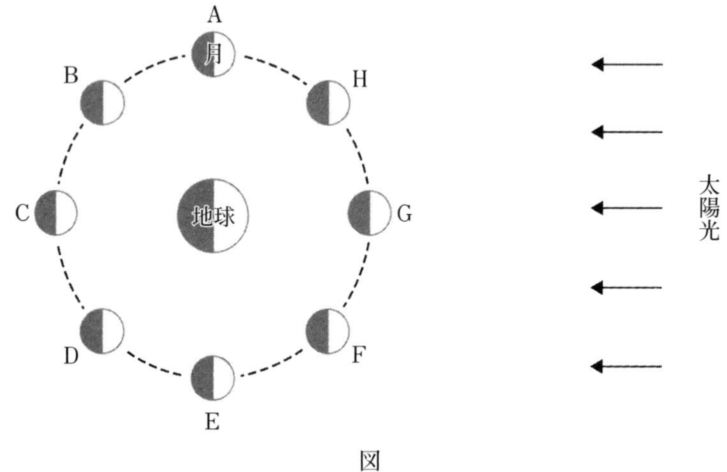

図

(1)　図のＡの位置にあるときの月は何と呼ばれていますか。正しいものを次のア～オから一つ選び、記号で答えなさい。

ア　新月　　イ　三日月　　ウ　上弦(じょうげん)の月　　エ　満月　　オ　下弦(かげん)の月

(2)　図のＦの位置にある月は表のどの日に見られますか。もっとも適当なものを次のア～キから一つ選び、記号で答えなさい。

ア　１月４日ごろ　　イ　１月７日ごろ　　ウ　１月11日ごろ　　エ　１月14日ごろ
オ　１月18日ごろ　　カ　１月21日ごろ　　キ　１月26日ごろ

(3)　図のＦの位置にある月が南中するのは何時ごろですか。もっとも適当なものを次のア～クから一つ選び、記号で答えなさい。

ア　０時　　イ　３時　　ウ　６時　　エ　９時
オ　12時　　カ　15時　　キ　18時　　ク　21時

(4)　前の図のＥの位置にある月が東の地平線近くにあるときの様子としてもっとも適当なものを次のア～カから一つ選び、記号で答えなさい。

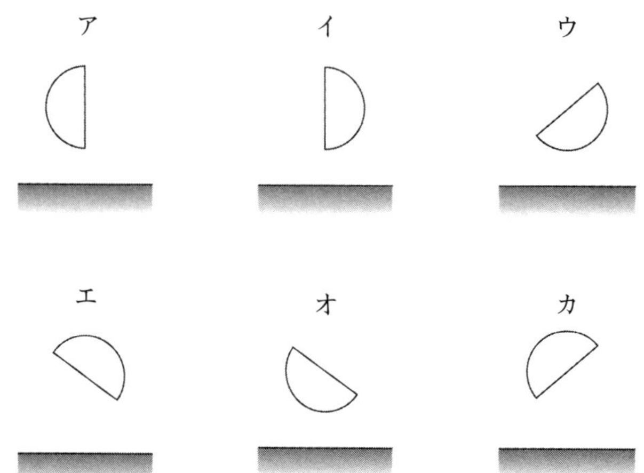

(5)　夜の地平線近くに三日月が見える時間帯としてもっとも適当なものを次のア～オから一つ選び、記号で答えなさい。

ア　20時ごろ　　イ　22時ごろ　　ウ　０時ごろ　　エ　２時ごろ　　オ　４時ごろ

祥子さんは２時間ごとの月の動きを自宅のベランダから観察しようと計画しました。なお、祥子さんの自宅のベランダは西側にあり、天球の西側半分が観測可能で、建物など空をさえぎるものはないものとします。

(6)　19時、21時、23時の３回連続で月を観測できる日としてもっとも適当なものを次のア～キから一つ選び、記号で答えなさい。

ア　１月４日　　イ　１月７日　　ウ　１月11日　　エ　１月14日
オ　１月18日　　カ　１月21日　　キ　１月26日

夜空の月の明るさはその他の星に比べて格段に明るいので、月以外の星の観測をするには夜空に月が出ていない方がよいとされています。

(7)　18時から24時まで月以外の星を観測することにしました。月が空に出ておらず、観測にもっとも適した日を次のア～カから一つ選び、記号で答えなさい。

ア　１月１日　　イ　１月７日　　ウ　１月14日
エ　１月18日　　オ　１月21日　　カ　１月31日

3　電流を流す水溶液(すいようえき)について調べるために、次の実験１を行いました。後の問いに答えなさい。

［実験１］

図１のように、発泡(はっぽう)ポリスチレン製の板に電極を２本さし、導線を使って豆電球や電池と接続した。ビーカーに水を入れ、さまざまな物質を溶(と)かし、豆電球が点灯するか調べた。

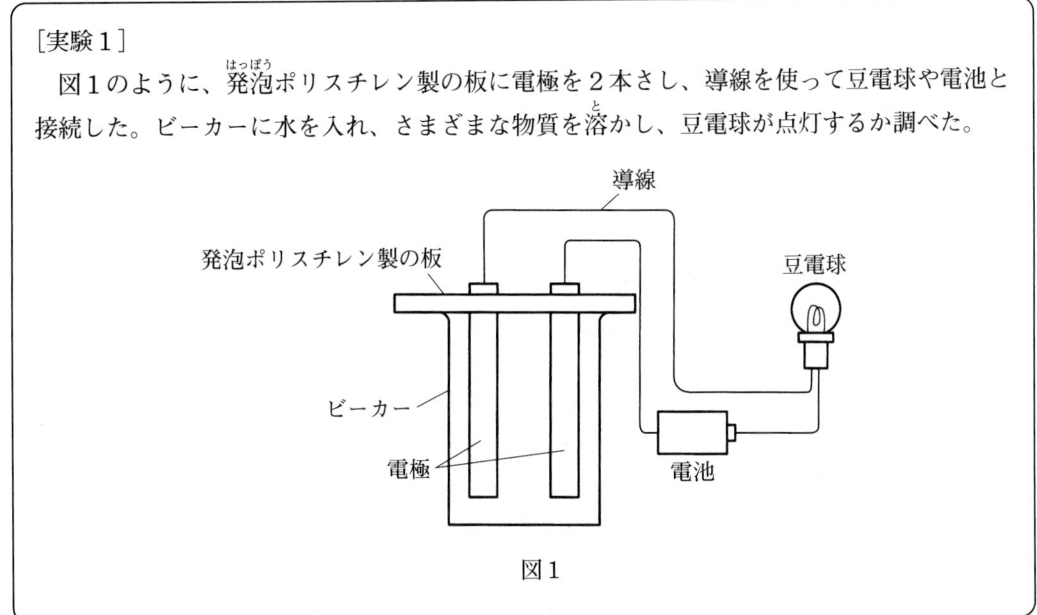

図１

(1)　図１の電極に使えるものとしてもっとも適当なものを、次のア～エから一つ選び、記号で答えなさい。

ア　ガラス棒　　イ　割りばし　　ウ　消しゴム　　エ　えんぴつの芯(しん)

(2)　［実験１］で豆電球が点灯する物質として、もっとも適当なものを次のア～エから一つ選び、記号で答えなさい。

ア　砂糖　　イ　かたくり粉　　ウ　お酢　　エ　アルコール

(3)　(2)で豆電球が点灯しているとき、電極どうしの間かくを少しずつ変化させ、そのときの豆電球の明るさを観察しました。電極どうしの間かくと豆電球の明るさの関係について説明した文として、もっとも適当なものを次のア～ウから一つ選び、記号で答えなさい。

ア　電極どうしの間かくが広いほど、明るくなる。

イ　電極どうしの間かくがせまいほど、明るくなる。

ウ　電極どうしの間かくによらず、同じ明るさになる。

次に、水100ｇに食塩を溶かすとき最大で何ｇ溶けるのかを調べるため、次の実験２を行いました。

［実験２］

①　70ｇの水が入ったビーカーに食塩30ｇを加え、十分にかき混ぜたところ、白い固体が溶け残った。

②　①の上ずみの水溶液を10ｇ取り、蒸発皿に入れた。

③　蒸発皿をガスバーナーで加熱し、水溶液中の水をすべて蒸発させたところ、白い固体が2.6ｇ残った。

(4)　ガスバーナーの炎(ほのお)の大きさは変えずに、炎の色を黄色から青色にするために行う操作として、もっとも適当なものを次のア〜エから一つ選び、記号で答えなさい。

ア　空気調節ねじをおさえ、ガス調節ねじを少しずつ開ける。

イ　空気調節ねじをおさえ、ガス調節ねじを少しずつ閉める。

ウ　ガス調節ねじをおさえ、空気調節ねじを少しずつ開ける。

エ　ガス調節ねじをおさえ、空気調節ねじを少しずつ閉める。

(5)　［実験２］から、水100ｇに食塩は最大で何ｇまで溶けることがわかりますか。小数第２位を四捨五入して小数第１位まで答えなさい。

(6)　［実験２］の下線部について、溶け残った白い固体の重さは何ｇですか。もっとも適当なものを次のア〜オから一つ選び、記号で答えなさい。

ア　11.4ｇ　　イ　9.4ｇ　　ウ　7.4ｇ　　エ　5.4ｇ　　オ　3.4ｇ

次に、実験３を行いました。ただし、水の温度はすべて同じものとします。

［実験３］

①　50ｇの水が入ったビーカーに食塩10ｇを加え、十分にかき混ぜたところ、すべて溶けた。この水溶液をＡとする。

②　50ｇの水が入ったビーカーに食塩20ｇを加え、十分にかき混ぜたところ、白い固体が溶け残った。この上ずみの水溶液をＢとする。

③　50ｇの水が入ったビーカーに食塩30ｇを加え、十分にかき混ぜたところ、白い固体が溶け残った。この上ずみの水溶液をＣとする。

④　［実験１］の図１の装置を３つ用意し、それぞれのビーカーに水溶液Ａ、Ｂ、Ｃを同じ量ずつ入れ、水溶液中につかる電極の面積や電極どうしの間かくが同じになるようにして、豆電球の明るさを比べた。

(7)　［実験３］の豆電球の明るさについて説明した文として、もっとも適当なものを次のア〜カから**二つ**選び、記号で答えなさい。

ア　ＡはＢよりも明るい。　　　イ　ＢはＡよりも明るい。

ウ　ＡとＢの明るさは同じである。　エ　ＢはＣよりも明るい。

オ　ＣはＢよりも明るい。　　　カ　ＢとＣの明るさは同じである。

4　もののつり合いについて、後の問いに答えなさい。

重さがそれぞれ120ｇ、200ｇ、280ｇであるおもりＰ、Ｑ、Ｒと棒を組み合わせて、つり合わせます。

はじめに、長さが40㎝で重さを無視してよい棒１の左端(ひだりはし)におもりＰを、右端(みぎはし)におもりＱをつり下げました。棒１の左端から[　1　]㎝の点に糸を取り付けました。

これを長さが60㎝で重さを無視してよい棒２の左端に取り付け、右端にはおもりＲをつり下げました。棒２の左端から[　2　]㎝の点に糸を取り付けて全体を図１のようにつり下げたところ、棒１と棒２はともに水平な状態で静止しました。

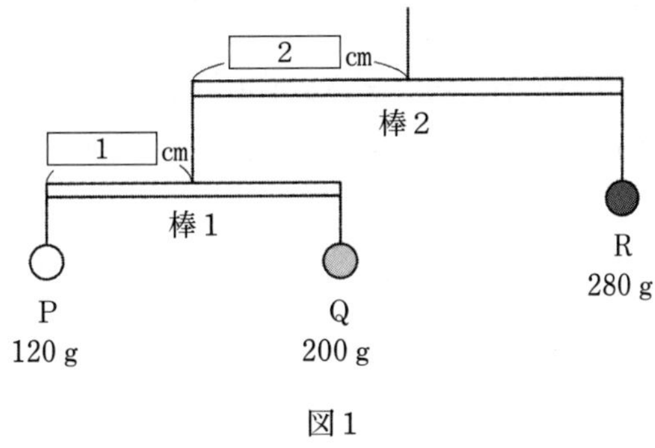

図１

(1)　文中の空らん[　1　]、[　2　]に入る数を答えなさい。

次に、長さが60㎝で重さが40ｇである一様な棒３の両端(りょうはし)にそれぞればねばかりＸとばねばかりＹを取り付けました。このとき、ばねばかりＸ、Ｙは棒の重さを１：１の比で支えます。これに加えて、図２のように棒３の左端から20㎝の点におもりＰをつり下げて、棒３が水平になるように静止させると、ばねばかりＸ、ＹはおもりＰの重さを[　3　]の比で支えるので、ばねばかりＸは[　4　]ｇを示します。

また、ばねばかりを取り外し、図３のように棒３の左端から[　5　]㎝の点に糸を取り付けて全体をつり下げると、棒３が水平な状態で静止しました。

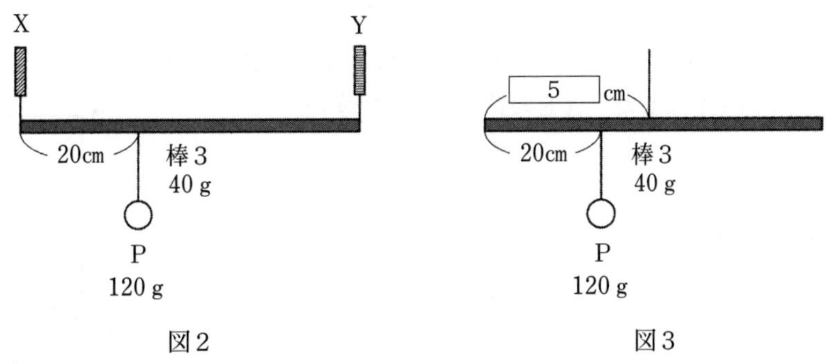

図２　　　図３

(2)　文中の空らん［　3　］に入る比と［　4　］に入る数の組み合わせとして正しいものを次のア～コから一つ選び、記号で答えなさい。また、空らん［　5　］に入る数を答えなさい。

	3	4
ア	1：1	60
イ	1：1	80
ウ	1：2	40
エ	1：2	60
オ	2：1	80
カ	2：1	100
キ	1：3	30
ク	1：3	50
ケ	3：1	90
コ	3：1	110

図４のような台形の板ＡＢＣＤについて考えます。板の厚さは一様とし、板ＡＢＣＤの重さは486ｇとします。

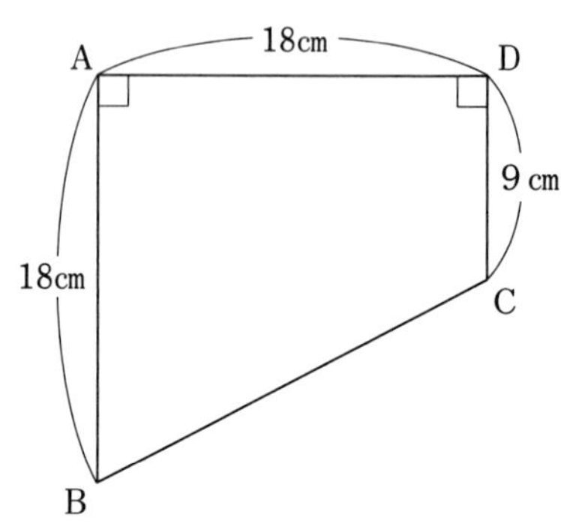

図４

(3)　図５のように、点ＡとＤにそれぞればねばかりＸとばねばかりＹを取り付け、辺ＡＤが水平な状態で静止させると、Ｘは270ｇを示しました。このとき、ばねばかりＹは何ｇを示しますか。

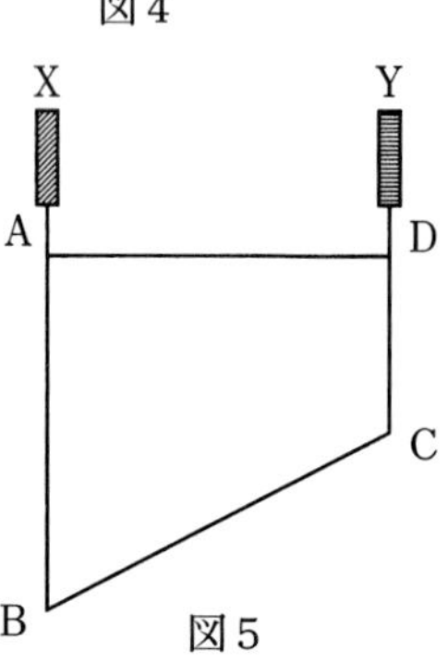

図５

(4)　図６のように、辺ＡＤ上の点Ｅに糸を取り付けると、辺ＡＤが水平な状態で静止しました。ＡＥの長さは何㎝ですか。

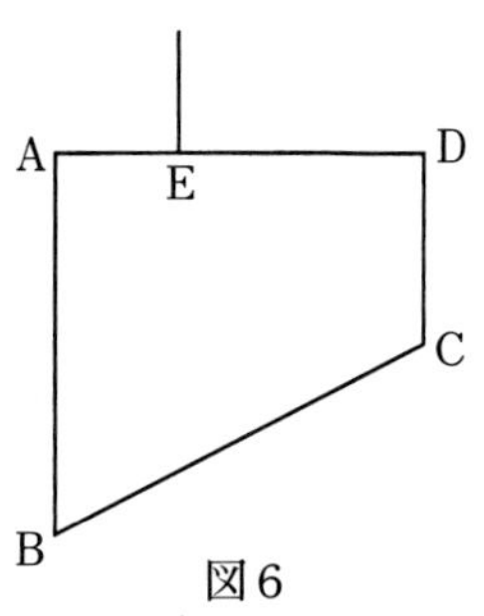

図６

次に、図７のように、辺ＢＡ上の点Ｆに糸を取り付けると、辺ＢＡが水平な状態で静止しました。このとき、ＢＦの長さは11cmでした。

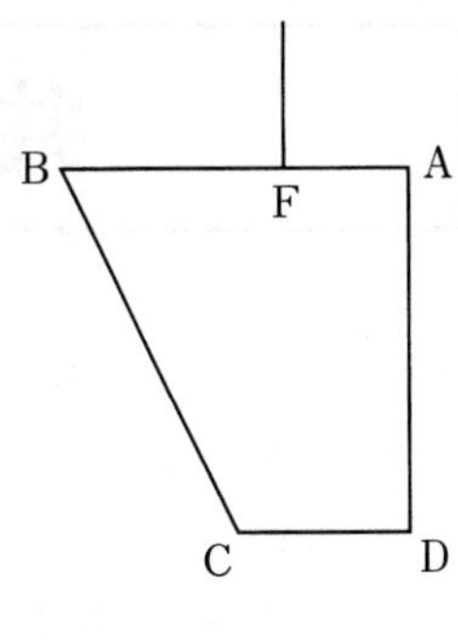

図７

(5)　図８のように、点ＢとＡにそれぞればねばかりＸとばねばかりＹを取り付け、辺ＣＤを二等分する点Ｇに重さが120ｇのおもりＰをつり下げて、辺ＢＡが水平な状態で静止させました。このとき、ばねばかりＹは何ｇを示しますか。

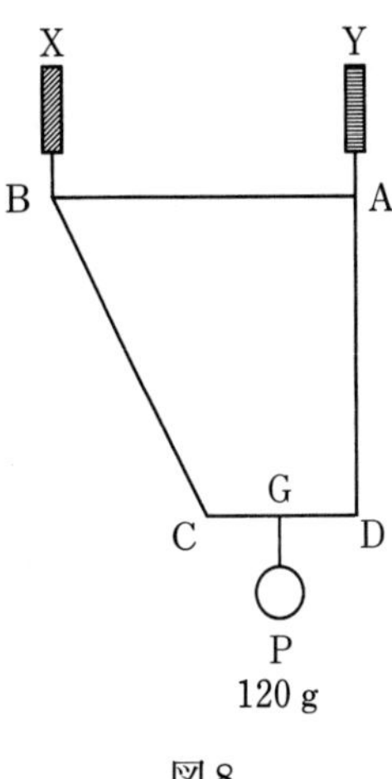

図８

(6)　図６の点Ｅを通り辺ＡＢに平行な直線をＥＨ、図７の点Ｆを通り辺ＡＤに平行な直線をＦＩとし、ＥＨとＦＩが交わる点をＪとします。このとき、**正しくないもの**を後のア～エから一つ選び、記号で答えなさい。

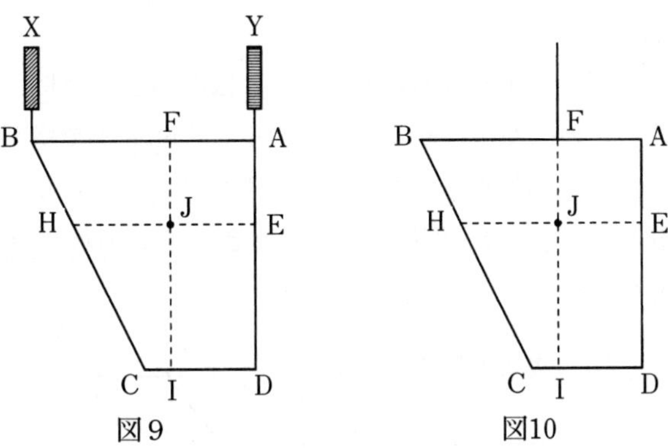

図９　　図10

ア　図９で、板をＦＩで切断して２枚に分けても、ばねばかりＸの示す重さは変わらない。

イ　図９で、点Ｄにおもりをつり下げても、ばねばかりＸの示す重さは変わらない。

ウ　図10で、板をＥＨで切断して台形ＨＣＤＥを取り除くと、辺ＢＡは水平な状態を保たず、Ｂの側が下に傾(かたむ)く。

エ　点Ｊに糸を取り付けると、板ＡＢＣＤが水平な状態で静止する。

共立女子中学校（2／1入試）

—30分—

1　次の(1)～(4)について、実験操作が正しければ正を、正しくなければ誤を書きなさい。(5)は、グラフをかきなさい。

(1)　葉の色素を抜(ぬ)くときには、葉をアルコールの入ったビーカーに入れて、そのビーカーをガスバーナーで加熱する。

(2)　北の空を観察するときは星座早見を図1のように持つ。

図1

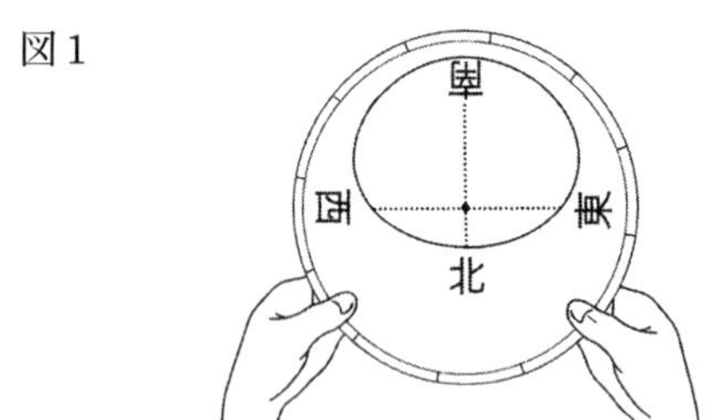

(3)　メスシリンダーに入れた水が図2のようになったとき、体積は47.0mLである。

図2

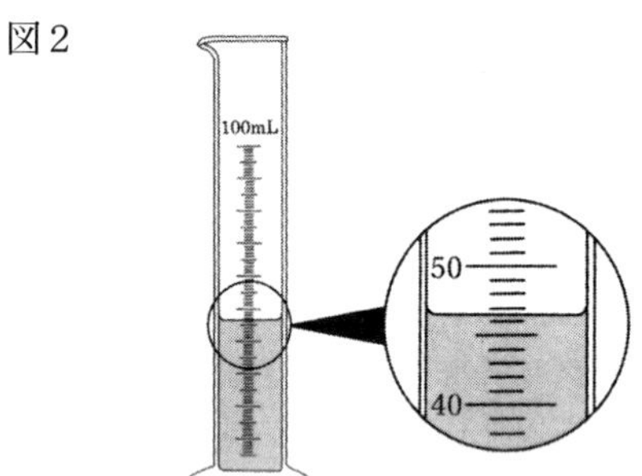

(4)　測定したい電流の大きさがわからないときは、電流計のマイナス端子(たんし)は一番小さい電流の端子から順につなぐ。

(5)　図3のように10ｇで2㎝縮むばねがあります。ばねのもとの長さは30㎝で、10㎝までは同じ割合で縮みます。このばねにのせるおもりの重さを50ｇまで増やしていったときの、ばねの長さとおもりの重さの関係を表すグラフをかきなさい。ただし、縦軸(たてじく)にばねの長さ（㎝）を、横軸(よこじく)におもりの重さ（ｇ）をとり、例にならって、それぞれの軸(じく)が表しているものと、通る点の目盛り、単位を書くこと。

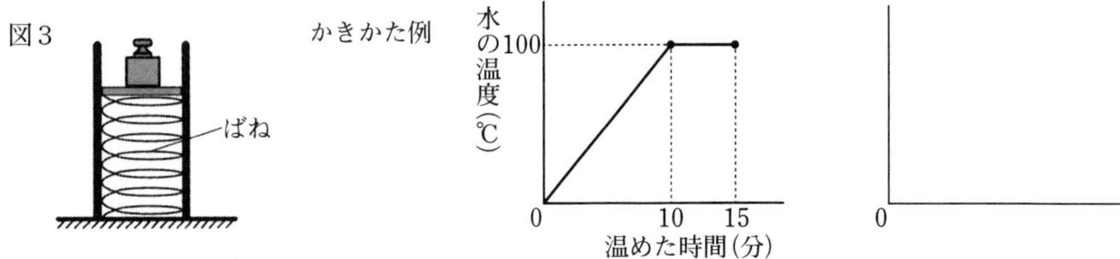

2　塩酸と水酸化ナトリウム水溶液を使って、次の実験を行いました。後の各問いに答えなさい。

【実験】

手順Ⅰ　異なる濃さの塩酸を４種類準備し、ビーカー①～④にそれぞれ入れ、ＢＴＢ溶液を加えた。

手順Ⅱ　これら４つのビーカーに、同じ濃さの水酸化ナトリウム水溶液を色が緑色になるまで、それぞれ加えた。

手順Ⅲ　使用した塩酸の体積と加えた水酸化ナトリウム水溶液の体積を、次の表にまとめた。

表

ビーカー	①	②	③	④
塩酸の体積[㎤]	45	20	30	60
加えた水酸化ナトリウム水溶液の体積[㎤]	60	5	30	90

(1)　塩酸の性質として当てはまるものを次から１つ選び、記号で書きなさい。

A　フェノールフタレイン溶液を加えると、赤色になる。

B　ムラサキキャベツ液を加えると、赤色になる。

C　石灰水を加えると、気体が発生する。

D　アルミ箔を入れても、気体は発生しない。

(2)　ビーカー④の塩酸はビーカー③の塩酸の何倍の濃さですか。

(3)　ビーカー①～④の塩酸のうち、最も濃いものはどれですか。ビーカーの番号で答えなさい。

(4)　ビーカー①の塩酸を120㎤準備し、ＢＴＢ溶液を加えました。手順Ⅱと同様にして、水酸化ナトリウム水溶液を水溶液の色が緑色になるまで加えました。このとき、加えた水酸化ナトリウム水溶液の体積は何㎤ですか。ただし、使用した水酸化ナトリウム水溶液は、上の【実験】で使用したものと同じ濃さのものとします。

(5)　今回行った実験のように、酸性の水溶液とアルカリ性の水溶液を混ぜると、たがいの性質を打ち消しあうように反応します。これを中和反応といい、日常生活でも多く利用されています。例えば胃薬に含まれる炭酸水素ナトリウムには、分泌されすぎた胃液を中和する効果があります。このときの炭酸水素ナトリウムと同じ性質をもつものはどれですか。適切なものを次から１つ選び、記号で書きなさい。

A　アルコール消毒液　　B　お酢　　C　アンモニア水　　D　食塩水

3　次の文章を読み、後の各問いに答えなさい。

日本には何種類かの大型野生動物が現存していますが、それらの動物と人間との関わりは歴史と共に変化し続けています。

例えばニホンカモシカは防寒性にすぐれた毛皮をもち、肉や内臓の利用価値も高い動物で、古くから人間の狩猟の対象となってきました。現在は孤立して絶滅のおそれがある地域がある一方、全国的にはその分布は広がり続けて、農地や市街地、地域によっては海岸線にまで出没しているため、農業や林業に問題が生じています。

また、シカも古くから人間に深く関わってきた野生動物です。シカの個体数の増加による生態系への影響は非常に大きく、［　　　　］を保全すべきという考えから、捕獲による個体数調整の努力が続けられていますが、その数は増加の一途をたどっています。

サルはシカとは異なり非狩猟獣（狩猟してはいけない動物）ですが、農作物などを守るための駆除は許されています。しかし、その分布は年々拡大し、農作物への被害は深刻さを増しています。

(1)　次のA～Eは、ニホンカモシカについて、その個体数の増減と人間との関わりを述べた文です。これらを時代の古い順に並べて記号で書きなさい。ただし、Aから始まるものとします。

A　資源的価値の高い獲物として乱獲が続き、多くの地域で分布が確認されなくなった。

B　政府によりニホンカモシカの保護地域が設定され、保護地域外では捕獲による個体数調整が認められるようになった。

C　ニホンカモシカが狩猟獣（狩猟してもよいとされる動物）から外され、天然記念物に指定された。

D　ニホンカモシカの捕獲が厳しく監視され、個体数が増加を始めた。

E　ニホンカモシカによる林業被害が広がり、駆除を要求する声があがった。

(2)　シカがある領域に何頭生息しているかを求めるために、実際にその数を数えるのではなく「区画法」という方法を使って求めることがあります。その方法は次の通りです。

①　調べたい領域で、一定面積を決め、個体数を数える。

②　可能であれば何区画かについて調べる。

③　全体の面積を求め、調べた区画が全体面積の何％を占めるかを求める。

④　全体の個体数を推測する。例えば、③の操作で、面積10％、個体数10と出たならば、全面積においては100個体生息していることが推測できる。

この方法で調査を行ったところ、図のように100ヘクタールの区画３カ所で、区画１は29頭、区画２は33頭、区画３は31頭という結果が得られました。30000ヘクタールの領域には何頭のシカが生息していると推測できますか。整数で答えなさい。

図

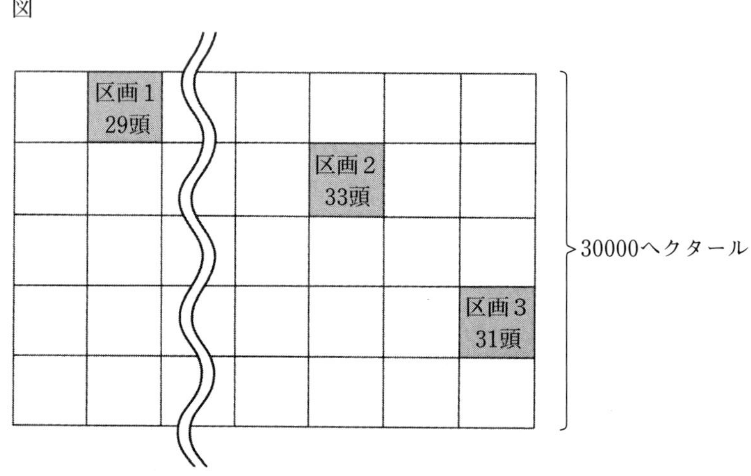

(3)　文章中の［　　　］には、「様々な生きものが、異なる環境で自分たちの生きる場所を見つけ、たがいに違いをいかしながら、つながり調和していること」を意味する言葉が入ります。その言葉を漢字５文字で書きなさい。

(4)　サルの分布が拡大した理由として<u>適切ではない</u>ものを次から１つ選び、記号で書きなさい。

A　農林業の従事者が減り、放置される里山が増えた。

B　サルの実質的な換金(かんきん)価値が高くなった。

C　餌付(えづ)けなどによりサルの人慣れが進み、人間の生活空間にまで分布を広げた。

D　駆除者(くじょしゃ)の高齢化(こうれいか)が進み、後継者(こうけいしゃ)も少ないことから駆除者の数が減少した。

(5)　文章中にあげられた動物と同様に、古くから日本に生息する野生動物でその分布の拡大から被害の報告が増加している動物を次から１つ選び、記号で書きなさい。

A　イノシシ　　B　アライグマ　　C　イリオモテヤマネコ　　D　カミツキガメ

4　次の文章を読み、後の各問いに答えなさい。

地球は、あ太陽の周りを公転している天体(星)である。また、金星は、地球と同じで太陽の周りを公転している天体である。金星は太陽の光を反射して明るく見えることから、い明けの明星(みょうじょう)・宵(よい)の明星と呼ばれることがある。

(1)　下線部あ「太陽の周りを公転している天体(星)」を何といいますか。

(2)　下線部い「明けの明星・宵の明星」とありますが、金星は明け方や夕方の限られた時間に見ることはできますが、真夜中に見ることはできません。金星を真夜中に見ることができない理由を簡単に答えなさい。

(3)　次の図は、地球の北極側から見た、太陽・金星・地球の位置関係を表したものです。ただし、金星はア～エの位置にある場合を考えます。後の各問いに答えなさい。

図

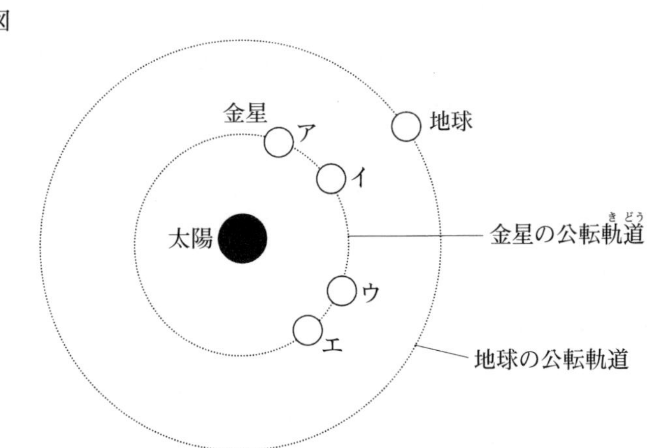

①　金星がアの位置にあるとき、地球から見ることができる時間帯と方角として適切なものはどれですか。次から１つ選び、記号で書きなさい。

A　明け方・東の空　　B　明け方・西の空　　C　夕方・東の空　　D　夕方・西の空

②　金星を最も長い時間観測できるのは、金星が図のア～エのどの位置にあるときですか。１つ選び、記号で書きなさい。

(4)　次の表は金星・地球・木星の公転周期と太陽との距離をまとめたものです。

表

	公転周期（地球の公転周期を1とする）	太陽との距離（太陽から地球までの距離を1とする）
金星	0.62	0.72
地球	1	1
木星	11.8	5.2

公転軌道上を移動する速さの大小関係を正しく示しているのはどれですか。次から1つ選び、記号で書きなさい。

A　金星＝地球＝木星　　B　金星＜地球＜木星　　C　金星＜木星＜地球

D　地球＜金星＜木星　　E　地球＜木星＜金星　　F　木星＜金星＜地球

G　木星＜地球＜金星

5　磁石に関する次の会話文を読み、後の各問いに答えなさい。

先生：今日は磁石について勉強しましょう。磁石にはN極とS極がありますよね。N極とS極を近づけると引っ張り合う力がはたらき、N極とN極、またはS極とS極を近づけると反発する力がはたらきます。また、磁石は鉄を引きつけます。

共子：鉄はN極にもS極にも引きつけられますよね。なんか不思議です。

先生：鉄は磁石に近づくと磁石の性質を持つようになります。引きつけられるということは、N極に引きつけられる側がS極、S極に引きつけられる側はN極になっているということですね。このように磁石に近づけることで、磁石の性質を帯びることを磁化といいます。

共子：ということは、磁化されにくい物質でできたものは磁石につかないっていうことですね。

先生：その通りです。では、ニッケル・アルミニウム・コバルトの中で磁化されにくい物質はどれでしょうか。

共子：それは知っています。答えは（ あ ）です。

先生：正解です。次にこの棒磁石を半分に割ってみましょう。どうなると思いますか。

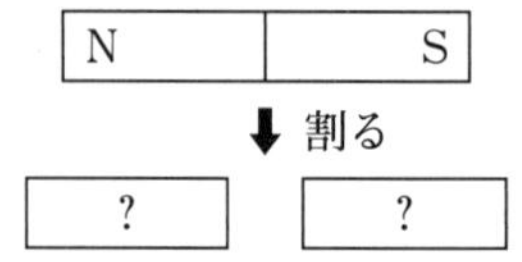

共子：（ い ）と思います。

先生：正解です。では、さらにこの磁石を細かくくだきますね。くだいた磁石をまとめたかたまりを容器に入れます。そして、そのかたまりを鉄でできたクリップに近づけてもクリップを引きつけることができません。なぜだと思いますか。

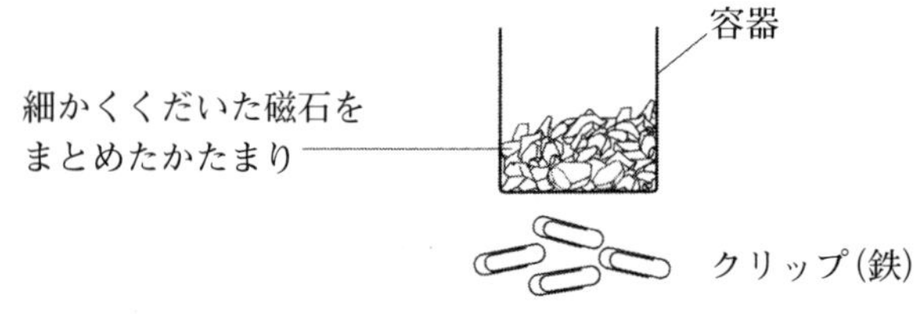

共子：難しいです。

先生：ではヒントです。このように磁石を近づけてからクリップに近づけるとクリップが引きつけられます。

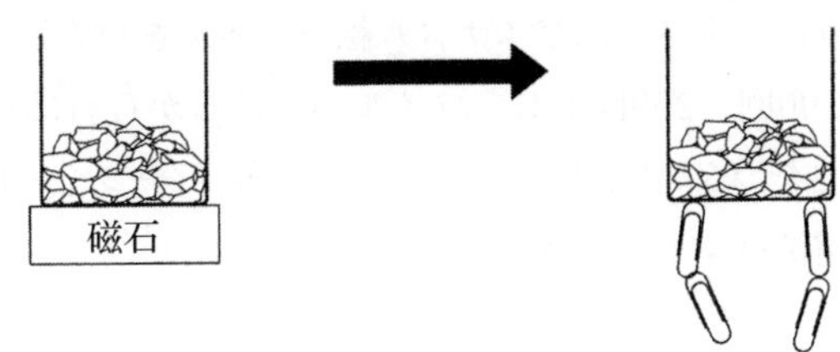

共子：あ、そういうことか。くだいた磁石をまとめたかたまりをクリップに近づけてもクリップを引きつけることができなかったのは、（ う ）ですね。

先生：その通りです。よくわかりましたね。磁石についていろいろわかってきましたね。共子さんは電磁石を知っていますか。

共子：コイルに電流を流すと磁石になると学びました。あと右手を使った磁界の向きも覚えているので、電磁石のN極、S極もわかります。もしかして、磁石の中には電流が流れているのですか。

先生：すばらしい発想ですね。原子レベルの話になるので続きは高校生になってからにしましょう。

(1)　会話文中の空らん（ あ ）に当てはまるものとして適切なものを次から１つ選び、記号で書きなさい。

A　ニッケル　　B　アルミニウム　　C　コバルト

(2)　会話文中の空らん（ い ）に当てはまる文章として適切なものを次から１つ選び、記号で書きなさい。

A　N極だけとS極だけの磁石になる　　B　２つともN極とS極をもつ磁石となる

C　磁石ではなくなる

(3)　会話文中の空らん（ う ）に当てはまる文章として適切なものを次から１つ選び、記号で書きなさい。

A　くだいた磁石の向きがふぞろいだったから

B　くだいた磁石の向きがすべて同じ方向を向いていたから

C　くだいた磁石が磁石ではなくなったから

(4)　会話文中の下線部「電磁石」について、次の実験を行いました。これについて、後の各問いに答えなさい。

【実験】

次の図の(A)～(F)のように、太さが同じエナメル線でコイルをつくった。コイルの巻く向きは同じで、巻き数を50回、100回、200回とし、コイルの左はしから右はしまでの長さを同じにした。それぞれのコイルに電池をつないで電流を流すことで電磁石をつくった。ただし、コイルの電気抵抗（でんきていこう）はすべて同じで、電池はすべて1.5Vのものとする。

図

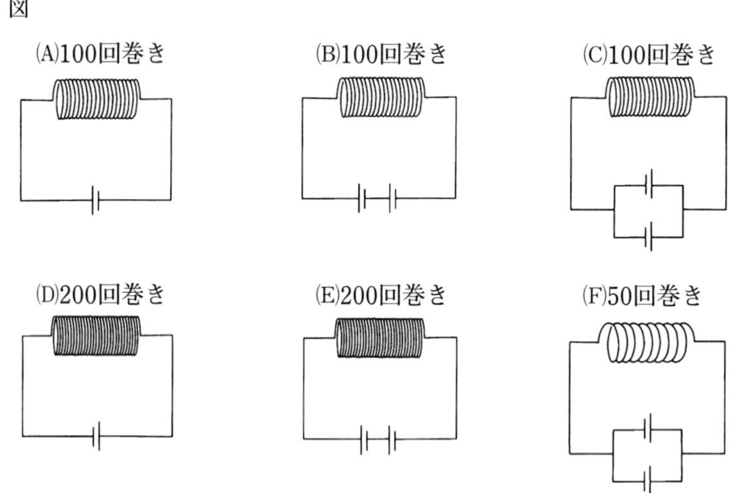

① コイルに生じる磁力が、(A)と同じ強さになるものを(B)～(F)から１つ選び、記号で書きなさい。

② コイルに生じる磁力が、最も強くなるものを(A)～(F)から１つ選び、記号で書きなさい。

③ コイルの左はしがＮ極になっているものを上の(A)～(F)から<u>すべて選び</u>、記号で書きなさい。

恵泉女学園中学校(第２回)

—30分—

1　次の会話を読み、以下の問いに答えなさい。

めぐみ：京都に行ったの。食べたかったスイーツがあって、とてもおいしかったわ。

いずみ：どんなスイーツを食べたの？

めぐみ：まっ茶やほうじ茶のアイスクリームとか、わらびもちとか、ケーキとか…。

いずみ：１つじゃないのね。

めぐみ：まっ茶やほうじ茶って、ふつうの緑茶とどうちがうのかしら？

いずみ：緑茶のアイスクリームってきいたことないものね。

めぐみ：緑茶のアイスクリーム…味に特徴(ちょう)がなさそう。まっ茶ってなんであんなに味がしっかりしているのかな。あの苦みとあまさのバランスがみんなをとりこにしているのよね。調べてくるわね。

（数日後）

めぐみ：いずみちゃん、大変！　緑茶もまっ茶もほうじ茶も、紅茶もウーロン茶もみんな同じ植物なんだって！

いずみ：えーっ、あんなに色もにおいも味も全然ちがうのに、同じ葉っぱなの？

めぐみ：そうなんだって。わたし、京都で同じ葉っぱばかり食べてきたのね。

いずみ：同じ葉っぱばかり食べたなんて、めぐみちゃんはパンダみたいね。

問１　下線部のように、お茶類はチャノキという植物の葉からつくられます。緑茶もまっ茶も緑色をしていますが、それは光合成をしている葉からできているからです。光合成について書かれた次の文章の空らん(①)～(③)に、あてはまる語句を答えなさい。

> 光合成とは、植物が、太陽の光を利用して行うはたらきです。根から吸い上げた(①)と、葉で取り入れた(②)を材料にして、(③)をつくり、酸素が発生します。(③)は、植物が生きるためのエネルギー源になります。

問２　光合成には光が必要ですが、それを確かめるには、次のア～カの実験のどの２つを組み合わせればよいですか。二つ選び、記号で答えなさい。ただし、文中の①～③は問１の①～③と同じものをさします。

ア　植物に朝から昼まで光を当てておいて、その葉に①があるかどうか調べる。

イ　植物に朝から昼まで光を当てておいて、その葉に③があるかどうか調べる。

ウ　真夜中に葉をとり、その葉に①があるかどうか調べる。

エ　真夜中に葉をとり、その葉に③があるかどうか調べる。

オ　植物全体に黒いおおいをしたまま朝から昼まで光を当てておいたものを用意し、その葉に①があるかどうか調べる。

カ　植物全体に黒いおおいをしたまま朝から昼まで光を当てておいたものを用意し、その葉に③があるかどうか調べる。

問３　まっ茶の材料になるチャノキの葉は、わざと日かげをつくって育てます。明るいところで育てた葉と、暗いところで育てた葉は次の表のようなちがいがあるそうです。表を参考にして、あとの文中の空らん（ A ）、（ B ）に、適した文章をア～カから一つずつ選び、記号で答えなさい。

表

明るいところで育てた葉	比べることがら	暗いところで育てた葉
小さい	葉の大きさ	大きい
厚い	葉の厚さ	うすい
うすい	葉の色	こい

明るいところで育てた葉と暗いところで育てた葉を比べると、様々なちがいがあることがわかります。

暗いところでは光の量が少ないので、（ A ）。また、暗いところは乾燥（かんそう）しにくいため、（ B ）。

ア　葉がぶ厚くて、１枚の葉で光をたくさん得られるようにしています

イ　葉がぶ厚くても、からだの中の水分を失わない工夫をしています

ウ　葉がうすくても、からだの中の水分は失いにくいです

エ　葉がうすいので、光がつきぬけて他の葉に当たるようになっています

オ　葉の面積を大きくして、からだの中の余分な水分を出しやすくしています

カ　葉の面積を大きくして、少ない光でも確実に得られるようにしています

問４　めぐみさんが調べたところ、日かげで育てると、うまみ成分が多くなるそうです。日なたで育てると、うまみ成分がしぶみ成分に変化しやすいことがわかりました。

だから、まっ茶は暗いところで育てた葉を使ってつくられ、緑茶の茶葉をすりつぶしても、まっ茶にはならないとわかりました。

あとの図１は、茶葉の量に対する、味の変化を示したものです。横じくは湯200mLあたりの茶葉の量(g)、縦じくは味の強さを示した数値です。また、図２は湯の温度を変えた時のうまみとしぶみの味の変化を示したものです。この２つのグラフから言えることをまとめた次の文の空らん（ C ）、（ D ）には（　　）内の中から適語を選んで答えなさい。また、（ E ）には、あとのア～エの文章のうち、最も適したものを一つ選び、記号で答えなさい。

うまみ成分は茶葉の量が増えるにしたがって大きくなるが、しぶみ成分はうまみ成分に比べて増え方が（C　多い　・　少ない　・　変わらない　）。また、湯の温度が高くなるとうまみ成分は少なくなっていくのに対し、しぶみ成分は（D　多くなる　・　少なくなる　・　変わらない　）。よって、しぶみが少ないようにして、うまみ成分をより味わうには、（ E ）。

ア　茶葉の量を多くして、湯の温度を80℃以上にするとよい

イ　茶葉の量を多くして、湯の温度は40℃以下にするとよい

ウ　茶葉の量を少なくして、湯の温度を80℃以上にするとよい

エ　茶葉の量を少なくして、湯の温度を40℃以下にするとよい

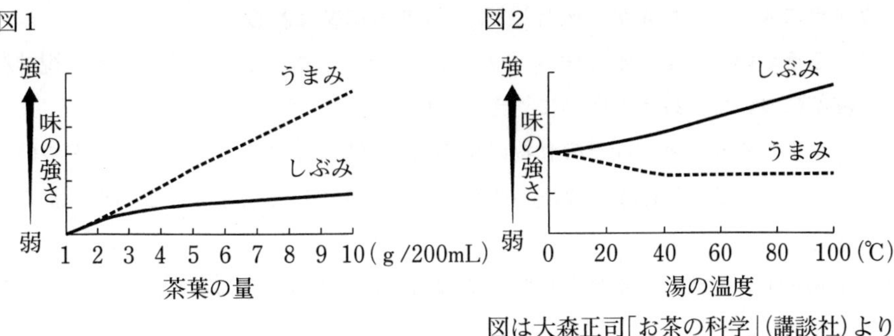

図は大森正司「お茶の科学」（講談社）より

2　花子さんと道子さんが、理科の授業で調べた動物について話しています。

花　子：私はシマウマについて調べたよ。シマウマは植物を食べる草食動物で、食べた草をすりつぶしやすい形の歯をしているんだって。

道　子：私はライオンについて調べたわ。ライオンは動物を食べる肉食動物で、獲物（えもの）にしっかりかみついてつかまえるために、するどい歯をもっているのよ。

花　子：シマウマとライオンでは、からだのつくりがちがうんだね。シマウマの主食である草は消化が難しいから、消化管のつくりもライオンとはちがうらしいよ。

道　子：あと、ライオンとシマウマは、食べる、食べられる関係にあるわよね。ライオンにとっては、シマウマのような草食動物が獲物だわ。だから、目の前の獲物をしっかり追いかけられるような位置に目がついているのよ。

花　子：私も、シマウマとライオンの関係について調べたよ。シマウマは、ライオンのような肉食動物から身を守るために、いつでもまわりを見られるような位置に目がついているんだ。

問１　図１は、シマウマまたはライオンの頭部の骨のつくりです。どちらの動物の頭部か、名前を答えなさい。

図１

問２　草食動物と肉食動物の目について正しく説明しているものを、次から一つずつ選び、記号で答えなさい。

ア　目が顔の前についており、正面を立体的に見ることができる。

イ　目が顔の前についており、広い範囲（はんい）を一度に見ることができる。

ウ　目が顔の横についており、正面を立体的に見ることができる。

エ　目が顔の横についており、広い範囲を一度に見ることができる。

問３　動物の目のつくりは、カメラと似ています。図２は、動物の目のつくりを簡単に表したものです。以下の、カメラのしくみの説明文において、下線部①～③に対応する目のつくりを、ア～オから一つずつ選び、記号で答えなさい。

図２

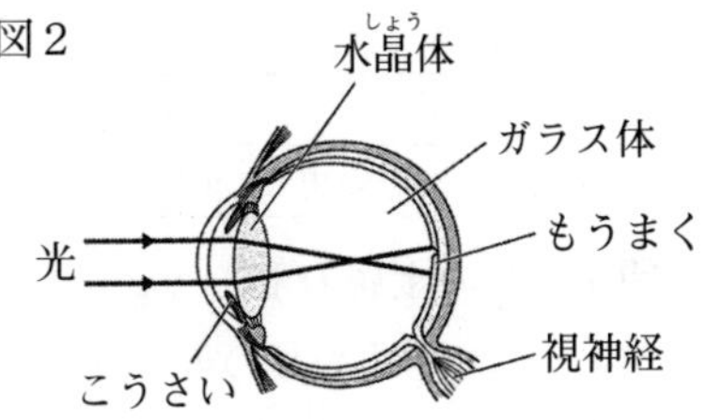

・物体から届く光が、カメラの①レンズを通して入ってくる。

・②しぼりで、カメラに入る光の量を調節する。

・カメラに入ってきた光が、像として③フィルムに結ばれる。

ア　こうさい　　イ　水晶(しょう)体　　ウ　ガラス体　　エ　もうまく　　オ　視神経

問4　下線部について、以下の問いに答えなさい。

(1)　シマウマやライオンなどの動物の小腸は、内側に小さなひだがたくさんついており、さらにそれらのひだには小さな出っ張りがたくさんついています。この出っ張りの名前を答えなさい。

(2)　小腸が(1)のようなつくりをしている理由として正しいものを、次から一つ選び、記号で答えなさい。

ア　ひだや出っ張りが食べ物をくだいて、効率よく食べ物を消化できるから。

イ　食べ物を奥(おく)へと送りやすくなり、効率よく食べ物を消化できるから。

ウ　ひだや出っ張りが食べ物をくだいて、効率よく栄養を吸収できるから。

エ　小腸の内側の面積が大きくなり、効率よく栄養を吸収できるから。

(3)　シマウマ、ライオン、ヒトについて、体長に対して腸(小腸と大腸)がどれくらい長いのかをそれぞれ調べました。体長に対する腸の長さの比を、大きい順に正しくならべたものを、次から一つ選び、記号で答えなさい。

ア　シマウマ→ライオン→ヒト　　イ　シマウマ→ヒト→ライオン

ウ　ライオン→シマウマ→ヒト　　エ　ライオン→ヒト→シマウマ

オ　ヒト→シマウマ→ライオン　　カ　ヒト→ライオン→シマウマ

(4)　シマウマ、ライオン、ヒトの消化管について、食べ物を口に入れた後に通る消化器官の順番として正しいものはどれですか。次から一つ選び、記号で答えなさい。

ア　胃→食道→小腸→大腸　　イ　胃→小腸→食道→大腸

ウ　食道→胃→小腸→大腸　　エ　食道→胃→大腸→小腸

オ　小腸→食道→胃→大腸　　カ　小腸→胃→食道→大腸

3　いずみさんは、理科室で見つけた大きさの異なる５種類の金属のかたまりが何かを調べるために、それらの重さと体積を調べたところ表１のようになりました。また、本で調べた金属の重さと体積の関係を表２に表します。(ただし、重さはてんびんをつかって量りました。また、メスシリンダーに水を入れておき、金属のかたまりをしずめて体積を調べました。)

表１

金属	A	B	C	D	E
重さ[g]	57.9	40.5	56.7	52.5	31.5
体積[㎤]	3.0	4.5	21	5.0	4.5

表２

金属	あえん	アルミニウム	金	銀	鉄	銅	なまり
1[㎤]の重さ[g]	7.0	2.7	19.3	10.5	7.9	9.0	11.4

問1　Cの金属の重さ［g］と体積［㎤］の関係から、重さ［g］を体積［㎤］で割り算して、1［㎤］あたりの重さ［g］を答え、何の金属かを表２を参考に答えなさい。

問2　BとCの金属はあるものに使われている金属です。正しいものを、次から一つずつ選び、それぞれ記号で答えなさい。

ア　線路　　イ　1円玉　　ウ　10円玉　　エ　銀メダル　　オ　ステンレス製のスプーン

問３　同じ重さのＡ～Ｅを用意したとき、体積が最も小さな金属はどれですか。正しいものを一つ選び、Ａ～Ｅの記号で答えなさい。

問４　５円玉は、銅とあえんという２種類の金属からできています。いずみさんは５円玉の中に銅とあえんがどのような割合でふくまれているかを調べました。以下の実験を参考に各問いに答えなさい。

(1)　30.0mLの水を入れたメスシリンダーに、５円玉20枚を入れたところ38.9mLになりました。５円玉１枚当たりの体積は何㎤ですか。

(2)　(1)の５円玉20枚の重さを調べたところ、74.8ｇでした。５円玉は１㎤あたり何ｇかを計算して答えなさい。ただし、割り切れない場合は小数第３位を四捨五入して答えなさい。

(3)　いずみさんの行った実験から、５円玉には銅とあえんがどのような体積の割合でふくまれていると考えられますか。最も適切なものを、ア～オから一つ選び、記号で答えなさい。

ア　銅：あえん＝３：７　　イ　銅：あえん＝４：６　　ウ　銅：あえん＝５：５

エ　銅：あえん＝６：４　　オ　銅：あえん＝７：３

問５　ある王様が100㎤の立方体の金を３名の王かん職人Ｘ～Ｚにわたし、王かんをつくらせました。それぞれが異なった大きさの王かんを持ってきたため、王様はそれぞれの王かんの重さと、体積をはかりました。それをまとめたのが表３です。正しく説明しているものを、ア～キから一つ選び、記号で答えなさい。

表３

	王かんの重さ［ｇ］	王かんの体積［㎤］
Ｘ	1000	51.8
Ｙ	1930	130
Ｚ	1544	80

ア　Ｘのみが純粋（すい）な金の王かんである。　　イ　Ｙのみが純粋な金の王かんである。

ウ　Ｚのみが純粋な金の王かんである。　　エ　ＸとＹが純粋な金の王かんである。

オ　ＹとＺが純粋な金の王かんである。　　カ　ＸとＺが純粋な金の王かんである。

キ　すべての王かんは純粋な金でできている。

４　めぐみさんとお母さんの会話を読み、以下の問いに答えなさい。

めぐみ：今日は学校の理科の授業で「てこの原理」を習ってきたよ。

母　　：①「てこの原理」はいろいろなところで利用されているよね。

めぐみ：例えばシーソーは、体重がちがう二人が乗っても、乗る場所をうまく調整すればつりあうわ。

母　　：そうそう。軽い人はシーソーの真ん中から遠くに、重い人は近くに乗ればつりあうのよね。

めぐみ：学校で、「②シーソーを支える点から乗る人までの長さと、乗る人の体重をかけ算すると、両側の値が同じ値になる」って、先生から習ったよ。

母　　：そのとおり。でも、③重さを無視できない太さが一様な棒をてこに使うときは、棒の中心に棒の重さと同じおもりがあるのと同じことになるのよ。これを重心というの。だから、てこを支える点が棒の中心からずれているときは、重心におもりがあると考えて計算するのよ。

めぐみ：わかったわ。

母　：てこといえば、昔はものの重さをはかるのに、さおばかりを使っていたのを知っているかしら。

めぐみ：さおばかり？

母　：そう。今のようにデジタルはかりがなかったころ、塩の量り売りをする時などに、さおばかりを使って塩の重さをはかっていたと聞いたわ。さおばかりもてこの原理を利用した道具のひとつね。お父さんなら簡単に作れるわよ。

めぐみ：それなら④お父さんにさおばかりを作ってもらって、ものの重さをはかってみよう。

問１　下線部①について、図１と図２はいずれもてこの原理を利用した道具です。

(1)　図１の点Ａ～Ｃをそれぞれ何点といいますか、漢字で答えなさい。

(2)　図１の点Ａ～Ｃと同じはたらきをする部分を、図２のア～ウからそれぞれ選びなさい。

問２　下線部②について、図３のように、太さが一様で長さが３ｍの棒を中心で支えててこを作りました。棒の右端(みぎはし)から25cmの位置に重さのわからない物体Ａをつるし、棒の左端(ひだりはし)に400ｇのおもりをつるしたところ、てこは水平につりあいました。物体Ａの重さは何ｇですか。

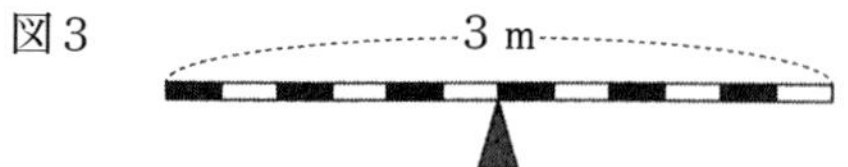

問３　下線部③について、太さが一様で長さが50cmの棒を、左端から15cmの位置で支えててこを作りました。棒の左端に30ｇのおもりをつるし、棒の右端に10ｇのおもりをつるしたところ、てこは水平につりあいました。棒の重さは何ｇですか。

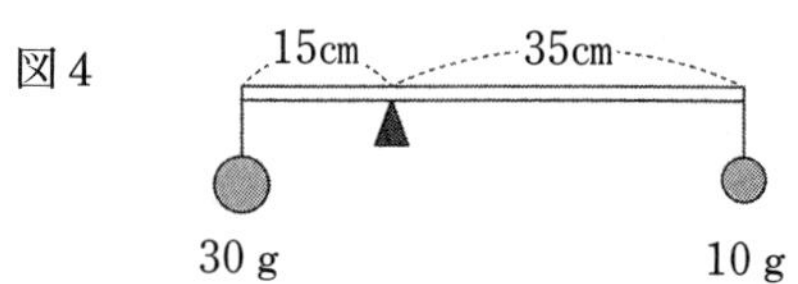

問４　下線部④について、お父さんは、長さ１ｍで重さ100ｇの太さが一様な棒を用いて、図５のようなさおばかりを作りました。棒の左端から30cmのところ（点Ｏとする）で天井から棒をつるし、左端から５cmのところに荷物をのせる100ｇのかごをつるしました。次に100ｇのおもりをつるし、点Ｏから右に少しずつずらしていくと、ある位置で棒が水平につりあいました。次の⑴～⑶の問いに答えなさい。ただし、棒の重さは無視できないものとします。

図５

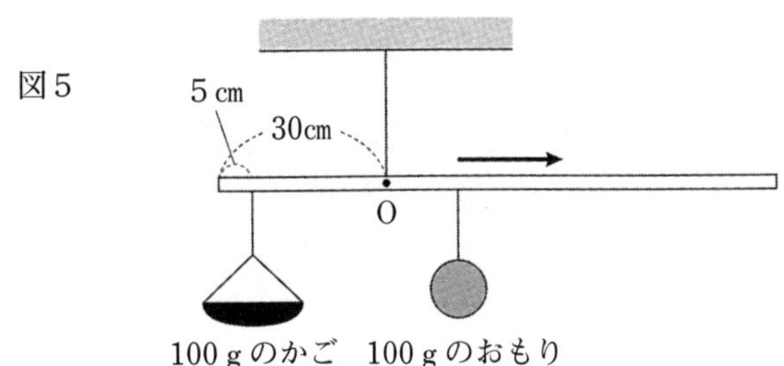

⑴　かごに何ものせていないとき、棒を水平にするためには、100ｇのおもりを点Ｏから右に何cmの位置につるせばよいですか。

⑵　かごに100ｇの塩をのせたとき、棒を水平にするためには、100ｇのおもりを点Ｏから右に何cmの位置につるせばよいですか。

⑶　かごにある重さの塩をのせると、100ｇのおもりをどこにつるしても棒は水平になりませんでした。このさおばかりは、最大何ｇまで塩の重さをはかることができますか。

5　地球の衛星である月について、次の問いに答えなさい。

問１　2007年９月に日本が月に向けて打ち上げた探査機Ｘの名前として正しいものを一つ選び、記号で答えなさい。

ア　ひまわり　　イ　きぼう　　ウ　かぐや　　エ　みちびき

問２　探査機Ｘが月面上の100km上空を秒速1.6kmで月を一周するのにかかる時間として正しいものを一つ選び、記号で答えなさい。ただし、月の半径を1700km、円周率を3.1とします。

ア　約１時間　　イ　約２時間　　ウ　約５時間　　エ　約６時間

問３　月面を観察すると図１のように、「海」と呼ばれる黒っぽく見える場所があります。この場所には地下から上昇してきたマグマが冷えて固まってできた黒っぽい岩石が多くみられます。この場所にある岩石として正しいものを一つ選び、記号で答えなさい。

ア　砂岩　　イ　玄武岩（げんぶ）　　ウ　でい岩　　エ　れき岩

図１

問４　1969年に人類が初めて月面に降り立ちました。その際に月面上に図２のような特別な鏡を設置しました。地球からこの鏡に向けてレーザー光（直進する光線）を当てることで地球から月までの距離を求めることができます。

レーザー光の進む速さを秒速30万km、光が往復する時間を2.5秒としたとき、地球から月までの距離は何万kmになりますか。

図２

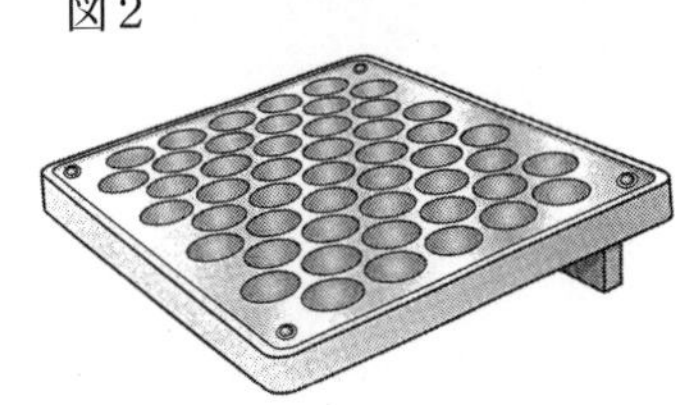

問５　月に設置された鏡は、普通の１枚の鏡ではなく、図２の丸い穴の中の１つ１つに、図３のような３枚の正方形の鏡を互いに直角に組み合わせたものがはめこまれています。これを「リフレクター」と呼びます。次の問いに答えなさい。

図３

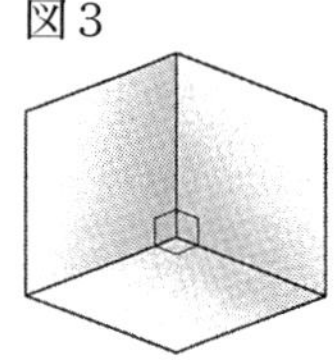

(1)　図４のように、１枚の平面鏡に光線Ａが当たった後の光の進路について考えます。

①　平面鏡に光線Ａが当たった後の光の進路として正しいものを一つ選び、記号で答えなさい。

②　このように光が鏡に当たって、光の進路が変化する現象を何と言いますか。漢字で答えなさい。

図４

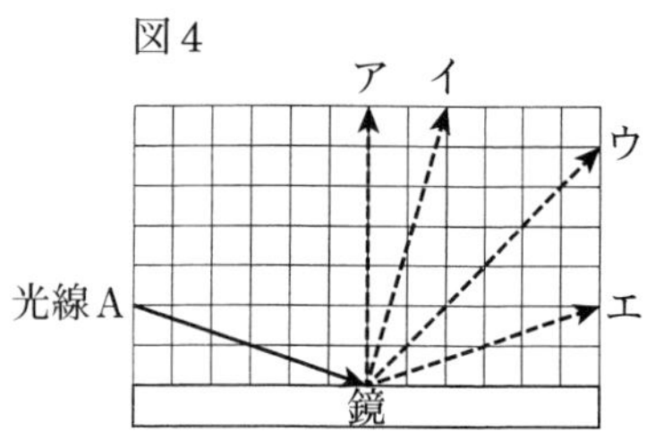

(2)　リフレクターに光が当たった後の光の進路を考えます。そのためにまず２枚の鏡を合わせた場合の光の進路を調べました。光の進路として正しいものを一つ選び、記号で答えなさい。

ア

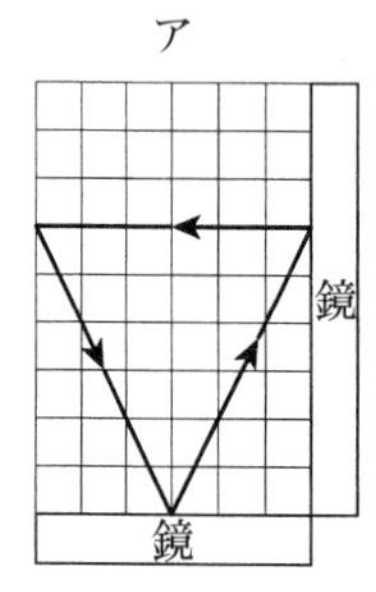

イ

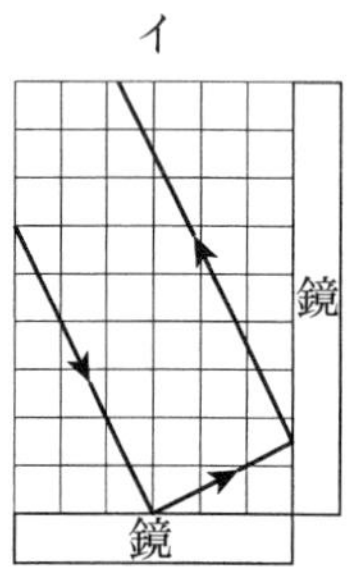

ウ

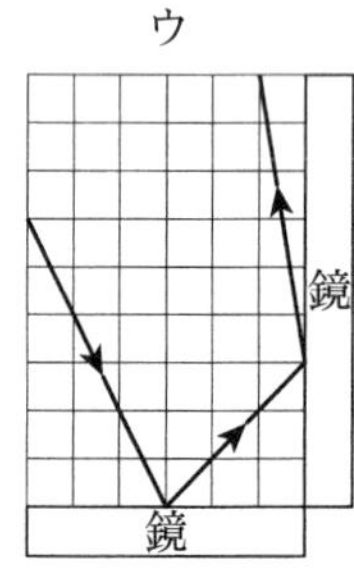

エ

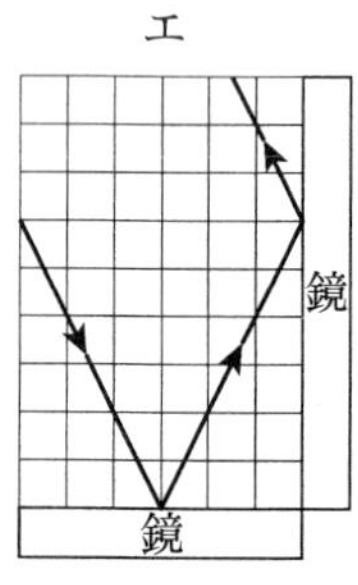

(3)　問５(2)のように、２枚の鏡にすると光の進路にはある特ちょうがあることが分かります。図３のリフレクターを用いた場合も同じ特ちょうがあります。

この特ちょうを利用すると月までの距離を正確に測定することができます。次のリフレクターに関する説明として正しいものを一つ選び、記号で答えなさい。

ア　３枚の鏡のうち１枚には、30°の角度で光が当たるようにしなければならない。
イ　３枚の鏡のうち１枚には、45°の角度で光が当たるようにしなければならない。
ウ　３枚の鏡のうち１枚には、60°の角度で光が当たるようにしなければならない。
エ　３枚の鏡のうち１枚には、90°の角度で光が当たるようにしなければならない。
オ　鏡に光が当たる角度は何度でもよい。

光塩女子学院中等科(第２回)

—30分—

注意：[2]問５(2)あ、[3]問４(6)は、答えだけでなく、式・考え方などを必ず書きなさい。

[1]　６月のある日、光子さんはお父さんと畑にジャガイモほりに行きました。帰り道での次の会話を読み、あとの問いに答えなさい。

光子さん　「このごろすごく日が長くなったね。」

お父さん　「そうだね。もうすぐ[　a　]と呼ばれる、一年で最も昼が長い日だね。今日ほったジャガイモも、b太陽の光をたくさん浴びて、よく育っていたね。」

光子さん　「たくさんのイモに混じって、しわしわにしおれた半分のイモがあったよ。」

お父さん　「ああ、種イモだね。そこから新しく芽や根が出て育ち、新しいイモができたんだよ。」

光子さん　「どういうこと？ジャガイモは種子から育つのではないの？」

お父さん　「もちろん種子からも育つけど、植物によっては養分がたくわえられているからだの一部から、新しく芽や根が作られることもあるんだ。ジャガイモの場合、cイモの部分に養分がたくわえられて、やがてd新しく芽や根が作られるんだよ。」

光子さん「よく分からないな。e種子から育てないのはなぜなの？」

お父さん「それはなぜかな。調べてごらん。」

問１　会話中の[　a　]にあてはまる言葉をひらがな２字で答えなさい。

問２　下線部ｂについて

(1)　次の文中の｛　　｝からあてはまる言葉を選び、記号で答えなさい。

日本では、６月には、太陽の日の出の位置は真東よりも₁｛ア　北寄り　　イ　南寄り｝になり、12月に比べて真南にきたときの太陽の高さは₂｛ア　高く　　イ　低く｝なる。

(2)　太陽の表面には黒いはん点が見えます。

①　黒いはん点の名前を答えなさい。

②　黒いはん点の部分は、そのまわりより温度が高いですか、低いですか。

問３　下線部ｃについて

(1)　ジャガイモのイモの部分は、植物のからだのどれにあたりますか。次のア～エから１つ選び、記号で答えなさい。

ア　花　　イ　葉　　ウ　くき　　エ　根

(2)　次の文章中の[　　　]にあてはまる言葉を答えなさい。

ジャガイモのイモの部分を切り、その切り口に[　1　]液をたらすと、[　2　]色に変化する。このことから、ジャガイモのイモの部分にはでんぷんと呼ばれる養分がたくわえられていることが分かる。

(3)　ジャガイモにたくわえられているでんぷんを、200倍のけんび鏡で観察したときのスケッチはどれですか。次のア～エから１つ選び、記号で答えなさい。

問４　下線部ｄについて

ジャガイモの芽と根の生え方のスケッチとして最も正しいものはどれですか。次のア～ウから１つ選び、記号で答えなさい。

ア

イ
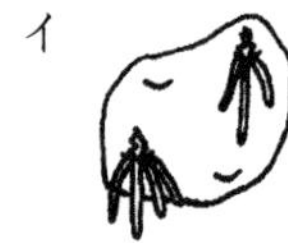

ウ
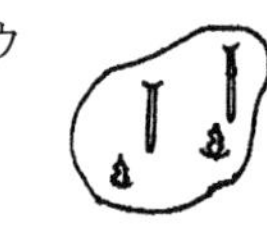

問５　下線部ｅについて

光子さんは、ジャガイモのように、種子以外の、養分をたくわえているからだの一部から新しくからだが作られる「栄養生しょく」という増え方について、くわしく調べてみました。すると、栄養生しょくでは、種子から育てるよりも成長が早いこと、新しく作られるからだはもとになったからだと同じ特ちょうをもっていることが分かりました。農作物を育てる際に栄養生しょくが広く利用されているのはなぜですか。この理由を記した次の文の［　　　］にあてはまる言葉を、簡単に答えなさい。

良い特ちょうをもった農作物を［　　　］から。

２　2023年11月、気象庁は、「小笠原諸島・硫黄島沖で10月下じゅんから海底火山のふん火が活発になり、たい積した岩石などで新しい島が形成された。」と発表しました。小笠原諸島では、2013年に、［　　　］が火山ふん火により島の面積を広げ、2021年には、海底火山福徳岡ノ場がふん火しました。日本付近の太平洋の海底では、海洋プレートが大陸プレートの下にしずみこみ、内部の岩石がとけて火山ができやすくなっています。火山や火山ふん出物(火山がふん火したときにふき出されるもの)について、次の問いに答えなさい。

問１　前の文章中の［　　　］にあてはまる名前を次のア～エから１つ選び、記号で答えなさい。

ア　昭和新山　　イ　西之島　　ウ　桜島　　エ　浅間山

問２　次の①～③は、火山ふん出物についての説明です。説明に最もあてはまるものを、あとのア～エからそれぞれ１つずつ選び、記号で答えなさい。

①　風に飛ばされやすく、広い範囲に降り積もる。

②　大部分は水蒸気で、二酸化炭素や二酸化いおうなどの気体がふくまれる。

③　水にうき、表面にはガスがぬけてできた小さな穴がたくさんあいている。

ア　火山ガス　　イ　たい積岩　　ウ　火山灰　　エ　軽石

問３　図１は、火山とその地下の様子を表したものです。図１のＸは、高温でとけてどろどろしたもので、火山ふん出物のもとになるものです。Ｘの名前を答えなさい。

図１
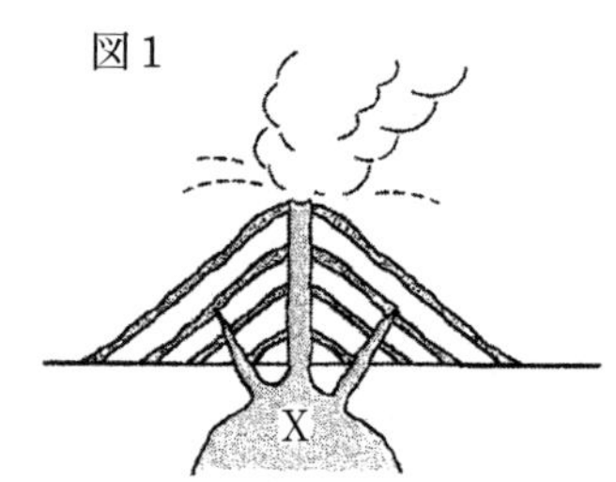

問４　図２は、そう眼実体けんび鏡で火山灰と海岸の砂を同じ倍率で観察し、スケッチしたものです。火山灰と比べて、海岸の砂のつぶの形にはどのような特ちょうが見られますか。また、そのような特ちょうが見られる理由を簡単に答えなさい。

図２

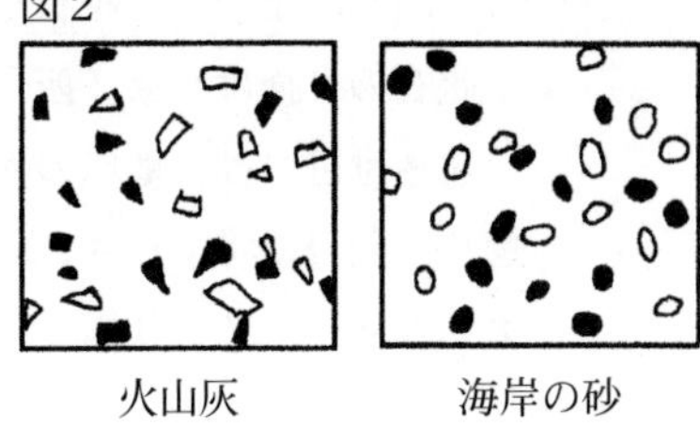

問５　火山は災害を引き起こすだけではなく、私たちにめぐみももたらしてくれます。火山のめぐみについて、⑴、⑵の問いに答えなさい。

⑴　次の文中の｛　　｝からあてはまる言葉を選び、記号で答えなさい。

火山のふもとの火山灰をふくむ土は、水はけが｛ア　良い　　イ　悪い｝ことから、その特ちょうをいかした作物のさいばいが行われている。

⑵　次の文章中の［　1　］、［　2　］にあてはまる言葉を答えなさい。また、［　あ　］にあてはまる数を、小数第２位を四捨五入して小数第１位まで答えなさい。なお、文章中のキロワットとは発電の量を表す単位です。

図１のＸに熱せられ、地中からわき出てきた地下水は［　1　］と呼ばれる。火山の周辺には、［　1　］に入浴できる施設(しせつ)が多く見られる。

また、図１のＸにより熱せられた水や水蒸気は、［　2　］発電に利用されている。この［　2　］からどの程度発電できるかを見積もると、日本全体で2347万キロワットとなり、これは世界第３位の規模と評価されている。そのうち、2021年度に発電に利用されたのは、61万キロワットで、2347万キロワットのおよそ［　あ　］％に過ぎない。

３　次の文章を読み、あとの問いに答えなさい。

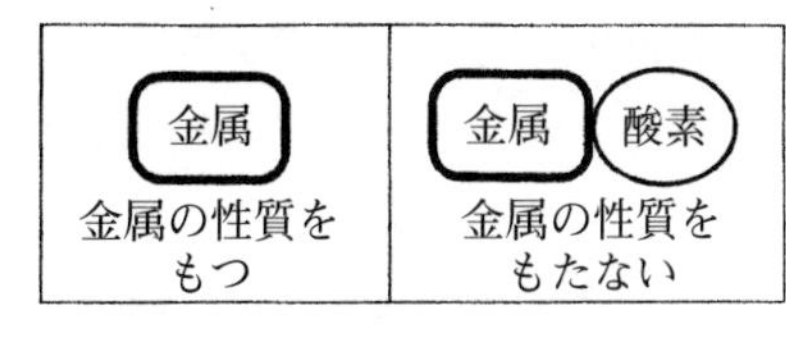

私たちは、鉄や銅などいろいろな種類の金属を使って生活しています。金属は、こすってみがくと光る、電気をよく通す、など共通の「金属の性質」をもっています。しかし、金属は金属以外のものと結びつくと、金属でないものになります。例えば、金属の銅が酸素と結びつくと、酸化銅というものになります。酸化銅は金属でないので、金属の性質をもちません。

人類が最初に利用した金属は、ａ金属の性質をもった形で自然に存在している金属でした。一方、ｂ多くの種類の金属はｃ酸素と結びついて金属の性質をもたない形で存在しています。私たちが金属の性質を利用するためには、ｄ結びついた酸素を取り除く作業が必要です。

問１　下線部ａについて

金属以外のものと結びつきにくく、主に金属の性質をもった形で自然に存在するものはどれですか。次のア～ウから１つ選び、記号で答えなさい。

ア　鉄　　イ　金　　ウ　アルミニウム

問２　下線部ｂについて

磁石はさまざまな種類の金属でつくられています。磁石を使って［実験１］をしました。

［実験１］　図１のように、磁石を入れた容器を水にうかべた。

図１　磁石を入れた容器を水にうかべる

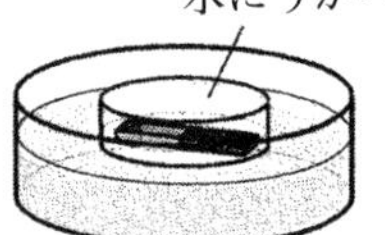

⑴　磁石のＮ極は、東、西、南、北のどの方位を向きましたか。

⑵　北極付近には、地球の何極がありますか。次のア、イから選び、記号で答えなさい。

ア　Ｎ極　　イ　Ｓ極

次に、方位磁針を使って、【実験２】をしました。

［実験２］　①　同じ長さのエナメル線で作ったコイルに、同じ電池、同じ豆電球を導線でつないで以下の４通りの回路を作り、同じ方位磁針を置いた。

②　スイッチを入れて電流を流すと方位磁針の針がさす向きが変わった。

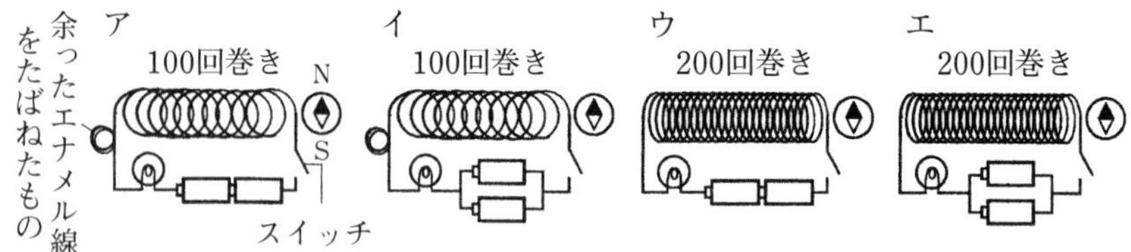

⑶　電流を流したとき、方位磁針の針がさす向きが、最も大きく変わった回路の方位磁針は図２のようになりました。図２の結果になった回路はどれですか。［実験２］のア〜エから１つ選び、記号で答えなさい。

図２

問３　下線部ｃについて

金属の鉄、銅、マグネシウムを熱すると、空気中の酸素と結びつきやすくなります。せんい状の鉄(スチールウール)、導線から取り出した細い銅線、リボン状のマグネシウムを使って［実験３］をしました。

［実験３］　①　図３のように、せんい状の鉄をガスバーナーのほのおに入れ、赤くなったらほのおから出して観察した。

②　金属を細い銅線にかえ、①を行った。

③　金属をリボン状のマグネシウムにかえ、①を行った。

図３

実験の結果は、表１のようになった。

表１

鉄	火がついて一部に広がった。黒色になってくずれた部分があった。
銅	火はつかなかった。黒色になってくずれた部分が少しあった。
マグネシウム	火がついて激しく全体に広がった。白色の粉になってくずれた。

⑴　熱したときにできた黒色や白色のものは、それぞれの金属が酸素と結びついたものであることが分かりました。鉄、銅、マグネシウムのうち、最も酸素と結びつきやすい金属はどれですか。

炭素は、酸素と結びついて二酸化炭素になります。気体の二酸化炭素で満たされた容器の中で金属が酸素と結びつくかどうかを調べるため、［実験４］をしました。

［実験４］　①　図４のように、二酸化炭素で満たされた容器の中に火がついたせんい状の鉄を入れ、ふたをして観察した。

②　金属をリボン状のマグネシウムにかえ、①を行った。

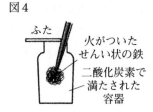

図４

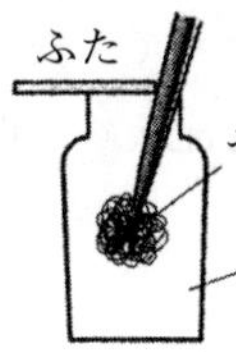

ふた
火がついたせんい状の鉄
二酸化炭素で満たされた容器

実験の結果は、表２のようになった。

表２

鉄	すぐに火は消え、その後せんい状の鉄に変化はなかった。
マグネシウム	火は激しくなり、全体に広がった。 黒色の炭素の粉と白色の粉ができた。

(2)　［実験４］②でできた白色の粉は、［実験３］③でできた白色の粉と同じものでした。［実験４］②で、マグネシウムは、何からもらった酸素と結びつきましたか。

(3)　マグネシウムと炭素のうち、どちらが酸素と結びつきやすいですか。

(4)　［実験３］、［実験４］より、鉄、銅、マグネシウム、炭素を、酸素と結びつきやすい順に左から並べたものはどれですか。次のア～カからあてはまるものを１つ選び、記号で答えなさい。

ア　マグネシウム、鉄、銅、炭素　　イ　鉄、マグネシウム、炭素、銅

ウ　鉄、炭素、マグネシウム、銅　　エ　マグネシウム、鉄、炭素、銅

オ　マグネシウム、炭素、鉄、銅　　カ　炭素、マグネシウム、鉄、銅

問４　下線部ｄについて

銅と酸素が結びついた黒色の酸化銅の粉、黒色の炭素の粉、重さ30ｇの試験管を使って、［実験５］をしました。

［実験５］　①　酸化銅４ｇを図５の装置で熱すると、変化は見られなかった。冷ましてから、熱した後の固体と試験管の重さをはかった。

②　酸化銅４ｇに炭素0.15ｇを加えてよく混ぜ、①と同様に熱すると、粉に火がつき全体に広がった。十分に熱した後、ガラス管を石灰(かい)水から出してからガスバーナーの火を消し、試験管に空気が入らないように、ゴム管をつまんで十分に冷ました。熱した後の固体と試験管の重さをはかった。

図５

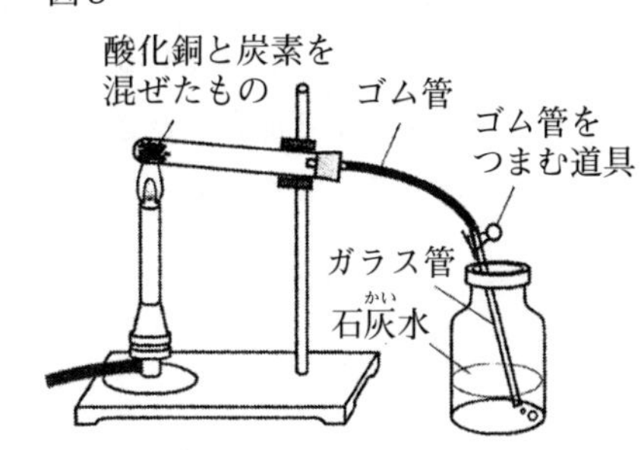

③　加える炭素を0.3ｇ、0.4ｇ、0.5ｇにかえ、②をそれぞれ行った。

実験の結果は、表３のようになった。

表３

炭素の重さ（ｇ）	0	0.15	0.3	0.4	0.5
熱した後の固体と試験管の重さ（ｇ）	34	33.6	33.2	33.3	33.4
試験管の重さ（ｇ）	30	30	30	30	30
熱した後の固体の重さ（ｇ）	4				

⑴　表3の空らんにあてはまる数を考え、横軸(じく)に炭素の重さ、縦軸に熱した後の固体の重さをとって、表3の5つの結果を折れ線グラフで表しなさい。横軸、縦軸の目盛りや単位なども記入し、点ははっきり示しなさい。

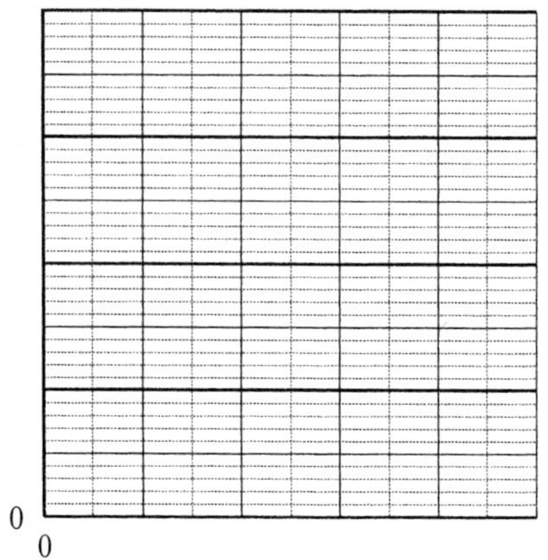

⑵　酸化銅と炭素を混ぜたものを熱すると、ガラス管の先から気体が出て、石灰水は白くにごりました。ガラス管から出てきた気体は何ですか。

⑶　酸化銅と炭素を混ぜたものを熱すると、試験管の中には黒色でない固体ができていました。この固体をとり出して金属製のさじ(スプーン)でこすると、光りました。この固体の名前を答えなさい。

⑷　［実験5］②で、波線部のようにしたのはなぜですか。理由を記した次の文の□□にあてはまる言葉を答えなさい。

ゴム管を通って試験管に空気が入り、熱してできた⑶の固体が空気とふれて、再び空気中の□□と結びつくのを防ぐため。

⑸　［実験5］で、熱すると黒色でない固体だけになり、黒色の粉が見られなかったのは、炭素をいくら加えたときですか。

⑹　加える炭素を1ｇにかえて［実験5］②を行うと、炭素はいくら残りますか。

晃華学園中学校(第1回)

—25分—

1　図1のような、3×3マスの電気回路ボードと、いくつかの豆電球パーツ、かん電池パーツ、導線パーツからなる電気回路キットがある。ボード上にある点をパーツでつなぐと、回路を作ることができる。かん電池パーツと豆電球パーツはそれぞれすべて同じ種類であり、パーツは重ねたり交差したり、ななめにつないだりすることはできない。

例えば、かん電池パーツ1個と豆電球パーツ1個、導線パーツ6個を図2のようにつなぐと、豆電球が光る。

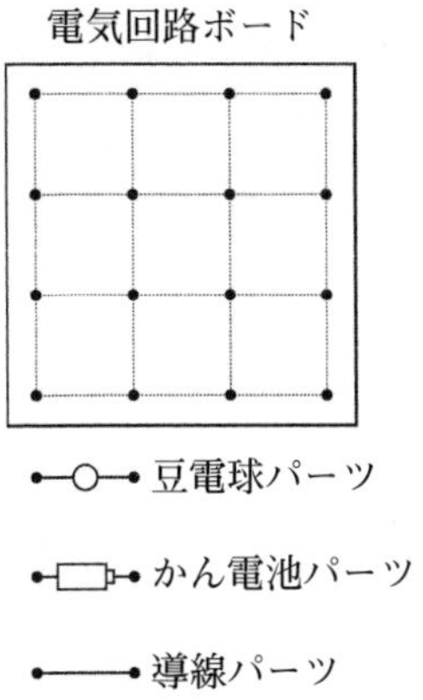

電気回路ボード

豆電球パーツ

かん電池パーツ

導線パーツ

図1

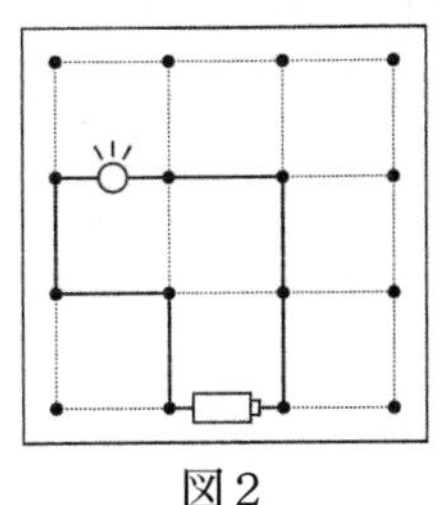

図2

この電気回路キットを用いた実験について、次の各問いに答えなさい。

問1　図3で豆電球が光るように、かん電池パーツと豆電球パーツを導線パーツでつなげたい。

(1)　使用する導線パーツの数を最も少なくするには、どのようにつなげばよいか。図3に導線をかき加えなさい。

(2)　使用する導線パーツの数が最も多くなるとき、必要な導線パーツは何個か、答えなさい。ただし、1つの点につなぐことができるパーツの数は2個までとする。また、使用するすべての導線パーツに電流が流れるようにつなぐこと。

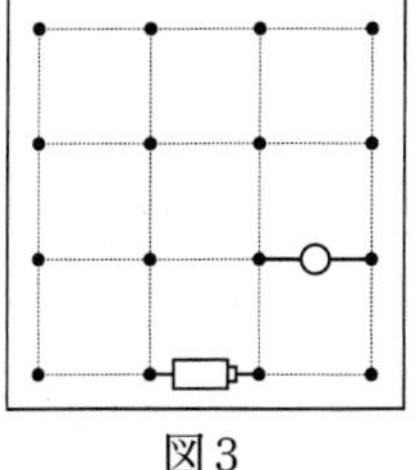

図3

問2　図4のように、かん電池パーツ1個と豆電球パーツ2個をボードにセットした。

(1)　2つの豆電球が図2の豆電球と同じ明るさで光るようにしたい。使用する導線パーツの数を最も少なくするには、どのようにつなげばよいか。図4に導線をかき加えなさい。

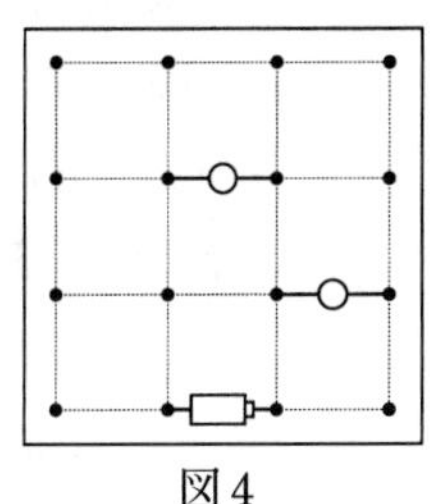

図4

(2)　図５の点ａ、ｂ間にかん電池パーツを１個追加して、２つの豆電球が図２の豆電球と同じ明るさで光るようにしたい。使用する導線パーツの数が最も少なくなるとき、必要な導線パーツは何個か、答えなさい。また、かん電池パーツをどちらの向きに追加すればよいか、次の(ア)、(イ)から選び、記号で答えなさい。

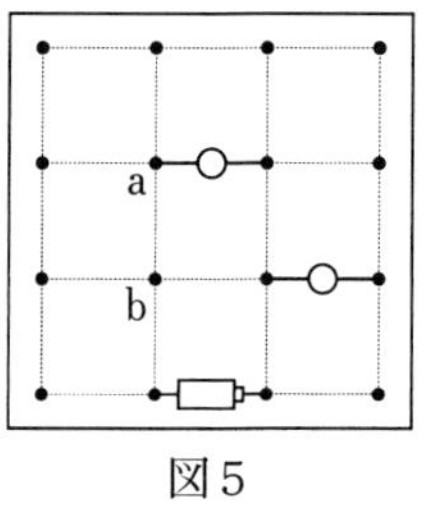

図５

(ア)　(イ)

(3)　(2)でつくった回路のかん電池のつなぎ方を何と呼ぶか、答えなさい。

問３　図６のように、かん電池パーツ１個と豆電球パーツ２個をボードにセットした。２つの豆電球が図２の豆電球と同じ明るさで光るようにしたい。使用する導線パーツの数を最も少なくするには、どのようにつなげばよいか。図６に導線をかき加えなさい。

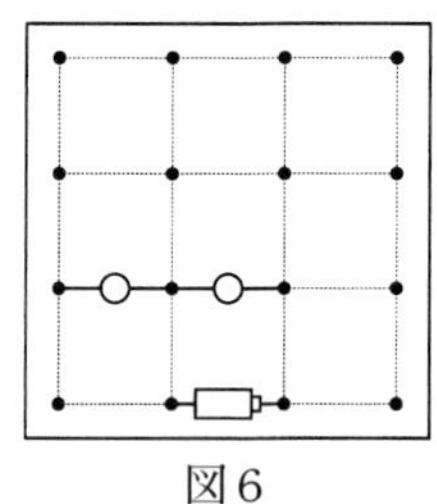
図６

[2]　気体の発生について、次の各問いに答えなさい。

問１　気体Ａ～Ｃは、酸素、二酸化炭素、水素、窒素(ちっそ)、アンモニア、塩化水素のいずれかである。

気体Ａは、鼻をさすにおいがあり、水に溶(と)けやすく、その水溶液(すいようえき)は酸性である。

気体Ｂは、空気中に二番目に多くふくまれる。

気体Ｃは、においがなく、空気と比べて非常に軽い。

気体Ａ～Ｃを発生させるのに必要なものはどれか、次の(ア)～(シ)の中からそれぞれ選び、記号で答えなさい。ただし、必要なものが複数ある場合にはすべて選び、同じ記号をくり返し選んでもよい。

(ア)　うすいアルコール　(イ)　過酸化水素水　(ウ)　水酸化ナトリウム水溶液
(エ)　うすい塩酸　(オ)　アンモニア水　(カ)　食塩
(キ)　砂糖　(ク)　二酸化マンガン　(ケ)　銅
(コ)　炭酸カルシウム　(サ)　スチールウール　(シ)　水酸化カルシウム

問２　石灰石に水溶液Ｄを加えると、石灰石が溶けて気体Ｅが発生した。気体Ｅを固体にしたものはドライアイスと呼ばれている。

(1)　水溶液Ｄとして考えられるものは何か、名前を１つ答えなさい。

(2)　図１のような方法で発生した気体Ｅを集め、体積を量った。図１の集め方は、どのような性質の気体に用いることができるか、10字程度で答えなさい。

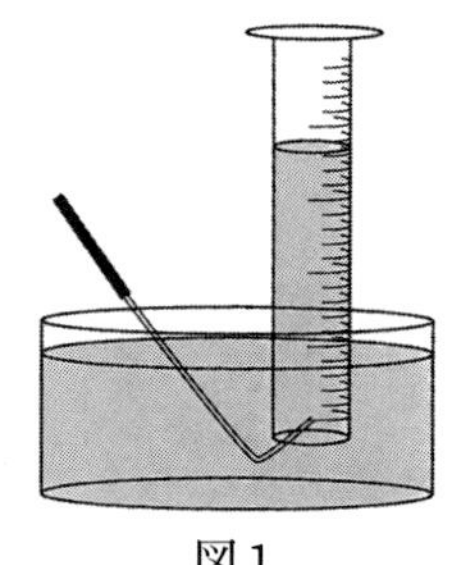
図１

(3)　つぶが大きい石灰石と、つぶが小さい石灰石を用意し、水溶液Ｄと石灰石から気体Ｅが発生する様子を観察した。すると、水溶液Ｄの体積と石灰石の重さが同じであっても、石灰石のつぶの大きさによって、気体Ｅが発生する勢いが異なることがわかった。

そこで、大きさの異なる石灰石を１ｇずつ用意し、表１のように水溶液Ｄと反応させ、発生した気体Ｅの体積と時間との関係を調べた。①～④のいずれにおいても、石灰石は完全に溶けた。また、④で発生した気体Ｅの体積は200㎤であった。

このとき、表１の②、③を用いた結果をグラフに示したものはどれか。図２の(ア)～(オ)の中からそれぞれ選び、記号で答えなさい。

表１

	水溶液Ｄの体積(㎤)	石灰石のつぶの大きさ
①	60	小
②	60	大
③	120	小
④	120	大

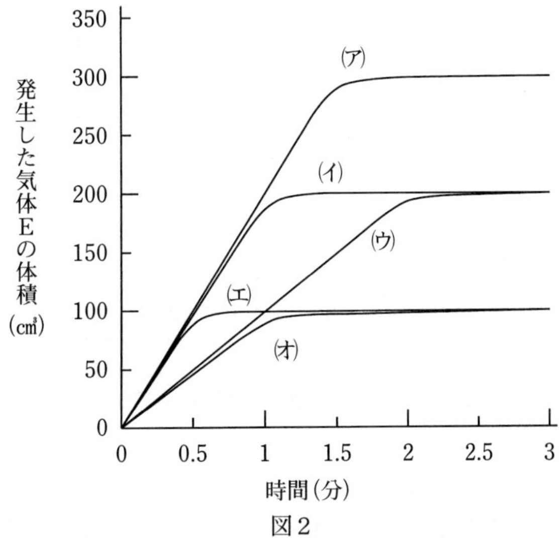

図２

(4)　(3)と同じ濃(こ)さの水溶液Ｄ90㎤に、水90㎤を加えてできた水溶液180㎤と、石灰石1.2ｇを反応させたところ、石灰石は完全に溶けた。このとき発生した気体Ｅは何㎤か、答えなさい。

3　ヒトの体について、次の各問いに答えなさい。

問１　次図は、ヒトの臓器(ぞうき)と血管を表したものである。A～Cには、じん臓、かん臓、小腸のいずれかがあてはまる。また、矢印は血液の流れを表している。

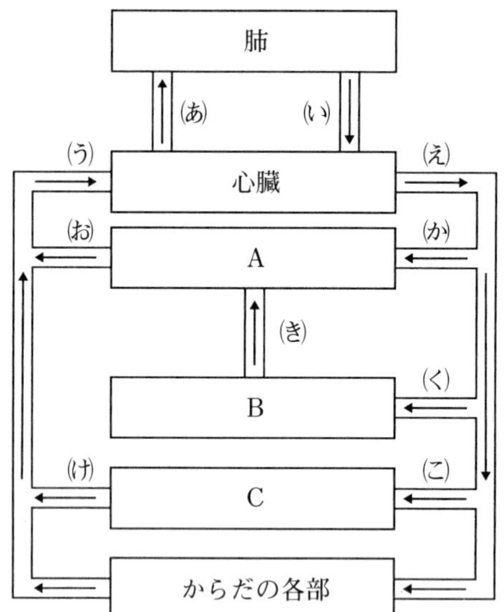

(1)　A～Cにあてはまる臓器は何か、それぞれ答えなさい。

(2)　二酸化炭素を最も多く含(ふく)む血液が流れる血管はどれか、図中の(あ)～(こ)の中から選び、記号で答えなさい。

(3)　にょう素などの不要物が最も少ない血液が流れる血管はどれか、図中の(あ)～(こ)の中から選び、記号で答えなさい。

(4)　食後に養分を最も多く含む血液が流れる血管はどれか、図中の(あ)～(こ)の中から選び、記号で答えなさい。

(5)　空腹時に養分を最も多く含む血液が流れる血管はどれか、図中の(あ)～(こ)の中から選び、記号で答えなさい。

問２　ヒトの心臓には４つの部屋がある。

(1)　ヒトの心臓を流れる血液の方向を表した図として適切なものはどれか、次の(ア)～(エ)の中から選び、記号で答えなさい。

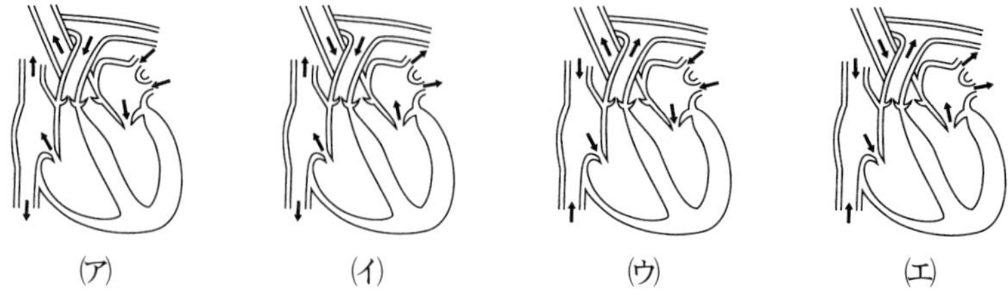

(2)　以下の文は心臓を通る血液の流れを説明したものである。［①］～［④］にあてはまる語句の組み合わせとして適切なものはどれか、次の(ア)～(ク)の中から選び、記号で答えなさい。

大静脈を流れてきた血液は、［①］→［②］→肺→［③］→［④］の順で流れ、大動脈を通って全身に送り出される。

	①	②	③	④
(ア)	左心ぼう	左心室	右心ぼう	右心室
(イ)	左心ぼう	左心室	右心室	右心ぼう
(ウ)	左心室	左心ぼう	右心ぼう	右心室
(エ)	左心室	左心ぼう	右心室	右心ぼう
(オ)	右心ぼう	右心室	左心室	左心ぼう
(カ)	右心ぼう	右心室	左心ぼう	左心室
(キ)	右心室	右心ぼう	左心室	左心ぼう
(ク)	右心室	右心ぼう	左心ぼう	左心室

問３　ヒトの心臓が１分間で70回拍動(はくどう)し、１回の拍動で70mLの血液を送り出すとする。

(1)　１分間に何mLの血液を送り出すか、答えなさい。

(2)　１日に何Lの血液を送り出すか、答えなさい。

4　星座について、次の各問いに答えなさい。

問１　今からおよそ100年前の1922年、国際天文学連合という組織において、地球から見えるすべての空が88の領域に区分され、それぞれに星座の名前が定められた。また、1952年には、日本天文学会において、星座の名前に漢字を用いないことが決定された。次の表は、現在の88星座を五十音順に並べたものである。ただし、問題の都合上、一部は空欄(くうらん)になっている。

1	アンドロメダ座	23	カメレオン座	45	しし座	67	ペルセウス座
2	いっかくじゅう座	24	からす座	46	じょうぎ座	68	ほ座
3	いて座	25	かんむり座	47	たて座	69	ぼうえんきょう座
4	いるか座	26	きょしちょう座	48	ちょうこくぐ座	70	ほうおう座
5	インディアン座	27	ぎょしゃ座	49	ちょうこくしつ座	71	ポンプ座
6	うお座	28	きりん座	50	つる座	72	みずがめ座
7	うさぎ座	29	くじゃく座	51	テーブルさん座	73	みずへび座
8	うしかい座	30	くじら座	52	てんびん座	74	みなみじゅうじ座
9	うみへび座	31	ケフェウス座	53	とかげ座	75	みなみのうお座
10	エリダヌス座	32	ケンタウルス座	54	とけい座	76	みなみのかんむり座
11	おうし座	33	けんびきょう座	55	とびうお座	77	みなみのさんかく座
12	A	34	E	56	とも座	78	や座
13	おおかみ座	35	こうま座	57	はえ座	79	やぎ座
14	B	36	こぎつね座	58	G	80	やまねこ座
15	おとめ座	37	こぐま座	59	はちぶんぎ座	81	らしんばん座
16	おひつじ座	38	こじし座	60	はと座	82	りゅう座
17	C	39	コップ座	61	ふうちょう座	83	りゅうこつ座
18	がか座	40	こと座	62	ふたご座	84	りょうけん座
19	D	41	コンパス座	63	ペガスス座	85	レチクル座
20	かじき座	42	さいだん座	64	へび座	86	ろ座
21	かに座	43	F	65	へびつかい座	87	ろくぶんぎ座
22	かみのけ座	44	さんかく座	66	ヘルクレス座	88	H

(1)　表のAの星座の中には、地球から見える最も明るい星がある。この星の名前を答えなさい。

⑵　表のB、Cにあてはまる星座の名前を、それぞれ答えなさい。

⑶　夏の大三角と呼ばれる３つの星は、それぞれどの星座に属しているか。数字の小さい方から順に、表中の番号で３つ答えなさい。

⑷　表のFにあてはまる星座を、次の(ア)〜(エ)の中から選び、記号で答えなさい。また、選んだ星座の中で最も明るい星の名前を答えなさい。

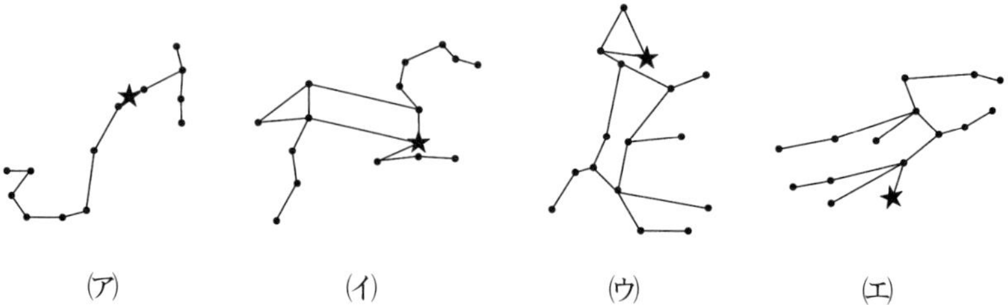

問２

⑴　右図は、ある星座を表している。この星座の中で、★の部分を何とよぶか、答えなさい。

⑵　⑴の星の並びを使って北極星を探したい。北極星はどの方向に見えるか。図中の(ア)〜(エ)の中から選び、記号で答えなさい。

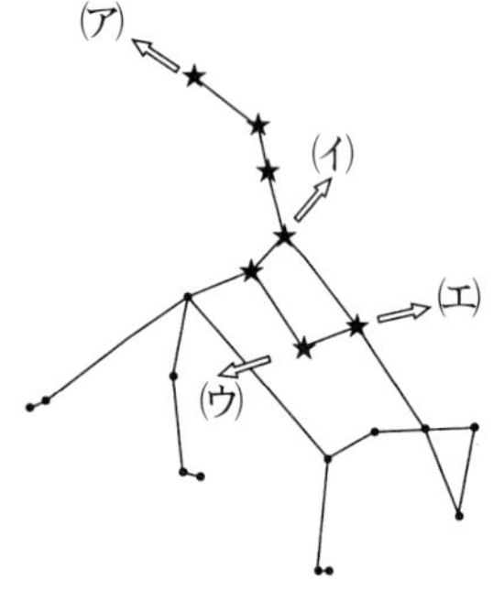

問３　北の空を観察すると、ある星座が右図のXの位置に見えた。３時間後には、この星座はどの位置に見えるか。図中の(ア)〜(エ)の中から選び、記号で答えなさい。ただし、☆は北極星を表している。

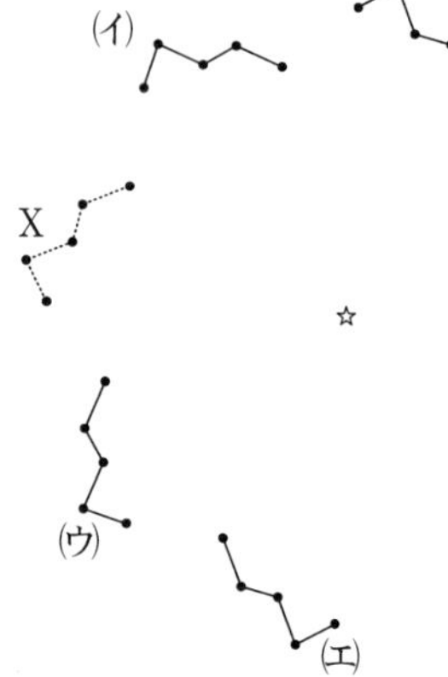

国府台女子学院中学部(第1回)

—30分—

1 次の各問いに答えなさい。

(1) 小腸にあるじゅう毛の中の毛細血管で、吸収される養分を、次のア～オから2つ選び、記号で答えなさい。

ア ブドウ糖　イ モノグリセリド　ウ タンパク質　エ しぼう酸　オ アミノ酸

(2) 日本国外に起源をもつ外来生物のうち、特に生態系、人の生命・身体、農林水産業へ被害(ひがい)をおよぼすものは「特定外来生物」と呼ばれます。2023年6月に、新たに「条件付特定外来生物」として認定された生物を、次のア～エから2つ選び、記号で答えなさい。

ア アメリカザリガニ　イ ニホンザリガニ　ウ アオウミガメ　エ アカミミガメ

(3) 次のア～エのうち、まちがっているものを1つ選び、記号で答えなさい。

ア 二酸化硫黄(いおう)は、酸性雨の原因物質のひとつである。

イ メタンは、地球温暖化に影響(えいきょう)をおよぼす温室効果ガスのひとつである。

ウ フロンは、オゾン層を破壊(はかい)する原因物質のひとつである。

エ マイクロプラスチックは、10ミリメートル以上のプラスチックごみのかたまりのことで、海洋汚染(おせん)の原因のひとつである。

(4) 次の水溶液(すいようえき)のうち、電気が流れないものはどれですか。最もあてはまるものを次のア～オから1つ選び、記号で答えなさい。

ア 食塩水　イ 砂糖水　ウ 水酸化ナトリウム水溶液

エ 塩化銅水溶液　オ さく酸水溶液

(5) 星の明るさに関する次の文の(　)にあてはまる数字を、それぞれ整数で答えなさい。

地球上から最も明るく見える星を1等星といい、肉眼で見える最も暗い星を(A)等星という。1等星は(A)等星の約(B)倍の明るさである。

(6) 太陽について、まちがっているものを次のア～オから1つ選び、記号で答えなさい。

ア 太陽の表面で炎(ほのお)のように見える部分をプロミネンスという。

イ 太陽の表面上で観測できる黒い点を黒点という。黒点は、まわりよりも温度が低くなっている。

ウ 太陽は主に高温の気体でできており、表面温度は約6000℃である。

エ 太陽の外側の光の層をコロナといい、温度は100万℃以上である。

オ 太陽は東から西へ自転していて、約50日間で1回転する。

(7) 2023年の7月に、福島第一原子力発電所から出た処理水の海洋放出がニュースになりました。処理水は、安全な状態に近づけていますが、取り除くことが難しいものもあります。処理水から取り除くことが難しく、人体に影響(えいきょう)があるとニュースで多く取り上げられたものはどれですか。次のア～エから1つ選び、記号で答えなさい。

ア ニホニウム　イ セシウム　ウ トリチウム　エ ヨウ素

(8) 白熱電球を生活に使えるように改良した科学者は誰(だれ)ですか。次のア～エから1つ選び、記号で答えなさい。

ア アルベルト・アインシュタイン　イ トーマス・エジソン

ウ ニコラ・テスラ　エ マイケル・ファラデー

2　［１］と［２］の文章を読み、問いに答えなさい。

［１］　全国の都道府県では、自治体にゆかりのある花、樹木、鳥、魚などを、シンボルとして「県の花」などとして定めています。例えば、千葉県の花は$_{A}$なのはなです。

(1)　文中の下線部Aについて、次の問いに答えなさい。

①　「なのはな」はある植物の別名です。その植物の名前をカタカナ４文字で答えなさい。

②　「なのはな」は離弁花(りべんか)です。次のア～オから離弁花をすべて選び、記号で答えなさい。

ア　アサガオ　　イ　ツツジ　　ウ　タンポポ　　エ　サクラ　　オ　エンドウ

③　春に「なのはな」の葉の裏側を見ると、あるこん虫の卵が産みつけられていることがあります。そのこん虫の名前を、次のア～オから１つ選び、記号で答えなさい。

ア　カマキリ　　イ　カブトムシ　　ウ　バッタ　　エ　セミ　　オ　モンシロチョウ

［２］　千葉県の鳥はホオジロです。県内に生息し、県民に最も親しまれている鳥として、1965年に選ばれました。ホオジロは、千葉県をふくむ本州においては長い距離(きょり)の移動をほとんど行いません。一方で、北海道などの寒冷地では、夏の間に繁殖(はんしょく)を行った後、寒い時期を乗りこえるために、冬の間はより暖かい南方へ移動することが知られています。このような、季節に応じた鳥類の移動を$_{B}$「(鳥の)渡(わた)り」といいます。

(2)　鳥類は、体温を一定に保つことができる動物として知られています。鳥類の体表をおおい、体温を保つ役割をもつものを何といいますか。名前を漢字２字で答えなさい。

(3)　文中の下線部Bについて、渡りを行う鳥類の名前を、次のア～オから１つ選び、記号で答えなさい。

ア　スズメ　　イ　ツバメ　　ウ　カラス　　エ　ハト　　オ　ウグイス

(4)　渡りの習性をもつ鳥の一種(以下「鳥Ｃ」)は、冬の間を千葉県の農業地帯(以下「地域Ｄ」)で過ごします。いま、地域Ｄにおいて、鳥Ｃの観察される数が、20年前と比べて大きく減少していることが報告されたとします。ところが、地域Ｄは自然保護地域に指定されており、保護地域内の自然環境(かんきょう)は20年前とほとんど変化はありませんでした。このとき、地域Ｄにおける鳥Ｃの観察数が減少した理由として考えられることのうち、最もあてはまらないものを次のア～エから１つ選び、記号で答えなさい。

ア　地域Ｄにおいて、取れる餌(えさ)の量が大きく減少した。

イ　鳥Ｃが夏の間を過ごす地域において、農地が住宅地へと変化した。

ウ　鳥Ｃが夏の間を過ごす地域において、農薬の過度な散布が行われた。

エ　鳥Ｃが渡りを行う際に通る地域において、違法(いほう)な鳥類の捕獲(ほかく)が行われていた。

3　二酸化炭素は、炭酸カルシウムにうすい塩酸を加えることでつくることができます。次の問いに答えなさい。

(1)　二酸化炭素の性質として、正しいものを、次のア～オから２つ選び、記号で答えなさい。

ア　水にとけて酸性を示す。　　イ　空気中に体積の割合で約20％ふくまれている。

ウ　火を近づけると音をたてて燃える。　　エ　石灰水を白くにごらせる。

オ　特有の鼻をさすにおいがある。

(2)　ドライアイスは二酸化炭素の固体です。ドライアイスを水の入ったビーカーの中に入れると白いけむりのような物質が出ました。この物質を次のア～オから１つ選び、記号で答えなさい。

ア　酸素　　イ　一酸化炭素　　ウ　二酸化炭素　　エ　ちっ素　　オ　水

(3)　うすい塩酸100.0ｇを50.0ｇのビーカーに入れた後、細かくくだいた炭酸カルシウムを加えました。二酸化炭素が発生しなくなったことを確認した後、ビーカーの重さをふくめた「反応後の全体の重さ」を電子てんびんではかりました。加える炭酸カルシウムの重さを変えて、それぞれ別のビーカーで同様の実験を行ったところ、次の表のようになりました。ただし、「反応後の全体の重さ」には、二酸化炭素の重さはふくまれないものとし、答えは小数第１位まで答えるものとします。

表

加えた炭酸カルシウムの重さ〔g〕	0.0	2.0	4.0	6.0	8.0	10.0
反応後の全体の重さ〔g〕	150.0	151.2	【 X 】	153.6	155.2	157.2

①　表の【 X 】に入る数値を答えなさい。

②　加えた炭酸カルシウムが10.0ｇのときに、発生した二酸化炭素の重さは何ｇですか。

③　うすい塩酸の濃(こ)さを変えずに、炭酸カルシウムの代わりに細かくくだいた石灰石2.0ｇを用いて、同様の実験を行いました。このとき、反応後の全体の重さは151.5ｇになりました。石灰石の主成分は炭酸カルシウムで、それ以外にふくまれる物質(不純物)はうすい塩酸とは反応しないものとするとき、この石灰石の何％が炭酸カルシウムであったか答えなさい。

4　日本の天気について、次の問いに答えなさい。

(1)　日本列島の周辺には、季節によってあらわれる大きな気団があります。冬の時期に発達して、日本の気候に影響(えいきょう)をおよぼす気団を何といいますか。名前を答えなさい。

(2)　例年６月ごろ、ぐずついた天気が続きます。このとき、日本列島沿いに停滞前線(ていたいぜんせん)ができます。この前線を特に何といいますか。名前を漢字で答えなさい。

(3)　夏によく見られる気象現象に「集中豪雨(ごうう)(ゲリラ豪雨)」があります。これに最も関連する雲を何といいますか。名前を答えなさい。

(4)　次のア～オのうち、正しいものをすべて選び、記号で答えなさい。

ア　晴れた日の１日の中で、12時と24時の気温を比べたとき、多くの日は、12時の方が気温が高くなる。

イ　晴れた日の１日の中で、気温と地温が最も高くなる時刻を比べたとき、多くの日は、地温が高くなる時刻の方が早い。

ウ　最高気温が35℃以上になる日は「真夏日」と呼ばれる。

エ　最低気温が20℃以下にならなかった夜は「熱帯夜」と呼ばれる。

オ　気温をはかる百葉箱は、地面から温度計までの高さが1.2ｍ～1.5ｍで、風通しが良く、直射日光が温度計に当たるように設置されている。

(5)　天気と風向きを表すのに、図のような記号を用いることがあります。右の記号で表す天気と風向きを、それぞれことばで答えなさい。ただし、風向きは８方位で表すものとします。

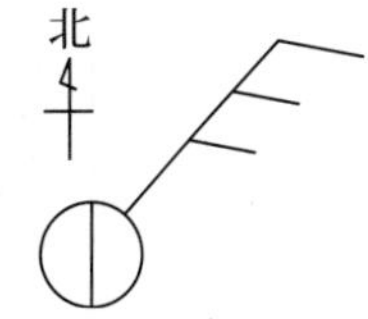

5　光の速さについて、次の問いに答えなさい。ただし、必要ならば円周率を3.14とします。

［１］　光の速さは、「１秒間に地球を7.5周する速さ」と言われています。

(1)　地球１周の距離として最もあてはまるものを、次のア～カから１つ選び、記号で答えなさい。ただし、地球の半径は6400kmとします。

ア　1.3万km　　イ　２万km　　ウ　４万km　　エ　13万km　　オ　20万km　　カ　40万km

(2)　(1)と下線部より、光の速さとして最もあてはまるものを、次のア～カから１つ選び、記号で答えなさい。

ア　秒速9.8万km　　イ　秒速15万km　　ウ　秒速30万km
エ　秒速98万km　　オ　秒速150万km　　カ　秒速300万km

［２］　光の速さはとても速いので、測定には工夫が必要でした。1849年にフランスのフィゾーは、地上で初めて光の速さの測定に成功しました。図１は、フィゾーの実験装置を簡単に表したものです。光は次の順で進みます。

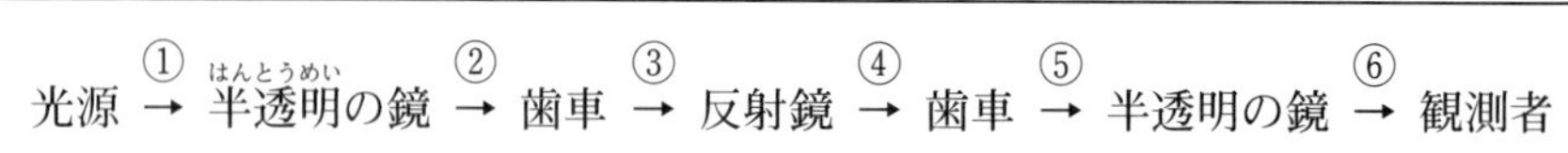

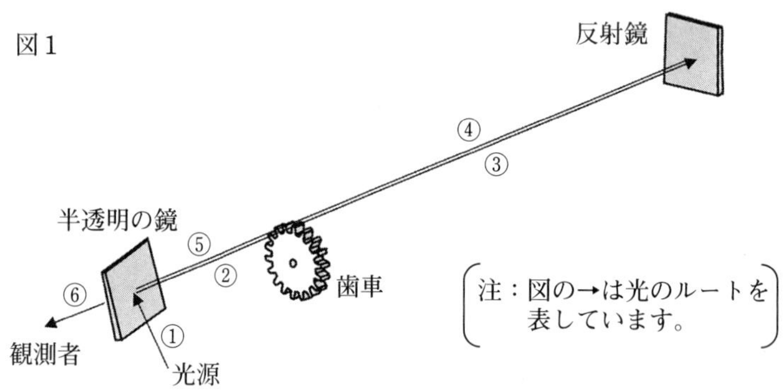

まず、歯車の回転が遅いときは、図２のように光が歯車の歯と歯のすき間を通り、反射鏡で反射され、通りぬけたときのすき間を通り観測者に届きます。

次に、歯車の回転が速いときは、図３のように光は歯車の歯と歯のすき間を通り、反射鏡で反射され、通りぬけたときのすき間の隣にある歯に当たり、観測者には届きません。

実験では、歯車と反射鏡の距離が8633ｍ、歯車の歯の数が720としました。歯車の回転を少しずつ速くしていき、歯車が１秒間に12.6回転したとき、はじめて観測者に光が届かなくなったと言われています。ただし、歯車の歯とすき間は、すべて等しい間隔でならんでおり、光はすき間の真ん中だけを通るものとします。

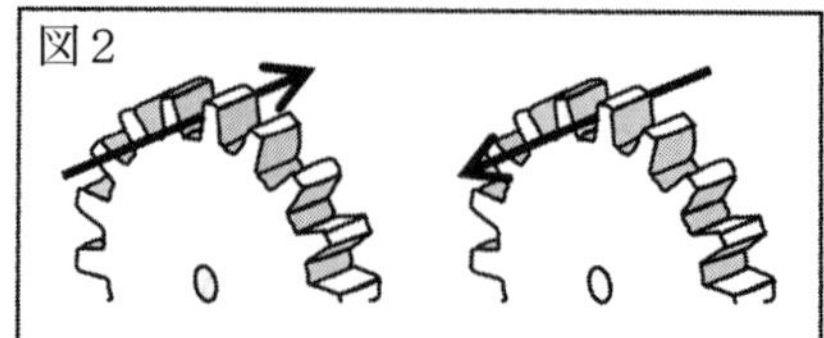

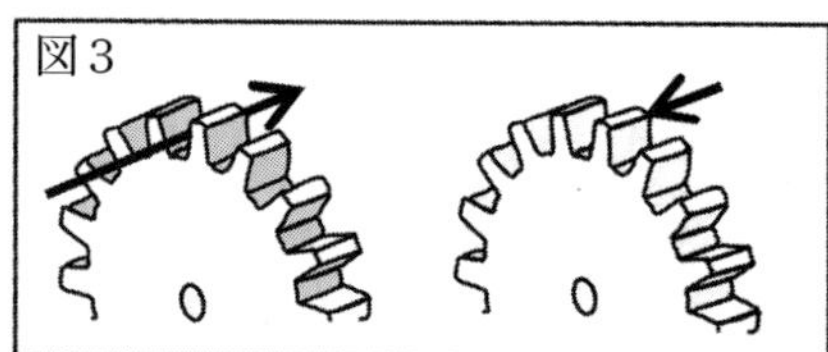

(3)　歯車が１秒間に12.6回転しているとき、歯車の１回転にかかる時間は何秒ですか。**小数第３位を四捨五入し、小数第２位まで**答えなさい。

(4)　光は歯と歯のすき間を通り、反射鏡で反射されて、すき間の隣にある歯に当たりました。このとき、歯車全体は何度回転しましたか。**小数第２位まで**答えなさい。

(5)　歯車を通った光が、反射鏡で反射されて、歯車に戻(もど)ってくるまでにかかる時間は何秒ですか。(3)、(4)の答えを用いて、**小数第７位を四捨五入し、小数第６位まで**答えなさい。

(6)　この実験で得られた光の速さは秒速何万kmですか。(5)の答えを用いて、**小数第１位を四捨五入し、整数で答えなさい**。

香蘭女学校中等科(第１回)

―30分―

1　次の問いに答えなさい。

問１　地球温暖化の原因となっている「温室効果ガス」にあてはまる気体を次のア～オから**2つ**選び、記号で答えなさい。

ア　二酸化炭素　　イ　窒素(ちっそ)　　ウ　酸素　　エ　メタン　　オ　水素

問２　「日本では多くの場合、(　A　)の影響(えいきょう)により天気は(　B　)の方角から(　C　)の方角に移り変わります。」文中の(　A　)～(　C　)にあてはまることばをそれぞれ答えなさい。

問３　図１のガスバーナーにマッチを近づけて点火するときに、最初に回すねじ(A、B)とねじを回す方向(C、D)の組み合わせをア～エから１つ選び、記号で答えなさい。

ア　A・C　　イ　A・D　　ウ　B・C　　エ　B・D

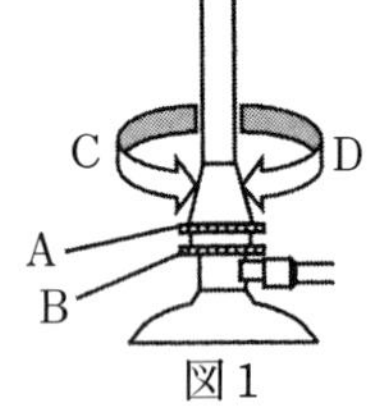

図１

問４　ばねAは、10ｇのおもりをつけると全長が7.5㎝、20ｇのおもりをつけると全長が９㎝になります。このばねAと全長26㎝の棒とおもりXを用いて図２のようなてこを作りました。ただし、棒とばねAの重さは考えないものとします。

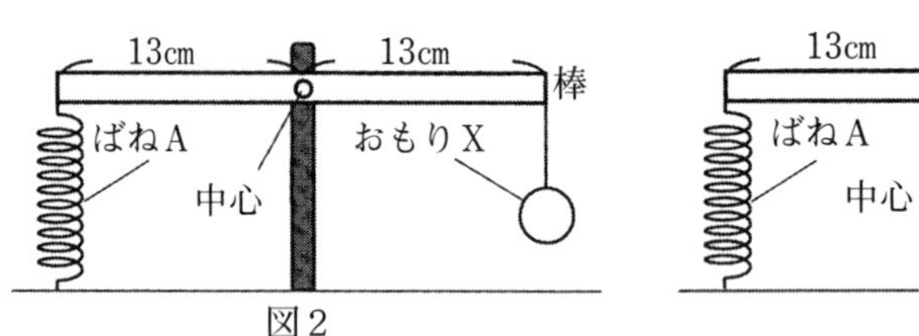

図２

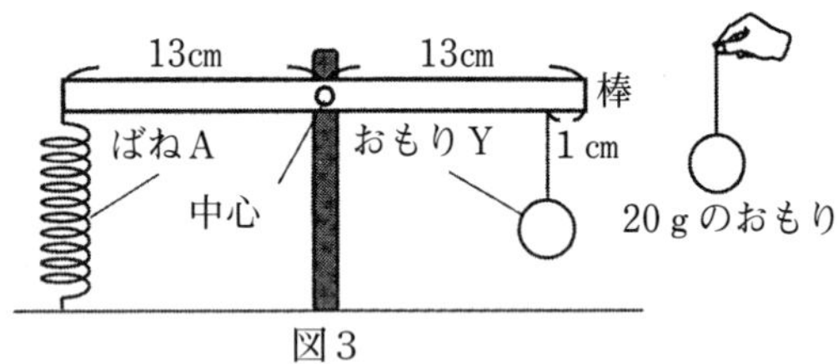

図３

①　図２のように、てこの左端(はし)にばねAを、右端におもりXをそれぞれ取りつけたところ、ちょうどつり合い、このときのばねAの全長は13.5㎝でした。おもりXは何ｇですか。

②　図２のてこから、おもりXを取り外して、図３のように右端から１㎝のところに60ｇのおもりYをつけたところ、つり合いませんでした。ここで、「別の20ｇのおもり」を加えて、このてこをつり合わせるためには、てこの中心から右または左に何㎝のところに取りつければよいですか。

以下の会話文は、理科に興味を持っているかおりさんと父との会話です。次の問いに答えなさい。

父　　：今年は暖冬らしいけど、今日は冷え込むね。$_{A}$<u>西高東低の気圧配置で、関東には乾(かわ)いた冷たい風が吹いている</u>みたい。寒いし、今日はカニ鍋(なべ)であったまろう。

かおり：鍋用にガスコンロを持ってきたよ。そうそう、昨日の理科実験でガスコンロを使ったんだ。

父　　：そうか。お父さんのときはガスバーナーを使ったぞ。今は使わないの？

かおり：もちろん使うよ！…　鍋の水が$_{B}$<u>なかなかふっとうしないね</u>。水を入れすぎたかな。
そういえば、タラバガニは足が８本だから、$_{C}$<u>クモ</u>のなかまだと思っていたの。だけど、タラバガニは甲羅(こうら)の下に足が２本退化した状態で残っているから、本当は足も10本なんだって。どちらも節足動物なのに、いろいろ違うところがあるんだね。今日の理科の授業で習ったんだけど、$_{\mathrm{D}}$満月と新月のときに卵を産みに浜辺に集まるカニもいるみたい。

父　　：不思議だなぁ。お、ふっとうしたから、カニを入れよう！ふたを開けるぞー。

かおり：あはは、メガネが真っ白にくもった。そういえば、寒い日でも、はいた息が白くなる日とならない日があるよね。

父　　：メガネがくもるのも、息が白くなるのも、同じ$_{\mathrm{E}}$理由だけどわかるかな。ほら、カニを切ってあげるよ。

かおり：その$_{\mathrm{F}}$カニを切るハサミ(図４)、変わった形をしているね。

図４

問５　下線部Aについて、この日の日本付近の雲の様子に近いものを次のア～エから１つ選び、記号で答えなさい。

ア　　イ　　ウ　　エ

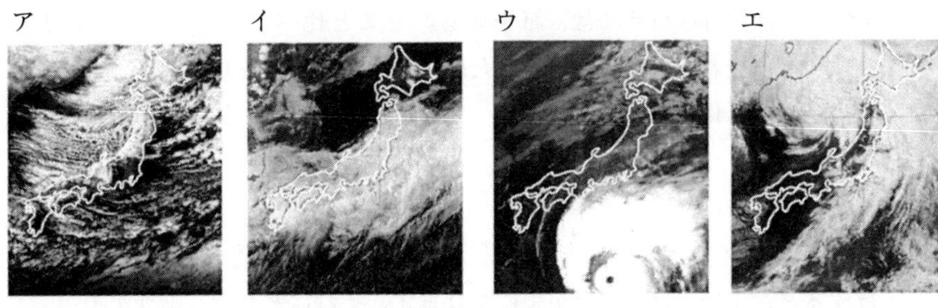

問６　下線部Bに関連して、20℃の水100ｇを**ふっとうさせるために**必要な熱量(エネルギー)は何calですか。ただし、水１ｇの温度を１℃上昇(じょうしょう)させるために必要な熱量は１calとします。

問７　下線部Cのクモの足はどの部分についていますか。次のア～オから１つ選び、記号で答えなさい。

ア　頭部　　イ　頭胸部　　ウ　胸部　　エ　腹部　　オ　尾部

問８　図５は、ある年の７月と８月に海岸に現れた下線部Dのカニの数を調査したものです。

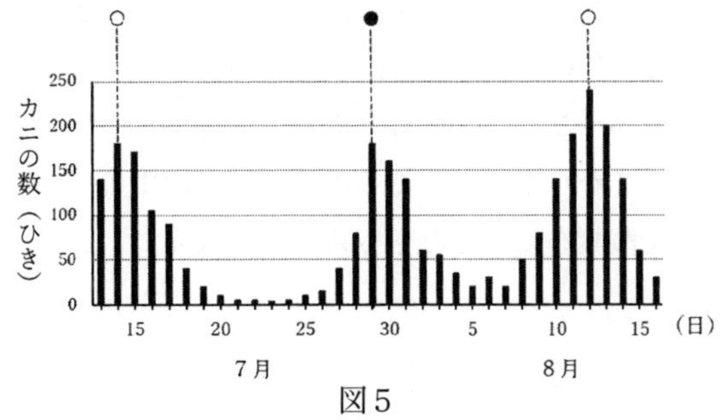

図５

①　図５から、この調査日以降、多くの下線部Dのカニの集団が見られるのは何月何日ごろだと考えられますか。次のア～エから１つ選び、記号で答えなさい。ただし、図５中の○は満月、●は新月を示しています。

ア　８月19日　　イ　８月27日　　ウ　９月４日　　エ　９月10日

②　図５の８月５日の21時の月は、どの方角に、どのような形で見えますか。月が見える方角は８方位で答えなさい。また、月の形を右の図に**角度に気を付けながら、暗く見える部分を黒くぬりつぶしなさい**。

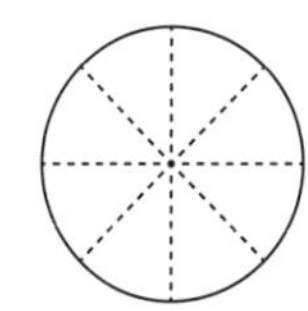

問９　下線部Ｅの理由として、正しいものを次のア～クから**２つ**選び、記号で答えなさい。

ア　鍋から空気中の飽和(ほうわ)水蒸気量を下回る水蒸気が生じたから

イ　鍋から空気中の飽和水蒸気量を上回る水蒸気が生じたから

ウ　鍋から空気中の飽和水蒸気量を下回る細かい水滴(てき)が生じたから

エ　鍋から空気中の飽和水蒸気量を上回る細かい水滴が生じたから

オ　生じた水蒸気が空気中で冷やされて細かい水滴になったから

カ　生じた水蒸気が空気中で暖められて細かい水滴になったから

キ　生じた細かい水滴が空気中で冷やされて水蒸気になったから

ク　生じた細かい水滴が空気中で暖められて水蒸気になったから

問10　以下の文は、下線部Ｆのハサミ(図４)についての説明です。文中の(　①　)～(　③　)にあてはまることばをあとのア～カからそれぞれ１つずつ選び、記号で答えなさい。

「硬(かた)いカニの殻(から)を切るハサミは、紙を切るハサミと比べて(　①　)から(　②　)までの距離が(　③　)、(①)に加わる力が大きくなるため、このような形をしている。」

ア　力点　　イ　作用点　　ウ　支点　　エ　短く　　オ　長く　　カ　等しく

２　次の問いに答えなさい。

香さん：問題です。ウマ、コアラ、ウサギ、ヒツジ。この４種をある特徴(とくちょう)に注目してなかま分けすると、１種だけ違(ちが)うなかまになります。それはどれでしょうか？

蘭さん：せきつい動物のうちの(　Ａ　)類の動物だから、みんな同じなのではないかな。

香さん：蘭さん、子どもの産まれ方に注目してみて。ある動物は、子どもが小さい状態で産まれて、お母さんの袋(ふくろ)の中で育つよ。この動物は、近年、絶滅危惧種(ぜつめつきぐしゅ)にも指定されたの。

蘭さん：分かった！　違うなかまは(　Ｂ　)だね。でもどうして(　Ｂ　)の子どもは小さい状態で産まれるのかな。

香さん：それはね、(　Ｂ　)のなかまは有袋類(ゆうたいるい)といって、子宮の中に発達した【　Ｘ　】をもっていないの。だから、(　Ｂ　)の子どもは体長２㎝、体重は１ｇ以下という小さな状態で産まれて、お母さんの袋の中で母乳を飲んで育つのよ。

蘭さん：そうなのね。ということは、(　Ｂ　)以外の３種やヒトの子どもがお母さんのからだの中である程度育ってから生まれてくるのは、子宮の中の【　Ｘ　】が発達していて、お母さんから栄養分や酸素をたくさんもらえるからなのね。

【 X 】について

母親のからだ（母体）の子宮の中で、胎児は【X】で母体から栄養分や酸素を受け取り、胎児にとって不要なものを母体の血液にもどしています。【X】は母体と胎児の物質交換の場所としてはたらいています。

図１のように【X】には、母体の血管とへそのおからつながる胎児の血管が存在しますが、直接つながってはいません。

図１中の「→」は血液の流れる向きを、「⇩⇧」は物質交換の様子を表しています。

図２は胎児と【X】をつなぐ、へそのおの断面の模式図です。へそのおには２種類の血管ｅとｆが通っています。

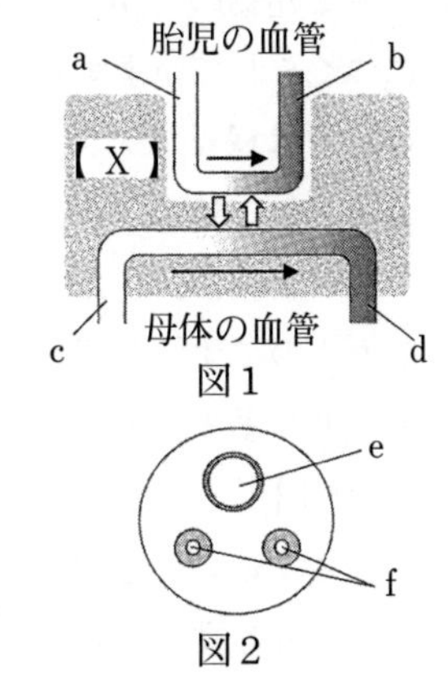

図１

図２

動脈と静脈について

血液を運ぶ血管は動脈と静脈の２種類に分けられており、動脈は心臓から勢いよく血液が出ていくため、血管の壁が厚くなっています。

問１　会話文中の（ A ）、（ B ）にあてはまることばを答えなさい。

問２　下線部「せきつい動物」について、せきつい動物に共通する特徴として正しいものをア～カから**すべて**選び、記号で答えなさい。

ア　背骨をもつ　　イ　体温を一定に保つ　　ウ　からだの表面に毛がある
エ　肺呼吸をする　　オ　血液をもつ　　カ　殻のある卵を産む

問３　文中の【 X 】について、次の①～③の各問いに答えなさい。

①　【 X 】にあてはまることばを**ひらがな**で答えなさい。

②　次の生物の中で、【 X 】をもつ生物をア～カから**２つ**選び、記号で答えなさい。

ア　ホッキョクグマ　　イ　ウシガエル　　ウ　クロマグロ
エ　バンドウイルカ　　オ　ニワトリ　　カ　ニホントカゲ

③　図３はヒトの子宮と胎児の模式図です。この図において文中の【 X 】の場所として正しい部分はどこですか。右の図の中に、**【 X 】の場所を黒くぬりつぶして**示しなさい。

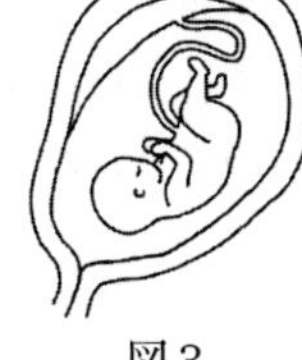
図３

問４　ヒトの妊娠について説明した以下の文のうち、**誤っているもの**をア～エから１つ選び、記号で答えなさい。

ア　受精卵ができてから、胎児が出産されるまでの期間は約266日である。
イ　卵の大きさは約１㎜ととても小さい。
ウ　胎児は子宮の中では肺呼吸をしていない。
エ　子宮内には羊水があり、胎児を衝撃から守っている。

問５　図１、図２の血管「ａとｂ」、「ｃとｄ」、「ｅとｆ」を比較したとき、酸素が多くふくまれる血液が流れる血管の組み合わせはどれですか。ア～クから１つ選び、記号で答えなさい。

ア　ａ・ｃ・ｅ　　イ　ａ・ｃ・ｆ　　ウ　ａ・ｄ・ｅ　　エ　ａ・ｄ・ｆ
オ　ｂ・ｃ・ｅ　　カ　ｂ・ｃ・ｆ　　キ　ｂ・ｄ・ｅ　　ク　ｂ・ｄ・ｆ

③　次の問いに答えなさい。

ある建物の天井(てんじょう)からつるされたランプは、その形や重さ、天井からの距離(きょり)など、どれも同じにつくられています。注意深く観察すると、大きくゆれているものや小さくゆれているものなど、ゆれ方は様々です。16世紀頃、イタリアの物理学者（ A ）は、このようなランプのゆれを見て、あることに気がつき、自身の脈拍(みゃくはく)を用いて、その規則性を考えたと言われています。

次の実験は、（ A ）が天井からつるされたランプのゆれ方を見て気がついたことをもとに実験したものです。ただし、糸の重さ、物質どうしの間にはたらくまさつ力、空気抵抗(ていこう)は無視できるものとします。また、脈拍は常に一定であり、１分間に90回打つものとします。

【実験１】

長さ１mの糸を用意し、その一方の端を天井に固定した後、もう一方の端に５gのおもりを取り付けて振(ふ)り子をつくった。

図１のように基準面から４cmの高さであるＡまで持ち上げてから手をはなすと、おもりはＢを通過してＣに到達(とうたつ)した後、Ｂを通過して再びＡに戻ってきた(これを１往復という)。

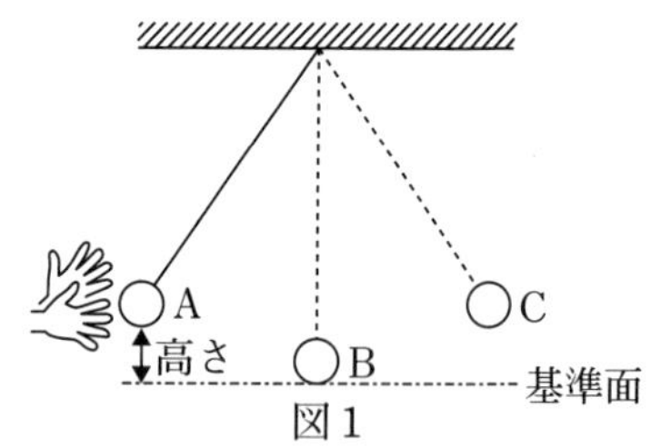

図１

問１　文中の物理学者（ A ）は、他に「望遠鏡を使って月にある山や木星の衛星などを発見したこと」や、「地球をはじめとする惑星(わくせい)が太陽を中心に動いていることを発見したこと」で有名です。この物理学者の名前を次のア～オの中から１つ選び、記号で答えなさい。

ア　アルキメデス　　イ　ガリレオ　　ウ　ニュートン

エ　ノーベル　　オ　ファーブル

問２　【実験１】で振り子が10往復するのにかかった時間は、脈拍で数えると30回でした。１往復するのにかかった時間は何秒ですか。

【実験２】

長さ25cmの糸を使って【実験１】と同じ装置を作った。この装置に取り付ける「おもりの重さ」と「基準面からの高さ」を変えて、「10往復あたりの脈拍の回数」を調べたところ、結果は表１のようになった。

おもりの重さ	５g	10g	15g	５g	10g	15g	５g	10g	15g
基準面からの高さ	４cm	４cm	４cm	８cm	８cm	８cm	12cm	12cm	12cm
10往復あたりの脈拍の回数	15回	15回	15回	15回	15回	15回	15回	15回	15回

表１

問３　表１から、振り子が10往復するのにかかる時間は、おもりの重さや基準面からの高さとどのような関係にあることがわかりますか。説明しなさい。

【実験３】

重さ５ｇのおもりを使って【実験１】と同じ装置を作った。この装置を使って「糸の長さ」を変え、振り子の「10往復あたりの脈拍の回数」を調べたところ、結果は表２のようになった。

糸の長さ	25cm	40cm	50cm	75cm	100cm	160cm	200cm	Ｙcm	360cm	450cm
10往復あたりの脈拍の回数	15回	19回	Ｘ回	25.5回	30回	38回	42回	45回	57回	63回

表２

問４　表２中のＸ、Ｙにあてはまる数字を書きなさい。

問５　長さ12.5cmの糸、重さ12ｇのおもりを使って【実験１】と同じ装置を作りました。おもりを基準面から5.8cmの高さまで持ち上げてから手を離(はな)したとき、10往復するのにかかった時間は何秒ですか。

問６　「糸の長さ」と「振り子が10往復するのにかかる脈拍の回数」を表したグラフのおおよその形はどのようになりますか。正しいものを次のア～ケから１つ選び、記号で答えなさい。

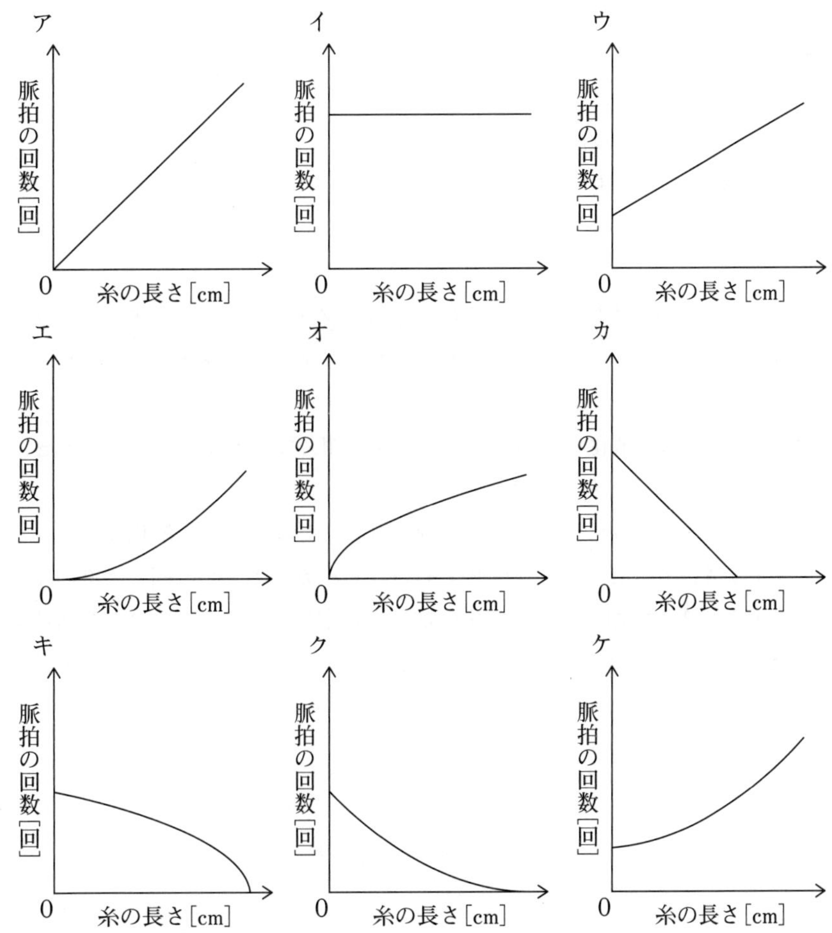

４　次の問いに答えなさい。

人間の生活にかかわりの深い医薬品や洗剤の中には、化学変化を利用したものが多くあります。例えば、胃薬がはたらくしくみは化学変化の中でも【 X 】反応が深く関係します。胃は通常、粘膜に守られており、胃液の成分である塩酸で溶けることはありませんが、胃が弱っていると過剰に出た塩酸により、胃が荒れて、胃炎などの原因になります。胃薬には過剰な塩酸を【 X 】し、胃痛を和らげる役目があるため、水酸化マグネシウムや水酸化アルミニウム、炭酸水素ナトリウムを主成分とするものが多いのです。

また【 X 】反応は私たちの身近なところにも利用されていて、トイレの消臭剤がその一例です。においの元となる物質の１つにアンモニアがあり、このアンモニア臭を打ち消すために、クエン酸が使用されています。クエン酸がトイレの消臭剤に使用される理由は、「クエン酸が、においの(A)、(B)い(C)性の物質であり、反応後ににおいの(D)物質になるから」です。炭や芳香剤を用いても消臭できますが、これは【 X 】反応ではなく、においの元を炭に吸着させて取り除いたり、よい香りで空間をみたしたりして、いやなにおいを感じさせないようにしているからです。

問１　文中の【 X 】にあてはまることばを答えなさい。

問２　文中の(A)～(D)にあてはまることばをア～ケからそれぞれ１つずつ選び、記号で答えなさい。

A：ア　ある　　イ　ない

B：ウ　強　　エ　弱

C：オ　酸　　カ　中　　キ　アルカリ

D：ク　ある　　ケ　ない

文中の下線部にあるように、胃薬の中には水酸化マグネシウムが含まれています。うすい塩酸とどのように反応するのかを確かめるため、実験室にある「水酸化マグネシウム」を用いて以下のような実験を行いました。

【実験１】　水100ｇに水酸化マグネシウム11.6ｇを加えてかきまぜた。このとき、水酸化マグネシウムは水にほとんど溶けなかった。

【実験２】　水100ｇが入ったビーカーを５個用意し、それぞれに水酸化マグネシウム11.6ｇを加えてかき混ぜ、ビーカー(ア)～(オ)とした。ビーカー(ア)～(オ)に同じ濃度の塩酸を表１のように重さを変えて加え、その変化の様子を観察した。その後、ＢＴＢ溶液を２～３滴加えた。表１はそのときの結果を示したものである。ただし、この反応では気体は発生していない。

ビーカー	(ア)	(イ)	(ウ)	(エ)	(オ)
加えた塩酸の重さ[g]	0	20	40	50	60
塩酸を加えた後の水溶液の様子	白くにごっていた	白くにごっていた	白くにごっていた	無色透明(とうめい)になった	無色透明になった
BTB溶液を加えたときの様子	青	青	青	緑	黄
沈殿(ちんでん)物の有無	有	有	有	無	無

表１

問３　表１から、「水酸化マグネシウムと塩酸がちょうど【　X　】した」と考えられるビーカーはどれですか。表１のビーカー(ア)～(オ)から１つ選び、記号で答えなさい。

【実験３】　【実験２】の反応後のそれぞれのビーカー(ア)～(オ)をおだやかに加熱し、残っている水分をすべて蒸発させた。水分を蒸発させた後、残った白色の固体の重さを測定したところ表２のようになった。

ビーカー	(ア)	(イ)	(ウ)	(エ)	(オ)
残った白色の固体の重さ[g]	11.6	14.08	16.56	17.80	17.80

表２

問４　表１のビーカー(イ)の水溶液を観察すると「白くにごる」状態であった理由は、「塩酸と反応せずに残った水酸化マグネシウムが水に溶けずに残っているから」です。表２のビーカー(イ)の「残った白色の固体」に含まれる①と②を求めなさい。

①　塩酸と反応せずに残った水酸化マグネシウムの重さ［g］

②　塩酸と水酸化マグネシウムが反応してできた塩(えん)の重さ［g］

水酸化マグネシウムと炭酸水素ナトリウムの両方が含まれる「胃薬Y」に、それぞれの物質がどのくらい含まれているかを調べるために次の実験をしました。ただし、「胃薬Y」中に含まれる水酸化マグネシウムと炭酸水素ナトリウム以外の物質は、塩酸と反応しないものとします。

【実験４】炭酸水素ナトリウムと塩酸を反応させる実験

炭酸水素ナトリウムの粉末1.68gが入ったビーカーに、【実験２】で用いた塩酸と同じ濃度の塩酸5.0gを加えると、炭酸水素ナトリウムはちょうど反応してすべて溶けた。このとき気体が500mL発生した。

【実験５】「胃薬Y」と塩酸を反応させる実験

「胃薬Y」2.9gに【実験２】で用いた塩酸と同じ濃度の塩酸2.5gを加えると、ちょうど反応し、気体が75mL発生した。反応が終わった後の水溶液は無色透明になった。

問５　次の①と②を求めなさい。ただし、割り切れない場合は、小数第２位を四捨五入し、小数第１位まで求めなさい。

①　「胃薬Y」2.9gに含まれる炭酸水素ナトリウムの重さ［g］

②　「胃薬Y」2.9gに含まれる水酸化マグネシウムの割合［%］

実践女子学園中学校（第１回）

―社会と合わせて50分―

1　花子さんは、図１のように、ねん土の上にろうそくを立てました。次に、図２のように、ねん土の上に底のない集気びんをのせて、ろうそくの燃え方について調べました。次の各問いに答えなさい。

図１　上から見た図

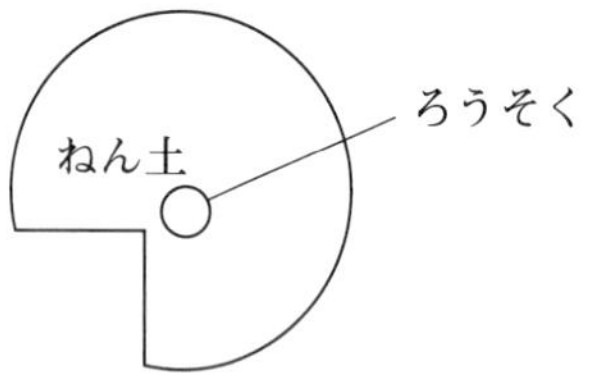

図２　横から見た図

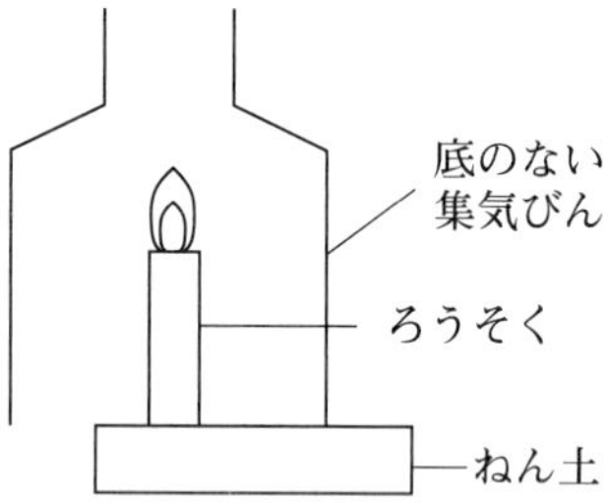

問１　集気びんの下方のすき間に線香のけむりを近づけるとどうなりますか。次の(あ)～(う)からもっとも適切なものを選び、記号で答えなさい。

(あ)　けむりは、集気びんの下方のすき間から中に流れこんで、上の口から出ていく。

(い)　けむりは、集気びんの下方のすき間から中に流れこんで、下の口から出ていく。

(う)　けむりは、集気びんの中に流れこまない。

問２　ガラス板で集気びんの上の口をふさぎ、集気びんの下方のすき間に線香のけむりを近づけるとどうなりますか。次の(あ)～(え)からもっとも適切なものを選び、記号で答えなさい。

(あ)　けむりは集気びんの中に流れこみ、ろうそくの火は燃え続ける。

(い)　けむりは集気びんの中に流れこみ、ろうそくの火はしばらくすると消えてしまう。

(う)　けむりは集気びんの中に流れこまず、ろうそくの火は燃え続ける。

(え)　けむりは集気びんの中に流れこまず、ろうそくの火はしばらくすると消えてしまう。

問３　問１、問２の結果からわかることとして適切なものを、次の(あ)～(え)からすべて選び、記号で答えなさい。

(あ)　集気びんの中でろうそくが燃え続けるには、集気びんの中に新しい空気が流れこむ必要がある。

(い)　集気びんの中でろうそくが燃え続けるには、集気びんの中にもともとあった空気だけで十分である。

(う)　集気びんの下方から空気が入りこむすき間があれば、上方はふさがっていても、ろうそくは燃え続けることができる。

(え)　集気びんの下方から空気が入りこむすき間があっても、上方がふさがっていると、ろうそくは燃え続けることができない。

下方のすき間を、ねん土でうめてなくし、ちっ素で集気びんの中を満たし、上の口をガラス板でふさぎました。

問４　火のついたろうそくを、燃焼さじにのせて、ガラス板をずらしたすき間から集気びんの中に入れました。ろうそくの火はどうなりますか。もっとも適切なものを次の㈠〜㈢から選び、記号で答えなさい。また、ちっ素のかわりに二酸化炭素、酸素で集気びんの中をそれぞれ満たしたときに、同様の実験を行うとどうなりますか。もっとも適切なものを、それぞれ次の㈠〜㈢から選び、記号で答えなさい。

(あ)　激しく燃える。

(い)　空気中と同じように燃える。

(う)　すぐに火が消える。

下方のすき間を、ねん土でうめてなくし、空気で集気びんの中を満たし、上の口をガラス板でふさぎました。

問５　火のついたろうそくを、燃焼さじにのせて、ガラス板をずらしたすき間から集気びんの中に入れました。火が消えたらろうそくを取り出し、もう１度、火のついたろうそくを、燃焼さじにのせて、ガラス板をずらしたすき間から集気びんの中に入れました。ろうそくの火はどうなりますか。もっとも適切なものを次の(あ)〜(う)から選び、記号で答えなさい。

(あ)　激しく燃える。

(い)　空気中と同じように燃える。

(う)　すぐに火が消える。

問６　ろうそくを燃やす前後で、空気中にふくまれるちっ素と酸素と二酸化炭素の量を調べました。ろうそくを燃やす前の結果は、次の図の通りです。ろうそくを燃やした後の結果を、図にならって答えなさい。ただし、定規は使えませんので、おおまかな線で構いません。

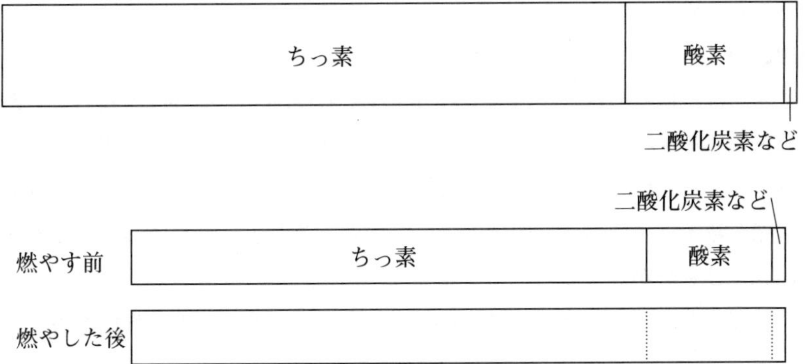

2　花子さんは、「植物は葉に日光が当たることで、自分で養分をつくることができる」と考え、ふ入りの葉（一部が白くなっている葉）をつけたアサガオを使った実験の計画を自分で立てました。次の各問いに答えなさい。

<実験計画>

《葉の準備》

操作①　実験前日から暗室に入れておいたアサガオを、当日（晴天）の朝早く暗室から出す。図１のように、ふ入りの葉の一部をアルミニウムはくでおおい、この葉に日光を十分に当てる。

操作②　次の日の朝早くに、この葉をつみとる。

図１

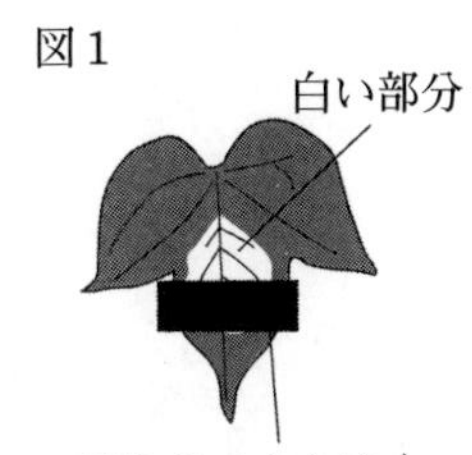

《養分の有無の確認》

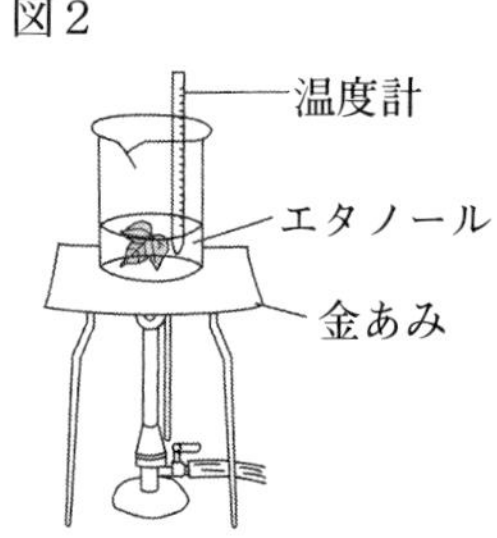

図２

操作③　葉を湯につけて、やわらかくする。

操作④　図２のように、ガスバーナーで加熱して70～80℃にしたエタノールの中に、緑色がぬけるまで葉を入れる。

操作⑤　葉を湯に入れて洗ってから、うすいヨウ素液にひたす。

問１　花子さんが立てた実験の計画には、適切でない部分が２か所あります。その部分の操作番号を選び、よりよい方法を答えなさい。

問２　実験を正しいやり方で行った場合、操作⑤で葉の色に変化が見られるのはどの部分ですか。色が変化した部分を図３の(ア)～(エ)からすべて選び、記号で答えなさい。

図３

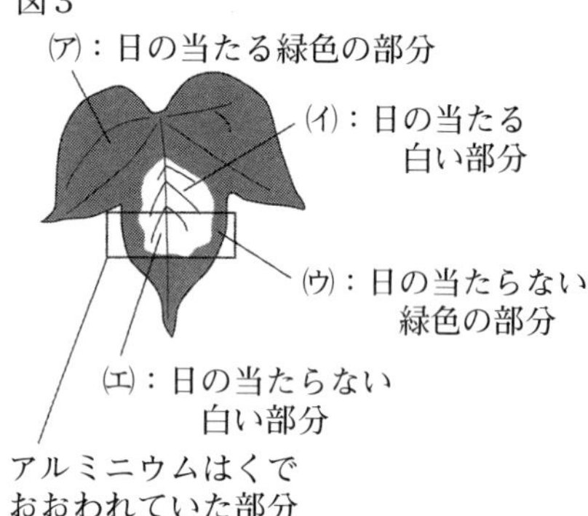

問３　花子さんが考えた「植物は葉に日光が当たることで、自分で養分をつくることができる」ことを証明するためには、図３の(ア)～(エ)のどことどこのヨウ素液による色の変化を比べればよいですか、答えなさい。

問４　この実験からは、植物が自分で養分をつくるために、日光以外にもう１つ必要なものがわかります。図３の(ア)～(エ)のどことどこのヨウ素液による色の変化を比べると、何が必要であるとわかりますか、説明しなさい。

問５　植物がつくった養分とは何ですか、答えなさい。

問６　花子さんは、植物の行う、自分で養分をつくる反応に大変興味を持ちました。ほかに自分で養分をつくる生物がいないか調べたところ、海そうもからだに日光が当たることで、自分で養分をつくるということがわかりました。また、日本近海では、海そうは海の浅いところから水深が数十ｍまでのはん囲に生育しており、それより深くなるとほとんど見られなくなるということも分かりました。

　水深が深くなると、海そうが見られなくなるのはなぜですか、理由を答えなさい。

3　月の満ち欠けや動きについて、次の各問いに答えなさい。

問１　図１は、太陽・月・地球の位置関係を表したものである。満月のときの月の位置を、(a)～(h)から選び、記号で答えなさい。

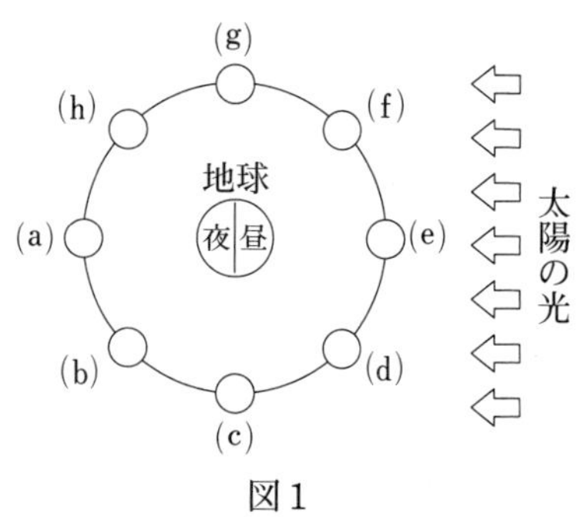

図１

問２　満月が南東の方位に見えるのは何時ごろですか。次の(あ)～(え)から選び、記号で答えなさい。

(あ)　15時ごろ　　(い)　18時ごろ　　(う)　21時ごろ　　(え)　０時ごろ

問３　図１で、月が(c)の位置にあるときの月の形を、次の(あ)～(お)から選び、記号で答えなさい。

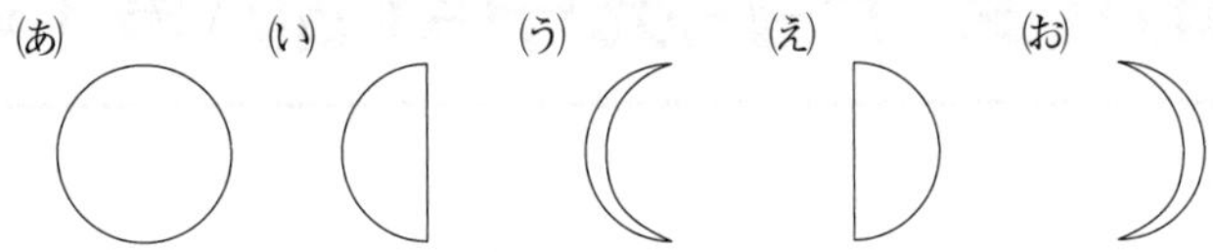

問４　図１で、月が(c)の位置にあるとき、月の出時刻は何時ごろですか。

問５　次の表は2023年９月23日(秋分の日)の３地点の「月の出時刻」、「南中時刻」、「月の入り時刻」をまとめたものです。各問いに答えなさい。

都市名	緯度(北緯)	経度(東経)	月の出時刻	南中時刻	月の入り時刻
東京	35.7°	139.7°	13：28	18：06	22：45
山梨県甲府市	35.7°	138.6°	13：33	(ア)	22：50
鳥取県鳥取市	35.5°	134.2°	13：51	18：29	23：09

(1)　月の出時刻について、正しく説明している文を次の(あ)～(え)から１つ選び、記号で答えなさい。

(あ)　北緯が低いほど、月の出時刻は早い。

(い)　北緯が低いほど、月の出時刻は遅い。

(う)　東経が大きいほど、月の出時刻は早い。

(え)　東経が大きいほど、月の出時刻は遅い。

(2)　表の(ア)に入る時刻として、もっとも適切なものを次の(あ)～(え)から選び、記号で答えなさい。

(あ)　17：51　　(い)　18：01　　(う)　18：11　　(え)　18：16

問６　次の表は2024年３月の東京での、「月の出時刻」、「南中時刻」、「月の入り時刻」をまとめたものです。例えば図２のように、21日の14：08に出た月は、21：20に南中し、翌日22日の４：23にしずむということを表しています。次の各問いに答えなさい。

日	月の出時刻	南中時刻	月の入り時刻
21	14：08	21：20	3：53
22	15：07	22：03	4：23
23	16：05	22：43	4：49
24	17：01	23：22	5：12
25	17：58	(ア)	5：34
26	18：55	(イ)	5：56
27	19：53	0：41	6：19
28	20：53	1：22	6：44

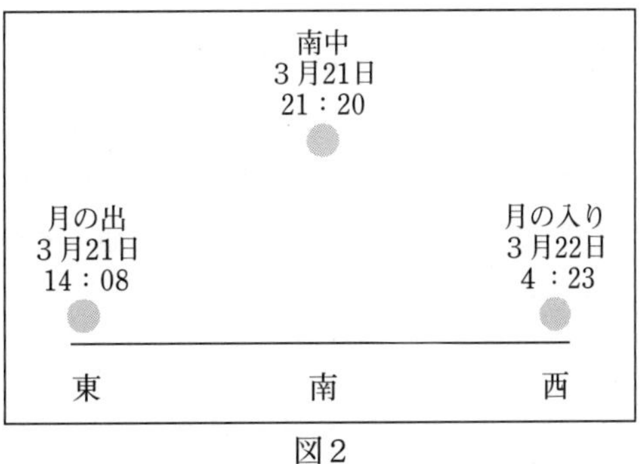

図２

(1)　21日から28日の期間、月が南中してから次に南中するまでの時間はどれくらいですか。次の(あ)～(え)から選び、記号で答えなさい。

(あ)　約40分　　(い)　約23時間40分　　(う)　約24時間　　(え)　約24時間40分

(2)　表の(ア)に入るものとして、適切なものを次の(あ)～(え)から選び、記号で答えなさい。

(あ)　23：21　　(い)　23：41　　(う)　0：01　　(え)　25日、月は南中しない。

(3)　表の(イ)に入るものとして、適切なものを次の(あ)～(え)から選び、記号で答えなさい。

(あ)　23：21　　(い)　23：41　　(う)　0：01　　(え)　26日、月は南中しない。

品川女子学院中等部(第１回)

—社会と合わせて60分—

1

Ⅰ　図１は、ある日の午後８時に、東京のある場所で南の空に見えた星をスケッチしたものです。あとの問いに答えなさい。ただし、図１のＡ～Ｃの星は１等星です。

⑴　星の明るさを示す等級が１等級上がると明るさは約2.5倍明るくなります。１等星は６等星の約何倍の明るさですか。次のア～エから１つ選び、記号で答えなさい。

ア　10倍　　イ　12.5倍　　ウ　100倍　　エ　1000倍

A　B　C

図１

⑵　太陽などのように、自ら光を出す星を何といいますか。

⑶　図１について答えなさい。

①　Ｃの星の名前を答えなさい。

②　ＡＢＣの３つの星を結んでできる三角形を何というか答えなさい。

③　Ｂの星をふくむ星座は、しずむころにはどのように見えますか。もっとも適するものを次のア～オから１つ選び、記号で答えなさい。

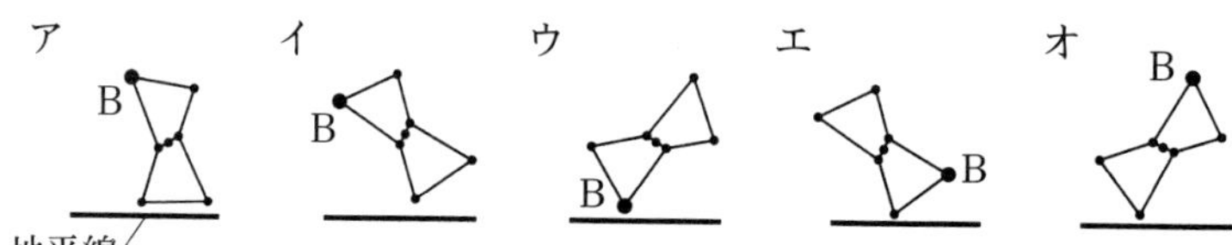

④　図１をスケッチした日の１か月前に、同じ方角の星を観察したとき、図１と同じ位置にそれぞれの星が見えた時刻は午後何時くらいだと考えられますか。

Ⅱ　光の性質について、次の問いに答えなさい。

⑴　次の文章中の(あ)、(い)にあてはまる語をそれぞれ答えなさい。

光が物体に当たってはね返ることを、光の(あ)といいます。光が空気から水のように異なる種類の物質へと進むと、その境界面で光が折れ曲がることがあります。これを、光の(い)といいます。

(2)　図２は、部屋を真上から見た様子であり、照明器具Ｌから出る光の一部が鏡に当たる様子を矢印で表しています。このとき、次の問いに答えなさい。

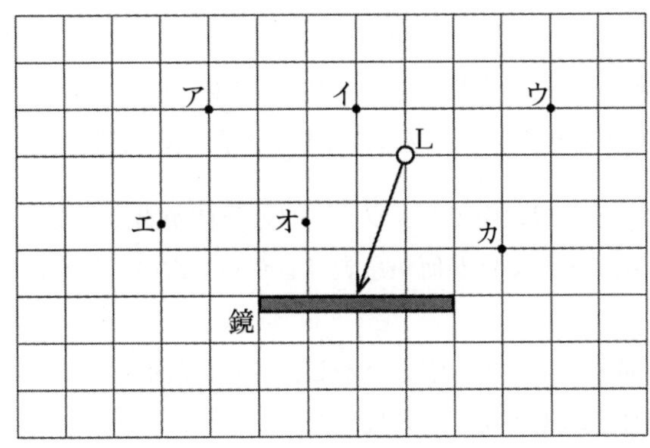

図２

①　矢印で示した光について、鏡に当たった後の道すじを右の図にかきなさい。

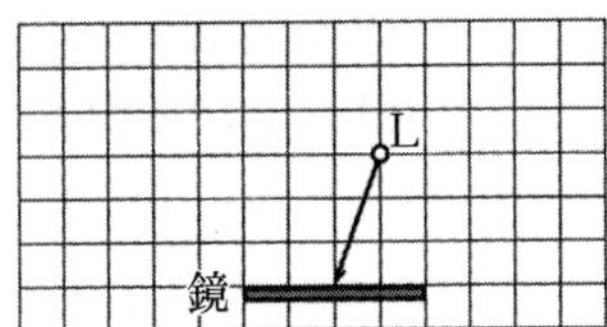

②　鏡に映った照明器具Ｌを見ることができない位置を図２のア～カからすべて選び、記号で答えなさい。

(3)　図３は、空気中を進む光がガラスを通過する様子を表しています。光の進み方としてもっとも適切なものを、図３のア～エから１つ選び、記号で答えなさい。

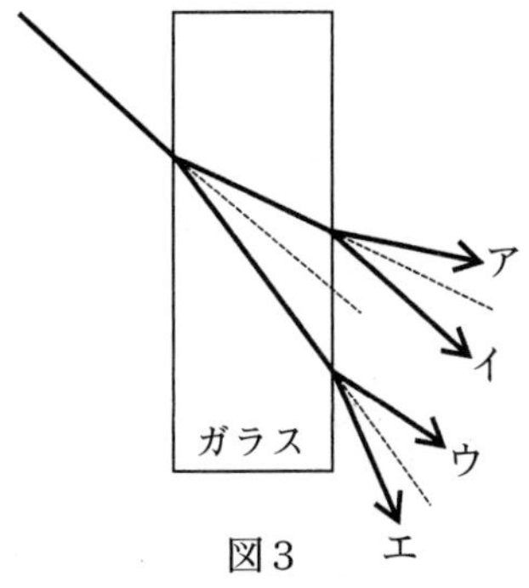

図３

(4)　図４は、ものさしをななめにして水に半分ほど入れ、ななめ上から見たときの様子を表しています。ものさしの見え方としてもっとも適切なものを、図４のア～エから１つ選び、記号で答えなさい。

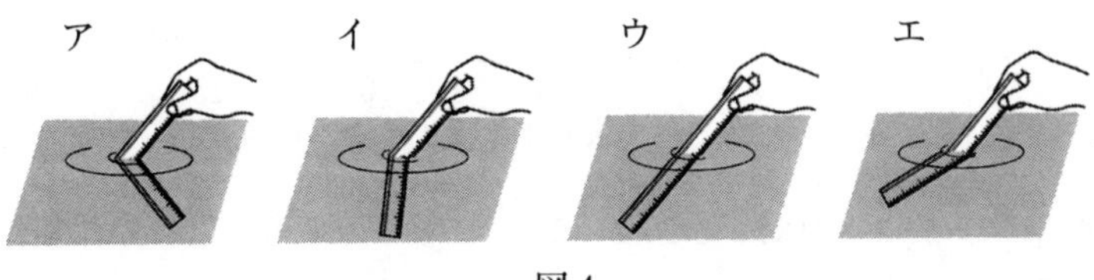

図４

2　炭酸水素ナトリウム(重そう)に酸性の物質を加えると、ある気体が発生します。このことを利用して、次の材料でラムネを作りました。あとの問いに答えなさい。

〔材料〕
・砂糖　・コーンスターチ　・炭酸水素ナトリウム(重そう)
・クエン酸(レモンやグレープフルーツにふくまれる酸性の物質)

作ったラムネを食べると口の中でシュワシュワと気体が出てきました。

(1)　シュワシュワと出てきた気体が何かを調べるため、次の実験を行いました。

〔実験〕

ⅰ　水を入れた試験管にクエン酸をとかし、さらに炭酸水素ナトリウムを加えた。

ⅱ　発生した気体を水上置かん法で集めた。

ⅲ　ⅱで集めた気体にある水よう液を加えた。

①　集めた気体にある水よう液を加えると白くにごりました。この水よう液は何ですか。

②　水上置かん法で気体を集めるときの利点を１つ答えなさい。

③　水上置かん法以外で、この気体を集める方法を答えなさい。

(2)　ラムネを口に入れたとき、どれくらいの量の気体が発生するかを考えました。

水を入れた試験管にクエン酸９ｇをとかし、加える炭酸水素ナトリウムの重さを３ｇずつ増やしていくと、発生する気体の体積は表１のようになることが知られています。

表１

炭酸水素ナトリウムの重さ(ｇ)	0	3	6	9	12	15	18
気体の体積(㎤)	0	800	1600	2400	3200	3200	3200

①　表１の結果をグラフで表しなさい。ただし、横じくを炭酸水素ナトリウムの重さ(ｇ)、縦じくを気体の体積(㎤)とすること。

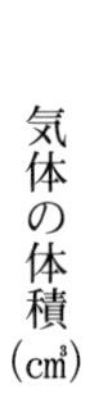

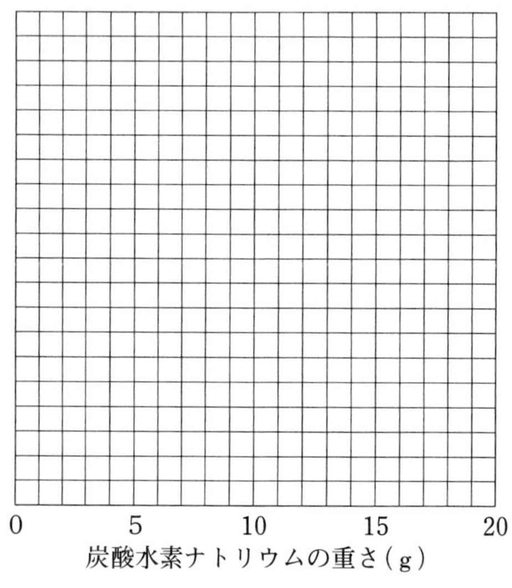

②　炭酸水素ナトリウムの重さを15ｇ、18ｇと増やしても、気体の体積が増えないのは、なぜだと考えられますか。

③　18ｇのクエン酸と15ｇの炭酸水素ナトリウムを使ってラムネを40個作りました。１つのラムネを口に入れたときに発生する気体の体積は何㎤になると考えられますか。

(3)　ラムネを口に入れたときと同じしくみで気体が発生するのは、次のア～エのうちどれですか。すべて選び、記号で答えなさい。

ア　胃(い)が痛かったので胃薬として重そうを飲むと、胃がふくらんだ。

イ　卵、砂糖、牛乳、小麦粉、重そうをまぜて焼き、ホットケーキをふくらませた。

ウ　コップにレモン果じゅう、水、重そうをまぜて、サイダーを作った。

エ　重そう、リンゴ酢(す)を混ぜて入浴剤(ざい)を作ってお湯に入れると泡(あわ)がでてきた。

3　次の文章を読み、あとの問いに答えなさい。

植物の茎にできる、花の元になる芽を花芽(かが)といいます。植物の中には、光が当たらない夜の時間の長さが花芽をつくる条件になっているものがあります。

光が当たっているかどうかを、植物は$_1$<u>葉</u>で感じます。一定の条件になると、葉では花芽をつくるための物質がつくられ、$_2$<u>師管(しかん)</u>を通して植物全体に届けられます。その物質を芽になる部分が受け取ることにより、花芽がつくられます。また、花芽をつくるための物質は、少量で十分なはたらきをすることが知られています。

今、$_3$<u>室内で人工的に夜(光を当てていない時)と昼(光を当てている時)をつくり、いろいろな条件で、ある植物を育てる実験を行った</u>ところ、夜の長さがある条件になった場合だけ、花芽ができることがわかりました。

なお、夜と昼の長さ以外の条件はすべて同じ条件で育てました。

(1)　下線部１に関して、子葉が１まいと２まいの植物では葉のようすがちがいます。子葉が２まいの植物の葉を次のア、イから１つ選び、記号で答えなさい。

(2)　(1)の植物を子葉の枚数を基準に分類した名しょうで答えなさい。

(3)　下線部２に関して、次の問いに答えなさい。

①　あとのア～ウから(1)の植物の茎の断面図を１つ選び、記号で答えなさい。

②　①で選んだ図の師管のある師部の部分をすべて塗りつぶしなさい。選ばなかった２つの図には何も記入しないこと。

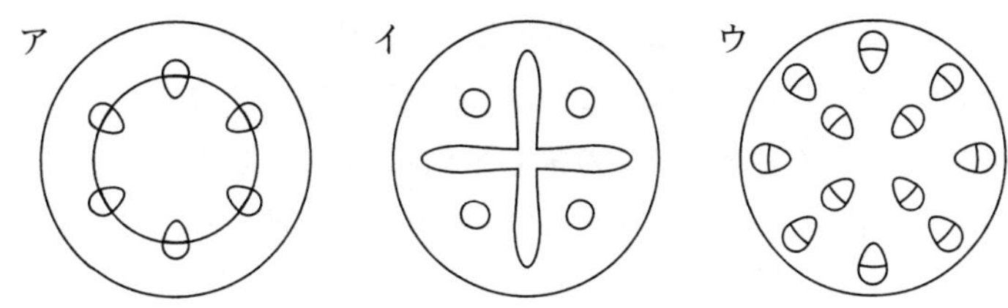

(4)　次の図１は下線部３の実験と結果を図で表したものです。○は花芽ができたもの、×は花芽ができなかったものを表しています。実験１～５はすべて、０時から始め、24時まで行い、花芽ができるのに十分な日数を同じ条件でくりかえしました。なお、１日(24時間)のうち、▓▓部分が夜、□部分が昼を示します。

これらの実験結果からわかることとして正しいものをあとのア～カから２つ選び、記号で答えなさい。

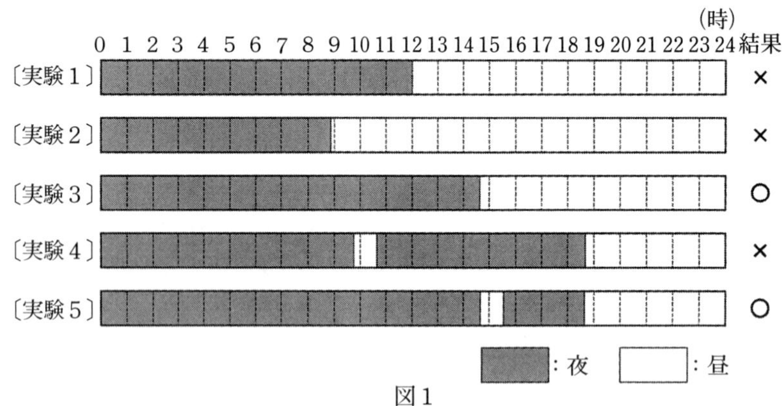

図１

ア　１日の中で、夜の長さが続けて14時間以上になったときに花芽ができる。

イ　１日の中で、夜の長さが14時間以下になったときに花芽ができる。

ウ　１日の中で、夜の長さが合計で14時間以上になったときに花芽ができる。

エ　１日の中で、夜の途中で光を当てて昼にすると花芽はできない。

オ　１日の中で、夜の途中で光を当てて昼にしても花芽ができることがある。

カ　１日の中で、夜の途中で光を当てて昼にすると花芽が必ずできる。

(5)　さらに、同じ種類の植物を使って次の図２の実験６、７を行いました。▓▓の部分のみ(4)でわかった花芽ができる条件下におきました。

〔実験６〕　枝分かれしていないこの植物を用いて次の１～３の実験を行い、花芽ができるかを調べた。

１　葉をすべて除去し、植物体全体を下線部の条件にした。

２　１枚の葉だけ、下線部の条件にした。

３　植物体全体を、下線部の条件にした。

〔結果〕

１は花芽ができなかった。２と３は茎の先たんに花芽ができた。

〔実験７〕　大きく２つに枝分かれしているこの植物を用いて次の４、５の実験を行った。

４　ａのすべての葉を除去してａの茎を下線部の条件にした。

５　ａ側の茎(→部分)の形成層から外側を取り除く処理をしてからａの茎を下線部の条件にした。

実験７の結果として最もふさわしいものを次のア～エから１つ選び、記号で答えなさい。

ア　４と５の両方の枝ｂの先たんに花芽ができた。

イ　４の枝ｂの先たんにのみ花芽ができた。

ウ　５の枝ｂの先たんにのみ花芽ができた。

エ　４と５の両方とも枝ｂには花芽ができなかった。

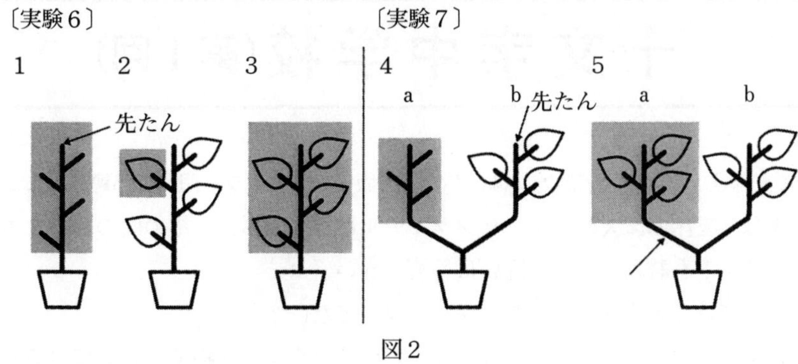

図２

(6)　(5)の答えを選んだ理由を具体的に答えなさい。

十文字中学校(第１回)

—25分—

(編集部注：実際の入試問題では、写真や図版の一部はカラー印刷で出題されました。)

1　春子さんは、夏休みに大型ショッピングモールに行きました。その時の会話とエアープランツに関するプリントを読み、あとの問いに答えなさい。

春子さん「みてみてお父さん！エアープランツってなに？」

お父さん「エアープランツは、土がなくても育つめずらしい植物で、ひもでつるして育てることができるんだよ。」

春子さん「え！？じゃあ、水はどうやってあげたらいいのかしら？」

お父さん「そうだね。土に水をかけることができないからきりふきでエアープランツに直接水をかけてやるんだ。」

春子さん「不思議な植物がいるのね。エアープランツもほかの植物と同じように生きているの？」

お父さん「もちろん生きているよ。いくつか買って実験してみようか！」

春子さん「学校で習った植物の実験をやってみたいわ！」

家にエアープランツ〈図１〉を持ち帰った春子さんは、次のような実験１を行いました。

実験１　密閉できる袋(ふくろ)を２つ用意し、エアープランツを入れて息を吹(ふ)き込(こ)んで閉じたものと、エアープランツを入れずに息を吹き込んだものを用意し、日当りのよい室内で２日間放置した〈図２〉。その後、それぞれの袋へ気体検知管を差し込み、中の袋の二酸化炭素と酸素の濃(のう)度を測定した。

〈図１〉購(こう)入したエアープランツ

〈図２〉実験１の様子

［問１］　実験１で確かめることのできる、植物のはたらきを何というか漢字３文字で答えなさい。

［問２］　実験１の結果、エアープランツを入れた袋(ふくろ)は、エアープランツを入れていない袋と比べて、二酸化炭素と酸素の濃(のう)度はどのように変化しましたか。最も適当な説明を(あ)～(え)から１つ選び、記号で答えなさい。

(あ)　どちらの気体も濃度が高くなった。

(い)　どちらの気体も濃度が低くなった。

(う)　二酸化炭素の濃度は低くなり、酸素の濃度は高くなった。

(え)　二酸化炭素の濃度は高くなり、酸素の濃度は低くなった。

［問３］　実験１で用意したエアープランツが入っている袋を室内の暗いところで３日間放置すると、袋の内側に水滴がついた。袋の内部に水滴がついた理由を「気こう」という言葉を使って説明しなさい。

実験を終えた春子さんは、購入時にもらったプリント〈図３〉を読み、エアープランツを〈図４〉のように育てることにしました。

エアープランツ（チランジア）とは

- エアープランツは、チランジアという植物のことです。
- チランジアは、子葉の数が１枚で葉に平行な筋が入っている特ちょうを持っており、パイナップルやイネなどと同じなかまに分類されています。
- 根は、吸水のためにのばすのではなく、樹皮や岩にくっつくためにのばしています。そのため、葉の表面にトリコームという水分を吸収するための作りがあります。
- エアープランツはCAM型植物と呼ばれる植物で、通常の植物と異なり水分の少ないかん境でも生育できるような仕組みを持ちます。
- ふつうの植物は、日中にも気こうを開いて気体の交かんをしますが、CAM型植物は日中に気こうを閉じ、夜間に気こうを開き気体の交かんをします。
- CAM型植物には、エアープランツのほかに、サボテン・多肉植物などがいます。

生息地の特ちょう

- 中南米の温暖で安定している場所（平均23°C）
- 空気はかんそうしており、年降水量は60㎜前後
- 直射日光ではなく、木もれ日のような光がさす
- 風通しがよく、ぬれてもすぐかわく
- 朝ぎりが発生しやすい

水やり

- きりふきで全体がぬれるまで水をあたえる
- 週に２～３回程度行う
- おだやかな風がふくところでかんそうさせる

〈図３〉エアープランツ購入時にもらったプリント

〈図４〉育てる様子

［問４］〈図３〉のプリントにあるように、子葉の枚数が１枚で葉に平行な筋が入っている植物のなかまとして適切な植物を(あ)～(お)からすべて選び、記号で答えなさい。

(あ)　トウモロコシ　　(い)　インゲン　　(う)　ヒマワリ　　(え)　ススキ　　(お)　アサガオ

［問５］〈図３〉にあるようにＣＡＭ型植物は、夜間にのみ気こうを開いて必要な気体を吸収し昼に向けて蓄えておく性質を持っています。その理由について〈図３〉を参考に考え、説明しなさい。

2　春子さんは、夏休みにキャンプに行きました。その時の会話を読み、あとの問いに答えなさい。

春子さん「これからキャンプファイヤーをするのよね！初めてだから楽しみだわ。」

お父さん「じゃあ一緒に準備をしようか。薪を並べてくれる？」

春子さん「任せて！」

お父さん「おっ！上手に並べられたね。なんでこんなふうに薪を並べたの？」

春子さん「ものが燃えるためには、燃えるもの、熱、（　あ　）の３つが必要だと習ったわ。こうやって並べることで、（　あ　）が十分にいきわたるわ。」

お父さん「なるほど、学校で勉強したことが活かせているね！」

お母さん「じゃあ早速燃やしてみようか。」

春子さん「わぁ！煙(けむり)と炎(ほのお)がすごい！」

お父さん「①煙も炎も上の方に向かってのぼっていくね。」

お母さん「それにしても、さっきまで②風が強くて、できないんじゃないかと心配していたけど、風がやんでよかったわね。」

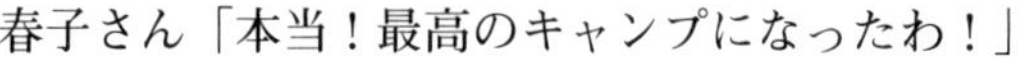

春子さん「本当！最高のキャンプになったわ！」

〈図５〉キャンプファイヤーの様子

［問６］（ あ ）に当てはまる語句を答えなさい。

［問７］ 下線部①について、この現象と同じ理由で起こるものを(あ)～(お)から１つ選び、記号で答えなさい。

(あ) 氷を温めると、とけて水になった。

(い) 青色リトマス紙に塩酸をつけると、赤色にかわった。

(う) ガスバーナーに火をつけると、熱気球が空を飛んだ。

(え) 豆電球に乾(かん)電池をつなぐと、豆電球が光った。

(お) 木を蒸し焼きにすると、黒いものが残った。

［問８］ 下線部②について、風が強い日はキャンプファイヤーを行うとどのような危険があるでしょうか。１つ例を挙げて説明しなさい。

お父さん「さぁ、そろそろねようか。」

春子さん「そうね。でもまだキャンプファイヤーの火が燃えているわ。このまま放っておいても良いのかしら？」

お父さん「このまま放っておくと火事になるかも知れないから、片付けよう。」

［問９］ キャンプファイヤーの火を片付けるときの記述として正しいものを(あ)～(お)から全て選び、記号で答えなさい。

(あ) 早く燃やしきるために、灯油をかける。

(い) ゴミを持ち帰らないようにするために、火にゴミを入れる。

(う) 燃えている薪を、壺(つぼ)のなかに入れてフタを閉める。

(え) 少しずつ砂をかける。

(お) 水の中に燃えている薪を入れる。

③ 春子さんの家に、田舎から様々な種類の野菜が送られてきました。春子さんが野菜を水洗いしたところ、水面に浮(う)くものと底に沈(しず)むものがあり、なかでも重いカボチャが浮くことにおどろきました。春子さんは、身の回りにある重さの等しい様々なものが、浮くか沈むかを確かめ、〈表１〉のようにまとめました。また、なぜそのようになるのか不思議に思った春子さんは、ものの浮き沈みについて調べてみることにしました。あとの問いに答えなさい。

〈表１〉春子さんがまとめたこと

調べたもの	木	鉄	プラスチック	固形石けん	ロウ
重さ［g］	10	10	10	10	10
大きさ［㎤］	14.5	1.3	10.5	9.2	11.8
浮き沈み	浮いた	沈んだ	浮いた	①	②

[問10]　〈表1〉の下線部のような、ものの大きさを表し、単位が［㎤］である量のことを何というか、2文字で答えなさい。

〔春子さんが調べたこと〕

水にものを入れると、ものは水を押しのける。ものが水に入っている部分の大きさと、押しのけた水の量は等しい〈図6〉。

ものが水に入っている部分の大きさ[㎤]＝押しのけた水の量[㎤]

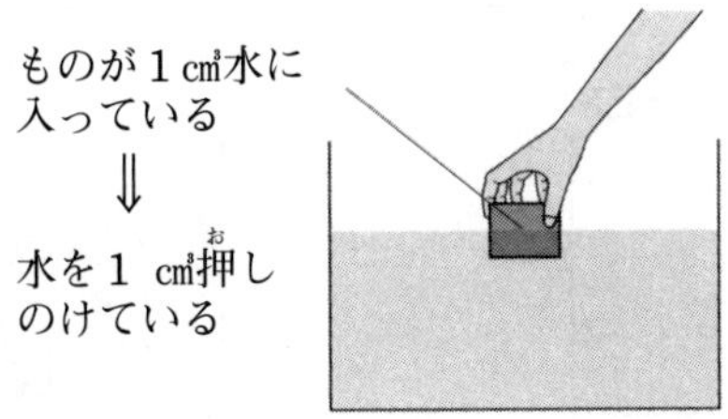
ものが1㎤水に
入っている
⇓
水を1㎤押し
のけている

〈図6〉ものが水に入っているときの様子

水中にあるものには、「上向きの力」と「下向きの力」がはたらいており〈図7〉のように矢印で表すことができる。「上向きの力」は「ものが押しのけた水の重さ」で決まり、「下向きの力」は「ものの重さ」で決まる。また、「上向きの力」と「下向きの力」の大小関係は、「ものが押しのけた水の重さ」と「ものの重さ」の大小関係と同じになる。

水に対するものの浮き沈みは、この「上向きの力」と「下向きの力」のどちらが大きいかで決まる。

1㎤の水の重さは1gである。

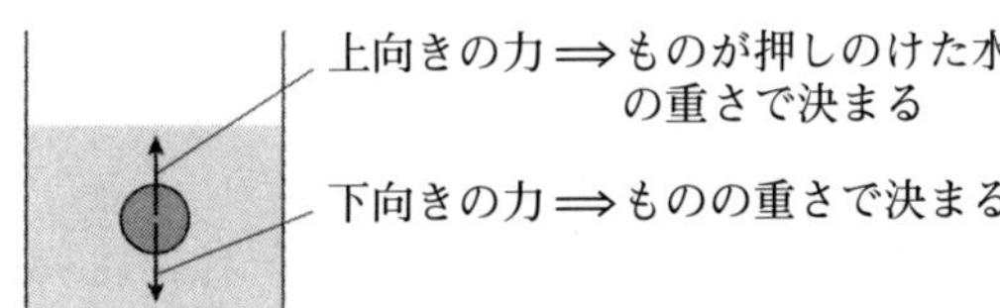
上向きの力⟹ものが押しのけた水
の重さで決まる
下向きの力⟹ものの重さで決まる

〈図7〉水中にあるものが受ける力を矢印で表した様子

[問11]　〈表1〉の①、②の結果として正しいものは、「浮いた」「沈んだ」のどちらになるか、それぞれ答えなさい。ただし、調べるものの全体を水に入れたとき、ものが押しのけた水の量は、ものの大きさと等しくなることとします。

[問12]　次の(あ)～(お)は、〈表1〉の木が水中にあるときに、木にはたらく「上向きの力」と、「下向きの力」を矢印で表した図です。木にはたらく力を表した図として最も適当なものを、次の(あ)～(お)から1つ選び、記号で答えなさい。ただし、矢印の長短は力の大小を表しており、(お)は上下2つの矢印の長さが等しいものとします。

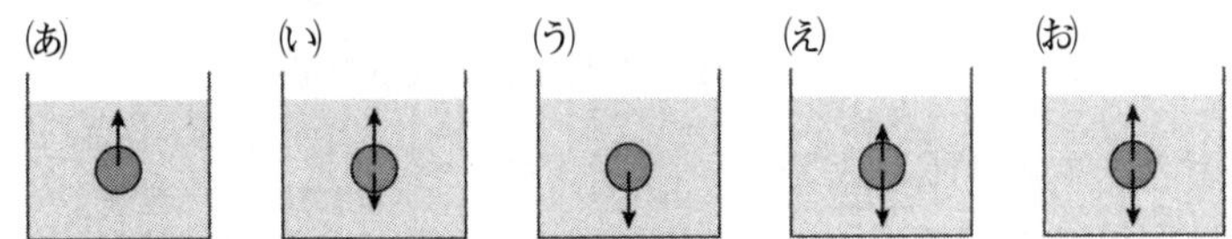
(あ)
(い)
(う)
(え)
(お)

次に、春子さんは一辺の長さが３㎝のプラスチック容器〈図８〉を水に浮かべました。そこに１円玉を〈図９〉のように１枚ずつ入れていくと、ある枚数でプラスチック容器に水が流れ込み、〈図10〉のように沈んでしまいました。

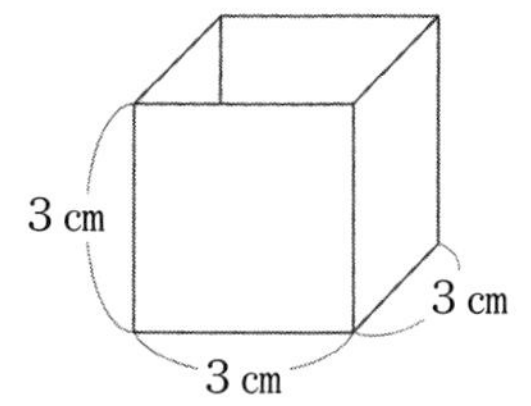

〈図８〉プラスチック容器

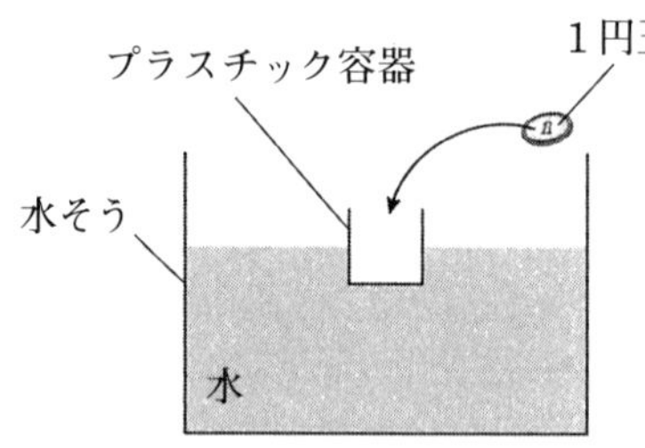

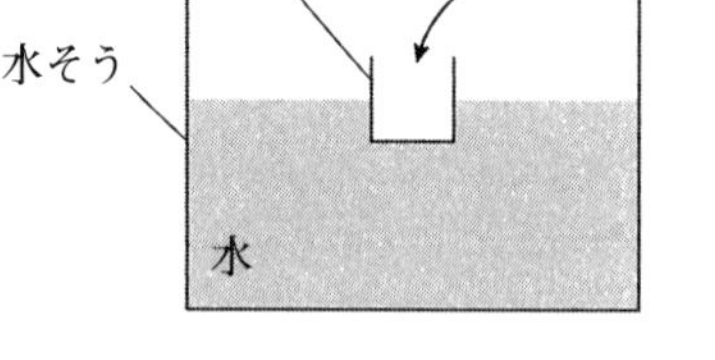

〈図９〉水にプラスチック容器を浮かべ、１円玉を入れる様子

〈図10〉プラスチック容器に水が流れ込み、沈んだ様子

［問13］　何枚目の１円玉を入れたときにプラスチック容器は沈みましたか。考えた過程も言葉や式で示して答えなさい。ただし、プラスチック容器の質量を4.5ｇ、１円玉１枚の重さを１ｇ、１㎤の水の重さを１ｇとする。また、プラスチック容器の厚さは考えなくてよいこととします。

④　春子さんは、お父さんと星座の観察を行いました。３月１日の午後８時に空を見ると、学校で学習した星座を見ることができました〈図11〉。これについてあとの問いに答えなさい。

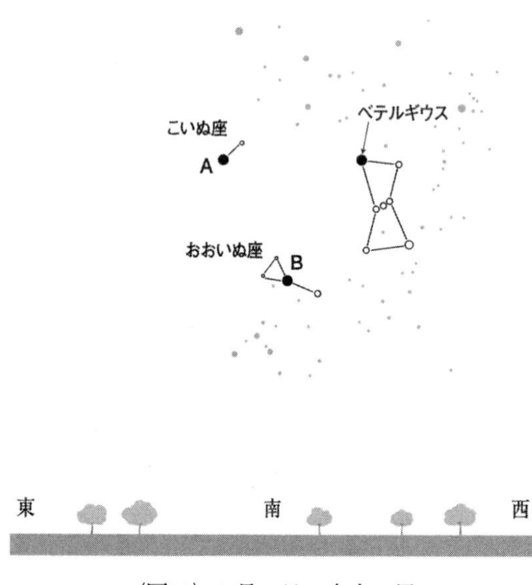

〈図11〉３月１日の夜空の星

［問14］　ベテルギウスは何という星座の星ですか。

［問15］　同じ南の空に見えた、こいぬ座の星Ａ、おおいぬ座の星Ｂは、それぞれ何という星ですか。㋐～㋔から１つ選び、記号で答えなさい。

㋐　アルタイル　　㋑　シリウス　　㋒　デネブ　　㋓　プロキオン　　㋔　ベガ

春子さんはベテルギウス、A、Bの３つの星に注目して観察を続けました。右の〈図12〉はその３つの星をつないだ図です。

［問16］　３つの星をつないだ三角形は何と呼ばれますか。

［問17］〈図12〉は、午後８時に観察したときの様子です。１時間後、星をつないだ三角形はどの方向に移動しますか。最も適当なものを、(あ)〜(え)から１つ選び、記号で答えなさい。

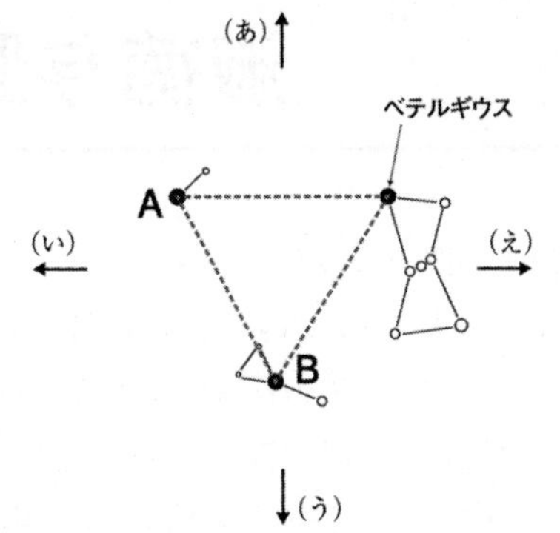

〈図12〉ベテルギウス、A、Bをつないだ三角形

春子さんはその１カ月後の４月１日の午後８時に、もう一度星空の観察を行いました。すると、１カ月前の３月１日とは３つの星の位置が変わっていました。

［問18］　４月１日の星の位置として最も適当なものを、次の(あ)〜(え)から１つ選び、記号で答えなさい。ただし、中央が３月１日の星の位置です。

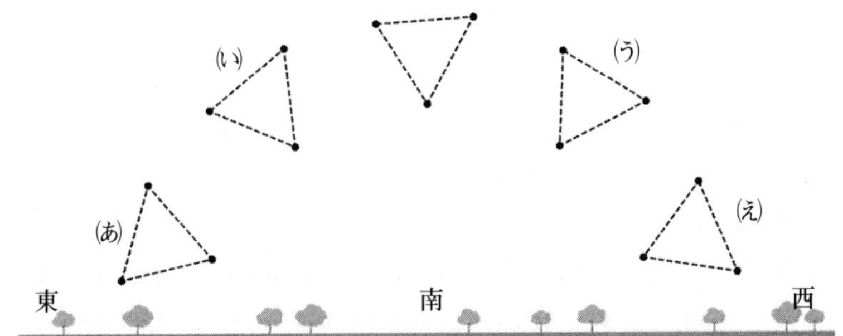

淑徳与野中学校(第１回)

—社会と合わせて60分—

1　以下の問いに答えなさい。

問１　水よう液に関する次の各問いに答えなさい。

(1)　水よう液の性質に関する次の記述について、**誤りを含(ふく)むもの**はどれですか。(ア)〜(オ)より選び、記号で答えなさい。

(ア)　水よう液の重さは、水の重さととけているものの重さを合計することで求めることができる。

(イ)　水よう液の体積は、水の体積ととけているものの体積を合計することで求めることができる。

(ウ)　水よう液は、どの部分をとっても同じこさである。

(エ)　水よう液はとう明で、液の中につぶやかたまりが見えない。

(オ)　よう解度は、温度によって変化する。

(2)　次の(ア)〜(コ)の中で、気体がとけている水よう液はどれですか。(ア)〜(コ)よりすべて選び、記号で答えなさい。

(ア)　アルコール　(イ)　アンモニア水　(ウ)　うすいさく酸
(エ)　ホウ酸水　(オ)　石灰水　(カ)　砂糖水
(キ)　塩酸　(ク)　水酸化ナトリウム水よう液
(ケ)　炭酸水　(コ)　食塩水

問２　発芽前の種子にはでんぷんを含む割合が多いものの他に、脂肪(しぼう)またはタンパク質を含む割合が多いものがあります。次の(ア)〜(カ)の植物の種子のうち、脂肪を含む割合が多いものはどれですか。(ア)〜(カ)より適当なものを２つ選び、記号で答えなさい。

(ア)　イネ　(イ)　ムギ　(ウ)　アブラナ　(エ)　ツバキ　(オ)　ダイズ　(カ)　エンドウ

問３　何もつるしていないときの長さが50cmのばねがあります。このばねに30ｇのおもりをつるすと20cmのびました。ばねののびはつるしたおもりの重さに比例するものとして、以下の問いに答えなさい。

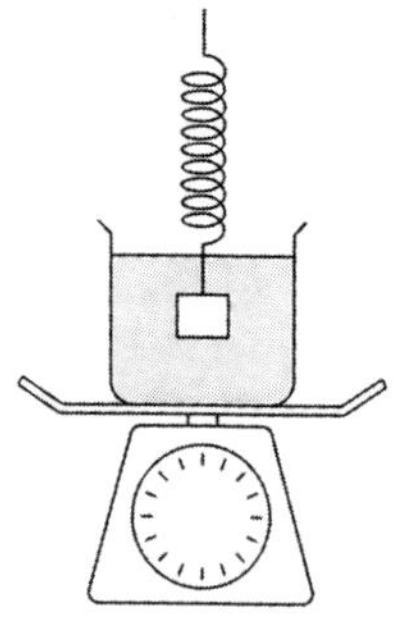

(1)　おもりをつるしたところばねの長さが80cmになりました。おもりの重さは何ｇですか。

(2)　次に、水の入った容器を台ばかりにのせて重さをはかったところ水と容器の重さは合わせて1000ｇでした。

ここに、ばねにつるしたおもりを図のように水中にしずめると、台ばかりは1015ｇをしめしていました。

ばねを持ち上げておもりを水から出すと、ばねは水から出す前に比べて何cmのびますか。

問４　以下の会話を読み、(ア)、(イ)、(ウ)に入る言葉や整数を答えなさい。

せし君：この前の夏は本当に暑かったね。もうあんな夏は二度とごめんだよ。
かし君：函館(はこだて)では観測史上最高気温を記録したらしいね。
せし君：海外でも暑い夏だったのかを調べてみたら、各地でこれまでの最高気温を上回ったみたいだよ。南米沖で(ア)現象が起きて海水温が上がっていたらしい。

かし君：それでアメリカの気温が“95度”なんて信じられないことになっていたんだね。

せし君：95度…は流石(さすが)にあり得ないんじゃないかな。その気温って横に°Fって書いてなかった？

かし君：確かに書いてあった気がするな。

せし君：それは華氏(かし)って呼ばれる温度の表し方だからだね。日本の℃とはちがい、単位は°Fで表すんだよ。32°Fで水が凝固(ぎょうこ)して212°Fで水が沸騰(ふっとう)するから、気温を表すときの数字は自然と大きくなるね。

かし君：そうなると僕が見た華氏の95°Fは、日本でいえば(イ)℃ということになるのか。

せし君：こんな数字になったのには諸説あるけど、華氏を考えたファーレンハイト氏が、冬に自分の家の外の気温を測って０°Fの基準とし、自分の体温を100°Fの基準にしたからとも言われているね。

かし君：自分が基準ってすごい自信だね！

せし君：本人の体温が思ったより高めなのも面白いよね。でも水銀温度計やアルコール温度計を発明したのも彼(かれ)だと言われているから、科学への貢献度(こうけんど)は大きいみたいだ。

かし君：水銀温度計って使ったことないけど、正確だって聞くよね。アルコール温度計と何がちがうんだろう？

せし君：正確さもそうだけど、アルコールと比べて沸騰する温度が高いから、測れる温度の範囲(はんい)がアルコール温度計よりも(ウ)みたいだね。

かし君：温度の表し方は国によってちがうんだね。ほかにもどんなものがあるか調べてみようかな。

2　淑子さんは筋肉について興味を持ち、色々な生物の筋肉について調べてみました。次の淑子さんとお母さんの会話を読み、以下の問いに答えなさい。

淑子：私たちは毎日たくさんの筋肉を使っているよね。

母　：そうね。<u>筋肉や骨がないと体を動かせないわね。</u>

淑子：筋肉って大切だね。人間以外の動物の筋肉ってどうなっているのだろう。

母　：ふだん私たちが食べている魚のおさし身も筋肉なのよ。

淑子：なるほど。おさし身には赤身と白身があるけど、何がちがうのかな？

母　：良いところに気づいたわね。赤身魚と白身魚の特ちょうを探して、比べてみたら？

淑子：赤身の魚はマグロやカツオで、白身はフグやヒラメかな。あ！赤身魚と白身魚の大きなちがいは、［　①　］かな？

母　：その通り！実は、筋肉にふくまれるミオグロビンというタンパク質の量のちがいが関係しているのよ。

淑子：へぇ～！どんな風にちがうの？

母　：赤身魚は泳ぎ続けるために酸素が必要で、泳ぎながら取り込む酸素では足りないみたい。だから、筋肉にミオグロビンがたくさんふくまれているの。一方、白身魚の筋肉にはミオグロビンはあまりふくまれていないのよ。

淑子：つまり、ミオグロビンは［　②　］というはたらきをしているってこと？

母　：さすがね！

淑子：魚ではなくて、貝にも筋肉ってあるのかな？

母　：二枚貝の場合は、開いたり閉じたりしているから、筋肉はあるわよ。

淑子：確かに！二枚貝ってなかなか開けることができないよね。

母　：一度閉じると、数日間は閉じた状態を保つことができるって聞いたことがあるわ。面白そうだから、調べてみましょう！

問１　文章中の下線部について、筋肉は骨とつながっています。筋肉と骨をつなぐものを何といいますか。

問２　文章中の［　①　］にあてはまる言葉として最も適当なものはどれですか。(ア)〜(エ)より選び、記号で答えなさい。

(ア)　エサの種類　　(イ)　体の大きさ　　(ウ)　運動量　　(エ)　住む場所

問３　文章中の［　②　］にあてはまる文として最も適当なものはどれですか。(ア)〜(エ)より選び、記号で答えなさい。

(ア)　水中から多くの酸素を吸収する　　(イ)　血液中で多くの酸素を運ぱんする

(ウ)　筋肉で多くの酸素をたくわえる　　(エ)　筋肉で酸素を作り出す

問４　図１はヒトの腕(うで)を示したものです。図１のように腕を曲げた状態から腕をのばしたときのヒトの筋肉の状態について説明した以下の文のうち、正しいものはどれですか。(ア)〜(エ)より選び、記号で答えなさい。

(ア)　ａの筋肉はゆるみ、ｂの筋肉は縮む。

(イ)　ａの筋肉は縮み、ｂの筋肉はゆるむ。

(ウ)　ａの筋肉もｂの筋肉も縮む。

(エ)　ａの筋肉もｂの筋肉もゆるむ。

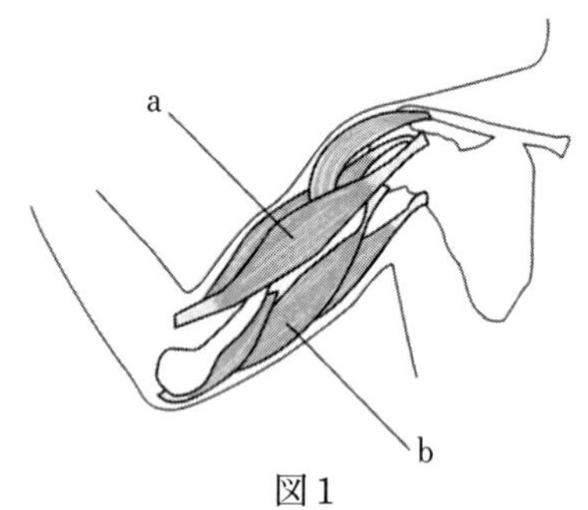

図１

問５　図２は二枚貝の内部の様子です。二枚貝が閉じるときに使う筋肉はどこですか。図２の(ア)〜(ウ)より選び、記号で答えなさい。

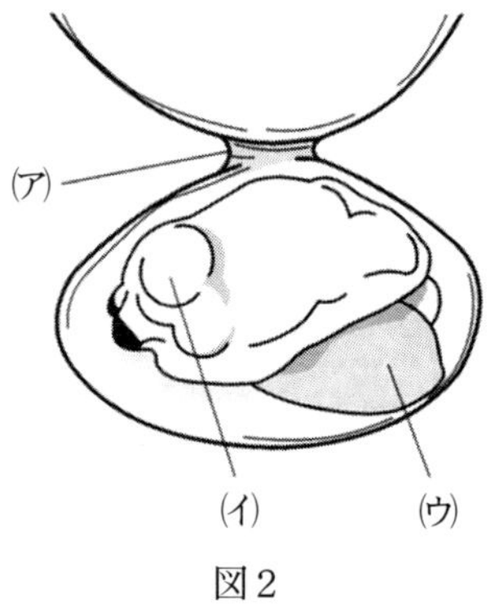

図２

問６　淑子さんとお母さんが二枚貝について調べた結果、閉じているときに使われている筋肉は、エネルギーの消費が少なく、つかれにくい筋肉であることがわかりました。私たちの体にも同じ様な性質を持つ筋肉があります。それはどこにありますか。(ア)〜(エ)より最も適当なものを選び、記号で答えなさい。

(ア)　肺　　(イ)　足　　(ウ)　腕　　(エ)　小腸

3　電池、ヒーター(電熱線)、水の入ったコップ、温度計、時計を用意し、ヒーターに電流を流して水温がどのくらい上昇(じょうしょう)するかを調べる実験を行いました。電池、ヒーター、コップに入っている水の量はどれも同じで、水の温度はヒーターによる熱のみで温められ、まわりの温度によって上がったり下がったりしないものとします。また、時間の経過で電流は変化しないものとします。

図に示すように、ヒーターと電池をつなぎ、同じ時間内に水温が何度上昇したかを測定した結果を表にまとめました。

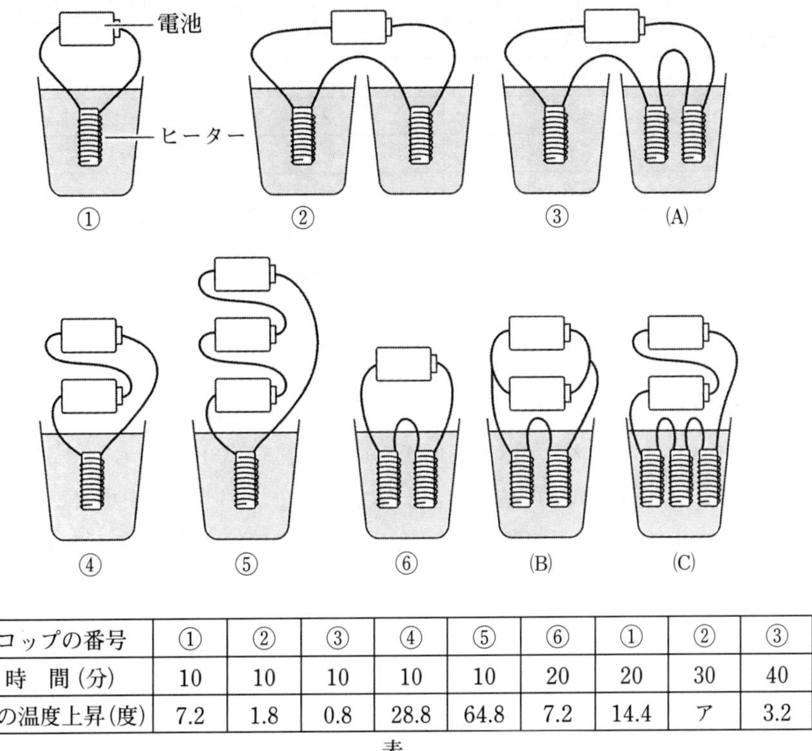

コップの番号	①	②	③	④	⑤	⑥	①	②	③
時　間(分)	10	10	10	10	10	20	20	30	40
水の温度上昇(度)	7.2	1.8	0.8	28.8	64.8	7.2	14.4	ア	3.2

表

問１　表のアに入る値を答えなさい。

問２　(A)のコップの水の10分間での温度上昇は何度になりますか。

問３　コップの水の10分間での温度上昇が(B)と同じであるコップはどれですか。①～⑥より選び、番号で答えなさい。

問４　(C)のコップの水の10分間での温度上昇は①のコップの何倍ですか。分数で答えなさい。

4　次の文章を読んで、以下の問いに答えなさい。

ヘリウムやアルゴンは、他の物質とは反応しないという性質を利用して、日常で使われている気体の物質である。ヘリウムは燃えにくい気体であり、［　ア　］に次いで軽く、風船や飛行船に利用されている。また、アルゴンは、［　イ　］に含まれる物質の中で、３番目に多く含まれている物質であり、電球やケイ光管に利用されている。

表１、表２は０℃における、ヘリウムとアルゴンの圧力が100kPa、200kPa、400kPaのときの気体の重さと体積の関係を示したものである。

＊　kPa(キロパスカル)は圧力の単位の一つである。

重さ(g)	100kPaにおける体積(L)	200kPaにおける体積(L)	400kPaにおける体積(L)
2.0	11	5.5	2.75
4.0	22	11	5.5
6.0	33	16.5	8.25
10	55	27.5	13.75
①	②	38.5	19.25

表１　0℃におけるヘリウムの重さと体積の関係

重さ(g)	100kPaにおける体積(L)	200kPaにおける体積(L)	400kPaにおける体積(L)
4.0	2.2	1.1	0.55
6.0	3.3	③	0.825
8.0	4.4	2.2	1.1
10	5.5	2.75	1.375
12	6.6	3.3	④

表２　0℃におけるアルゴンの重さと体積の関係

問１　[ア]と[イ]に入る適当な語句はそれぞれ何ですか。**漢字２文字**で答えなさい。

問２　表１、表２中の①～④に入る数値を答えなさい。

問３　温度・圧力が０℃、50kPaの状態で8.0ｇのヘリウムの体積は何Lですか。

問４　温度・圧力が０℃、300kPaの状態で0.55Lのアルゴンの重さは何ｇですか。

問５　1811年イタリアの化学者アボガドロは、「同じ温度・同じ圧力のもとでは、すべての気体は、同じ体積中に同じ数の気体の粒子が含まれている。」という仮説を提案した。この仮説にしたがうと、アルゴンの粒子１個の重さは、ヘリウムの粒子１個の重さの何倍ですか。

頌栄女子学院中学校(第１回)

—40分—

《注意》 漢字で書くべき用語は漢字で書くこと。

(編集部注：実際の入試問題では、写真や図版の一部はカラー印刷で出題されました。)

1　2021年７月26日に、「奄美大島、徳之島、沖縄島北部及(およ)び西表島」が世界自然遺産に登録されました。鹿児島県から約380㎞南に位置する奄美大島について、以下の各問いに答えなさい。

［Ⅰ］ 奄美大島の植物について、次の問いに答えなさい。

問１　奄美大島の多くの樹木は、一年中葉をつけており、葉は広くて平たい形をしています。このような樹木を何といいますか。漢字五字で答えなさい。

問２　奄美大島では、淡(たん)水と海水が入り交じる沿岸に多くの植物が生息し、森林を形成しています。このような森林を何といいますか。カタカナで答えなさい。

問３　問２の森林を構成する植物の代表として「ヒルギ」という木があります。ヒルギは水中に含(ふく)まれるある物質を排(はい)出する特殊(しゅ)な能力を持っています。

(1)　ある物質とは何ですか。名前を答えなさい。

(2)　ヒルギは、体の中に吸収した(1)の物質を、どのような方法で体の外に捨てると考えられますか。写真１と写真２を参考にしてその方法を推測し、簡単に説明しなさい。

【写真１】

【写真２】

問4　奄美大島にある原生林の中に「ヘゴ」という木があります。関東近辺にヘゴは生息しておらず、代わりに、ヘゴと同じグループに属する植物が生息しています。次に示すヘゴの写真とヘゴの特徴(ちょう)をまとめたデータを参考に、ヘゴが属する植物のグループ名を答えなさい。

【ヘゴの写真】

【ヘゴの特徴】

・湿(しつ)度の高い環(かん)境を好む。

・葉は鳥の羽のような形で、裏(うら)面には胞(ほう)子のうがある。

・花は咲(さ)かない。

問5　ヘゴと同じグループに属していた「ロボク」「リンボク」「フウインボク」という樹木は、約3.5億年前の地球で繁(はん)栄しており、大森林を形成していたと考えられています。これらの樹木が枯(こ)死し、完全に分解される前に地中に埋(う)もれて、熱や圧力の影響(えいきょう)を受けて生成した化石燃料を何といいますか。

［Ⅱ］　ある種のウミガメは、奄美大島の砂浜(はま)で産卵(らん)することがあります。ウミガメについて、次の問いに答えなさい。

問6　ウミガメは脊椎(せきつい)動物の何類に属しますか。次のア～オから１つ選んで、記号で答えなさい。

ア　魚類　　イ　両生類　　ウ　ハチュウ類　　エ　鳥類　　オ　ホ乳類

問7　ウミガメは主に何呼吸をしていますか。

問8　奄美大島のある村では、ウミガメが産卵する砂浜の近くの道路で赤い街灯を使用しています。この理由の１つを説明した次の文章の空欄(らん)に適当な語句を入れなさい。

> 子ガメは、人の目には見えない波長の短い光である［ ① ］を認識(にんしき)するが、赤い光を認識することはできない。孵(ふ)化した子ガメは地中から地表に向かい、［ ② ］になるまで地表付近で待機する。これは、明るいうちに動くと、捕(ほ)食者に狙(ねら)われる危険が大きいためである。［ ② ］になると、子ガメは［ ③ ］の光を頼(たよ)りに、［ ④ ］に向かって移動していく。よって、明るく白い光の街灯を使用すると、子ガメの［ ④ ］への移動をさまたげてしまう可能性があるが、赤い光であれば子ガメの移動に影響しない。

問9　ウミガメの性別は、孵化するときの温度によって決まります。地球の温暖化がウミガメに及ぼす影響として、あとのグラフから考えられる事柄(がら)として最も適するものを次のア～オから１つ選んで、記号で答えなさい。

ア　メスの割合が増加し、個体数が減少する一因となる。

イ　ウミガメの個体数が増加し、エサが不足する。

ウ　オスの割合が増加し、争いが多くなる。

エ　ウミガメの生息場所が減少する。

オ　温暖化はウミガメの個体数に大きく影響しない。

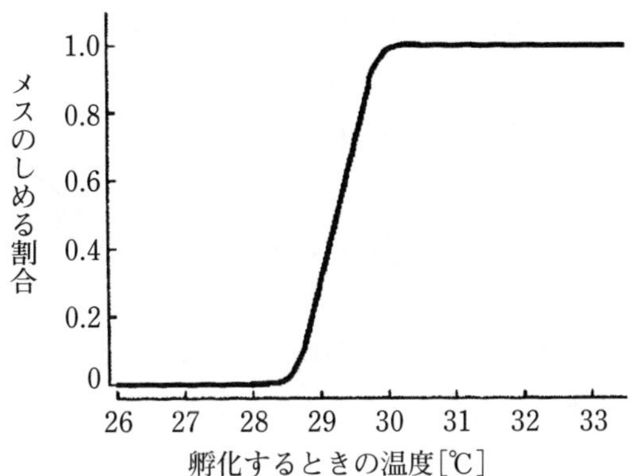

2　磁石と電流について、以下の各問いに答えなさい。

問１　図１のように棒磁石を置くと、Aの位置に置いた方位磁針はどのようになりますか。次のア～エから１つ選んで、記号で答えなさい。ただし、方位磁針の色がついている側は磁石のＮ極となっています。

【図１】

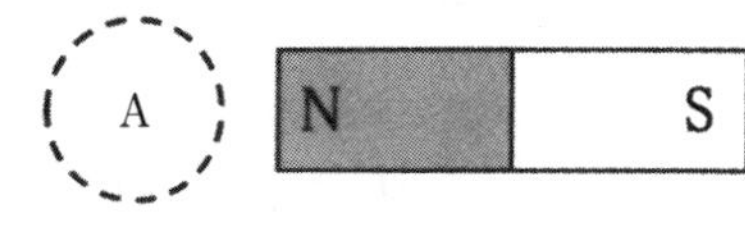

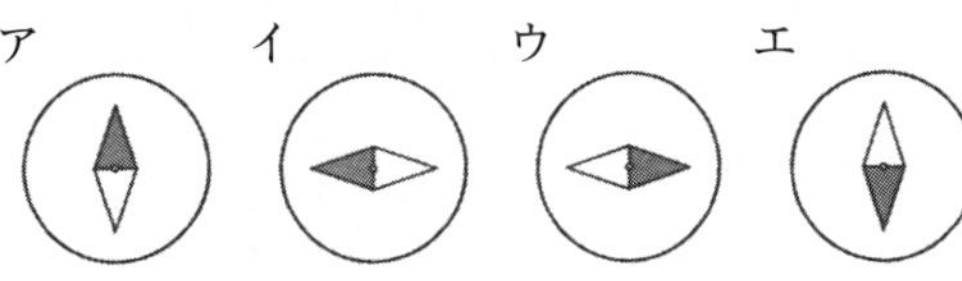

問２　図２のように、棒磁石を点線Bで切って２つに分けると、この磁石はどのようになりますか。次のア～オから１つ選んで、記号で答えなさい。

ア　Ｎ極だけ、Ｓ極だけの磁石が１つずつできる。

イ　Ｎ極とＳ極を持つ磁石が２つできる。

ウ　どちらの磁石も、Ｎ極でもＳ極でもなくなる。

エ　片方はＮ極のみ、もう一方はＮ極とＳ極の磁石ができる。

オ　片方はＳ極のみ、もう一方はＮ極とＳ極の磁石ができる。

【図２】

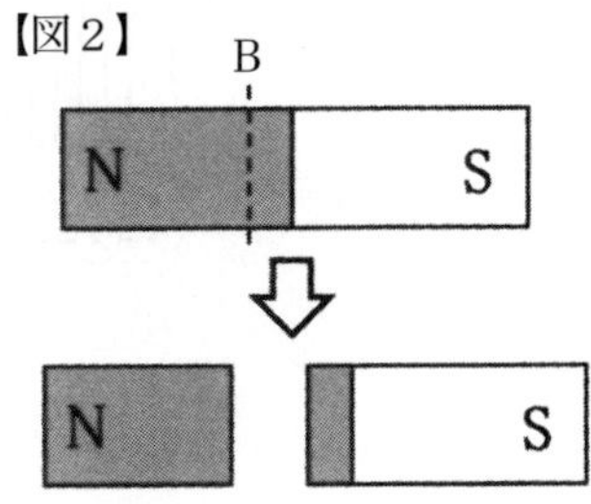

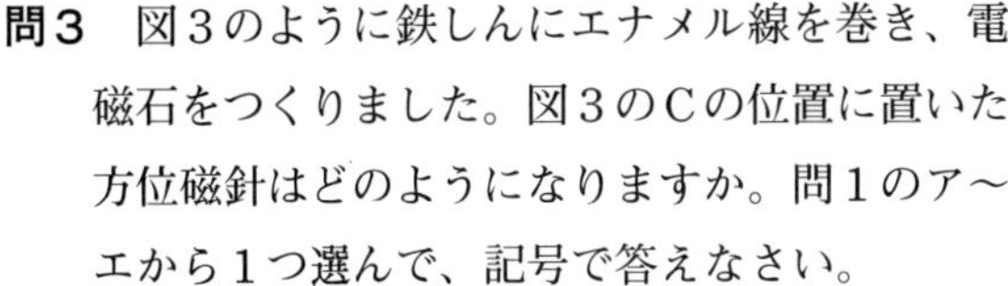

問３　図３のように鉄しんにエナメル線を巻き、電磁石をつくりました。図３のCの位置に置いた方位磁針はどのようになりますか。問１のア～エから１つ選んで、記号で答えなさい。

【図３】

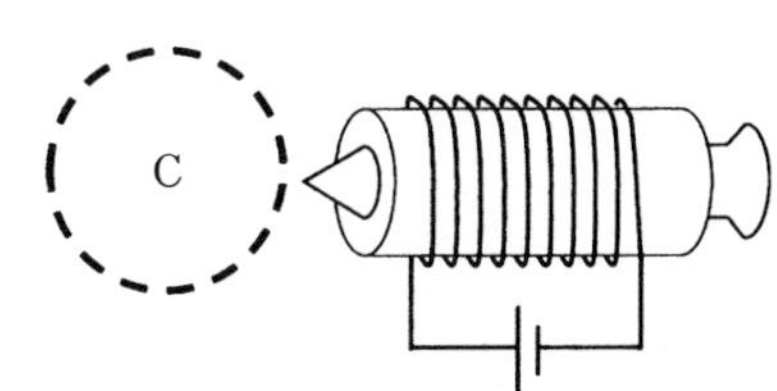

問4　図4のように電磁石を机の上のクリップに近づけます。このとき、クリップをより多く引きつけるためにはどのようにすればよいですか。次のア～カからすべて選んで、記号で答えなさい。ただし、同じ電池、同じ長さのエナメル線を用いて実験を行うものとします。

【図4】

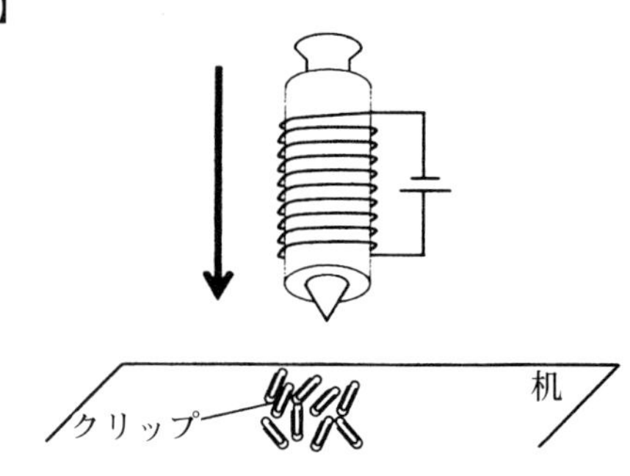

ア　鉄しんのかわりにアルミニウムの棒を入れる。

イ　鉄しんのかわりにプラスチックの棒を入れる。

ウ　太いエナメル線にかえる。

エ　細いエナメル線にかえる。

オ　エナメル線の巻き数を多くする。

カ　エナメル線の巻き数を少なくする。

問5　次のア～カを、電磁石の磁力が大きいものから順に等号と不等号を使って示しなさい。ただし、同じ電池、同じ豆電球、同じ長さのエナメル線を用いて実験を行うものとします。

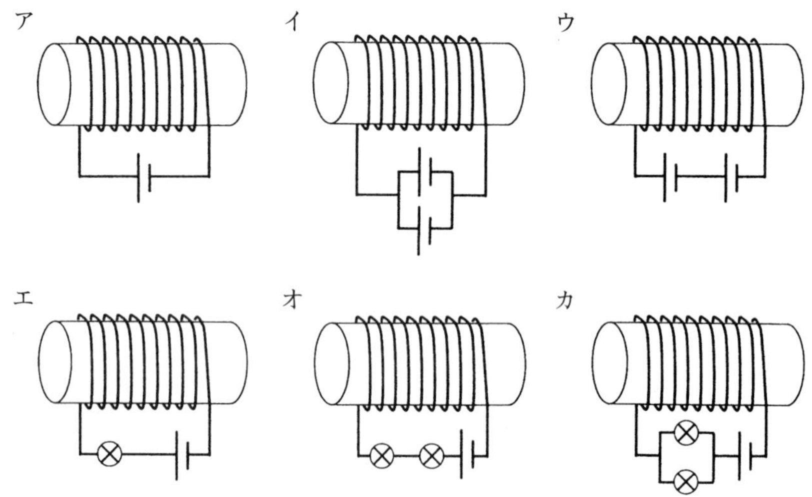

問６　モーターは電磁石の性質を利用しています。モーターの内部は図５のように磁石のＮ極とＳ極の間に電磁石を挟(はさ)んだ構造になっています。図５のように電池をつなぎ矢印の向きに電流を流すと、電磁石が回りました。図５の電磁石が回るしくみを説明したものとして、最も適するものを次のア～エから１つ選んで、記号で答えなさい。

【図５】

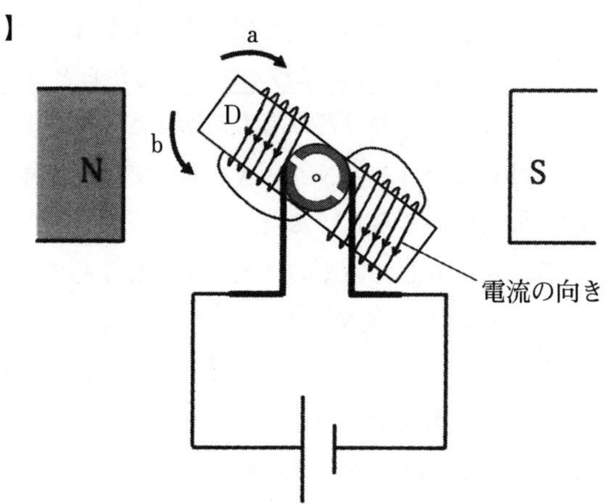

ア　図５のＤの部分が磁石のＳ極になり、ａの向きに回る。
イ　図５のＤの部分が磁石のＳ極になり、ｂの向きに回る。
ウ　図５のＤの部分が磁石のＮ極になり、ａの向きに回る。
エ　図５のＤの部分が磁石のＮ極になり、ｂの向きに回る。

問７　リニアモーターカーの中には、強力な電磁石が用いられているものがあり、工夫(くふう)の１つとして「超(ちょう)伝導」という現象が利用されています。超伝導は、電流が流れるコイルの温度を超高温、もしくは超低温のどちらかに制御(ぎょ)することで現れる現象です。図６のグラフを参考にして、超伝導ではコイルを「高温にしている」、もしくは「低温にしている」のどちらかを選んで、○をつけなさい。また、そのように温度を制御することでなぜ強力な電磁石を作り出すことができるかを説明しなさい。

【図６】

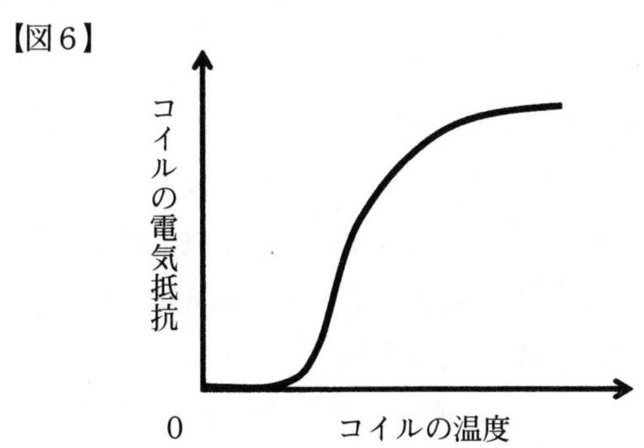

３　以下は、2023年の夏休みの終わり頃(ころ)の、小学生の頌子さんとお父さんの会話です。これを読んで、各問いに答えなさい。

頌子さん「お父さん、千葉県の勝浦に引っ越(こ)そう！」
　夏休みの宿題に汗(あせ)を流していた頌子さんが突然(とつ)叫(さけ)びました。
お父さん「どうしたんだい？　突然叫んで。」
頌子さん「勝浦では観測史上１回も［ ① ］がないんだって。」

お父さん「確かに、東京では今年の［ ① ］はもう20日以上なのにね。」

頌子さん「②温暖化がすごく進んでいるっていう感じだね。」

お父さん「そうだね、こんなに毎日暑いんでは耐(た)えられないね。ところで、温暖化で他に困ることはどんなことがあるかな？」

頌子さん「氷がとけて、海面が上昇(しょう)して、町や都市や国が沈(しず)んでしまうこともあるってニュースで言ってたよ。③北極の氷は海に浮(う)かんでいるからとけても大きな影響(えいきょう)はないけど、南極大陸の氷がとけるとその分だけ海水が増えるからだよね。」

お父さん「うん、半分は正しいけど、ＮＡＳＡの研究では、南極大陸の氷は今のところ温暖化が始まる前より増えているらしいんだ。」

頌子さん「えっ！　気温が上昇しているのに氷が増えるなんていうことがあるの？」

お父さん「そうだね、雨や雪は雲から降ってくるけど、雲はどうやってできるか説明できるかな。」

頌子さん「水蒸気を含(ふく)んだ空気のかたまりが上昇して、気温が下がると飽(ほう)和水蒸気量を超(こ)えてしまって、超えた分が水滴(てき)や氷の粒(つぶ)になるんだよね。」

お父さん「④飽和水蒸気量は気温が高いほど大きくなるんだよね。気温が上昇すると同じくらいの湿(しつ)度でも水蒸気が多くなるから降雪量が増えて、南極大陸の内陸部では氷が増えているらしいんだ。もっとも、沿岸部では氷がどんどんとけて減っているので、さらに気温が上がれば南極全体の氷も減ってゆくことになるよ。」

頌子さん「でも、もう今でも海水面は上昇しているんだよね。南極の氷は減ってないのに、何で上昇しているの？」

お父さん「それは⑤水の性質を考えれば説明できるね。」

問１　文中の［ ① ］に適する語を記しなさい。また、①はどのような日であるか簡単に説明しなさい。

問２　次の⑴、⑵の用語の説明として正しいものをそれぞれア～エから１つずつ選んで、記号で答えなさい。

⑴　真冬日　　⑵　熱帯夜

ア　１日の最低気温が０℃未満の日

イ　１日の最高気温が０℃未満の日

ウ　夕方から翌日の朝までの最低気温が25℃以上になる夜

エ　夕方から翌日の朝までの最高気温が25℃以上になる夜

問３　文中の下線部②の温暖化の原因となっている気体のうち、大気中に0.04％含まれているものは何ですか。その名前を答えなさい。

問４　文中の下線部③について、海に浮かんでいる氷がとけても海水面はあまり上昇しません。このことは『コップの水に浮かべた氷がとけても水面の高さが変化しない』のと同じしくみで説明できます。『コップの水に浮かべた氷がとけても水面の高さが変化しない』理由として適しているものを次のア～エから１つ選んで、記号で答えなさい。

ア　水が凍(こお)るときには体積が小さくなる　　イ　氷がとけるときには体積が小さくなる

ウ　水が凍るときには重さが重くなる　　エ　氷がとけるときには重さが重くなる

問５　文中の下線部④の飽和水蒸気量と気温との関係は次の表のようになります。また、飽和水蒸気量に対して、現在含まれている水蒸気量の割合を百分率(％)で表したものを湿度といいます。

気温[℃]	-10	0	10	20	30
飽和水蒸気量[g/㎥]	3	5	9	17	30

(1)　30℃で空気１㎥中に21ｇの水蒸気を含む空気の湿度は何％か求めなさい。

(2)　20℃で湿度60％の空気１㎥に含まれる水蒸気の質量は何ｇか求めなさい。

(3)　30℃で湿度70％の空気を急に10℃まで冷やすと、空気１㎥あたり何ｇの水滴ができるか求めなさい。

(4)　南極全体の平均気温が－10℃から０℃に上昇したとすると、南極大陸上の空気１㎥中に含まれる水蒸気は何倍になりますか。どちらの気温のときも湿度は80％で一定であったとして、小数第２位を四捨五入して小数第１位まで答えなさい。

問６　文中の下線部⑤の水の性質を考えて、南極など陸地の氷は地球全体で減っていないにもかかわらず、海水面が上昇している理由を説明しなさい。

問７　勝浦が涼(すず)しい理由ははっきりとはわかっていませんが、次のような仮説もあります。

> 海風は日中も温度の上昇が少ない。そのため海岸近くは涼しくなる。また、房総半島で南寄りの風が長時間吹(ふ)き続ける場合、風によって海の表面の海水は東に運ばれ、東に流された表面の温かい海水を補うように冷たい海水が湧(わ)き上がることで海水温が低くなり、海風を涼しくする効果が強まると考えられる。

この仮説が正しいと仮定したとき、勝浦はどのような場所に位置することになりますか。最も適するものを次のア～エから１つ選んで、記号で答えなさい。

ア　沖(おき)の方までずっと遠浅の海底が続いている

イ　海岸から少し沖に出ると急に海が深くなる

ウ　内陸で四方を湖に囲まれている

エ　内陸で四方を高い山に囲まれている

4　金属の性質について、以下の各問いに答えなさい。ただし、計算の結果は、四捨五入して指示の通りに答えること。

異なる３種類の金属Ａ～Ｃを粉末にしたものをそれぞれステンレス皿に入れ、ガスバーナーを用いて空気中で加熱する実験を行いました。３種類の金属は、アルミニウム、マグネシウム、銅のいずれかです。

ステンレス皿は加熱により重さが変化することはないことを確かめた上で、加熱後に全体を冷ましてから重さをはかりました。金属の色が変わり、全体の重さが変化しなくなるまで十分に反応させた上でできた物質の重さをはかりました。この操作をそれぞれの金属の重さを変えて繰(く)り返し行い、その結果を以下の表に示しました。

【図１】

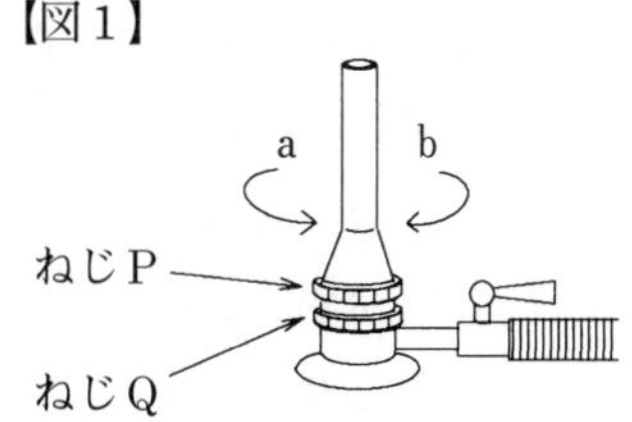

【金属Ａ】金属Ａをよく加熱すると黒色の粉末ができました。これを「固体Ｘ」とします。金属Ａと固体Ｘの重さは次の表のようになりました。

金属Ａ[g]	0.40	0.80	1.20	1.60	2.00	2.40
固体Ｘ[g]	0.50	1.01	1.51	1.98	2.49	3.00

【金属Ｂ】金属Ｂをよく加熱すると白色の粉末ができました。これを「固体Ｙ」とします。金属Ｂと固体Ｙの重さは次の表のようになりました。

金属Ｂ[ｇ]	0.40	0.80	1.20	1.60	2.00	2.40
固体Ｙ[ｇ]	0.67	1.33	2.01	2.66	3.33	4.00

【金属Ｃ】金属Ｃをよく加熱すると白色の粉末ができました。これを「固体Ｚ」とします。金属Ｃと固体Ｚの重さは次の表のようになりました。

金属Ｃ[ｇ]	0.40	0.80	1.20	1.60	2.00	2.40
固体Ｚ[ｇ]	0.76	1.52	2.27	3.03	3.81	4.53

問１　図１はガスバーナーの模式図です。ガスバーナーに火をつけるときの操作手順について説明した次の文章を完成させなさい。ただし、①～⑤はＰ・Ｑまたはａ・ｂから選んで記号で答え、⑥は適切な色を答えること。同じ記号を何度選んでも構いません。

> ねじＰ・Ｑがしまっていることを確認(にん)してからガスの元栓(せん)を開け、マッチに火をつけて［ ① ］のねじを［ ② ］の向きに回してガスバーナーに火をつける。さらに、［ ③ ］のねじを手で押(お)さえておいて［ ④ ］のねじを［ ⑤ ］の向きに回して、炎(ほのお)の色が［ ⑥ ］色になるように調節する。

問２　どの金属も加熱後に重くなっていますが、それは金属が空気中のある気体Ｄと結びついて変化したためです。その気体Ｄの名前を書きなさい。

問３　それぞれの金属について、板や針金ではなく粉末にしたものを用いた理由として適するものを次のア～オから２つ選んで、記号で答えなさい。

ア　安価だから　　イ　表面積が大きいから　　ウ　純度が高いから
エ　軽いから　　オ　重さを調整しやすいから

問４　金属Ａ～Ｃをそれぞれ塩酸に入れたところ、Ａからは気体の発生が見られませんでしたが、ＢとＣからは気体が発生しました。また、ＢとＣについては、それぞれ水酸化ナトリウム水溶(よう)液に入れて反応を見たところ、Ｂは変化しませんでしたが、Ｃからは気体が発生しました。この結果と加熱後の固体の色をもとに、Ａ～Ｃの金属がそれぞれ何であるかを答えなさい。

問５　実験からできる固体Ｘについて、次の各問いに答えなさい。

(1)　金属Ａ2.80ｇから固体Ｘは何ｇできると考えられますか。四捨五入して、小数第１位まで答えなさい。

(2)　固体Ｘの中で、問２で答えた気体Ｄと結びつく金属Ａの重さの比はいくらになっていますか。次の式の空欄(らん)にあてはまる数値を、整数で答えなさい。

Ｄ：Ａ＝１：［　　］

(3)　金属Ａ3.00ｇがすべて反応する前に加熱を止めたところ、できた固体Ｘは3.60ｇでした。反応せずに残っている金属Ａは何ｇですか。四捨五入して、小数第２位まで答えなさい。

問６　金属Ａ～Ｃが完全に反応したとして、同じ重さの気体Ｄと結びつくＡ～Ｃの重さの比はいくらになりますか。次の式の空欄にあてはまる数値を、四捨五入して小数第１位まで答えなさい。

Ａ：Ｂ：Ｃ＝［ ① ］：［ ② ］：１

湘南白百合学園中学校（４教科）

—40分—

1　次の生態系に関する文章を読み、以下の問いに答えなさい。

生態系は、生物とそれを取り巻く水、大気、土壌（じょう）などから構成されている。地球上の物質は、その生態系の中をめぐり、循環（じゅんかん）する。また、太陽からのエネルギーは生物に消費されながら生態系の中を流れていく。環境問題は人間活動によって、生物の種や数に大きな変動が起こった結果、地球上の物質循環やエネルギーの流れのバランスがくずれることで起こる。

生物の種や数のバランス

大陸から遠くはなされて周囲を海で囲まれている島では、長い年月の間に生き物が独自の進化をし、その島でしか見られない生物が生息している。それらをa)固有種と呼ぶ。b)奄美（あまみ）大島は亜（あ）熱帯の島で、固有種が多くいることでも有名である。しかし近年、c)本来は島に生息していない生物を人間が持ち込み、島で野生化して問題となっている。これらの生物は、島本来の生態系のバランスをくずし、元々生息していた生物を脅（おびや）かしている。

物質循環やエネルギーの流れ

例えば、大気中・海水中に含まれる二酸化炭素は、植物や藻（そう）類などによって行われる光合成の材料として吸収され、デンプンなどの有機物（ゆうきぶつ）に形を変えてからだにたくわえられる。これらの有機物は、d)食物連鎖（れんさ）によって生物の間を循環する。そして、生きるために使われた有機物は、再び二酸化炭素として大気と海水に放出される。また、使われないまま残った有機物は、地下に閉じ込められる。石炭・石油などは、古い時代の生物の遺骸（いがい）である。

二酸化炭素は、海にすむ生物の殻（から）や骨格などの材料としても使われる。有孔虫（ゆうこうちゅう）は、温かい海に生息するe)からだが１つの細胞（さいぼう）でできた原生動物である。大型の場合は、からだの大きさが１㎜ほどで、海水の二酸化炭素を利用してf)炭酸カルシウムが主成分の殻をつくる。殻には小さな孔（あな）があり、そこからからだの一部を出してゆっくりと移動する。また、g)有孔虫はからだの中に小さな藻類をすまわせ、たがいに利益を受けながら生活している。南日本の海岸では、星の砂や太陽の砂などに代表される有孔虫の遺骸をたくさん観察することができる。有孔虫は、５億年前の地層からも発見されていて、その時代ごとに姿を変え、現代まで存在している。そのため、有孔虫の化石は、それがふくまれるh)地層ができた時代やi)地層ができた環境を知る手がかりにも使われる。

(1)　下線部aについて、次の生物A～Dは日本の固有種です。

①　生物A～Dの名称として最も適切なものを、次のア～エよりそれぞれ選び、記号で答えなさい。

ア　アマミノクロウサギ　　イ　キノボリトカゲ

ウ　ヤンバルクイナ　　エ　アマミハナサキガエル

②　生物A～Dはすべて背骨をもちます。このような動物のグループの名称を答えなさい。

③　生物A～Dの分類として最も適切なものを、次のア～オからそれぞれ選び、記号で答えなさい。

ア　甲殻類　　イ　鳥類　　ウ　ほ乳類　　エ　は虫類　　オ　両生類

④　生物A～Dの特徴として適切なものを、次のア～カよりそれぞれすべて選び、記号で答えなさい。ただし、同じ記号を使ってよいものとします。

ア　じょうぶな殻でつつまれた卵　　イ　寒天質でつつまれた卵

ウ　胎生　　エ　恒温動物

オ　変温動物　　カ　えら呼吸をする時期がある

⑤　生物A～Dは、いずれも絶滅のおそれがあります。このような生物を何と呼びますか。

(2)　下線部bは、どの都道府県にありますか。最も適切なものを次のア～オから選び、記号で答えなさい。

ア　東京都　　イ　新潟県　　ウ　長崎県　　エ　鹿児島県　　オ　沖縄県

(3)　下線部cのような生物を何と呼びますか。

(4)　下線部dについて、次のア～エを『食べられる生物←食べる生物』の順に記号で並べなさい。

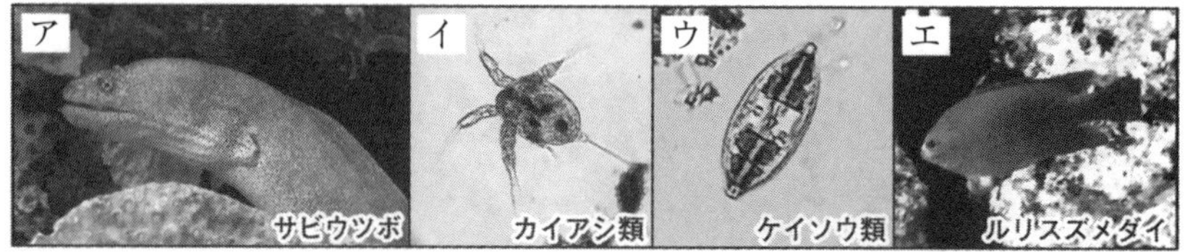

(5)　下線部eに分類されるものを、次のア～オから２つ選び、記号で答えなさい。

ア　オオカナダモ　　イ　アメーバ　　ウ　オキアミ　　エ　ウミウシ　　オ　ゾウリムシ

(6)　下線部fについて、炭酸カルシウムが主成分であるものを次のア～オから２つ選び、記号で答えなさい。

ア　大理石　　イ　花こう岩　　ウ　石灰岩　　エ　安山岩　　オ　せん緑岩

(7)　下線部ｇについて、次の①～③の問いに答えなさい。

①　このような生物どうしの関係性を何と呼びますか。漢字２字で答えなさい。

②　この場合の有孔虫と藻類の関係性の説明として適切なものを次のア～エから２つ選び、記号で答えなさい。

ア　藻類は光合成でできた二酸化炭素を有孔虫に提供する

イ　藻類は光合成でできた有機物を有孔虫に提供する

ウ　有孔虫はとらえた動物プランクトンを藻類に提供する

エ　有孔虫は安全なすみかと養分を藻類に提供する

③　下線部ｇのような関係性をもつ生物の組み合わせとして、最も適切なものを次のア～オから選び、記号で答えなさい。

ア　アリとキリギリス　　イ　アリとアブラムシ

ウ　アブラムシとテントウムシ　　エ　ジンベイザメとコバンザメ

オ　ジェンツーペンギンとヒョウアザラシ

(8)　下線部ｈを知る手がかりになる化石を何と呼びますか。

(9)　下線部ｉを知る手がかりになる化石を何と呼びますか。

(10)　奄美大島の海の砂には、有孔虫やサンゴ、貝殻の遺骸が流水によって細かく砕（くだ）かれ、大量にふくまれています。島内の砂浜海岸Ⅰ～Ⅳにおいて砂を採取し、**有孔虫Ａ**、**有孔虫Ｂ**、および小型の**巻き貝**の遺骸数を調べました。このとき、遺骸は砕けたものがほとんどであったため、種類が判別できるもののみを数えました。また、ｊ）<u>それぞれの砂に塩酸を加えて生物の遺骸をとかし</u>、中にふくまれるれきや岩石の割合を調べました。これらの結果を表にまとめました。次の①～④の問いに答えなさい。

有孔虫Ａ

有孔虫Ｂ

表
奄美大島の砂浜海岸Ⅰ～Ⅳにおける採取した砂の量、生物の遺骸数、れき・岩石のふくまれる割合

調べたもの	砂浜海岸			
	Ⅰ	Ⅱ	Ⅲ	Ⅳ
採取した砂の量	42.0 g	16.2 g	17.0 g	21.9 g
採取した砂の中の**有孔虫Ａ**の遺骸数	8	36	145	33
採取した砂の中の**有孔虫Ｂ**の遺骸数	3	19	208	69
採取した砂の中の**巻き貝**の遺骸数	12	44	19	19
れき・岩石のふくまれる割合	23%	15%	10%	11%

①　下線部ｊの操作で発生する気体の物質名を答えなさい。

②　砂１ｇあたりにふくまれる**巻き貝**の遺骸数が最も多いのは、砂浜海岸Ⅰ～Ⅳのどれかを答えなさい。

③　れきや岩石などの土砂は川によって海へ運ばれて堆積（たいせき）します。このことから、砂浜海岸Ⅰ～Ⅳを川の河口から近い順に並べるとどうなりますか。以下のア～カより最も適切なものを選び、記号で答えなさい。

ア　Ⅰ→Ⅱ→Ⅲ→Ⅳ　　イ　Ⅰ→Ⅱ→Ⅳ→Ⅲ　　ウ　Ⅱ→Ⅲ→Ⅳ→Ⅰ

エ　Ⅲ→Ⅳ→Ⅱ→Ⅰ　　オ　Ⅲ→Ⅱ→Ⅳ→Ⅰ　　カ　Ⅲ→Ⅳ→Ⅰ→Ⅱ

④　有孔虫の主な生息場所は、海岸から数百ｍ～数km離れた岩礁（がんしょう）にあり、遺骸は運ばれる距離（きょり）が長いほど破損します。このことから、波や海流の強さなどの他の条件が同じであった場合、生息地と砂浜海岸Ⅰ～Ⅳの距離が近い順番に並べたものはどれですか。

有孔虫Ａ、**有孔虫Ｂ**について、以下のア～カより最も適切なものをそれぞれ選び、記号で答えなさい。ただし、同じ記号を使ってよいものとします。

ア　Ⅰ→Ⅱ→Ⅲ→Ⅳ　　イ　Ⅰ→Ⅱ→Ⅳ→Ⅲ　　ウ　Ⅱ→Ⅲ→Ⅳ→Ⅰ

エ　Ⅲ→Ⅳ→Ⅱ→Ⅰ　　オ　Ⅲ→Ⅱ→Ⅳ→Ⅰ　　カ　Ⅲ→Ⅳ→Ⅰ→Ⅱ

[2]　次の文章を読み、以下の問いに答えなさい。

ただし同じ記号の空らんには同じものが入ります。

水は液体の状態のほかに氷、水蒸気の状態をとることが知られています。氷の状態を［　Ａ　］、水蒸気の状態を［　Ｂ　］といいます。また、液体から［　Ａ　］になる変化を［　あ　］、液体から［　Ｂ　］になる変化を［　い　］といいます。［　い　］は温度に関わらず起こりますが、温度を高くしていくと激しい変化となり、［　Ｃ　］℃で［　Ｄ　］という現象が起こります。水は、この３つの状態を移り変わりながら地球上を循環（じゅんかん）し、さまざまな現象を起こしています。一方、二酸化炭素は通常は液体の状態にならないので、二酸化炭素の［　Ａ　］である［　Ｅ　］は直接［　Ｂ　］になることが知られています。この変化を［　う　］といいます。

函館（はこだて）に住んでいる小百合さんは、雪が積もると道路に白い粉がまかれることに興味を持ち、この粉について調べてみたところ、以下のことがわかりました。

・白い粉は融雪剤（ゆうせつざい）という薬剤で、主な成分として塩化カルシウムが含（ふく）まれ、他に塩化ナトリウムや塩化マグネシウムが含まれる。

・氷である雪が水になる温度はふつう［　Ｆ　］℃だが、融雪剤を雪の積もった道路にまくと、ａ）氷が水になる温度が下がることで、気温の低い冬でも雪がとけやすくなる。

・塩化カルシウムは少量であれば生物への影響（えいきょう）は少ないが、量が多かったり、濃（こ）い水溶（よう）液になったりすると、ｂ）植物を枯（か）らしたり、金属をさびさせたりするので注意が必要である。

⑴　文中の空らん［　Ａ　］～［　Ｆ　］にあてはまる語句または数字を答えなさい。

⑵　文中の空らん［　あ　］～［　う　］にあてはまる語句をそれぞれ以下のア～オから選び、記号で答えなさい。

ア　蒸発　　イ　凝縮（ぎょうしゅく）　　ウ　凝固　　エ　融解　　オ　昇華（しょうか）

⑶　文中の下線部ａに関して、小百合さんは塩化カルシウムによってどのくらい氷のとける温度が下がるのかを調べるため、以下の実験を行いました。この実験で小百合さんは、氷が水になる温度と水が氷になる温度が同じであることを利用して、後者の温度を計ることにしています。

【方法】

表１に示す量で混ぜた純粋（すい）な水および塩化カルシウム水溶液Ｐ～Ｔを用意した。

図１の装置を使って、Ｐ～Ｔを一定の割合で温度を下げていき、氷ができ始める温度が［　Ｆ　］℃から何℃下がったかを測定した。

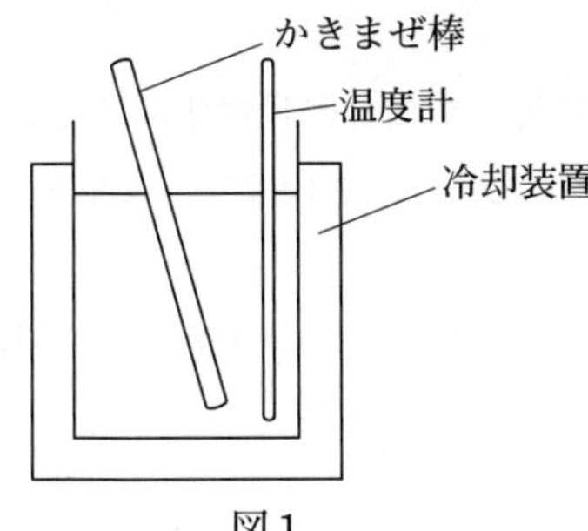

図１

表１

	水	塩化カルシウム
P（純粋な水）	100 g	0 g
Q	100 g	1.0 g
R	100 g	2.0 g
S	50 g	1.0 g
T	200 g	1.0 g

【結果】

表２のようになった。

表２

P	−
Q	0.5℃
R	1.0℃
S	1.0℃
T	0.25℃

①　水500 g に塩化カルシウム3.0 g を溶かした水溶液でこの実験をした場合、氷になり始める温度は［　F　］℃から何℃下がると考えられますか。

②　氷になり始める温度を［　F　］℃から1.6℃下げたい場合、1000 g の水に溶かす塩化カルシウムは何 g にすればよいですか。

③　この実験においてＰとＱの実験開始からの時間と温度変化をグラフにすると図２のようになりました。この実験でＰは氷ができ始めてから温度が一定になっているのに対し、Ｑは氷ができ始めてからも温度が下がり続けています。これは水溶液が氷になり始めるとき水だけが氷になることで残った溶液の濃さが変化するからと考えられます。このことから図２の点Ｘにおいて生じている氷は何 g と考えられますか。

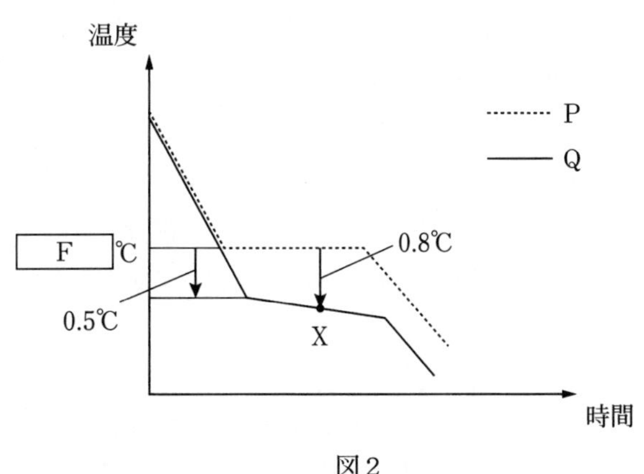

図２

④　図２の点Ｘで生じた氷に塩化カルシウムが含まれていないことを確かめるにはどのような実験をすればいいですか。実験の方法と予想される結果を簡潔に答えなさい。

(4)　下線部ｂのような被害は、海岸沿いの街路樹や住宅でも起こっています。このような被害を何といいますか。漢字２字で答えなさい。

3　次の文章を読み、以下の問いに答えなさい。

近年、地球温暖化の加速によって、異常気象の頻発が私たちの日常生活にも影響を及ぼしています。次の文章は、気象に関する基本的な仕組みを説明したものです。文章をよく読み、以下の各問いに答えなさい。

天気予報などでよく耳にする「大気の状態が不安定である」という状態は、「低気圧」や「高気圧」などの、空気の密度（１Lあたりの重さ）の違いから生じます。

低気圧の説明

周囲よりも気圧が低いと低気圧になります。空気は暖められると密度が小さくなり、気圧の低い状態になりやすいです。このとき、相対的に気圧の高い周囲の風が低気圧に集まります。低気圧に集まる風は地球の（　X　）の影響で（　A　）回りのうず巻きになります。低気圧の周囲から集まった風は、お互いにぶつかって、低気圧の上へ逃げることになりますが、これによって上昇気流が生じるわけです。

高気圧の説明

周囲よりも気圧が高いと高気圧になります。空気は冷やされると密度が大きくなり、高気圧が生じやすいです。高気圧から低気圧へと空気が下方向へ流れる（これを「下降気流」と呼びます）と、高気圧の上空の空気が地上へと引っ張られ、雲が消えて天気が良くなりやすいです。高気圧から生じる下降気流は、地球の（　X　）の影響で（　B　）回りのうず巻きになります。

気圧の違いによって、雲の生じやすさに違いがあることがわかりました。さらに、気象は空気のかたまり（これを「気団」といいます）どうしの関わり合いからも影響を受けます。

気団と前線の説明

暖かい気団と冷たい気団がぶつかるところを前線といいますが、前線は大きく４つに分けることができます。

冷たい気団の方が強く、冷たい気団が暖かい気団にぶつかって生じるのが寒冷前線であり、（　C　）雲が発生しやすいです。（　C　）雲は局地的に強い雨を降らせるのが特徴です。

暖かい気団が強く、暖かい気団が冷たい気団にぶつかって生じるのが温暖前線であり、冷たい気団の上に暖かい気団がゆるやかに乗って上昇し、（　D　）雲が発生しやすいです。（　D　）雲は（　C　）雲と比べると広い範囲に雨を降らせる傾向があります。

さらに、冷たい気団と暖かい気団が同じぐらいの力でぶつかっているのが停滞前線です。また、（　E　）前線とは、温暖前線に寒冷前線が追いついている部分のことです。

(1)　文章中の空らん（　A　）～（　E　）に最適な語句の組合せを次のア～クから選び、記号で答えなさい。

	（A）	（B）	（C）	（D）	（E）
ア	時計	反時計	積乱	乱層	閉鎖
イ	時計	反時計	積乱	乱層	閉塞
ウ	時計	反時計	乱層	積乱	閉鎖
エ	時計	反時計	乱層	積乱	閉塞
オ	反時計	時計	積乱	乱層	閉鎖
カ	反時計	時計	積乱	乱層	閉塞
キ	反時計	時計	乱層	積乱	閉鎖
ク	反時計	時計	乱層	積乱	閉塞

(2)　文章中の空らん（ X ）に最適な語句を答えなさい。

(3)　表中の下線部の「大気の状態が不安定である」ときは、雲が生じやすくなりますが、これはどのような状態を指すでしょうか。次のア～オから最適なものを１つ選び、記号で答えなさい。

ア　密度の大きな空気のみがある状態

イ　密度の小さな空気のみがある状態

ウ　密度の大きい空気が密度の小さい空気の上に乗っている状態

エ　密度の小さい空気が密度の大きい空気の上に乗っている状態

オ　密度の大きい空気のとなりに密度の小さい空気がある状態

(4)　次の図ア・イは、温暖前線と寒冷前線の断面の様子を表したものです。寒冷前線を表している方を記号で選びなさい。ただし、点線は気団の境目を示しています。

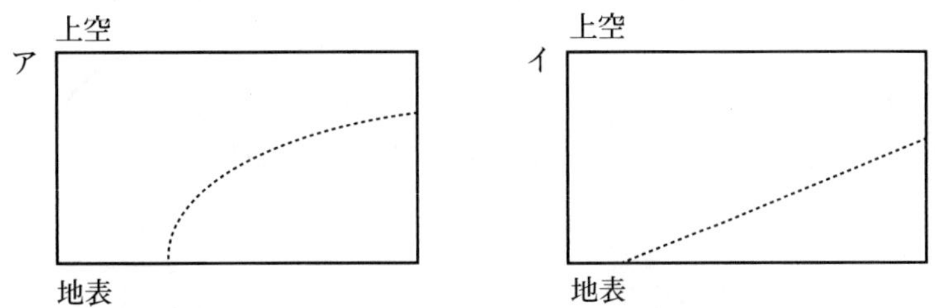

(5)　冒頭（ぼう）の文章や、先の問題の前線の断面図などを踏（ふ）まえ、いわゆる集中豪（ごう）雨は、温暖前線と寒冷前線のどちらでより起こりやすいと考えられるでしょうか。「ア　温暖前線」か「イ　寒冷前線」のどちらかを記号で答えなさい。

(6)　異常気象について、2023年の夏は、局地的に豪雨が続くことが多く、複数の地域で被害が生じました。繰り返される集中豪雨の原因として線状降水帯の発生があります。線状降水帯の発生に関わるバックビルディング現象の過程と発生条件を示した次のフローチャート中の①・②について、それぞれアとイのどちらか正しい方をそれぞれ選び、記号で答えなさい。

積乱雲が発生し、発生した積乱雲が発達する

↓

① ｛ア　その積乱雲が風上に移動し、もとあった場所に下降気流が生じる。
　　イ　その積乱雲が風下に移動し、もとあった場所に上昇気流が生じる。｝

↓

発達した積乱雲のとなりに新しい積乱雲が生じる

↓

ここまでの過程を繰り返す

↓

積乱雲がいくつも連なる

これらは、

｛② ア　上空に風の流れがない　　イ　上空に適度な風の流れがある｝と起こる。

(7)　次に示すのは、東京と福岡の雨温図（その地域の気温と降水量を表すグラフ）です。２つの雨温図の６月～７月を比較すると、梅雨の時期の降水量は明らかに福岡の方が多いことがわかります。同じ梅雨の時期であるにもかかわらず、このような降水量の差が生じるのはなぜでしょうか。表「日本の気候に関わる主な気団」を参考にし、その理由を説明した次の文章の①～③にそれぞれ最適な気団の名称を記号で答えなさい。

理由：西日本の梅雨は（ ① ）と（ ② ）でできる梅雨前線によるものだが、関東地方の梅雨は（ ② ）と（ ③ ）でできる梅雨前線によるものだから。これは、気団の湿度の差によってできる梅雨前線の方が、気団の温度差によってできる梅雨前線よりも激しい雨が降る傾向があることが要因の一つである。

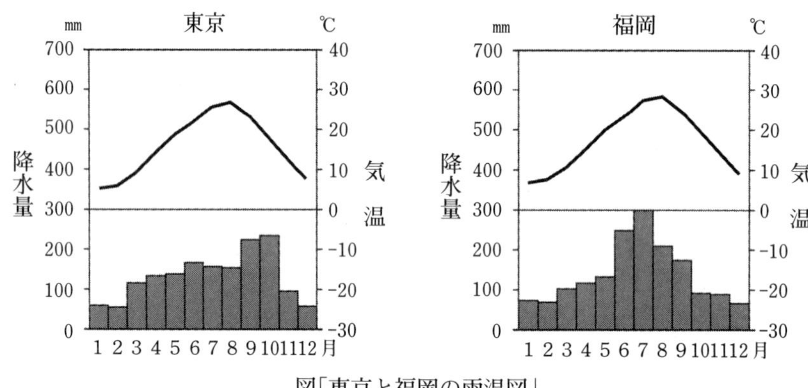

図「東京と福岡の雨温図」

表「日本の気候に関わる主な気団」

記号	名称	気団の様子
ア	シベリア気団	本来は乾燥した気団であるが、日本海を越えることで大量の水分を含むことになる。
イ	揚子江気団 （移動性高気圧）	乾燥した気団であり、中国大陸南東部で発生する。
ウ	小笠原気団	赤道付近で温められて上昇した空気が下降してできる。
エ	オホーツク海気団	冷たく湿った空気でできている。

4　次の文章を読み、以下の問いに答えなさい。

図1のようにゴムのひもを使っておもりをつるし、ゴムの長さがどのようになるかを調べる実験をしました。

まず、ゴムのひもを3本用意し（ゴムA、B、Cとします。）、それぞれにおもりをつるしたときの、ゴムの長さとおもりの重さの関係を示したところ、図2のように直線のグラフになりました。おもりは1gずつ増やしたり減らしたりすることができ、ゴムの重さやおもりの大きさは考えないものとします。

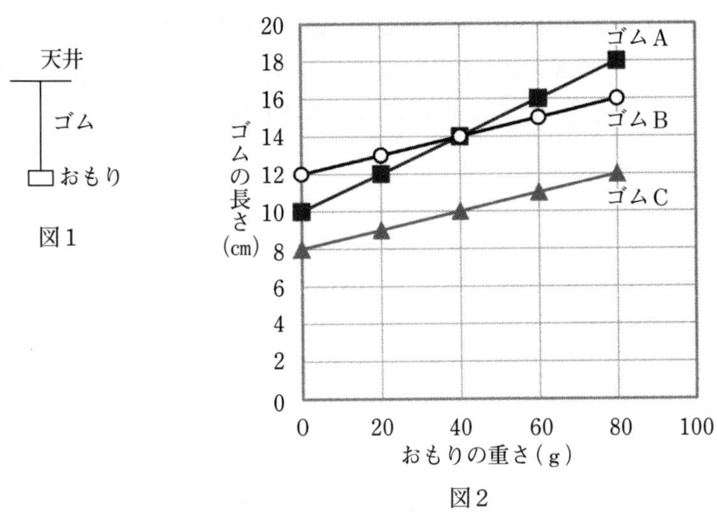

図2

(1)　おもりの重さが2倍、3倍になると、ゴムの何が2倍、3倍になりますか。

(2)　グラフのゴムAとゴムBの「のび」が同じになったとき、ゴムに加えた力について正しく説明しているのはどれですか。グラフから考え、次のア～ウから選び記号で答えなさい。

ア　ゴムに加えた力が大きいのはゴムAの方である。

イ　ゴムに加えた力が大きいのはゴムBの方である。

ウ　ゴムに加えた力はどちらも同じである。

(3)　ゴムAをある長さから1.5cmのばすためには、つるすおもりを何g加えればよいですか。

(4)　グラフより、ゴムCの長さが9.6cmになったとき、ゴムCにつるしたおもりは何gといえますか。

(5)　ゴムBとCのゴムの長さを同じにするためには、ゴムCにつるすおもりはゴムBより何g重ければよいですか。次のア～オから選び記号で答えなさい。

ア　20g　　イ　40g　　ウ　60g　　エ　80g　　オ　100g

(6)　ゴムA、Bについて、グラフよりわかることを文で書きました。（ア）～（エ）にあてはまる整数を書きなさい。

ゴムAとBに同じ重さのおもりをつるしたとき、ゴムののびの比は（ア）：（イ）である。また、ゴムAとBを同じ長さだけのばすのに必要なおもりの重さの比は（ウ）：（エ）である。

(7)　ゴムAとゴムBを図3のようにまっすぐにつないでおもりをつるす実験をしました。ただし、ゴムのつなぎ目の長さなどは考えないものとします。

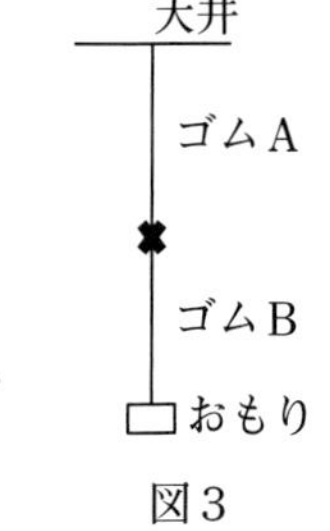

図3

①　次の文中の（ア）～（オ）にあてはまる整数を書きなさい。

おもりが20gのとき、ゴムA、Bが引きのばされる力の大きさはそれぞれ（ア）g、（イ）gであり、ゴムA、Bはそれぞれもとの長さより（ウ）cm、（エ）cmのびるため、全体では（オ）cmのびる。

②　おもりをつるしたとき、ゴム全体の長さが28cmでした。おもりを追加したらゴム全体の長さが32.5cmになりました。追加したおもりは何gですか。

(8)　図4のように、ゴムA、ゴムB、35gのおもり、12gのおもりをつなぎ、つるしました。このとき、ゴムAとゴムBはそれぞれ何cmになりますか。

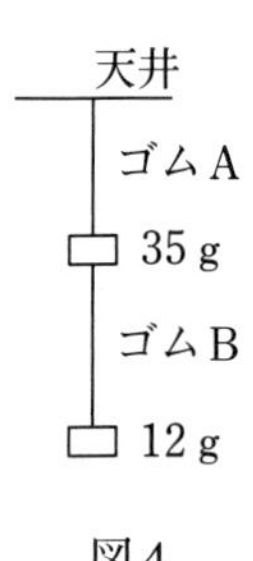

図4

(9)　ゴムCを半分に切って4cmの長さにしておもりをつるす実験をしました。おもりを10g増やすごとにゴムは何cmのびると考えられますか。最も適切であるものを次のア～オから選び、記号で答えなさい。

ア　0.1cm　　イ　0.25cm　　ウ　0.5cm　　エ　1cm　　オ　1.5cm

昭和女子大学附属昭和中学校（A）

—社会と合わせて50分—

〔注意〕 漢字で書けるところは漢字で書いてください。

1 次の各問いに答えなさい。

問1 種子には養分として、脂質(油)やタンパク質ともう1つ多く含(ふく)んでいるものがあります。それは何ですか。

問2 最も明るい所でのヒトの目の様子を表した図はどれですか。次のア～エの中から1つ選び、記号で答えなさい。

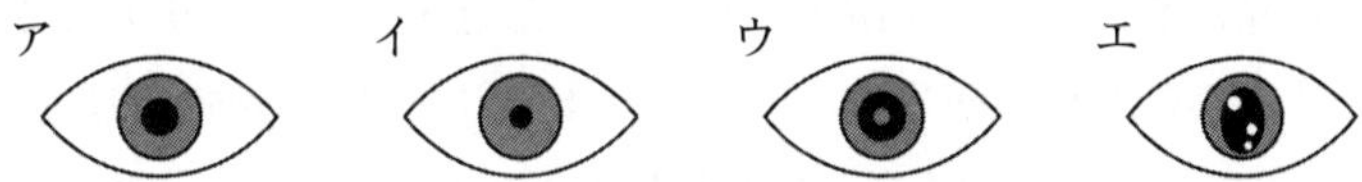

問3 堆積(たいせき)岩のうち、火山灰が押(お)し固まった岩石のことを何といいますか。

問4 北半球において高気圧の風の吹(ふ)き方はどれですか。次のア～エの中から1つ選び、記号で答えなさい。

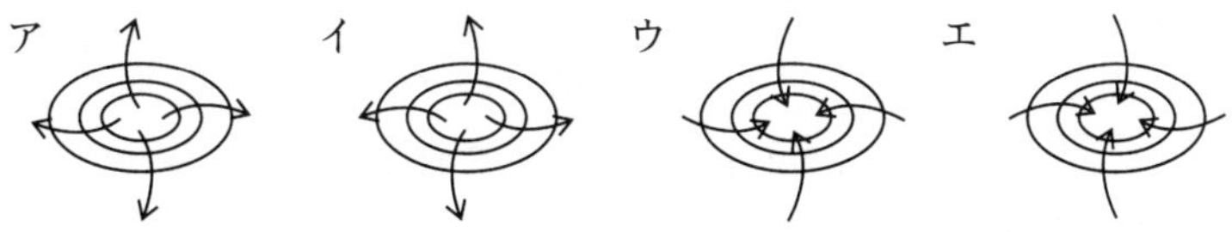

問5 月食のときの太陽、月、地球の並び順として正しいものを次のア～ウの中から1つ選び、記号で答えなさい。

ア　太陽－地球－月　　イ　太陽－月－地球　　ウ　月－太陽－地球

問6 気体を発生させたとき、右図のような方法では集めることができない気体を次のア～エの中から1つ選び、記号で答えなさい。

ア　ちっ素　　イ　酸素　　ウ　水素　　エ　アンモニア

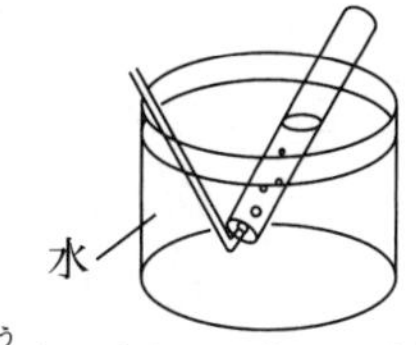

問7 25 gの食塩に100 gの水を加え、完全にとかしました。この食塩水の濃(のう)度は何％ですか。(考え方も書くこと。)

問8 電気を光に変えるものとして白熱電球やけい光灯があります。これらにかわって現在よく使われている、白熱電球に比べて熱の発生が少なく、少ない電力で光る半導体を何といいますか。

問9 ふりこが1往復する時間を長くするにはどうしたらよいですか。次のア～エの中から1つ選び、記号で答えなさい。

ア　ふりこにつるしているおもりの重さを重くする。

イ　ふりこにつるしているおもりの重さを軽くする。

ウ　ふりこの糸の長さを長くする。

エ　ふりこの糸の長さを短くする。

問10　2023年２月28日にＪＡＸＡ（宇宙航空研究開発機構）が14年ぶりに実施した宇宙飛行士の選抜試験で24年ぶりに女性が宇宙飛行士に選ばれました。今回宇宙飛行士に選ばれた女性を次のア～エの中から１つ選び、記号で答えなさい。

ア　向井 千秋　　イ　米田 あゆ　　ウ　山崎 直子　　エ　諏訪 理

2　ユーラシア大陸などに住む①哺乳類は真獣類と呼ばれています。一方、オーストラリア大陸には、真獣類とは異なる特徴を持った、有袋類とよばれる哺乳類が生息しています。有袋類の例としては、カンガルーやウォンバットが挙げられます。有袋類は胎盤と呼ばれる器官を持たず、子は生まれた直後に母親のおなかの袋（育児嚢）に入って成長します。②化石の分析などから、かつて有袋類は世界中に生息しており、真獣類は有袋類から③進化したと考えられています。しかし現在では有袋類は北アメリカ・南アメリカの一部とオーストラリア大陸のみに生息しており、その中でもたくさんの有袋類が生息するオーストラリアは、動物学的に極めて珍しい場所です。なぜオーストラリアでは現在でも多くの有袋類がみられるのでしょうか。

④多くの生物は、常に競争をしており、競争に負けたものは生き残ることができません。有袋類は真獣類との競争に敗れ、多くの場所で絶滅しました。ただ、オーストラリアは他の大陸から分かれるのが早く、長い間真獣類が生息していなかったため競争が起きず、有袋類が生き残り、発展していったと考えられています。

このように、隔てられた場所では独特の動植物が多くみられます。日本でも小笠原諸島や沖縄県の西表島では、本州とは異なる動植物が多く見られることが知られており、これらの地域は⑤世界自然遺産にも指定されています。

問１　下線部①について、哺乳類に共通してみられる特徴として正しくないものはどれですか。次のア～エの中から１つ選び、記号で答えなさい。

ア　体温を一定に保つことができる。　　イ　子に乳を与えて育てる。

ウ　エラ呼吸をする。　　エ　４つの部屋からなる心臓をもつ。

問２　下線部②について、地層が堆積したときの環境を推定するのに役立つ化石を何といいますか。次のア～エの中から１つ選び、記号で答えなさい。

ア　化学化石　　イ　示準化石　　ウ　示相化石　　エ　生痕化石

問３　下線部③について、モンシロチョウの幼虫がサナギを経て成虫になる過程は変態と呼び、進化とは呼びません。変態と進化ではどのような点が違いますか。説明しなさい。

問４　下線部④について、競争に負けないように、からだの構造や生活の仕方に様々な特徴をもつ生物も多くいます。具体的にはどのような特徴がありますか、１つ例をあげてどのように有利か説明しなさい。

問５　下線部⑤について、小笠原諸島と西表島以外の場所で、日本の世界自然遺産に指定されている場所を１つ答えなさい。

3　塩酸、アンモニア水、石灰水、食塩水、さとう水、水酸化ナトリウム水溶(よう)液、炭酸水の７種類の水溶液があります。

問１　７種類の水溶液をある条件で分類すると次のように３つのグループに分けることができます。グループAは、どのような性質をもつ水溶液のグループですか。

【グループA】	【グループB】	【グループC】
塩酸	アンモニア水	食塩水
炭酸水	石灰水	さとう水
	水酸化ナトリウム水溶液	

問２　蒸留水は、問１のA～Cのどのグループに入りますか。

問３　マグネシウムリボンをグループAの水溶液に入れると、無色の気体が発生します。この気体は何ですか。最も適当なものを次のア～オの中から１つ選び、記号で答えなさい。

ア　酸素　　イ　水素　　ウ　ちっ素　　エ　アンモニア　　オ　塩素

問４　次に、７種類の水溶液を問１とは別の観点から分類し、グループDとグループEに分けました。グループDに分類されているのは、どのような水溶液ですか。

【グループD】	【グループE】
塩酸	石灰水
アンモニア水	食塩水
炭酸水	さとう水
	水酸化ナトリウム水溶液

問５　７種類の水溶液のいずれかが入った容器が７つあります。どの容器に何が入っているかはわかりません。食塩水が入った容器を見つけるにはどのような実験操作をしたらよいですか。ただし、２種類以上の実験操作を組み合わせて答えても構いません。

問６　塩酸10㎤をビーカーに取り、ＢＴＢ溶液を２滴(てき)加え、水酸化ナトリウム水溶液を加えていくと、水酸化ナトリウム水溶液を20㎤加えたところで、緑色になりました。

次に、先ほど使ったものと同じ濃(のう)度の塩酸10㎤に、水を10㎤加えてうすめた水溶液をつくりました。このうすめた塩酸のうち10㎤をビーカーに入れ、ＢＴＢ溶液を加えました。これに先ほど使ったものと同じ濃度の水酸化ナトリウム水溶液を加えていくと、何㎤入れたところで緑色になりますか。次のア～オの中から１つ選び、記号で答えなさい。

ア　5㎤　　イ　10㎤　　ウ　15㎤　　エ　20㎤　　オ　40㎤

4　図のように支点を中心に自由に回転できるようにした長さ50cmの棒にばねとおもりを取り付けた装置があります。支点は棒の左端から10cmの位置にあり、ばねは支点の右側５cmの位置に取り付けられています。100ｇのおもりを支点の右側につるすとき、ばねを引き上げて棒を水平にするとおもりをつるす位置によってばねの長さが変わりました。表はその結果をまとめたものです。

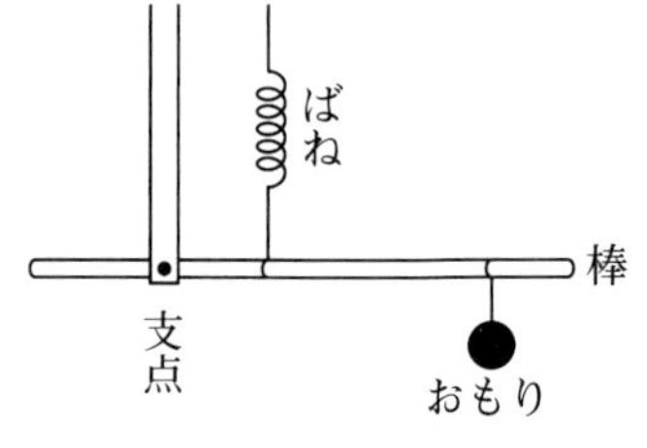

図　実験の様子

表　支点からおもりまでの長さとばねの長さの関係

支点からおもりまでの長さ（cm）	2.5	5.0	7.5	10	15	20
ばねの長さ（cm）	4.6	5.3	5.9	6.6	7.8	9.1

問１　支点からおもりまでの長さを横軸に、ばねの長さを縦軸にとってグラフをかきなさい。

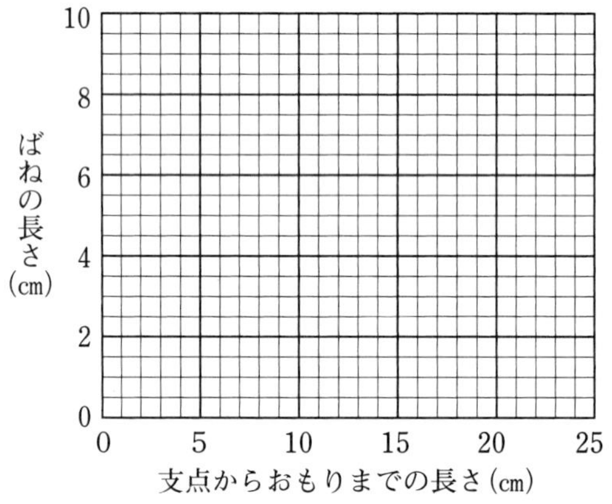

問２　100ｇのおもりを支点の位置につけるとばねの長さは何cmになりますか。（考え方も書くこと。）

問３　おもりを外すとばねの長さは何cmになりますか。

問４　50ｇのおもりを支点の右側30cmの位置につるすと、ばねの長さは何cmになりますか。（考え方も書くこと。）

問５　100ｇのおもりを支点の左側5.0cmの位置につるすと、ばねの長さは何cmになりますか。ただし、このときばねは自然の状態よりも少しのびていたとします。（考え方も書くこと。）

女子学院中学校

—40分—

（選択肢（たくし）の問題の答えが複数ある場合は、すべて答えなさい。）

1　地球の衛星である「月」に関する以下の問いに答えよ。

1　月の表面には、図1の写真のような円形のくぼ地である大小の「クレーター」が多数見られる。

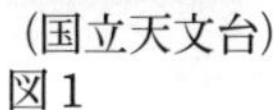

（国立天文台）

図1

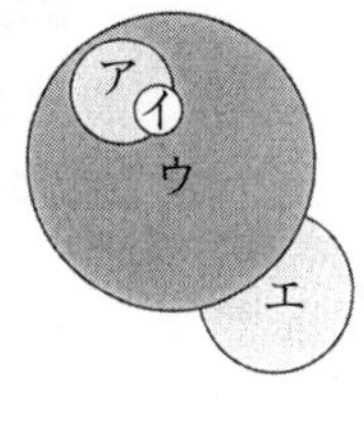

図2

(1)　月のクレーターのでき方として最もふさわしいものを次のア～エから選びなさい。

ア　岩石や氷からなる天体の衝突（しょう）によってできた。

イ　水によって地表がけずられてできた。

ウ　大地震（しん）により土地がかん没（ぼつ）してできた。

エ　かつて存在した湖が干上がってできた。

(2)　図2のア～エのクレーターはできた年代が異なる。クレーターができた順に並べなさい。

(3)　次のア～エの大きいクレーターのうち、できた年代が最も古いと考えられるものを選びなさい。ただし、これらの大きいクレーターは比較的新しいもので、ウ、エの大きいクレーターの半径はア、イの大きいクレーターの2倍である。

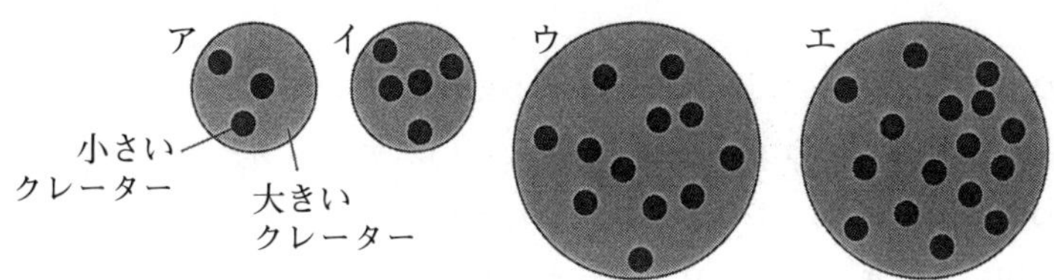

(4)　月の表面に多数のクレーターが見られるのに対して、地球の表面にはクレーターがほとんど見られない。

地球の表面(陸地)に、①クレーターができにくい理由、②できたとしても見られなくなってしまう理由をそれぞれ述べなさい。

2　図3は1年間における太陽、地球、月の位置関係を示したものである。

(1)　東京で夏至の日と秋分の日に満月だったときの月の位置を図3のア～タからそれぞれ選びなさい。

ア　イ　ウ　エ　オ　カ　キ　ク　ケ　コ　サ　シ　ス　セ　ソ　タ

図3

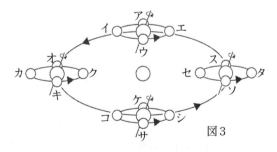

(2)　図4は地球から望遠鏡で見た満月と半月の写真である。次の文中の［　A　］に入る記号を図4中のア～エから選び、［　B　］に入る語句を20字程度で述べなさい。

クレーターの輪かくが最もくっきり見えるのは、［　A　］のあたりである。なぜなら、クレーターに［　B　］ためである。

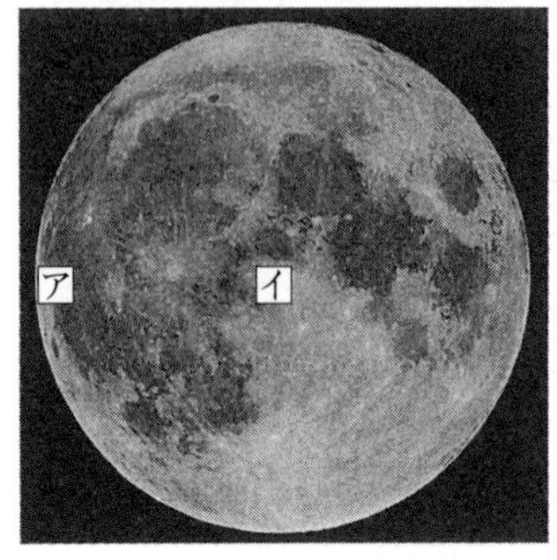

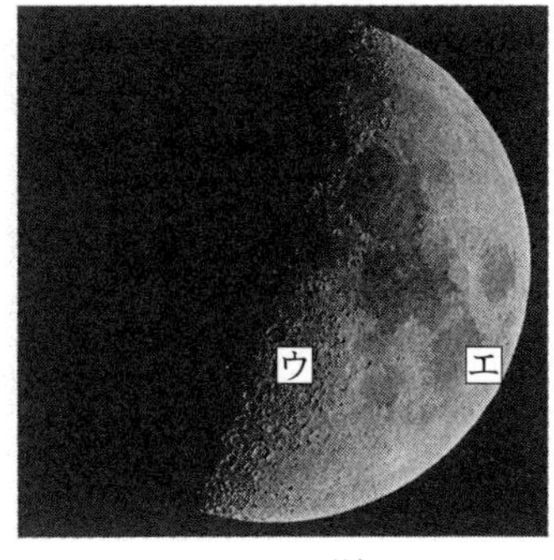

図４
(国立天文台)

(3)　月の大きさ(直径)は3500kmである。５円玉を目から55cm離(はな)して月を見ると、月と５円玉の穴(直径５mm)は同じ大きさに見えた。月までの距離(きょり)は何kmですか。

2

1　以下の問いに答えよ。

(1)　種が発芽するのに必要なものを次のア～オから３つ選びなさい。

ア　土の中の養分　　イ　水　　ウ　空気　　エ　適切な温度　　オ　光

(2)　一部の植物の種は、十分に成熟して発芽に適した環境(かん)においても、数ヶ月から数年発芽しないことがある。このような種の状態を休眠(みん)という。休眠する種があることで同じ植物からつくられた種でも発芽の時期にばらつきが生まれる。これは植物にとってどんな利点となるか、次の文中の［　A　］に入る語句を10字以内で述べ、［　B　］に入る言葉を答えなさい。

発芽後に［　A　］場合でも、発芽の時期にばらつきがあることで［　B　］する可能性が低くなる。

(3)　図１のようなトマトの切断面が見られるのはトマトをどの向きで切ったときか、次のア～ウから選びなさい。また、あとのトマトの切断面に種(●)を６つかき入れなさい。

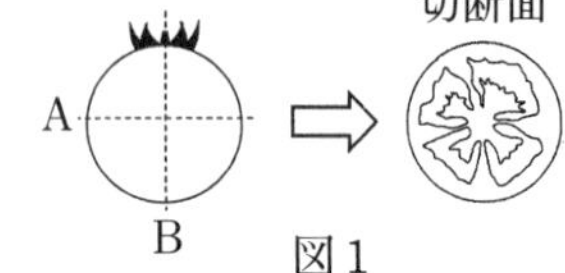

図１

ア　Aで切ったとき　　イ　Bで切ったとき

ウ　Aで切ってもBで切っても同じ

●：種の大きさ

(4)　トマトを鉢(はち)で育てるとき、育て方としてふさわしいものを次のア～クから選びなさい。

ア　日照時間の長い夏に種をまく。

イ　種はできる限り密にまく。

ウ　鉢の下からもれる程度の水を１日に５回与える。

エ　直射日光が当たらないところで育てる。

オ　ある程度の大きさになったら追加で肥料を与える。

カ　ある程度の大きさになったら水はけが良いように浅い鉢に植えかえる。

キ　ある程度の大きさになったら支柱をつけて支える。

ク　ある程度の大きさになったら大きさに余裕(ゆう)のある鉢に植えかえる。

(5)　キャベツは葉が何層にも重なり合った葉球をつくる(図2)。キャベツの葉の形は外側から内側に向かってどのようになっているか、次のア～エから選びなさい。

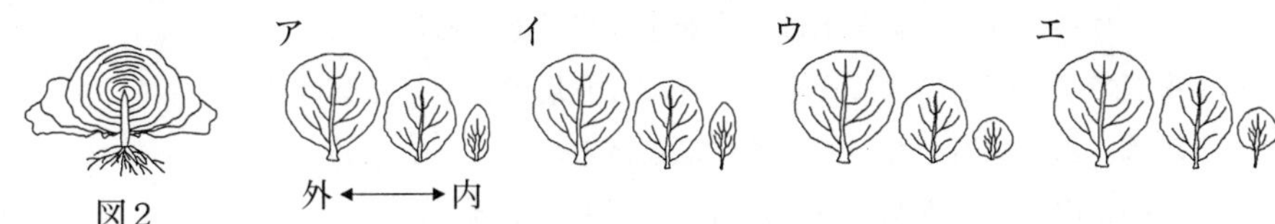

図2

2　J子さんの家の近くにある大きな公園の北端には、樹齢100年のイチョウ(高さ約28m)の並木があります。J子さんは、その並木の北側に、並木に沿って高さ200mのビルが3つ建つことを知りました。

(1)　ビルが建つことは、地上の環境にどのような変化をもたらし、それがイチョウにどのような被害を与えるか。考えられることを1つ答えなさい。

(2)　J子さんは友達のG子さんとイチョウ並木を見に行きました。以下は、そのときの会話です。[　A　]～[　C　]に入る言葉を答えなさい。

J子：そう言えば、このイチョウの周りの立ち入り禁止のロープは何のためにあるのかしら。

G子：人が地面を踏みしめることで、土壌の中の[　A　]がなくなってしまうのを防ぐためよ。[　A　]が多いと土壌は水や[　B　]を多く含むことができるのよ。

J子：どうして[　B　]を多く含む方がよいの？

G子：それは、根も[　C　]をしていて[　B　]中の酸素を必要とするからよ。
3つのビルは地下5階まであるそうよ。地下水の流れにも影響が出そうね。

J子さんは建物が地下に与える影響について調べたところ、地下に建物を作ったことで地下水の流れが変化してしまう「地下水流動阻害」という問題を見つけました。

(3)　図3のように、A地点側からB地点側に向かって地下水の流れがある所で、建物(▯)を建てたところ、A地点とB地点にあった樹木はやがて、どちらも枯れた。なぜA地点の樹木は枯れたのか、その理由を答えなさい。

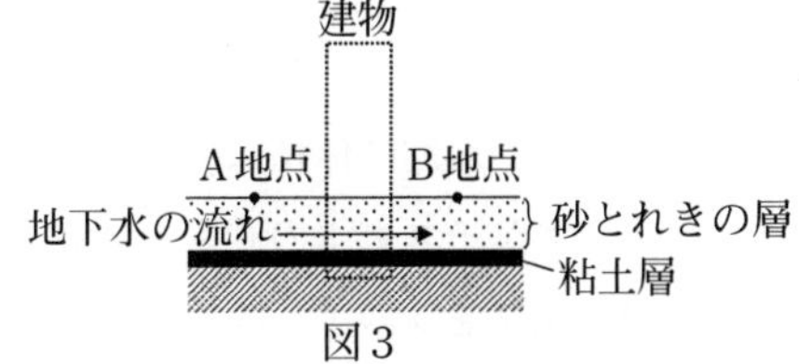

図3

3

1　次の気体A～Eに関する以下の問いに答えよ。

A　酸素　　B　塩化水素　　C　水素　　D　アンモニア　　E　二酸化炭素

(1)　次の①～③にあてはまる気体を、A～Eから選びなさい。

①　空気中でどんな物質を燃やしたときでも、燃やした前後で量が変わる気体

②　においがある気体

③　水溶液を赤色リトマス紙につけると青色に変える気体

(2)　A～Eの気体がそれぞれ入っているびんがある。二酸化炭素がどれに入っているかを調べる方法とその結果を合わせて答えなさい。

⑶　二酸化炭素は水よりも水酸化ナトリウム水溶液に多く溶ける。このことと原因が最も似ている現象を次のア～エから選びなさい。

ア　ミョウバンは、水温を上げた方が水に多く溶ける。

イ　室温では、同量の水にミョウバンより食塩の方が多く溶ける。

ウ　鉄は、水には溶けないが塩酸には溶ける。

エ　二酸化炭素は、水温を下げた方が水に多く溶ける。

2　うすい塩酸５㎤に液Ａを１滴加えた後、ピペットを使ってうすいアンモニア水を0.5㎤ずつ加え、液の色が青色に変わったときのアンモニア水の体積を調べた。

⑴　液Ａは何か、次のア～エから選びなさい。

ア　紫キャベツ液　　イ　ＢＴＢ液　　ウ　ヨウ素液　　エ　水酸化ナトリウム水溶液

⑵　ピペットの使い方として正しいものを次のア～エから選びなさい。

ア　ピペットを使うときにはゴム球の部分だけを持つ。

イ　ピペットの先をとりたい液に入れてゴム球を押して、ゴム球への力をゆるめ、液をゆっくり吸い上げる。

ウ　必要な量をはかりとれたら、ゴム球への力を少しゆるめて別の容器まで移動し、ゴム球を押して液を容器に注ぐ。

エ　ピペットを使い終わったら、ゴム球を下にして立てて置くか、バットなどに横向きに置く。

⑶　様々な体積のうすい塩酸を用意して上と同じ実験を行った。うすい塩酸の体積を横軸、色が変わったときのアンモニア水の体積を縦軸にしたときのグラフを次のア～エから選びなさい。

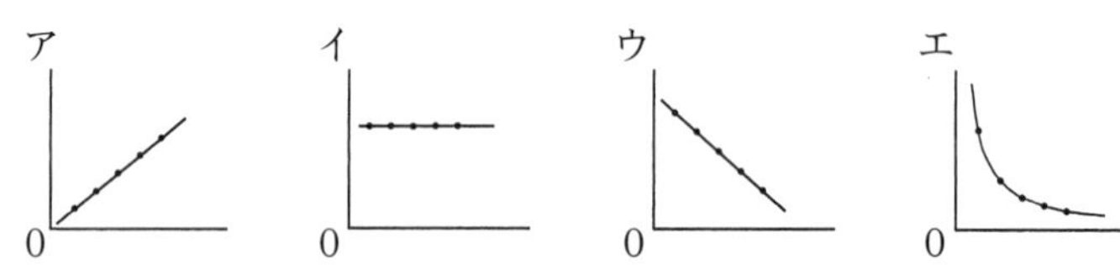

⑷　うすい塩酸の体積は変えずに、様々な濃さのアンモニア水を用意して上と同じ実験を行った。アンモニア水の濃さを横軸、色が変わったときのアンモニア水の体積を縦軸にしたときのグラフを⑶のア～エから選びなさい。

⑸　うすい塩酸にうすいアンモニア水を加えた液を蒸発皿にとって加熱すると、白色の固体が残る。

そこで、うすい塩酸30㎤を入れたＡ～Ｅの５つのビーカーに、異なる体積のうすいアンモニア水を加え、この液を加熱した。加えたアンモニア水の体積と加熱後に残った固体の重さは次の表のようになった。

	A	B	C	D	E
うすいアンモニア水の体積〔㎤〕	0	10	20	30	40
残った固体の重さ〔g〕	ア	0.75	イ	1.80	1.80

①　表のア、イにあてはまる固体の重さは何ｇですか。

②　うすい塩酸10㎤で白色の固体を最大量つくるには、うすいアンモニア水を少なくとも何㎤加えたらよいですか。

4　ある物体が液体に浮(う)くか沈(しず)むかは、物体と液体の１㎤あたりの重さの関係により決まる。液体の１㎤あたりの重さより、物体の１㎤あたりの重さが小さいと浮き、大きいと沈む。

1　表１の４つの球ａ～ｄが、ある液体に浮くか沈むかを調べた。この液体の体積は500㎤で、重さは700ｇであった。

表１

球	a	b	c	d
重さ〔ｇ〕	10	60	73	120
体積〔㎤〕	20	40	50	100

(1)　この液体に浮いた球をａ～ｄから選びなさい。

(2)　この液体に粉末Ｘを溶かすと、浮き沈みの結果も変化する。
すべての球を浮かせるには粉末Ｘを少なくとも何ｇより多く溶かせばよいか求めなさい。
ただし、粉末Ｘを溶かしても液体の体積は変わらないものとする。

2　水は温度を変化させると体積は変化するが、重さは変わらない。表２は水の温度と１㎤あたりの重さの関係をまとめたものである。

表２

温度	１㎤あたりの重さ
20℃	0.998ｇ
40℃	0.992ｇ
80℃	0.972ｇ

表３

物体		A	B	C	D
体積		10㎤	12㎤	10㎤	12㎤
水の温度	20℃	浮く	浮く	浮く	浮く
	40℃	浮く	浮く	沈む	沈む
	80℃	沈む	沈む	沈む	沈む

(1)　４つの物体Ａ～Ｄが20℃、40℃、80℃の水に浮くか沈むかを調べた。
表３はその結果をまとめたものである。ただし、ＡとＢ、ＣとＤはそれぞれ同じ材質である。

①　Ｃの重さは何ｇより大きく何ｇ未満と考えられますか。

②　Ａ～Ｄを重い順に並べなさい。

(2)　10℃以下の水では、温度と１ｇあたりの体積の関係は右図のようになる。

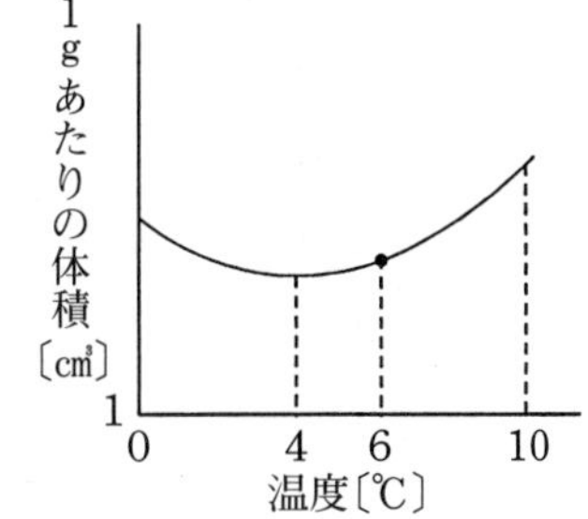

10℃の水にある物体を入れた。この物体の１ｇあたりの体積は温度によって変化せず、６℃の水１ｇあたりの体積と同じである。水の温度を10℃から０℃までゆっくり下げていったときの物体の様子として正しいと考えられるものを次のア～カから選びなさい。

ア　浮いたままである。

イ　沈んだままである。

ウ　はじめは浮いていたが、途中で沈む。

エ　はじめは沈んでいたが、途中で浮く。

オ　はじめは浮いていたが、一度沈み、再び浮く。

カ　はじめは沈んでいたが、一度浮き、再び沈む。

(3)　ある湖で気温－10℃がしばらく続き、湖の表面だけが凍(こお)っていた。次の①～③の温度はおよそ何℃だと考えられるか、あとのア～ウから選びなさい。

①　氷の表面　　②　氷のすぐ下にある水　　③　湖底付近の水

ア　4℃　　イ　0℃　　ウ　－10℃

3　空気中でも、液体中と同じ原理で浮き沈みが起こる。熱気球(右図)はバーナーの炎(ほのお)をつけたり消したりして、上昇させたり降下させたりすることができる。

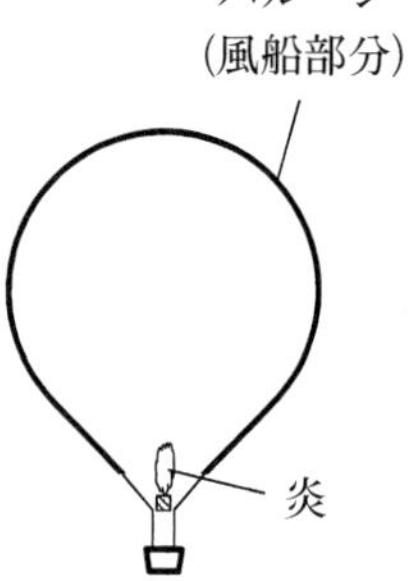

(1)　熱気球が上昇するときのバルーン内の空気の様子として正しいものを次のア～エから選びなさい。

ア　熱せられた空気がバルーンの中央部を通って上部に移動し、バルーンに沿って下部へ向かい、バーナーの炎で再び熱せられて、中央部を通って上部に移動するような対流が発生する。

イ　熱せられた空気がバルーンに沿って上部に移動し、バルーンの中央部を通って下部へ向かい、バーナーの炎で再び熱せられて、バルーンに沿って上部に移動するような対流が発生する。

ウ　バルーンの下部の空気が熱せられ、その熱が徐々に上部の空気まで伝わっていく。

エ　熱せられた空気がバルーンの上部にたまっていき、バルーンの下部の空気を追い出す。

(2)　バルーンの上部には開閉ができる穴がついている。バーナーの炎を消した後、この穴を開くと、熱気球をよりはやく降下させることができる。その説明として正しいものを次のア～エから選びなさい。

ア　上部の穴からあつい空気が逃げ、バルーンがしぼむから。

イ　上部の穴からあつい空気が逃げ、バルーンの下部から冷たい空気が入ってくるから。

ウ　上部の穴から冷たい空気が入ってきて、バルーンが膨(ふく)らむから。

エ　上部の穴から冷たい空気が入ってきて、バルーンの下部からあつい空気を追い出すから。

(3)　同じ気球でも、乗ることができる人数は季節によって異なる。人数をより増やすことのできる季節とその理由として正しいものを次のア～エから選びなさい。

	季節	理由
ア	夏	気温が高く、バルーン内外の空気の1㎥あたりの重さの差が、より小さくなるから。
イ	夏	気温が高く、バルーン内外の空気の1㎥あたりの重さの差が、より大きくなるから。
ウ	冬	気温が低く、バルーン内外の空気の1㎥あたりの重さの差が、より小さくなるから。
エ	冬	気温が低く、バルーン内外の空気の1㎥あたりの重さの差が、より大きくなるから。

女子聖学院中学校(第１回)

—30分—

1　図１はヒトの消化器官のつくりを示しています。また図２は、図１のある器官の構造の一部を示しています。これについて、以下の(1)〜(6)に答えなさい。

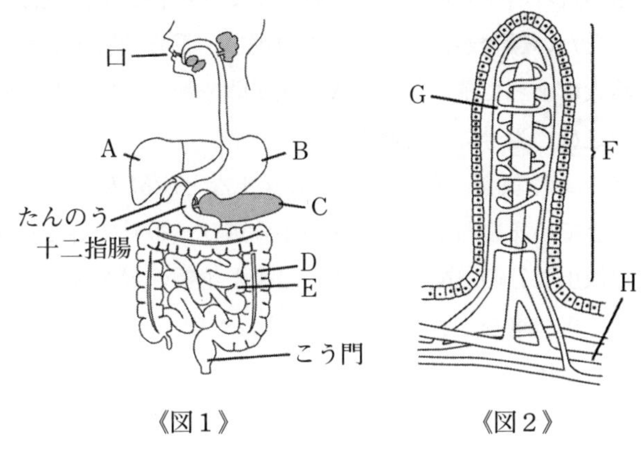

《図１》　《図２》

(1)　図１のA〜Eの器官は何ですか。名称(めいしょう)を答えなさい。

(2)　図１のA、D、Eのはたらきを次の(ア)〜(エ)からそれぞれ１つずつ選び、記号で答えなさい。

(ア)　消化のはたらきとともに、消化されたものを吸収している。

(イ)　デンプン・タンパク質・脂肪(しぼう)を消化する消化液をつくる。

(ウ)　消化のはたらきはほとんどなく、おもに水分を吸収する。

(エ)　体内の有害な物質を分解して無害なものにする。

(3)　消化器官では、食物を消化するためのさまざまな消化液が作られています。次の消化液①〜③について説明した文として適切なものを、(ア)〜(カ)からそれぞれ２つずつ選び、記号で答えなさい。

①　だ液　　②　たん液　　③　胃液

(ア)　タンパク質を消化する。　　(イ)　脂肪を細かいつぶにする。

(ウ)　デンプンを糖分に変える。　　(エ)　強い酸性である。

(オ)　食べ物をやわらくして飲み込みやすくする。　　(カ)　かん臓でつくられる。

(4)　図２のFの構造は何ですか。また、この構造はどの器官で見られるものですか。その器官の名称を答えなさい。

(5)　図２のG、Hは、Fで吸収した養分を運んでいます。吸収した養分のうち、ブドウ糖やアミノ酸を運んでいるのはG、Hのどちらですか。記号で答えなさい。

(6)　図２のFの構造がみられる理由を説明した次の文の空欄(くうらん)①、②に当てはまる言葉を答えなさい。

器官の内側の(　①　)を(　②　)くして、養分を効率的に吸収するため。

２　次の①～⑩の岩石について、以下の(1)～(9)に答えなさい。

①　レキ岩	②　セッカイ岩	③　ゲンブ岩	④　デイ岩
⑤　ハンレイ岩	⑥　チャート	⑦　リュウモン岩	⑧　ギョウカイ岩
⑨　カコウ岩	⑩　サ岩		

(1)　①～⑩のうち、砂が固まってできている岩石があります。１つ選び、番号で答えなさい。

(2)　①～⑩のうち、水の流れの速い場所でたい積してできる岩石で、直径２㎜以上の岩石の粒が押し固められてできたたい積岩があります。１つ選び、番号で答えなさい。

(3)　①～⑩のうち、噴火によって飛び散った火山灰が陸や海にたい積し、固まってできている岩石があります。１つ選び、番号で答えなさい。

(4)　①～⑩のうち、サンゴや貝類、有孔虫、フズリナなど炭酸カルシウムの殻をもつ生き物の死がいが固まってできている岩石があります。１つ選び、番号で答えなさい。

(5)　①～⑩のうち、放散虫などの二酸化ケイ素で出来た生物の殻が外洋の深海底でたい積してできた岩石があります。１つ選び、番号で答えなさい。

(6)　①～⑩のうち、岩石全体の色が黒っぽく、チョウ石、キ石、カンラン石を含む深成岩があります。１つ選び、番号で答えなさい。

(7)　①～⑩のうち、マグマが地表近くで急に冷やされてできたため、比較的大きな鉱物の結晶が肉眼では分からないような細かい粒に囲まれている岩石があります。すべて選び、番号で答えなさい。

(8)　(7)の岩石のうち、北海道の有珠山や長崎県の平成新山など激しい噴火をする火山を形成し、岩石全体の色が白っぽい岩石があります。①～⑩のうち１つ選び、番号で答えなさい。

(9)　①～⑩のうち、もとになるマグマのねばり気が強く、色が白っぽい深成岩で、ミカゲ石とも呼ばれている岩石があります。１つ選び、番号で答えなさい。

３　図のようなてこがあります。棒や糸の重さは考えないものとして、以下の(1)～(4)に答えなさい。

《図１》

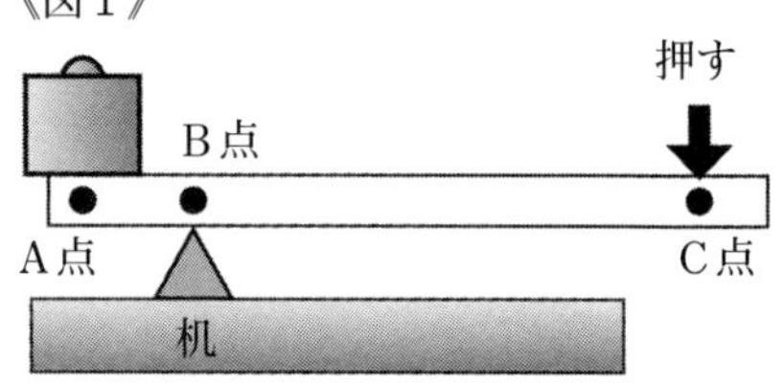

(1)　図１のてこの３点(A点・B点・C点)はそれぞれ何といいますか。

(2)　図１と同じてこの３点の並び方の道具は、次の(ア)～(エ)のどれですか。１つ選び、記号で答えなさい。

(ア)　栓抜き　　(イ)　釘抜き　　(ウ)　ピンセット　　(エ)　トング

(3)　図２のようにつり合わせるようにするには、D点に何ｇのおもりをのせればいいですか。

《図２》

10㎝
4㎝
120ｇ
D点
机

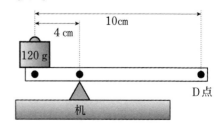

(4)　図３のように糸でむすんだおもりを、水をいれたビーカーの中に入れたところ、水面が２cm上昇しました。このとき、Ｅ点に何ｇのおもりをつるせばつり合いますか。ただし、ビーカーの底面積は30cm³とし、水１cm³の重さを１ｇとします。

《図３》

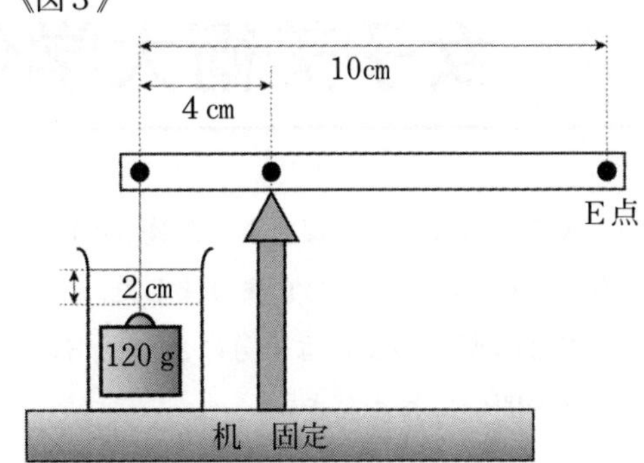

4　ある石灰石２ｇを、ある濃さの塩酸Ａに溶かす実験をしました。塩酸の体積を変えたとき、発生する気体の体積は表のようになりました。これについて以下の(1)～(7)に答えなさい。

塩酸Ａの体積[cm³]	0	9	18	27	36
発生する気体の体積[cm³]	0	150	300	400	400

(1)　この実験で発生する気体は何ですか。

(2)　この実験で発生する気体の説明としてふさわしくないものを、次の(ア)～(オ)の中から１つ選び、記号で答えなさい。

(ア)　空気より重い。　　(イ)　ろうそくを燃やすと発生する。

(ウ)　水にわずかに溶ける。　　(エ)　石灰水を白くにごらせる。

(オ)　上方置換法で集める。

(3)　この実験の結果を表すグラフをかきなさい。

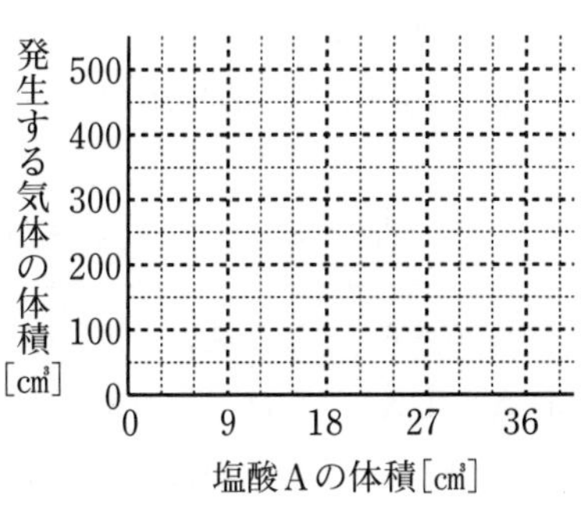

(4)　グラフから、この石灰石２ｇをすべて溶かすのに必要な塩酸Ａは何cm³と考えられますか。

(5)　(4)では、どのように考えて答えを出しましたか。具体的に説明しなさい。

(6)　この石灰石１ｇを溶かすのに、塩酸Ａは何cm³必要ですか。

(7)　この石灰石のかたまりに、塩酸Ａを加えて溶かしきったところ520cm³の気体が発生しました。この石灰石のかたまりは何ｇありましたか。小数点以下第２位までの小数で答えなさい。

女子美術大学付属中学校(第１回)

―社会と合わせて50分―

1　次の図のように導線をまいた物(図１)の中に鉄のくぎを入れ、電流を流し、電磁石をつくると方位磁針が図の位置で止まりました。(図２)

図２の導線の長さは十分にあり、常に同じ長さとします。余った導線は厚紙にまいています。つぎの問いに答えなさい。

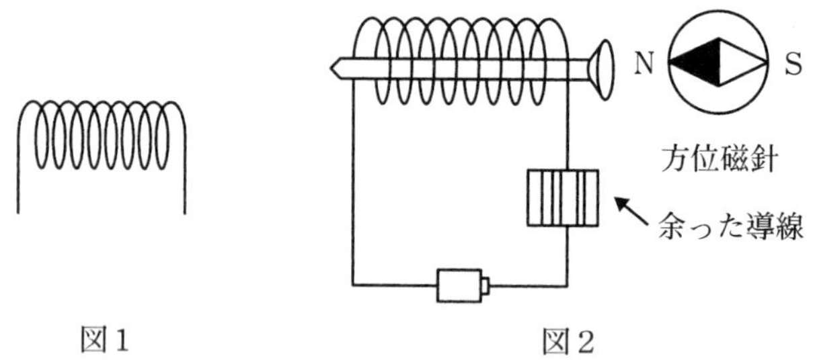

図１　　図２

問１　図１のように導線をまいたものを何といいますか。

問２　図２で電池の向きを逆向きにすると方位磁針はどうなりますか。

問３　図２で同じ種類の電池を２個使い、電磁石を強くするには電池を何つなぎにすればよいですか。

問４　図２で電池の種類と数を変えずに電磁石を強くするにはどうすればよいですか。

問５　電磁石につくものを以下のものから全て選びなさい。

砂鉄　　金貨　　スチールかん　　アルミかん

10円玉　　消しゴム　　ペットボトル

2　自然災害について話している好美さんとお父さんの会話を読み、つぎの問いに答えなさい。

好美さん「ここ最近、毎年のように自然災害の話を聞くね。」

お父さん「夏は、①大雨によるひ害も多かったなあ。」

好美さん「大雨の後は、②河川がはんらんして、土砂災害が起こったり、日本各地でひ害があったよね。それにしても、異常な自然災害が増えた気がする。原因は一体、何だろう。」

お父さん「③地球全体の平均気温が上昇していることが原因の一つと言われているね。」

好美さん「地球環境(かんきょう)をこれ以上悪化させないためにも、私たちができることを考える必要があるね。」

お父さん「そうだね。」

問１　下線部①の大雨をもたらす雲の名前を答えなさい。

問２　雨が降った後の水のしみこみ方は、地面の種類によってことなります。校庭の土、すな場のすな、じゃりの中で、一番速く水がしみこむものはどれですか。ただし、地面の種類以外の条件はすべて同じとします。

問３　下線部②の河川において、上流の石と下流の石では、大きさと形がことなります。上流の石について説明したつぎの文について、最も正しいものをア～エから答えなさい。

ア　角ばった大きな石が多く見られる。　　イ　角ばった小さな石が多く見られる。

ウ　丸みを帯びた大きな石が多く見られる。　エ　丸みを帯びた小さな石が多く見られる。

問４　川の水のよごれ具合をけんび鏡を用いて調べる際に、にごっている水の場合は、うすめて調べることがあります。今、川の水１mLを100倍にうすめたものを(あ)とし、この(あ)からさらに0.1mLとって、じょうりゅう水を99.9mL加えると、これは川の水を何倍にうすめたことになりますか。

問５　下線部③の原因は何か簡単に説明しなさい。

3　つぎの問いに答えなさい。

問１　６種類の水溶液ア～カについてつぎの問いに答えなさい。

ア　塩酸	イ　砂糖水	ウ　食塩水
エ　アンモニア水	オ　酢	カ　水酸化ナトリウム水溶液

(1)　赤色リトマス紙を青に変化させる水溶液をすべて選び、ア～カの記号で答えなさい。

(2)　電気を通したときに１つだけ電気が流れないものがありました。この水溶液をア～カの記号で答えなさい。

(3)　水溶液ア～カのどれかに卵の殻を入れたら激しく反応して気体が発生した。この水溶液ア～カの記号と発生した気体の名前を答えなさい。

問２　100ｇの水に溶かすことができる固体の量を、その固体の水に対する溶解度といいます。多くの場合、温度が高い程固体の溶解度は大きくなります。温度による溶解度の差を利用すると、不純物の混ざった固体から、純粋な固体だけ取り出すことができます。これに関連してつぎの実験を行いました。あとの問いに答えなさい。

【実験１】　硝酸カリウムに少量の塩化ナトリウムと砂が混ざった粉末Aが70ｇある。これを全てビーカーに入れ、水150ｇを加えて十分にかき混ぜた。このとき温度はつねに25℃で一定だった。

【実験２】　【実験１】のビーカーの中身をろ過し固体Bと水溶液Cに分けた。

【実験３】　水溶液Cを０℃まで冷やしたところ、硝酸カリウムだけが沈澱した。これをろ過して固体と水溶液Dに分けたのち、固体の重さを調べると37.5ｇだった。

【実験４】　水溶液Dを加熱し、水を全て蒸発させたところ、29ｇの固体が残った。ただし、硝酸カリウムと塩化ナトリウムの溶解度は次の表のとおりとし、砂は水にとけないものとする。また、水に２種類以上の物質がとけていても、それぞれの物質の溶解度はおたがいに影響を受けない。

温度[℃]		0	10	20	25	30	40	50
100ｇの水に溶ける量	硝酸カリウム[ｇ]	13	22	32	39	46	64	85
	塩化ナトリウム[ｇ]	35.7	35.7	35.8	35.9	36.1	36.3	36.7

(1)　25℃の水に硝酸カリウムが最大に溶けているときの濃度は何％ですか。小数第１位を四捨五入して、整数で答えなさい。

⑵　【実験２】のＢにふくまれている物質は何ですか。つぎのア～キから選び、記号で答えなさい。

ア　硝酸カリウム	イ　塩化ナトリウム	ウ　砂
エ　硝酸カリウムと塩化ナトリウム	オ　塩化ナトリウムと砂	
カ　硝酸カリウムと砂	キ　硝酸カリウムと塩化ナトリウムと砂	

⑶　【実験１】で用意した70ｇの粉末Ａには硝酸カリウム、塩化ナトリウム、砂がそれぞれ何ｇふくまれていたか答えなさい。

4　ある夏の暑い日に、小学生たちが水辺でアメリカザリガニを見つけました。つぎの問いに答えなさい。

問１　アメリカザリガニの見た目や特ちょうを、４人の小学生が説明しています。正しいことを説明している人を１人答えなさい。

小学生①：「見た目がエビに似ているから、おもに海水で生活しているよ」

小学生②：「あしに節(つなぎ目)があるから、こん虫のなかまだよ。あしの数もこん虫と同じだよ」

小学生③：「ほとんど水中にいるから、えらで呼吸するんだよ。魚と似たしくみだね」

小学生④：「名前にあるように、カニの一種だよ。歩く時は横にしか動けないよ」

問２　つかまえたアメリカザリガニを、教室の水そうで飼うことにしました。注意する点を正しく説明した文章を選びなさい。

ア　エサはスルメや野菜などいろいろなものを食べるが、食べきれる量を与える。

イ　水温が高くなるように、日の光が直接あたるところに水そうを置く。

ウ　水そうの中で動きやすくするため、砂や小さい石などを入れず、水だけにする。

エ　水がよごれている方がよいので、なるべく水を変えない。

問３　水そうにエアポンプ(水中に空気を送る機器)を入れると、アメリカザリガニがさらにすごしやすくなります。その理由を説明しなさい。

問４　エアポンプが手に入らない場合、どのような工夫をすればよいですか。最も適切な文章を選びなさい。

ア　一日一回、水そうの水をかきまぜる。

イ　砂や細かい石を入れ、水草を植える。

ウ　水の量を増やし、アメリカザリガニの全身がつかるようにする。

エ　陸地を多くつくり、アメリカザリガニが体を乾かせるようにする。

問５　エアポンプから送られる空気を気体検知管で調べると、酸素は約21％、二酸化炭素は１％以下でした。ヒトがはき出した息を同じように調べると、どうなりますか。ア～エから答えなさい。

ア　酸素が約19％、二酸化炭素が約３％になった。

イ　酸素が約25％、二酸化炭素が１％以下になった。

ウ　酸素が約25％、二酸化炭素が約３％になった。

エ　酸素が約19％、二酸化炭素が１％以下になった。

問６　問５では気体検知管を使ったが、空気に二酸化炭素がふくまれるかどうか調べるには、ほかにどんな方法があるか説明しなさい。

問７　2023年６月から、飼っているアメリカザリガニを野外にはなしたり、にがしたりしてはいけない、という法律ができました。アメリカザリガニが野外で増えてしまうとどのような問題につながるのか説明しなさい。

白百合学園中学校

―30分―

1　ふりこと音について、問1～問3に答えなさい。

問1　細くてじょうぶな糸におもりをつけて【図1】のようなふりこを作りました。ふりこの長さを変えて、おもりの重さ、ふりこのゆれの中心からの角度などの条件はできるだけ同じになるようにして10往復するのにかかる時間を調べたところ【表】のような結果になりました。

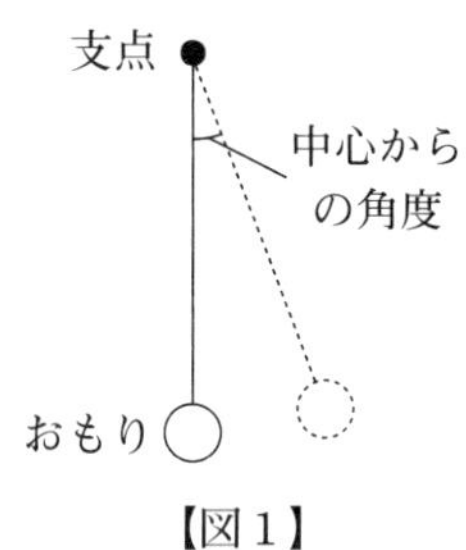

【図1】

【表】

ふりこの長さ〔cm〕	10	20	25	40	50	80	100
10往復の時間〔秒〕	6.3	9.0	10.0	12.7	14.2	17.9	20.1

(1)　ふりこの長さとは、どこからどこまでの長さのことですか。【例】にならって解答欄(らん)の図にかきなさい。

【例】ばねののび

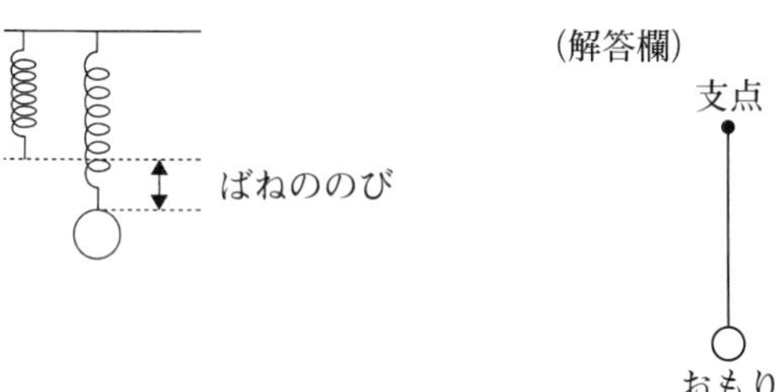

(2)　次の文章は、ふりこについてかかれています。(①)～(⑤)、および(⑦)、(⑧)にあてはまる語句を(ア)～(セ)から選び、記号で答えなさい。ただし、(⑦)はあてはまる記号をすべて答えなさい。記号はくり返し用いてもよいものとします。また、(⑥)はあてはまる整数を答えなさい。

実験で得られる結果は、はかり方や条件などのわずかなちがいから、いつでもまったく同じになるわけではなく、誤差がふくまれている。細かい注意点を確認しながら(①)回実験して、その結果を(②)することで、結果を真の値に近づけることができる。

この実験で10往復の時間をはかったのは、実際にかかった時間とはかった時間の誤差を考えると、片道や1往復では時間が(③)く誤差の割合が実際にかかった時間に対して(④)くなるからである。

ふりこの長さが長いほど往復にかかる時間は(⑤)くなる。往復にかかる時間が2倍になるのは、ふりこの長さが(⑥)倍になるときである。「往復にかかる時間」と「おもりの重さ」の間の関係について知りたい場合は(⑦)を一定にして調べればよい。「往復にかかる時間」は「おもりの重さ」に(⑧)。

(ア)　1	(イ)　複数	(ウ)　確信
(エ)　平均	(オ)　等し	(カ)　短
(キ)　長	(ク)　小さ	(ケ)　大き
(コ)　おもりの重さ	(サ)　ふりこの長さ	(シ)　中心からの角度
(ス)　よらず一定である	(セ)　よって変化する	

問2　【図2】のように金属のかんにぴんとはった糸をはじいて音を出しました。音を出している糸を上から観察したところ、糸は【図3】のように動きました。

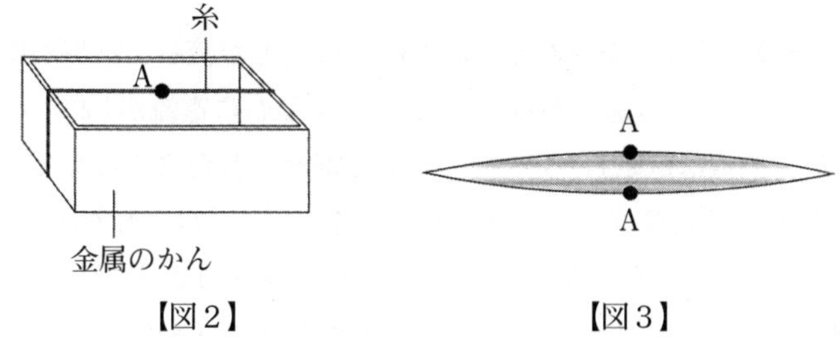

【図2】　　　　【図3】

(1)　音を出しているものの動きと音の伝わり方についてかかれている次の文章を読んで、(　①　)～(　⑦　)にあてはまる語句を答えなさい。

音を出している糸の中心の点Aは、【図3】のように音を出していないときの位置を中心に一定のはばで行ったり来たりする。この動きは問1のふりこと似ている。糸をはじいた音は、糸の動きが(　①　)を伝わり、音を受け取る器官である耳の(　②　)を動かすことで聞こえる。【図4】のような糸電話は音によってコップが(　③　)、それを糸が伝えるので、糸がたるんだ状態だと音が(　④　)、糸がぴんと張った状態だと音が(　⑤　)。糸の材質として、たこ糸、ゴム、細く固い針金を使った糸電話を作って比べた場合、最もよく音が伝わるのは(　⑥　)で、最も音が伝わらないのは(　⑦　)である。

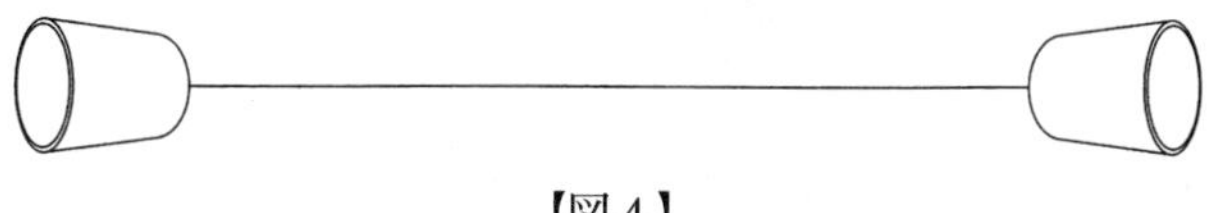

【図4】

(2)　宇宙空間で【図5】のような宇宙服を着て二人で船外活動をしていたところ、通信用ヘッドセットがこわれて声を伝えることができなくなってしまいました。そのことをいっしょに作業している仲間に声で伝える方法を考え、その方法で伝わる理由をふくめて答えなさい。ただし、こわれた機器を修理する方法はなく、予備の機器も持っていないものとします。

【図5】

問3　音を出すものとして、電磁石を利用したブザー(電磁ブザー)があります。【図6】は電磁ブザーの模式図です。次の文章を読んで、(　①　)～(　⑤　)にあてはまる語句を、それぞれア、イから選び、記号で答えなさい。

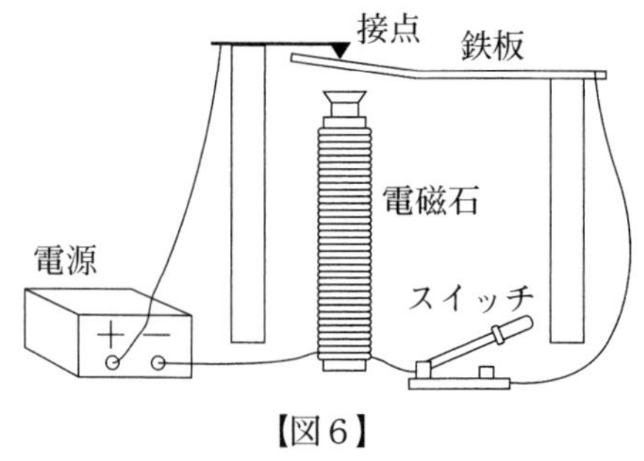

【図6】

電磁ブザーのスイッチを入れると、電磁石に電流が流れ、鉄板が電磁石(①：ア　に引き寄せられる　　イ　から遠ざかる)。すると、電磁石に電流が(②：ア　流れ続け　　イ　流れなくなり)、鉄板は電磁石(③：ア　に引き寄せられたままになる　　イ　からはなれる)。鉄板が電磁石(③)と接点と(④：ア　くっつく　　イ　はなれる)ので、電磁石に電流が(⑤：ア　流れるように　　イ　流れなく)なる。以上をくり返すことで、鉄板は問2の【図3】の糸と似た動きをすることになり、スイッチを入れている間は音を出し続ける。現在は電磁ブザーとは異なる仕組みで音を出すピエゾブザーもよく使われる。

2　地震(しん)について、問1～問6に答えなさい。

問1　【図1】は地震計の模式図です。地震計のしくみの説明として正しいものを、次の(ア)～(エ)から1つ選び、記号で答えなさい。

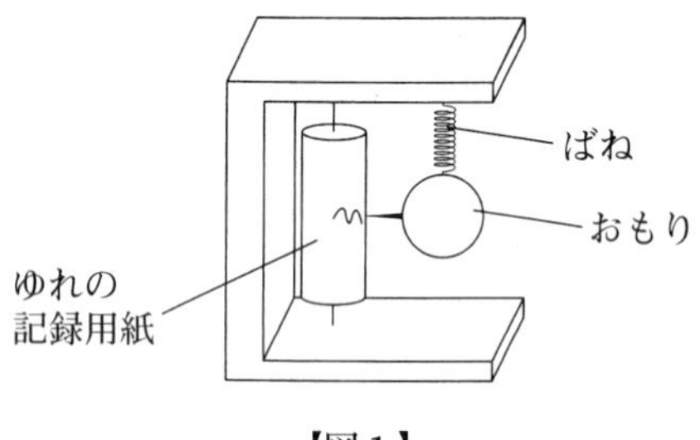

【図1】

(ア)　地震が起こると、おもりも記録用紙も地面とともに動く。
(イ)　地震が起こっても、おもりも記録用紙も動かない。
(ウ)　地震が起こると、おもりは地面とともに動くが、記録用紙は動かない。
(エ)　地震が起こると、記録用紙は地面とともに動くが、おもりは動かない。

問2　この地震計が設置してある場所が、地震によって下から上方向につき上げられたのか、もしくは、上から下に引っ張られたのかを正確に記録するためには、記録用紙を正しい向きに取り付ける必要があります。上につき上げられた記録を「上」とかいてある方にするには、次の(ア)、(イ)のうち、どちら向きに記録用紙を取り付けるのが適当ですか。記号で答えなさい。

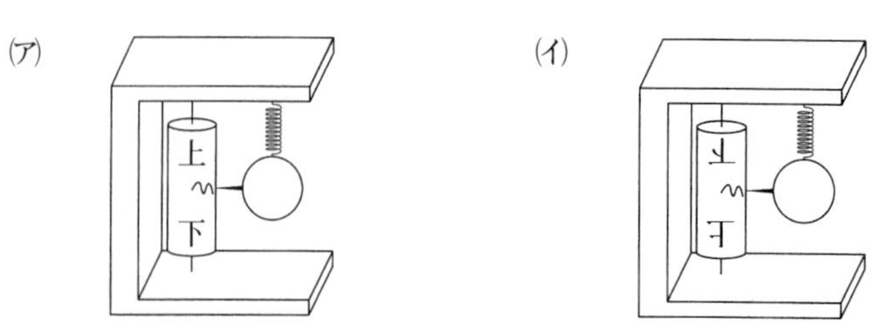

問３　この地震計のしくみと関係の深いものを、次の(ア)～(エ)から２つ選び、記号で答えなさい。
(ア)　綱(つな)引き　　(イ)　テーブルクロス引き　　(ウ)　太陽光パネル　　(エ)　だるまおとし

問４　【図２】は４か所の地震観測地点の震源(地震が起きた場所)からの距離と、地震が発生した時間を０秒としたときの、各地震観測地点で地震のゆれがいつどのように観測されたかを示しています。

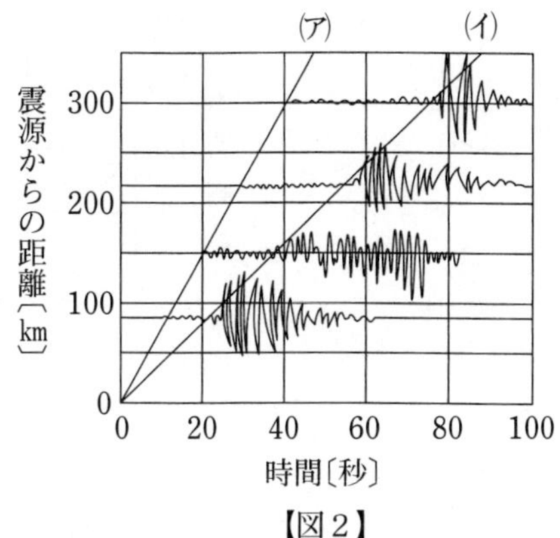

【図２】

地震のゆれは、波として伝わります。地震の波にはＰ波とＳ波の２種類があり、Ｐ波の方が伝わる速さが速い波です。【図２】の２つの直線(ア)、(イ)は、それぞれの地震観測地点にＰ波とＳ波が到(とう)達した時間を結んだものです。Ｐ波の到達時間を表す直線は(ア)、(イ)のどちらですか。また、Ｐ波の速さはおよそ秒速何㎞ですか。式と答えをかきなさい。答えは、小数第２位を四捨五入して小数第１位まで答えなさい。

問５　【図２】のそれぞれの地震観測地点のＰ波とＳ波の到達時間の差を読み取り、震源からの観測地点の距離と、Ｐ波とＳ波の到達時間の差の関係を表すグラフを解答欄(らん)にかきなさい。点は●印ではっきりかき、原点を通り、すべての●に重なるか、最も近くを通る直線をフリーハンドでかきなさい。

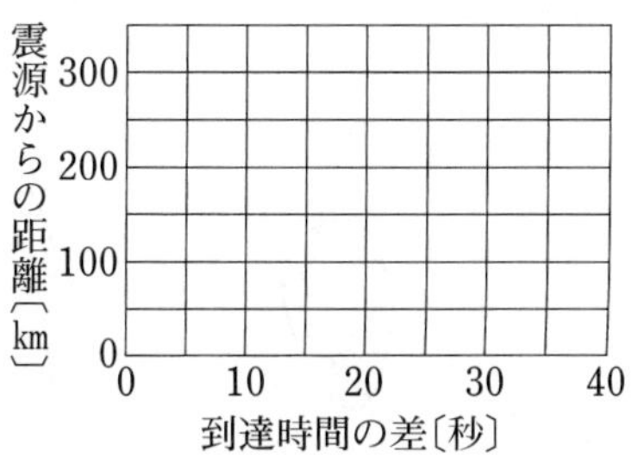

問６　ある日、東京でＰ波が午前８時15分５秒に、Ｓ波が午前８時15分33秒に記録されました。**問５**でかいたグラフから、この地震の震源は東京から約何㎞離れていると考えられますか。次の(ア)～(エ)から１つ選び、記号で答えなさい。ただし、Ｐ波とＳ波は震源を同時に出発していると考えます。
(ア)　170㎞　　(イ)　200㎞　　(ウ)　250㎞　　(エ)　320㎞

3　潮の満ち引き(海水面の変化)について、問１～問６に答えなさい。

潮の満ち引きには、月の動きが大きく影響(えいきょう)しています。【図１】はある日の地球と月の位置を北極上空から見たようすを表し、【図２】はその日の東京(晴海)での潮の満ち引きのようすを表しています。

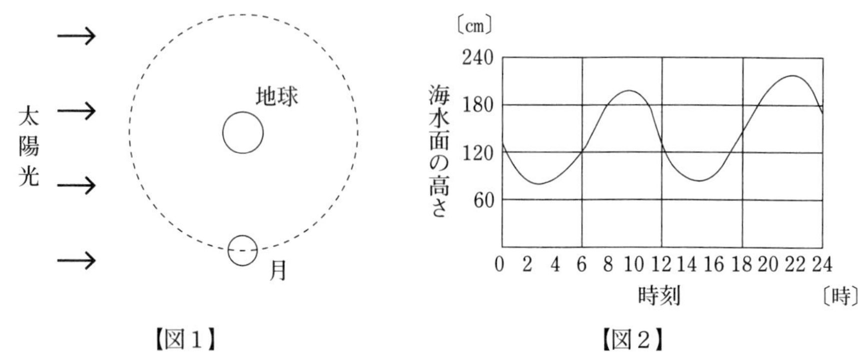

【図１】　【図２】

問１　この日の月として適切なものを、次の(ア)～(エ)から１つ選び、記号で答えなさい。

(ア)　満月　(イ)　下弦(げん)の月　(ウ)　新月　(エ)　上弦の月

問２　この日に月が南中するのは何時頃になりますか。次の(ア)～(エ)から１つ選び、記号で答えなさい。

(ア)　午前０時　(イ)　午前６時　(ウ)　正午　(エ)　午後６時

問３　地球の海水面は月から力を受けるので、月が南中した(その地点の海水面が月に最も近づいた)時に、その地点の潮位(海水面の高さ)は満潮になると思われますが、実際には満潮の時刻は、月が南中する時刻から数時間遅(おく)れることが知られています。【図２】から読み取れる満潮時間の遅れは何時間ですか。次の(ア)～(エ)から１つ選び、記号で答えなさい。

(ア)　２時間　(イ)　４時間　(ウ)　６時間　(エ)　８時間

問４　【図２】から考えて、地球の表面の海水の状態を最も適切に表した図はどれですか。次の(ア)～(エ)から１つ選び、記号で答えなさい。

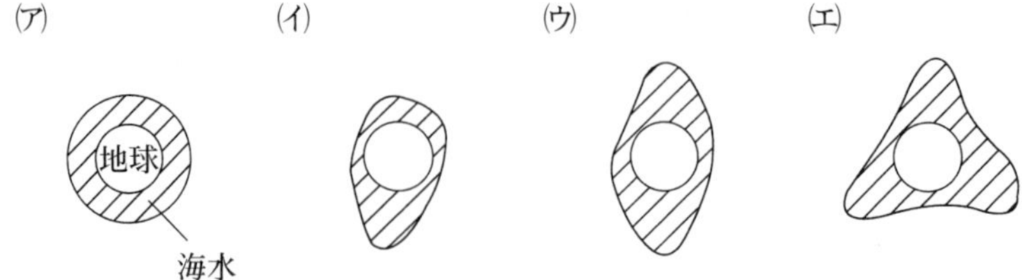

問５　月はいつも地球に同じ面を向けるように自転していることが知られています。これは月が地球の周りを公転する周期と月の自転周期が等しいからです。もし、月に海があったとした場合、月の潮位の１日の変化は地球の潮位の変化と比べて、どのような違(ちが)いがあるか簡単に説明しなさい。

問６　潮の満ち引きと関係がある自然現象を、次の(ア)～(エ)から２つ選び、記号で答えなさい。

(ア)　ウミガメのふ化　(イ)　黒潮のだ行　(ウ)　サンゴの産卵　(エ)　エルニーニョ現象

4　次の文を読んで、水へのもののとけ方や水溶液の性質について、問１～問４に答えなさい。計算問題で答えが割り切れない場合は、小数第２位を四捨五入して小数第１位まで答えなさい。

Ａさん、Ｂさん、Ｃさんは固体(X)を、Ｄさん、Ｅさん、Ｆさんは固体(Y)を先生からもらいました。６人は20℃・40℃・60℃のいずれかの温度の水への(X)と(Y)のとけ方を調べ、次のように話しています。用いたビーカーの重さは300ｇです。

Ａさん：20℃の水にとける(X)の限度の量を調べたら、とかした水の重さの35.9％だったわ。

Ｂさん：40℃の水200ｇにとける(X)の限度の量を調べたら、20℃の水200ｇにとける(X)の量より1.0ｇ多かったわ。

Ｃさん：60℃の水500ｇにとける(X)の限度の量を調べたら、40℃の水500ｇにとける(X)の量より3.0ｇ多かったわ。

Ｄさん：20℃の水100ｇに(Y)を少しずつとかしていったけれど、途中でたくさん(Y)を入れてしまい、とけきらなくなってしまったの。そこで水を足していって、(Y)をとかしたら、ちょうどとけきるまでに、最初にあった量の２倍の水を足したわ。できた水溶液をビーカーごとはかったら、634.5ｇで、水溶液の温度は20℃だったわ。

Ｅさん：水を沸騰させて冷ましたあと、目的の温度になったところで、(Y)がとける限度の量を調べたら115ｇで、そのときの水溶液のみの重さは315.0ｇだったよ。

Ｆさん：熱湯20ｇにその1.5倍の水を加えて、目的の温度の水をつくって、(Y)を少しずつとかしたよ。(Y)がとける限度の量になったときの、水溶液のみの重さは62.0ｇだったよ。

問１　【表】は、水100ｇにとける(X)と(Y)の量が水の温度によってどのように変わるかをまとめたものです。Ａさんたちの会話を参考にして、(あ)～(か)に適切な数字を答えなさい。

【表】

水の温度〔℃〕	0℃	20℃	40℃	60℃
(X)の量〔ｇ〕	35.7	(あ)	(い)	(う)
(Y)の量〔ｇ〕	5.7	(え)	(お)	(か)

問２　次の文章は、水溶液についてかかれています。

(X)、(Y)のように、決まった量の水にとける固体の量は決まっていて、固体の種類によって違います。水の量が多くなると、水にとける固体の量は（ ① ）なります。また、水の温度が高くなると、一般的に水にとける固体の量は（ ② ）なります。水溶液には、気体が水にとけたものもあります。例えば、塩酸や炭酸水です。塩酸は（ ③ ）が、炭酸は（ ④ ）が水にとけています。これらの水溶液は、水の温度が高くなると、水にとける気体の量は（ ⑤ ）なります。

(1)　文章中の（ ① ）～（ ⑤ ）にあてはまる語句を、それぞれ答えなさい。なお、同じ語句を何度使ってもかまいません。

(2)　文章中の下線のようになると考えた理由を、身近な例を用いて説明しなさい。

問３　(X)と(Y)が食塩かミョウバンのいずれかであるとすると、食塩はどちらですか。記号で答えなさい。

問４　問３のように考えたのはなぜですか。「温度」と「水にとける限度量」という言葉をつかって答えなさい。

5　百合子さんと桜さんの会話を読んで、問１～問６に答えなさい。

百合子：今日はいい天気だね。きっと学校の花だんの植物も光合成を盛んに行っているね。

桜　　：そうだね。光合成で植物がつくった養分はどうなるんだっけ？

百合子：（ ① ）を通って運ばれるんだよ。（ ① ）は、葉の維管束（いかんそく）では（②：　表　／　うら　）側にみられるよ。運ばれたあとは、成長に使われるほかに、例えばジャガイモにはでんぷんの形でたくわえられているよね。

桜　　：そうだった。ジャガイモって食べる部分は（③：　花　／　葉　／　くき　／　根　／　果実　）なんだよね。

百合子：私、昨日のお昼ご飯に肉じゃがを食べたよ。今ごろ体の中で消化されているのかな？

桜　　：ジャガイモに含（ふく）まれるでんぷんは、まず（ ④ ）という消化液によって麦芽糖に分解されて、お肉のタンパク質は$_a$強い酸性の胃液で分解されたあと、小腸で（ ⑤ ）になって吸収されるんだよね。$_b$脂肪（しぼう）は別の消化液で消化されるよ。百合子ちゃんが食べた肉じゃがはもう$_c$体に吸収されたあとかもね。

百合子：吸収された栄養分は$_d$血液によって運ばれるんだよね。

桜　　：私、そもそも血液についてよく知らないな。図書館に行って調べてみようか。

問１　文章中の（ ① ）～（ ⑤ ）にあてはまる語句を答えなさい。ただし、（ ② ）、（ ③ ）は最も適切なものを選んで答えなさい。

問２　下線部ａについて、胃液がこのような性質をもつことには、どのような利点がありますか。簡単に説明しなさい。

問３　下線部ｂについて、脂肪の消化に関係する消化液を２つ答えなさい。また、それぞれがつくられる場所を【図１】のＡ～Ｈから選び、記号で答えなさい。

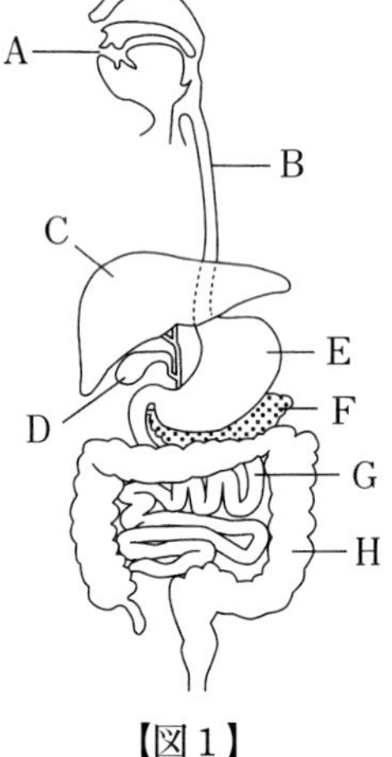

【図１】

問４　下線部ｃについて、小腸のかべには多くのひだとじゅう毛があります。これは栄養分の吸収にどのような役割を果たしていますか。簡単に説明しなさい。

問５　下線部ｄについて、【図２】は血液の流れる道すじを表したものです。

⑴　血液の流れる向きは(X)、(Y)のどちらですか。

⑵　酸素を多くふくむ血液が流れている血管はどれですか。Ａ～Ｄからあてはまるものをすべて選び、記号で答えなさい。

⑶　食後に養分を最も多くふくむ血管はどれですか。(ア)～(ク)から選び、記号で答えなさい。

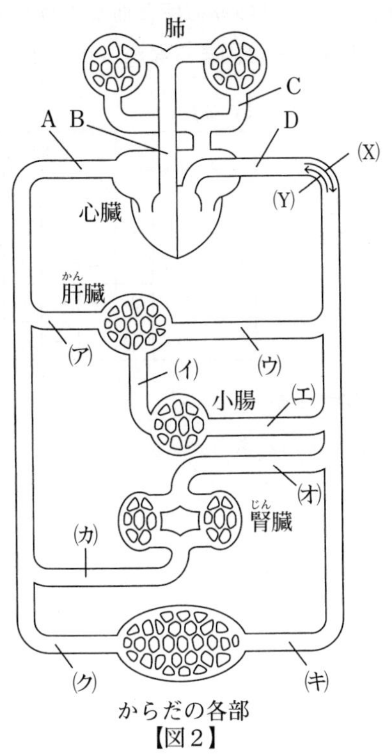

【図2】

百合子さんと桜さんは図書館に行き、血液について調べました。すると、赤血球と血しょうに含まれる成分には4つのタイプがあり、これにより、【表1】のようなＡＢＯ式血液型が決まることがわかりました。

【表1】

血液型	A型	B型	AB型	O型
赤血球表面の形				
血しょう中の成分			なし	

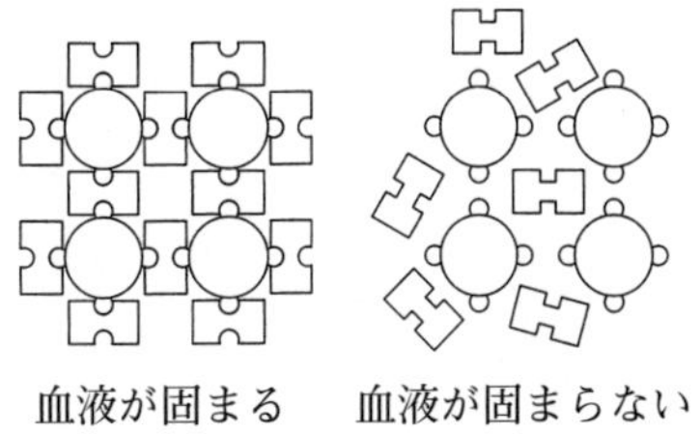

血液が固まる　　血液が固まらない

【図3】

桜　　：赤血球表面の形と、血しょう中の成分の形がぴったり合うと、血液が固まってしまうけれど、形が合わなければ固まらないんだね(【図3】)。

百合子：つまり、A型の人の赤血球と、A型、または、ＡＢ型の人の血しょうを混ぜても血液は固まらないけれど、A型の人の赤血球と、B型、または、O型の人の血しょうを混ぜると固まってしまうということだね。だから、輸血は同じ血液型の人からもらった方がいいんだね。

問６　血液型の異なる４人(①～④)の赤血球と血しょうを混ぜた結果を【表２】に示しました。＋は血液が固まったことを、－は固まらなかったことを表しています。

【表２】

		赤血球			
		①	②	③	④
血しょう	①	－	＋	＋	＋
	②	－	－	＋	(ア)
	③	－	－	－	－
	④	－	＋	＋	－

(1)　①の人の血液型は何ですか。

(2)　【表２】の(ア)には＋、－のどちらが入りますか。

清泉女学院中学校（第１期）

―45分―

1　氷や水を使って、次のような実験をおこないました。

【実験１】

〈方法〉　氷100ｇをビーカーに入れ、一定の火の強さで加熱しながら、１分ごとに温度を調べた。

〈結果〉　温度は右のグラフのように変化した。Ｘでは、氷がとけて水に変化していた。

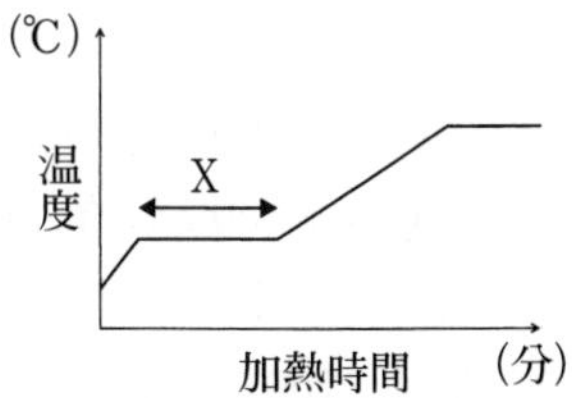

ものを加熱すると、ものは熱を受けとり、温度が高くなります。逆に、ものを冷やすと、ものは熱をうばわれるので、温度が低くなります。しかし、グラフ中のＸより、氷がとけはじめてからすべて水に変化するまでは、加熱しても温度が変わらないことがわかります。これは、加えた熱がすべて、氷から水に変化するために使われるからです。

(1)　氷50ｇをビーカーに入れ、【実験１】の〈方法〉と同じ条件で加熱しながら、１分ごとに温度を調べると、どのようなグラフになると考えられますか。もっとも適切なものを次のア～エから１つ選び、記号で答えなさい。なお、点線は氷100ｇのときのグラフを表しています。

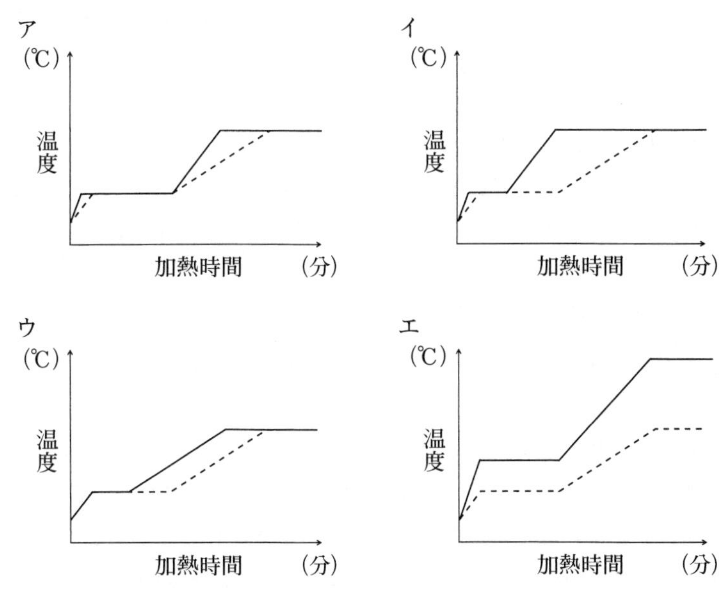

異なる温度のものをまぜると、一方からもう一方に熱が伝わり、全体が同じ温度になります。また、熱の量について、次のことがわかっています。

・水１ｇの温度を１℃上げるのに必要な熱の量と、水１ｇの温度が１℃下がるときに失う熱の量は同じである。
・水100ｇの温度を１℃上げるのに必要な熱の量は、水１ｇの温度を１℃上げるのに必要な熱の量の100倍である。
・０℃の氷１ｇをとかして０℃の水１ｇにするのに必要な熱の量は、水１ｇの温度を１℃上げるのに必要な熱の量の80倍である。

水と氷以外のものには熱が伝わらないものとして、(2)〜(4)の問いに答えなさい。

(2)　0℃の水100ｇと100℃の水100ｇをまぜると何℃になると考えられますか。

(3)　0℃の水50ｇと100℃の水150ｇをまぜると何℃になると考えられますか。式や考え方も書きなさい。

(4)　100℃の水100ｇに0℃の氷100ｇを加えてまぜると何℃になるか、次のように考えました。(①)〜(③)にあてはまる数を答えなさい。

水に氷を加えてまぜると、氷がとけて水になり、全体が同じ温度になる。0℃の氷100ｇが0℃の水100ｇになるのに必要な熱の量は、水100ｇの温度を1℃上げるのに必要な熱の量の80倍であるから、水100ｇの温度を(①)℃上げるのに必要な熱の量と同じである。この熱の量は、100℃の水100ｇの温度が(①)℃下がるときに失う熱の量とも同じになる。よって、100℃の水100ｇに0℃の氷100ｇを加えてまぜたときの温度は、0℃の氷がとけてできた0℃の水100ｇと(②)℃の水100ｇをまぜたときの温度と同じになると考えられるので、(③)℃になる。

【実験2】

〈方法〉　1．コップに水を入れ、50㎤の氷のかたまりをうかべる。

2．水面の位置を調べ、右図のようにコップに印をつける。

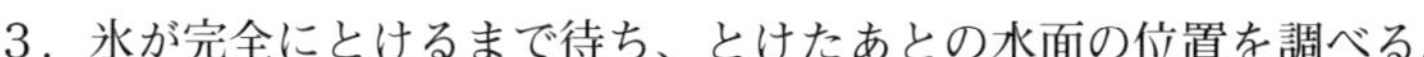
3．氷が完全にとけるまで待ち、とけたあとの水面の位置を調べる。

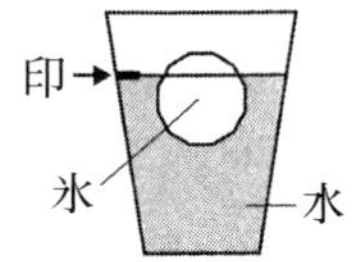

水に氷を入れると、氷はうかびます。このことについて、「**液体の中にうかんでいるものは、おしのけた液体の重さに等しい大きさの浮力(上向きの力)を受ける**」という「アルキメデスの原理」が知られています。

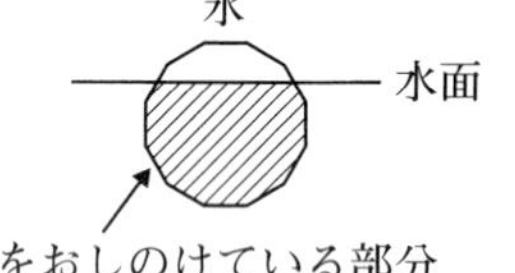

水をおしのけている部分
(図の氷の形や体積は実際と異なる)

(5)　【実験2】についてのべた次の文の(①)〜(④)にあてはまる数の組み合わせとして正しいものを、表のア〜クから1つ選び、記号で答えなさい。また、(⑤)にあてはまる結果をケ〜サから1つ選び、記号で答えなさい。

1㎤あたりの重さは、水は1ｇ、氷は0.9ｇである。よって、50㎤の氷の重さは(①)ｇである。氷が水にうかんでいるとき、氷の重さと氷が受ける浮力の大きさは等しくなっており、アルキメデスの原理より氷がおしのけている水の重さは(①)ｇであることになる。このことから、氷の水中にしずんでいる部分(水をおしのけている部分)の体積は(②)㎤であると考えられる。

また、50㎤の氷がとけると(③)ｇの水になる。(③)ｇの水の体積は(④)㎤である。この体積は、氷の水中にしずんでいる部分の体積(⑤)と考えられる。

	ア	イ	ウ	エ	オ	カ	キ	ク
①	50	50	50	50	45	45	45	45
②	50	50	45	45	50	45	50	45
③	50	45	50	45	50	50	45	45
④	50	45	45	50	45	50	50	45

(　⑤　)の選択肢

ケ　より大きいので、水面の位置は上がる。

コ　より小さいので、水面の位置は下がる。

サ　と同じなので、水面の位置は変わらない。

2　宮沢賢治の『グスコーブドリの伝記』の中に、生活していた地域での冷害を食い止めたい主人公のブドリとクーボー大博士との次のような会話があります。

> 「先生、気層のなかに炭酸ガスが増えてくれば暖かくなるのですか。」
> 「それはなるだろう。地球ができてからいままでの気温は、たいてい空気中の炭酸ガスの量できまっていたといわれるくらいだからね。」

(宮沢賢治『グスコーブドリの伝記』より引用)

このあと、主人公のブドリは、火山をふん火させることで炭酸ガスを発生させ、地域の冷害を防ぎます。

(1)　火山について説明している次のア～オの文の中で、正しいものを１つ選び記号で答えなさい。

ア　火山のふん火のときにふき出された火山灰などが積もって、地層ができることはない。

イ　火山のふん火では、火山灰だけがふき出す。

ウ　火山は陸上だけではなく、海底にもある。

エ　火山がふん火してふき出した火山灰によって盛り上がった土地を、カルデラという。

オ　すべての火山は一度ふん火すると、二度とふん火しない。

文中の炭酸ガスは、二酸化炭素のことをさしています。二酸化炭素は地球を暖かく保つ大切な役割をもちますが、最近では地球温暖化の原因の１つとして問題になっています。

次の図１は北半球と南半球の、2011～2021年の地表面付近の二酸化炭素濃度の変化を示したグラフです。図２は地球の地理分布を示しています。

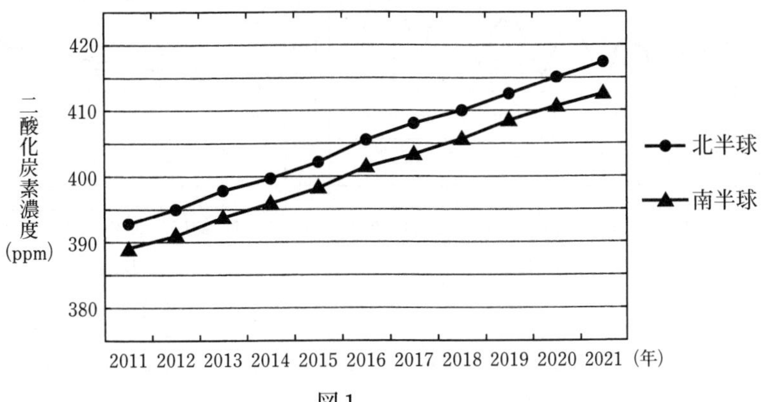

図１

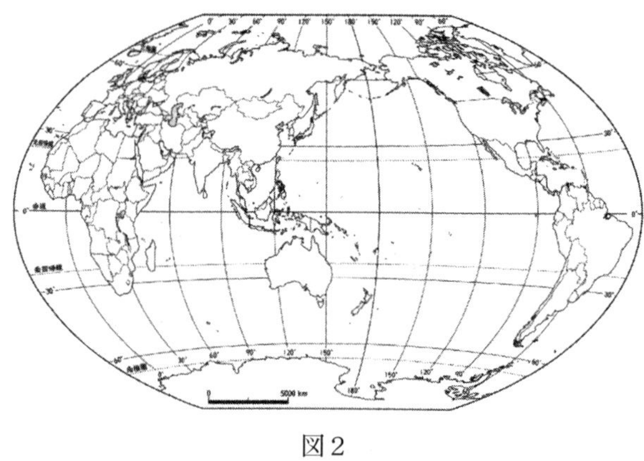

図２

（図１　気象庁ホームページより作成、図２　帝国書院より）

※図１の縦軸の単位はppm（パーツ・パー・ミリオン）で、１ppmは100万分の１をあらわしている。

(2)　図１、２をもとに書かれた次の文の（ ① ）～（ ③ ）にあてはまることばをそれぞれあとの［　　　］の中のア～サから選び、記号で答えなさい。

図１より、北半球も南半球も二酸化炭素濃度は上昇していることがわかる。二酸化炭素濃度を比べると、（ ① ）半球の方が、二酸化炭素濃度が高いことがわかる。これは、(①)半球の方が（ ② ）の面積が大きいので、（ ③ ）が盛んであることが原因だと考えられる。

ア　海	イ　陸	ウ　空	エ　北
オ　南	カ　高く	キ　低く	ク　均一に
ケ　人間活動	コ　植物の光合成	サ　海流	

図３は北半球、図４は南半球での地表面付近における二酸化炭素濃度の月平均値の変化を示したものです。

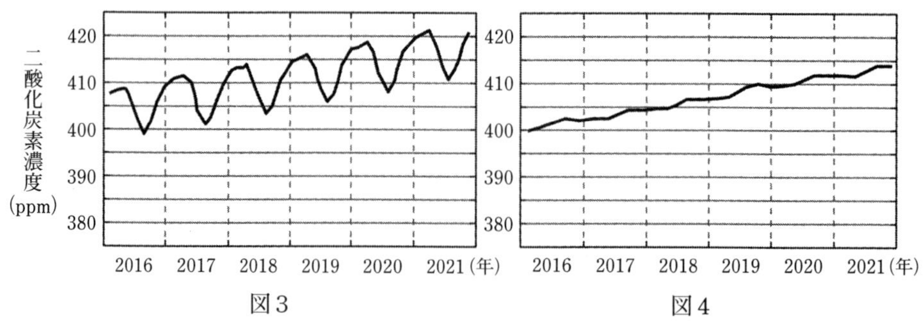

図３　　図４

（図３、４　気象庁ホームページより作成）

(3)　図３、４をもとに書かれた次の文の（ ① ）、（ ② ）にあてはまることばを、それぞれ(2)の［　　　］の中のア～サから選び、記号で答えなさい。

１年間の二酸化炭素濃度の変動を比べると、（ ① ）半球の方が大きい。(①)半球では特に、冬や春は二酸化炭素濃度が（ ② ）なっていることがわかる。このような１年間の二酸化炭素の変動には、植物の光合成が大きく影響していると考えられる。

次の図５のA、Bはそれぞれ、ある年の岩手県と南極の二酸化炭素濃度の変動を表しています。

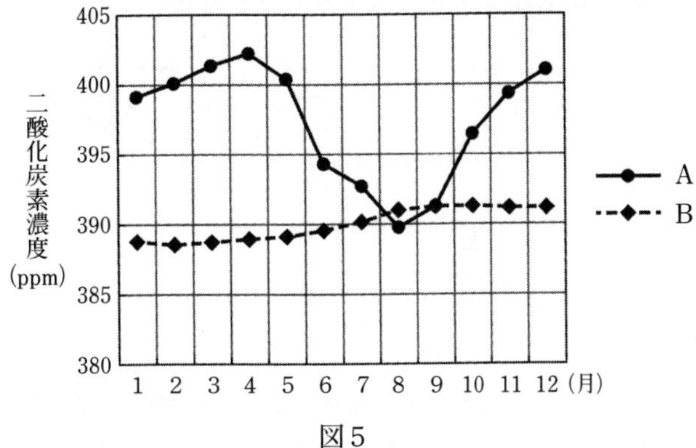

図５

岩手県の年平均気温は10.5℃で、生育する樹木の多くは秋に葉を落とします。一方、南極の年平均気温は－10℃で、植物が生育するには厳しい環境です。

(4)　図５より岩手県の二酸化炭素濃度の変動を示しているグラフはA、Bのどちらですか。記号で答えなさい。また、そのように考えた理由を、「植物の光合成」ということばを使って説明しなさい。

3　図１のように、重さの無視できる上部の開いた直方体の容器の中を、厚さと重さの無視できる仕切りで10㎝ごとに区切りました。区切ったそれぞれの部屋を部屋①～部屋⑪とします。区切られた各部屋には、それぞれ水を１Lまで入れることができます。各部屋の中央の位置には支柱が取り付けられるようになっており、容器は回転することができます。

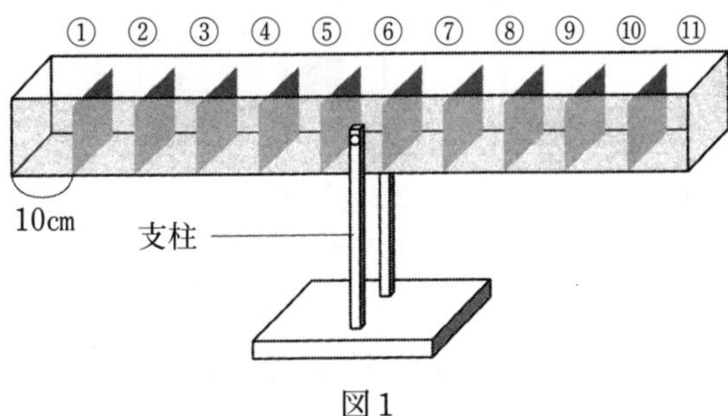

図１

はじめ、支柱を部屋⑥に取り付けました。そして、図２のように、部屋①に水500mLを入れ、部屋⑪の中央の位置に500ｇのおもりをつり下げると容器は水平につり合いました。

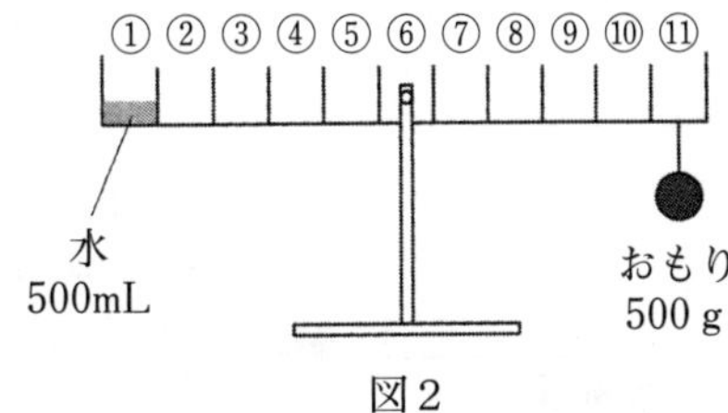

図２

(1)　図３のように、部屋③に600mLの水を入れました。部屋⑪に水を入れて水平につり合うようにするには何mLの水が必要ですか。式や考え方も書きなさい。

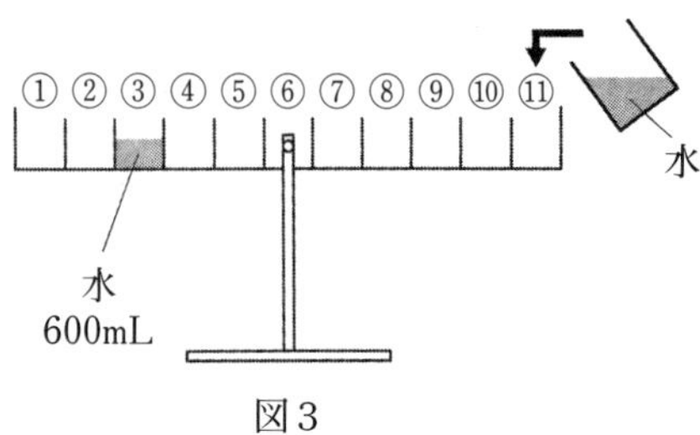

図３

(2)　図４のように、部屋②に１Lの水を入れます。部屋⑧と部屋⑩に合計1.5Lの水を分けて入れて、水平につり合うようにします。このとき、部屋⑩に何mLの水を入れる必要がありますか。

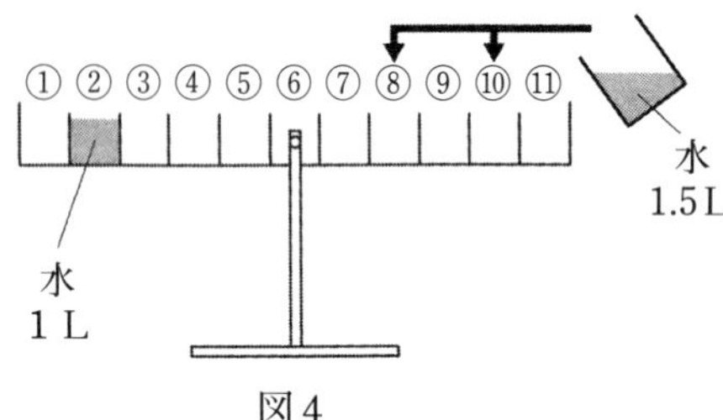

図４

(3)　図５のように、部屋⑥に3.2kgのおもりを固定し、支柱を部屋⑦に取り付けたところ、容器は左側にかたむきました。１つの部屋に水を入れて容器が水平になるようにするためには、どの部屋に何mLの水を入れる必要がありますか。式や考え方も書きなさい。

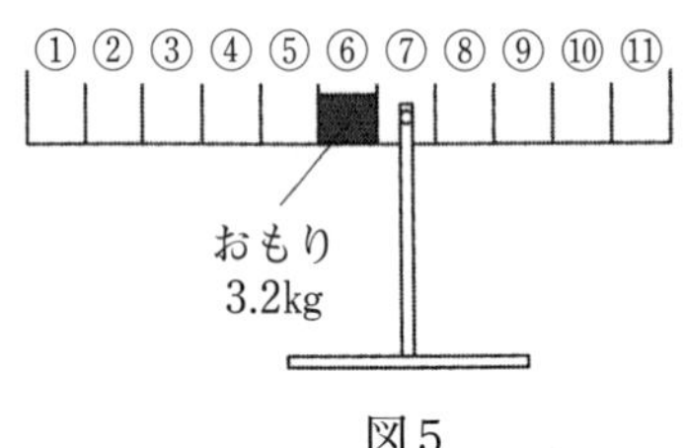

図５

次に、図６のように、支柱を部屋⑧に取り付け、2.7kgのおもりを部屋⑥に固定し、容器が水平になるように左側を箱で支えました。また、この箱の上部にはスイッチがついており、容器でスイッチがおされている間だけ、蛇口（じゃ）から水が出るしくみになっています。部屋⑧と部屋⑨の間の仕切りを高さの高いものに取りかえ、部屋⑨に水を入れ続けたところ、ある量の水を注いだところで、容器は右にかたむきました。このとき、水が部屋⑨からあふれる場合は、あふれた水が順に右の部屋に流れこむものとします。

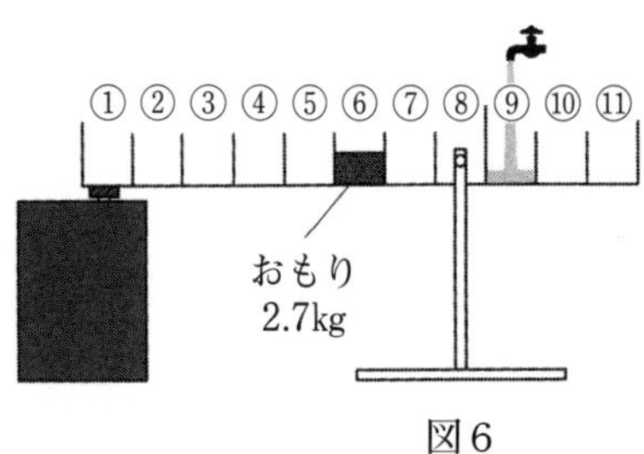

図６

(4)　注いだ水の総量が何Lをこえると、容器が右にかたむきますか。

さらに、図６の装置に図７のように容器が水の重さによってかたむくと、90度回転して水を全て捨て、元の水平の位置にもどるように容器を動かす装置を取り付けました。このとき、かたむき始めてから、元の位置にもどるまでに８秒かかりました。

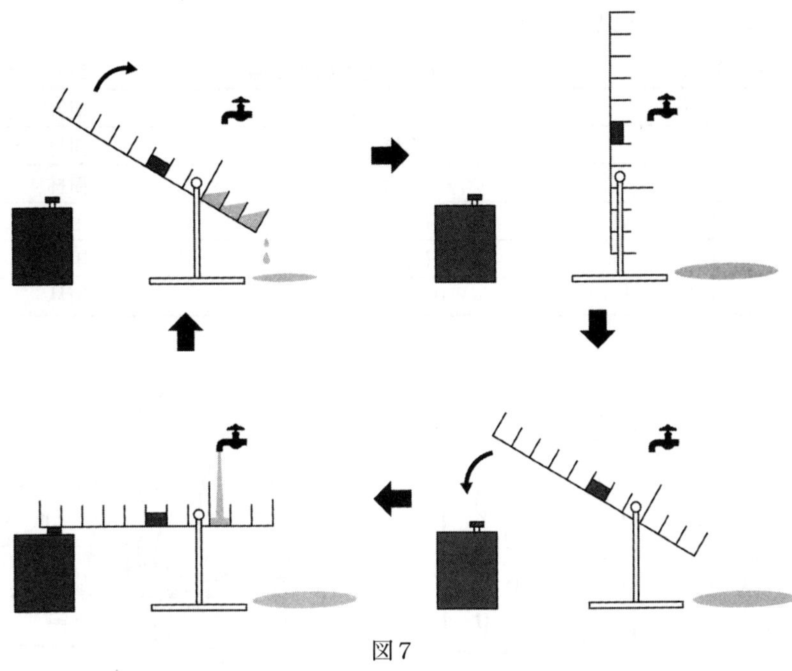

図７

(5)　水を注ぎ始めてから容器がかたむき、元の位置にもどるまでに２分かかりました。このとき、１秒間に注いだ水は何mLですか。

4　清子さんは夏休みにおばあさんの家に遊びに行き、周辺の田んぼで生物の観察をおこないました。あとの問いに答えなさい。

(1)　以下の図１は、清子さんが田んぼやその周辺でみつけた生物を示したものです。次の①～③にあてはまる生物を、図１の(あ)～(お)からそれぞれすべて選び、記号で答えなさい。また、同じ記号を何度使ってもかまいません。

①　主に水中で暮らしている。

②　さなぎになる時期がある。

③　陸上にすみ、主に植物の葉を食べている。

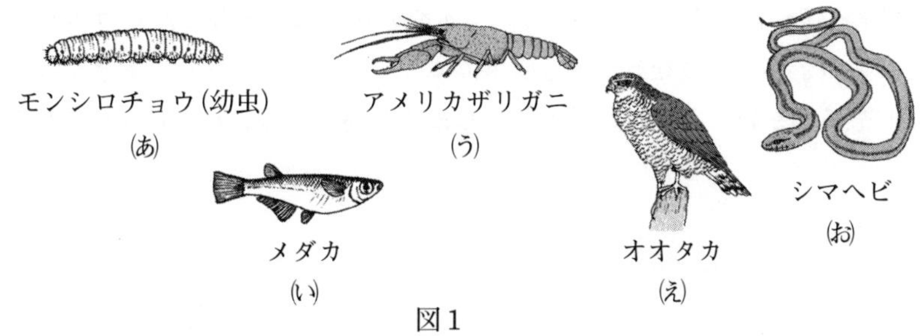

図１

清子さんはおばあさんの家の周辺でカエルを何種類か見つけました(表１)。カエルのなかまには成長にともなって生活場所を変えるものがいます。その際、田んぼの周辺を流れる水路を泳いでわたって、目的の場所に移動する必要があります。一方、田んぼで成長と繁殖(はんしょく)ができるカエルもいます。そのようなカエルは１つの田んぼで一生を送ることができますが、水路をこえて別の田んぼに移動する場合もあります(図２)。

表１　おばあさんの家の周辺でみられるカエル

カエルの種類	卵や子どもの生活場所	親の生活場所
アズマヒキガエル	田んぼ、池	樹林
アマガエル	田んぼ、池	樹林、草むら
ニホンアカガエル	田んぼ	樹林
トウキョウダルマガエル	田んぼ	田んぼ
ツチガエル	田んぼ、川	川
シュレーゲルアオガエル	田んぼ	樹林

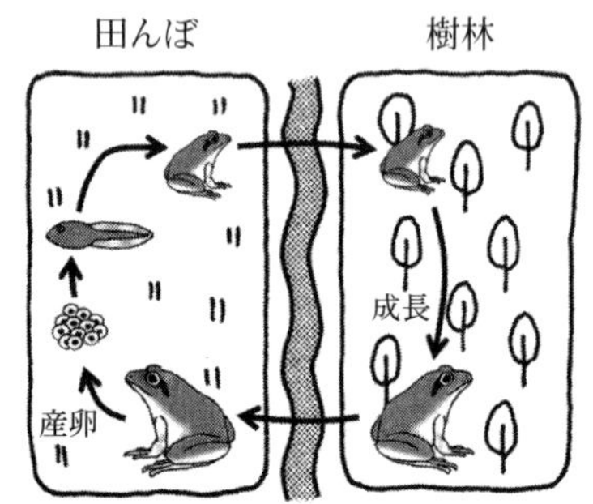

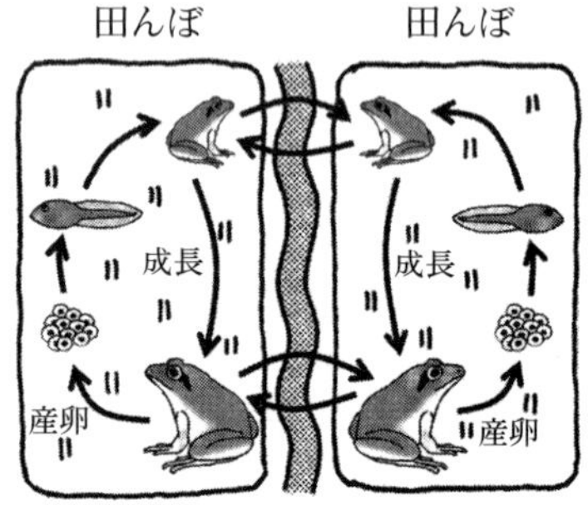

図２　田んぼと樹林を行き来するカエル(左)と田んぼで一生を送るカエル(右)

⑵　表１を参考に、次の①～③の説明文にあてはまるカエルの種類をあとの㋐～㋕からすべて選び、記号で答えなさい。

①　親も子どもも、田んぼのみで生活ができるカエル。

②　一生のうちのどこかで、必ず田んぼが必要なカエル。

③　親が卵を産むために、必ず別の場所に移動する必要があるカエル。

㋐　アズマヒキガエル　　㋑　アマガエル

㋒　ニホンアカガエル　　㋓　トウキョウダルマガエル

㋔　ツチガエル　　㋕　シュレーゲルアオガエル

近年、田んぼの横を流れる水路の多くが、土の水路(土水路)からコンクリート製の水路(コンクリート水路)に変わっています(図３)。土水路の岸には、飛びこんだカエルがつかまる植物が多く生えており、岸によじ登ることも簡単です。しかし、コンクリート水路は、かべが垂直でカエルがよじ登るのが難しく、水路に落ちてしまうと遠くに流され、おぼれてしまうことがあります。

図３　土水路(左)とコンクリート水路(右)

そこで近年、コンクリート水路に落ちたカエルが田んぼにもどってこられるような「カエル用スロープ」(水路の岸のかたむきがゆるやかで、はばの広くなった部分がある装置)を作る研究がおこなわれています。

今回、実際にカエルがスロープを登って水路から脱出(だっしゅつ)できるか調べるために、ニホンアカガエルを使って次のような実験をおこないました。まず、図４に示したような、コンクリート水路にスロープをつけた実験装置を作りました。このとき、スロープ角度が、30°、45°、60°、75°になるように４つの装置を作りました(図５)。次に、この装置に水を張り、ポンプから常に同じ勢いになるように水を流しました。水路の水位が２㎝あるいは５㎝になるようにし、水深とスロープの角度を変えながら合計８つの条件をつくりました。それぞれの条件について、スロープの上流１ｍ地点に合計50匹(ぴき)のカエルを１匹ずつ落とし、「スロープにたどりついた数」と、そのうち５分以内にスロープを登って水路の外に「脱出した数」を記録し、その割合をグラフにまとめました(図６)。スロープにたどりつけなかったカエルは、水路の下流へと流されてしまいました。

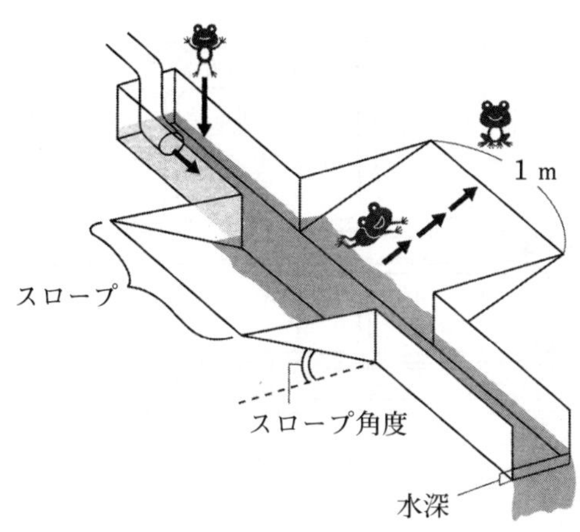

図４　実験装置

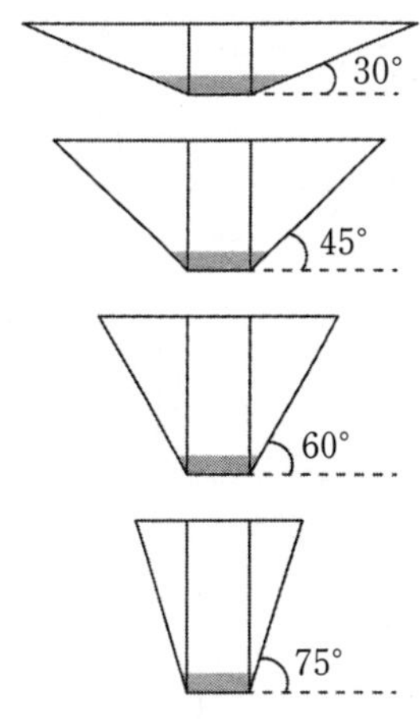

図５　横から見たスロープ角度

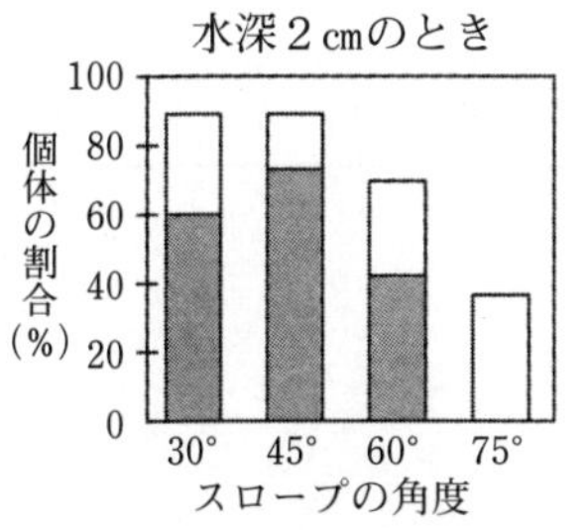

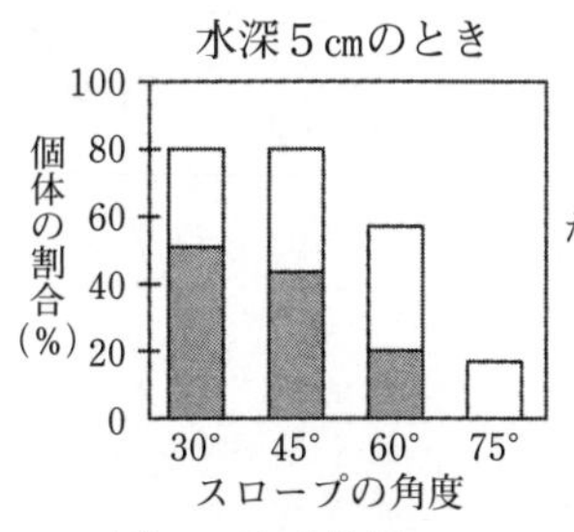

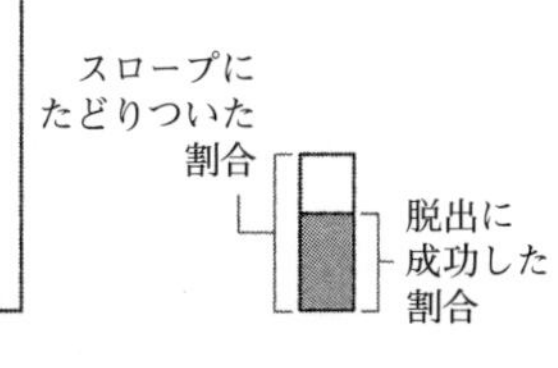

図６　実験結果

(3)　この実験の結果から読み取れることとして、正しいものには○、まちがっているものには×と答えなさい。

①　スロープにたどりついたが脱出はできなかったカエルは、どの条件においても全カエルの10％以上いた。

②　同じスロープ角度で水深が違う（ちが）ときの結果をくらべると、どのスロープ角度のときでも、水深５㎝のときよりも水深２㎝のときの方が「スロープにたどりついた数」は多かった。

③　どの水深のときも、スロープ角度が急になるにしたがって「脱出した数」は減少した。

④　スロープ角度が45°以下のときは、水深にかかわらず全体の半分以上の個体が脱出に成功した。

(4)　おばあさんの家の周辺では、近年ニホンアカガエルの数が減っていることがわかっています。ニホンアカガエルの数を増やすためには、次の図７に示した地図上の地点Ａ～Ｄのどの位置に、「カエル脱出用スロープ」を設置するのが一番効果的だと考えられますか。記号を選び、そう考えた理由を説明しなさい。なお、設置する「カエル脱出用スロープ」は、スロープ角度が30°のものとします。

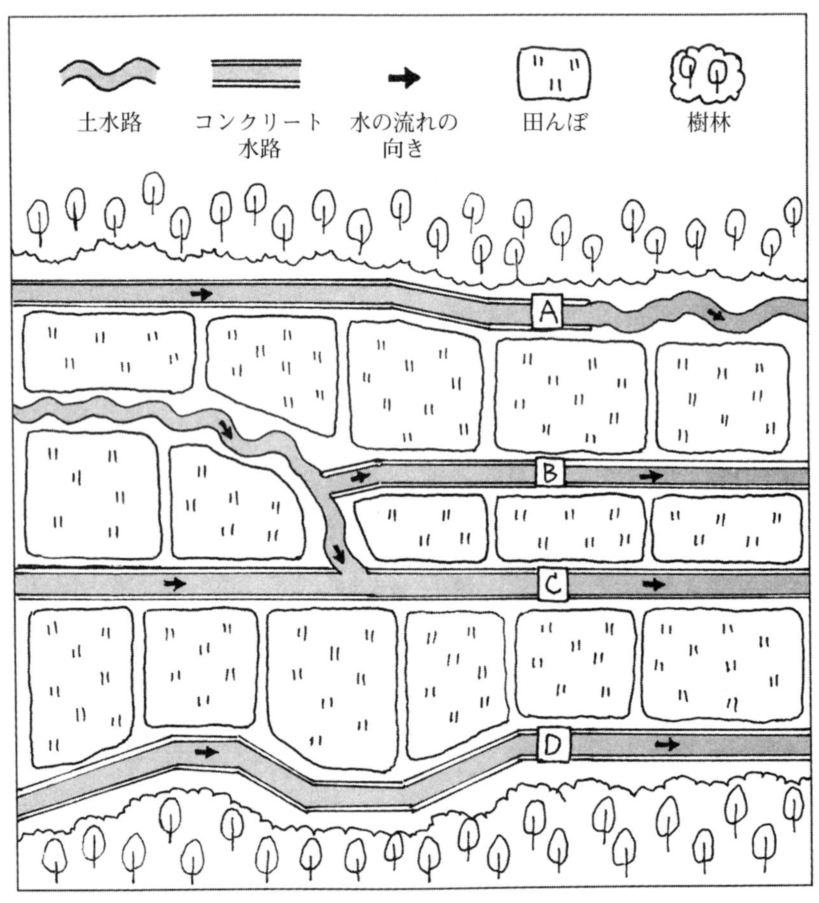

図７

洗足学園中学校(第１回)

—社会と合わせて60分—

1　園子さんは、図１のようなモービルのつりあいに興味を持ち、実験をしました。実験で使用する棒や糸の重さや太さは無視できるものとし、棒や円盤(えんばん)はおもりをつるしても、変形したり角度が変化したりしないものとします。また、必要であれば、図２の三角形の対応する辺の長さの比を使用しなさい。小数第２位以下がある場合は、四捨五入して小数第１位まで答えなさい。

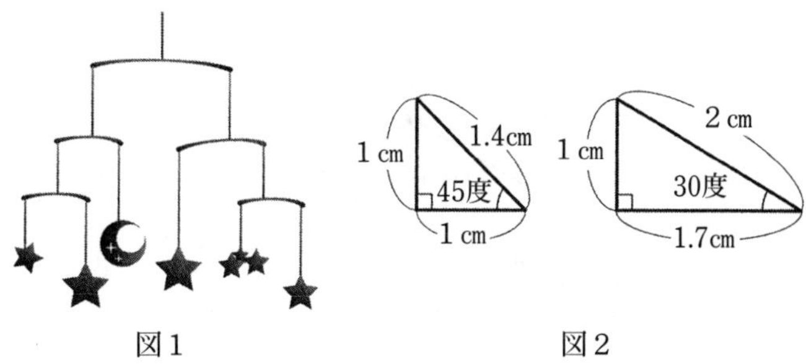

図１　　図２

【実験１】

図３のように、はしから３cmのところでいろいろな角度に曲げて固定できる９cmの棒の両端(りょうたん)に、様々な重さのおもりをつるした。棒が静止したときの角A、角Bの大きさ、おもりC、Dの重さを記録し、その結果を表１にまとめた。図のL_1、L_2は、支点を通る水平面におもりC、Dをつるしている糸の延長線がぶつかる点と、支点との距離(きょり)を表している。L_1やL_2を『おもりと支点の水平方向の距離』とする。

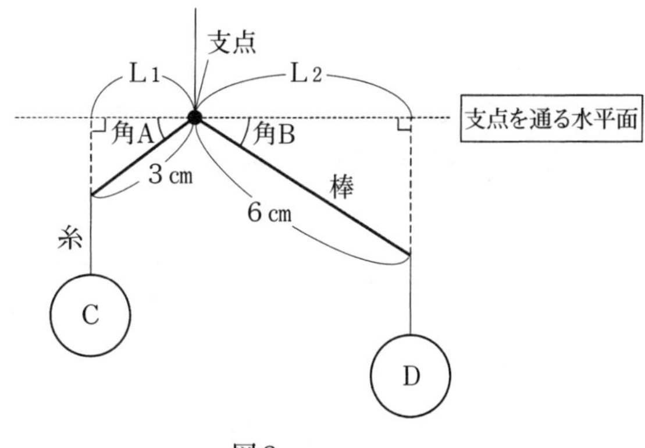

図３

表１

	角Aの大きさ〔度〕	角Bの大きさ〔度〕	おもりCの重さ〔g〕	おもりDの重さ〔g〕
実験１－１	0	0	(あ)	15
実験１－２	30	30	10	5
実験１－３	45	45	20	10
実験１－４	0	60	10	10
実験１－５	60	(い)	51	15

(1)　表１の(あ)に当てはまる数値を答えなさい。

(2)　実験１－２および実験１－３のL_1の長さはそれぞれ何cmですか。

(3) 【実験１】の結果から園子さんは、棒が静止しているとき、『おもりと支点の水平方向の距離』と『おもりの重さ』に関係があると気づきました。どのような関係があるか、「L_1」、「L_2」、「重さ」を用いて文章で答えなさい。

(4) 表１の(い)に当てはまる数値を答えなさい。

園子さんは【実験１】の結果をもとに、図４のようなモービルをつくりました。棒は【実験１】で使用した棒を２本と、真ん中でいろいろな角度に曲げて固定できる９㎝の棒を１本使用しました。

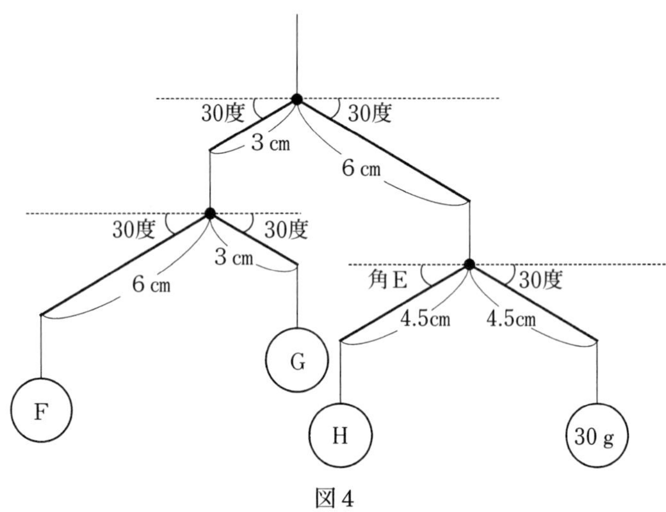

図４

(5) 図４の角Ｅが次の①、②の角度で静止しているとき、Ｆ～Ｈはそれぞれ何ｇですか。

①　30度　　②　60度

園子さんは図５のように、壁(かべ)に中心を固定してなめらかに回転できるようにした円盤を用いて同様の実験ができると考えました。円盤の半径を10㎝とします。

【実験２】

おもりＪを円盤のふちにつるし、おもりＪが動かないように、もう１つのおもりＫを円盤の中心から長さL_3の位置につるした。このときの角Ｉの大きさ、おもりＪ、Ｋの重さ、L_3の長さをはかり、その結果を表２にまとめた。

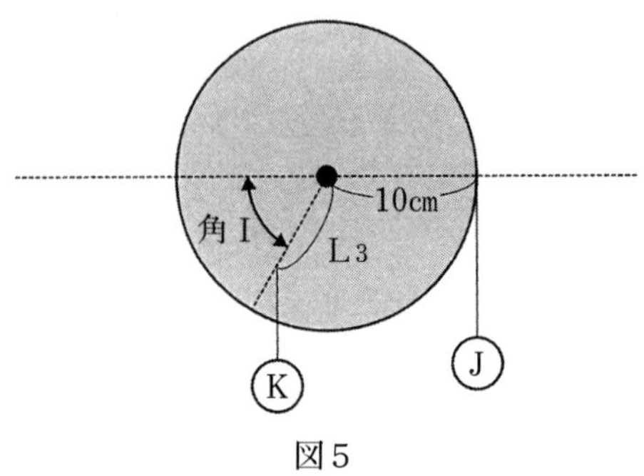

図５

表2

	角Iの大きさ〔度〕	おもりJの重さ〔g〕	おもりKの重さ〔g〕	L_3の長さ〔cm〕
実験2－1	（ う ）	10	20	10
実験2－2	30	17	（ え ）	8

(6)　表2の(う)、(え)に当てはまる数値を答えなさい。

2　園子さんはコップに水を入れていくと液面がコップの上面をこえてもこぼれないことに気づきました。これは表面張力という力が働いているからです。園子さんは表面張力について調べてみることにしました。

［学習メモ1］

・液体ができるだけまとまって、空気と触(ふ)れている表面積を小さくしようとする働きのことを表面張力という。
・洗剤(せんざい)は液体の表面張力の大きさを変化させる働きがある。
・洗剤の粒子(りゅうし)は図1に示すように、水になじむ部分と水になじまない部分を持つ。水に洗剤を十分溶(と)かしたとき、洗剤の粒子は水になじまない部分ができるだけ水に触れないように集まる。

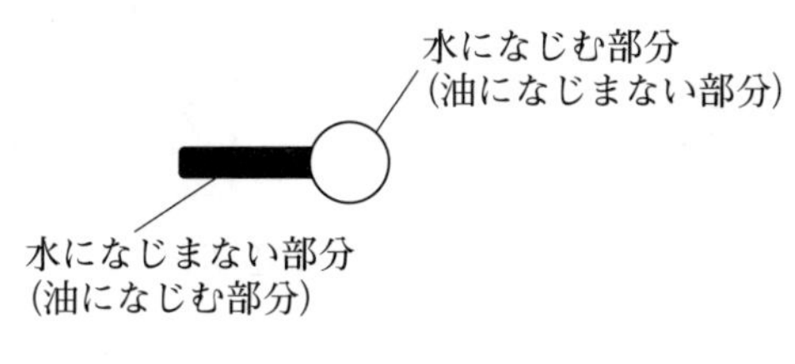

図1　洗剤の粒子のモデル

園子さんは水と、洗剤を溶かした水(液体Aとする)とではスポイトから落としたときの1滴(てき)の体積が違(ちが)うことに気づきました。水は60滴で、液体Aは100滴でどちらもちょうど3㎤になりました。このことを［学習メモ2］にまとめました。同じスポイトを使って、液体A、液体Bが1～4㎤ちょうど、または初めて超(こ)えるまでに何滴必要だったかを調べたところ、次のような結果になりました。

表1

体積〔㎤〕	1	2	3	4
水〔滴〕	20	40	60	（ あ ）
液体A〔滴〕	34	（ い ）	100	134

［学習メモ2］

スポイトから液体を落とそうとするとき、スポイトからはみ出した液体は表面張力でしばらくはスポイトの先端(せんたん)にとどまる(図2)。とどまっている液体の体積が大きくなると、はみ出した液体の重さを表面張力が支えられなくなり、液体が1滴落ちる。液体の表面張力の大きさが［ a ］ほど、1滴の体積が小さくなる。洗剤は液体の表面張力の大きさを［ b ］すると考えられる。

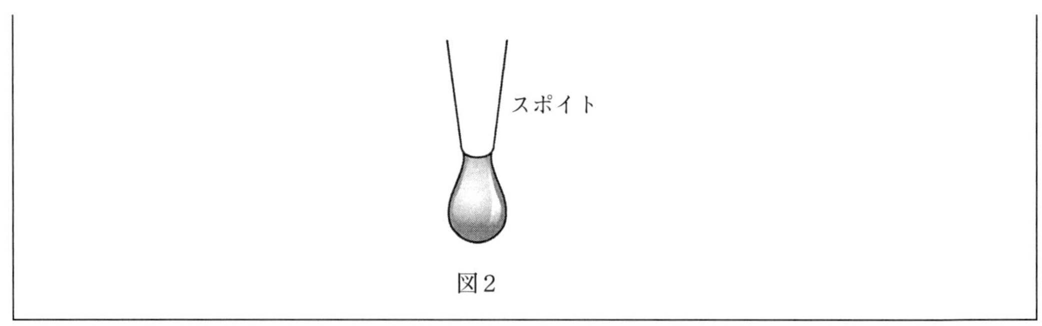

図２

(1)　洗剤を十分に溶かした水に油を少したらしてかき混ぜたときの様子を表しているモデルとして最も適当なものを次より１つ選び、記号で答えなさい。

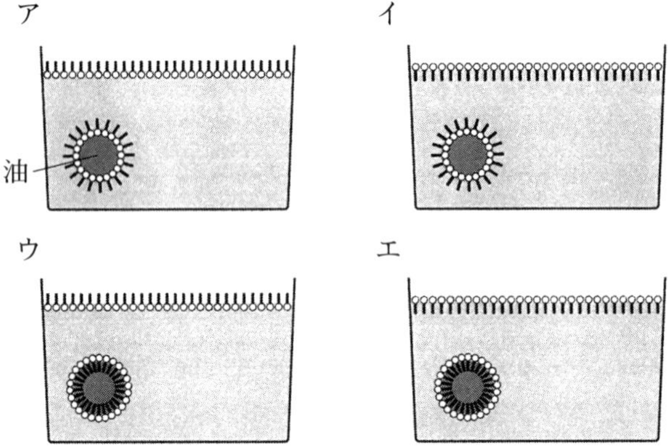

(2)　［学習メモ２］の[a]、[b]に当てはまる語句の組み合わせとして適当なものを次より１つ選び、記号で答えなさい。

	a	b
ア	大きい	大きく
イ	大きい	小さく
ウ	小さい	大きく
エ	小さい	小さく

(3)　液体Ａの１滴の体積は、水の１滴の体積の何倍ですか。小数第３位以下がある場合は、四捨五入して小数第２位まで答えなさい。

(4)　表１の(　あ　)、(　い　)に当てはまる数値を整数で答えなさい。

１ｇの食塩でこのスポイトを使ってできるだけ濃度(のうど)が10％に近い食塩水を作ろうとしています。１滴ずつ水を入れていたところ、途中(とちゅう)でスポイトを強く押(お)してしまい、加えていた水の量が分からなくなりました。重さを測ったところ、食塩水は9.98ｇになっていました。園子さんはあと１滴加えるべきか悩んでいます。水の密度を１ｇ/㎤とします。

(5)　10％の食塩水をつくるには食塩１ｇに対して何滴の水が必要ですか。整数で答えなさい。

(6)　この食塩水9.98ｇに１滴の水を加える前と後の濃度はそれぞれ何％ですか。小数第３位以下がある場合は、四捨五入して小数第２位まで答えなさい。

3　園子さんとお姉さんが呼吸について話しています。

園子さん　「私たちって1分間に約20回呼吸しているんだって。」

お姉さん　「呼吸の回数を数えるのは難しいよね。a数えることに集中していたら、息を止めていたみたいで、苦しくなったことがあるよ。」

園子さん　「授業でb呼吸のしくみがわかる装置を見たよ。肺はたくさんの小さい袋(ふくろ)からできているのね。」

お姉さん　「その袋があるおかげで表面積が大きくなるから、効率よく気体の交換(こうかん)が行えるのよね。」

園子さん　「他にもc表面積と関わりがあるものってたくさんありそうだね。」

(1)　下線部aに関連して、正しいものを次より1つ選び、記号で答えなさい。

ア　ふだんは無意識のうちに呼吸をくり返しており、自分の意思でも調節することができる。

イ　ふだんは自分の意思で呼吸をくり返しており、他のことに集中すると呼吸はとまってしまう。

ウ　ふだんは無意識のうちに呼吸をくり返しており、自分の意思では調節することはできない。

エ　ふだんは自分の意思で呼吸をくり返しており、無意識では呼吸を調節することはできない。

(2)　ヒトが呼吸するのは、空気中の気体Aを取り込(こ)み、気体Bを排出(はいしゅつ)するためです。気体Aと気体Bの性質を正しく説明しているものを、次より1つずつ選び、それぞれ記号で答えなさい。

ア　水に溶かし、赤色リトマス紙につけると青色に変わる。

イ　鼻をさすようなにおいがする。

ウ　石灰水に通すと白くにごる。

エ　温度を下げると、水になる。

オ　ものを燃やすのを助けるはたらきがある。

(3)　次のア～カより、ヒトの呼吸に関わるものをすべて選び、取り込まれた気体が通る順に並べたときに、2番目になるのはどれか。次より1つ選び、記号で答えなさい。

ア　胃　　イ　えら　　ウ　気管　　エ　気管支　　オ　気門　　カ　肺胞(はいほう)

(4)　右図は正面から見たヒトの心臓の断面です。心臓につながっている血管のうち、気体Aが多く含(ふく)まれている血液が流れている管の組み合わせとして適当なものを次より1つ選び、記号で答えなさい。

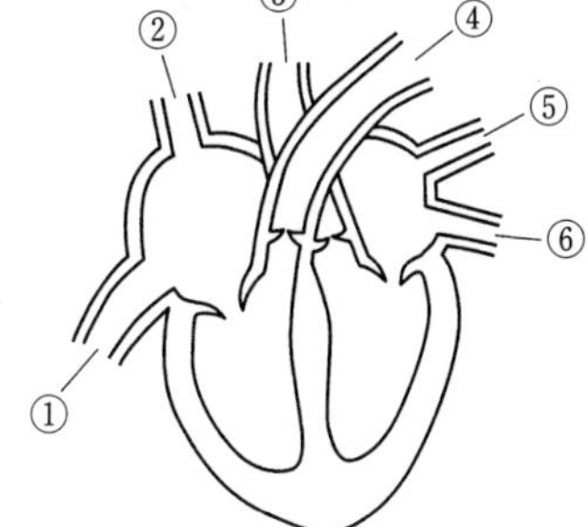

ア　①、②　　　イ　③、④　　　ウ　①、⑥

エ　①、②、④　　オ　③、⑤、⑥　　カ　②、③、④、⑤

(5)　園子さんは、下線部bを作り、次の実験を行いました。

【実験】

図1のような底を切ったペットボトルを用意し、切った部分にしっかりとゴム膜(まく)を付け、ゴム風船を取り付けたガラス管をゴム栓(せん)とともに固定した。ゴム風船のようすを観察した結果をあとの表に示した。

操作1　図1の状態から図2のようにゴム膜を手でひっぱった。

操作2　操作1のあと、ひっぱる力を弱めて、ゴム膜を図1の状態に戻(もど)した。

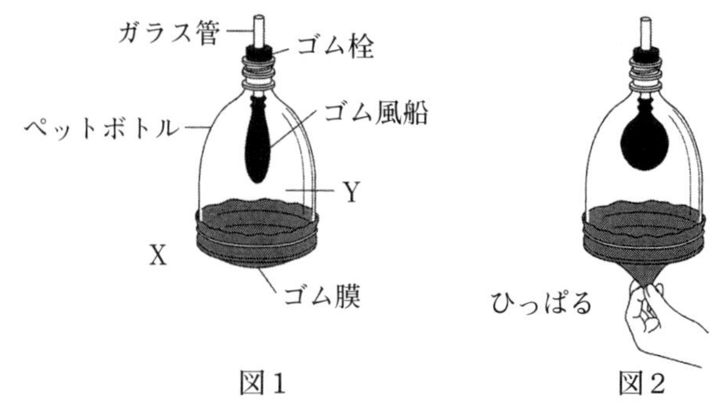

図１　　図２

		ゴム風船のようす
操作１	前	しぼんでいる。
	後	ふくらんだ。
操作２	前	操作１後と同じ大きさのまま。
	後	しぼんだ。

①　ヒトのからだにおいて、この装置のゴム膜と同じはたらきをする部分の名称(めいしょう)を答えなさい。

②　ペットボトルの外側の気圧をX、ペットボトルの内側で、ゴム風船の外側の気圧をYとして、操作１、２の前後に、X、Yの部分の気圧の大きさを比べた。次のｄ、ｅのとき、X、Yの関係を正しく示しているものをア～ウより１つずつ選び、それぞれ記号で答えなさい。ただし、同じ記号を答えてもよいものとします。

ｄ：操作１でゴム膜をひっぱる前

ｅ：操作１でゴム膜をひっぱりはじめ、ゴム風船がふくらみつつある間

ア　X＞Y　　イ　X＝Y　　ウ　X＜Y

③　図３のC、Dは、呼吸をしているときの胸の内部の様子を表している。図１、２は、図３のC、Dのいずれかの状態にあたるものである。図２の状態を正しく説明したものを、次より１つ選び、記号で答えなさい。

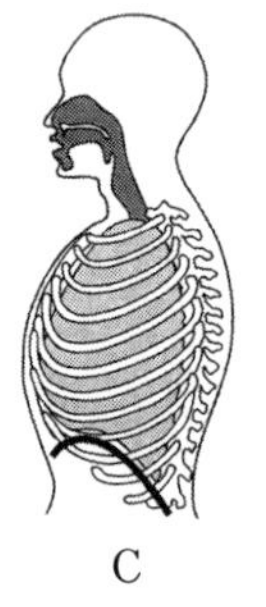
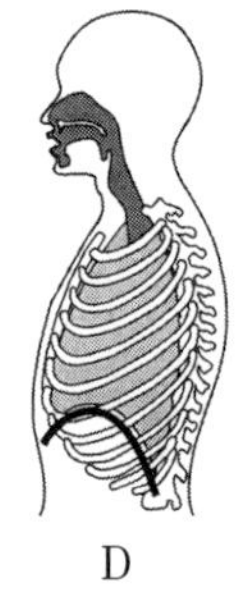

C　　D

図３

ア　図２はCにあたるもので、息を吸った状態を表している。

イ　図２はDにあたるもので、息を吸った状態を表している。

ウ　図２はCにあたるもので、息をはいた状態を表している。

エ　図２はDにあたるもので、息をはいた状態を表している。

(6)　下線部cに関連して、ベルクマンの法則が知られています。この法則は、同種や近い種の恒温動物では高緯度に生息しているものほど、体が大きく、体重が重くなる傾向がある、というものです。たとえばニホンジカのなかまのオスの体重を比べると、エゾシカは70～140kg、ホンシュウジカは50～80kg、ヤクシカは25～50kgです。この現象を説明したものとして適当なものを次より1つ選び、記号で答えなさい。

ア　体重1kgあたりの体表面積が小さくなると、天敵にみつかりにくくなり、生き残りやすいから。

イ　体重1kgあたりの体表面積が大きくなると、行動範囲が広くなり、生き残りやすいから。

ウ　体重1kgあたりの体表面積が小さくなると、体の熱が逃げにくくなるから。

エ　体重1kgあたりの体表面積が大きくなると、体の熱が逃げにくくなるから。

4　春分の日に、園子さんはお父さんと旅行で兵庫県の六甲山(北緯34度46分、東経135度15分、標高931m)に出かけました。図1は10時10分にみたお父さんのうで時計の文字盤です。

図1

お父さん「父さんのうで時計を使って、方位を調べてみようか。」

園子さん「その時計でそんなことができるの？」

お父さん「太陽が見えればおよその方位が分かるよ。まず、うで時計の文字盤を水平にして、短針が太陽の方を向くように持ってごらん。今はちょうど正午だから、文字盤の［　a　］時の方向が南になるね。」

園子さん「短針を太陽の方向に合わせれば、いつでも文字盤の［　a　］時の方向が南になるのかな。」

お父さん「それはどうだろう。時計の短針の動く速さと太陽の動く速さを比べてみようか。」

園子さん「今から1時間後に、短針は今の位置から時計回りに［　b　］度動き、太陽は［　c　］へ［　d　］度動くよね。つまり、短針の回転の速さは太陽のおよそ［　e　］倍だね。ということは短針が正午の位置から動いた角度の［　f　］分の1の角度の方向が南になるのね。」

(1)　文中の［　a　］～［　f　］に当てはまる数値や語句を入れなさい。数値は整数で、また、［　c　］には東・西・南・北のいずれかの方位を答えなさい。

(2)　下線部について、この時の太陽の高度として最も近いものを、次より1つ選び、記号で答えなさい。

ア　23度　　イ　35度　　ウ　45度　　エ　55度

オ　67度　　カ　79度　　キ　113度

(3)　翌朝、園子さんがうで時計を見ると図２のようになっていました。前日と同様に考えると、南は文字盤の何時の方向ですか、整数で答えなさい。

図２

(4)　この方法は、場所によって誤差が生じます。高尾山(北緯35度37分、東経139度14分、標高599ｍ)で用いたときは六甲山のときよりも誤差は大きくなります。この理由を説明しなさい。ただし、うで時計を水平にする、短針を太陽の方向に合わせるなどの動作による誤差は無視できるものとします。

(5)　園子さんは、夜の太陽が見えない時間帯に方位を調べる方法も考えてみました。

①　夜空には方位を確認するのに便利な、一晩中見える方向がほぼ変化しない星があります。その名称を答えなさい。

②　星の高度をはかる際、分度器、おもり、糸を組み合わせた図３のような装置を使います。星の高度を示しているものとして適当なものを図３のア～ウより１つ選び、記号で答えなさい。

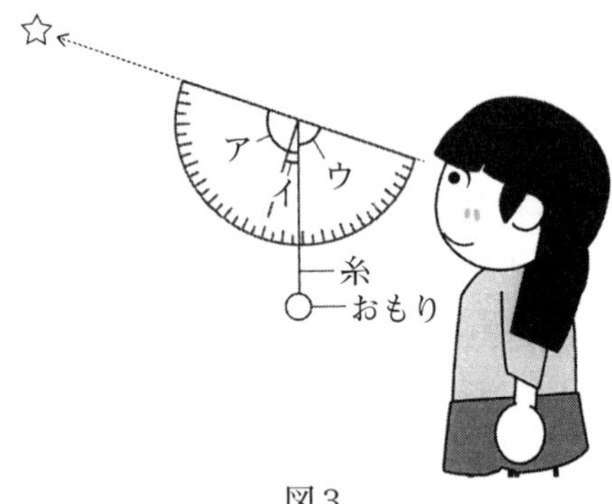

図３

③　六甲山で①の星を観察したとすると、星の高度として最も近いものを、次より１つ選び、記号で答えなさい。

ア　23度　　イ　35度　　ウ　45度　　エ　55度

オ　67度　　カ　79度　　キ　113度

④　春分の日の真夜中、南の方向に見える星座として適当なものを、次より１つ選び、記号で答えなさい。

ア　ふたご座　　イ　いて座　　ウ　おとめ座　　エ　うお座　　オ　おおぐま座

捜真女学校中学部（A）

—30分—

1　次の問いに答えなさい。

図1はアブラナの花をあらわしています。

(1)　A～Dの名前をそれぞれ答えなさい。

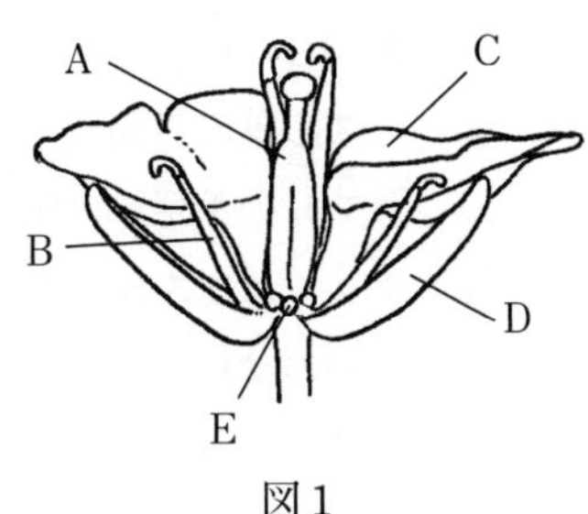

図1

(2)　アブラナのAの先にBから出た粉がつきました。

(i)　このようなはたらきを何といいますか。

(ii)　Eは蜜(みつ)せんといい、蜜が出ます。蜜せんは(i)のはたらきを助ける役割があります。どのように助けるのか、説明しなさい。

(iii)　AとBが別々の花にあるものをア～オから1つ選び、記号で答えなさい。

ア　アサガオ　　イ　ヒメジョオン　　ウ　タンポポ　　エ　カボチャ　　オ　イチゴ

(3)　しばらくすると花は枯(か)れて、図2のようなものができました。

(i)　図2を何といいますか。ア～オから1つ選び、記号で答えなさい。

ア　つる　　イ　実　　ウ　葉　　エ　茎(くき)　　オ　根

図2

(ii)　次のア～オは、さまざまな植物のある部分を表しています。図2と同じ部分にあたるものをア～オから1つ選び、記号で答えなさい。

(4)　収穫(しゅうかく)した種を土に植えて育てることになりました。種が発芽するためには何が必要ですか。ア～オからすべて選び、記号で答えなさい。

ア　空気　　イ　風　　ウ　水　　エ　光　　オ　温度

2　自然の力は人間の想像をはるかに超(こ)えています。生物がもつ特殊(とくしゅ)な機能や不思議(ふしぎ)な能力を利用する「バイオミメティクス（生物模倣(もほう)）」が近年、注目されていて、様々な分野で活用されています。

(1)　壁(かべ)にくっついて固定する機能として、右のようなものが使われています。このような機能を体に持った生物の例を1つ答えなさい。

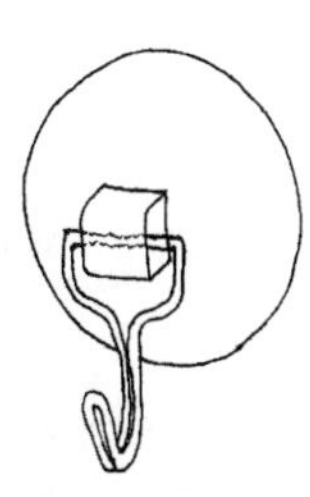

(2)　次の例①～⑤は、どのようなものに利用されていると考えられますか。それぞれにあてはまるものをあとのア～オから１つずつ選び、記号で答えなさい。

①　蚊の口はギザギザしていて、皮ふとふれあう面積が少ないので、ヒトは痛みを感じにくい

②　カワセミの口ばしの先端の形は、水に飛び込む時に抵抗が少ないので、水しぶきがほとんどあがらない

③　ハスの葉の表面にある凹凸の構造は、水をはじくことができる

④　ヤモリの手足には細かい毛が生えており、垂直の壁でも歩くことができる

⑤　マグロは皮ふから分泌する体液で、海水との摩擦が小さくなっている

ア　船の塗料　　　イ　接着テープ　　　ウ　注射針

エ　ヨーグルトのふた　　　オ　新幹線の先頭部分

(3)　右図のようなしゃ断機や工事用の柵などには共通した特徴がみられます。

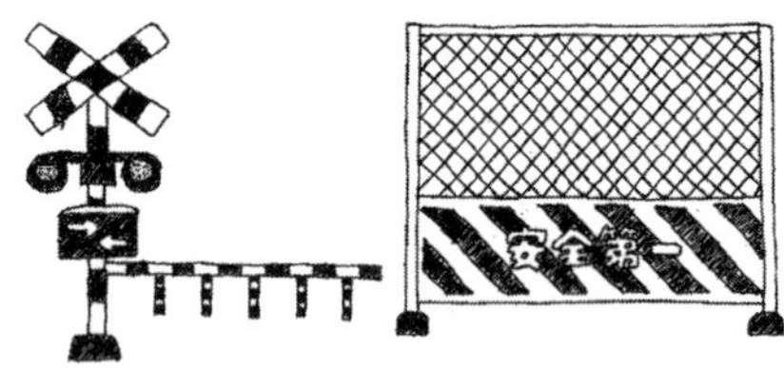

①　どのような生き物の特徴をまねていると考えられますか。生物の例を１つ答えなさい。

②　踏切や工事用の柵において、①の生き物の特徴をまねることによって、どのような効果があると考えられますか。

3　陸上部のかなこさんとりこさんは、雨が降った次の日に、学校のグラウンドへ行ってみました。すると、水たまりがなくなっているところと水たまりが残っているところがあることに気が付きました。次の会話文を読み、問いに答えなさい。

かなこ：水たまりがなくなっているところと水たまりが残っているところには、どのような違いがあるのかな。

りこ　：日が当たって（①ア　いる　　イ　いない　）ところは乾きにくいから、まだ水たまりが残っているね。

かなこ：日が当たって（②ア　いる　　イ　いない　）ところは乾いているよ。

りこ　：乾いているってことは、水が（ ③ ）したということだよね。

かなこ：$_{\mathrm{A}}$水は100℃近くになると、水から（ ④ ）になるけど、100℃になったということかな。

りこ　：うーん、$_{\mathrm{B}}$100℃近くにならなくても（ ③ ）するんじゃない？例えば、［　⑤　］ことと同じだよね。

かなこ：たしかにそうだね。だとしたら、（ ③ ）した水はどこへいくんだろう。

りこ　：空気中に出ていくんじゃない？

かなこ：つまり、空気の中にはたくさんの水が含まれているってことか。
たしかに、$_{\mathrm{C}}$冬の朝は、小さな水てきになって浮いているときがあるよね。

りこ　：寒いから、空気中のたくさんの（ ④ ）が冷えて水になっているんだね。

かなこ：そういうことだね。話していても寒いから少し走ろうよ。

りこ　：あれ？あの辺りを見て。日の当たり方は同じなのに、水たまりが残っているところと消えているところがあるよ。なんでかな。近くまで行ってみよう。

かなこ：よく見てみると、$_{\mathrm{D}}$砂のつぶの大きさが違うね。

りこ　：砂のつぶの大きさによって水のしみこみ方が違うから、日の当たり方は同じでも、水たまりが残っているところと消えているところがあるんだね。

かなこ：おもしろいね。でも、水たまりがあると走りにくいから、はやく乾いてくれないかなぁ。

(1)　(　①　)、(　②　)にあてはまる言葉をア、イからそれぞれ選び、記号で答えなさい。

(2)　(　③　)、(　④　)にあてはまる言葉を答えなさい。

(3)　下線部Aについて、次の表はビーカーに入れた水をガスバーナーであたためたときの温度変化を表したものです。この表をあとのグラフにかきなさい。

熱した時間[分]	0	2	4	6	8	10	12	14	16	18	20
水の温度[℃]	20	25	41	59	69	79	87	92	96	98	99

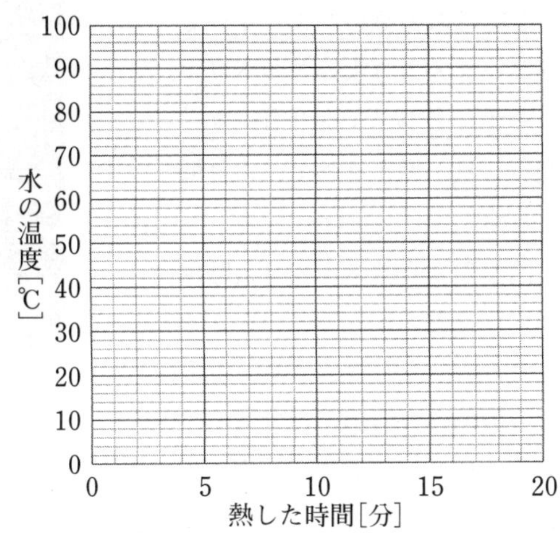

(4)　[　⑤　]にあてはまる言葉を、下線部Bを参考にしてア～エから１つ選び、記号で答えなさい。

ア　鍋(なべ)を火にかけて湯を沸(わ)かす　　イ　電気ケトルで湯を沸かす

ウ　洗たく物が乾く　　エ　氷を入れた麦茶のコップのまわりに水てきがつく

(5)　下線部Cのような現象をひらがな２文字で答えなさい。

(6)　下線部Dについて、水たまりが残っていたところの砂のつぶの大きさは、その他の場所と比べてどうなっていたと考えられますか。「大きい」または「小さい」で答えなさい。

④　捜真女学校のチャペルにはとても大きなパイプオルガン(図１)があります。パイプオルガンは、長さや太さの異(こと)なる様々なパイプに空気を入れることで、音を鳴らしています。鍵盤(けんばん)を指で押さえると、図２のようなしくみで、送風機(そうふうき)から風箱(かざばこ)に空気が送られ、風箱からパイプに空気が入ります。

図１

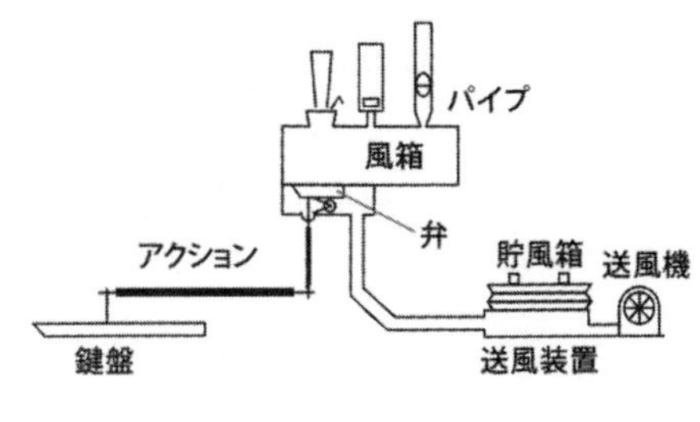

図２

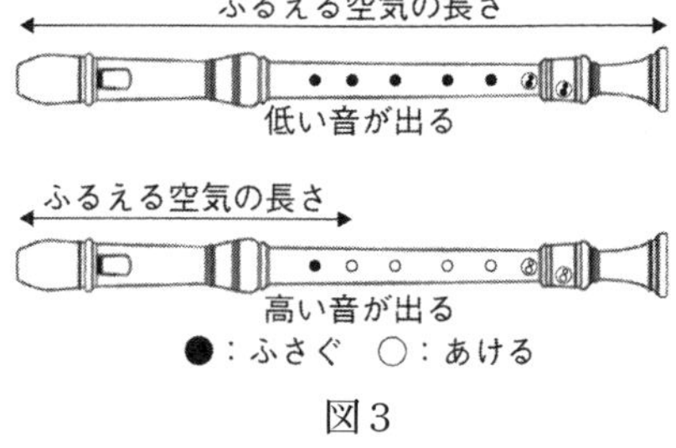

図3

パイプに空気が入ると音が鳴ります。これは、リコーダーと同じ原理です。Aリコーダーに息を吹き込むと、リコーダーの中の空気がふるえます。このときふるえる空気の長さは、息の吹き込み口から、穴までの間です。図3のように、多くの穴をふさぐとふるえる空気の長さが長くなるので、低い音が出て、ふさぐ穴の数を減らすとふるえる空気の長さが短くなるので、高い音が出ます。また、小学校でみなさんが演奏しているのはソプラノリコーダーと呼ばれる細いリコーダーですが、他にもソプラノリコーダーより太いアルトリコーダーというものもあります。太いアルトリコーダーの方が、中でふるえる空気の量が増えるので、より低い音が出せるようになります。

図4

パイプオルガンには、図4のようなストップと呼ばれるボタンがあります。これを押すことで、パイプオルガンから出る音色を変えることができ、フルートやトランペットなど、異なる種類の楽器の音色で演奏することができます。パイプオルガンの鍵盤(けんばん)は56鍵あるので、音の高さは56音あるということです。１種類の音色につき、56音あるので、３種類の音色を使って演奏できるパイプオルガンは、56×３＝168音を168本のパイプを使って奏でることができます。このようなパイプオルガンを３ストップオルガンと呼びます。捜真女学校のパイプオルガンは35ストップオルガンです。どれだけ大きなものかが分かりますね。同様に計算すれば、35ストップオルガンには(　　)本のパイプがあることになります。しかし、実際には捜真女学校のパイプオルガンの中には2373本のパイプがあります。これはBパイプオルガンで演奏できる音色の中には、１種類の音を鳴らすのに２本以上のパイプを必要とするものがあるからです。

(1)　下線部Aについて、リコーダーの音の出るしくみから考えると、右のパイプの中で最も高い音が出るものはどれですか。ア～エから１つ選び、記号で答えなさい。

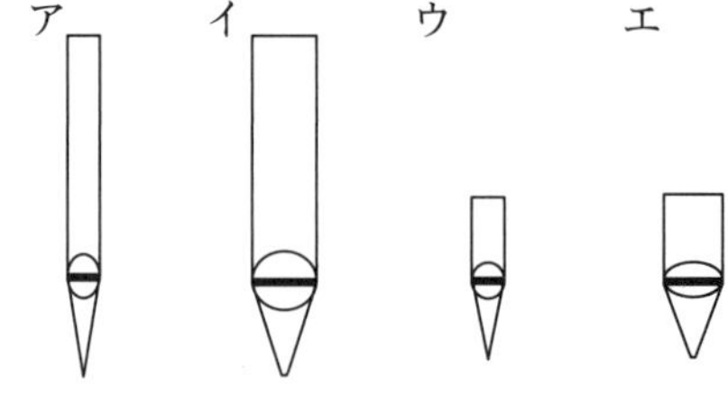

(2)　図2について、パイプオルガンの「送風機から風箱」の役割は、リコーダーを吹くときの人体のどの部分の組み合わせに近いですか。ア～エから１つ選び、記号で答えなさい。

ア　腕(うで)から指　　イ　心臓から指　　ウ　肺から口　　エ　胃から口

(3)　(　　)にあてはまる数字を答えなさい。

(4)　下線部Bについて、１種類の音を鳴らすのに複数のパイプを必要とする音色は、図４のストップボタンに表示があります。右図はシンバルのストップボタンで、シンバルの下に３rksと書いてあります。これは、シンバルで１種類の音を鳴らすためには３本のパイプが必要だということです。複数のパイプを必要としない音色にはこの表示はありません。次のようにストップボタンが配置されているパイプオルガンには、何本のパイプが必要でしょうか。

シンバル ３rks

ファゴット	シンバル ３rks	トランペット	シャルフ ４rks	フルート	コルネット ５rks

田園調布学園中等部(第１回)

—40分—

〔注意〕 用語や言葉の問題で、漢字で書けるものは漢字で答えてください。ただし、小学校で習っていないものは、ひらがなでかまいません。

1　次の問いに答えなさい。

Ⅰ　次の表は、背骨があるかないかと、生活の場所で動物をなかま分けしたものです。

	背骨がある	背骨がない
(①)で生活する	グループA	グループB
	ヒト　ニワトリ	マイマイ(カタツムリ) ミミズ
(②)で生活する	グループC	グループD
	フナ　イルカ	イカ

(1)　表の中の①、②に当てはまる生活の場所を答えなさい。

(2)　グループDに当てはまる動物を他に１つ答えなさい。

(3)　グループAとCの両方に当てはまる動物を１つ答えなさい。

(4)　アゲハチョウはA～Dのどのグループに当てはまりますか。記号で答えなさい。

(5)　グループAの生き物は、何という臓器を使って呼吸しているか答えなさい。

Ⅱ　次の図は、メダカの卵が育つ様子をスケッチしたものです。

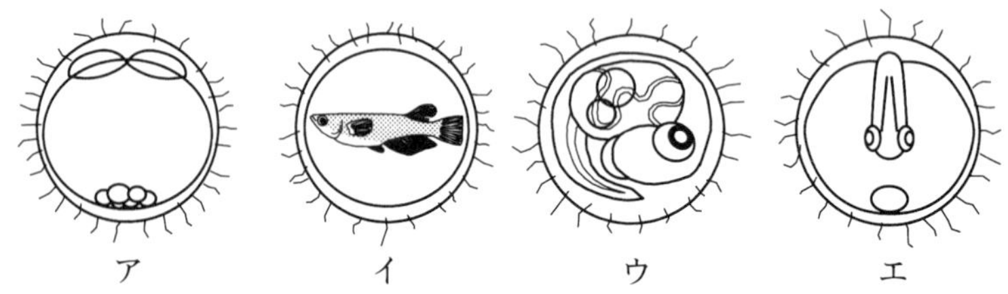

(6)　図のア～エのうち、正しくないものを１つ選び、記号で答えなさい。

(7)　図のア～エを、育つ順番に並べなさい。ただし、(6)で選んだものは除いて答えること。

(8)　メダカは、卵からかえってもしばらくはエサを食べません。それはなぜか、簡単に説明しなさい。

2　次の問いに答えなさい。

Ⅰ　食塩水、石灰水、アンモニア水、うすい塩酸、炭酸水、水を試験管A～Fのどれかに１種類ずつ入れました。液体の種類を調べるために、次の実験１～４を行ったところ、結果は表のようになりました。

［実験１］　試験管に緑色のＢＴＢよう液を少し入れて、それぞれ色の変化を調べた。

［実験２］　それぞれの液体をこまごめピペットで蒸発皿に少量ずつとって加熱し、固体が残るかどうかを調べた。

［実験３］　それぞれの液体のにおいを調べた。

［実験４］　試験管に小さいアルミニウムはくを入れ、アルミニウムはくがとけるかどうかを調べた。

表　実験結果

実験＼試験管	A	B	C	D	E	F
1	青	黄	緑	緑	青	黄
2	残らなかった	残らなかった	残った	残らなかった	残った	残らなかった
3	あり	なし	なし	なし	なし	あり
4	とけなかった	とけなかった	とけなかった	とけなかった	とけた	とけた

(1)　試験管Ａ～Ｆに入っている液体をそれぞれ答えなさい。

(2)　こまごめピペット１本で実験２を行う場合、新しい液体を調べる前に行う作業について説明しなさい。

(3)　実験４の後、試験管Ｆの液体を蒸発させたところ、固体が出てきました。

①　出てきた固体について正しく説明したものを、次のア～エから１つ選び、記号で答えなさい。

ア　固体はアルミニウムはくと同じもので、色もアルミニウムはくと同じである。

イ　固体はアルミニウムはくとは異なるものだが、色はアルミニウムはくと同じである。

ウ　固体はアルミニウムはくと同じものだが、色はアルミニウムはくとは異なる。

エ　固体はアルミニウムはくとは異なるもので、色もアルミニウムはくと異なる。

②　色を比べる以外に、出てきた固体とアルミニウムはくが同じものか、異なるものかを調べる実験の方法を１つ答えなさい。

Ⅱ　図は、硝(しょう)酸カリウムと食塩、ホウ酸がそれぞれ水100ｇにとける量と、水の温度との関係を表したものです。

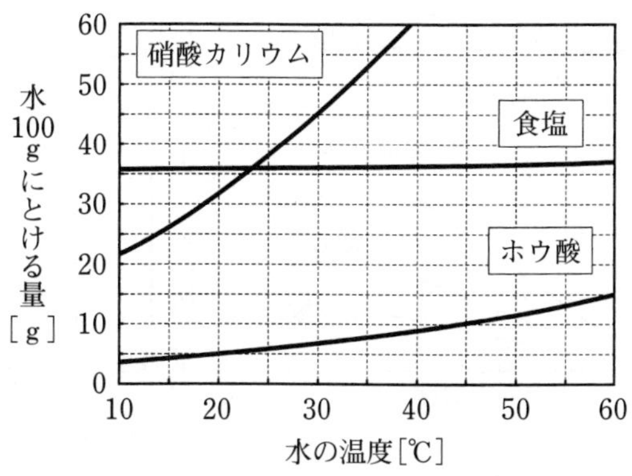

(4)　60℃、200ｇの水にホウ酸をとけるだけとかしました。何ｇとけますか。また、そのときの濃(こ)さは何％ですか。濃さは小数第１位を四捨五入して、整数で答えなさい。

(5)　硝酸カリウムと食塩、ホウ酸を20℃の水にそれぞれ1種類ずつとかしたとき、水の量ととける量との関係として正しい図を、次のア～エから1つ選び、記号で答えなさい。

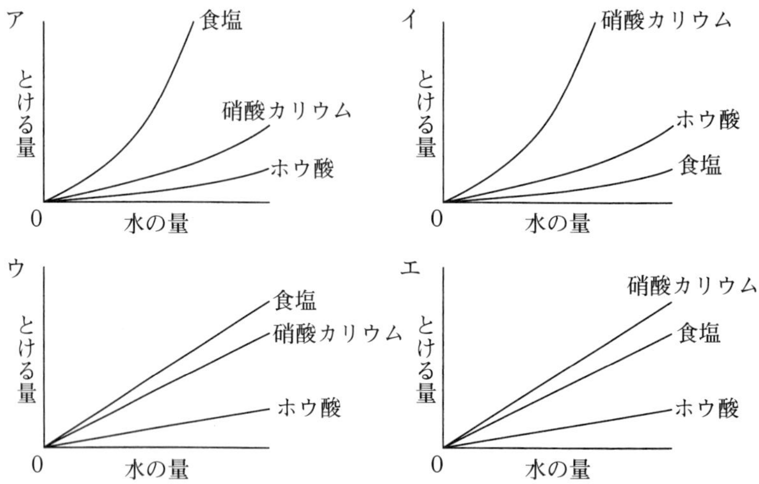

(6)　硝酸カリウムと食塩、ホウ酸を、40℃に保ちながら200gの水にそれぞれ1種類ずつ、とけるだけとかしました。その後10℃まで水よう液を冷やしたとき、出てくる固体の量(g)が最も多いのはどれですか。

(7)　硝酸カリウムと食塩、ホウ酸を、60℃に保ちながら200gの水にそれぞれ1種類ずつ、とけるだけとかしました。これらの水よう液を冷やして下がった温度と、出てきた固体の量の関係として正しい図を、次のア～エから1つ選び、記号で答えなさい。

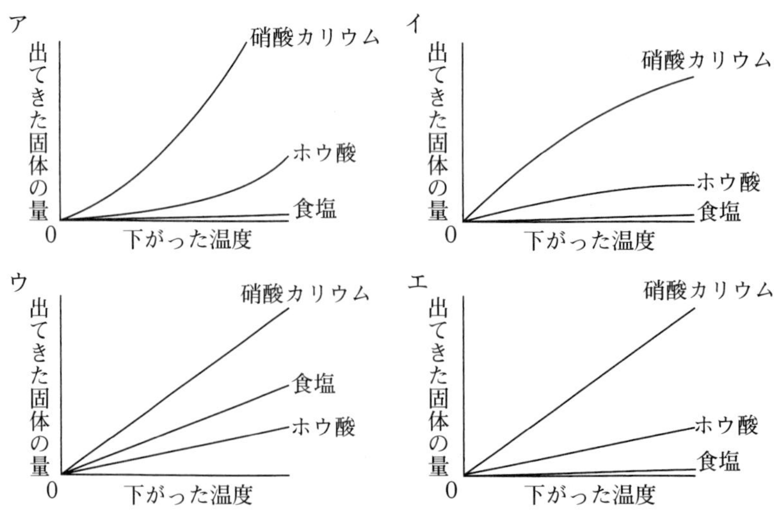

3　次の問いに答えなさい。

次の図は、2023年8月に日本を通過した台風7号の位置や、そこから予想される情報を示したものです。

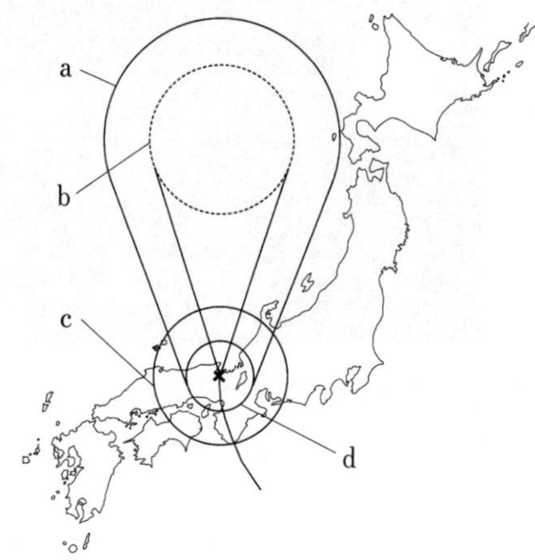

⑴　図のa～dについて正しく説明しているものを、次のア～エから1つ選び、記号で答えなさい。

ア　aの線でかこまれたところは、今後台風の中心が通るおそれのあるはんいを示している。

イ　bの円は、今後台風が発達する大きさを示している。

ウ　cの円は、強い雨が降っているはんいを示している。

エ　dの円は、毎秒25m以上の強い風が吹(ふ)いているはんいを示している。

⑵　図の×印の地点に非常に強い勢力の台風の中心があるときの、東京での風向きとして当てはまるものを、次のア～エから1つ選び、記号で答えなさい。

ア　北東の風　　イ　北西の風　　ウ　南東の風　　エ　南西の風

⑶　台風7号では、太平洋側で台風の中心からはなれた場所でも多くの雨が降りました。このことを説明した次の文章の①～③に当てはまる言葉をア、イから1つずつ選び、記号で答えなさい。

台風によって生じた強い風によって①(ア　山の方　　イ　海の方)から②(ア　暖か　　イ　冷た)くて③(ア　かわい　　イ　しめっ)た空気が流れこんで雨を降らせた。

⑷　⑶のような場合では、雨雲が風に流されても次々に新しい雨雲が発生し、長い時間、帯状に限られた地域で多くの雨が降ることがあります。このような強い雨が降るはんいを何と呼びますか。

(5)　次の写真は日本全国に約1300か所設置されている、雨量や気温、風向・風速などを観測し、データを気象庁に送る装置です。

①　この装置は何と呼ばれていますか。カタカナ４文字で答えなさい。

②　この装置で全国から集められたデータからどのようなことがわかりますか。あなたの考えを書きなさい。

③　台風による災害から身を守るために、事前にどのような取り組みをすれば良いですか。あなたの考えを書きなさい。

4　次の問いに答えなさい。

図１のように、レーザーポインターの光をふりこ１の最も低い点(P)に当てて、向かいにある光検出器(ひかりけんしゅつき)でレーザーポインターからの光の強さを検出します。図２は、ふりこ１を正面から見たときのようすです。Pにふりこ１のおもりがあるとき、レーザーポインターからの光は光検出器に届かないので、図３のような結果が得られます。また、Pにふりこのおもりがないとき、図４のような結果が得られます。

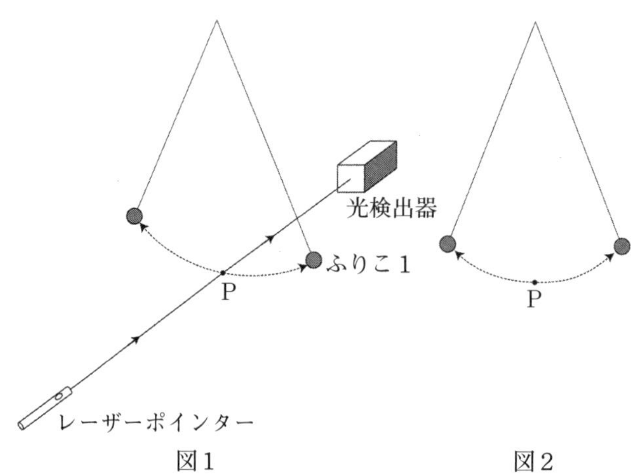

図１　　図２

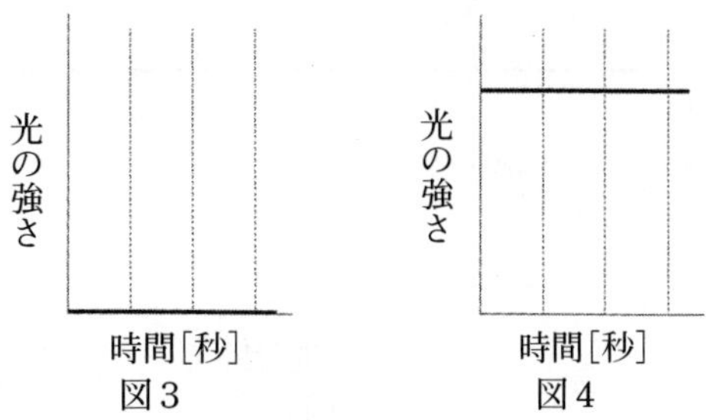

図3　　図4

(1)　次の文章はレーザーポインターから出る光の性質について説明したものです。空らん(①)と(②)に当てはまる言葉をそれぞれ答えなさい。

光は空気中を(①)進むので、レーザーポインターを光検出器に向けて固定すれば、レーザーポインターから出た光は常に光検出器に当たる。ふりこ1のおもりがPを横切ると、光はおもりに当たって(②)ので、光は光検出器に届かなくなる。

(2)　図1のように、ふりこ1を静かにゆらし始めたところ、光検出器からは図5のような結果が得られました。ふりこ1の1往復する時間は何秒ですか。ただし、ゆらし始めた時間が0［秒］です。

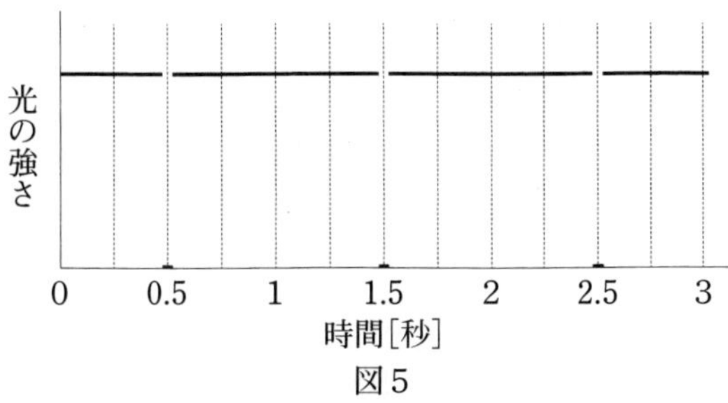

図5

次に、ふりこ1よりも長いふりこ2と、ふりこ1よりも短いふりこ3を図6のようにつるしました。レーザーポインターの光は、すべてのふりこの最も低い点を通過します。それぞれのふりこを静かにゆらし始めたところ、光検出器からは図7のような結果が得られました。

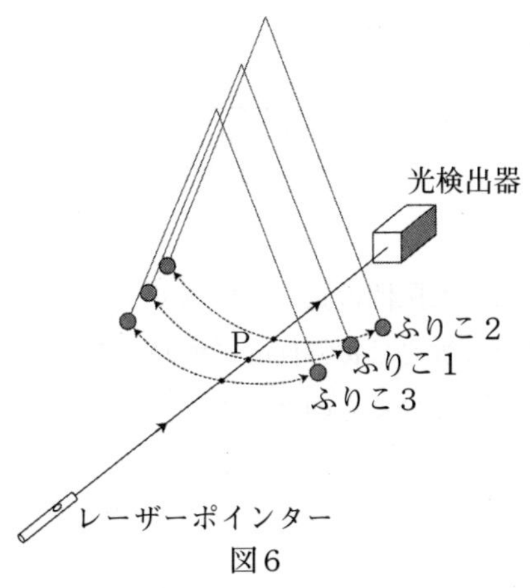

図6

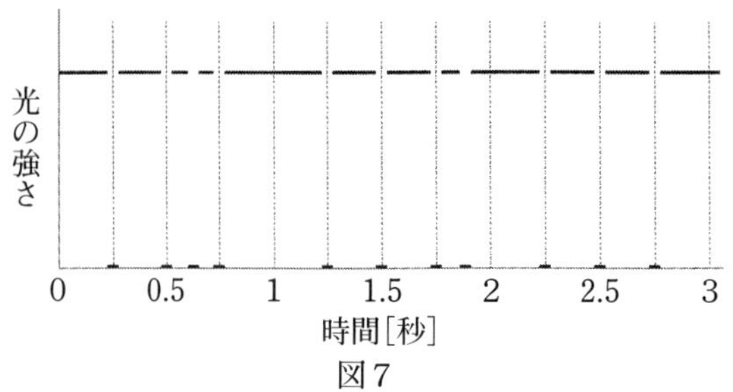

図７

⑶　ふりこ１～３で、１往復する時間が長い順にふりこの番号を答えなさい。

⑷　2.75秒の時に最も低い点を横切っているふりこを１つ選び、ふりこの番号で答えなさい。

⑸　光検出器の結果を細かく見ることで、ふりこの速さを計算することができます。ふりこ１のふれはばを40°、光がおもりに当たっている時間中のふれはばを1.2°、Oからおもりの中心(Q)までの長さを100㎝とします。(図８)ただし、図８はふれはばとおもりが実際よりも大きくかかれています。また、図９は光検出器から得られた結果を細かく見たものです。

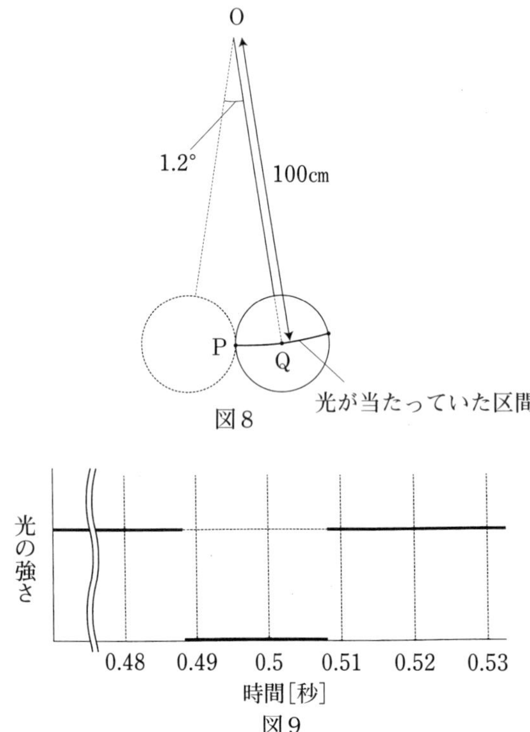

図８

図９

①　光がおもりに当たっていた区間の長さは何㎝ですか。ただし、円周率は３とします。

②　最も低い点でのおもりの速さは毎秒何㎝ですか。ただし、おもりに光が当たっている間は、おもりは一定の速さで動いているものとします。

東京女学館中学校(第１回)

―30分―

(編集部注：実際の入試問題では、写真や図版の一部はカラー印刷で出題されました。)

1　次の文章を読んで、後の問いに答えなさい。

地層は、流水の(　あ　)作用によって海や湖まで運ばれてきた土砂が、(　い　)作用によって層をなしていくことでつくられます。図１は、がけにみられる地層をスケッチしたものです。

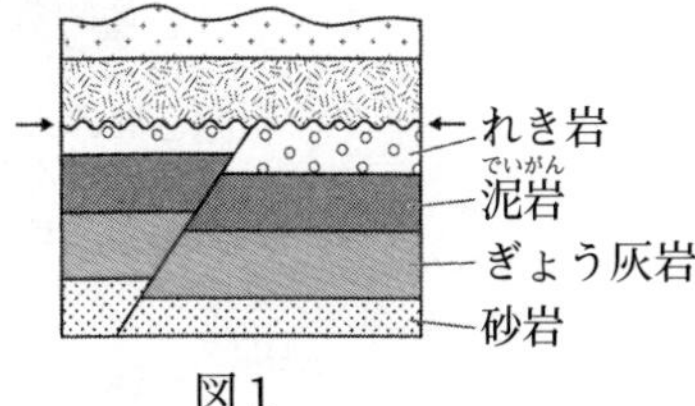

図１

(1)　文中の(　あ　)、(　い　)に当てはまる言葉として正しいものを次の(ア)～(オ)からそれぞれ１つずつ選び、記号で答えなさい。

(ア)　しん食　　(イ)　風化　　(ウ)　運ぱん　　(エ)　たい積　　(オ)　変成

(2)　図１の→のように連続して層をなしていない部分の境目のでこぼこの面を何というか答えなさい。

(3)　図１の砂岩の層には、サンゴの化石が見られました。このことからわかる当時の環境として最も正しいものを次の(ア)～(エ)から１つ選び、記号で答えなさい。

(ア)　あたたかく浅い海　　(イ)　あたたかく深い海　　(ウ)　冷たく浅い海　　(エ)　冷たく深い海

(4)　(3)のようにその地層のできた当時の環境(かんきょう)がわかる化石を何というか答えなさい。

(5)　ぎょう灰岩の層ができたときに起こったと考えられる自然災害を１つ答えなさい。

(6)　図１の泥岩の層の上にはれき岩の層が見られるが、これらの層ができたときに起こったこととして最も正しいと考えられることを次の(ア)～(エ)から１つ選び、記号で答えなさい。

(ア)　土地が沈降(ちんこう)して、海が深くなった。

(イ)　土地が沈降して、河口からこの地点までの距離が小さくなった。

(ウ)　土地が隆起(りゅうき)して、海が浅くなった。

(エ)　土地が隆起して、河口からこの地点までの距離が大きくなった。

(7)　図１の地層には、ずれが見られる。このずれが生じた理由として最も正しい文を次の(ア)～(エ)から１つ選び、記号で答えなさい。

(ア)　上下から押す力が加わったため。　　(イ)　上下に引っ張る力が加わったため。

(ウ)　左右から押す力が加わったため。　　(エ)　左右に引っ張る力が加わったため。

(8)　図１の地層ができるまでに陸地になったのは、現在を含めて少なくとも何回あるか答えなさい。

(9)　水の中で地層がどのようにできるか簡単な実験を行いました。

【実験】

①　ビーカーに泥(どろ)、砂を入れて、水を加えてよくかき混ぜる。

②　十分な長さのメスシリンダーに水を入れて、①のビーカーの中身を加える。

③　①のビーカーの中身が容器に沈(しず)む様子を観察すると、層が見られた。

④　ビーカーに泥、砂、小石を入れて、水を加えてよくかき混ぜる。

⑤　③のメスシリンダーに、④のビーカーの中身を静かに入れる。

⑥　④のビーカーの中身が容器に沈む様子を観察すると、図２のような層が見られた。

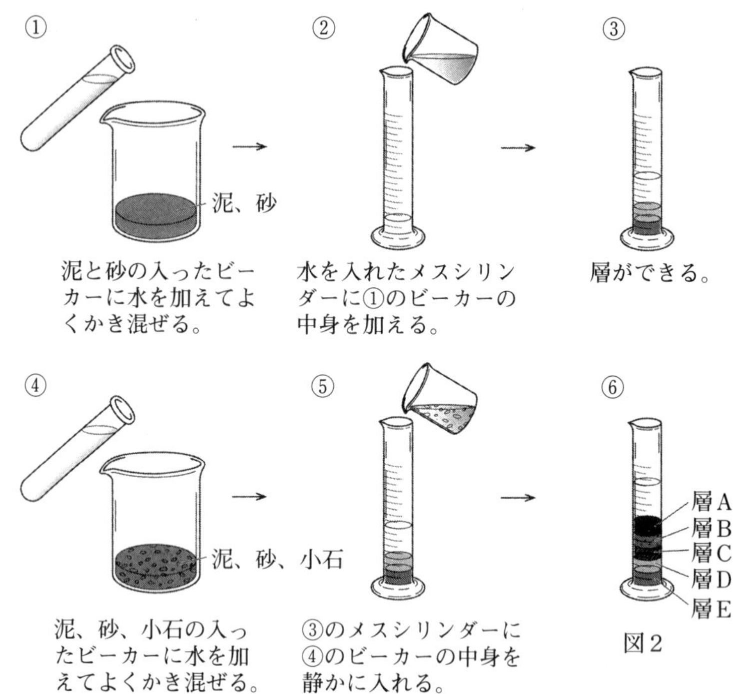
①
泥、砂
泥と砂の入ったビーカーに水を加えてよくかき混ぜる。
②
水を入れたメスシリンダーに①のビーカーの中身を加える。
③
層ができる。
④
泥、砂、小石
泥、砂、小石の入ったビーカーに水を加えてよくかき混ぜる。
⑤
③のメスシリンダーに④のビーカーの中身を静かに入れる。
⑥
層A
層B
層C
層D
層E
図２

図２に見られるＡ～Ｅの層の組み合わせとして最も正しいものを次の(ア)～(エ)から１つ選び、記号で答えなさい。

	A	B	C	D	E
(ア)	泥	砂	泥	砂	小石
(イ)	砂	泥	砂	泥	小石
(ウ)	泥	砂	小石	泥	砂
(エ)	砂	泥	小石	砂	泥

2　次の文章を読んで、後の問いに答えなさい。

図１

花子さんは、学校で配られたインゲンの種子を植え、育ち方や体のつくりについて調べるために、種をまいてからの日数とその様子を記録しました。水は毎日適量与(あた)えました。

【記録】

１日目：鉢(はち)に土と種子を入れて屋外に置いた。

５日目：①発芽し、土の中からインゲンが出てきた(図１)。

10日目：成長にともない、②葉の数が増えた。③その時のインゲンの様子をスケッチした(図２)。

図２

20日目：④つるが観察できた。

23日目：インゲンが成長し、つるが支柱に巻き付いた。

35日目：つぼみをつけ始めた。

40日目：⑤花が咲(さ)いた。

60日目：インゲンのさやができた。

80日目：さやの中の種子を取り出し、保存した。

(1)　下線部①について、植物の種子が発芽するために必要なものとして適当でないものを次の(ア)～(オ)から2つ選び、記号で答えなさい。

(ア)　光　　(イ)　適当な温度　　(ウ)　空気　　(エ)　水　　(オ)　土

(2)　下線部②について、インゲンの葉のような葉脈は何と呼ばれますか。図1を参考にして名前を答えなさい。

(3)　下線部③について、図2はそのスケッチです。インゲンは、発芽のときの子葉の数が2枚である双子(そうし)葉類とよばれる植物です。子葉はどの部分か、図2において当てはまる部分を○で囲みなさい。○は複数書いても構いません。

(4)　下線部④について、植物のつるについて説明している文章として正しいものを次の(ア)～(エ)から1つ選び、記号で答えなさい。

(ア)　つるは地上を横に伸(の)びるために必要である。

(イ)　つるは地上から上に伸びるために必要である。

(ウ)　つるは土の中に入り、根と同様に水を吸うために必要である。

(エ)　つるは葉を食べる昆虫(こんちゅう)などの外敵から身を守るために必要である。

(5)　下線部⑤について、一般的(いっぱんてき)な花に関する説明として正しくないものを次の(ア)～(エ)から1つ選び、記号で答えなさい。

(ア)　花は、がく、花びら、おしべ、めしべからなる。

(イ)　植物によっては、おばな、めばなの区別があるものとないものがある。

(ウ)　おしべの先に花粉がつくことを受粉という。

(エ)　種子は、受粉が起こると作られる。

育てたインゲンを食べた花子さんは、インゲンが好きになりました。1年後の同じ時期、⑥1つの鉢でより多くのインゲンを育てて食べたいと思った花子さんは、保存していた種子を同じ大きさの4つの鉢A、B、C、Dにそれぞれ次のような条件でまきました。A～Dでは、まいた種子はすべて発芽し、種子の数以外の条件はすべて同じとします。

【条件】

Aの鉢には15個の種子を等間かくでまいた。

Bの鉢には35個の種子を等間かくでまいた。

Cの鉢には60個の種子を等間かくでまいた。

Dの鉢には150個の種子を等間かくでまいた。

これらの鉢を同じ場所に置き、同じ条件で育てて次のⅰ、ⅱについて調べ、グラフを作成しました。

ⅰ　種まき後の日数と、それぞれの鉢のインゲン1本あたりの平均の重さ。

ⅱ　種まき後の日数と、それぞれの鉢のすべてのインゲンを合わせた重さ。

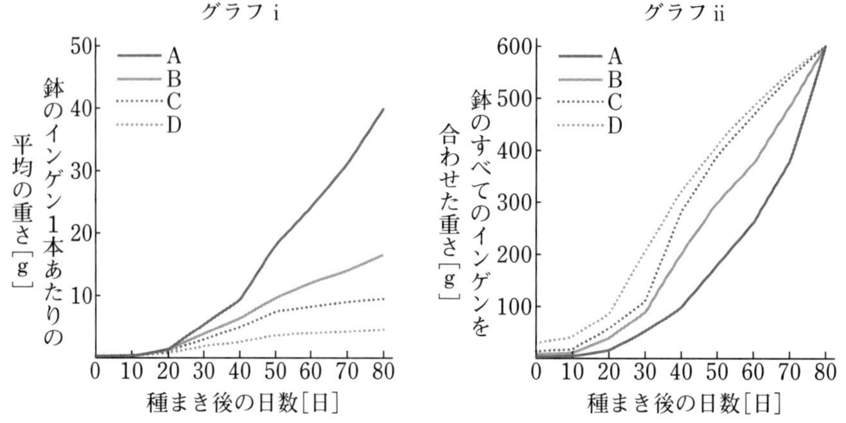

(6)　グラフｉからわかることとして正しくなるように、次の文の(　　)に言葉を入れなさい。

１つの鉢にまく種子の数が多くなるほど、インゲン１本の重さは(　　)なる。

(7)　グラフｉ、ⅱの種まき後80日目の結果からわかることとして正しいものを次の(ア)〜(ウ)から１つ選び、記号で答えなさい。

(ア)　鉢で育てる本数が多いほど、１つの鉢で育ったすべてのインゲンを合わせた重さは重くなる。

(イ)　鉢で育てる本数が少ないほど、１つの鉢で育ったすべてのインゲンを合わせた重さは重くなる。

(ウ)　鉢で育てる本数が多くても、少なくても、１つの鉢で育ったすべてのインゲンを合わせた重さは変わらない。

(8)　下線部⑥について、グラフｉ、ⅱの結果から、１つの鉢でインゲンを育てた場合、種子のまき方の工夫によって、食べられるインゲンの重さをふやすことはできますか。「できる・できない」のどちらかに○をつけ、「できる」に○をつけた場合はどのようにすればできるのか、また、「できない」に○をつけた場合はなぜできないのかを答えなさい。インゲンは種まき後80日目に収かくします。インゲンの重さと、そのインゲンから取れる食べられる部分の重さは、比例関係にあるとします。

[3]　光の性質について、後の問いに答えなさい。

Ⅰ　光の屈折(くっせつ)

空気中を進む光が、ガラスや水の面に斜(なな)めに入射すると、その境界面で光の進行方向が変わります。この現象を「屈折」といいます。屈折が起きるときの光の進行を「棒を持って行進する人」にたとえ、考えてみましょう。

図１のように、棒を持った人たちが足並みをそろえて行進します。歩きやすい舗装(ほそう)道路を行進してきた人たちが、砂浜との境界線にさしかかりました。図２のように境界線に対して斜めに進んできたので、同じ棒を持つ３人の中では(　あ　)の人が一番先に砂浜に足を踏み入れることになります。この人はこの先、砂に足をとられるため、速く歩くことができません。一方、(　い　)の人はまだ舗装道路上ですので、これまでの速さで行進を続けることができます。つまり、(　い　)の人が砂浜に着くまでは、両端の人の速さが(　う　)状態で行進することになります。その結果、人々の進行方向は、境界線を基準に遠ざかる方向に変化するのです。

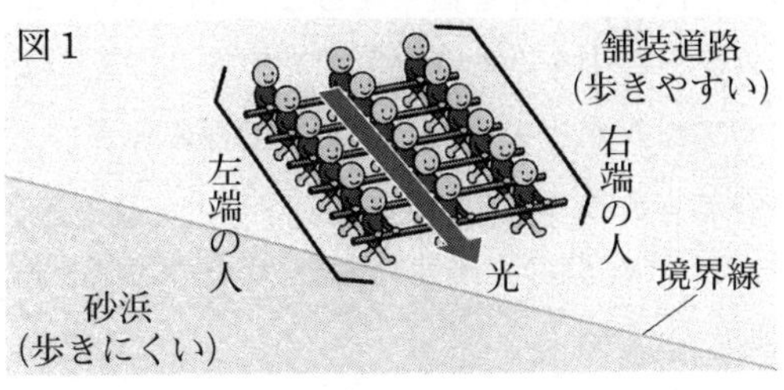

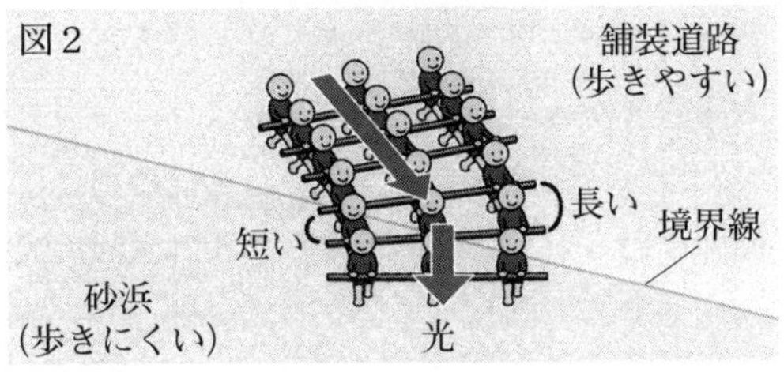

⑴　文中の（ あ ）～（ う ）に当てはまる語句の組み合わせとして、正しいものを次の①～④から１つ選び、番号で答えなさい。

	（ あ ）	（ い ）	（ う ）
①	右端	左端	同じ
②	右端	左端	違う
③	左端	右端	同じ
④	左端	右端	違う

⑵　空気とガラスの境界面で屈折が起きる場合、ガラスは文章中の「舗装道路」と「砂浜」のどちらに例えられますか。

Ⅱ　光の分散(ぶんさん)

細いすき間（スリット）を通りぬけた太陽光をプリズム（透明なガラスでできた三角柱の物体）にあてると、光はいろいろな色に分かれ、後方に置かれたスクリーンに虹(にじ)色の帯を映し出します。この現象を「分散」といいます。太陽光はいろいろな色の光があつまってできていますが、光は色によって屈折する角度が違うため分散が起きるのです。

⑶　図３で、太陽光にふくまれる紫(むらさき)の光は、プリズムにあたるとその先どのように進みますか。㋐～㋓から１つ選び、記号で答えなさい。

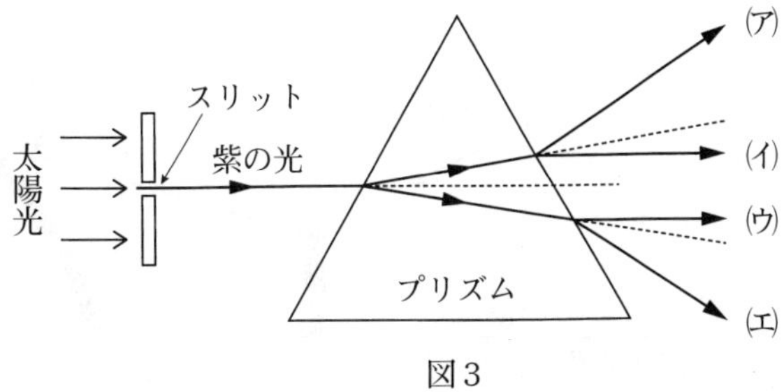

図３

(4)　プリズムによって分散された光を観察すると、赤の屈折が最も小さく、紫の屈折が最も大きくなりました。ガラスの中を進む赤と紫の光の速さはどのようになっていますか。図１・図２を参考に、次の(ア)～(ウ)から１つ選び、記号で答えなさい。ただし、空気中を進む速さは、赤も紫も等しいものとして考えなさい。

(ア)　赤の方が速い。　(イ)　紫の方が速い。　(ウ)　赤も紫も速さは等しい。

Ⅲ　虹(にじ)のできる仕組み

雨上がりに太陽を背にして空を見上げたとき、虹が見えることがあります。これは空気中の細かい水滴(すいてき)(球形)に太陽の光が入射し、プリズムのように光が分散して、私達の目に届くことが原因で起こります。ただし、プリズムとは違い、水滴の場合は、図４のようにどの色の光も(え)回の屈折と１回の(お)が起きています。図４は太陽の光の中で赤と紫の光だけを描いており、光が水滴に入ってくる方向と出ていく方向の間の角は赤が約42°、紫が約40°になっています。

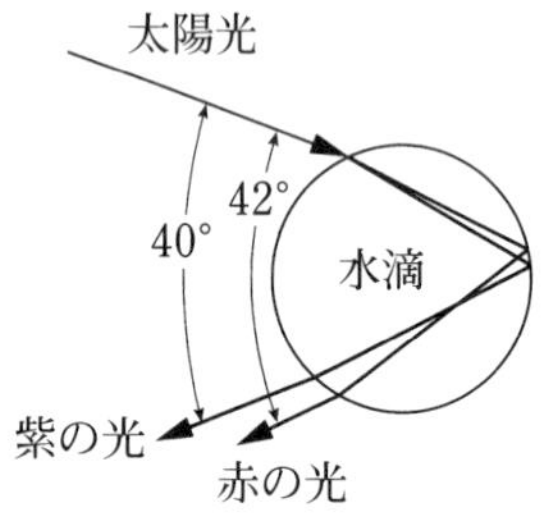

図４

(5)　前の文章の(え)に当てはまる数字と、(お)に当てはまる語句をそれぞれ答えなさい。

(6)　図５のように地面に立った観測者が虹を見ています。水滴で分散した太陽光のうち、赤の光が観測者に届き、観測者には、赤い帯の最も高い所が地面に対して16°の高度に見えました。このとき、太陽高度は何°ですか。次の(ア)～(オ)の中から最も近いものを１つ選び、記号で答えなさい。

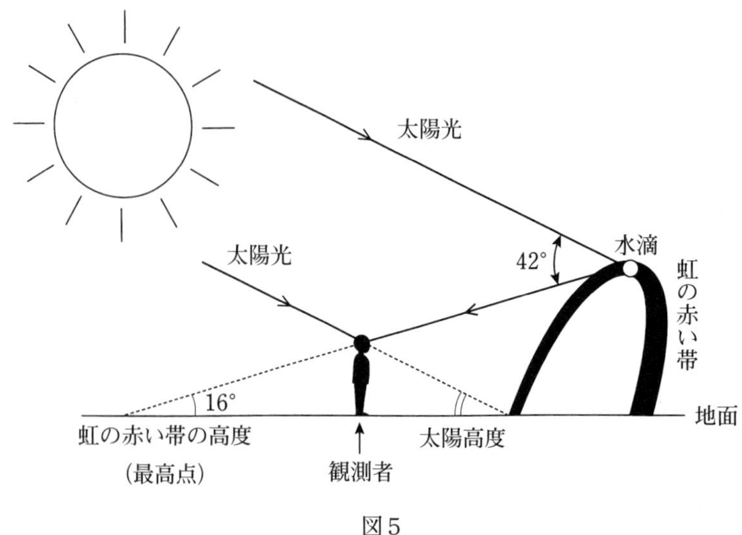

図５

(ア)　10°　(イ)　16°　(ウ)　26°　(エ)　42°　(オ)　58°

図６は、太陽光が２つの水滴に入射してそれぞれ分散がおき、水滴から出てきた後の赤や紫の光の進路を示しています。Ａさんはａの水滴から来る赤い光と、ｂの水滴から来る紫の光を見ており、虹に向かってＡさんの前に立つＢさんは、Ａさんが見ることのできないｂの水滴から来る赤い光を見ています。このように１つの水滴からは１つの色しか見ることができず、ＡさんとＢさんは違う虹を見ていることになるのです。

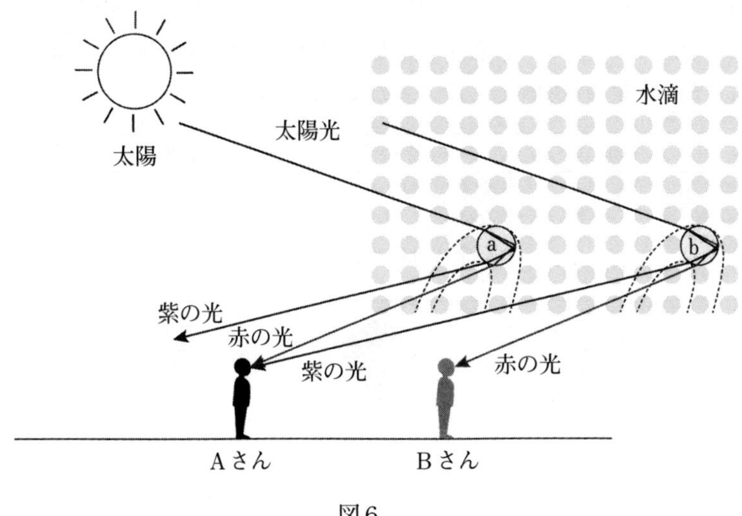

図６

(7)　一般的に観察される明るい虹(主虹)では、帯の一番外側が何色になっていますか。

(8)　チャンスがあれば「虹のアーチをくぐりたい」と思っている人はいるでしょう。これは実現できるでしょうか。「できる・できない」のどちらかに○をつけ、「できる」に○をつけた場合はどのようにすればできるのか、また、「できない」に○をつけた場合はなぜできないのかを答えなさい。

東洋英和女学院中学部(A)

—30分—

(編集部注：実際の入試問題では、写真や図版の一部はカラー印刷で出題されました。)

1　三大栄養素は〔 ア 〕、たんぱく質、脂肪です。たんぱく質は、熱を加えるとやわらかさや色などの性質が変わります。この性質を利用した卵料理には、ゆで卵、半熟卵、温泉卵などがあります。それぞれは、生卵を加熱して次の表のようにしたものです。

	生卵	温泉卵	半熟卵	ゆで卵
白身	固まっていない	完全には固まっていない	固まっている	固まっている
黄身	固まっていない	完全には固まっていない	完全には固まっていない	固まっている

たんぱく質にはいくつか種類があります。卵の白身と黄身をつくるたんぱく質は、種類がちがいます。白身と黄身が固まる温度は、図1のようになっています。

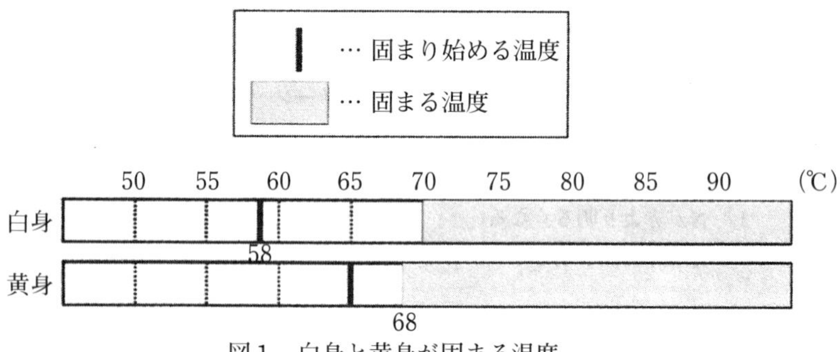

図1　白身と黄身が固まる温度

(1)〔 ア 〕に入る三大栄養素の1つを答えなさい。

(2) 温泉卵を作るには、卵を入れるお湯の温度をどのようにすればよいですか。次の文の〔　　〕に数字を入れなさい。

『最低〔　　〕℃以上、最高〔　　〕℃未満の温度のお湯に十分な時間入れる。』

ホットケーキの中には、多くの穴があります。これは、材料のホットケーキミックスの粉にふくまれる重曹(成分名：炭酸水素ナトリウム)が熱によって分解して生じた気体が抜けたあとです。

炭酸水素ナトリウムを図2のように加熱して集めた気体に石灰水を入れてふると白くにごりました。

図2

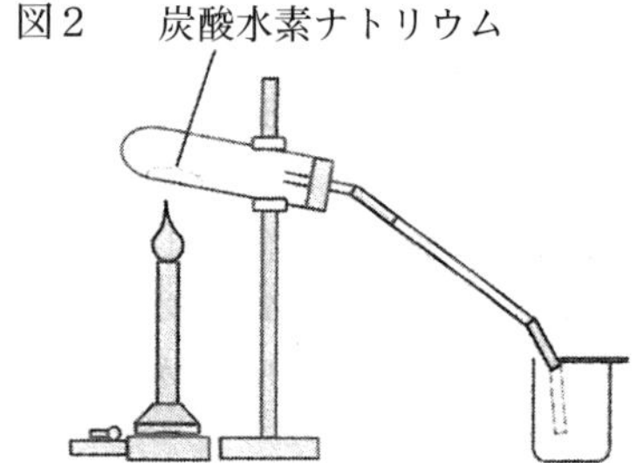

(3) 生じた気体の名前を答えなさい。

(4) 生じた気体は、なぜ図2のように集めるのでしょうか。理由を答えなさい。次の文に合うように10字以内で記入しなさい。

『生じた気体は□□□□□□□□□□から。』

(5)　ホットケーキを作るには、ホットケーキミックスの粉に、卵と牛乳を加えて混ぜ、ホットプレートやフライパンで熱を加えて作ります。熱を加えると、(3)の気体の泡(あわ)が出始めますが、はじめはその泡はつぶれてしまいます。しかし、やがてふくらみ、図3のように中に多くの穴が残って完成し、つぶれることはありません。

卵を入れず、牛乳の代わりに水を入れてホットケーキを作った場合、(3)の気体の泡が出ても、図4のように穴がほとんど残らず、つぶれてしまいます。

図3のように、卵と牛乳を加えて作ると穴が残ってふっくらと完成するのはなぜですか。理由を答えなさい。

図3

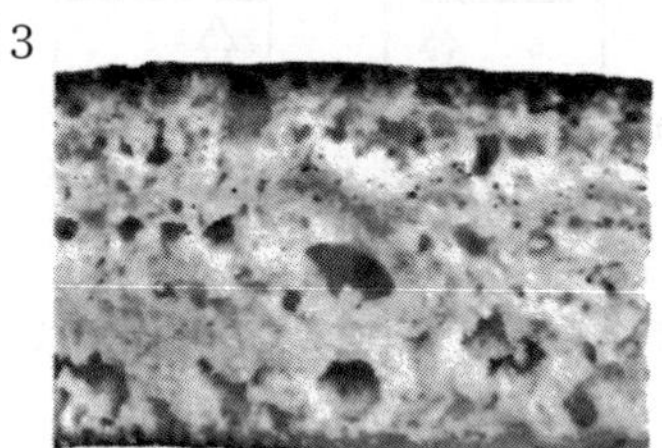

図4

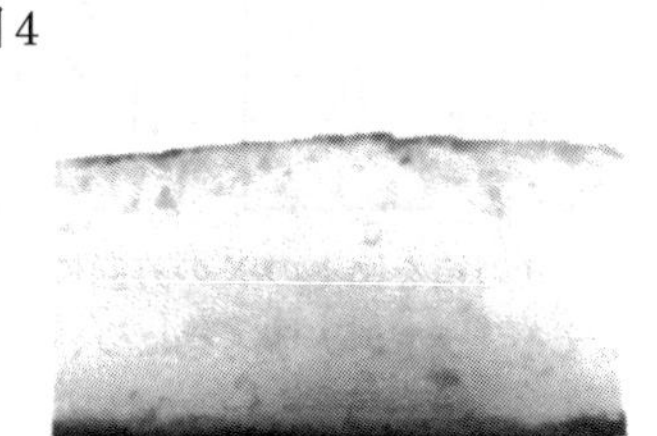

2　太さの異なるAとBの箱を用意し、Aの左端(はし)の面の中央に小さな穴(ピンホール)を開け、Bの左端の面には半透明(とうめい)の紙(スクリーン)をつけました。このAとBの箱を重ねてピンホールカメラを作りました。全体が光る、矢印の形をした大きさ10cmの物体を図1のようにピンホールカメラの前に置きました。物体の各部分からはいろいろな方向に光が出ていて、例えば矢印の先から出た光は、図2のようにピンホールを通った光だけがスクリーンに映ります。

図1のように、物体の方向にピンホールがくるようにし、スクリーンに映る像を観察しました。像とは物体と同じ姿・形をしたものをいいます。

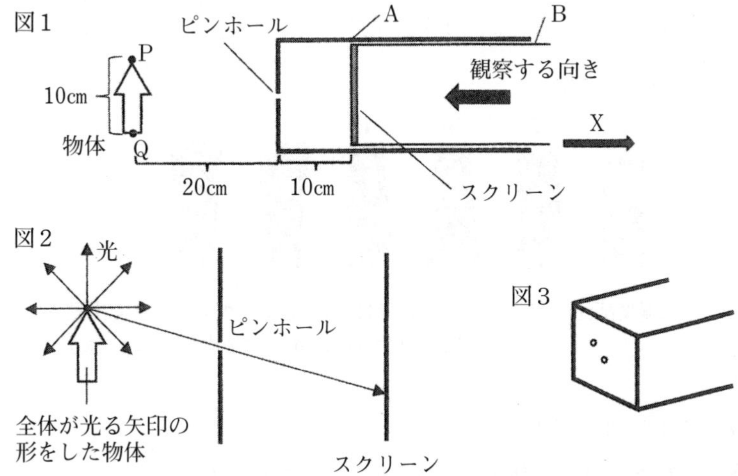

(1)　物体のPQ間の長さは、図1のときにできる像では何cmになっていますか。

(2)　物体を下に動かすと像はどの方向に動きますか。

(3)　Bの箱を図1のXの方向に動かしたとき、スクリーンに映る像はどのようになりますか。大きさと明るさについて正しいものを選び、記号で答えなさい。

ア　大きくなり、明るくなる　　　　イ　大きくなり、暗くなる
ウ　大きくなり、明るさは変わらない　　エ　小さくなり、明るくなる
オ　小さくなり、暗くなる　　　　カ　小さくなり、明るさは変わらない

(4)　新たに、図1で作ったときと同じ材料でピンホールカメラを作り、物体の位置やスクリーンは図1と同じにして、スクリーンに映った像を観察しました。そうすると最初に作ったピンホールカメラのスクリーンに映る像よりもぼやけてしまいました。なぜですか。考えられる原因を答えなさい。

(5)　もしも、Aにあるピンホールを1つではなく、もう1つ図3のようにあけると、観察者から見た像はどのようになりますか。記号で答えなさい。

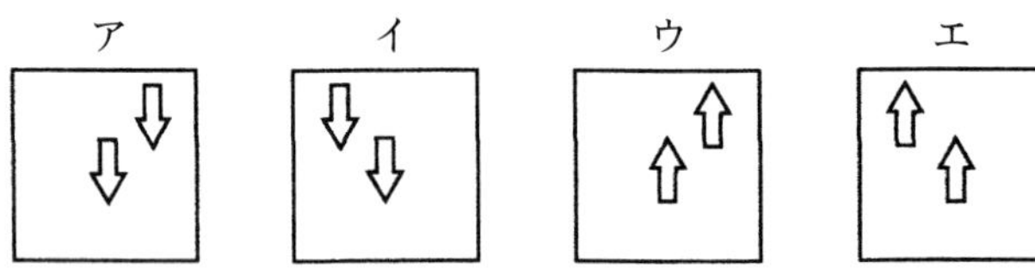

(6)　もしも、図4のようにBの箱のスクリーンを傾(かたむ)け、上が青、下が赤で同じ明るさに光る物体を置いたとき、観察者から見た像はどのようになりますか。明るさ・向きと大きさについてそれぞれ選び、番号で答えなさい。

図4

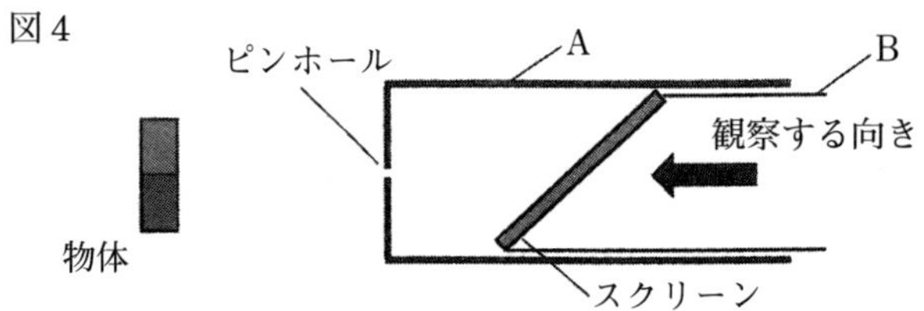

(編集部注：実際の入試問題ではこの図版はカラー印刷で出題され、左の物体の上部は青色、下部は赤色でした。)

明るさ

1　青が赤より明るくなる　　2　赤が青より明るくなる　　3　青と赤は同じ明るさ

向きと大きさ

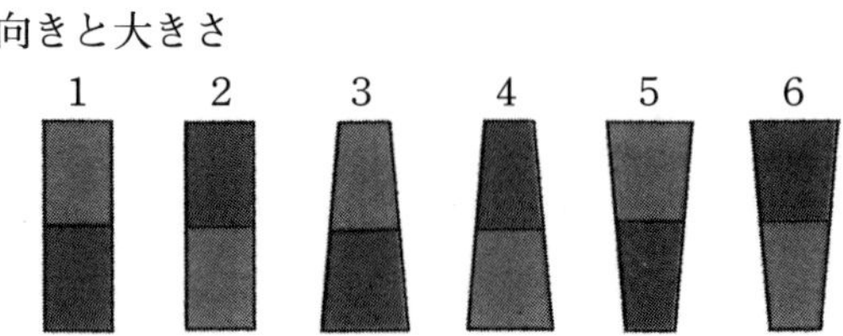

(編集部注：実際の入試問題ではこの図版はカラー印刷で出題され、青色と赤色の色分けは図4の物体と同様でした。)

3　次の会話文を読んで問いに答えなさい。

英子さん　冬は、ひだまりで、ひなたぼっこをしたくなるよね。
和恵さん　教室の南にある屋根がついた広いベランダは、ひなたぼっこに最適だね。
英子さん　ベランダが、日本家屋の縁側(えんがわ)と同じような機能を果たしているんだね。
和恵さん　つまり、夏は(　ア　)けれど、冬は(　イ　)から、夏の暑さや冬の寒さをしのぎやすくなるということね。

(1)　会話文中のア、イにあてはまる文を次から選び、それぞれ番号で答えなさい。

1　太陽光がベランダの奥(おく)まで差しこむ　　2　太陽光がベランダの奥まで差しこまない

3　ベランダでは風がよく通る　　4　ベランダに空気がとどまる

(2)　次の図は、東京の観測点Oから見た、春分、夏至、秋分、冬至の日の太陽の動きをとう明半球の上に表したものです。

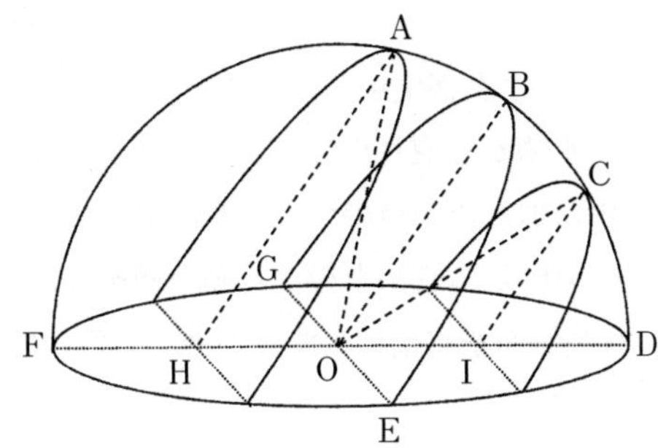

①　冬至の日の南中高度を示す角を次から選び、番号で答えなさい。

1　角AHD　　2　角AOD　　3　角BOD　　4　角COD　　5　角CID

②　西を示しているのは、図中のD、E、F、Gのうちどの点ですか。

(3)　次の表は、冬至の日における、日本国内の観測地A、B、東京、イギリスのロンドンでの日の出、南中、日の入りの時刻です。ロンドンの時刻は現地時間を記しています。

観測地	日の出	南中	日の入り
A	6時53分	11時34分	16時15分
B	7時19分	12時17分	17時15分
東京	6時47分	11時39分	16時31分
ロンドン	8時04分	11時59分	

①　ロンドンの日の入り時刻を答えなさい。

②　日本国内の観測地のうち、最も西にある地点はどこですか。次から選び、番号で答えなさい。

1　観測地A　　2　観測地B　　3　東京

③　観測地のうち、最も緯(い)度が低い地点はどこですか。次から選び、番号で答えなさい。

1　観測地A　　2　観測地B　　3　東京　　4　ロンドン

4　鏡に映った自分の姿を「自分である」と認識することを「鏡像自己認知」といいます。鏡像自己認知ができるかどうかは「マークテスト」で調べます。

<table>
<tr><th>マークテストの方法</th><th>〔例〕チンパンジー</th></tr>
<tr><td>①動物に一定期間、鏡を見せる。</td><td>①チンパンジーに鏡を10日間見せる。</td></tr>
<tr><td>②鏡を取り除き、気が付かれないようにマークを動物につける。マークは鏡を見て初めて気が付くようなものとする。</td><td>②チンパンジーに麻酔(ますい)をかけて、額に赤いマークをつける。</td></tr>
<tr><td colspan="2">③再度、鏡を見せて行動を観察し、
すぐにマークに反応した場合　→　マークテスト合格　(鏡像自己認知できる)
マークに反応しなかった場合　→　マークテスト不合格(鏡像自己認知できない)</td></tr>
</table>

これまで、マークテストに合格し、鏡像自己認知ができると考えられたのはチンパンジーなど

比かく的高等な一部の動物だけでした。しかし近年、魚類のホンソメワケベラ(以下ホンソメ)も鏡像自己認知ができることが以下のような実験で明らかになりました。

・太平洋などのサンゴ礁域に生息する。
・大型魚などの体表につく茶色の寄生虫を食べる。

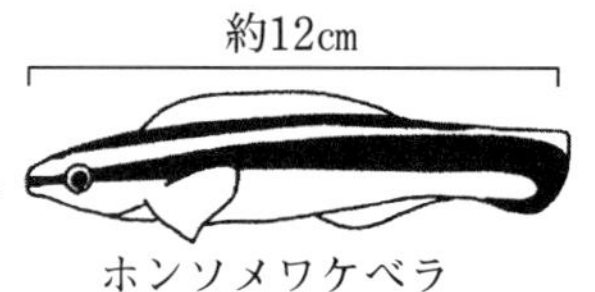

【実験1　ホンソメが茶色のマークを寄生虫とみなすか】

①　ホンソメに麻酔をかけ、水槽から取り出し、ホンソメから直接見える体の右側側面に寄生虫に似せた茶色のマークを注射してつけた。

②　ホンソメを水槽に戻し、麻酔から覚めた後、行動を観察した。

結果　ホンソメは体の右側側面を水槽にこすりつけ、茶色のマークを取り除こうとした。

【実験2　ホンソメのマークテスト】

①　鏡を入れた水槽を用意し、1匹のホンソメを入れ10日間そのままにした。

②　10日後、ホンソメに麻酔をかけ、水槽から取り出し、ホンソメからは直接見えないと考えられる喉の部分に寄生虫に似せた茶色のマークを注射してつけた。

③　ホンソメを鏡を入れた水槽に戻し、麻酔から覚めた後、行動を観察した。

＊この実験を計8匹のホンソメで行った。

結果　8匹中7匹が鏡を見た後、喉を水槽の底にこすりつけた(マークテスト合格)。

実験2の結果から、ホンソメは鏡に映った姿を自分と認識(鏡像自己認知)し、喉についている寄生虫(茶色マーク)を取り除こうと喉をこすりつけたと予想できますが、そのように結論づけるためには不十分で、以下のア～ウの可能性があります。

ア　喉のマークが直接見えていた。

イ　喉のマークがかゆかったり、痛かったりした。

ウ　マークの有無にかかわらず、喉を底にこすりつけた。

上のア～ウを確かめるために、実験2の方法②(マーク)と方法③(戻す水槽の鏡)を変えた右図の確認実験A～Cを行った。

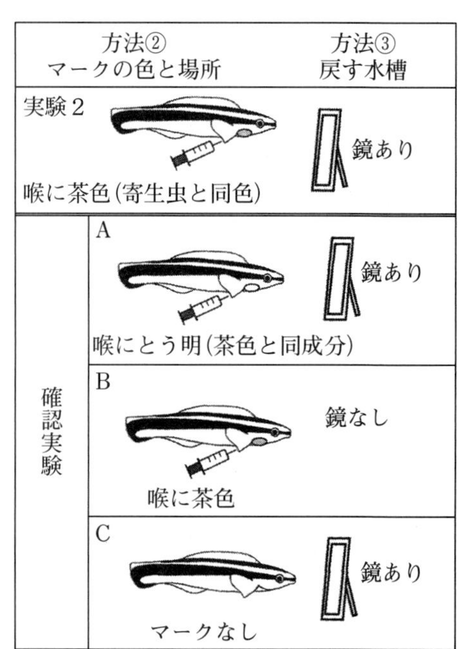

方法②
マークの色と場所
方法③
戻す水槽
実験2
鏡あり
喉に茶色(寄生虫と同色)
確認実験
A
鏡あり
喉にとう明(茶色と同成分)
B
鏡なし
喉に茶色
C
鏡あり
マークなし

(1)　上のア～ウを確かめるためには右図の確認実験A～Cのどれを行えばよいですか。正しい組み合わせを次から選び、番号で答えなさい。

1	アA	イB	ウC
2	アA	イC	ウB
3	アB	イA	ウC
4	アB	イC	ウA
5	アC	イA	ウB
6	アC	イB	ウA

(2)　確認実験A～Cの結果、ホンソメは鏡像自己認知ができるということが確かめられました。確認実験A～Cはそれぞれどのような結果にな

ったと考えられますか。実験２と同様に、喉を底にこすりつけた場合は○、こすりつけなかった場合は×と答えなさい。

【実験３】

鏡を見たことがないホンソメに、あらかじめ撮影（さつえい）した「自分の全身写真」(ア)と「見知らぬ他のホンソメの全身写真」(イ)を５分ごとに見せ、それぞれの写真に対する攻撃（こうげき）回数を調べた。

【実験４】

鏡を入れた水槽で10日間過ごしたホンソメに、あらかじめ撮影した「自分の全身写真」(ア)、「見知らぬ他のホンソメの全身写真」(イ)、「自分の顔と見知らぬ他のホンソメの体を合成した写真」(ウ)、「見知らぬ他のホンソメの顔と自分の体を合成した写真」(エ)の４種類を５分ごとに見せ、それぞれの写真に対する攻撃回数を調べた。

実験３・４の結果

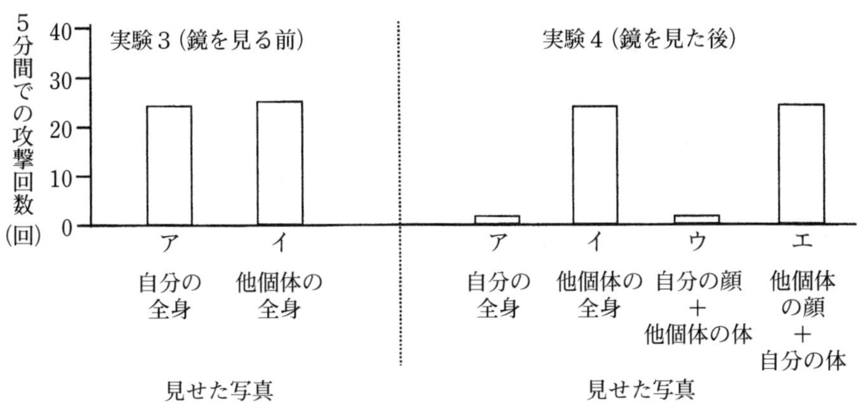

(3)　実験３・４の結果から分かることを次から２つ選び、番号で答えなさい。

1　ホンソメは鏡を見なくても、自分の姿を知っている。

2　ホンソメは他個体が写っていても、写真には攻撃しない。

3　ホンソメは鏡を見た後では、他個体への攻撃性が低下する。

4　ホンソメは全身（顔と体の両方）で、自分と他個体を見分けている。

5　ホンソメは顔で、自分と他個体を見分けている。

6　ホンソメは体（顔以外）で、自分と他個体を見分けている。

7　鏡像自己認知をしたホンソメは、静止した姿（静止画）で自分と他個体を見分けることができる。

8　鏡像自己認知をしたホンソメは、動く姿（動画）でないと自分と他個体を見分けることができない。

これまでのチンパンジーのマークテストの合格率（実験した個体数のうち、合格した個体数の割合）は40％ですが、実験２のホンソメのマークテスト（喉に茶色マーク）の合格率は87.5％です。

	マーク	合格率
チンパンジー	額に赤色	40%
ホンソメ	喉に茶色	87.5%
	喉に緑色	0％
	喉に青色	0％

ホンソメの実験２で喉に注射するマークの色を様々にして行うと右表のようになります。ホンソメもマークの色により、合格率は低下し、鏡像自己認知の判定結果も変わってしまいます。正しくマークテストを行うためには、「適切なマーク」が重要です。適切なマークを用いてマー

クテストをすれば、チンパンジーの合格率も向上し、これまで合格例のない動物種においても、合格して、鏡像自己認知できることが新たに分かるかもしれません。

(4)　どのようなマークが適切であると言えますか。次の1～5より1つ選び、番号で答えなさい。また、適切であることを確認するためには、マークテストの前にどのような実験をすればよいですか。［　1　］と［　2　］に言葉を入れなさい。

1　実験する動物種に限らず、茶色のマーク

2　実験する動物種に限らず、赤色のマーク

3　実験する動物種の好きなにおいのするマーク

4　実験する動物種が強い興味をもつマーク

5　実験する動物種が痛みを感じるマーク

実験：鏡のない場所で、マークをその生物の［　1　］につけ、その生物が［　2　］という結果になれば、適切なマークである。

(5)　次のうち、魚類を2つ選び、番号で答えなさい。

1　エビ　　2　クジラ　　3　サメ　　4　イルカ

5　ウミウシ　　6　ヒラメ　　7　タコ

(6)　一般的な魚類の特ちょうとして、誤っているものを2つ選び、番号で答えなさい。

1　セキツイ動物である。　　2　えら呼吸を行う。　　3　殻(から)のある卵を産む。

4　心臓は1心房(ぼう)1心室である。　　5　こう温動物である。

豊島岡女子学園中学校(第１回)

—社会と合わせて50分—

1　以下の問いに答えなさい。

ヘリウム風船から手を放すと、空高く上がっていきますが、この風船はどこまで上がるのでしょうか。以下の例で考えてみましょう。ただし、風船からヘリウムが抜けることはなく、風船が割れることはないものとします。

図１のように、地表でのヘリウムを含んだ風船全体の重さが5ｇ、体積が５Ｌのヘリウム風船があります。この風船にはたらく浮力は、風船が押しのけた空気の重さと等しくなります。１Ｌあたりの重さを密度といい、地表での空気の密度は1.23ｇ/Ｌです。高度が上がると、空気はうすくなり、地表からの高度と空気の密度は図２のような関係となります。

このとき、風船にはたらく重力と浮力が等しくなる高さまで風船は上昇するものと考えることにします。

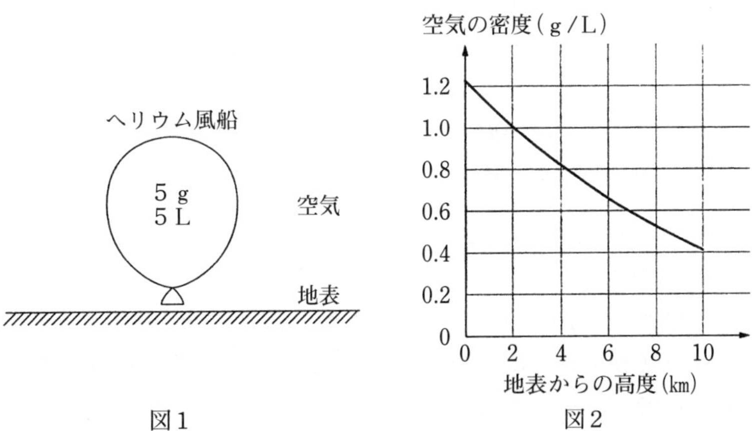

図１　　　　図２

まずは、変形しない風船の場合を考えてみましょう。体積が５Ｌのまま変わらない風船Ａがあります。

(1)　地表からの高度と風船Ａにはたらく浮力の大きさの関係として、正しいものを以下の中から１つ選び、**あ**～**き**の記号で答えなさい。

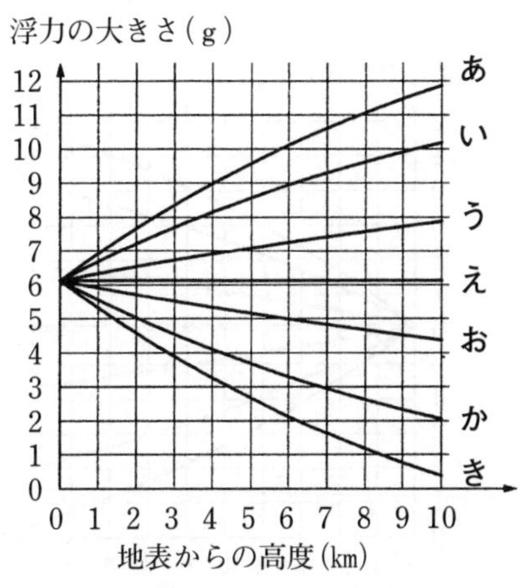

(2)　風船Ａが到達する最高の高度として最も近いものを、次の**あ**～**か**の中から１つ選び、記号で

答えなさい。

あ　2km　**い**　4km　**う**　6km　**え**　8km　**お**　10km

か　10kmでも風船は上昇を続ける

次に、風船が非常に柔(やわ)らかい素材でできており、体積が自由に変えられる場合を考えてみましょう。体積が自由に変えられ、風船の内外の圧力(気体が押す力)が常に等しい風船Bがあり、地表での体積は5Lでした。高度が上がったときの、地表からの高度と風船Bの体積は図3のような関係となります。

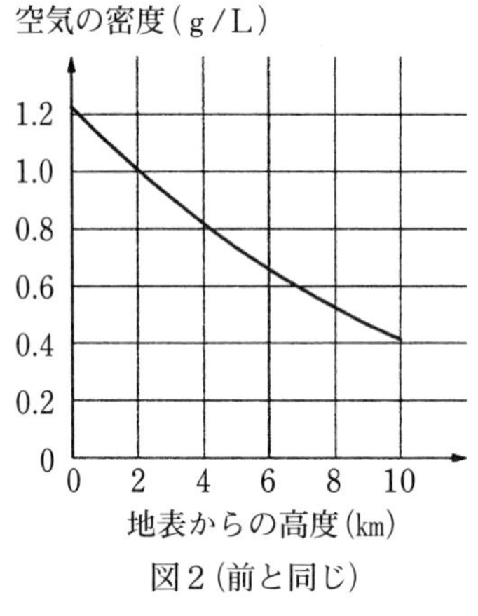

図2(前と同じ)

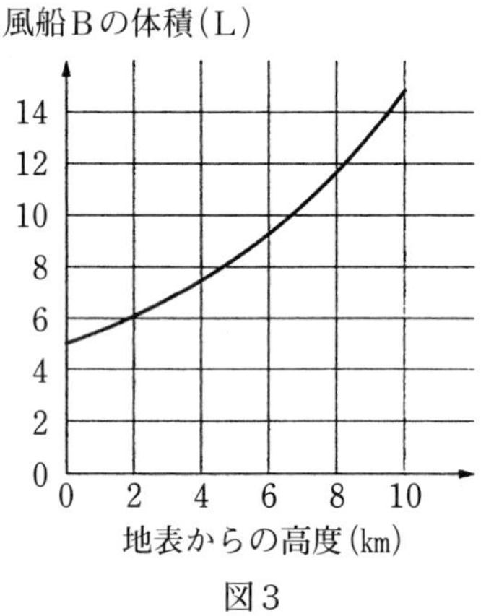

図3

(3)　図3のように、高度が高くなると風船が膨(ふく)らみます。風船が膨らむ原因を説明した文として正しいものを、次の**あ**～**え**の中から１つ選び、記号で答えなさい。

あ　ヘリウムの温度が上がって体積が大きくなり、さらに空気の圧力も大きくなるから。

い　ヘリウムの温度が上がって体積が大きくなり、さらに空気の圧力も小さくなるから。

う　ヘリウムの温度が下がって体積が小さくなるが、それ以上に空気の圧力が大きくなることの影響(えいきょう)の方が大きいから。

え　ヘリウムの温度が下がって体積が小さくなるが、それ以上に空気の圧力が小さくなることの影響の方が大きいから。

(4)　地表からの高度と風船Bにはたらく浮力(ふりょく)の大きさの関係として、正しいものを以下の中から１つ選び、**あ**～**き**の記号で答えなさい。

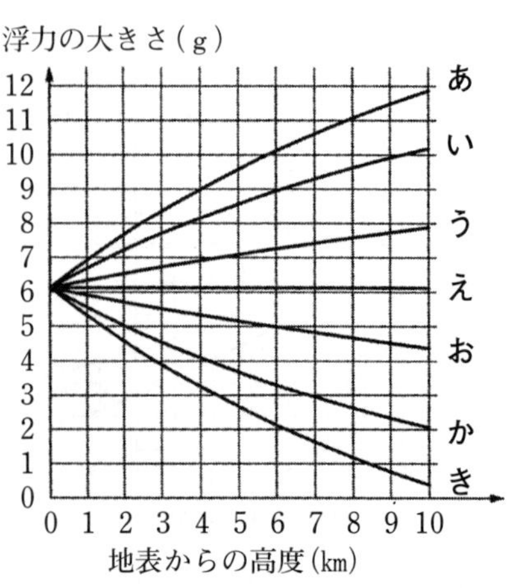

(5)　風船Ｂが到達する最高の高度として最も近いものを、次の**あ**～**か**の中から１つ選び、記号で答えなさい。

あ　2㎞　**い**　4㎞　**う**　6㎞　**え**　8㎞　**お**　10㎞

か　10㎞でも風船は上昇を続ける

実際の風船では、伸びたゴムが縮もうとする性質により、風船Ｂのような体積の変化はしません。これを考慮した風船Ｃについて考えます。地表からの高度と風船Ｃの体積は図４のような関係となります。ただし、図４の点線は比較のために描いた風船Ｂの体積です。

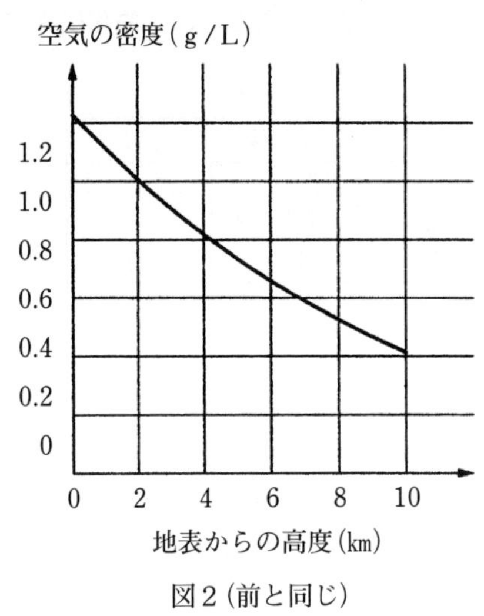

図２(前と同じ)

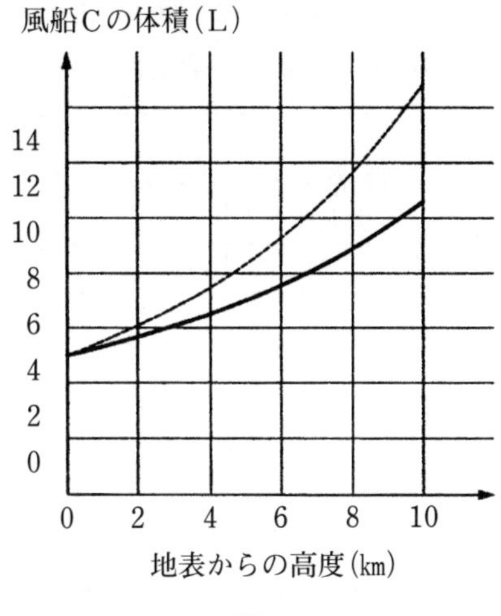

図４

(6)　地表からの高度と風船Ｃにはたらく浮力の大きさの関係として、正しいものを以下の中から１つ選び、**あ**～**き**の記号で答えなさい。

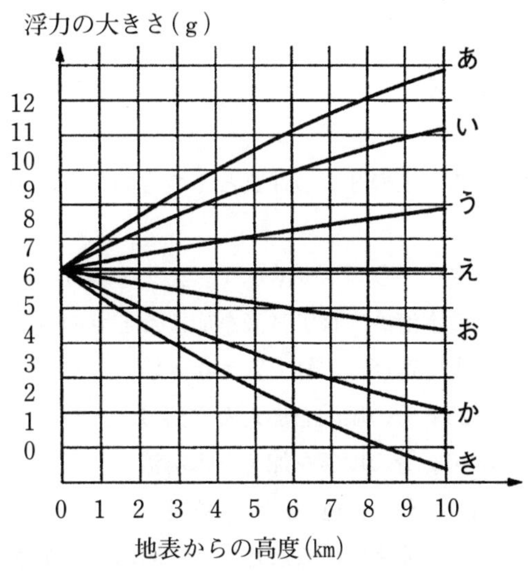

(7)　風船Ｃが到達する最高の高度として最も近いものを、次の**あ**～**か**の中から１つ選び、記号で答えなさい。

あ　2㎞　**い**　4㎞　**う**　6㎞　**え**　8㎞　**お**　10㎞

か　10㎞でも風船は上昇を続ける

2　次のような２つの反応をふまえ、実験を行いました。以下の問いに答えなさい。

反応１：水酸化ナトリウム水溶液(すいようえき)と塩酸が反応すると、水と塩化ナトリウムができます。反応前と反応後の関係は次の通りです。

反応前		反応１	反応後	
水酸化ナトリウム	塩化水素	→	水	塩化ナトリウム
40 g	36 g		18 g	58 g

反応２：炭酸水素ナトリウム水溶液と塩酸が反応すると、水と塩化ナトリウムと二酸化炭素の３つができます。反応前と反応後の関係は次の通りです。ただし、二酸化炭素については体積を表記しています。

反応前		反応２	反応後		
炭酸水素ナトリウム	塩化水素	→	水	塩化ナトリウム	二酸化炭素
84 g	36 g		18 g	58 g	24 L

【実験】

水酸化ナトリウムと炭酸水素ナトリウムを水に溶(と)かして水溶液Ａとした。水溶液Ａに塩酸を少しずつ加えていき、できた二酸化炭素の体積を調べた。

【結果】

加えた塩酸中の塩化水素の重さ[ｇ]	20	30	33	40	50
できた二酸化炭素の体積[Ｌ]	0	2	4	6	6

(1)　水酸化ナトリウム水溶液と炭酸水素ナトリウム水溶液には、共通した以下の３つの性質があります。

・　アルカリ性である。
・　固体の物質が溶けている。
・　水溶液は電気を通す。

次の水溶液**あ**～**お**のうち、上の３つの性質と１つも同じものがない水溶液を１つ選び、記号で答えなさい。

あ　石灰水　　**い**　砂糖水　　**う**　ホウ酸水　　**え**　アルコール水溶液　　**お**　酢酸(さくさん)水溶液

(2)　以下の①、②それぞれの水溶液にＢＴＢ液を加えたときの色として最も適切なものを、次の**あ**～**え**からそれぞれ１つずつ選び、記号で答えなさい。

①　水溶液Ａに塩化水素25ｇ分の塩酸を加えた水溶液
②　水溶液Ａに塩化水素40ｇ分の塩酸を加えた水溶液

あ　赤色　　**い**　緑色　　**う**　青色　　**え**　黄色

(3)　水溶液Ａに塩酸を少しずつ加えていくとき、はじめに反応１だけが起こり、水酸化ナトリウムがすべて反応したあとに反応２が起こるとします。このとき、水溶液Ａをつくるために加えた炭酸水素ナトリウムの重さは何ｇですか。四捨五入して整数で求めなさい。

(4)　(3)のとき、水溶液Ａをつくるために加えた水酸化ナトリウムの重さは何ｇですか。四捨五入して整数で求めなさい。

(5)　水溶液Aの水酸化ナトリウムがすべて塩化水素と反応した時点を「点P」と呼ぶことにします。点Pは反応１が終わった時点であり、反応２が起こり始めた時点でもあり、さらに、炭酸水素ナトリウムがほぼ完全に残っている時点と考えることができます。

次の文**あ**～**お**のうち、それぞれの文中の仮定が正しいとしたときの点Pの考察として適する文を**２つ**選び、記号で答えなさい。

あ　水溶液中に塩化水素が少しでも残っていたら刺激臭を感じることができると仮定すると、水溶液Aに塩酸を少しずつ加えていき、刺激臭を感じた時点が点Pといえる。

い　塩化ナトリウムが水に溶けないと仮定すると、水溶液Aに塩酸を少しずつ加えていき、白いにごり(溶け残り)が見られた時点が点Pといえる。

う　二酸化炭素が水に溶けないと仮定すると、水溶液Aに塩酸を少しずつ加えていき、気体の発生が見られた時点が点Pといえる。

え　溶けている物質は変化させずに、水酸化ナトリウム水溶液の色だけを赤色にすることができる薬品があると仮定すると、この薬品を加えた水溶液Aに塩酸を少しずつ加えていき、赤色が消えた時点が点Pといえる。

お　溶けている物質は変化させずに、炭酸水素ナトリウム水溶液の色だけを赤色にすることができる薬品があると仮定すると、この薬品を加えた水溶液Aに塩酸を少しずつ加えていき、赤色が消えた時点が点Pといえる。

3　植物について、以下の問いに答えなさい。

(1)　次の植物①～③の特徴についてあてはまるものを、それぞれ**あ**～**か**から**すべて**選び、記号で答えなさい。

①　ヒマワリ　　②　ヘチマ　　③　サクラ(ソメイヨシノ)

あ　茎からまきひげをのばす。
い　生きた葉をつけて冬を越す。
う　め花とお花がある。
え　花びらが黄色い。
お　花びらがちった後、葉が出てくる。
か　小さな花がたくさん集まって、１つの花のようになる。

(2)　セイタカアワダチソウは帰化植物(植物に属する外来種)です。次の**あ**～**お**のうち、帰化植物ではないものを**２つ**選び、記号で答えなさい。

あ　オオカナダモ　　**い**　ヒメジョオン　　**う**　セイヨウタンポポ
え　キキョウ　　**お**　ススキ

(3)　セイタカアワダチソウは虫媒花(虫が花粉を運んで受粉を行う花)です。次の**あ**～**か**のうち、虫媒花であるものを**すべて**選び、記号で答えなさい。

あ　トウモロコシ　　**い**　イネ　　**う**　イチゴ　　**え**　クロモ　　**お**　マツ　　**か**　リンゴ

(4)　植物の根から吸い上げられた水が、主に葉から水蒸気となって空気中に出ていくことを何といいますか。漢字で答えなさい。

(5)　葉の大きさや数が同じセイタカアワダチソウを３本準備し、３本とも上下を切り落とし、茎の中ほどの部分を同じ枚数の葉をつけて同じ長さだけ切り取りました。そして茎の上の切り口にワセリン(水を通さないねばり気のある油)をぬりました。これらをそれぞれ同量の水を入れた試験管に差し、試験管から水が蒸発するのを防ぐために少量の油を注ぎました。加えて、すべての葉の表にワセリンをぬったものをA、すべての葉の裏にワセリンをぬったものをB、ワセリンをぬらなかったものをCとしました。

A、B、Cを同じ場所に1時間放置したとき、試験管中の水の減少量(g)は次のようになりました。

セイタカアワダチソウ	A	B	C
水の減少量[g]	4.8	3.2	7.2

この実験に用いたセイタカアワダチソウの葉(表と裏)から1時間で空気中に出ていった量は何gですか。四捨五入して小数第1位まで求めなさい。

4　月について、以下の問いに答えなさい。

(1)　以下の図は、ある年の6月での月の出、月の入り、日の出、日の入りを、縦軸が時刻、横軸が日にちのグラフにまとめたものです。この6月に満月が見られる日にちと上弦の月が見られる日にちはそれぞれ何日ですか。最も適切なものを次のあ～えから1つずつ選び、記号で答えなさい。

あ　4日　　**い**　11日　　**う**　18日　　**え**　26日

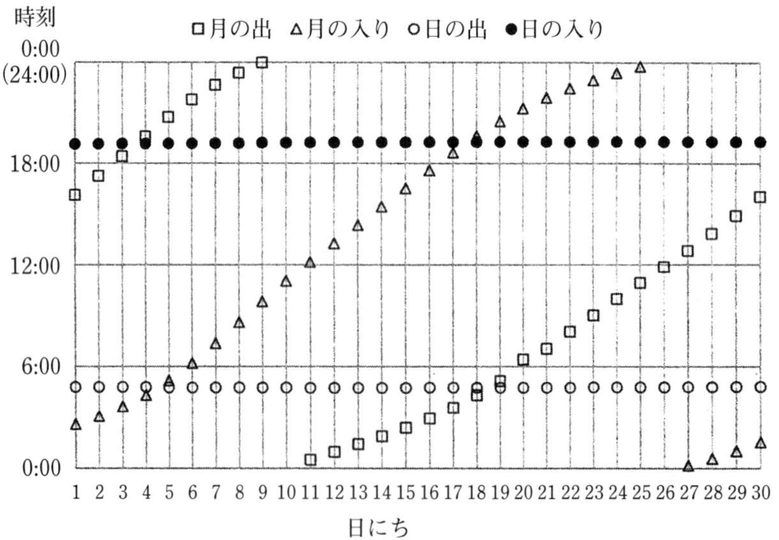

(2)　次の表は、ある年の2月の月の出と月の入りの時刻です。2月24日の夕方に出た月は満月でした。2月24日の夕方に出た月が空に出ている時間は何時間何分ですか。

	2月23日	2月24日	2月25日
月の出	16:36	17:35	18:31
月の入り	6:08	6:37	7:03

(3)　次の文中の［ ① ］～［ ③ ］に最も適するものを以下の**あ**～**さ**から選び、記号で答えなさい。

地球の直径と比べると、太陽の直径は約109倍、月の直径は約4分の1倍です。地球から月までの距離と比べると、地球から太陽までの距離は約400倍はなれています。

地球から月を見るのではなく、月から地球を見ることを考えてみます。月から地球と太陽がほぼ同じ方向に見えたとき、[①]。月面のある場所で日の出をむかえ、次の日の出をむかえるまでの間に地球は [②]。

地球から月を見ると、新月→上弦の月→満月→下弦(かげん)の月→新月のように満ち欠けします。月から地球を見るときの地球も満ち欠けの様子によって、新地球、上弦の地球、満地球、下弦の地球のように名づけるとします。例えば、右図のように見える地球は上弦の地球と呼びます。ただし、この写真で見えている地球は上が北半球、下が南半球です。地球から見る月が新月として見られるときから、月から地球を見ると、[③] のように満ち欠けします。

©JAXA/NHK

あ　太陽と地球はほぼ同じ大きさに見えます
い　太陽は地球より小さく見えます
う　太陽は地球より大きく見えます
え　約１回自転します
お　約７回自転します
か　約30回自転します
き　約180回自転します
く　新地球→上弦の地球→満地球→下弦の地球→新地球
け　新地球→下弦の地球→満地球→上弦の地球→新地球
こ　満地球→上弦の地球→新地球→下弦の地球→満地球
さ　満地球→下弦の地球→新地球→上弦の地球→満地球

日本女子大学附属中学校(第１回)

—30分—

[1]　植物の中の水の通り道を調べるために、次のような実験をしました。

＜実験①＞
1　ホウセンカを土からほり出し、水の中で土を洗い落とす。
2　食用色素を溶(と)かした色水にさし、くきや葉のようすを調べる。
3　くきや葉に色がついたらくきを縦に切って、切り口を観察する。

(1)　＜実験①＞の３の結果はどのようになりましたか。色のついたところをぬりつぶしなさい。

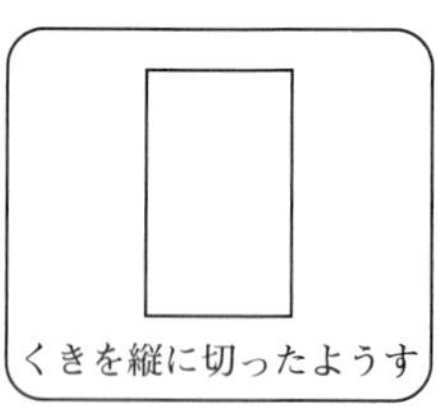

(2)　植物から水が水蒸気となって出ていくことを何といいますか。

＜実験②＞
1　ホウセンカの葉の裏側のうすい皮をピンセットではがす。
2　はがした皮を顕微鏡(けんび)で観察する。

(3)　顕微鏡の使い方について答えなさい。

①　図１の㋑と㋒の名前を答えなさい。

②　顕微鏡の使い方として正しいものを選び、記号で書きなさい。

A　高い倍率から観察をはじめる。
B　㋐をのぞいて明るく見えるようにしたあとで、プレパラートをのせる。
C　㋐をのぞいたまま、ステージを上げながらピントを合わせる。
D　見えるものが小さくて見にくいときには倍率を下げる。

図１

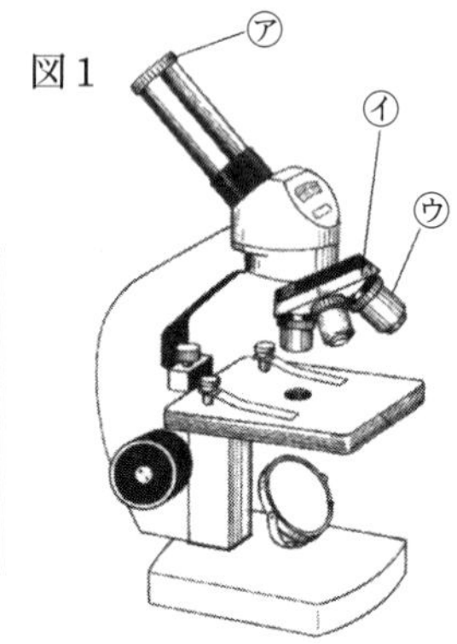

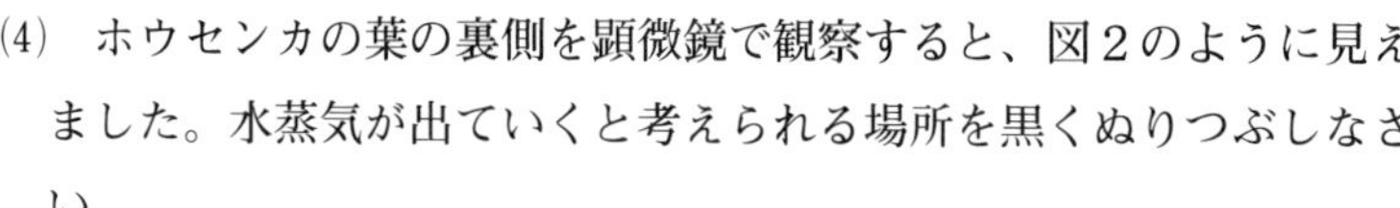

(4)　ホウセンカの葉の裏側を顕微鏡で観察すると、図２のように見えました。水蒸気が出ていくと考えられる場所を黒くぬりつぶしなさい。

図２

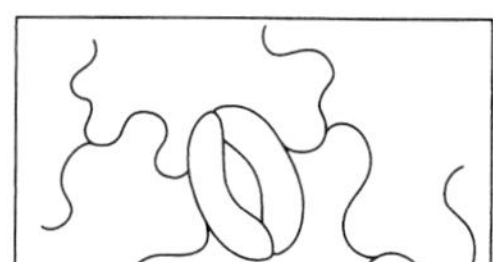

２　図は人のからだのようすを表しています。次の問いに答えなさい。

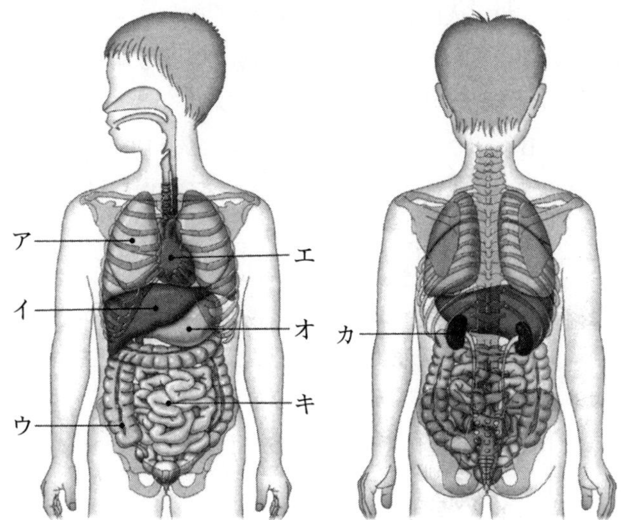

(1)　呼吸による空気の出入りに関係する臓器をア～キから選び、記号と名前を書きなさい。

(2)　口からこう門までの食べ物の通り道を何といいますか。

(3)　(2)にあてはまるものを選び記号で書きなさい。ただし、食べ物が通る順番に並べること。

(4)　(2)のうち、消化液を出している臓器をすべて選び、記号で書きなさい。

(5)　体の中で不要になったものを血液中からこし出し、尿(にょう)をつくっているのはア～キのどれですか。記号と名前を書きなさい。

３　地層が見えるがけを観察しそのようすを記録しました。しま模様は全部で３種類ありました。

	地層のようす
①	・赤い茶色　・さわるとざらざらした
②	・うすい茶色　・つぶが非常に細かい　・さわるとさらさらした ・貝の化石があった
③	・こい茶色　・大きいれきが目立つ ・れきの周りはさわるとざらざらした

(1)　①は火山灰でできていました。少しとってよく洗ってから、双(そう)眼実体顕微鏡で観察しました。その結果としてあてはまるものを選び記号を書きなさい。

ア　白や黒の丸いつぶが観察できた。
イ　赤い茶色の小さい角ばったつぶだけでできていた。
ウ　黒、白、とう明などの角ばったつぶが観察できた。
エ　黒、白、とう明な丸いつぶが規則正しくならんでいた。
オ　赤い茶色の丸いつぶだけでできていた。

(2)　火山に関係する地形やようすを表しているものをすべて選びなさい。

ア　火山が噴(ふん)火することで津波が起こることが多い。
イ　火山が噴火すると火山のふもとでは液状化現象が起こる。
ウ　日本に見られる断層は火山が噴火したときにできたものである。
エ　温泉や地熱発電などは火山活動に関係している。
オ　海にある火山が噴火すると新たな島ができることもある。

(3)　②のようすから、何でできていると考えられますか。

〔ア　泥　　イ　砂　　ウ　火山灰　　エ　れき〕

(4)　化石といわれるものの組み合わせとして正しいものを選び記号を書きなさい。

A　恐竜の歯　　B　恐竜の足あと　　C　魚の骨　　D　植物の葉

〔ア　A　　イ　AとB　　ウ　AとCとD　　エ　CとD　　オ　AとBとCとD〕

(5)　③の層は流れる水の働きによってできたものです。この中に見られるれきの特ちょうを簡単に書きなさい。

4　９月のある日、川崎市で日没のとき空の観察を行ったところ、Aの位置に月がありました。

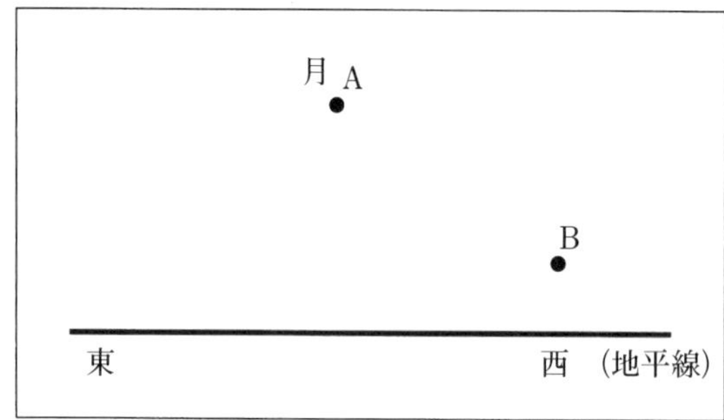

(1)　Aの月の形を次から選び記号を書きなさい。

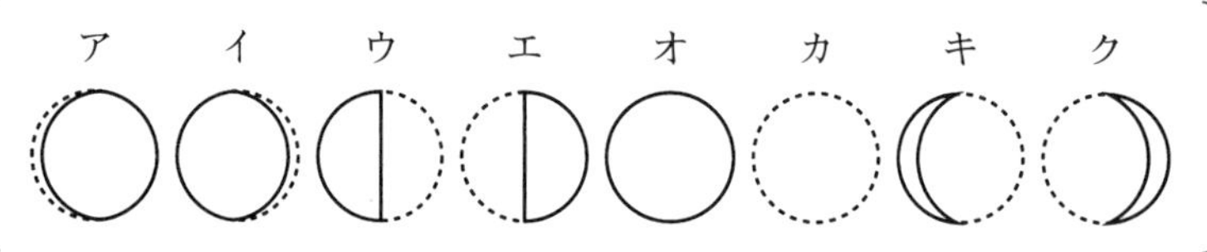

(2)　１週間後の真夜中にも空を観察しました。

①　月はどの方向に見えますか。

〔ア　東　　イ　西　　ウ　南　　エ　北　　オ　見えない〕

②　この日の月の形を(1)から選びなさい。

(3)　月がBの位置に見える時間と形の組み合わせで正しいものを次から選び記号を書きなさい。

〔ア　日の出の頃、形は(1)のク
イ　日の入りの頃、形は(1)のイ
ウ　真夜中頃、形は(1)のキ
エ　正午頃、形は(1)のウ〕

(4)　昨年の４月20日に川崎市では観測できませんでしたが、太陽が月に隠される現象がありました。これを何と言いますか。またこの時の地球から見た月の形を(1)から選び記号を書きなさい。

5　糸電話をつくり、１人が声を出し、もう１人がそれを聞いて音の聞こえ方を調べる実験をしました。

(1)　次の３つの方法を、音が大きく聞こえる順に並び変えなさい。

〔ア　ぴんと張った糸の途中にふれながら話す
イ　ぴんと張った糸の途中をつまみながら話す
ウ　糸をぴんと張って話す〕

⑵　糸電話で話す声の大きさが大きいときと小さいときでは、糸のようすが変わりました。糸のようすがどのようにちがうのか、次の(　　)にあてはまるように書きなさい。

声が大きいときのほうが、糸の(　　)が(　　)。

6　次のＡ～Ｊについて次の問いに答えなさい。

Ａ　くぎ(鉄)10ｇ
Ｂ　くぎ(銅)７ｇ
Ｃ　Ａをつぶして形をかえたもの(鉄)
Ｄ　アルミニウム板１ｇ
Ｅ　Ｄと同じ形で同じ大きさの鉄板
Ｆ　Ｄと同じ形で同じ大きさの段ボール紙
Ｇ　Ｄと同じ形で同じ大きさのプラスチック板
Ｈ　Ｄと同じ形で同じ大きさのガラス板
Ｉ　アルミニウムはくを丸めたもの１ｇ
Ｊ　小さく切ったわりばし(木)１ｇ

⑴　ＡとＢをそれぞれ実験用ガスコンロで熱したとき体積はどうなりますか。次から選び記号で書きなさい。

〔ア　大きくなる　　イ　小さくなる　　ウ　変わらない〕

⑵　磁石につくのはどれですか。すべて選び記号で書きなさい。

⑶　形を変えても重さが変わらないことを確かめるにはどれとどれを比べますか。組み合わせを２つ選び記号で書きなさい。

⑷　電流が流れるものはどれですか。すべて選び記号で書きなさい。

⑸　２本の試験管にそれぞれ塩酸５mLを入れます。２種類の金属を入れて、それぞれの金属からあわの出るようすのちがいを比べます。もっともよい組み合わせを１つ選び記号で書きなさい。

⑹　⑸であわの出るようすのちがいを比べるために、選んだ組み合わせがもっともよいと考えた理由を簡単に説明しなさい。

7　食塩とミョウバンが水にどのくらい溶(と)けるのかを調べる実験をしました。

手順１：ビーカーＡ・Ｂに水100mLを入れた。

手順２：２つのビーカーの水が60℃になるまで温めた。

手順３：ビーカーＡに食塩30ｇ、Ｂにミョウバン30ｇを入れ、よくかきまぜて粒(つぶ)をすべて溶かした。

手順４：２つのビーカーにラップでおおいをして、しばらく置いておいた。

⑴　手順１でビーカーに入れる水をはかるために右の図のような器具を使いました。この器具の名前は何ですか。

⑵　⑴の使い方として正しいものを選び記号で書きなさい。

ア　中身がこぼれても大丈夫なようにトレイの中に置いて使う。
イ　目もりを正しく読むために水平な机の上に置いて使う。
ウ　中身が目に入ると危険なので少し上から目もりを見る。

(3)　食塩やミョウバンをはかるために、右の図のような器具を使いました。この器具の名前は何ですか。

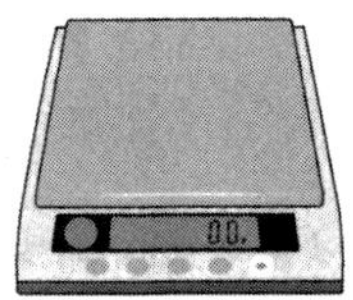

(4)　次の文章は(3)を使って食塩をはかる方法を説明しています。下線部は何のために行うのか説明しなさい。

電源を入れて表示が０になったのを確認して空の容器を乗せる。そのあとボタンを押し、再び表示が０になったのを確認してから、食塩30ｇをはかりとった。

(5)　手順４のあと、ビーカーＢは底に白い粒が出てきたが、ビーカーＡは変化がありませんでした。なぜＡでは白い粒が出てこなかったのか説明しなさい。

(6)　温度のちがう水100mLに溶けるミョウバンの量を調べると次の表のようになりました。折れ線グラフを書きなさい。ただし、横じくを水温、縦じくを溶けるミョウバンの量とし、(　　)に単位を書き入れること。

水温(℃)	0	20	40	60
溶けるミョウバンの量(ｇ)	5.7	11.4	23.8	57.4

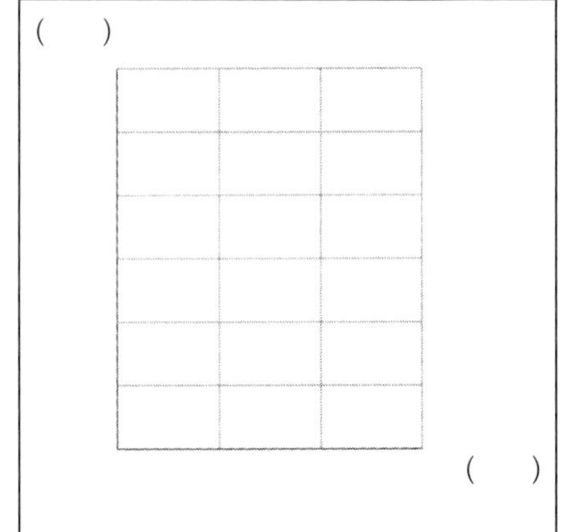

(7)　40℃の水100mLにミョウバンを30ｇ入れてよくかき混ぜました。

①　溶け残ったミョウバンの粒は何ｇですか。

②　このビーカーを20℃まで冷やしたとき、ビーカーに溶け残る粒は何ｇですか。

8　近年、世界各国で森林火災による森林焼失が問題になっています。人の活動が原因ではなく、自然に火がつくきっかけとなる現象を次にあてはまるように２つ書きなさい。

＿＿＿＿＿＿＿＿火がついた。

日本大学豊山女子中学校（4科・2科）

—30分—

1　次の各問いに答えなさい。

(1)　気体の性質と気体の体積について、次の文中の（ i ）～（ v ）に当てはまる語句を答えなさい。

空気は、複数の種類の気体が混ざりあってできています。空気の中で混ざっている割合が1番大きい気体は（ i ）で、割合が2番目に大きい気体は（ ii ）です。

気体の体積は、【図1】のように、口の閉じた袋をドライヤーで温風を当ててあたためたり、【図2】のように力を加えたりすると変化することがわかります。

【図1】　　　　　　【図2】

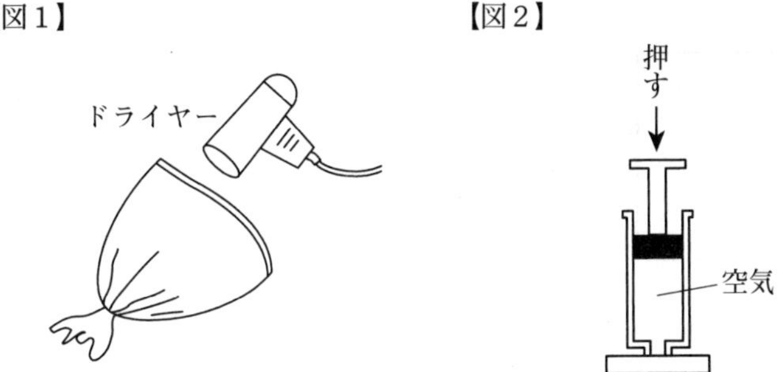

気体の体積は【図1】から、温度を上げると（ iii ）くなり、【図2】から力を加えると（ iv ）くなります。

また、気体のあたたまり方は、【図3】のような実験で観察できます。

【図3】

【図3】の線香のけむりは、カイロであたためられた気体とともに、（ v ）へと動いていきます。

(2)　金属のあたたまり方のようすを観察するために、【図4】のように正方形の銅板の表面にうすくろうをぬりかため、銅板の中心の一点をアルコールランプであたためる実験をしました。以下の各問いに答えなさい。

①　【図4】のように銅板をあたためたとき、銅板の表面のろうは中心からどのようにとけていきましたか。

【図４】

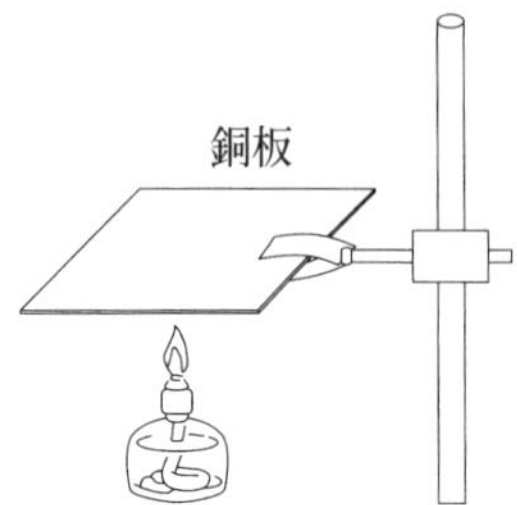

② 【図５】のように、ろうをぬった一辺が20㎝の銅板を用意します。アルコールランプで指定した一点をあたためます。銅板上の３点、A、B、Cを、A→B→Cの順にろうをとかすためには、銅板をどのように切断加工すればよいですか。次のア〜ウから１つ選びなさい。ただし、切断加工とは、一部を切り落とすことをさします。

【図５】

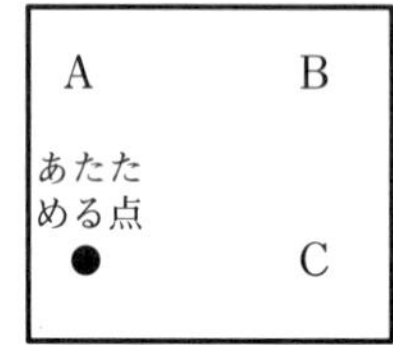

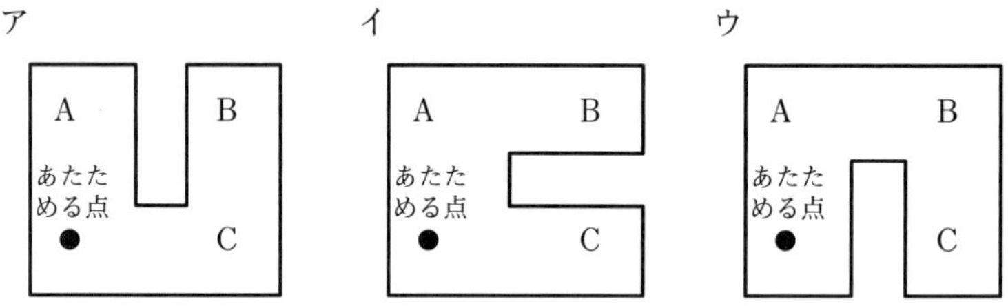

2 【図１】は、ある森林での食物連さを表しています。次の問いに答えなさい。

ただし、【図１】の 植物 → バッタ は、植物がバッタに食べられるということを示しています。

【図１】

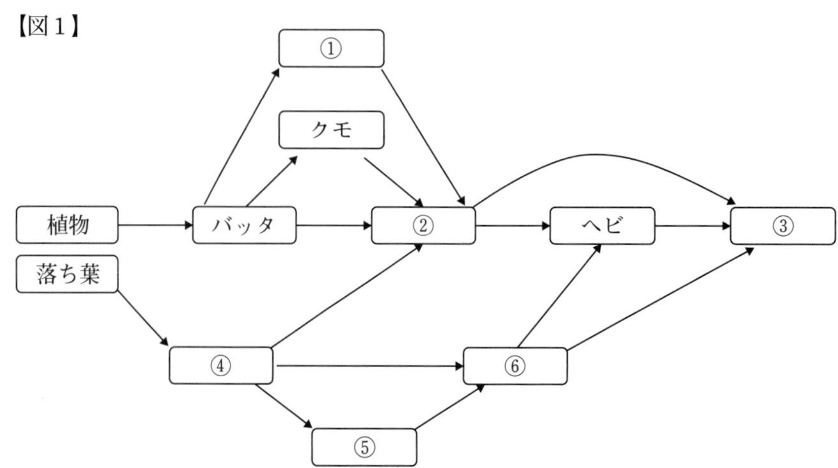

(1) 生き物には食べる、食べられるの関係があり、これを食物連さといいます。【図１】の①〜

⑥にあてはまる動物の例を次のア～カからそれぞれ選び、記号で答えなさい。

ア　ムカデ　　イ　ミミズ　　ウ　カマキリ　　エ　カエル　　オ　イヌワシ　　カ　モグラ

(2)　食べる動物は食べられる動物と比べて、どのようなからだの特ちょうがありますか。

(3)　(1)の④～⑥について、落ち葉を食べる④の数が大幅（はば）に減った場合、⑤、⑥の数はどうなりますか。最も適切なものを、次のア～オから選び、記号で答えなさい。

ア　⑤は増え、⑥もやがて増える。　　イ　⑤は減り、⑥はやがて増える。

ウ　⑤は増え、⑥はやがて減る。　　エ　⑤は減り、⑥もやがて減る。

オ　⑤も⑥も増えも減りもしない。

(4)　食べる食べられるの関係にある動物・植物の数や量は、【図2】のようなピラミッド形で表すことができます。(1)の食物連さをピラミッド形で表したとき、ⅰに当てはまる動物はどれですか。(1)のア～カから1つ選び、記号で答えなさい。

【図2】

(5)　次の【図3】は、ある地域におけるカンジキウサギとオオヤマネコの数の変化を記録したものです。【図3】中の種Aが示しているのはカンジキウサギとオオヤマネコのどちらか答えなさい。

【図3】

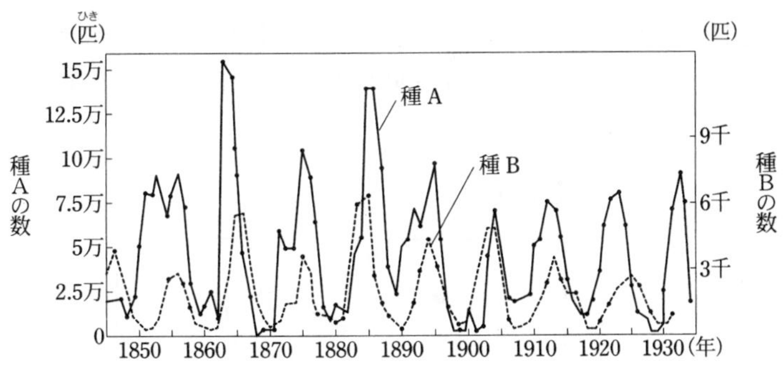

(6)　【図3】において、カンジキウサギとオオヤマネコの数の変化は、多くの周期でくりかえされ、次の4つの段階に分けることができます。アに続く順に、イ～エを並べかえなさい。

ア　カンジキウサギとオオヤマネコの両方の数が増えていく。

イ　カンジキウサギとオオヤマネコの両方の数が減っていく。

ウ　カンジキウサギは増えていくが、オオヤマネコは減っていく。

エ　カンジキウサギは減っていくが、オオヤマネコは増えていく。

3　次の文章を読み、以下の各問いに答えなさい。

太陽のように自分で光を出している星を（ ① ）、地球のように太陽の周りを回っている星を（ ② ）、月のように地球の周りを回っている星を（ ③ ）といいます。【図1】は太陽・地球・月の位置関係を表した図です。最も明るい（ ① ）を（ ④ ）等星、肉眼で見える最も暗い星を（ ⑤ ）等星といいます。（ ④ ）等星と（ ⑤ ）等星の明るさの違い(ちが)は、約（ ⑥ ）倍といわれています。また、星の色は表面温度によって違うように見えます。【図２】は冬の大三角を表したものです。冬の大三角をつくる星をもつ星座は、こいぬ座、おおいぬ座、オリオン座の３つです。

【図１】

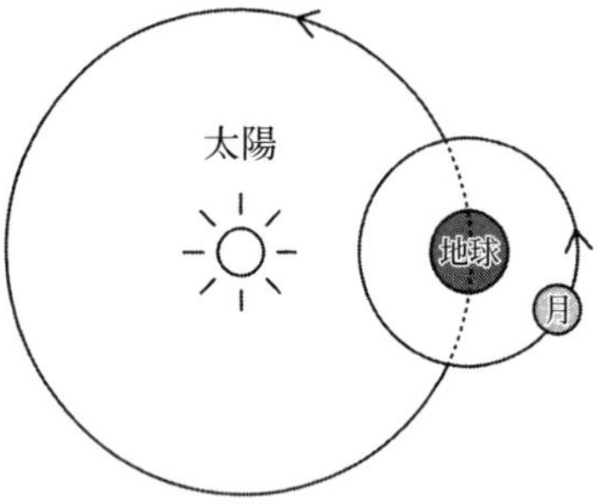

太陽
地球
月

【図２】

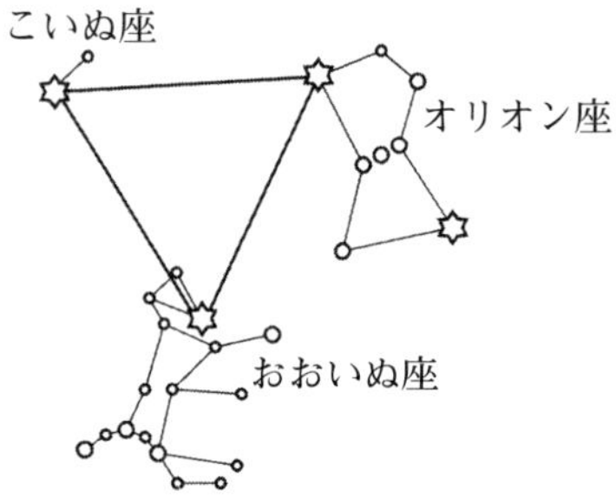

こいぬ座
オリオン座
おおいぬ座

⑴　文章中の（ ① ）～（ ③ ）に当てはまる語句を答えなさい。

⑵　文章中の（ ④ ）～（ ⑥ ）に当てはまる数字を答えなさい。

⑶　冬の大三角をつくる星を、ア～カから３つすべて選び、記号で答えなさい。

ア　デネブ　　　イ　シリウス　　　ウ　アルタイル
エ　プロキオン　オ　ベテルギウス　カ　ベガ

⑷　下線部のように、星の色は表面温度によって違うように見えます。次の【語群】に示す色を、星の表面温度が低い順に正しく並べなさい。

【語群】　赤色　　白色　　青白色　　黄色

⑸　板橋区で１月20日午後８時に南の空を見上げると、【図３】のようにオリオン座が見えました。
　このオリオン座は、２時間後の午後10時にＡ、Ｂどちらの方向に何度動いているように見えますか。

【図３】

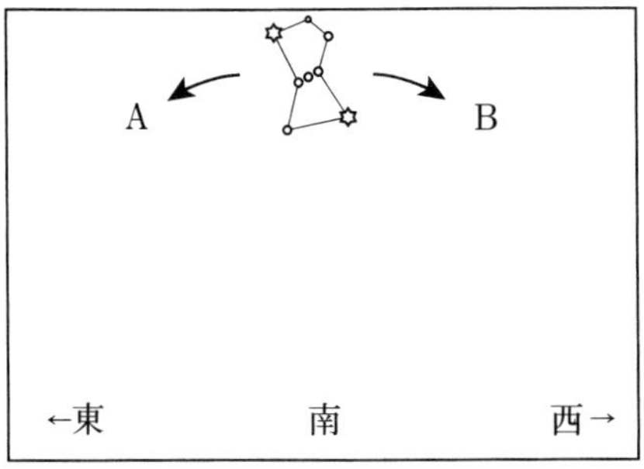

A　　B
←東　　南　　西→

4　光の進み方についていくつかの実験をしました。それぞれの実験について以下の問いに答えなさい。

〔実験１〕

直方体の水槽(すいそう)に水を１Ｌ入れて、軽くて丈夫(じょうぶ)なストローをななめに差し込み、真横から見たところ、【図１】のようにストローが折れ曲がって見えました。次に、水を捨ててから中をよくふいて、水の代わりに食用油を１L入れて、同じストローを同じ角度で差し込み、真横から見たところ、【図２】のようにストローが水のときとは違う角度で折れ曲がって見えました。

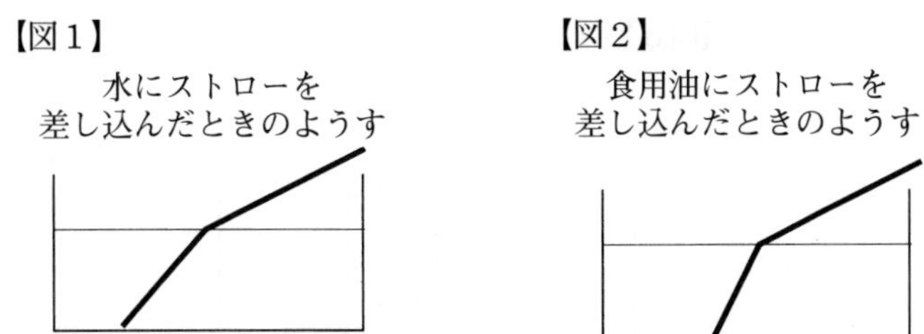

(1)　水槽に入っている食用油を500mL捨ててから、水500mLを静かに注いで足したところ、【図３】のように２つの層に分かれました。水は【図３】のアとイのどちらの層になりますか。記号で答えなさい。

【図３】水500mLと食用油500mLが２層になっているようす

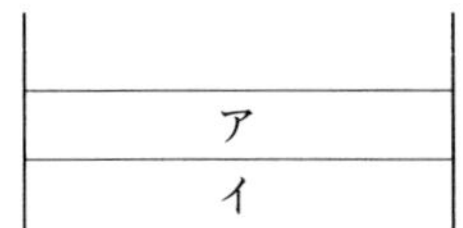

(2)　２層になった水と食用油の入った水槽に最初と同じ角度でストローを差し込みました。真横から見るとストローはどのように見えますか。正しいものを【図４】のア～エのうちから１つ選び、記号で答えなさい。

【図４】水と食用油が２層になった水槽にストローを差し込んだようす

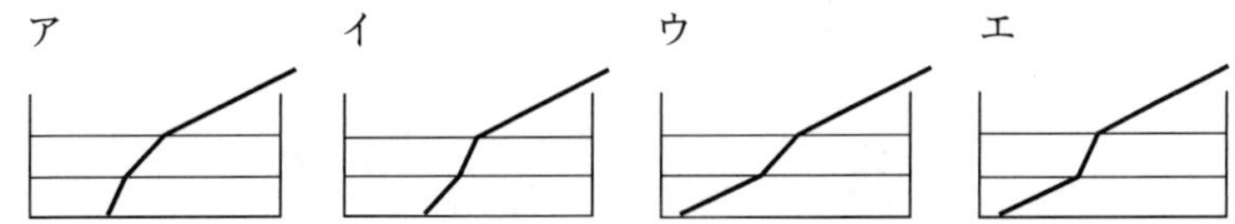

〔実験２〕

最初に、１枚の平面鏡に日光を当てて反射させました。次に、同じ平面鏡を何枚か用いて、日光の反射光を日かげの壁に当てました。さらに、明るいところで平面鏡に「５」の数字をうつしてみました。最後に、裏を黒く塗った工作用紙と平面鏡で、窓のない部屋の中からでも外を見ることのできる「潜望鏡」を作りました。

(3)　１枚の平面鏡に日光を当てて反射させたときの様子として、正しいものを【図５】のア～エから１つ選び、記号で答えなさい。

【図５】

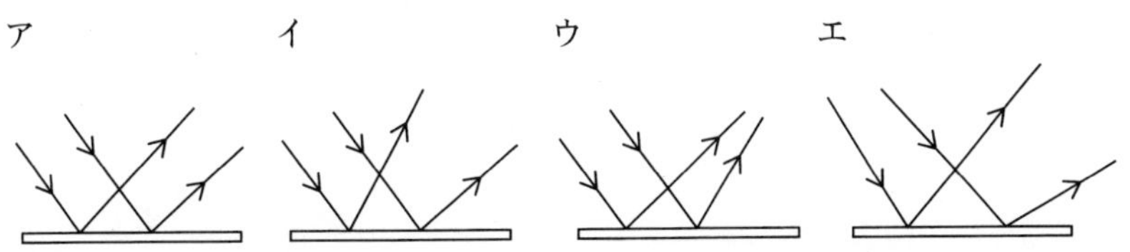

⑷　５枚の平面鏡を用いて、【図６】のように日かげの壁に反射させた日光を当てたとき、最も明るくなるのはどこですか。ア～オの中から当てはまるものを全て選び、記号で答えなさい。

【図６】

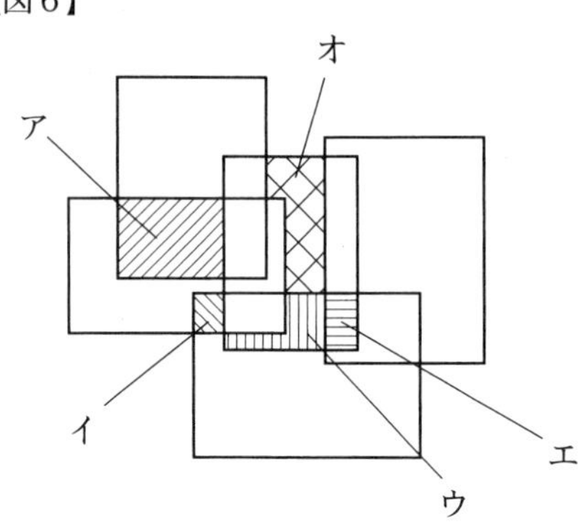

⑸　平面鏡に「５」の数字をうつしたときにどのように見えますか。【図７】のア～エから１つ選び、記号で答えなさい。

【図７】

⑹「潜望鏡」は真横から見ると【図８】のようなつくりをしています。このとき、遠くに置かれた「５」の数字は、「潜望鏡」をのぞいている人からどのように見えますか。【図７】のア～エから１つ選び、記号で答えなさい。

【図８】

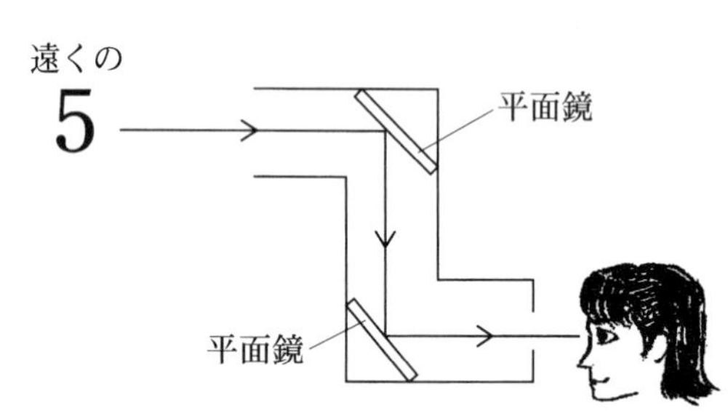

フェリス女学院中学校

―30分―

1　私たちが住む地球は、空気でおおわれています。空気の成分をくわしく調べると、様々な気体の混ざりものであることがわかります。ここにA、B、Cの異なる３種類の気体があり、それぞれの気体について次のことがわかっています。

・３種類の気体はすべて空気中にふくまれており、最も多くふくまれているのはA、次に多くふくまれているのはBである。

・Cは空気中にわずかにふくまれており、石灰水に通すと石灰水が白くにごる。

１　各気体について、次の問いに答えなさい。

⑴　Aの気体は何か答えなさい。

⑵　Bを発生させる方法を簡単に答えなさい。

⑶　A、B、Cが同じ体積ずつ入ったビンに火のついたろうそくを入れてふたをすると、しばらく燃えてから消えました。次のア～エのうち、正しいものをすべて選び記号で答えなさい。

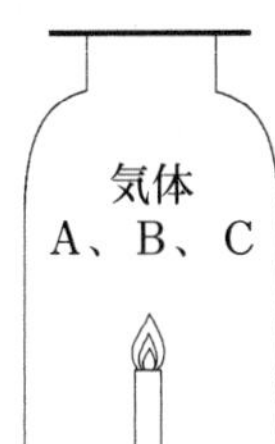

ア　ろうそくが燃えると、ビンの中のAは減る。

イ　ろうそくが燃えると、ビンの中のCは増える。

ウ　ろうそくが燃えても、A、B、Cは増えも減りもしない。

エ　火が消えた後のビンの中に、Bは残っていない。

⑷　次の気体の組み合わせのうち、⑶の実験と同じくらいろうそくが燃えるものを１つ選び記号で答えなさい。ただし、割合はすべて体積についてのものとします。

ア　AとBが１：１の割合で混ざった気体。　イ　BとCが１：１の割合で混ざった気体。

ウ　CとAが１：１の割合で混ざった気体。　エ　AとBが２：１の割合で混ざった気体。

オ　BとCが２：１の割合で混ざった気体。　カ　CとAが２：１の割合で混ざった気体。

２　各気体を１Lずつ集めて重さをはかると次のようになりました。

気体A　1.25 g　　気体B　1.45 g　　気体C　1.96 g

空気中には、体積の割合で気体Aが80％、気体Bが20％ふくまれているものとしたとき、次の問いに答えなさい。ただし、気体の温度はすべて同じとします。

⑴　空気１Lあたりの重さは何gになりますか。小数第三位を四捨五入して、小数第二位まで答えなさい。

⑵　空気中には、重さの割合で気体Aが何％ふくまれていますか。小数第二位を四捨五入して、小数第一位まで答えなさい。

⑶　はき出した息１Lの重さをはかると1.31 gでした。呼吸による気体成分の変化が、「酸素の一部が二酸化炭素に置きかわる」のみとしたとき、はき出した息中にふくまれる二酸化炭素は体積の割合で何％ですか。小数第二位を四捨五入して、小数第一位まで答えなさい。

2　ドライヤーや電気コンロには、ニクロム線という金属線が使われています。これは、ニッケルとクロムを混ぜ合わせた「ニクロム」という金属(合金)でできており、電流が流れにくい性質があります。電流の流れにくさのことを「電気ていこう」といいます。

図1のような回路をつくり、AB間に長さや断面積の異なるニクロム線をつないで、電流の流れにくさを測定する2つの実験をしました。ただし、電源装置のつまみ(電流を流すはたらきの大きさ)は一定であるとします。

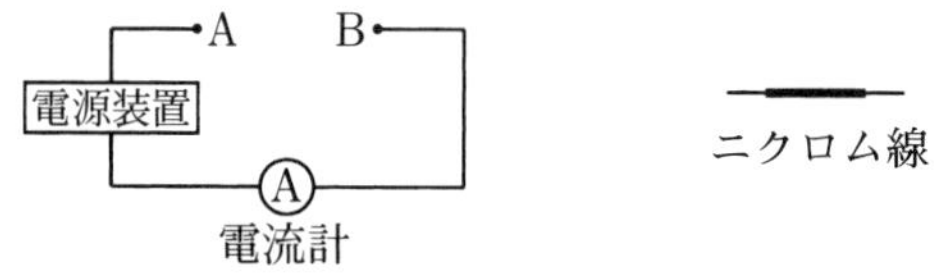

図1

実験1　断面積が0.5㎟で、長さの異なるニクロム線をつなぎ、電流の大きさを記録する。
実験2　長さが10cmで、断面積の異なるニクロム線をつなぎ、電流の大きさを記録する。

結果は次の表のようになりました。この結果に基づいて、以下の問いに答えなさい。

表1

ニクロム線の長さ(cm)	5	10	15
電流計の示す値(A)	6	3	2

表2

ニクロム線の断面積(㎟)	0.25	0.5	1
電流計の示す値(A)	1.5	3	6

1　断面積0.5㎟で12cmのニクロム線をつないだとき、電流計は何Aを示しますか。

2　このニクロム線を、断面積1.5㎟、長さ30cmのものと取りかえると、電流計は何Aを示しますか。

3　断面積0.5㎟、長さ10cmのニクロム線を図3のようにしてつなぎました。これを直列つなぎといいますが、これはニクロム線の長さを変えたものと考えることができます。このとき、電流計は何Aを示しますか。また、図2の電気ていこう(電流の流れにくさ)に比べると、図3の全体の電気ていこうは何倍になりますか。

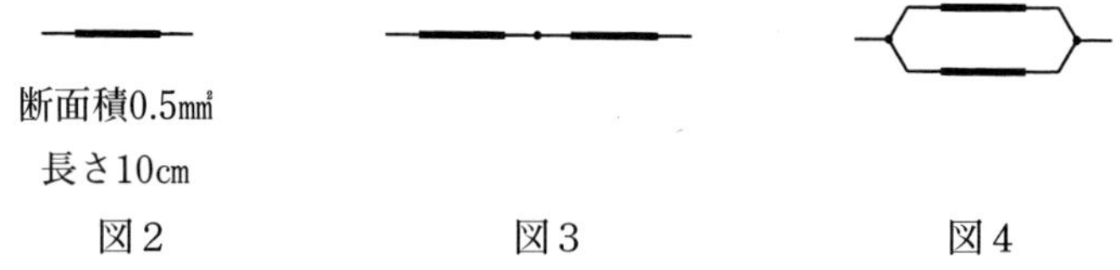

図2　図3　図4

4　断面積0.5㎟、長さ10cmのニクロム線を図4のようにしてつなぎました。これを並列つなぎといいますが、これは断面積を変えたものと考えることができます。このとき、電流計は何Aを示しますか。また、図2の電気ていこう(電流の流れにくさ)に比べると、図4の全体の電気ていこうは何倍になりますか。

5　断面積0.5㎟、長さ10cmのニクロム線を図5のようにしてつなぎました。このとき、電流計は何Aを示すかを考えました。以下の文章の｛　　｝からは正しい語句を選び、(　　)には数値を入れなさい。

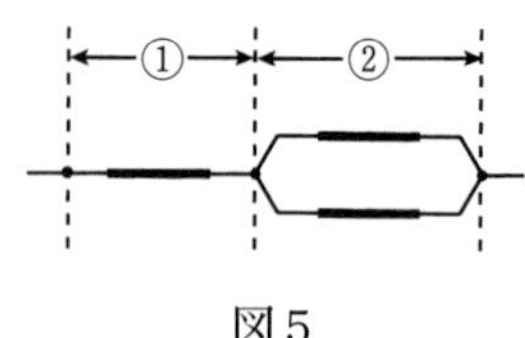

図5

ここで使われている、断面積0.5㎟、長さ10㎝のニクロム線の電気ていこうを【基準】として考えます。図の②の部分は、【基準】のニクロム線２本が{ア　直列、並列}つなぎになっていますが、この部分は前の問題４から、電流が{イ　流れやすく、流れにくく、等しく}なっているので、１つにまとめた電気ていこうは【基準】の電気ていこうの(　ウ　倍)となります。

この、②の部分を１つにまとめた電気ていこうと、①の部分のニクロム線が{エ　直列、並列}つなぎになっていると考えると、前の問題３から、電流は{オ　流れやすく、流れにくく、等しく}なります。したがって、①・②の部分をすべてまとめた電気ていこうは、【基準】の(　カ　倍)になります。それがこの電源装置につながれているので、流れる電流は(　キ　A)になります。

3

1　ヒトの誕生は次のように進みます。

女性の体内でつくられた(　①　)と、男性の体内でつくられた(　②　)が結びつき(　③　)ができ、女性の体内の(　④　)で育ちます。女性の体内で(　③　)が育ち、ヒトのすがたになるまで子が成長する間は、子は母の(　⑤　)を通じて血液中の酸素や栄養を取りこんでいます。このようにして子は成長し、ヒトのすがたになり生まれてきます。

(1)　文章中の空らん(　①　)～(　⑤　)に当てはまる言葉を答えなさい。

(2)　ヒトの(　③　)の大きさと、生まれてくる子の身長について、最も正しい組み合わせを、次のア～エから１つ選び、記号で答えなさい。

	(　③　)の大きさ	生まれてくる子の身長
ア	約0.1㎜	約50㎝
イ	約0.1㎜	約30㎝
ウ	約１㎜	約50㎝
エ	約１㎜	約30㎝

(3)　次のア～ウから子の成長についての説明として正しいものをすべて選び、記号で答えなさい。

ア　(　③　)は約45週間かけてヒトのすがたに育ち、子として生まれてくる。

イ　(　④　)の中には羊水という液体があり、しょうげきなどから子を守っている。

ウ　生まれてくるまで、自分の意志で体を動かすことはできない。

2　にんしん中の女性の体には、様々な変化があります。例えば、にんしんが進みお腹が大きくなっていくと、一度に多くの量の食事をとれなくなることがあります。またトイレに行く回数が増えてひんぱんに、にょうが出ることもあります。

にんしん中は体の中の血液の量も増加することがわかっています。出産間近になると血液の量はにんしん前の約1.5倍になります。

(1)　にんしん中に、にょうを出す回数が増える理由を説明しなさい。

(2)　にんしん中は、にんしん前とくらべると１分間に心臓が動く回数はどのように変化すると考えられますか。理由とともに説明しなさい。

4

1　雨が降り止んですぐに、学校の校庭で、どこに水たまりができているか調べました。

校庭の運動場の砂の上に水たまりができていましたが、校庭の砂場や草が一面にはえている花だんの土の上には水たまりはできていませんでした。

雨が降り止んで、晴れた次の日、右図のように校庭の運動場の砂(A)と砂場の砂(B)を植木ばちに同じ量入れて、じょうろで同じ量の水を同時に注ぎ、植木ばちの下に置いたコップの中にしみ出た水の様子を観察しました。なお植木ばちの底にはあみが置かれていて砂は落ちないようになっています。

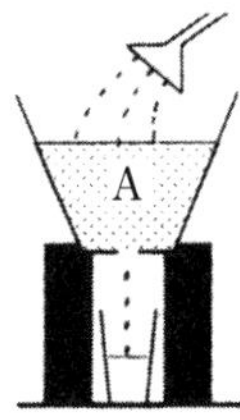

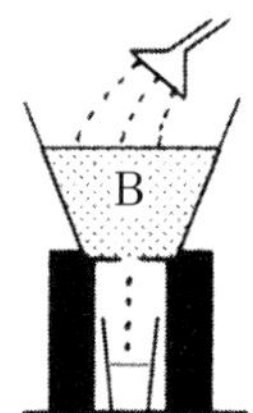

(1)　じょうろで水を注ぎ始めてからコップに水がたまるまで時間がかかったのは、次のAとBのどちらか。

A　運動場の砂　　B　砂場の砂

(2)　運動場の砂(A)と砂場の砂(B)をくらべたとき

①　指でさわった感しょくが「さらさら」「ざらざら」しているのは、それぞれどちらか。

②　砂のつぶが「小さい」「とても小さい(細かい)」のは、それぞれどちらか。

解答はAまたはBで答えなさい。

2　雨が降ったとき、雨水が地面のちがいによって、どのように流れていくのかを調べるために、次図のようなそう置をつくり、じょうろで同じ量の水を注ぎ、実験しました。

次図のAには校庭の運動場の地面の砂とその下の土を入れ、Bには草が一面にはえている校庭の花だんの地面の土を入れました。どちらも雨が降り止んで晴れた次の日、地面から同じ深さになるように、地面をなるべくくずさないように注意しながら、切り取って箱に入れました。じょうろで1000㎤の水を約1分間同じようにかけ、箱の側面の上側から流れた水と、箱の側面の下の穴から出た水の量をビーカーにためて、メスシリンダーで測り、あとの表にまとめました。

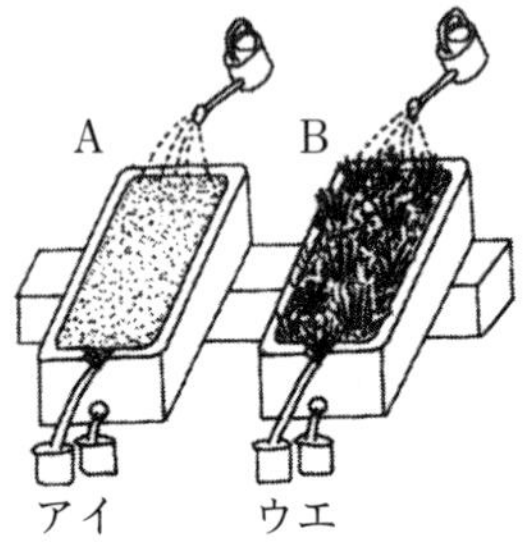

結果　ビーカーにたまった水(㎤)

じょうろで流しはじめてからの時間		0秒～20秒	20秒～30秒	30秒～1分	1分～10分	10分～20分
A	ア	250	300	60	0	0
	イ	50	20	130	100	0
B	ウ	0	40	0	0	0
	エ	25	105	145	235	50

(1)　じょうろでかけた水は、AとBでは、どのように流れていきましたか。表の結果を見てわかったことと、実際に雨が降り止んですぐに校庭で観察したことを関連づけて説明しなさい。

(2)　ア、イ、ウ、エ、それぞれのビーカーにたまった水の中で、一番にごっていたのはどれと考えられますか。

(3)　次の①～③のことがらは表の実験結果ア～エのどれともっとも関連があると考えられますか。

①　夏、日でりが続いても山の谷川の水はかれない。

②　大雨が降ると土砂くずれが起こりやすい。

③　森では大雨が降ってもこう水は起こりにくい。

3　次のグラフは、神奈川県西部の山地に大雨が降ったとき、その山のしゃ面にある森林から雨水が流れこむ川で、雨量(降水量)と川を流れる水の流量を測って、グラフに示したものです。ただし、雨量の単位はmm(ミリメートル)で棒グラフで下向きに表わし、グラフの右側のたてじくの数値で読み取ります。また流量の単位は1秒間に流れた水量をL(リットル)で測り、折れ線グラフで表わし、グラフの左側のたてじくの数値で読み取ります。20時(午後8時)から次の日の19時(午後7時)までの雨量と流量を10分ごとに記録しました。

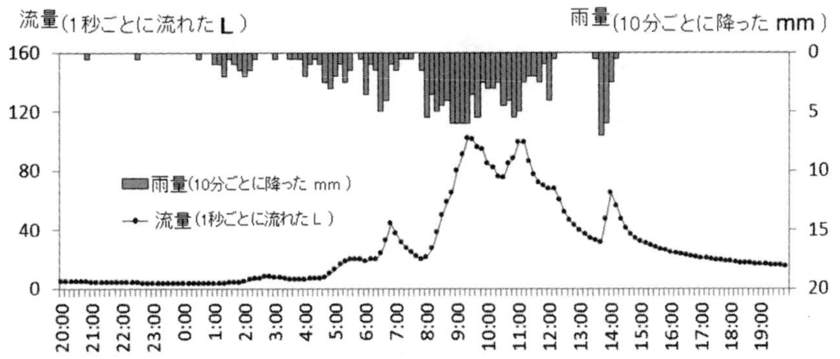

出典　「かながわの水源林」　神奈川県自然環境(かん)保全センターのホームページより
(単位の表記を一部改変)

前のグラフから「森林はこう水を防ぐ」ことが正しいとは判断できません。

その理由は、森林から雨水が流れこむ場所が川の源流(上流)近くで、そこで雨量と流量を測ったからです。

【問題】

それでは、森林から雨水が山のしゃ面にそって流れこむ場所まではなれていて、その合流する場所で雨量と流量を測った場合、雨量と流量のグラフからどのような結果がわかれば、「森林はこう水を防ぐ」ことが正しいと判断されますか。

富士見中学校(第１回)

―40分―

1　次のⅠ～Ⅲの問いに答えなさい。

Ⅰ

問１　北半球において、台風の中心付近での風のふき方として正しいものはどれですか。次の中から１つ選び、記号で答えなさい。

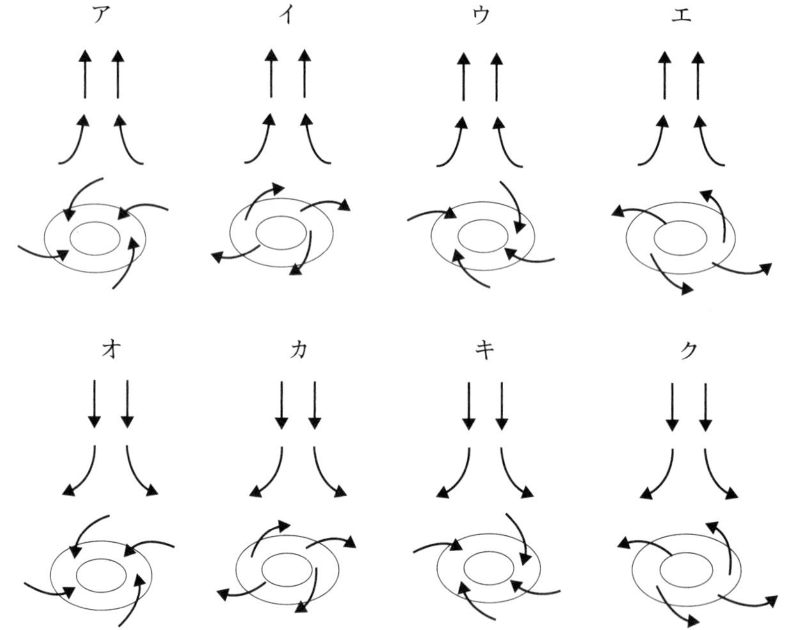

問２　台風はどこで発生しますか。また、気圧はどのようになっていますか。次の中から１つ選び、記号で答えなさい。

ア　日本付近で発生し、まわりより気圧が高い。

イ　日本付近で発生し、まわりより気圧が低い。

ウ　熱帯地方で発生し、まわりより気圧が高い。

エ　熱帯地方で発生し、まわりより気圧が低い。

Ⅱ　次の表１はマグマが冷え固まってできた火成岩の特ちょうをまとめたものです。火成岩はその形成過程や組成によってさまざまな種類があります。

表１

岩石名	火山岩	①	②	げんぶ岩
	深成岩	花こう岩	③	④
岩石の特ちょう	色	⑤ ⟷		⑥
	マグマの粘(ねば)り気	⑦ ⟷		⑧

問３　表の①～④の岩石名を正しく組み合わせているものを次の中から１つ選び、記号で答えなさい。

	①	②	③	④
ア	りゅうもん岩	せんりょく岩	はんれい岩	あんざん岩
イ	りゅうもん岩	あんざん岩	せんりょく岩	はんれい岩
ウ	あんざん岩	はんれい岩	りゅうもん岩	せんりょく岩
エ	はんれい岩	あんざん岩	せんりょく岩	りゅうもん岩

問４　表の⑤～⑧の岩石の特ちょうについて正しいものを次の中から１つ選び、記号で答えなさい。

	⑤	⑥	⑦	⑧
ア	黒っぽい	白っぽい	粘り気が弱い	粘り気が強い
イ	黒っぽい	白っぽい	粘り気が強い	粘り気が弱い
ウ	白っぽい	黒っぽい	粘り気が弱い	粘り気が強い
エ	白っぽい	黒っぽい	粘り気が強い	粘り気が弱い

Ⅲ　地震（じしん）が発生すると、震源で小さなゆれを起こす地震波と大きなゆれを起こす地震波の２種類の波が発生し、それぞれが一定の速さで地中を伝わっていきます。そして地上の観測地点に小さなゆれが伝わってから大きなゆれが伝わるまでの時間を初期微動継続時間（しょきびどうけいぞくじかん）といいます。

問５　小さなゆれを起こす地震波の速さが秒速６㎞、大きなゆれを起こす地震波の速さが秒速４㎞のとき、震源から120㎞離（はな）れた観測地点では初期微動継続時間は何秒になりますか。答えが割り切れない場合は小数第２位を四捨五入して小数第１位までで答えなさい。

問６　初期微動継続時間について説明した文として最も適切なものを１つ選び、記号で答えなさい。

ア　マグニチュード（地震の規模）が小さいほど、初期微動継続時間は長くなる。

イ　マグニチュード（地震の規模）が大きいほど、初期微動継続時間は長くなる。

ウ　観測地点と震源の距離（きょり）が短いほど、初期微動継続時間は長くなる。

エ　観測地点と震源の距離が長いほど、初期微動継続時間は長くなる。

[2]　富士子さんと弟の太郎くんはお父さんに動物園に連れてきてもらいました。次の会話文を読み、以下の問いに答えなさい。

富士子　あの$_{\mathrm{A}}$ホッキョクグマを見て！大きくてすごい迫力（はくりょく）ね。

お父さん　そうだね。オスのホッキョクグマの体重は約400kgほどあり、頭の先からおしりまでの長さ（頭胴長（とうどうちょう））は約300cmもあるそうだよ。最近の動物園は展示の仕方も工夫されていて、動物たちのいろいろな行動を見ることができるね。

太郎　ねえ、あっちにもクマがいるよ。

富士子　このクマはヒグマですって。北海道に生息しているみたいよ。

太郎　まだ他のクマもいるよ。

富士子　本当ね。本州に生息しているツキノワグマとマレーシアに生息しているマレーグマもいるわね。

太郎　マレーグマはみんな子どもなのかな？ホッキョクグマに比べてどれも小さいよ。

お父さん　この動物園にいる４種類のクマはどれも大人のクマだよ。

富士子　同じクマなのにどうしてこんなに大きさに差が出るのかな？

お父さん　それはね、住んでいる地域の気温が関係しているんだよ。

太郎　どういうこと？

お父さん　クマの種類と生息地域の年間平均気温をまとめると次のようになるよ。(表１)

表１

	マレーグマ	ツキノワグマ	ヒグマ	ホッキョクグマ
生息地域	マレーシアなど	本州など	北海道など	北極など
年間平均気温	約27℃	約15℃	約７℃	約－６℃
頭胴長	約140cm	約150cm	約230cm	約300cm
体重	約65kg	約150kg	約250kg	約400kg

富士子　寒い地域に住んでいるホッキョクグマはからだが小さい方が、寒い空気に触(ふ)れる表面積が少ないからいいように思うけど違(ちが)うのかな？

お父さん　確かに体温である熱はからだの表面から空気中に抜(ぬ)けていくから富士子がそう考えるのも分かるよ。でもね、B体温はからだの中で食べ物をもとに作られて、からだが大きいと食べものをたくさん食べるから、からだの体積と表面積の両方を同時に考えなければいけないんだ。

富士子　なんだか難しいわ。太郎にも分かるように教えて。

お父さん　それでは、動物をサイコロのような立方体として考えてみよう。１辺の長さが１の生物Aと、１辺の長さが２の生物Bがいるとしよう(図１)。

生物A

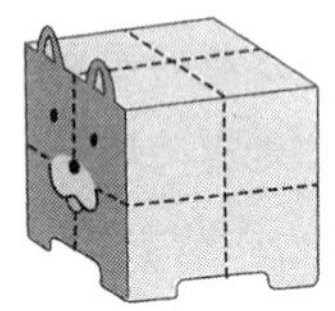

生物B

図１

生物Bの体積は生物Aの体積の［　ア　］倍になるね。そして生物Bの表面積は生物Aの表面積の［　イ　］倍になる。体温は体表面から抜けていくから、一定の体積当たりどれくらい熱が抜けていくかを考えると、「表面積÷体積」で表すことができるよ。すると生物Aの値は６で、生物Bは［　ウ　］になる。この値が大きいほど熱がからだから抜けていきやすく、値が小さいほど熱が抜けにくいということなんだ。

同じ材質のコップとお風呂ほどの大きさの直方体の入れ物を用意して、コップと入れ物にお湯を入れたとすると、お湯の量が多い方が冷めにくいんだよ。

富士子　なるほど。ホッキョクグマはからだを大きくした方が熱が抜けにくく、寒さに耐(た)えやすいということなのね。生きもののからだってよくできているわね。

お父さん　クマ以外にも、屋久島に生息しているヤクシカと北海道に生息するエゾシカも同じように大きさの違いを見ることができるよ。

太郎　じゃあ次はシカを見に行こう。

問１　下線部Ａについて、ホッキョクグマは背骨のある動物です。このように背骨のある動物のなかまを何といいますか。

問２　ホッキョクグマは常に体温が一定のこう温動物です。次の生物のグループにおいて、こう温動物と変温動物の境目はどこですか。①～④のうち正しいものを１つ選び、記号で答えなさい。

魚類		両生類		は虫類		鳥類		ほ乳類
	①		②		③		④	

問３　下線部Ｂについて、ご飯を食べ体内に吸収するためには、食べ物を消化しなければなりません。消化とはどのようなことか説明しなさい。

問４　ヒトにおいて、だ液に含(ふく)まれるデンプンに作用する消化酵素(こうそ)の名前を答えなさい。

問５　図２はヒトの器官を示したものです。口から入った食物が便としてこう門から排出(はいしゅつ)されるまでに通る道を図２のア～カから選び、順に並べなさい。

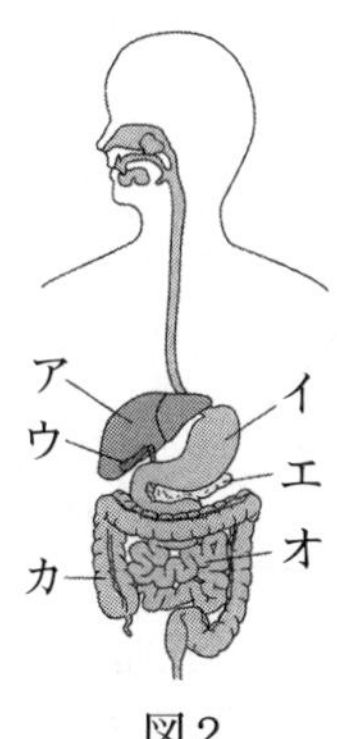

図２

問６　図２のイの消化液で消化される栄養素をもっとも多く含むものを次の中から１つ選び、記号で答えなさい。

ア　米　　イ　パン　　ウ　バター　　エ　うどん　　オ　ダイズ　　カ　オリーブオイル

問７　食べたものを体内に吸収する主な器官は図２のア～カのうちどこですか。正しいものを１つ選び、記号で答えなさい。また、その器官の名前を答えなさい。

問８　問７の器官の内部の表面は、表面積を広げるためにひだ状になっており、さらにその表面には図３のような小さな突起(とっき)がたくさんあります。この突起の名前を答えなさい。また、表面積を広げる理由を簡単に答えなさい。

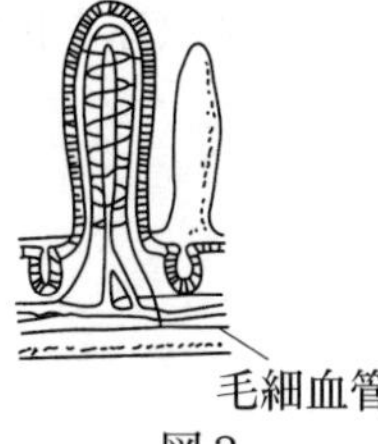

図３

問９　会話文中の空らん［　ア　］～［　ウ　］に当てはまる数値を答えなさい。

問10　今後も地球温暖化がすすむと仮定すると、同じ地域に生息する動物のからだには数十年後にどのような変化が起こると考えられますか。会話文をもとに述べなさい。

問11　次の表２はいろいろな動物の体重と、１日の食事の量をまとめたものです。

表２

	ハツカネズミ	ウサギ	イヌ	ブタ	ゾウ
体重	30 g	3 kg	30kg	300kg	7 t
１日の食事の量	7 g	175 g	900 g	4.5kg	230kg

それぞれの動物の体重と、体重１kgあたりにおける食事の量を正しく表しているグラフを選び、記号で答えなさい。

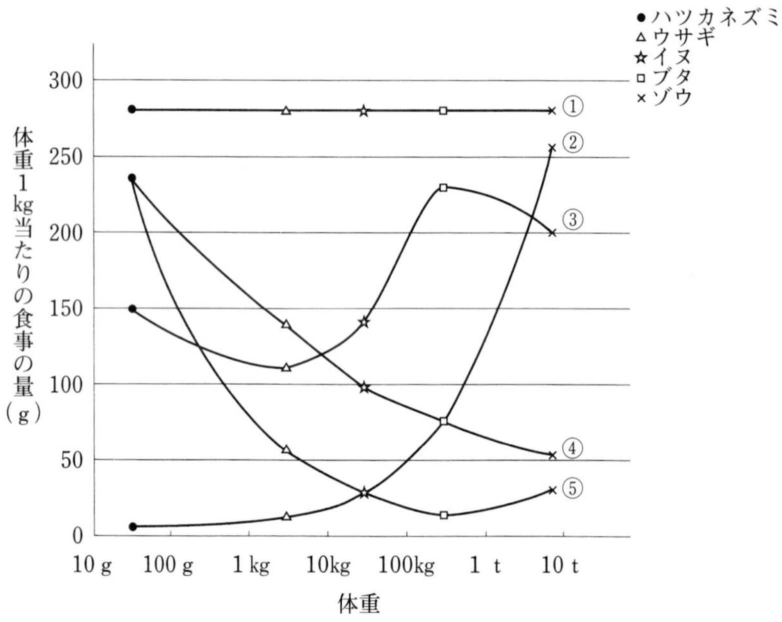

3　次のⅠ・Ⅱの文章を読んで、以下の問いに答えなさい。

Ⅰ　富士子さんは、家族でトルコのカッパドキアへ行き、気球ツアーに参加しました。気球ツアーの参加者は夜明け前から準備をし、静まり返った雰囲気(ふんいき)の中、熱気球へと乗り込(こ)みます。目の前に広がる美しい岩石、たくさんのカラフルな気球、朝焼けによる空のグラデーションの組み合わせは、富士子さんを虜(とりこ)にしました。

熱気球が気に入ったので、そのしくみについて調べてみたところ、バーナーを用いて気球内の空気を温め、上下に移動していることがわかりました。家でもそのしくみを使ってミニ気球を作成できることを知り、図１のようなミニ気球を作りました。

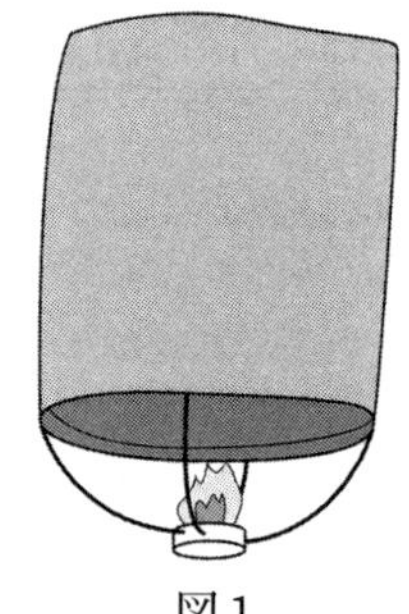

図１

問１　空気の流れとして正しいものはどれですか。次の中から１つ選び、記号で答えなさい。

ア　温まった空気は重いため上に、冷たい空気は軽いため下に移動しやすい。

イ　温まった空気は重いため下に、冷たい空気は軽いため上に移動しやすい。

ウ　温まった空気は軽いため上に、冷たい空気は重いため下に移動しやすい。

エ　温まった空気は軽いため下に、冷たい空気は重いため上に移動しやすい。

問２　夏と冬ではどちらの方が熱気球は浮かびやすいと考えられますか。理由とともに答えなさい。

問３　ミニ気球は、アルコールを燃やすことで空気を温め、上下に移動しています。アルコールにはメタノールやエタノールなどいろいろな種類がありますが、富士子さんはエタノールを使用することにしました。

(1)　次の二酸化炭素に関する文のうち、正しいものはどれですか。次の中から１つ選び、記号で答えなさい。

ア　どんな物質でも燃やすと必ずできる気体である。

イ　光合成によって植物から出される気体である。

ウ　卵のからにお酢をかけると発生する気体である。

エ　物を燃やすときに必要な気体である。

オ　空気より軽い気体である。

(2)　46ｇのエタノールを空気中で完全に燃やすと、二酸化炭素が88ｇと水が54ｇできます。92ｇのエタノールを空気中で完全に燃やすと、何ｇの二酸化炭素と水ができますか。

(3)　44ｇの二酸化炭素には炭素が12ｇふくまれていて、18ｇの水には水素が２ｇふくまれています。92ｇのエタノールには、炭素と水素がそれぞれ何ｇずつふくまれていますか。

(4)　エタノールは炭素・水素・酸素だけからできている物質です。92ｇのエタノールには、酸素が何ｇふくまれていますか。

Ⅱ　銅粉を用いてＡ班からＥ班の班ごとに次の実験をおこないました。表１は各班の結果をまとめたものです。

〔実験〕

①　ステンレス皿の重さをはかる。

②　それぞれの班で担当する銅粉の重さをはかる。

③　②の銅粉を図２のようにステンレス皿全体にうすく広げてガスバーナーで加熱する。

④　十分に冷めた後、ステンレス皿ごと加熱後の物質の重さをはかる。

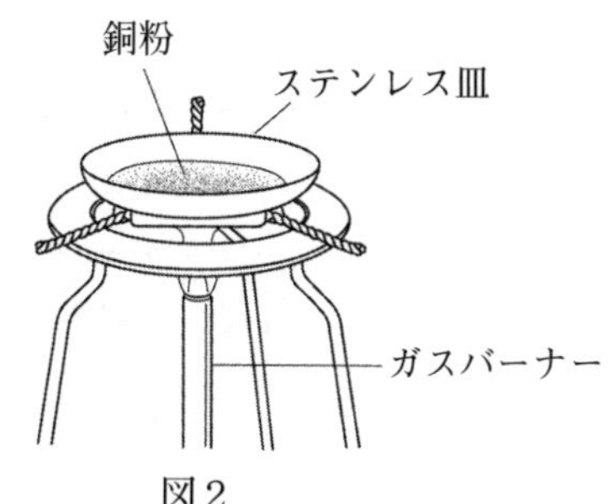

図２

表１

	A班	B班	C班	D班	E班
①の重さ(ｇ)	19.9	20.3	20.1	20.2	20.3
②の重さ(ｇ)	0.8	0.4	1.2	2.0	1.6
④の重さ(ｇ)	20.9	20.8	21.6	22.6	22.3

問４　銅粉を加熱し、反応してできた物質の名称(めいしょう)を答えなさい。

問５　表１において、銅粉が十分に反応しなかった班が１つあります。Ａ班からＥ班のどの班ですか。

問６　銅粉が完全に反応した場合、銅粉の重さと、反応してできた物質の重さの関係を示すグラフを描(えが)きなさい。

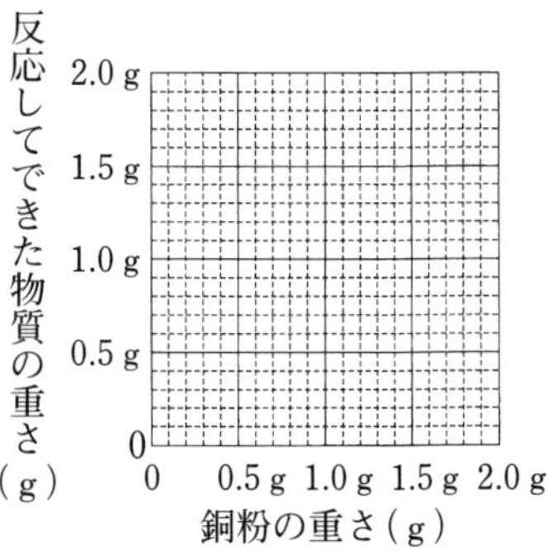

問７　問５の班のすべての銅粉が反応していた場合、④の重さは何ｇになりますか。

問８　問５の班で反応しなかった銅粉の重さを答えなさい。

④　かん電池、豆電球、ＬＥＤ(発光ダイオード)、電熱線などを使って回路を作り、様々な実験をしました。これについて、以下の問いに答えなさい。

図１のようにかん電池１個と豆電球１個で回路を作りました。このときの豆電球の明るさと、ア～エの回路の豆電球の明るさを比べます。ただし、かん電池と豆電球はすべて同じものとします。

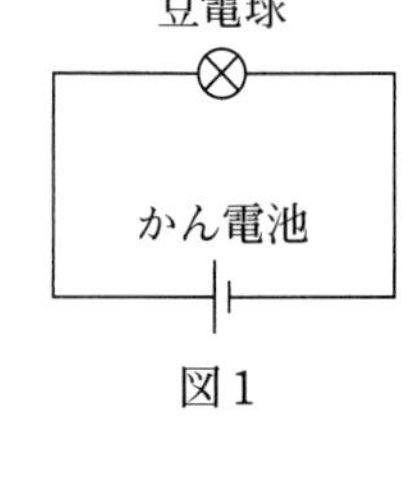

図１

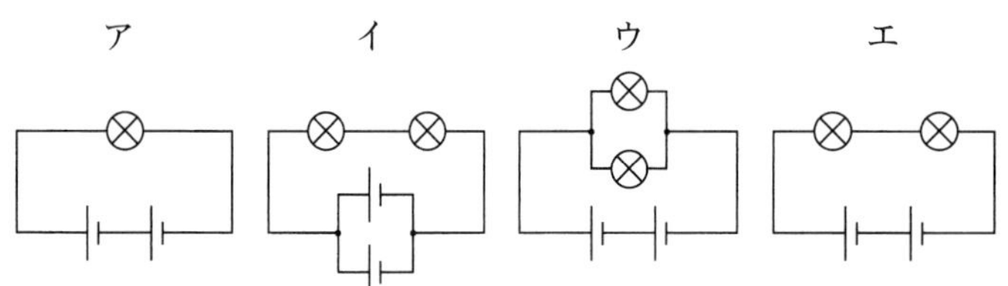

問１　豆電球１個の明るさが図１と同じになる回路を１つ選び、記号で答えなさい。

問２　豆電球１個の明るさが図１よりも暗くなる回路を１つ選び、記号で答えなさい。

問３　豆電球の点灯し続ける時間が最も短くなる回路を１つ選び、記号で答えなさい。

次に、オ～クのような回路を作り、豆電球が点灯するかを調べました。

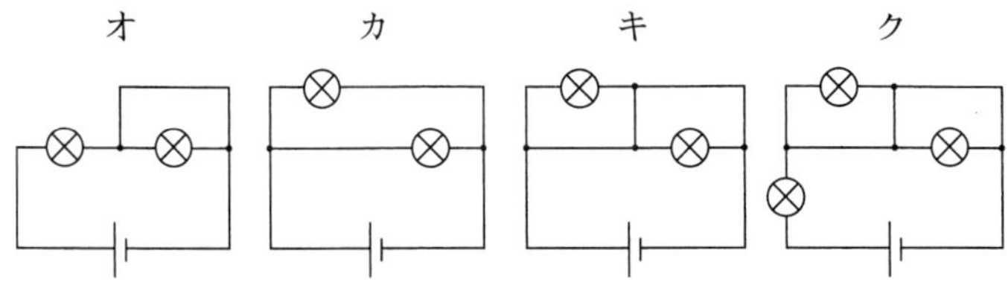

問４　豆電球が１つも点灯しない回路を１つ選び、記号で答えなさい。

次に、ＬＥＤを使って回路を作りました。ＬＥＤには図２のように２本の足がついていて、長さが異なっています。そして、長い足をかん電池の＋極に、短い足をかん電池の－極にそれぞれつないだときに電流が流れて点灯します。逆につなぐと点灯しません。以下では、ＬＥＤを図３のように表すこととし、電流は矢印の向きにのみ流れ、逆方向には流れないものとします。

図２　　図３

問５　次のケ～シの回路のうち、ＡのＬＥＤが点灯するものを１つ選び、記号で答えなさい。

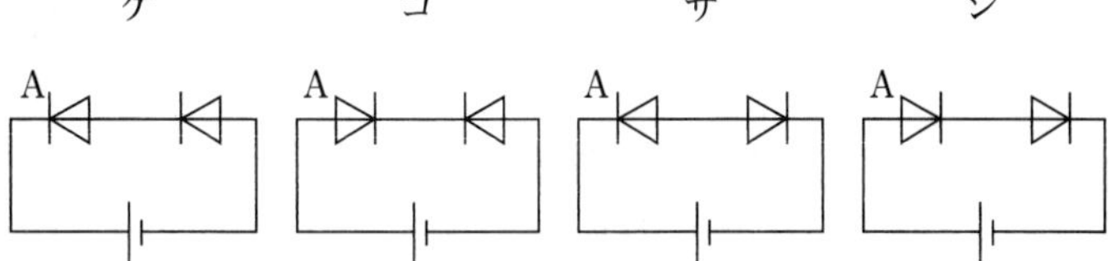

問６　図４の回路で、点灯<u>しない</u>ＬＥＤを<u>すべて</u>選び、記号で答えなさい。

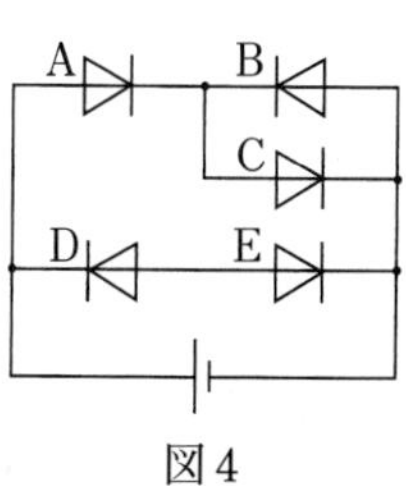

図４

次に、図５のようなスイッチを使って回路を作りました。このスイッチは接点を１つ選んで導線をつなげることができます。

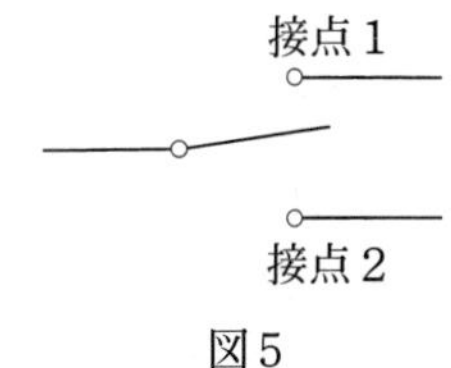

図５

問７　図６の回路では、点線で囲まれた部分①～④に４つのＬＥＤを特定の向きにつなぐことで、スイッチを接点１、接点２のどちらにつないでも、ＡのＬＥＤが点灯する回路を作ることができます。４つのＬＥＤをそれぞれどのようにつなげばよいでしょうか。ア、イの記号で答えなさい。

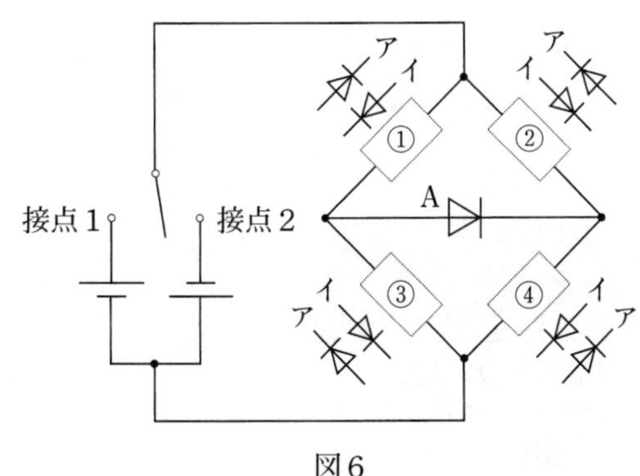

図６

次に、電熱線を用いた回路を作りました。電熱線を水に入れ、電流を流すと水を温めることができ、電熱線１つあたりの水を温める作用は、仮に電熱線が豆電球だった場合の明るさと同じになります。豆電球をつないだときに、より明るくなるつなぎ方の方が、水を温める作用が大きいということです。以下では、使う電熱線は全て同じものとし、図７のように表すことにします。

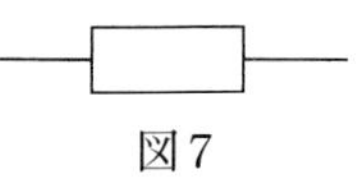
図７

図８のように電熱線を水に入れて電流を流したところ、図９のグラフのように水の温度が変化しました。

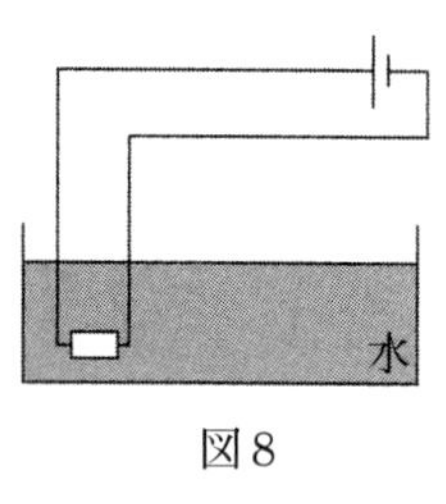

図８

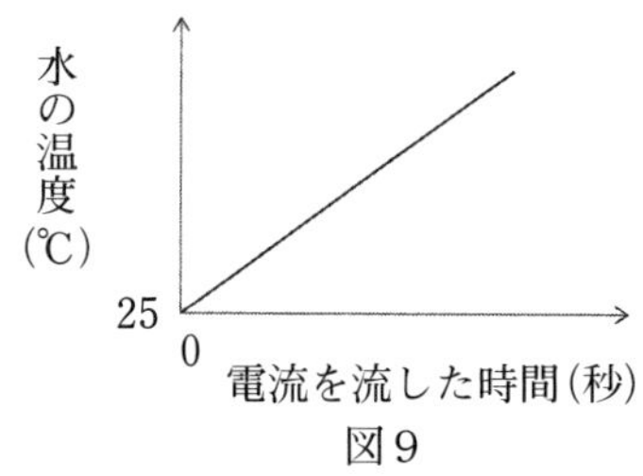

図９

問８　ここで、図10のように回路を組み変えて同様に実験をした場合、グラフはどのように変化しますか。図11のグラフの中から正しいものを１つ選び、記号で答えなさい。ただし、グラフ内の点線は図９のグラフを示しており、水の量は図８と同じとします。

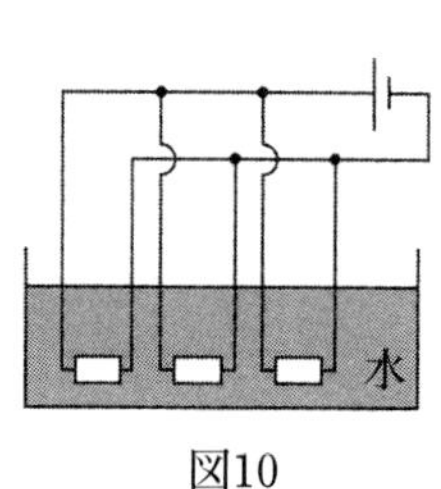

図10

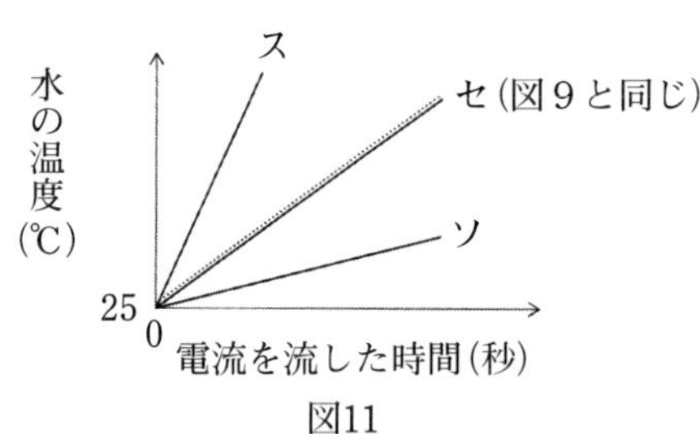

図11

次に、温度センサーを使って回路を作りました。温度センサーは温度が設定でき、その温度をこえたとき電流が流れなくなるものとします。以下では温度センサーを図12のように表すことにします。

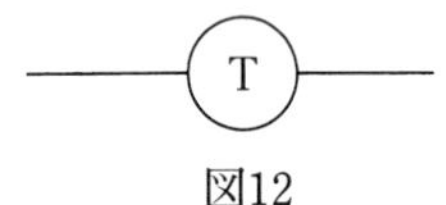

図12

問９　図13のように回路を作り電流を流したとき、十分に時間がたつと水の温度は一定になりました。電流を流し始めてから温度が一定になるまでのグラフはどのようになりますか。次のグラフに書きこみなさい。ただし、グラフでは水の温度が35℃になるまでの水の温度の変化がすでに書かれています。

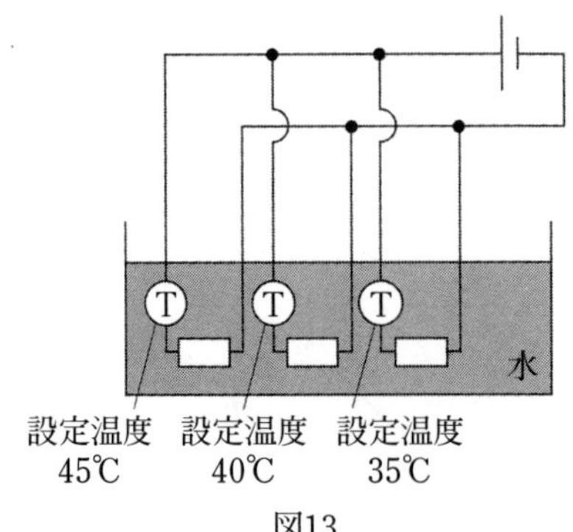

図13

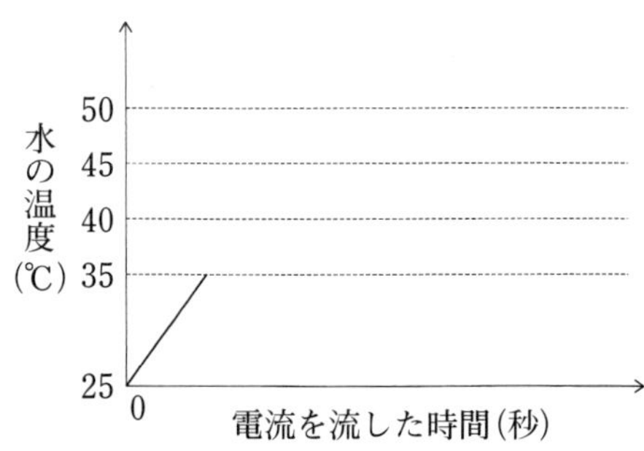

雙　葉　中　学　校

—30分—

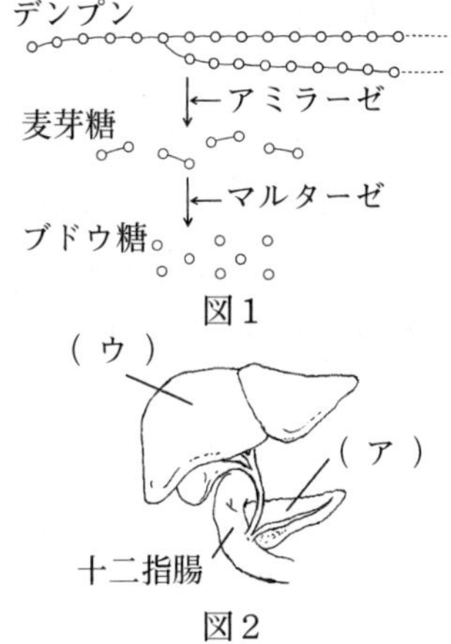

図1
図2

1　食べ物に含(ふく)まれているデンプンは、だ液によって消化されます。デンプンはブドウ糖という糖が多数つながったものです。だ液にはアミラーゼという消化酵(こう)素が含まれていて、図1のようにデンプンをブドウ糖が2個つながった麦芽糖に分解します。消化酵素のはたらきはとても活発で、アミラーゼは1秒間に数百個の麦芽糖をつくります。そして、まわりに分解するものが存在する限りはたらき続けます。

図2はからだの中の一部のつくりを示しています。デンプンのうち、だ液で消化されなかったものは、図2の(ア)から出されるアミラーゼによって麦芽糖に分解されます。麦芽糖は(イ)にあるマルターゼという消化酵素によりブドウ糖に分解されます。(イ)の内側には、じゅう毛とよばれる表面を広くするつくりがあります。そこで吸収されたブドウ糖は図2の(ウ)でデンプンと似たグリコーゲンという物質に合成されます。

問1　文中の(ア)～(ウ)にあてはまる言葉を答えなさい。

消化酵素は40℃付近でよくはたらき、低温でははたらきが弱くなります。図3は一定量のデンプンに、一定量のだ液を加えたときにできた麦芽糖の量を時間とともに示したグラフです。

問2　図3が40℃で行った実験結果とすると、20℃で実験を行うと、グラフの角度X、縦軸(じく)の値Yの大きさはそれぞれどのようになると考えられますか。次の①～③から1つ選び、番号で答えなさい。

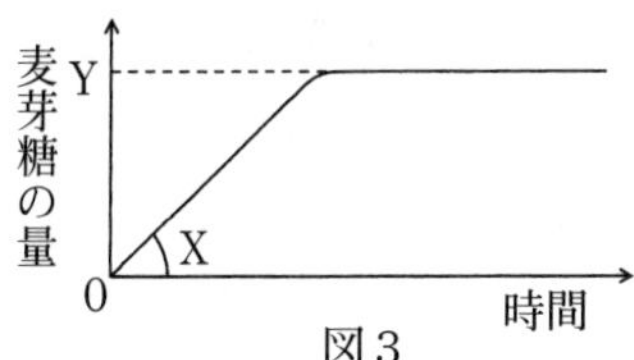

図3

①　大きくなる　　②　変わらない　　③　小さくなる

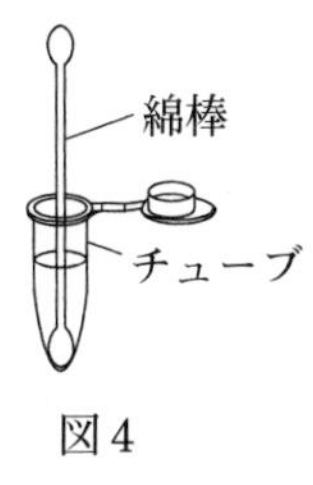

図4

花子さんと桜さんはアミラーゼについての実験を行いました。図4のようなチューブを用意し、チューブにデンプン溶(よう)液を1mL入れました。花子さんは綿棒を口にくわえ、だ液を十分しみこませたのち、それをチューブに入れました。チューブを40℃に温めて3分後に綿棒をチューブから取り出し、チューブ内にヨウ素液を1滴加えたところ、青紫(むらさき)色にはなりませんでした(実験A)。比較(ひかく)のため、別のチューブに(エ)を1mL入れ、(オ)を含ませた綿棒を入れて同じ方法で3分後にヨウ素液を1滴加えたところ、青紫色になりました(実験B)。よって花子さんのだ液に含まれるアミラーゼがはたらいたことがわかります。しかし、1<u>桜さんが花子さんと同じ方法で実験Aを行ったところ、少し青紫色になりました。</u>

問3　文中の(エ)、(オ)にあてはまる言葉を次の①～④からそれぞれ選び、番号で答えなさい。

①　デンプン溶液　　②　だ液　　③　水　　④　ヨウ素液

問4 下線部1について、桜さんの結果からは、チューブにデンプンが残っていることがわかります。その理由として考えられることを、「桜さんのだ液」という言葉を用いて答えなさい。ただし、綿棒にはだ液は十分しみこんでいるものとします。

花子さんは、アミラーゼが低温ではたらきが弱くなることを確かめるために次の実験を行いました。

新たなチューブにデンプン溶液を1mL入れ、だ液が十分しみこんだ綿棒を入れたのち、チューブを氷水につけました。3分後にヨウ素液を1滴加えたところ、青紫色にはならず、この結果からは、アミラーゼが低温ではたらきが弱くなることは確かめられませんでした。2アミラーゼが低温ではたらきが弱くなることを確かめるためには、実験方法を変える必要があります。

問5 下線部2について、どのように実験するとよいですか。考えられることを答えなさい。ただし、新たな溶液、実験器具は使用しないものとします。

2 2023年は関東大震(しん)災を引き起こした1大正関東地震の発生から100年の節目の年でした。右の写真は、神奈川県藤沢(ふじさわ)市の江(え)の島岩屋の付近の写真です。ここでは2大正関東地震に伴(ともな)う地盤(ばん)の変動によって、現在のように海沿いに平坦(たん)な岩場が広がっている状況(きょう)となりました。このような地盤の変動によって、海岸付近には3海岸段丘(きゅう)とよばれる階段状の地形が形成されることがあります。

問1 下線部1に関して、大正関東地震の発生した日は、「防災の日」とされています。それは何月何日ですか。次の①～⑤から1つ選び、番号で答えなさい。

① 1月17日　② 3月11日　③ 9月1日　④ 11月5日　⑤ 12月7日

問2 下線部2に関して、写真の地域では、大正関東地震によってどのような地盤の変動があったと考えられますか。

問3 下線部3に関して、海岸段丘とよばれる階段状の地形は、どのように形成されますか。図1のような海岸段丘の形成について、次の①を最初として、②～⑤から**必要なもの**を選び、正しい順番に並べなさい。

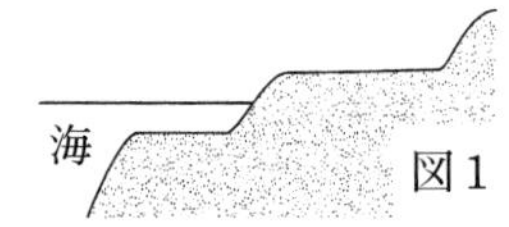

図1

① 波の作用によって、海面下に平らな地形が作られる。
② 川の運搬(ぱん)作用によって、陸域から堆(たい)積物が運び込(こ)まれる。
③ 地殻(かく)変動で、地盤が沈み込む。
④ 地殻変動で、地盤が持ち上げられる。
⑤ 地震が発生する。

問4 図2のような海岸段丘の見られる地域でボーリング調査を行ったところ、図3の柱状図(地層の積み重なり方を示した図)のように、時代の異なる3枚のローム層(風によって運ばれた火山灰などが陸上に堆積してできた層)があることがわかりました。この地域では地盤の変動とローム層の堆積が交互(ご)に起こったことがわかっています。図2の海岸段丘の平坦な面(Ⅰ～Ⅲ)で見られるローム層とその積み重なり方として、正しいものを次の①～⑩からそれぞれ選び、番号で答えなさい。

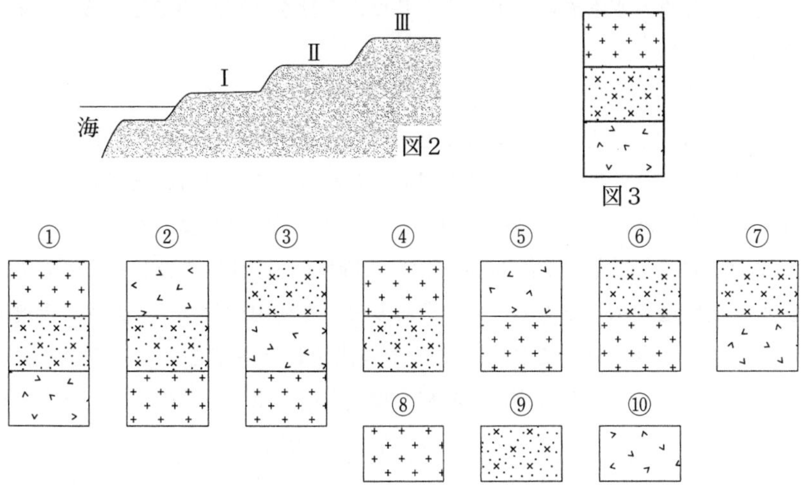

問5　地震によって起こる地盤の変動以外に、海岸段丘がつくられるのはどのようなときですか。その原因とともに答えなさい。

③　ふたばさんは、冬の寒い日に紅茶をいれました。カップにお湯を注ぎティーバッグを入れたところ、ティーバッグが破けてしまい、茶葉がお湯の中に出てしまいました。そこで、この茶葉だけを取り除く方法がないかを考え、理科の授業で「ろ過」について勉強したことを思い出しました。

問1　ろ過の実験を行う上で必要な器具を右の図から選び、次の図の正しいところに書き入れなさい。ただし、ろうとに注ぎ入れるビーカーは書かなくてよいものとします。

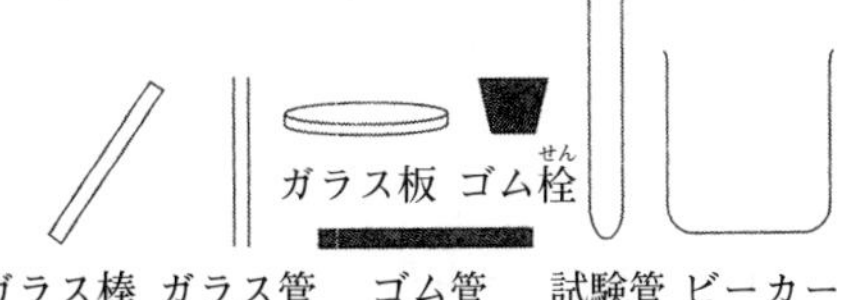

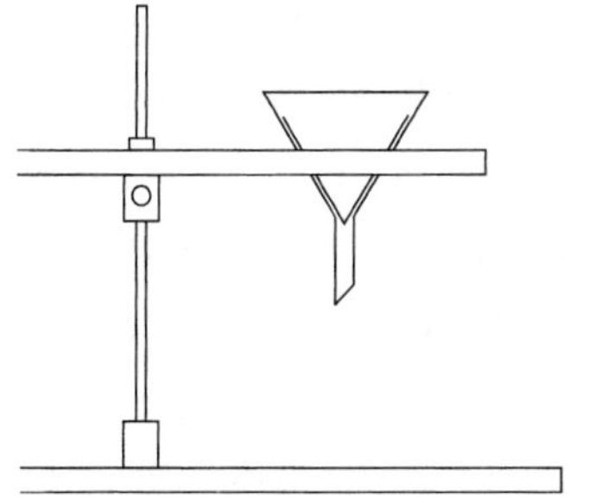

問2　茶葉が入った紅茶をろ過したとき、茶葉は広げたろ紙のどこについていると考えられますか。茶葉のついている部分を例のように斜線で示しなさい。ただし、図の実線(——)と点線(⋯⋯)はろ紙の折り目を表しており、折る順番は実線が先、点線が後であるとします。

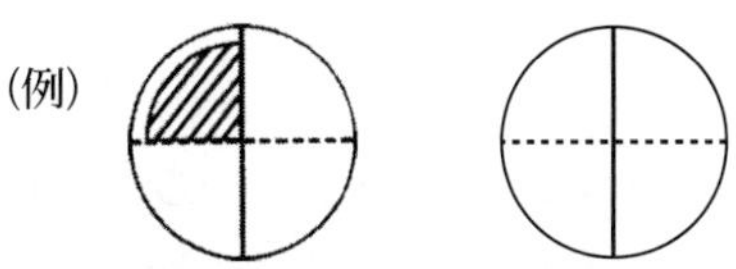

ふたばさんはろ過について学んだことで、固体と液体を分離できることがわかりました。しかし液体の中に溶けてしまった固体はどのように取り出せばよいかわからず、再び理科の授業を復習することにしました。

問３　塩化ナトリウム水溶液から塩化ナトリウムだけを、短時間でできるだけ多く取り出す方法を説明しなさい。

ふたばさんは復習を終えて一息つこうと冷めた紅茶に砂糖を入れました。しかしカップの底に砂糖の溶け残りがあり、もう一度紅茶を温め直したらよく溶けることがわかりました。そこで理科の授業で「ものの溶け方」について勉強したことを思い出しました。

固体の溶ける量は、溶解度(水100ｇに溶ける固体の最大量)で表します。表１はいろいろな温度での固体の溶解度を示したものです。溶解度の値を利用すれば、水溶液の温度を変えることによって、一度溶けた物質を再び固体として取り出すことができます。この方法を再結晶(しょう)といい、いろいろな物質が混ざった混合物から純粋(すい)な物質を取り出す方法の一つとされています。

表１：固体の溶解度

温度[℃]	0	10	20	30	40	50	60
硝(しょう)酸カリウム[ｇ]	13	20	32	46	64	82	109
塩化カリウム[ｇ]	28	31	34	37	40	43	46

問４　50℃で、200ｇの水に硝酸カリウムを最大量溶かして作った水溶液の温度を、20℃まで下げると、何ｇの硝酸カリウムの固体が出てきますか。

問５　80℃での硝酸カリウムの溶解度の値は169です。80℃で硝酸カリウムを最大量溶かして作った水溶液100ｇを10℃に下げると何ｇの硝酸カリウムの固体が出てきますか。小数第一位を四捨五入して答えなさい。

学校に登校したふたばさんは、先生にお願いして硝酸カリウムと塩化カリウムを使って、再結晶の実験をしました。

問６　水200ｇに硝酸カリウム106ｇと、塩化カリウム62ｇを溶かしました。この水溶液を冷やしていくと、硝酸カリウムの結晶が先に出てきました。このあとさらに冷やしていくと、<u>ある温度</u>で塩化カリウムの結晶が出てきました。ある温度とは何℃か答えなさい。また下線部までに、硝酸カリウムの結晶は何ｇ出てきますか。ただし、混合物の水溶液中においても、それぞれの物質の溶解度と温度の関係は変化しないものとします。

4　温度計にはさまざまな種類があります。液体の液面の高さで温度を読む棒状温度計、左右に針が振(ふ)れて針の位置の目盛りを読むバイメタル温度計、非接触(しょく)で測ることができる放射温度計、数値で温度が表示されるデジタル温度計、どの浮(う)きが浮いているかによっておおまかな温度を知ることができるガリレオ温度計などがあります。そのうちいくつかの温度計についてしくみを考えてみましょう。

【１】　棒状温度計(図１)

非常に細いガラス管に色のついた液体が入っている。温度が高いほど体積が(　ア　)という性質を使って、０℃のときと100℃のときの液面の位置を100等分した目盛りをつけている。

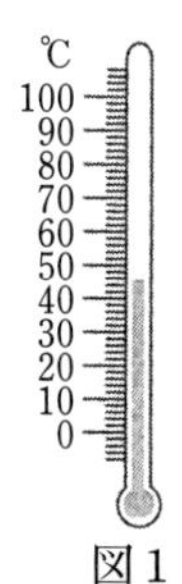

図１

問１　文中の(　ア　)にあてはまる言葉を答えなさい。

問２　図１の温度計で使用する液体の性質としてふさわしいものを次の①～⑥から２つ選び、番号で答えなさい。

① 0℃でこおり、100℃で沸騰(ふっとう)する。

② 0℃より高い温度でこおり、100℃より低い温度で沸騰する。

③ 0℃より低い温度でこおり、100℃より高い温度で沸騰する。

④ 1℃高くなったときに体積が変化する量は、高温の方が低温より大きい。

⑤ 1℃高くなったときに体積が変化する量は、高温でも低温でも同じ。

⑥ 1℃高くなったときに体積が変化する量は、高温より低温の方が大きい。

【2】 バイメタル温度計(図2)

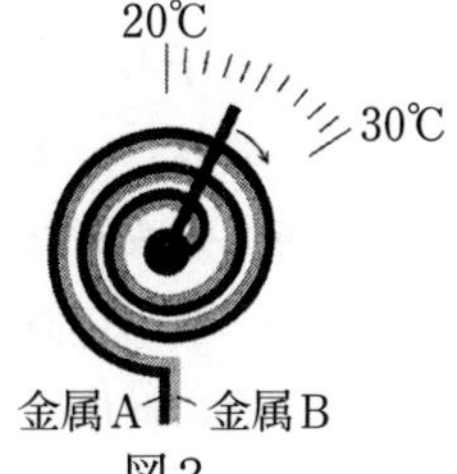

図2

性質の異なる2種類の金属を接着し、それを渦(うず)巻き状にして中心に針をつける。温度が高くなるとそれぞれの金属の長さが変化し、針が右に振れる。

問3 図2の金属A、Bの性質のちがいを、「温度が高くなると」に続けて説明しなさい。

【3】 ガリレオ温度計(図3)

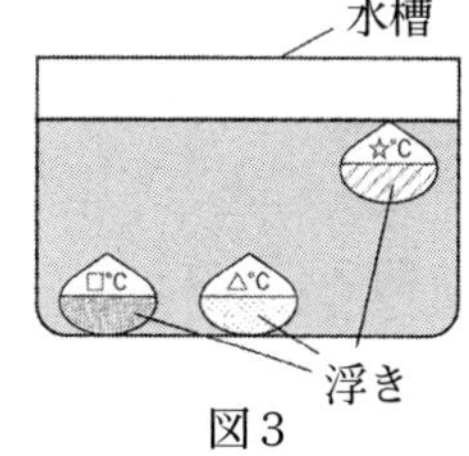

図3

水槽(そう)内の液体の中に、密度(同じ体積で比べたときの重さ)の異なる浮きがいくつか入っている。液体中では液体の密度より液体中にあるものの密度が小さいと浮き、大きいと沈(しず)む。浮きはガラスでできており、中に液体が入っていて、密閉されている。温度が変化すると水槽内の液体の体積が変化することで、液体と浮きの密度に差ができて、浮きが浮いたり沈んだりする。それぞれの浮きには温度が書いてあり、どの浮きが浮いているかを見ることで、おおまかな温度がわかる。

問4 浮きに書いてある温度のときにはその浮きは浮きます。たとえば、図3のように☆℃のとき、☆℃と書かれた浮きは浮きます。書いてある温度以外のときにはどうなりますか。次の①～③から正しいものを1つ選び、番号で答えなさい。

① 浮きに書かれた温度よりも高いときには沈み、低いときには浮いている。

② 浮きに書かれた温度よりも低いときには沈み、高いときには浮いている。

③ 浮きに書かれた温度のときだけ浮き、それより高いときも低いときも沈む。

問5 18℃、22℃、26℃と書かれた3種類の浮きのあるガリレオ温度計で、図4、図5のようになっているとき、次の①～⑤の中からあてはまる温度を、それぞれすべて選び、番号で答えなさい。

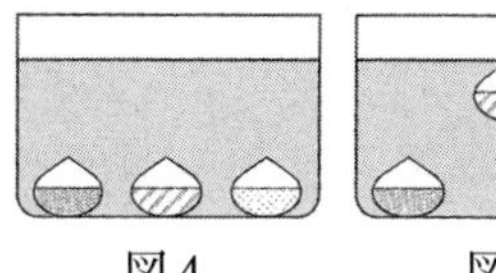
図4

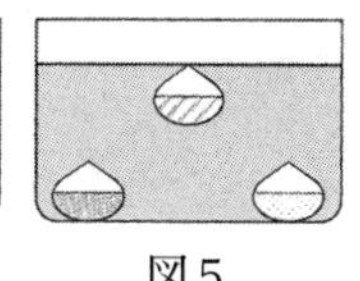
図5

① 8℃　② 14℃　③ 25℃　④ 36℃　⑤ 40℃

問6 問5の3種類の浮きとして使用できるものを、次の①～④からすべて選び、番号で答えなさい。

① 同じ温度のとき全て同じ重さ、同じ体積だが、温度が変わると体積が変化する。

② 同じ温度のとき全て同じ重さ、同じ体積だが、温度が変わると浮きの中の液体の体積が変化する。

③ 同じ温度のとき全て同じ重さだが、体積はそれぞれ異なり、温度が変わってもそれぞれの重さ、体積は変化しない。

④ 同じ温度のとき全て同じ体積だが、重さはそれぞれ異なり、温度が変わってもそれぞれの重さ、体積は変化しない。

普連土学園中学校(第１回)

—30分—

(編集部注：実際の入試問題では，写真や図版の一部はカラー印刷で出題されました。)

1　１～３の問に答えなさい。

問１　振り子の周期は振り子の長さによって変化し、振り子の長さが４倍になると周期は２倍、振り子の長さが９倍になると周期は３倍となります。振り子の長さが1.6ｍの振り子を用意しました。また、振り子の最下点と支点との間に釘を打ち、途中で振り子の周期が変わるようにしました。

①　釘の位置を支点から1.2ｍの位置にしました。このとき、振り子の周期は、釘がない場合の何倍になるか求めなさい。

②　①の場合で、おもりを放した位置をＡとします。おもりは最下点Ｂを通った後、釘によって振り子の長さが変わり、異なった周期で最高点Ｃへと向かいます。最高点Ｃの高さはＡと比べてどのような位置にありますか。高い、低い、同じ、のいずれかを丸で囲みなさい。

問２　図のように、鏡の前に物体を置きました。鏡によってできる像を、次の図中に作図しなさい。

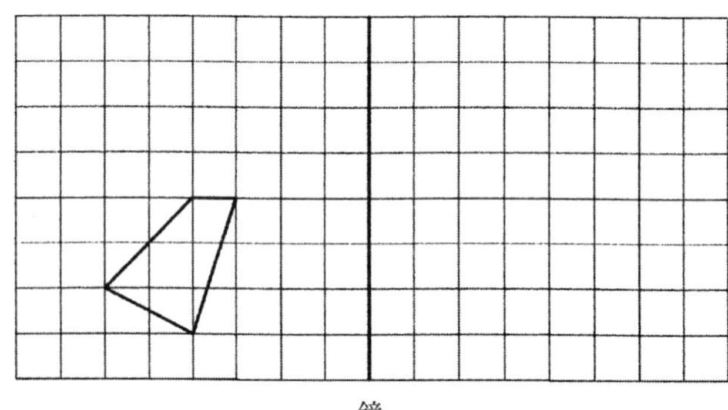

鏡

問３　コンデンサーに手回し発電器を接続し、充電した後、豆電球と白色ＬＥＤにつなぎ、その光り方の違いを調べたところ、次の表のようになりました。

回転数	充電時間	豆電球	白色LED
１回/秒	30秒	３秒間光った	１分以上光った
0.5回/秒	30秒	２秒間光った	光らなかった
0.5回/秒	１分	３秒間光った	光らなかった

豆電球とＬＥＤについて調べてみると、次のようなことがわかりました。

・豆電球を光らせるには、1.5V以上の電圧と0.3A以上の電流が必要。

・白色ＬＥＤを光らせるには、３V程度以上の電圧が必要で、電流は20mA程度が流れる。

①　回転数が0.5回/秒のときに、白色ＬＥＤが光らなかった原因はどのように考えられるか答えなさい。

②　さらに調べてみると、次のようなことがわかりました。

・　手回し発電機を用いて、豆電球とＬＥＤを光らせたときの発電機を回す手応えを比較すると、ＬＥＤの場合の方が軽かった。

・　電流(単位A)と電圧(単位V)の大きさの積を「電力」といい、手回し発電機の手応えはこの電力におおよそ比例する。また、単位は「W」で表される。

・　コンデンサーがたくわえる電気の量は、電力(単位 W)と時間(単位 秒)の積で求まり、「電力量」という。また、単位は「J」で表される。

以上のことから、次のような考察をしました。空欄にあてはまる語句の正しい組み合わせを(あ)～(え)より１つ選び、記号で答えなさい。

考察：豆電球を光らせるのに必要な電力は［ア］で、ＬＥＤを光らせるのに必要な電力は［イ］である。アよりイの方が［ウ］ので、ＬＥＤの方が手応えは軽い。また、ＬＥＤに比べて豆電球の方が消費電力が［エ］ため、同じ［オ］を持つコンデンサーをそれぞれに接続したとき、豆電球の方が点灯時間が短い。

	ア	イ	ウ	エ	オ
(あ)	0.45W	60W	大きい	小さい	電力量
(い)	0.45W	0.06W	小さい	大きい	電力量
(う)	0.45 J	60W	大きい	小さい	電力
(え)	4.5 J	0.06W	小さい	大きい	電力

② １～３の問に答えなさい。

問１　ビーカーに液体を入れ、液面の位置にしるしをつけ、冷却し固体にしたときの変化を観察しました。

①　液体のロウを冷却して固体にしたあとのビーカーのようすを、(あ)～(え)より１つ選び、記号で答えなさい。

②　液体の水を冷却して固体にしたあとのビーカーのようすを、(あ)～(え)より１つ選び、記号で答えなさい。

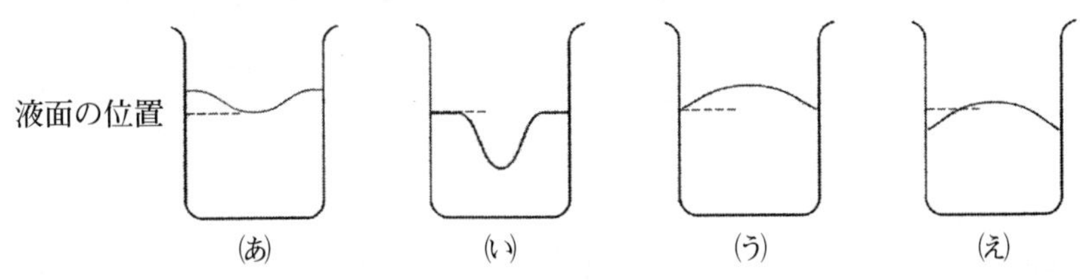

問２　表は、硝酸カリウムの溶解度(水100 g に対して溶かすことのできる最大量)です。次の実験を行いました。

温度〔℃〕	0	10	20	30	40	60
溶解度〔g〕	14	22	32	45	61	106

〔実験〕　60℃の①水200 g に、硝酸カリウム120 g を溶かした。

この溶液を10℃まで冷却したところ、溶けていた②硝酸カリウムが沈殿した。

①　下線部①について、この溶液の濃さは何％ですか。計算過程を示し、割り切れない場合は、小数第一位を四捨五入して整数値で答えなさい。

②　下線部②について、沈殿した硝酸カリウムは何ｇですか。

問３　図のように、箱の中で長さの異なるロウソクＡ～Ｄに火をつけ、かたわらにドライアイスのかたまりを置きました。しばらくすると、ロウソクは一つずつ消えていきました。ただし、ロウソクはすべて実験に充分(じゅうぶん)な長さがあり、ロウが燃(も)え尽(つ)きて消えたロウソクはないものとします。

①　この実験において２番目に消えたロウソクはどれですか。Ａ～Ｄより１つ選び、記号で答えなさい。

②　①のようになる理由を説明した次の文章について、空欄(くうらん)に適する語句の組み合わせをあとの(あ)～(く)より１つ選び、記号で答えなさい。

ドライアイスは(　ア　)の固体である。

(ア)は空気より(　イ　)気体であるため、箱の(　ウ　)の方からたまっていく。

(ア)がたまると、ロウソクのまわりから物が燃えるために必要な(　エ　)が失われていき、(　オ　)ロウソクから火が消える。

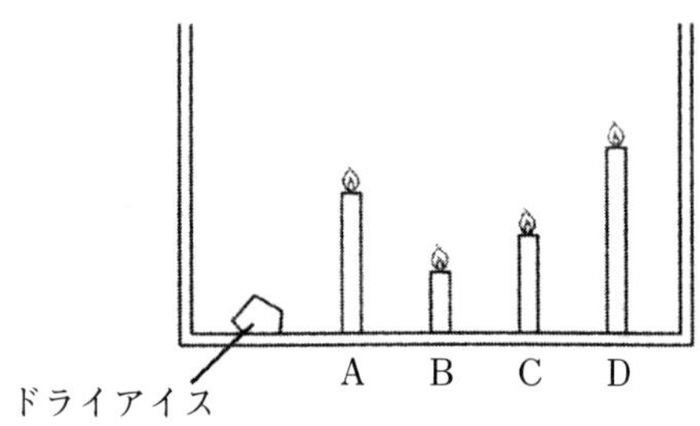

	ア	イ	ウ	エ	オ
(あ)	酸素	軽い	上	二酸化炭素	長い
(い)	酸素	軽い	上	二酸化炭素	短い
(う)	酸素	重い	下	二酸化炭素	長い
(え)	酸素	重い	下	二酸化炭素	短い
(お)	二酸化炭素	軽い	上	酸素	長い
(か)	二酸化炭素	軽い	上	酸素	短い
(き)	二酸化炭素	重い	下	酸素	長い
(く)	二酸化炭素	重い	下	酸素	短い

3　１～３の問に答えなさい。

問１　動物の大きさが、地域によって異なるとされる説があります。次の表は、日本各地のシカ、イノシシとアジア圏(けん)のクマの体のサイズに関する数値を示しています。また、あとの図は生物の体が立方体であると仮定して考えるために、異なる大きさの立方体を示しています。

	南(低緯度(いど))			北(高緯度)
日本各地のシカ(体高)	屋久島 65cm	九州 80cm	本州 85cm	北海道 100cm
日本各地のイノシシ(体重)	沖縄 30～40kg	九州 50～60kg	中国地方 50～120kg	東北・北陸 150kg
アジア圏のクマ(体長)	東南アジア 100～140cm	ツキノワグマ 140cm	エゾヒグマ 180～200cm	ホッキョクグマ 180～250cm

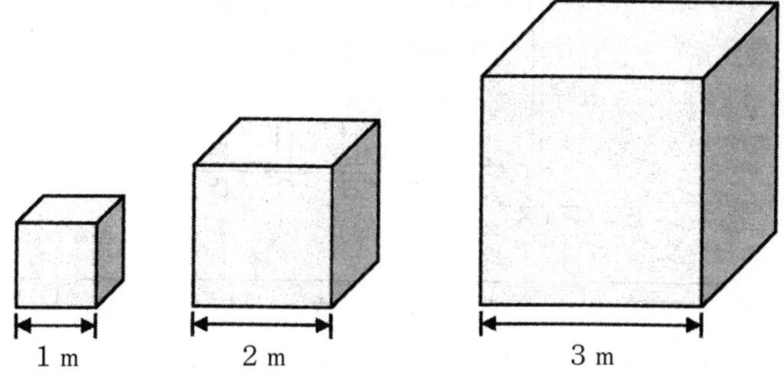

① 次の文章は、図を参考に、立方体の体積と表面積の関係を説明したものです。空欄（くうらん）［ア］～［ウ］に当てはまる数値を整数で答えなさい。また、空欄［エ］に当てはまる語句を「大きい・小さい」から選び、〇で囲みなさい。

一辺が１ｍの立方体の体積は１㎥、表面積は［ア］㎡である。一辺が７ｍになると、体積は一辺が１ｍのときの［イ］倍になり、表面積は［ウ］倍になる。体が大きくなるとき、体積の変化は表面積の変化より［エ］ことが分かる。

② 表のように、寒冷地域の動物が同じグループの温暖な地域の種類よりも大型である理由を①から推定し、説明しなさい。

③ 実際の生物の体は立方体ではなく、手足や枝、根などが突（つ）き出ていたり、表面にしわやとげなどの構造が見られたりすることがふつうです。

次の(あ)～(か)の例は、それぞれ異なる役割をもっていますが、よく似た役割のものが２つあります。どの２つか記号で答えなさい。

(あ)　トウモロコシのひげ　　(い)　バラの茎（くき）のとげ　　(う)　ヒトの脳のしわ
(え)　ライオンのたてがみ　　(お)　植物の根の根毛　　(か)　タンポポの綿毛

問２　関節と筋肉のうごきについて、次の問に答えなさい。

① 図はうでの曲げのばしと筋肉のうごきについて示したものです。のばすとき、曲げるときで、Ａ・Ｂの筋肉はそれぞれどのように変化しますか。次の表から選び、(あ)～(え)の記号で答えなさい。

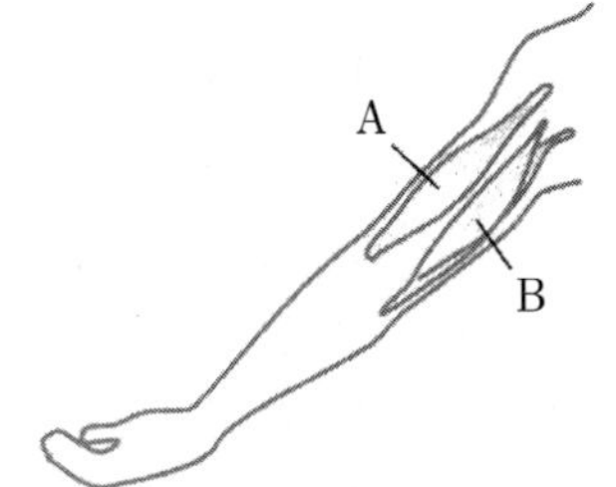

	のばすとき		曲げるとき	
	A	B	A	B
(あ)	かたくなる	やわらかくなる	かたくなる	やわらかくなる
(い)	やわらかくなる	かたくなる	かたくなる	やわらかくなる
(う)	かたくなる	やわらかくなる	やわらかくなる	かたくなる
(え)	やわらかくなる	かたくなる	やわらかくなる	かたくなる

② 図はあしの曲げのばしと筋肉のうごきについて示したものです。のばすとき、曲げるときで、C・Dの筋肉はそれぞれどのように変化しますか。次の表から選び、(あ)～(え)の記号で答えなさい。

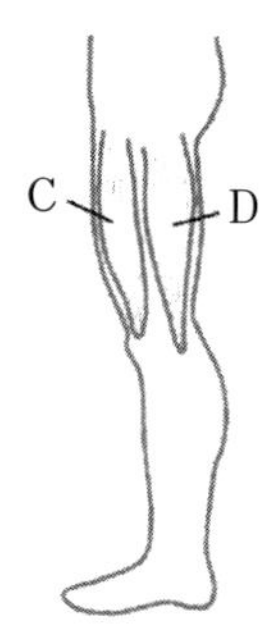

	のばすとき		曲げるとき	
	C	D	C	D
(あ)	かたくなる	やわらかくなる	かたくなる	やわらかくなる
(い)	やわらかくなる	かたくなる	かたくなる	やわらかくなる
(う)	かたくなる	やわらかくなる	やわらかくなる	かたくなる
(え)	やわらかくなる	かたくなる	やわらかくなる	かたくなる

問３ 図のように、葉の数や大きさ、茎の太さや長さが等しい植物の枝を４本用意して、植物の蒸散(植物が吸い上げた水を、水蒸気として大気へ放出するはたらき)に関する次のような実験を行いました。この実験の結果と考察を次に示します。

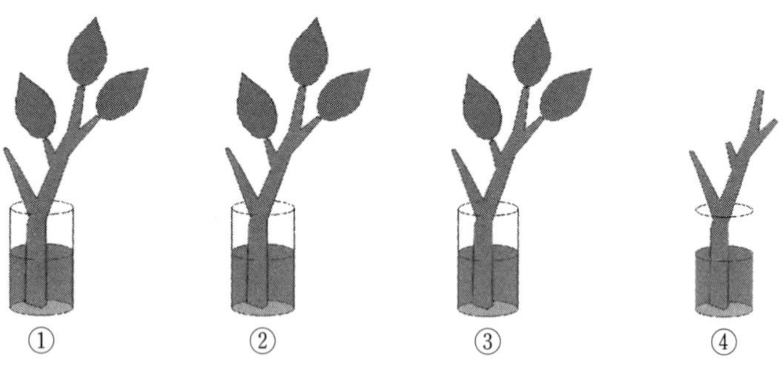

【実験】 ４本の枝に次のような操作をして、うすく油を浮(う)かべた水の入った試験管に挿(さ)し、明るい環境(かんきょう)にしばらく放置した。

① なにもせず、そのままの状態にした。

② 葉の表面にワセリンをぬった。

③ 葉の裏面にワセリンをぬった。

④ 葉をすべてとり、その切り口にワセリンをぬった。

【結果】 減った水分量を調べると、①が14mL、②が10mL、③が５mL、④が１mLであった。

【考察】 結果より、葉の表面からの蒸散量は(　ア　)mL、葉の裏面からの蒸散量は(　イ　)mLとわかります。したがって、今回使用した植物では、葉の(　ウ　表面・裏面　)でより活発に蒸散が行われていることが分かります。

考察の文章中にある空欄(ア)(イ)にあてはまる数値を答え、(ウ)に適する語句を選び丸で囲みなさい。

4　1～3の問に答えなさい。

問1　次の(あ)～(う)の図は、堆積岩の表面を虫眼鏡で観察して、スケッチしたものです。

(あ)　(い)　(う)

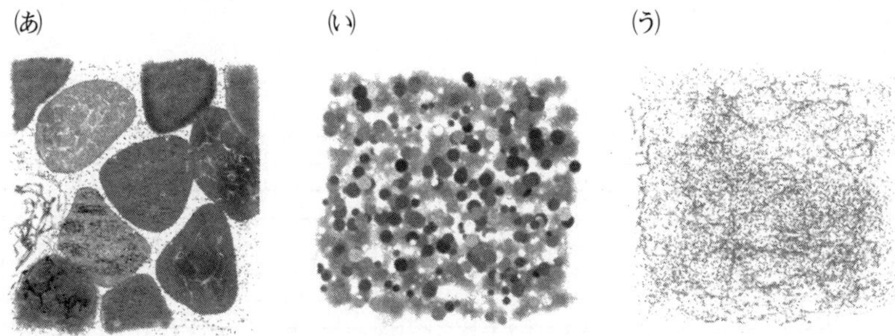

①　(あ)～(う)のうち、最も陸地から遠い海底で堆積してできた岩石はどれですか。(あ)～(う)の記号で答え、岩石の名称を記しなさい。

右図は、火山灰などの火山からの噴出物でできた岩石を、(あ)～(う)の堆積岩と同じ方法で観察したスケッチです。

②　図のような、火山灰からできた岩石を何といいますか。

③　②の岩石は、(あ)～(う)の堆積岩と比べて、構成する粒の大きさがそろっていないこと、それぞれの粒が角張っていることが分かります。

このような違いがある理由の説明として正しいものを、次の(か)～(け)からすべて選び、記号で答えなさい。

(か)　②の岩石を構成する粒は、流水に削られて角ができているが、(あ)～(う)の岩石を構成する粒は削られていないから。

(き)　(あ)～(う)の岩石を構成する粒は、流水に角が削られて丸くなっているが、②の岩石を構成する粒は角がそのままになっているから。

(く)　②の岩石を構成する粒は、流水にかき混ぜられたため様々な大きさが混ざっているから。

(け)　(あ)～(う)の岩石を構成する粒は、流水が運ぶはたらきによって大きさが揃っているから。

問2　図は、東京のある地点における2023年6月14日から6月19日までの気温変化を示しています。また、表は図と同じ地点における2023年6月14日から6月18日の天気の記録を示しています。

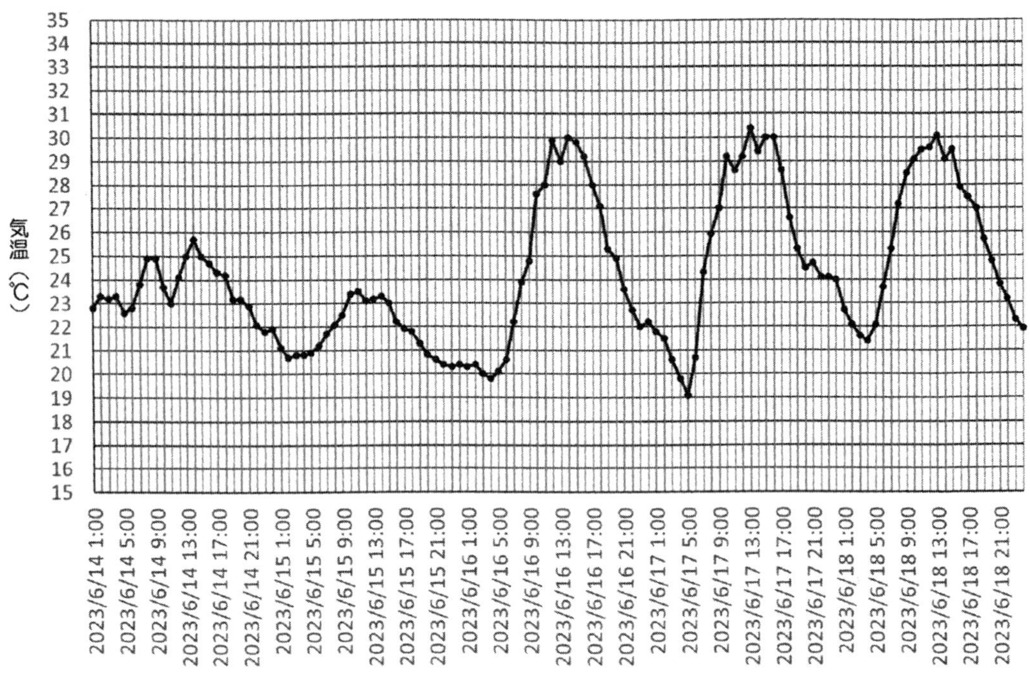

	昼(6:00から18:00)	夜(18:00から翌6:00)
6月14日	くもり一時雨	くもり時々雨
6月15日	くもりのち雨	雨のち晴れ 一時くもり
6月16日	晴れ	晴れ
6月17日	晴れ	晴れ
6月18日	くもり一時晴れ	晴れのち時々くもり

図や表から、雨やくもりの日よりも晴れの日の方が、気温変化が(ア　大きくなる・小さくなる　)ことが分かります。しかし、いずれの日にも(イ　8時・13時・18時　)頃(ころ)に気温が高くなり、その前後で気温が低くなることは共通しています。

① 空欄(くうらん)(ア)・(イ)にあてはまる語句を選び、丸で囲みなさい。

② この5日間のうちで最も気温が低かったのは、前日も良く晴れていた17日の5:00の記録でした。この記録は、くもりや雨であった14日から15日の記録よりも低くなっています。よく晴れた日の最低気温が低くなりやすい理由を説明しなさい。

問３　次図は、太陽、地球、月の位置関係を模式的に示したものです。地球の自転軸(じく)は、公転軌(き)道(どう)面と66.6°の傾(かたむ)きがあるため、季節によって太陽の南中高度が変化します。

また、月の公転軌道面は、地球の公転軌道面とほぼ同じ（正確には、約５°の傾き）です。

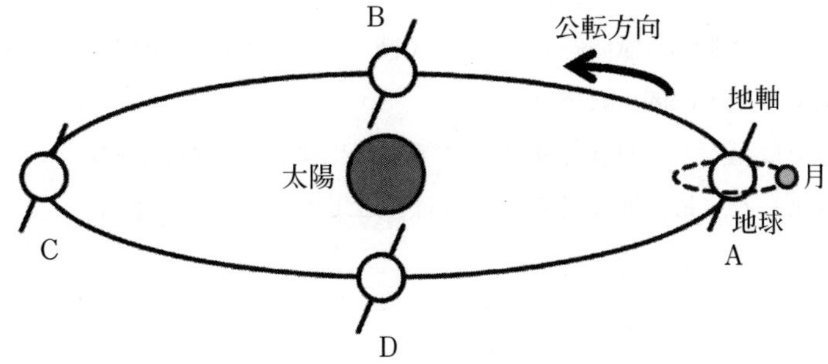

①　春分の日の地球の位置を、図中のＡ～Ｄで答えなさい。

②　月の南中高度は、季節によってどのように変化するでしょうか。次の㋐～㋔より正しいものを２つ選び、記号で答えなさい。

㋐　月の満ち欠けに関係なく、太陽の南中高度と同様に、夏至の日は高く、冬至の日は低い。

㋑　夏至の日だと、満月は南中高度が高く、新月は低い。

㋒　春分の日だと、上弦(げん)の月は南中高度が高く、下弦の月は南中高度が低い。

㋓　新月の南中高度は、季節に関係なく、太陽の南中高度とほぼ同じになる。

㋔　月の満ち欠けに関係なく、年間を通じて、ほとんど高度は変化しない。

聖園女学院中学校(第１回)

—社会と合わせて50分—

(編集部注：実際の入試問題では、写真や図版の一部はカラー印刷で出題されました。)

1　音と光に関する以下の問いに答えなさい。

(1)　４枚の鏡ではね返した日光を集めた様子を図にすると、右の図のようになりました。最も明るくなる部分はどこですか。記号で答えなさい。

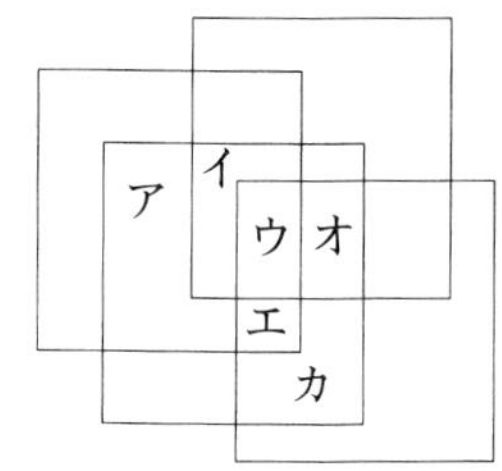

(2)　光の性質を述べた文として誤っているものを一つ選び、記号で答えなさい。

(ア)　鏡ではね返った光はまっすぐ進むとは限らない

(イ)　光のないところでは、ものを見ることができない

(ウ)　光の道筋に物体を置くと、光がさえぎられる

(エ)　図の矢印のように鏡を動かすと、はね返った光は①の方向に移動する

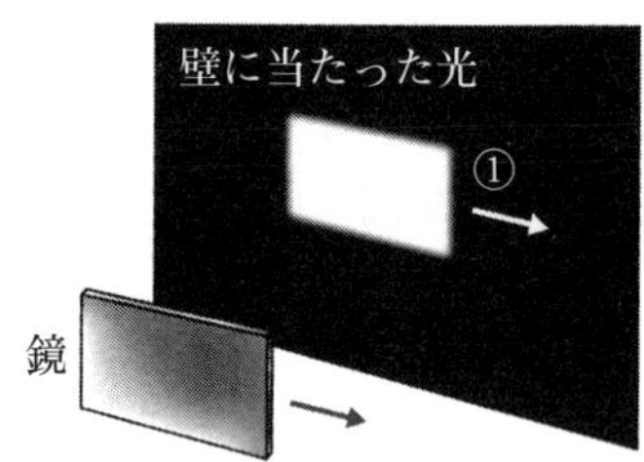

(3)　次の図は虫眼鏡(めがね)を使って、日光の集まり方を調べたものです。これについて、正しい文をあとから一つ選び、記号で答えなさい。

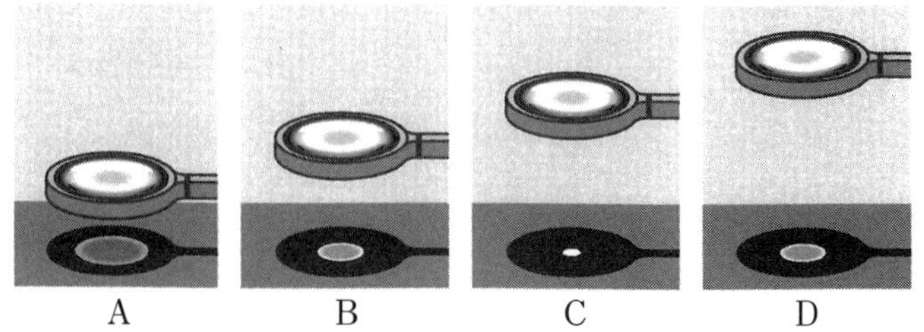

(ア)　Aは虫眼鏡が地面に最も近いので、日光が集まった部分の温度は最も高くなる

(イ)　Bにおいて、使用した虫眼鏡よりレンズの大きさを大きくしても、日光が集まった部分の温まり方は変わらない

(ウ)　Cの状態で長時間光を当て続けると、レンズの下に置いた黒い紙が焦(こ)げることがある

(エ)　Dよりもさらに虫眼鏡を地面から遠ざけると、日光が集まった部分が小さくなる位置がある

(4)　図のように金属の缶(かん)に輪ゴムを張って輪ゴムギターをつくりました。輪ゴムで大きい音を出しているときの、輪ゴムの様子として正しいものを次から一つ選び、記号で答えなさい。

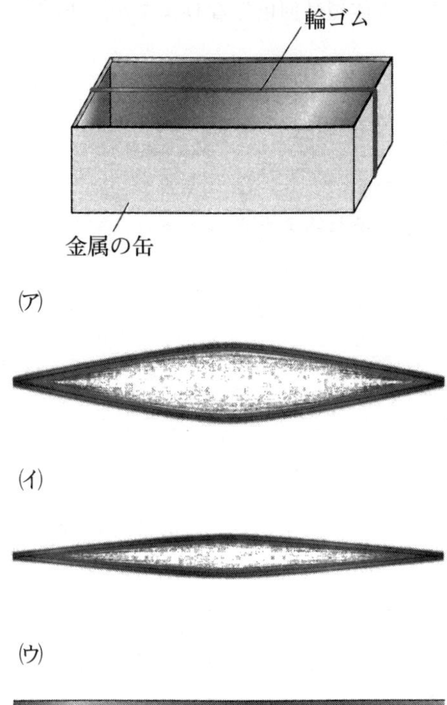

(5)　(4)のときよりも高い音を出そうとした場合、どのようにすればよいですか。次から一つ選び、記号で答えなさい。ただし、同じ輪ゴムを使用するものとします。

(ア)　より強く輪ゴムをはじく
(イ)　使用する缶の大きさを小さくする
(ウ)　輪ゴムの張り方を強くする

2　以下の実験について、次の問いに答えなさい。

<実験>

①　冷凍庫の製氷機でできた氷の重さをはかったら、すべて１個あたり10ｇだった。

②　(A)メスシリンダーに50mLの水を入れ、氷１個をメスシリンダーに入れてしずめたところ、メスシリンダーの目盛りは61mLになった。

③　(B)別の氷１個をビーカーの中に入れて、すべてとかして水にしてからメスシリンダーに入れて体積をはかったところ、体積は10mLだった。

(1)　下線部(A)で、メスシリンダーに50mLの水を入れるとき、正しい目盛りの合わせ方はどれですか。記号で答えなさい。

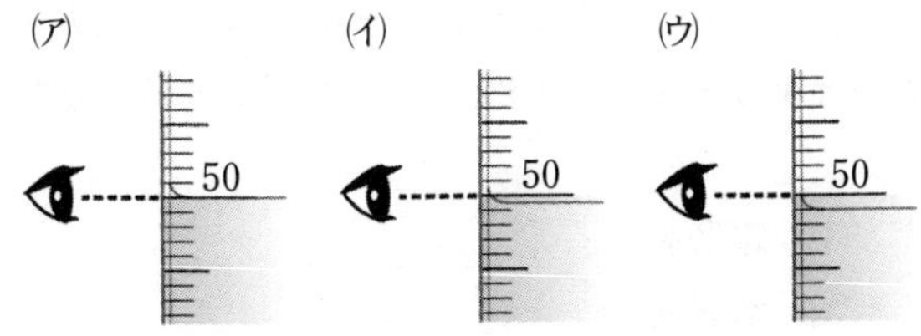

(2)　下線部(B)で、氷がとけるときの温度は何℃ですか。

(3)　10gの氷の体積は何mLですか。実験②の結果をもとに計算しなさい。

(4)　水１gの体積は何mLですか。実験③の結果をもとに計算しなさい。

(5)　水を冷やして氷にしたとき体積は何倍になりますか。実験②、③の結果をもとに計算しなさい。

3　次の問いに答えなさい。

(1)　アサガオの図の［①］～［④］の部分を何といいますか。あてはまる語句をそれぞれ答えなさい。

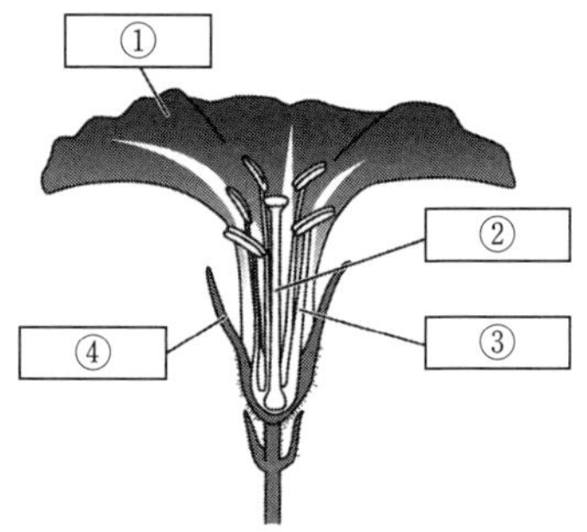

(2)　アサガオの花粉を顕微鏡で観察しました。顕微鏡の使い方について説明した(ア)～(エ)を正しい順に並びかえなさい。

(ア)　プレパラートをステージの上に置き、観察したいものが中央にくるようにする

(イ)　接眼レンズをのぞきながら調節ねじを回し、対物レンズとプレパラートの間を少しずつ広げてピントを合わせる

(ウ)　横から見ながら調節ねじを回し、対物レンズとプレパラートの間をせまくする

(エ)　接眼レンズをのぞきながら、反射鏡の向きを変えて視野を明るくする

(3)　顕微鏡で観察した花粉には、図のようにとげとげしたものがたくさんついていました。これはなぜだと考えられますか。簡単に答えなさい。

(4)　イチゴの温室栽培では、温室にミツバチの巣箱を置き、ミツバチをはなします。ミツバチはイチゴの栽培にとってどのような形で役立っていますか。簡単に答えなさい。

4　右の図は火山の噴火（ふん）のようすを表したものです。次の問いに答えなさい。

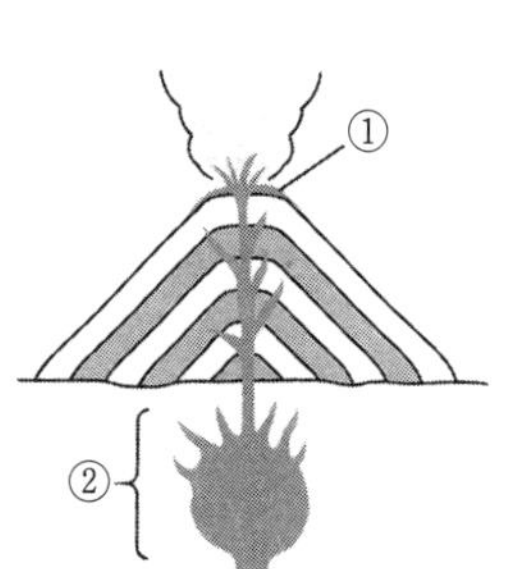

(1)　図の①、②の名称を答えなさい。

(2)　火山が噴火すると①と一緒に大量の火山ガスが出ます。火山ガスの中で最も多い成分は次のうちどれですか。正しいものを一つ選び、記号で答えなさい。

(ア)　二酸化炭素　　(イ)　硫化水素

(ウ)　二酸化硫黄　　(エ)　水蒸気

(3)　噴火のときに①と一緒に放出される固体で直径２㎜以下のものを何といいますか。

(4)　噴火をすると一般に山の高さは高くなります。火山の形には主に次の３つの型がありますが、この違いはマグマの何の性質の違いによってできますか。

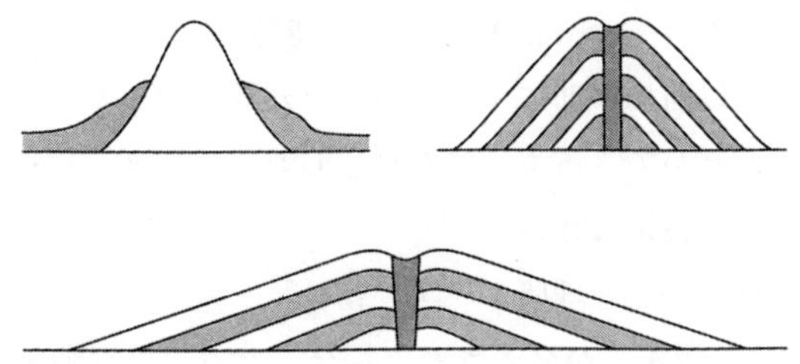

5　線状降水帯について次の文を読み、以下の問いに答えなさい。

近年、「線状降水帯」という言葉をよく耳にするようになりました。この「線状降水帯」とは、次々と発生する発達した$_{\rm A}$雨雲が列をなし、数時間にわたってほぼ同じ場所を通過または停滞することで作り出される、強い降水を伴う雨の範囲のことです。幅は20㎞から50㎞、長さが50㎞から300㎞程度で、気象レーダーの画像を見ると、雨の範囲が細長く広がっているのでこう呼ばれています。気象庁は2021年から「線状降水帯」の発生が確認され、土砂災害や洪水の危険性が急激に高まった際に「顕著な大雨に関する情報」を発表して安全の確保を呼びかけています。また、2023年５月からは「$_{\rm B}$線状降水帯による大雨の発生が予測される」段階で前倒して発表することになりました。その地域の住民に大雨の危機感をより早く伝えられるようにという目的です。

(1)　下線部Aとありますが、夏によくみられる線状降水帯の原因となる右図のような雲を何といいますか。漢字で答えなさい。

(2)　雲ができ雨が降る仕組みは、お湯を沸かしたときの湯気とよく似ています。沸とうしたお湯から水蒸気が出ると、周囲の空気で冷やされます。すると水蒸気が小さい水のつぶとなり、これが湯気となって目に見えるようになります。同じように、雨雲は暖かくしめった空気が大きなエネルギーで高く持ち上げられ、寒い上空で空気が冷やされ水蒸気が水や氷のつぶになることで生じます。次のグラフは、ある気温において、１㎡中の空気が最大でどのくらい水蒸気を含むことができるか(これを飽和水蒸気量といいます)を表したものです。次の問いに答えなさい。

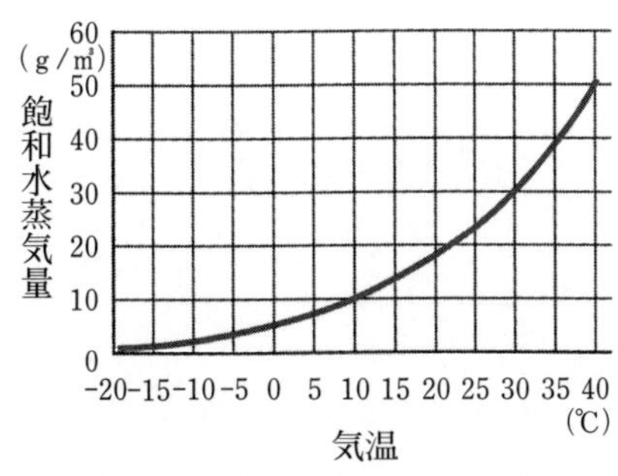

①　気温30℃のときの飽和水蒸気量は何ｇ/㎥ですか。

②　気温30℃で20ｇ/㎥の水蒸気を含む空気は何℃になると水てきが出てきますか。最も適切なものを一つ選び、記号で答えなさい。

(ア)　19℃　　(イ)　22℃　　(ウ)　25℃　　(エ)　28℃

(3)　下線部Ｂについて、以前は事前に予測することが難しかったのですが、スーパーコンピュータを用いて予測することができるようになりました。このスーパーコンピュータの名前を次の中から一つ選び、記号で答えなさい。

(ア)　京(けい)　　(イ)　きぼう　　(ウ)　理研　　(エ)　富岳(ふがく)

(4)「顕著な大雨に関する情報」が発表された場合、とるべき行動として適切でないものを一つ選び、記号で答えなさい。

(ア)　激しい雨が降る前に近くの鉄筋コンクリートの建物に避難する

(イ)　距離の遠近にかかわらず、公的な避難場所に急いで逃げる

(ウ)　激しい雨が降っている場合は、自宅の２階以上の山や斜面から離れた部屋に移動する

(エ)　雨がやんだ後も山や崖の様子を見に行かない

三輪田学園中学校(第１回午前)

—25分—

1　水に食塩やミョウバンを溶かした水溶液について、以下の問いに答えなさい。

(1)　ビーカーに水50ｇを取り、食塩10ｇを入れてよくかき混ぜると、食塩は完全に溶けて見えなくなりました。このとき、できた食塩水の重さはどうなりますか。次の(あ)～(う)から正しいものを１つ選んで、記号で答えなさい。

(あ)　60ｇより大きくなる。　(い)　60ｇになる。　(う)　60ｇより小さくなる。

(2)　２個のビーカーにそれぞれ水100ｇを入れたものを用意し、計量スプーンにすり切りではかった食塩とミョウバンが、それぞれ何はいまで溶けるかを調べました。その結果、食塩は14はい、ミョウバンは２はい溶けました。この結果からどのようなことがわかりましたか。次の(あ)～(え)から適するものを２つ選んで、記号で答えなさい。

(あ)　ものが水に溶ける量には、決まりはない。

(い)　ものが水に溶ける量には、限度がある。

(う)　ものによって、水に溶ける量にはちがいがある。

(え)　温度を上げると、水に溶ける量は増える。

(3)　２個のビーカーにそれぞれ水50ｇを入れたものを用意し、(2)と同じ実験を行いました。このとき、食塩とミョウバンはそれぞれ計量スプーンのすり切りで何はいまで溶けますか。数字で答えなさい。

(4)　(2)の実験において、水の温度を10℃、30℃、50℃に変えて、食塩とミョウバンの溶ける量を調べました。次の表は、この結果を表しています。

水の温度	10℃	30℃	50℃
食塩	14はい	14はい	14はい
ミョウバン	２はい	６はい	20はい

この結果についてまとめた次の文中の(　ア　)～(　ウ　)に、あてはまる語句や数字をそれぞれ答えなさい。

　水の温度を変化させたとき、溶ける量の変化のしかたは、溶かすものによってちがう。(　ア　)は、水の温度を上げても溶ける量はほとんど変化しない。(　イ　)は、水の温度を上げると、溶ける量が増える。このため、50℃のそれぞれの水溶液を(　ウ　)℃に冷やすと、食塩の固体はほとんど出てこないが、ミョウバンは計量スプーンのすり切りで18はい分の固体が出てくる。

2　次の図は、北の夜空の一部を表したものです。北斗七星(ほくとしちせい)を目印にすると、星Ａを見つけることができます。北斗七星をしばらく観察していると、図中の星Ａを中心に反時計回りに移動しているように見えました。また、図中のアルファベットのＷのような形をした星座Ｂを利用しても、星Ａを見つけることができます。これについて、以下の問いに答えなさい。

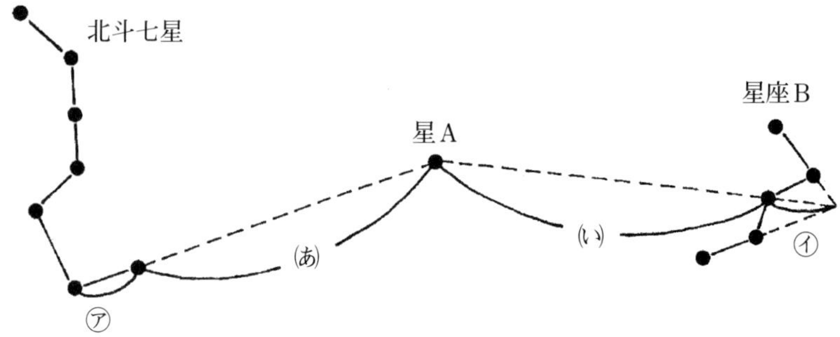

⑴　星Aの名前を漢字で答えなさい。

⑵　星座Bの名前を答えなさい。

⑶　図中の(あ)は、㋐を何倍にした長さになりますか。数字で答えなさい。

⑷　図中の(い)は、㋑を何倍にした長さになりますか。数字で答えなさい。

⑸　北斗七星はある星座の一部です。この星座の名前をひらがなで答えなさい。

⑹　星の動きについて説明した次の文中の（　ア　）～（　エ　）に、あてはまる語句や数字をそれぞれ答えなさい。

> 時間とともに星が動いて見えるのは、地球が（　ア　）しているからです。図中の星Aの見える位置が、時間が経過してもほとんど変わらないのは、星Aが地球の（　イ　）の延長線上にあるからです。
>
> 三輪田学園は北緯35度・東経139度に位置しています。三輪田学園では、星Aは地平線から高度（　ウ　）度の角度に見ることができます。また、季節によって見える星が変わるのは、地球が（　エ　）の周りをまわっているからです。

3　右のグラフは、アルミニウム0.2ｇにある濃さの塩酸を加えていったときの、加えた塩酸の体積と発生した気体Aの体積の関係を表したものです。これについて、以下の問いに答えなさい。なお、塩酸は水に気体Bが溶けた水溶液です。また、気体Aの体積はすべて同じ条件で測定しています。

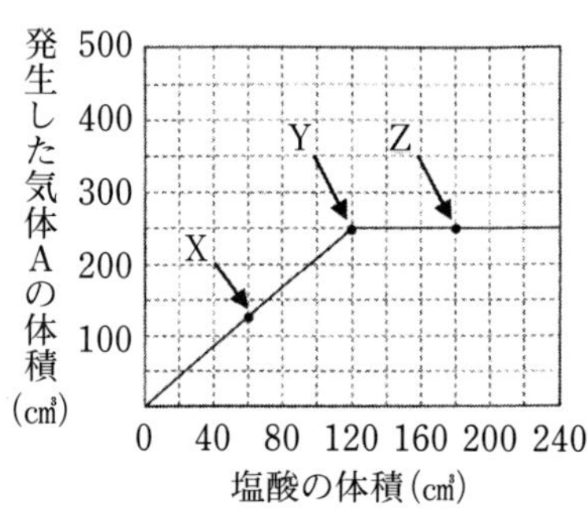

⑴　下線部の気体Aと気体Bはそれぞれ何ですか。次の(あ)～(か)から正しいものを１つずつ選んで、記号で答えなさい。

(あ)　ちっ素　　(い)　酸素　　(う)　二酸化炭素　　(え)　水素　　(お)　塩素　　(か)　塩化水素

⑵　グラフのX～Zの各点では、塩酸とアルミニウムはそれぞれどのようになっていますか。次の(あ)～(え)から正しいものを１つずつ選んで、記号で答えなさい。

(あ)　塩酸とアルミニウムの両方が残っている。

(い)　塩酸とアルミニウムのどちらも残っていない。

(う)　塩酸は残っているが、アルミニウムは残っていない。

(え)　塩酸は残っていないが、アルミニウムは残っている。

⑶　アルミニウムの重さを変えて、グラフの点Ｙに相当する塩酸の体積を調べたら、次の表のような結果が得られました。表中の（　Ｖ　）にあてはまる数字を答えなさい。

アルミニウムの重さ（g）	0.1	0.2	0.3	0.4
塩酸の体積（㎤）	60	120	180	（Ｖ）

⑷　塩酸360㎤にアルミニウム0.8 g を加えました。これについて、次の①、②の問いに答えなさい。

①　このときアルミニウムは何 g が溶けずに残りますか。

②　このとき発生する気体Ａの体積は何㎤ですか。

4　２つのばねＡとばねＢを用意し、それぞれに同じ重さのおもりをつるしました。つるしたおもりの個数を変えて、ばねの長さを測定すると、次表のような結果になりました。これについて、以下の問いに答えなさい。ただし、実験に用いたばねや棒の重さは考えないものとし、つるしたおもりは床（ゆか）につかないものとします。

おもりの数（個）	1	2	3	4
ばねＡの長さ（cm）	22.0	24.0	26.0	28.0
ばねＢの長さ（cm）	24.0	25.5	27.0	28.5

⑴　おもりをつるしていないときのばねＡとばねＢの長さは、それぞれ何cmですか。

⑵　ばねＢにおもりを６個つるしました。ばねＢの長さは何cmですか。

⑶　図１のように、ばねＡを２つ組み合わせておもりを４個つるしました。ばね１本あたりの長さは何cmですか。

⑷　図１の２本のばねＡをともにばねＢに取りかえました。ばね１本あたりの長さが⑶と同じになるには、おもりを何個つるせばよいですか。

⑸　図２のように、ばねＢを縦に２本つなげておもりをつるすと、ばね全体の長さが60.0cmになりました。つるしたおもりは何個ですか。

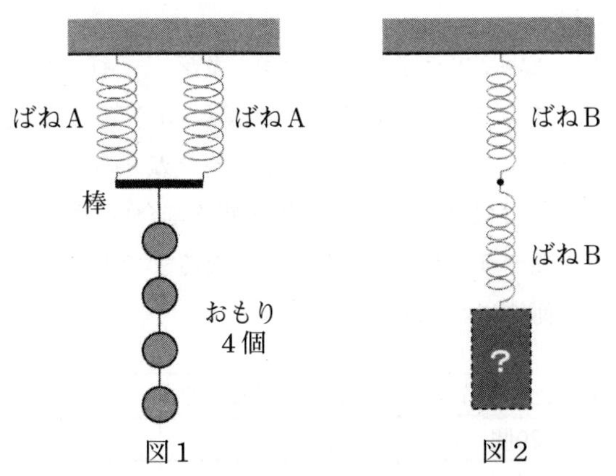

図１　　図２

5　マサ子さんとミワ子さんが、環境省のホームページを見ながら会話をしています。これについて、以下の問いに答えなさい。

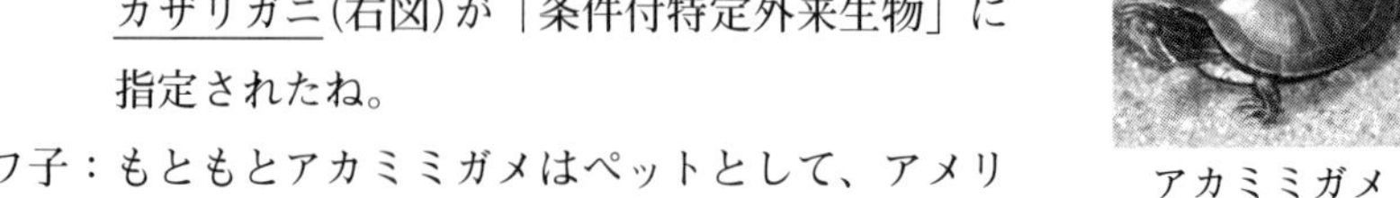

マサ子：2023年６月１日から、$_{A}$アカミミガメとアメリカザリガニ(右図)が「条件付特定外来生物」に指定されたね。

アカミミガメ　アメリカザリガニ
※環境省のホームページより引用

ミワ子：もともとアカミミガメはペットとして、アメリカザリガニはウシガエルのエサとして輸入されたものが自然界に放たれてしまったのよね。$_{B}$特定外来生物というのは、外来生物の中でも、特に自然環境に大きな影響を与えるものとして国が法律で指定した生物のことよね。

マサ子：そうね。ただ、これらを通常の特定外来生物に指定してしまうと、飼育するために手続きが必要となるから、飼育している人達がそれを面倒と感じて野外へ手放してしまい、かえって生態系に大きな影響を与えてしまうかもしれないと考えたみたい。だから、手続きなしでも飼育できる条件付特定外来生物に指定したそうよ。

ミワ子：環境省によると、$_{C}$アカミミガメは、日光浴の場所や食物などをめぐって在来カメ類に影響を及ぼしたり、雑食なので在来生物に大きな影響を与えたりしているみたい。また、アメリカザリガニは、水生植物を消失させたり、ある地域において水生昆虫の絶滅を引き起こしたりしているそうよ。

マサ子：生態系を守るために駆除をしているところもあるのね。もともとは人間の都合で本来の生育場所から連れてきたのに、複雑な気持ちだわ。

ミワ子：そうね。ただ、$_{D}$駆除をすれば解決という問題でもないみたいよ。

(1)　下線部Ａについて、アカミミガメにはあてはまるがアメリカザリガニにはあてはまらない特徴を、次の(あ)～(え)から２つ選んで、記号で答えなさい。

(あ)　背骨がある。　　(い)　からだが頭胸部と腹部に分かれている。
(う)　子と親で呼吸法が異なる。　　(え)　体表がかたいうろこでおおわれている。

(2)　下線部Ｂについて、次の(あ)～(え)の中で、特定外来生物はどれですか。適するものを１つ選んで、記号で答えなさい。

(あ)　ヤンバルクイナ　　(い)　アライグマ　　(う)　キジ　　(え)　イリオモテヤマネコ

(3)　下線部Ｃについて、アカミミガメは在来カメ類(ニホンイシガメなど)より繁殖力が大きいことでも知られています。アカミミガメとニホンイシガメの産卵数、産卵回数、ふ化率、生き残り率(ふ化した子どもがおとなになるまで生き残る割合)を調べると、次の表のようになりました。このとき、１年間でうまれた卵がおとなになるまで生き残る数を比べると、アカミミガメはニホンイシガメの何倍になりますか。

	１回あたりの産卵数	１年間の産卵回数	ふ化率	生き残り率
アカミミガメ	20個	３回	50%	20%
ニホンイシガメ	10個	２回	50%	20%

(4)　下線部Dについて、近年、複数の外来生物が同じ生態系に侵入していることは珍しいことではありません。ある池で、特定外来生物であるオオクチバス(ブラックバス)を駆除したところ、数年後にアメリカザリガニが大量に増殖してしまい、水生植物が全滅してしまいました。この池において、『オオクチバス』、『アメリカザリガニ』、『水生植物』はどのような関係性でしたか。

次の(あ)～(え)から最も適するものを１つ選んで、記号で答えなさい。

なお、矢印の先が「食べるもの」を、矢印のもとが「食べられるもの」を示しています。

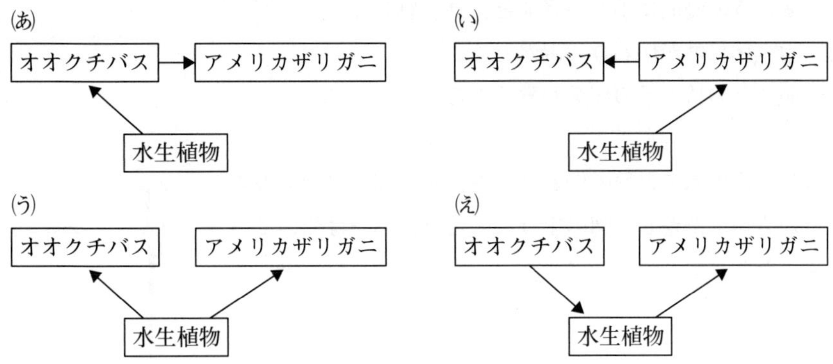

山脇学園中学校（A）

―30分―

1　熱の伝わり方について、次の問いに答えなさい。

問1　図1のように飯ごうの中に水を入れ、湯をわかしたとき、次のA～Cが起こりました。それぞれの熱の伝わり方を**漢字2字**で答えなさい。

A　飯ごうの側面に手をかざすと、熱く感じる。

B　水全体に熱が伝わり、湯がわく。

C　飯ごうの持ち手の部分が熱くなる。

図1

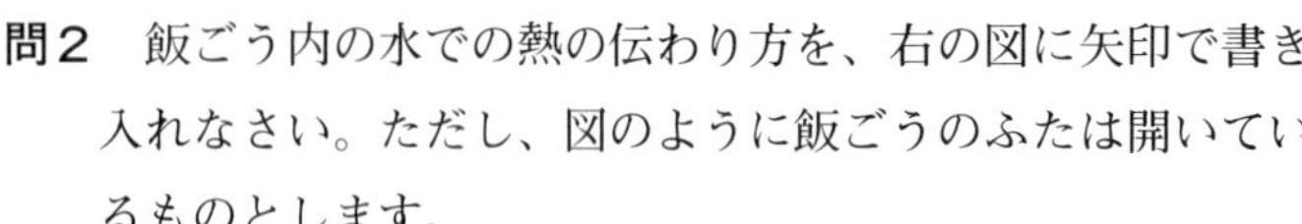

問2　飯ごう内の水での熱の伝わり方を、右の図に矢印で書き入れなさい。ただし、図のように飯ごうのふたは開いているものとします。

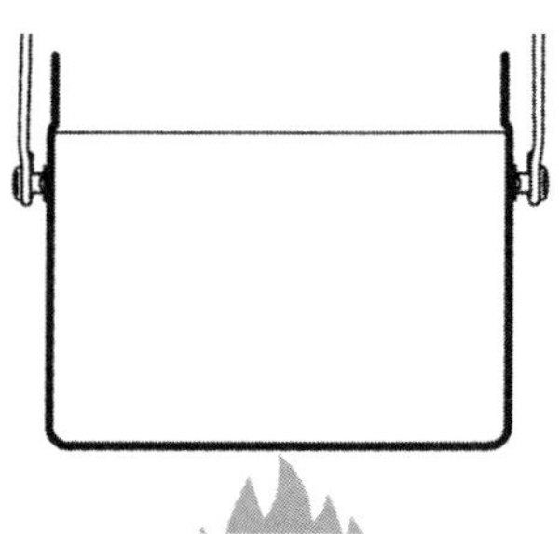

問3　次の①～④は問1のA～Cの熱の伝わり方のどれともっとも関係がありますか。A～Cからそれぞれ1つずつ選び、記号で答えなさい。ただし、同じ記号を何度使ってもかまいません。

①　クーラーは部屋の上部に設置することが多い。

②　日なたにいると暑いが、日かげに入るとすずしくなる。

③　カイロをにぎると手があたたかくなる。

④　ホットプレートで肉を焼く。

問4　図2のように、厚さが等しい1辺10㎝の正方形の鉄板を7枚つないで作った金属板があります。この金属板の**あ**～**お**の部分にろうをぬり、×印の部分に熱を加えました。ろうはどの順番でとけ始めますか。**あ**～**お**の記号で答えなさい。ただし、熱の伝わり方は金属のつなぎ目による影響（えいきょう）を受けないものとします。

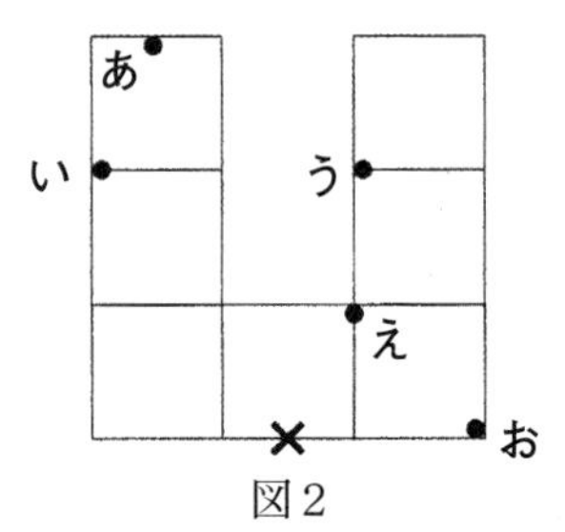

図2

問5　金属は種類によって熱の伝わりやすさが異なります。厚さが等しい1辺3㎝の正方形の銅板（色付き）と鉄板（色付き以外）をつないで、次の①～③のような金属板を作りました。それぞれの×印を加熱すると、もっともはやく●印にぬったろうがとけ始めるものはどの金属板ですか。正しく選んでいるものをあとのア～キから1つ選び、記号で答えなさい。ただし、銅は鉄に比べて熱の伝わりやすさが5倍大きいとします。また、加熱している時、金属板以外の条件はすべて同じものとし、熱の伝わり方も金属のつなぎ目による影響を受けないものとします。

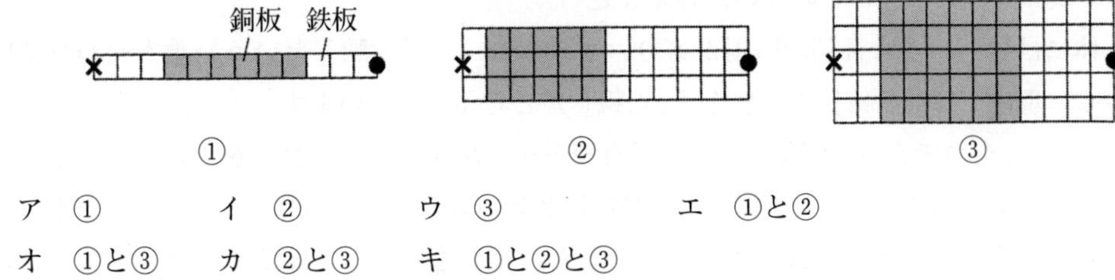

ア　①　　イ　②　　ウ　③　　エ　①と②

オ　①と③　　カ　②と③　　キ　①と②と③

2　次の文章を読み、あとの問いに答えなさい。

宇宙には多くの天体があります。例えば、太陽のように①自分で光を出す天体もあれば、他の天体が出した光を反射して光っているものもあります。さらに、自分で光を出す天体のまわりを周っている（ ② ）と呼ばれる天体もあります。私たちが住んでいる地球は(②)の一つです。太陽のまわりを周っている(②)は、地球も含（ふく）めて全部で（ ③ ）個あり、この中で、太陽から１番遠い(②)は（ ④ ）です。(②)の中には、そのまわりを周る（ ⑤ ）を持っている天体もあります。太陽系内でも、(⑤)の数は(②)によって様々です。例えば、(⑤)を１個持っている(②)は（ ⑥ ）です。

問１　下線部①について、このような天体を何というか答えなさい。

問２　文章中の（ ② ）～（ ⑥ ）に当てはまることばや数字を答えなさい。

問３　太陽系の（ ② ）の中には「環（わ）」と呼ばれるものを持っている天体がいくつかあります。「環」をもつ天体の名前を１つ答えなさい。

問４　「明けの明星（みょうじょう）」や「宵（よい）の明星」とも呼ばれる天体の名前を答えなさい。

問５　実は、地球のまわりには人工(⑤)もたくさん存在しています。人工(⑤)を打ち上げる目的を１つ説明しなさい。

問６　今、太陽から地球に届いている光は何分何秒前に太陽を出発した光ですか。整数で答えなさい。ただし、太陽から地球までの距離（きょり）は１億5000万km、光速（光の速さ）は秒速30万kmとします。

問７　天体どうしの距離は「光年」という単位を用いて表します。１光年とは光が１年間で進む距離のことです。１光年は何kmですか。もっとも近いものを次のア～エから１つ選び、記号で答えなさい。ただし、光速は秒速30万kmとします。

ア　１兆km　　イ　５兆km　　ウ　10兆km　　エ　20兆km

問８　太陽のまわりを周っている天体Aが右図のように、ちょうど太陽・地球と一直線に並んでいたとします。この３つの天体が再び「太陽－地球－天体A」のように一直線に並ぶのは何年後になりますか。四捨五入して小数第１位までで答えなさい。ただし、地球および天体Aの公転周期はそれぞれ１年、1.9年とします。

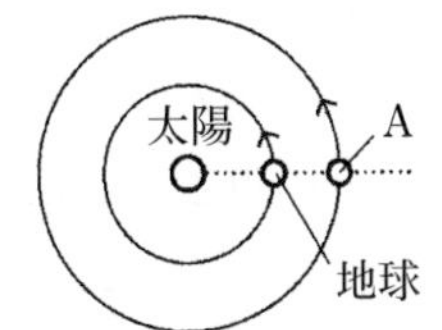

※図中の矢印の向きは公転の方向を示しています。

③　次の文章を読んで、あとの問いに答えなさい。

人体にはいろいろな種類の臓器があり、古来より「五臓六腑(ろっぷ)」という言葉も使われています。しかし、現代では「五臓」ではなく「①六臓」だと考えられています。

「六臓」の１つである②心臓は体全体に血液を送り出すポンプの役割を果たしています。体内にある③血液の総重量は、そのヒトの体重のおよそ13分の１と言われています。それだけの血液が心臓から送り出され、全身をまわって、また心臓にもどってくることになります。このとき、④血管の壁(かべ)には心臓から送り出された血液によって押(お)される力がはたらいています。この押す力を「⑤血圧」といい、単位は「mmHg(ミリメートルエイチジー)」を使います。「Hg」は液体の金属である水銀を表しています。例えば、血圧10mmHgとは、血管に「水銀の柱を10㎜押し上げる力」がはたらいているということになります。(図１)

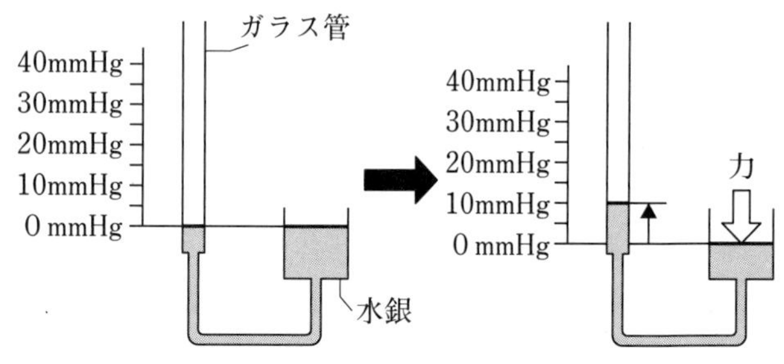

図１

また、血圧を測定すると「最高血圧」と「最低血圧」という２つの値(あたい)が出てきます。高血圧と呼ばれる状態の１つの目安として、「安静時に最高血圧が140mmHg以上もしくは最低血圧90mmHg以上」というものがあります。⑥高血圧の状態が続くと、血管に負担がかかり命の危険にかかわってくることがあるので、高血圧にならないように普段の生活から気を付ける必要があります。

問１　下線部①について、「六臓」に含まれるものを心臓以外で２つ答えなさい。

問２　下線部②について、次の問いに答えなさい。

⑴　ヒトの心臓とそこにつながる血管の模式図(もしきず)として、正しいものを次のア～エから１つ選び、記号で答えなさい。

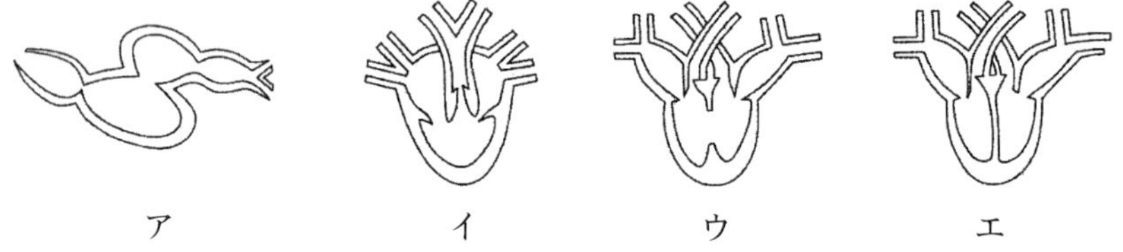

ア　　　イ　　　ウ　　　エ

⑵　成人のヒトの心臓の大きさはにぎりこぶし１個分と言われています。成人のヒトの心臓の重さとして近いものを次のア～エから１つ選び、記号で答えなさい。

ア　約50ｇ　　イ　約200ｇ　　ウ　約500ｇ　　エ　約１kg

問３　下線部③について、体重が40kgのヒトの血液の総重量は何kgになりますか。四捨五入して小数第１位までで答えなさい。

問４　ある人が心臓のはく動する回数を１分間測定したところ70回でした。心臓が体内の全血液を送り出すのにかかる時間はおよそ何秒ですか。四捨五入して整数で答えなさい。ただし、体内には血液が５Ｌあり、１回のはく動により心臓から75mLの血液が送り出されるものとします。

問5　下線部④について、次の(1)～(3)の血管の名前をそれぞれ答えなさい。

(1)　心臓から送り出された血液が通る血管

(2)　心臓にもどってくる血液が通る血管

(3)　(1)と(2)の間をつなぐ血管

問6　下線部⑤について、次の文章の［　A　］・［　B　］に入る数字を答えなさい。ただし、Bに入る数字は四捨五入して小数第1位までで答えなさい。

最高血圧が150mmHgの時「血管には血液を何m押し上げる力」が加えられているかを考えます。150mmHgとは「水銀を150mm＝［　A　］m押し上げる力」が加えられているということです。水銀は重い液体で、1Lあたり13.6kgもあります。水銀1Lを［　A　］m押し上げる力があれば、血液1L(1.05kg分)を［　B　］m押し上げることができます。つまり、「血管には血液を［　B　］m押し上げる力」が加えられていることがわかります。

問7　下線部⑥について、高血圧にならないように、普段の生活の中でどのようなことに取り組めば良いですか。具体的な取り組みを簡単に説明しなさい。

4　次の文章を読んで、あとの問いに答えなさい。

［1］　YさんとFさんが、授業で学習した光電池について会話をしています。

Y：光電池(太陽電池)は再生可能エネルギーの一つである太陽光を利用して発電するから、ゴミやはい気ガスを出さない、環境(かんきょう)にやさしい発電方法だね。

F：でも、私たちは光電池の性質についてあまり知らないから、夏の自由研究で調べてみない？

Y：いいね！じゃあ、まずは実験用の回路を組み立てるために、電流計の使い方を確認してみよう。

F：電流計は回路に(　あ　)つなぎで、電流計の＋端子(たんし)と光電池の(　い　)端子を導線(どうせん)でつなぐんだね。電流計の－端子は「50ミリアンペア」「500ミリアンペア」「5アンペア」の3つがあるけど、どこにつなげればいいんだっけ？

Y：最初は(　う　)電流がはかれる(　え　)アンペアの端子につなぐんだよ。

F：これで回路を組み立てることができるね。さっそく実験してみよう！

【実験1】光電池から作られる電流の大きさを調べる

快晴の日の正午に、山脇学園の屋外実験場で光電池を南向きに設置しました。図1は実験で使用した光電池を横から見たものです。

光電池と水平な地面との角度を変化させながら、光電池から作られる電流の大きさをはかりグラフにしました。

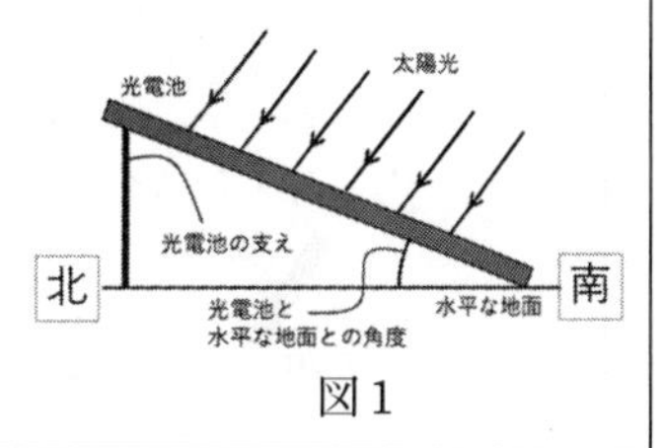

図1

問1　会話文中の下線部について、太陽光以外の再生可能エネルギーを2つ答えなさい。

問2　会話文中の(あ)～(え)に当てはまる数字やことばを次のア～コから1つずつ選び、記号で答えなさい。

ア　直列	イ　並列(へいれつ)	ウ　＋	エ　－	オ　最も大きい
カ　中間の	キ　最も小さい	ク　50ミリ	ケ　500ミリ	コ　5

問3　実験1の結果を表すグラフとして、もっとも適切なものはどれですか。次のア～カから1つ選び、記号で答えなさい。ただし、縦軸(たてじく)は光電池から作られる電流の大きさ、横軸は光電池と水平な地面との角度を示します。

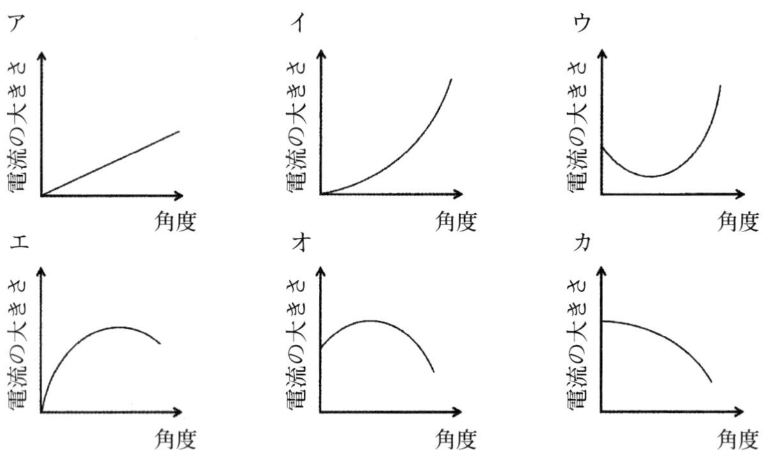

［2］　YさんとFさんは、実験1の結果を見ながら新たな実験計画について会話をしています。

Y：実験1から光電池から作られる電流の大きさには、光の(①)が関係していることがわかったね。

F：そうだね。ただ、大きい光電池は高価だから設置するのは難しいらしいよ。小さい光電池でも十分に発電する方法はないかな？

Y：凸(とつ)レンズを使えば、小さい光電池でも十分に発電できるかもしれないよ。

F：いいアイデア！凸レンズの(②)という性質を利用すればいいのね！

【実験2】凸レンズを利用して、光電池から作られる電流の大きさを調べる

快晴の日の正午に、山脇学園の屋外実験場で、光電池に太陽光が垂直に当たるようにして実験を行いました。図2はこの実験で使用した実験装置を横から見たもので、凸レンズと光電池の間の距離(きょり)を変化させながら、光電池から作られる電流の大きさを測定すると、グラフAのようになりました。ただし、凸レンズは光電池よりも大きく、観測者から見た太陽の位置による影響はないものとします。

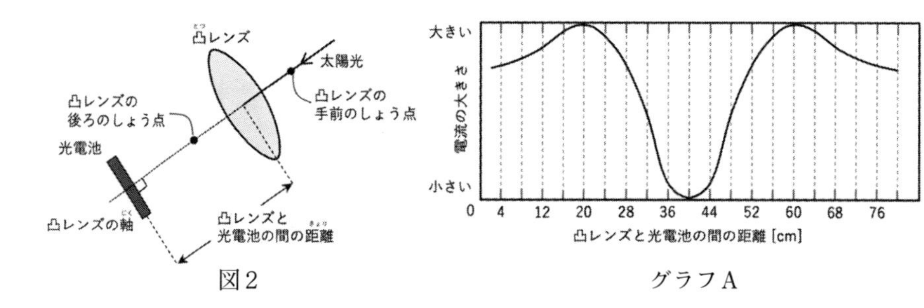

図2　　　　　グラフA

問4　会話文中の(①)に当てはまる言葉として、もっとも適切なものを次のア～エから1つ選び、記号で答えなさい。

ア　色　　イ　当たる面積　　ウ　量　　エ　温度

問5　会話文中の（ ② ）にあてはまる文として、もっとも適切なものを次のア～ウから１つ選び、記号で答えなさい。

ア　軸に平行な光は、レンズを通ったあと、レンズの後ろのしょう点を通る。

イ　中心を通った光は、レンズを通ったあと、くっ折しないでそのまま直進する。

ウ　手前のしょう点を通った光は、レンズを通ったあと、レンズの軸に平行に進む。

問6　実験２の結果（グラフA）より、凸レンズと光電池の距離が40cmのとき電流はほとんど流れていないことがわかります。次の文章は、このことについて説明したものです。文中のア～ウにあてはまることばはどちらですか。正しい方に○をつけなさい。

　光電池の光があたらない部分は『抵抗（ていこう）』となってしまいます。そのため、凸レンズにより光を（ア　拡散する・集める）ことで、光のあたる面積が（イ　小さく・大きく）なり、光電池の抵抗が（ウ　小さく・大きく）なったため、電流がほとんど流れなかったと予想されます。

問7　実験２で使用した凸レンズのしょう点距離は何cmだと考えられますか。

　次に、実験２で使用した実験装置の**凸レンズと光電池の距離を20cmに固定**して、５秒おきに光電池から作られる電流の大きさを測定しました。その結果、グラフBの実線のように、時間が経過すると電流の大きさが小さくなる様子が確認できました。凸レンズなしで同じ実験をした場合の光電池から作られる電流の変化は、グラフBの点線のようになりました。

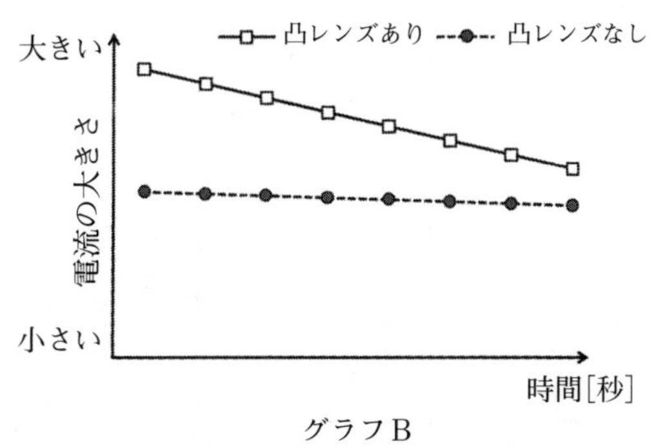

グラフB

問8　時間が経つにつれて電流が小さくなった理由として、もっとも適切なものを次のア～クから１つ選び、記号で答えなさい。また、それを改善するための工夫についてあなたの考えを述べなさい。ただし、観測者から見た太陽の位置による影響はないものとします。

ア　光の色が鮮明（せんめい）になった。

イ　光の色が不鮮明になった。

ウ　光電池の光が当たる面積が大きくなった。

エ　光電池の光が当たる面積が小さくなった。

オ　光電池に当たる光の量が増えた。

カ　光電池に当たる光の量が少なくなった。

キ　光電池の温度が上がった。

ク　光電池の温度が下がった。

横浜共立学園中学校（A）

―40分―

1　ふりこについて、あとの問いに答えなさい。

軽い糸のはしにおもりをつるし、もう一方のはしをスタンドに固定し、ふりこをつくった。おもりをふってみたところ、図1のように動いた。ただし、糸がたるむことはなく、空気のていこうは考えない。

図1

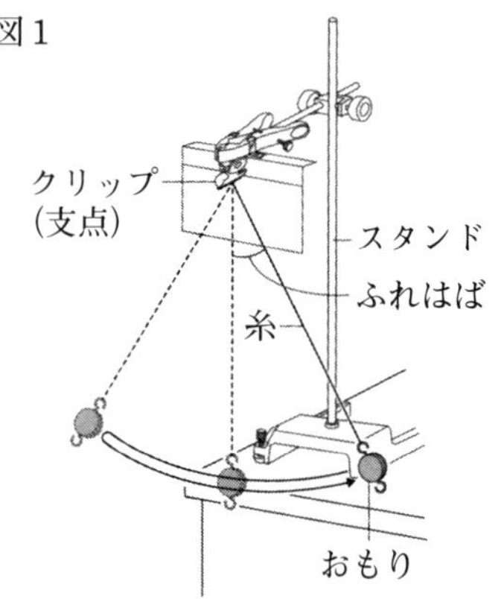

問1　ふりこの長さとは、どの部分の長さか。右図のア～ウから選びなさい。

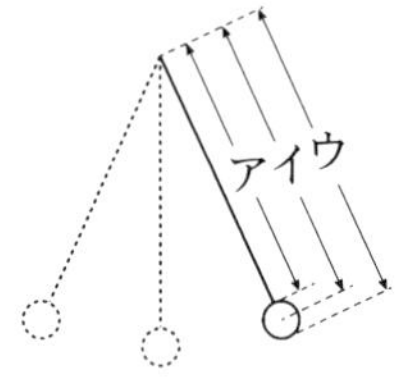

問2　複数のおもりをつるし、おもりの重さによって、ふりこの1往復にかかる時間（周期）が変わるかどうかを調べたい。おもりのつるし方として、**正しくない**のは、アとイのどちらか。また、そのように考えた理由を答えなさい。

ア

イ

問3　ふりこの周期が何によって決まるかを調べるために、表のア～キのさまざまなふりこを用意した。おもりを表のそれぞれのふれはばで静かに放し、10往復する時間を測定したところ、表のような結果が得られた。

ふりこ	ア	イ	ウ	エ	オ	カ	キ
おもりの重さ（g）	10	10	20	20	30	30	30
ふりこの長さ（cm）	25	75	25	50	25	50	75
ふりこのふれはば（°）	5	10	10	15	10	10	15
10往復する時間（秒）	10.1	17.3	10.1	14.2	10.1	14.2	17.3

次の①～③の条件を変えたことによって、ふりこの周期が変わるかどうかを調べるためには、どの2つのふりこの結果を比かくすればよいか。ア～キから選びなさい。なお、表の結果からは分からない場合は、×をかきなさい。

①　おもりの重さ　　②　ふりこの長さ　　③　ふりこのふれはば

問4　図2のように、重さ30gのおもりをつるし、ふりこの長さ75cmのふりこをつくった。支点Oから50cm真下の点Pに細い棒を固定し、点Aでおもりを静かに放したところ、おもりは点Aと同じ高さの点Bまで達した。その後、点Aにもどった。点Aでおもりを放してから、10往復して、再び点Aにもどるまでにかかる時間は何秒か。問3の表を用いて求めなさい。

図2

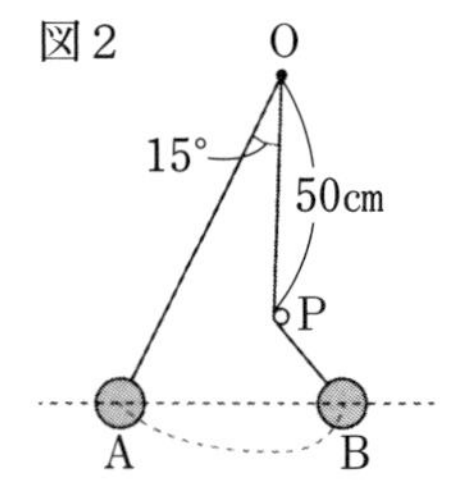

問5　メトロノームには、ふりこのしくみが利用されている。図3のメトロノームが1分間にふれる回数を増やすためには、どのような操作をすればよいか。次のア～オから選びなさい。

図3

ア　おもりをもとの重さよりも重いおもりに変える。

イ　おもりをもとの重さよりも軽いおもりに変える。

ウ　支点とおもりの間かくがもとの間かくよりも長くなるように、おもりの位置を変える。

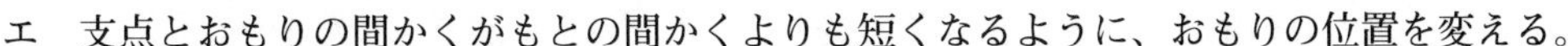

エ　支点とおもりの間かくがもとの間かくよりも短くなるように、おもりの位置を変える。

オ　ふれはばがもとのふれはばよりも大きくなるように、おもりが動く向きにおもりを指で軽く押す。

問6　次の文章は、身長120㎝、体重25kgの共子と、身長150㎝、体重45kgの姉の会話である。(　1　)・(　2　)の空らんに入る文を、それぞれあとのア～ウから選びなさい。ただし、2人が軽いブランコに乗っている間、2人はブランコに対して動かない。また、ブランコのくさりがたるむことはなく、人のおしりの位置を、その人の中心と考えてよい。

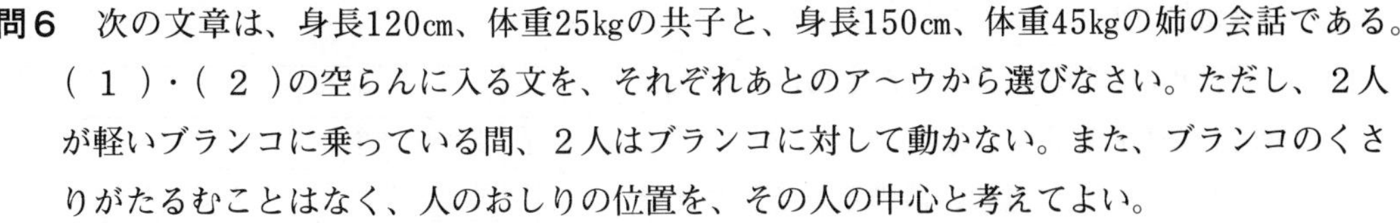

共子「ブランコが1往復する時間を長くするには、どのようにブランコに乗ればいいのかな？」

姉　「ブランコには、ふりこのしくみが利用されているのよ。」

共子「そうなの！じゃあ、私もお姉ちゃんもブランコにすわっていた場合、どちらのブランコの方が、1往復する時間が長くなるのかな？」

姉　「(　1　)と思うわ。」

共子「じゃあ、私がブランコにすわっているときと、お姉ちゃんがブランコに立っているときでは、どちらの方が1往復する時間が長くなるのかな？(右図)」

姉　「(　2　)と思うわ。」

共子「じゃあ、確かめてみよう。…本当だ！お姉ちゃんの言う通りになったね。」

(　1　)　ア　共子のブランコの方が、長くなる
　　　　イ　私(姉)のブランコの方が、長くなる
　　　　ウ　どちらもかかる時間は同じになる

(　2　)　ア　共子がすわっているときの方が、長くなる
　　　　イ　私(姉)が立っているときの方が、長くなる
　　　　ウ　どちらもかかる時間は同じになる

問7　図4のように、軽い糸のはしにおもりをつるし、支点Oの真下に木へんを置いた。点Aでおもりを静かに放し、木へんにしょうとつさせ、木へんが水平な方向に飛んだきょりを測定した。木へんが飛んだきょりが、何によって決まるかを調べるために、表のa～hのさまざまなふりこを用意し、実験を行ったところ、表のような結果が得られた。ただし、図4はaのふりこの図である。また、おもりと木へんの大きさは無視できるものとする。

図4

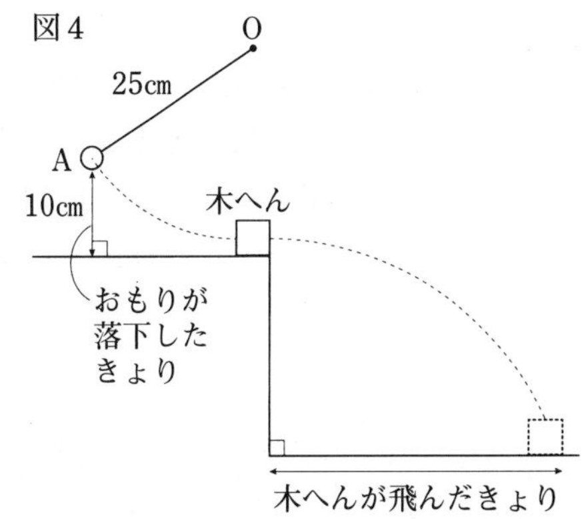

ふりこ	a	b	c	d	e	f	g	h
おもりの重さ（g）	50	50	100	100	100	150	150	150
ふりこの長さ（cm）	25	50	25	50	75	50	75	75
おもりが落下したきょり（cm）	10	5	5	15	5	5	10	15
木へんが飛んだきょり（cm）	37.3	26.4	39.6	68.6	39.6	47.5	67.2	82.3

木へんが飛んだきょりは、ふりこの何によって決まると考えられるか。次のア～ウからすべて選びなさい。

ア　おもりの重さ　　イ　ふりこの長さ　　ウ　おもりが落下したきょり

2　宇宙（うちゅうせん）船地球号という言葉に表されるように、地球は多くの生命であふれており、私たち人間もその乗組員である。次の問いに答えなさい。

問1　40億年前に地球に誕生した生物は、環境（かんきょう）に適応しながら進化してきた。

	生物の特ちょう
A	海の中で生きている。
B	陸上のしめった場所で生きている。
C	陸上のかんそうした場所で生きている。
D	木の上にのぼることができる。
E	木の枝を道具として使うことができる。

(1)　右表は生物の進化の段階それぞれにおける特ちょうを表したものである。

ＡＢＣＤＥの順に進化が起こったものとすると、ＤからＥの間で生物のからだのどの部分に大きな変化が起きたと考えられるか、次のア～カから選びなさい。

ア　脳　　イ　舌　　ウ　肺　　エ　胃　　オ　足　　カ　皮ふ

(2)　生物は多様である。次の生物①～③はどんな環境に生息しているか、最も適するものをあとのア～カからそれぞれ選びなさい。ただし、同じ記号を何回選んでもよい。

①メダカ　　②ホタル　　③タンポポ

ア　海　　イ　川　　ウ　ひがた　　エ　森林　　オ　草原　　カ　砂ばく

問2　生物はたがいにつながりをもっている。

(1)　図１は長い年月をかけてつくりあげられた生物Ａ～Ｄのつながりを表しており、➡は食べられるものから食べるものへの向きを表す。Ａ～Ｄにあてはまる生物は何と考えられるか、次のア～カからそれぞれ選びなさい。ただし、図１に示した➡以外のつながりはないものとする。

図１

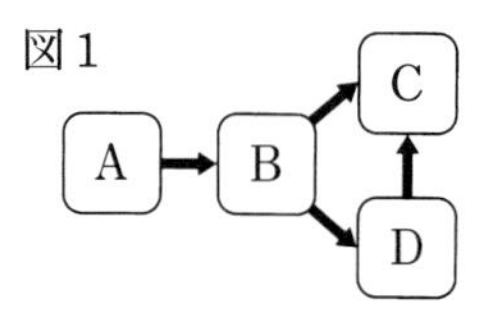

ア　ワシ　　イ　ウサギ　　ウ　ミジンコ

エ　クモ　　オ　キツネ　　カ　シロツメクサ

(2)　図１の生物Ｄの数が一時的に増加した場合、それにともなう生物ＢとＣの数の変動は、図２のような形のグラフで表される。生物Ａの数の変動はどのように表すことができるか、次のア～オから選びなさい。また、そのように変動する理由も答えなさい。

図２

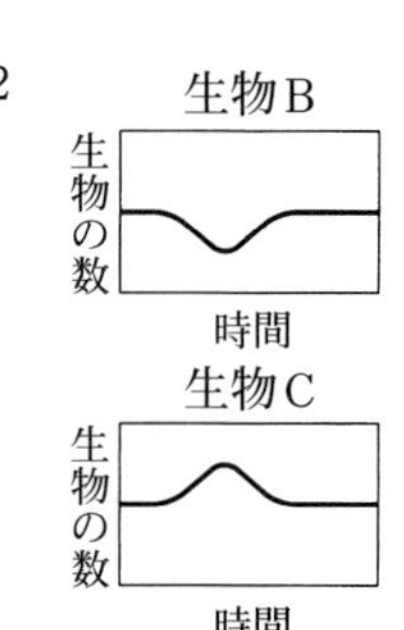

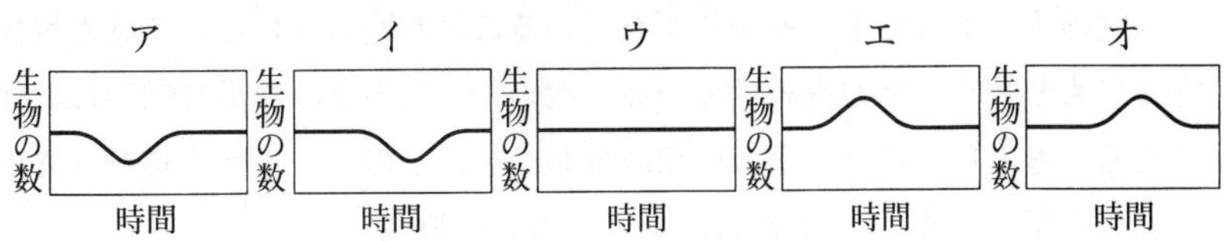

問3　生物と環境のひとまとまりを生態系という。近年、生態系がくずれてきている。

(1)　図3は日本のある地点で、ここ数年の大気中の二酸化炭素のう度を測定した結果である。グラフは全体的に上しょうしているように見て取れる。このまま大気中の二酸化炭素のう度上しょうが続いた場合、これにともない、近い未来に起こると考えられる現象を次のア～カから4つ選び、起こる順番に並びかえなさい。

ア　海面の上しょう　　イ　気温の上しょう　　ウ　大型生物の増加

エ　陸地の上しょう　　オ　ひがたの減少　　カ　小型生物の減少

図3

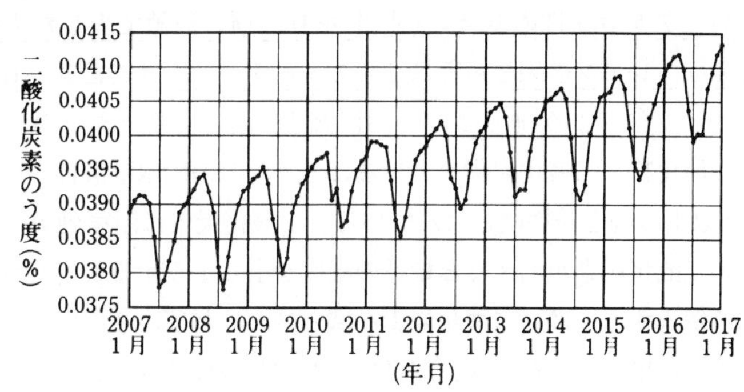

(2)　図3のグラフは細かく上しょうと下降を繰り返している。この理由として正しいと考えられるものを、次のア～エから選びなさい。

ア　乱かくにより、呼吸を行う動物数が減少するから。

イ　人間活動にともない、大気中にお染物質がたまるから。

ウ　特に夏と冬では、消費する電気の量が増加するから。

エ　季節の変化により、植物の光合成量が変動するから。

(3)　大気中の二酸化炭素のう度を減らす手段の一つが植林である。植林するすべての幼木が次表の通りだったとすると、ある家庭で1年間にはい出される二酸化炭素5000kgを1年間で吸収するには、何本の幼木を植林すればよいか。次表の数値の中から必要なものを使って計算し、値が最も近いものをあとのア～エから選びなさい。ただし、葉以外の部分では二酸化炭素を吸収していないものとする。

植林する幼木1本の重さ	100kg
植林する幼木1本の葉が1年間に吸収する二酸化炭素の重さ	550kg
植林する幼木1本の葉が1年間に放出する二酸化炭素の重さ	170kg
植林する幼木1本の葉以外の部分が1年間に放出する二酸化炭素の重さ	370kg

ア　10本　　イ　50本　　ウ　500本　　エ　5000本

(4)　人間の手によって生態系がくずれていることが明らかになってきた現代、人間は生態系を元にもどそうと努力を続けている。次の①～③のような取り組みは、何を直接的に改善できると考えられるか、正しい組み合わせをあとのア～エから選びなさい。

①里山を保全する。　②畑にテントウムシを放つ。

③窓辺にグリーンカーテンをつくる。

ア　①ひがたの減少　②森林の減少　③雨の酸性化

イ　①ひがたの減少　②雨の酸性化　③在来種の減少

ウ　①在来種の減少　②農薬による土じょうお染　③気温の上しょう

エ　①森林の減少　②気温の上しょう　③農薬による土じょうお染

3　次の文章を読み、あとの問いに答えなさい。

雨が酸性雨かどうかは、万能試験紙のpHの数値で知ることができる。pHは水素イオン指数ともよばれ、酸性・アルカリ性の度合い(強弱)を０～14の数値で表したものである。中性では７になる。たとえば、レモンの果じゅうは２～３を示すが、あせだと５～６になる。なみだは８～９を示すが、パイプ洗じょう剤(ざい)では12～13になる。雨に自動車や工場からはい出されたちっ素酸化物、いおう酸化物、二酸化炭素がとけることで、その雨水は酸性の度合いが強くなる。そのうちのpHが5.6以下の雨を酸性雨とよんでいる。二酸化炭素は温室効果ガスとよばれるものの一つで、大気中の二酸化炭素が増えると地球の温度が上しょうすると言われている。酸性雨や地球温暖化の問題を解決するには、二酸化炭素を減らさなければならない。

問１　水とレモンの果じゅうを万能試験紙にそれぞれつけてみた。このときの万能試験紙の色を次のア～オからそれぞれ選びなさい。

ア　白　　イ　緑　　ウ　青　　エ　むらさき　　オ　オレンジ

問２　文中の下線部より、pHの数値と酸性・アルカリ性の度合いの関係について分かることを次の文に表した。文中の①～④にあてはまる語句の組み合わせとして正しいものをあとのア～エから選びなさい。

pHの数値が７よりも(　①　)なるにつれてアルカリ性は(　②　)なり、７よりも(　③　)なるにつれて酸性は(　④　)なる。

ア　①　小さく　②　強く　③　大きく　④　強く

イ　①　小さく　②　強く　③　大きく　④　弱く

ウ　①　大きく　②　弱く　③　小さく　④　強く

エ　①　大きく　②　強く　③　小さく　④　強く

問３　二酸化炭素が水にとけた水よう液の名前を答えなさい。

問4　次のア～カの水よう液を右図のように分類した。

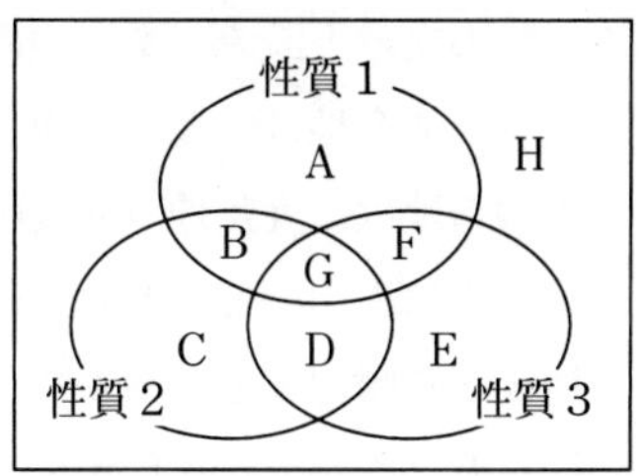

ア　食塩水

イ　アルコールの水よう液

ウ　アンモニア水

エ　塩酸

オ　重そうの水よう液

カ　水酸化ナトリウム水よう液

〔性質1〕赤色リトマス紙につけたとき、リトマス紙が青色に変化する。

〔性質2〕アルミニウムを入れたとき、アルミニウムがとける。

〔性質3〕水よう液を(　　)にとり、加熱すると固体が残る。

(1)　性質1について、あてはまる水よう液をア～カからすべて選びなさい。

(2)　性質2について、あてはまる水よう液をア～カからすべて選びなさい。

(3)　性質3について、(　　)にあてはまる実験器具の名前を答えなさい。

(4)　次の文中の①にあてはまる水よう液をア～カから選び、②にあてはまる語句を答えなさい。

鉄は(①)に入れると気体を発生しながらとけた。とけた後の水よう液を加熱すると(②)色の固体が残った。

(5)　図中のA～Hの中であてはまる水よう液が1つもないものをすべて選びなさい。

問5　燃料を燃やすと、二酸化炭素が空気中にはい出される。

(1)　2㎥の都市ガスを燃やしたとき、4.6kgの二酸化炭素がはい出されるとする。1Lの都市ガスを燃やしたとき、はい出される二酸化炭素の重さは何gになるか、答えなさい。

(2)　都市ガス、ガソリン、石炭、液化天然ガスをそれぞれ燃やして、同じ量の熱を得た。このときはい出された二酸化炭素の重さの比が、

都市ガス：ガソリン＝3：4、都市ガス：石炭＝5：9、ガソリン：液化天然ガス＝7：5であったとすると、同じ量の熱を得るときにはい出される二酸化炭素の重さが最も小さい燃料はどれになるか。次のア～エから答えなさい。

ア　都市ガス　　イ　ガソリン　　ウ　石炭　　エ　液化天然ガス

④　次の文章を読み、あとの問いに答えなさい。

シラス台地は、九州の南部に広がる台地で、長い間、作物が育ちにくい不毛の地とされてきた。この台地は、九州地方の火山が噴(ふん)火し、その噴出物の(　①　)が積もって形成された。

日本は火山国と言われるほど、多くの火山が存在している。火山の地下深い所にある(　②　)が地表から噴出する現象が火山の噴火である。火山の噴火により $_a$<u>大地が変化</u>したり、私たちの生活をおびやかす $_b$<u>災害</u>が生じたりすることもある。その一方で、$_c$<u>火山によるめぐみ</u>も受けている。

問1　文中の①と②にあてはまる語句を答えなさい。

問2　①を水でよく洗うと、小さなつぶを取り出すことができる。そのつぶは次の図アとイのどちらか。また、そのつぶにはどのような特ちょうが見られるかを答えなさい。

ア

イ
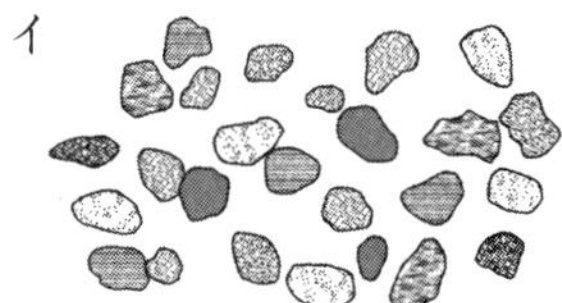

問3　火山の噴出物は、①のほかにもいろいろある。火山の噴出物でないものを次のア～オから選びなさい。

ア　有毒ガス　　イ　軽石　　ウ　水蒸気　　エ　よう岩　　オ　土

問4　文中の②は、何がどのような状態になっているものかを答えなさい。

問5　がけに見られる地層のなかには、火山噴火によってできた層がある。その層は広いはん囲で同じ時期にできたものとして、地層を調べるときの目安に使われる。このような層を何というか。

問6　下線 a の例として、次の図1と2に示した場所は、どのような火山活動によってこのような形になったのか、あとのア～エから選びなさい。

図1　昭和新山

図2　西ノ島

ア　大量の噴出物が流れ出て、陸地を作った。
イ　大量の噴出物が勢いよく出て、山をけずった。
ウ　大量の噴出物が出て、そのまま固まった。
エ　大量の噴出物が出たところに、山が落ちこんだ。

問7　下線bへの対策として、図3のようなひ難場所の設置などが行われている。このひ難場所は、どのような噴出物に対応するためのものか。最も適当なものを問3のア～オから選びなさい。

図3

問8　地球の表面は十数枚の岩ばんでおおわれていて、この岩ばんを「プレート」とよぶ。図4の点線は日本付近のプレートの境目を表している。矢印は、プレートがとなりのプレートの下にしずみこんでいく向きを表している。日本列島とその周辺は4枚のプレートが関係していて、プレートの境目も複雑になっている。図5は、プレートの境目の断面図で、プレートXの下にプレートYがしずみこんでいることを表している。

図4
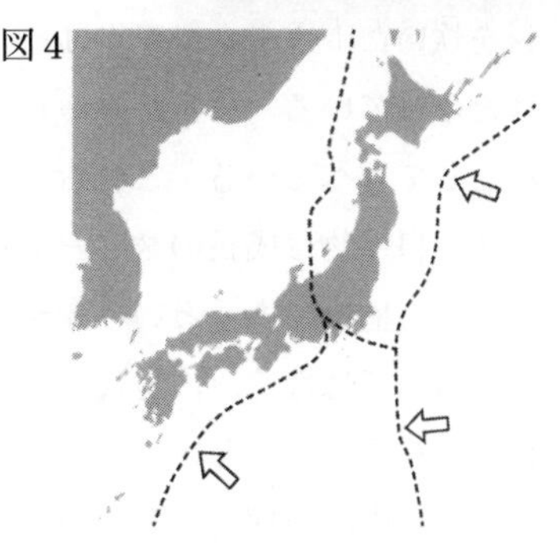

図5
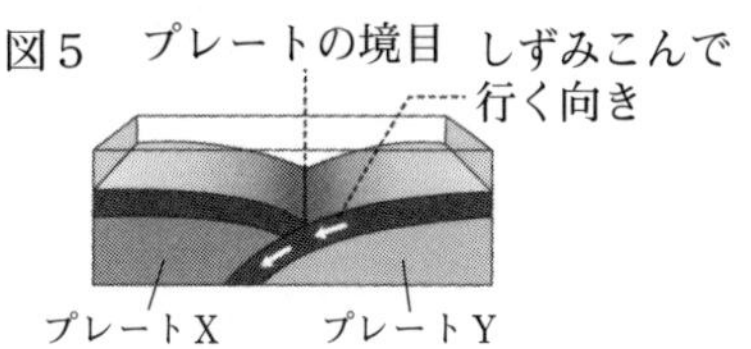

⑴　図6中の▲は図5のような現象によってできた火山を表している。図4～6から考えると、火山が多く存在しているのはどこか、最も適当なものを次のア～ウから選びなさい。

ア　プレートXとプレートYの境目付近

イ　プレートXとプレートYの境目よりも、プレートX側

ウ　プレートXとプレートYの境目よりも、プレートY側

図6
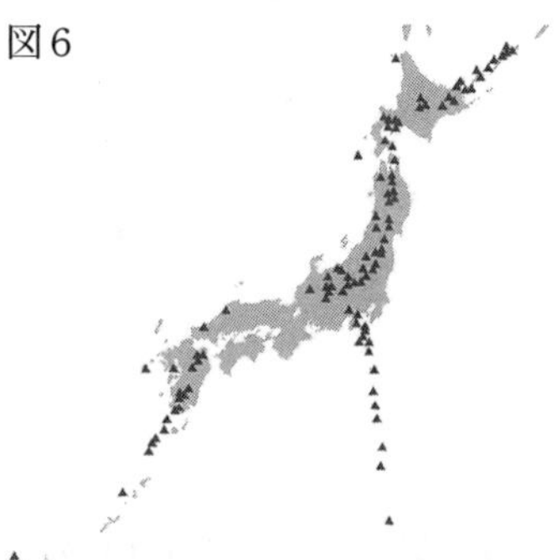

⑵　プレートの境目に最も近い火山を結んだ線を「火山前線」とよぶ。日本列島とその周辺には、2本の火山前線がある。図4を参考にして図6に2本の火山前線をかきなさい。

問9　下線cのひとつに、温泉がある。火山の近くに温泉があるのはなぜか。その理由を次のア～エから選びなさい。

ア　噴火してできた穴に雨水がたまったから。

イ　火山内部の地下深くにある水が、噴火のときに噴出したから。

ウ　火山の熱で、地下水が温められたから。

エ　噴出物が川をせき止めたから。

横浜女学院中学校（A）

―30分―

1　世界三大穀物であるトウモロコシ、小麦、米は世界の人々の食生活を支えている。トウモロコシを炊いたトウモロコシがゆやトウモロコシを粉にして焼いたトルティーヤは中南米の人々の主食となっている。また、ヨーロッパでは小麦をパンにして食べており、アジアでは米を炊いてご飯として食べている。これら３つの穀物はすべてイネ科の植物である。

イネ科植物は成長のスピードを重視し、からだの構造をシンプルにすることで生き残る戦略で進化した植物であるという説がある。そのためイネ科植物は形成層を（ A ）。人間はイネ科植物のからだではなく、次世代の発芽のために養分が蓄えられている種子を食べている。この養分は植物の行う（ B ）というはたらきによってつくられたものである。

(1)　文章中の空欄A・Bに当てはまる語句として最も適切な組み合わせを以下のア～エから１つ選び、記号で答えなさい。

	A	B
ア	もつ	光合成
イ	もつ	呼吸
ウ	もたない	光合成
エ	もたない	呼吸

(2)　以下のア～エは植物の子葉を表している。ア～エのうち、トウモロコシの子葉として最も適切なものを１つ選び、記号で答えなさい。

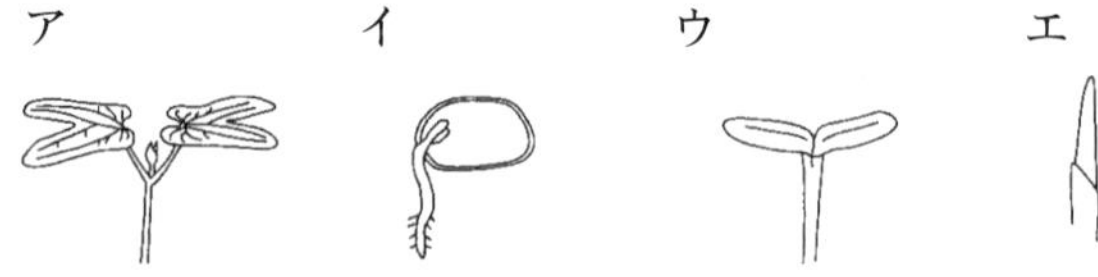

(3)　以下のア～エは植物の根を表している。ア～エのうち、トウモロコシの根として最も適切なものを１つ選び、記号で答えなさい。

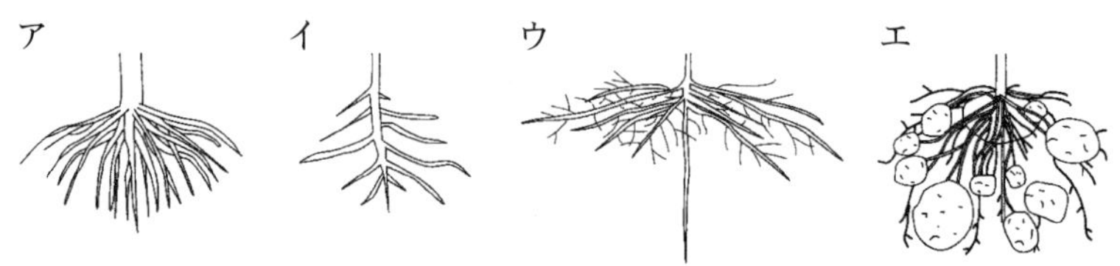

(4)　穀物にはマメ科の大豆もある。次の図はダイズとイネの種子の内部を表している。発芽するときの養分を蓄えているのはどの部分か。図のア～ケからそれぞれ選び、記号を答えたうえで名称も答えなさい。

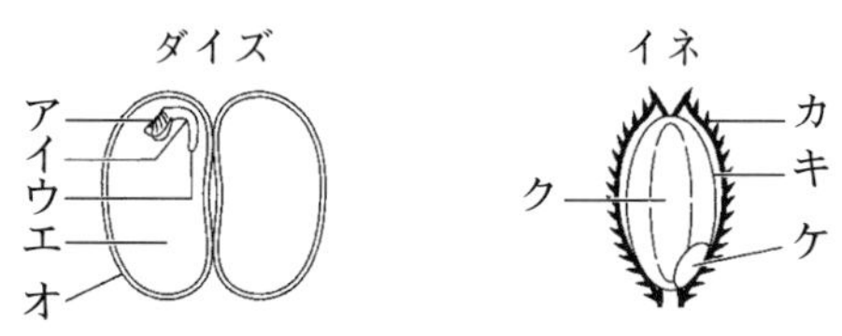

(5)　同様に穀物と呼ばれるダイズとイネだが、含まれる栄養素に大きな違いがある。三大栄養素【炭水化物・タンパク質・脂質】のうち、イネに多く含まれるがダイズにはあまり含まれないものはどれか答えなさい。

(6)　現在の日本の米をつくるイネはもともと野生のイネ科植物だった。人類は野生のイネのなかから『実が落ちにくい・大きな実・すべての実が同時期に熟す』よう突然変異したものをかけ合わせ、徐々に品種改良してイネの栽培をすすめていった。これにより現在、おいしいごはんが食べられるようになっている。しかし、この品種改良は自然の中でイネが種として生き残るにはデメリットになる性質である。

『実が落ちにくい・大きな実・すべての実が同時期に熟す』の中から１つ性質を選び、その性質が自然の中でイネが種として生き残るにはデメリットになる理由を説明しなさい。

2　横浜女学院ではＷＢＧＴ(暑さ指数)をもとに部活動の熱中症対策を行っている。この値が31℃以上となると屋外での活動は原則中止としている。

ＷＢＧＴは、熱中症を予防することを目的として1954年にアメリカで提案された。人体と外気との熱のやりとり(熱収支)に着目した指標で、人体の熱収支に与える影響の大きい①湿度、②日射・輻射など周辺の熱環境、③気温の３つを取り入れた指標である。ＷＢＧＴ測定器は、水で湿らせたガーゼを温度計の球部に巻いた湿球温度計と、通常の温度計である乾球温度計に加え、黒色に塗装されたうすい銅板の球の中心に温度計を入れた黒球温度計の測定値を利用したつくりになっている。

屋外でのＷＢＧＴは以下の式で算出できる。

ＷＢＧＴ(℃)＝0.7×湿球温度＋0.2×黒球温度＋0.1×乾球温度

以下の問いに答えなさい。

		乾球と湿球の示度の差 (℃)								
		1	2	3	4	5	6	7	8	9
乾球の示度 (℃)	30	92	85	78	72	65	59	53	47	41
	29	92	85	78	71	64	58	52	46	40
	28	92	85	77	70	64	57	51	45	39
	27	92	84	77	70	63	56	50	43	37
	26	92	84	76	69	62	55	48	42	36
	25	92	84	76	68	61	54	47	41	34
	24	91	83	75	68	60	53	46	39	33
	23	91	83	75	67	59	52	45	38	31
	22	91	82	74	66	58	50	43	36	29
	21	91	82	73	65	57	49	42	34	27
	20	91	81	73	64	56	48	40	32	25
	19	90	81	72	63	54	46	38	30	23
	18	90	80	71	62	53	44	36	28	20
	17	90	80	70	61	51	43	34	26	18
	16	89	79	69	59	50	41	32	23	15
	15	89	78	68	58	48	39	30	21	12

(1)　湿球温度計と乾球温度計の値を用いて湿度を求めることができる。湿球と乾球の目盛りの数値(以下「示度」)に差があるとき、示度が低いのは湿球と乾球のどちらと考えられるか答えなさい。

(2)　湿球と乾球の示度の差が０のとき、湿度は何％であると考えられるか答えなさい。

(3)　気温が28℃、乾球と湿球の示度の差が２℃のとき、湿度は何％か答えなさい。

(4)　(3)の測定時、黒球温度は40℃だった。このときのＷＢＧＴは何℃になるか答えなさい。

(5)　気温が30℃、湿度が92％でＷＢＧＴが31℃を示した。このときの黒球温度は何℃か答えなさい。

(6)　屋内のＷＢＧＴの算出は屋外と異なり、以下の式を用いる。

ＷＢＧＴ＝0.7×湿球温度＋0.3×黒球温度

湿球温度と黒球温度が(5)と同じ値のとき、屋内のＷＢＧＴは何℃になるか答えなさい。

(7)　黒球温度計を黒色ではなく白色で塗装した場合、①示す示度は高くなるか低くなるか答えなさい。また、②その理由を簡単に説明しなさい。

3　次の文章を読んで、以下の問いに答えなさい。

以下の液体のいずれかが入った試験管A～Fがある。実験1～6を行いそれぞれ観察した。以下の問いに答えなさい。

【アンモニア水、食塩水、炭酸水、うすい塩酸、アルコール水溶液(すいようえき)、水酸化ナトリウム水溶液】

実験1　赤色リトマス紙と反応させるとBとDのみが反応し青色に変化した。

実験2　ＢＴＢ溶液と反応させると、ＡとＥは黄色に、ＢとＤは青色に、ＣとＦは(　①　)色に、それぞれなった。

実験3　フェノールフタレイン溶液を加えると(　②　)と(　③　)が(　④　)色に変化した。

実験4　それぞれの試験管の水を蒸発させたところ(　⑤　)とＣの試験管からは白い固体が生じた。

実験5　Ｅをよく観察したところ、小さな気泡が絶えず出ていたため、気体を収集し調べたところその気体は二酸化炭素であることがわかった。

実験6　注意してにおいをかいだところＡとＢからは刺激臭(しげきしゅう)がした。

(1)　試験管Ａ、Ｂ、Ｃに入っている液体をそれぞれ答えなさい。

(2)　文章中の空欄①、④に当てはまる語句をそれぞれ答えなさい。

(3)　文章中の空欄②、③に当てはまる試験管の記号をＡ～Ｆから２つ選び、記号で答えなさい。

(4)　文章中の空欄⑤に当てはまる試験管の記号を答えなさい。

4　以下の問いに答えなさい。

(1)　なめらかに回転する軽いかっ車、軽い糸、おもさ60ｇのおもりを用いて以下のような装置を組み立てた。

おもりを15cm持ち上げるためには点Ａをそれぞれどれくらいの大きさの力で何cm引く必要があるか答えなさい。

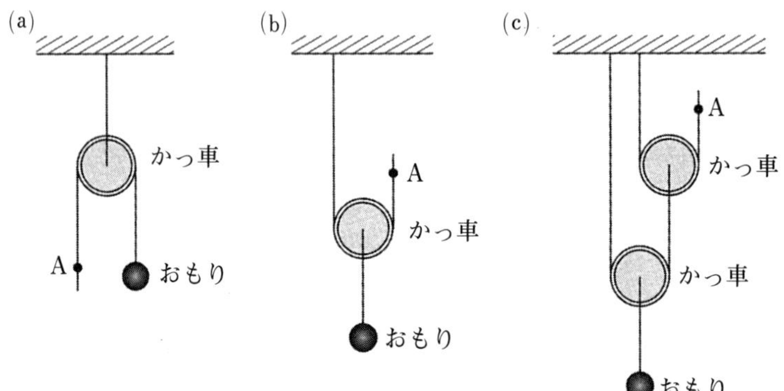

(2)　かっ車について述べた文章として正しいものを、以下のア～エから１つ選び、記号で答えなさい。

ア　かっ車を用いておもりを持ち上げる場合、絶対におもりのおもさよりも小さい力で持ち上げることができる。

イ　かっ車を用いておもりを持ち上げる場合、絶対におもりのおもさよりも大きな力で持ち上げる必要がある。

ウ　かっ車を用いておもりのおもさよりも小さい力でおもりを持ち上げるとき、引く長さはおもりを持ち上げたいきょりよりも短くてすむ。

エ　かっ車を用いておもりのおもさよりも小さい力でおもりを持ち上げるとき、おもりを持ち上げたいきょりよりも長く引く必要がある。

横浜雙葉中学校(第１期)

—40分—

1　メダカの飼い方やからだのつくりについて、後の問いに答えなさい。

問１　メダカの飼い方として正しいものを、次の(ア)～(カ)からすべて選び、記号で答えなさい。

(ア)　水そうは、直射日光が当たる明るいところにおく。

(イ)　水そうは、直射日光が当たらない明るいところにおく。

(ウ)　水そうには、くみ置きの水を入れる。

(エ)　水そうには、できるだけ多くのメダカを入れる。

(オ)　水そうには、水草を入れておく。

(カ)　エサは、１日に必要な量をまとめてあたえる。

問２　メダカの数を水そう内の水の体積で割った値を「メダカの生息密度［匹(ひき)/L］」とします。幅(はば)30cm、奥行(おくゆ)き20cm、高さ25cmの水そうを用意し、20cmの深さまで水を入れ、その中にメスのメダカとオスのメダカを３匹ずつ入れました。このときのメダカの生息密度は何［匹/L］と計算できますか。割り切れないときは、小数点第２位を四捨五入して答えなさい。

問３　図１は、メスのメダカをスケッチしたものです。オスとメスではひれの形がちがいます。オスのひれの形を、解答欄(らん)に示したメスの図の上から描(か)きなさい。ただし、解答欄にはメスとちがうひれをすべて描き、ちがいがないひれには何も描かないこと。

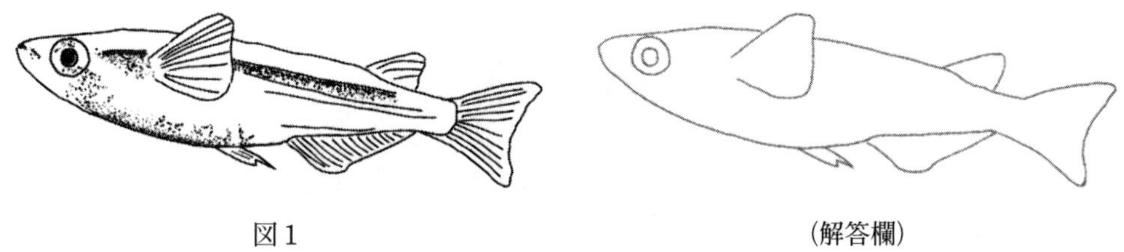

図１　　　　　　　　　　(解答欄)

問４　メダカが、呼吸のために酸素を取り入れるのはどこですか。からだの部位を答えなさい。

問５　メダカは、①あたたかくなり、さらに②昼間の時間が夜の時間より２時間以上長くなると、卵を産み始めます。

(1)　下線部①について、メダカが卵を産み始める水温として正しいものを、次の(ア)～(エ)から１つ選び、記号で答えなさい。

(ア)　０～５℃　　(イ)　10～15℃　　(ウ)　20～25℃　　(エ)　30～35℃

(2)　図２は、横浜における、１月１日から12月31日までの１年間の昼間の長さの変化を示したものです。下線部②のように昼の時間が夜の時間より２時間以上長くなり始めるのはいつごろですか。次の(ア)～(カ)から１つ選び、記号で答えなさい。

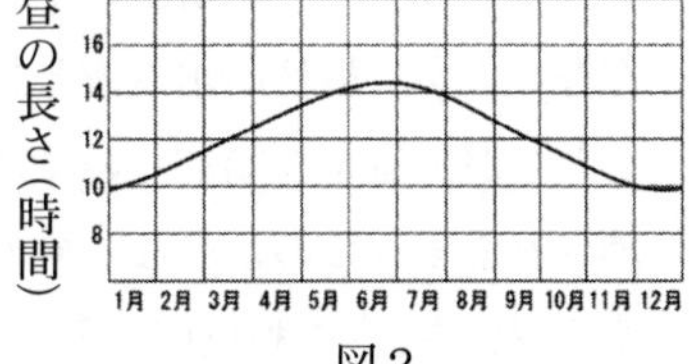

図２

(ア)　３月なかば　　(イ)　４月はじめ　　(ウ)　４月なかば

(エ)　５月なかば　　(オ)　８月はじめ　　(カ)　９月はじめ

(3)　横浜で、メダカが卵を産み始める時期はいつごろですか。次の(ア)〜(エ)から１つ選び、記号で答えなさい。

(ア)　３月　　(イ)　５月　　(ウ)　10月　　(エ)　12月

問６　卵の中などで、少しずつからだができていくことを発生といいます。次の(ア)〜(キ)の文は、動物の発生の様子を述べたものです。メダカとヒトの発生の様子のうち、メダカのみにあてはまるもの、ヒトのみにあてはまるもの、メダカとヒトどちらにもあてはまらないものはどれですか。それぞれ１つずつ選び、記号で答えなさい。

(ア)　精子と卵が受精し、受精卵ができることで発生が始まる。

(イ)　だんだん、背骨のもとができてくる。

(ウ)　発生の間、卵は固いからでおおわれている。

(エ)　栄養は、胎盤（たいばん）を通じて受け取っている。

(オ)　発生は、液体の中で進む。

(カ)　生まれてきたからだは、大人のからだと同じような形をしている。

(キ)　生まれてきたばかりのからだの腹には、養分が入ったふくろがある。

問７　メダカは、水の流れを作ると、流れにさからって泳ぎます。

(1)　メダカが流れにさからって泳ぐのはなぜですか。簡単に説明しなさい。

(2)　水の流れがなくても、図３のような装置を水そうの周りで回すと、メダカは決まった方向に泳ぎ始めます。このことから、メダカは、水の流れだけでなく、目でもまわりの様子を感じていると考えられます。図の矢印のように装置を時計回りに回したとき、メダカが泳ぐ方向を、(ア)〜(ウ)から１つ選び、記号で答えなさい。

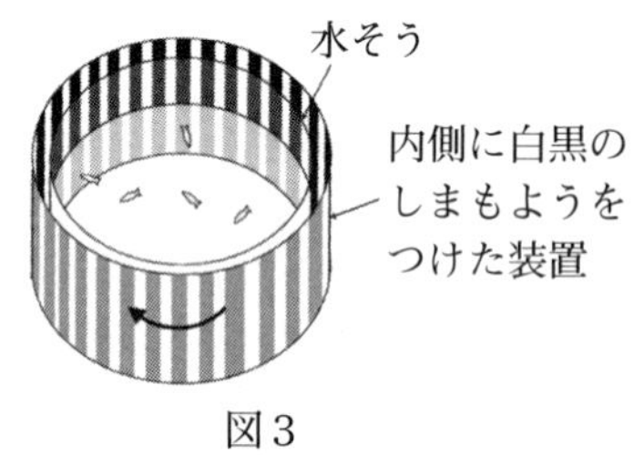

図３

(ア)　時計回りに泳ぐ　　(イ)　反時計回りに泳ぐ　　(ウ)　泳ぐ向きは決まっていない

2　次の文章は、水溶液（すいようえき）が酸性、中性、アルカリ性を示す原因と、それをもとにした実験について説明したものです。後の問いに答えなさい。

酸性を示す水溶液中には、水素イオンという名前の「酸のもと」がたくさん存在します。一方、アルカリ性を示す水溶液の中には、水酸化物イオンという名前の「アルカリのもと」がたくさん存在します。酸性の水溶液とアルカリ性の水溶液を混ぜると、この「酸のもと」と「アルカリのもと」が１個ずつ結びついて別の物質に変わってしまうので、水溶液の酸性やアルカリ性が打ち消されます。このような「酸のもと」と「アルカリのもと」が互いに結びついて性質を打ち消しあう反応を、「中和反応」といいます。

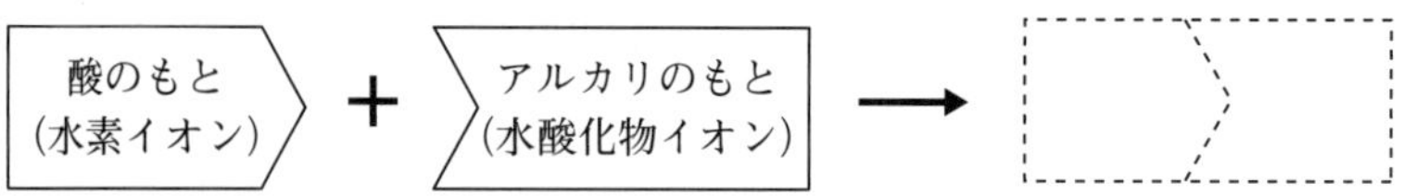

<中和反応の実験>

【操作１】 うすい塩酸(Ａ液)100mLにうすい水酸化ナトリウム水溶液(Ｂ液)を少しずつ加えたところ、50mL加えたところで中性の水溶液となった。

【操作２】 操作１で得られた中性の水溶液を蒸発皿に入れて加熱したところ、蒸発皿の底に白い固体ができた。

問１　【操作２】で残った白い固体は、何という物質ですか。名前を答えなさい。また、その物質をルーペで観察したときのスケッチとして正しいものを、次の(ア)～(エ)から１つ選び、記号で答えなさい。

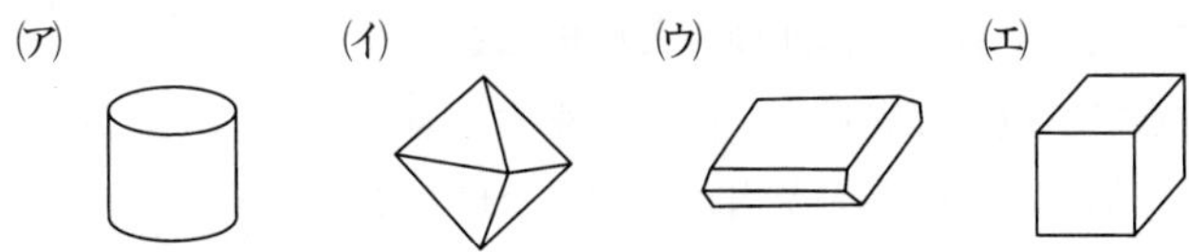

問２　Ａ液200mLにＢ液を150mL加えてかき混ぜると、水溶液は酸性、中性、アルカリ性のどれになりますか。

問３　Ａ液100mLに水100mLを加えてＣ液をつくりました。このＣ液を中和して中性にするのに必要なＢ液は何mLですか。

問４　Ａ液100mL中には「酸のもと」が100個入っているとします。

(1)　Ｂ液100mLには「アルカリのもと」が何個入っていると考えられますか。

(2)　次の表は、Ａ液100mLを入れたビーカーにＢ液を少しずつ加えたときの、加えたＢ液の体積と、ビーカー内の様子を示したものです。①、②、⑤～⑦にあてはまる語句を後の選択肢(せんたくし)から１つずつ選び、記号で答えなさい。また③、④にあてはまる数字を答えなさい。

加えたＢ液の体積	25mL	50mL	75mL
ビーカー内に残っている「もと」	(①)のもと	なし	(②)のもと
残っている「もと」の数	(③)個	なし	(④)個
ＢＴＢ溶液を加えたときの色	(⑤)色	(⑥)色	(⑦)色

選択肢：(ア)　酸　　(イ)　アルカリ　　(ウ)　赤　　(エ)　青　　(オ)　黄　　(カ)　緑　　(キ)　無

問５　酸性・中性・アルカリ性の強さを比べるには、リトマス紙やＢＴＢ溶液を使う以外に「pH(ピーエイチ)」と呼ばれる値を用いることがあります。以下の文章は、pHについて説明したものです。これを読んで、後の問いに答えなさい。

一般的に、pHとは酸性やアルカリ性の強さを０から14までの数字で表したもので、図１のように食品などの成分表示の中で見かけることがあります。pHは中性の水溶液では７となり、７を基準として数字が小さいほど酸性、大きいほどアルカリ性が強いことを示します。水溶液のpHが１異なるということは、同じ体積の中に存在する「酸のもと」の数が10倍違うということを意味しています。たとえば水溶液のpHが３から２に変化した場合は、同じ体積中に存在する「酸のもと」の数が10倍になったということで、その溶液はより酸性が強くなったことを示します。

名　　称	菓子パン
原材料名	小麦粉、バター、糖類、パン酵母、卵、食塩、乳等を主要原料とする食品、香料、<u>pH調整剤</u>

図１

⑴　同じ体積中で比べると、pH１の水溶液に存在する「酸のもと」はpH４の水溶液の何倍ですか。

⑵　Ａ液100mL中に「酸のもと」が100個入っているとしたとき、ここにＢ液20mLと水480mLを加えた水溶液のpHは、もとのＡ液のpHからいくつ変化しますか。「(　　)つ(増える　・　減る　・　変わらない)」に合う形で数字を答え、語句を選んで丸で囲みなさい。

3　図１は北半球で夏至を迎(むか)えた日の、地球と太陽の関係を表しています。点Ａ、Ｂ、Ｃは北極点と南極点を通る同じ円周上の地点で、点Ｂは赤道上に位置します。図中の灰色にぬられた部分は太陽の光が当たっていないところを表しています。後の問いに答えなさい。

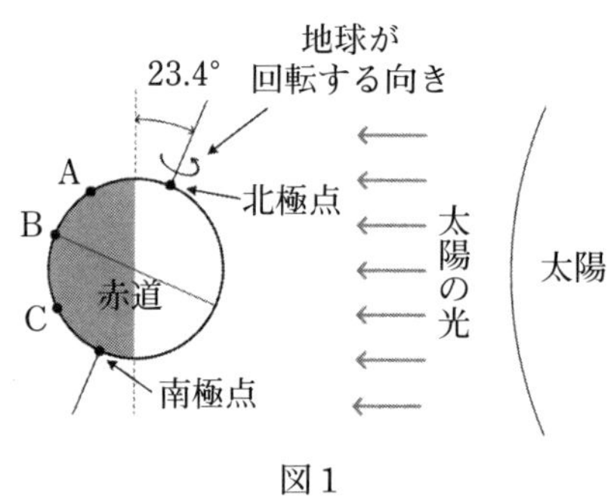

図１

問１　図１より、１日を通して太陽が沈(しず)まない地域があることがわかります。

⑴　１日を通して太陽が沈まない現象を何といいますか。漢字２文字で答えなさい。

⑵　北半球で夏至を迎えた日に、図２のように北極点の水平な地面に垂直に立てた棒(ぼう)の影(かげ)の先端(せんたん)はどのような図形を描(えが)きますか。棒の影の先端が動く向きと描く図形の形の特徴(とくちょう)をもっとも正しく表しているものを、(ア)～(エ)から１つ選び、記号で答えなさい。ただし、図は棒を上から見下ろした向きで描かれ、矢印の向きは棒の影の先端が動く向きを表しています。

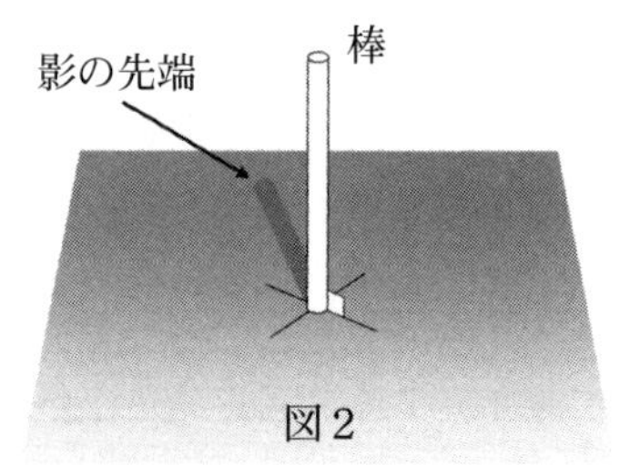

図２

(ア)　１日かけて、棒を通る一直線上を左右に１往復する。

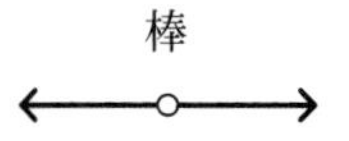

(イ)　太陽は１日を通して棒の真上に位置するので、影はできない。

(ウ)　１日かけて、棒のまわりを反時計周りにほぼ円を描く。

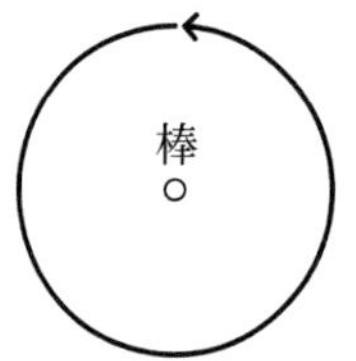

(エ)　１日かけて、棒のまわりを時計回りにほぼ円を描く。

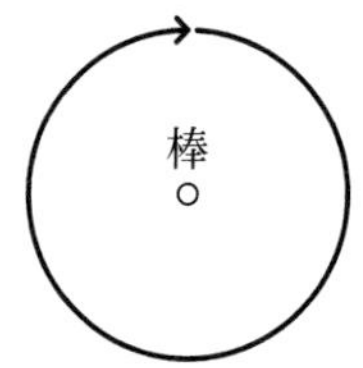

問２　図１の点Ｂで太陽がもっとも高い位置に達したとき、点Ｂの水平な地面に垂直に立てた棒の影は、どの向きにできますか。棒の影の向きをもっとも正しく表しているものを、図３の(ア)～(ケ)から１つ選び、記号で答えなさい。ただし、図は棒を上から見下ろした向きで描かれ、中央の○が棒、直線が棒の影を表します。

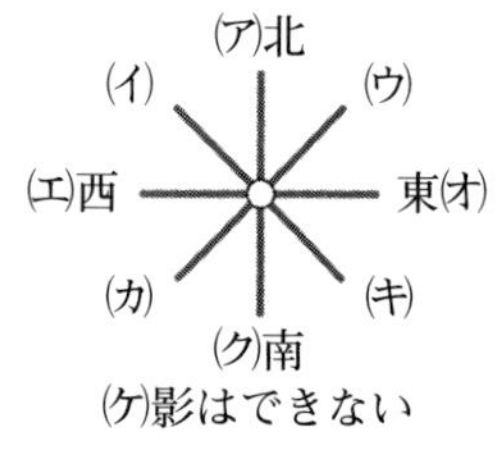

図３

問３　図１の点Ａが日の出を迎えるとき、地平線に対して太陽が動いていく向きの関係を正しく表しているものを、次の(ア)〜(ウ)から１つ選び、記号で答えなさい。ただし、図中の矢印は太陽が動いていく向きを表しています。

(ア)　北　地平線　南
(イ)　北　地平線　南
(ウ)　北　地平線　南

問４　次の文章は、図１の点Ｃで観測される太陽の動きについて述べたものです。空欄に当てはまる語句をそれぞれ選択肢の中から１つずつ選び、記号で答えなさい。ただし、同じ記号を何回使ってもよいとします。

「点Ｃでは、太陽は(　①　)からのぼって(　②　)にしずむ。太陽と地球が図１の位置関係にあるとき、太陽は真(　①　)から(　③　)側にずれた方角からのぼり始め(　④　)側の空を移動していく。」

選択肢：(ア)　東　　(イ)　西　　(ウ)　南　　(エ)　北

問５　図１の点Ａ、Ｂ、Ｃの中で、もっとも早く日の入りを迎える点はどの点ですか。

問６　次の(ア)〜(ウ)の地図に描かれた黒い線は、同じ時刻に日の出を迎える地点を結んだものです。北半球で冬至を迎えた日に、同じ時刻に日の出を迎える地点を表している地図を(ア)〜(ウ)から１つ選び、記号で答えなさい。ただし、図中の点線は東西、南北の方角を表しています。

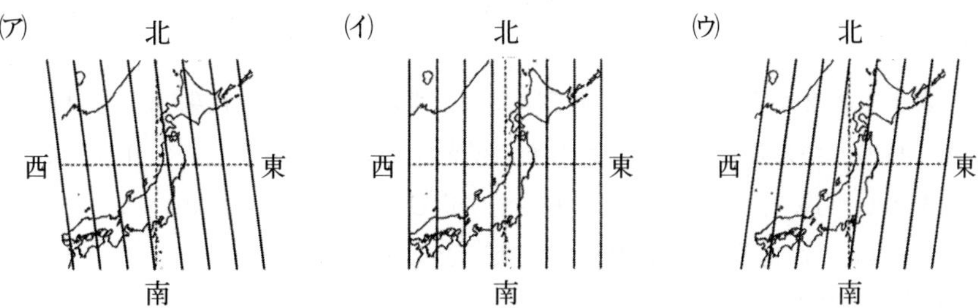

4　図１のように点Ｏに向かって空気中から光を当てると、光は点Ｏで反射して空気中を進む光と、折れ曲がってガラスブロックの中を進む光に分かれます。逆に図２のように点Ｏに向かってガラスブロックの中から光を当てると、光は点Ｏで反射してガラスブロックの中を進む光と、折れ曲がって空気の中を進む光に分かれます。

図１と図２に示した通り、点Ｏに向かって進む光を入射光、折れ曲がって進む光を屈折(くっせつ)光、反射して進む光を反射光と呼びます。また、点Ｏを通る空気とガラスの境(さか)い目の面に垂直な線に対する入射光、屈折光、反射光の角度をそれぞれ、入射角、屈折角、反射角と呼びます。入射角を変えて光を当てたとき屈折角と反射角がどのように変化するかを実験し、その結果をまとめたものが表１と表２です。後の問いに答えなさい。

ただし、図１と図２の入射角、屈折角、反射角の大きさは、３つの角度の大きさの関係を正しく表しているとは限りません。

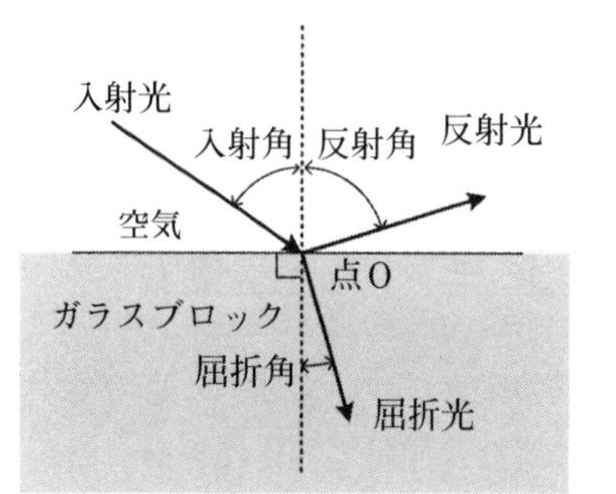

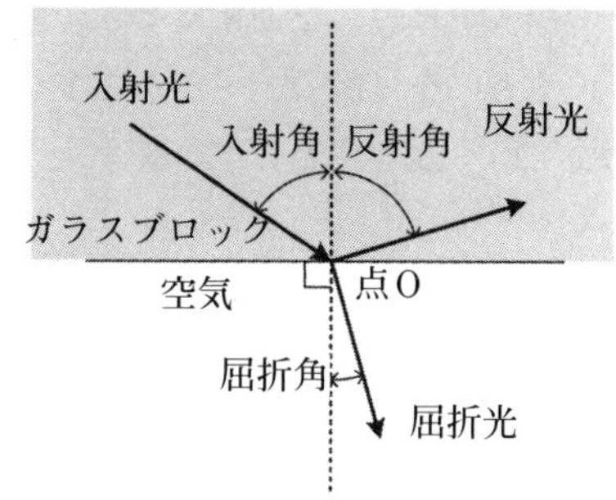

《注意》図中の３つの角度の大きさの関係は、正しく表されているとは限りません。

図１　　図２

空気中から光を当てる場合		
入射角(度)	屈折角(度)	反射角(度)
0	0	0
3	2	3
6	4	6
9	6	9
12	8	12
26	17	26

表１

ガラスブロックの中から光を当てる場合		
入射角(度)	屈折角(度)	反射角(度)
0	0	0
2	3	2
4	(①)	4
6	9	6
8	12	8
17	26	17

表２

問１　表１と表２から入射角が０度ではないときに、入射角と反射角、入射角と屈折角について、A～Dの４つのことがわかりました。それぞれの空欄（ a ）～（ d ）にあてはまる角度の関係を表した式を選択肢の中から１つずつ選び、記号で答えなさい。

ただし、同じ記号を何回使ってもよいとします。

《わかったこと》

A　空気中から光を当てた場合、入射角と反射角の間には、（ a ）の関係が成り立つ。

B　空気中から光を当てた場合、入射角と屈折角の間には、（ b ）の関係が成り立つ。

C　ガラスブロックの中から光を当てた場合、入射角と反射角の間には、（ c ）の関係が成り立つ。

D　ガラスブロックの中から光を当てた場合、入射角と屈折角の間には、（ d ）の関係が成り立つ。

選択肢：

(ア)　入射角＞反射角　　(イ)　入射角＝反射角　　(ウ)　入射角＜反射角

(エ)　入射角＞屈折角　　(オ)　入射角＝屈折角　　(カ)　入射角＜屈折角

問２　表２の空欄①にあてはまる数を答えなさい。

問3　図3のA、B、Cのように光をこのガラスブロックの点Oに当てたとき、それぞれ屈折光はどのようになりますか。屈折光を正しく表しているものを、それぞれ(ア)〜(ウ)から1つ選び、記号で答えなさい。

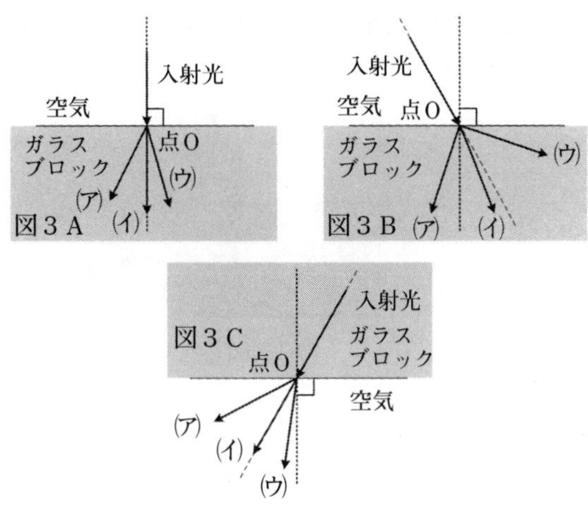

問4　図4のような直方体のガラスブロックの点Oに空気中から光を当てたところ、図4の中に太い線で示したような光の道筋を観察することができました。(あ)〜(う)の角度はそれぞれ何度になりますか。

　ただし、図4は光の道筋のおおよそのようすを表しているだけで、(あ)〜(う)の角度の大きさは、それぞれの角度の正しい大きさを表してはいません。また、入射角、反射角、屈折角の間の関係は、表1と表2のとおりであるとします。

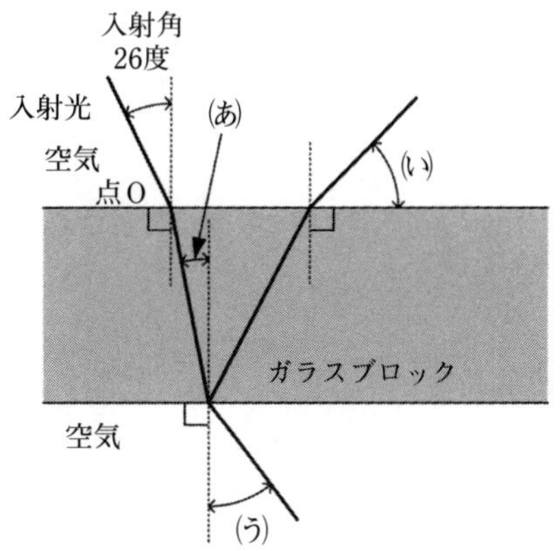

図4

空気中から光を当てる場合		
入射角(度)	屈折角(度)	反射角(度)
0	0	0
3	2	3
6	4	6
9	6	9
12	8	12
26	17	26

表1

ガラスブロックの中から光を当てる場合		
入射角(度)	屈折角(度)	反射角(度)
0	0	0
2	3	2
4	(①)	4
6	9	6
8	12	8
17	26	17

表2

《注意》前の表1と表2と同じ表です。

問５　鉛筆(えんぴつ)の下の部分を直方体のガラスブロックをとおして見てみると、図５のように上下でずれて見えました。このように見えるのは鉛筆とガラスブロックがどのように置かれた場合ですか。(ア)～(ウ)から１つ選び、記号で答えなさい。

ただし、(ア)～(ウ)のそれぞれの図は、鉛筆とガラスブロックの位置関係を真上から見下ろした状態で描かれたものです。

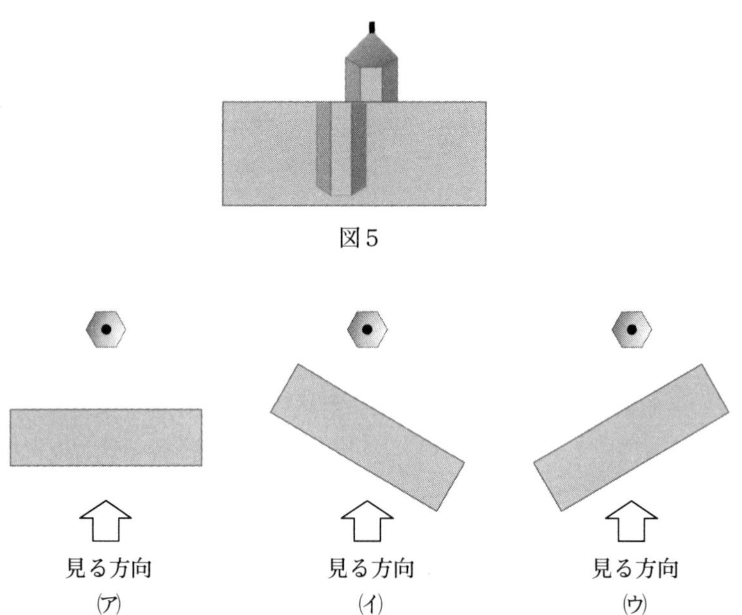

図５

立教女学院中学校

—30分—

1　魚の卵やふ化について、次の問いに答えなさい。

問1　シロサケの卵巣は「すじこ」、ほぐしたものは「いくら」といいます。AとBの卵巣や卵は、どの魚のものですか。次のア～オから適切なものを、それぞれ1つ選び、記号で答えなさい。

A　たらこや明太子　　B　かずのこ

ア　ブリ　　イ　ニシン　　ウ　トビウオ　　エ　スケトウダラ　　オ　アジ

問2　メスのチョウザメとニシン、シロサケの腹にある卵の数を調べました。魚の腹にある卵の数は、魚の種類や大きさで異なり、多いものだと数万個になるので数えることが難しいです。そこで、魚の腹から取り出した卵全体の重さを測った後に、その卵の一部を取り出して、重さと数を調べることで全体のおよその卵の数を求めました。次の表の①～③は3種類の魚の卵の数を調べた結果です。その結果から、腹にある卵の数が多い順として適切なものを、あとのア～カから1つ選び、記号で答えなさい。

結果	魚の種類	卵全体の重さ	卵の重さ
①	チョウザメ	3000 g	卵50個の重さは1 g
②	ニシン	240 g	卵50個の重さは0.3 g
③	シロサケ	600 g	卵10個の重さは2 g

ア　チョウザメ　＞　ニシン　＞　シロサケ
イ　チョウザメ　＞　シロサケ　＞　ニシン
ウ　ニシン　＞　チョウザメ　＞　シロサケ
エ　ニシン　＞　シロサケ　＞　チョウザメ
オ　シロサケ　＞　ニシン　＞　チョウザメ
カ　シロサケ　＞　チョウザメ　＞　ニシン

問3　メダカの産卵方法として、最も適切なものを、次のア～オから1つ選び、記号で答えなさい。

ア　川の水面に卵を産む。
イ　川の流れが弱いところにある小石に卵をくっつけて産む。
ウ　川底をしりびれでほって、その穴に卵を産む。
エ　川の水草や水面に浮いている草や根に卵をくっつけて産む。
オ　川の流れが急なところにある大きな石のかげに卵を産む。

問4　飼育しているメダカの卵が受精してからふ化するまでの時間は、水そうの水温が高いと短くなり、水温が低いと長くなることが知られています。ふ化までの時間を求めるときには積算温度を使います。積算温度は、1日の平均水温を毎日足した数値で表します。例えば、2月1日の平均水温が11℃、2月2日の平均水温が13℃、2月3日の平均水温が12℃の場合、積算温度は11℃と13℃と12℃をあわせて36℃となります。メダカの受精卵は、この積算温度が250℃をこえるとふ化すると言われています。

水温が20℃に管理されている水そうでは、最も早くて何日後にふ化しますか。次のア～オから適切なものを1つ選び、記号で答えなさい。

ア　3日　　イ　5日　　ウ　7日　　エ　10日　　オ　13日

問5　ふ化までの積算温度は、魚の種類によって異なります。図1はある川の平均水温を示しています。シロサケの卵が受精した日を0日目として、47日目にふ化したとするとシロサケの積算温度はおよそ何℃でしょうか。次のア～オから最も適切なものを1つ選び、記号で答えなさい。

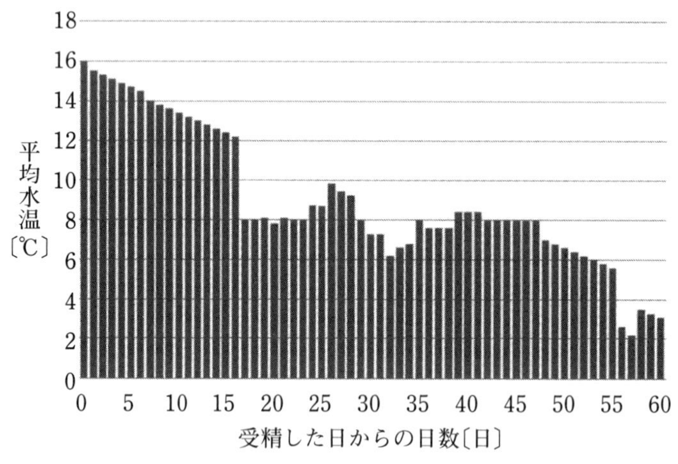

図1　ある川の平均水温と受精した日からの日数のグラフ

ア　280℃　　イ　380℃　　ウ　480℃　　エ　580℃　　オ　680℃

問6　メダカの受精卵の成長段階について、次のア～オを成長する順に並べ、記号で答えなさい。

ア　卵の中でさかんに動く。

イ　目が大きく黒くなり、むなびれがみえてくる。

ウ　からだの形ができてくる。

エ　心臓と血管がみえてくる。

オ　卵の中に、あわのようなものがたくさんみえる。

問7　メダカとシロサケの共通点として適切なものを、次のア～オから1つ選び、記号で答えなさい。

ア　受精卵は無色透明(とうめい)である。

イ　ち魚は腹に養分をたくわえたふくろがある。

ウ　メスもオスも産卵を終えるとすぐに死んでしまう。

エ　ち魚はプランクトンが食べられるようになると、河口に向かって泳ぐ。

オ　オスが求愛するためにメスの真下で水平に円をえがくように泳ぐ。

2　水溶液(すいようえき)や金属、酸性・中性・アルカリ性について、次の問いに答えなさい。

問1　正しくろ過の実験をしている図を、次のア～カから１つ選び、記号で答えなさい。ただし、ろうと台は省略してあります。

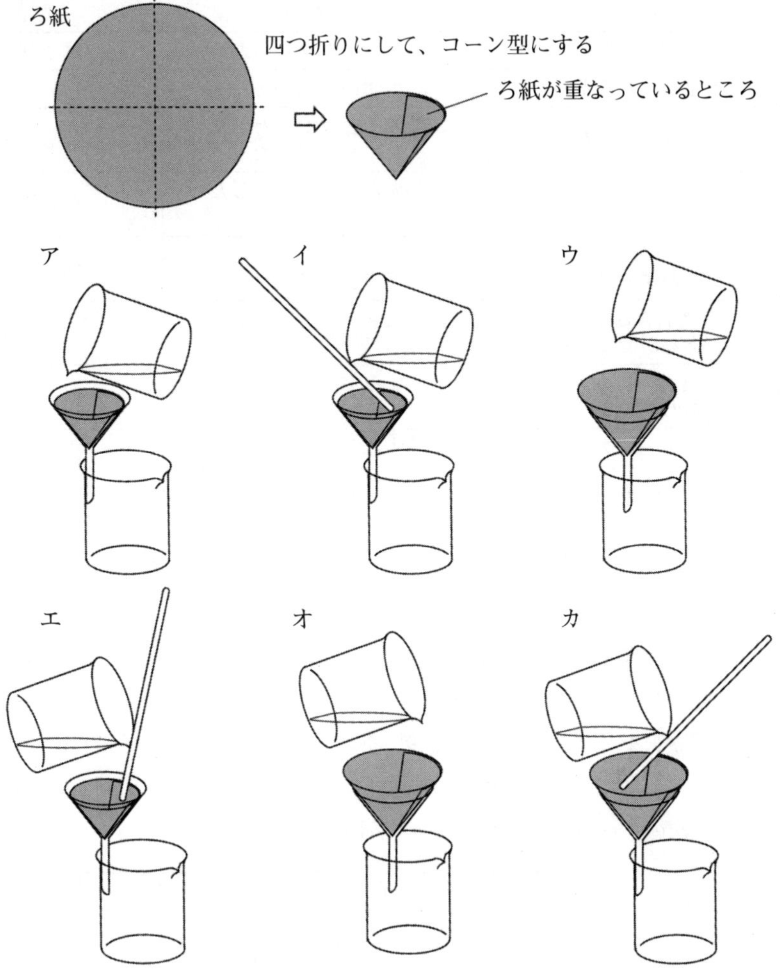

問2　次のどの場合にろ過を行うことができますか。適切なものを、次のア～オから２つ選び、記号で答えなさい。

ア　サラダドレッシングの水と油を分ける。

イ　オレンジジュースの色と液体を分ける。

ウ　片栗(くり)粉をといた水から、水と片栗粉を分ける。

エ　とけ残りがある食塩の水溶液から、とけ残りの食塩と水溶液を分ける。

オ　ミョウバンがすべてとけている水溶液を、水とミョウバンに分ける。

問3　試験管にうすい塩酸5mLを入れました。見た目やにおい、試験管を熱して液体を蒸発させた後の様子として、最も適切な組み合わせを、次のア〜クから1つ選び、記号で答えなさい。

	見た目	におい	蒸発させた後
ア	水と変わらなかった	においがなかった	何も残らなかった
イ	水と変わらなかった	においがなかった	白い固体が残った
ウ	水と変わらなかった	熱すると、つんとしたにおいがした	何も残らなかった
エ	水と変わらなかった	熱すると、つんとしたにおいがした	白い固体が残った
オ	水と変わらなかったが、あわがでていた	においがなかった	何も残らなかった
カ	水と変わらなかったが、あわがでていた	においがなかった	白い固体が残った
キ	水と変わらなかったが、あわがでていた	熱すると、つんとしたにおいがした	何も残らなかった
ク	水と変わらなかったが、あわがでていた	熱すると、つんとしたにおいがした	白い固体が残った

問4　うすい塩酸を入れた試験管に、少量の鉄(スチールウール)をちぎって丸めて入れました。このときの変化のようすとして適切なものを、次のア〜オから2つ選び、記号で答えなさい。

ア　試験管が冷たくなった。　　イ　少しずつあわ(気体)が発生した。

ウ　入れた鉄はほとんど溶(と)けて見えなくなった。　　エ　炎を出しながら溶けた。

オ　何も変化しなかった。

問5　問4の試験管をしばらく観察した後、静かに試験管をかたむけて、水溶液を2〜3てき蒸発皿にとって加熱すると、固体が残りました。この固体の色や磁石との関係として最も適切なものを、次のア〜カから1つ選び、記号で答えなさい。

	固体の色	磁石との関係
ア	黒色	磁石につく
イ	黒色	磁石につかない
ウ	白色	磁石につく
エ	白色	磁石につかない
オ	黄色	磁石につく
カ	黄色	磁石につかない

問6　うすい塩酸はトイレの洗剤(せんざい)などに利用されています。塩酸を使った洗剤で洗うのに最も適切でないものを、次のア〜オから1つ選び、記号で答えなさい。

ア　陶器(とうき)の茶わん　　イ　金属製のスプーン　　ウ　プラスチックの皿

エ　木製のはし　　オ　ガラスのコップ

問7　ブルーベリーの実と少量の水をふくろに入れ、外から実をつぶすと色水ができました。ここにうすい塩酸を入れると何色に変化しますか。最も適切なものを、次のア〜オから1つ選び、記号で答えなさい。

ア　赤　　イ　青むらさき　　ウ　青　　エ　緑　　オ　黄

問8　うすい塩酸をリトマス紙につけたときの色の変化と、同じ色の変化を示す液体として適切なものを、次のア～オからすべて選び、記号で答えなさい。

ア　石灰水　　イ　牛乳　　ウ　レモンのしる　　エ　お酢　　オ　炭酸水

問9　試験管に入れたうすい塩酸20mLに、亜鉛(あえん)を少量ずつ加えて発生した気体の量をグラフにすると、図1のようになりました。

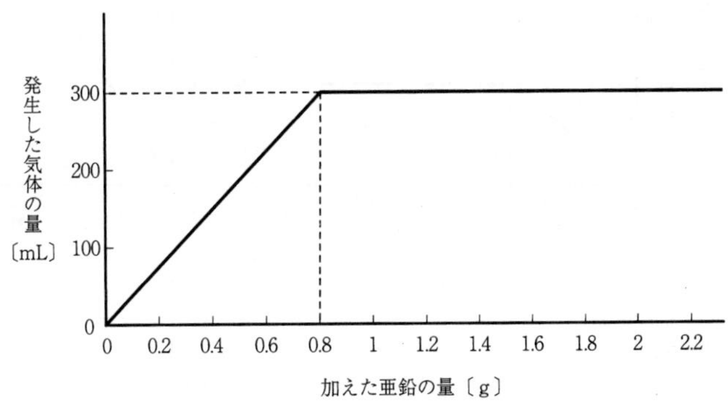

図1　加えた亜鉛の量と発生した気体の量

(1)　うすい塩酸20mLとちょうど反応する亜鉛の量は何gか答えなさい。

(2)　図1で亜鉛を0.4g加えたとき、発生した気体の量は何mLか答えなさい。

(3)　(1)で使った塩酸を40mLにして、亜鉛を少量ずつ加えて発生した気体の量を調べました。最も適切なグラフをあとのア～クから1つ選び、記号で答えなさい。

(4)　(1)で使った塩酸の濃度(こさ)を２倍にうすめたものを20mL使って、亜鉛を少量ずつ加えて発生した気体の量を調べました。最も適切なグラフを次のア～クから１つ選び、記号で答えなさい。

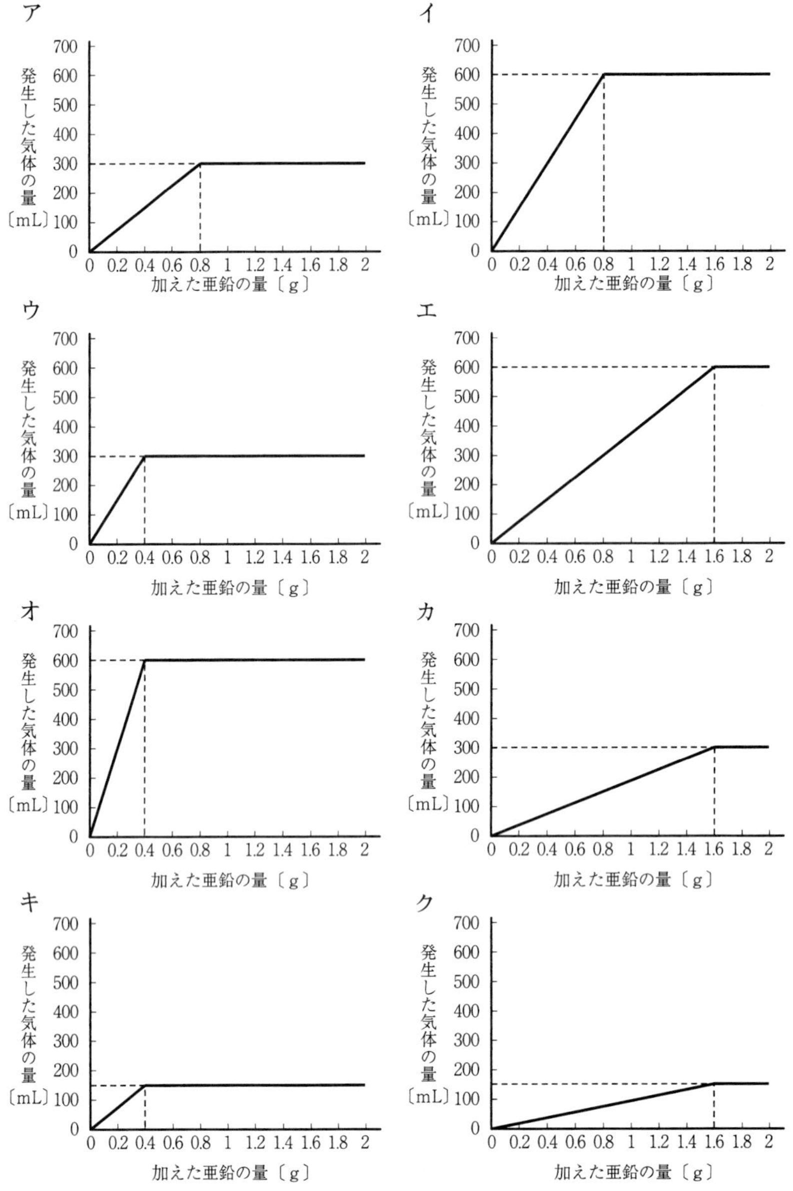

3　力のはたらき方について、次の問いに答えなさい。

問１　てこについて、次の問いに答えなさい。

(1)　図１のように、てこに３個のおもりがついています。Ａの場所に力を加えて、てこを水平にするためには、下向きにどれだけの力の大きさで引けばよいですか。次のア～カから適切なものを１つ選び、記号で答えなさい。てこについている１つのマス目の長さと、おもり１個の重さはそれぞれ同じです。

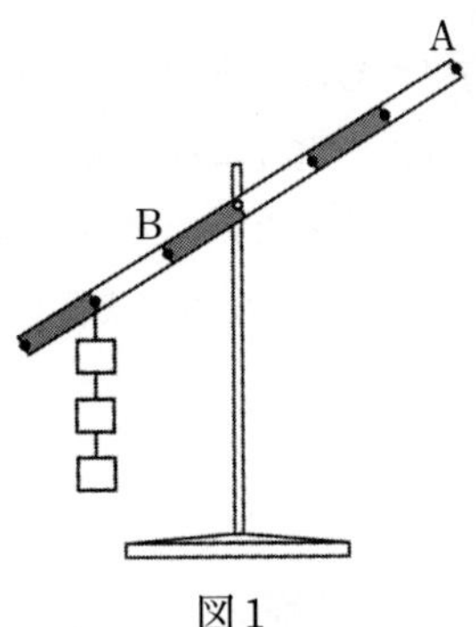

図１

	力の大きさ
ア	おもり１個を持ち上げるのと同じ大きさ
イ	おもり２個を持ち上げるのと同じ大きさ
ウ	おもり３個を持ち上げるのと同じ大きさ
エ	おもり４個を持ち上げるのと同じ大きさ
オ	おもり５個を持ち上げるのと同じ大きさ
カ	おもり６個を持ち上げるのと同じ大きさ

(2)　図１のてこのＢの場所に力を加えて、てこを水平にするためには、上向きにどれだけの力の大きさで引けばよいですか。(1)のア～カから適切なものを１つ選び、記号で答えなさい。

(3)　(1)と同じてこに、図２のようにおもりがついています。Ｃの場所に力を加えて、てこを水平にするためには、どれだけの力の大きさで上向きに引けばよいですか。(1)のア～カから適切なものを１つ選び、記号で答えなさい。

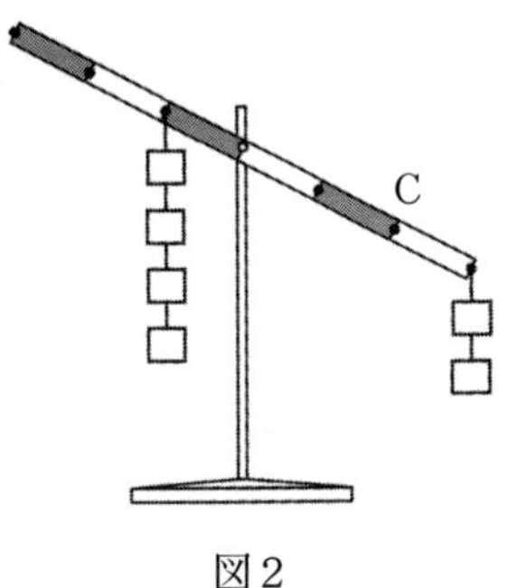

図２

(4)　図３のように、てこを使って荷物を持ち上げようとしましたが、荷物が重くて持ち上がりませんでした。荷物を持ち上げやすくするために荷物・支点・力点の位置を今の場所からそれぞれどれか１つだけ動かすとしたら、図の右か左のどちらにずらすのがよいですか。最も適切な組み合わせを、次のア～クから１つ選び、記号で答えなさい。

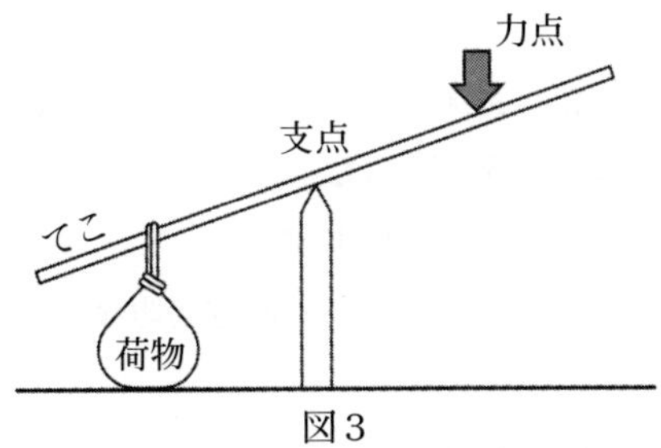

図３

	荷物だけ動かすとき	支点だけ動かすとき	力点だけ動かすとき
ア	左にずらす	左にずらす	左にずらす
イ	左にずらす	左にずらす	右にずらす
ウ	左にずらす	右にずらす	左にずらす
エ	左にずらす	右にずらす	右にずらす
オ	右にずらす	左にずらす	左にずらす
カ	右にずらす	左にずらす	右にずらす
キ	右にずらす	右にずらす	左にずらす
ク	右にずらす	右にずらす	右にずらす

問２　電線を支える電柱について、次の問いに答えなさい。

(1)　電柱は、電線のおもさによってかたむくのを防ぐために、支線というワイヤーで電柱を引っぱることがあります。図４－１、４－２のように、電柱に電線Ａ、Ｂ、Ｃがついているとき、支線を１本つけるとすると支線はどこにつけるとよいですか。適切なものを、図４－２中の支線ア～エから１つ選び、記号で答えなさい。なお、実際の電柱や支線には、たくさんの電線や装置などがついています。

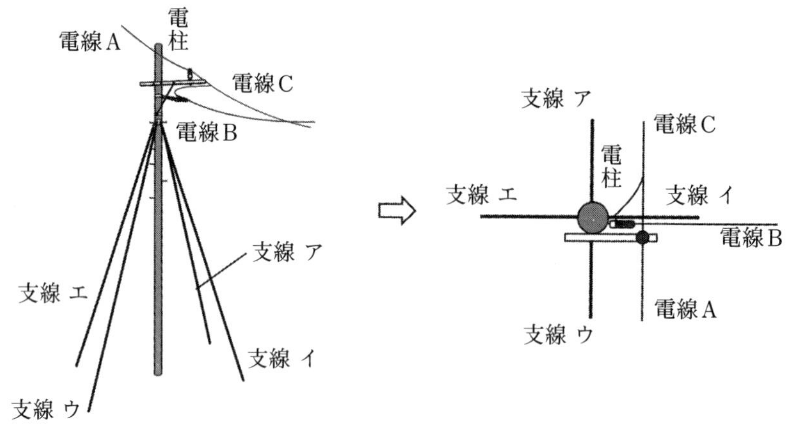

図４－１　電柱を横から見たところ　　図４－２　電柱を上から見たところ

(2)　電柱に図５のような電線Ｄ、Ｅがついているとき、支線はどこにつけるとよいですか。適切なものを、図５中の支線カ～ケから１つ選び、記号で答えなさい。

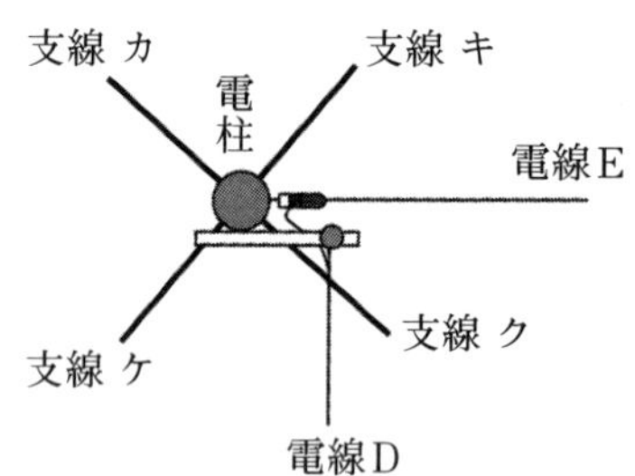

図５　電柱を上から見たところ

問３　電車は、図６のようなパンタグラフを使って、架線(かせん)という電線から電気を取りこんで動きます。架線自体の重みで架線がたるむと、パンタグラフと架線のつながりが途(と)切れてしまい、電気を取り込むことができなくなります。そこで、架線がたるまないようにするために、どのような工夫がされているでしょうか。最も適切なものを、次のア～オから２つ選び、記号で答えなさい。

ア　電線のはじを強く引っぱる。
イ　光ファイバーの電線にして軽くする。
ウ　電線の内側に固い材料を入れる。
エ　電線の外側を固い材料でコーティングする。
オ　二本の電線を上下に通して、上の電線で下の電線を引っぱる。

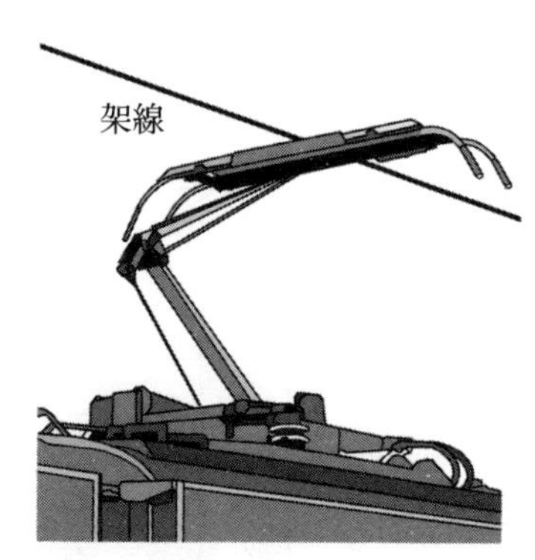

図６　パンタグラフ

④　天気や気象について、次の問いに答えなさい。

問１　東京都のある学校では、修学旅行で飛行機を使って、羽田空港から沖縄県の那覇(なは)空港に行きます。旅行会社からの飛行機の予定表を見ると、同じ経路なのに行きと帰りの所要時間に差があります。帰りの時間が短くなる理由として最も適切なものを、次のア～エから１つ選び、記号で答えなさい。

飛行機の予定表

５月13日　出発　８時30分　到着(とうちゃく)　11時15分　（所要時間　２時間45分）

５月16日　出発　15時40分　到着　18時05分　（所要時間　２時間25分）

ア　交通量の影響(えいきょう)があるから。

イ　上空の偏西風(へんせいふう)の影響があるから。

ウ　東京から移動する人の数より沖縄から移動する人の方が少ないから。

エ　帰りは地球の自転方向と逆に向かって移動するから。

問２　茨城県のある学校では、修学旅行で客船を使って、大洗港から北海道の苫小牧(とまこまい)港に行きます。旅行会社からの客船の予定表を見ると、同じ経路なのに行きと帰りで所要時間に差があります。帰りの時間が長くなる理由として最も適切なものを、次のア～エから１つ選び、記号で答えなさい。

客船の予定表

５月13日　出発　19時45分　到着　13時30分　（所要時間　17時間45分）

５月16日　出発　18時45分　到着　14時00分　（所要時間　19時間15分）

ア　港の混雑状況(こんざつじょうきょう)によるから。

イ　海流の影響があるから。

ウ　東京から移動する人の数より北海道から移動する人の方が少ないから。

エ　行きと帰りで船の進む方向と地球の自転方向の関係が変わるから。

問３　５月20日に葛西臨海(かさいりんかい)公園へ潮干がりにいく計画を立てました。次の問いに答えなさい。

⑴　この日の夜は、太陽と月と地球が、太陽－月－地球の順に一直線に並ぶ日です。太陽と月と地球が一直線に並ぶ日は、普段より潮の満ち引きの差が大きくなり、干潟が広がりより多くの貝をとることができます。この日の夜に見られる月として適切なものを、次のア～オから１つ選び、記号で答えなさい。

ア　三日月　　イ　上弦(じょうげん)の月　　ウ　下弦(かげん)の月　　エ　満月　　オ　新月

⑵　潮干がりにいく予定でしたが、出発の朝にある様子を見たため雨が降ると思い、延期することに決めました。ある様子とは何だったと考えられますか。古くから雨が降ると言い伝えられている出来事(観天望気など)として、最も適切なものを、次のア～オから１つ選び、記号で答えなさい。

ア　飛行機雲がすぐに消える。　　イ　ツバメが低く飛ぶ。

ウ　クモが糸をはる。　　エ　スズメが朝からさえずる。

オ　朝、遠くの山がはっきりと見える。

⑶　雲は形や特ちょう、できる高さによって、10種類にわけることができます。雨を降らす雨雲(乱層雲)よりも低い位置で見られる雲として適切なものを、次のア～オから１つ選び、記号で答えなさい。

ア　うす雲　　イ　うろこ雲　　ウ　おぼろ雲　　エ　わた雲　　オ　すじ雲

⑷　次に普段より潮の満ち引きの差が大きくなるのは、５月20日からおよそ何日後でしょうか。最も適切なものを、次のア～オから１つ選び、記号で答えなさい。

ア　７日後　　イ　14日後　　ウ　21日後　　エ　28日後　　オ　35日後

問４　日本の１月から５月までに見られる出来事として、最も適切でないものを次のア～オから１つ選び、記号で答えなさい。

ア　青森県の弘前公園で、ソメイヨシノが満開をむかえる。

イ　新潟県の姫(ひめ)川の河口で、雪解け水に運ばれて、ヒスイという鉱物が流れる。

ウ　北海道の日高町の近くの海で、多くのシロサケがとれる。

エ　東京都心で、スギ花粉の飛散量が多くなる。

オ　栃木県ではイチゴが旬(しゅん)をむかえ、収穫(しゅうかく)が最も多くなる。

MEMO

MEMO

MEMO

2025年度受験用

中学入学試験問題集　理科編

2024年7月10日　初版第1刷発行

ISBN978-4-8403-0861-8

企画編集・みくに出版編集部

発行・株式会社　**みくに出版**

〒150-0021　東京都渋谷区恵比寿西2－3－14

TEL 03 (3770) 6930

FAX 03 (3770) 6931

http://www.mikuni-webshop.com

この印刷物(本体)は地産地消・
輸送マイレージに配慮した
「ライスインキ」を使用しています。